Webers

Handbuch der Film- und Videotechnik

Johannes Webers

Handbuch der
Film- und Videotechnik

Die Aufnahme, Speicherung, Bearbeitung und Wiedergabe audio-visueller Programme

Mit 528 Abbildungen, darunter 4 Farbtafeln und 35 Tabellen

4., verbesserte Auflage

Franzis'

Die Deutsche Bibliothek – CIP-Einheitsaufnahme

Webers, Johannes:
Handbuch der Film- und Videotechnik: die Aufnahme,
Speicherung, Bearbeitung und Wiedergabe audio-visueller
Programme / Johannes Webers. - 4., verb. Aufl. -
München: Franzis, 1993
ISBN 3-7723-7114-0

Satz : Franzis-Technik, München
Druck und Bindung: Wiener Verlag, Himberg bei Wien
Printed in Austria - Imprimé en Autriche

ISBN 3-7723-7114-0

Vorwort

Die Aufzeichnungsformen auf Film, Video-Band und Video-Platte stellen heute die Programmspeicher dar, mit denen die zeitlich und örtlich unabhängige Wiedergabe eines visuell-akustischen Geschehens möglich ist.

Mit der Aufzeichnung eines Laufbildes auf einen fotografischen Film begann vor etwa 100 Jahren eine Entwicklung, die sich über die magnetische Bild- und Tonaufzeichnung bis zur Bildplatte hin fortsetzte. Wenn auch die Aufnahme, Bearbeitung und Vervielfältigung von Programmen – je nach Speicherverfahren – spezifische, technologisch bedingte Unterschiede aufweist, so bestehen dennoch eine ganze Reihe von Gemeinsamkeiten. Auch ist die Umwandlung einer Aufzeichnungsform in eine andere in einem Produktionsbetrieb heute eine wichtige, fast alltägliche Aufgabe, wenn zum Beispiel aus Filmen Video-Bänder und Video-Platten oder aus Video-Bändern Filme werden sollen.

Da man die technische Programmbearbeitung heute nicht mehr allein einer einzigen Technologie zuordnen kann, versucht dieses Buch den Brückenschlag zwischen den einzelnen Medien. Es ist vor allem dazu bestimmt, junge Menschen in die Technik der Programmspeicherung einzuführen und soll auch Fachleuten und interessierten Laien die Antwort auf alltägliche technische Fragen geben.

Besonderer Dank gebührt an dieser Stelle Herrn Kurt Westendorp, der mich bei der Abfassung des Kapitels B.5., Fotografische Meßtechnik, hervorragend unterstützte und aus seiner reichen Erfahrung heraus die Gestaltung dieses Abschnittes zum Teil übernommen hat. Auch sei allen Firmen gedankt, die mich bei meiner Arbeit mit Material unterstützt haben. Besondere Anerkennung gilt nicht zuletzt dem Verlag und seinen Mitarbeitern für die gute Ausstattung des Buches und die weitgehende Berücksichtigung meiner Wünsche.

München — Johannes Webers

Vorwort zur vierten Auflage

Mit der Bearbeitung der vierten Auflage wurde es möglich, den Inhalt des Buches dem heutigen Stand der Technik anzupassen und neuere Entwicklungen der letzten Jahre zu berücksichtigen.

Im Filmbereich sind dies das *Colour-Master-System* zur Verbesserung der Arbeitsabläufe bei der Lichtbestimmung und das *Dolby-SR-D-Verfahren,* mit dem die digitale Schallaufzeichnung und -wiedergabe nun auch ins Filmtheater kommt.

Im Videobereich wurde das Kapitel über Bildwandler, insbesondere für *CCD-Kameras,* neu geordnet und erweitert. Der Abschnitt über die Großprojektion von Fernsehbildern erfuhr mit der Behandlung des neuen *LCD-Projektionssystems* eine zeitgemäße Ergänzung. Die Diskussion um die terrestrische Breitbildübertragung von Videoprogrammen fand in der Darstellung des *PALplus/16:9*-Systems Raum.

Mit der Einführung *nichtlinearer Schnittsysteme* bei der Nachbearbeitung von Videoprogrammen findet eine Annäherung der elektronischen Schnittbearbeitung an die Praxis des Filmschnitts statt. Es erschien mir daher sinnvoll, darauf in einem eigenen Abschnitt einzugehen.

An dieser Stelle möchte der Verfasser allen Lesern herzlich danken, die Fehler aufgespürt und Hinweise zur Verbesserung des Buches gegeben haben. Allen Firmen sei gedankt, die mich mit Unterlagen und Material unterstützten. Eine besondere Anerkennung gebührt dem Verlag und seinen Mitarbeitern für die gute Zusammenarbeit und die Bereitschaft auf meine Wünsche einzugehen.

München, im Frühjahr 1993 — Johannes Webers

Inhalt

A	**Grundlagen**	15
	Einführung	15
1	Als die Bilder laufen lernten	15
1.1	Von der „Heliographie“ zur „Photografie“	17
1.2	Die Entstehung des Kinematographen	20
1.3	Die Anfänge des Fernsehens	24
2	Vom Wesen des Lichtes	29
2.1	Die Wellenlänge des Lichtes	30
2.2	Die Lichtgeschwindigkeit	30
2.3	Lichtbrechung	30
2.4	Reflexion	31
2.5	Farbenzerstreuung und Spektrum	31
2.6	Grundbegriffe der Lichttechnik	31
2.6.1	Lichtmenge	31
2.6.2	Der Lichtstrom und der Raumwinkel	32
2.6.3	Die Lichtstärke	33
2.6.4	Die Beleuchtungsstärke	33
2.6.5	Die Leuchtdichte	34
2.6.6	Die Farbtemperatur	34
2.7	Inkohärentes Licht	38
2.8	Die Erzeugung kohärenten Lichtes mit einem Laser	38
3	Das Auge	40
3.1	Die Empfindlichkeit unseres Sehorgans	41
3.2	Flimmererscheinungen	43
3.3	Die Farbempfindung	44
4	Licht und Farbe	47
4.1	Die additive Farbenmischung	47
4.2	Die subtraktive oder multiplikative Farbmischung	49
4.3	Farbmetrische Darstellungen	50
5	Grundbegriffe der Optik	52
5.1	Brechung von Lichtstrahlen	52
5.2	Die planparallele Platte	53
5.3	Reflexionen an einem ebenen Spiegel	54
5.4	Der dichroitische Spiegel	55
5.5	Das Prisma	55
5.6	Die Linsenoptik	56
5.7	Die Spiegeloptik	58
5.8	Lichtstärke und Blendenzahlen von Objektiven	59
5.9	Die Schärfentiefe	60

6 Schwingungen, Wellen und Frequenzen 62

B Die fotografische Bildspeicherung 65

1 Der fotografische Prozeß 65
1.1 Die lichtempfindliche Schicht 65
1.2 Die Belichtung und das latente Bild 66
1.3 Die Entwicklung 68
1.4 Das Fixieren 68

2 Die Filmherstellung 70
2.1 Der Schichtträger 70
2.2 Die Emulsion 71
2.3 Die Konfektionierung 74

3 Der Schwarz/Weiß-Film 78
3.1 Negativ-Positiv-Verfahren 78
3.2 Schwarz/Weiß-Umkehrverfahren 81

4 Der Farbfilm 84
4.1 Das Technicolor-Verfahren 84
4.2 Der Mehrschichten-Farbfilm 85
4.3 Farb-Negativ-Positiv-Verfahren 87
4.4 Farb-Umkehrverfahren 89

5 Fotografische Meßtechnik 91
5.1 Grundlagen der Sensitometrie 91
5.1.1 Die Schwärzung 91
5.1.2 Transparenz und Durchlässigkeit, Opazität und Dichte 92
5.1.3 Die fotografische Schwärzungskurve 95
5.1.4 Die Kontrastwiedergabe 96
5.1.5 Die Bestimmung der Lichtempfindlichkeit von Schwarzweiß-Negativmaterial für bildmäßige Aufnahmen 99
5.1.6 Der Schwarzweiß-Negativ-Positiv-Kopiervorgang in sensitometrischer Darstellung 102
5.2 Messungen an Farbfilmmaterialien 103
5.2.1 Meßmethode und Darstellung 103
5.2.2 Die Sensitometrie des Farb-Negativ/Positiv-Verfahrens 107
5.3 Meßgeräte 110
5.3.1 Das Sensitometer 112
5.3.2 Das Densitometer 115

6 Kinematografie 119
6.1 Die Filmkamera 119
6.2 Der Filmprojektor 122
6.3 Filmformate und Bildfeldgrößen 123
6.4 Die Breitwandverfahren 124

C Die elektronische Bildübertragung 131

1 Bildzerlegung 131

2 Die Braunsche Röhre ... 134

3 Die Schwarzweiß-Übertragung ... 137
3.1 Bildaufnahmeröhren und Bildwandler ... 137
3.1.1 Das Vidikon ... 138
3.1.2 Das Plumbikon ... 140
3.1.3 CCD-Bildwandler ... 140
3.2 Die Zeilenzahl ... 144
3.3 Das Zeilensprungverfahren ... 145
3.4 Bildpunktzahl und Videobandbreite ... 147
3.5 Das monochrome Videosignal ... 150
3.6 Modulationsverfahren ... 152
3.6.1 Analoge Systeme ... 153
3.6.2 Die digitale Übertragungsform ... 158
3.6.2.1 Analog- und Digitalübertragung im Vergleich ... 159
3.6.2.2 Der Abtastvorgang ... 160
3.6.2.3 Die Quantisierung ... 161
3.6.2.4 Die Codierung ... 161
3.6.2.5 Konversionsschaltungen ... 163
3.6.2.6 Digitale Schnittstellen ... 163
3.7 Fernsehnormen ... 164
3.8 Fernsehsender ... 167
3.9 Fernsehempfänger ... 168
3.10 Fernsehen mit zweikanaliger Schallübertragung ... 169

4 Die Farbübertragung ... 171
4.1 Übertragungsbandbreite und Kompatibilität ... 175
4.2 Luminanz und Chrominanz ... 175
4.3 Die Bandbreite für das Farbsignal ... 178
4.4 Die Modulation des Farbträgers ... 180
4.5 Das Farbsignal oder Chrominanzsignal ... 182
4.6 Das Farbsynchronsignal („Burst“) ... 183
4.7 Das PAL-Verfahren ... 183
4.8 Das SECAM-Verfahren ... 187
4.9 Wiedergabetechnik ... 190
4.10 Die Übertragung der Video-Information mit Komponentensignalen ... 191
4.11 Farbbildröhren ... 194
4.12 Normen-Wandler ... 196

5 Das Video-Studio ... 198

6 Schneiden, Blenden und Mischen und elektronische Tricks ... 201
6.1 Der Mehrkanal-Mischer ... 202
6.2 Der AB-Mischer ... 203
6.3 Der Standard-Trick ... 205
6.4 Inlay-Verfahren mit Fremdschablone ... 207
6.5 Das Chroma-Key-Verfahren ... 207
6.6 Ultimatte, ein elektronisches Maskenverfahren ... 209
6.7 Digitale Trickeffektverfahren ... 210
6.8 Die Paint-box ... 213
6.9 Der Schriftgenerator ... 216
6.10 Computer-Grafik und 3-D-Animation ... 217
6.11 Postproduction ... 223
6.12 Digitale Postproduction ... 224

7 Die Überwachung von Video-Signalen ... 226
7.1 Das Oszilloskop ... 226
7.2 Das Vektorskop ... 229
7.3 Die Messung von Komponenten-Signalen ... 232

8 Die Großprojektion von Fernsehbildern ... 235
8.1 Fernseh-Projektion mit Katodenstrahlröhre und Schmidt-Optik ... 235
8.2 Das Eidophor-System ... 237
8.3 Fernseh-Großprojektion mit Laser ... 239
8.4 Video-Wandsysteme ... 240

9 Videotext ... 244

10 HDTV und HDVS/ Hochauflösende Fernseh- und Videosysteme ... 246

D Film – die fotografische Speicherung von Laufbildern ... 255

1 Wie entsteht ein „Film" ... 255
1.1 Kinofilm ... 255
1.2 Fernsehfilm ... 259

2 Aufgaben und Gliederung eines Filmkopierwerkes ... 261
2.1 Vom Negativ zur Musterkopie ... 261
2.2 Von der „Schnittkopie" zur Massenkopie ... 262
2.3 Die Gliederung eines Filmkopierwerkes und seine technischen Hilfsbereiche ... 265

3 Die Bearbeitung von Originalmaterialien ... 268
3.1 Vorarbeiten für den Entwicklungsprozeß ... 269
3.2 Filmentwicklung ... 270
3.2.1 Der Farb-Negativ-Prozeß ECN-2 ... 272
3.2.2 Umkehrverfahren ... 276
3.2.2.1 Der Gevachrome-II-Prozeß ... 284
3.2.2.2 Die Umkehrverfahren der Eastman-Kodak ... 284
3.3 Trennen und Konfektionieren ... 289

4 Lichtbestimmung und Lichtsteuerung ... 291
4.1 Das „subtraktive Verfahren" ... 293
4.2 Das „additive Verfahren" ... 297
4.3 Das Hazeltine-System ... 301
4.4 Der Kodak-Analyzer ... 302
4.5 Duplizier- und Transcodiereinrichtungen ... 305
4.6 Das FCC-System (frame-count-cuing) ... 305
4.7 Das „Colour-Master"-System ... 307

5 Kopierung ... 309
5.1 Kontaktkopierung mit kontinuierlichem Lauf ... 310
5.2 Optische Kopierung mit kontinuierlichem Lauf ... 313
5.3 Kontaktkopierung mit schrittweisem Filmtransport ... 314
5.4 Optische Kopierung mit schrittweisem Filmtransport ... 316
5.5 Die Naßkopierung ... 318

6 Schneiden und Mischen von Bild und Ton – zwischen Musterkopie und Negativschnitt ... 321
6.1 Die Arbeit im Schneideraum ... 321
6.1.1 Die verschiedenen Schnittarten ... 322
6.1.2 Das Schneiden von Bild und Ton ... 324
6.1.3 Der technische Ablauf im Schneideraum ... 325
6.2 Die Mischung ... 327

7 Bildüberblendungen, Titel und Tricks ... 331
7.1 Bildüberblendungen ... 331
7.1.1 Abblenden und Aufblenden ... 331
7.1.2 Überblendungen ... 333
7.1.3 Schiebe- und Kaschblenden ... 333
7.1.4 Klappblende und Jalousieblende ... 334
7.1.5 Unschärfe-Blende ... 334
7.2 Optische Spezialeffekte ... 335
7.3 Kombination verschiedener Bildvorlagen ... 337
7.3.1 Das Split-Screen-Verfahren ... 338
7.3.2 Die Verwendung von Titel-Masken ... 338
7.3.3 Das Wandermasken-Verfahren (Travelling-Matte) ... 339
7.3.4 Die Verwendung von Masken für die Herstellung von Blenden ... 339
7.4 Bildfeldgrößen für Titel ... 341
7.5 Methoden der Duplikat-Herstellung ... 342
7.6 Die Trick-Kopiermaschine ... 343
7.7 Der Trick-Tisch ... 345
7.8 Filmmarkierungen für optische Effekte ... 346

8 Die Hintergrund-Projektion ... 347
8.1 Das Rückprojektionsverfahren ... 347
8.2 Die Aufprojektion ... 348
8.3 Das Dual-Screen-System ... 350

9 Der Negativschnitt ... 351
9.1 Die Schnittliste ... 351
9.2 Die Schnittkopie ... 352
9.3 Das synchrone Tonband ... 352
9.4 Die Schnittbearbeitung ... 352
9.5 Der AB-Schnitt und die AB-Kopierung ... 356
9.6 Der Schachbrett-Schnitt (Das Chequerboard-Verfahren) ... 358

10 Die Reinigung und Nachbehandlung von Negativen ... 360
10.1 Die Negativreinigung ... 360
10.2 Regenerieren von Negativen ... 362
10.2.1 Das „Einweichen“ ... 362
10.2.2 Das „Glanzieren“ ... 363

11 Die Massenherstellung von Filmkopien ... 364
11.1 Das „Open-real-Verfahren“ ... 364
11.2 Die Methode der „Schleifen-Kopierung“ ... 365
11.3 Das „Panel-Prinzip“ ... 367

12 Der fotografische Prozeß bei Massenkopien ... 368
12.1 Die Positiv-Entwicklung ... 368
12.2 Die Tonspur-Entwicklung ... 371

13 Die Tonaufzeichnung ... 375
13.1 Der Magnetton ... 375
13.2 Der Lichtton ... 377

14 Die Nachsynchronisation von Filmen ... 382

E Video-Band ... 387

1 Magnetische Grundbegriffe ... 387
1.1 Magnetische Grundgrößen ... 387
1.2 Magnetismus ... 388
1.3 Magnetisierungskurve ... 389

2 Die magnetische Signalspeicherung ... 392
2.1 Das Magnetband ... 392
2.2 Der Aufzeichnungsvorgang ... 396
2.3 Aufzeichnungsverluste und Aufzeichnungsstörungen ... 400
2.4 Der Wiedergabevorgang ... 402
2.5 Der Löschvorgang ... 405

3 Die magnetische Bildaufzeichnung (MAZ) ... 408
3.1 Die Bandbreite der Aufzeichnung ... 408
3.2 Die Aufzeichnung mit Frequenzmodulation ... 408
3.3 Spaltbreite und Schreibgeschwindigkeit ... 412
3.4 Der Frequenzgang des Aufnahme- und Wiedergabekanals ... 412
3.5 Das Quadruplex-System im 2"-Format ... 414
3.5.1 Die „Ampex-Lösung" ... 415
3.6 Die Schrägspurverfahren („Helical-Scan") im 1"-Format ... 422
3.6.1 Das A-Format-System ... 423
3.6.2 Das C-Format-System ... 427
3.6.3 Das B-Format im BCN-System ... 430
3.6.4 Servo-Systeme für den Bandantrieb ... 434
3.6.5 Die Wiedergabe mit variabler Geschwindigkeit ... 436
3.6.6 Das Super-Motion-System von SONY ... 440
3.7 Die ¾"-Systeme (Magnetband 19,05 mm) ... 442
3.7.1 Das U-Matic-System ... 442
3.7.2 Das D-1-System, die digitale Video/Audio-Aufzeichnung im 4-2-2-Standard ... 446
3.7.3 Das D-2-System, die digitale Video/Audio-Aufzeichnung von Composite-Signalen (FBAS) ... 453
3.8 Die ½"-Systeme (Magnetband 12,7 mm) ... 456
3.8.1 Das Betacam-Verfahren ... 456
3.8.2 Das M-II-System ... 462
3.8.3 Das D-3-Format/Digital-Video/Audio auf ½"-Band ... 464
3.8.4 Die semiprofessionellen Systeme in ½"-Format ... 467
3.8.4.1 Das VHS-System ... 468
3.8.4.2 Das Beta-System ... 469
3.8.4.3 Video-2000 ... 474
3.8.4.4 „Hi-Fi"-Tonaufzeichnung ... 476

3.8.4.5 VPS, das Video-Programmsystem ... 478
3.8.5 Das S-VHS-System (Super-VHS) ... 479
3.9 Der Video-8-Standard ... 480
3.10 Die ¼"-Systeme (Magnetband 6,35 mm) ... 482
3.11 Hilfsmittel zur Korrektur von Aufzeichnungsstörungen ... 485
3.11.1 Zeitfehler ... 485
3.11.2 Die Drop-out-Kompensation ... 489
3.11.3 Das Colour-Framing ... 490
3.11.4 „Noise-Reduction" ... 492
3.12 Der elektronische Schnitt ... 494
3.12.1 Das „On-line"-Schnittsystem ... 497
3.12.2 Das „Off-line"-Schnittsystem ... 499
3.13 Die Vervielfältigung von Videobändern und Videokassetten ... 501
3.13.1 Das Ausgangsmaterial ... 501
3.13.2 Die Herstellung des Masterbandes ... 501
3.13.3 Die Video-Kopierung im Real-Time-Verfahren ... 504
3.13.4 Die Kontaktkopierung im Transferfeld ... 505
3.13.5 Das TMD-Verfahren ... 510
3.13.6 Die Konfektionierung ... 513

F Die Bildplatte ... 515

1 Das optische Bildplattensystem von Philips und MCA, Laser-Vision ... 518
1.1 Die Video-Langspielplatte ... 518
1.2 Das optische Prinzip ... 520
1.3 Modulationsverfahren und Codierung ... 522
1.4 Der Strahlengang ... 525
1.5 Betriebsarten ... 529
1.6 Der Bildplattenspeicher ... 532
1.7 Die Herstellung von Bildplatten nach dem LV-Verfahren ... 533
1.7.1 Das Pre-Mastering ... 533
1.7.2 Die Masterplatte ... 535
1.7.3 Die Vervielfältigung ... 537

2 Die VHD-Bildplatte von JVC ... 538
2.1 Optische Aufzeichnung und kapazitive Abtastung ... 538
2.2 Modulationsverfahren ... 540
2.3 Masteraufzeichnung ... 541
2.4 Der VHD-Bildplattenspieler ... 542

3 Die Vervielfältigung von Bildplatten ... 547
3.1 Die Herstellung der Preßmatrizen ... 547
3.2 Der Preßvorgang ... 549

4 Löschbare optische Plattenspeicher ... 551

G Grenzbereiche zwischen Videotechnik und Film ... 555

1 Der Film-Abtaster ... 557
1.1 Die Speicherröhren-Abtastung ... 557
1.2 Der Punktlicht-Abtaster – flying spot ... 558

1.3 Abtaster mit Halbleiter-Zeilensensoren 560
1.4 Die elektronische Farbkorrektur (colour-matching) 562

2 Die Nachsynchronisation mit videotechnischen Mitteln 566

3 Video-editing und Filmproduktion 568
3.1 Der Off-line-Schnitt mit Videobändern 569
3.2 Ein Off-line-Schnittverfahren mit Video-Disc 570
3.3 Die Nachbearbeitung der Schallaufzeichnung 571
3.4 Die Endbearbeitung nach dem On-line-Schnittverfahren 573
3.5 Die timecode-gestützte Endfertigung von Filmkopien 574
3.6 Nichtlineare Schnittsysteme 575

4 Die Filmaufzeichnung (FAZ) von Videosignalen 578
4.1 Die Aufzeichnung von einer Bildröhre 578
4.2 Das Separation-Verfahren von Technicolor/Vidtronics 579
4.3 Die Filmaufzeichnung nach dem System von Image-Transform 580
4.4 Das Triniscope-System 581
4.5 Das Laser-Beam-Recording-System von CBS 582
4.6 Das EBR-Verfahren von SONY, „Electronic-Beam-Recording" 584

5 „Electronic-Cinematography" – Die elektronische Bildaufnahme für den Kinofilm 586

6 Das „High-Resolution-Electronic-Intermediate-System" von KODAK 591

Literaturverzeichnis 594

Sachverzeichnis 599

A) Grundlagen

Einführung

Film und Fernsehen sind technisch/künstlerische Medien, die sich nicht allein durch die großen technischen Entwicklungen der letzten Jahrzehnte, sondern auch in der Folge ständiger Wechselbeziehungen zwischen künstlerischer Aufgabenstellung und Technik zu ihrer heutigen Vollkommenheit entwickelt haben. Der Knopfdruck auf das Fernsehgerät bringt uns heute täglich den „Film“ ins Haus. Aber was ist „Film“? – Film beginnt mit dem Laufbild, womit eigentlich nur ein technisches Phänomen gemeint sein kann. Dabei ist es unbedeutend, ob das Programm von einem fotografischen Film, einem Video-Magnetband oder einer Video-Platte abgespielt wird. Wir sprechen vom „Film“ und meinen aber im Grunde genommen damit das Programm. — Somit wäre es falsch, nach der Erfindung des „Films“ zu fragen; denn nur die Laufbildtechnik wurde erfunden. „Film“ — und das ist mehr als nur Technik — wurde nicht erfunden, sondern ist einfach geworden.

1 Als die Bilder laufen lernten

Im Jahre 1829 veröffentlichte J. A. F. Plateau seine Untersuchungen über die Nachbildwirkung, denen 1836 seine Gesetze des „stroboskopischen Effektes“ folgten. Plateau hatte folgendes wiederentdeckt:

Zerlegt man eine Bewegung, die in einer Sekunde stattfindet, in 16 einzelne bildmäßig dargestellte Phasen, und führt man diese 16 Bilder in derselben Zeit nacheinander dem Auge vor, so entsteht durch die Trägheit des Gesichtssinnes der Eindruck eines Bewegungsvorganges.

Auf dieser Entdeckung fußend konstruierte er 1832 einen Apparat, den er *Phenakistikop* nannte, und mit dem er die beschriebene Illusion einer Bewegung erzeugte. Das Gerät bestand aus einer geschlitzten Scheibe, auf der eine Vielzahl gezeichneter Phasenbilder angeordnet waren. Bei Drehung der Scheibe vor einem Spiegel, sah man das reflektierte Bild durch die Schlitze dieser Scheibe so, als ob es sich fortlaufend bewegte.

Abb. A1-1 Wundertrommel des Engländers W. G. HORNER (1834), auch „Zoetrop" genannt

Das gleiche Prinzip kam 1834 auch in der Wundertrommel des Engländers W. G. Horner zur Anwendung, die dieser unter dem Namen *Zoetrop* herausbrachte. Durch die Schlitze der Trommel blickte man auf die gegenüberliegende Innenseite (*Abb. A1-1*), wenn dieselbe in Rotation versetzt wurde. Die Bildphasen waren dabei auf eingelegte, auswechselbare Papierstreifen gezeichnet.

Erste Anfänge einer Bildprojektion finden wir bei dem Jesuitenpater Athanasius Kircher, der schon 1646 in seiner Schrift „Ars Magna Lucis et Umbrae" die *Laterna Magica* beschrieben hat. 200 Jahre später begann Franz v. Uchatius mit seinen Versuchen, ein sich bewegendes Bild zu projizieren. Er stellte eine Anzahl „Laterna Magica" in einem Halbkreis auf, richtete sie konzentrisch auf einen Wandschirm aus, füllte sie mit gezeichneten Diapositiven (Phasenbildern) und führte dahinter sehr schnell eine Fackel vorbei. Bei diesem Experiment entdeckte er, daß dort Bewegung entstand, wo die Bilder nacheinander aufleuchteten. Mit einem neu konstruierten Bildwerfer konnte er 1853 zwölf Bewegungsphasen projizieren, die er als Diapositive auf einer drehbar angeordneten Scheibe befestigt hatte. Die Darstellung eines bewegten Bildes auf einer Leinwand war eine Sensation, die gleichzeitig einem größeren Zuschauerkreis zugänglich war.

Allerdings handelte es sich immer noch um gezeichnete Phasenbilder. Für die Aufnahme und Wiedergabe dem wirklichen Leben entsprechender Laufbilder mußte erst noch eine andere Technologie — die Fotografie — entwickelt werden.

1.1 Von der „Heliographie" zur „Photographie"

Im Jahre 1727 entdeckte der Arzt J. H. Schulze durch Zufall die Lichtempfindlichkeit der Silbersalze. Er bemerkte, daß sich Gegenstände, die er in eine Mischung aus Kreideschlamm und Silbernitrat legte, selbst zur Abbildung brachten. Trotzdem dauerte es noch reichlich 100 Jahre bis zur Erfindung der „Heliographie" (Helios = Sonne, graphein = Schreiben, griech.).

Nicéphore Niepce gelang im Jahre 1822 der Schritt bis hart an die eigentliche Erfindung. Durch Senefelders Lithographie angeregt, suchte er neue Wege zur Herstellung von Druckplatten. Dabei entdeckte er, daß Firnis und Asphaltschichten lichtempfindlich sind. 1826 war er bereits so weit, daß er die Ansicht aus seinem Fenster mit der *Camera obscura* auf einer asphaltbeschichteten Zinnplatte abbilden und festhalten konnte. Die Belichtungszeit soll dabei acht Stunden betragen haben. Diese Aufnahme wurde als erste Heliographie bekannt.

Durch Vermittlung eines Optikers bekam Niepce mit dem Dekorationsmaler Louis Jaques Mandé Daguerre Kontakt, der durch sein „Diorama" bekanntgeworden war und noch erfolglos mit der Herstellung von Lichtbildern in der Camera obscura experimentierte. Im Jahre 1829 kam es zu einer vertraglich geregelten Zusammenarbeit. Vier Jahre später starb Niepce. Unter Verwendung aller Erfahrungen führte Daguerre zusammen mit Niepces Sohn Isidor das gemeinsam begonnene Werk fort. Obwohl es Daguerre gelang, die gemeinsame Erfindung zu vollenden, glückte es ihm nicht, aus der „*Daguerrotypie*" einen Erfolg zu machen. Erst als er Ende 1838 dem Naturforscher und Geographen Alexander von Humboldt sowie dem Physiker und Staatsmann Francois Arago sein Verfahren vorführen konnte, kam der Stein ins Rollen.

Am 7. Januar 1839 gab Arago die Erfindung vor der französischen Akademie der Wissenschaften bekannt. Die Veröffentlichung löste eine ungeheure Begeisterung aus. Die Daguerrotypie kam in Mode und wurde zu einer Manie. Man entwickelte eine Vielzahl von Apparaten und Zubehörteilen, die man auf den Markt brachte.

Die Arbeitstechnik war folgende: Eine polierte versilberte Kupferplatte wird in einem Kästchen Joddämpfen ausgesetzt, so daß eine hauchdünne Schicht *lichtempfindlichen Jodsilbers* entsteht. Daraufhin legte man die so präparierte Platte in eine Klappkassette ein und belichtete sie in der Camera obscura. Das dabei entstandene latente Bild wird durch Dämpfe von erwärmtem Quecksilber *entwickelt*. Es wird sichtbar, weil sich das Quecksilber nur an den vom Licht getroffenen Stellen niederschlägt. Mit heißer Kochsalzlösung — später verwendete man Natriumthiosulfat — *entfernte man das unbelichtete Jodsilber*. Nach abschließendem Waschen in warmem Wasser entstand ein gut sichtbares, allerdings seitenverkehrtes, positives Bild. Damit waren die Grundvoraussetzungen der Fotografie gefunden; nämlich:

a) *die lichtempfindliche Schicht auf Halogen-Silber-Basis*
b) *die Verstärkung des latenten Bildes durch Entwicklung*
c) *die dauerhafte Fixierung des Lichtbildes* durch Entfernung des unbelichteten Halogensilbers.

Fast zur gleichen Zeit erfand der Engländer H. F. Talbot das *Negativ-/Positivverfahren* und die physikalische Entwicklung mit Silberionen. Er tränkte Papier mit Silbernitrat, dann mit Kaliumjodid und behandelte es nach der Belichtung mit einer gallussäurehaltigen Höllensteinlösung.

Um das Jahr 1860 führte F. S. Archer das *Kollodium als Bindemittel* für Halogensilber ein (*nasse Kollodiumplatte*).

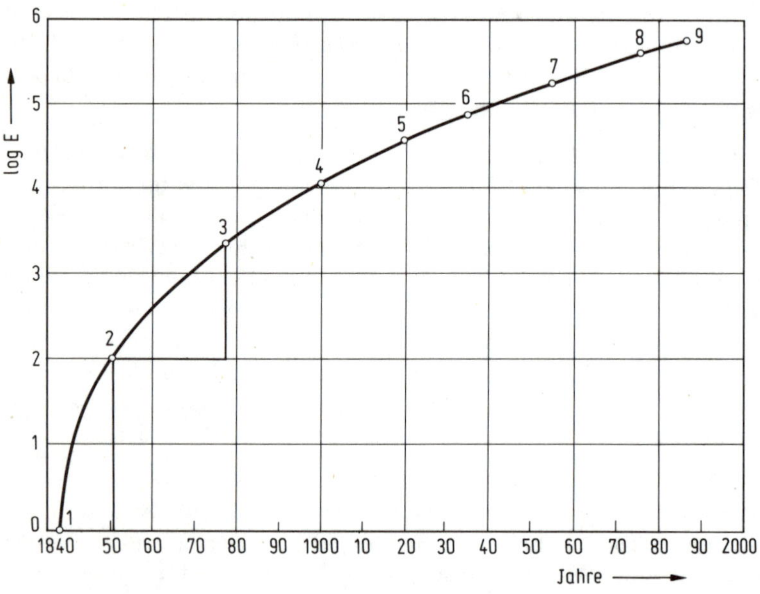

Abb. A1-2 Die Steigerung der Lichtempfindlichkeit fotografischer Schichten im Laufe der Jahre

1) 1839 Silberjodidschichten (Daguerre, Talbot)
2) 1851 Nasser Collodiumprozeß (Scott, Archer)
3) 1878 Silberbromid-(AgBr-)Gelatine (Maddox), Reifung (Bennet)
4) 1900 AgBr-Gelatine, weitere Verbesserungen, Jodid-Zusatz
5) 1920 AgBr-Gelatine, chemische Sensibilisatoren, spektrale Sensibilisation (Sheppard)
6) 1935 AgBr-Gelatine, Goldzusatz (Koslowsky)
7) 1955 AgBr-Gelatine, Optimierung der Arbeitsbedingungen
8) 1973 Heiß-Prozeß-Materialien
9) 1983 Doppel-Schicht-Farbfilme

Mit der Einführung der *Gelatine als Bindemittel*, auf die der englische Arzt R. L. Maddox etwa um 1880 zum ersten Male hingewiesen hatte, wurde die Herstellung von *Trockenplatten* und damit der Beginn einer fotografischen Industrie möglich. Mittlerweile konnte man auch nach der Entdeckung des Reifeprozesses durch C. Bennet 1878 und durch die Verwendung von Ammoniak bei der Emulgierung (E. V. Monckhoven, J. M. Eden) eine wesentliche Steigerung der Empfindlichkeit erreichen [1].

Untersuchungen von H. Lüppo-Cramer über die Anwendung einer zweiten oder auch *Nachreifung* sowie Arbeiten von Sheppard (1925) über die Wirkung von Schwefelverbindungen erschlossen das Gebiet der *chemischen Sensibilisierung*. Hierzu lieferte R. Koslowski 1935 einen besonderen Beitrag mit der Erfindung des *Goldeffektes*. Etwa zur gleichen Zeit fand E. Birr die besondere Wirksamkeit der Aza-Indolizine zur Stabilisierung fotografischer Emulsionen. Hierdurch konnte man den Goldeffekt nun voll nutzen und die Empfindlichkeit nochmals um den zwei- bis vierfachen Wert steigern.

Die Bedeutung der einzelnen Entdeckungen ist am besten aus *Abb. A1-2* zu entnehmen, in der die Steigerung der Empfindlichkeit fotografischer Schichten im Verlaufe der letzten 140 Jahre dargestellt ist.

Neben der ständigen Steigerung der Empfindlichkeit fotografischer Materialien galt es aber auch deren „Farbenblindheit" zu beseitigen. 1873 erfand H. W. Vogel die *optische Sensibilisierung*. Bis dahin waren alle bekannten Halogen-Silber-Emulsionen nur monochromatisch gewesen, das heißt nur für blaues und violettes Licht empfindlich. Vogel gelang es, die Emulsionen durch Zusatz bestimmter Farbstoffe auch für Licht anderer Farben empfindlich zu machen.

Als erster erkannte 1911 R. Fischer [2] die Möglichkeit, bei der Reduktion des Silber-Halogenids das entstehende Oxydationsprodukt der Entwicklersubstanz gleichzeitig zur Bildung blaugrüner, purpurner und gelber Farbstoffe einzusetzen. Auf diese Weise konnte er in einem Entwicklungsgang alle drei für den Aufbau eines farbigen Bildes erforderlichen Farben darstellen. Wenn er auch seine Entdeckung nur zur Herstellung einfarbiger Papierbilder benutzte, so beschrieb er aber in seinem Patent zum ersten Male die Möglichkeit des Aufbaues eines Drei-Schichten-Farbfilmes, bei dem jede Emulsionsschicht für ein Drittel des sichtbaren Lichtes empfindlich sein und eine *Farbkupplungskomponente* enthalten sollte. Immerhin dauerte es noch gut zwanzig Jahre, bis die *chromogene Entwicklung* nach Fischer zum ersten brauchbaren Farbfilm führte.

In Amerika waren es 1935 Mannes und Godowsky, die das Prinzip von Fischer erstmals in ihrem „Kodachromverfahren" anwendeten. Sie ließen nach einer äußerst komplizierten Methode Entwickler und Farbkuppler durch *gerichtete Diffusion* aufeinanderfolgend jeweils in alle drei, die oberen zwei und nur die oberste der drei übereinanderliegenden und verschieden sensibilisierten Emulsionsschichten eindringen.

Abb. A1-3 Farbempfindliche Doppelschicht mit flachen hochempfindlichen und kompakten niederempfindlichen Silberhalogenid-Kristallen

Fast zum gleichen Zeitpunkt fanden Wilmans, Kumetat, Froehlich, Schneider und Brodersen in den Laboratorien der Agfa in Wolfen einen Weg, die *Farbkuppler diffusionsecht* zu machen. Auf diese Weise wurde es möglich, Farbkuppler in die jeweilige Emulsionsschicht fest einzulagern.

Nach der Katastrophe von 1945 setzte allerorts eine rege Weiterentwicklung der Farbfilmtechnik ein, die in den 50er und 60er Jahren zu einer Optimierung der Verarbeitungsbedingungen und Prozesse führte und eine laufende Steigerung der Qualität bezüglich Farbwiedergabe, Auflösung und Empfindlichkeit zur Folge hatte.

Anfang der 70er Jahre gelang der Kodak mit der Einführung der Heißprozesse (ECN-2, ECP-2 und VNF) wiederum eine erhebliche Verbesserung der Aufnahme- und Kopiermaterialien, die schließlich auch die Möglichkeit brachte, im Bereich der Fernseh-Filmproduktion den bis dahin vorwiegend verwendeten 35-mm-Farbfilm durch das 16-mm-Format abzulösen.

Intensive Forschungen führten in den 80er Jahren zu den sogenannten „Doppelschicht-Filmen“, bei denen man jeweils flache und kompakte Silberhalogenid-Kristalle in getrennten Schichten auf den Film bringt (*Abb. A1-3*). In Verbindung mit dieser neuen *Emulsionstechnologie* (oft auch als *T-Grain-Technik* bezeichnet), der Zweiteilung der Schichten und der Verwendung von DIR-Farbkupplern gelang es, trotz einer weiteren Steigerung der Empfindlichkeit der Materialien, die Körnigkeit bei den bildwichtigen und helleren Tönen extrem gering zu halten. Zwischen den Doppelschichten liegen Trennschichten mit eingelagerten aktiven Wirkstoffen (sogenannte Weißkuppler), die eine ungewollte Farbstoffbildung in den Nachbarschichten vermindern und somit für eine saubere Farbtrennung sorgen. Filmmaterialien verfügen heute über 10 bis 12 einzelne Schichten, die in einem Arbeitsgang auf den Schichtträger gegossen werden.

1.2 Die Entstehung des Kinematographen

Man erzählt, eine Wette zwischen dem Gouverneur von Kalifornien, Leland Stanford, und einem seiner Freunde habe im Jahre 1877 Eadweard Muybridge dazu

Abb. A1-4 Elektrischer Schnellseher, System Anschütz (1892)

angeregt, seine berühmtgewordene *Kamerareihe* aufzubauen. Man wollte wissen, ob ein galoppierendes Pferd alle vier Beine zur gleichen Zeit vom Boden löst. Zu diesem Zwecke stellte Muybridge 24 Kameras nebeneinander in einer Reitbahn auf. Das galoppierende Pferd zerriß nacheinander 24 quergespannte Zwirnsfäden und löste damit die Verschlüsse der Kameras aus. Auf diese Weise erhielt er einzelne Phasenbilder der Galopp-Bewegung und fügte sie zu einem *Reihenbild* zusammen. Muybridge war ein Analytiker der Bewegung, jeglichen Bewegungsvorgang schnitt er in „Scheiben“ und sein Erfolg war international.

In Deutschland hatte Ottomar Anschütz von den Versuchen Muybridges gehört. Er ging bereits einen Schritt weiter und entwickelte einen elektrischen Schnellseher, den die Firma Siemens von 1892 bis 1895 in 78 Exemplaren herstellte und der unter dem Namen *Tachyskop* bekannt wurde. Eine Serie von 24 Aufnahmen wurde nacheinander von einer spiralförmigen Geißler-Röhre beleuchtet. Diese bemerkenswerte Idee gilt heute als die Vorstufe der modernen stroboskopischen Fotografie. Sie regte damals die Experimente mit der Projektion bewegter Bilder an (*Abb. A1-4*).

In Frankreich befaßte sich etwa zur gleichen Zeit Jules Marey, Professor der Physiologie in Paris, auch mit der Fixierung der Bewegung von Tieren und besonders von Vögeln. Von 1888 an experimentierte er mit Zelluloidfilmen, und es gelang ihm schließlich bereits 100 Bilder/Sekunde aufzunehmen. Seine Kamera besaß bereits einen großen Vorteil gegenüber den Apparaten von Muybridge und Anschütz, sie war transportabel.

An dieser Stelle überschneiden sich wohl zum ersten Male die Chronik der Bildherstellung mit der der Projektion von Bildern in einer Weise, die nicht mehr klar erkennen läßt, aus welcher Entwicklungsreihe heraus der Anstoß zur Herstellung des ersten „Filmes" kam, jenes Zelluloidstreifens nämlich, der sehr viel später einem ganzen Medium seinen Namen gab.

Wenn auch der amerikanische Geistliche Hannibal Goodwin 1887 den Zelluloid-Film erfunden hatte, so war es doch George Eastman, der dieser Entdeckung mit der Erfindung des Rollfilmes 1888 zum Durchbruch verhalf. Eastman wurde zum Begründer der Amateurfotografie. Er hatte keine Ambitionen, sich mit den Problemen der Kinematographie zu beschäftigen.

Diese Verbindung kam durch W. K. Laurie Dickson, einem Mitarbeiter von Thomas Alva Edison zustande. Allerdings ist es ein Kuriosum, daß Edison, als er den „Film" forderte, lediglich an eine Verbesserung seines Phonographen dachte, bei dem er Musik und Sprache durch das Bild ergänzen wollte [3]. Im Jahre 1888 hatte man in den Edison-Laboratorien die erste Aufnahmekamera hergestellt. Am 6. Okto-

Abb. A1-5
Das „Kinetoskop", ein Betrachtungsapparat für Edison-Filme (1891)

ber 1889 fand die erste Wiedergabe als Laboratoriumsversuch statt und kurz darauf konnte man bereits mit der Produktion kurzer Spielfilmstreifen beginnen, die keine Reihenbilder mehr zeigten, sondern Laufbilder, echte Ausschnitte bewegten Lebens. 1891 meldete Edison den *Kinetograph* als Aufnahmekamera und das *Kinetoskop* (*Abb. A1-5*) als Betrachtungsapparat zum Patent an. In seinem eigenen Atelier stellte er mit einer Kamera, die auf Schienen bewegt werden konnte, Filme her, die bereits 600 Einzelbilder zeigten. Die Filmstreifen perforierte er mit 4 Löchern pro Bild, um guten Bildstand und gleichmäßig exakten Filmtransport zu erreichen. Das Kinetoskop lief als der seiner Zeit beste kinematographische Betrachtungsapparat um die Welt. Edison gab aber die Entwicklung, aus dem Betrachtungsapparat einen Projektionsapparat zu machen, auf, als ihm eine brauchbare Konstruktion nicht schnell genug gelang.

Die Gebrüder Lumière, die in Lyon eine Fabrik für fotografische Produkte aller Art besaßen, gingen, nach guter Kenntnis der Arbeiten von Anschütz und Edison als erste daran, einen Apparat zur Filmaufnahme und -projektion zu entwickeln. Nach langen Vorarbeiten wurde ihnen am 13. 2. 1895 die „Erfindung einer Nacht" patentiert. Die Lumières gaben dem Filmstreifen das internationale „Edison-Format", die Edison-Perforation und als wichtigste technische Einzelheit führten sie den exzentrisch angetriebenen Greifer ein, der das Filmband transportierte. Am 22. 3. 1895 zeigten sie in Paris, Rue de Rennes 44, vor der Gesellschaft zur Förderung der nationalen Industrie ihren ersten Film: „Arbeiter verlassen die Lumière-Werke". Daraufhin folgten weitere Vorführungen vor geladenen Gästen, bis sie am 28. 12. 1895 im „indischen Salon" des Grand Café auf dem Boulevard des Capucines 14 in Paris ihre *erste öffentliche Vorführung* veranstalteten (*Abb. A1-6*).

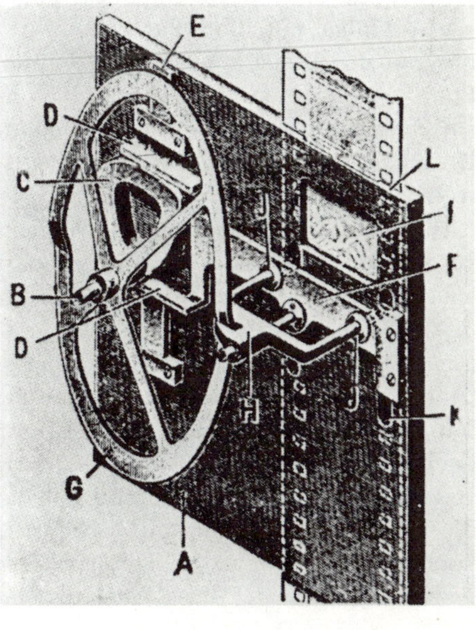

Abb. A1-6
Die „Erfindung einer Nacht", Greiferkonstruktion der Gebrüder Lumière (1895)

1.3 Die Anfänge des Fernsehens

Nicht so weit zurück reichen die Anfänge des Fernsehens. Im Jahre 1817 hatte Berzelius das Selen gefunden, dessen Lichtempfindlichkeit 1873 durch einen Zufall von C. May und W. Smith entdeckt wurde. Sie fanden, daß der elektrische Widerstand des Selens bei Lichteinwirkung abnimmt, während er bei Verdunklung des Raumes ansteigt. Auch Alexander Graham Bell, der Erfinder des elektromagnetischen Telefons hörte 1877 in London davon und kam auf die Idee, den lichtelektrischen Effekt des Selens in Verbindung mit seinem Telefon anzuwenden. Am 15.2.1880 demonstrierte Bell zusammen mit seinem Mitarbeiter Tainter das erste Lichttelephon der Welt, das er Photophon nannte (*Abb. A1-7*). Dabei gelang es ihm unter Verwendung natürlichen Sonnenlichtes eine so komplizierte Lichtschwingung, wie sie für die Übertragung von Sprache notwendig ist, herzustellen und ohne Drahtverbindung in einer Entfernung von etwa 215 Metern durch ein fotoelektrisches Selen-Element wieder in elektrische Schwingungen zu verwandeln und hörbar zu machen. Man erzählt, Bell habe auch den Gedanken gehabt, ein *telegrafisches Sehen* zu entwickeln. Doch die Bell-Telephon-Gesellschaft hatte in jener Zeit genug Probleme, das Telephon durchzusetzen, so daß sich Bell sicher nicht ernsthaft mit der Idee des Fernsehens befassen konnte.

Um das Jahr 1875 machte der Amerikaner Carey einen Vorschlag zur Bildübertragung (*Abb. A1-8*), nach dem das zu übertragende Bild senderseitig einem Zellenraster aufgeprägt werden sollte, das über eine Vielzahl von Leitungen am Empfangsort eine Batterie aus Bildelementen zum Ansprechen brachte.

Im Gegensatz hierzu veröffentlichte der Franzose Senlecq 1881 in seinem Buch *Le Télectroscope* die Idee, die geberseitige Bildvorlage mit einer Selenspitze abzutasten. Am Empfangsort sollte synchron mit dem „Selenpunkt“ im Sender ein weicher Bleistift über ein Blatt Papier geführt werden. Durch elektromagnetische Kräfte drückte der Bleistift gegen das Papier und erzeugte damit dunkle und hellere Punkte. — In einem zweiten Vorschlag verwendete Senlecq sowohl sender- wie empfangsseitig auch eine Vielzellentafel und führte bei beiden Stationen einen Umschalter ein, der nacheinander jede einzelne Zelle an die Fernleitung schalten sollte.

Die Grundgedanken von Senlecq brachten die Idee des Fernsehens ein gutes Stück voran, weil man eine Vielzahl von Leitungen nunmehr auf eine reduzieren konnte. Hiervon beflügelt kam dem Berliner Paul Nipkow 1884, wie er später berichtete, ... „die *Generalidee des Fernsehens*“ [4]. Er stellte sich ein Bild mosaikartig in Punkte und Zeilen zerlegt vor, das von einer spiralig gelochten Scheibe abgetastet wurde (*Abb. A1-9*). Dabei entstanden Serien von Lichtpunkten, die — in elektrische Impulsserien umgewandelt — im Empfänger wieder mit einer gleichlaufenden Lochscheibe zu einem Bilde zusammengesetzt werden konnten. All diesen Gedanken lag die Überlegung zugrunde, daß das Fernsehen nur gelingen konnte, wenn man die Trägheit des Auges ausnutzte. Nipkow erhielt auf die nach ihm benannte Lochscheibe, die er als „*elektrisches Teleskop*“ bezeichnete, das Deutsche Reichspatent No.: 30 105.

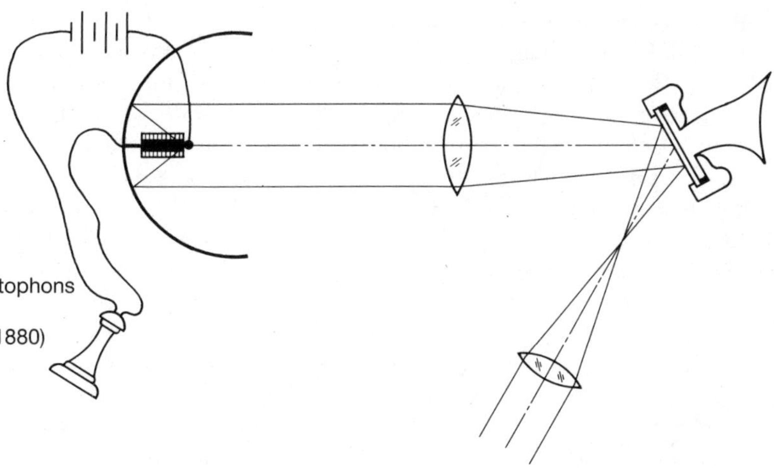

Ab. A1-7
Prinzip des Photophons
nach Alexander
Graham BELL (1880)

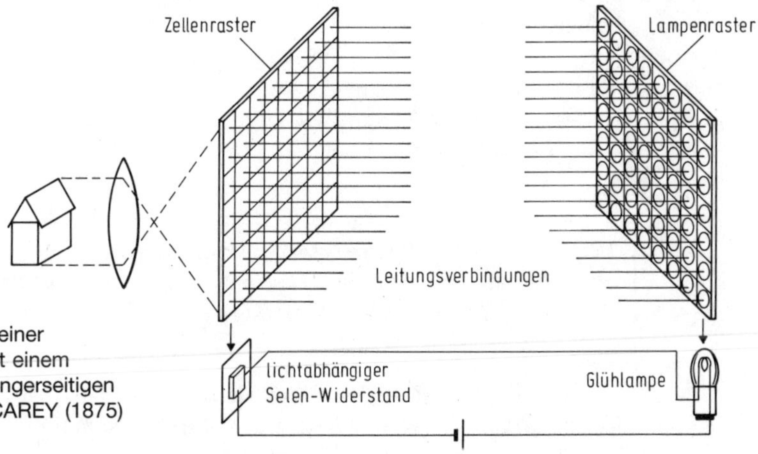

Abb. A1-8 Prinzip einer Bildübertragung mit einem sender- und empfängerseitigen Zellenraster nach CAREY (1875)

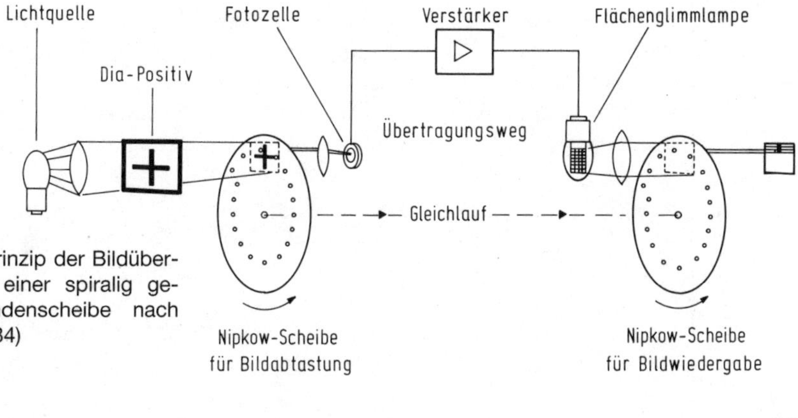

Abb. A1-9 Prinzip der Bildübertragung mit einer spiralig gelochten Sondenscheibe nach NIPKOW (1884)

Wiedergabeseitig benutzte Nipkow keine gewöhnliche Glühlampe, sondern eine Glimmlampe mit großer Leuchtfläche, um die Trägheit des Glühfadens auszuschalten. Bald zeigte sich auch, daß für eine Bildzerlegung mit Nipkow-Scheibe eine sehr große Lichtmenge erforderlich war, die sich nur mit sehr hellen, direkt auf die Nipkow-Scheibe projizierten Bildvorlagen erreichen ließ. Die direkte Abtastung von Szenen, zum Beispiel aus einer Studiodekoration, war daher mit der Lochscheibe unmöglich. Mit einigem Aufwand war man lediglich in der Lage, das Brustbild einer Person, die zu einem aktuellen Ereignis einen Kommentar sprach, zu übertragen. Hierzu mußte der Sprecher in einer engen Kabine auf einer vorbezeichneten Stelle Platz nehmen und sich blendender Helligkeit bei der extremen Hitze der Scheinwerfer aussetzen. — Die Umkehrung des Systems brachte später eine einschneidende Verbesserung, als man dazu überging, das Licht in seiner Gesamtheit nicht auf die Person zu richten, sondern hinter der Lochscheibe zu positionieren, so daß die Person nur noch mit einer punktförmigen Lichtsonde extremer Helligkeit abgetastet werden konnte, während sich die Fotozellen in der Abtastkabine befanden.

Eine weitere Verbesserung konnte schließlich durch Abtastung und Wiedergabe mit einem Spiegelrad erreicht werden, dessen Grundprinzip Weiller 1889 angegeben hatte. Das Spiegelrad zeichnete sich vor allem durch einen besseren licht/optischen Wirkungsgrad gegenüber der Nipkow-Scheibe aus. Weiller ordnete viele kleine Spiegel am Rande eines Rades an, das durch einen Motor in Drehung versetzt wurde. Die Spiegel waren dabei so angeordnet, daß sie beim Auftreffen des gebündelten Lichtstrahls einer Lichtquelle (— bei der Wiedergabe war es eine Flächenglimm-

12. Ueber ein Verfahren zum Demonstration und zum Studium des zeitlichen Verlaufes variabler Ströme; von Ferdinand Braun.

1. Die im Folgenden beschriebene Methode benutzt die Ablenkbarkeit der Kathodenstrahlen durch magnetische Kräfte. Diese Strahlen wurden in Röhren erzeugt, von deren einer ich die Maasse angebe, da mir diese die im allgemeinen günstigsten zu sein scheinen (Fig. 1). *K* ist die Kathode aus Aluminiumblech, *A* Anode, *C* ein Aluminiumdiaphragma; Oeffnung des Loches = 2 mm. *D* ein mit phosphorescirender Farbe überzogener Glimmerschirm. Die Glaswand *E* muss möglichst gleichmässig und ohne Knoten, der phosphorescirende Schirm

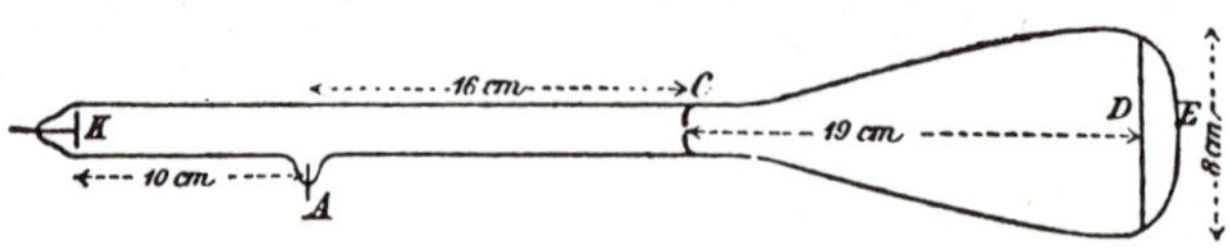

Fig. 1.

Abb. A1-10 Aus BRAUNs erster Veröffentlichung vom 15. Februar 1897

lampe —) den entstehenden Lichtpunkt in einer seitlichen Bewegung horizontal über die Zeile führten, so daß die Hell/Dunkel-Werte nebeneinander abgetastet bzw. geschrieben werden konnten. Zur Darstellung des vertikalen Zeilenverlaufes waren die Spiegel jeweils gegeneinander von Zeile 1 bis Zeile n ansteigend um einen bestimmten Winkel versetzt, so daß jedem einzelnen Spiegel die Aufgabe zufiel, nur jeweils eine Zeile zu schreiben. — Trotz vieler, bemerkenswerter Fortschritte blieb eine Abtast- oder Wiedergabeeinrichtung mit Nipkow-Scheibe oder Spiegelrad ein technisches Monstrum.

Mit dem Übergang von den mechanischen Methoden der Bildübertragung zum elektronischen Fernsehen begann etwa um das Jahr 1930 eine spektakuläre Entwicklung, die sich in einer nahtlosen Kette bis heute fortgesetzt hat.

Der Straßburger Professor Ferdinand Braun hatte schon 1897 „ein Verfahren zur Demonstration und zum Studium des zeitlichen Verlaufes variabler Ströme" — die Braunsche Katodenstrahlröhre — erfunden (*Abb. A1-10*). Anfangs ließ sich der Strahl nur nach oben oder unten ablenken, so daß man für die horizontale Darstellung einen Drehspiegel benutzen mußte. Später fügte dann Zenneck ein zweites elektromagnetisches Feld für die horizontale Strahlablenkung hinzu. In der weiteren Folge führten dann die Einführung einer statischen Ablenkung und die magnetische oder elektrostatische Bündelung des Katodenstrahles durch eine „*Elektronische Linse*" zur heutigen Oszillographen-Röhre.

1906 war der Wiener Robert von Lieben auf den Gedanken gekommen, die Stärke eines Katodenstrahls auf dem Wege zur Anode durch eine Gitterelektrode, die keinen Strom verbraucht, zu steuern. Er meldete 1912 ein grundlegendes Patent „zur Verstärkung von Telefonströmen" an und die Firma AEG baute diese Röhren. Wegen der Quecksilberdampffüllung waren die Lieben-Röhren jedoch nicht für alle Zwecke brauchbar, so daß AEG bald auf Verstärkerlampen, später Verstärkerröhren genannt, umstellte, aus denen nach Erfahrungen von Edison, Fleming und Lee de Forest die Luft völlig entfernt worden war. Aufgrund bahnbrechender Arbeiten von Schottky und Rukop entstand hieraus die Hochvakuumröhre.

Das elektronische Fernsehen begann in Europa, als Manfred von Ardenne am 14. 12. 1930 das Experiment gelang, die Braunsche Röhre nicht nur zur Wiedergabe des übertragenen Bildes, sondern auch zur Abtastung von Gegenständen oder Diapositiven mit einem fein gebündelten Elektronenstrahl nach dem „Flying-Spot"-Verfahren zu benutzen.

In den Vereinigten Staaten von Amerika hatte sich Vladimir Zworykin mit ähnlichen Problemen befaßt. Er meldete schon 1923 in den USA ein Patent „auf die Braunsche Röhre als Abtaster für Filme und Diapositive" an. Dieses „Flying-Spot"-Abtastverfahren, das Manfred von Ardenne 1930 erstmals im Betrieb zeigen konnte, wird heute noch weltweit bei vielen Film- und Diapositiv-Abtastern benutzt.

Mit der Entwicklung des *Ikonoskops* wollte Zworykin (1932) die Verhältnisse im menschlichen Auge nachbilden. Er schuf auf einer Kondensatorplatte Millionen kleinster, lichtempfindlicher Elementarkondensatoren, die eine den Rezeptoren des Auges vergleichbare Funktion haben sollten. Bei Darstellung eines Bildes auf dieser Kondensatorplatte nehmen die Elementarkondensatoren je nach Helligkeit des ein-

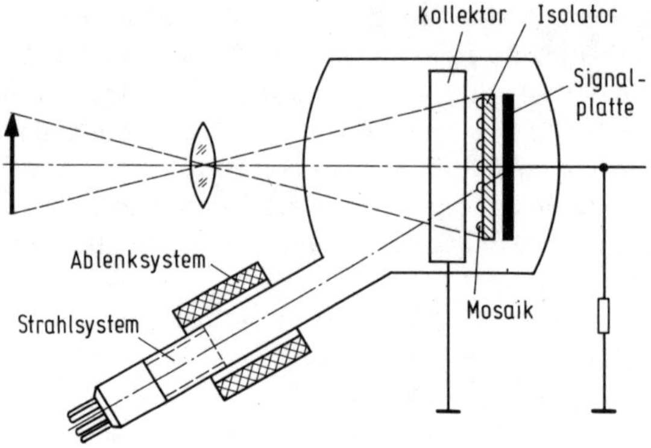

Abb. A1-11
IKONOSKOP-Bildwandlerröhre mit Ladungsspeicherung nach ZWORYKIN

zelnen Bildpunktes unterschiedliche Ladungen auf. Es entsteht somit ein *Ladungsbild*, das bei Abtastung mit einem Elektronenstrahl zu einem Bildsignal führt. Damit war der Weg für die Entwicklung moderner Bildwandlerröhren frei (*Abb. A1-11*).

2 Vom Wesen des Lichtes

Isaac Newton stellte 1669 die Emissions- oder Korpuskulartheorie des Lichtes auf. Sie war eine Weiterentwicklung der Vorstellungen der Antike. Er nahm an, daß das Licht aus winzig kleinen Teilchen besteht, die von den Lichtquellen ausgesandt werden, und die zum Beispiel in unserem Auge eine Lichtempfindlichkeit hervorrufen [5].

Dieser Theorie stellte 1678 der Holländer Christian Huygens seine Undulationstheorie entgegen, wonach Licht eine Wellenerscheinung sei. Lichtwellen sollten nach Huygens aus den Schwingungen eines hypothetischen Mediums — dem „Lichtäther" — bestehen.

Die Diskrepanz der beiden Vorstellungen vom Wesen des Lichtes schaffte James C. Maxwell 1871 mit der Begründung der elektromagnetischen Lichttheorie zunächst aus der Welt. Er betrachtete das Licht als eine Zusammenstellung elektrischer und magnetischer Schwingungen derselben Art wie die elektromagnetischer Wellen, die man mit einem oszillierenden elektrischen Schwingungskreis erzeugen konnte. Aber auch mit der elektromagnetischen Lichttheorie ließen sich nicht alle später entdeckten Wirkungen des Lichtes deuten. So konnte beispielsweise keine Erklärung des fotoelektrischen Effektes, wie wir ihn von fotoelektrischen Wandlern (Fotozellen, Fotoelemente) her kennen, gefunden werden.

Am Anfang des 20. Jahrhunderts entwickelte Max Planck die Quantentheorie, wonach bei jeder Strahlung Energie in bestimmten, abgemessenen und sehr kleinen Mengen ausgesendet wird. Diese Energiemengen bestimmter Größe nennt man Photonen oder auch Lichtquanten. Mit der Quantentheorie war die Emissionstheorie von Newton in veränderter Form wieder aufgetaucht. Aber wie verhielt es sich nun mit dem Wellencharakter des Lichtes, mit dem man fast alle seine Eigenschaften, bis auf wenige Ausnahmen, erklären konnte?

Erst Louis de Broglie und Erwin Schrödinger konnten 1925 mit ihrer Theorie der *Wellenmechanik* den doppelseitigen Charakter der Strahlung erklären. Danach verhält sich Licht, soweit es sich um die Wechselwirkung mit der Materie handelt (Auge, Fotozelle, fotografische Schicht) so, als ob es aus Quanten bestünde. Dabei können jedoch die Anzahl der Quanten, die durchschnittlich je Zeiteinheit auf eine Oberfläche treffen, mit der Wellentheorie richtig berechnet werden. Wir können demnach Licht als eine Wellenbewegung auffassen, die sich geradlinig fortpflanzt und dabei Energie mit sich führt. Licht ist also transportierte Energie, die dann — wenn sie absorbiert wird — in andere Energieformen (zum Beispiel Wärme, elektrische Energie) verwandelt werden kann.

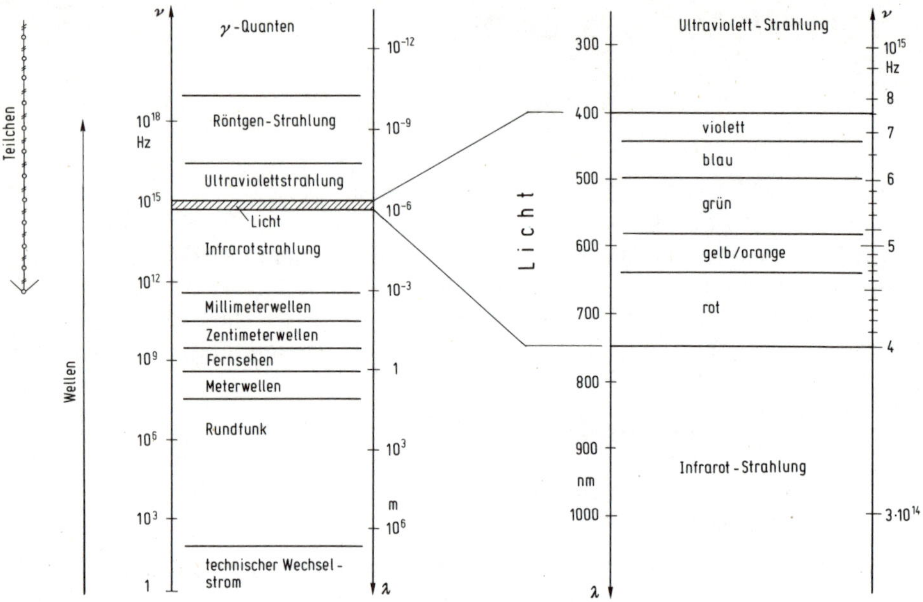

Abb. A2-1 Bereich der elektromagnetischen Schwingungen

2.1 Die Wellenlänge des Lichtes

Elektromagnetische Wellen, deren Wellenlänge zwischen etwa 300 μm (1 μm = 10^{-6} m) und 20 nm (1 nm = 10^{-9} m) liegt, werden als Lichtwellen bezeichnet (*Abb. A2-1*). Der Bereich der sichtbaren Lichtstrahlung umfaßt das Gebiet von 400 nm bis 760 nm. Längere Wellen sind Wärmewellen (infrarot und ultrarot), kürzere Wellen lösen als ultraviolette Strahlung vorwiegend chemische Wirkungen aus.

2.2 Die Lichtgeschwindigkeit

Die Fortpflanzungsgeschwindigkeit aller elektromagnetischen Wellen beträgt im leeren Raum 299 793 km/s, das heißt ungefähr 300 000 km/s. Beim Durchgang durch einen Körper werden die Wellen von der Struktur seiner Moleküle beeinflußt. Deshalb ist die Lichtgeschwindigkeit in verschiedenen Stoffen unterschiedlich.

2.3 Lichtbrechung

Tritt ein Lichtstrahl aus einem Medium in ein zweites Medium anderer optischer Dichte, so wird der Lichtstrahl abgelenkt oder gebrochen. Der Quotient aus dem Sinus des Einfallswinkels im ersten Medium durch den Sinus des Brechungswinkels im zweiten Medium wird als Brechungsexponent bezeichnet. Er ist das Verhältnis der Ausbreitungsgeschwindigkeit in beiden Medien.

$$n = \frac{\sin \alpha}{\sin \beta} = \frac{c_1}{c_2} = \frac{\lambda_1}{\lambda_2}$$

n = Brechungsexponent
c = Ausbreitungsgeschwindigkeit
λ = Wellenlänge des Lichtes

2.4 Reflexion

Gelangt das Licht auf seinem Wege an einen Körper, so kann es entweder hindurchgelassen, abgebeugt, absorbiert oder auch reflektiert werden. Beim Rückstrahlen des Lichtes gilt für ebene Flächen, daß der Einfalls- und der Reflexionswinkel gleich sind. Außerdem liegen der einfallende und der gespiegelte Lichtstrahl mit dem Einfallslot in einer Ebene. Das Verhältnis des von einem Körper reflektierten Lichtes zur Intensität des auffallenden Lichtes heißt Reflexionsvermögen.

2.5 Farbenzerstreuung und Spektrum

Ein weißer Lichtstrahl kann durch Brechung in einem Prisma in seine Grundfarben zerlegt werden. Vollkommen weißes Licht ist aus Licht unendlich vieler Farben zusammengesetzt. Licht verschiedener Farbe wird bei gleichem Einfallswinkel verschieden stark gebrochen. Die Brechbarkeit wächst mit zunehmender Schwingungszahl, das heißt mit kleiner werdender Wellenlänge. Licht einer bestimmten Wellenlänge ist nicht weiter zerlegbar. Man nennt es monochromatisch und bezeichnet es nach der Art seiner Erzeugung auch als spektrales Licht.

2.6 Grundbegriffe der Lichttechnik

Lichtmenge, Lichtstrom, Lichtstärke, Beleuchtungsstärke und Leuchtdichte sind Grundgrößen, durch die das lichttechnische Maßsystem definiert ist. Sie berücksichtigen die unterschiedliche Empfindlichkeit des Auges für verschiedene Wellenlängen des Lichtes und gehen damit auf die spektrale Hellempfindlichkeit des Auges ein.

2.6.1 Lichtmenge

Die Lichtmenge Q ist die nach der Hellempfindlichkeit des Auges bewertete Lichtenergie, die von einer Lichtquelle ausgesandt oder auch von einem beleuchteten Körper empfangen wird. Sie entspricht dem Lichtstrom in einer bestimmten Zeiteinheit. Es gilt folgende Beziehung:

$$Q = \Phi \cdot t$$

Q = Lichtmenge
Φ = Lichtstrom in Lumen
t = Zeit in Stunden

2.6.2 Der Lichtstrom und der Raumwinkel

Der Lichtstrom Φ ist die Lichtleistung, also der Quotient der in der Zeit t ausgesandten oder empfangenen Lichtenergie Q und der Zeitdauer der Aussendung (bzw. Einstrahlung). Die Zeit wird dabei in Stunden eingesetzt. Der Lichtstrom wird in Lumen (lm) gemessen.

$$\Phi = \frac{Q}{t}$$

Der Lichtstrom erfüllt den Raum im allgemeinen nicht gleichmäßig, sondern mit einer in verschiedenen Richtungen unterschiedlichen Dichte. Zur Darstellung dieser Tatsache bedarf es einer zweckmäßigen Raumaufteilung. Mit einer „winkeligen" Aufteilung des Raumes (*Abb. A2-2*) findet der Strahlencharakter des Lichtes Berücksichtigung. Ein nach einer Fläche F gerichtetes Strahlenbüschel schneidet aus dem Raum einen trichterförmigen Ausschnitt heraus, der vom Lichtstrom Φ erfüllt ist. Die Spitze dieses Kegels liegt im Lichtquellpunkt L und sein Mantel ist durch die nach der Umrandungslinie von F gezogenen Strahlen gegeben. Einen solchen Raumausschnitt nennt man *Raumwinkel*. Wie der ebene Winkel als Bogen auf dem Einheitskreis gemessen wird, so wird der Raumwinkel als Fläche auf der Einheitskugel dargestellt. Liegt die beleuchtete Fläche F im Abstand r vom Lichtquellpunkt L und ist sie ein Stück der Kugeloberfläche zu r, dann ergibt sich der zugehörige Raumwinkel zu:

$$\omega = \frac{F}{r^2}$$

Im System der lichttechnischen Grundgrößen kann man den Raumwinkel auch als eine „geometrische Dimension" verstehen.

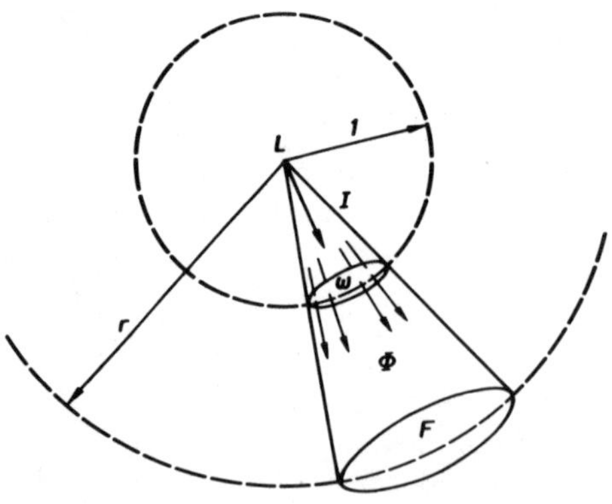

Abb. A2-2
Beziehungen zwischen Raumwinkel ω, Lichtstrom Φ und Lichtstärke

2.6.3 Die Lichtstärke

Je größer der Lichtstrom Φ und je enger der Raumwinkel ω wird, um so größer wird die Intensität der Lichtstrahlung von L in Richtung auf F. Damit ergibt sich die Intensität oder die *Lichtstärke* zu

$$J = \frac{\Phi}{\omega} \text{ (cd)}$$

Die Einheit der Lichtstärke ist 1 Candela (cd). Ein schwarzer Körper (s. Abschn. 2.6.6) strahlt bei einer absoluten Temperatur von 2042 °K (Schmelztemperatur des Platins) pro cm^2 ebener Oberfläche eine Lichtstärke von 60 Candela ab.

2.6.4 Beleuchtungsstärke

Trifft der Lichtstrom einer Lichtquelle auf eine Fläche, dann wird diese mehr oder weniger hell beleuchtet (*Abb. A2-3a+b*). Die Intensität, mit der dies geschieht, bezeichnet man als *Beleuchtungsstärke*. Sie wird angegeben als das Verhältnis zwischen Lichtstrom und Fläche. Die Einheit ist das Lux. Eine Beleuchtungsstärke von 1 Lux (lx) ist gegeben, wenn eine Fläche von 1 m^2 mit einem Lichtstrom von 1 Lumen bestrahlt wird.

$$E = \frac{\Phi}{F} \text{ (lx)}$$

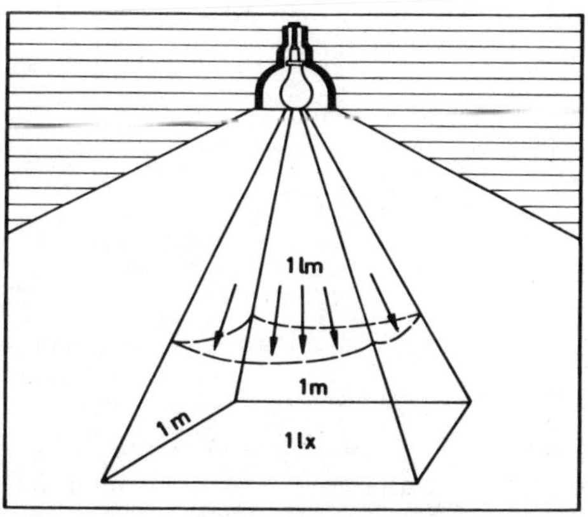

Abb. A2-3a Der Lichtstrom pro Flächeneinheit ergibt das Maß für die mittlere Beleuchtungsstärke (gemessen in Lux)

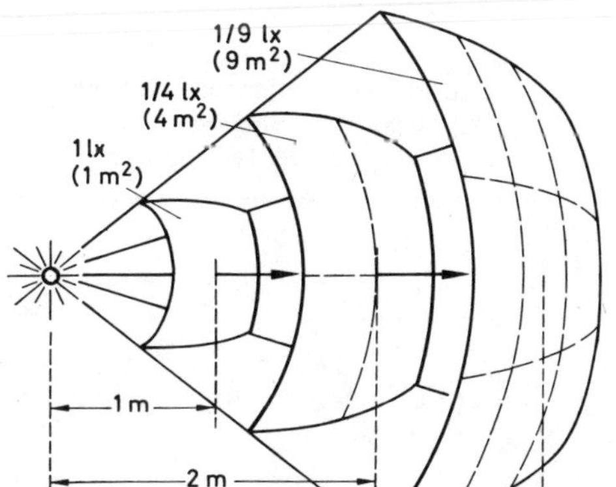

Abb. A2-3b Zusammenhang zwischen der Beleuchtungsstärke und der Entfernung der Lichtquelle

2.6.5 Die Leuchtdichte

Die Leuchtdichte ist die Lichtstärkedichte einer lichtabgebenden Fläche aus der Sicht des Betrachters. Sie wird auf die vom Auge beobachtete Fläche bezogen. Die Einheit der Leuchtdichte ist Candela pro m^2 (cd/m^2), früher Stilb (cd/cm^2). Diese Einheit ist zur Kennzeichnung der Leuchtdichten primärer Lichtquellen zweckmäßig, hat sich aber für die Beurteilung der (reflektierten) Leuchtdichte von Sekundärlichtquellen (beispielsweise Projektionswände in Filmtheatern) als unpraktisch erwiesen. Man hat daher noch eine weitere Einheit, das Apostilb (asb), eingeführt.

$$1 \text{ Apostilb} = 1 \text{ asb} = \frac{1}{\pi} \cdot \frac{\text{cd}}{\text{m}^2}$$

1 asb ist die Leuchtdichte, die ein ideal weißer Körper zurückstrahlt, wenn er von der Beleuchtungsstärke 1 lx (Lux) getroffen wird. (Der Faktor π kommt durch die Gesetze der diffusen Rückstrahlung hinzu!)
Im Folgenden sind die Leuchtdichten einiger natürlicher und künstlicher Lichtquellen aufgeführt:

Tabelle A1:

	cd/m^2
Sonne	bis $150\,000 \cdot 10^4$
Klarer Himmel	2000...12 000
Bedeckter Himmel	1000...6000
Mond	2500
Kerzenflamme	7000
Glühlampe klar	$100 \cdot 10^4 ... 2000 \cdot 10^4$
Glühlampe mattiert	$5 \cdot 10^4 ... 50 \cdot 10^4$
Leuchtstofflampen	3000...13 000
Natriumdampflampe	$7{,}5 \cdot 10^4 ... 14 \cdot 10^4$
Quecksilberdampflampe	$190 \cdot 10^4 ... 620 \cdot 10^4$
Xenon-Hochdrucklampe	$15\,000 \cdot 10^4 ... 95\,000 \cdot 10^4$
Quecksilberdampfhöchstdrucklampen	bis $170\,000 \cdot 10^4$
Gut beleuchtete Straßen	2
Untere Grenze der Hellempfindung	10^{-5}

2.6.6 Die Farbtemperatur

Alle optischen Strahlungsquellen lassen sich grundsätzlich in zwei Gruppen einteilen:

- Die *selektiven Strahler*, auch Lumineszenzstrahler genannt, senden Licht aus bei elektrischer Erregung von Gasen oder beim Auftreffen von Elektronen auf fluoreszierende (phosphoreszierende) Schichten.
- *Temperaturstrahler*, zu denen alle erhitzten, festen Körper (Metalle, Oxyde, Kohle usw.) gehören.

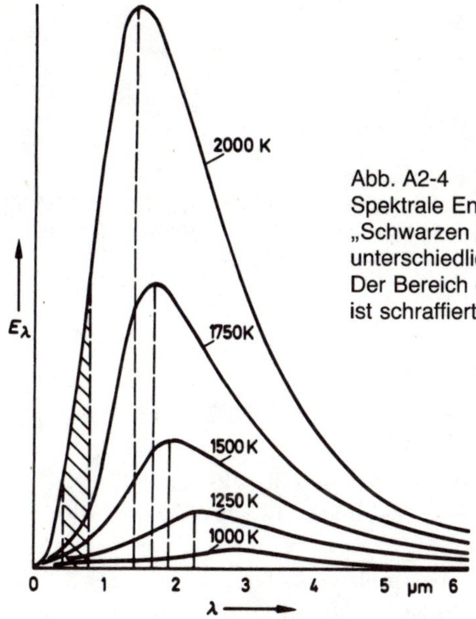

Abb. A2-4
Spektrale Energieverteilung eines „Schwarzen Körpers" bei unterschiedlichen Temperaturen. Der Bereich des sichtbaren Lichtes ist schraffiert

Je höher die Temperatur der letztgenannten Strahler ansteigt, um so mehr verschiebt sich das Maximum der ausgestrahlten Energie zu kürzeren Wellenlängen hin (*Abb. A2-4*). Für das menschliche Auge beginnt diese Strahlung bei einer Temperatur von 525 °C sichtbar zu werden. Ein solcher Körper glüht dann dunkelrot. Erhöht sich die Temperatur, so erscheint die Strahlung gelb und schließlich weiß, entsprechend dem wachsenden Anteil kürzerer Wellenlängen.

Nach dem „Kirchhoffschen Gesetz" steht das Emissionsvermögen ε jedes Temperaturstrahlers in einem konstanten Verhältnis zu seinem Absorptionsvermögen α, und zwar bei jeder Temperatur und für jede absorbierte, beziehungsweise emittierte Wellenlänge. Die höchste Strahlungsemission bei gegebener Temperatur hat demnach ein *„Schwarzer Körper"* ($\varepsilon = \alpha = 1$). Alle in der Natur vorkommenden schwarzen Materialien sind jedoch keine idealen Schwarzen Körper, denn sie reflektieren immer noch einen gewissen Anteil der auftreffenden Strahlung. Man kann aber einen praktisch idealen Schwarzen Körper durch einen Hohlraumkörper realisieren. Wenn man ein im Verhältnis zum Gesamtkörper kleines Loch in eine hohle, innen geschwärzte Kugel bohrt, so wird jede in die Kugel einfallende Strahlung durch Vielfachreflexion absorbiert. Weil bei jeder Reflexion ein Teil der Strahlungsenergie absorbiert wird, bleibt in der Praxis keine Strahlungsenergie übrig, die durch das Loch wieder ins Freie gelangt (*Abb. A2-5*). Heizt man hingegen die innere Hohlraumwandung auf, so entspricht die Verteilung der Strahlungsenergie, die die Öffnung verläßt, dem „PLANCK'schen Strahlungsgesetz". *Abb. A2-4* zeigt einige Ergebnisse in graphischer Darstellung. Die auf die einzelnen Wellenlängenbereiche entfallende Energie E_λ sinkt beiderseits eines Maximums zu kleinen und großen Wellenlängen

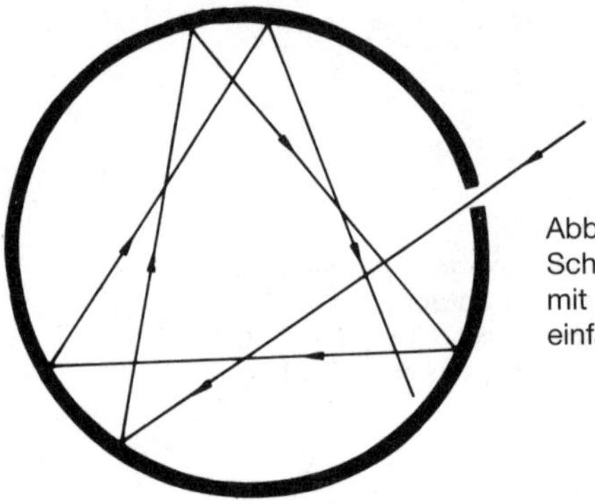

Abb. A2-5
Schematische Darstellung eines „Schwarzen Körpers“ mit der im Inneren erfolgenden Vielfachreflexion eines einfallenden Lichtstrahls

nach Null hin ab. Mit steigender Temperatur verschiebt sich das Maximum zu kleineren Wellenlängen und wird ständig höher.

Die Temperatur der Strahlung mißt man nach der absoluten Temperaturskala und drückt sie in Kelvin (K) aus. Sie beginnt beim absoluten Nullpunkt bei einer Temperatur von –273,15 °C.

Künstliche Temperaturstrahler, beispielsweise Glühlampen, senden hingegen bei gleicher Temperatur weniger Energie aus als ein Schwarzer Körper. Ihre spektrale Energieverteilung weicht außerdem von der eines Schwarzen Körpers ab. Man nennt derartige Strahler deshalb *Graue Strahler.*

Wenn die Farbwiedergabe oder der Farbeindruck eines Grauen Strahlers gleich der Strahlung des Schwarzen Körpers bei einer bestimmten Temperatur ist, so ordnet man diese Temperatur in Kelvin (K) als Farbtemperatur der farbgleichen Strahlung des Graustrahlers zu. Die Farbtemperatur ist also diejenige Temperatur, die ein Schwarzer Körper haben muß, damit seine Strahlung dieselbe Farbempfindung und -wiedergabe auslöst wie der betreffende Graustrahler. Die Feststellung, daß das Licht einer Wolframglühlampe eine Farbtemperatur von 2360 K hat, bedeutet demnach, daß der Farbeindruck des Lichtes der Wolframglühlampe derselbe ist wie der eines Schwarzen Körpers bei 2360 K. Die eigentliche Temperatur des Glühfadens wird dabei höher sein.

Eine sehr gebräuchliche und anschauliche Darstellung ergibt sich, wenn die Strahlungsenergie nicht in absoluten, sondern in relativen Werten dargestellt wird. Gibt man den absolut dargestellten Kurven bei einer bestimmten Wellenlänge (normalerweise 555 nm) den gleichen Wert, zum Beispiel 100, so erhält man eine Darstellung wie in *Abb. A2-6*. Hieraus läßt sich auch das Prinzip zur Messung der Farbtemperatur ableiten. Bei der Farbtemperatur-Messung stellt man den Rot- und den Blau-Anteil des Lichtes fest. Ein höherer Rotanteil bedeutet niedrigere Farbtemperatur, höherer Blauanteil höhere Farbtemperatur.

Für Farbfotografie und Farbfernsehen ist die Farbtemperatur des Lichtes bei der Aufnahme und Wiedergabe von großer Bedeutung, weil die spektrale Energieverteilung – für die die Farbtemperatur spezifisch ist – die Farbempfindung und Farbwiedergabe stark beeinflußt. So ist unser Auge in der Lage, Abweichungen der Farbtem-

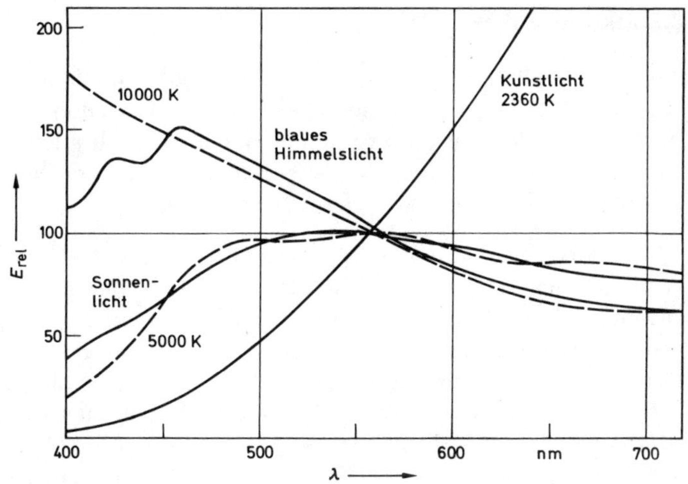

Abb. A2-6 Darstellung der relativen spektralen Energieverteilung verschiedener Lichtquellen und Beleuchtungsarten

peratur von 100 K zu erkennen. Unterschiede von 200 K können sich bei Farbaufnahmen bereits als *Farbstich* auswirken. In der Tabelle A2 wird ein Überblick über die Farbtemperaturen der gebräuchlichsten Lichtquellen und Beleuchtungsarten gegeben.

Tabelle A2:

Lichtquelle und Beleuchtungsart	Farbtemperatur K
Gewöhnliche Kerze	1900...1950
Hefnerkerze (altes Lichtnormal)	1880
Neue Kerze (Candela)	2046,6
Elektrische Glühlampen:	
Kohlenfadenlampe	2080
Nitralampe 220 V, 150 W	2770
Nitralampe 220 V, 500 W	2850
Projektionslampe 1000 W	3200
Nitraphot B 500 W	3220
Nitraphot S 250 W	3550
Kohlenbogenlampe	3700...3800
Standards für spektrale Messungen:	
Mittagssonnenlicht	5040
Visuelles Kunstlicht; Beleuchtung A	2848
Visuelles Sonnenlicht; Beleuchtung B	4800
Visuelles Tageslicht; Beleuchtung C	6500
Mondlicht	4100
Tageslicht:	
Direktes Sonnenlicht vor 9 und nach 15 Uhr	4900...5600
Direktes Sonnenlicht zwischen 9 und 15 Uhr	5400...5800
Sonnenlicht bei wolkenlosem Himmel	5700...6500
Tageslicht bei bedecktem Himmel	6700...7000
Tageslicht bei nebligem und dunstigem Wetter	7500...8400
Tageslicht bei klarblauem Himmel	12 000...27 000

2.7 Inkohärentes Licht

Das Licht üblicher Lichtquellen – Sonne, Wolframfaden der Glühlampen und Gasentladungslampen – ist im allgemeinen weiß, weil es aus vielen verschiedenen Wellenlängen besteht, und es breitet sich auch nach allen Seiten hin gleichmäßig aus. Das Licht dieser thermisch angeregten Lichtquellen setzt sich aus der spontan emittierten Strahlung sehr vieler Atome zusammen.

Bei der Glühlampe stößt der Elektronenstrom, der durch den Glühfaden fließt, die Wolframatome des Fadens so heftig an, daß ihre thermische Energie zunimmt. Die zugeführte Energie reicht aus, um die Atome so anzuregen, daß die Elektronen, die den Atomkern umkreisen, auf eine Bahn mit höherem Energieniveau gebracht werden. Von dort springen sie dann unter Abgabe eines Lichtquants in die ursprüngliche Ausgangslage zurück. Die Emission der Lichtquanten erfolgt dabei rein statistisch, weil keinerlei Zusammenhang zwischen Zeitpunkt und Richtung der einzelnen Vorgänge besteht. Somit ist es auch nicht möglich, zwischen den einzelnen Wellenzügen des ausgesendeten Lichtes eine räumlich oder zeitlich feste Beziehung zu finden. Eine solche spontane thermische Emission erzeugt somit inkohärentes Licht.

Auch bei Gasentladungslampen liegen ähnliche Verhältnisse vor. Man spricht zwar zum Beispiel bei einer Leuchtstofflampe von einem kalten Strahler, aber die Gasteilchen im Inneren der Röhre werden auf hohe Geschwindigkeit gebracht, was – physikalisch betrachtet – die gleichen Vorgänge auslöst, wie sie unter Einfluß einer hohen Temperatur zustande kommen.

2.8 Die Erzeugung kohärenten Lichtes mit einem Laser*)

Hochgradig kohärentes Licht kann man herstellen, indem man durch eine möglichst schwache „Primärstrahlung“ die Emission einer möglichst starken „Sekundärstrahlung“ erzwingt. Einem Kollektiv atomarer Systeme (Atome, Ionen, Moleküle), dem sogenannten LASER-Material, wird durch einen „Pumpmechanismus“ ständig Energie zugeführt [6]. Eine als Pumpenergie einfallende Lichtstrahlung geeigneter Frequenz zwingt die im angeregten Zustand befindlichen atomaren Systeme durch „*stimulierte Emission*“ zum Übergang in ein tieferes Energie-Niveau. Dabei wird jeweils ein Lichtquant an die stimulierende Strahlung abgegeben. Wenn jedes Teilchen dann zur Abstrahlung veranlaßt wird und die abrufende Welle an seinem Ort gerade nach oben schwingt, so werden alle Emissionsvorgänge automatisch kohärent, wobei die abrufende Welle dem Emissionsvorgang eine feste Phasenbeziehung aufprägt.

---

*) Light Amplification by Stimulated Emission of Radiation

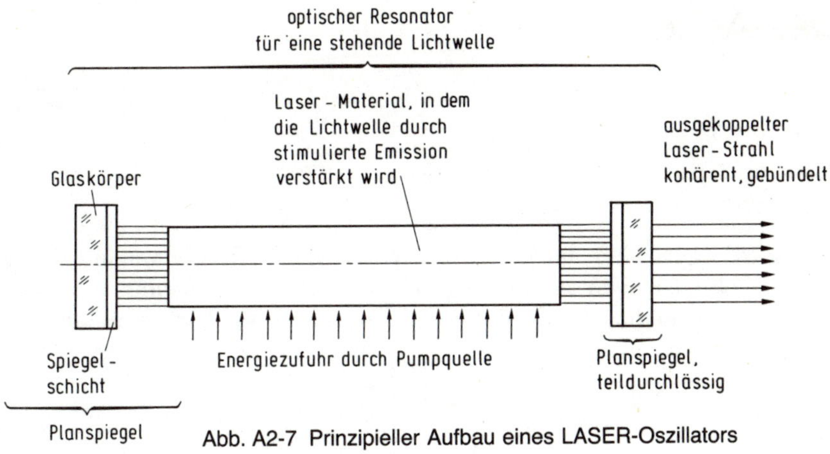

Abb. A2-7 Prinzipieller Aufbau eines LASER-Oszillators

Zur Erzeugung eines „LASER-Strahles" regt man einen LASER-Verstärker durch Rückkopplung zu Eigenschwingungen an (*Abb. A2-7*). Er besteht aus einem lichtverstärkenden LASER-Material, das in ein optisches Resonatorsystem eingebettet ist, und einem Pumpmechanismus zur Anregung des LASER-Materials. Der optische Resonator ist auf die Frequenz der LASER-Linie abgestimmt und dient zur Rückkopplung der im LASER-Material verstärkten Lichtwellen. Die erstmalige Anregung von Lichtwellen geschieht durch Licht, das das LASER-Material spontan emittiert. Derjenige Teil des Lichtes, der sich zufällig in Richtung der Resonatorachse ausbreitet und dessen Frequenz der Eigenfrequenz des Resonators gleich ist, wird bei seinem vielfachen Hin- und Herlauf im Resonatorsystem ständig durch den LASER-Effekt im LASER-Material verstärkt. Dadurch steigt für diese Schwingung die Energiedichte ständig an, und zwar so lange, bis beim kontinuierlichen Betrieb durch den Sättigungseffekt der LASER-Verstärkung ein stabiler, eingeschwungener Zustand erreicht wird. Über einen teildurchlässigen Spiegel des Resonators wird dann ein Teil der angefachten Lichtschwingung ausgekoppelt, die den nutzbaren LASER-Strahl darstellt. Der so ausgekoppelte, kohärente Lichtstrahl enthält nur das Licht einer bestimmten Wellenlänge, er ist monochromatisch.

LASER-Strahlung kann man durch Gas-LASER, Festkörper-LASER und Halbleiter-LASER erzeugen. Der Stoff, der die Strahlung emittiert, ist dementsprechend entweder ein Gas, ein fester Stoff (zum Beispiel ein Rubin-Kristall) oder ein Halbleiter (wie beispielsweise Galliumarsenid).

In der modernen Technik wendet man die LASER-Technik auf zahlreichen Gebieten an. In unserem speziellen Fachgebiet setzt man LASER-Lichtquellen unter anderem zur Aufzeichnung und Wiedergabe von Video-Signalen bei Bildplatten ein (siehe Abschnitt F). Ein anderer Anwendungsfall ist das Umschreiben von Videosignalen auf Film (FAZ), wie es in Abschnitt G.4.5 beschrieben ist.

3 Das Auge

Das Auge ist weitgehend mit einer photographischen Kamera vergleichbar (*Abb. A3-1*). Die Lichtmenge, die in das Auge fällt, wird von der kreisrunden Iris kontrolliert, deren Muskeln die Öffnung der Pupille regulieren. Hornhaut und Linse werfen

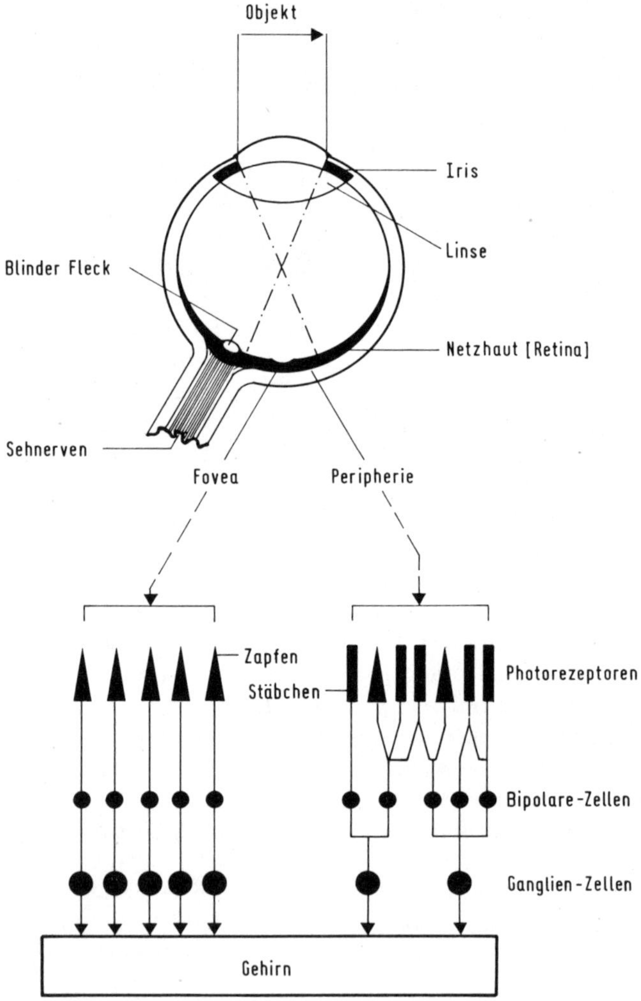

Abb. A3-1 Schematische Darstellung des menschlichen Auges

ein umgekehrtes Bild auf die Netzhaut (Retina) [7]. Die sensorischen Nervenfasern der Retina übermitteln die optische Nachricht von den Photorezeptoren der Netzhaut zum Gehirn. Sie stellen ein sehr komplexes System mit vielen internen Verknüpfungen dar. Zwischen den Photorezeptoren und den Nervenfasern liegt eine Schicht aus bipolaren Schaltzellen, die die Reize aus den Photorezeptoren aufnimmt. Die letzte Schicht enthält die Ganglienzellen, die die Signale von den bipolaren Zellen übernehmen und die Nachricht zum Gehirn weiterleiten. Das gesamte Netz der Sehnervenfasern stellt ein datensammelndes System dar. Die Fasern laufen an einem Punkt der Retina zusammen, durchqueren diese kabelartig gebündelt und vereinigen sich dann beim Austritt aus der Retina zum Sehnerven, der zum Gehirn führt. An dieser Stelle befinden sich keine Photorezeptoren, so daß ein „blinder Fleck“ entsteht, mit dem das Auge nichts wahrnehmen kann.

Beim Sehvorgang wird Lichtenergie durch die Photorezeptoren in Nervenreize umgewandelt. Der Mensch besitzt zwei Arten von Photorezeptoren, insgesamt etwa 130 Millionen. Die rundlichen Zapfen, von denen sich etwa 7 Millionen auf der Retina befinden, dienen der Sicht bei Tage; die schlanken Stäbchen, deren Anzahl ca. 18mal größer ist als die der Zapfen, der Wahrnehmung in der Dämmerung. Bei hellem Licht arbeiten die Zapfen und ermöglichen das Farbensehen, die Stäbchen reagieren dagegen bei Nacht nur auf Schwarz und Weiß. Dies erklärt auch, weshalb bei Dunkelheit alle Farben verschwinden, so daß die Gegenstände nur in verschiedenen Grautönen wahrgenommen werden. Stäbchen und Zapfen liegen nicht getrennt voneinander auf der Netzhaut, so daß das Auge relativ leicht von einem zum anderen wechseln kann. Sie sind aber nicht gleichmäßig verteilt.

Optimale Sehschärfe ist gegeben, wenn bei heller Beleuchtung ein Bild auf die Fovea centralis trifft, eine winzige Vertiefung der Netzhaut, die eine dichte Ansammlung von Zapfen hat. Die Zapfen der Fovea haben eine eigene Verbindung zu den bipolaren und Ganglienzellen, die die ersten Bindeglieder auf dem Weg zum Gehirn sind. Dadurch kann jeder Fovea-Zapfen direkte Signale senden, ohne von Impulsen anderer Lichtrezeptoren beeinträchtigt zu werden. Im peripheren Bereich der Retina fehlen diese Direktverbindungen. Hier sind mehrere Stäbchen und Zapfen mit einer bipolaren Zelle und mehrere bipolare Zellen wiederum mit einer Ganglienzelle verbunden (*Abb. A3-1*). Da jede Nervenfaser eine Vielzahl von Signalen weiterleitet, ist die Interpretation zum Gehirn nicht so präzise und damit die Sehschärfe entsprechend geringer.

3.1 Die Empfindlichkeit unseres Sehorgans

Abb. A3-2 zeigt die relative Empfindlichkeit, die das Auge für jede in seinem Wahrnehmungsbereich liegende Wellenlänge hat. Die angegebenen Werte beziehen sich auf die Wellenlänge, für die das Auge maximale Empfindlichkeit besitzt. Die beiden Kurven stellen folgende Verhältnisse dar:

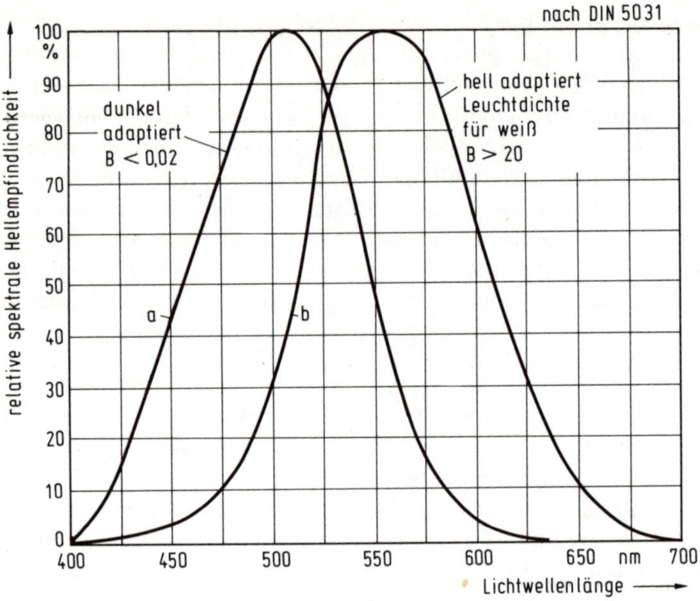

Abb. A3-2 Empfindlichkeit des menschlichen Auges in Abhängigkeit von der Wellenlänge des Lichtes; a) Nacht- bzw. Dämmerungssehen (Stäbchen-Kurve); b) Tagessehen (Zapfen-Kurve)

a) Für das Nachtsehen bei dunkel adaptiertem Auge, Leuchtdichte $< 0{,}02$ Asb.

b) Für das Tagessehen bei hell adaptiertem Auge, Leuchtdichte > 20 Asb.

Tabelle A3 soll den gesamten Arbeitsbereich des Auges noch besser verdeutlichen.

Tabelle A3:

Leuchtdichte asb	Arbeitsbereich des menschlichen Auges
10^{-6}	Unterste Grenze der Möglichkeit einer Orientierung
unter 10^{-2}	Nur Dämmerungssehen, kein Farbensehen
$10^{-2}...10^{2}$	Übergang vom Dämmerungs- zum Tagessehen Farbensehen für den Bereich der Fovea
$10^{2}...10^{5}$	Tagessehen, helligkeitskonstantes Farbensehen
über 10^{5}	Beginnende Blendung des hell adaptierten Auges

3.2 Flimmererscheinungen

Die Art der visuellen Empfindung hängt in starkem Maße davon ab, ob der Lichtreiz stetig erfolgt oder unterbrochen wird. Wenn er diskontinuierlich ist, wird die Schnelligkeit der nacheinander dargebotenen Ereignisse ausschlaggebend. Setzt man eine Drehscheibe, die zur Hälfte weiß, zur Hälfte schwarz bemalt ist, zuerst langsam und dann immer schneller in Bewegung, so wird aus dem anfänglich rhythmischen Wechsel von Hell und Dunkel allmählich ein ungleichmäßiges, unstetes Flimmern, das vom Auge als unangenehm empfunden wird. Bei sehr schneller Drehung verschwindet das Flimmern, und der Betrachter nimmt einen gleichmäßigen Grauton wahr.

Die Lichtreize folgen bei dieser Geschwindigkeit so schnell aufeinander, daß die optische Wirkung der weißen Fläche noch etwas anhält oder in die andere Information „überfließt" und damit eine Mischung oder Verschmelzung hervorruft. Der Punkt, an dem das Flimmern aufhört und einem gleichmäßigen Grau-Ton weicht, wird kritische Verschmelzungsfrequenz oder Flimmergrenze genannt. Verschmelzungserscheinungen sind ein besonderes Phänomen der Psychophysik; sie sind die Ursache für eine Reihe komplizierter optischer Erscheinungen (*Abb. A3-3*).

Man unterscheidet zwei Hauptkategorien intermittierender Lichtreize. Die eine Art wird durch Schwankungen der Lichtquelle selbst, die andere durch Veränderungen des Bildinhaltes hervorgerufen. Für das Zapfensehen ist die Verschmelzungsfrequenz höher als für das Stäbchensehen. Außerdem ist die Verschmelzungsfrequenz um so niedriger, je größer die Dauer des Hellreizes ist, da bei schneller Bildfolge der

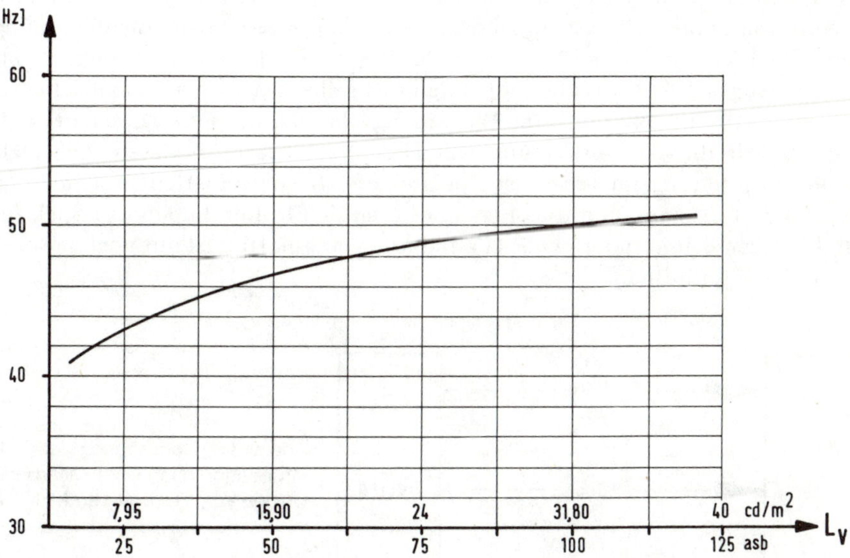

Abb. A3-3 Kleinste zulässige Verschlußfrequenz f_v (Flimmergrenze) von symmetrischen Umlaufverschlüssen als Funktion der Leuchtdichte L_v der Bildwand

Hellreiz nicht mehr ganz abklingt (Nachbilder). Zusammenfassend werden die Flimmererscheinungen von folgenden Faktoren bestimmt:

1) Von der mittleren Lichtintensität des gesamten Bildinhaltes.
2) Vom Wechsel einzelner Bildteile in einer bestimmten Zeiteinheit.
3) Vom Verhältnis der Zeit zwischen Hell und Dunkel
4) Von der Intensitätsdifferenz zwischen Hell und Dunkel
5) Von der Farbe des Lichtes

Diese Erscheinungen sind für die Bildübertragung bei Fernsehen und Film von besonderer Bedeutung [7].

3.3 Die Farbempfindung

Der englische Mediziner und Physiker Thomas Young entwickelte schon im Jahre 1807 die „*Dreifarbentheorie*" über die Entstehung der Farbempfindung [8], wonach im Auge drei Arten von Sinnesorganen vorkommen, die durch blaues, grünes und rotes Licht gereizt werden können (*Abb. A3-4*). Bei gleichzeitiger Reizung verschiedener Rezeptoren können die Farbeindrücke aller anderen Farben und Zwischentöne hervorgerufen werden. Treten Rot, Grün und Blau mit entsprechender Energie gleichzeitig auf, so entsteht die Empfindung „Weiß".

In der zweiten Hälfte des 19. Jahrhunderts verfeinerte Hermann v. Helmholtz diese Theorie weiter und wies vor allem darauf hin, daß jede sichtbare Lichtstrahlung fast immer mehrere Arten von Zapfen gleichzeitig anregt. Da sich die Spektralwertkurven des Auges sehr stark überlappen, gibt es selbst bei monochromatischem Licht zwischen 410 und 690 nm keine Wellenlänge, bei der nur eine Zapfenart empfindlich ist. Mit dieser Überlappung läßt sich die Tatsache erklären, daß sich die Farbtonempfindung im gesamten Spektralbereich kontinuierlich mit der Wellenlänge ändert. Außerhalb dieses Bereiches – an den beiden Enden des Spektrums – tritt hingegen keine Änderung des Farbtones mehr auf. Hier ist nur noch jeweils eine Zapfenart empfindlich.

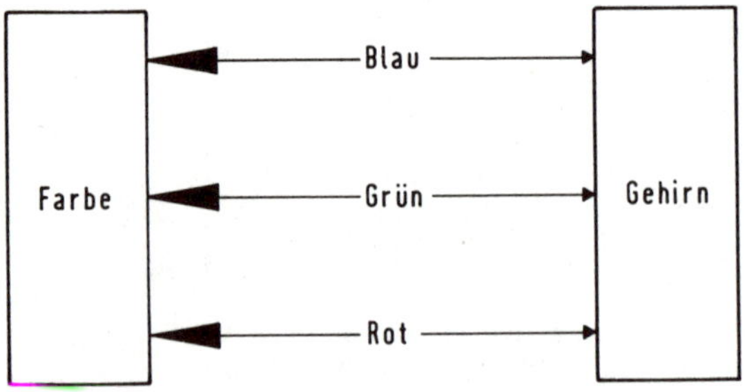

Abb. A3-4 Übertragung der Farbinformation nach der Dreifarbentheorie von YOUNG-HELMHOLTZ

Mit der „*Gegenfarbentheorie*“ entwickelte der deutsche Physiologe Ewald Hering Ende des letzten Jahrhunderts eine völlig andere Vorstellung vom Farbensehen [9]. Aufgrund umfangreicher Untersuchungen hatte er immer wieder festgestellt, daß die Dreifarbentheorie nicht alle Eigenschaften des Farbensinnes erklären konnte:

- Bunte Farben unterscheiden sich von unbunten Tönen gleicher Farbe vor allem durch ihre Leuchtkraft.
- In der Gesamtheit der Farbtöne erscheinen die vier Farben Rot, Grün, Gelb und Blau als besonders rein. Man bezeichnet diese Farben in der Literatur oft auch als Urfarben, während man andere Farbtöne immer als Mischung empfindet.
- Von den vier Urfarben bilden je zwei einen polaren Gegensatz. Rot ist zu Grün und Gelb ist zu Blau komplementär.
- Die unbunten Farben – von Schwarz beginnend über die verschiedenen Graustufen hinweg zu Weiß – vermitteln nur Helligkeitsempfindungen ohne Farbanteil.

In einer dreidimensionalen Darstellung (*Abb. A3-5*) kann man den Farbraum nach der Gegenfarbentheorie so ordnen, daß er sich in die Unbuntachse Schwarz/Weiß und in die beiden Achsen zwischen den Gegenfarben-Paaren Blau/Gelb und Rot/Grün gliedert. Die Gegenfarbentheorie von Hering besagt weiterhin, daß die Netzhautrezeptoren nur Licht aufnehmen und daß die eigentliche Farb-Unterscheidung

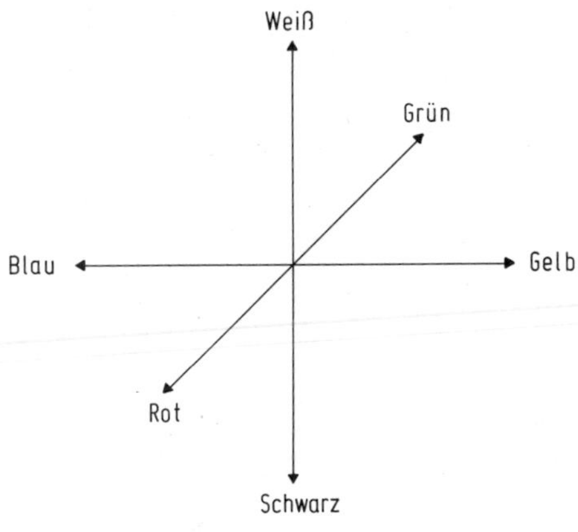

Abb. A3-5
Darstellung der Farben in einem Farbraum nach der Gegenfarbentheorie von HERING

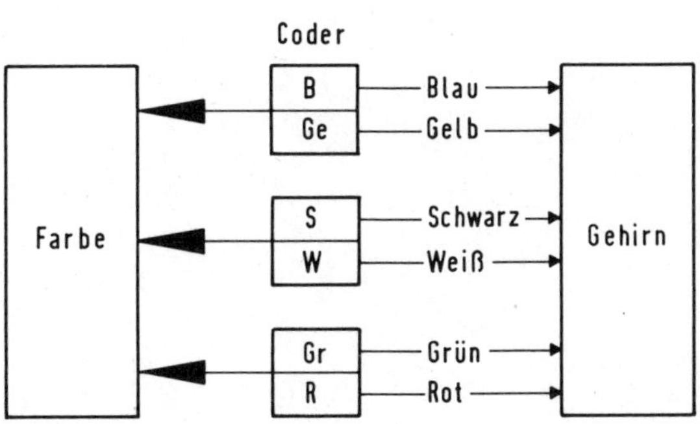

Abb. A3-6
Übertragung der Farbinformation nach der Gegenfarbentheorie von HERING

erst in einem Coder-Mechanismus beginnt (*Abb. A3-6*). Dabei sollen die meisten Coder-Bausteine dem Gehirn nur Schwarzweiß-Signale übermitteln, zwei Arten reagieren jedoch besonders auf Farben. Der eine Typ liefert Signale für Blau oder Gelb, der andere für Rot oder Grün. Die Schwarzweiß-Coder können auch ein kombiniertes Grau-Signal senden.

Eine Verknüpfung der beiden Theorien über das Farbensehen brachte die „*Zonen-Theorie*", die durch neuere Untersuchungen von De Valois bestätigt ist [10, 11]. Er fand 1965 im Sehnerv zusätzliche Zelltypen, deren Verhalten gegenüber bunten und unbunten Farbreizen genau den Vorstellungen der Gegenfarbentheorie entspricht. Nach diesen neuen Erkenntnissen muß man bei den physiologischen Vorgängen des Farbensehens zwei verschiedene Zonen unterscheiden:

- In der *ersten Zone* der Sinneszellen erfolgt die Absorption des Lichtes durch drei Arten von Zapfen, die die ankommende Strahlung nach drei bestimmten Wellenlängen des Spektrums bewerten. In diesem Bereich gilt die Dreifarbentheorie von Young-Helmholtz.
- In der *zweiten Zone* werden die empfangenen Signale verknüpft oder codiert. Die aufbereitete Information wird dann in Form von Helligkeitssignalen und in Form von Gegenfarbensignalen zum Sehzentrum des Gehirns übertragen. In dieser Zone gilt die Gegenfarbentheorie von Hering.

4 Licht und Farbe

Isaac Newton entdeckte 1666 die Zerlegung weißen Lichtes in seine spektralen Anteile (*Abb. A4-1*). Er ließ einen Sonnenstrahl durch ein Glasprisma fallen, wobei die Regenbogenfarben des sichtbaren Spektrums entstanden. Diese Erscheinung war zwar lange Zeit vor ihm schon beobachtet worden, nur wurde sie bisher damit erklärt, daß im Glas latente Farben vorhanden seien. Newtons Entdeckung war neu. Er bewies, daß er das bereits in seine Farbanteile zerlegte Licht auch wieder zusammensetzen konnte, wenn er dieses Spektrum durch eine Sammellinse schickte. Aus den einzelnen Farben war wiederum Weiß entstanden.

4.1 Die additive Farbenmischung

Nach Newton beschäftigten sich auch Young und Helmholtz mit dem Problem der Mischung einzelner Farben. Von diesen Arbeiten angeregt fand Gassmann im Jahre 1853 die Gesetze der additiven Farbenmischung:

- Es genügen drei Grundfarben, um alle anderen Farben daraus durch Mischung herzustellen.
- Gleichaussehende Farben ergeben unabhängig von ihrer Zusammensetzung mit einer dritten Farbe stets gleichaussehende Mischungen.

Aufbauend auf diesen Erkenntnissen entdeckte Maxwell 1855 die Grundprinzipien der Farbenfotografie. Von einem farbigen Objekt belichtete er drei Farbauszüge jeweils mit den Filtern der Grundfarben Rot, Grün und Blau auf je eine getrennte

Abb. A4-1
Zerlegung weißen Lichtes in seine spektralen Anteile

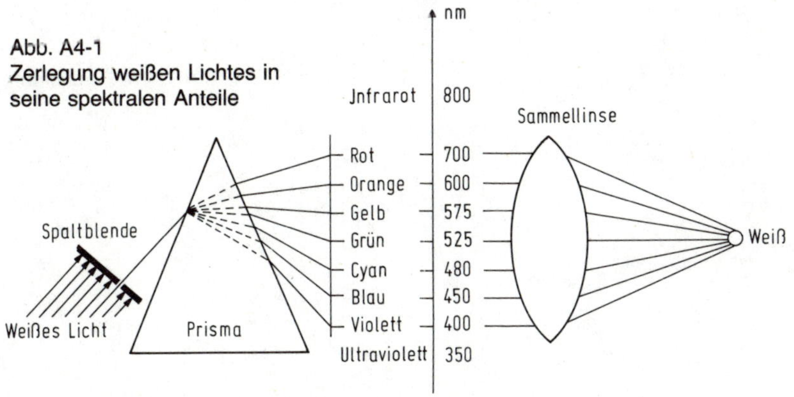

fotografische Platte. Er erhielt auf diese Weise drei Schwarzweiß-Auszüge, von denen er drei getrennte Schwarzweiß-Diapositive kopieren konnte. Zur Wiedergabe benutzte er drei getrennte Dia-Projektoren, in deren Strahlengang das zugehörige Farbfilter eingefügt war, wodurch auf dem Schirm ein farbiges Bild entstand (*Abb. A4-2* auf der rechten Seite).

In *Abb. A4-3* ist das Prinzip der additiven Mischung farbigen Lichtes durch Übereinanderprojizieren auf einen Bildschirm dargestellt. Ähnliche Wirkungen lassen sich auch erreichen, wenn einzelne Farbpunkte so nahe beieinander liegen, daß sie vom Auge nicht mehr getrennt wahrgenommen werden können. Dies ist zum Beispiel bei der Farbbildröhre des Fernsehempfängers der Fall.

Tabelle A4 zeigt die Ergebnisse verschiedener Mischungen farbigen Lichtes.

Tabelle A4: Additive Mischung farbigen Lichtes

1. Farblicht +	2. Farblicht +	3. Farblicht =	Ergebnis
Blau	0	0	Blau
0	Grün	0	Grün
0	0	Rot	Rot
Blau	Grün	0	Blaugrün
Blau	0	Rot	Purpur
0	Grün	Rot	Gelb
Blau	Grün	Rot	Weiß
Blau	Gelb	0	Weiß
Blaugrün	0	Rot	Weiß
Purpur	Grün	0	Weiß
0	0	0	Schwarz

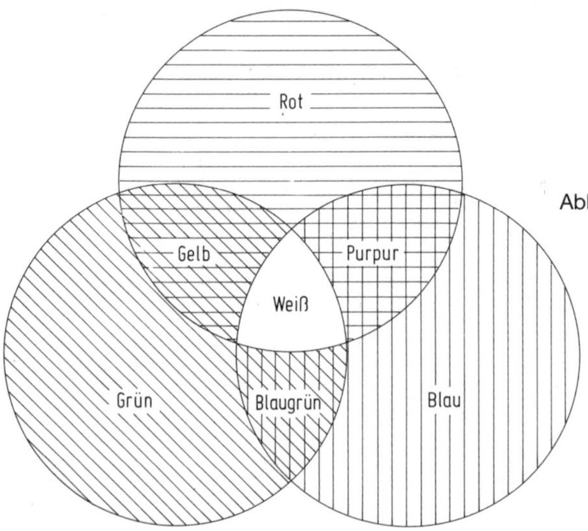

Abb. A4-3 Additive Farblichtmischung

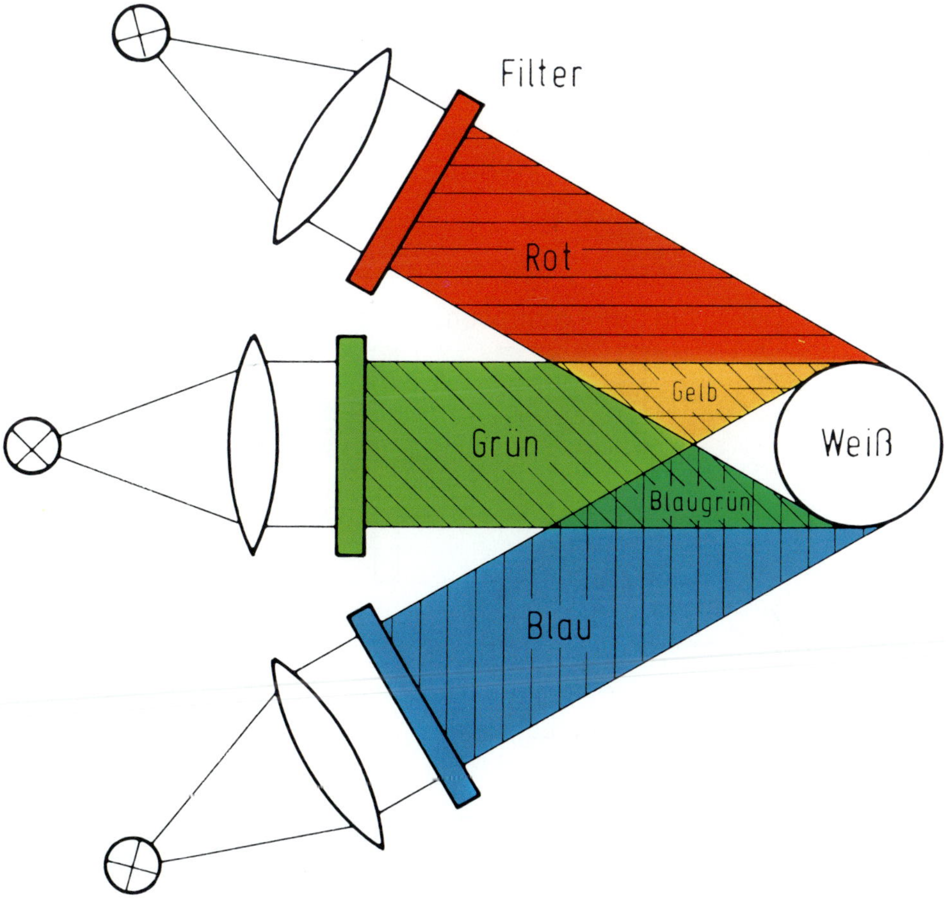

Abb. A4-2 Additive Mischung farbiger Lichter

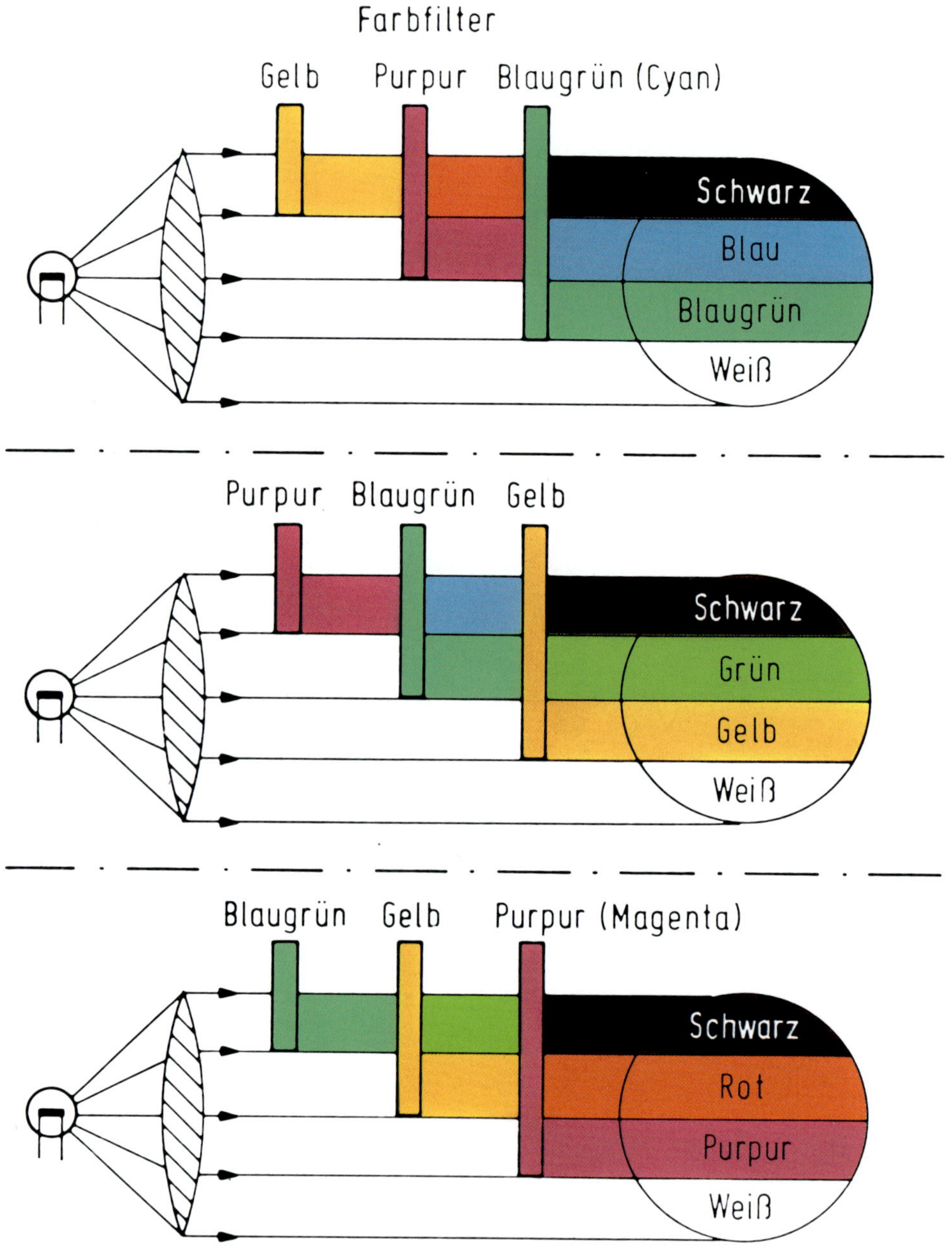

Abb. A4-4 Subtraktive Filterung weißen Lichtes

4.2 Die subtraktive oder multiplikative Farbmischung

Bei der subtraktiven Farbmischmethode benutzt man das weiße Licht einer einzigen Lichtquelle (*Abb. A4-4*, auf der linken Seite). Durch Einschalten eines oder mehrerer Farbfilter in den Strahlengang nimmt man bestimmte Anteile des Spektrums weg, so daß ein Rest des Spektrallichts übrig bleibt, der einen neuen Farbeindruck hervorruft. Dieser Vorgang ist daher keine Farbmischung im eigentlichen Sinn, sondern eine Multiplikation der Durchlässigkeitskurven der einzelnen Farbfilter (Absorption).

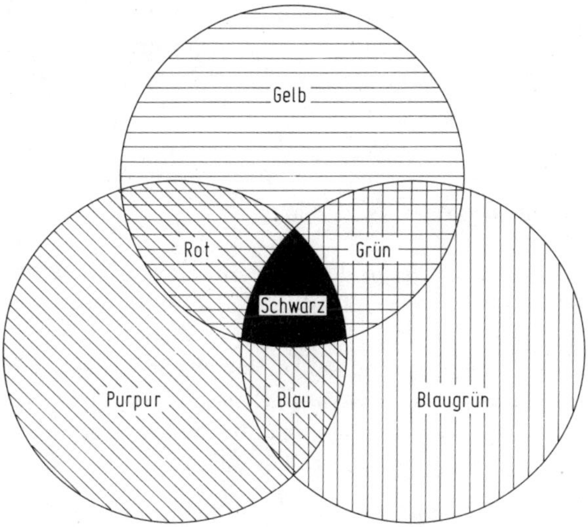

Abb. A4-5
Subtraktive
Farblichtmischung

Tabelle A5: Die Subtraktive Filterung weißen Lichtes

1. Farbfilter	+ 2. Farbfilter	+ 3. Farbfilter	= Ergebnis
Gelb	0	0	Gelb
0	Purpur	0	Purpur
0	0	Blaugrün	Blaugrün
Gelb	Purpur	0	Rot
Gelb	0	Blaugrün	Grün
0	Purpur	Blaugrün	Blau
Gelb	Purpur	Blaugrün	Schwarz
helles Gelb	helles Purpur	helles Blaugrün	Grau
0	0	0	Weiß

Die subtraktive Technik erfordert Farbfilter in den Grundfarben Gelb, Purpur (Magenta) und Blaugrün (Cyan). Wenn alle drei Filter in den Strahlengang eingeschaltet sind, wird die gesamte Strahlung gesperrt, man erhält je nach Dichte der Filter Grau oder Schwarz. Gelb + Purpur ergeben Rot. Das gelbe und das blaugrüne Filter lassen nur grünes Licht durch, während die Filterkombination Purpur + Blaugrün blaues Licht entstehen läßt. Aus der *Tabelle A5* sind einige Beispiele subtraktiver Lichtmischungen abzulesen.

Wichtig zu merken ist, daß jedes Farbfilter grundsätzlich den Spektralbereich seiner eigenen Farbe passieren läßt und das hintereinander geschaltete Filter für das gemeinsame Spektrum durchlässig sind (*Abb. A4-5*).

Die additiven Filter der Farben Rot, Grün und Blau sind für die subtraktive Mischungstechnik ungeeignet. Schaltet man ein Blau- und ein Grünfilter in den Strahlengang, so erhält man Schwarz. Das Gleiche gilt für die Kombinationen Rot + Blau und Rot + Grün.

4.3 Farbmetrische Darstellungen

Wie wir gesehen haben, bewertet das Auge den Farbreiz einer einfallenden Strahlung nach drei verschiedenen spektralen Empfindlichkeitsfunktionen, deren Zusammenwirken die „*Farbvalenz*" genannt wird [12]. Durch additive Mischung läßt sich für jede Farbvalenz eine eindeutige zahlenmäßige Beziehung finden, die zu den Mischungskomponenten dreier festgelegter Bezugsfarben paßt. Für die Bezugsfarben – auch „*Primärvalenzen*" genannt – ist Bedingung, daß sich keine von ihnen durch additive Mischung aus den beiden anderen herstellen läßt.

Die Grundfarben des additiven Systems (Rot [R], Grün [G] und Blau [B]) hat man als Bezugsfarben festgelegt. Dabei gelten folgende Primärvalenzen:

- Rot: = 700,0 nm bei einer relativen Strahlungsdichte von 73,04
- Grün: = 546,1 nm bei einer relativen Strahlungsdichte von 1,397
- Blau: = 435,8 nm bei einer relativen Strahlungsdichte von 1,0

Die Farbvalenzen der Spektralfarben bezieht man nun auf diese Primärvalenzen. Aus der additiven Mischung der entsprechenden Spektralvalenzen ergibt sich schließlich die wirkliche Farbvalenz, da man jeden Farbreiz auch als Summe einzelner spektraler Reize auffassen kann.

Jede Farbvalenz beschreibt eine Farbart und gibt für das Auge einen Helligkeitswert an. Vielfach – auch im Bereich der Farbfernsehtechnik – ist eine Darstellung der Farbarten allein ohne Angabe von Helligkeitswerten ausreichend. Als besonders zweckmäßig hat sich die Einordnung der Farbwerte in ein rechtwinkliges System mit den Koordinaten x und y erwiesen (*Abb. A4-6, siehe Farbtafeln nach Seite 64*). Diese Farbtafel zeigt die Punkte der Normvalenzen in einem annähernd gleichschenkligen Dreieck, so daß eine recht anschauliche Übersicht über die Farbart, getrennt nach Farbton und Farbsättigung, entsteht. Die Farborte der reinen Spektralfarben liegen

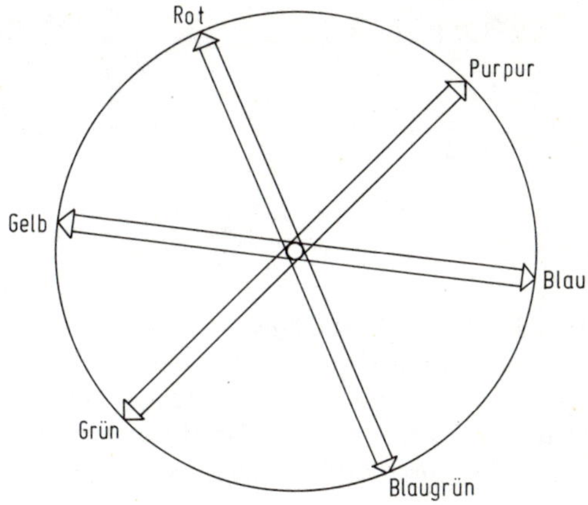

Abb. A4-7
Prinzip der Darstellung von Farbarten in einem Farbkreis

auf der ausgezogenen, etwa ein Hufeisen darstellenden Linie, an die die jeweilige Wellenlänge angeschrieben ist. In der Mitte ist bei x = 0,33 und y = 0,33 der Ort E unbunten Lichtes – auch Weißpunkt genannt – zu sehen. Auf der Verbindungslinie am unteren Ende des Spektralfarbenzuges finden wir die Purpurfarben, die im natürlichen Spektrum nicht enthalten sind, weil sie sich durch Mischung von Rot und Blau ergeben.

Die Linie der reinen Spektralfarben umschließt in Abb. A4-6 die Fläche aller reellen Farbvalenzen. Wenn man den Unbuntpunkt E mit dem Ort einer Spektralfarbe verbindet, so erhält man die Linien farbtongleicher Wellenlänge. Zum anderen gibt die Entfernung des jeweiligen Farbortes vom Spektralfarbenzug die Höhe der Farbsättigung an. Wird der Abstand des Farbortes zum Unbuntpunkt E geringer, so nimmt der Anteil der spektralreinen Farben und damit die Sättigung ab. Für verschiedene Sättigungsgrade ergeben sich daraus Kurven geringerer Fläche, die dem Spektralfarbenzug ähnlich sind.

Eine vereinfachte Form der Darstellung von Farbarten – also Farbton und Farbsättigung – ist der Farbkreis (*Abb. A4-7*). In seinem Mittelpunkt – dem „Weißpunkt" – liegt die Farbart „Unbunt", während die Peripherie des Kreises den Spektralfarbenzug mit der Purpurlinie bildet. Im Farbkreis läßt sich eine Farbart durch einen Farbzeiger – auch Farbvektor genannt –, der vom Weißpunkt ausgeht, angeben. Die Sättigung der Farbe ergibt sich aus der Länge dieses Vektors. Der Farbton wird durch den Winkel des Zeigers beschrieben, den er gegenüber einer Bezugslinie, die in der Nähe des Farbtons Blau liegt, darstellt. In der Technik der Farbfernseh-Übertragung führt die Farbkreis-Darstellung zu einem Vektordiagramm (Vektorskop, siehe Abschnitt C.7.2.), das als wichtiges Hilfsmittel zur Definition der Farbarten dient.

5 Grundbegriffe der Optik

Die Optik ist ein Teilgebiet der Physik, das sich mit der Entstehung, Ausbreitung und Absorption der elektromagnetischen Strahlung des Lichtes befaßt [13]. Die Erscheinungen, bei denen der Wellencharakter des Lichtes vernachlässigt werden kann – wie die geradlinige Ausbreitung, Reflexion, Brechung usw. – faßt man in der *geometrischen Optik* zusammen. Dabei behandelt man die Lichtstrahlen als geometrische Linien. Zur *Wellenoptik* gehören Interferenz, Beugung, Polarisation und andere Vorgänge, die die Wellennatur des Lichtes zeigen. In der Film- und Fernseh-Technik spielen die Beherrschung einiger optischer Probleme und die Anwendung optischer Hilfsmittel eine wichtige Rolle. Es erscheint daher sinnvoll, auf einige grundlegende Erscheinungen der Optik einzugehen.

Geometrisch betrachtet bilden mehrere Lichtstrahlen zusammen ein Strahlenbündel, wenn sie sich räumlich ausbreiten. Dabei kann man drei Arten unterscheiden:

- *Parallele Strahlenbündel* kommen von einem unendlich fernen Punkt und schneiden sich wieder an einer entgegengesetzten Stelle in unendlicher Entfernung.
- *Divergente Strahlenbündel* gehen von einem gemeinsamen Punkt aus und laufen sternförmig auseinander.
- *Konvergente Strahlenbündel* treffen an einem Punkt zusammen.

Lichtstrahlen breiten sich geradlinig aus, wie wir an der Schattenabbildung eines Körpers beobachten können. Die geradlinige Ausbreitung gilt allerdings nur dann, wenn der Strahl in ein und demselben optischen Medium verläuft. Sobald sich ein anderes Medium in den Weg stellt, weicht er nach ganz bestimmten Gesetzen aus.

5.1 Die Brechung von Lichtstrahlen

Aufgrund des Wellencharakters des Lichtes hat ein Lichtstrahl in jedem optischen Medium eine bestimmte Geschwindigkeit. Sie beträgt zum Beispiel:

- in Luft 300 000 km/s
- in Wasser 225 000 km/s
- in Glas 200 000 km/s

Beim Übergang von einem Medium in ein anderes tritt dadurch eine Brechung des Lichtes ein. Das Verhältnis der verschiedenen Geschwindigkeiten in dichteren Medien gegenüber Luft ergibt den für jedes optische Medium charakteristischen

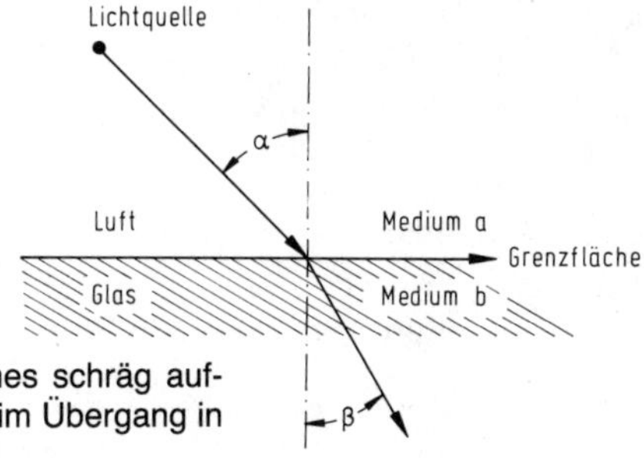

Abb. A5-1 Brechung eines schräg auffallenden Lichtstrahls beim Übergang in ein anderes Medium

Brechungskoeffizienten n. Nach *Abb. A5-1* sei α der Winkel (Einfallswinkel), den der einfallende Strahl mit dem Einfallslot bildet, β der Winkel (Brechungswinkel), den der gebrochene Strahl mit ihm bildet. So ergibt sich der Brechungskoeffizient zu

$$n = \frac{\sin \alpha}{\sin \beta} = \frac{c_1}{c_2}.$$

5.2 Die planparallele Platte

Wenn man in den Strahlengang eine planparallele Glasplatte einfügt, so erfährt ein Lichtstrahl, der mit dem Winkel α auftrifft, eine Brechung (*Abb. A5-2*). Der Strahl verläuft dann in der Glasplatte unter dem Winkel β, bis er die zweite Begrenzungsfläche der Glasplatte erreicht hat. Hier bildet er mit dem Lot auf die Fläche den Winkel

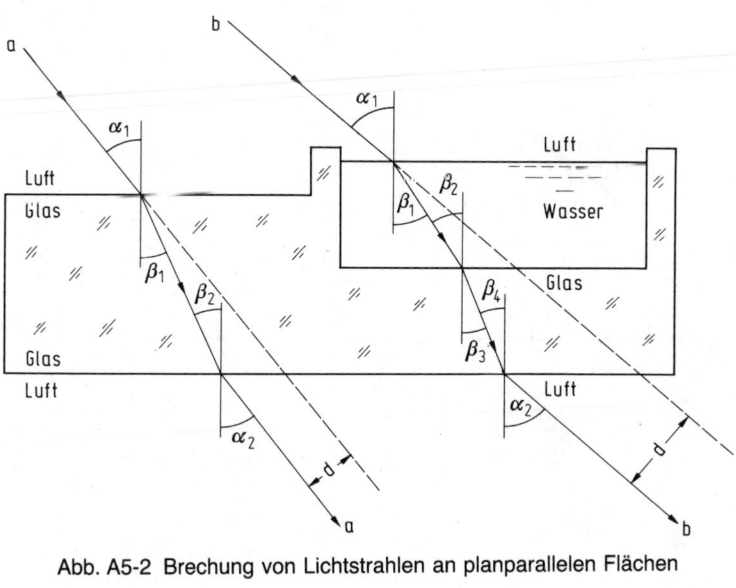

Abb. A5-2 Brechung von Lichtstrahlen an planparallelen Flächen

β'. Beim Übergang von der Glasplatte in Luft wird er erneut gebrochen und verläßt das Glas mit dem Winkel α'. Beim Durchgang durch die Glasplatte hat der Lichtstrahl eine seitliche Parallelverschiebung d erfahren. Die Parallelverschiebung d ist abhängig von

- der Größe des Einfallswinkels,
- der Plattendicke und
- dem Brechungskoeffizienten des Glases.

Im Gegensatz hierzu durcheilt ein senkrecht auffallender Lichtstrahl eine planparallele Platte geradlinig, weil der Einfallswinkel mit dem Lot zusammenfällt.

5.3 Reflexionen an einem ebenen Spiegel

Ein solcher Spiegel hat eine vollständig ebene, reflektierende Fläche. Bei der Bilderzeugung durch ebene Spiegel gilt das Reflexionsgesetz, wonach der Einfallswinkel dem Reflexionswinkel gleich ist und Einfallsstrahl, Einfallslot und Reflexionsstrahl in einer Ebene liegen. Das entstehende Bild ist nur scheinbar (virtuell) vorhanden. In *Abb. A5-3* stellt der Pfeil y mit der Spitze P einen Gegenstand vor einem ebenen Spiegel dar. Von den unendlich vielen Lichtstrahlen, die von P ausgehen, wollen wir zwei herausgreifen, die vom Spiegel reflektiert werden. Die beiden Strahlen divergieren zunächst, sie laufen auseinander. Obwohl ein scharfes, reelles Bild nur durch den Schnittpunkt konvergenter Strahlen entstehen kann, erfaßt das Auge des Beobachters dennoch ein scharfes Bild, weil es gewissermaßen die divergenten Strahlen nach rückwärts verlängert, bis sie sich scheinbar in Punkt P' schneiden. P' ist demnach das virtuelle Bild von P. Genauso läßt sich für jeden beliebigen Punkt des Pfeiles y der zugehörige Bildpunkt finden. Alle Bildpunkte aneinandergereiht ergeben die virtuelle Darstellung des Pfeiles y'.

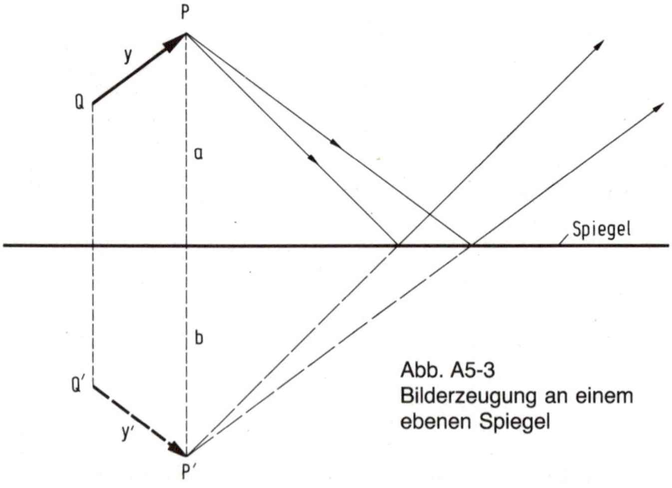

Abb. A5-3
Bilderzeugung an einem ebenen Spiegel

Abb. A5-4
Aufteilung weißen Lichtes mit dichroitischen Spiegeln

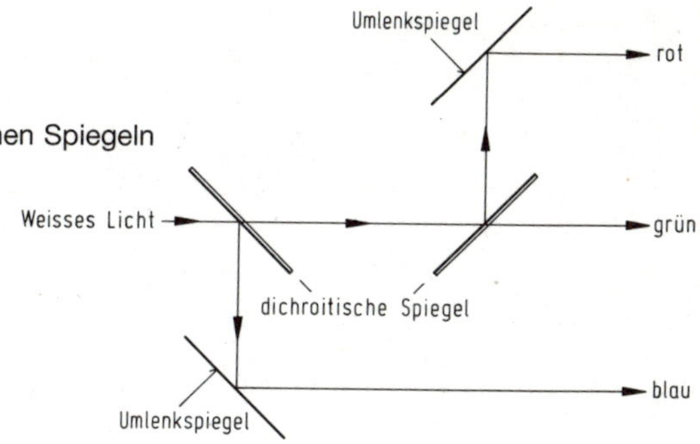

5.4 Der dichroitische Spiegel

Will man das kontinuierliche Spektrum einer Lichtquelle in seine Grundfarben Rot, Grün und Blau zerlegen, so kann man eine planparallele Glasplatte verwenden, auf die eine hauchdünne Reflexschicht aufgedampft ist. Schichten dieser Art bezeichnet man auch als „*dichroitisch*". In Abhängigkeit von der Wellenlänge des Lichtes haben sie die Eigenschaft, nur einen Teil des sichtbaren Spektrums zu reflektieren, während der übrige Teil der Strahlen die „*dichroitische Spiegel*"-Schicht ungehindert passiert.

Ordnet man zwei solcher Spiegel hintereinander im Strahlengang des einfallenden Lichtes um ± 45° zur optischen Achse an (*Abb. A5-4*), so wird der Anteil der langwelligen, roten Strahlung nach der einen Seite und der blaue, kurzwellige Teil nach der anderen Seite hin abgelenkt, während der grüne Strahlenanteil beide Spiegel geradewegs durchläuft.

5.5 Das Prisma

Tritt ein Lichtstrahl durch eine planparallele Platte, so erfährt er nach seinem Durchgang lediglich eine parallele Verschiebung, während er seine alte Richtung beibehält.

Andere Verhältnisse liegen vor, wenn die beiden brechenden Flächen nicht parallel zueinander stehen, sondern einen Winkel γ miteinander bilden (*Abb. A5-5*). Einen solchen Glaskörper nennt man Prisma. Trifft ein Lichtstrahl auf die linke, brechende Fläche, so wird er zu deren Lot hin gebrochen und durchläuft das Prisma bis zur rechten, brechenden Fläche. Da der Strahl hier wieder in Luft übergeht, wird er abermals gebrochen. Nach der zweiten Brechung führt die Richtung des Strahles vom Lot auf die Fläche weg. Damit kommt keine Parallelverschiebung zustande, sondern der Strahl erfährt eine Richtungsänderung um den Winkel δ. Die Größe der Richtungsänderung ist vom Einfallswinkel des Strahles, von der Wellenlänge des Lichtes und vom Brechungskoeffizienten des Glasmaterials abhängig.

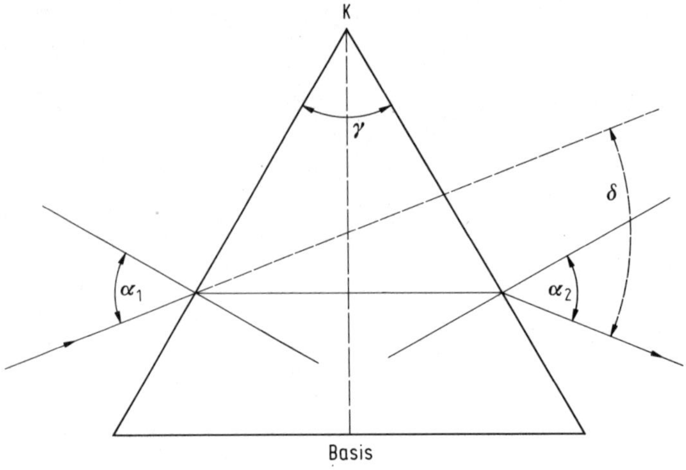

Abb. A5-5
Strahlenbrechung beim Prisma

In der Praxis verwendet man bei Film und Fernsehen Prismen zur Bildumlenkung, Bildumkehrung und in Verbindung mit dichroitischen Schichten auch als prismatische Strahlenteiler in Video-Kameras.

5.6 Die Linsenoptik

Zur Abbildung von Gegenständen verwendet man meist Linsensysteme, die auf dem Phänomen der Brechung von Lichtstrahlen beruhen. Dabei ist zwischen Sammel- und Zerstreuungslinsen zu unterscheiden (*Abb. A5-6*). Eine Sammellinse bricht die einfallenden Lichtstrahlen zur optischen Achse hin, sie wirkt konvergierend. Divergenz tritt hingegen bei einer Zerstreuungslinse ein, weil diese die Strahlen von der optischen Achse ausgehend zerstreut.

In einer Linse erfährt ein Lichtstrahl eine zweimalige Richtungsänderung durch Brechung bei seinem Ein- und Austritt, ähnlich wie bei einem Prisma. In der Praxis verwendet man vielfach Linsen, deren Oberflächen sehr kleine Teile von Kugelflächen darstellen. In Übereinstimmung mit der Erfahrung läßt sich beweisen, daß eine

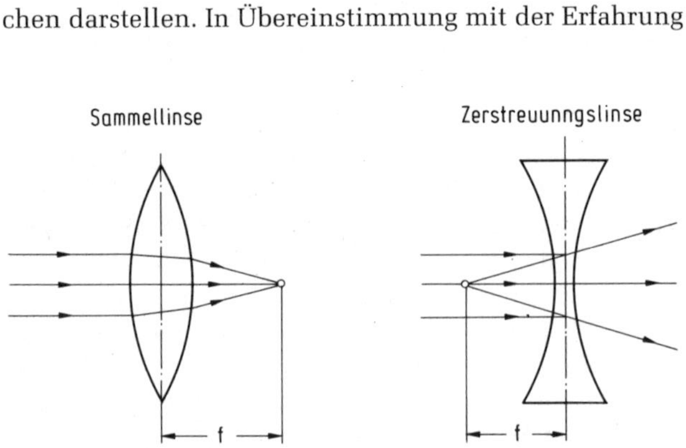

Abb. A5-6
Sammellinse (links) und Zerstreuungslinse (rechts)

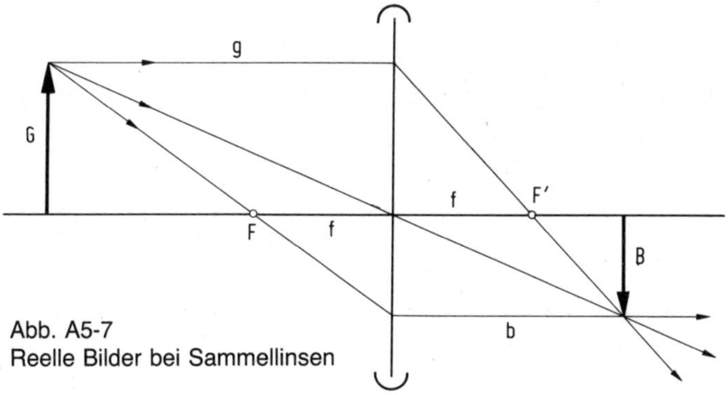

Abb. A5-7
Reelle Bilder bei Sammellinsen

hinreichend dünne Sammellinse achsenparallel einfallende Strahlen in einem jenseits der Linse auf ihrer Achse liegenden Brennpunkt sammelt (Abb. A5-6). Als Brennweite f bezeichnet man den Abstand der Linse vom Brennpunkt.

Im Gegensatz hierzu gibt es bei der Zerstreuungslinse keinen wirklichen Brennpunkt. Hier definiert man durch Hilfskonstruktionen als Brennweite den rückwärtigen Abstand des Schnittpunktes der divergierenden Strahlen auf der Seite des einfallenden Lichtes.

Strahlen, die von einem Punkt eines Gegenstandes G her auf eine Sammellinse fallen, schneiden einander nach dem Durchgang durch die Linse in einem im Bildraum gelegenen Punkt (*Abb. A5-7*). Bei unserer Darstellung setzen wir eine dünne Linse voraus und sehen von der zweimaligen Brechung der Strahlen ab. Den Querschnitt dünner Linsen zeichnet man daher häufig als Gerade, die man an ihren Enden als Sammel- bzw. Zerstreuungslinse kennzeichnet. Den Abstand g zwischen Linse und Gegenstand bezeichnet man als „*Gegenstandsweite*" oder auch „*Dingweite*", den Abstand b zwischen Linse und Abbildung als „*Bildweite*".

Mit Hilfe der Konstruktion nach Abb. A5-7 ergibt sich die Darstellung des Bildes B eines außerhalb der Brennweite f gelegenen Gegenstandes G. Das Bild ist reell, umgekehrt und im vorliegenden Falle verkleinert. Betrachten wir aber jetzt umgekehrt B als den Gegenstand und G als dessen Bild, so ist die Konstruktion genau identisch. In diesem Falle ist das Bild vergrößert. Aus Abb. A5-7 kann man ablesen, daß der Abbildungsmaßstab

$$\gamma = \frac{B}{G} = \frac{b}{g} = \frac{b-f}{f} = \frac{f}{g-f} \text{ beträgt.}$$

Das Größenverhältnis zwischen dem Abbild B und dem Gegenstand G bezeichnet man auch als „*laterale Vergrößerung*". Aus dieser Darstellung läßt sich die Beziehung $\frac{1}{g} + \frac{1}{b} = \frac{1}{f}$ bzw. $(g-f) \cdot (b-f) = f^2$ ableiten.

Hieraus erhält man für

– die Bildweite $b = \dfrac{g \cdot f}{g - f}$,

– die Gegenstandsweite $g = \dfrac{b \cdot f}{b - f}$ und

– die Brennweite $f = \dfrac{g \cdot b}{g + b}$.

Für die Bildaufnahme bei Fernsehen und Film verwendet man kameraseitig Systeme, die aus einer Vielzahl von Linsen zu einem *Objektiv* zusammengesetzt sind. Neben Objektiven mit festen Brennweiten sind auch solche in Gebrauch, bei denen die Brennweite und der Abbildungsmaßstab in weiten Grenzen verändert werden können. Sie sind als *Transfokator* oder *Zoom-Linse* bekannt.

5.7 Die Spiegeloptik

Bei der Projektion von Fernsehbildern auf eine Bildwand benutzt man häufig eine Spiegeloptik (siehe Abschnitt C.8.1). Zum besseren Verständnis dieser Vorgänge ist in *Abb. A5-8* die Entstehung eines Bildes am Hohlspiegel erklärt. Darin ist das Bild eines außerhalb der Brennweite f des Hohlspiegels befindlichen Gegenstandes G mit Hilfe von drei der vier ausgehenden Strahlen konstruiert. Das entstehende, reelle Bild B ist umgekehrt und verkleinert. Es liegt außerhalb der Brennweite. Auch hier läßt sich der Strahlengang – wie bei der Linsenoptik – umkehren, und es gelten auch die gleichen Bedingungen für den Abbildungsmaßstab und die laterale Vergrößerung.

Das Abbild B ist – ähnlich wie bei der Linsenoptik – nicht für alle Punkte des Gegenstandes G gleichmäßig scharf, wenn es auf einer ebenen Fläche entsteht. Wegen der Krümmung des Spiegels kann ein scharfes Bild nur auf einer analog gewölbten Bildfläche erzeugt werden.

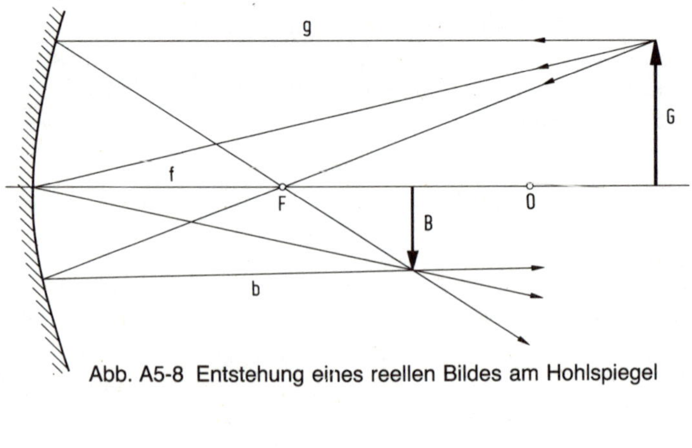

Abb. A5-8 Entstehung eines reellen Bildes am Hohlspiegel

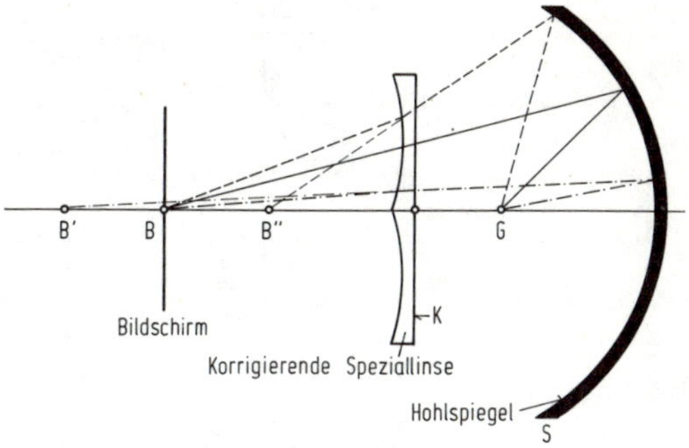

Abb. A5-9 Abbildung eines Gegenstandes G bei großer Öffnung des Spiegels S in einem Punkt B und Kompensation der falschen Abbildungen B' und B" durch eine Speziallinse K

Für die Projektion von Fernsehbildern muß man Bildröhren verwenden, deren Bildschirm so gewölbt ist, daß die eben beschriebene Wölbung des Bildfeldes ausgeglichen wird. Nach *Abb. A5-9* befindet sich die Bildröhre bei G und es entsteht von dort ausgehend ein vergrößertes Bild auf einem Schirm bei B. – Die Betrachtungen der Verhältnisse am Hohlspiegel galten bisher für den Fall, daß das von einem Punkt des Gegenstandes ausgehende Lichtbündel nur einen sehr geringen Öffnungswinkel gegenüber der optischen Achse hat, weil sich nur dann eine genügend scharfe Abbildung erreichen läßt. Dies hat zur Folge, daß die Lichtausbeute eines solchen Projektionssystems sehr gering ist.

Nach Schmidt kann man die Lichtstärke der Optik wesentlich erhöhen, wenn man eine besonders geformte Linse in den Projektionsstrahlengang einfügt, die die bei großen Öffnungswinkeln entstehenden Abbildungsfehler – auch sphärische Aberration genannt – korrigiert. Diese Linse hat bei randseitigen Strahlen die Wirkung einer Zerstreuungslinse, bei achsnahen Strahlen die einer Sammellinse.

5.8 Lichtstärke und Blendenzahlen von Objektiven

Die Abbildungsfehler eines optischen Systems sind nur in begrenztem Umfang und mit entsprechendem Aufwand zu reduzieren. Unvermeidbare Linsenfehler kann man verhindern, wenn man in den Strahlengang eine Blendenscheibe mit kreisförmiger Öffnung – auch Aperturblende genannt – einschaltet. Der Mittelpunkt der Blendenöffnung muß dabei auf der Achse des optischen Systems liegen, so daß die Blende das vom Gegenstandspunkt ausgehende, divergierende Strahlenbündel begrenzt.

Eine wichtige Vergleichsgröße ist bei Objektiven ihre maximale Öffnung (Blendendurchmesser) zu ihrer Brennweite (*Abb. A5-10*), sie wird die Lichtstärke des Objektivs genannt.

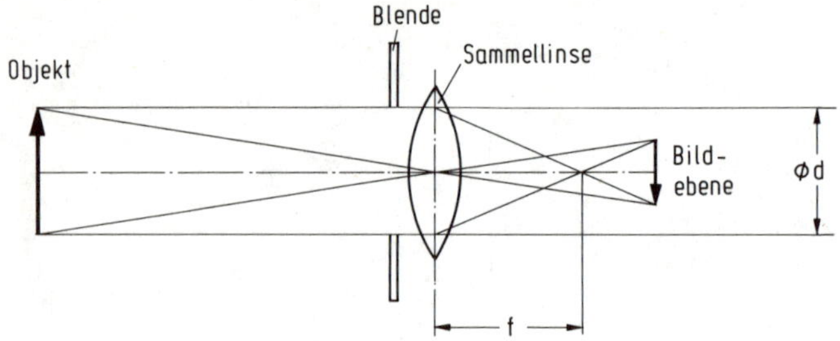

Abb. A5-10
Prinzipieller Aufbau eines Objektivs mit Blende

$$\text{Lichtstärke} = \frac{d}{f}$$

d = maximaler Blendendurchmesser (mm)
f = Brennweite des Objektivs (mm)

Der reziproke Wert der Lichtstärke ist die Blendenzahl $= \frac{rf}{d}$. Sie hat in der Aufnahmetechnik eine große Bedeutung. Die Blendenzahlen der Aufnahmeobjektive sind genormt und ergeben mit dem Faktor $\sqrt{2}$ folgende Reihe:

0,7 ; 1 ; 1,4 ; 2 ; 2,8 ; 4 ; 5,6 ; 8 ; 11,3 ; 16 ; 22 ; 45 ; 90

Sie sind so abgestuft, daß sich die Öffnungsfläche der Blende jeweils halbiert, wenn man die nächst größere Blendenzahl einstellt.

Bei Objektiven kann man Linsenfehler durch Kombination verschiedener Linsen, die aus Gläsern mit unterschiedlichem Brechungskoeffizienten hergestellt sind, relativ gut kompensieren. Die Beseitigung von Abbildungsfehlern gelingt jedoch bei einer großen Öffnung der Objektive niemals vollständig. Man ist daher zur „*Abblendung*“ gezwungen, wenn man eine maximale Schärfe der Abbildung erreichen will. Dies setzt allerdings eine ausreichende Lichtmenge bei der Aufnahme voraus.

5.9 Die Schärfentiefe

Beim Auffangen eines reellen Bildes auf der Schicht einer Bildwandlerröhre, eines fotografischen Filmes oder einer Mattscheibe werden nur diejenigen Punkte scharf, also wieder als Punkt abgebildet, die im Gegenstandsraum in einer Ebene – auch Einstellebene genannt – liegen. Strahlen, welche von einem Gegenstandspunkt ausgehen, der vor oder hinter der Einstellebene liegt, schneiden einander vor oder hinter der Abbildungsebene und erzeugen auf dieser kein punktförmiges Bild, sondern eine unscharfe, kreisförmige Lichterscheinung, die man Zerstreuungskreis nennt.

In diesem Zusammenhang hat die Blendenöffnung noch eine weitere wichtige Bedeutung, weil sie die Schärfentiefe des Bildes bestimmt. Nach *Abb. A5-11* hat der Gegenstand G in Richtung der optischen Achse eine Ausdehnung in der Raumtiefe um den Betrag Δl. Somit ergibt sich für alle Punkte des Gegenstandes nicht dieselbe Bildebene. Während G in B scharf abgebildet wird, entsteht von G' in B' – an einem

Abb. A5-11
Die Verbesserung der Schärfentiefe durch Einfügen einer Blende in den Aufnahme-Strahlengang

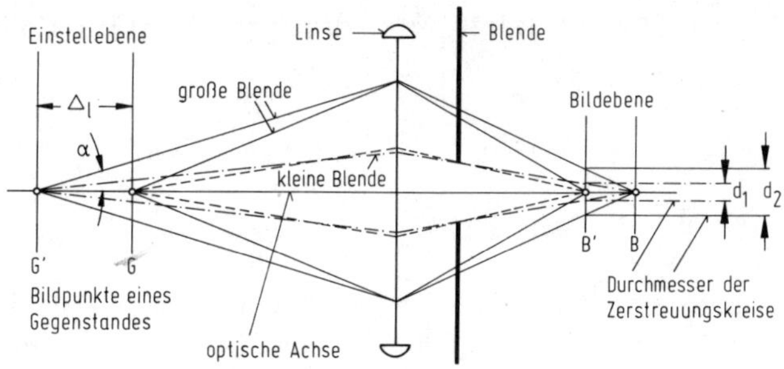

Punkt, der näher an der Linse liegt – ein unscharfes Bild. In der Ebene von B' wird von G' ein Zerstreuungskreis mit dem Durchmesser d_2 entworfen, der mit zunehmendem Winkel α anwächst. Fügt man in den Strahlengang eine Blende ein, so läßt sich der Zerstreuungskreis auf den Durchmesser d_1 reduzieren. Bei genügend kleiner Blende wird schließlich der Durchmesser des Zerstreuungskreises so klein, daß auch G' in der Ebene von B noch genügend scharf abgebildet werden kann.

Die Schärfentiefe drückt damit aus, wie groß der Tiefenunterschied Δl in einer Szene sein darf, wenn der Zerstreuungskreis der Abbildung innerhalb einer bestimmten Schärfetoleranz liegen soll.

6 Schwingungen, Wellen und Frequenzen

Schwingende Bewegungen treffen wir nicht nur in der Natur sehr zahlreich an, sondern sie spielen auch in der Technik eine wichtige Rolle. Schwingungsvorgänge sind periodisch, wenn deren einzelne Abschnitte einander identisch sind. Einfache *periodische Schwingungen* entstehen durch eine regelmäßige, zwischen bestimmten Grenzen hin- und herlaufende Bewegung. Diesen Vorgang würde zum Beispiel eine an einer Spiralfeder auf- und abschwingende Kugel mit Schreibstift auf ein dahinter vorbeigezogenes Blatt Papier als *Sinuskurve* aufzeichnen (*Abb. A6-1*).

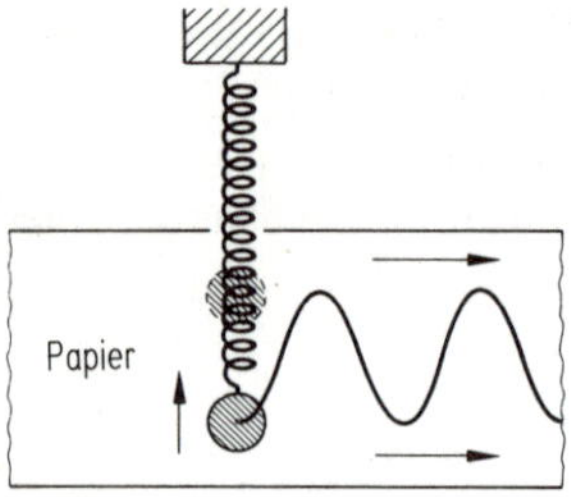

Abb. A6-1 An einer Spiralfeder auf- und abschwingende Kugel mit Schreibstift zur Aufzeichnung einer Sinusschwingung

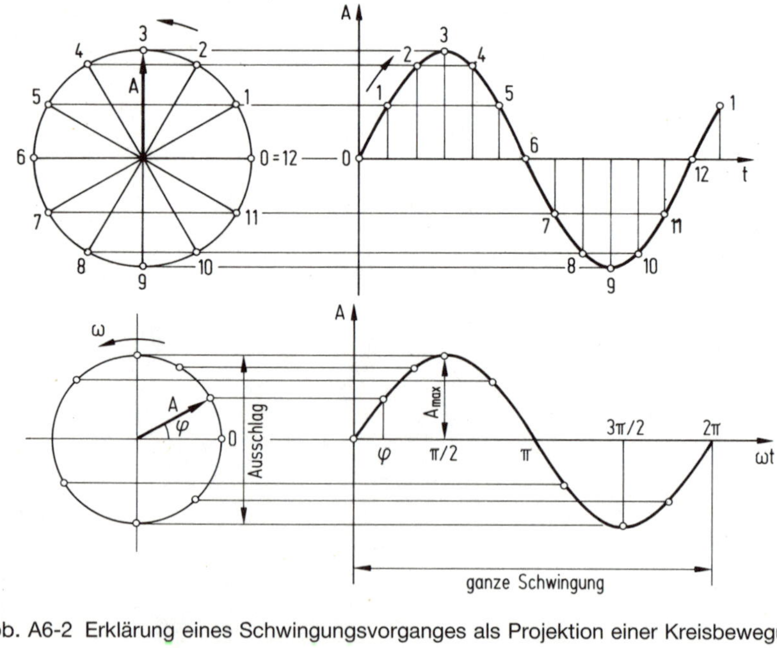

Abb. A6-2 Erklärung eines Schwingungsvorganges als Projektion einer Kreisbewegung

Tabelle A6:

Wellenlänge	Frequenz		Wellen- oder Strahlungsart		
10 000 km	30 Hz	Niederfrequente Wellen	Technische Wechselströme		Tonfrequenz-Bereich
1000 km	300 Hz				
100 km	3000 Hz		Längstwellen		
10 km	30 000 Hz				
1000 m	300 kHz	Hochfrequente Wellen	Langwellen	LW	
100 m	3 MHz		Mittelwellen	MW	Rundfunk
10 m	30 MHz		Kurzwellen	KW	
1 m	300 MHz		Ultrakurzwellen	UKW	
10 cm	3 GHz		Dezimeterw.	VHF	
1 cm	30 GHz		Zentimeterw.	UHF	Fernsehen
1 mm	300 GHz		Millimeterwellen	SHF	
100 µm	$3 \cdot 10^{12}$ Hz	Lichtwellen und Quanten	Infrarot		Sonnenlicht
10 µm	$3 \cdot 10^{13}$ Hz		300–700 nm		
1000 nm	$3 \cdot 10^{14}$ Hz		sichtbare Strahlung		
100 nm	$3 \cdot 15^{15}$ Hz		Ultraviolett		
10 nm	$3 \cdot 10^{16}$ Hz	Strahlen und Quanten	weiche		
1 nm	$3 \cdot 10^{17}$ Hz		Röntgenstrahlung		
100 pm	$3 \cdot 10^{18}$ Hz		harte		
10 pm	$3 \cdot 10^{19}$ Hz		weiche		
1 pm	$3 \cdot 10^{20}$ Hz		Gamma-Strahlung		
100 fm	$3 \cdot 10^{21}$ Hz		harte		
10 fm	$3 \cdot 10^{22}$ Hz		Kosmische Strahlen		
1 fm	$3 \cdot 10^{23}$ Hz				
100 am	$3 \cdot 10^{24}$ Hz				

1 µm (Mikrometer) = 10^{-6} m
1 nm (Nanometer) = 10^{-9} m
1 pm (Picometer) = 10^{-12} m
1 fm (Femtometer) = 10^{-15} m
1 am (Attometer) = 10^{-18} m

Aber auch andere periodische Bewegungen, wie die *Wellenbewegungen* beim Wasser, beim Schall und in der Optik sowie die elektrischen Wechselströme und die übrigen elektromagnetischen Schwingungen werden durch die Gesetze der schwingenden Bewegung beherrscht.

Schließlich ist auch die *Rotation* eines Punktes (P), der sich mit gleichmäßiger Winkelgeschwindigkeit ω auf einer Kreisbahn mit dem Radius (A) bewegt, als eine Schwingung zu verstehen (*Abb. A6-2*). Trägt man den Ausschlag (A) über dem Winkel φ auf, so entsteht aus der Kreisbewegung ein Schwingungsbild. Den Winkel φ nennt man den *Phasenwinkel*, da er jeweils eine bestimmte Phase der Schwingung kennzeichnet. Eine ganze Schwingung ist abgelaufen, wenn die Ausgangsphase zum ersten Mal wiederkehrt. Da sich bei der gleichförmigen Kreisbewegung der Fahrstrahl (Vektor) von der Länge (A) mit der konstanten Winkelgeschwindigkeit ω bewegt, läßt sich der Phasenwinkel auch als $\Phi = \omega t$ darstellen. Die Zeit T für einen vollen Umlauf entspricht in der Projektion der Schwingungsdauer oder Periode. Da während dieser Zeit der Winkel $\varphi = 2\,\pi$ zurückgelegt wird, gilt auch $2\pi = \omega T$. Es ist allerding üblich, an Stelle der Schwingungsdauer T die Anzahl der Schwingungen pro Sekunde, nämlich die *Frequenz* in Hz, anzugeben. Hierfür gilt folgende Beziehung

$$f = \frac{1}{T} \text{ (Hz)}$$

Eine Schwingungsdauer oder Periode von zum Beispiel 1/50 Sekunde ist also identisch mit einer Frequenz von 50 Hz. Die Winkelgeschwindigkeit oder Kreisfrequenz ergibt sich zu $\omega = 2\,\pi f$. Sie gibt mit dem Zahlenwert für f (in Hz) die Anzahl der Schwingungen in $2\,\pi$ Sekunden an.

Den Ausschlag (A) oder die Weite der Schwingung nennt man *Amplitude*. Die *Wellenlänge* λ einer Schwingung ist von der Geschwindigkeit abhängig, mit der sich die Schwingungen im entsprechenden Medium ausbreiten.

$$\lambda = \frac{c}{f}$$

λ in m
f in Hz
c in m/s

Für elektromagnetische Wellen und Licht ergibt sich c mit etwa 300 000 km/s, für Schallwellen in Luft bei einer Temperatur von 20 °C beträgt c = 343 m/s. Eine Übersicht der Zusammenhänge zwischen der Frequenz und Wellenlänge elektromagnetischer Schwingungen zeigt *Tabelle A6*.

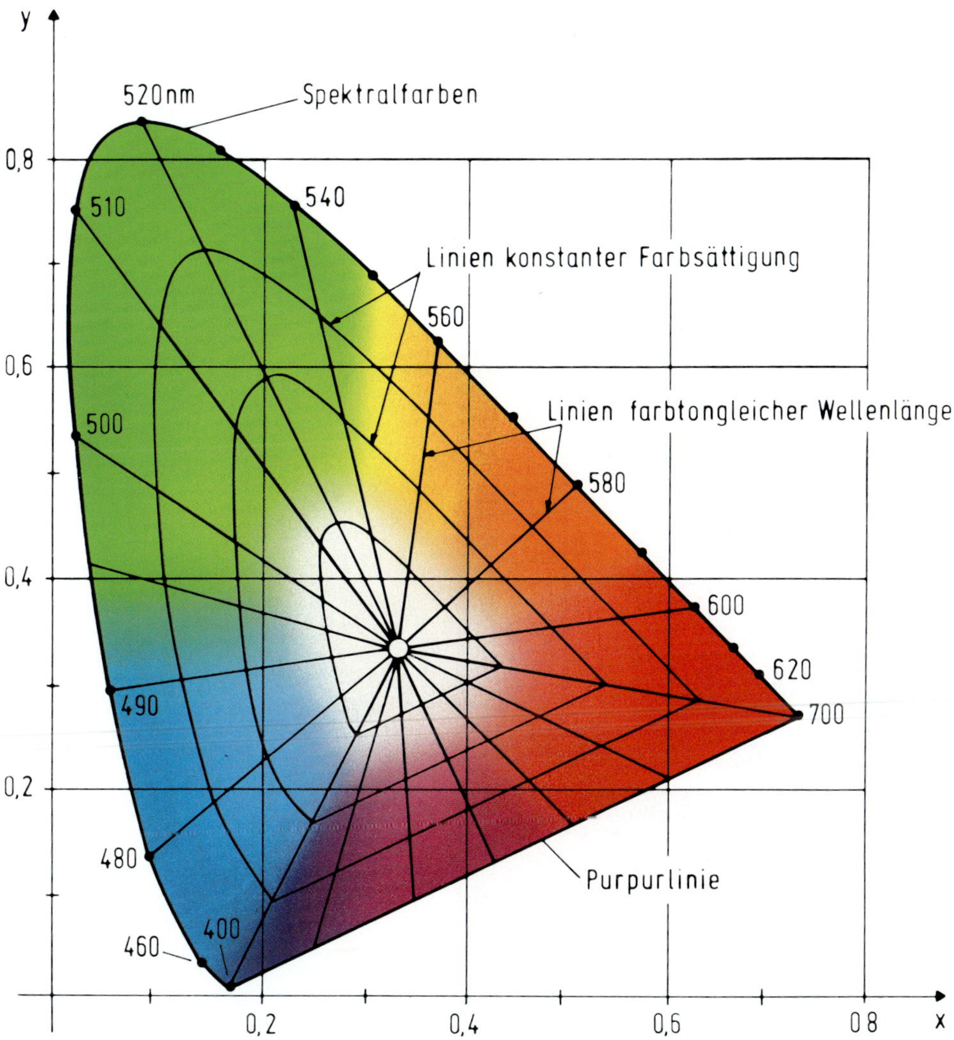

Abb. A4-6 Zweidimensionale Darstellung der Farbart nach DIN 5033

Abb. D4-4 Verschiedene Abstimmfilter zur Farbkorrektur:

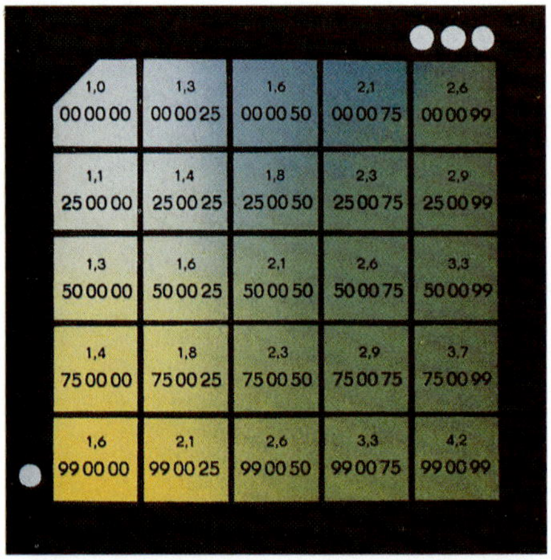

a) gelb-blau/grün;

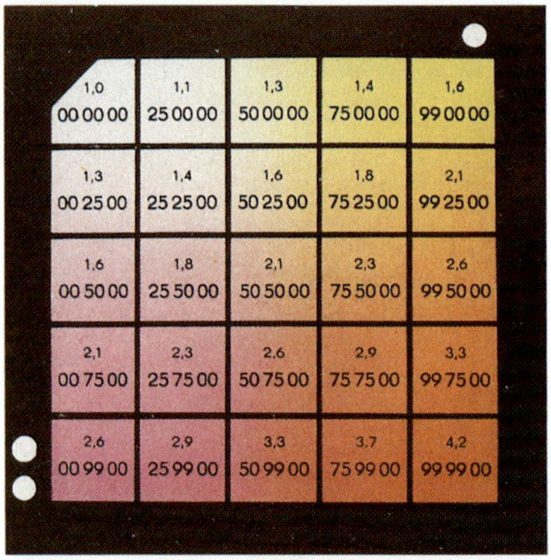

b) purpur-gelb;

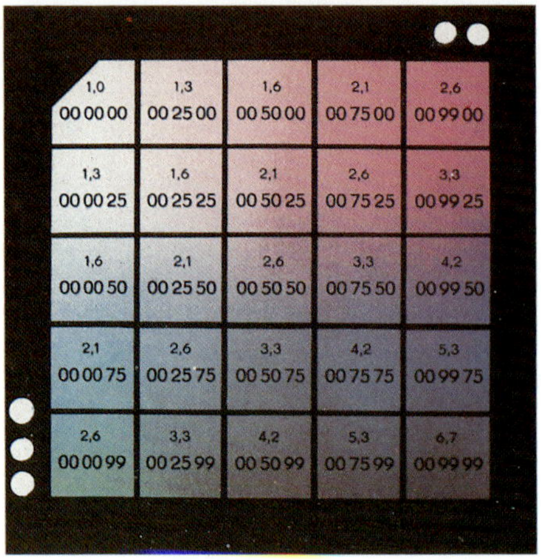

c) blau/grün-purpur

B) Die fotografische Bildspeicherung

Wir finden die Fotografie täglich nicht nur in Liebhaber- und Amateurkreisen, sondern auch zur Deckung des laufenden Bildbedarfs von Industrie, Werbung, Wissenschaft, Technik und Kriminalistik. Nicht zu vergessen sind die künstlerische Porträtfotografie und die Dokumentation, die alle Arten fotografischer Vervielfältigung mit einschließt. Das Leben in unserer heutigen Gesellschaft ist daher ohne Fotografie fast nicht mehr vorstellbar.

1 Der fotografische Prozeß

Hierunter versteht man den gesamten Ablauf der fotografischen Bildspeicherung, einschließlich der Herstellung, Belichtung und Verarbeitung fotografischer Materialien bis hin zum fertigen Bild [14].

1.1 Die lichtempfindliche Schicht

Fotografische Materialien besitzen eine lichtempfindliche Emulsionsschicht. Diese besteht im wesentlichen aus Mischkristallen der Halogen-Silber-Verbindungen Silberchlorid, Silberbromid und Silberjodid, die in Gelatine als Bindemittel eingelagert sind. Kristalle dieser Art bezeichnet man in der Fotografie auch als „Körner".

Von der Zusammensetzung dieser Kristalle („Körner"), ihrer Größe und ihrer Verteilung, von der Art der Gelatine sowie von besonderen Zusätzen sind die fotografischen Eigenschaften des Materials abhängig.

Für die Herstellung fotografischer Schichten verwendet man gelatinehaltige Emulsionen – auch als Suspension bezeichnet –, denen man feinkörnige Halogen-Silber-Kristalle, heute vorwiegend *Silberbromid*, beimischt. Das gelblichweiße Silberbromid ist nur gegenüber seiner Komplementärfarbe, dem blauen Licht, besonders empfindlich. Mischt man der Emulsion besondere Farbstoffe (auch Sensibilisatoren genannt) bei, die gelbes, grünes und rotes Licht absorbieren, so kann man die Energie des absorbierten Lichtes auf das Silberbromid übertragen. Durch diese Sensibilisierung erhält man fotografische Materialien, die die aufgenommenen Objekte so wiedergeben, wie sie vom Auge wahrgenommen werden (*Abb. B1-1*). Fotografische

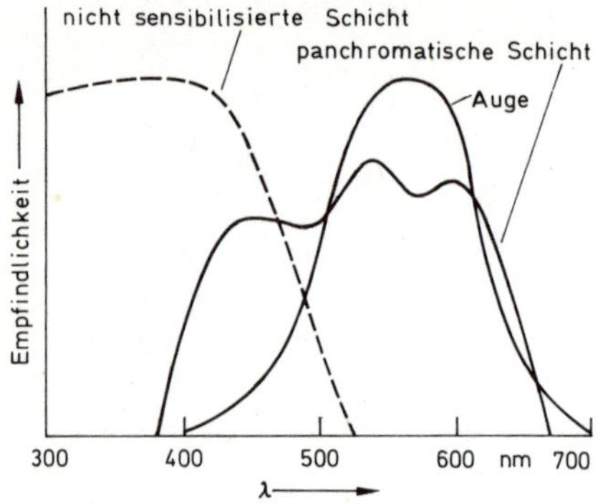

Abb. B1-1 Spektrale Empfindlichkeit des Auges, der sensibilisierten und unsensibilisierten fotografischen Schicht

Schichten dieser Art müssen für alle Arten des sichtbaren Lichtes sensibilisiert sein. Man bezeichnet sie daher als panchromatisch.

1.2 Die Belichtung und das latente Bild

Bei der Belichtung in der Filmkamera setzt man den Film kurzzeitig einer Lichtstrahlung aus. Dabei treffen nur wenige Photonen (Lichtquanten) auf die lichtempfindliche Schicht, so daß das photochemisch reduzierte Silber weder mit dem Auge, noch analytisch nachgewiesen werden kann. Dennoch zeigt die Praxis, daß auf dem belichteten Film die Vorstufe eines Bildes (latentes Bild) vorhanden sein muß.

Die Vorgänge beim Aufbau des latenten Bildes erklärt man heute nach der vor etwa 50 Jahren entwickelten „*Silberkeimtheorie*" (Eggert 1926, Arens und Luft 1935, Pohl 1938, Seitz 1946). – Bei der Untersuchung unbelichteter Silberbromidkörner hat man festgestellt, daß diese aus einem Ionengitter aufgebaut sind. Das Gitter besteht aus positiv-geladenen Silberatomen (Ionen) und negativ-geladenen Bromatomen (Br-Ionen). In *Abb. B1-2* ist der Aufbau eines Silberbromidkristalles gegenüber einem Kristall metallischen Silbers vergleichend dargestellt. Das latente Bild kommt bei Lichteinfall in zwei unmittelbar aufeinanderfolgenden Prozessen zustande (*Abb. B1-3*):

a) *Elektronenprozeß*

Zum Zeitpunkt der Belichtung absorbiert ein Brom-Ion des Gitters ein Lichtquant. Dadurch wird ein Elektron freigesetzt:

$$(Ag^{\oplus}\ Br^{\ominus}) + \text{Lichtenergie} \longrightarrow Ag^{\oplus} + Br + e^{\ominus}$$
$$(\text{Silberbromid}) + \text{Lichtenergie} \longrightarrow (\text{Silber}) + (\text{Brom}) + (\text{Elektron})$$

Während die Gelatine als Bromakzeptor wirkt und so das Bromatom aufnimmt, wandert das freigewordene Elektron im Gitter so lange weiter, bis es auf einen „*Reifkeim*" trifft, der es fest an sich bindet.

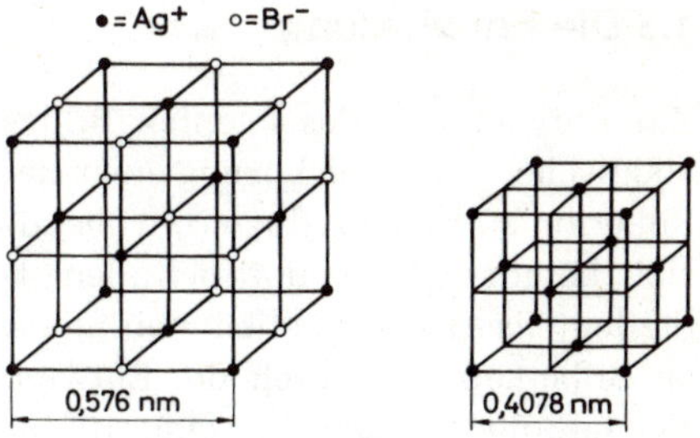

Abb. B1-2 Ionengitter des Silberbromids (links) und das kubisch flächenzentrische Gitter des metallischen Silbers (rechts)

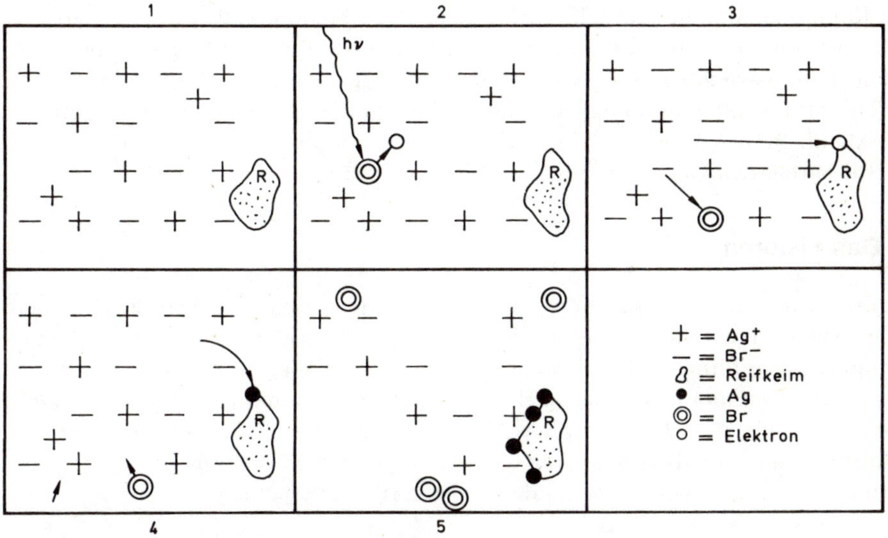

Abb. B1-3 Schematische Darstellung der Entstehung des latenten Bildes in verschiedenen Stadien des Vorganges (nach J. Eggert)
(1) Anfangszustand des Gitters vor der Belichtung
(2) Absorption eines Lichtquants
(3) Einfangen des Elektrons durch den Reifkeim
(4) Annäherung eines positiv-geladenen Silber-Ions an den Reifkeim
(5) Endzustand des Gitters nach mehreren gleichen Prozessen

Reifkeime entstehen bei der Fabrikation der Emulsion während der *chemischen Reifung*. Sie sind Fehlstellen im Gitter, die aus schwefelhaltigen organischen Substanzen, aus Schwefelsilber und aus Spuren von Silber und Gold bestehen.

b) *Ionenprozeß*
Durch die jetzt negative Aufladung des Reifkeimes wird ein in seiner Nähe befindliches (positiv-geladenes) Silber-Ion entladen. Zur Ausbildung eines entwicklungsfähigen Keimes muß sich dieser Vorgang allerdings mehrmals wiederholen. Durch photochemische Zersetzung entstehen somit Spuren von kolloidem Silber, das über die ganze Silberbromidschicht verteilt ist.

1.3 Die Entwicklung

Zur Entwicklung des latenten Bildes bringt man das belichtete Material in eine alkalische, wässerige Lösung eines Reduktionsmittels (Entwickler). Hierbei wird das Silberion zu Silber reduziert, wobei die Reduktion an den Stellen einsetzt, an denen sich bereits Silberkeime befinden. Die Reduktion erfolgt an silberkeimreicheren Stellen, also stärker belichteten Stellen, rascher als an solchen mit geringer Anzahl an Silberkeimen. Durch die Entwicklung erreicht man für das latente Bild eine Verstärkungswirkung zwischen 10^6 bis 10^9. Filme, die für den sichtbaren Bereich des Lichtes sensibilisiert sind, müssen bei völliger Dunkelheit entwickelt werden, während Kopiermaterialien häufig bei Grün- oder Rotlicht verarbeitbar sind.

Hart arbeitende Entwicklersubstanzen enthalten Kalium- oder Natriumhydroxid, weiche und ausgleichende Entwickler Kalium- oder Natriumcarbonat oder -borat. Als Reduktionsmittel sind folgende Substanzen am häufigsten verbreitet: Hydrochinon, Metol, Brenzcatechin, Glyzin, Phenidon, Aminophenole, Diazine und besonders für Farbentwickler Phenylendiaminderivate.

1.4 Das Fixieren

Nach dem Entwickeln ist ein fotografisches Bild noch nicht lichtecht. Es enthält in großer Menge noch unverändertes Silberbromid (AgBr), das sich durch weitere Lichteinwirkung allmählich schwärzen würde. Um das überflüssige Silberbromid zu entfernen, verwendet man eine Natrium- oder Ammoniumthiosulfatlösung, die mit Silberbromid ein lösliches Komplexsalz bildet. Nach den Ergebnissen neuerer Forschungen sind für den Reaktionsvorgang zwischen Silberbromid (AgBr) und Natriumthiosulfat ($Na_2S_2O_3$) folgende Umsetzungen anzunehmen:

(1) $2\ AgBr + Na_2S_2O_3 = Ag_2S_2O_3 + NaBr$ (unlöslich in Wasser)
(2) $AgBr + Na_2S_2O_3 = Na \cdot Ag(S_2O_3) + NaBr$ (schwer löslich)
(3) $Na \cdot Ag(S_2O_3) + Na_2S_2O_3 = Na_3 \cdot Ag(S_2O_3)_2$ (leicht löslich)
(4) $Na_3 \cdot Ag(S_2O_3)_2 + Na_2S_2O_3 = Na_5 \cdot Ag(S_2O_3)_3$ (leicht löslich)

Für eine gute Fixierwirkung ist es wichtig, daß das Thiosulfat in großem Überschuß vorhanden ist, damit die leicht löslichen Verbindungen nach (3) und (4) entstehen können.

Fixierbäder sind außerdem schwach säurehaltig, um die Wirkung eventuell noch vorhandener Reste alkalischer Entwicklersubstanzen zu neutralisieren.

Auf den Fixierprozeß muß unmittelbar anschließend eine ausreichend lange und intensive Wässerung folgen, damit die entstehenden Salze aufgelöst und aus der Schicht restlos entfernt werden können.

Am Ende des Fixier- und Waschvorganges entsteht ein lichtechtes Bild, weil dann in der fotografischen Schicht keine lichtempfindlichen Substanzen mehr vorhanden sind.

Zusammenfassend vollziehen sich während des Belichtens, Entwickelns und Fixierens in vereinfachter Darstellung folgende Prozesse (*Abb. B1-4*):

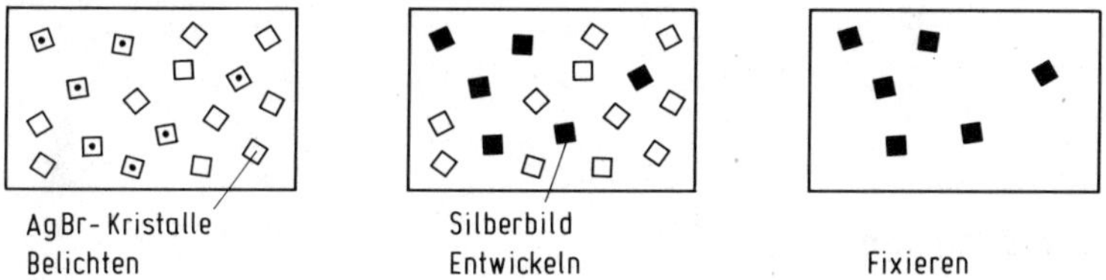

Abb. B1-4 Die Vorgänge in der fotografischen Schicht, etwa 3000fach vergrößert

2 Die Filmherstellung

2.1 Der Schichtträger

In der Anfangszeit der Fotografie verwendete man vorwiegend Glasplatten als Trägermaterial für die fotografische Schicht. Wegen ihrer Zerbrechlichkeit und wegen ihres Gewichtes war man bald bestrebt, die „Platte" durch ein biegsames, leichtes und unzerbrechliches Material, den „Film", zu ersetzen.

Allerdings benutzte man seit Beginn der Kinematographie bis zum Jahre 1952 für die 35-mm-Produktion fast ausschließlich den aus Cellulose-Nitrat hergestellten „Nitrofilm". Trotz seiner großen Vorzüge für die Verwendung in der Filmherstellung – moderne Kunststoffe waren noch nicht bekannt – besaß dieses Material eine Reihe sehr gefährlicher Eigenschaften. Seine leichte Entflammbarkeit, die beim Verbrennen auftretenden starken und sehr heißen Stichflammen sowie die bei flammenloser Zersetzung des Nitrofilms sich entwickelnden giftigen, brennbaren und mit Luft zerknallfähigen Gase, hatten immer wieder in der ganzen Welt zu sehr schweren Unglücksfällen mit zahlreichen Opfern an Menschenleben und erheblichen Sachschäden geführt. Von diesen Unglücksfällen waren Filmtheater, Filmherstellungsbetriebe, Kopierwerke, Filmstudios und Verleihbetriebe in gleicher Weise betroffen. Die Bemühungen, den höchst gefährlichen Nitrofilm durch einen ungefährlichen Stoff zu ersetzen, waren daher so alt wie der Film selbst.

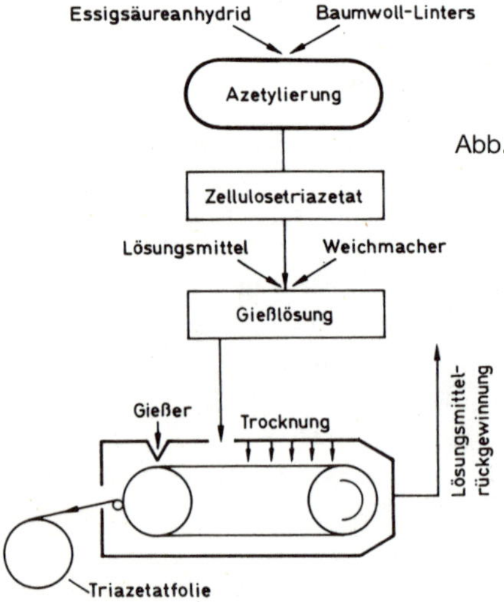

Abb. B2-1 Herstellung des Schichtträgers für Kine-Filme

Die heutigen Filmmaterialien bestehen überwiegend aus sehr schwer entflammbarer Azetylzellulose (Cellulose-Triacetat) – auch „Sicherheitsfilm“ genannt – oder auch aus Polyester (PE).

Azetylzellulose stellt man aus möglichst reinem Zellstoff (*Abb. B2-1*), zum Beispiel Baumwollinters, mit einer Faserlänge von weniger als 10 mm Länge her. Diesen Rohstoff behandelt man nach einer Vorreinigung mit konzentrierter Essigsäure, wäscht ihn anschließend aus und versetzt ihn mit bestimmten Weichmachern. Vor dem Vergießen muß die acetylierte Zellulose durch Auflösen in Aceton oder Methylenchlorid bei gleichzeitigem Zusatz von Alkoholen in eine viskose, sirupartige Masse verwandelt werden. Mit einer Schlitzdüse wird diese Masse auf die feinpolierte Oberfläche eines Bandes (Bandgießmaschine) oder auf die äußerst glatte Oberfläche einer Trommel mit mehreren Metern Umfang (Trommelgießmaschine) aufgebracht. Band oder Trommel sind in einer Gießkammer hermetisch so abgeschlossen, daß das Lösungsmittel durch die mit hoher Geschwindigkeit entgegenströmende Luft verdampft. Der erstarrte Film wird von der blanken Oberfläche abgenommen, nachgetrocknet und anschließend zu Rollen mit einer Breite von etwa 1,20 Meter aufgewickelt.

Polyestermaterial ist ein makromolekularer, thermoplastischer Kunststoff. In einer Extruderanlage stellt man aus der Schmelze mit Schlitzdüsen eine Folie her, die anschließend noch mehreren Reckprozessen unterworfen wird, um die Maßhaltigkeit des Materials zu erhöhen. Der so erhaltene Schichtträger ist unempfindlich gegenüber Feuchtigkeit und extremen Temperaturen. Das Material versprödet erst bei Temperaturen unter −70 °C und behält seine Form bis zu etwa 200 °C. Außerdem zeichnet es sich durch seine extrem hohe Reißfestigkeit von etwa 30 kg/mm^2 aus. Im Gegensatz zur Azetylzellulose läßt sich Polyestermaterial nicht mit einem Lösungsmittel anlösen, so daß Filme dieser Art nur mit besonderen Hilfsmitteln aneinander geklebt werden können.

2.2 Die Emulsion

Für die Herstellung einer fotografischen Emulsion setzt man Alkalihalogenide, wie Brom- oder Jodkalium, mit löslichen Silbersalzen um. Mischt man eine Kaliumbromidlösung mit einer Lösung von Silbernitrat, dann fällt Silberbromid als voluminöser, gelblich-weißer Niederschlag aus, der sich nach und nach auf dem Boden des Mischgefäßes absetzt. Die chemische Reaktion verläuft nach der Gleichung

$$AgNO_3 + KBr \longrightarrow AgBr + KNO_3$$
$$\text{(Silbernitrat)} + \text{(Kaliumbromid)} \longrightarrow \text{(Silberbromid)} + \text{(Kaliumnitrat)}$$

Mischt man die Lösungen aus Kaliumbromid und Silbernitrat mit einer wäßrigen Gelatinelösung, so tritt eine starke Verzögerung des Fällungsprozesses ein. Anfangs bildet sich eine fast klare Flüssigkeit, die in dünnen Schichten etwas farbig schillert. Läßt man die Lösung bei einer Temperatur von über 30 °C länger stehen, so wird sie

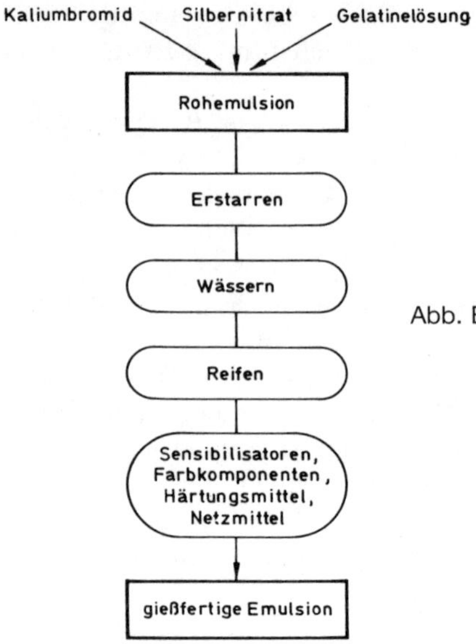

Abb. B2-2 Herstellung einer fotografischen Emulsion

durch Bildung gröberer Silberbromidteilchen allmählich trübe und undurchsichtig. Trotz der Gelatine geschieht die chemische Umsetzung sofort. Das sich bildende Bromsilber bleibt vorerst kolloidal gelöst und scheidet sich erst nach längerem Stehen ab. Man spricht von einer Emulsion.

Für die Emulsionsherstellung verwendet man zweckmäßig gleichmäßig heizbare Gefäße. Nachdem man Bromkalium mit einer Gelatinelösung gut vermischt hat, läuft nun das gelöste Silbernitrat unter ständigem Rühren zu. Die Geschwindigkeit des Zulaufes, die Methode des Rührens sowie bestimmte Zusätze während der Mischung beeinflussen die fotografischen Eigenschaften der Emulsion sehr wesentlich. Von großer Bedeutung ist auch das Mengenverhältnis zwischen Bromkalium und Silbernitrat (*Abb. B2-2*).

Auf den Ansatz der Emulsion folgt die erste oder „physikalische Reifung“. Dabei wird die gemischte Emulsion längere Zeit einer Wärmebehandlung unterworfen. Man unterscheidet, je nach Art der Behandlung, sogenannte „Siedeemulsionen“ von „Ammoniak-Emulsionen“. Die Reifung von Siede-Emulsionen findet bei Temperaturen zwischen 40 und 70 °C statt. Setzt man bereits bei der Mischung der Emulsion der Silbernitratlösung Ammoniak zu, so kann die Reifung auch bei niedrigeren Temperaturen bis etwa 35 °C geschehen. Während des Reifeprozesses wachsen die Bromsilberkörner auf Kosten der kleinsten Körner, bis sich die endgültige Korngrößenverteilung, die die Empfindlichkeits- und Gradationseigenschaften der fertigen Schicht bestimmt, einstellt. Durch die Reifung wird zum Beispiel die Empfindlichkeit bedeutend gesteigert; sie kann bis auf den 180 000fachen Wert gegenüber dem eines ungereiften Korns ansteigen.

Wenn die Körner nun eine bestimmte Größe erreicht haben, so unterbricht man die erste Reifung und läßt die Emulsion erstarren. Anschließend schneidet man die gallertartige Masse in kleine Stücke, sogenannte Nudeln, und wäscht sie sehr sorgfältig aus. Durch den Waschvorgang werden das vorher gebildete Kaliumnitrat, die überschüssigen Halogensalze und auch das eventuell vorhandene Ammoniak entfernt.

Nach dem Wässern schmilzt man die Masse erneut. Damit beginnt ein weiterer Reifungsprozeß, auch Nachreifung oder „chemische Reifung" genannt. Man fügt der geschmolzenen Masse eine besondere Reifungsgelatine hinzu. Die Reifungsgelatine enthält bestimmte Schwefelverbindungen, Schwermetalle (Gold, Selen und andere) sowie weitere Fremdsubstanzen, die während der Reifung in die Silberbromidkristalle „eingebaut" werden und in ihrem Gitter jene Störstellen aufbauen, die später beim fotografischen Prozeß die Empfindlichkeitszentren darstellen.

Zur „Einstellung der Emulsion" gehört nicht nur die endgültige Herausbildung der Empfindlichkeit und der Gradationseigenschaften, sondern die Emulsion muß auch noch „sensibilisiert" werden, das heißt für solches Licht empfindlich gemacht werden, das nicht vom Silberbromid absorbiert wird. Silberhalogenide sind zunächst farbenblind, da sie nur blaue Strahlung oder Licht noch kürzerer Wellenlänge als Blau (Violett, Ultraviolett) absorbieren. Damit nun auch grünes, gelbes und rotes Licht auf die Schicht einwirken kann, muß man – wie von H. W. Vogel bereits 1873 gefunden – die Emulsionskörner mit bestimmten organischen Stoffen anfärben. Diese Stoffe (Polymethine Cyanine) nennt man Sensibilisatoren. Sie erleiden bei der fotochemischen Reaktion keine Veränderung, sie wirken also als Katalysatoren. Wahrscheinlich absorbieren sie Licht bestimmter Wellenlänge und geben dann die aufgenommene Energie in Form von kinetischen Stößen an die Bromsilbermoleküle weiter, so daß dort eine ähnliche Wirkung eintritt wie bei der unmittelbaren Bestrahlung mit kurzwelligem Licht.

Die Sensibilisierungsstoffe müssen der Emulsion vor dem Vergießen beigegeben werden. Außerdem fügt man Härtemittel, die das Schmelzen der Schicht bei höheren Temperaturen verhindern sollen, Schutzfarbstoffe gegen unerwünschte Lichtdiffusion, Stabilisatoren, Netzmittel und einiges mehr zu. Um die Gleichmäßigkeit der Kornstruktur zu verbessern, setzt man die Emulsion unmittelbar vor dem eigentlichen Gießvorgang häufig noch einer Behandlung mit Ultraschall aus.

Vor der optischen Sensibilisierung konnte die Bearbeitung weitgehend noch bei rotem Licht erfolgen. Nach dem Zusatz der Sensibilisierungsstoffe herrscht an den Arbeitsplätzen absolute Dunkelheit. Da nicht alle Vorgänge vollautomatisch ablaufen können, wird die notwendige Sicht mit Infrarot- oder auch Nachtsichtgeräten mit elektronischer Restlichtverstärkung erreicht.

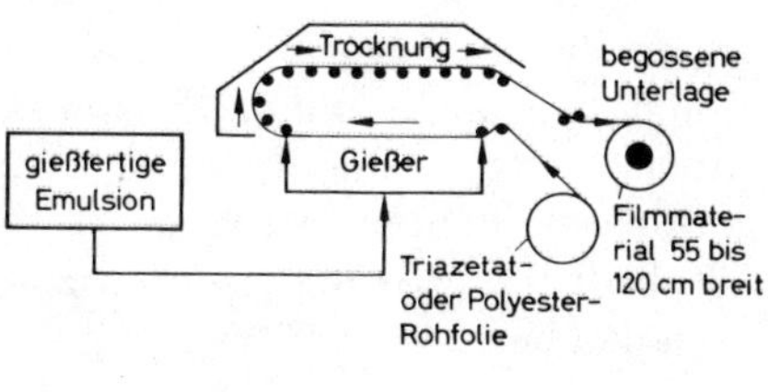

Abb. B2-3 Aufbringen der fotografischen Schicht durch einen Gießprozeß

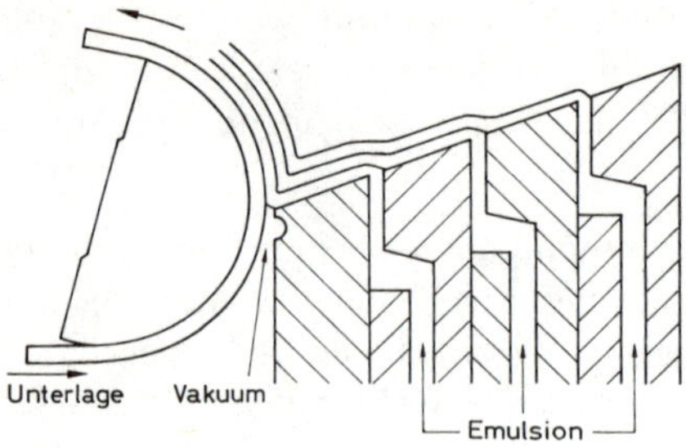

Abb. B2-4 Einrichtung zum Auftragen mehrerer fotografischer Schichten, Kaskadengießer

Anschließend wird die Emulsion in einer besonderen Gießmaschine auf den vorbereiteten Triacetat- oder Polyester-Film aufgebracht (*Abb. B2-3*). Damit sich die Emulsion während der späteren fotografischen Bearbeitung – vor allem im Entwicklungsprozeß – nicht vom Schichtträger lösen kann, versieht man die Filmunterlage vorher noch mit einer Haftschicht, auch Substratschicht genannt. Zum Zwecke des Antragens erwärmt man die Emulsion, so daß sie flüssig ist. Beim Tauchgießverfahren berührt das Schichtträgermaterial im Lauf über die Gießtrommel schwach die Oberfläche der in einer Wanne befindlichen flüssigen Emulsion. Dadurch kann sie in einer dünnen Schicht abgenommen und aufgetragen werden. Im Anschluß daran gelangt das begossene Filmmaterial in eine Kühlzone, worin die Schicht erstarrt. In einer Trockenanlage mit Warmluft wird der Film dann auf Trommeln mit einem Durchmesser von mehr als 10 bis 15 Metern oder auch in großen langen Schleifen aufgehängt. Die Nachtrocknung ist beendet, wenn der Feuchtigkeitsgehalt der Schicht nur noch 10 % bis 15 % beträgt.

Für den Gießvorgang ist das Tauchprinzip nur bis zu einer Begießgeschwindigkeit von etwa 20 Metern/Minute geeignet. Für den Mehrschichtenbeguß verwendet man heute in zunehmendem Maße „Kaskadengießer" (*Abb. B2-4*), womit Gießgeschwindigkeiten bis zu 70 Metern/Minute möglich werden. Überraschenderweise vermischen sich beim Übereinanderlaufen die zähflüssigen Emulsionen nicht, so daß voneinander völlig unabhängig wirksame Schichten entstehen können, wie sie für die Farbfotografie erforderlich sind.

2.3 Die Konfektionierung

Nach dem Gießprozeß steht das 55 bis 120 cm breite Filmmaterial in Rollen von 600 bis 1200 Metern Länge – in Amerika beginnt man zur Zeit schon mit der Herstellung noch größerer Längen – zur Verfügung. Dieses Zwischenprodukt, häufig auch „Jumbo" genannt, muß nun konfektioniert werden. Darunter versteht man alle Arbeitsvorgänge, die am Ende zu einer fertig verpackten Filmrolle des jeweilig gewünschten Formates führen.

Tabelle B2 auf Seite 124 gibt auszugsweise die wichtigsten Abmessungen und Maße nach den bestehenden DIN-Normen wieder. Wir sehen daraus, daß die Bearbeitung

Abb. B2-5 Verschiedene Filmmaterialien:
1) 35-mm-Positiv-Film 2) 35-mm-Negativ-Film 3) 16-mm-Negativ-Film 4) 16-mm-Positiv-Film 5) 70-mm-Positiv-Film 6) Normal-8-Film 7) Super-8-Film 8) Film 32/2 × 16 9) Film 35/2 × 16 10) Film 35/2 × 16-3-R 11) Film 16/2 × 8, Perforation 1-4 12) Film 16/2 × 8, Perforation 1-3 13) Film 35/4 × 8, Perforation 1-3-5-7-0

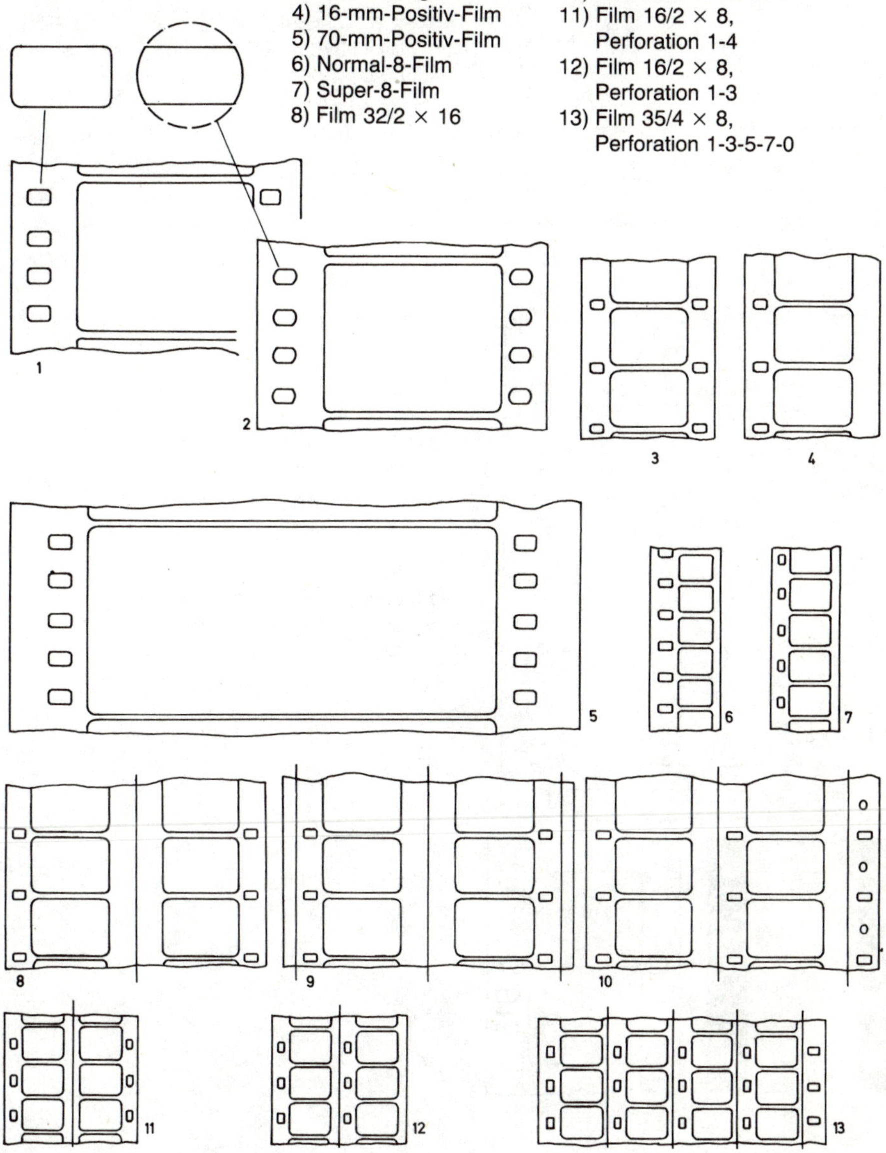

mit sehr großer Genauigkeit geschehen muß, wenn genauer Lauf und guter Bildstand in Filmkamera, Kopiermaschine und Filmprojektor erreicht werden sollen.

Zuerst werden die breiten Rohfilmbahnen in die gewünschten Filmbreiten, zum Beispiel 70, 65, 35 oder 16 mm, geschnitten (*Abb. B2-5*). Hierzu benutzt man

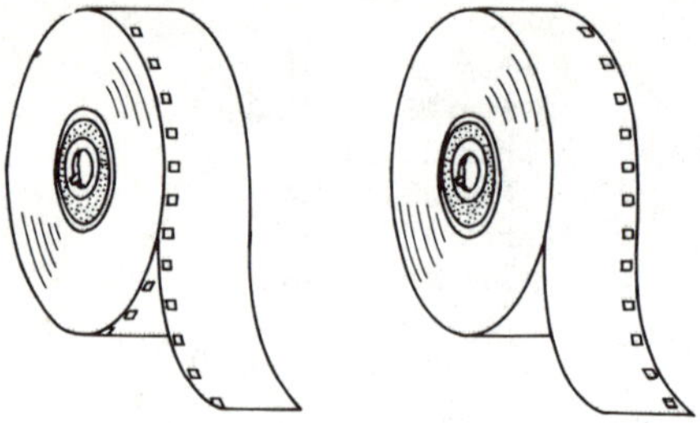

Abb. B2-6 Konfektionierung beim 16-mm-Film nach DIN 15 576; links: Wicklung A; rechts: Wicklung B

Abb. B2-7
Randkennzeichnung mit Fußnummern bei 35- und 16-mm-Filmen

besondere Schneidmaschinen, deren Messer mit hoher Geschwindigkeit rotieren. Dann geschieht die Ausstanzung der Perforation durch spezielle Perforiermaschinen. Da der Film aus Gründen der Maßhaltigkeit hier nur schrittweise, dem Abstand der Perforationslöcher entsprechend, transportiert werden kann, muß man eine große Anzahl solcher Maschinen einsetzen. Die Abnützung der Werkzeuge ist unterschiedlich, je nachdem ob Azetylzellulose oder Polyester zur Bearbeitung kommt. Bei Polyesterfilmen ist der Verschleiß im allgemeinen wesentlich größer. Erschwerend kommt wiederum hinzu, daß alle diese Bearbeitungsvorgänge bei Dunkelheit ablaufen.

Außer dem Schneiden und Perforieren ist auch noch die Art der Aufwicklung – „Schicht außen" oder „Schicht innen" – sowie die Lage der Perforation – „Wicklung A" oder „Wicklung B" – von besonderer Bedeutung (*Abb. B2-6*).

Eine weitere Einrichtung ist die Randkennzeichnung der Aufnahme-Filme (Negativ- und Umkehrfilme). Wie wir später noch sehen werden, ist es beim Negativschnitt von Filmprogrammen nach einer Arbeitskopie sehr wichtig, die einzelnen Szenenabschnitte des Negativs genau und eindeutig herauszufinden. Hierzu dient eine Reihe von Kennziffern, die der Rohfilmhersteller bei Aufnahmematerialien im Randbereich des Filmstreifens außerhalb oder zwischen den Perforationslöchern aufbelichtet. Diese Belichtung erfolgt meist gleichzeitig oder unmittelbar nach dem Perforieren. Auf 35-mm-Filmen erscheinen die Kennziffern im Abstand von 64 Perforationslöchern oder jeweils 16 Bildern, während bei 16-mm-Filmen Abstände von 16, 20 oder auch 40 Bildern üblich sind. Darüber hinaus kann man die ersten Zeichen noch zur Kennzeichnung des Materialtyps verwenden (*Abb. B2-7*).

Das Key-Code-System

Bei modernen Aufnahmematerialien, wie Negativ- und Intermediate-Filmen der EXR-Reihe, ist neben der Randkennzeichnung mit Fußnummern in Klarschrift ein digitalisierter Barcode (Keycode) aufbelichtet (*Abb. B2-8*). Der Keycode stellt eine maschinenlesbare Bildadresse dar, die bei der Vorsortierung von Negativen, der Überspielung des Filmmaterials auf Videoband, der Farb- und Lichtbestimmung, beim Kopiervorgang sowie bei der Archivierung von Aufnahme- und Duplikat-Materialien Verwendung findet.

Abb. B2-8 Keycode-Codierung auf KODAK-EXR-Film 5296

3 Der Schwarz/Weiß-Film

3.1 Negativ-Positiv-Verfahren

Schwarz/Weißmaterial hat eine Stärke von ungefähr 125 Mikron und besteht, wie *Abb. B3-1* zeigt, aus mehreren Schichten, von denen jede einem bestimmten Zweck dient. Die Oberste ist eine dünne Schutzschicht (1), die Kratzer auf der Emulsionsschicht verhindern soll. Dann folgt die eigentliche Emulsionsschicht, in der das Bild entsteht. Sie besteht aus etwa 60 % Gelatine (3) und 40 % lichtempfindlicher Kristalle (2). Unter der Emulsion finden wir noch die Haftschicht (4), die eine feste Verbindung zum Trägermaterial (5) (Azetylzellulose oder Polyester) herstellt. Auf der Rückseite des Schichtträgers befindet sich wiederum eine Haftschicht (6), auf der eine Lichthofschutzschicht (7) aufgebracht ist. Diese soll verhindern, daß das Aufnahmelicht durch die Trägerschicht hindurch zurück in die Emulsion reflektiert wird. Auf diese Weise kann man Lichthöfe um helle Stellen des Bildes herum unterdrücken.

Der Vorgang, durch den ein Bild auf dem Film entsteht, läuft zunächst nach dem weiter oben beschriebenen fotografischen Grundprozeß ab. Nach der Belichtung folgen die Entwicklung des latenten Bildes, die Unterbrechung der Entwicklung, das Fixieren, die Wässerung und das Trocknen des Materials (*Abb. B3-2*).

Im Entwickler werden die belichteten Silberbromidkristalle der fotografischen Schicht zu metallischem Silber reduziert. Die Abhängigkeit der Reduktionsgeschwindigkeit von der Stärke des latenten Bildes ist entscheidend für die Möglichkeit, mit Hilfe der Fotografie ein Bild zu erhalten. Die Entwicklung läuft an den stark belichteten Stellen schneller ab als an den weniger belichteten. Eine geringe Entwicklung findet aber auch noch dort statt, wo keine Belichtung erfolgt ist. Dieses Phänomen ist in den Eigenschaften der Emulsion begründet. Das dort gebildete Silber bezeichnet man als „Schleier". Die Größe des Schleiers läßt sich durch die Entwicklung beeinflussen. Als Ergebnis der Entwicklung (4) erhält man ein abgestuf-

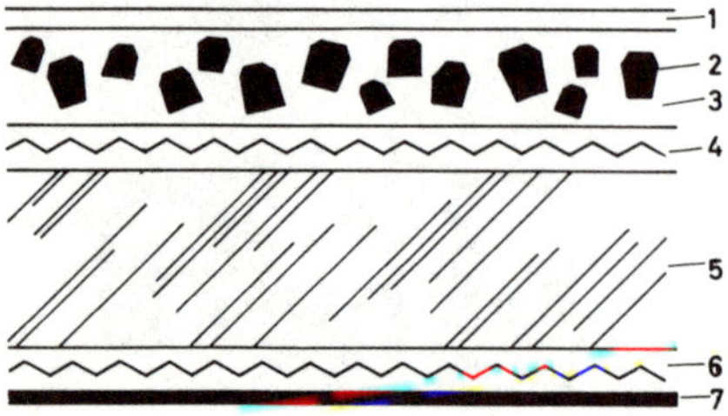

Abb. B3-1 Lage der einzelnen Schichten beim Schwarz/Weiß-Film

Abb. B3-2
Schwarz/Weiß-Negativ/Positiv-Prozeß, Prinzip

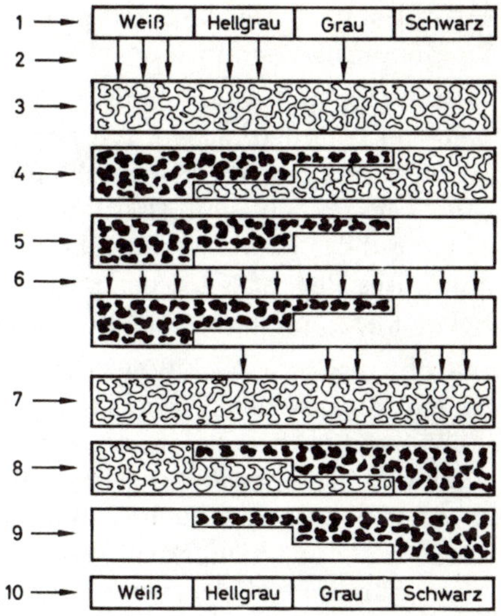

tes Bild, bei dem alle Helligkeitswerte gegenüber dem Original umgekehrt, das heißt negativ, wiedergegeben werden. Die Geschwindigkeit der Reduktion bezeichnet man auch als „Rapidität". Sie ist vom Typ der Emulsion und den Entwicklungsbedingungen abhängig. Dabei sind die chemische Zusammensetzung des Entwicklers, die Umwälzung und die Temperatur des Entwicklers sowie die Entwicklungszeit von Bedeutung.

Für die Entwicklung sind bis heute etwa 800 verschiedene Entwicklersubstanzen bekannt geworden, von denen aber nur etwa 10 für die Schwarzweißfotografie und weitere 10 für die Farbfotografie Bedeutung erlangt haben. Mit wenigen Ausnahmen sind alle Entwicklersubstanzen Abkömmlinge (Derivate) des Benzols und damit organischer Natur. Am häufigsten verwendet man Hydrochinon, Metol und Phenidon. Als Reduktionsmittel sind sie empfindlich gegen die Oxydation durch den Sauerstoff der Luft. Deshalb setzt man den Entwicklersubstanzen als Konservierungsmittel häufig Natriumsulfit zu. Dieses wirkt nicht nur gegen die Oxydation, sondern es hat auch einen Einfluß auf die Entwicklungsgeschwindigkeit. Entwickler mit hohem Sulfitgehalt entwickeln langsamer als solche mit niedrigem Gehalt. Lösungen, die nur aus Entwicklersubstanz und Konservierungsmittel bestehen, besitzen kein ausreichendes Entwicklungsvermögen. Dies erreicht man erst durch Zusatz von Alkalien. Die Wahl der Entwicklersubstanzen und der Alkalien bestimmt die Arbeitsweise eines Entwicklers. Als Alkalien kommen Ätzkali, Pottasche, Soda und Borax in Frage. Negativ-Entwickler enthalten weniger und schwächere Alkalien als Positiv-Entwickler. Die schnelle Wirksamkeit eines Entwicklers kann außerdem durch Zusätze von Kaliumbromid beeinflußt werden. Kaliumbromid wirkt entwicklungshemmend und vermindert gleichzeitig den Schleier. Eine weitere Reduzierung des Grundschleiers erreicht man durch Zusätze organischer Verbindungen, die man auch Stabilisatoren nennt. Außerdem enthalten Entwicklerflüssigkeiten noch Entkalkungsmittel, die die Kalksalze des Wassers beim Entwickleransatz in lösliche Verbindungen überführen.

Ist die Entwicklung beendet, so ist es ratsam, den Entwicklungsvorgang abzustoppen oder zu unterbrechen. Wird er nicht abgestoppt, so wird alkalische Entwicklerlösung in das Fixierbad eingeschleppt, so daß die Entwicklung neben dem Fixiervorgang weiterlaufen kann. Hierdurch entstehen meist Schlieren und Streifen auf dem Film, und das Fixierbad verdirbt. Führt man den Film nach dem Entwickeln durch ein saures Bad, so wird der Entwicklungsvorgang sofort unterbrochen, da die im Entwickler enthaltenen Alkalien neutralisiert werden.

Nach Abschluß der Entwicklung sind die nicht entwickelten Silbersalze aus der Schicht zu entfernen. Der Zustand der Entwicklung wird festgehalten, er wird fixiert (5). Wenn dies nicht geschieht, so würde nach und nach durch Lichteinwirkung das gesamte Bild geschwärzt werden. Silberhalogenide sind wasserunlöslich, sie können aber durch eine ganze Reihe chemischer Verbindungen in eine wasserlösliche Form umgewandelt werden. Für Fixierbäder verwendet man in der Praxis Natrium- und Ammoniumthiosulfate, denen man saure und stabilisierende Zusätze beifügt. Für Schnellfixierbäder benutzt man vorzugsweise Ammoniumthiosulfat, weil es eine höhere Fixiergeschwindigkeit besitzt. Bei der Umsetzung entstehen eine Reihe komplexer chemischer Verbindungen. Die Reaktion zwischen den Thiosulfaten und den Silberhalogeniden verläuft je nach den Konzentrationsverhältnissen unterschiedlich. Je nach dem Verhältnis zwischen Silber und Thiosulfat im Komplex sind sie leichter oder schwerer löslich. Komplexe mit hohem Silbergehalt sind fast unlöslich. Es muß daher ständig eine ausreichende Menge an Thiosulfat im Fixierbad zur Verfügung stehen. Steigt der Silbergehalt des Fixierbades an, so bilden sich schwer lösliche Silber-Thiosulfat-Komplexe, die bei der Schlußwässerung nicht mehr aus der Schicht zu entfernen sind und die dann durch Lufteinwirkung das Bild zerstören.

Damit alle lösbar gemachten Salze aus der fotografischen Schicht entfernt werden können, findet abschließend eine ausreichende Wässerung des Materials statt. Besonders wichtig ist dabei die Entfernung aller Thiosulfat-Reste, weil hiervon die Haltbarkeit des fotografischen Materials abhängt. Mit Beginn des fotochemischen Prozesses hat die Gelatine durch Quellung alle in Wasser gelösten Reagenzien aufgenommen. Wenn man diese schnell wieder aus der gequollenen Schicht entfernen will, so muß das Konzentratgefälle zwischen der Gelatineschicht und dem Wasser möglichst groß sein. Der Diffusionsvorgang läuft demzufolge nur dann schnell ab, wenn ständig frisches Wasser mit der Schicht in Berührung kommt. Dabei ist noch zu berücksichtigen, daß chemikalienhaltiges Wasser schwer wird und nach unten absinkt. Der Ablauf des verbrauchten Wassers muß sich daher am Boden des Behälters, der zweckmäßig über einen Syphon entleert wird, befinden. Als besonders wirksam haben sich Sprüh-/Tankwässerungen erwiesen. Während die untere Hälfte des Wässerungstankes mit Wasser gefüllt ist, wird im oberen Bereich über Sprühdüsen ständig frisches Wasser an den Film herangebracht. – Für die Wässerung ist frisches, gewöhnliches Leitungswasser weichen bis mittleren Härtegrades ausreichend. Die Wirkung kann erhöht werden, wenn das Wasser erwärmt wird. Wasser aus dem Leitungsnetz hat Temperaturen zwischen 8 und 13 °C. Eine Erwärmung auf etwa 20 °C bringt eine erhebliche Verminderung der Wässerungszeit.

Nach der Wässerung wird der Film getrocknet. Dabei muß das in der Emulsionsschicht befindliche und das der Oberfläche anhaftende Wasser durch Verdunstung entfernt werden. Die Verdampfung des Wassers, die nur an der Oberfläche des Materials stattfinden kann, muß mit der Diffusionsgeschwindigkeit des Wassers aus der Schicht heraus übereinstimmen. Sie kann daher von Material zu Material sehr verschieden sein.

Der fertig bearbeitete Negativfilm (5) enthält nun alle Einzelheiten des Originalbildes in umgekehrter (negativer) Darstellung, so daß Weiß als Schwarz und Schwarz als Weiß zu sehen sind. Will man ein positives, dem Original entsprechendes Bild erhalten, so muß das Negativ durch Belichtung (6) auf einen Positiv-Film (7) kopiert werden (Abb. B3-2). Positiv-Filme unterscheiden sich von Negativ-Materialien im wesentlichen durch ihre geringere Empfindlichkeit und ihre höhere Gradation. Fotografische Schichten mit geringer Empfindlichkeit sind besonders feinkörnig. Man setzt sie daher vorwiegend als Kopiermaterialien ein, um die im Negativ vorhandenen kleinsten Bildelemente auch ohne Verlust auf das Positiv übertragen zu können. – Unter Gradation (siehe auch Kapitel B.5., fotografische Meßtechnik) versteht man die Eigenschaft einer fotografischen Schicht, Helligkeitsunterschiede des Aufnahmeobjektes in mehr oder weniger große Schwärzungsunterschiede umzusetzen. Die Gradation ist vorwiegend von der Größenverteilung der Silberbromidkörner in der Schicht abhängig. Um einen möglichst großen Belichtungsumfang auf einem Negativ unterzubringen, stellt man die Gradation bei Negativfilmen möglichst flach oder auch „weich" ein. Den geringen Negativkontrast muß man im Positiv ausgleichen. Die Gradation der Positivfilme ist daher steil oder auch „hart". Sie können einen hohen Szenenkontrast wiedergeben. – Nach der Belichtung des Positivfilmes in einer besonderen Kopiermaschine (siehe Abschnitt D.5.) folgt die fotografische Weiterbearbeitung (8; 9) in ähnlicher Weise wie vorher beschrieben. Damit erhält man einen vorführfertigen Film, dessen diapositiver Bildinhalt dem Original entspricht und der mit einer Projektionseinrichtung auf einer Bildwand reproduziert werden kann.

3.2 Schwarz/Weiß-Umkehrverfahren

Häufig wird eine Aufnahme nur als Unikat benötigt. Es würde sich daher, wie zum Beispiel bei der aktuellen Berichterstattung für das Fernsehen, kaum lohnen, auf Negativfilm aufzunehmen und diese Negative anschließend auf Positivmaterial zu kopieren. Will man den umständlichen Weg über das Negativ vermeiden, so muß man Umkehrfilme verwenden, die bereits nach einer einzigen fotografischen Bearbeitung ein positives Bild ergeben. Für diese Zwecke stellen die Filmfabriken daher Materialien mit besonderen Schichten her.

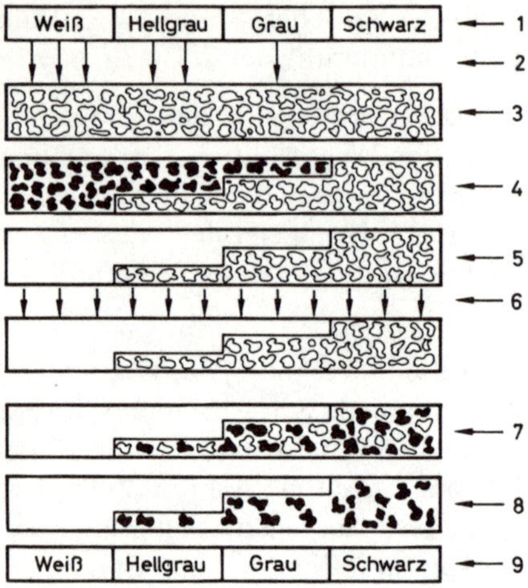

Abb. B3-3
Schwarz/Weiß-Umkehrverfahren, Prinzip

Die heute weit verbreitete „quantitative Umkehrung" wurde erstmals von Biny im Jahre 1881 angegeben. Sie läuft folgendermaßen ab (*Abb. B3-3*):

a) Negativ-Entwicklung
b) Bleichen des entwickelten Bildes
c) Klären
d) Zweite diffuse Belichtung
e) Positiventwicklung
f) Fixieren
g) Schlußwässerung

Außerdem muß zwischen den einzelnen Arbeitsstufen kurz gewässert werden.

Die Negativentwicklung (4) geschieht in einem kräftig agierenden Entwickler. Das entstehende Bild soll dabei stark verschleiert und auf der Rückseite des Films voll sichtbar sein. Um die Brillanz des Bildes zu erhöhen, gibt man der Entwicklerlösung Zusätze silberbromidlösender Substanzen, wie Kaliumrhodanid, Natriumthiosulfat, bei. Nach einer kurzen Wässerung folgt auf die Entwicklung ein Bleichprozeß.

Das *Bleichen* (5) wandelt das negative Silberbild in lösliche Silbersalze um, die dann aus der Schicht entfernt werden können. Somit bleibt nur noch das unveränderte Silberbromid als grau/weißes positives Bild übrig. Als Bleichbad verwendet man hierfür meist eine Lösung aus Kaliumbichromat und Schwefelsäure. Durch den Bleichvorgang entsteht eine Verfärbung der Schicht, die durch *Klärung* zu beseitigen ist. Als Klärmittel kommen Lösungen mit Kaliummetabisulfit, Natriumbisulfit und auch Natriumsulfat in Frage.

Mit einer *zweiten Belichtung* (6), die diffus erfolgen muß, erzeugt man in den noch vorhandenen Silberbromidkörnern Belichtungskeime, so daß nun ein positives Bild entwickelbar wird. Ob eine dosierte Zweitbelichtung oder eine völlige Durchbelichtung zweckmäßig ist, hängt ganz von den jeweiligen Arbeitsbedingungen ab.

Für die *Positiventwicklung* (7) kann man im Prinzip jeden kräftig arbeitenden Entwickler verwenden. Er darf jedoch keine Lösungsmittel für Bromsilber enthalten.

Das vorher diffus belichtete Bromsilber wird nun bis auf wenige nicht entwicklungsfähige Körner voll durchentwickelt.

Durch *Fixierung* (8) löst man am Ende die nicht entwickelten Reste des noch in der Schicht verbliebenen Silberbromids heraus.

Nach der *Schlußwässerung und Trocknung* steht ein vorführfertiger Bildfilm (9) zur Verfügung.

4 Der Farbfilm

Wie eingangs beschrieben, war es Vogel 1873 erstmals gelungen, die „Farbenblindheit“ des Halogensilbers durch optische Sensibilisatoren aufzuheben. Darauf aufbauend schlug Ducos du Hauron 1897 den Dreipack als Aufnahmematerial vor. Da der Film als Schichtträger damals noch nicht verbreitet war, benutzte er drei Glasplatten, von denen die erste blau-empfindlich, die darunter liegende grün-empfindlich und die unterste rot-empfindlich sein sollte. Nach der Aufnahme lagen dann drei Farbauszüge vor, die nach einem subtraktiven Wiedergabeprinzip weiterverarbeitet werden konnten. Da der Abstand der einzelnen Schichten – bedingt durch die Glasplatte als Schichtträger – zu groß war, ließ sich keine ausreichende Schärfe erreichen, so daß sich das Verfahren nicht durchsetzte. Erst mit dem Erscheinen des Films als Schichtträger konnte man die Abstände der einzelnen Schichten so weit verringern, daß die Schärfe der drei Teilaufnahmen ausreicht.

4.1 Das Technicolor-Verfahren

Die Idee eines Farbauszugverfahrens ist die Grundlage des Technicolor-Systems. Dabei verwendet man eine besondere Aufnahmekamera, in der durch Strahlenteilung das rote und blaue Teilbild vom Grünanteil getrennt wird. Die grünen Strahlen

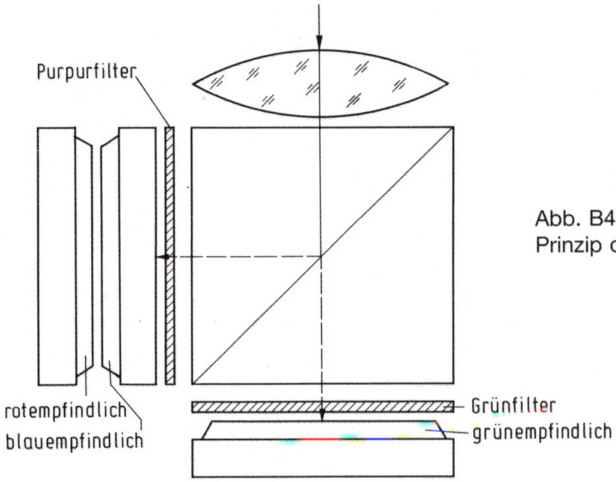

Abb. B4-1
Prinzip des Technicolor-Verfahrens

passieren den Strahlenteiler ungehindert und erzeugen hinter einem Grünfilter auf einem orthochromatischen Film den negativen Grün-Auszug. Die vom Strahlenteiler ausgespiegelten roten und blauen Anteile durchlaufen ein Purpurfilter und treffen auf einen Bi-Pack-Film. Im blau-empfindlichen Frontfilm entsteht das Negativ des Blau-Auszuges. Der panchromatisch sensibilisierte Rückfilm trägt eine Rot-Filterschicht, so daß sich der Rot-Auszug bilden kann (*Abb. B4-1*).

Die drei Farbauszugsnegative werden auf besondere Matrizenfilme kopiert, die dann in einem stark gerbenden Entwickler entwickelt und anschließend in warmem Wasser behandelt werden. Dadurch wird die ungegerbte Gelatine weggelöst und man erhält ein sogenanntes „Auswaschrelief". Die Matrizenfilme werden komplementär zum Aufnahmefilter (Gelb, Purpur und Blaugrün) eingefärbt. Zur Übertragung der Farbstoffe werden die drei Druckmatrizen nacheinander in Kontakt mit dem Positivfilm gebracht, der die Farben gewissermaßen von den Matrizen absaugt.

4.2 Der Mehrschichten-Farbfilm

Für die Farbfotografie verwendet man heute fast ausschließlich Filme mit drei übereinanderliegenden lichtempfindlichen Schichten. Jede dieser Schichten ist jeweils nur für ein Drittel des sichtbaren Spektrums (Rot, Grün und Blau) empfindlich.

Den Schichtaufbau eines modernen Farb-Negativ-Filmes zeigt *Abb. B4-2*. Zwischen den beiden Schichten, die für Blau und Grün empfindlich sind, liegt eine Gelbfilterschicht, die die beiden darunter liegenden Schichten vor blauem Licht schützen soll, da alle Emulsionen von Natur aus auch immer für blaues Licht empfindlich sind. Der gelbe Farbstoff dieser Filterschicht wird im allgemeinen durch eine dünne Schicht kolloidalen Silbers von einer bestimmten Teilchengröße gebildet. Während des fotografischen Bearbeitungsprozesses wird die Gelbfilterschicht zwangsläufig entfärbt und damit unwirksam.

In die Emulsionsschichten sind Farbkuppler eingebettet. Sie sind meist farblose chemische Verbindungen. Bei der chromogenen Entwicklung bilden die organischen Substanzen der Farbkuppler in Reaktion mit den Oxydationsprodukten des Entwicklers den eigentlichen Farbstoff. Die Farbkuppler müssen diffusionsfest sein, damit

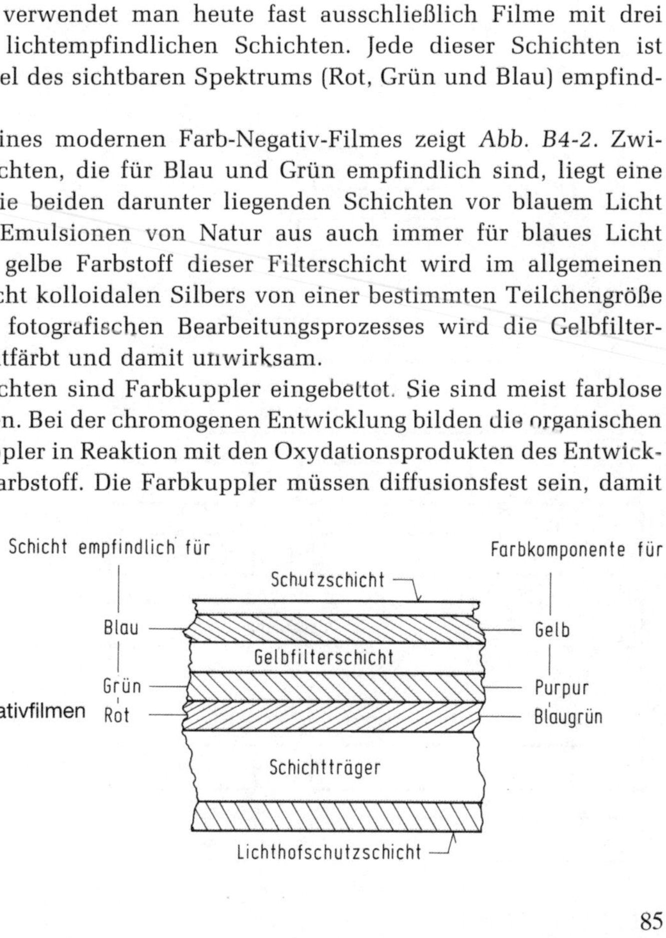

Abb. B4-2
Schichtaufbau bei Farbnegativfilmen

sie während der Entwicklung nicht von einer Schicht in die andere Schicht wechseln können. Beim Agfa-Color-Verfahren erreicht man die Diffusionsfestigkeit durch eine besondere Molekülstruktur. Durch „Fettrest“-Anteile werden die Kuppler groß und unbeweglich.

Bei den Kodak-Filmen löst man die Farbkuppler in Substanzen auf, die mit Wasser nicht mischbar sind. Die gelösten Farbkupplerteilchen werden in feinster Verteilung der Gelatine zugesetzt.

Die Farbkuppler der für Grün und Rot empfindlichen Schicht färbt man zusätzlich ein, um unerwünschte Absorptionen der während der Entwicklung gebildeten Farbstoffe zu korrigieren. Diese Maßnahme bezeichnet man auch als „Maskierung“. Die Wirkung der Maskierung besteht darin, das Übergreifen der Belichtung in eine andere Schicht zu kompensieren, wobei die falschen Nebenabsorptionen durch das Korrekturbild der Maske aufgehoben werden, deren Farbe der Fehlabsorption des Bildfarbstoffes entspricht. Die Fehlabsorptionen des Purpurfarbstoffes im grünen und roten Spektralbereich beseitigt man durch eine Gelbmaske. Die Fehlabsorption des Blaugrünfarbstoffes gleicht man durch eine Rotmaske aus.

Zur Unterdrückung unerwünschter Licht-Streuungen und -Reflexionen innerhalb des Schichtträgers ist seine Rückseite mit einer Lichthofschutzschicht versehen.

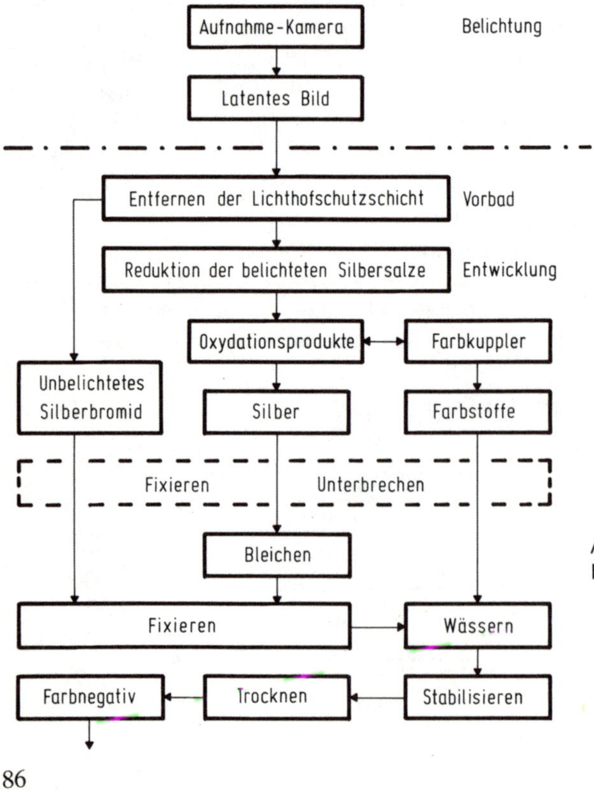

Abb. B4-3
Prinzip der Farbnegativentwicklung

4.3 Farb-Negativ-Positiv-Verfahren

Durch die Belichtung in der Filmkamera entsteht in den drei Schichten des Negativ-Farbfilmes ein latentes Bild, das der Helligkeits- und Farbverteilung der Original-Szene entspricht (*Abb. B4-3*).

Nach Entfernung der Lichthofschutzschicht bewirkt der Farbentwickler die Reduktion der belichteten Silbersalze in den drei lichtempfindlichen Schichten. Nach der Reduktion der Silbersalze ist der Farbentwickler oxydiert. Die Oxydationsprodukte verbinden sich mit den Farbkupplern der jeweiligen Schichten und erzeugen das Farbbild.

Nach der Entwicklung wird der Reduktionsprozeß in einem sauren Bad unterbrochen (gestoppt).

Anschließend findet ein Bleichprozeß statt, in dem das metallische Silber des Silberbildes und das kolloidale Silber der Gelbfilterschicht in Silberverbindungen überführt werden, die später im Fixierprozeß leicht aus den Schichten entfernt werden können.

Im Fixierbad werden die Silbersalze, die sich während des Bleichprozesses gebildet haben, in komplexe Silberthiosulfatsalze umgewandelt, so daß sie sich durch anschließende Wässerung aus dem Film entfernen lassen.

Zur Konservierung der Farbstoffe wird der entwickelte Film einem Stabilisierungsprozeß unterworfen.

Nach einer Schlußwässerung folgt die Trocknung. Am Ende des Prozesses erhält man ein Farbnegativ, bei dem jeder Teil des Bildes eine Färbung hat, die zur Farbe der Originalszene komplementär ist. Die Helligkeitswerte verhalten sich – wie beim Schwarzweiß-Prozeß – reziprok zu denen der aufgenommenen Szene (*Abb. B4-4*).

Durch Kopieren des Negatives auf einen Color-Positiv-Film erhält man ein dem Original entsprechendes Farbbild. Bei Color-Positiv-Filmen ist die oberste Schicht grünempfindlich (*Abb. B4-5*). Sie bildet bei der Entwicklung den Purpurfarbstoff (Magenta). Die mittlere Schicht reagiert auf rot und bildet die blaugrüne Farbe (Cyan). Die unterste Schicht ist blauempfindlich und bildet gelb. Die Folge der Schichten hat man so gewählt, um eine größtmögliche Schärfe des Bildes zu erreichen. Um die Emulsionsschichten gegen mechanische Beanspruchung zu schützen, besitzt der Film außerdem einen Überguß aus besonders gehärteter Gelatine. Zwischen den einzelnen Emulsionsschichten befinden sich Zwischenschichten zur Verbesserung der Farbselektion.

Zur Herstellung von Farbpositiv-Kopien wird das Negativ in einer Kopiermaschine an einer Lichtquelle so vorbeigeführt, daß ein Color-Positiv exponiert werden kann (Abb. B4-4/8). Der weitere photochemische Prozeß vollzieht sich in ähnlicher Weise wie bei der Entwicklung von Farbnegativen. Das latente Bild wird in den drei Farbschichten zu einem komplementären Farbbild entwickelt (Abb. B4-4/9). Nach dem Bleich- und Fixierprozeß (Abb. B4-4/11 und B4-4/12) verbleiben nur noch die Farbstoffe im Film, die ein der Originalszene entsprechendes positives Farbfilmbild ergeben.

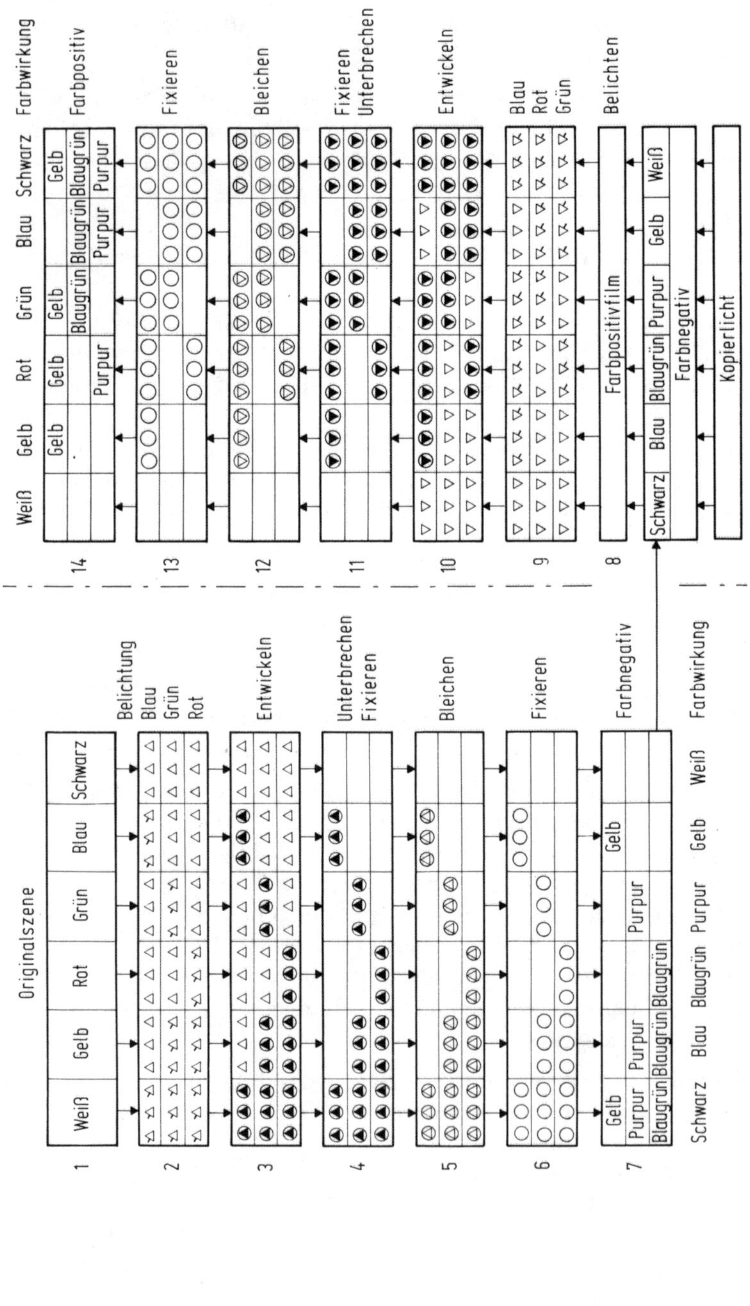

Abb. B4-4a Farbnegativprozeß

Abb. B4-4b Farbpositivprozeß

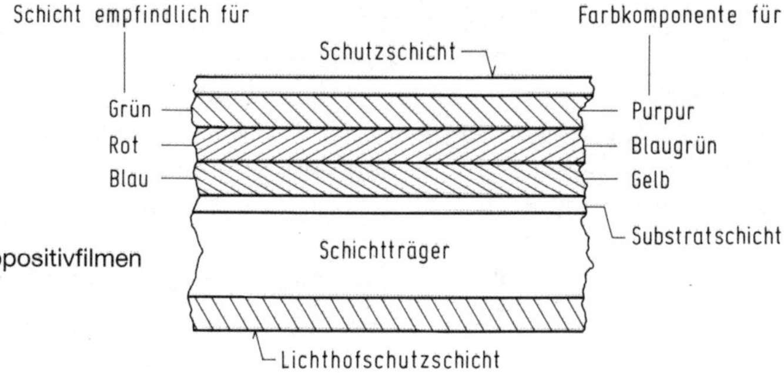

Abb. B4-5
Schichtanordnung bei Farbpositivfilmen

4.4 Farb-Umkehrverfahren

Wenn man ein positives Filmbild in einem Prozeß erhalten will, so kann man Farb-Umkehrfilme verwenden. Ein solcher Farbfilm besteht aus drei Emulsionsschichten, von denen jede eigentlich einer normalen Schwarz/Weiß-Schicht entspricht, aber nur für ein Drittel des sichtbaren Spektrums empfindlich ist (*Abb. B4-6/2*).

Die Belichtung eines solchen Filmes führt nach der ersten Entwicklung zu einem Schwarz/Weiß-Negativ (Abb. B4-6/3). Die nicht belichteten und nicht entwickelten Teile des Bildes werden durch Nachbelichtung oder auch chemisch entwicklungsfä-

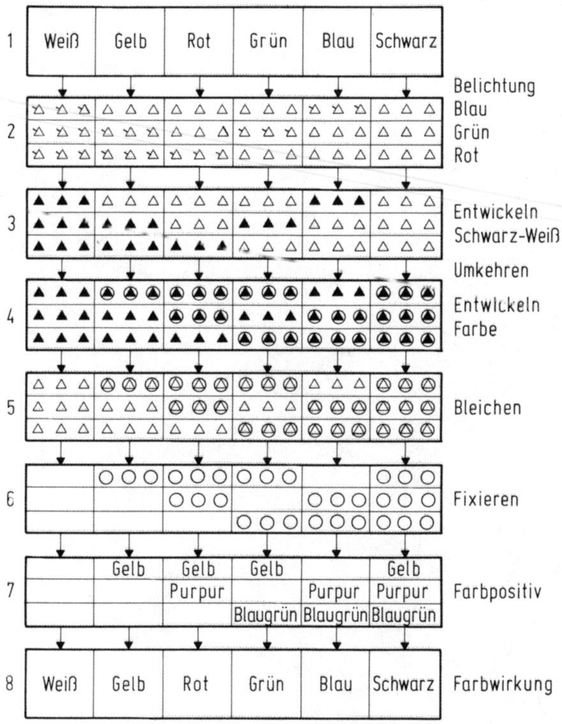

Abb. B4-6
Farbumkehrverfahren

hig und in einem Farbentwickler anschließend entwickelt (Abb. B4-6/4). Der Farbentwickler oxydiert bei der Umwandlung des Bromsilbers in Silber. Die Oxydationsprodukte wiederum reagieren mit den eingebetteten Farbkupplern und bilden in jeder Schicht die subtraktiven Grundfarben Gelb, Purpur und Blaugrün. Im Bleichprozeß wird das metallische Silber in fixierbare Verbindungen umgewandelt (Abb. B4-6/5), um im Fixierprozeß dann aus der Schicht völlig entfernt zu werden (Abb. B4-6/6).

Nach dem Herauslösen des gesamten in den Schichten gebildeten Silbers bleibt ein positives Farbbild zurück, das dem Original entspricht (Abb. B4-6/7).

5 Fotografische Meßtechnik

5.1 Grundlagen der Sensitometrie

Die Vielfalt der in den vorangegangenen Kapiteln dargestellten fotografischen Verfahren und die Verschiedenartigkeit der Filmtypen sind das Ergebnis jahrzehntelanger Forschung und sich ständig weiterentwickelnder Technik. Ohne eine exakte Darstellungsmethode von Ursache und Wirkung, ohne Einführung geeigneter Meßeinheiten und Prüfverfahren wären all diese Ergebnisse in mehrfacher Hinsicht nicht vorstellbar. Sie wären – was in der Praxis entscheidend ist – von den Verarbeitern fotografischer Materialien gar nicht zu standardisieren [17].

Es würde wohl niemand die ungeheuren Kosten einer großen Filmproduktion finanzieren, wenn er dabei ein Medium einsetzen müßte, dessen komplizierte Verarbeitung keine vorherbestimmbaren, zuverlässigen Ergebnisse sicherstellen könnte. Man verläßt sich auf den Film, den Kameramann und das Kopierwerk. Ein gutes Ergebnis setzt voraus, daß Rohfilmherstellung, Belichtung und Entwicklung optimal aufeinander abgestimmt sind. Die geeigneten Begriffe für die Verständigung der beteiligten Fachleute liefern die Methoden der Sensitometrie.

Aufgabe der Sensitometrie ist es ganz allgemein, die Wirkung des Lichtes auf die fotografische Schicht meßtechnisch darzustellen. Dazu muß die Emulsion unter bestimmten Bedingungen mit genau definierten Lichtmengen belichtet werden. Seit etwa 90 Jahren benutzt man dafür einen Graukeil, der 1883 von F. Stolze eingeführt und später von Goldberg verbessert wurde. 1890 veröffentlichten Hurter und Driffield ihre „Photo-Chemical investigations“, in denen sie die Dichte des Silbers als logarithmische Funktion der Belichtung in einem Koordinatensystem grafisch darstellten. Die so erhaltene charakteristische Kurve wird ähnlich noch heute in der Film-Meßtechnik verwendet, um ein unter bestimmten Bedingungen belichtetes und entwickeltes Film-Material zu kennzeichnen.

Um die sensitometrischen Meßverfahren verstehen zu können, seien zunächst einige Begriffe erläutert:

5.1.1 Die Schwärzung

Das bei der Belichtung einer Halogensilber-Emulsion entstehende latente Bild wird durch den Entwicklungsvorgang millionenfach verstärkt. Die vom Licht getroffenen sechseckigen, dreieckigen oder trapezförmigen Kristalle werden dabei zu schwarzem Silber (und Brom oder Chlor) reduziert. Das besondere dieses Vorganges ist, daß diese Reduktion zunächst selektiv an den belichteten Halogensilber-Körnern beginnt und erst, wenn deren Entwicklung praktisch abgeschlossn ist, auf die unbelichteten Körner übergreift. Der Entwicklungsprozeß läßt sich also so steuern, daß der resultierende amorphe Silberniederschlag teilweise proportional der absorbierten Lichtenergie ist. Der entwickelte Film zeigt durch seine partiell unterschiedliche Schwärzung ein umgekehrtes Abbild der Helligkeitsverteilung bei der Belichtung. Für die exakte Beschreibung dieses Ergebnisses seien die folgenden Begriffe näher definiert:

5.1.2 Transparenz und Durchlässigkeit, Opazität und Dichte

Ein lichtdurchlässiger Körper, ein transparentes Medium, wie z. B. ein Filmnegativ, läßt einen Teil der auftreffenden Lichtstrahlung hindurch, einen anderen Teil absorbiert er. Wie groß seine Transparenz ist, hängt davon ab, wieviel von der jeweils auftreffenden Lichtstrahlung hindurchgelassen wird. Die Transparenz (T) läßt sich also als das Mengenverhältnis zwischen durchgelassenem und auftreffendem Licht verstehen.

$$T = \frac{\text{durchgelassene Lichtstrahlung}}{\text{auftreffende Lichtstrahlung}}$$

Ist eine Lichtstrahlung vor und hinter dem optischen Medium gleich, so ist dessen Lichtdurchlässigkeit 100 %, seine Transparenz 1.

Wenn dahinter nur noch $\frac{1}{10}$ des auftreffenden Lichtes vorhanden ist, so ergibt das eine Lichtdurchlässigkeit von 10 % und eine Transparenz 0,1.

Die Fähigkeit eines optischen Mediums, Licht zu absorbieren, seine mehr oder weniger starke Undurchlässigkeit, bezeichnet man als Opazität (O). Sie ergibt sich aus dem Verhältnis zwischen dem jeweils auftreffenden und dem durchgelassenen Licht.

$$O = \frac{\text{auftreffende Lichtstrahlung}}{\text{durchgelassene Lichtstrahlung}}$$

Ist eine Lichtstrahlung vor und hinter einem optischen Medium gleich, so ist sowohl seine Transparenz als auch seine Opazität 1.

Kommt hingegen nur noch $\frac{1}{10}$ des auftreffenden Lichts an, beträgt die Transparenz des Mediums 0,1, seine Opazität entsprechend o. g. Beziehung 10.

Aus den Definitionen ergibt sich, daß die Opazität der Kehrwert der Transparenz ist. Mit sinkender Transparenz steigt die Opazität bis zum Grenzwert ∞. Mit sinkender Opazität steigt die Transparenz bis zum Grenzwert 1.

Es gilt also

$$O = \frac{1}{T}$$

$$O \cdot T = 1$$

$$T = \frac{1}{O}$$

Diese Begriffe sind für die Beschreibung einer bestimmten Silberschwärzung jedoch noch nicht ideal, weil eine halbierte Transparenz oder verdoppelte Opazität vom menschlichen Auge nicht als Halbierung oder Verdoppelung wahrgenommen wird. Die physiologische Reizwahrnehmung beim Sehvorgang verläuft so, daß nicht die

Werte O = 1, 2, 3, 4 .... sondern die
Werte O = 1, 2, 4, 8 .... als gleichabständig

wahrgenommen werden. Das Auge sieht also eine Schwärzungsskala als arithmetisch ansteigende Treppe, wenn die Opazitätswerte geometrisch steigen. Deshalb wählt man zur Kennzeichnung der Schwärzung, als Dichtewert, den dekadischen Logarithmus der Opazität

$$D = \lg O = \lg \frac{1}{T}$$

Man erhält dadurch außerdem einige wichtige mathematische Vorteile, denn die Logarithmen sind ja die Exponenten zu einer bestimmten Basis – hier zur Basis 10. Jede Zahl läßt sich als Potenz zur Basis 10 darstellen,

z. B.	$1 = 10^{0}$	$\log 1 = 0$
	$2 = 10^{0,3}$	$\log 2 = 0,3$
	$3 = 10^{0,47}$	$\log 3 = 0,47$
	$4 = 10^{0,6}$	$\log 4 = 0,6$
	$5 = 10^{0,7}$	$\log 5 = 0,7$
	$6 = 10^{0,78}$	$\log 6 = 0,78$
	$7 = 10^{0,845}$	$\log 7 = 0,845$
	$8 = 10^{0,9}$	$\log 8 = 0,9$
	$9 = 10^{0,945}$	$\log 9 = 0,945$
	$10 = 10^{1}$	$\log 10 = 1$
	$100 = 10^{2}$	$\log 100 = 2$

Anstelle der Multiplikation tritt beim Rechnen mit Logarithmen die Addition. Also

$$2 \cdot 2 = 10^{0,3} \cdot 10^{0,3} = 10^{0,3+0,3}$$
$$= 10^{0,6} = 4$$

Das bedeutet, daß man den geometrischen Anstieg von Opazitäten als arithmetische Reihe von Dichtewerten auf einer gleichabständigen Skala darstellen kann.

Dies soll in den folgenden *Abb. B5-1* und *B5-2* noch einmal veranschaulicht werden.

Eine solche arithmetische Dichtetreppe, auf der für unser Auge jede Stufe gleich weit von der nächsten entfernt ist, wird in der Sensitometrie benutzt, um auf einem fotografischen Material eine definiert abgestufte Belichtung zu erzeugen. Das Abbild des Stufenkeils ist die abstrahierte Darstellung der Helligkeitsverteilung einer Vorlage oder eines Objekts. Die gebräuchlichen Stufenkeile haben je nach Zweckmäßig-

STUFE	1	2	3	4	.....	n
DICHTE	D	2D	3D	4D	.....	nD
	0,3	0,6	0,9	1,2	.....	n × 0,3
TRANS-PARENZ	T	T^2	T^3	T^4	.....	T^n
	$\frac{1}{2}$	$\frac{1}{4}$	$\frac{1}{8}$	$\frac{1}{16}$	.....	$(\frac{1}{2})^n$
OPAZITÄT	0	0^2	0^3	0^4	.....	0^n
	2	4	8	16	.....	2^n

Abb. B5-1
Dichte, Transparenz
und Opazität
eines Stufenkeils

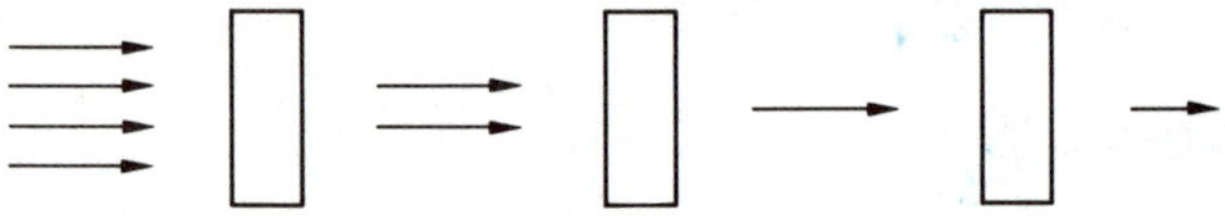

		FILTER 1	TOTAL		FILTER 2	TOTAL		FILTER 3	TOTAL	
I	$\frac{I}{1}$			$\frac{I}{2}$			$\frac{I}{4}$			$\frac{I}{8}$
T		0,5 50%	0,5 50%		0,5 50%	0,25 25%		0,5 50%	0,125 12,5%	
O		2	2		2	4		2	8	
D~		0,3	0,3		0,3	0,6		0,3	0,9	

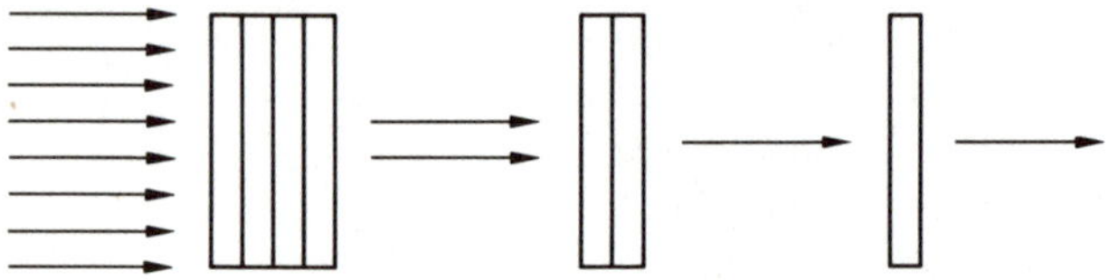

		FILTER 1	TOTAL		FILTER 2	TOTAL		FILTER 3	TOTAL	
I	$\frac{I}{1}$			$\frac{I}{4}$			$\frac{I}{8}$			$\frac{I}{10}$
T		0,25 25%	0,25 25%		0,5 50%	0,125 12,5%		0,8 80%	0,1 10%	
O		4	4		2	8		1,25	10	
D~		0,6	0,6		0,3	0,9		0,1	1,0	

Abb. B5-2 Darstellung von Intensität, Transparenz, Opazität, Dichte

keit eine Abstufung von D = 0,1, 0,15 oder 0,3. Jede Stufe hat also eine um den Faktor 1,26, 1,45 oder 2 geringere Transparenz als die jeweils davorliegende. Mit einem 20stufigen Keil der Steigerung D = 0,3 läßt sich ein Helligkeitsumfang von 2^{20}, etwa 1 : 1 000 000 darstellen.

Die Lichtmenge, die durch den Stufenkeil auf die Filmoberfläche fällt, ist proportional seiner logarithmisch gestaffelten Transparenz. Die Lichtmenge I · t, lux · Sekunden (l · s) wird also ebenfalls logarithmisch abgestuft. Um zu einfach verwendbaren Werten zu kommen, die auch der physiologischen Eigenart der Reizempfindung gerecht werden, verwendet man in der Sensitometrie den Logarithmus der Belichtung I · t.

Damit können Ursache und Wirkung, Belichtung und Dichte mit gleichbleibendem Maßstab in ein Koordinatensystem eingetragen werden. Sie ergeben eine Kurve, die für das verwendete Filmmaterial und die Verarbeitungsbedingungen charakteristisch ist.

5.1.3 Die fotografische Schwärzungskurve

Charakteristische Dichtekurven sind im konkreten Fall natürlich abhängig von den jeweiligen Eigenschaften des untersuchten Filmmaterials, von den Verarbeitungsbedingungen und den Meßgeräten, Filtern etc. Sie haben jedoch auch grundsätzliche Ähnlichkeiten. Ihre Form gleicht – etwas gestreckter und geneigter – dem Buchstaben S. Sie beginnen parallel zur Abszisse, gehen in eine mehr oder weniger gerade Steigung über, flachen ab, erreichen ein Maximum und beginnen wieder zu fallen. Weil es sich also nicht um eine einfache Gerade im Koordinatensystem handelt, kommt es darauf an, den vorhandenen Objektumfang durch richtige Belichtung auf den einigermaßen geraden Kurventeil zu bekommen. Anderenfalls erhält man ein verfälschtes Abbild, oder es kann fototechnisch nicht mehr hergestellt werden. Dies wird durch die folgenden Abbildungen und Erläuterungen deutlich:
In *Abb. B5-3* sind die verschiedenen Bereiche der Schwärzungskurve benannt.

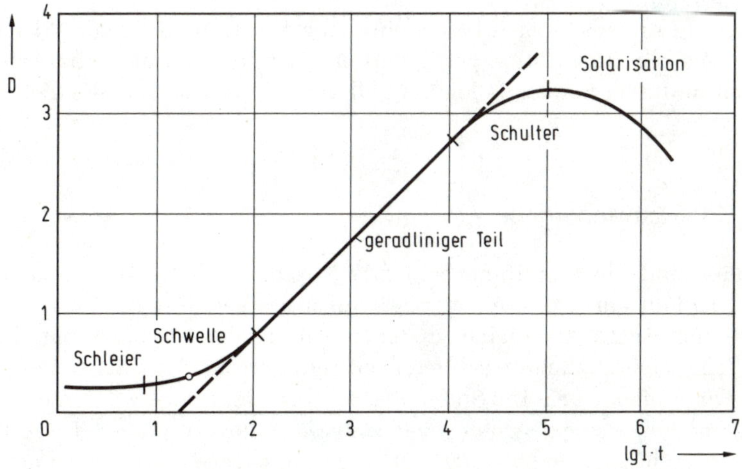

Abb. B5-3 Einteilung der Bereiche einer Schwärzungskurve

a) Der Schleier
Die Silbersalze haben leider die Eigenschaft, zu einem gewissen Teil auch schon ohne Lichteinwirkung entwickelbar zu sein. Die Entwickler enthalten deshalb Kaliumbromid als Anti-Schleiermittel. Lange Lagerung des Filmmaterials, hohe Entwicklertemperatur und lange Entwicklungszeit vergrößern den Schleier. In diesem Bereich der Kurve gibt es noch keine Bildaufzeichnung.

b) Die Schwelle mit dem Durchhang
Die an dieser Stelle über dem Schleier liegende Schwärzung wurde durch Belichtung erzielt. Belichtung und Dichte steigen jedoch noch nicht proportional. Die Abstufung ist wenig differenziert. Hier liegen die „rauchigen" Schatten. Es ist der Bereich der Unterbelichtung beim Negativ. 0,1 Dichteeinheiten über dem Schleier beginnt der kopierbare Schwärzungsbereich. Auf diesen Punkt kommen wir bei der Beschreibung der DIN- und ASA-Normen zurück.

c) Der geradlinige Teil
Nur in diesem Teil entspricht einem regelmäßigen Anstieg der Belichtung ein regelmäßiger Anstieg der entwickelten Schwärzung. Die Geradlinigkeit ist auch hier nicht vollkommen, und dieser Teil der Kurve ist nicht lang. Bei einem normalen Objektumfang von 1 : 32, also $\log I \cdot t = 1{,}5$, und richtiger Belichtung ist er jedoch ausreichend.

d) Die Schulter
In diesem Überbelichtungsbereich werden Helligkeitsabstufungen des Objekts verflacht wiedergegeben. Hier verschwindet die Zeichnung in den Lichtern.

e) Die Maximaldichte
Sie ist nur bei Positiv-Materialien oder Umkehrfilmen von Bedeutung. Dort ist sie jedoch wesentlich für die Bildwirkung.

f) Die Solarisation
Belichtungen in diesem Bereich haben eine umgekehrt proportionale Wirkung auf die Dichte. Die sog. Solarisation verhindert eine wirklichkeitsähnliche Abbildung, weil sie den in diesen Bereich fallenden Teil des Objektes positiv abbildet.

5.1.4 Die Kontrastwiedergabe

In *Abb. B5-4* sind die Kennlinien von S/W-Negativ- und S/W-Positivmaterialien dargestellt. Es fällt auf, daß die Neigungswinkel der geradlinigen Kurventeile zur Abszisse bei den Positiv-Materialien größer sind als bei den Negativ-Materialien. Das bedeutet, daß gleiche Belichtungsdifferenzen sehr verschiedene Schwärzungsdifferenzen hervorgerufen haben. Die Stufen der Schwärzungstreppe werden höher. Man spricht von einem „steilen" Material oder einem hohen „Gamma". Diese Begriffe werden meist recht pauschal benutzt, um eine Dichtekurve zu kennzeichnen. Dafür sind sie jedoch nicht ausreichend.

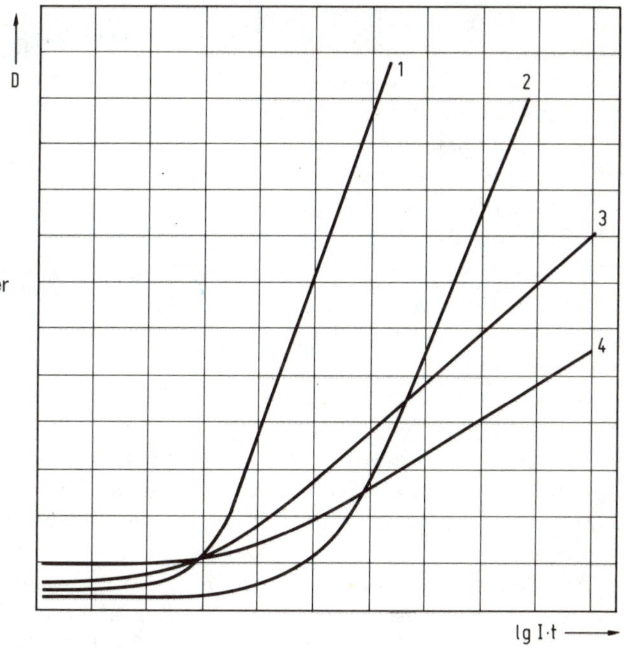

Abb. B5-4
Schwärzungskurven verschiedener Schwarz/Weiß-Negativ- und Positivfilme
1) Sehr kontrastreich arbeitender Positivfilm
2) Gewöhnlicher Positivfilm
3) Duplikat-Negativ-Film
4) Aufnahme-Negativfilm

Rechnerisch erhält man den Gamma-Wert ($tg\alpha = \gamma$) aus dem Verhältnis des Dichteumfanges zum Belichtungsumfang des geradlinigen Kurventeils, also

$$\frac{\Delta S}{\Delta \lg I \cdot t} = \gamma$$

Aus den Beispielen in *Abb. B5-4* ergeben sich γ Werte von etwa

0,7 für S/W-Negativmaterialien
3,0 für S/W-Positivmaterialien

Die theoretische Annahme, daß die Kennlinie der fotografischen Materialien im mittleren Bereich geradlinig verläuft, trifft – wie bereits angedeutet – in der Praxis meist nicht zu. Wenn wir versuchen, eine Tangente anzulegen, müssen wir einen Kompromiß schließen. Häufig wird dafür ein neuer Wert eingeführt, der sich an klar definierbaren Eckpunkten orientiert. In zahlreichen praktischen Untersuchungen hat man für „normale" Motive einen Leuchtdichteumfang von 1 : 32 ermittelt, das entspricht 1,5 logarithmischen Einheiten auf der Abszisse.

Nach allgemeiner Übereinkunft werden diese 1,5 Belichtungseinheiten von dem lg I·t Wert beginnend aufgetragen, der eine um 0,1 Dichteeinheiten über dem Schleier liegende Schwärzung hervorruft. Anders ausgedrückt, die Leuchtdichte des ersten kopierbaren Schattendetails ist unterer Eckpunkt des Objektumfanges. Er ist charakteristisch für Filmtyp und Bearbeitung. Je weiter der kritische Punkt auf der

Abszisse nach links rutscht, je weniger Licht man also benötigt, um die erste kopierbare Negativschwärzung zu erzielen, um so empfindlicher ist das getestete Filmmaterial. Aus der Lage des Punktes läßt sich also eine Aussage über die Filmempfindlichkeit machen.

Der zweite Eckpunkt des normalen Objektumfanges liegt 1,5 lg I·t Einheiten rechts von dem ersten Eckpunkt auf der Abszisse.

Über den Eckpunkten liegen die zugehörigen Dichtepunkte auf der Filmkennlinie. Der Einfachheit halber verbindet man diese beiden Dichtepunkte durch eine Gerade und benutzt diese anstelle der nicht eindeutig anlegbaren Tangente. Der Tangens der Geraden wird als Beta-Wert bezeichnet und dient als Maß für die mittlere Gradation. Je stärker die Kurve von der Geraden abweicht, desto weniger sagt dieser Wert allerdings aus.

Deshalb wird häufig eine Unterteilung der Kurve vorgenommen und je ein Gamma-Wert für den Lichter- und den Schattenbereich angegeben.

Bei der praktischen Anwendung der Sensitometrie hat die Notwendigkeit, für die Kontrolle der Entwicklungsprozesse aussagefähige und vergleichbare Werte zu erhalten, zu veränderten Darstellungsformen geführt, auf die an geeigneter Stelle eingegangen wird.

Aus den grafischen Kurvendarstellungen ist ersichtlich, daß der geradlinige Kurventeil um so länger ist, je flacher die Kurve verläuft. Der Objektumfang läßt sich dann u. U. mehrmals im geradlinigen Kurventeil unterbringen. Das bedeutet, daß man einen größeren Objektumfang unterbringen oder die Belichtung ohne Verlust an Bildqualität in bestimmtem Umfang verändern kann. Nach der bereits erläuterten

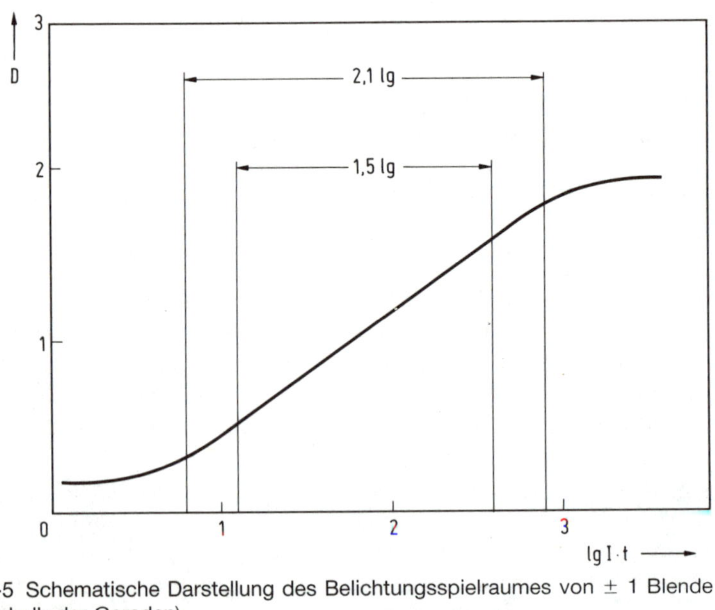

Abb. B5-5 Schematische Darstellung des Belichtungsspielraumes von ± 1 Blende (die lg 2,1 D sind innerhalb der Geraden)

Definition bedeuten 0,3 Einheiten auf der Abszisse eine Verdoppelung oder Halbierung der Belichtung, also eine Blendenstufe mehr oder weniger.

In *Abb. B5-5* ist eine Schwärzungskurve angegeben, in der ein Objektumfang von 1,5 lg I · t bei drei Blendenwerten dargestellt werden kann. Der Belichtungsspielraum beträgt also ± 1 Blende.

Was bedeutet nun „richtig" belichtet?

Richtig belichtet ist ein Film, wenn alle bildwichtigen Teile des Objektes durch Schwärzungen wiedergegeben werden, die im mittleren geradlinigen Teil der charakteristischen Kurve liegen. Eine Dichtedifferenz von 0,1 über dem Schleier gilt als sicher kopierbar. Man sollte die Empfindlichkeit bis zu diesem Punkt ausnutzen, weil unnötig hohe Dichten zu Schärfeverlusten und Kopierproblemen führen können.

Unterbelichtet ist ein Negativ, wenn wesentliche Schattendetails nur sehr schwache, kaum differenzierte Schwärzungen im durchhängenden Teil der charakteristischen Kurve hervorgerufen haben.

Stark unterbelichtet ist ein Negativ, wenn die Schattendetails bereits ganz wegbleiben und die Mitteltöne im Durchhang liegen. Dies wird in der Kopie immer störend sichtbar als rauchige, kippende Schatten, grauer Bildstrich und fehlende Farbbrillanz.

Überbelichtung führt zur Verflachung der Lichter, weil die Kurve in der Schulter nicht mehr proportional steigt. Im Extremfall lassen sich keine Lichterdetails mehr abbilden. Bei Farbmaterialien kommen – wie bei der Unterbelichtung – unkorrigierbare partielle Farbverfälschungen hinzu.

Wenn man ohne besondere Manipulationen eine wirklichkeitsähnliche, fotografisch einwandfreie Abbildung erreichen will, führt kein Weg an der richtigen Belichtung vorbei. Dafür sind verläßliche Empfindlichkeitsangaben erforderlich. Die Empfindlichkeit hängt ab von der Emulsion, der Belichtung und den Entwicklungsbedingungen.

Die Schaffung einer genormten Kennzahl für die Filmempfindlichkeit setzt daher genaue Festlegungen für die Begriffsdefinition und die meßtechnische Ermittlung voraus. Dafür gibt es nationale und internationale Normen.

5.1.5 Die Bestimmung der Lichtempfindlichkeit von Schwarzweiß-Negativmaterial für bildmäßige Aufnahmen

Wir wissen aus den bisherigen Erläuterungen, daß die Silbersalze im ursprünglichen Zustand nur für energiereiches, kurzwelliges – blaues – Licht empfindlich sind. Durch die zusätzliche Sensibilisierung für die energieärmeren grünen und roten Strahlen wurden die Emulsionen erst für die bildmäßige Fotografie brauchbar. Die Norm DIN 4512 befaßt sich daher mit der Lichtempfindlichkeit, die der Gesamtempfindlichkeit einer panchromatischen Emulsion entspricht. Gegensatz dazu wäre eine Untersuchung der Lichtempfindlichkeit in einem bestimmten Bereich, der spektralen Empfindlichkeit.

Ebenfalls bereits beschrieben wurde, daß der untere Eckpunkt des nutzbaren Teils der Filmkennlinie (Schwärzungskurve) derjenige ist, der eine deutlich erkennbare Differenzierung der Schattendetails gestattet. Dieser Bezugspunkt muß natürlich auf einer Kurve liegen, die bei gut kopierbarer Steigung einen ausreichend langen geraden Teil aufweist.

Der Deutsche Normenausschuß hat sich auf folgende Werte festgelegt: Bezugspunkt ist diejenige Belichtung lg H_M, die auf dem Film nach der Entwicklung eine Dichte von 0,1 über dem Schleier erzeugt.

Der Objektumfang soll 1 : 20 sein, entsprechend einem Belichtungsumfang von

$$\Delta \lg I \cdot t = \Delta \lg H = 1{,}3$$

Dieser Belichtungsumfang muß zu einem Dichteunterschied von $\Delta S = 0{,}8 \pm 0{,}05$ führen. Das entspricht einem Betawert von etwa 0.62.

Diese Bedingung ist nach dem bisher Gesagten sinnvoll, weil der angestrebte große Belichtungsspielraum des Aufnahmematerials nur durch eine verhältnismäßig flache Kontrastcharakteristik erreicht werden kann. Beim Kopiervorgang ergibt sich aus dem niedrigen Negativ- und dem hohen Positiv-Gammawert dann der Wiedergabekontrastwert, der dem Objekteindruck entsprechen soll.

In DIN 4512, Teil 1, sind auch die Lichtquelle und die erforderlichen Flüssigkeits-Lichtfilter zur Erzielung der mittleren Tageslicht-Farbtemperatur, der Stufenkeil, die Art der Belichtung und Belichtungszeit – ca. 1/50 sec –, der Entwickler, die Art der Entwicklung, das Fixierbad, das Fixieren, Wässern und Trocknen genau festgelegt. Die mindestens drei nach Vorschrift entwickelten Testkeile werden nach DIN 4512, Teil 3, ausgemessen und können in einem Diagramm, wie in *Abb. B5-6* dargestellt werden.

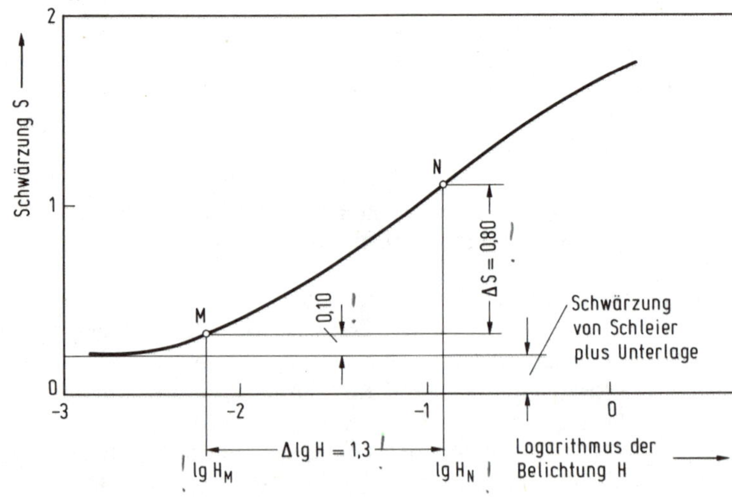

Abb. B5-6 Bestimmung der Empfindlichkeit von Schwarz/Weiß-Negativfilmen nach DIN 4512

Bisher haben wir auf unseren Darstellungen eine Skala lg I · t von 0,0 bis 3,0 verwendet, das entspricht einem Belichtungsumfang von 1 bis 1000 Luxsekunden.

Die heutigen Filme sprechen jedoch bereits bei Belichtungswerten an, die weit darunter liegen. Wir müssen also unsere Skala nach links verlängern und die logarithmischen Werte für weniger als eine Luxsekunde mit aufnehmen.

Wir erinnern uns

$1 = 10^{0}$ $\quad \log 1 = 0$
$0{,}1 = 10^{-1}$ $\quad \log 0{,}1 = -1{,}0$ oder $\overline{1}{,}0$ od. 9,0...10
$0{,}01 = 10^{-2}$ $\quad \log 0{,}01 = -2{,}0$ oder $\overline{2}{,}0$ od. 8,0...10
$0{,}001 = 10^{-3}$ $\quad \log 0{,}001 = -3{,}0$ oder $\overline{3}{,}0$ od. 7,0...10

Der Wert $\overline{2}{,}0$ auf der Abszisse in *Abb. B5-6* entspricht also 0,01 Luxsekunden. Zur Errechnung der DIN-Zahl wird die Formel

$$\text{DIN-Zahl} = 10 \lg \frac{H_O}{H_M}$$ gebraucht.

H_M ist die Belichtung in lxs, die zur Schwärzung 0,10 über dem Schleier führt. H_O ist eine an die Vermaßung des sensitometrischen Systems gebundene Konstante. Ihr Wert beträgt 1,0 lxs.

In der folgenden *Tabelle B1* ist die Beziehung zwischen dem lg H_M-Wert und der DIN-Zahl angegeben.

Man erkennt, daß eine Belichtungsdifferenz von 0,3 einem Unterschied von 3 DIN entspricht. Eine um 3 DIN höhere Empfindlichkeit bedeutet also doppelte Empfindlichkeit.

Die DIN-Zahl auf der Packung eines Negativmaterials gilt genaugenommen nur ca. 6 Monate nach Herstellung des Materials. Sie wird vom Rohfilmhersteller verbürgt.

Tabelle B1: Empfindlichkeit von Filmmaterial nach DIN-Beziehungen zwischen DIN- und ASA-Empfindlichkeitsangaben

DIN	ASA
12	12
15	25
18	50
21	100
24	200
27	400
30	800
33	1600

lg H_M-Werte	DIN-Zahl
8,84–10 . . . 8,75–10	12
8,54–10 . . . 8,45–10	15
8,24–10 . . . 8,15–10	18
7,94–10 . . . 8,85–10	21
7,64–10 . . . 7,55–10	24
7,34–10 . . . 7,25–10	27
7,04–10 . . . 6,95–10	30
6,74–10 . . . 6,65–10	33

Die Empfindlichkeitsbestimmung nach ASA stimmt in ihren Grundlagen mit der nach DIN überein. Der ASA-Wert errechnet sich nach der Formel

$$\text{ASA-Empfindlichkeit} = \frac{0{,}8}{E_S}$$

E_S = Empfindlichkeitspunkt in Luxsekunden.

Er ist ein arithmetischer Wert, also doppelte Empfindlichkeit gleich doppelte ASA-Zahl. Die Beziehung zwischen Empfindlichkeitsangaben nach DIN und ASA ist nachfolgend gegenübergestellt:

DIN	ASA
12	12
15	25
18	50
21	100
24	200
27	400
30	800
33	1600

Wenn ein Belichtungsmesser die durchschnittliche Objekthelligkeit mißt, andererseits aber ein Mindestdichtewert über dem Schleier als Kriterium für die Empfindlichkeitsangabe dient, wird die richtige Belichtung abhängig vom Objektumfang.

Der Belichtungsmesser ist für einen Objektumfang von 1 : 32 geeicht. Ein tatsächlich geringerer Objektumfang gestattet bei Negativmaterial eine geringere als die ermittelte Belichtung, ein höherer verlangt eine stärkere Belichtung. Bei Umkehrmaterial muß eine umgekehrte Korrektur erfolgen.

5.1.6 Der Schwarzweiß-Negativ-Positiv-Kopiervorgang in sensitometrischer Darstellung

Wir haben bisher mehrmals die einfachen, klassischen Diagramme von S/W-Negativ- oder -Positivmaterial gezeigt.

Abb. B5-7 soll nun die richtige Übertragung des Objektumfanges von einem Negativ- auf ein Positivmaterial verdeutlichen. Eigentlich handelt es sich um zwei Diagramme, und zwar um ein Negativ- und um ein Positiv-Diagramm. Das Koordinatensystem der Positivkurve ist um 90° gedreht und so verschoben, daß sich die Dichte-Achse des Negativs und die Belichtungs-Achse des Positivs in dem zu betrachtenden Bereich parallel gegenüberstehen.

Der Lichter- und der Schattenbereich im Negativ sind gekennzeichnet. Die entsprechenden Dichten des Negativs bestimmen das auf das Positivmaterial fallende

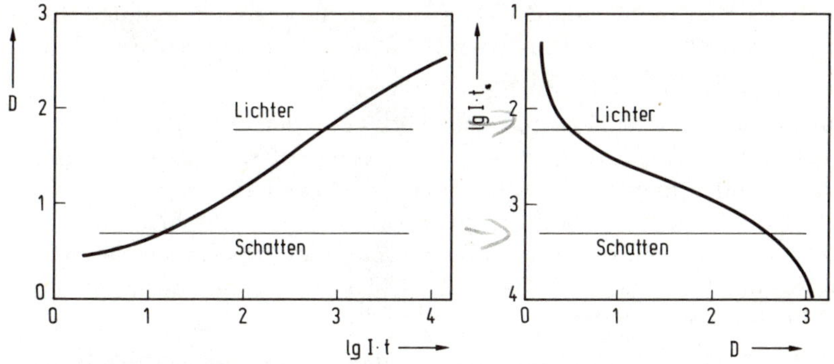

Abb. B5-7 Übertragung des Belichtungsumfanges eines Objektes von einem Negativ-Material auf ein Positiv-Material

Kopierlicht. Dies erzeugt bei richtig gewählter Belichtung im linearen Bereich der Positivkurve proportionale Schwärzungen. Veränderungen der Positivbelichtung haben eine parallele Bewegung der Positivkurve entlang der Belichtungsachse zur Folge. Es ist leicht erkennbar, daß sich der nach rechts übertragene Objektumfang des Negativs dann nicht mehr auf dem geraden Teil des steileren Positivmaterials unterbringen läßt.

Die Kopie wird ein befriedigendes Abbild des Objekts liefern, wenn das Gammaprodukt

$$\gamma\ pos \cdot \gamma\ neg \cdot \gamma\ obj > 1{,}0$$

ist.

Es läßt sich nach den von Goldberg angestellten Überlegungen eine Kopierkurve konstruieren. Sie ist jedoch nur dann brauchbar, wenn alle Streulicht-Einflußfaktoren des Abbildungsweges berücksichtigt sind. In der praktischen Kopierwerkssensitometrie spielt sie keine Rolle.

Hier belichtet man im Sensitometer geeichte Graukeile auf das zu untersuchende Material und mißt mit dem Densitometer die nach der Entwicklung erzielten Dichten der abgebildeten Graustufen.

Die Meßwerte werden dann für die Steuerung der Entwicklungsprozesse ausgewertet.

5.2 Messungen an Farbfilmmaterialien

5.2.1 Meßmethode und Darstellung

Die bisher unter dem Stichwort Sensitometrie erläuterten Grundlagen der fotografischen Meßtechnik bezogen sich ursprünglich auf SW-Material. Sie sind jedoch sinngemäß auch auf farbfotografische Materialien anzuwenden.

Das Farbmaterial ist für alle Farben empfindlich. In drei getrennten, für blaues, grünes oder rotes Licht sensibilisierten Schichten werden die blauen, grünen und roten Anteile der Objektfarbe getrennt aufgezeichnet.

Entsprechend der Intensität und dem Verhältnis der drei additiven Lichtfarben werden im Entwicklungsprozeß jeweils komplementärfarbige Farbstoffe in den drei Schichten gebildet. Je größer der Blauanteil der Objektfarbe war, desto mehr gelber Farbstoff wird in der für blaues Licht sensibilisierten Schicht gebildet. Je mehr grünes Licht um so mehr purpurner, je mehr rotes Licht vorhanden war, um so mehr blaugrüner Farbstoff entsteht. Je heller das Objekt war, um so mehr Farbstoff bildet sich in allen drei Schichten.

Auf einem Farbnegativ-Material entsteht also ein komplementärfarbiges, helligkeitsvertauschtes Abbild des Objektes. Die gebildeten Farbstoffe sind gelb, purpur oder blaugrün. Es sind die sog. subtraktiven Farben.

In diesem Zusammenhang sei nochmals an die subtraktive Filterung weißen Lichtes erinnert (Abb. A4-4 siehe Farbteil Seite 49).
Ein gelbes Filter läßt grünes oder rotes Licht durch, es sperrt blaues Licht.
Ein purpurnes Filter läßt rotes und blaues Licht durch, es sperrt grünes Licht.
Ein blaugrünes Filter läßt blaues und grünes Licht durch, es sperrt rotes Licht.

Ein gelbes, ein purpurnes und ein blaugrünes Filter entsprechender Dichte hintereinandergestellt, sperren blaues, grünes und rotes Licht.

Je intensiver gelb ein Filter ist, um so dichter ist es für blaues Licht, je intensiver purpur, um so dichter für grünes, je intensiver blaugrün, um so dichter für rotes Licht.

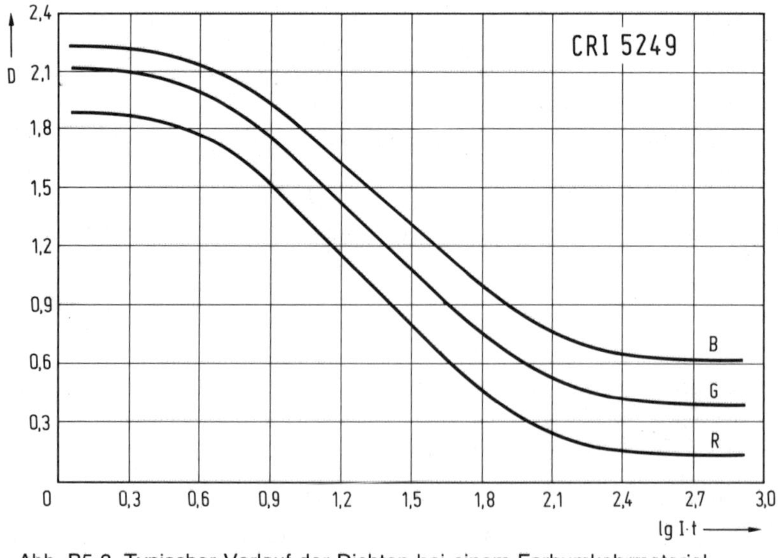

Abb. B5-8 Typischer Verlauf der Dichten bei einem Farbumkehrmaterial

Daher werden in der Sensitometrie die Dichten der drei Farbstoffschichten eines Farbfilmes getrennt im blauen, grünen und roten Licht gemessen.

Genauso wie in der S/W-Fotografie ein auf S/W-Material abgebildeter Stufenkeil im weißen Licht gemessen wird, wird in der Farb-Fotografie ein auf Farb-Material abgebildeter Stufenkeil im blauen, grünen und roten Licht densitometrisch gemessen. Die Dichte ist also eine Funktion der Wellenlänge des Lichtes, mit dem gemessen wird. Die Densitometer-Meßwerte werden wie bereits beschrieben in das Belichtungs/Dichte-Koordinatensystem eingetragen und zur charakteristischen Kurve verbunden.

Wir erhalten somit für die Charakterisierung eines auf Farbmaterial aufgenommenen Stufenkeils drei Kurven.

Aus den Versuchen mit farbigem Licht wissen wir, daß gleiche Anteile blauen, grünen und roten Lichtes erforderlich sind, um weißes Licht zu erzeugen.

Zur grauen Wiedergabe eines grauen Stufenkeiles wäre also nötig, daß gleiche Anteile blauen, grünen und roten Lichtes zu gleichen Anteilen gelben, purpurnen und blaugrünen Farbstoffes führen.

Die entsprechenden sensitometrischen Kurven müßten dann praktisch deckungsgleich aufeinanderliegen.

Verläuft hingegen die in blauem Licht gemessene Kurve über den beiden anderen, ist ihre Blaudichte in allen Belichtungsstufen höher. Der Stufenkeil sieht also gelb aus (*Abb. B5-8*).

Liegt die mit blauem Licht gemessene Kurve unter den beiden anderen, ist ihre Blaudichte in allen Belichtungsstufen geringer. Der Stufenkeil sieht also purpurner und blaugrüner, also blauer aus.

Nach diesem raschen, theoretischen Versuch, die Interpretation von farbsensitometrischen Kurven anschaulich zu machen, sei jedoch gesagt, daß in Wirklichkeit weit mehr Probleme bestehen, als bisher angesprochen wurden.

Bei den Farbdichtemessungen haben wir der Einfachheit halber vorausgesetzt, daß die blauen, grünen und roten Meßfilter im Densitometer für ihren Spektralbereich völlig transparent und für die beiden anderen undurchlässig sind. Wir haben außerdem angenommen, daß das farbfotografische Material in den drei farbempfindlichen Schichten reine Farbstoffe in den subtraktiven Grundfarben bildet, wie es der additiven Zusammensetzung des auftreffenden Lichtes entspricht.

Alle diese Annahmen sind zu optimistisch und leider nicht ganz richtig, weil reine Farbstoffe – sei es für den Farbfilm, sei es für die Lichtfilter – nicht herstellbar sind. Außerdem wären sie im Extremfall aus einem anderen Grunde gar nicht für unsere Zwecke brauchbar, weil ein Filter um so weniger Licht durchläßt, je enger seine spektrale Transparenz ist. Eine ganz bestimmte Wellenlänge ist eben nur zu einem Bruchteil im auftreffenden weißen Licht enthalten.

Damit würde der für die Farbfotografie und die Farbmeßtechnik nutzbare Spektralanteil zu gering. Das System würde eine sehr hohe Lichtenergie voraussetzen, die praktisch nicht erreichbar ist.

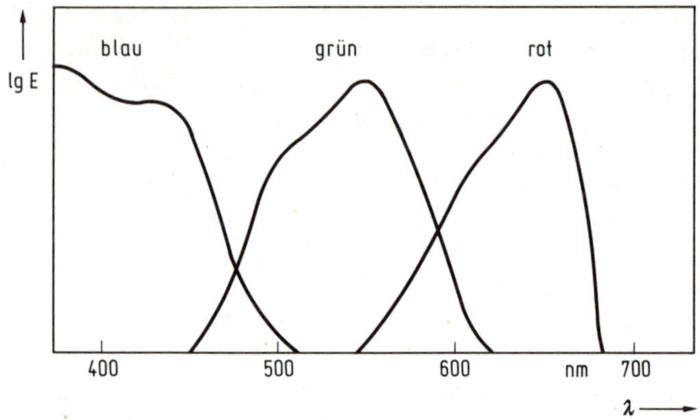

Abb. B5-9 Relative Empfindlichkeit (lg E) eines Farbnegativmaterials

Die verfügbaren Farbstoffe absorbieren das auftreffende Licht entsprechend seiner Wellenlänge so, daß in einem engen Spektralbereich ein Maximum entsteht. Mit einigermaßen steilen Flanken fallen die jeweiligen Dichtekurven in den übrigen Spektralbereichen bis auf einen mehr oder weniger großen Nebendichtenanteil ab (*Abb. B5-9*).

Man kann ein Filter am besten durch seine Absorptionskurve charakterisieren, daraus gehen die Lage der Maximaldichte und der Anteil der Nebenabsorption hervor.

Die Nebenabsorptionen führen im farbfotografischen Prozeß zu Farbveränderungen, besonders zu Sättigungsverlusten. Beim Kopiervorgang wird z. B. der Grünanteil des Kopierlichtes nicht nur durch die Menge und Verteilung des purpurnen Farbstoffes im Negativ gesteuert, sondern auch durch die Nebendichten des gelben und blaugrünen Farbstoffes.

Dieser Eigenart der Farbstoffe wird durch Maskierungstechniken und günstige Abstimmung der Sensibilisierung von Negativ- und Positiv-Material entgegengewirkt, so daß trotz aller Mängel befriedigende Ergebnisse entstehen.

Unsere unkritische Annahme, daß gleich starke Reize der Farben Blau, Grün und Rot in unserem Auge Weiß oder Grau ergeben und daher die Farbstoffe in unserem Film im gleichen Verhältnis stehen müssen, bedarf noch der Korrektur.

Die im Film gebildeten Farbstoffe müssen bei der Farbtemperatur des Projektionslichtes in dem Verhältnis stehen, das unserem Auge ein gleiches Reizverhältnis bietet.

Wir verwenden also die Farbdichten, die sich zu einem visuellen Grau ergänzen.

Diese Dichten stehen nicht zwangsläufig im Verhältnis 1 : 1 : 1, sondern nur dann, wenn das Meßsystem entsprechend genormt wurde.

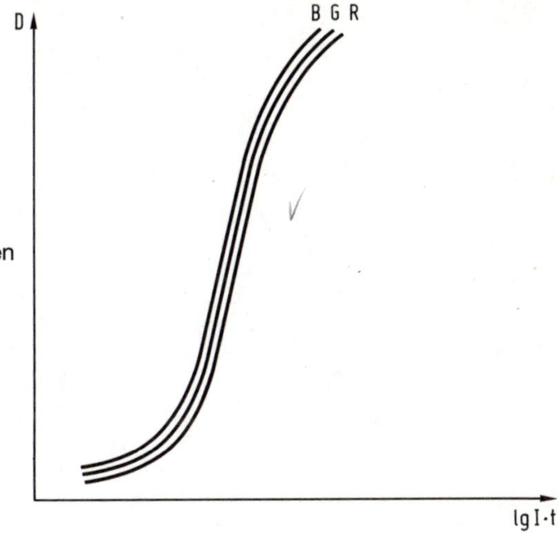

Abb. B5-10 Verlauf der Farbdichtekurven bei neutraler Farbbalance

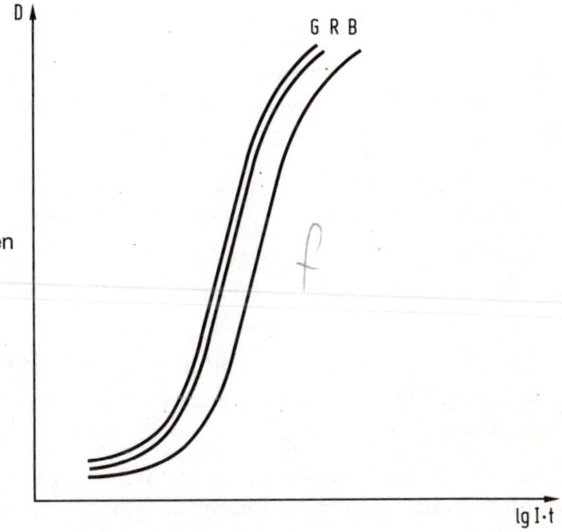

Abb. B5-11 Verlauf der Farbdichtekurven bei einem einheitlichen Farbfehler

5.2.2 Die Sensitometrie des Farb-Negativ/Positiv-Verfahrens

In der Kopierwerkspraxis ist neben der Prozeßüberwachung die Untersuchung bestimmter Rohfilmeigenschaften Hauptanwendungsgebiet der Sensitometrie.

Neben dem Wiedergabe-Kontrast, der Empfindlichkeit und dem Schleier interessiert vor allem die Fähigkeit des Farbmaterials, einen Stufengraukeil in allen Stufen Grau abzubilden.

Dies läßt sich anhand der charakteristischen Farbdichtekurven erkennen.

Eine neutrale Farbbalance ist nur dann erreichbar, wenn die charakteristischen Kurven der drei Emulsionsschichten systembezogen bei vorschriftsmäßiger Entwick-

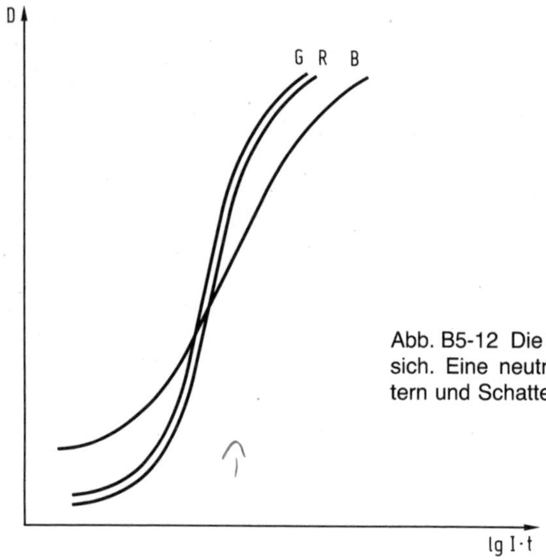

Abb. B5-12 Die Farbdichtekurven kreuzen sich. Eine neutrale Wiedergabe von Lichtern und Schatten ist nicht möglich

lung ihren jeweiligen Spektralbereich mit gleicher Steilheit und gleicher Empfindlichkeit abbilden. Es ergeben sich dann parallele, aufeinanderfallende Kurven (*Abb. B5-10*).

Ein parallel-verschobener Verlauf einer der Farbdichtekurven weist auf einen einheitlichen Farbfehler über den gesamten Objektumfang hin (*Abb. B5-11*).

Der kreuzende Verlauf, also die flachere, steilere oder teilweise abweichende Form einer der Kurven zeigt, daß eine neutrale Farbwiedergabe in Lichtern und Schatten nicht möglich ist (*Abb. B5-12*).

Die Dichte eines S/W-Positivs kann durch Erhöhung der Lichtintensität beim Kopiervorgang vergrößert werden. Dabei verschiebt sich der Objektumfang des Negativs auf der Kennlinie in den oberen Bereich.

Entsprechend läßt sich durch Veränderung der Farbzusammensetzung des Kopierlichtes, durch Filterung, eine unterschiedliche Empfindlichkeit der Farbschichten ausgleichen.

In *Abb. B5-13* ist eine höhere Empfindlichkeit der blauempfindlichen Kurve zu erkennen. Das Positiv sieht also zu gelb aus. Der Blaulichtanteil im Kopierlicht muß gesenkt werden, wenn ein Graukeil neutral abgebildet werden soll. Es sind in jeder Stufe schematisch jeweils gleiche Farbstoffdichten für Gelb-Purpur-Blaugrün in dem genormten System erforderlich.

In diesem Zusammenhang sei an die Beziehung

$$\frac{\Delta D}{\Delta \lg I \cdot t} = \gamma$$

erinnert.

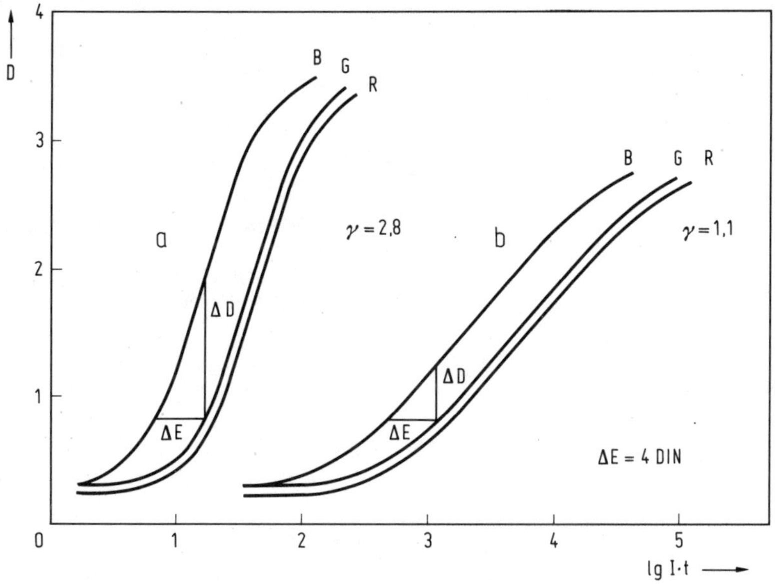

Abb. B5-13 Ausgleich eines einheitlichen Farbfehlers zweier Materialien verschiedener Gradation durch Kopierung mit farbigem Licht

Wenn beispielsweise eine Empfindlichkeitsdifferenz von 4 DIN entsprechend 0,4 lg I · t vorliegt, ergibt sich bei $\gamma = 2{,}8$ eine vertikale Dichtedifferenz von 1,12. Bei einem γ-Wert von 1,1 und gleicher Empfindlichkeitsdifferenz sinkt die Dichtedifferenz auf 0,44.

Eine Kopierlichtänderung gleicher Größe im Blaukanal bewirkt in beiden Fällen eine Grauanpassung, obwohl der Farbstich unterschiedlich war.

Mit anderen Worten, das steilere Material reagiert auf gleiche Kopierlichtänderungen mit größeren Farbdichteänderungen als das weniger steile Material.

Beim Kopieren eines Negativs, bei dem die Empfindlichkeiten der drei Farbschichten unterschiedlich sind, läßt sich der Fehler für den parallelen Kurvenbereich durch die Kopierfilterung ausgleichen. Im Bereich der Unterbelichtung hingegen bleibt ein unkorrigierbarer Farbstich bestehen, wie aus *Abb. B5-14* ersichtlich ist. Das bedeutet, daß falsche Farbtemperatur bei der Aufnahme und Unterbelichtung wahrscheinlich zu einem unbefriedigenden Ergebnis führen werden.

Der ungünstigste Fall ist in *Abb. B5-15* dargestellt. Hier ist ein deutlicher Farbgang zwischen Lichtern und Schatten durch die flachere Gradation der blauempfindlichen Schicht entstanden. Eine neutrale Farbwiedergabe ist nur im Kreuzungsbereich der Kurven möglich.

In der praktischen Kopierwerks-Sensitometrie werden die charakteristischen Kurven nicht immer ausgezeichnet. Für die Prozeßkontrolle werden häufig nur die

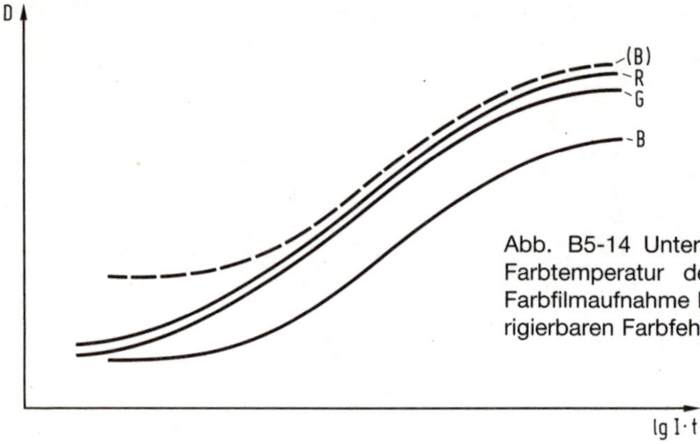

Abb. B5-14 Unterbelichtung und falsche Farbtemperatur der Lichtquelle bei der Farbfilmaufnahme können zu einem unkorrigierbaren Farbfehler führen

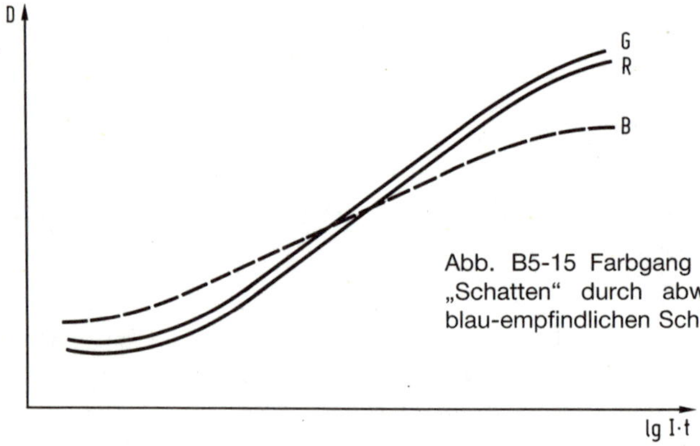

Abb. B5-15 Farbgang zwischen „Lichtern" und „Schatten" durch abweichende Gradation der blau-empfindlichen Schicht

Dichteabweichungen in den wichtigsten Stufen eines Graukeiles von einem Normalwert gemessen und registriert. In *Abb. B5-16* ist ein solcher Process-control-Bogen abgebildet.

5.3 Meßgeräte

Für die Sensitometrie ist die exakte Exposition eines Teststreifens von großer Bedeutung. Die Vielzahl der verschiedenen Charakteristiken der einzelnen Filmmaterialien, wie zum Beispiel Original-Aufnahme-Filme (Negativ- oder Umkehrmaterial), Kopiermaterialien und Duplikat-Materialien (Intermediate-Filme) erfordern in einem Kopierwerk eine ständige Kontrolle der fotografischen Prozesse und setzen eine jederzeitige Wiederholung der Test-Belichtung mit sehr geringen Abweichungen voraus. Dabei muß die Genauigkeit der Belichtung so groß sein, daß die sensitometrischen Meßdaten in Übereinstimmung mit den praktischen Ergebnissen der fotografischen Aufnahme stehen.

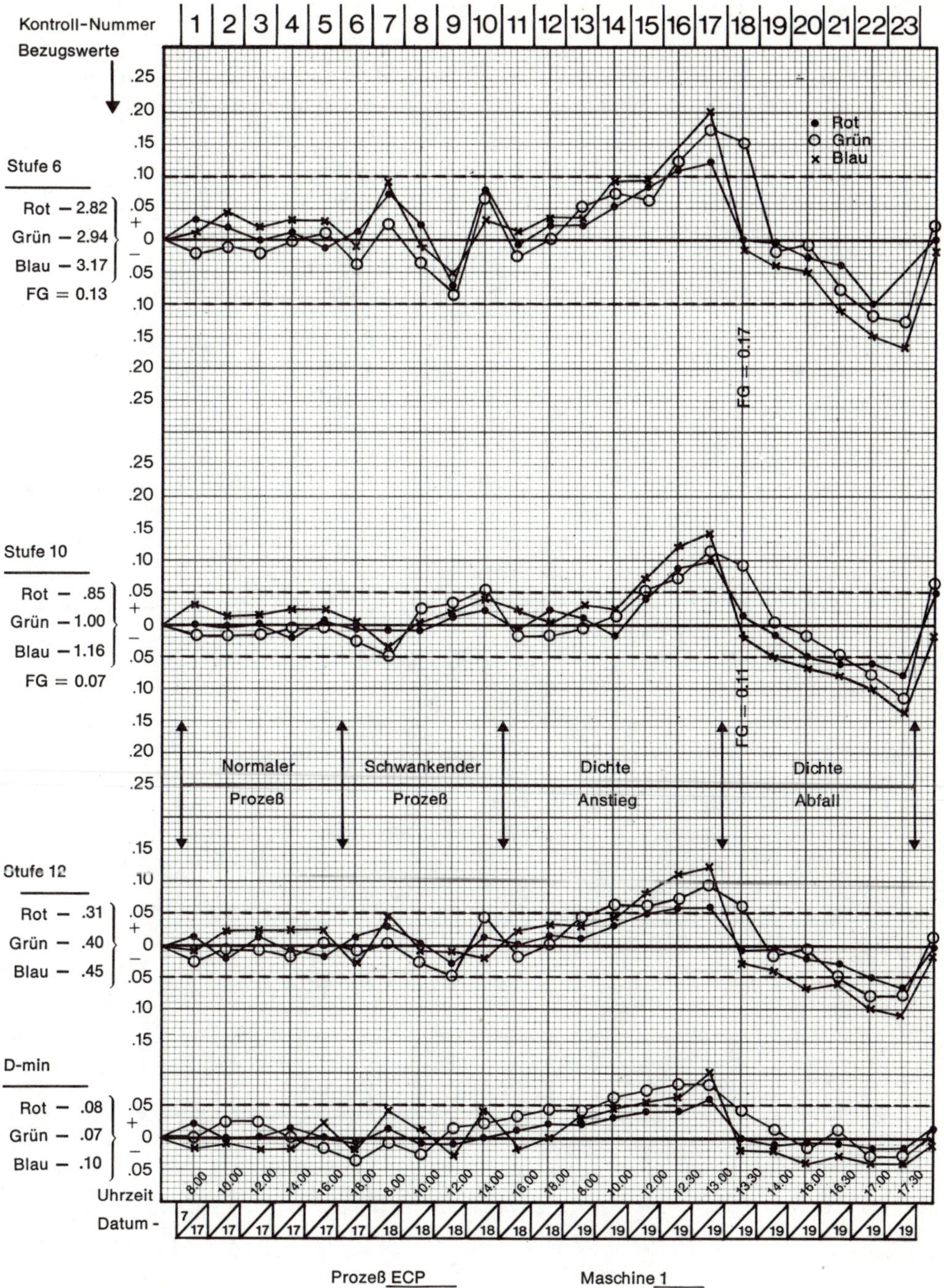

Abb. B5-16 Typisches Kontrollblatt für EASTMAN Color Print Film 5381/7381

5.3.1 Das Sensitometer

Für eine genaue, stets reproduzierbare Belichtung des zu prüfenden Filmmaterials verwendet man ein als „Sensitometer" bezeichnetes Präzisionsgerät (*Abb. B5-17*).

Es besteht aus:

a) einer Lichtquelle mit konstanter Intensität, deren spektrale Energieverteilung die Eigenschaften der Farbmaterialien berücksichtigt.
b) einer Verschluß- und Filter-Einrichtung, die eine genaue Einstellung der Belichtungszeit und eine Anpassung des Gerätes an das jeweilige Filmmaterial gestattet.
c) einer Belichtungssteuerung, um auf einem Filmstreifen unmittelbar nebeneinander eine Reihe definierter Expositionen (z. B. in Form eines Stufenkeils) zu bewirken.

Aus Gründen der Vergleichbarkeit und Übersichtlichkeit ist es vorteilhaft, die sensitometrischen Meßwerte graphisch darzustellen. Die Belichtungssteuerung sollte daher so konzipiert sein, daß die Belichtungsunterschiede zwischen den einzelnen Stufen in einem konstanten definierten Verhältnis zueinander stehen. In den meisten modernen Sensitometern steigt die Belichtung von Stufe zu Stufe mit dem Faktor $\sqrt{2}$ an, dessen Logarithmus einem Wert von 0,15 entspricht. Für die Exposition E gilt die Beziehung

$$E = I \cdot t \qquad \begin{array}{l} I = \text{Beleuchtungsstärke} \\ t = \text{Zeit in Sekunden} \end{array}$$

Man unterscheidet grundsätzlich zwei Typen von Sensitometern:

a) *Mit veränderlicher Belichtungszeit*
Bei dieser Geräteart wird die Beleuchtungsstärke über der zu belichtenden Fläche konstant gehalten. Um fein abgestufte Test-Expositionen zu erzielen, wird die Belichtungszeit in geeigneter Weise gesteuert.

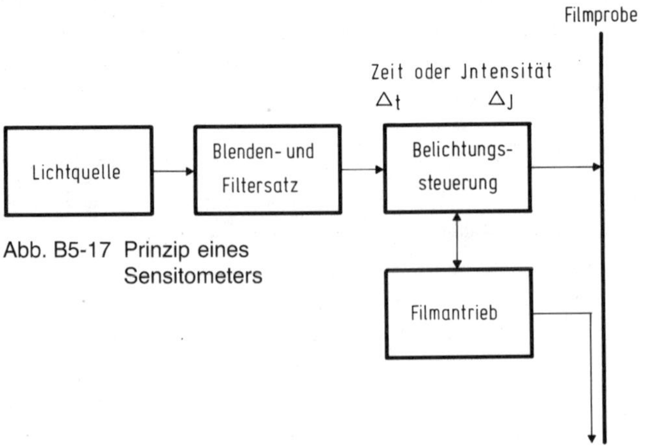

Abb. B5-17 Prinzip eines Sensitometers

b) *Mit veränderlicher Beleuchtungsstärke*
Bei einer solchen Anordnung wird die Belichtungszeit konstant gehalten. Man ändert schrittweise die Beleuchtungsstärke, um eine stufenweise Exposition auf dem Film zu erhalten.

Zunächst hat es den Anschein, daß die beiden Meßmethoden wegen des Reziprozitätsgesetzes – Beleuchtungsstärke und Belichtungszeit bilden einen Faktor – austauschbar seien. Wie die Erfahrung jedoch immer wieder zeigt, gilt das Reziprozitätsgesetz nur unter ganz bestimmten Voraussetzungen, so daß in der Praxis mit gewissen Fehlern zu rechnen ist. Die Größe dieser Fehler hängt weitgehend von den Besonderheiten der jeweiligen Materialien ab.

Da die drei Schichten eines Farbfilmmaterials außerdem im Vergleich zueinander verschiedene Eigenschaften besitzen, entstehen weitere Ungenauigkeiten, so daß es sinnvoll erscheint, sich grundsätzlich für das eine oder andere Meßverfahren zu entscheiden. Da die entstehenden Farbabweichungen viel schwerwiegender als die Veränderungen im Verlauf des Kontrastes und der Empfindlichkeit sind, haben sich in der Praxis für die Farbsensitometrie Instrumente mit veränderlicher Beleuchtungsstärke durchgesetzt.

Die ideale Anordnung zur Steuerung der Belichtung in einem Sensitometer ist ein neutralgrauer Stufenkeil aus metallischem Silber oder Kohlestaub mit 20 Stufen, deren Dichteunterschied S = 0,15 beträgt. Auf diese Weise erreicht man einen Dichtebereich von 1 : 1000 oder S = 3,0. Um genügend Fläche für eine genaue meßtechnische Auswertung zu haben, sollte das belichtete Feld eine Größe von etwa 1 cm^2 besitzen.

Wenn Ungenauigkeiten bei der späteren Auswertung vermieden werden sollen, ist außerdem ein Schutz der zur Exposition verwendeten Stufenkeile notwendig, da Verletzungen der Oberfläche durch Schrammen oder Kratzer eine Ungleichmäßigkeit der Belichtung zur Folge haben.

Ein weiteres Problem besteht darin, daß die Absorption der Stufenkeilvorlage für rotes, grünes und blaues Licht möglichst gleich sein sollte, um eine gleichmäßige Belichtung mehrschichtiger Farbmaterialien zu gewährleisten. Die Abweichungen sollten dabei nicht größer als 1,5 % sein.

Was die Belichtungszeit betrifft, so erscheint es im Interesse einer praxisbezogenen Messung sinnvoll, dieselbe mit 1/50 Sekunde an die Expositionsbedingung der Filmkamera anzupassen.

Für die Größe der Kontrollstreifen gelten praktische Überlegungen. Als günstiger Kompromiß zwischen Materialaufwand und ausreichender Meßgenauigkeit haben sich Abschnitte von etwa 30 cm Länge erwiesen, auf denen die einzelnen Stufen in einer Breite von etwa 10 mm exponiert sind (*Abb. B5-18*).

Die praktische Ausführung eines Sensitometers zeigt *Abb. B5-19*. Bei diesem Gerät der Firma Kodak-Pathè wird ein gleichmäßig ausgeleuchteter Lichtspalt mit konstanter Geschwindigkeit hinter einem normierten Neutralkeil vorbeigeführt, so daß die im Kontakt auf dem Keil sicher aufliegende Filmprobe belichtet wird.

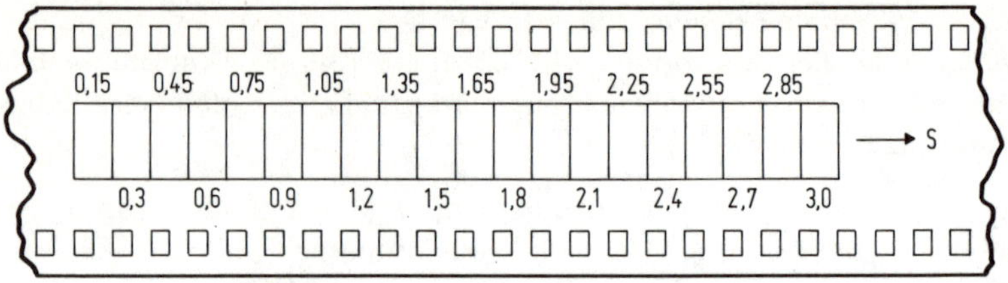

Abb. B5-18 Kontrollstreifen mit Stufenkeil

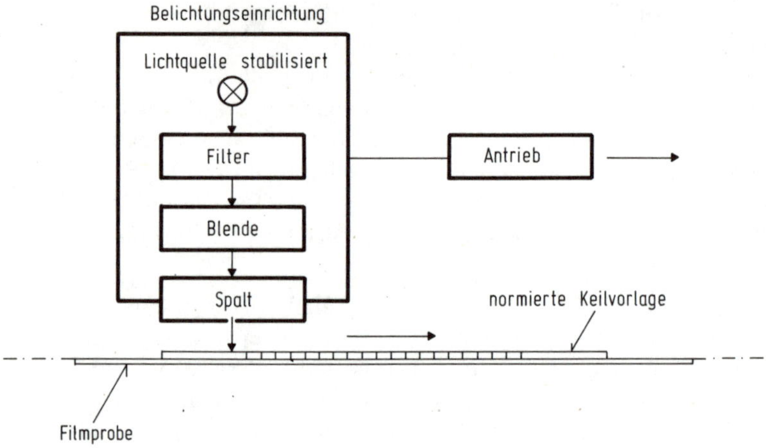

Abb. B5-19 Sensitometer nach Kodak-Pathè

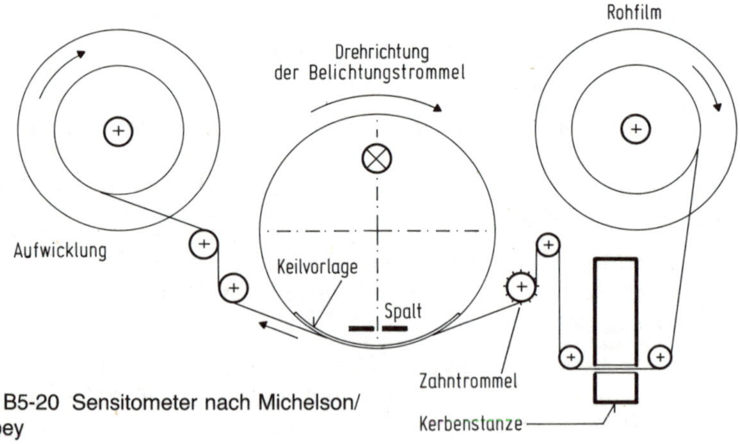

Abb. B5-20 Sensitometer nach Michelson/Scobey

Wenn täglich große Mengen an Proben anfallen, so empfiehlt sich eine Anordnung nach *Abb. B5-20*. Bei diesem Gerät laufen die Testfilmabschnitte von einer Rohfilm-Vorratsrolle (1) ab. Eine automatische Kerbenstanze (2) sorgt für die Markierung der jeweiligen Abschnitte, die im Kontakt an einer Belichtungstrommel (3), auf die die normierte Keilvorlage aufgespannt ist, vorbeigeführt werden. Im Zentrum der Belichtungstrommel befindet sich die Beleuchtungseinrichtung (4) mit Konstant-Lichtquelle, Filtereinrichtung und Kopierspalt (5). Die mit Randkerben markierten, belichteten Kontrollstreifen werden auf einem Filmteller (6) aufgewickelt.

5.3.2 Das Densitometer

Dieses Meßgerät ist Kernstück in der Sensitometrie eines Kopierwerkes. Es dient dazu, die optische Dichte der Filmmaterialien zu messen.

Man unterscheidet zwischen visuellen und fotoelektrischen Meßverfahren. Systeme der ersten Methode sind wegen ihrer subjektiven Arbeitsweise für den professionellen Betrieb nicht geeignet. Es haben sich daher in den Kopierwerken vorwiegend fotoelektronische Densitometer durchgesetzt.

Abb. B5-21 zeigt ein direkt anzeigendes Densitometer. Das gleichmäßige Licht einer Lampe (1) mit stabilisierter Stromversorgung wird nach Bündelung in einem optischen System durch eine Unterbrecherscheibe (2) moduliert. Anschließend folgt eine Filterscheibe (3), die wahlweise entweder das gesamte (weiße) Licht oder nur die roten, grünen oder blauen Anteile des modulierten Lichtbündels zur Meßstelle (4) passieren läßt. Bei der Eichung des Instrumentes befindet sich vor dem Meßspalt (4) kein Filmmaterial, so daß die gesamte Strahlung auf eine Fotozelle (5) fällt, deren ausgangsseitiges Signal nach Verstärkung (6) an einem Instrument (7) direkt angezeigt wird. Legt man in den Strahlengang am Meßspalt (4) das zu prüfende Filmmaterial (8) ein, so stellt sich je nach fotografischer Dichte eine Dämpfung des Lichtstromes und damit auch ein Rückgang des Pegels am Verstärkerausgang (6) ein. Die

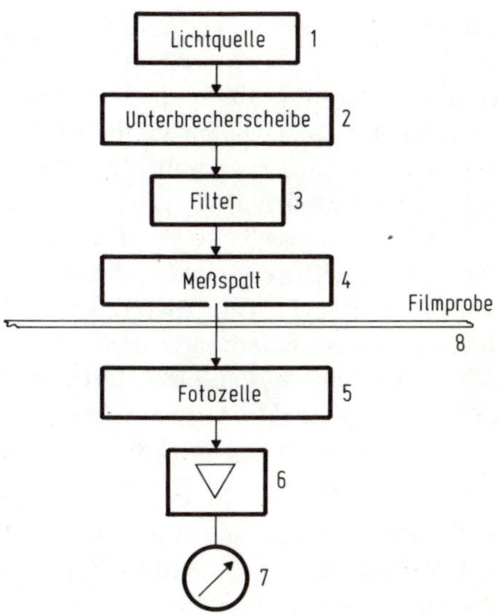

Abb. B5-21 Direktanzeigendes Densitometer

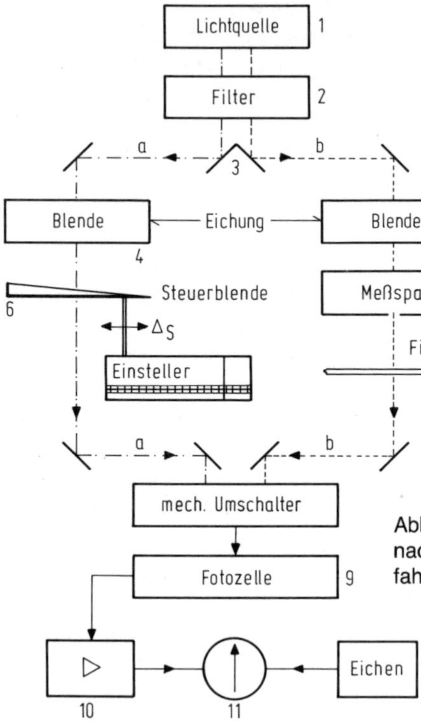

Abb. B5-22 Densitometer nach dem Komparationsverfahren

Skala des Instrumentes (7) hat eine logarithmische Teilung, so daß die Dichte der Filmprobe direkt als Schwärzung S abgelesen werden kann.

Beim Komparationsverfahren (*Abb. B5-22*) geht man von einer Konstantlichtquelle (1) aus, der wieder eine Filterscheibe (2) nachgeschaltet ist. Über einen Strahlenteiler (3) bildet man zwei identische Strahlengänge a und b, die mit je einer Schlitzblende (4,5) genau kalibrierbar sind. Während sich im Strahlengang a eine geeichte, kontinuierlich einstellbare Steuerblende (6) befindet, wird im Strahlengang b vor einem Meßspalt (7) die Filmprobe (8) eingelegt. Die beiden Strahlengänge a oder b werden wechselweise auf einen fotoelektronischen Wandler (9) geschaltet, der ausgangsseitig ein elektrisches Signal liefert, das nach Verstärkung (10) an einem Null-Instrument (11) zur Anzeige gebracht wird. Wenn die Position der Steuerblende (6) über einen Bedienungsknopf mit logarithmisch geteilter Skala so eingestellt ist, daß die beiden auf den fotoelektronischen Wandler gelangenden Lichtströme gleich sind, dann geht der Ausgangspegel des Meßverstärkers auf Null zurück und die Dichte der Filmprobe kann am Skalenwert des Einstellers der Steuerblende (6) direkt abgelesen werden.

Für die laufende sensitometrische Überwachung von Farb- und Schwarzweiß-Materialien ist ein automatisch registrierendes Instrument sinnvoll, da damit Fehlmessungen, Ablesefehler und Fehlschlüsse leichter ausgeschaltet werden können.

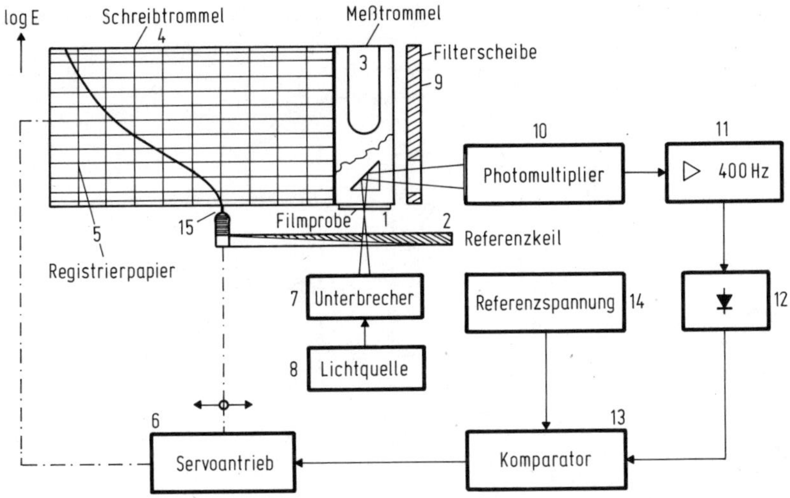

Abb. B5-23 Densitometer mit Registriereinrichtung

Das in *Abb. B5-23* im Prinzip gezeigte Densitometer der Firma Joice-Loebl/Gevaert ist ein Meßinstrument mit Registriereinrichtung. Es arbeitet nach dem Komparationsverfahren. Die Genauigkeit der Anzeige ist weitgehend unabhängig vom Wechsel der Lichtquelle oder anderer elektronischer Bauteile.

Die Filmprobe (1), die vorher über einen normierten Referenzkeil in einem Sensitometer belichtet worden ist, wird nach fotografischer Entwicklung zur Auswertung um eine Meßtrommel (3), die mit der Trommel der Schreibeinrichtung (4) fest verbunden ist, gelegt. Auf die Trommel der Schreibeinrichtung (4) ist ein geeichtes Registrierpapier (5) aufgezogen. Zur Auswertung der Filmprobe (1) und zur Registrierung der Meßergebnisse wird ein normierter Referenzkeil (2) mit einem Servo-Antrieb (6) zur Filmprobe (1) gegenläufig so bewegt, daß die Gesamtdichte des Referenzkeiles (2) und der Filmprobe (1) konstant bleibt, so daß sich Balance einstellt. Für den eigentlichen Meßvorgang zerhackt (7) man das von einer Konstantlichtquelle (8) ausgehende Licht mit einer Frequenz von 400 Hz. Das so pulsierende Licht gelangt über den Referenzkeil (2), die Filmprobe (1) und den Filtersatz (9) auf den Fotomultiplier (10), dessen ausgangsseitiges 400-Hz-Signal nach Verstärkung (11) gleichgerichtet (12) und in einem Komparator (13) mit einer Referenzspannung (14) verglichen wird. Die Komparatorschaltung (13) speist den Servo-Antrieb (6) ein.

Je nach Dichteverlauf der Filmprobe (1) stellt sich nun ein entsprechend abweichender zeitlicher Ablauf der Nachsteuerung des Servo-Systems (6) ein. Da die Schreibstifte (15) mit dem Servo-System (6) fest verkoppelt sind, geben sie auf dem Registrierpapier (5) den Verlauf der Dichte der Filmprobe (1) in Abhängigkeit des für die Exposition benutzten normierten Referenzkeiles (2) wieder.

Die Filterscheibe (9) läßt für die Messung von S/W-Materialien das gesamte weiße Licht passieren. Für die Messung an Farbmaterialien enthält sie jeweils 3 Farbfilter,

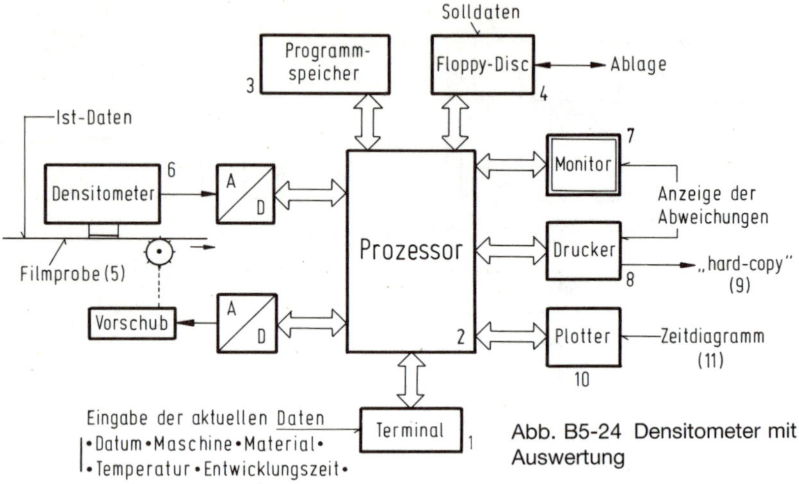

Abb. B5-24 Densitometer mit Computer-Auswertung

die den Farbschichten der Materialien entsprechen. Je nachdem, ob Negativmaterialien mit Maskierung oder Color-Positivmaterialien gemessen werden sollen, sind entsprechende Filtersätze (Status-M für Negativ; Status-A für Positiv) zu verwenden.

Bei Messungen an Farbmaterialien laufen die Auswertungen für die Dichte der einzelnen Schichten bei Einschaltung des jeweiligen Filters nacheinander ab. Dabei werden die jeweiligen Schreibstifte in den Farben Rot, Grün und Blau in Übereinstimmung mit den zugehörigen Filtern eingeschaltet. Auf diese Weise kann man auf einem Registrierpapier die sensitometrischen Daten eines Filmmaterials komplett darstellen.

Die Kontrolle der Entwicklungsprozesse eines Filmkopierwerkes erfordert eine laufende Überwachung der Maschinen. In diesem Zusammenhang ist die Verkopplung eines Densitometers mit einem Prozeßrechner von Interesse (*Abb. B5-24*). Die einmal ermittelten optimalen Solldaten für einen bestimmten Entwicklungsprozeß werden an einem Terminal (1) in den Prozessor (2) eingegeben, der sie in einem Programmspeicher (3) und auf einem Datenträger (4) in Form einer Floppy-Disc ablegt. Die zur Kontrolle des Entwicklungsvorganges von der Maschine entnommenen Filmproben (5) mit Stufenkeil werden von einem Densitometer (6), dessen Filmvorschub vom Prozessor (2) kontrolliert wird, ausgelesen. Der Prozeßrechner vergleicht nun die im Speicher (3) befindlichen Sollwerte mit den tatsächlich ermittelten aktuellen Istwerten und stellt die Abweichungen auf dem Schirm eines Monitors (7) dar. Der Inhalt des Schirmbildes kann auch von einem Drucker (8) als „hard-copy" (9) erhalten werden. Da der Prozessor laufend alle eingehenden Daten im Speicher (3) ablegt, ist mit Hilfe eines Plotters (10) auch die Darstellung eines Zeitdiagrammes (11) möglich, das den Verlauf der Entwicklungsergebnisse über Stunden und Tage darstellt. Will man die Abweichungen über längere Zeiträume (Monate, Jahre) veranschaulichen, so kann man die Daten heranziehen, die auf der Floppy-Disc (4) gespeichert sind.

6 Kinematografie

Unter einem kinematografischen Verfahren versteht man allgemein die Aufzeichnung eines Bewegungsablaufes oder auch die Aufzeichnung von Laufbildern. Dabei ist die Art der Aufnahme und Speicherung keineswegs festgelegt. Auch eine elektronische Kamera (siehe Abschnitt C) in Verbindung mit einer magnetischen Bildaufzeichnungsanlage (MAZ) (siehe Abschnitt E) ist genau genommen ein kinematografisches System. Da in diesem Abschnitt nur die filmspezifischen Belange zu Wort kommen sollen, wollen wir uns an dieser Stelle auch nur mit der Filmkamera, dem Filmprojektor und den verschiedenen Bild- und Filmformaten befassen.

6.1 Die Filmkamera

Beim fotografischen Laufbild-Aufnahmeverfahren werden die einzelnen Bewegungsphasen mit einer Filmkamera als sequentielle Einzelinformation Bild für Bild auf einem Filmband gespeichert [18]. Zur Belichtung des Filmmaterials in der Kamera benutzt man vorwiegend einen schrittweise, intermittierend ablaufenden Filmtransport (*Abb. B6-1*).

Von der Vorratsrolle (8) gelangt der unbelichtete Film (12) zur Zahnrolle (9), die das Filmmaterial kontinuierlich dem Greiferwerk zuführt.

Die Belichtung des Filmmaterials geschieht in Ruhelage, wobei der Sperrgreifer (1) den Film in der Perforation festhält. Auf der Rückseite drückt die Andruckplatte (2) das Material federnd gegen das Bildfenster. Inzwischen hat auch die Blende (4) den Lichtweg (5) über das Objektiv (6) zur Belichtung des Filmes (12) freigegeben. Nach erfolgter Exposition verschließt zunächst die Blende (4) den Lichtweg zum Bildfenster. Die Antriebswelle (7) des Transportgreifers (3) hat inzwischen eine Drehung von 180° vollzogen und der Transportgreifer (3) ist nunmehr in die Perforation eingefallen. Die Andruckplatte (2) wird abgehoben und der Film kann nun nach unten weiter bewegt werden. Damit wird die Belichtung des nächsten Bildes vorbereitet. Die Aufwicklung des Filmmaterials geschieht über eine Nachwickelrolle (10) gleichmäßig auf der Spule (11). –

Die Wirkung der Sektorenblende (4) in Abb. B6-1 ist aus *Abb. B6-2* deutlich zu erkennen. Die Antriebsachse läuft synchron mit dem Filmantrieb. Wenn das Filmband transportiert wird, deckt der Verschlußflügel das Bildfenster lichtdicht ab.

Die Bildfrequenz oder auch Bildwechselzahl gibt die Anzahl der Einzelbilder an, die in einer Sekunde in der Kamera belichtet werden. Nach Untersuchungen von Thun reicht eine Bildwechselfrequenz von 16 bis 25 Bildern pro Sekunde aus, um

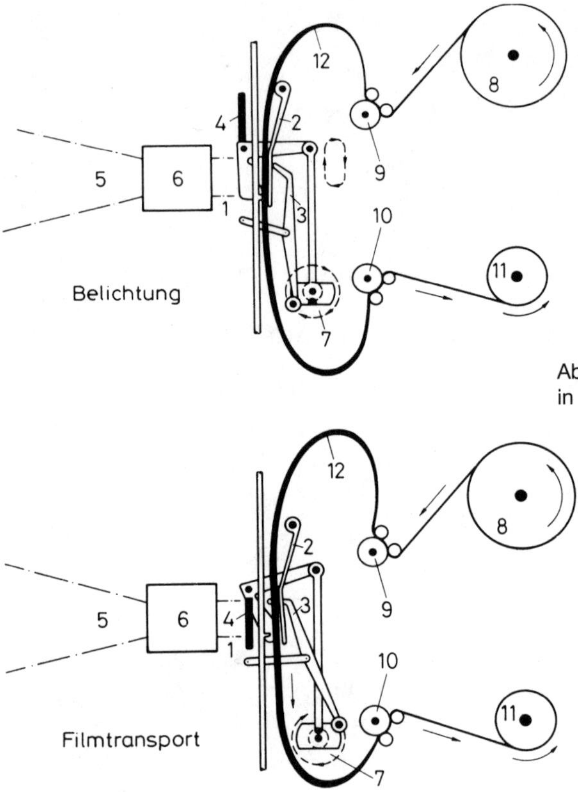

Abb. B6-1 Prinzip des Filmtransports in einer Filmkamera

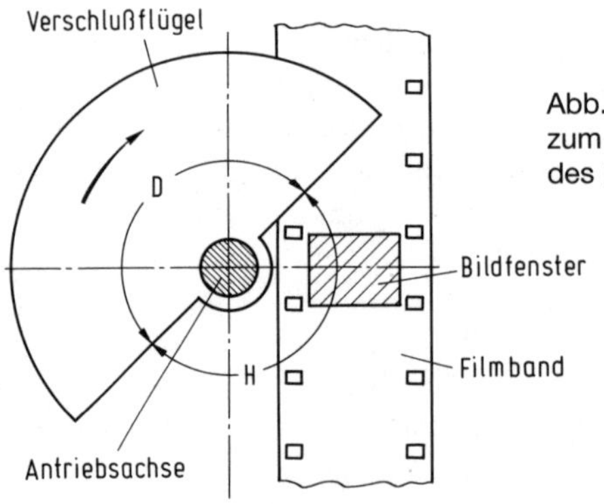

Abb. B6-2 Prinzip des Umlaufverschlusses zum Abdecken des Bildfensters während des Filmtransportes

einen Bewegungsablauf für das menschliche Auge als kontinuierlich fließend erscheinen zu lassen. Bei Betrachtung einer solchen Bildfolge kommt durch die Nachbildwirkung des Gesichtssinns bei einer mittleren Lichtintensität bereits eine ausreichende Verschmelzung der einzelnen Phasenbilder zustande. – Mit der Einführung des Tonfilms im Jahre 1929 hat man für den Kinobereich eine Bildfrequenz

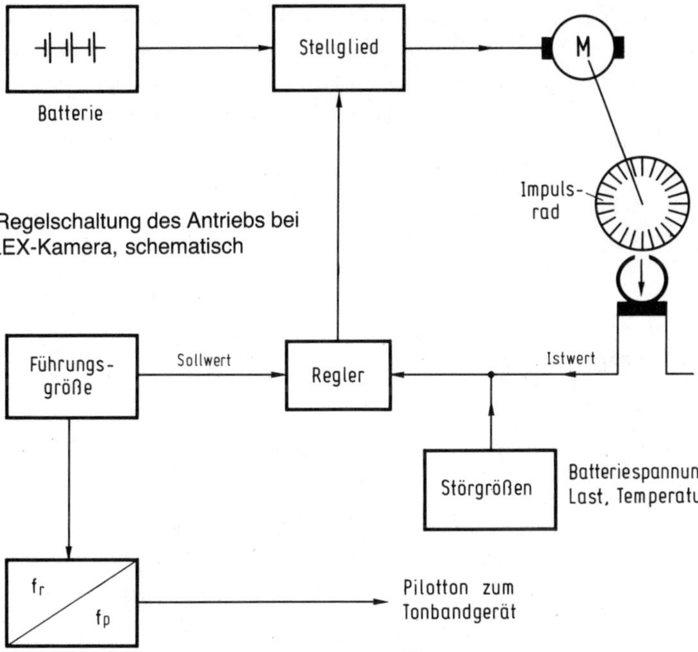

Abb. B6-3 Regelschaltung des Antriebs bei der ARRIFLEX-Kamera, schematisch

von 24 Bildern pro Sekunde einheitlich festgelegt. – Um Interferenzen mit der Netzfrequenz von 50 Hz zu vermeiden, benutzt das Fernsehen eine Bildfrequenz von 25 Bildern pro Sekunde.

Filmführung und Filmtransport müssen in einer professionellen Kamera sehr sorgfältig und präzis vonstatten gehen. Geringfügige Schwankungen zeigen sich als störende Bildstandsschwankungen, die sich bei Projektion senkrechter oder waagerechter Linien deutlich in einer Schwankung oder in einer Verbreiterung der Linien des Rasters bemerkbar machen. Sie können mannigfache Ursachen haben, wie zum Beispiel ungenaue Perforationsteilung, unsaubere Schnittkanten des Filmmaterials sowie mechanische Fehler in Kamera, Kopiermaschine und Projektor. Aufgrund umfangreicher Untersuchungen [18] dürfen die Bildstandsfehler bei 35-mm-Studio-Kameras nur maximal $2{,}45 \cdot 10^{-3}$ mm betragen.

Um die hohen Anforderungen an die Gleichmäßigkeit des Filmantriebes zu erfüllen, verwendet man heute meist elektronisch gesteuerte Antriebsaggregate (*Abb. B6-3*). Bei einer solchen Steuerung wird dem Motor über ein Stellglied eine Gleichspannung zugeführt, die von einem elektronischen Regler beeinflußt werden kann. Die Reglerschaltung vergleicht dabei ständig den Soll-Wert einer Führungsgröße mit dem Ist-Wert der jeweiligen Kamerageschwindigkeit. Als Führungsgröße verwendet man häufig eine Referenzfrequenz, die

a) von einem Quarz-Generator,
b) von einem Stimmgabelgenerator und
c) aus dem 50-Hz-Wechselstromnetz stammen kann.

Zur Ableitung des Ist-Wertes befindet sich auf der Kamerawelle ein Impulsrad, das über einen elektromagnetischen Wandler eine Vergleichsfrequenz liefert, die die stets vorhandenen Störgrößen – wie Batteriespannung, Last und Temperatur – mit einschließt. Wegen des ständigen Vergleichs der Führungsgröße mit dem Ist-Wert des Kameraantriebes wird eine sehr große Genauigkeit erreicht.

Für die Synchronisation eines Tonaufnahme-Gerätes erzeugt man mit einem Frequenzumsetzer zum Beispiel aus der Quarzfrequenz eine Pilotfrequenz, die über ein Kabel zum Tonbandgerät gelangt und dort auf der Pilotspur des Tonbandes aufgezeichnet werden kann (siehe Abschnitt D.13).

6.2 Der Filmprojektor

Die Wiedergabe des fertigen Filmes erfolgt im Kino mit einem Filmprojektor [19]. Der schrittweise Filmtransport geschieht dabei in ähnlicher Weise wie bei der

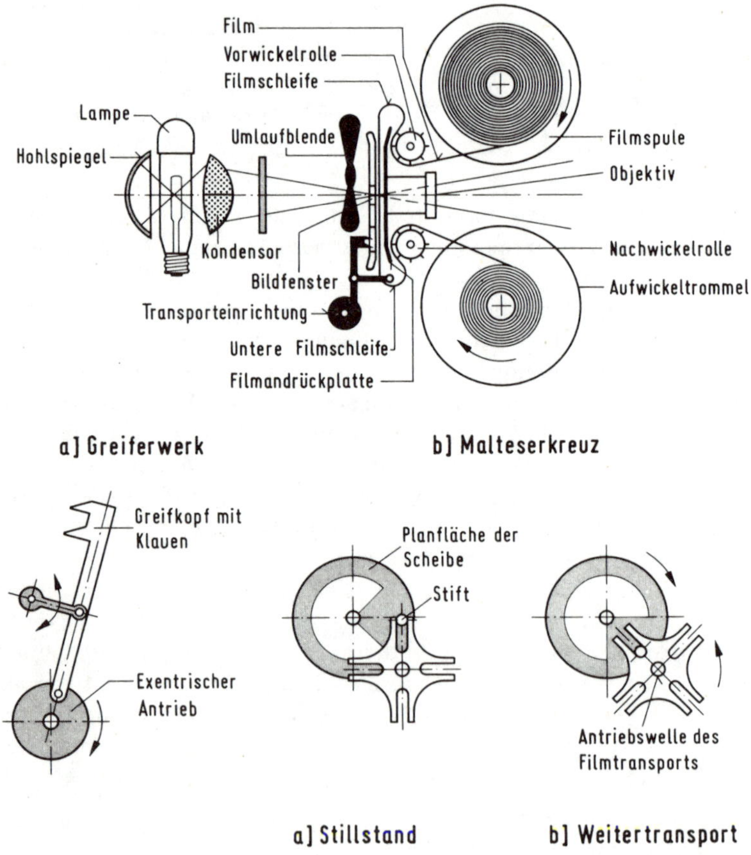

Abb. B6-4 Der Filmprojektor und sein Filmtransport, schematisch

Filmkamera. An Stelle von Greiferwerken sind bei Filmprojektoren auch vielfach gezähnte Schaltrollen gebräuchlich. Als Antrieb für die Schaltrolle dient ein Malteserkreuz, das eine intermittierende Bewegung der Rolle auslöst (*Abb. B6-4*). Im Bildfenster des Projektors wird das Bild zeitweise festgehalten und von einer starken Lichtquelle durchleuchtet. Über ein passendes Projektionsobjektiv entsteht dann auf der Bildwand des Zuschauerraumes ein Lichtbild.

6.3 Filmformate und Bildfeldgrößen

Die Abmessungen der heute noch verwendeten Filmmaterialien lassen sich nahezu unverändert bis zu den Anfängen der Kinematografie zurückverfolgen. George Eastman, der den Film ursprünglich nur für seine Kodak-Kamera herstellte, goß seine Zelluloid-Filme auf etwa 15 m lange Glastische, deren Breite 2 Fuß bzw. 24" betrug. Die Gießeinrichtung bewegte man auf zwei seitlich befestigten Schienen und verwendete sie nach Trocknung des Zelluloid-Bandes auch zum Auftragen der Bromsilber-Emulsion. Nach Ablösen des getrockneten Materials entfernte man die beiden ungleichmäßig gegossenen Randzonen durch Abschneiden eines jeweils 1"-breiten Abfallstreifens (*Abb. B6-5*). Somit blieb eine restliche Breite von 22" = 558,8 mm übrig, die in 8 gleiche Streifen geteilt eine Filmbreite von 22⁄8" bzw. 2¾" – entsprechend 69,85 mm – für den Rollfilm der Kodak-Kamera ergab. Edison ließ diesen Rollfilm nochmals teilen und kam damit auf 1⅜" – entsprechend 34,925 mm – zum heutigen 35-mm-Format. Bei einer anderen Aufteilung der 22"-breiten Ursprungsbahn erhält man ⅝"-breite Bänder, die dem heutigen 16-mm-Film entsprechen. Dieselben nochmals geteilt ergeben dann den 5⁄16"-breiten 8-mm-Film.

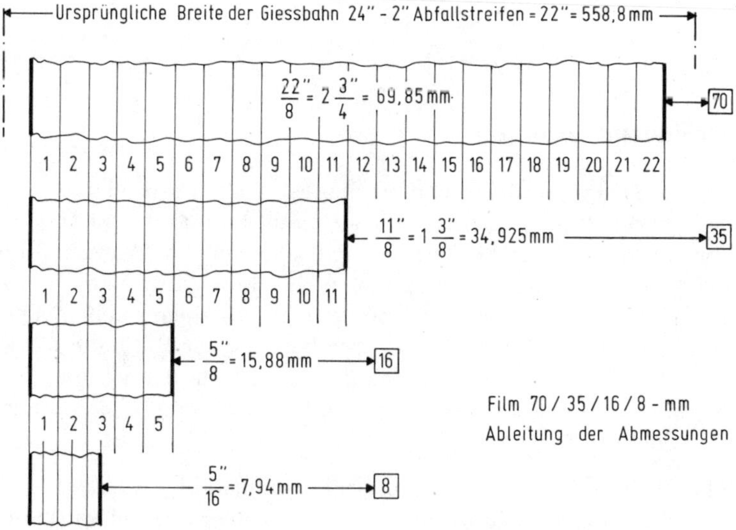

Abb. B6-5 Film 70/35/16/8-mm, Ableitung der Abmessungen

Tabelle B2: Übersicht der gebräuchlichsten Filmformate

Format	Bildfeld-abstand	Kamera-Bildfeld-größe mm	Perforations-abstand mm	Perforationsabstand Anzahl der Perf. Löch. pro Bild	Laufgeschwindigkeit mm/s			
					24 B	25 B	18	16
70	23,75	52,5 x 23	4,75	5	570	–	–	–
35	19	22 x 16	4,75	4	456	475	–	Stumm-film 304
16	7,62	10,3 x 7,5	7,62	1	182,8	190,5	137	122
8 S	4,23	5,69 x 4,14	4,23	1	101,5	105,7	76,1	67,7

Die heutigen Normalfilm-Formate sind in *Tabelle B2* zusammengestellt. Sie gibt auch Aufschluß über den Bildfeldabstand, die Größe des kameraseitigen Bildfeldes, die Perforation und die Laufgeschwindigkeit.

6.4 Die Breitwandverfahren

Das weitverbreitete Projektionsformat für Diapositive von 24 x 36 mm entspricht mit dem Bildseitenverhältnis 1 : 1,5 auch dem Stummfilm-Format mit 16 x 24 mm. Als der Tonfilm entstand, mußte das Format auf 16 x 22 mm zum heutigen Bildseitenverhältnis von 1 : 1,37 reduziert werden. Ein solcher Bildschirm wird vom Zuschauer horizontal mit einem Winkel von 27° und vertikal mit einem solchen von 20° erfaßt. Das Wahrnehmungsfeld des Auges ist aber bei gleicher Bildhöhe mit 40° in der horizontalen Achse wesentlich ausgedehnter, so daß die Betrachtungsbedingungen bei einem Breitbild wirklichkeitsgetreuer werden, weil damit auch die bildbegrenzenden Elemente weiter nach außen rücken.

Schließlich kann man die Wirkung eines Panoramabildes durch eine gleichzeitig stereophonische Tonübertragung noch erheblich steigern. Dabei wird vor allem die Fähigkeit unseres Gehörs angesprochen, eine Schallquelle durch Intensitäts-, Laufzeit- und Phasenunterschiede im Hörbild zu lokalisieren. Bei großen Bildschirmen ist dann das Bildgeschehen untrennbar mit den zur selben Zeit ablaufenden akustischen Ereignissen verbunden.

Moderne Breitwand-Systeme verwenden meist anamorphotische Objektive für Aufnahme und Wiedergabe, mit denen das Bild in der horizontalen Achse auf etwa die Hälfte seiner vertikalen Ausdehnung komprimiert werden kann. Damit wird es möglich, mit einem nahezu normalen Bildfenster auf einem 35-mm-Film, der im normalen Schritt von vier Perforationslöchern pro Bild bewegt wird, ein Breitbild zu speichern (*Abb. B6-6*). Für ein anamorphotisches Aufnahmeverfahren ist Grundbe-

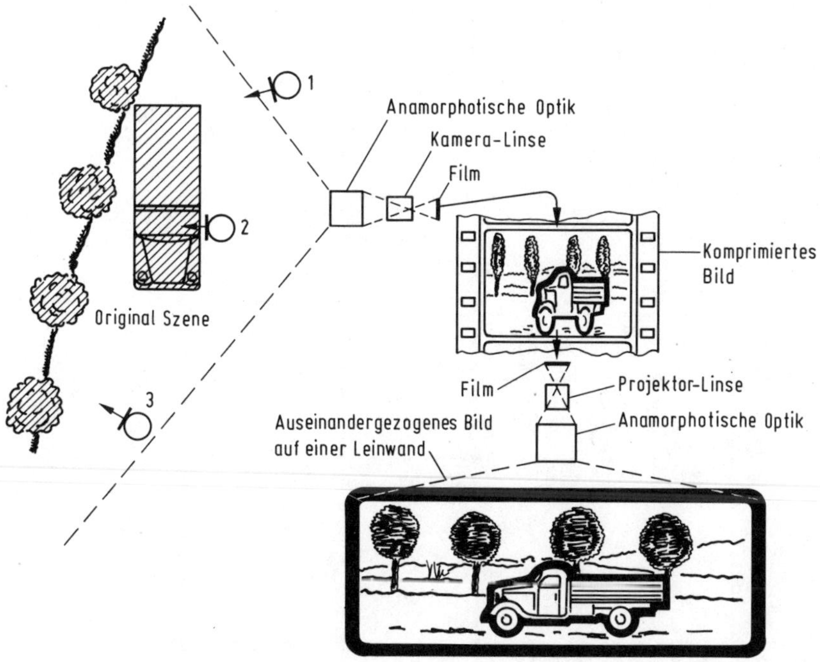

Abb. B6-6 Anamorphotisches Aufnahme- und Wiedergabesystem, Prinzip

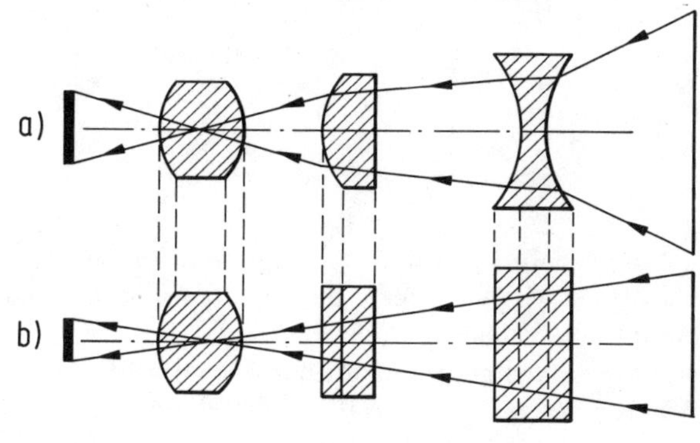

Abb. B6-7
Lichtweg in einem anamorphotischen Aufnahmeobjektiv
a) Horizontal
b) Vertikal

Tabelle B3: Übersicht der Breitwand-Formate

System	Bildabmessungen					
	Aufnahmeseitig			Wiedergabeseitig		
	Film-format mm	auf dem Film-Negativ mm	Seitenver-hältnis	Film-format mm	auf dem Film-Positiv mm	Projektions-wand
Normalfilm 35	35	22 x 16	1 : 1,375	35	20,9 x 15,2	1 : 1,375
Verfahren mit Bildmaske	35	22 x 13,25	1 : 1,66	35	20,9 x 12,6	1 : 1,66
		22 x 11,89	1 : 1,85		20,9 x 11,3	1 : 1,85
Cinemascope	35	23,8 x 18,67	1 : 1,275 mit Anamor-phot	35	23,2 x 18,2 mit 4 Magnet-tonspuren	1 : 2,55 mit Anamor-phot
		22 x 18,6	1 : 1,175 mit Anamor-phot		21,3 x 18,2 mit 1 Licht-tonspur	1 : 2,35 mit Anamor-phot
Techniscope	35	22 x 9,36 2-Loch-Schaltung	1 : 2,35	35	21,3 x 18,2	1 : 2,35 mit Anamorphot
Colorama	35	18,8 x 9,4 2-Loch-Schaltung	1 : 2	35	18,4 x 9,2 Skip-Frame	1 : 2 ohne Anamorphot
Super-Scope	35	24,89 x 16,03	1 : 1,55	35	20,9 x 15,2	1 : 1,375
					20,9 x 12,6	1 : 1,66
					21,3 x 18,2	1 : 2,35 mit Anamorphot
Vista-Vision	35-H	37,72 x 25,17	1 : 1,5	35-H	36,01 x 18,35	1 : 1,96
				35	20,9 x 15,2	1 : 1,375
					20,9 x 12,6	1 : 1,66
					21,3 x 18,2	1 : 2,35 mit Anamorphot

dingung, daß das Kompressionsverhältnis bei der Aufnahme dem Expansionsverhältnis bei der Wiedergabe genau entspricht. Man hat hierfür ein Verhältnis von 1 : 2 einheitlich festgelegt (*Abb. B6-7*).

Die ausführliche Behandlung der einzelnen Systeme würde den Rahmen dieser Arbeit sprengen. *Tabelle B3* soll deshalb eine zusammenfassende Übersicht geben.

Tabelle B3: Übersicht der Breitwand-Formate (Fortsetzung)

System	Bildabmessungen					
	Aufnahmeseitig			Wiedergabeseitig		
	Film-format mm	auf dem Film-Negativ mm	Seitenver-hältnis	Film-format mm	auf dem Film-Positiv mm	Projektions-wand
Super-Technirama	35-H	37,72 x 25,17 (Vista-Vision)	1 : 1,5 mit Anamor-phot	35-H	36,01 x 18,35	1 : 3 mit Anamorphot
				70	48,6 x 22	1 : 2,2 ohne Anamorphot
				35	21,3 x 18,2	1 : 2,35 mit Anamorphot
				35	23,2 x 18,2	1 : 2,55 mit Anamorphot
				35	20,9 x 12,6	1 : 1,66 ohne Anamorphot
				35	20,9 x 11,3 auf 35-mm-Film	1 : 1,85 ohne Anamorphot
				16	8,22 x 7	1 : 2,35 mit Anamorphot
				16	9,6 x 5,78	1 : 1,66 ohne Anamorphot
TODD-AO	65	52,5 x 23	1 : 2,28	70	48,6 x 22	1 : 2,2
Cinema-scope 55	55	46,33 x 36,32	1 : 1,275 mit Anamor-phot	55	45 x 35,29	1 : 2,55 mit Anamorphot
Normalfilm 16	16	10,3 x 7,5	1 : 1,375	16	9,6 x 7	1 : 1,375
Super 16	16	12,3 x 7,4	1 : 1,66	35	22 x 13,25	1 : 1,66

In dieser Tabelle sind nahezu alle gebräuchlichen Filmaufnahme- und -wiedergabesysteme angegeben. Bei den meisten Verfahren wird der Film – sowohl in der Kamera, als auch im Filmprojektor – vertikal von oben nach unten bewegt. Die

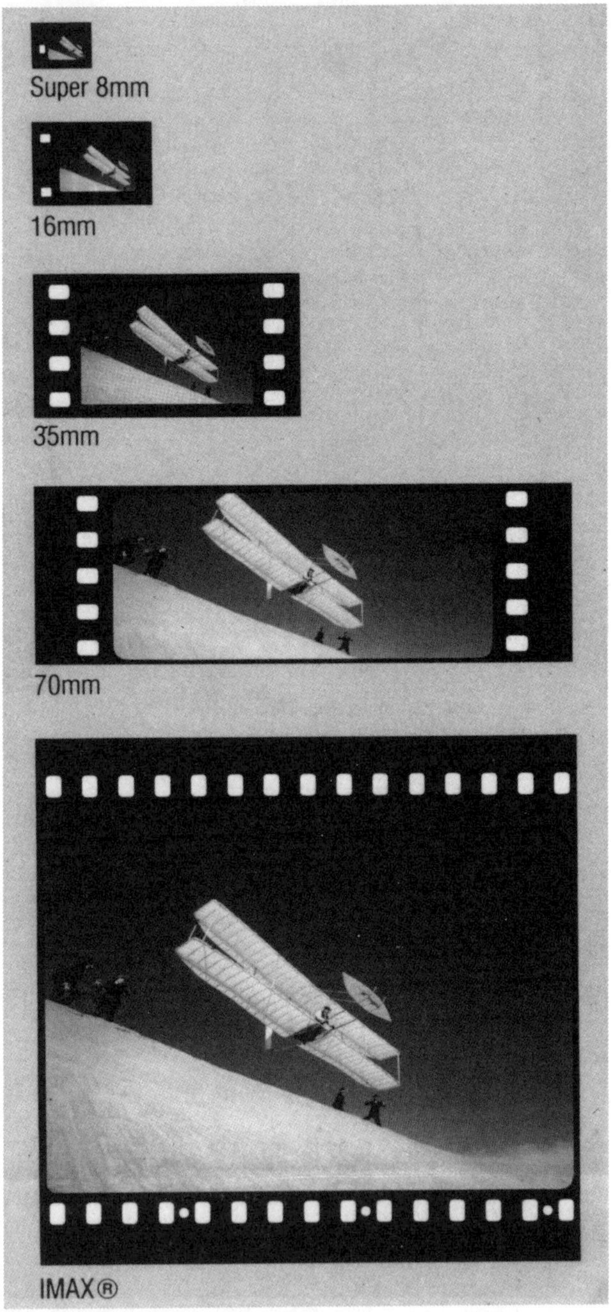

Abb. B6-8 Vergleich der Bildformate von IMAX, 35 mm, 16 mm und Super-8

längere Achse des Filmbildes liegt damit auf dem Filmmaterial quer zu dessen Laufrichtung. Eine Ausnahme bildet das Vista-Vision-System, bei dem der Film horizontal durch die Kamera und den Projektor läuft. Bei diesem Verfahren wird die längere Achse des Filmbildes in Laufrichtung des Materials abgebildet. In Tabelle 3 ist dies durch den Buchstaben H hinter der Format-Angabe gekennzeichnet.

Für die Umwandlung beziehungsweise den Übergang von einem Filmformat in ein anderes Format setzt man spezielle Film-Kopiermaschinen ein, die über eine entsprechende Reproduktions-Optik verfügen (siehe auch Abschnitt D.5.).

Einen ausgesprochenen Außenseiter stellt das *IMAX-System* dar, das alle Vorstellungen vom klassischen Kino – bezüglich Bild- und Tonqualität – in den Schatten stellt. Man verwendet 70-mm-Film, der wie beim Vista-Vision-Verfahren horizontal durch den Filmprojektor läuft. Gegenüber dem Standardformat des 35-mm-Films (352 mm^2) beträgt die Bildfläche mit 3622 mm^2 mehr als das Zehnfache. Das horizontal laufende Filmmaterial wird mit einem Schaltschritt von 15 Perforationslöchern pro Bild bewegt. Die Bildfrequenz beträgt 60 Bilder pro Sekunde. Damit sind auch die bei großen hellen Flächen oft störenden Flimmereffekte trotz der riesigen Bildwand völlig verschwunden.

Die stereophonische Schallaufzeichnung ist beim IMAX-System – wie beim 70-mm-TODD-AO-Verfahren – auf 6 Magnetspuren gespeichert. *Abb. B6-8* bringt eine vergleichende Darstellung.

C) Die elektronische Bildübertragung

1 Bildzerlegung

Stellen wir uns vor, wir hätten eine sehr einfache Information elektrisch zu übertragen. Hierzu zeichnen wir auf eine Glasplatte ein schachbrettähnliches Raster, das aus insgesamt 25 Feldern besteht (*Abb. C1-1*). Hinter diese Glasplatte stellen wir eine Lichtquelle. Auf dieses Feld legen wir nun einen Buchstaben „F", so daß er in der zweiten Reihe die Felder 2-7-12-17-22, in der dritten Reihe die Felder 3 und 13 und in der vierten Reihe das Feld 4 abdeckt. Damit werden diese Felder dunkel, die restlichen Felder bleiben hell. Der Glasplatte gegenüber ordnen wir nun in einem gewissen Abstand ein Raster mit 5x5 lichtempfindlichen Zellen so an, daß Zelle 1 dem Feld 1, Zelle 2 dem Feld 2 usw. genau gegenübersteht. Mit einer Optik bilden wir nun den auf unserer Glasplatte erscheinenden Buchstaben „F" auf dem „*Fotozellenraster*" ab. Da die von den Fotozellen abgegebene elektrische Energie gering ist, muß sie verstärkt werden, ehe wir die Information über ein 25adriges Kabel weiter-

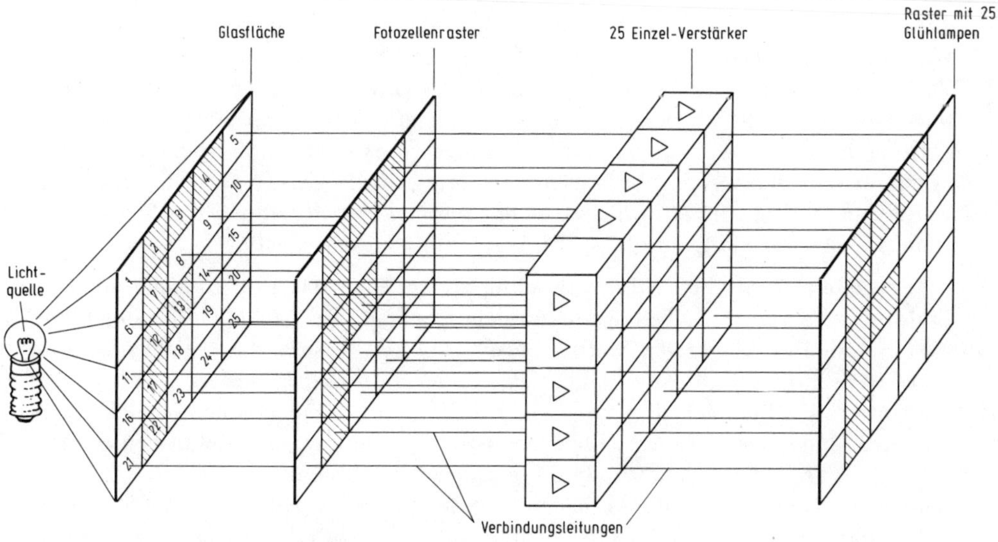

Abb. C1-1 Zerlegung und Übertragung einer Bildinformation nach dem Zellenrasterverfahren

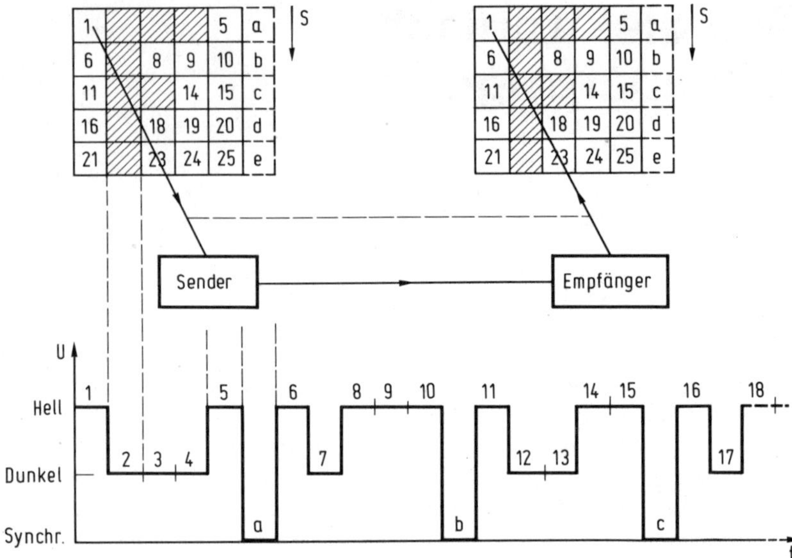

Abb. C1-2 Abtastung und Reproduktion eines Zellenrasters über eine Leitungsverbindung

leiten können. Die verstärkten „Signale" bringen dann an einem entfernten Ort die entsprechenden Glühlampen eines Rasters zum Leuchten.

Eine andere Methode der Informationsübertragung besteht darin, daß wir das Raster schnell abfragen. Wenn der Abtastvorgang sehr schnell vonstatten geht, dann kann unser Auge einzelne Ein- und Ausschaltvorgänge nicht mehr unterscheiden. In diesem Falle kommen wir mit einer einzigen elektrischen Verbindungsleitung aus. Wir müssen dann allerdings zwischen dem „Sender" und dem „Empfänger" eine Verabredung treffen, in welcher Reihenfolge die einzelnen Zellen des Rasters abzufragen sind (*Abb. C1-2*). Dies wird dadurch erreicht, daß wir jeweils am Ende einer Zeile einen *Synchronisationsimpuls* übertragen, der dem Empfänger mitteilt, daß nunmehr von der soeben übertragenen Zeile a auf die Zeile b usw. umgeschaltet werden muß. Somit übertragen wir über eine elektrische Leitung die Spannungswerte für drei Zustände: „Hell" – „Dunkel" und „Synchronisation".

Bei der elektronischen Bildübertragung zerlegt man das Bild in viele einzelne Bildpunkte, deren Helligkeitswerte zeitlich geordnet und nacheinander mit hoher Geschwindigkeit übertragen werden. Nach *Abb. C1-3* wird das Objekt auf einer fotoelektrisch empfindlichen Schicht abgebildet. In dieser Wandlerschicht werden die unterschiedlichen Helligkeiten der Bildpunkte in entsprechende elektrische Ladungen umgewandelt. Ein Elektronenstrahl – von einer „Elektronenkanone" erzeugt und scharf gebündelt – wird von einer Ablenkschaltung gesteuert. Er tastet horizontal – Punkt für Punkt nebeneinander – und vertikal – Zeile für Zeile untereinander – das elektrische Ladungsbild ab. Durch diesen Abtastvorgang gewinnt man ein elektronisches Bildsignal.

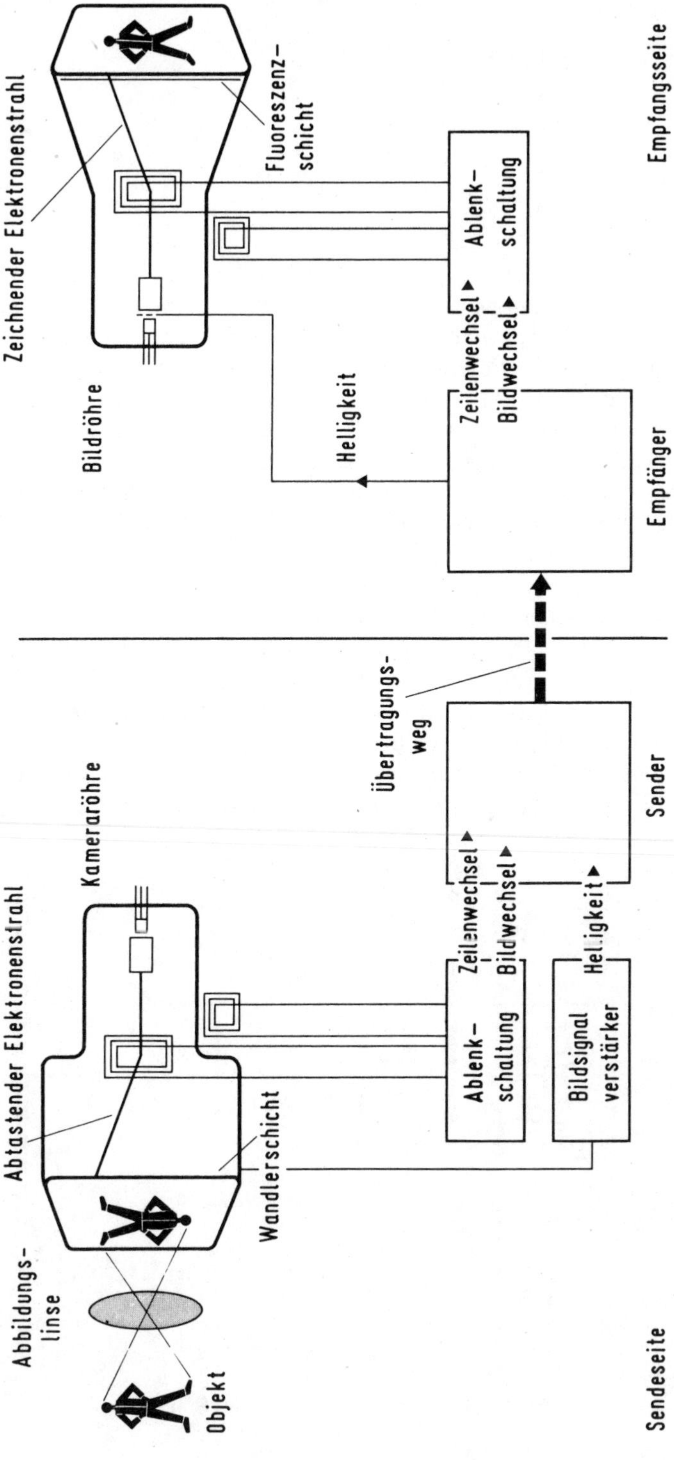

Abb. C1-3 Prinzip der elektronischen Bildübertragung beim Fernsehen

2 Die Braunsche Röhre

Die Ablenkung von Elektronenstrahlen in einem elektrischen Feld wurde zuerst von Ferdinand Braun entdeckt. Nach diesem Prinzip sind heute alle modernen Elektronenstrahlröhren aufgebaut. Wesentliche Elemente dieser Röhre sind die Strahlerzeugung, die Elektronenoptik, die Strahlablenkung und der Leuchtschirm (*Abb. C2-1*).

Zur Strahlerzeugung benutzt man ein Nickelröhrchen, an dessen Stirnseite eine wirksame Katodenschicht aufgetragen ist. Wird die Katode (K) durch einen Heizfaden (F) erhitzt, so sendet sie Elektronen aus, die zur Anode (A) hin bei Einwirkung der Elektrode (B) beschleunigt werden. Die Anode ist zylinderförmig ausgebildet. Sie hat eine konzentrische Öffnung in Strahlrichtung und wirkt daher gleichzeitig als Lochblende. Ein großer Teil der beschleunigten Elektronen gelangt durch diese Lochblende auf den Leuchtschirm (LS), der beim Auftreffen der Elektronen fluoresziert. Die Helligkeit des dabei entstehenden Leuchtfleckes ist von der Geschwindigkeit und der Dichte der auftreffenden Elektronen abhängig. Mit einer Steuerelektrode (W) – auch Wehneltzylinder genannt – kann der Strahlstrom stärker oder schwächer und damit der Leuchtfleck entsprechend heller oder dunkler eingestellt werden. Innerhalb des Elektronenstrahls stoßen sich die negativ geladenen Elektronen gegenseitig ab. Die Strahlspreizung durch den Abstoßeffekt wird um so größer, je weiter

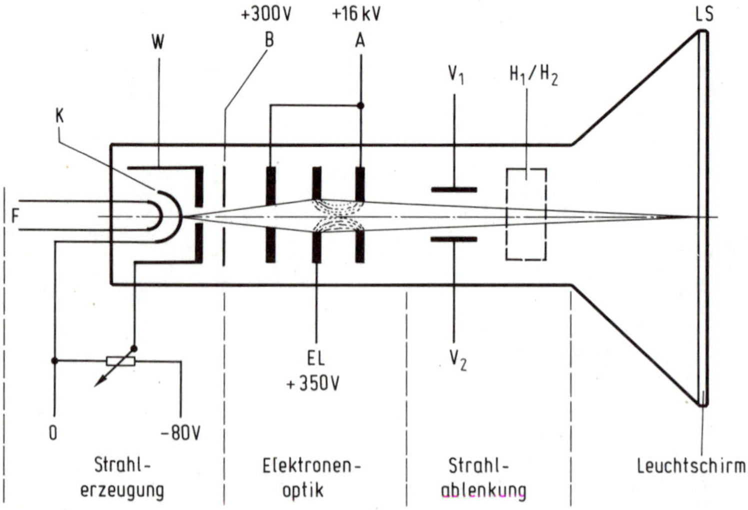

Abb. C2-1 Prinzip der „Braunschen Röhre“

Art	Prinzip	Eigenschaften / Anwendung
elektrostatische Ablenkung	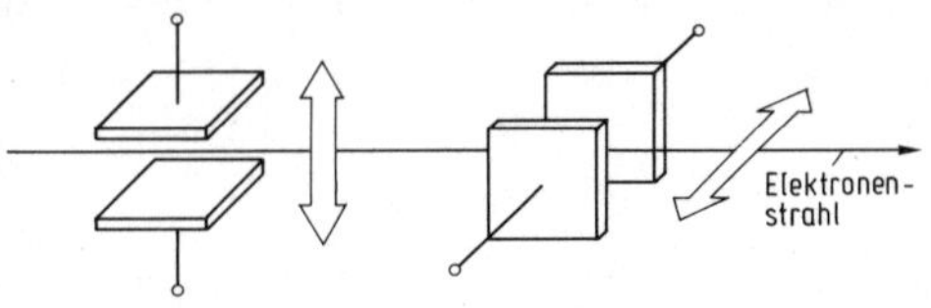 Elektronenstrahl; Vertikalablenkung; Horizontalablenkung	großer Ablenkfrequenzbereich, fast leistungslose Ablenkung, große Baulänge
		Ablenksystem in Oszilloskopröhren
magnetische Ablenkung	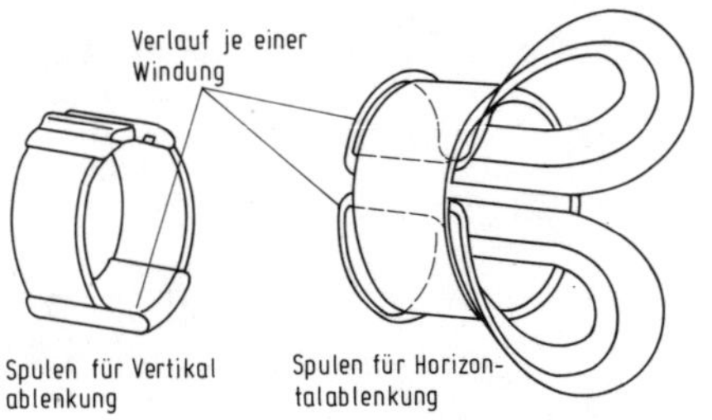 Verlauf je einer Windung; Spulen für Vertikalablenkung; Spulen für Horizontalablenkung; (werden meist auf denselben Spulenkörper gewickelt)	großer Ablenkwinkel, geringe Abhängigkeit der Ablenkempfindlichkeit von der Anodenspannung, geringe Baulänge, teuere Spulen
		Ablenksystem in Fernsehbildröhren

Abb. C2-2 Verschiedene Strahlablenksysteme

sich die Elektronen von der Anodenlochblende in Richtung Bildschirm entfernen. Zur Bündelung des Elektronenstrahls muß man daher eine elektrostatische oder elektromagnetische Fokussierung verwenden. Bei der elektrostatischen Fokussierung entsteht die Bündelung des Strahls durch ein elektrisches Feld, das sich wegen des Spannungsunterschiedes zwischen der Fokussierelektrode (EL) und der Anode bildet.

Wenn auf dem Bildschirm nicht nur ein Leuchtfleck, sondern ein Bild entstehen soll, muß der Elektronenstrahl über die fluoreszierende Schicht des Leuchtschirms geführt werden. Hierzu braucht man ein *Ablenksystem*. Die Ablenkung des Elektronenstrahls kann dabei sowohl elektrostatisch, als auch elektromagnetisch geschehen (*Abb. C2-2*). Bei der elektrostatischen Ablenkung durchläuft der Strahl ein elektrisches Feld, das sich zwischen zwei Metallplatten ausbildet, wenn man an diese eine Spannung anlegt. Er wird dabei von der negativen Platte abgestoßen und von der positiven Platte angezogen. Die Ablenkung erfolgt dabei nahezu leistungs- und trägheitslos. Bringt man hintereinander zwei senkrecht zueinander stehende Plattenpaare an, so kann der Strahl in horizontaler und auch in vertikaler Richtung abgelenkt werden. Er erreicht damit jeden beliebigen Punkt des Bildschirmes.

Bei der magnetischen Strahlablenkung wirkt ein magnetisches Feld senkrecht zur Richtung des Elektronenstrahles ein. Wenn man den Strahl sowohl in horizontaler als auch in vertikaler Richtung ablenken will, so benötigt man jeweils zwei Spulenpaare, deren Magnetfelder senkrecht zueinander stehen. Während sich die Ablenkplatten für die elektrostatische Ablenkung im Inneren der Röhre befinden, wird der Ablenkspulensatz für die elektromagnetische Ablenkung außen über den Röhrenhals in Höhe der letzten Anode geschoben. Die magnetische Ablenkung ist vom Spulenstrom abhängig und erfordert Leistung. Sie ermöglicht große Ablenkwinkel, auch bei verhältnismäßig kleinen Baulängen der Röhre. Sie wird daher vorwiegend für Fernseh-Bildröhren verwendet.

3 Die Schwarzweiß-Übertragung

Auch das Fernsehen begann – ähnlich wie die Fotografie – zunächst mit der Übertragung von Schwarzweiß-Bildern [201]. Auch heute noch ist der in den Stufen

- Spielszene oder Bildvorlage
- Bildaufnahme oder Abtastung
- Speicherung und/oder Übertragung
- Wiedergabe und Bildeindruck

ablaufende Übertragungsvorgang die Grundlage der modernen Videotechnik. Für die Übertragung farbiger Bilder sind diese Bausteine lediglich durch weitere Einrichtungen ergänzt (siehe Abschnitt C.4). Es erscheint daher sinnvoll, zunächst auf die Grundlagen der Schwarzweiß-Übertragung einzugehen.

3.1 Bildwandler

Die Geschichte der Bildwandler und Bildaufnahmeröhren geht bis in die 30er Jahre zurück, als FARNSWORTH 1932 zum ersten Male die Umwandlung eines Lichtbildes in ein elektronisches Bild und dessen Zerlegung in aufeinander folgende Zeilen gelang. Die sogenannte *Dissector-Röhre* lieferte allerdings nur bei sehr hohen Lichtstärken brauchbare Ergebnisse [21].

Ein wesentlicher Fortschritt war dann die Erfindung des *Ikonoskopes* durch Wladimir ZWORYKIN, bei dem das Prinzip der Speicherung des aus einem Lichtbild entstandenen elektrischen Ladungsbildes und dessen punktweise Abtastung erstmals zur Anwendung kam.

Mit der Einführung des *Orthikons* und später des *Super-Orthikons* konnten die Empfindlichkeiten der Bildwandlerröhren so weit gesteigert werden, daß auch noch Aufnahmen bei ungünstigen Lichtverhältnissen möglich wurden.

Alle diese Röhren enthielten bereits einen *Bildwandlerteil* (*Abb. C3-1*), der aus dem optischen Bild mit Hilfe einer Fotokatode auf einer Speicherplatte ein elektrisches Ladungsbild erzeugte. Dabei tastet ein Elektronenstrahl die Speicherplatte ab.

Die Halbleitertechnik ermöglichte später Lösungen, bei denen man Fotokatode und Speicherplatte zu einem Bauteil vereinte, so daß die Abmessungen der Bildwandlerröhren wesentlich kleiner werden konnten.

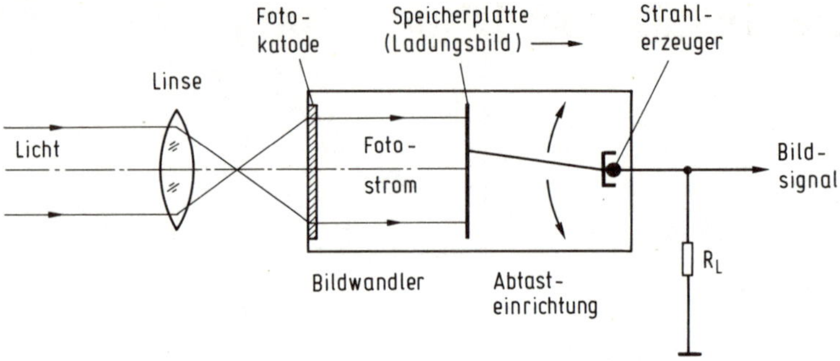

Abb. C3-1 Prinzip einer Bildaufnahmeröhre

3.1.1 Das Vidikon

Eine weit verbreitete Bildwandlerröhre ist – auch unter Berücksichtigung verschiedener Varianten – das *Vidikon*. Es besitzt eine lichtempfindliche Schicht aus Selen oder Antimontrisulfid (*Abb. C3-2*), die sich mit einer Speicherplatte in geringem Abstand befindet. Halbleiterschicht und Speicherplatte wirken in Verbindung mit einem abtastenden Elektronenstrahl als Bildwandler. Jeder Bildpunkt (*pixel* = picture element) stellt gewissermaßen einen kleinen Kondensator mit der Kapazität C_s dar. Parallel zu den Kapazitäten der einzelnen Punkte der Speicherplatte liegt jeweils der Widerstand der Halbleiterschicht. An den belichteten Punkten der Halbleiter-Fotoschicht wird der Widerstand kleiner. Sein Wert verändert sich mit jeder Helligkeitsänderung der Bildvorlage. Bei großer Helligkeit – also bei kleinem elektrischen Widerstand der Fotoschicht – kann sich der Kondensator C_s beinahe völlig entladen, weil ein hoher Entladestrom fließt. Dunkle Bildteile haben hingegen einen höheren Widerstandswert zur Folge, so daß sich die Kapazität C_s der Speicherplatte nur wenig entladen kann. Durch den abtastenden Elektronenstrahl werden die Kapazitäten wieder voll aufgeladen. Diese Nachladung durch den abtastenden Elektronenstrahl hat je nach Grad der vorhergehenden Entladung einen dem Bildinhalt entsprechenden Ladestrom zur Folge, der am Eingangswiderstand des Videoverstärkers der Kamera ein dem Bildinhalt entsprechendes Video-Signal erzeugt.

Ein Nachteil des Vidikons besteht darin, daß sich schnelle Bewegungsabläufe nicht einwandfrei übertragen lassen, weil die relativ hohe Kapazität von etwa 3000 pF zwischen Fotoschicht und Speicherplatte zu einer Trägheit des Systems führt, die sich als störender „Nachzieheffekt" auswirkt.

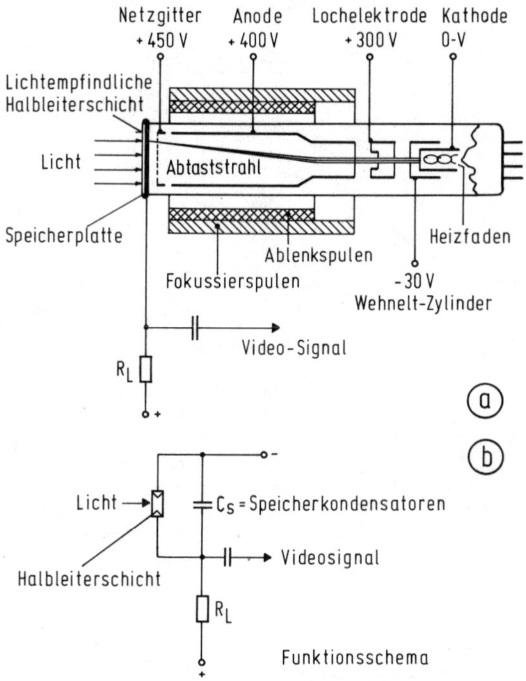

Abb. C3-2
a) Prinzipieller Aufbau einer Vidikonröhre
b) Die Speicherkondensatoren des Vidikons werden über den Widerstand der Halbleiter-Fotoschicht entladen, die ihren Widerstand in Abhängigkeit vom auftreffenden Licht verändert

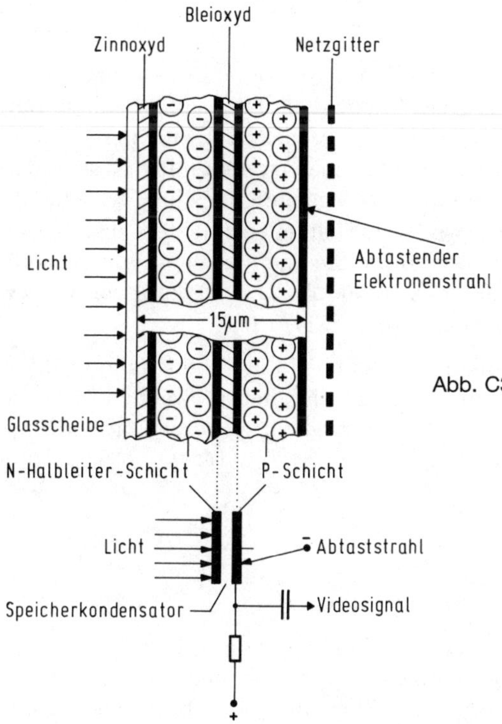

Abb. C3-3 Ausschnitt aus der Speicherplatte einer Plumbikonröhre

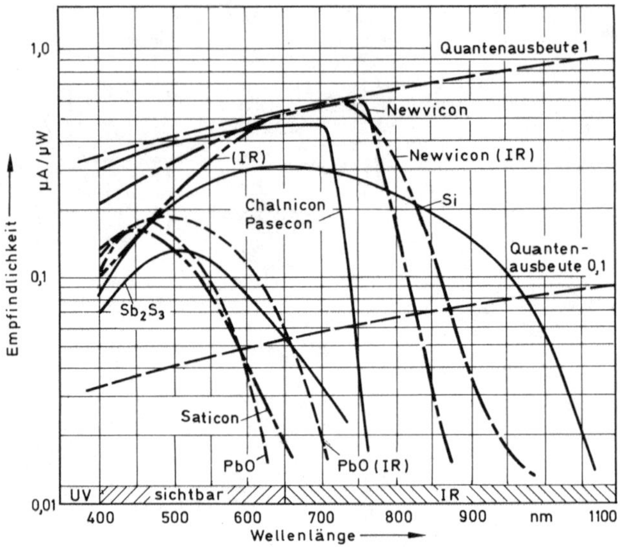

Abb. C3-4
Spektrale Empfindlichkeiten verschiedener Bildwandlerröhren

3.1.2 Das Plumbikon

Eine wesentlich geringere Trägheit besitzt die Plumbikon-Röhre. Im Gegensatz zum Vidikon wird hierbei eine Halbleiterschicht aus Bleioxid oder Bleisulfid benutzt. Der fotoelektronische Wandler des Plumbikons (*Abb. C3-4*) besteht aus mehreren Halbleiterschichten, die miteinander eine Art Halbleiterdiodensystem bilden. Das Licht des aufzunehmenden Motivs fällt zunächst auf eine hauchdünne Zinnoxydschicht, die die Ladungsverteilung dann an die weiteren Halbleiterschichten abgibt. Die Speicherelektrode des Plumbikons ist extrem dünn. Sie hat eine Dicke von etwa 15 µm. Ihre Speicherkapazität beträgt nur etwa 1000 pF. Die Wirkungsweise der Plumbikon-Röhre ist mit der des Vidikons weitgehend identisch.

Neben dem Plumbikon und dem Vidikon gibt es noch eine Reihe anderer Bildwandlerröhren, die ebenfalls speichernde Halbleiterschichten verwenden. Je nach Zusammensetzung der Schichten ergeben sich verschiedene spektrale Empfindlichkeiten (*Abb. C3-4*).

3.1.3 CCD-Wandler

Die moderne Halbleitertechnik führte zur Entwicklung von Bildwandlern mit ladungsgekoppelten Halbleiterelementen (*CCD* = *c*harge *c*oupled *d*evices). Dabei kennzeichnet die Anzahl der lichtempfindlichen Elemente (Pixels) die Leistungsfä-

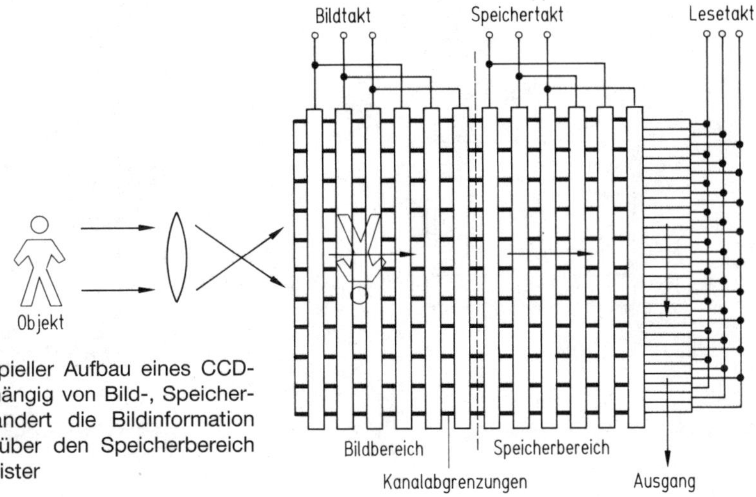

Abb. C3-5 Prinzipieller Aufbau eines CCD-Bildwandlers. Abhängig von Bild-, Speicher- und Lesetakt wandert die Bildinformation vom Bildbereich über den Speicherbereich zum Ausgangsregister

higkeit eines solchen Systems. Je höher die Pixelzahl, desto größer die *Auflösung* oder *Schärfeleistung*.

Das Prinzip eines CCD-Wandlers beruht nach *Abb. C3-5* darauf, daß die durch den fotoelektrischen Effekt im Halbleiter entstandene elektrische Ladung in einen angekoppelten, lichtdicht abgeschirmten Speicherbereich übertragen wird, der mit einer bestimmten Taktfrequenz abgefragt werden kann. Zur Erzeugung eines normgerechten Videosignals werden die Ladungsinformationen des Bildbereiches im Takt der Zeilen- und Bildwechsel-Frequenz in den Speicherbereich geschoben und von dort über ein getaktetes Ausleseregister ausgegeben. Für die Architektur von CCD-Wandlern gibt es verschiedene Möglichkeiten:

Interline Transfer (IT-CCD)

Nach *Abb. C3-6a* werden hier die Ladungen der Photosensoren während der vertikalen Bildaustastung sehr schnell in die vor Lichteinfall geschützten vertikalen Speicherbereiche geschoben. Ein horizontales Schieberegister gibt die Ladungsinformationen Zeile für Zeile aus. Bei starker Überbelichtung treten in den verdeckten vertikalen Streifen Reflexionseffekte auf, die sich als störende *Smeareffekte* bemerkbar machen können [75, 76].

Frame Transfer (FT-CCD)

Während des Bildwechsels (vertikale Bildaustastung) deckt man bei diesem System die lichtempfindliche Fläche des Bildsensors mit einer mechanischen Umlaufblende ab, so daß der Ladungstransport ohne vertikalen Smeareffekt erfolgen kann (Abb. C3-6b).

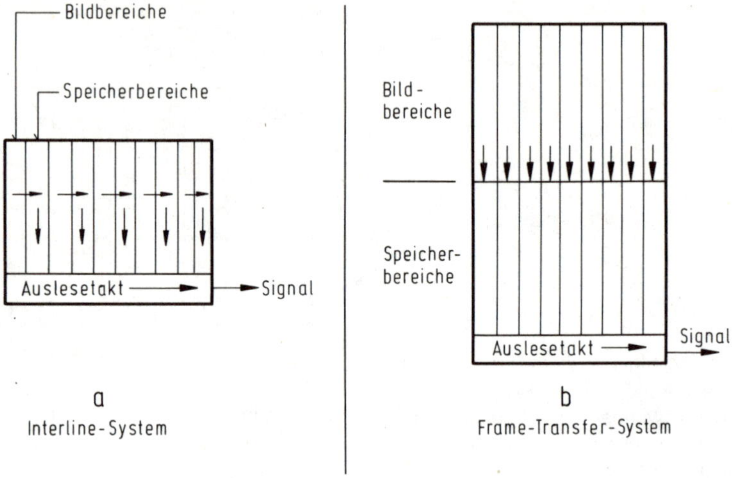

Abb. C3-6 Architekturen von CCD-Bildwandlern. a) Interline-System, b) Frame-Transfer-System

Frame Interline (FIT-CCD)

Mit der Weiterentwicklung des IT-Systems hat man auf dem FIT-Chip einen zusätzlichen Zwischenspeicher integriert, der die gleiche Anzahl an Speicherstellen besitzt, wie Photosensoren vorhanden sind. Gegenüber einfallendem Licht ist der Zwischenspeicher hermetisch abgedeckt. Alle Ladungen, die sich während der aktiven Halbbilddauer auf dem Chip angesammelt haben, werden während der vertikalen Austastzeit erst in die vor Licht geschützten vertikalen Schieberegister und anschließend sofort in den Zwischenspeicher übertragen (*Abb. C3-7*). Auf diese Weise konnten die kritische Zeit des vertikalen Ladungstransportes erheblich verkürzt und störende Smeareffekte weitgehend reduziert werden [133].

Die zeilenweise Ausgabe der Ladungsinformationen geschieht über ein horizontales Schieberegister nach verschiedenen Konfigurationen. Zur Darstellung der Zeilensprung-Konfiguration (siehe Abschnitt C.3.3) benutzt man bei einfacheren Systemen den „*Field-Integration-Mode*", bei dem man den Ladungsinhalt zweier benachbarter Zeilen gewissermaßen addiert. Bei hochwertigen Studiokameras liest man die Information im „*Super-Vertical-Mode*" jeweils „Zeile für Zeile" getrennt aus.

Lens-on-Chip-Systeme

Einen bedeutsamen Fortschritt für den Bau moderner CCD-Kameras brachte das „*Lens-on-chip*"-Verfahren. Auf einem FIT-Chip mit beispielsweise 480 000 Bildelementen (Pixels) ist auf jedem lichtempfindlichen Element zusätzlich eine Linse aufgebracht, die das auftreffende Licht bündelt. Damit erreicht man eine Steigerung der Empfindlichkeit um etwa eine Blende und eine weitere Verminderung des „Bildrauschens".

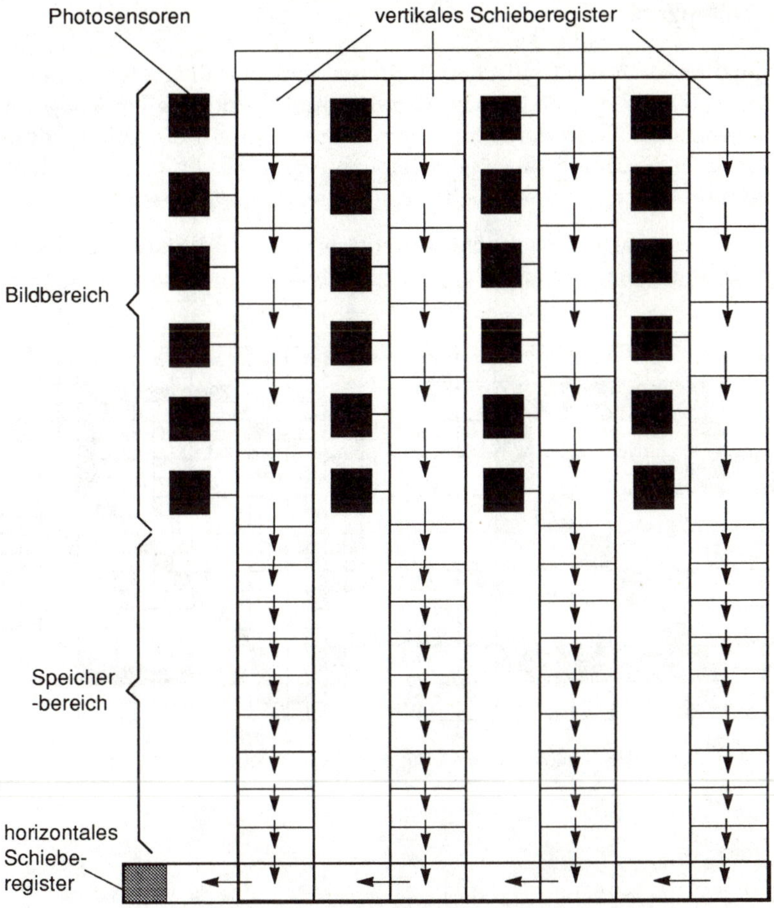

Abb. C3-7 Prinzip des Auslesevorgangs beim FIT-CCD-Bildwandler

3.2 Die Zeilenzahl

Für die Qualität einer elektronischen Bildübertragung ist die Auflösung des einzelnen Bildes in eine bestimmte Anzahl von Bildpunkten und Zeilen maßgebend. Die ersten Fernsehversuche in den 30er Jahren führte man mit 30, 48, 60, 90 und 180 Zeilen durch. Den Einfluß dieses Phänomens zeigt *Abb. C3-8*, in der der gleiche Bildinhalt mit einfacher und doppelter Auflösung dargestellt ist.

Einerseits zwingen wirtschaftliche Gründe dazu, die Bildpunkt- und Zeilenzahl möglichst gering zu halten. Auf der anderen Seite kann aber nur dann eine befriedi-

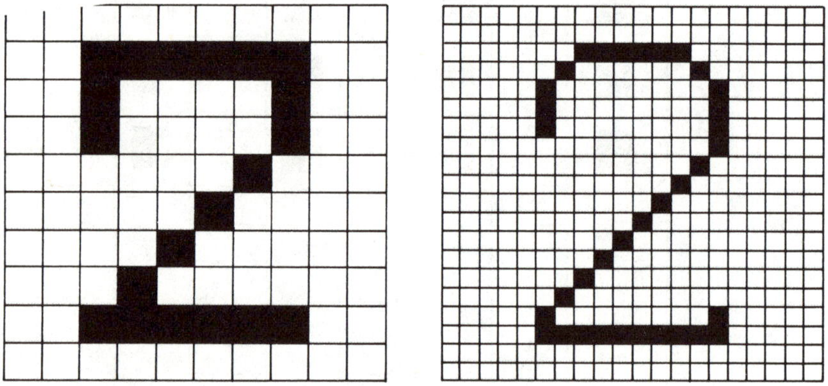

Abb. C3-8 Auflösung eines Bildes bei verschiedener Zeilenzahl

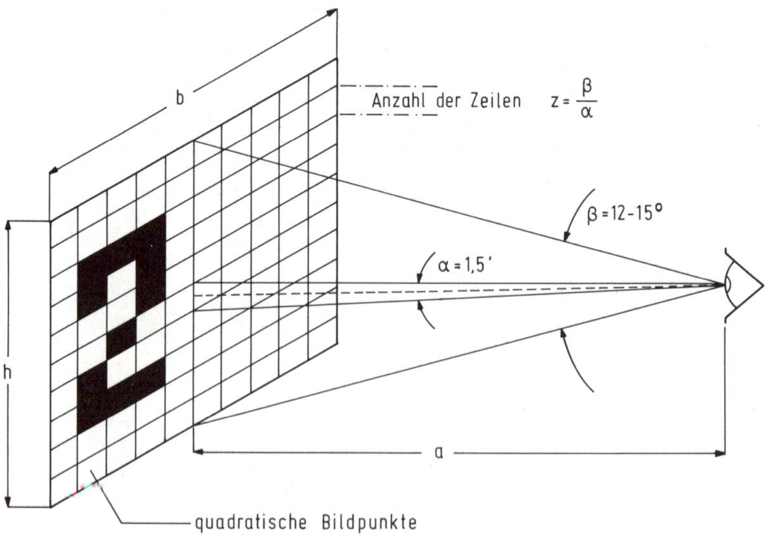

Abb. C3-9 Abhängigkeit des Betrachtungsabstandes von der Zeilenzahl

gende Bildqualität erreicht werden, wenn einzelne Bildpunkte und die Struktur der Zeilen vom Auge nicht mehr aufgelöst werden können.

Aus der Literatur ist bekannt, daß das Auflösungsvermögen des menschlichen Auges durch den Abstand der Zäpfchen auf der Netzhaut bestimmt wird [7]. Dieser beträgt im Mittel 1,5'. Bei diesem Winkel kann das Auge gerade noch zwei Bildpunkte voneinander unterscheiden. Der günstigste Betrachtungswinkel beträgt in vertikaler Richtung etwa 12°...15°. Dies entspricht einem Betrachtungsabstand von 4–5facher Bildhöhe (*Abb. C3-9*). Nach dieser Darstellung ergibt sich die erforderliche Zeilenzahl z aus der folgenden Beziehung

$$z = \frac{\beta}{\alpha} \quad \begin{array}{l}\text{(Betrachtungswinkel in vertikaler Richtung)}\\ \text{(Winkel der Grenzauflösung des Auges)}\end{array}$$

Setzt man nun die Werte für die Sehwinkel und die Auflösung in die Gleichung ein, so erhält man die Mindestzeilenzahl mit

$$z = 480 \text{ bis } 600.$$

Hiervon ausgehend hat man bei der europäischen Fernsehnorm 625 Zeilen gewählt. Wegen des vertikalen Rücklaufes des Elektronenstrahles ergeben sich daraus, wie wir später noch sehen werden, 587 „sichtbare Zeilen“.

3.3 Das Zeilensprungverfahren

Beim Film verwendet man zur Wiedergabe im Kino nach internationaler Normung eine Bildwechselfrequenz von 24 Bildern/s. Für das Fernsehen hat man in der

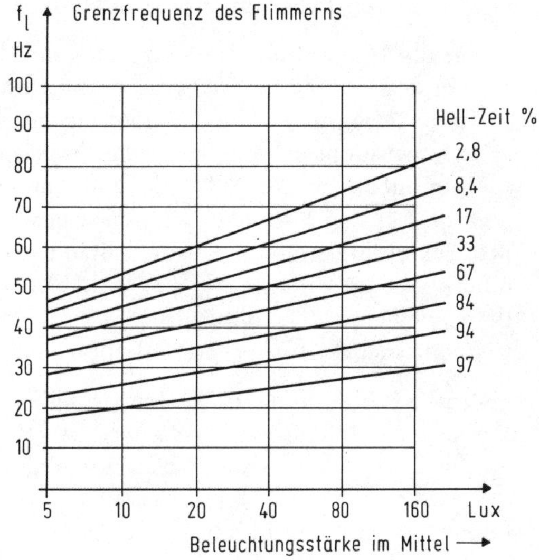

Abb. C3-10 Grenzfrequenz f_L der Wahrnehmung von Flimmerstörungen bei periodischer Hell/Dunkel-Tastung einer homogenen Leuchtfläche in Abhängigkeit von der mittleren Beleuchungsstärke und vom Hell/Dunkel-Verhältnis

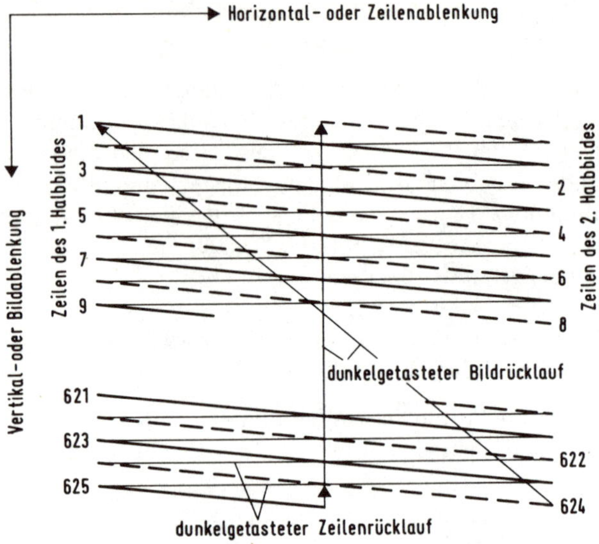

Abb. C3-11 Prinzip des Zeilensprungverfahrens

europäischen Fernsehnorm eine Bildwechselzahl von 25 Bildern/s festgelegt, um Interferenzen mit dem 50-Hz-Wechselstromnetz zu vermeiden. Wenn man jedoch nur 25 Bilder/s überträgt, so entsteht bei der Wiedergabe durch den Betrachter ein lästiges Flimmern (*Abb. C3-10*), wie wir es auch von der Filmwiedergabe her kennen (siehe Abschnitt A.3.2.). Will man das Flimmern vermeiden, so muß man beim Betrachter mindestens 48...50 Bildwechsel/s entstehen lassen; die Bildwechselfrequenz muß also verdoppelt werden [20].

Aus diesem Grunde wendet man bei der Bildzerlegung das *Zeilensprungverfahren* an, bei dem die Zeilen nicht nacheinander, sondern zuerst die 1., 3., 5., 7., ... und dann die 2., 4., 6., 8., ... Zeile übertragen werden (*Abb. C3-11*). Durch die geometrische Integrationswirkung kann das Auge nicht mehr unterscheiden, ob der zweite Lichtimpuls nach 1/50 Sekunde von der gleichen oder einer benachbarten Zeile kommt. Für den Flimmereffekt wirkt das Verfahren so, als ob mit 50 Bildwechseln pro Sekunde gearbeitet würde, obwohl in Wirklichkeit nur eine Bildwechselfrequenz von 25 Bildern pro Sekunde zur Anwendung kommt. Wir unterscheiden daher zwischen der Vollbildfrequenz von 25 Bildern pro Sekunde und der Halbbildfrequenz von 50 Bildern pro Sekunde.

Zur Verwirklichung des Zeilensprungverfahrens muß man den Vertikalablenkspulen der Aufnahme- oder Wiedergaberöhren einen Sägezahnstrom der Frequenz $f_v = 2\,f_B$ und den Horizontalablenkspulen einen Strom der Frequenz $f_H = z\,\frac{f_v}{2}$ zuführen. Daraus ergeben sich folgende Werte:

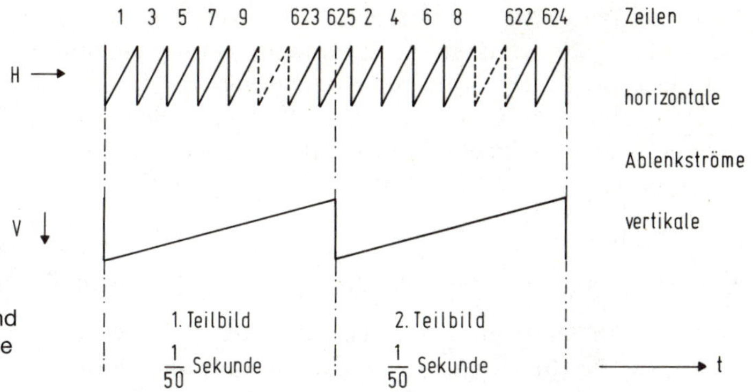

Abb. C3-12 Vertikale und horizontale Ablenkströme

Bildwechselfrequenz	f_B	= 25 Hz
Vertikale Ablenkfrequenz	f_v	= 50 Hz
Horizontale Ablenkfrequenz	f_H	= 15 625 Hz

Abb. C3-12 zeigt die Ablenkströme in vereinfachter Darstellung. Die beiden Sägezahnströme lenken den Elektronenstrahl so über die Bildfläche, daß abwechselnd das Raster mit ungeraden und mit den geraden Zeilen geschrieben wird.

3.4 Bildpunktzahl und Videobandbreite

Zur Ableitung der erforderlichen Übertragungsbandbreite zerlegt man das Bild in einzelne Bildpunkte (*Abb. C3-13*). Dabei stellt man sich diese Bildelemente von

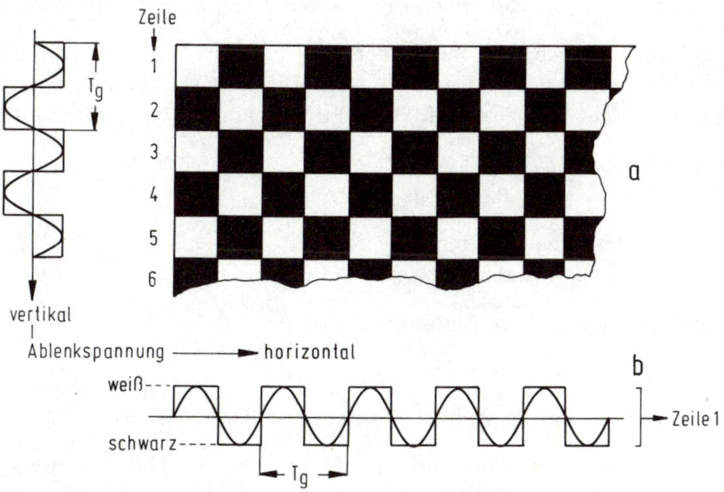

Abb. C3-13 Definition der Bildpunktzahl anhand eines Schachbrettmusters. a) Bildausschnitt, b) Leuchtdichteverteilung längs einer Zeile, T_g = Periode der Grundschwingung

Zeile zu Zeile um eine halbe Periode versetzt vor. Man gelangt so zu einem Schachbrettmuster. Je ein weißer und ein schwarzer Bildpunkt ergeben zusammen eine Periode T_g der Grundschwingung, der zur Übertragung benötigten Grenzfrequenz f_{gs}. Mit z als Zeilenzahl des Vollbildes, *h* als Höhe und *b* als Breite des Bildes beträgt die Bildpunktzahl je Vollbild

$$P = \frac{b}{h} z^2.$$

Legt man weiterhin die Zahl der Vollbilder pro Sekunde mit $\frac{f_v}{2}$ fest (f_v ist die vertikale Ablenkfrequenz für das Halbraster beim Zeilensprungverfahren), so folgt daraus für die Grenzfrequenz f_{gs}, das heißt für die erforderliche *Videobandbreite* des Übertragungskanals

$$f_{gs} = \frac{1}{2} P \frac{1}{2} f_v = \frac{b}{4h} z^2 f_v$$

Aus dieser Beziehung errechnet sich mit einer Zeilenzahl $z = 625$, einem Verhältnis Bildbreite zu Bildhöhe $b/h = 4/3$ und einer vertikalen Ablenkfrequenz f_v von 50 Hz eine Bildpunktzahl $P = 521\,000$ und eine Grenzfrequenz $f_{gs} = 6{,}51$ MHz.

Dieser zunächst theoretische Wert reduziert sich, wenn man die Rücklaufzeiten des Elektronenstrahles vom jeweiligen Zeilenende auf den Anfang der nächsten Zeile einerseits und von Bildende zu Bildanfang andererseits berücksichtigt. Bei einer Bildwechselfrequenz von 25 Bildern pro Sekunde ergeben sich folgende Kennwerte:

Bildwechselfrequenz	$f_b = 25$ Hz	Dauer eines Vollbildes	40 ms
Vertikalfrequenz	$f_v = 50$ Hz	Dauer eines Halbbildes	20 ms
Zeilenfrequenz	$f_z = 15625$ Hz	Dauer einer Zeile	64 µs

Für die Rücklaufvorgänge hat man in der Fernsehnorm 18 % der Zeilendauer und 6 % der Bilddauer festgelegt. Dadurch steht für den sichtbaren Teil des Bildes entsprechend weniger Zeit zur Verfügung. Für die horizontale Abtastzeit folgt

$$T_h' = T_h\,(1 - 0{,}18) = 0{,}82\,T_h = 0{,}82 \cdot 64\ \mu s = 52{,}5\ \mu s.$$

Für die vertikale Abtastzeit ergibt sich

$$T_b' = T_b\,(1 - 0{,}06) = 0{,}94\,T_b.$$

Damit verbleibt eine sichtbare Zeilenzahl von

$$z' = 0{,}94 \cdot z = 0{,}94 \cdot 625 = 587.$$

Die Zusammenhänge sind in *Abb. C3-14a* dargestellt.

In der Praxis fallen durch die vertikale Austastung pro Halbbild etwa 25 Zeilen weg. Daraus ergibt sich eine effektive „sichtbare Zeilenzahl" von 625 − 50 = 575. In diesem theoretischen Grenzfall könnten in vertikaler Richtung maximal 575 (abwechselnd schwarze und weiße) Quadrate (Abb. C3-13) übertragen werden.

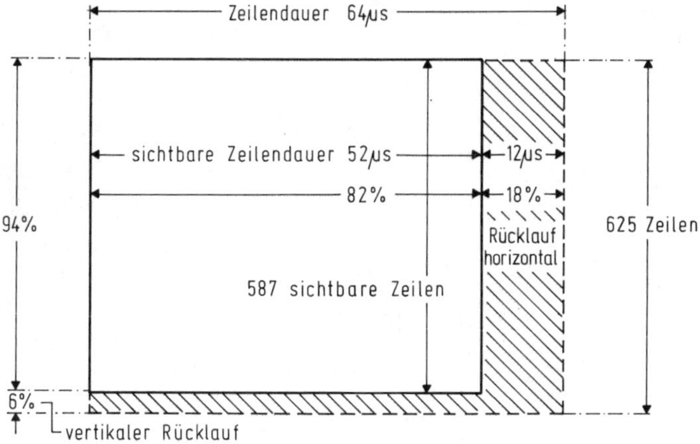

Abb. C3-14a
Zusammenhang zwischen sichtbarer Zeilendauer und den Rücklaufvorgängen des Elektronenstrahls

Bei Untersuchungen des Abtastvorganges an einer horizontal verlaufenden Strichrastervorlage mit einer feinen Abtastsonde hat *Kell* [150] schon in den 30er Jahren nachgewiesen, daß die maximale Auflösung nur dann erreicht werden kann, wenn der abtastende Strahl bei der Abtastung exakt in der jeweiligen Reihe der in Abb. C3-13 dargestellten Quadrate liegt. Wird der Abtaststrahl genau um eine halbe Reihe

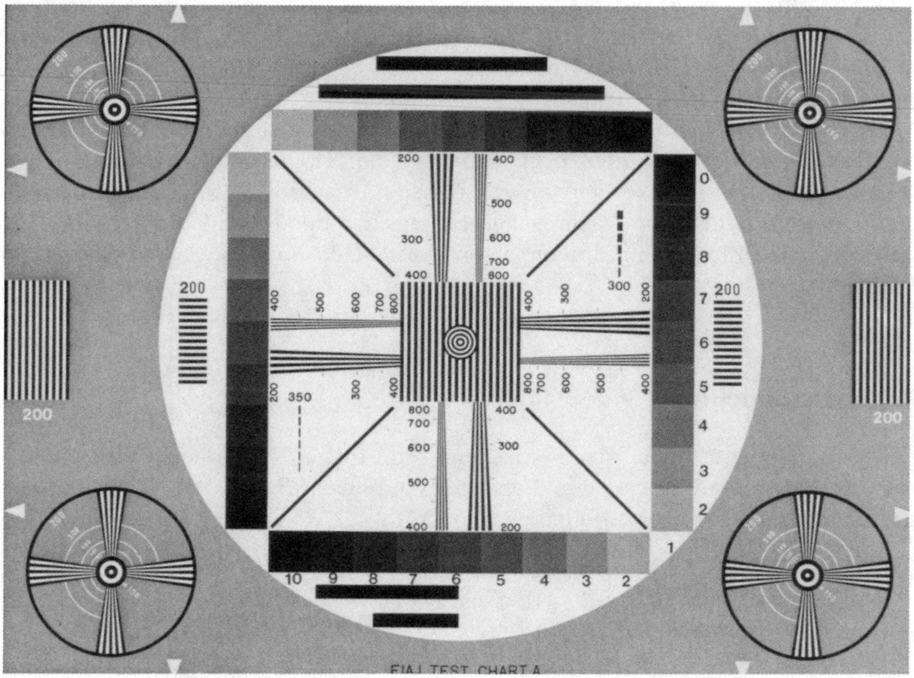

Abb. C3-14b Testbild T05 nach RMA-Resolution-Chart

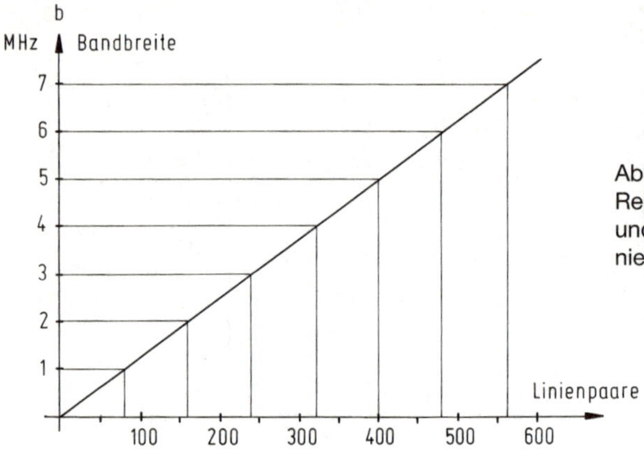

Abb. C3-14c
Relation zwischen Videobandbreite und horizontaler Auflösung in Linienpaaren

verschoben, so heben sich die abgetasteten Informationen auf. Das Signal wird zu Null. Nach Kell resultiert so ein Korrekturfaktor, den er mit etwa 0,7 angegeben hat. Für ein 625-Zeilen-System ergibt sich daraus die erforderliche Videobandbreite mit 6,51 × 0,7 = 4,55 MHz. Für das europäische Fernsehsystem nach CCIR (Comité Consultatif International des Radiocommunications) hat man daher eine Bandbreite von 5 MHz empfohlen.

Der Begriff der Videobandbreite (in MHz) wird oft zur qualitativen Beschreibung der Detailwiedergabe eines Video-Übertragungssystems herangezogen. Dabei stellt man als „Video-Frequenzgang" den Pegelverlauf fest, den eine genormte Strichrastervorlage bei der elektronischen Abtastung ergibt.

Für Testzwecke benutzt man häufig eine Vorlage, wie sie in *Abb. C3-14b* dargestellt ist. Dies führt mitunter dazu, daß man die horizontale Auflösung auch in (vertikal verlaufenden) „Linien" angibt. Dabei sind aber eigentlich die Bildpunkte (Schwarzweiß-Punkte) pro Zeile gemeint. Zwischen der Video-Bandbreite und der horizontalen Auflösung in „Linienpaaren" besteht die in *Abb. C3-14c* dargestellte Relation:

3.5 Das monochrome Videosignal

Das videofrequente Signal des Fernsehens – im folgenden Videosignal genannt – entspricht dem niederfrequenten Signal der Audiotechnik. Es setzt sich im Bereich der Übertragung aus drei Anteilen zusammen:

- dem eigentlichen Bild-Signal (*B*-Signal)
- dem Austast-Signal (*A*-Signal)
- dem Synchron-Signal (*S*-Signal)

Beim Farbfernsehen kommt noch ein besonderes Farbsynchron-Signal (Burst) hinzu (siehe Abschnitt C.4) [22, 23]. Über eine einzelne Zeile hat das zusammengesetzte

Abb. C3-15 Monochromes Video-Signal nach der CCIR-Norm
S = Synchron-,
A = Austast- und
B = Bildsignalanteil.
Der Maximalwert für das BA-Signal beträgt 0,7 V_{ss}

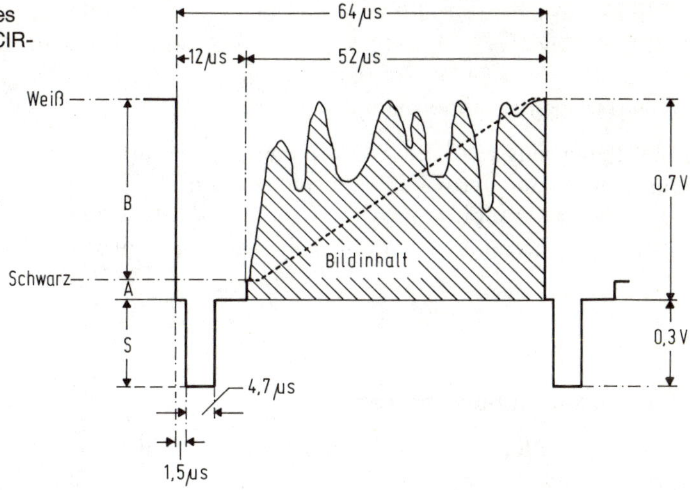

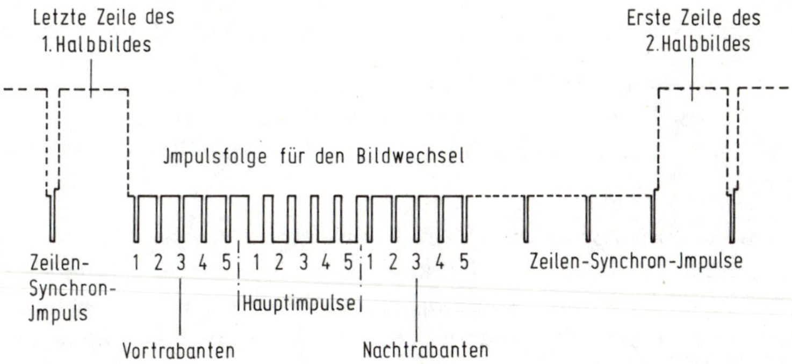

Abb. C3-16 Vertikale Impulsfolge für den Übergang vom ersten zum zweiten Halbbild

Video-Signal (*BAS*-Signal) die in *Abb. C3-15* gezeigte Form. Die Zahlenangaben entsprechen dabei der 625-Zeilen-Norm nach CCIR. Das Synchronsignal für die Vertikalablenkung ist im vertikalen Austastintervall untergebracht und hat eine Struktur, wie sie in *Abb. C3-16* dargestellt ist. Fünf breite Synchronimpulse sind zwischen je fünf schmale Hilfsimpulse (Vor- und Nachtrabanten) eingefügt. Der zeitliche Abstand dieser Signale entspricht einer halben Zeilenperiode. Hierdurch läßt sich der Einfluß der durch das Zeilensprungverfahren zeitlich verschobenen Zeilen aufeinander folgender Halbraster auf die vertikale Synchronisierung vermindern.

Das Bildsignal weist im Bereich der Übertragung stets eine positive Polarität auf, das heißt ein von Schwarz nach Weiß verlaufender Bildinhalt ergibt eine nach positiveren Werten hin verlaufende Spannung. Der maximale Spitzen-Spitzen-Wert des Bildsignals beträgt, zusammen mit dem Austastsignal, 0,7 Volt.

Dem Austastsignal fällt die Aufgabe zu, die Wiedergaberöhre während des horizontalen und vertikalen Rücklaufes der Strahlenablenkung auf Schwarz zu tasten. Im Studio- und im Übertragungsbereich stellt das Austastsignal außerdem einen zuverlässigen Bezugspegel dar.

Das Synchronsignal dient zur Erzielung des erforderlichen Gleichlaufes für die horizontale und vertikale Rasterablenkung im Empfänger. Sein Pegel beträgt 0,3 V_{ss}. Der Synchronimpuls liegt, auf den Bildinhalt bezogen, bei „schwärzer" als „schwarz". Er kann deshalb wiedergabeseitig nicht störend in Erscheinung treten.

3.6 Modulationsverfahren

Bei der drahtlosen elektronischen Nachrichtenübertragung benötigt man am Sendeort eine Einrichtung, mit deren Hilfe eine elektrische Energieströmung durch ein Signal (zum Beispiel Tonfrequenzsignal) gesteuert werden kann. Theoretisch betrachtet kann die Energieströmung, die gesteuert werden soll, nach *Abb. C3-17*

a) einer zeitlich konstant arbeitenden Energiequelle (Gleichstrom),
b) einer periodisch alternierenden Energiequelle (Wechselstrom) oder
c) einer Energiequelle mit periodisch aufeinanderfolgenden Energieimpulsen (Puls) entstammen.

Ist die zu steuernde Energieströmung ein Wechselstrom, so spricht man auch häufig von einem „Sinus-Trägerstrom" oder kurz dem „Sinusträger". Eine Energieströmung, die aus periodisch aufeinanderfolgenden Pulsen besteht, bezeichnet man als „Trägerpuls". Den Vorgang der Steuerung eines Trägers durch ein Signal bezeichnet man als Modulation [42].

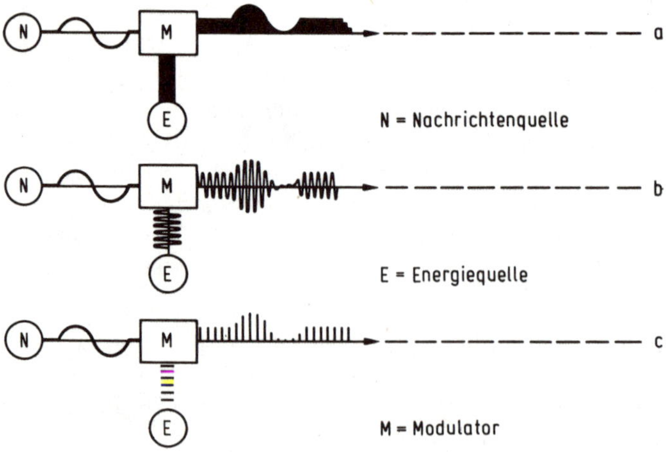

Abb. C3-17 Beispiele für die Modulation eines Trägers durch ein Signal
N = Nachrichtenquelle;
E = Energiequelle
M = Modulator

3.6.1 Analoge Systeme

In *Abb. C3-18* sind die wichtigsten Modulationsverfahren dargestellt, die heute in der Übertragungstechnik Anwendung finden. Da die Signale, die den Modulationsvorgang steuern, einem sich stetig verändernden natürlichen Phänomen entsprechen, spricht man von einer analogen, stetigen Modulation.

a) *Amplitudenmodulation – AM*

Die Amplitudenmodulation verwendet man in der Rundfunktechnik zur Modulation von Lang-, Mittel- und Kurzwellensendern. In der Fernsehtechnik setzt man sie zur Übertragung des Bildsignals ein. Außerdem kommt sie bei der trägerfrequenten Nachrichtenübertragung zur Anwendung.

Bei der Amplitudenmodulation wird die Amplitude einer hochfrequenten Trägerschwingung durch die niederfrequente Schwingung des zu übertragenden Signals gesteuert. Die Frequenz der Trägerschwingung bleibt dabei unverändert.

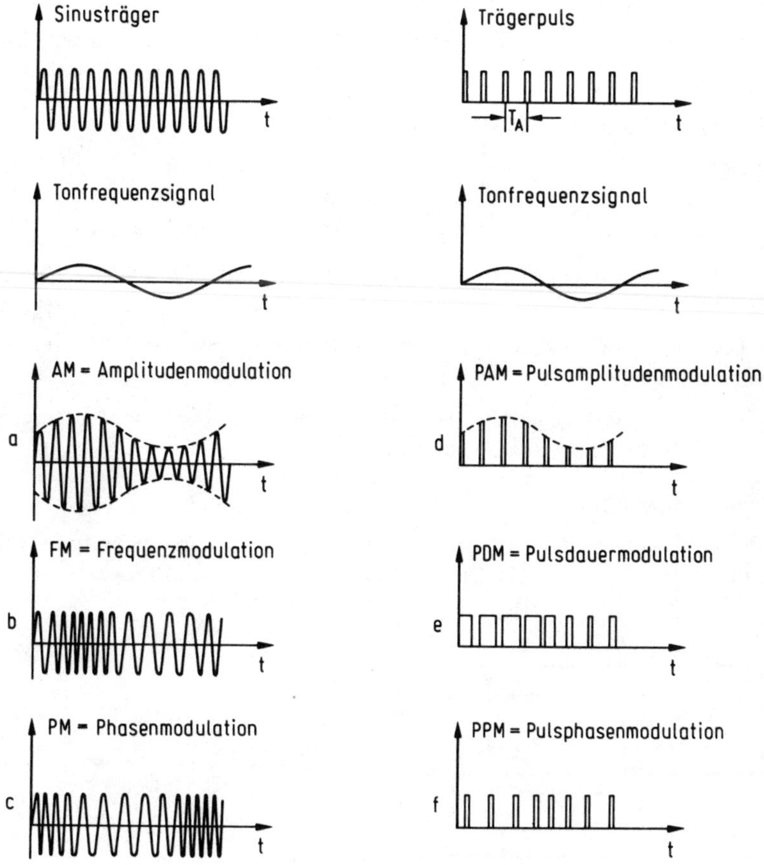

Abb. C3-18 Verschiedene Modulationsverfahren

b) *Frequenzmodulation – FM*

Die Frequenzmodulation kommt vorwiegend im UKW-Rundfunk, in der Fernsehtechnik zur Übertragung des Audiosignals und bei der magnetischen Bildaufzeichnung (MAZ) zum Einsatz. Kennzeichnend für dieses Modulationsverfahren ist, daß die Frequenz der hochfrequenten Trägerschwingung durch die niederfrequente Schwingung des zu übertragenden Signals verändert wird, während die Amplitude der so modulierten Schwingung unverändert bleibt.

c) *Phasenmodulation – PM*

Bei der Phasenmodulation steuert die niederfrequente Schwingung den Phasenwinkel einer hochfrequenten Trägerschwingung. Auch hier bleibt die Amplitude der modulierten Schwingung konstant. Die Phasenmodulation wendet man unter anderem in der Farbfernsehtechnik zur Übertragung des Farbartsignals (Chrominanzsignals) an (siehe Abschnitt C4).

d) *Puls-Amplitudenmodulation – PAM*

Beim PAM-Verfahren wird die Amplitude eines Trägerpulses durch Modulation verändert.

e) *Pulsdauermodulation – PDM*

Die Pulsdauermodulation wurde früher auch als Pulslängenmodulation (PLM) oder Pulsbreitenmodulation bezeichnet. Bei Pulsdauermodulation verändert man die Dauer der einzelnen Impulse. Hierzu bestehen drei Möglichkeiten (*Abb. C3-19*):

1. Modulation durch Lageänderung der hinteren Impulsflanke, die vordere Flanke behält ihre Lage.
2. Modulation durch Lageänderung der vorderen Impulsflanke, die hintere Flanke bleibt unverändert.
3. Modulation durch gegenläufige Veränderung der Lage beider Impulsflanken. Dabei bleibt die Mitte des Impulses unverändert.

f) *Pulsphasenmodulation – PPM*

Bei PPM verändert man die Phase des Trägerpulses so, daß der Zeitpunkt des Pulses – auf ein äquidistantes Zeitraster bezogen – den Momentanwert der steuernden

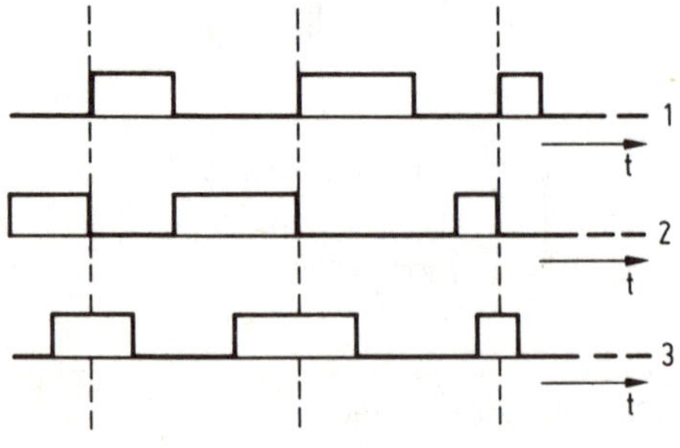

Abb. C3-19 Varianten der Pulsdauer-Modulation (PDM)

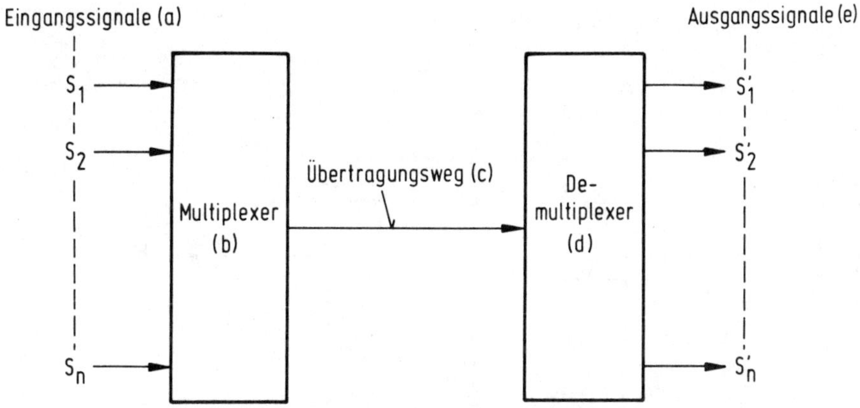

Abb. C3-20 Prinzip des Multiplex-Übertragungsverfahrens

Signalschwingung abbildet. Eine Abwandlung der PPM ist noch die Pulsfrequenzmodulation (PFM), bei der die Frequenz des Trägerpulses durch die niederfrequente Schwingung des zur Übertragung kommenden Signales gesteuert wird.

Außer diesen stetigen, analogen Modulationsverfahren gibt es auch unstetige, quantisierende Verfahren. Systeme dieser Art kommen vor allem unter Anwendung der Puls-Code-Modulation (PCM) für die digitale Signalübertragung und -aufzeichnung in Betracht. Hierauf wird in Abschnitt C.3.6.2 noch ausführlich eingegangen.

g) *Multiplex-Verfahren*

Hierunter versteht man ein System, mit dem mehrere, voneinander unabhängige Nachrichtensignale über ein einziges Übertragungsmedium (zum Beispiel Kabel oder Richtfunkstrecke) gesendet bzw. empfangen werden können (*Abb. C3-20*).

Auf der Sendeseite liegen die primären Signale S_1, S_2...S_n an entsprechend vielen Leitungen parallel vor (Raummultiplex). In einem Multiplexer (b) werden die Signale zu einem einzigen Multiplexsignal zusammengefaßt, das dann auf den Übertragungsweg (c) gelangt. Die Regenerierung der Primärsignale geschieht in einem Demultiplexer (d). Die Multiplex-Übertragung bringt bei der Überbrückung großer Entfernungen erhebliche Vorteile. Schließlich wäre die Vielzahl heutiger Nachrichtenverbindungen ohne die Multiplextechnik wegen der unzureichenden Kanalkapazitäten nicht realisierbar. In der Praxis unterscheidet man zwei verschiedene Systeme:

h) *Frequenz-Multiplex-System* (*f*requency *d*ivision *m*ultiplex = *FDM*)

Jedes Nachrichtensignal belegt ein Frequenzband bestimmter Breite als Basisband. Nach *Abb. C3-21* wird das Signal-1 einem Träger-1 (niedere Frequenz) und das Signal-2 einem Träger-2 (höhere Frequenz) aufmoduliert. Die Umhüllenden der Trägerschwingungen bilden somit die zeitlichen Verläufe beider Signale ab. Beide Trägerschwingungen ergeben zusammen das Frequenz-Multiplexsignal, das über einen gemeinsamen Übertragungsweg geht.

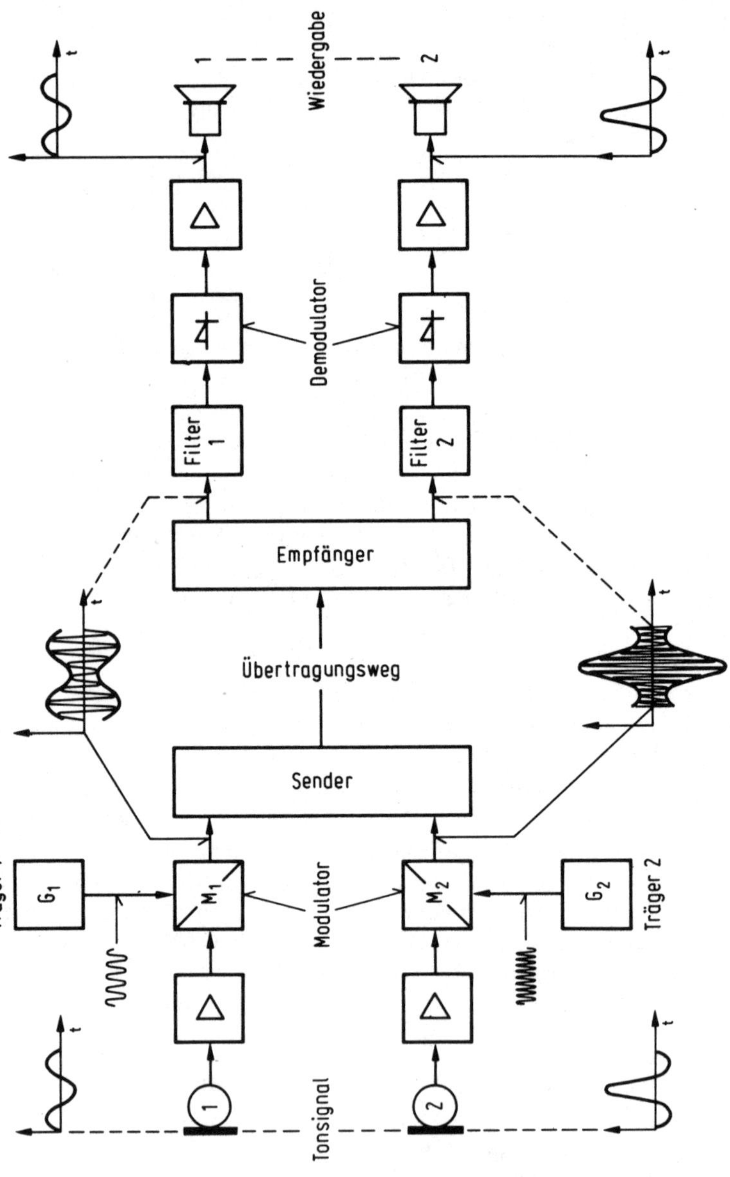

Abb. C3-21 Übertragung zweier unabhängiger Informationen über einen Kanal mit dem Frequenz-Multiplex-Verfahren

Auf der Empfängerseite trennt man die beiden Signale durch Frequenzfilter (Demultiplexer) wieder voneinander, so daß sie nach anschließender Demodulation voneinander unabhängig wahrgenommen werden können. Das Frequenz-Multiplexverfahren ist im Bereich der Bundespost sehr weit verbreitet. Eine Einrichtung dieser Art bezeichnet man auch als Trägerfrequenzsystem (TF).

i) *Zeit-Multiplex-System* (time division multiplex = TDM)

Von der Nachrichtentelegraphie her ist bekannt, daß die gewöhnlichen binären Signale für Buchstaben und Interpunktionen verschiedener und voneinander unabhängiger Nachrichten in zyklischer Folge ineinander verschachtelt und mit hoher Schrittgeschwindigkeit über eine einzige Leitung übertragen werden können.

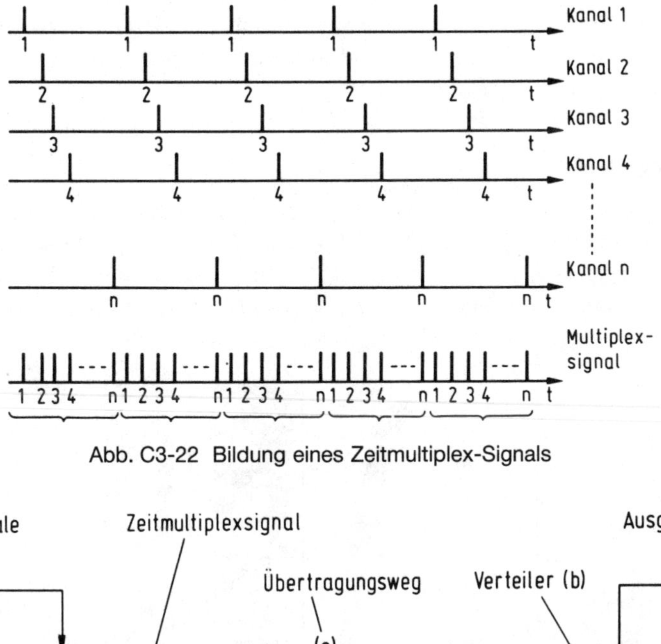

Abb. C3-22 Bildung eines Zeitmultiplex-Signals

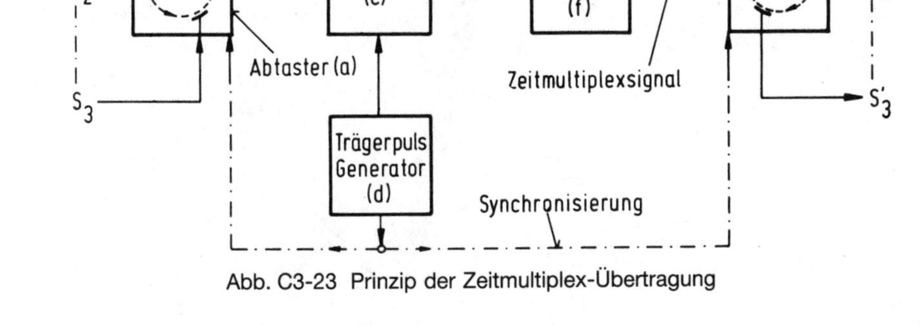

Abb. C3-23 Prinzip der Zeitmultiplex-Übertragung

Wie *Abb. C3-22* zeigt, setzt die Zeit-Multiplex-Übertragung eine Zeitselektion voraus. Dabei ist das Selektionskennzeichen der Zeitpunkt, zu dem die Abtastwerte des jeweils zur Übertragung kommenden Signals vom Sender zum Empfänger gelangen.

In *Abb. C3-23* ist das Prinzip einer Pulsmodulations-Übertragungsanlage nach dem Zeit-Multiplex-Verfahren für drei Kanäle dargestellt. Die zeitliche Einordnung der einzelnen Primärsignale S_1, S_2, S_3 auf der Senderseite nimmt der mit der Abtastfrequenz umlaufende elektronische Schalter (a) vor. Der empfangsseitige Verteiler (b) muß mit ihm synchron laufen, damit die übertragenen Signale den entsprechenden Empfangskanälen S_1', S_2', S_3' zugeordnet werden können. Am Ausgang des Abtasters (a) steht somit ein Zeit-Multiplex-Signal zur Verfügung, das im Modulator (c) den Trägerimpuls (d) steuert. Nach Verlassen des Übertragungsweges (e) gewinnt man im Demodulator (f) das ursprüngliche Zeit-Multiplex-Signal zurück, das dann den Verteiler (b) erreicht. Das Zeitmultiplex-System stimmt somit mit dem Prinzip der Fernseh-Übertragung überein.

3.6.2 Die digitale Übertragungsform

Voraussetzung für eine digitale Übertragung ist die Umwandlung eines Signals (Nachricht) durch einen Analog/Digital-Wandler in ein „digitales Signal" (*Abb. C3-24*). Im Gegensatz zum Analogsignal kann ein digitales Signal nur ganz bestimmte, „diskrete" Werte annehmen. Bei der Digitalübertragung wird die Nach-

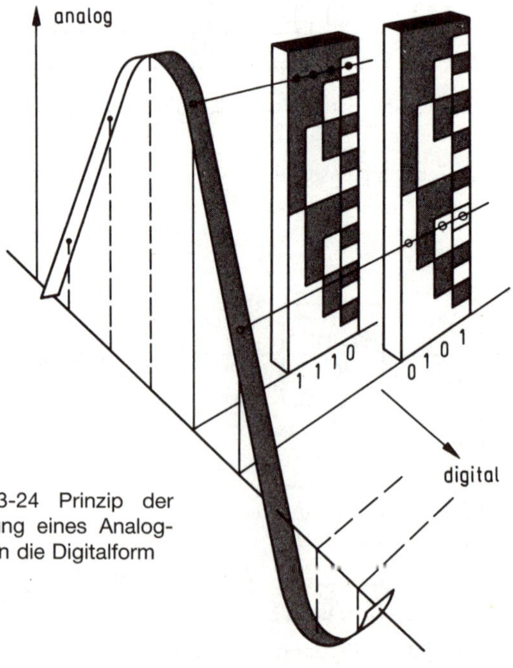

Abb. C3-24 Prinzip der Umsetzung eines Analog-Signals in die Digitalform

richt in eine Folge von Zeichen und Symbolen umgewandelt. Die für die Darstellung der Digitalform benutzten Zeichen oder Symbole bilden das sogenannte „Alphabet". Die Zuordnung der Zeichen zur Nachricht ist der „Code", und eine Gruppe von Zeichen oder Symbolen nennt man ein „Code-Wort". Im einfachsten Falle besteht das Alphabet nur aus zwei Zeichen, nämlich „Eins" und „Null" (binäres Alphabet). Der entsprechende Code ist der Binärcode, der bei der digitalen Übertragung häufig verwendet wird.

3.6.2.1 Analog- und Digitalübertragung im Vergleich

Jede Nachricht kann man grundsätzlich in analoger oder digitaler Form übertragen. Die beiden Übertragungsverfahren zeigen jedoch, qualitativ betrachtet, erhebliche Unterschiede. Bei der Analogübertragung treten häufig schon bei der „Abbildung" einer Nachricht durch ein elektrisches Signal Mängel auf, deren Ursachen in den Unvollkommenheiten der Wandler liegen. Im Gegensatz hierzu läßt sich bei der Umwandlung einer Nachricht in ein Digitalsignal eine höhere Genauigkeit erreichen. Noch deutlicher wird der Unterschied, wenn man die Verhältnisse auf einem Übertragungsweg betrachtet. Bei der Übertragung über größere Entfernungen – oder auch durch die Umwandlungsprozesse während der Signalverarbeitung oder der Signalspeicherung – werden die analogen Signale gedämpft und auch durch Störungen beeinflußt. Mit zunehmender Leitungslänge fällt die Qualität der Übertragung ständig ab, weil sich der Abstand zwischen Nutz- und Störsignal laufend verringert; denn bei jeder Verstärkung oder Umwandlung des Nutzsignals findet auch eine Anhebung der Störsignale statt und in jedem neuen Leitungsabschnitt oder bei jedem weiteren Umwandlungsvorgang treten neue Störungen hinzu [80].

Wie aus *Abb. C3-25* hervorgeht, liegen die Dinge bei der Digitalübertragung völlig anders. Hierbei werden nur diskrete Signale (zum Beispiel „Eins"- und „Null"-Impulse) übertragen. Da man diese Impulse nach jedem Leitungsabschnitt oder

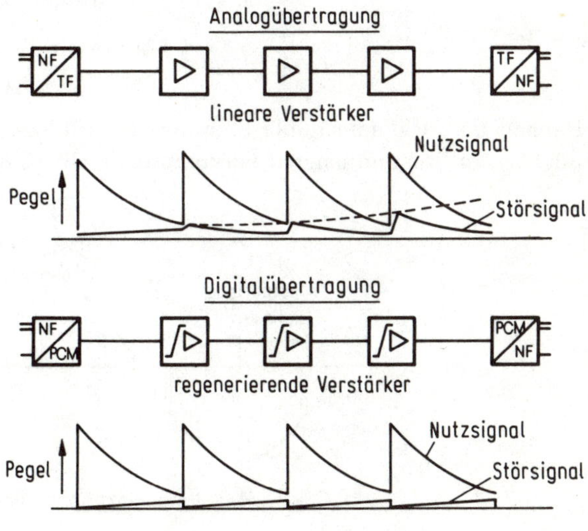

Abb. C3-25 Verhältnis von Nutz- zu Störsignal bei Analog- und Digitalübertragung

Umwandlungsvorgang selektiv regenerieren kann, lassen sich Störungen, die längs des Übertragungsweges eingedrungen sind, auch wieder entfernen. Auf diese Weise erhält man – unabhängig von der Länge der Übertragungsstrecke – am Empfangsort ein Digitalsignal gleicher Qualität wie am Sendeort. Dies bedeutet, daß das Verhältnis von Nutz- zu Störsignal über die gesamte Länge des Übertragungsweges konstant geblieben ist. Die Digitalübertragung ist mit einer telegrafischen Morseverbindung zu vergleichen. Funkamateure erfahren laufend, daß sie sich auf dem Wege der Telegrafie auch dann noch gut verständigen können, wenn eine Sprechfunkverbindung (Analog-Übertragung) durch Störgeräusche schon längst unverständlich geworden ist.

Für die Übertragung einer Nachricht in digitaler Form sind verschiedene Verfahren bekannt [77, 78]. Als günstig und besonders leistungsfähig hat sich das System der Puls-Code-Modulation (PCM) erwiesen.

3.6.2.2 Der Abtastvorgang

Aus der Literatur ist bekannt, daß die vollständige und richtige Wiedergabe einer Nachricht auch dann möglich ist, wenn keine kontinuierliche Übertragung des der Nachricht zugeordneten Signals erfolgt [79]. Es genügt daher, wenn man senderseitig aus diesem Signal in ausreichend kurzen zeitlichen Abständen „Proben" entnimmt und nur diese überträgt (*Abb. C3-26*). Das ursprüngliche, kontinuierliche (analoge) Signal erhält man am Empfangsort durch Umwandlung der gesendeten „Proben" zurück. Die Probenentnahme bezeichnet man auch als „Abtastung" oder „Zeitquantisierung". Bei diesem Vorgang werden dem Signal in einer bestimmten Zeitfolge kleine Beträge („Quanten") entnommen. Die Zeitbedingung folgt dem von SHANNON [79] formulierten Abtasttheorem:

$$f_o = > 2\, f_{max}$$

f_o	=	Abtastfrequenz
f_{max}	=	höchste im Programm vorkommende Übertragungsfrequenz

Danach muß die abtastende Frequenz f_o mindestens doppelt so groß sein wie die höchste im Programmsignal vorkommende Übertragungsfrequenz f_{max}.

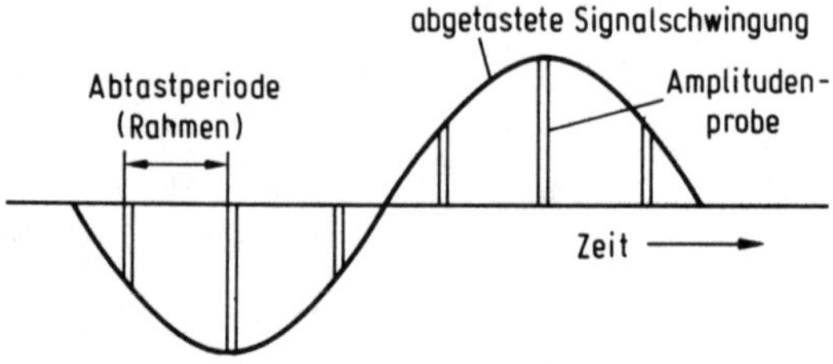

Abb. C3-26 Abtastung eines kontinuierlichen Signals

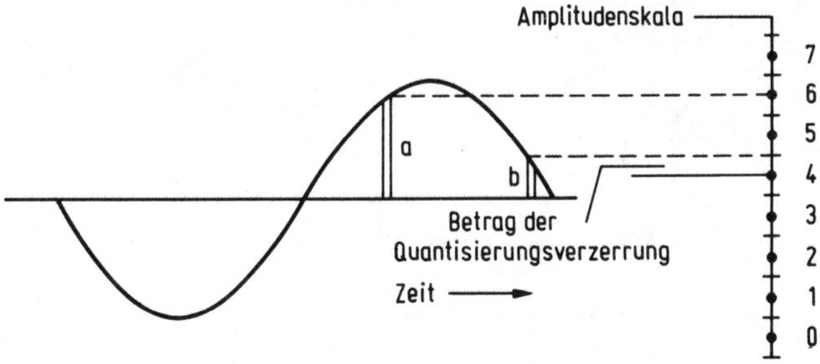

Abb. C3-27 Der Vorgang der Quantisierung und die Entstehung von Quantisierungsverzerrungen

3.6.2.3 Die Quantisierung

Der Analog/Digitalwandler vergleicht zur Quantisierung des Amplitudenwertes der abgetasteten Schwingung deren Analoggröße mit einem bekannten Digitalwert, der gewissermaßen an einer Amplitudenskala mit einer endlichen Anzahl von Intervallen abgemessen wird. *Abb. C3-27* gibt diesen Vorgang im Prinzip wieder, wobei der Einfachheit halber nur eine Amplitudenskala mit 7 Intervallen angenommen ist. Da die Intervalle eine endliche Breite haben, kann beim Abmessen der Abtastprobe nur dann der richtige Zahlenwert wiedergegeben werden, wenn der Augenblickswert der Probe genau in die Mitte des Intervalls fällt, dem dieser Zahlenwert zugeordnet ist. In unserem Beispiel ist dies der Fall bei der Amplitudenprobe (a) mit dem Zahlenwert 6. Anders hingegen liegen die Verhältnisse bei der Amplitudenprobe (b), der auch noch der Zahlenwert 4 zugeordnet ist, obwohl ihr tatsächlicher Wert nahe an der Intervallgrenze liegt. Da man mit einer endlichen Zahl von Intervallen eine Vielzahl von Abtastproben nur unvollkommen quantisieren kann, entstehen somit Verzerrungen des quantisierten Signals. Diese „Quantisierungsfehler" oder auch „Quantisierungsverzerrungen" machen sich qualitativ als Störung bemerkbar. Je größer also die Anzahl der Vergleichsstufen wird, um so geringer werden die Quantisierungsfehler.

Wenn ein Analogsignal nach Umwandlung in die Digitalform nur noch einen Fehler von 0,1 % aufweisen soll, so benötigt man 1000 Vergleichsstufen (Intervalle). In diesem Fall ist eine Auflösung von 10 Bit (2^{10}), die 1024 Vergleichsstufen ergibt, notwendig.

3.6.2.4 Die Codierung

Durch Quantisierung hat man für jede abgetastete Amplitudenprobe einen Zahlenwert erhalten. Für den digitalen Übertragungsvorgang muß nun noch eine Codierung erfolgen. Jeder quantisierten Abtastprobe ist also – ihrem Amplitudenwert entsprechend – ein Code-Wort zuzuordnen. Ein Binär-Code, bei dem man nur zwischen den beiden Zuständen „Null" und „Eins" zu unterscheiden hat, ist hierfür besonders

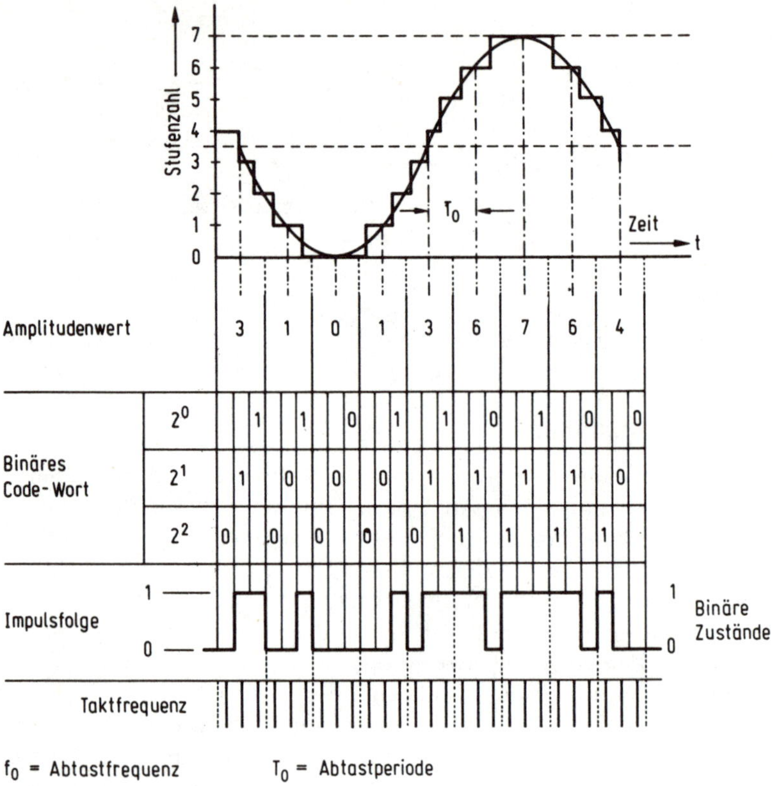

Abb. C3-28 Prinzip der Umsetzung einer Analoggröße in einen Digitalwert, Beispiel einer 3-Bit-Umsetzung

geeignet. Aus Gründen der Übersicht ist in *Abb. C3-28* der gesamte Vorgang der Umsetzung einer analogen Schwingung in eine Digitalinformation mit einer Quantisierung von 3 Bit und unter Verwendung eines einfachen Binär-Codes dargestellt.

Bei unseren bisherigen Betrachtungen haben wir den Begriff des Codes ausschließlich auf die Konversion analoger Eingangssignale in digitale Datenströme bezogen. Alle für den Vorgang der Umwandlung charakteristischen Angaben, wie die Anzahl der Bits je Abtastmuster, die Art der Quantisierung und den verwendeten Konversionscode, bezeichnet man auch als „Quellencode". Darüber hinaus sind in digitalen Systemen noch andere Codierungen üblich. Häufig sind quellencodierte Signale nicht zur direkten Weiterverarbeitung geeignet (*Abb. C3-29*) und müssen weitere Umwandlungsprozesse durchlaufen. Auch ist es vielfach sinnvoll, aus den Code-Wörtern zusätzliche Informationen zum Schutz gegen Code-Fehler abzuleiten. Die daraus gebildeten Datenblöcke dienen dem Fehlerschutz. Die Spezifik des Übertragungs- und Aufzeichnungsmediums erfordert in vielen Fällen noch eine weitere Anpassung an den jeweiligen „Übertragungskanal", die man als „Kanalcodierung" bezeichnet.

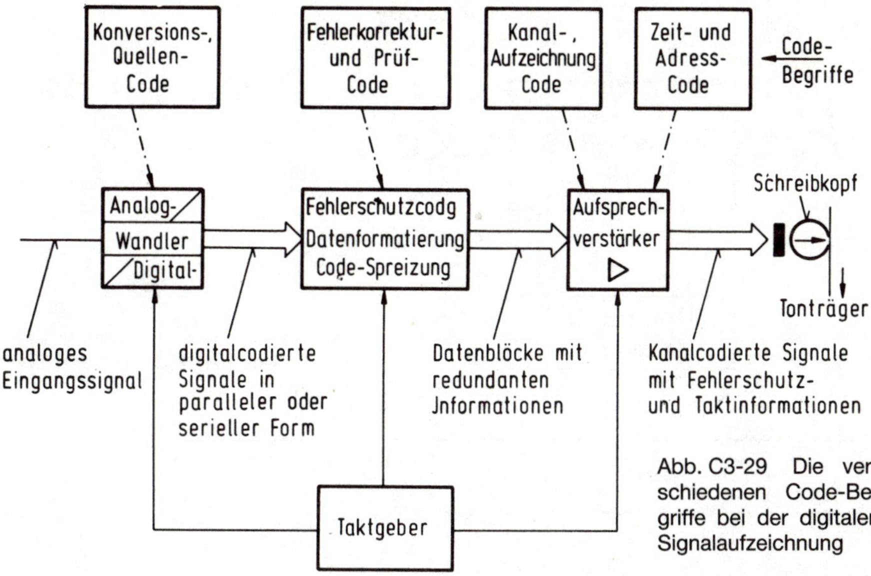

Abb. C3-29 Die verschiedenen Code-Begriffe bei der digitalen Signalaufzeichnung

Schließlich sind noch eine Reihe von „Hilfscodes" gebräuchlich, die nicht unmittelbar im Zusammenhang mit der Übertragung oder Aufzeichnung eines Signals stehen. Hierzu gehören Angaben über die „Systemparameter" einer Aufnahme und „Adreß- und Zeit-Code-Informationen", die das schnelle Auffinden von Aufnahmen auf bestimmten Bandabschnitten ermöglichen.

3.6.2.5 Konversionsschaltungen

Die Umwandlung einer anlogen Information in die Digitalform erfordert einen Analog/Digital-Wandler, der eine hohe Arbeitsgeschwindigkeit und große Genauigkeit haben muß. Erst die moderne, hochintegrierte Schaltungstechnik der letzten Jahre brachte Lösungen, die auch wirtschaftlich akzeptabel sind.

Der Gedanke, die digitalisierten Signale ausschließlich in digitaler Form weiter zu verarbeiten, ist zwar naheliegend, er ist aber in vielen Fällen nicht zu verwirklichen, weil in den Studios heute noch viele Einrichtungen Verwendung finden, die in analoger Technik aufgebaut sind. Es muß daher für die weitere Verarbeitung aus den digitalen Abtastwerten mit einem Digital/Analog-Wandler ein hochwertiges Analogsignal zurückgewonnen werden.

Da die Vorgänge in diesen Schaltkreisen sehr komplex sind, würde die Behandlung dieser Fragen den Rahmen dieser Arbeit sprengen.

3.6.2.6 Digitale Schnittstellen

Die Vorteile der digitalen Signalverarbeitung kommen erst dann vollständig zur Wirkung, wenn in einem Studio alle Bearbeitungs- und Speichervorgänge in der

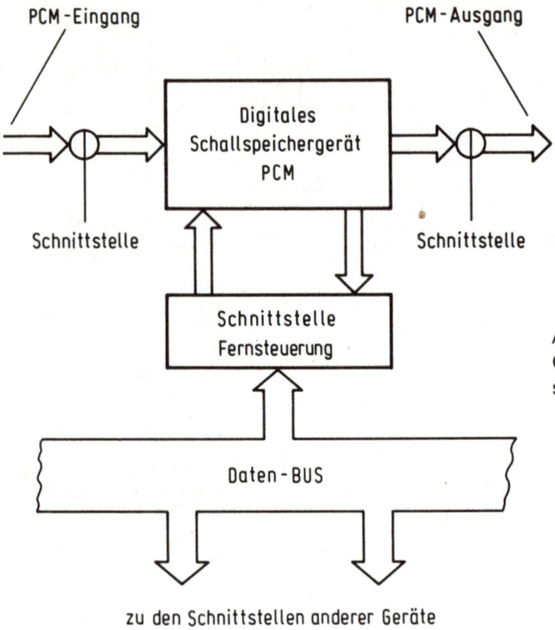

Abb. C3-30 Die Verbindung digitaler Geräte erfordert klar definierte Schnittstellen

digitalen Ebene ablaufen und wenn der wiederholte Wechsel zwischen digitalem und analogem Format vermieden wird, weil jeder Umwandlungsvorgang zu einer Reduzierung der Signalqualität beiträgt. Will man digital arbeitende Geräte miteinander verbinden, so sind entsprechende „Schnittstellen" zwischen den einzelnen Bausteinen eines Studios einzurichten (*Abb. C3-30*), damit die Übertragung der digitalen Informationen lückenlos und ohne Störungen ablaufen kann. In der Digitaltechnik geschieht die Übertragung der Informationen im allgemeinen mit einem Daten-BUS, einer Art Sammelschiene, bei der Daten in beiden Richtungen unter Anwendung des Multiplex-Verfahrens gesendet bzw. empfangen werden können. Eine genaue Definition und Normierung der Schnittstellen für den Anschluß und die Fernsteuerung der einzelnen digitalen Baugruppen eines Studios sind daher eine wichtige Voraussetzung für die weitere Einführung der digitalen Technik.

3.7 Fernsehnormen

Wenn man die alten europäischen Schwarzweiß-Normen (Großbritannien 405 Zeilen, Frankreich 819 Zeilen) unberücksichtigt läßt, weil sie inzwischen durch Farbfernseh-Normen mit 625 Zeilen abgelöst werden, gibt es weltweit zwei große Gruppen von Systemen (*Tabelle C1*):

- Die 625-Zeilen-Normen mit 50 Halbbildern und 25 Vollbildern pro Sekunde bei Video-Bandbreiten von 4,2 – 5 – 5,5 und 6 MHz in den Gebieten von Europa,

Tabelle C1: Internationale Fernseh-Normen

System	A	B	C	D	E	G	H	I	K	K1	L	M	N
Systembezeichnung	Englisches System (nur Schwarzweiß-VHF)	CCIR-System (Westeuropa)	Belgisches System (nur VHF)	OIRT-System (Osteuropa)	Französisches System (nur VHF)	CCIR-System (Westeuropa)	CCIR-System (Westeuropa)	Englisches System (nur für UHF)	OIRT-System (Osteuropa)	OIRT-System (Osteuropa)	Französisches System (nur UHF)	Amerikanisches System (Japan, Vereinigte Staaten)	Amerikanisches System 625 (Argentinien, Uruguay)
Abtastzeilen	405 Zeilen	625 Zeilen	625 Zeilen	625 Zeilen	819 Zeilen	625 Zeilen	625 Zeilen	625 Zeilen	625 Zeilen	625 Zeilen	625 Zeilen	525 Zeilen	625 Zeilen
Vertikalfrequenz	50 Hz	50 Hz	50 Hz	50 Hz	50 Hz	50 Hz	50 Hz	50 Hz	50 Hz	50 Hz	50 Hz	60 Hz	50 Hz
Verschachtelung	2/1	2/1	2/1	2/1	2/1	2/1	2/1	2/1	2/1	2/1	2/1	2/1	2/1
Bilder/s	25	25	25	25	25	25	25	25	25	25	25	30	25
Horizontalfrequenz	10 125 Hz	15 625 Hz	15 625 Hz	15 625 Hz	20 475 Hz	15 625 Hz	15 625 Hz	15 625 Hz	15 625 Hz	15 625 Hz	15 625 Hz	15 750 Hz	15 625 Hz
Video-Bandbreite	3 MHz	5 MHz	5 MHz	6 MHz	10 MHz	5 MHz	5 MHz	5,5 MHz	6 MHz	6 MHz	6 MHz	4,2 MHz	4,2 MHz
Kanal-Bandbreite	5 MHz	7 MHz	7 MHz	8 MHz	14 MHz	8 MHz	8 MHz	8 MHz	8 MHz	8 MHz	8 MHz	6 MHz	6 MHz
fs – fp (Tonträger)	–3,5 MHz	+5,5 MHz	+5,5 MHz	+6,5 MHz	±11,15 MHz	+5,5 MHz	+5,5 MHz	+6 MHz	+6,5 MHz	+6,5 MHz	+6,5 MHz	+4,5 MHz	+4,5 MHz
Nächster Rand des Kanals bezüglich fp	+1,25 MHz	–1,25 MHz	–1,25 MHz	–1,25 MHz	±2,83 MHz	–1,25 MHz	–1,25 MHz	–1,25 MHz	–1,25 MHz	–1,25 MHz	–1,25 MHz	–1,25 MHz	–1,25 MHz
Oberes Seitenband	3 MHz	5 MHz	5 MHz	6 MHz	10 MHz	5 MHz	5 MHz	5,5 MHz	6 MHz	6 MHz	6 MHz	4,2 MHz	4,2 MHz
Unteres Seitenband	0,75 MHz	0,75 MHz	0,75 MHz	0,75 MHz	2 MHz	0,75 MHz	1,25 MHz	1,25 MHz	0,75 MHz	1,25 MHz	1,25 MHz	0,75 MHz	0,75 MHz
Video-Modulation und Polarität	AM positiv	AM negativ	AM positiv	AM negativ	AM positiv	AM negativ	AM negativ	AM negativ	AM negativ	AM negativ	AM positiv	AM negativ	AM negativ
Ton-Modulation	AM	FM ±50 kHz	AM	FM ±50 kHz	AM	FM ±50 kHz	FM ±50 kHz	FM ±50 kHz	FM ±50 kHz	FM ±50 kHz	AM	FM ±25 kHz	FM ±25 kHz
Akzentuierung	keine	50 µs	50 µs	50 µs	keine	50 µs	50 µs	50 µs	50 µs	50 µs	keine	75 µs	75 µs

Afrika, Australien, in vielen Ländern Asiens und in einzelnen Ländern Südamerikas.

- Die 525-Zeilen-Normen mit 60 Halbbildern und 30 Vollbildern pro Sekunde bei einer Video-Bandbreite von 4,2 MHz in den Gebieten von Nordamerika, Zentralamerika, Teilen von Südamerika, Japan, den Philippinen usw.

Alle Fernsehstandards haben ein einheitliches Bildformat, Breite zu Höhe 4 : 3. Auch bei anderen Parametern war man weltweit bestrebt, so viel als möglich zu vereinheitlichen. Die Video-Signale der verschiedenen Normen sind sich sehr ähnlich.

Unschön und für den internationalen Programmaustausch hinderlich sind vor allem die unterschiedlichen Bildwechselzahlen der beiden Hauptnormen. Sie sind historisch aus der Forderung nach quasi-netzsynchroner Betriebsmöglichkeit entstanden, als man in der Anfangszeit des Fernsehens noch streng netzsynchron arbeitete. Heute erfordern die engen Frequenztoleranzen, auch im Hinblick auf die Magnetbandaufzeichnung, eine sehr genaue quarzstabile Taktfrequenz.

Die meisten westeuropäischen Länder wenden die CCIR-B oder -G-Normen an (Deutschland, Italien, Jugoslawien, Niederlande, Österreich, Schweiz, Skandinavien, Spanien usw.). Die Normen B und G unterscheiden sich lediglich durch die Kanalbandbreite des senderseitigen Übertragungsweges. B bezieht sich dabei auf die Ausstrahlung im Meter-Wellen-Bereich, G auf die im Dezimeter-Bereich (Tabelle C1). Videotechnisch betrachtet sind diese beiden Varianten identisch.

In den Normen sind weiterhin festgelegt: die Art und die Richtung der Modulation der Bildträgerschwingung des Senders, die Modulationsart der Tonträgerschwingung, der Frequenzabstand zwischen Bild- und Tonträgerfrequenz, die Bandbreite des Übertragungskanals, die Anzahl der übertragenen Zeilen sowie die Zwischenfrequenzen der Ton- und Bildträgerschwingung.

Bei der CCIR-Norm ist die Bildträgerschwingung des Senders amplitudenmoduliert, die Tonträgerschwingung hingegen frequenzmoduliert. Die gegenseitige Beeinflussung der Ton- und Bildsignale im Empfänger wird dadurch sehr gering. Das untere Seitenband der Bildträgerschwingung kann bei Amplitudenmodulation teil-

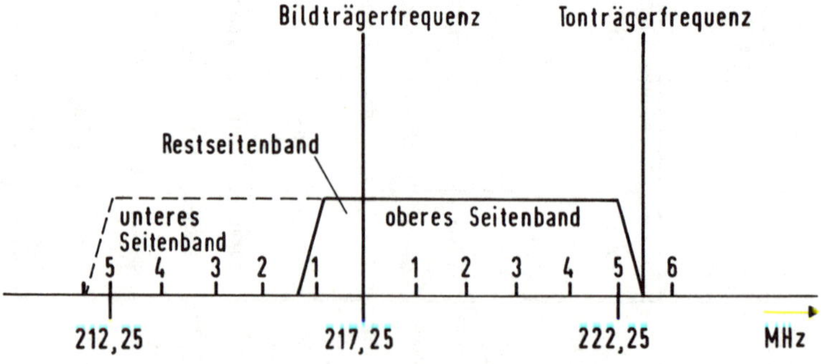

Abb. C3-31 Frequenzumfang eines Fernseh-Übertragungskanals

weise unterdrückt werden, weil die Information auch im oberen Seitenband vollständig enthalten ist (*Abb. C3-31*). Die Unterdrückung des unteren Seitenbandes erfolgt im Sender durch ein Filter. Diesen Vorgang bezeichnet man als Restseitenbandmodulation. Bei der Demodulation der Trägerschwingung im Fernsehempfänger entstehen zwar Verzerrungen der hohen Bildfrequenzen, sie beeinträchtigen die Bildqualität aber nicht spürbar. Das Restseitenbandverfahren bringt den Vorteil geringerer Frequenzabstände der Fernsehkanäle, weil die Bandbreite des Kanals nicht mehr 11 MHz betragen muß, sondern auf etwa die Hälfte reduziert werden kann.

Ist die Modulationsrichtung negativ, so erscheint der Bildschirm bei hoher Aussteuerung des Senders schwarz, bei niedriger hingegen weiß. Das negative Modulationsverfahren hat daher den Vorteil, daß hochfrequente Störungen im Übertragungsweg nur dunkle Bildpunkte auf dem Schirm hervorrufen, die weniger auffallen als helle.

Als Abstand zwischen Bild- und Tonträgerfrequenz hat man 5,5 MHz festgelegt. Dieser Abstand wird auch im Fernsehempfänger bei den Zwischenfrequenzen der Bild- und Tonträgerschwingung eingehalten. Beim Differenzton-Verfahren (Intercarrier-Verfahren) entsteht im Empfänger aus Bildträger-Frequenz und Tonträger-Frequenz eine neue Ton-Zwischenfrequenz von 5,5 MHz.

3.8 Fernsehsender

Für die drahtlose Übertragung von Bild- und Tonsignalen verwendet man getrennte Sender für Bild und Ton [25]. Die Fernsehkamera mit Bildaufnahmeröhre ist mit dem Kontrollgestell verbunden, das den Taktgeber enthält. Der Taktgeber steuert den Abtaststrahl der Bildaufnahmeröhre und liefert gleichzeitig die Synchronisierimpulse zur Aufbereitung des BAS-Signals an den Sender. Im Bildsender wird das BAS-Signal verstärkt und einem Modulator zugeführt, der aus einem quarzgesteuerten Oszillator mit einer hochfrequenten Schwingung (38,9 MHz) gespeist wird. Nach Amplitudenmodulation dieser Hochfrequenz durch das BAS-Signal wird das untere Seitenband mit einem Filter abgeschnitten. Hinter dem Restseitenbandfilter wird die endgültige Sendefrequenz durch Mischung der modulierten Hochfrequenzspannung mit einer zweiten Hochfrequenz gewonnen (*Abb. C3-32*).

Für die frequenzmodulierte Tonübertragung bringt man die aufbereitete Hochfrequenz in einem Frequenzvervielfacher auf die Sendefrequenz. Die Leistung der Ton-Sender-Endstufe beträgt nur etwa ein Fünftel der Leistung des Bildsenders. Die Endstufen des Bild- und Tonsenders speisen über eine Weiche die gemeinsame Antenne.

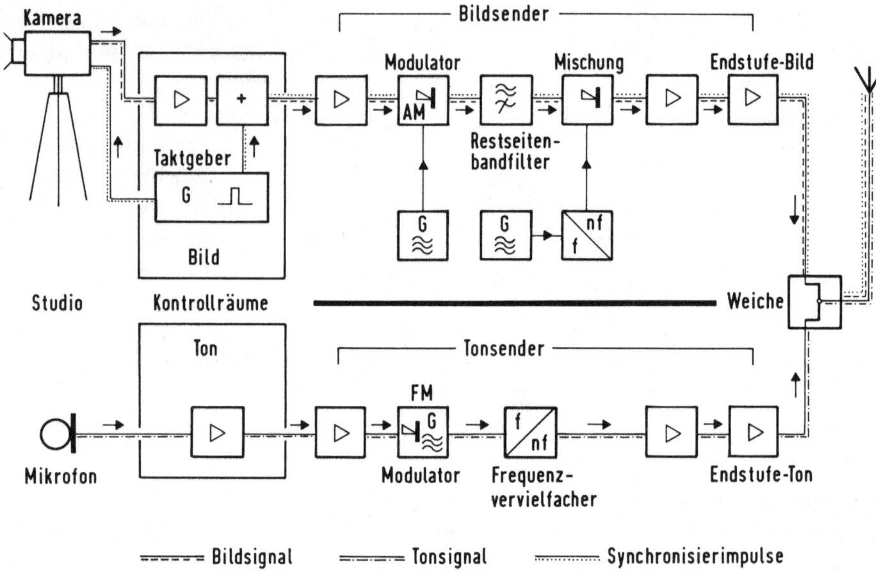

Abb. C3-32 Prinzip eines Fernseh-Senders

3.9 Fernsehempfänger

Die von den Antennen des VHF-Bereiches (Meterwellenbereich 47 MHz bis 223 MHz) und des UHF-Bereiches (Dezimeterbereich 470 MHz bis 790 MHz) empfangene Energie gelangt zu den Kanalwählern – auch Tuner genannt – des Fernsehempfängers. Häufig benutzt man getrennte Tuner für den VHF- und den UHF-Bereich, mit denen das Empfangsgerät auf die Sendefrequenzen abgestimmt, die Eingangsspannungen verstärkt und die für alle Kanäle gleichen Zwischenfrequenzen erzeugt werden (*Abb. C3-33*).

Im Zwischenfrequenzverstärker für die Bildinformation werden die ZF-Spannungen der Bildträgerschwingung (38,9 MHz) und der Tonträgerschwingung (33,4 MHz) verstärkt und von den Signalen der Nachbarsender getrennt.

Das Bildsignal mit den Synchronisierimpulsen (BAS) wird im Videogleichrichter gewonnen. Bildsignal und Synchronisierimpulse steuern als Videosignal den Strahlstrom der Bildwiedergaberöhre. Außerdem werden in einem Amplitudensieb die Synchronisierimpulse vom Bildsignal abgetrennt und nach Gleichlaufimpulsen für Bildwechsel und Zeilenwechsel geordnet. Während im Bildablenkteil die Bildgleichlaufimpulse den Bildgenerator – der den Strom für die Bildablenkung liefert – synchronisieren, bewirken die Zeilengleichlaufimpulse die Synchronisation des Zeilengenerators zur Erzeugung des Stromes für die Zeilenablenkung.

Die Ton-Zwischenfrequenz von 5,5 MHz, die im Videogleichrichter als Differenz von Bildträger- und Tonträgerschwingung gewonnen wurde, läßt – nach Verstärkung und Begrenzung – in einem Ratiodetektor ein niederfrequentes Tonsignal entstehen.

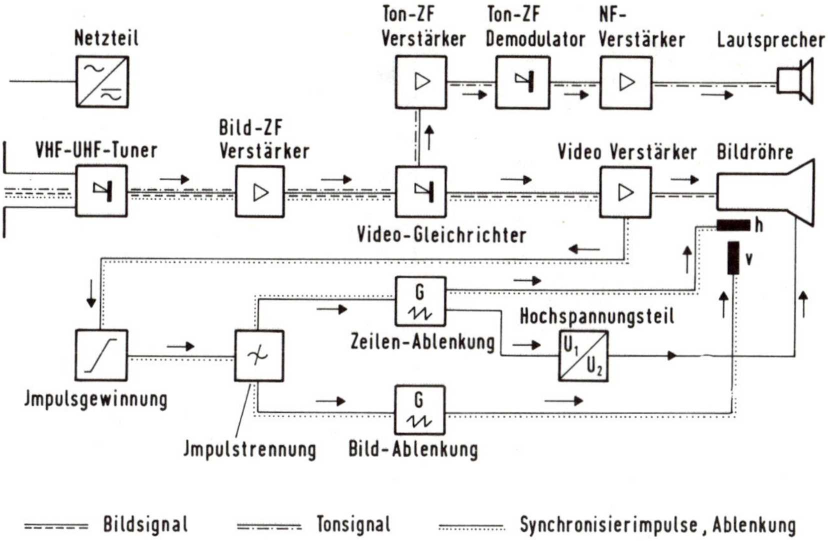

Abb. C3-33 Fernsehempfänger, schematisch

Diese Toninformation wird in üblicher Weise verstärkt und einem Lautsprecher zugeführt.

Die Hochspannung für die Bildröhre gewinnt man im Hochspannungsteil aus den Impulsen des Zeilenablenkstromes. Alle anderen Betriebsspannungen werden auf herkömmliche Weise in einem Netzteil erzeugt.

3.10 Fernsehen mit zweikanaliger Schallübertragung

Lange Zeit begnügte man sich beim Fernsehen mit nur einem Tonkanal. Mit einer zweikanaligen Übertragung hoher Güte lassen sich nicht nur stereophonische, sondern auch zweisprachige Sendungen übertragen. Für diese Zielstellung hat sich das Zweitonträger-Verfahren (*Abb. C3-34*) als günstig erwiesen, weil es eine hohe Übersprechdämpfung zwischen den beiden Audio-Kanälen gewährleistet. Die Ausstrahlung der zweiten Audio-Information geschieht dabei durch Frequenzmodulation

Abb. C3-34 Lage des Bildträgers und der zwei Tonträger beim Zweitonträgerverfahren

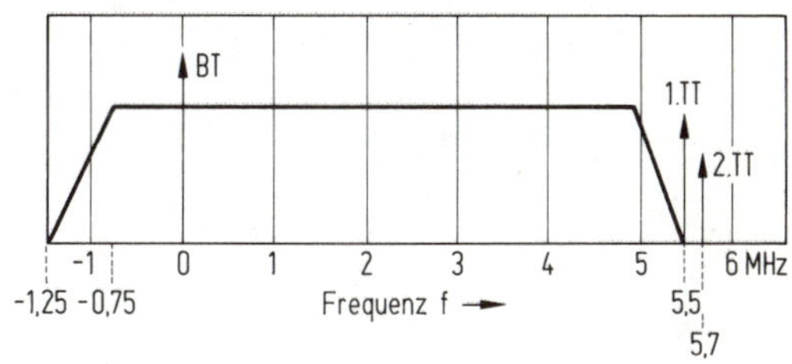

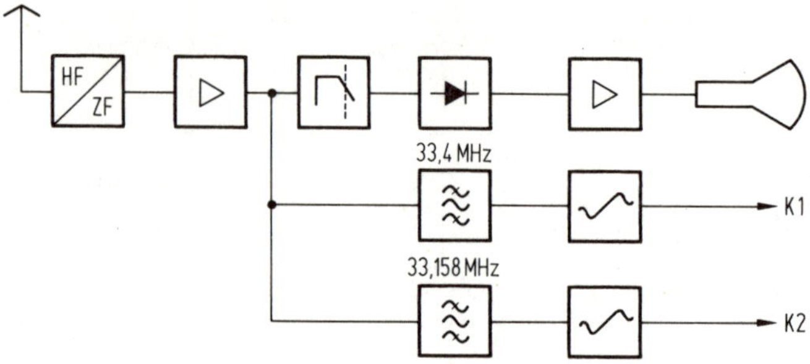

Abb. C3-35 Prinzip des Parallelton-Empfängers

einer zweiten Tonträgerfrequenz, die bei etwa 5,7 MHz liegt. Zur Unterscheidung von Mono-, Stereo- oder Zweikanalsendungen wird über den zweiten Ton-Kanal außerdem eine Pilotfrequenz von 54,6 kHz übertragen, aus der – je nach Programm – zwei Kennfrequenzen von 117,5 Hz für „Stereo" und 274,1 Hz bei „Zweiton" resultieren. Das Schema eines „Parallelton-Empfängers" gibt *Abb. C3-35* wieder [81].

4 Die Farbbildübertragung

Die elektronische Farbbildübertragung beruht auf dem Prinzip der additiven Farbmischung (s. Abschn. A.4.1) der Grundkomponenten Rot (R), Grün (G) und Blau (B), aus denen alle übrigen Farben gebildet werden können (*Abb. C4-1*). Die Farbart wird durch den Farbton (entsprechend der Wellenlänge des Lichtes) und die Farbsättigung (kräftig oder blaß) bestimmt [26, 27]. Ist die Leuchtdichte geringer, so kann aus der Farbe Rot der Farbton Rosa, aus der Farbe Orange die Farbe Braun entstehen.

Für jede Grundfarbe (R, G, B) sind bei der Aufnahme kameraseitig drei Bildwandlerröhren vorhanden. Ein Farbteilersystem, bestehend aus Prismen oder dichroitischen Spiegeln, zerlegt die Farben der Bildvorlage in ihren Rot-Anteil, Grün-Anteil und Blau-Anteil. Diese drei Kameras liefern Ausgangsspannungen, die dem Farbton, der Farbsättigung und der Leuchtdichte entsprechen (*Abb. C4-2a*).

Naturgemäß ist der technische Aufwand für eine Video-Kamera mit drei Röhren sehr hoch, denn außer den Bildwandlern selbst benötigt man noch eine entsprechende Zahl von Ablenkeinrichtungen und Signalverstärkern. Für semiprofessionelle Zwecke verwendet man daher häufig auch Kameras mit einem einzigen Bildwandler (Röhre oder CCD). Bei solchen Systemen erfolgt die Farbteilung durch

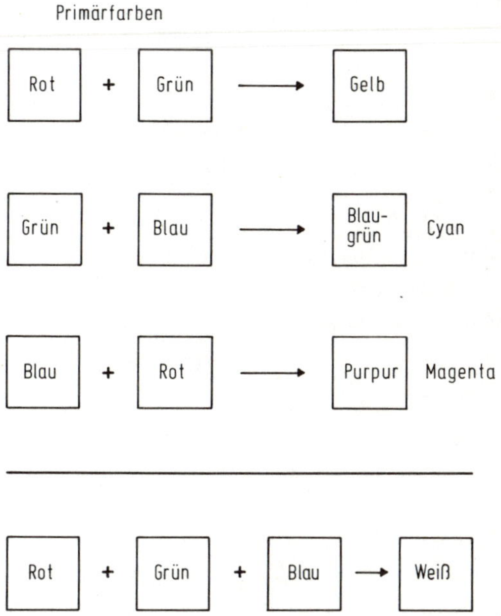

Abb. C4-1 Zusammenstellung der Primär- und Komplementärfarben

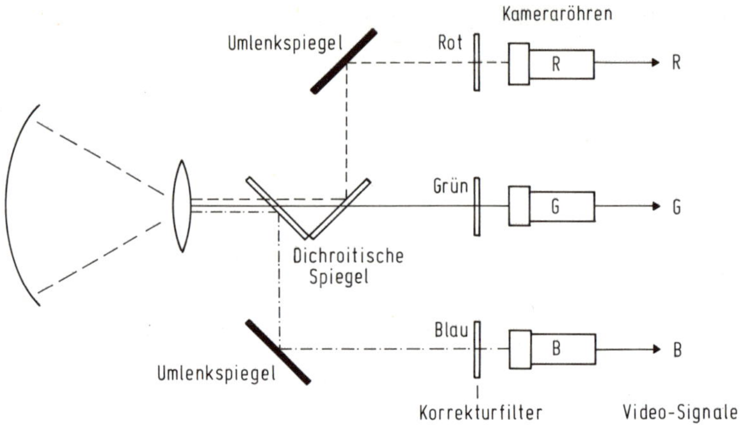

Abb. C4-2a Strahlenteilung mit dichroitischen Spiegeln bei einer Farb-Fernseh-Kamera

Vorschalten eines Streifenfilters in den optischen Strahlengang (*Abb. C4-2b*). Ein solches Streifenfilter besteht aus zahlreichen senkrechten, sehr schmalen Filterstreifen, von denen jeder nur eine bestimmte Farbe (R/G/B) durchläßt. Bei der Aufnahme eines Objektes entsteht über das Streifenfilter auf der Bildspeicherplatte des Bildwandlers eine in die Grundfarben R/G/B zerlegte Information, die sequentiell ausgelesen werden kann (*Abb. C4-2c*) [82].

Anstelle von Bildwandlerröhren (siehe Abschnitt C.3.1.1 und C.3.1.2) verwendet man häufig auch CCD-Wandler (siehe Abschnitt C.3.1.3). Die Vorteile von Kameras mit CCD-Halbleiterelementen (Chips) gegenüber Röhren zeigen sich in

- der problemloseren Aufnahme extremer Lichtunterschiede in der Szene (hoher Szenenkontrast) auch ohne störende Nachzieheffekte (blooming),
- der höheren Lichtempfindlichkeit,
- geringerem Leistungsbedarf,
- geringerem Gewicht,
- der geringeren Empfindlichkeit gegenüber Vibrationen und anderen mechanischen Einflüssen,
- einem einfacheren Aufbau der Stromversorgung und
- insgesamt in einer höheren elektronischen Stabilität.

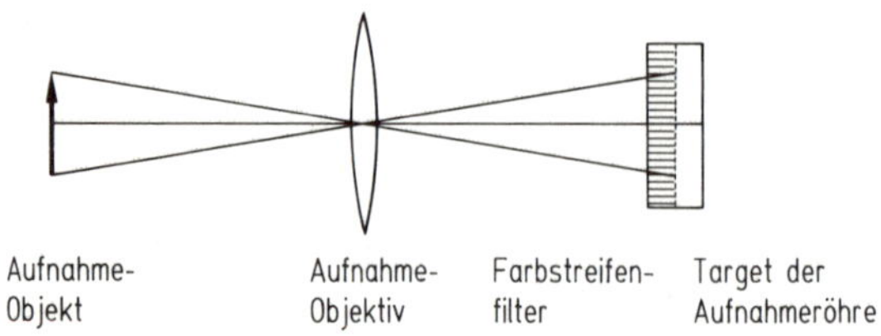

Abb. C4-2b Einbau eines Streifenfilters direkt vor dem Target im Inneren der Aufnahmeröhre. Die hier gewählte Darstellung entspricht einem Blick auf den Strahlengang von oben

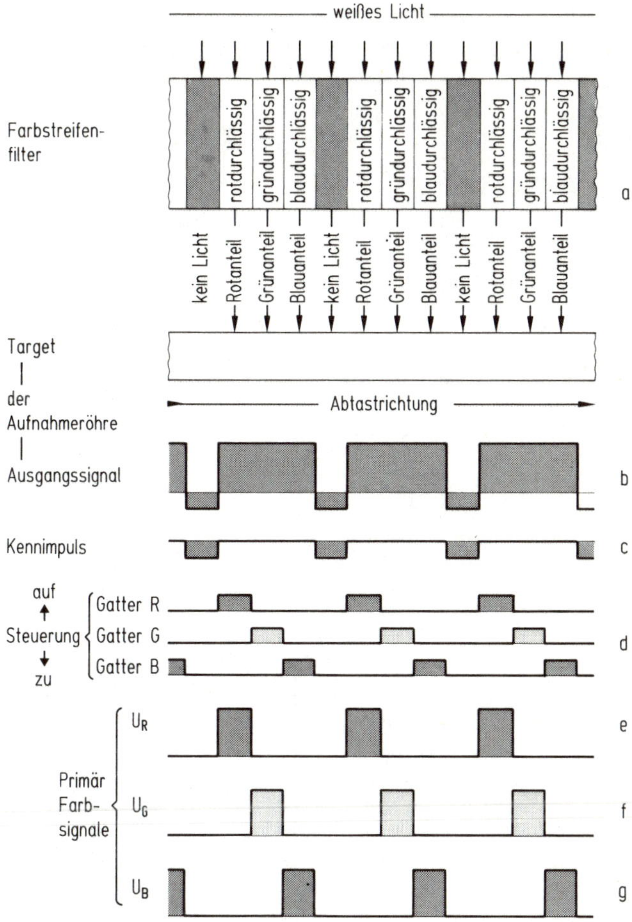

Abb. C4-2c Farbteilung mit Streifenfilter. Bei der zeilenweisen Abtastung des Targets überstreicht der Elektronenstrahl periodisch unbeleuchtete und vom Rot-, Grün- sowie vom Blau-Anteil beleuchtete Zeilenabschnitte. Die Trennung der drei Primärfarbensignale erfolgt durch elektronische Schalter (Gatter)

Abb. C4-3a zeigt das Prinzip eines *CCD-Kamera-Systems*. Mit dem Zoom-Objektiv (a) wird der Bildinhalt der Szene über den prismatischen Strahlenteiler (b) auf den CCD-Chips (c, d und e) abgebildet. Die Sample-and-Hold-Schaltungen (f, g und h) lesen im Frame-Interline-Transfer-Mode aus den CCD-Sensoren und deren Speicher-Elementen die Bildinformation aus und geben diese an die Kanal-Verstärker (i, k und l) weiter. Am Ausgang der drei Kanalverstärker erhält man die Video-Signale der drei Farbkanäle R/G/B. Vor den Kanalverstärkern (i, k und l) werden die R/G/B-Signale einer Matrix-Schaltung zur Bildung des Helligkeitssignals Y zugeführt (siehe auch Seite 176). Aus den beiden Summierstufen (p und q) leitet man eine Nachsteuerspannung für den automatischen Weißabgleich (r und s) ab. Darüber hinaus kann das Helligkeitssignal Y über den Auto-Iris-Verstärker (w) die Einstellung der Blende (z) kontrollieren. Am Encoder (o) liegen das Luminanzsignal Y und die beiden

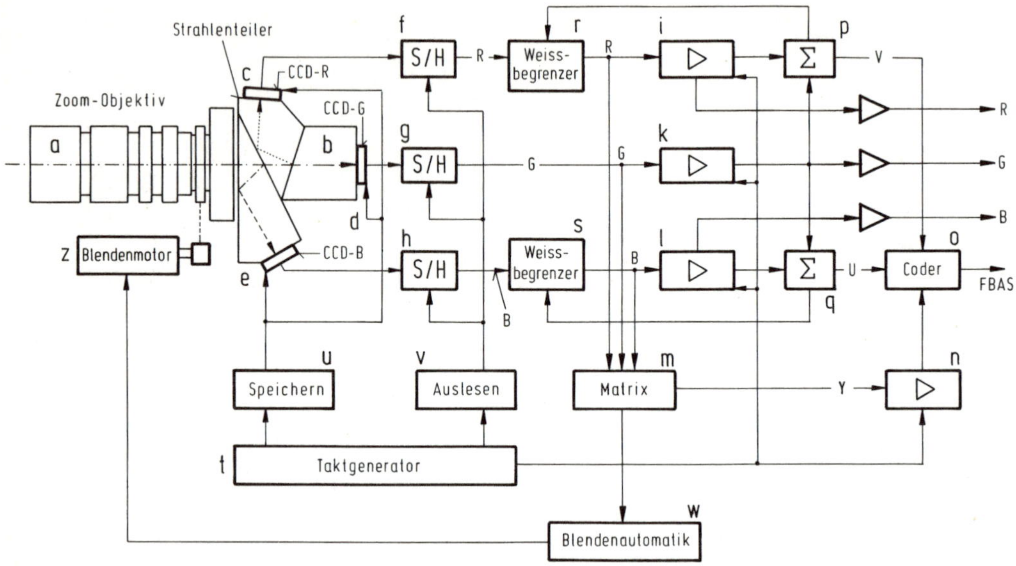

Abb. C4-3a Prinzip eines CCD-Kamera-Systems

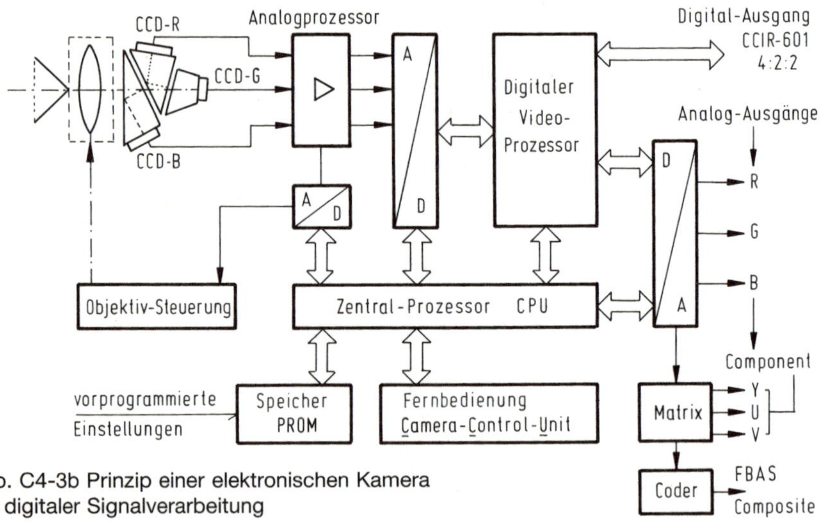

Abb. C4-3b Prinzip einer elektronischen Kamera mit digitaler Signalverarbeitung

Chromasignale U und V zur Codierung in ein FBAS-Composite-Signal an (siehe auch Abschnitt C.4.7).

Eine weitere Entwicklungsstufe im Bau elektronischer Kameras stellt der Übergang von der analogen zur digitalen Signalverarbeitung (*digital-signal-processing*) dar (*Abb. C4-3b*). Systeme dieser Art sind im Regelfall in der Lage, ausgangsseitig folgende Signalkonfigurationen abzugeben:

- Digitale Video-Signale nach CCIR 601 im 4:2:2-Standard (siehe Abschnitte C.6.7 ff. und E.3.7.2),
- R/G/B-Studiosignale mit voller Bandbreite,
- Componenten-Signale Y/U/V (siehe Abschnitt C.4.10) und
- Composite-Signale nach FBAS-Codierung in PAL, SECAM oder auch NTSC (siehe Abschnitt C.4.7 und folgende).

4.1 Übertragungsbandbreite und Kompatibilität

Drei separate Übertragungswege für die Signale R, G und B erscheinen sehr aufwendig und würden große Schwierigkeiten auslösen, wenn diese farbigen Fernsehbilder drahtlos über Rundfunksender ausgestrahlt werden sollen, weil dann insgesamt drei Sender mit möglichst benachbarten Sendefrequenzen verfügbar sein müßten. Auf der Empfangsseite wäre außerdem ein entsprechender Aufwand zu treiben.

Ein weiteres Problem bestünde darin, daß die Besitzer von Schwarzweiß-Geräten bei Farbfernsehsendungen dann nur jeweils einen der drei Farbauszüge empfangen könnten. Eine grundsätzliche Forderung an ein Farbfernsehsystem war daher, daß Farbsendungen in ihren Helligkeitswerten – ähnlich wie bei der Schwarzweiß-Fotografie – auch auf Schwarzweiß-Bildschirmen richtig wiedergegeben werden und daß umgekehrt auch Schwarzweiß-Sendungen ohne Probleme empfangbar sein mußten. Um diese Kompatibilität zwischen Farbe und Schwarzweiß zu erreichen, überträgt man nicht die Farbauszüge selbst, sondern drei andere aus diesen abgeleitete Signale. Wie wir früher gesehen haben (Abschnitt A.4.3), lassen sich Farbwerte auch durch die Angabe der drei Größen *Helligkeit, Farbton* und *Farbsättigung* beschreiben. Benutzt man diese drei Größen zur Übertragung, dann ist das Helligkeitssignal gerade das Signal, das zur Wiedergabe auf Schwarzweiß-Geräten gebraucht wird. Das Helligkeitssignal bezeichnet man auch als Leuchtdichte- oder *Luminanzsignal.* Es entspricht dem Signal, das eine Schwarzweiß-Kamera liefern würde. Die Signale für Farbton und Sättigung bilden bei der Farbfernsehübertragung den *Chrominanzanteil*, der die Farbart der zu übertragenden Farbwerte festlegt.

4.2 Luminanz und Chrominanz

Die Bildsignale der Farbkamera-Aufnahmeröhren setzt man in einer Schaltung zur Addition und Subtraktion verschiedener Signale – *Matrix* genannt – so zusammen, daß sie in einem normalen Fernsehkanal übertragen werden können (*Abb. C4-4a*). Unter Berücksichtigung der Hellempfindung des menschlichen Auges (*Abb. C4-4b*) und der Spezifik von Farbkameras und Wiedergabebildschirmen ergeben sich dann natürlich wirkende Bilder, wenn die Anteile der drei Grundfarben der Beziehung

$$Y = 0{,}3\ R + 0{,}59\ G + 0{,}11\ B$$

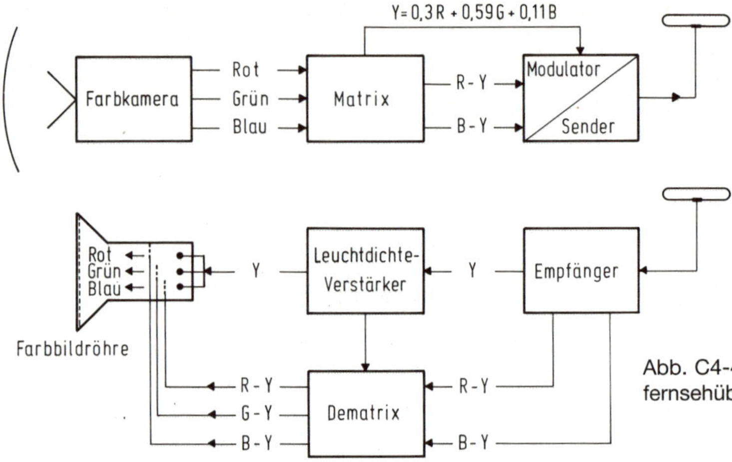

Abb. C4-4a Prinzip der Farbfernsehübertragung

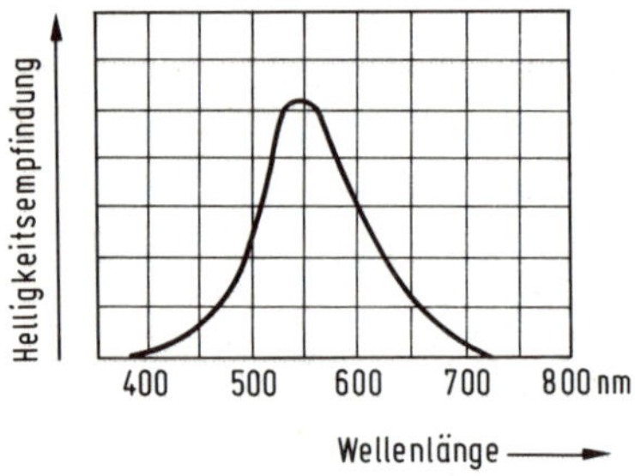

Abb. C4-4b Die Hellempfindlichkeitskurve des Auges

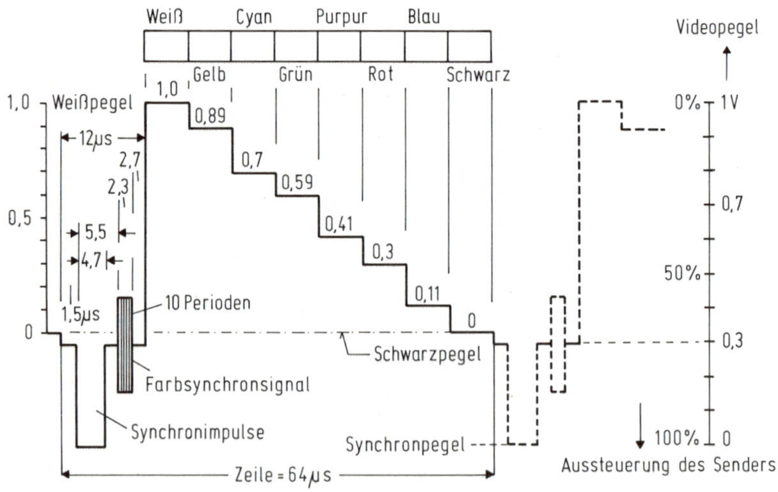

Abb. C4-5 Aus der Addition der Leuchtdichteanteile U_{rot}, $U_{grün}$ und U_{blau} entsteht für eine Farbbalkenfolge eine Treppenspannung, die im Schwarzweiß-Empfänger eine empfindungsrichtige Helligkeitsabstufung zur Folge hat

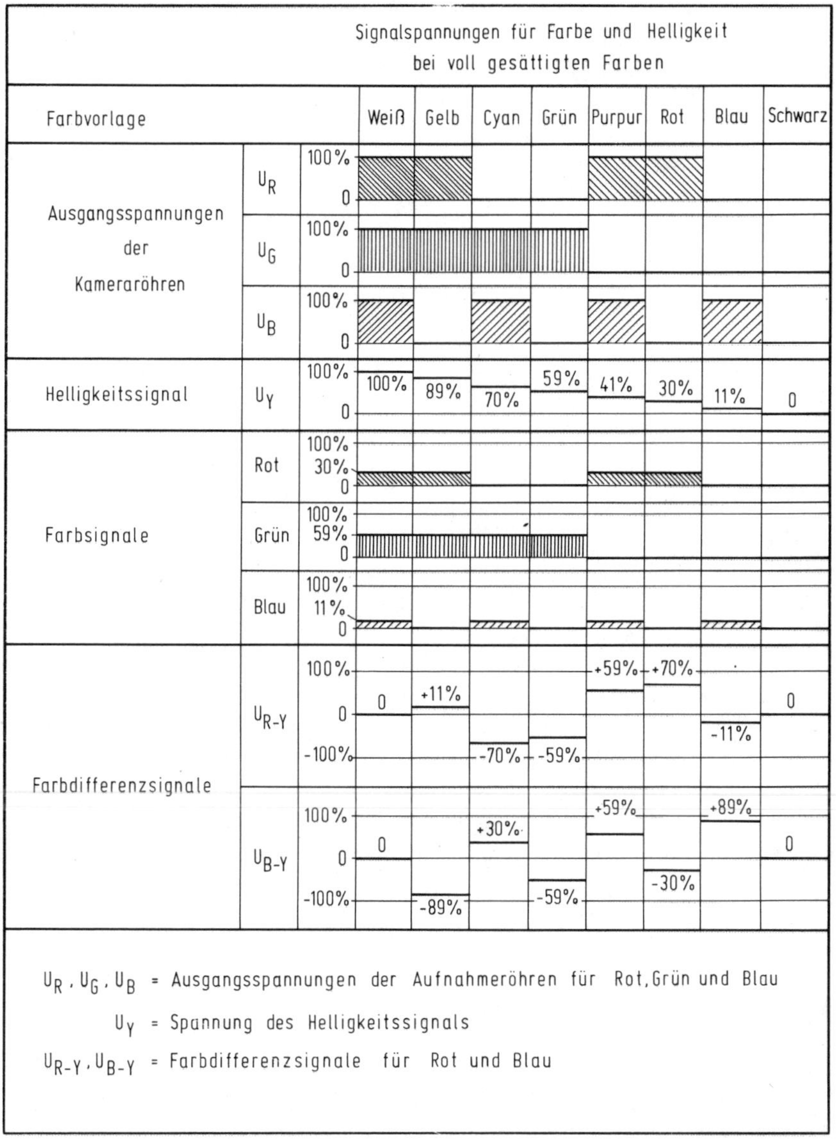

Abb. C4-6 Signalspannungen für das Luminanz- und die Chrominanzsignale

folgen. Dies bedeutet, daß das Luminanzsignal (Y) aus 30 % Rot-, 59 % Grün- und 11 % Blau-Anteil zusammengesetzt ist. Auf diese Weise wird bei Schwarzweiß-Geräten eine einwandfreie Wiedergabe des aufgenommenen Bildes in Schwarzweiß sichergestellt, weil das Y-Signal dem Signal von einer Schwarzweiß-Kamera entspricht [26, 27].

In *Abb. C4-5* ist das Luminanzsignal im Verlauf einer Zeile dargestellt, wie es beim Abtasten der darüber abgebildeten Farbbalkenfolge entsteht. Soll die Farbe Grün übertragen werden, so muß der Pegel des Luminanzsignals in dem verfügbaren Modulationsraum (0 für Schwarz bis 1,0 für Weiß) einen Wert von 0,59 erreichen. Die Abstufung der Helligkeitswerte ist nicht linear. Aufgrund der Gleichung für das Luminanzsignal Y sind die Spannungssprünge zwischen den einzelnen Stufen unterschiedlich groß:

Weiß	= 1,00	
		> 0,11
Gelb	= 0,89	
		> 0,19
Cyan	= 0,70	
		> 0,11
Grün	= 0,59	
		> 0,18
Purpur	= 0,41	
		> 0,11
Rot	= 0,30	
		> 0,19
Blau	= 0,11	
		> 0,11
Schwarz	= 0,00	

Zur Übertragung der Farbinformation (Chrominanzanteil) bildet man zwei Farbdifferenzsignale (R – Y) und (B – Y). Diese werden in den normalen Fernsehübertragungskanal so eingeschachtelt, daß sie das Schwarzweiß-Bild nicht stören. Am Empfangsort nimmt der Farbfernsehempfänger alle übertragenen Signale gleichzeitig auf und trennt sie nach Verstärkung über einige Filterschaltungen so, daß sich wieder das Luminanzsignal (Y) und die beiden Farbdifferenzsignale (R – Y) und (B – Y) ergeben. Zur Steuerung der Farbbildröhre benötigt man schließlich noch eine Information für „Grün“, das Farbdifferenzsignal (G – Y). Dieses erhält man im Empfänger durch Dematrizierung wiederum aus R – Y und B – Y. Zur besseren Übersicht sind in *Abb. C4-6* die Signalspannungen bzw. die prozentualen Werte der Luminanz- und Chrominanzsignale (Farbdifferenzsignale) angegeben.

4.3 Die Bandbreite für das Farbsignal

Umfangreiche Untersuchungen ergaben, daß das Auge eine geringere Schärfeleistung der Farbinformation akzeptiert, solange das Luminanzsignal mit guter Auflösung übertragen wird, weil damit immer noch ein kontrastreiches und einwandfreies Farbbild entsteht. Damit kann man das Frequenzspektrum eines Farbfernsehkanals so bestimmen, daß die Bandbreite für das Luminanzsignal etwa 5 MHz beträgt, während im Bereich der höheren Modulationsfrequenzen das Farbsignal (Trägerfrequenz = 4,43 MHz) mit einer Bandbreite von 1 MHz hinzugefügt wird (*Abb. C4-7*).

Beim Einfügen eines zusätzlichen Signals in den Übertragungskanal entstehen zwar gewisse Störungen, sie bleiben aber für den Betrachter praktisch unsichtbar. Zum besseren Verständnis ist in *Abb. C4-8* ein Ausschnitt aus der spektralen Energieverteilung eines Farbfernsehsignals gezeigt. Wie wir sehen, ist die Energie

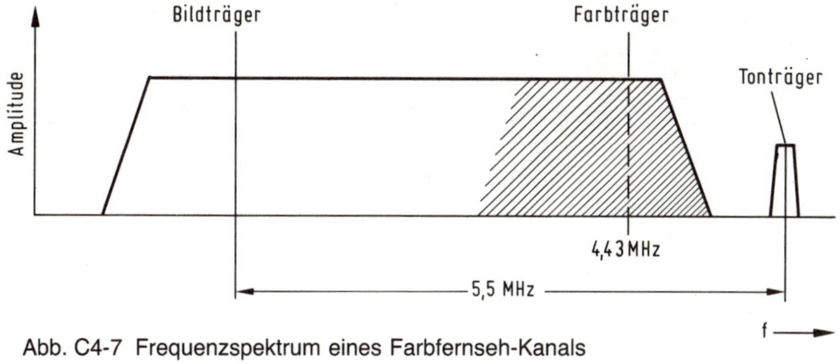

Abb. C4-7 Frequenzspektrum eines Farbfernseh-Kanals

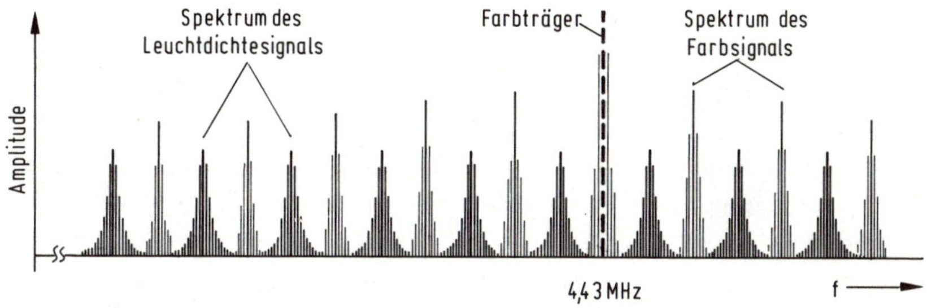

Abb. C4-8 Das Spektrum des Farbsignals ist in das Spektrum des Luminanzsignals eingeschachtelt

nicht gleichmäßig über den verfügbaren Bandbreitenbereich verteilt. An den Stellen, die ein Vielfaches der Zeilenfrequenz sind, bilden sich Energiekonzentrationen, und die Seitenbänder dieser Energieballungen erscheinen wieder im Abstand von Vielfachen der Bildfrequenz. Die Seitenbandenergie dieser Spektrallinien nimmt schnell ab, so daß in den Lücken Platz für das Farbsignal bleibt. Dabei sind folgende Bedingungen einzuhalten:

- Die Farbträgerfrequenz soll so hoch wie möglich sein, damit ein im Bild eventuell auftretendes Störmuster nur aus „feinen" Bildpunkten besteht.
- Die Frequenz des Farbträgers muß in einem günstigen Verhältnis zu einem Vielfachen der Ablenkfrequenzen stehen. Als günstig hat sich dabei der 567fache Wert der halben Zeilenfrequenz (7812,5 Hz) mit etwa 4,43 MHz erwiesen.
- Zur weiteren Verminderung von Störungen wird der Farbträger selbst bereits senderseitig unterdrückt, es werden nur seine Seitenbänder übertragen. Im Farbfernsehempfänger muß der Farbträger durch besondere Schaltungsmaßnahmen wieder zurückgewonnen werden.

4.4 Die Modulation des Farbträgers

Wie wir bereits in Abschnitt A.4.3. gesehen haben, läßt sich jede Farbart in einem Farbkreis (*Abb. C4-9*) darstellen. Die Farbart ist dabei durch einen vom Kreismittelpunkt ausgehenden Zeiger (Farbvektor) definiert. Der Winkel φ zwischen der Bezugsachse U und dem Farbvektor entspricht dem Farbton, die Länge des Vektors gibt die Farbsättigung an. Jede Stellung des Vektors läßt sich in zwei senkrecht aufeinanderstehende Teilvektoren U und V zerlegen. Mit Hilfe dieser Teilvektoren lassen sich wiederum Richtung und Betrag – also Farbton und Farbsättigung – des resultierenden Farbvektors bestimmen.

Nehmen wir an, daß U und V proportional kleiner werden. In diesem Falle wird auch der Zeiger F kürzer, und damit nimmt auch die Sättigung der betreffenden Farbe ab. Für „Weiß" werden die Farbkomponenten U und V zu Null, so daß auch der resultierende Zeiger F zu Null wird. Ändert sich in einem anderen Falle nur die Farbkomponente V, so erfolgt eine Drehung des Zeigers F. Der Farbton ist damit von der Größe des Winkels φ abhängig.

Um Farbsättigung und Farbton gleichzeitig übertragen zu können, muß der Farbhilfsträger nun in zweierlei Weise moduliert werden. Dazu erzeugt man aus der Farbträgerschwingung von 4,43 MHz zwei Schwingungen gleicher Frequenz, die in ihrer Phase um ein Viertel ihrer Wellenlänge gegeneinander verschoben sind. Die

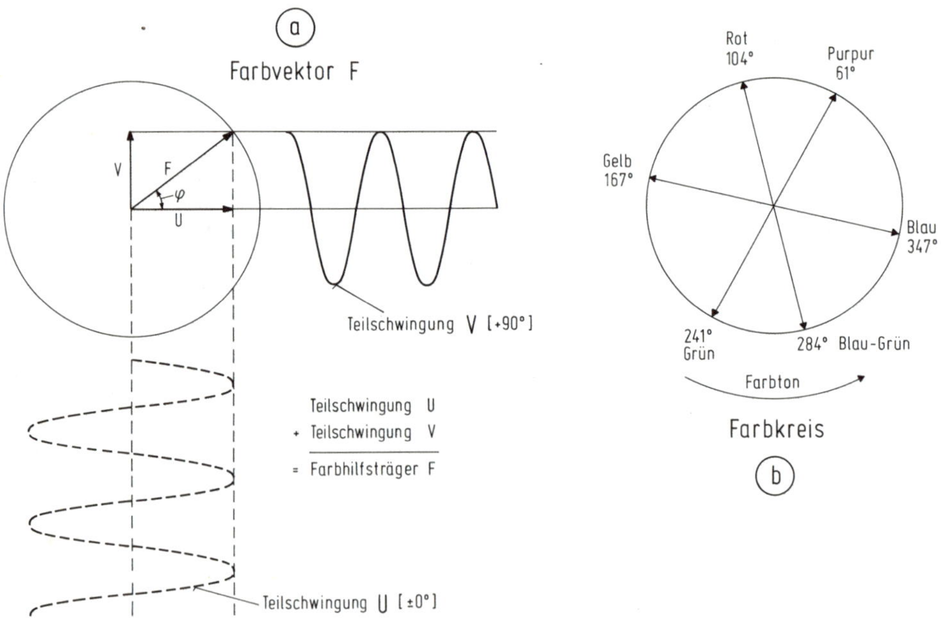

Abb. C4-9 a) Zerlegung des Farbvektors F in zwei senkrecht zueinander stehende Teilvektoren U (B-Y) und V (R-Y)
b) Prinzipielle Darstellung von Farbsättigung und Farbton im Farbkreis

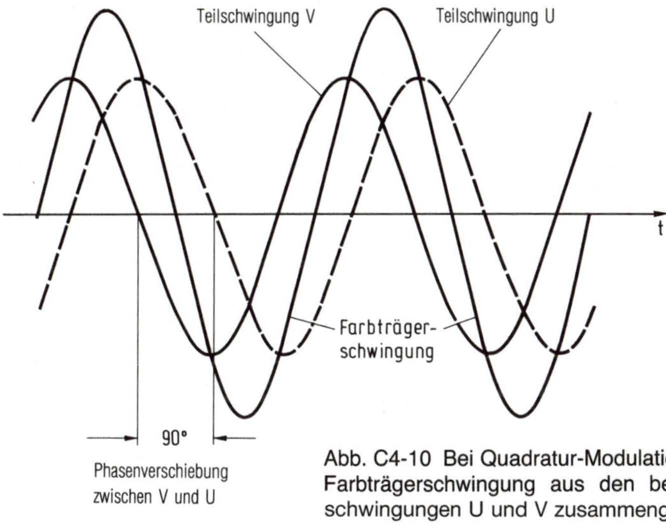

Abb. C4-10 Bei Quadratur-Modulation wird die Farbträgerschwingung aus den beiden Teilschwingungen U und V zusammengesetzt.

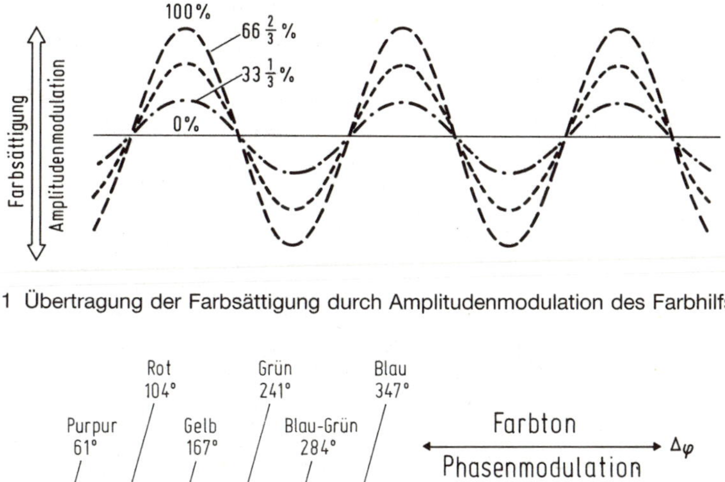

Abb. C4-11 Übertragung der Farbsättigung durch Amplitudenmodulation des Farbhilfsträgers

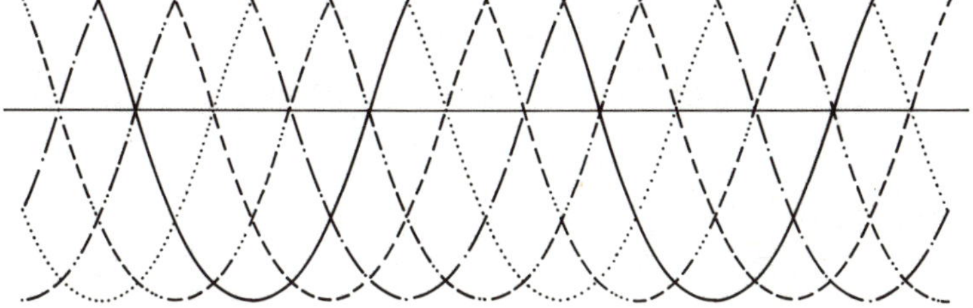

Abb. C4-12 Durch Phasenmodulation des Farbhilfsträgers wird der Farbton übertragen

beiden Schwingungen haben damit gegeneinander eine konstante Phasenverschiebung von 90°. Ordnet man diesen beiden in „Quadratur" (man spricht in diesem Falle auch von Quadratur-Modulation) befindlichen Teilschwingungen des Farbträgers die Farbkomponenten U und V – beziehungsweise die Farbdifferenzsignale (B–Y) und (R–Y) – zu, so ergibt sich nach Summierung der Teilschwingungen ein Farbhilfsträger, der genau mit der Länge des Farbvektors amplitudenmoduliert und mit dem Winkel des Farbvektors phasenmoduliert ist (*Abb. C4-10*).

Bei der Amplitudenmodulation (AM) folgt die Schwingungsweite des Farbträgers damit dem jeweiligen Farbsättigungssignal (*Abb. C4-11*). Bei der Phasenmodulation (PM) werden die Nulldurchgänge der Farbträgerschwingung dem jeweiligen Farbton entsprechend verschoben (*Abb. C4-12*).

4.5 Das Farbartsignal oder Chrominanzsignal

Durch die geometrische Addition (Abb. C4-9) entsteht das Farbartsignal F, das Farbton und Farbsättigung überträgt. Bei der Übertragung des Farbfernsehbildes überlagert man die Spannungswerte U_F des Farbartsignals den jeweiligen Werten des zugehörigen Luminanzsignals (*Abb. C4-13*). Durch die geometrische Addition der beiden Farbdifferenzsignale steigt die resultierende Amplitude des Farbartsignals U_F stark an, so daß die Gefahr besteht, den Modulator des Fernsehsenders zu übersteuern. Aus diesem Grunde reduziert man die Spannungswerte $U_{V\,(R-Y)}$ und $U_{U\,(B-Y)}$ der Farbdifferenzsignale wie folgt:

in der V-Achse auf $U_V = 0{,}877\ U_{(R-Y)}$ und
in der U-Achse auf $U_U = 0{,}493\ U_{(B-Y)}$.

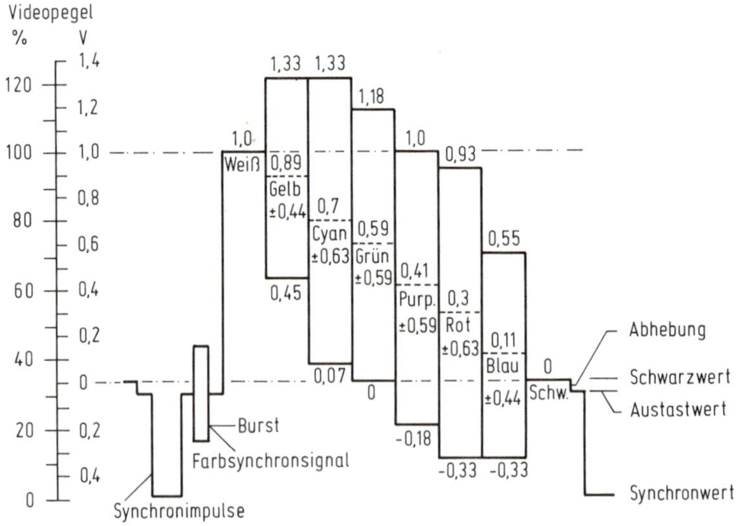

Abb. C4-13 Luminanz- und Chrominanz-Signal

Die Reduzierung erfolgt mit unterschiedlichen Faktoren, um möglichst günstige Verhältnisse zwischen Signal und Rauschabstand zu erreichen. Bei der Wiedergabe im Fernsehempfänger gleicht man diese Unterschiede durch entsprechende Dimensionierung der Farbdifferenzsignalverstärker wieder aus.

4.6 Das Farbsynchronsignal („Burst“)

Wie wir gesehen haben, wird der Farbton nach Abb. C4-9 durch den Winkel φ bestimmt, der sich aus der Stellung des Zeigers F gegen die Bezugsachse U bildet. Damit der gesendete Farbton vom Empfänger richtig wiedergegeben werden kann, muß senderseitig ein Bezugssignal geliefert werden, mit dem eine eindeutige Bestimmung dieses Winkels möglich wird. Diese Aufgabe übernimmt der Farbsynchronimpuls – Burst genannt –, der in jeder Zeile auf der hinteren Austastschulter des Zeilensynchronimpulses in Form von etwa 10 bis 12 Schwingungen des Farbträgers (f = 4,43 MHz) mitübertragen wird.

Empfangsseitig gewinnt man das Burst-Signal über geeignete Filter zurück. In Analogie zur Zeilensynchronisation synchronisiert der Burst über eine Phasenvergleichsschaltung einen „Referenz-Farbträger-Oszillator“. Dieser Oszillator synchronisiert den Demodulationsvorgang im Empfänger. Die Phase des Referenzfarbträgers muß mit der Phase der ursprünglichen Farbträgerschwingung genau übereinstimmen, damit die Farbdifferenzsignale in der richtigen Reihenfolge zurückgewonnen werden können.

4.7 Das PAL-Verfahren

Die bisher beschriebene Methode der Farbfernsehübertragung geht auf das im Jahre 1953 in USA eingeführte *NTSC*-Verfahren (National Television System Committee) zurück, das heute noch die Grundlage aller modernen Farbübertragungsverfahren darstellt. Als Nachteil des NTSC-Systems stellte sich bald heraus, daß der im Empfänger wiedergegebene Farbton im wesentlichen vom Phasenwinkel des empfängerseitigen Farbhilfsträgers beeinflußt wird. Hinzu kommen Fehler beim Sender und auf der Übertragungsstrecke, so daß die Phasenlage des Farbsignals gegenüber dem Burst verschoben wird. Diese Phasenabweichungen verschieben den Vektor des Farbartsignals, so daß alle Farben verfälscht wiedergegeben werden. Im Bereich der Hauttöne haben bereits geringe Abweichungen des Farbwinkels sehr unangenehme Auswirkungen.

Bei der Modifikation des NTSC-Systems für den europäischen Fernsehbereich ging es daher darum, Lösungen zu suchen, die Störungen des Übertragungsweges und deren Einfluß auf die Farbwiedergabe weitgehend auszuschalten. Ende des Jahres 1962 gelang W. Bruch eine geniale Lösung, der er den Namen PAL (Phase Alternation Line) gab [28].

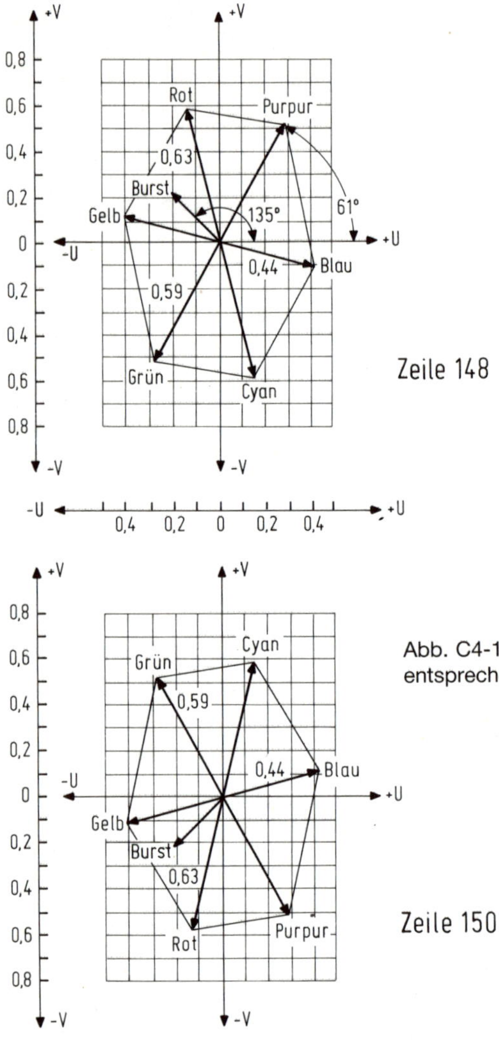

Abb. C4-14 Zeile 148 und 150 mit dem entsprechenden Zeigerdiagramm beim PAL-Verfahren

Beim PAL-Verfahren werden Phasenfehler des Übertragungsweges weitgehend kompensiert, so daß die Wiedergabequalität auch in gestörten Fällen erhalten bleibt. Wesentliches Merkmal von PAL ist die zeilenweise Umschaltung der Modulationsachse V des Farbsignals (*Abb. C4-14*). In diesem Beispiel ist das Zeigerdiagramm einer Farbbalkenfolge mit 100 % Sättigung für die Zeile 148 gezeichnet. Der Sender strahlt ein Farbartsignal U_F aus, bei dem das Farbdifferenzsignal $U_{(R-Y)}$ in Richtung der positiven V-Achse moduliert wird. Beim Zeilensprungverfahren folgt zeitlich auf die Zeile 148 direkt die Zeile 150. Bei Zeile 150 wird nun die Modulationsrichtung für das Signal $U_{(R-Y)}$ um 180° gegenphasig in die negative V-Achse umgeschaltet.

Das Gleiche gilt für den Burst, der von 135° bei Modulation in Richtung +V auf 225° bei Modulation in Richtung –V gedreht wird. Aus diesem Wechsel der Phasen-

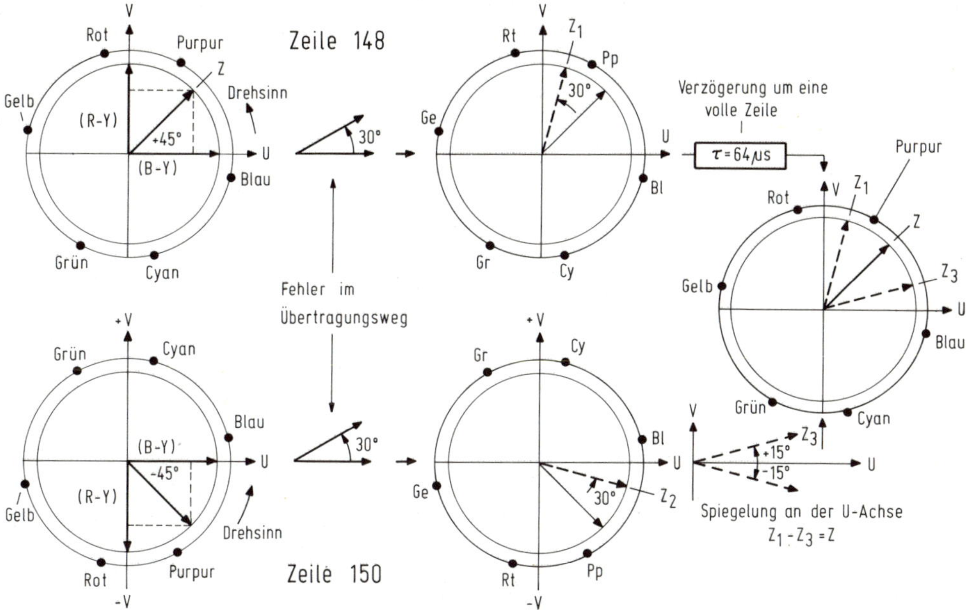

Abb. C4-15 Prinzip der Kompensation von Farbfehlern beim PAL-Verfahren

lage des Farbsynchronsignals können im Empfänger die notwendigen synchronen Steuerspannungen für den „PAL-Umschalter" der V-Informationen gewonnen werden. Auf die Phasenlage des Referenzfarbträgers im Empfänger hat dieser sogenannte „alternierende Burst" keinen Einfluß, weil die Zeitkonstanten der Phasenvergleichsschaltung so bemessen sind, daß sie den Wechsel nicht zur Wirkung kommen lassen.

Anhand von *Abb. C4-15* kann die Kompensation von Phasenfehlern erklärt werden. Das Farbfernsehgerät empfängt die Zeile 150 mit einem Farbartsignal, das im Original aus einem etwas bläulichen Purpur besteht. Auf dem Weg der Übertragung (der Empfänger ist dabei eingeschlossen) soll nun eine Phasendrehung von etwa 30° auftreten. Hierbei ändert sich der Farbton noch weiter in Richtung Blau. Als Folge daraus ergibt sich im Diagramm der Zeiger Z_2. Mit dem bereits oben erwähnten „PAL-Umschalter" wird nun der V-Anteil des Signals an der U-Achse gespiegelt, d. h. der Zeiger Z_2 wird in die Lage Z_3 gebracht. Zur Kompensation verzögert man außerdem das Signal der zeitlich vorhergehenden Zeile 148 (bei der der Sender in Richtung +V moduliert wurde) mit Hilfe einer Laufzeitleitung um 64 µs, also genau für die Dauer einer Zeile. Auch bei der Zeile 148 muß die Phasenabweichung 30° betragen. Weil aber die Modulationsrichtung $U_{(R-Y)}$ hier in Richtung +V lag, ist der Zeiger Z_1 in Richtung Rot, also genau entgegengesetzt zu Zeile 150, verschoben.

Addiert man nun die Signale von Zeile 150 (Zeiger Z_3) und das verzögerte (oder auch gespeicherte) Signal von Zeile 148 (Zeiger Z_1), so ergibt sich wieder das ursprünglich vom Sender ausgestrahlte Farbartsignal mit dem Zeiger Z. Bei dieser Kompensation setzt man voraus, daß der Bildinhalt zweier aufeinander folgender

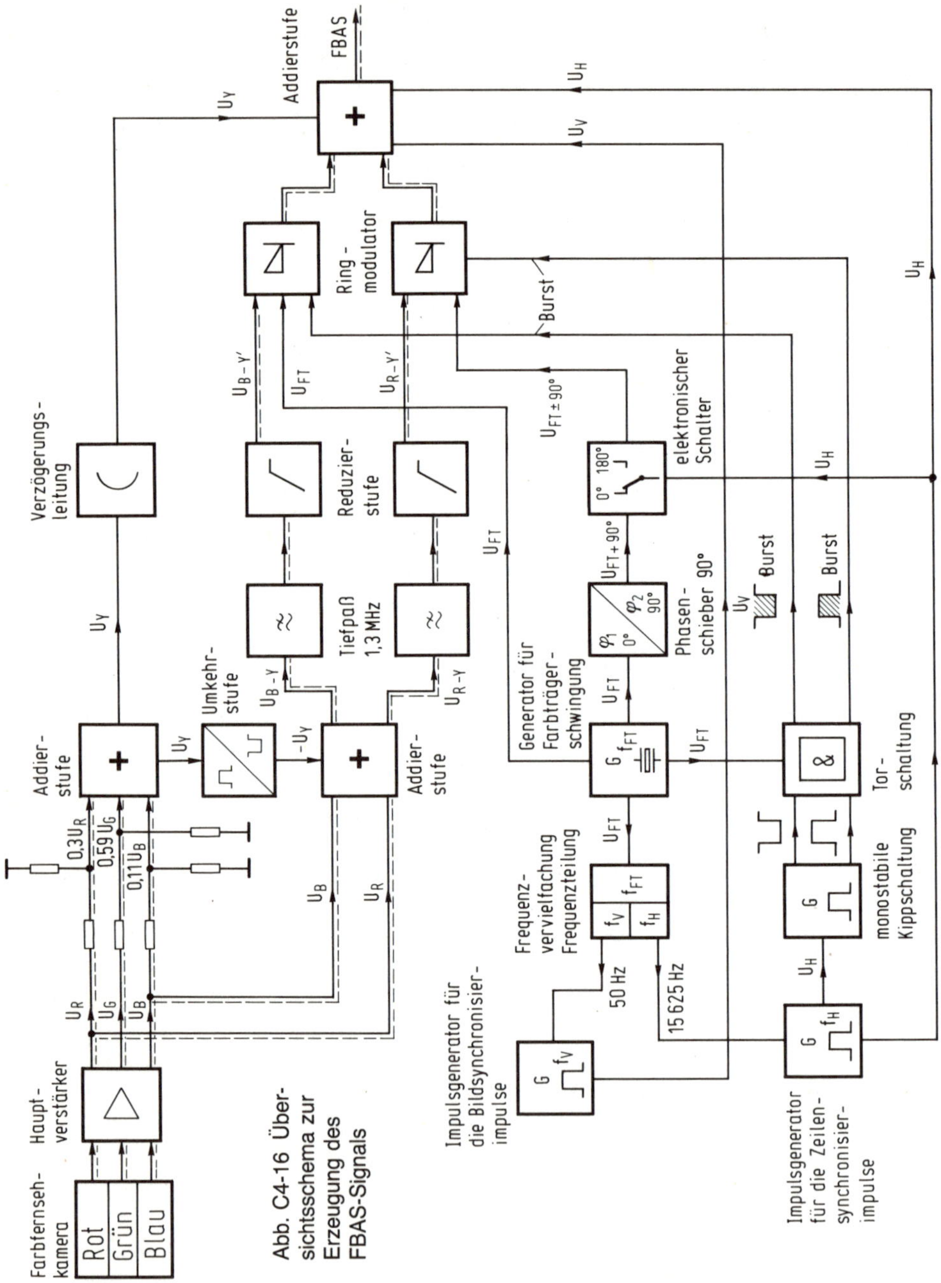

Abb. C4-16 Übersichtsschema zur Erzeugung des FBAS-Signals

Zeilen praktisch gleich ist. Wenn Differenzen der Farbinformationen der aufeinander folgenden Zeilen auftreten, so werden diese zusätzlich durch Bildung des Mittelwertes im Auge kompensiert.

In *Abb. C4-16* ist nun noch eine Übersicht für die Aufbereitung des kompletten FBAS-Signals (*F*arb + *B*ild + *A*ustast + *S*ynchron-Signals) gegeben, wie es einerseits zur Modulation eines Farbfernsehsenders und andererseits zur Aufzeichnung auf einer MAZ-Maschine (Magnetische Bild-Aufzeichnung) benutzt werden kann.

4.8 Das SECAM-Verfahren

Bei den Bemühungen um eine Verbesserung des NTSC-Systems entstand im Jahre 1957 in Frankreich das SECAM-System (*se*cuentuelle *à m*émoire) [29]. Im Gegensatz zu NTSC und PAL werden hierbei die Farbdifferenzsignale U und V nicht gleichzeitig, sondern abwechselnd Zeile für Zeile nacheinander übertragen (*Abb. C4-17*). Für die Steuerung der Farbbildröhre werden die Signale U und V jedoch gleichzeitig gebraucht. Das zuerst übertragene Farbdifferenzsignal (z. B. U) muß daher während der Übertragungszeit des zweiten Signals gespeichert werden. Dabei wird wieder von Zeile zu Zeile umgeschaltet. Der Speicher, dessen Speicherzeit – wie bei PAL – einer Zeile mit 64 μs entspricht, besteht häufig aus einem Glasstab von etwa 20 cm Länge. Er wird an einer Seite mit einem Wandler zu Ultraschallschwingungen angeregt, die am Ende des Stabes 64 μs später ankommen.

Obwohl im Empfänger zwei eigentlich gar nicht zueinander gehörende Farbdifferenzsignale zusammenkommen, wirkt dies nicht störend, weil sich die Farbinformationen zweier Nachbarzeilen nur geringfügig voneinander unterscheiden.

Der Farbhilfsträger wird bei SECAM frequenzmoduliert, so daß nichtlineare Verzerrungen der Amplitude und Phase geringen Einfluß auf die Übertragungsqualität haben. Hingegen ist dieses Verfahren empfindlich gegenüber Störungen bei kleinen Empfangsfeldstärken. Das Auflösungsvermögen bei Farbe ist in der vertikalen Achse systembedingt halbiert. Extreme Farbsprünge können eventuell Flimmereffekte hervorrufen.

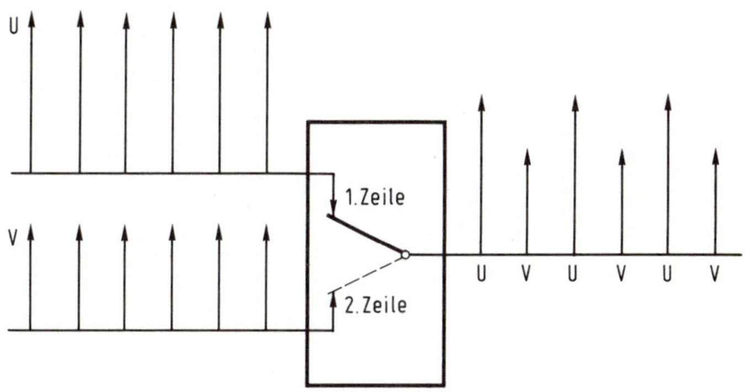

Abb. C4-17
Beim SECAM-Verfahren werden die Farbdifferenzsignale zeilenweise nacheinander übertragen

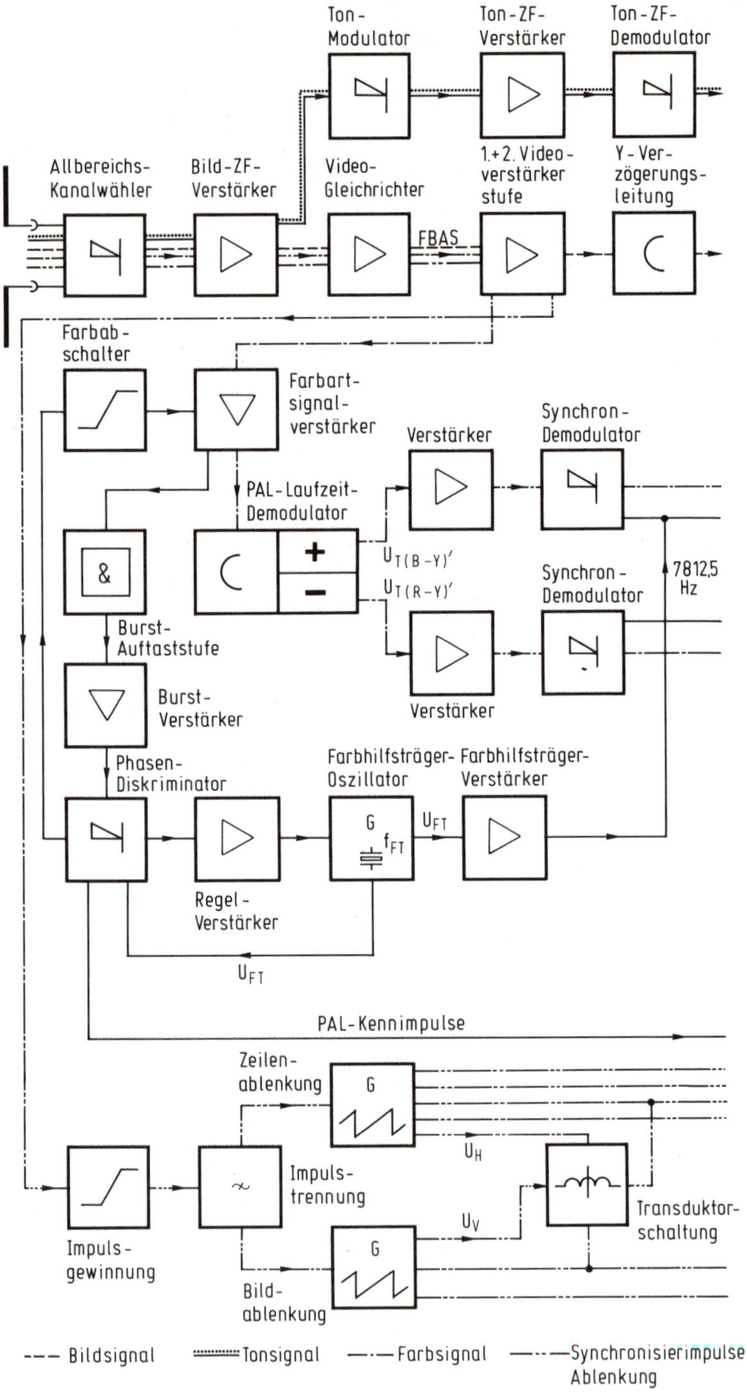
Ton-Modulator
Ton-ZF-Verstärker
Ton-ZF-Demodulator
Allbereichs-Kanalwähler
Bild-ZF-Verstärker
Video-Gleichrichter
1.+2. Videoverstärkerstufe
Y-Verzögerungsleitung
FBAS
Farbabschalter
Farbartsignalverstärker
Verstärker
Synchron-Demodulator
PAL-Laufzeit-Demodulator
&
+
−
$U_{T(B-Y)'}$
$U_{T(R-Y)'}$
7812,5 Hz
Burst-Auftaststufe
Synchron-Demodulator
Burst-Verstärker
Verstärker
Phasen-Diskriminator
Farbhilfsträger-Oszillator
Farbhilfsträger-Verstärker
G
f_{FT}
U_{FT}
Regel-Verstärker
U_{FT}
PAL-Kennimpulse
Zeilenablenkung
G
U_H
Impulstrennung
Transduktorschaltung
U_V
G
Impulsgewinnung
Bildablenkung
--- Bildsignal
Tonsignal
—·— Farbsignal
—··— Synchronisierimpulse Ablenkung

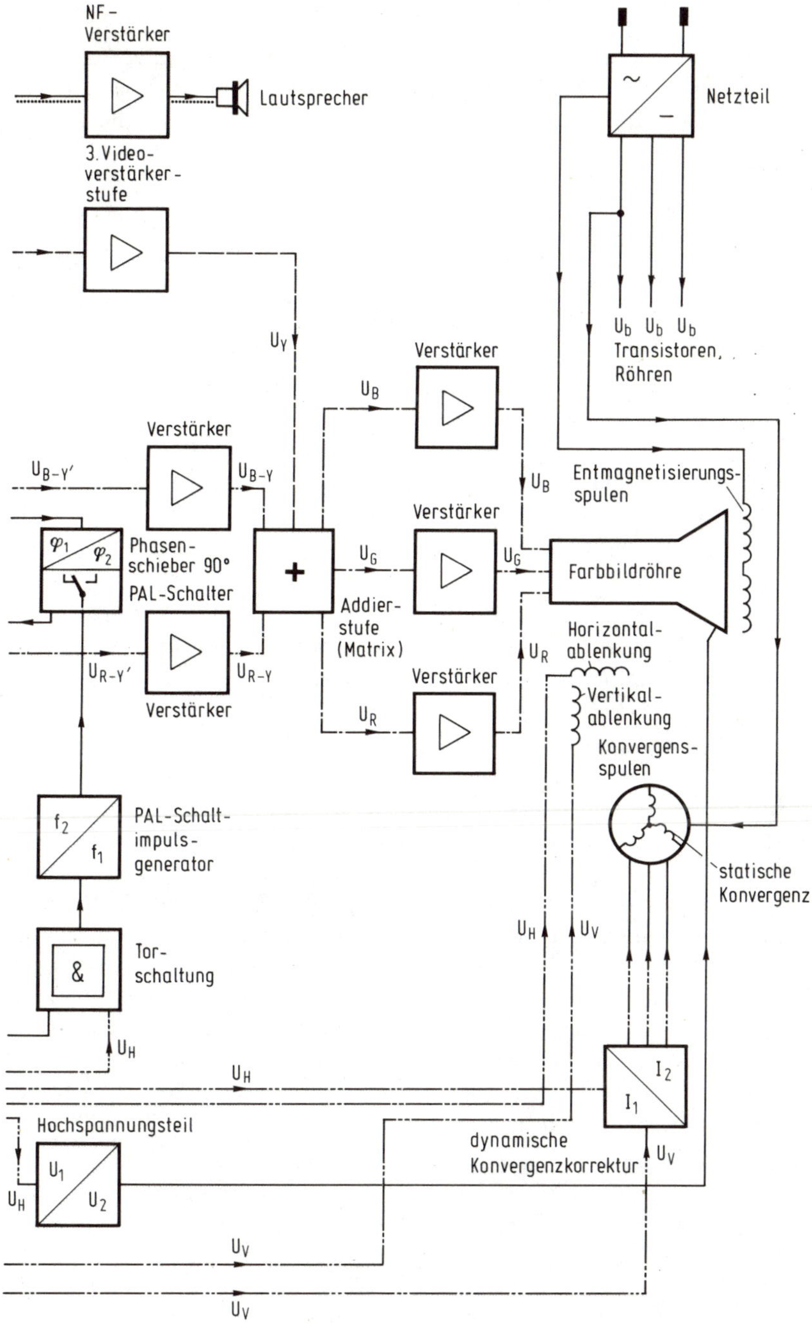

Abb. C4-18 Übersichtsschaltplan des PAL-Farbfernseh-Empfängers

4.9 Wiedergabetechnik

Der Wiedergabevorgang läßt sich relativ einfach am Prinzip eines Farbfernsehempfängers beschreiben (*Abb. C4-18*). Hochfrequenzseitig wird meist ein Allbereichstuner verwendet, der die VHF- und UHF-Eingangsspannungen verstärkt und in die Zwischenfrequenzspannungen umwandelt.

Die Ton-ZF-Spannung gewinnt man im Ton-Modulator nach der letzten Stufe des Bild-ZF-Verstärkers. Nach Auskopplung des Ton-Signals aus dem Bild-ZF-Verstärker wird dieses getrennt verstärkt, demoduliert und dem NF-Kanal zur Wiedergabe im Lautsprecher zugeführt.

Im Video-Gleichrichter gewinnt man nun das *FBAS-Signal* zurück. Das *Luminanzsignal* Y wird in der 1. Video-Verstärkerstufe vom Farbart-Signal getrennt, in einer 2ten Stufe verstärkt und der Y-Verzögerungsleitung zugeführt. Diese Verzögerungsleitung gleicht die Laufzeitdifferenz zwischen dem Luminanzsignal und den Farbdifferenzsignalen aus. Die unterschiedliche Laufzeit entsteht in den Verstärkern wegen ihrer unterschiedlichen Bandbreite. Über die dritte Video-Verstärkerstufe gelangt das Luminanzsignal zur Addierstufe (Matrix). Hier gewinnt man durch Dematrizierung der Farbdifferenzsignale die Farbsignalspannungen $U_{R\ (Rot)}$, $U_{G\ (Grün)}$ und $U_{B\ (Blau)}$ zurück.

Das *Chrominanzsignal* (Farbartsignal) wird aus der ersten Video-Verstärkerstufe ausgekoppelt und im Farbartverstärker verstärkt. Anschließend teilt man das Farbartsignal im *PAL-Laufzeit-Demodulator* in die Komponenten $U'_{T\ (R-Y)}$ und $U'_{T\ (B-Y)}$ auf.

Der *PAL-Laufzeit-Demodulator* enthält eine *PAL-Verzögerungsleitung*, die das Farbsignal um eine Zeile (64 µs) verzögert, eine Addierstufe und eine Subtrahierstufe. In der Addierstufe wird das verzögerte Farbartsignal der einen Zeile zu dem unverzögerten Farbartsignal der nächsten Zeile addiert. Da im Sender das Modulationsprodukt $U'_{T\ (R-Y)}$ von Zeile zu Zeile umgepolt wird, entsteht bei der Addition das Modulationsprodukt $U'_{T\ (B-Y)}$ (siehe auch Abschn. C.4.7.). Bei der Subtraktion des verzögerten Farbartsignals von dem unverzögerten Farbartsignal entsteht das Modulationsprodukt $\pm\ U'_{T\ (R-Y)}$. Beide Modulationsprodukte demoduliert man nach vorhergehender Verstärkung in den beiden Synchrondemodulatoren. Eine Demodulation der Modulationsprodukte ist allerdings nur möglich, wenn die Farbträgerschwingung hinzugesetzt wird. Zu diesem Zwecke wird die Farbträgerschwingung im Empfänger im Farbhilfsträger-Oszillator neu erzeugt, anschließend verstärkt und den Synchrondemodulatoren zugeführt.

Da das Modulationsprodukt $U'_{T\ (R-Y)}$ gegenüber dem Modulationsprodukt $U'_{T\ (B-Y)}$ in seiner Phase um 90° verschoben ist, muß auch die Farbhilfsträgerschwingung für das Modulationsprodukt $U'_{T\ (R-Y)}$ mit einem Phasenschieber um 90° phasenverschoben werden. Zur gleichen Zeit wird die Farbhilfsträgerschwingung mit dem „*PAL-Schalter*" von Zeile zu Zeile umgepolt. Auf diese Weise wird das Modulationsprodukt $U'_{T\ (R-Y)}$ bei negativer Modulation in positive Modulation umgesetzt. Aus den reduzierten Farbdifferenzsignalspannungen entstehen durch Verstärkung die Farbdifferenzsignalspannungen $U_{B-Y} = 2{,}029\ U'_{B-Y}$ und $U_{R-Y} = 1{,}14\ U'_{R-Y}$.

Die Farbsignalspannungen U_R, U_G und U_B gewinnt man in der Addierstufe (Matrix) aus den Farbdifferenzsignalspannungen U_{R-Y} und U_{B-Y} und der Signalspannung des Luminanzsignales U_Y wieder zurück. Nach Verstärkung führt man sie den Katoden der Farbbildröhre zu. Damit erreicht man, daß die Intensitäten der Strahlströme den Ausgangssignalspannungen der Farbfernsehkamera entsprechen.

Den Burst trennt man vom Farbartsignal in einer Burst-Auftaststufe, einer Torschaltung, die nur während des Zeilenrücklaufes geöffnet ist. Das verstärkte Burst-Signal führt man einem Phasendiskriminator zu. In diesem werden die Regelspannungen zur Nachsteuerung des Farb-Hilfsträger-Oszillators und für den Farbabschalter sowie die PAL-Kennimpulse zur Synchronisierung des PAL-Schalters erzeugt.

Die Regelspannung zur Nachsteuerung des Farb-Hilfsträger-Oszillators entsteht aus der Burst-Schwingung und aus der Schwingung des Farb-Hilfsträgers. Sie ändert sich, wenn die Phasenlage der Farb-Hilfsträger-Schwingung vom Sollwert abweicht. Diese Regelspannung wird im Regelverstärker verstärkt und steuert den Farb-Hilfsträger-Oszillator nach.

Der Farbabschalter (color-killer) schaltet den Farbempfangsteil im Falle einer Schwarzweiß-Fernsehsendung, zu kleiner Amplitude des Burstes, stark verrauschten Bildes oder nichtsynchronisierten Farb-Hilfsträger-Oszillators ab. Auf diese Weise ist auch bei einer Störung der Farbübertragung ein ungestörter Schwarzweiß-Fernsehempfang möglich.

Die PAL-Kennimpulse zur Synchronisierung des PAL-Schalters gewinnt man im Phasendiskriminator aus der von Zeile zu Zeile wechselnden Phasenlage des alternierenden Burstes. Als PAL-Schaltimpulsgenerator arbeitet eine bistabile Kippschaltung, die von den Zeilen-Synchronisier-Impulsen gesteuert wird. Die ausgangsseitigen Impulse des PAL-Schaltimpulsgenerators steuern den PAL-Schalter.

Die restliche Impulsgewinnung, Impulstrennung, Zeilen-Ablenkung, Bild-Ablenkung und Hochspannungserzeugung geschieht wie beim Schwarzweiß-Fernsehempfänger.

4.10 Die Übertragung der Video-Information mit Komponenten-Signalen

Die bisher beschriebenen Farbcodier-Systeme PAL, SECAM, NTSC, bei denen die Luminanz- und Chrominanz-Informationen gleichzeitig im Frequenz-Multiplexverfahren übertragen werden, stellen in gewisser Weise Kompromißlösungen dar, die in einer Zeit entstanden sind, als die Schwarz/Weiß-Technik noch weit verbreitet war. Schließlich wäre die Einführung des Farbfernsehens nicht möglich gewesen, wenn man damals nicht gleichzeitig eine hochwertige Schwarz/Weiß-Übertragung sichergestellt hätte. Die Unzulänglichkeiten dieser Systeme sind – neben anderen Nachteilen – wohl am deutlichsten an den Cross-Luminanz- und Cross-Color-Störungen zu erkennen, die durch die Farbträgerfrequenz entstehen. Für die terrestrische Ausstrahlung von Fernsehprogrammen werden sich diese Standard-Systeme jedoch noch lange erhalten.

Tabelle C2: Multiplex-Übertragung mit analogen Komponenten

System	Video-Signale	Audio-Signale
A-MAC	Frequenz-Multiplex (FDM) PAL/SECAM/NTSC	digital mit einem Hilfsträger zusätzlich zum Videosignal
B-MAC	Zeit-Multiplex (TDM) Zeitkompression: Luminanz 3:2 Chrominanz 3:1	digital im Zeitmultiplexverfahren in der horizontalen Austastlücke
C-MAC		digital, phasenmoduliert
D2-MAC		digital, phasenmoduliert mit duobinärer Codierung

Die Verbreitung der Programme über Fernmelde-Satelliten ließ nun die Frage nach einem zumindest in Europa einheitlichen, verbesserten Übertragungsstandard von neuem entstehen. Dabei sollten nicht nur die Bild- und Ton-Qualität verbessert, sondern auch Lösungen für Pay-TV und die Einspeisung in Kabelnetze gefunden werden. Umfangreiche, weltweite Studien führten im Ergebnis zu einer System-Familie, die die Multiplex-Übertragung mit analogen Komponenten (*MAC* = *m*ulti-plexed *a*nalog *c*omponent systems) beschreibt (*Tabelle C2*) [94, 95, 96, 97, 124].

Während das A-MAC-Verfahren bildseitig die bisherigen Frequenz-Multiplex-Systeme (PAL, SECAM, NTSC) beinhaltet, führen die B-, C- und D-MAC-Systeme qualitativ zu weit besseren Ergebnissen. Nämlich zu

- der völligen Beseitigung von Cross-Luminanz- und Cross-Color-Störungen,
- einem verbesserten Störabstand im Luminanz- und Chrominanzbereich,
- geringerer Empfindlichkeit bei unvollkommener FM-Übertragung und in
- einer besseren Kompatibilität zu künftigen HDTV-Systemen (Seite 246).

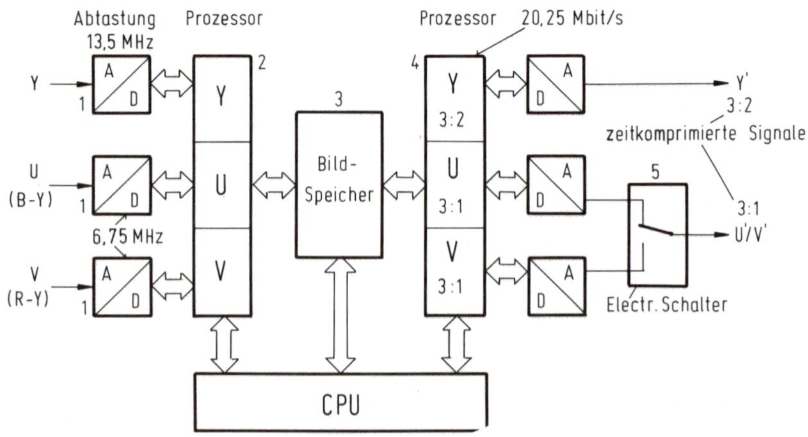

Abb. C4-19 Erzeugung eines zeitkomprimierten Komponenten-Signals

Die Philosophie der B-, C- und D-MAC-Verfahren besteht darin, die analogen Farb- und Helligkeitsinformationen nicht mehr gleichzeitig, sondern zeitlich nacheinander zu übertragen (*Abb. C4-19*). Hierzu werden das Luminanzsignal (Y) nach internationalem Standard mit einer Frequenz von 13,5 MHz und die beiden Farbdifferenzsignale (U) und (V) mit einer solchen von 6,75 MHz abgetastet (1) und deren Digitalwerte vom Prozessor (2) in einem Bild-Zwischenspeicher (3) abgelegt. Mit einer gemeinsamen Abtastrate von 20,25 MBit/s gibt der Prozessor (4) zeilenweise die Luminanzinformation mit einem Zeit-Kompressionsfaktor von 3:2 aus.

Neben dem Luminanzsignal erhält man am Ausgang des Prozessors (4) auch noch die beiden Farbauszugssignale (U) und (V), die jeweils im Verhältnis 3:1 zeitlich komprimiert sind. Diese Signale werden (wie bei SECAM) über einen elektronischen Umschalter (5) nacheinander von Zeile zu Zeile abwechselnd übertragen (*Abb. C4-20*). Das Prinzip der Komponenten-Übertragung findet auch bei Video-Bandgeräten (MAZ) zunehmend Verwendung (siehe Abschnitt E).

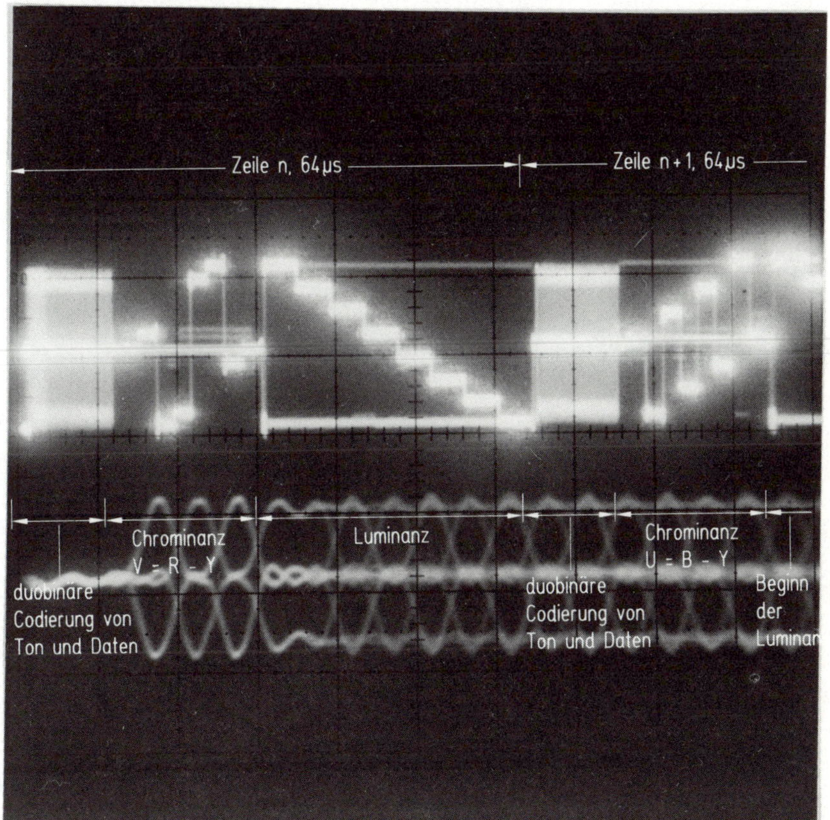

Abb. C4-20 Das Oszillogramm eines D2-MAC-Übertragungssignals. Deutlich sind die drei verschiedenen Pegel für die duobinäre Codierung der Audio- und Datenübertragung sowie die Trennung der Luminanz- und Chrominanz-Signale zu erkennen [95]

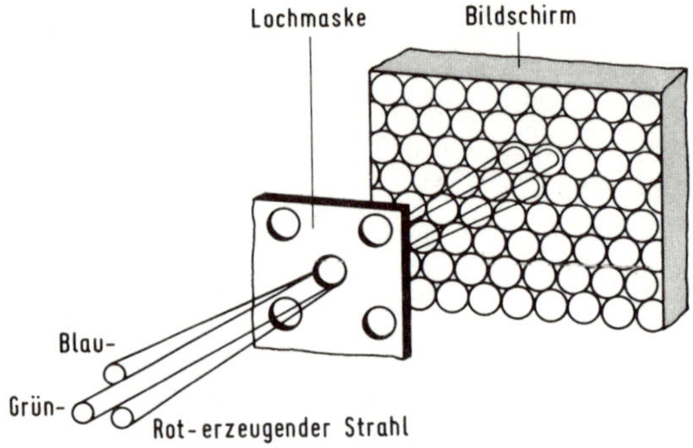

Abb. C4-21 Prinzipielle Anordnung von Lochmaske und Bildschirm mit Strahlengang für die Farbkanäle Rot, Grün und Blau

4.11 Farbbildröhren

Hauptbestandteil der heutigen Farbfernsehempfänger ist die – auf eine Entwicklung von RCA zurückgehende – Farbbildröhre. Sie enthält drei Katoden für die Erzeugung der Elektronenstrahlen, die den drei Farben R, G und B (Rot, Grün und Blau) zugeordnet sind. Die Katoden sind so angeordnet (*Abb. C4-21*), daß die emittierten Strahlen gemeinsam durch eines der 357 000 Löcher (Durchmesser etwa 0,35 mm) einer Lochblende (Schattenmaske) fallen. Hinter dieser Maske treffen die Strahlen auf eine Dreiergruppe – auch Farbtripel genannt – von rot, grün und blau aufleuchtenden Phosphorscheibchen. Der Bildschirm enthält in regelmäßiger Anordnung 3 x 357 000 = 1 071 000 Farbleuchtpunkte. Der Abstand zwischen Schirm und Maske beträgt etwa 11,5 mm, der der Farbtripel untereinander etwa 0,74 mm. Die gemeinsame elektromagnetische Ablenkung der drei Elektronenstrahlen ist so ausgeführt, daß dieselben auch noch am Bildrand gemeinsam durch das richtige Loch auf die zugehörigen Phosphorscheibchen fallen. Um Farbsäume zu vermeiden, verwendet man für jedes der drei Strahlsysteme zusätzliche Spulen zur Korrektur der Konvergenz.

Wenn wir von der Forderung ausgehen, daß praktisch alle in der Natur vorkommenden Körperfarben auf dem Bildschirm wiedergegeben werden sollen, so müssen wir ein Primärstrahlersystem wählen, das durch die Fläche aller natürlichen Körperfarben in der IBK-Normfarbtafel beschrieben wird (*Abb. A4-6*). Daß hierbei nur etwa die Hälfte der gesamten IBK-Norm-Farbfläche überdeckt wird, ist kein schwerwiegender Nachteil, weil die nicht abgedeckte Fläche ja nur den sehr selten vorkommenden hoch gesättigten Farben und den reinen Spektralfarben entspricht. Die genauen Farb-Koordinaten im IBK-Diagramm und ihre zugehörigen Wellenlängen sind in der Tabelle auf Seite 195 oben angegeben.

Im Unterschied zur vorher beschriebenen RCA-Bildröhre, bei der die Elektronenstrahlsysteme Delta-ähnlich angeordnet waren, verwendet man heute vielfach Röhren, deren Elektronenkanonen in einer Reihe nebeneinander – „in Line" – liegen. Damit werden die Konvergenzprobleme vor allem bei großen Ablenkwinkeln und kurzer Bauweise der Röhre geringer, weil zur Konvergenzeinstellung nur das rote und blaue Raster an das Grünraster angepaßt werden muß. Somit kommt man bei In-Line-Röhren mit relativ einfachen Konvergenzschaltungen aus (*Abb. C4-22*). Ein

Empfänger-Primärfarbe	Leuchtsubstanz Chemische Formel	Bezeichnung	Farbkoordinaten im IBK-Diagramm	Wellen-länge
Rot	$Y_2O_2S : E$	Yttriumoxi-sulfid Aktivator: Europium	x = 64 % y = 34 %	622 nm
Grün	(ZnCd)S : Cu	Zink-Cadmium Sulfid Aktivator: Kupfer	x = 31 % y = 60 %	542 nm
Blau	ZnS : Ag	Zink-Sulfid Aktivator: Silber	x = 15 % y = 6 %	453 nm

weiterer Vorteil der In-Line-Röhre ist die erhöhte Transparenz der Schlitz-Maske durch die größeren Löcher. Damit wird gegenüber der Lochmaskenröhre eine um etwa 18 % gesteigerte Helligkeit erreicht.

Eine weitere Variante auf dem Gebiet der Farbbildröhren ist die von der japanischen Firma Sony hergestellte *Trinitron-Röhre*, die als Schattenmaske ein Gitter besitzt, das aus parallel gespannten senkrechten Metallstreifen besteht. Auf dem Bildschirm sind dabei die Leuchtsubstanzen in nebeneinanderliegenden senkrechten Streifen-Triplets angeordnet. Bemerkenswert ist bei der Trinitronröhre auch ihre besondere Elektronenstrahlführung, bei der die drei Strahlen in einer gemeinsamen elektronenoptischen Linse fokussiert werden, obwohl sie aus jeweils getrennten Systemen stammen. Anschließend sorgen elektrostatische „Prismen“ dafür, daß sich die beiden äußeren Strahlen für Rot und Blau genau in der Ebene des Schattengitters schneiden, um dann „farbrein“ auf dem Bildschirm zu landen *(Abb. C4-23)*.

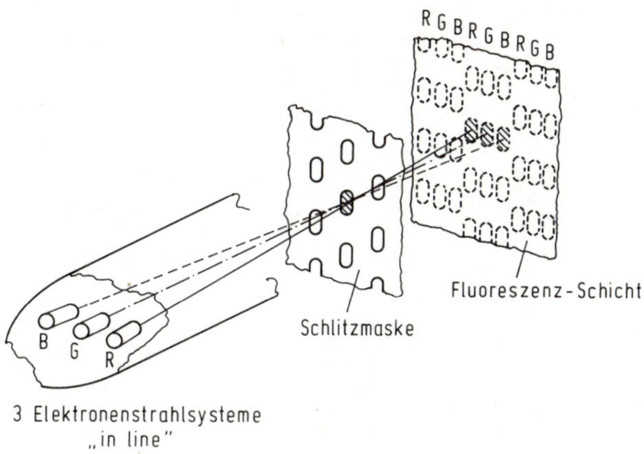

Abb. C4-22
Prinzip der In-Line-Farbbildröhre

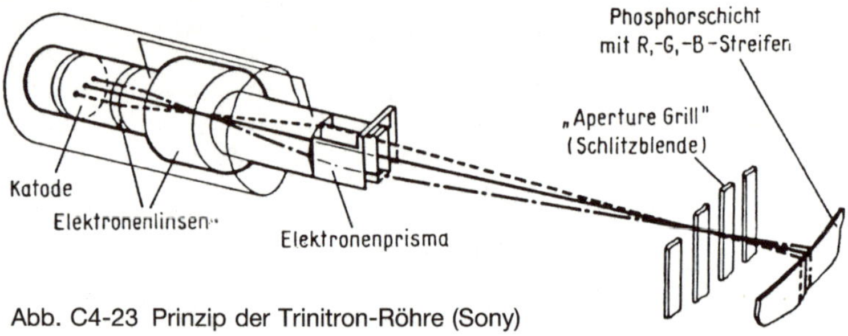

Abb. C4-23 Prinzip der Trinitron-Röhre (Sony)

4.12 Normen-Wandler

Der internationale Programmaustausch erfordert sehr häufig die Umwandlung der Videosignale gespeicherter Fernsehprogramme in eine andere Fernseh-Norm. So bedeutet beispielsweise die Umwandlung eines PAL-Signals nach NTSC nicht nur eine Reduzierung der Zeilenzahl von 625 auf 525, sondern auch eine Umwandlung der Halb-Bildfrequenz von 50 auf 60 Hz, dabei muß etwa jedes zweite Halbbild wiederholt werden. Bei der *Konvertierung* von NTSC nach PAL hingegen muß die Zeilenzahl erhöht und die Bildfrequenz durch Weglassen einzelner Halbbilder etwa nach der Beziehung

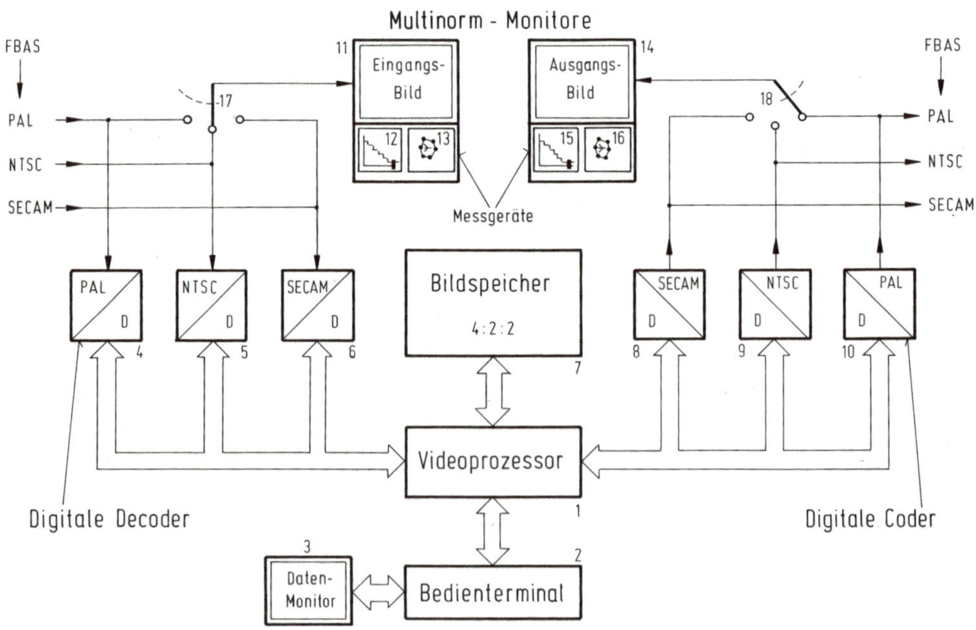

Abb. C4-24 Prinzip eines Normen-Wandlers (Standards-Converter)

$$\frac{AB}{2}\;\frac{AB}{2}\;\frac{AB}{2}\;\frac{A}{1}\;\frac{AB}{2}\;\frac{A}{1}\;\frac{AB}{2}\;\frac{AB}{2}\;\frac{AB}{2}\;\frac{A}{1}\;\frac{AB}{2}\;\frac{A}{1}\;\frac{AB}{2}\;\frac{AB}{2}\;\frac{AB}{2}$$

(A = 1. Halbbild / B = 2. Halbbild)

erfolgen.

Mit den modernen Mitteln der Digitaltechnik lassen sich solche Systeme heute mit überschaubarem Platzbedarf realisieren. *Abb. C4-24* zeigt das Prinzip eines Normen-Wandlers (*Standards-Converter*). Ein zentraler Video-Prozessor (1), der seine Befehle von einem Bedienterminal (2) erhält, steuert die einzelnen Decoder-Bausteine für PAL (4), NTSC (5) und SECAM (6), die die ankommende Information nach Abtastung direkt in die Digitalform überführen. Der Prozessor legt die decodierten Signale in einem *Bildspeicher* (7) zum Beispiel nach der CCIR-Empfehlung 601 im digitalen Komponenten-Standard 4:2:2 ab. – Die Komposition eines anderen Standards geschieht durch Auslesen der gespeicherten Signale in der gewünschten Zeilenzahl und Bildfrequenz und erfolgt über die digitalen Coder (8, 9 und 10). Die eingangs- und ausgangsseitigen elektronischen Schalter (17 und 18), die vom Bedienterminal aus aktiviert werden, dienen der Einstellung auf den gewünschten Standard. Das Programm kann mit Hilfe der *Mehrnormen-Monitore* (11 und 14) betrachtet und deren Signale mit den Wave-Form-Monitoren (12 und 15) und den Vektorscopen (13 und 16) überwacht werden.

5 Das Video-Studio

Den Begriff *Video-Studio* oder *Fernseh-Studio* kann man je nach Aufgabenstellung sowohl auf den gesamten Studiobereich, als auch auf eine einzelne Produktionseinheit innerhalb eines Betriebes anwenden.

Ein *Produktionskomplex* (*Abb. C5-1*) besteht in vielen Fällen aus

- dem *Aufnahme-Studio*, dem Raum des eigentlichen Spielgeschehens,
- der *Bild- und Lichtregie*,
- der *Bildkontrolle mit MAZ* (Magnetische Bildaufzeichnung),
- der *Regie*, einem großen Raum für den künstlerischen Stab,
- der *Tonregie*,
- dem *Tonträgerraum* und
- einigen *Nebenräumen*.

Die hier gezeigte Produktionseinheit stellt ein selbständiges Produktionszentrum dar, das über einen eigenen vollständigen Gerätepark verfügt.

Häufig findet man auch eine andere Anordnung vor, bei der sich Studios und Regieräume peripher um einen großen Geräteraum gruppieren. Ein solches Konzept erfordert jedoch ein umfangreiches Kommunikations-, Kommando-, Kontroll- und Steuerleitungsnetz, läßt aber eine etwas bessere Gerätenutzung zu.

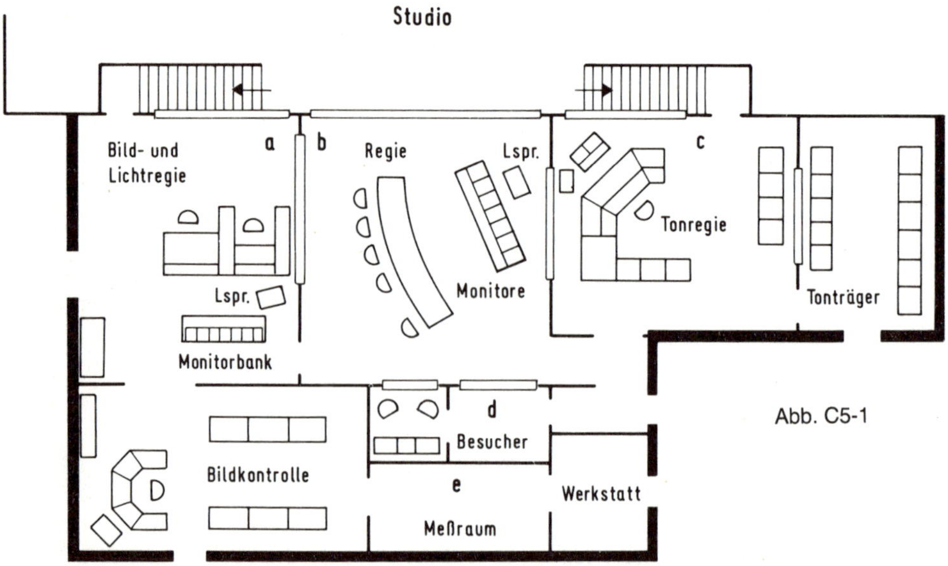

Abb. C5-1

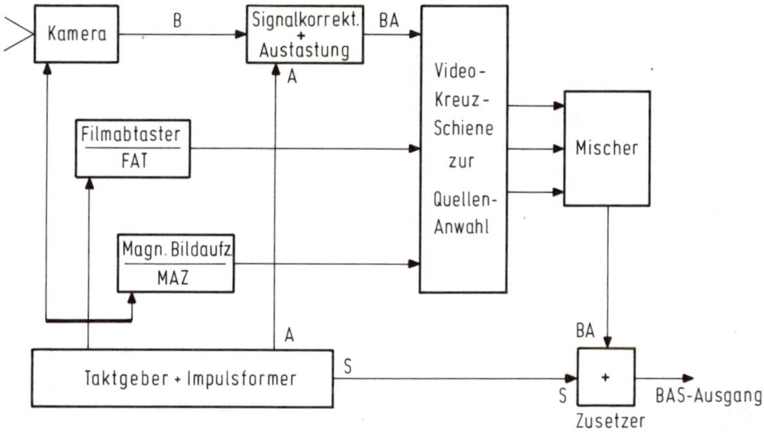

Abb. C5-2 Prinzip einer Bildproduktionseinheit in einem Video-Studio
MAZ = Magnetische Bildaufzeichnungsanlage
B = Bildsignal
BA = Ausgetastetes Bildsignal
BAS = Bild-Austast- und Synchronsignal, vollständiges Signal für die Übertragung in Schwarz/Weiß

Kamerabilder wechseln im Programm oft mit Magnetbandaufzeichnungen und Filmbildern ab. Es ist deshalb notwendig, rasch und störungsfrei von einer Bildquelle auf eine andere umschalten oder überblenden zu können. Auch wird des öfteren die *Mischung* zweier oder gar mehrerer Bildinhalte – vor allem bei der Darstellung *„elektronischer Tricks"* – angewendet (*Bildmischung, Trickmischung*). Dabei muß genau darauf geachtet werden, daß die verschiedenen *Bildsignale* keine unzulässigen *Pegel-* und *Laufzeitunterschiede* aufweisen. Beim Farbfernsehen nach dem PAL-System gilt diese Forderung auch für die Farbträger-Bezugsschwingung; *Laufzeitfehler* dürfen dort den Nano-Sekunden-Bereich oft nicht überschreiten. *Abb. C5-2* zeigt stark vereinfacht die wichtigsten videotechnischen Elemente einer Bild-Produktionseinheit.

Das Zusammenspiel aller Elemente einer Fernsehübertragung geht aus *Abb. C5-3* hervor. Darin sind im unteren Bereich die Studioeinrichtungen mit drei Video-Kamerazügen, die Misch-Einrichtungen (production switcher) mit Schriftgenerator (*character generator*), das *Graphic-Tablett* und die digitale Effekteinrichtung zu erkennen. Die Speicherung der Videosignale geschieht über eine zentrale Verteileinrichtung (*Kreuzschiene* – central-equipment-area) auf Video-Bandmaschinen oder auch in einem digitalen *Bildspeichersystem* (electronic *still store*). Filmteile können von einem Filmabtaster (*telecine*) zugespielt werden. Das endgültige bearbeitete Programm passiert vor der Ausstrahlung über den Fernsehsender (*transmission equipment*) noch eine Senderegie (*master control*), die auch mit einem Computer für den automatischen Programmablauf (transmission automation computer) verknüpft

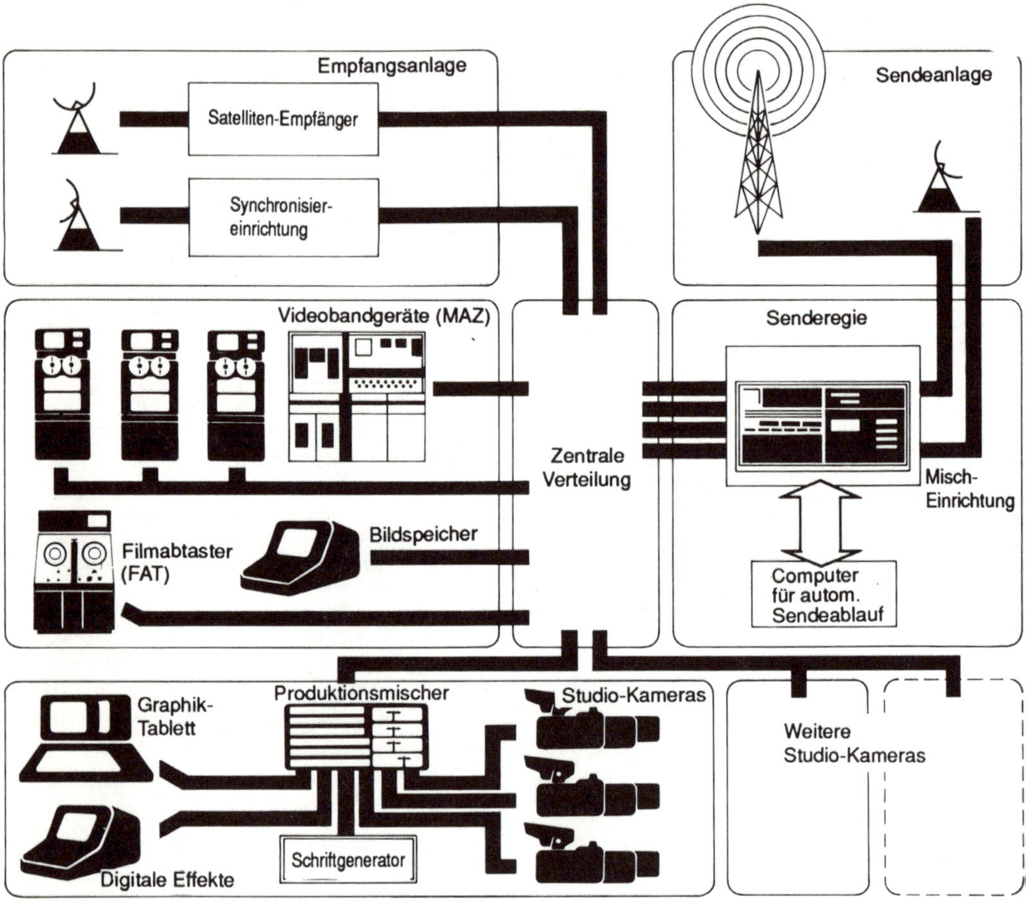

Abb. C5-3 Prinzip eines Fernsehstudios

sein kann. Die Anbindung einer Fernsehstation an das landeseigene oder internationale Kommunikationsnetz erfolgt bei kurzen Entfernungen über Kabelverbindungen, bei großen Distanzen über *Fernmelde-Satelliten*, die von einem Terminal bedient werden (terminal equipment).

6 Schneiden, Blenden und Mischen und elektronische Tricks

Die künstlerische Gestaltung eines Fernsehprogramms verlangt nach elektronischen Mitteln, die den Programminhalt in ähnlicher Weise verändern helfen, wie dies in der Filmtechnik möglich ist (siehe Abschnitt D.7.). Voraussetzung für eine einwandfreie Bearbeitung von Video-Signalen ist, daß ihre Zeitbasis und ihre Synchron-Signale (einschließlich Burst) sehr genau zueinander passen [30].

● *Der harte Schnitt*
Unter einem harten Schnitt versteht man den direkten Wechsel von einem zum anderen Bild-Inhalt. Dabei erfolgt ein Umschaltvorgang, der in der Regel durch eine Taste oder auch automatisch gesteuert ausgelöst werden kann. Dies ist auch dann der Fall, wenn zum Beispiel auf das letzte Bild eines Programms „Bildschwarz" folgen soll. Bei Bildschwarz enthält das Video-Signal nur noch das S-Signal und den Burst, die in jedem Falle weiter übertragen werden müssen, damit alle am Programmablauf beteiligten Geräte „im Takt" bleiben. Nur so kann man ohne Bildstörung wieder auf ein anderes Bild übergehen.

● *Aufblenden*
Für den allmählichen, weichen Übergang von Bildschwarz auf ein Ausgangsbild benutzt man ein Einstellglied, mit dem man den Pegel des Video-Signals kontinuierlich verändern kann. Da man dabei in der ursprünglich schwarzen Fläche des Bildschirmes gewissermaßen ein neues Bild entstehen läßt, bezeichnet man diesen Vorgang oft auch als „Einblenden".

● *Abblenden*
Hier handelt es sich um den Fall, bei dem das ausgangsseitige Bild in einem weichen Übergang allmählich auf Bildschwarz heruntergeregelt werden soll. Gelegentlich bezeichnet man diese Prozedur auch als Ausblendvorgang.

● *Überblenden*
Will man einen allmählichen Wechsel in einem weichen Übergang von einem Bildinhalt zu einem anderen Bild vollziehen, so muß man zwei Einstellglieder jeweils entgegengesetzt betätigen. In diesem Falle spricht man auch von einer X-Überblendung.

● *Mischen*
Ein Mischbild ergibt sich, wenn man zwei oder auch mehrere Einstellglieder teilweise oder auch ganz öffnet, so daß verschiedene Video-Signale gleichzeitig übertragen werden.

6.1 Der Mehrkanal-Mischer („Knob-a-channel-System")

Bei diesem System ist jedem Kanal ein Hand-Einsteller zugeordnet, mit dem der Verstärkungsgrad des jeweiligen Kanals verändert werden kann (*Abb. C6-1*). Bei einer solchen Anordnung besteht das Problem, daß die Addition der Luminanz- und Chrominanz-Anteile im „Summenweg" zu einer Übersteuerung des Video-Signals führen kann. Dies läßt sich mit einer Automatik-Schaltung vermeiden, die ein zu starkes Anwachsen und damit einen Überpegel verhindert. Eine einfache Begrenzung des Video-Signals allein würde jedoch kein befriedigendes Ergebnis liefern. Das System muß daher intelligenter sein und eine Reihe verschiedener Kriterien gleichzeitig berücksichtigen:

- Eine *Weißwertbegrenzung* schneidet alle Signalspitzen über 100 % ab.
- Durch *Pegelvergleich* bezieht sich die Signalbildung des Mischbildes sowohl auf den maximal möglichen Gesamtpegel von 100 %, als auch auf die jeweilige Position des Hand-Einstellers.

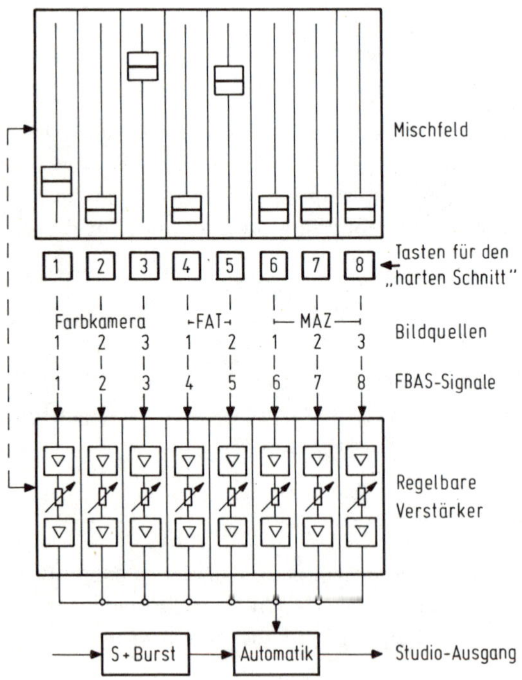

Abb. C6-1 Prinzip eines Mehrkanal-Mischers („Knob-a-channel-System")

- Eine *Weißwertautomatik* regelt das gesamte Bildsignal auf einen Sollwert, der sich auf den Spitzenweißwert des Summensignals bezieht.
- Die Automatik sorgt außerdem dafür, daß das *S-Signal* und der *Burst* im fertigen Mischbild stets *in normgerechter Größe* vorhanden sind.

6.2 Der AB-Mischer („Next-channel-System")

Je zwei Eingangssignale können hierbei über eine Kreuzschiene angewählt und überblendet werden (*Abb. C6-2*). Befindet sich der „Überblender" in einer der beiden Endstellungen, so liegt zum Beispiel nur die Bildquelle 1 am Ausgang des Mischers. Bewegt man den Überblendhebel in die andere Endposition, so wird auf Bildquelle 2 übergeblendet (X-Überblendung), während das Signal der Bildquelle 1 entsprechend abnimmt. Am Ausgang des Mischers liegt auf diese Weise immer ein Bildsignal mit einem Pegel von 100 %. Ergänzt man dieses System um weitere Kreuzschienen, so kann das bereits bearbeitete Signal in einem weiteren Mischverstärker auf die soeben beschriebene Weise noch mit einem anderen, neuen Bild gemischt werden. Oft enthalten einzelne AB-Mischer auch noch weitere Einheiten, mit denen sich neben den Misch- und Überblendfunktionen auch Tricks in großer Vielfalt darstellen lassen.

Abb. C6-3 zeigt die praktische Ausführung eines Produktions-Mischers der Fa. Grass-Valley. Neben einer Reihe von Tasten, die zur Anwahl der Video-Quellen auf die Eingänge der Überblender dienen, finden wir noch eine Vielzahl frei anwählbarer Kasch- und Schiebeblenden, die Bedienungselemente für spezielle Tricks (Chroma-key, border-line, hard-edge, soft-edge usw.) und die Knöpfe zur Einblendung von Schrift-Informationen. Darüber hinaus besitzt dieser Mischer eine sogenannte *Effects-Memory*, mit der die Misch- und Überblend-Abläufe zeitlich programmiert und gespeichert werden können.

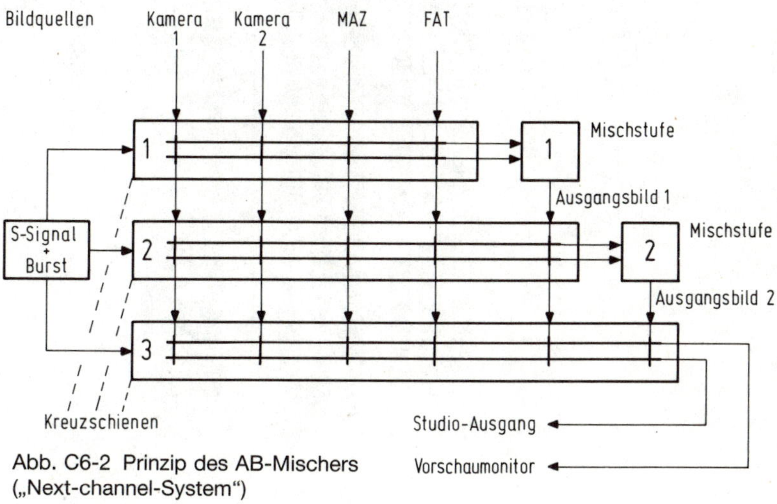

Abb. C6-2 Prinzip des AB-Mischers („Next-channel-System")

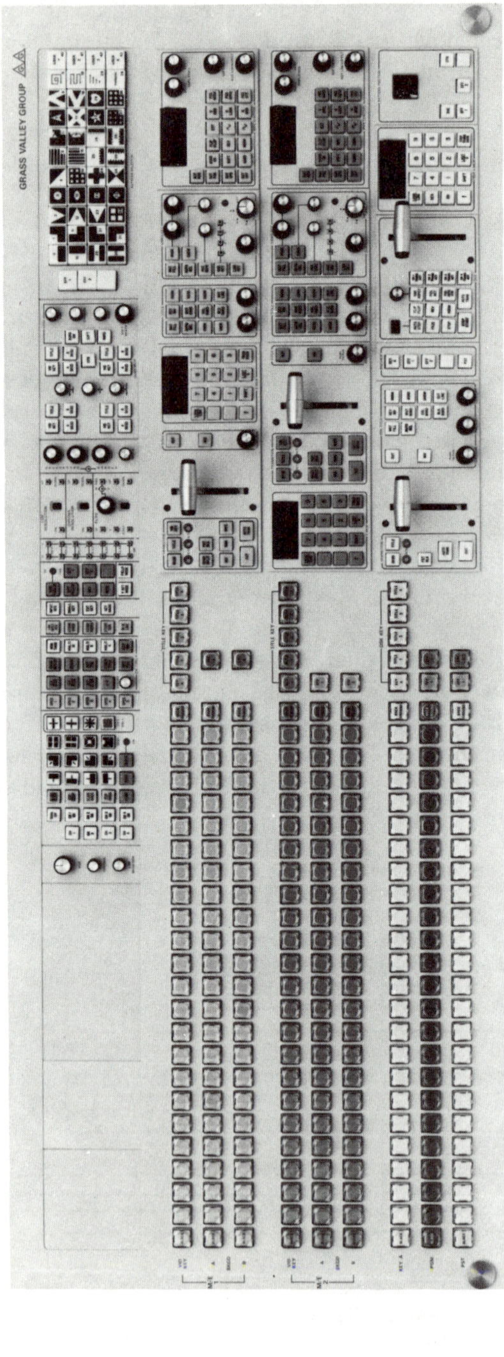

Abb. C6-3 Produktions-Mischer nach dem AB-System (Grass-Valley)

6.3 Der Standard-Trick

Trennt man zwei elektronische Bilder, die auf einem Schirm wiedergegeben werden, durch senkrecht, waagerecht oder diagonal verlaufende Linien, so spricht man von einem Standardtrick. Das Gleiche gilt auch für die Begrenzungslinien geometrischer Figuren, wie Kreise, Ellipsen, Quadrate usw.

Der Ablauf eines Standard-Tricks vollzieht sich auf etwa folgende Weise (*Abb. C6-4*). Die Video-Signale zweier beliebiger Bildquellen schaltet man auf die sogenannten „Bild-Inhalts-Eingänge" des Trickmischers. Dort wählt man die gewünschte Trickfigur (zum Beispiel ein Rechteck) vor. Nach dieser Geometrie erzeugt der Trickmischer ein Schaltsignal, das zwischen Bild 1 und Bild 2 hin- und herschaltet. Auf dem Bildschirm erhält man dann als Resultat an den jeweiligen Umschaltstellen die „Schnittkanten" der vorgewählten Trickfigur.

Trickmischer für professionelle Anwendungen verfügen in der Regel über eine Vielzahl verschiedener Trickfiguren, wie sie als Beispiel in Abb. C6-3 oben rechts zu sehen sind. Ihre Lage und Größe läßt sich im ausgangsseitigen Bild in weiten Grenzen verändern, so daß auch die entsprechenden Bildinhalte im Ausgangssignal entsprechend variabel sind.

Für die Erzeugung der Trickfiguren mit geraden Schnittkanten benötigt man Impulse mit sägezahn- oder dreiecksförmigem Spannungsverlauf. Kreis- und parabelförmige Verläufe erzielt man durch parabelförmige Spannungsimpulse, die man von Fall zu Fall mit einer der anderen Impulsarten kombiniert.

– *Verschieben*

Will man eine Trickfigur an eine bestimmte Stelle des Ausgangsbildes verschieben, so kann man zweckmäßig eine „Trickschieber-Schaltung" mit „Positioner" einsetzen. Nach dem Beispiel von *Abb. C6-5* läuft der Bildinhalt 1 über den Kanal 1 des

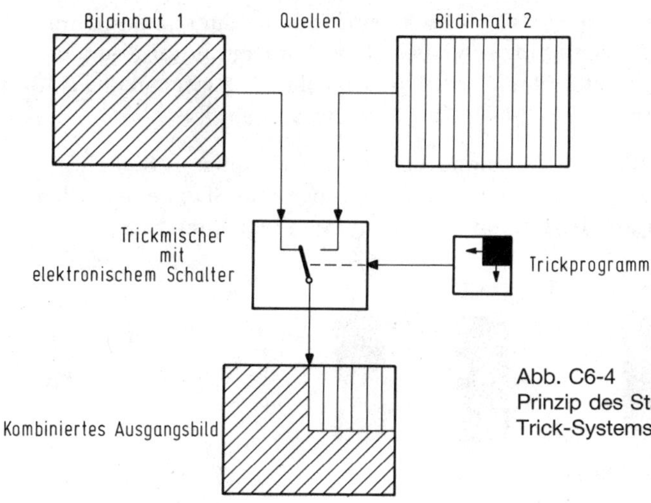

Abb. C6-4
Prinzip des Standard-Trick-Systems

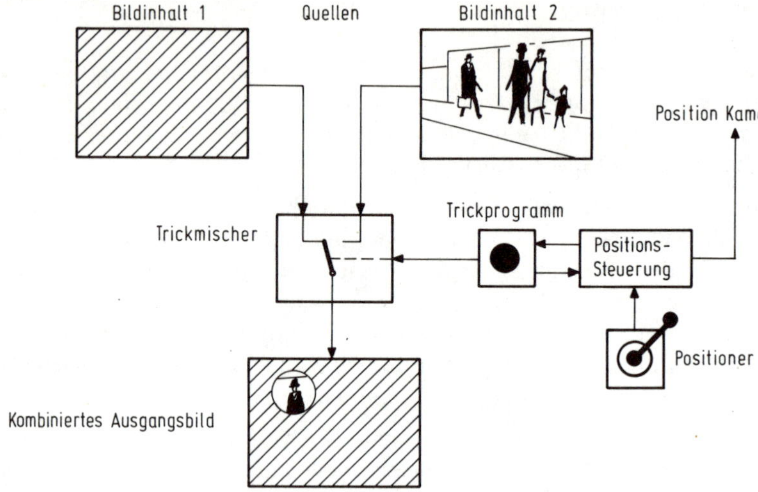

Abb. C6-5 Prinzip der Verschiebung einer Trickfigur

Trickmischers. Diese Bildinformation wird im normalen Takt des Fernsehrasters geschrieben. Als Trickfigur haben wir einen Kreis gewählt, in den wir den zweiten Bildinhalt einsetzen. Damit nun die kreisförmige Trickfigur verschoben werden kann, ist die Lage dieses Video-Signals nicht vom normalen Takt, sondern von anderen Impulsen zu steuern, die in der Positionssteuerung erzeugt und bei Bedienung des „Positioners" verändert werden können. – Wenn sich der Bildinhalt der Trickfigur nicht verändern soll, so muß die Video-Aufnahme-Kamera entsprechend nachgeführt werden.

– *Effekte durch Kantenmodulation*

Weitere Effekte bei Standard-Tricks sind durch Kantenmodulation möglich (*Abb. C6-6*). Sie läßt sich prinzipiell bei allen Trickfiguren anwenden. Zur Erzeugung dieser Effekte moduliert man die Schaltsignale, die zwischen den Bildinhalten 1 und 2 hin- und herschalten. Besonders wirkungsvoll sind:

– die Modulation der Kanten durch ein niederfrequentes Signal,
– die Modulation der Kanten durch die Programm-Signale der Schallübertragung,
– die Modulation der Kanten mit einem hochfrequenten Signal.

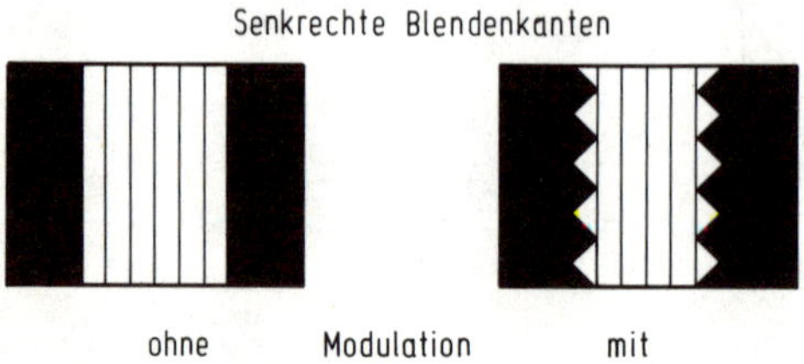

Abb. C6-6 Trickfigur mit und ohne Kantenmodulation

Moduliert man die Schnittkanten zum Beispiel mit einer Frequenz von 6 bis 7 MHz, so entstehen „unscharfe Kanten" („Soft-edge").

6.4 Inlay-Verfahren mit Fremdschablone

Trickmischer verfügen in den meisten Fällen nicht nur über die Bild-Inhaltskanäle 1 und 2, sondern sie besitzen auch noch einen *Schablonen-Kanal* (*Abb. C6-7*). Als Schablone verwendet man vielfach Schwarzweiß-Vorlagen, die von einer dritten Kamera aufgenommen werden. Wie bei den Standard-Tricks steuert das Schablonensignal die Umschaltung zwischen den Kanälen 1 und 2. Legt man auf scharfe Kanten besonderen Wert, so müssen die Schwarzweiß-Übergänge einen hohen Kontrast zeigen. Im Gegensatz zum Standard-Trickverfahren eröffnet das Inlay-System praktisch unbegrenzte Möglichkeiten, weil man der Schablone jede beliebige Form geben kann.

Eine Abwandlung des Inlay-Verfahrens stellt das *Overlay-Verfahren* dar. Hierbei ersetzt man das Signal der Fremdschablone durch eine Information, die man direkt aus dem Eingangssignal ableitet. In diesem Falle dient zum Beispiel ein heller Gegenstand, der sich mit hohem Kontrast von einem dunklen Hintergrund abhebt, als Schablone.

6.5 Das Chroma-Key-Verfahren

Beim Inlay-Verfahren war der Kontrastunterschied der Schablone zur Ableitung eines helligkeitsabhängigen Schaltimpulses (auch „Stanz-Signal" genannt) benutzt

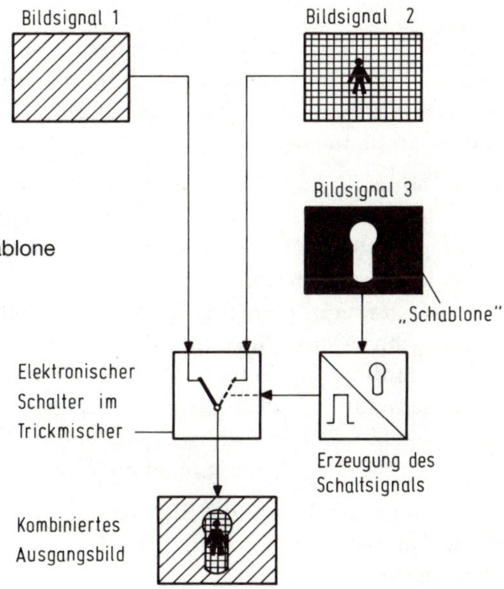

Abb. C6-7
Prinzip des „Inlay-Verfahrens" mit Fremdschablone

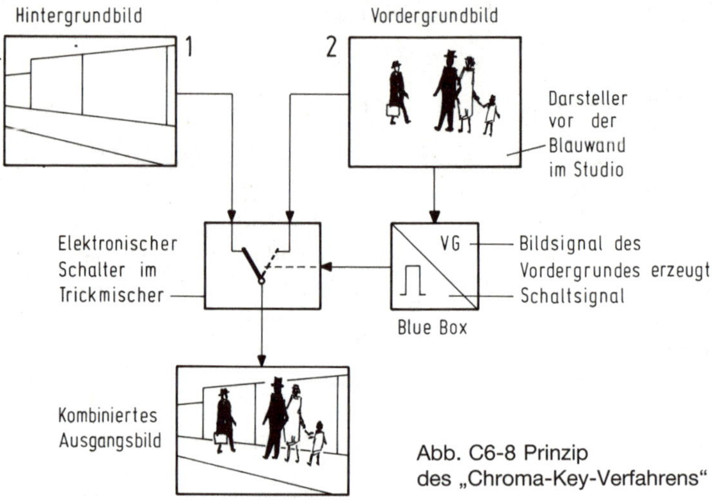

Abb. C6-8 Prinzip des „Chroma-Key-Verfahrens"

worden. Im Unterschied hierzu verwendet das Chroma-Key-Verfahren eine gesättigte Farbe als „Schlüssel" zur Erzeugung des Stanz-Signals (*Abb. C6-8*).

Das System eröffnet die Möglichkeit, eine im Studio spielende Vordergrundhandlung mit einem beliebigen Hintergrund zu kombinieren, der entweder von einer anderen Kamera gleichzeitig aufgenommen oder auch aus Archivbeständen zugespielt werden kann.

Als „Stanzfarbe" wählt man meist ein intensives Blau. Dies bedeutet in unserem Beispiel, daß die Vordergrundszene vor einer blauen Wand (Blue-Screen) mit der Kamera 2 aufzunehmen ist. Im Bild des Vordergrundes darf die Farbe Blau allerdings nicht vorkommen.

Das Video-Signal der Vordergrund-Kamera 2 wird nun auf zwei Wege aufgeteilt. Es gelangt einerseits über den Bildinhaltskanal 2 direkt auf den Trickmischer, zum anderen bildet man ein elektronisches Schaltsignal, das in einer „Blue Box" erzeugt wird. Dieses Schablonensignal zeigt bei dem blauen Hintergrund einen hohen Pegel, bei allen anderen Farben Null-Pegel. Bei Betrachtung dieses Signals würde eine im Vordergrund stehende Person als schwarze Schablone auf dem sonst weißen Schirm eines Monitors erscheinen. Das Schablonensignal steuert nun den elektronischen Umschalter im Mischer dergestalt, daß bei Null-Pegel (Schwarz) nur das Vordergrundsignal und bei Vollpegel (Weiß) das Hintergrundsignal der Kamera 1 oder ein beliebiges anderes Video-Signal auf den Mischer-Ausgang gelangt.

An Stelle der Stanzfarbe Blau ist auch noch Grün gebräuchlich. Theoretisch wäre auch Rot denkbar, allerdings ist hier kaum zu vermeiden, daß diese Farbe im Vordergrund vorkommt.

6.6 Ultimatte, ein elektronisches Maskenverfahren

In der Filmtechnik wendet man seit langem verschiedene „*Wandermasken-Verfahren*“ (*Travelling-Matte*, siehe Abschnitt D7.3.3) an. Dabei wird immer ein Vordergrundfilm und ein Hintergrundfilm belichtet, wobei einer der beiden Filme auf Schwarzweiß-Material hergestellt wird und somit die Funktion einer Maske hat. Diese Maske besteht nicht nur aus rein weißen und tief schwarzen Elementen wie beim Scherenschnitt, sondern je nach Anteil des zum Beispiel blauen Hintergrundes zeigt der Film auch eine komplette Abstufung von Grauwerten, die das Licht bei der späteren Kombination durch Übereinanderkopieren in graduell unterschiedlicher Weise zurückhalten. Der Grauwert des Maskenfilmes ist also abhängig davon, in welchem Maße die Intensität der Farbe der blauen Hintergrundwand geschwächt wurde. Die Maske deckt gewissermaßen zu 100 % ab, wenn ein Schauspieler vor der Blauwand steht. Bei transparenten Gegenständen (z. B. Glas oder Rauch usw.) wird eine geringere Deckung erreicht. Das Maskenverfahren ist in seiner Wirkung mit einem Transparentüberdecker vergleichbar, den man auf ein Foto legt. Ist die Farbe des Überdeckers ausreichend dicht, so wird vom Hintergrundfoto an dieser Stelle nichts mehr zu sehen sein. Ist die Farbe des Überdeckers transparent, so scheint der Hintergrund durch.

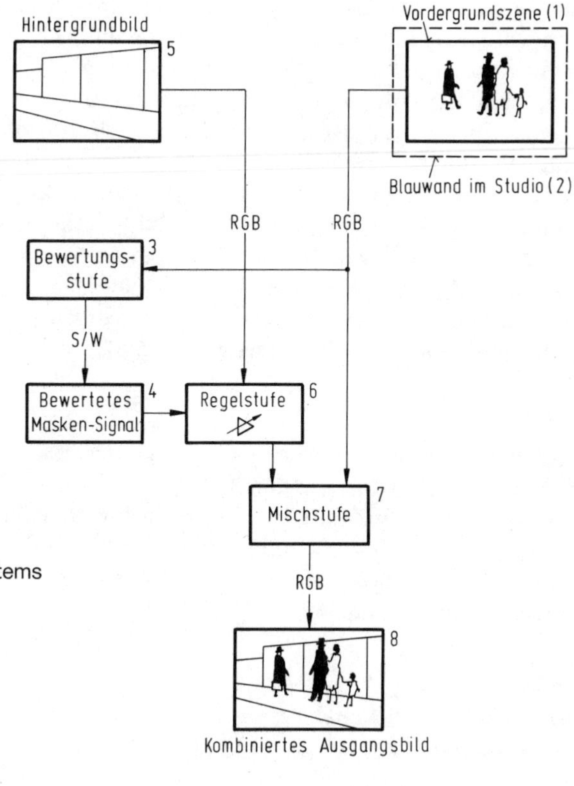

Abb. C6-9 Prinzip des Ultimatte-Systems

Beim *Ultimatte-System* werden die Methoden des Wandermasken-Verfahrens der Filmtechnik auf die Videotechnik übertragen (*Abb. C6-9*). Wie beim vorher behandelten Chroma-Key-Verfahren wird hinter die Vordergrundszene (1) ein blauer (oder grüner) Hintergrund (2) gestellt. Eine Bewertungsstufe (3) vergleicht den spektralen RGB-Anteil der Blauwand bildpunktweise mit dem Farbsignal der Vordergrundszene und erzeugt daraus ein bewertetes Masken-Signal (4). Die Intensität des Maskensignals kann – je nach Transparenzgrad des Vordergrundes – in allen Grauschattierungen zwischen Schwarz und Weiß liegen. In einer Regelstufe (6) wird dann das gewünschte Hintergrundbild (5) der Amplitude des S/W-Masken-Signals gemäß in allen drei Farbkanälen (R/G/B) gewichtet, partiell verändert und mit dem Vordergrundbild (1) in der Mischstufe (7) zusammengefaßt.

Durch diese Intensitätsmodulation des Hintergrundbildes in Abhängigkeit vom Transparenzgrad der Vordergrundszene lassen sich nun auch transparente Körper, wie Rauch, Glas u. v. a., im Trick vor einem beliebigen Hintergrund darstellen. Auch werden auf die Blauwand fallende Schatten voll in das Hintergrundbild integriert [83].

6.7 Digitale Trickeffektverfahren

Bei der elektronischen Nachbearbeitung (Postproductioin) mit kreativer Trickgestaltung entstehen die Programme oft in vielen nacheinander ablaufenden Produktionsschritten, die eine häufige Überspielung der Video-Signale erfordern. Dabei bestimmt der künstlerische Anspruch des Regisseurs die Anzahl der aufeinanderfolgenden Bearbeitungsstufen und damit auch die Zahl der „Generationen" des Video-Signals. Bei der herkömmlichen Analogtechnik nimmt die Qualität des Videosignals mit der Zahl der Bearbeitungsschritte ständig ab (siehe Abschnitt C3.6.1). Eine von „Generationen" unabhängige Bearbeitung hoher Qualität ist daher nur mit digitaler Technik möglich. Zur Digitalisierung eines Videosignals benutzt man nach internationalem Standard (CCIR-601) eine „Quantisierung" von 8 Bit, die 256 „Vergleichsstufen" entspricht. Nach dieser Festlegung ist die „Samplingrate" jeweils das Vielfache einer „Basis-Abtastfrequenz" von 3,375 MHz. Häufig verwendete Systeme sind:

4:2:2

Die erste Zahl gibt den Faktor für die Abtastrate des Luminanz-Signals an, das mit der vierfachen Grundfrequenz (4 × 3,375 MHz) = 13,5 MHz abgetastet wird. Die zweite und dritte Zahl gibt den Faktor für die Abtastraten der Farbkomponenten U und V an, die mit der zweifachen Grundfrequenz (2 × 3,375 MHz) = 6,75 MHz zur Abtastung kommen. Der Datenstrom eines digitalisierten 4:2:2-Signals beträgt 216 Mega-Bit pro Sekunde.

4:4:4

Bei diesem Drei-Kanal-System werden alle Komponenten zur Digitalisierung (z. B. auch von RGB-Signalen) mit vierfacher Grundfrequenz abgetastet.

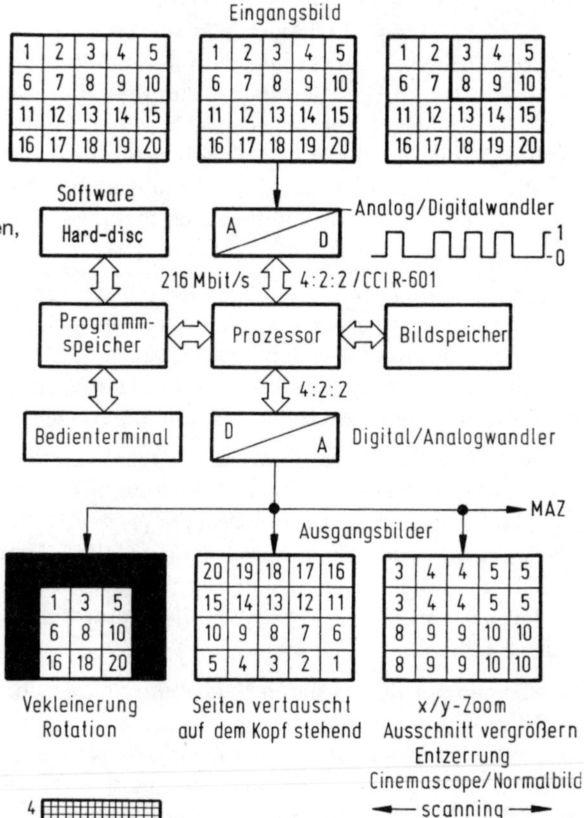

Abb. C6-10a Digitales Trickverfahren, Prinzip

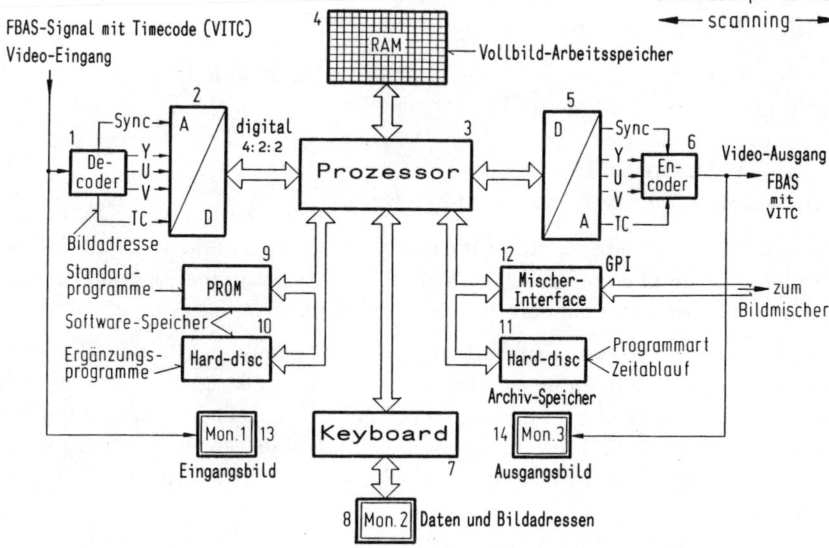

Abb. C6-10b Prinzip eines digitalen Trickeffektsystems

Prinzipiell kann man nach *Abb. C6-10a* die starre Zuordnung von Bildpunkten und Zeilen einer Standard-Videoinformation mit Hilfe eines Prozessors, der mit einem digitalen Bildspeicher korrespondiert, auflösen. Hierzu wird das ursprüngliche Videosignal nach Umwandlung in die Digitalform von einem Prozessor bildpunktweise im Bildspeicher abgelegt. Über ein Bedienterminal ruft man dann das gewünschte Programm zur Bildbearbeitung auf. Software-abhängig setzt der Prozessor die im Bildspeicher abgelegten einzelnen Bildbausteine (Bildelemente oder „Pixels") in einer anderen Reihenfolge zu einem völlig veränderten neuen bewegten Bild zusammen.

Moderne digitale Video-Systeme für optische Tricks verarbeiten sehr große Datenmengen und sind je nach Konfiguration in der Lage, auch mehrere Vollbilder zu speichern. Sie sind unter den Markennamen *„ADO"* (Ampex-Digital-Optics), *„Quantel-DPE"*, *„Mirage"*, *„Kaleidoscope"*, *„Encore"* usf. bekannt. Im Prinzip arbeiten diese Einrichtungen nach dem in *Abb. C6-10b* gezeigten Verfahren.

Als Bildquelle soll in unserem Beispiel am Eingang des Systems ein Signal von einer Video-Kamera oder MAZ-Maschine anstehen. Sofern es sich um ein FBAS-Signal handelt, wird dieses im Decoder (1) in eine Information umgewandelt, die das Y/U/V-Signal, einen Zeit-Adreß-Code (SMPTE-Time-Code) und den Sync-Impuls enthält. Ein Analog/Digital-Wandler (2) überführt diese Signale in die Digitalebene, so daß sie von einem Prozessor (3) in einem RAM-Vollbildspeicher (4) abgelegt werden können.

In Abhängigkeit von der verfügbaren Software, die entweder in Form von „Standard-Programmen" (9) oder auch als „Ergänzungsprogramm" (10) zur Verfügung steht, kann nun von einem key-board (7) mit Datenmonitor (8) aus die Korrespondenz mit dem Prozessor (3) und der kreative Prozeß der „Bildveränderung" beginnen. Die bekanntesten Bildveränderungen durch Digital-Effekte sind:

- die Positionierung einzelner, getrennter Bilder auf dem Schirm,
- zwei- bis n-fache Teilungseffekte,
- Echo- und Iterationseffekte,
- Bildgrößenveränderungen,
- Rotationstricks in allen Achsen und so weiter.

Der menschlichen Phantasie sind für die Art und den zeitlichen Ablauf der Bildveränderungen kaum Grenzen gesetzt. Dies ist letztlich nur eine Frage der Programm-Software, die von den Speichern (9) und (10) in das System gelangt.

In der Phase der Endbearbeitung von Videoprogrammen (*Post-Production*) sind häufig viele, zu verschiedenen Zeiten ablaufende, Tricks gefragt, die mit anderen Quellensignalen gemischt werden müssen. Für diese Zwecke besitzen digitale Trickeffekt-Systeme Interface-Einrichtungen, die über eine genormte Schnittstelle den Daten- und Befehlsfluß zwischen dem Mischer und dem Trickeffektgerät sicherstellen.

Abb. C6-10b zeigt lediglich das Prinzip eines einkanaligen digitalen Systems für optische Effekte. In großen Studios findet man oft auch mehrkanalige Geräte, die die gleichzeitige Veränderung mehrerer Quellensignale und deren Verknüpfung untereinander auf phantasievolle Weise ermöglichen.

6.8 Die Paintbox

Durch die Verknüpfung von Computer- und Videotechnologie entstanden Systeme, die dem normalerweise mit Zeichenstift und Pinsel künstlerisch arbeitenden Graphiker das elektronische Pendant in Form eines Schreibgriffels und einer „elektronischen Palette" zur Hand geben (*Abb. C6-11a*). Um den Künstler bei seiner Arbeit möglichst frei von technischem Beiwerk zu halten, hat sich für den Dialog mit dem Prozeß-Rechner (3) das „graphische Tablett" (1) allgemein durchgesetzt. Hierbei handelt es sich um eine Zeichenfläche, die eine nach Koordinaten geordnete und dem Fernsehbild entsprechende Anzahl von Sensorpunkten besitzt. Der auf Druck ansprechende Griffel ist mit dem Rechner (3) direkt verbunden. Der Rechner (3) korrespondiert seinerseits mit den RAM-Bildspeichern A und B (4 + 5). Sollen vorhandene Bildvorlagen verändert werden, so können diese von einer Video-Kamera, einem Videoband (MAZ) oder auch aus einer *Library* (6) bzw. von einer Harddisc (7) geliefert werden. Aufgrund der „Befehle", die der Rechner (3) vom graphischen Tablett (1) erhält, wird das veränderte Bild zunächst in den Bildspeicher –B (5) eingeschrieben. Dabei kann es laufend durch neue Befehle verändert werden. Ist die Bearbeitung abgeschlossen, so kann das „endgültige Bild" in einer

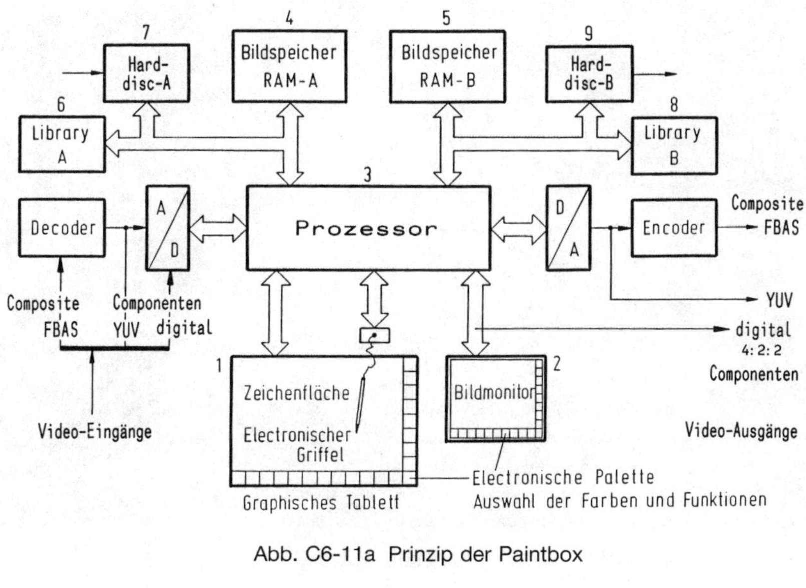

Abb. C6-11a Prinzip der Paintbox

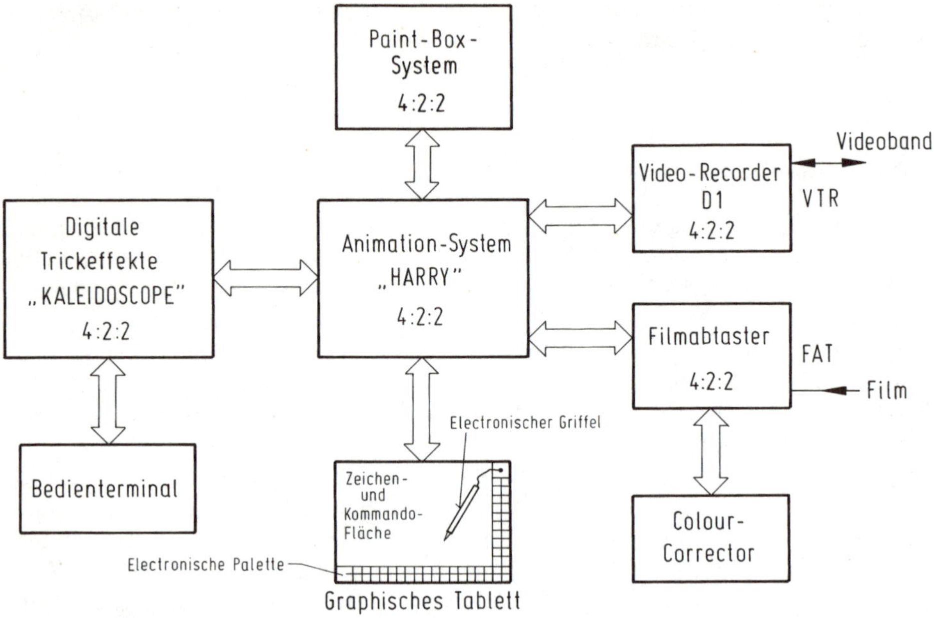

Abb. C6-11b Eine digitale „Work-Station" mit Paint-Box, „KALEIDOSKOPE" und „HARRY"

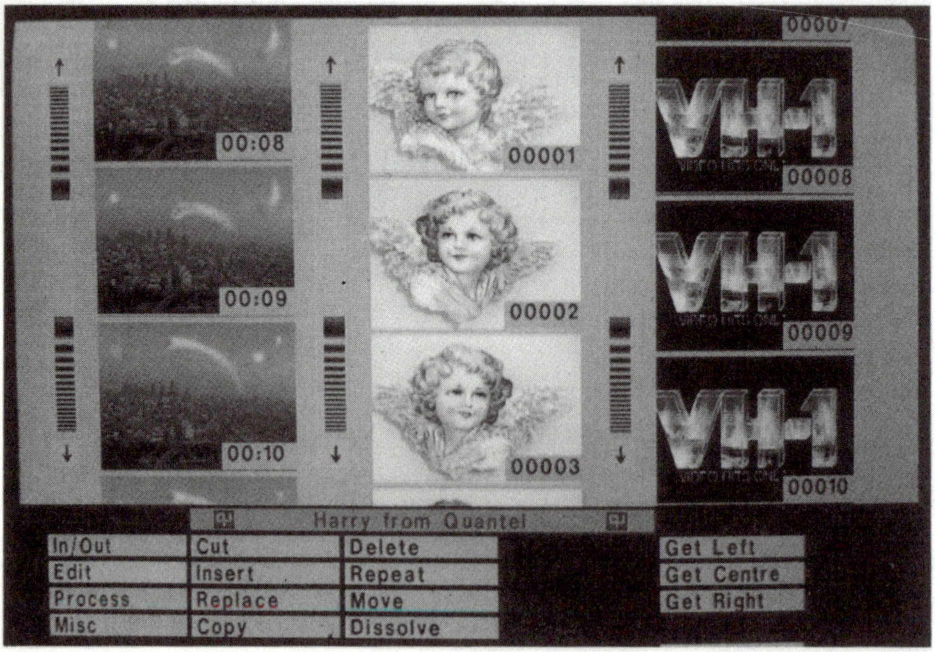

Abb. C6-11c Bild- und Datenmonitor des HARRY-Systems

Library (8) oder Harddisc (9) abgespeichert werden. Auch die Aufzeichnung auf MAZ ist in digitaler oder analoger Form möglich.

Das verfügbare „Menü" (Farbpalette, Pinselstärke, geometrische Grundfiguren, Schriftarten) wird im Randbereich des Bildmonitors (2) dargestellt. Seine Lage entspricht den Sensorpunkten am Rande der Zeichenfläche. Durch Berühren der jeweiligen Rubrik des Menüs mit dem elektronischen Griffel kann der Graphiker nicht nur unter 16 vorgegebenen „Pinseln" wählen, sondern auch nach eigenem Geschmack neue Pinselformen erfinden. Die „Pinselstärke" läßt sich mit dem Aufdruck des Griffels auf die Zeichenfläche steuern, wodurch man dem „Malgefühl" mit einem echten Pinsel sehr nahe kommt. Dementsprechend lassen sich auch Flächen durch mehrfaches Überfahren mit leichtem Griffeldruck zunehmend farbiger gestalten. Aus einer Vielzahl theoretisch möglicher Farben lassen sich auch individuelle Paletten mit bis zu 256 Farbtönen zusammenstellen und auch miteinander mischen. Die jeweils gefundene Farbe kann der Künstler auch mit dem Schreibgriffel übernehmen, um eine vorgegebene Fläche mit der gewünschten Farbe auszufüllen. Schließlich kann auch ein Bildausschnitt mit einem Rahmen erfaßt, in seiner Größe verändert und an eine andere Stelle des Bildes kopiert werden, und der Graphiker kann Teile des Bildes zum Beispiel in ein Mosaik verwandeln.

Die Anwendung der Paintbox im Zusammenwirken mit digitalen Trickeffekten (zum Beispiel „*KALEIDOSCOPE*") und einem *Animation-System* (beispielsweise „*HARRY*" von Quantel) zeigt *Abb. C6-11b*. Mit einer solchen „*Workstation*" sind praktisch alle nur denkbaren *Bildmanipulationen* möglich. Da die Geräte in der digitalen Ebene nach CCIR 601 im 4:2:2-Standard miteinander verknüpft sind, entstehen auch bei häufigen Kopier- und Überspielvorgängen des Programmaterials keinerlei Qualitätsverluste. Die Kommandos für alle Geräte und deren Steuerung erfolgen vom Graphic-Tablett der Paintbox aus.

Das Animation-System „HARRY" ist in der Lage Programmsequenzen bis etwa 80 Sekunden oder etwa 2000 Vollbilder in erstklassiger Qualität zu speichern. Längere Programmabschnitte werden auf Videoband im digitalen Standard (D1) überspielt. „HARRY" verwaltet nach Art einer Library mit einem Zeit-Adreßcode (Time-Code, siehe Abschnitt E.3.12) nicht nur jedes gespeicherte Einzelbild, sondern stellt auch eine Art „Drehscheibe" für alle weitergehenden Manipulationen innerhalb des gesamten Systems dar (*Abb. C6-11c*), wie zum Beispiel [136]

- Digitale Animation,
- Elektronischer Schnitt (editing),
- Elektronische Retusche,
- Multi Key in mehreren Ebenen,
- Chroma Key,
- Auf- und Abblenden, Überblenden,
- Zeitliche Dehnung (stretching),
- Zeitlupe (slow-motion),
- Zeitraffung (compressing),
- Rückwärtsdarstellung und
- Mischung und Überblendung von Audiosignalen (HARRY-sound).

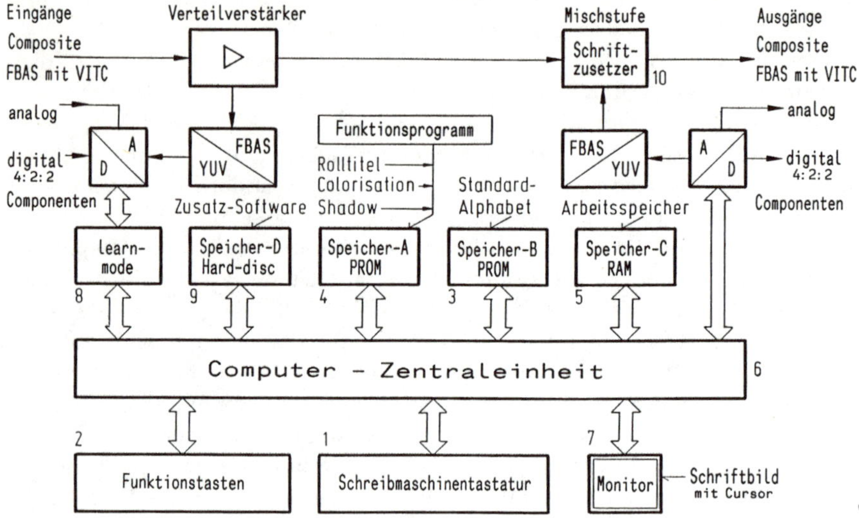

Abb. C6-12 Prinzip eines Schriftgenerators

6.9 Der Schriftgenerator

Schriftgeneratoren ermöglichen auf einfache Weise das Einblenden von Schriften, Zeichen oder Signalen in Videoprogramme (*Abb. C6-12*). Sie sind mit einer elektronischen Schreibmaschine vergleichbar, die außer der normalen Schreibmaschinentastatur (1) noch weitere Funktionstasten (2) enthält, mit denen die Programmspeicher A und B (4 + 3) zur Aufnahme und Wiedergabe von Schriften bedient und der Ort und Ablauf einer Schrift im Fernsehbild bestimmt werden. In Verbindung mit dem Arbeitsspeicher (5) können vorbereitete Schriften (zum Beispiel Untertitel) in Abhängigkeit von einer Zeitadresse (Time-Code) an bestimmten Stellen in das Programm eingefügt werden.

Mit der Zentraleinheit (6) des Schriftgenerators ist ein Vorschau-Monitor (7) verbunden, der nicht nur das jeweilige Schriftbild zeigt, sondern auch mit einem *Cursor* die Position für das jeweils nächste Schriftzeichen eines Textes angibt. Der Cursor kann mit entsprechenden Tasten von jeder beliebigen Stelle aus an jeden anderen Platz des Bildfeldes hin verschoben werden. Auf diese Weise können zum Beispiel alle Titel für ein Programm, auch mit Buchstaben unterschiedlicher Größe, komponiert werden.

Schließlich lassen sich die einzelnen Schriftsymbole auch in verschiedenen Farben darstellen und als schwarze oder weiße Lettern mit einer farbigen Umrandung (border-line, soft edge, hard-edge) oder einem weißen oder schwarzen Schatten versehen. Je nach Größe des Arbeitsspeichers (5) können mehrere Schriftfelder, ganze Seiten oder auch sämtliche deutschen Untertitel einer ausländischen Produktion vorbereitet werden. Verschiedene Systeme verfügen auch noch über einen

„*learn-mode*“ (8). Damit kann man zum Beispiel das Alphabet einer seltenen Sprache oder auch Einzelbildvorlagen (Logos, Warenzeichen) in einem eigenen Speicher (9) auf einer Harddisc ablegen und jederzeit verfügbar halten. Auf diesem Wege läßt sich ein umfangreiches Archiv mit unzähligen Möglichkeiten errichten. – Die Wiedergabe der gespeicherten Informationen erfolgt zeilen- oder abschnittweise als Rollschrift (Rolltitel) mit verschiedenen Geschwindigkeiten von unten nach oben oder auch als Kriechschrift, die von rechts nach links durch das Bild läuft.

6.10 Computer-Grafik und 3-D-Animation

„Star Wars“ und „Tron“ waren zwei amerikanische Filme, in denen Computer-Animation erstmals in größerem Umfange eingesetzt wurde. In Disneys „Tron“ spielen echte Schauspieler in einer komplett vom Computer erzeugten Phantasiewelt. Gegenüber der klassischen Filmproduktion, bei der man erst nach der fotografischen Entwicklung weiß, ob alles so geworden ist, wie es gedacht war, hat Computer-Animation den großen Vorteil, daß sich einzelne Phasen der Produktion besser kontrollieren lassen. Der Regisseur hat auch viel mehr Chancen, Korrekturen vorzunehmen und Formen, Farben und Bewegungabläufe zu verändern [84, 85].

Wie eine Produktion mit Computer-Animation abläuft, geht aus *Abb. C6-13* hervor. Mit dem Auftrag erstellt man zunächst ein „Story-board“ (1), in dem die gewünschten Objekte und deren Bewegungen festgelegt sind. In der Phase der Programmierung (2) müssen

- die Objekte nach computerlesbaren Daten definiert,
- die Beleuchtungsverhältnisse, Licht und andere Effekte festgelegt,
- Kamerastandpunkte und Perspektiven vorgegeben und
- die Bewegungsabläufe und Veränderungen der Objekte so beschrieben werden,

daß sie durch Eingabe (3) an einem Graphic-Tablett (siehe Seite 214) oder Terminal in computerlesbare Informationen überführt werden können. Große Animation-Systeme verfügen hierzu über umfangreiche Dateien (4 und 5), in denen die Grundelemente für die Darstellung von Objekten in Form geometrischer Basisprogramme (Kugel, Kegel, Zylinder, Würfel, Pyramide, Polygon) abgelegt sind. Ähnlich verhält es sich bei den Grundprogrammen für die Bewegungsabläufe, die sich exakt an mathematischen Funktionen orientieren.

Die Abbildungsberechnung (6) der Objekte und deren Veränderungen und Bewegungen geschieht in größeren Anlagen in zwei Ebenen nach zwei unterschiedlichen Programmen:

- In *Real-Time-Technik* (7) für die Vorschau zur momentanen Darstellung auf den Bildschirmen (8 und 9) und zur Aufzeichnung für eine zeitunabhängige Preview auf einem Video-Band (10) oder einem 16-mm-Film (11).

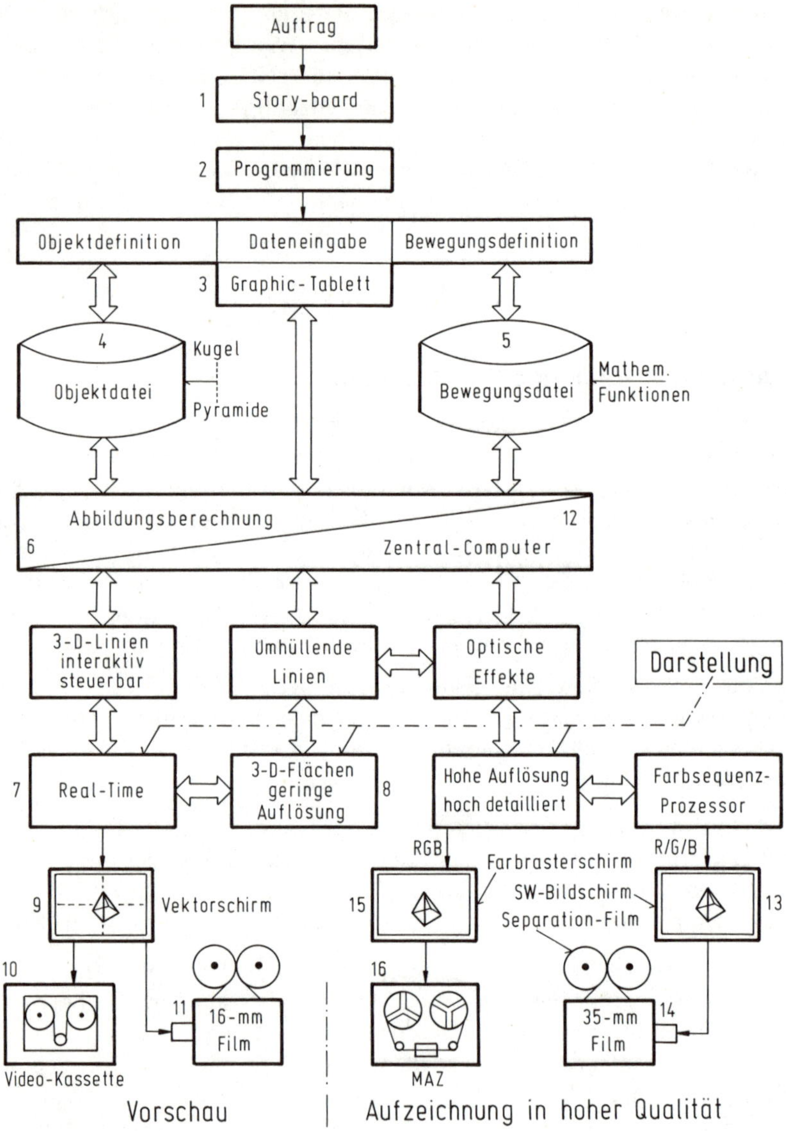

● Wird das Programm so akzeptiert, dann beginnt erst die eigentliche Rechenarbeit des Computers (12) für die Entwicklung des Programmes in hochauflösender Darstellung, die zur Abbildung auf einem Spezialmonitor (13) als R/G/B-Auszug führt. Diese Information kann dann einzelbildweise nach dem Prinzip der Separa-

Abb. C6-14 Zeichentrick-Animation: Die beiden Eckphasen (a) und (b) werden vom Grafiker vorgegeben, alle Zwischenphasen der Bewegung vom Computer-System automatisch realisiert

tion-Aufzeichnung (siehe Seiten 343 und 579) auf 35-mm-Filmmaterial übernommen werden (14). Wenn nur eine Auswertung im Fernsehen beabsichtigt ist, so kann die Aufzeichnung des Programms nach Umwandlung der Signale in einem Converter (15) auch auf einem Video-Band (16) nach dem allgemeinen Studio-Standard (siehe Abschnitt E) erfolgen.

Für die Darstellung kontinuierlicher Bewegungsabläufe genügt es bei Rechnern hoher Leistung, nach *Abb. C6-14* lediglich die Eckphasen (a) und (b) vorzugeben. Alle Zwischenphasen der Bewegung werden dann vom Computer-System realisiert und entsprechend der Anzahl der gewünschten Einzelbilder automatisch in einem Speicher festgehalten. Soll eine ganze Herde von Rehen springen, dann lassen sich einzelne Tiere elektronisch vervielfachen, in ihrer Größe, im Blickwinkel und in ihrer Position auf dem Bildfeld verändern. In den frühen Tagen des Zeichentrick-

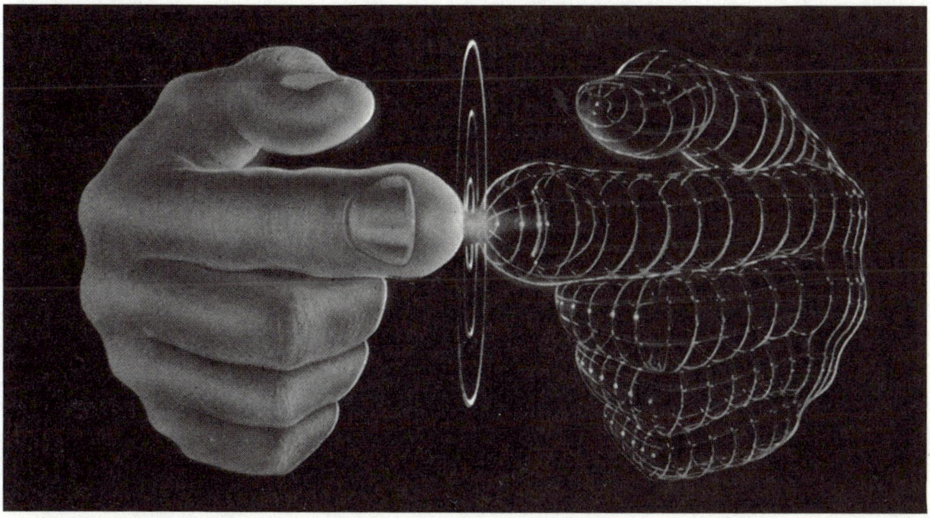

Abb. C6-15 Der Weg zum dreidimensionalen Bild: Aus einem Gitterskelett des Zeichners entstehen durch Computer-Manipulation („Texturieren") echte Bilder

Abb. C6-16 Arbeitsplatz des Graphic-Computers FGS 4500 (Bosch-Fernseh)

films waren in solchen Fällen ganze Heerscharen von Animatoren damit beschäftigt, die ungeheure Anzahl einzelner Bildvorlagen mit jeweils veränderten Händen, Füßen und Köpfen als Vorbereitung für die Einzelbildaufnahme (*frame-by-frame-technique*) zu zeichnen.

Noch interessanter wird es, wenn aus einfachen Linien schattierte und räumliche Flächen werden (*Abb. C6-15*). Hierzu benutzt man wieder die geometrischen Grundprogramme (Kugel, Würfel, Polygon usw.), deren Licht- und Schattenwirkungen auch für die dreidimensionale Darstellung in der Datei des Computers verfügbar sind. Die Richtungen des Lichteinfalls und des Schattens können dabei frei festgelegt werden [86]. In diesem Zusammenhang zeigt *Abb. C6-16* einen typischen Arbeitsplatz für den Bosch-Graphic-Computer FGS 4500, mit dem auch die in *Abb. C6-17* gezeigten Bilder generiert wurden.

Die Leistungsfähigkeit eines Computer-Grafik-Systems ist im wesentlichen von der Kapazität und der Geschwindigkeit des Rechners abhängig. In diesem Zusammenhang sind Super-Computer von großem Interesse, bei denen die Rechenarbeit in mehreren Ebenen gleichzeitig ablaufen kann. Es sei daher auf das Multi-Processor-System der Firma Cray (X-MP) besonders hingewiesen (*Abb. C6-18*) [87, 88].

Abb. C6-17 Beispiele von Computer-Animation

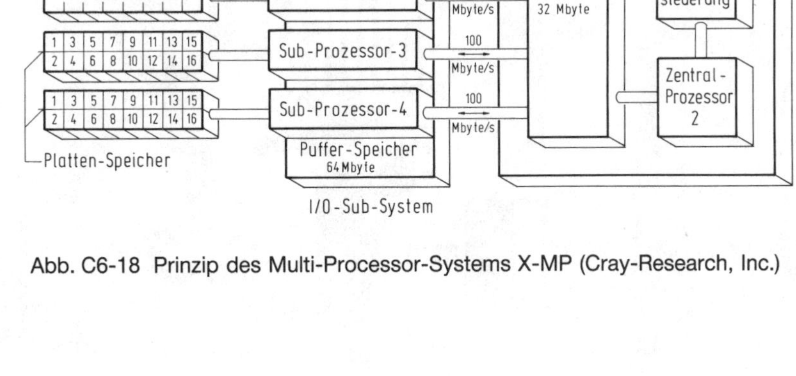

Abb. C6-18 Prinzip des Multi-Processor-Systems X-MP (Cray-Research, Inc.)

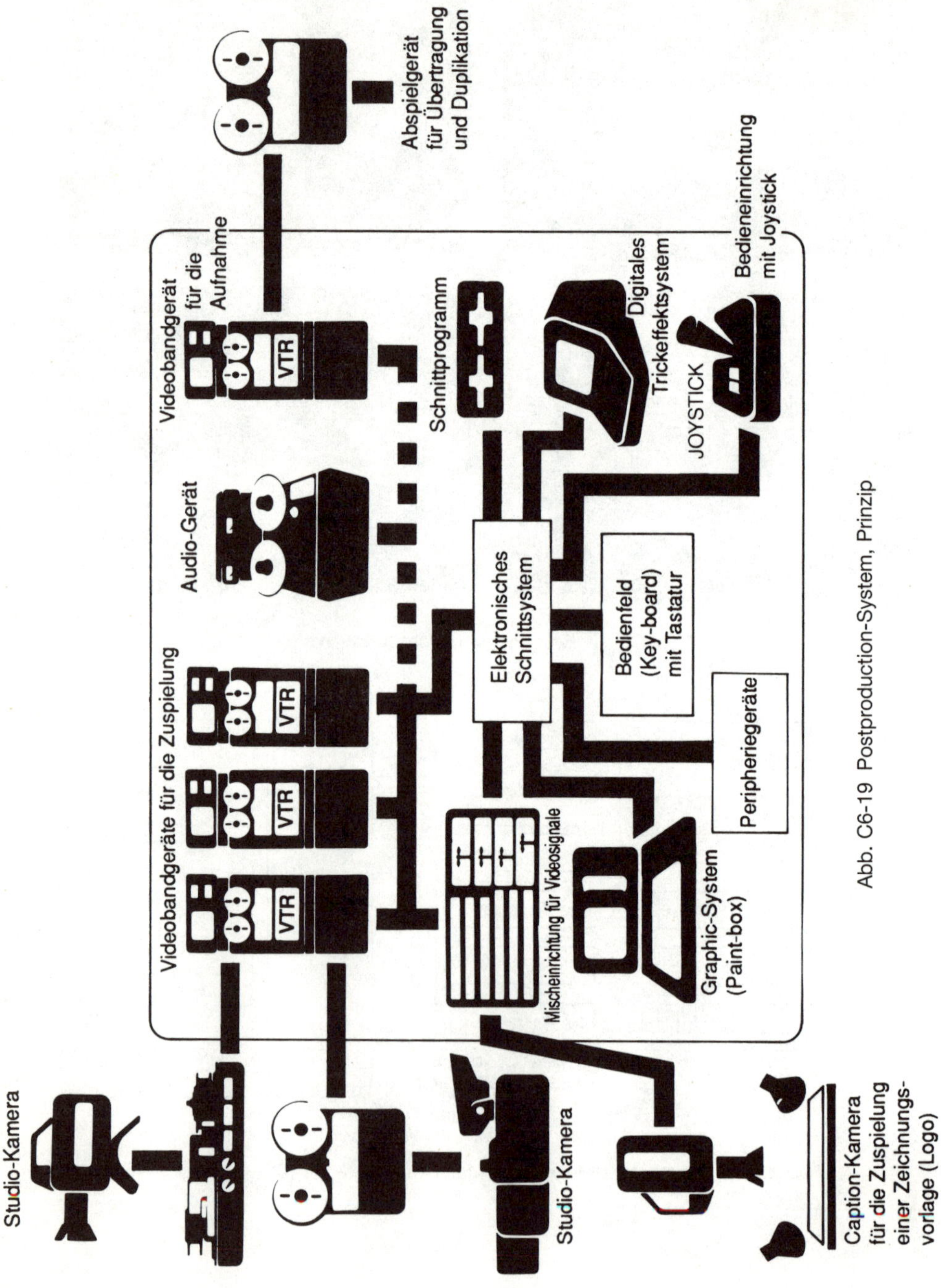

Abb. C6-19 Postproduction-System, Prinzip

6.11 Postproduction

Findet die Ausstrahlung eines Fernsehprogramms im Augenblick des Geschehens statt, so spricht man auch von einer *Live-Übertragung*. – Unter *Vor-Production* versteht man, wenn ein Programm zum Zeitpunkt des Geschehens lediglich auf Videoband oder auch Film aufgezeichnet wird; die eigentliche Sendung erfolgt später. – Bei der *Postproduction* werden einzeln vorproduzierte Programmabschnitte, die entweder auf Videoband und Film verfügbar sind oder aber auch als Logo, *Standbild* oder *Laufbild* aus einer *„Library"* kommen können in einem kreativen Prozeß gestaltet, verändert und zu einem kontinuierlich ablaufenden Programm (continuity) verarbeitet. Man findet daher in einem *„Postproduction-Center"* (*Abb. C6-19*) häufig weit größere Möglichkeiten zur Nachbearbeitung von Bild und Ton vor, als in einem Aufnahmestudio oder einem Fernseh-Übertragungswagen mit mobiler Technik.

Stellvertretend für viele Varianten soll hier das Grundkonzept der Postproduction im BAVARIA-Videozentrum erwähnt werden (*Abb. C6-20*). Kern der ganzen Anlage

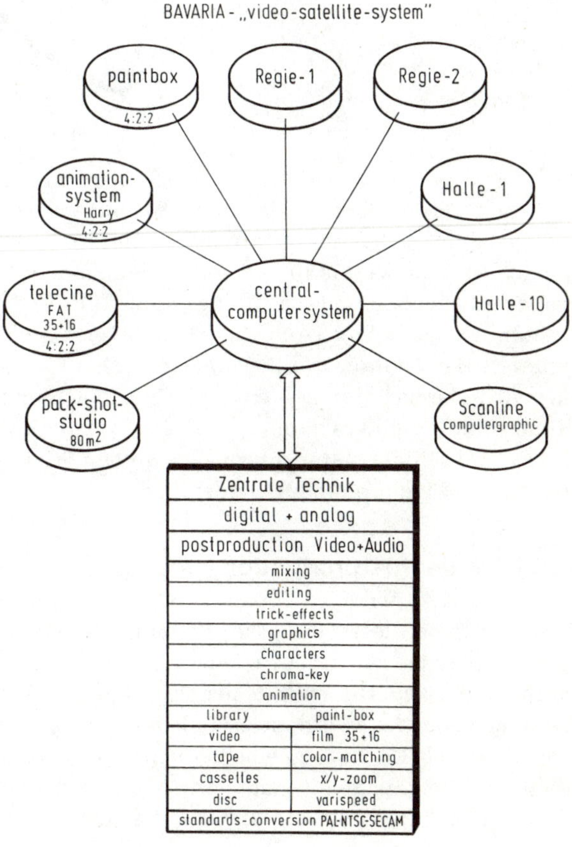

Abb. C6-20
Postproduction im BAVARIA-Videozentrum

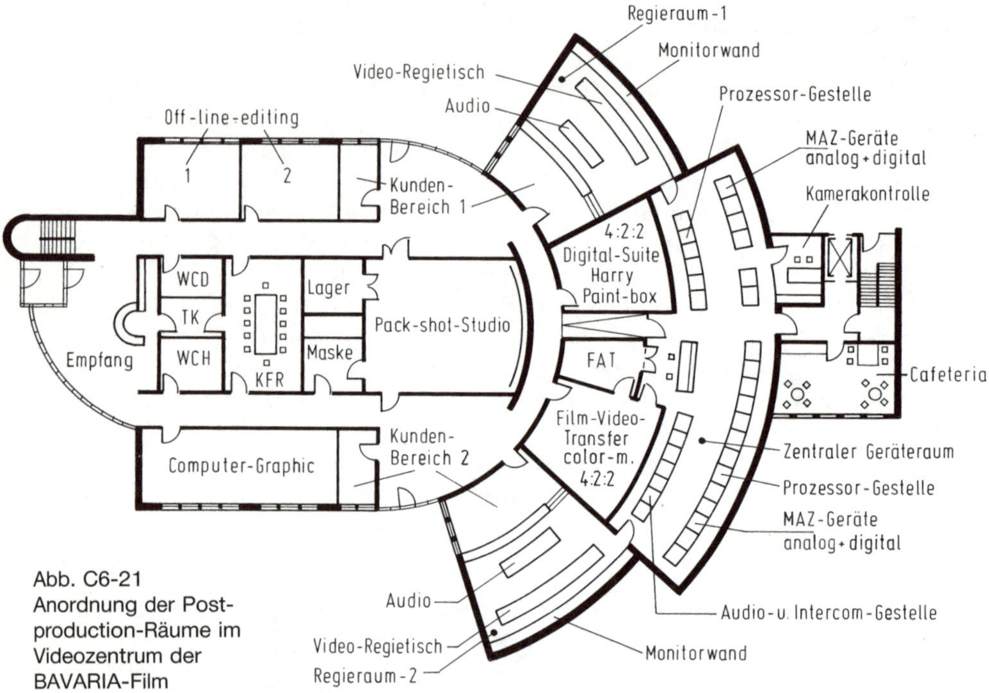

Abb. C6-21
Anordnung der Post-production-Räume im Videozentrum der BAVARIA-Film

ist der zentrale Geräteraum (zentrale Technik), in dem alle Fäden zusammenlaufen. Er ist gewissermaßen das elektronische Gehirn des Ganzen. Ein zentrales Computersystem stellt die Verbindungen zu den einzelnen Arbeitsräumen („Satelliten") mit den jeweils benötigten Einrichtungen zur Bild- und Tonbearbeitung her [155].

Räumlich betrachtet (*Abb. C6-21*) schließen sich die Regieräume 1 und 2, die *digitale „Workstation"* (mit Paint-Box, HARRY, KALEIDOSCOPE und digitaler Magnetbandaufzeichnung – D1), die Filmabtastung (mit digitaler Schnittstelle), die Räume für Computer-Graphic und ein *Pack-Shot-Studio* unmittelbar an. Darüber hinaus sind ständig Leitungen zu zwei großen Studios (Halle 1 und 10) geschaltet, in denen auch Live produziert werden kann.

6.12 Digitale Postproduction

Viele Geräte der Bearbeitungskette sind heute schon digitalisiert oder haben zumindest ein digitales „Innenleben", auch wenn sie noch mit Geräten der Analogtechnik zusammenwirken. Die Vorteile der Digitaltechnik kommen aber erst dann richtig zur Wirkung, wenn die zwischengeschalteten Umwandlungsprozesse in die Analogform wegfallen. *Abb. C6-22* zeigt eine der vielen Möglichkeiten der rein digitalen Nachbearbeitung. Die gezeigten Geräte verfügen über digitale Schnittstellen nach Standard CCIR 601 (4:2:2), so daß sie direkt miteinander verknüpft werden können. Für die

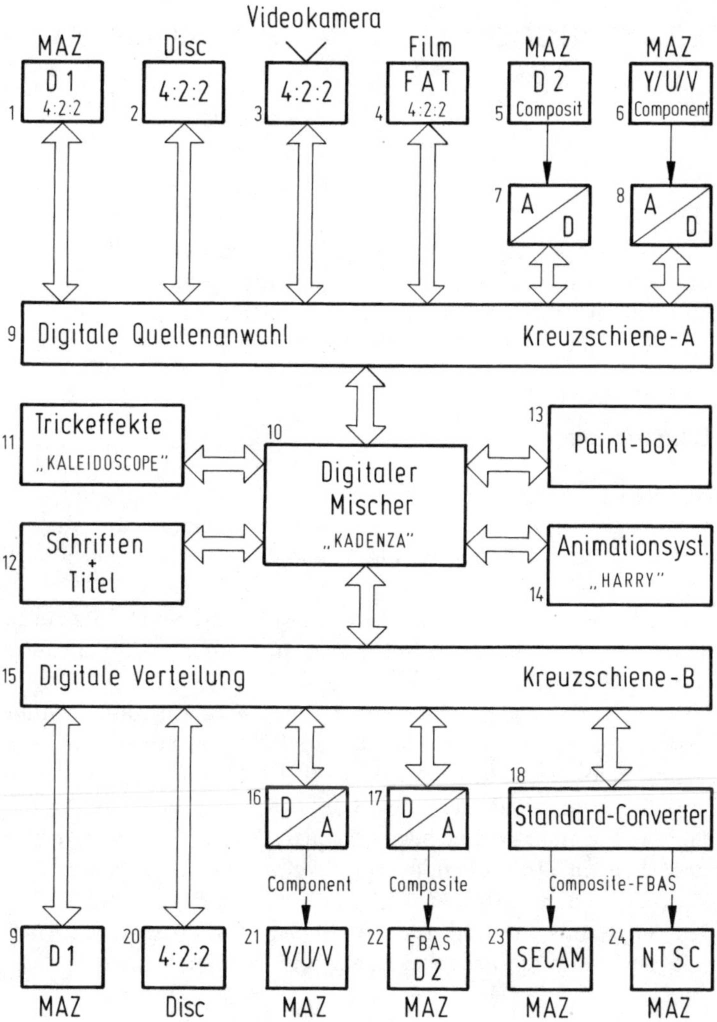

Abb. C6-22 Digitale Postproduction, Prinzip

eventuelle Anbindung analoger Geräte sind entsprechende Analog/Digitalwandler (7, 8, 16 und 17) erforderlich. Der Betrieb einer digitalen MAZ-Maschine nach Standard D2 (siehe Abschnitt E.3.7.3) bringt in diesem Zusammenhang geringere qualitative Vorteile gegenüber D1, weil die D2-Geräte nur über analoge Schnittstellen verfügen.

Schließlich erscheint es noch sinnvoll, einen eventuellen Standards-Converter zur Erzeugung von FBAS-Composite-Signalen in SECAM oder NTSC direkt in der digitalen Ebene über die Verteilung (15) zu speisen.

7 Die Überwachung von Video-Signalen

Voraussetzung für eine qualitativ hochwertige Video-Übertragung und -Aufzeichnung ist die genaue Einstellung aller Übertragungsparameter. Die Kontrolle und Überwachung dieser schnellen, meist periodisch ablaufenden Vorgänge ist allerdings nur mit elektronischen Meßgeräten möglich.

7.1 Das Oszilloskop

Auf dem Bildschirm dieses Meßgerätes lassen sich die Veränderungen einer Spannung in Abhängigkeit von der Zeit darstellen. Dazu lenkt man einen Elektronenstrahl sowohl in vertikaler (Y-) Richtung, wie auch in horizontaler (X-) Richtung ab (*Abb. C7-1*).

Um eine konstante Ablenkgeschwindigkeit des Elektronenstrahles in horizontaler Richtung (X-Achse) zu erhalten, benötigt man eine gleichmäßig ansteigende Sägezahnspannung (*Abb. C7-2*).

Der Strahl wird von links nach rechts geführt. Wenn er den rechten Rand des Leuchtschirms erreicht hat, führt man ihn durch die negative Flanke der Ablenkspannung sehr schnell zurück. Während des Rücklaufs wird der Strahlstrom gesperrt, so daß der Rücklauf unsichtbar bleibt (Rücklaufverdunklung).

Die Zeitablenkung muß immer beim gleichen Augenblickswert beginnen, damit sich auf dem Schirm ein stehendes Bild ergibt. Dies erzwingt man durch eine besondere Art der Synchronisation – Triggerung genannt – zwischen der horizontal ablenkenden Sägezahnspannung und der Meßspannung, so daß zwischen diesen Größen ein fester Zeit- und Phasenbezug entsteht. Bei der Triggerung löst ein Impuls

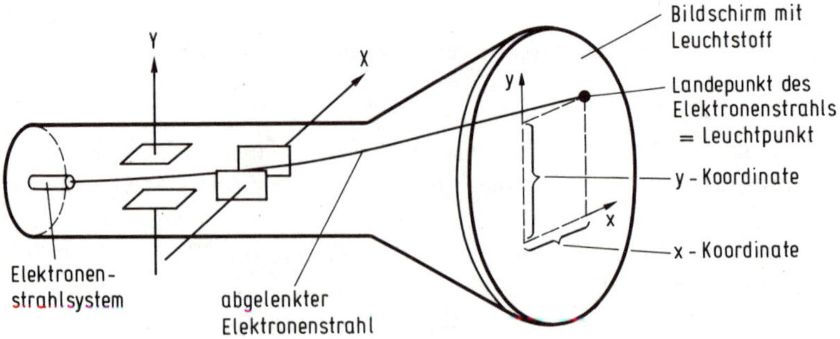

Abb. C7-1 Prinzip des Oszilloskops

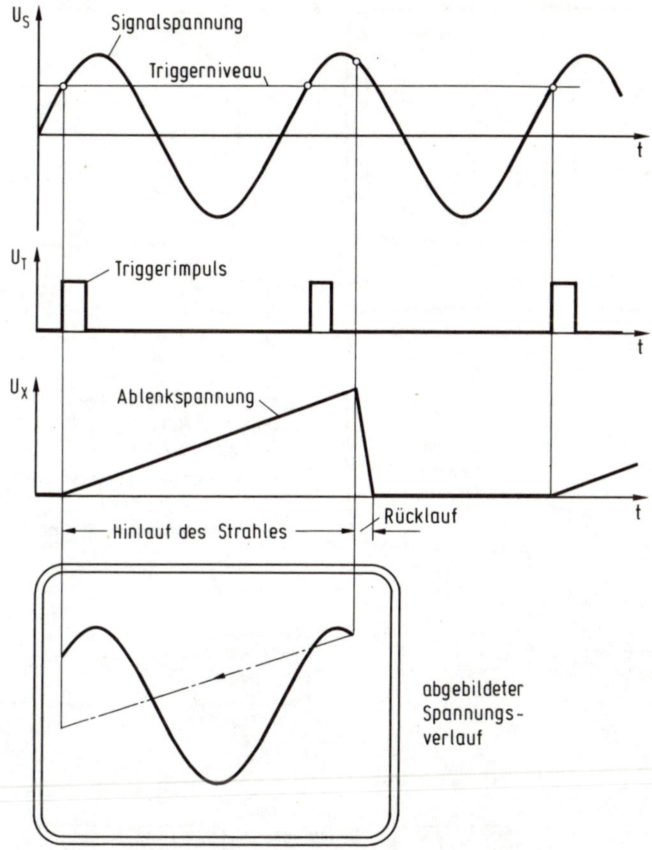

Abb. C7-2 Getriggerte Zeitablenkung eines Oszilloskops

die Zeitablenkung aus, der von einer monostabilen Kippschaltung erzeugt wird, sobald die Signalspannung (Meßspannung) einen bestimmten Wert erreicht hat. Die Auslösespannung (Triggerniveau) ist einstellbar. Der Ablenkgenerator schwingt nach Auslösung nur eine Periode lang; das heißt, der Elektronenstrahl läuft einmal über den Bildschirm und wieder zurück. Er bleibt anschließend in Ruhe, bis der nächste Triggerimpuls ausgelöst wird. Auf diese Weise kann man auf dem Schirmbild des Oszilloskops – je nach Einstellung der Ablenkzeit – von einem Signal mehrere Perioden, nur eine Periode oder auch nur einen Teilausschnitt darstellen (*Abb. C7-3*).

Für die Darstellung von Video-Signalen verwendet man spezielle Video-Oszilloskope, die bereits fest abrufbare Ablenkzeiten für die Halbbild- und Zeilendarstellung haben. Will man die Bildsignalspannung vieler Zeilen übereinander darstellen, so benutzt man zur Strahlablenkung die Zeilenfrequenz, dabei entsteht ein *H-Oszillogramm*. – Sollen die Zeilen eines Halbbildes dicht nebeneinander geschrie-

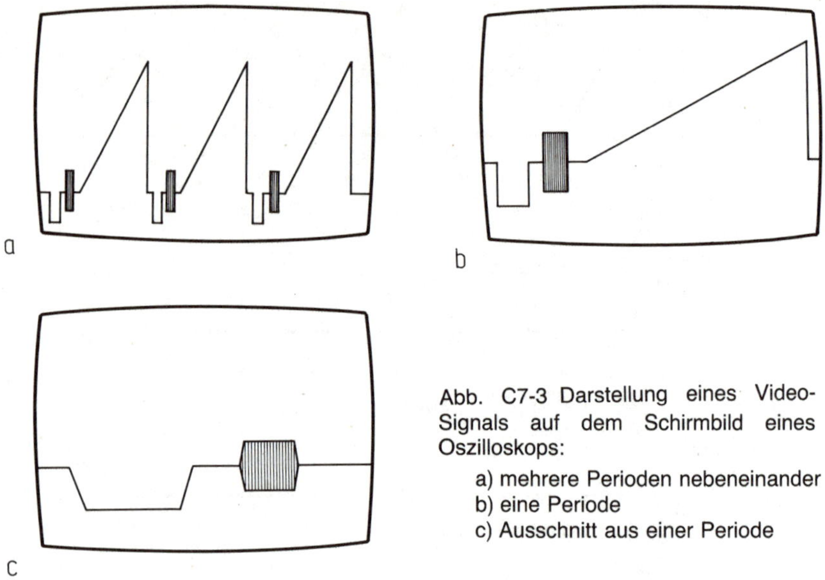

Abb. C7-3 Darstellung eines Video-Signals auf dem Schirmbild eines Oszilloskops:

a) mehrere Perioden nebeneinander
b) eine Periode
c) Ausschnitt aus einer Periode

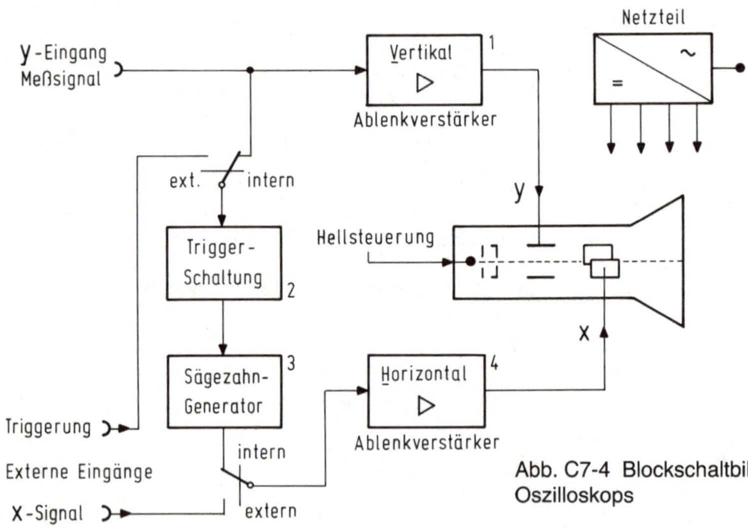

Abb. C7-4 Blockschaltbild eines Oszilloskops

ben werden, so muß der Strahl mit der Halbbildfrequenz abgelenkt werden. Dabei erhält man ein *V-Oszillogramm*.

Abb. C7-4 zeigt das Prinzip eines Oszilloskops. Das zu messende Signal schließt man an den Y-Eingang an. Nach Verstärkung im Y-Verstärker (1) gelangt es auf die vertikal ablenkenden Steuerplatten der Elektronenstrahlröhre. Über eine Triggerschaltung (2) synchronisiert man den Ablenkgenerator (3), der eine sägezahnförmige

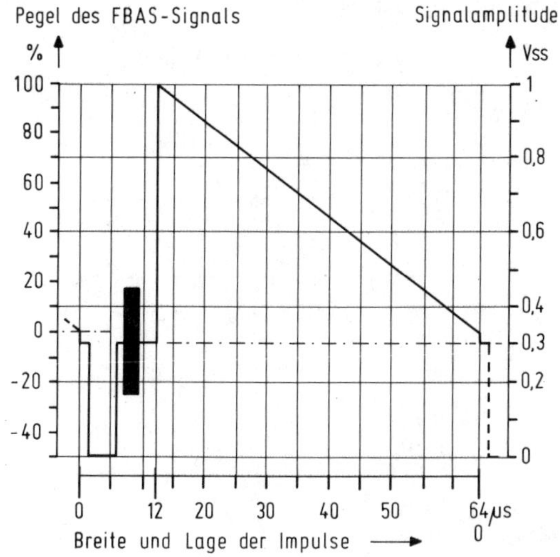

Abb. C7-5 Skalenteilung für ein Oszilloskop zur Messung von Video-Signalen

Ablenkspannung erzeugt, die über den X-Verstärker (4) eine horizontale Ablenkung des Schreibstrahles bewirkt. Für besondere Anwendungen kann die Horizontalablenkung auch von einem fremden Signal von außen kommend ausgelöst werden. Ähnliches gilt auch für die Triggerung. Für diese Fälle sind in unserem Beispiel zwei externe Eingänge vorgesehen.

Bei der Messung eines kompletten FBAS-Video-Signales ist auf dem Bildschirm eine Skalenteilung nützlich, aus der die Amplitude der Signale, die Breite der Impulse, die Anstiegs- und Abfallzeiten sowie das Überschwingen der Signale ablesbar sind (*Abb. C7-5*).

7.2 Das Vektorskop

Bei der Aufzeichnung und Übertragung von Farb-Video-Signalen ist nicht allein die Abhängigkeit des Meßsignals von der Zeit von Interesse, sondern vor allem auch der Zusammenhang zwischen den Farbkomponenten U und V (siehe Abschnitt C.4.4), der sich in einem Vektor-Diagramm darstellen läßt [31].

Für eine vektorielle Darstellung dieser Komponenten schreibt der Elektronenstrahl auf dem Schirmbild nach einer Zeitfunktion für jede Farbart einen Punkt. *Abb. C7-6* gibt diesen Zusammenhang für ein Farbbalken-Testsignal wieder. Die Spannung der Ablenkplatten ändert sich dabei nach einer Zeitfunktion, so daß nacheinander die Meßpunkte für die Farben Gelb, Cyan, Grün, Purpur, Rot und Blau geschrieben werden. Der Abstand des jeweiligen Punktes vom Mittelpunkt des Koordinatensystems drückt die Farbsättigung aus, die Winkellage des Punktes gegenüber der Abszisse beschreibt die Farbart.

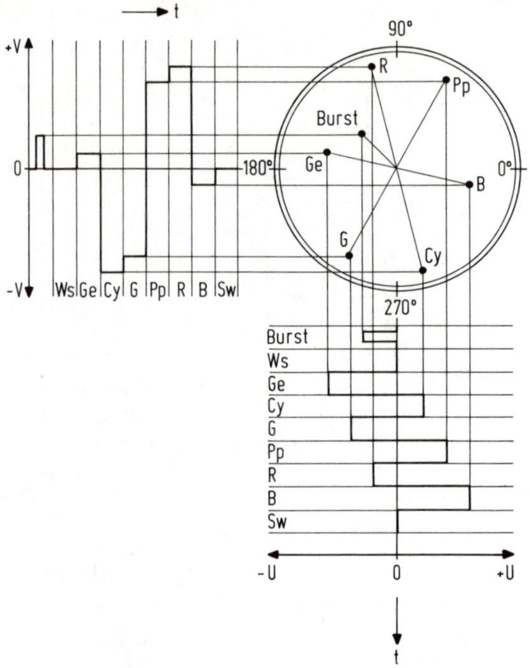

Abb. C7-6 Zeitlicher Ablauf der Spannungswerte für die Komponenten U und V bei Darstellung einer Farbbalkenfolge mit dem Vektorskop

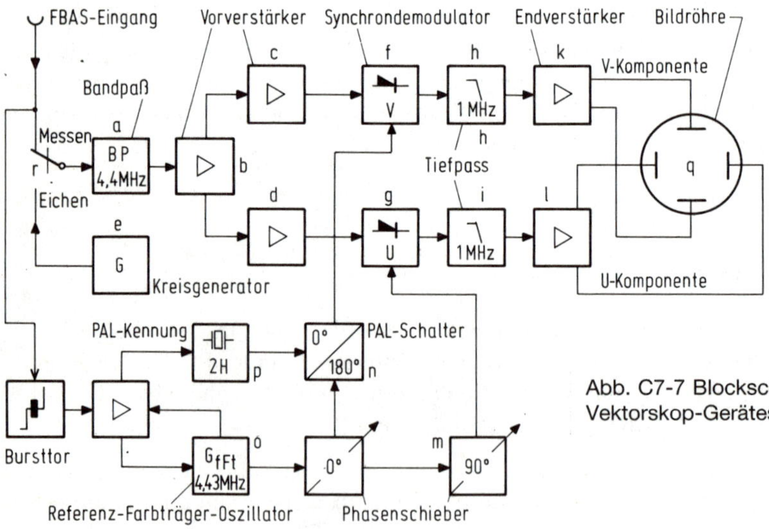

Abb. C7-7 Blockschaltbild eines Vektorskop-Gerätes

Diese Vektordarstellung setzt allerdings voraus, daß ein FBAS-Signal zur Verfügung steht. Das Prinzip eines Vektorskops geht aus *Abb. C7-7* hervor. Eingangsseitig gelangt das FBAS-Signal zunächst auf einen Bandpaß (a), der den Chrominanz-Anteil des Video-Signals ausfiltert und über die einstellbaren Verstärker (b, c und d)

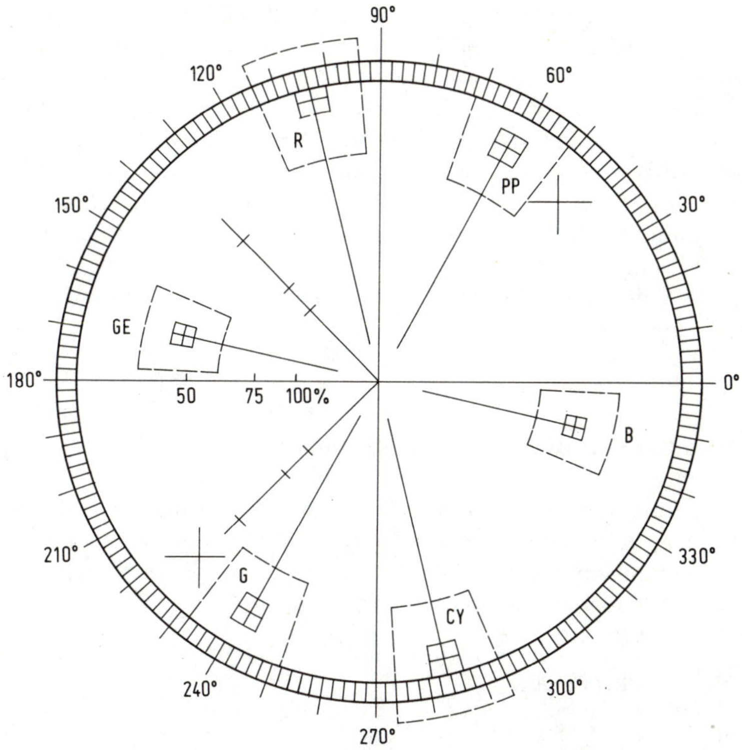

Abb. C7-8 Skaleneinteilung eines Vektorskops

an die Synchrondemodulatoren (f und g) weitergibt. Dem Synchron-Demodulator (g) für die U-Komponente führt man die Referenz-Farbträgerschwingung mit einer Phasenverschiebung von 90° (m) zu, während den V-Synchron-Demodulator (f) der PAL-geschaltete Referenz-Farbträger erreicht.

Die Erzeugung der Referenz-Farbträgerschwingung geschieht in einem 4,43-MHz-Oszillator (o), der durch den Burst des anliegenden FBAS-Meßsignals nachgesteuert wird. Aus der Farbträgerschwingung gewinnt man in einem 2-H-Oszillator (p) das Steuersignal für den PAL-Schalter (n), der die Phasenlage des Referenz-Farbträgers für den V-Demodulator (f) jeweils zwischen 0 und 180° umschaltet.

Über die Tiefpaßfilter (h und i), die eine Unterdrückung störender Restanteile des Farbträgers bewirken, gelangen die Signale der Farbkomponenten U und V zu den Endverstärkern (k und l), um die Ablenkplatten der Vektorskop-Röhre (q) zu speisen.

Zur Eichung der Ablenkelektronik verfügt das Vektorskop noch über einen Kreisgenerator (e), der mit einem Umschalter (r) auf den Meßeingang geschaltet werden kann.

Mit der Skalenteilung des Vektorskop-Bildes können die relative Phase und die Amplitude des Chrominanz-Signals in Polar-Koordinaten abgelesen werden (*Abb. C7-8*). Auf der Skala sind für ein Farbbalken-Testsignal Punkte bezeichnet, deren

Lage den Augenblickswerten der Phase und Amplitude des Farbträgers bei den Primär-Farben Rot (R), Grün (G) und Blau (B) sowie ihrer Komplementärfarben Cyan (CY), Purpur (PP) und Gelb (GE) entsprechen. Der Vektor des Farbsynchronsignals (Burst) steht in einem Winkel von 135° zur 0-Achse. Die Orte der Farbpunkte liegen relativ zur Richtung des Burstes. Die Meßpunkte eines Farbbalkensignals, bei dem Farbart und -helligkeit exakt definiert sind, müssen in den bezeichneten Farbpunktfeldern liegen. Die Felder um die Farbpunkte entsprechen den Fehlergrenzen für Phase und Amplitude. Die inneren kleinen Vierecke geben die Grenzwerte bei einer Abweichung der Phase von ± 3° und der Amplitude von ± 5 % vom Sollwert an. Die äußeren großen Vierecke bezeichnen die Toleranzen für Phasenfehler von ± 10° und die Differenzen der Amplituden von ± 20 %.

7.3 Die Messung von Komponenten-Signalen

Die Pegelverhältnisse eines R-G-B-Signals mit dem Inhalt eines CCIR-Farbbalkens (100/0/100/0) zeigt *Abb. C7-9*. Leitet man aus dieser Darstellung die in einer Matrix gewonnenen Komponentensignale ab, so ergeben sich für den Luminanzkanal Y sowie die beiden Farbartsignale (Farbdifferenzsignale) U(R–Y) und V(B–Y) Darstellungen nach *Abb. C7-10*.

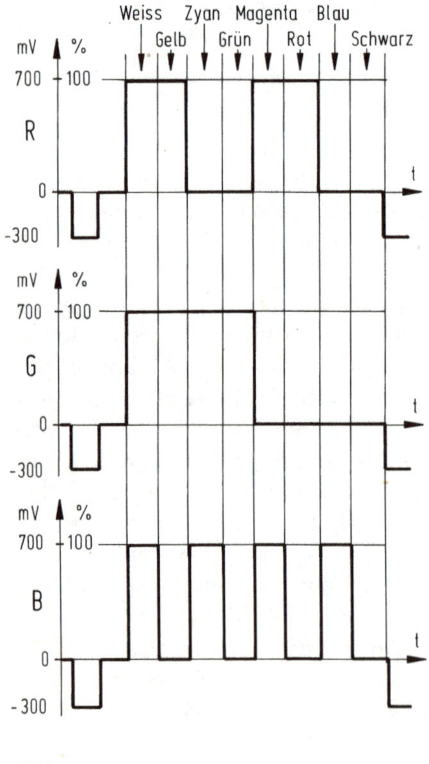

Abb. C7-9 Die R-G-B-Komponenten eines Farbbalkens nach CCIR-Form 100/0/100/0 (BAS-Signal)

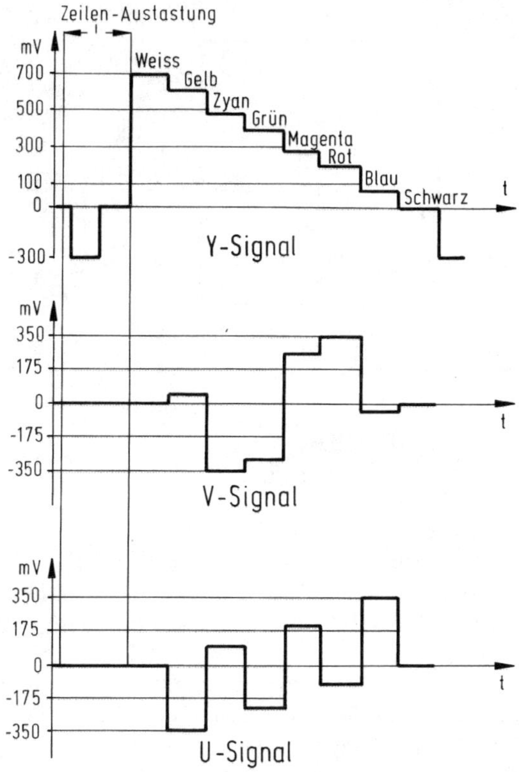

Abb. C7-10 Darstellung eines Farbbalkens in der Komponentenform Y, U und V

Wie beim FBAS-System (*Composite-System*) sind auch bei der Komponenten-Übertragung (siehe Abschnitt C.4.10) die Kontrollen der Pegelverhältnisse und der Relationen zwischen Y, U und V sehr wichtig, um Farbsättigungs- und/oder Farbtonfehler zu vermeiden.

Als Meßsignale können die matrizierten Signale eines Farbbalkens nach *Abb. C7-10* verwendet werden. Legt man die Komponentensignale U und V an den

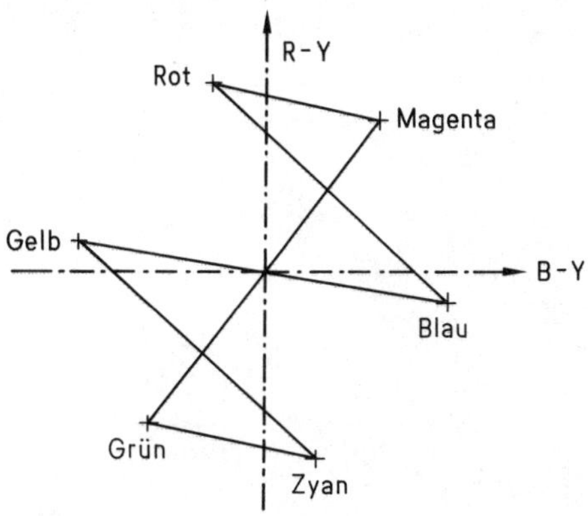

Abb. C7-11 Darstellung der Farbartsignale U und V des Farbbalkentestes nach Bild C 7-10 auf einem X/Y-Oszilloskop

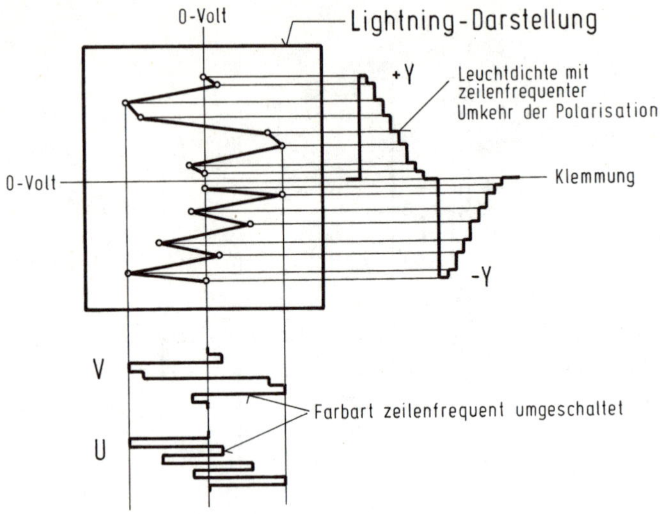

Abb. C7-12
Farbbalkenwiedergabe in „Lightning"-Darstellung (TEKTRONIX)

Eingang eines geeichten X/Y-Oszillographen, so erhält man eine Vektordarstellung, die sich von einem PAL-Vektorscop-Bild (siehe *Abb. C7-8*) durch eine „Dehnung" in Richtung der U-Achse (B–Y) unterscheidet (*Abb. C7-11*).

Für die gleichzeitige Darstellung aller drei Komponentensignale Y, U und V (*Lightning-Verfahren*) verwendet TEKTRONIX auch ein Farbbalkensignal nach Abb. C7-10. Die Komponenten des Meßsignals durchlaufen gleichzeitig das Meßobjekt. Vor der Darstellung auf dem Schirmbild des Oszilloskops wird die Polarität des Luminanzsignals Y zeilenfrequent umgeschaltet (*Abb. C7-12*). Die Signale der Farbkomponenten U und V gibt man zeilenweise abwechselnd wieder. Der Vorteil dieser neuartigen Darstellungsweise besteht darin, daß alle drei Komponentensignale zum gleichen Zeitpunkt auf einem Schirmbild sichtbar werden. Die Beurteilungen der Amplituden- und Zeitrelationen werden damit sehr erleichtert [134, 135].

8 Die Großprojektion von Fernsehbildern

Die Bemühungen um die Großprojektion eines Fernsehbildes gehen bereits in die 20er Jahre zurück. Damals entwickelte Karolus das Zellenrasterverfahren. Senderseitig wurde das zu übertragende Bild in ein Zellenraster eingeteilt und mit einer Nipkow-Scheibe abgetastet. Bei der Wiedergabe benutzte Karolus eine Tafel von 4 m^2 Größe, die mit etwa 10 000 Glühlämpchen bestückt war. Die Ausleuchtung der Tafel erfolgte zellenweise in Abhängigkeit von den senderseitigen Fotoströmen.

Ein anderes System war das in den 30er Jahren entwickelte „Zwischenfilmverfahren", das eine Kombination aus Film- und Fernsehtechnik darstellte. Der von einem Video-Signal gesteuerte Katodenstrahl einer Braunschen Röhre belichtete in einer Spezialkamera einen Schwarzweiß-Filmstreifen. Der so belichtete Film passierte anschließend eine Schnellentwicklungsapparatur, er wurde sofort fixiert, gewässert und getrocknet und konnte damit bereits nach 80 Sekunden durch einen Filmprojektor laufen.

8.1 Fernseh-Projektion mit Katodenstrahlröhre und Schmidt-Optik

Schmidt wendete 1931 erstmals in einem Spiegel-Teleskop ein System an, das auch für die Direktprojektion eines Fernsehbildes geeignet ist. Bei der *„Schmidt-Optik"* erfolgt die Vergrößerung des Fernsehbildes nicht durch Linsen, sondern über einen Hohlspiegel, der das Bild des Fluoreszenzschirmes einer Braunschen Röhre in Verbindung mit einer Korrekturplatte wesentlich lichtstärker auf die Leinwand projiziert, als dies mit einer Linsen-Optik möglich wäre (*Abb. C8-1*). Im günstigsten Falle kann allerdings nur die gesamte Energie des Katodenstrahles der Bildwiedergaberöhre in Licht verwandelt werden. Man verwendet daher Spezialröhren mit besonderen Schirmmaterialien und arbeitet mit Hochspannungen bis zu 80 000 Volt. Der Vorteil der „Schmidt-Optik" liegt in ihrem guten licht-optischen Wirkungsgrad, so daß relativ gute Bilder von einigen Quadratmetern Größe möglich werden.

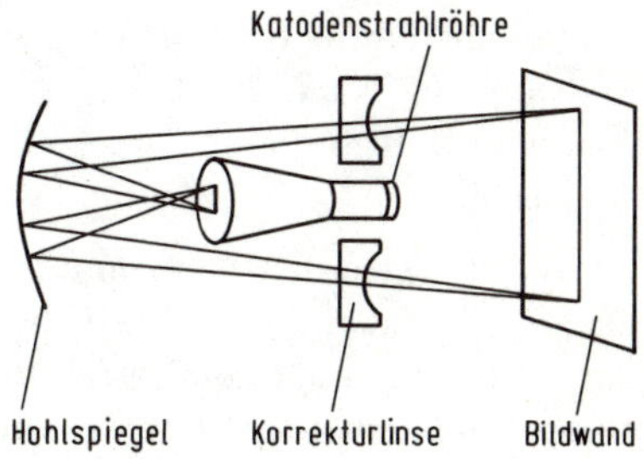

Abb. C8-1 Prinzip der Fernseh-Projektion mit Katodenstrahlröhre und Schmidt-Optik

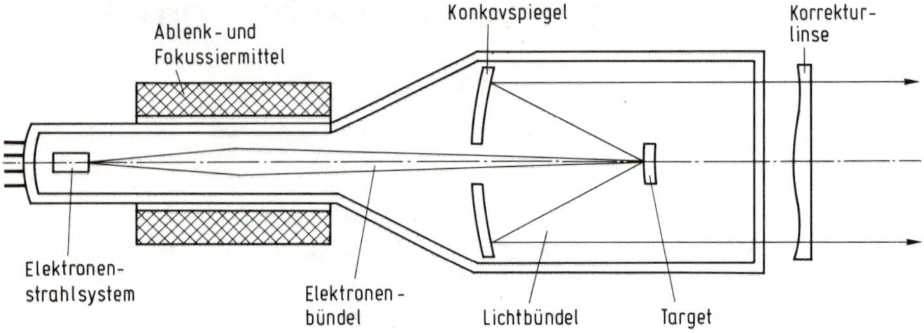

Abb. C8-2 Prinzip einer Projektionsröhre mit integriertem Schmidt-Spiegel und vorgesetzter Korrekturlinse

Dieses Projektionssystem hat einige Bedeutung erreicht, obwohl ihm einige Mängel anhaften. Beim Abbremsen der mit etwa 80 000 Volt beschleunigten Elektronen werden in der Fluoreszenzschicht neben Licht noch gefährliche Röntgenstrahlen und auch eine beträchtliche Wärme erzeugt. Wegen der hohen Belastung war die Lebensdauer solcher Projektionsröhren daher relativ gering. Auch der Bildkontrast ließ zu wünschen übrig, er erreichte selten Werte über 1 : 20. Die optischen Eigenschaften des Abbildungssystems bedingen außerdem die Aufstellung des Bildprojektors im Zuschauerraum nur wenige Meter vor dem Bildschirm.

Bei dem bisher beschriebenen System waren Projektionsröhre und Abbildungsoptik getrennte Baueinheiten. Im Gegensatz hierzu verwendet man heute vorwiegend Projektions-Bildröhren, die einen integrierten Konkav-Spiegel enthalten [33]. *Abb. C8-2* zeigt schematisch den Aufbau einer solchen Röhre. Der Leuchtstoff bedeckt dabei nicht – wie bei einer normalen Bildröhre – die Schirmfläche der Röhre, sondern nur ein kleines, im Inneren der Röhre angebrachtes Target. Auf diesem Target entsteht das Bild gleich in der entsprechenden Farbe, so daß man bei Farbübertragungen lediglich drei Röhren in Delta- oder In-Line-Anordnung nebeneinander setzen muß, deren optische Strahlengänge dann auf dem Bildschirm konvergierend zusammenlaufen. Dabei wird das Target-Bild über den integrierten Konkav-Spiegel durch das transparente Austrittsfenster der Röhre nach außen projiziert und mit Hilfe einer Korrektur-Optik auf die Bildwand geworfen.

Damit der fokussierte und vom Video-Signal modulierte Elektronenstrahl das Target überhaupt erreichen kann, weist der Konkav-Spiegel in seiner Mitte eine Bohrung auf. Nach den Gesetzen der Optik tritt bei richtiger Dimensionierung und Lage von Bohrung und Target keine spürbare Beeinträchtigung des Abbildungsvorganges ein.

Aus Platzgründen kann man einen Farb-Video-Projektor auch auf engem Raum zusammenbauen (*Abb. C8-3*). Nachdem das Lichtbündel das Lichtaustrittsfenster der Bildröhre und deren Korrekturlinse durchlaufen hat, wird es über einen Umlenkspiegel auf den im Fokus des Abbildungssystems angebrachten, leicht gewölbten

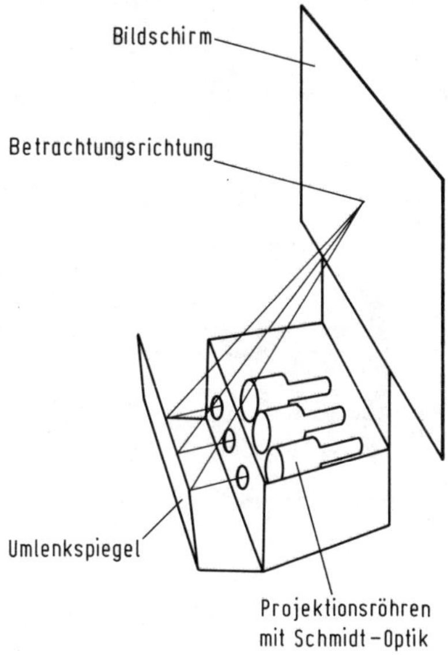

Abb. C8-3 Prinzip eines Farb-Video-Projektionsgerätes

Bildschirm geworfen. Analog hierzu verlaufen die Strahlengänge der beiden anderen Projektionsröhren. Bei geeigneter Justierung der Systeme entsteht durch Überlagerung der drei Lichtbündel auf dem Bildschirm ein Farbfernsehbild.

Bei Projektionsröhren mit integriertem Schmidt-Spiegel kann man auch bei kurzer Brennweite mit einer großen Öffnung des optischen Systems arbeiten, so daß eine günstige Ausnutzung des vom Target kommenden Lichtes zustande kommt. Auch verwendet man heute Leuchtstoffe mit sehr hoher Lichtausbeute, die dazu beitragen, daß bereits Beschleunigungsspannungen von etwa 30 000 Volt ausreichen. Verwendet man als Bildschirm nicht irgendein diffus streuendes Material, sondern eine Aluminiumfolie mit besonderer Oberflächenstruktur, so wird das auftreffende Licht nicht im gesamten Halbraum, sondern in einem relativ engen Betrachtungswinkel von etwa ± 30° horizontal und ± 10° vertikal zurückgeworfen. Auf diese Weise läßt sich innerhalb des Betrachtungswinkels eine Leuchtdichte von etwa 500 cd/m^2 bei einem Kontrastverhältnis von mehr als 1 : 40 erzielen.

8.2 Das Eidophor-System

Ein grundlegend anderer Weg für eine Fernseh-Großprojektion wurde zuerst von Fischer im Jahre 1939 vorgeschlagen und von Gretener weiterentwickelt. Dabei wird eine elektro-hydrodynamisch gesteuerte Schicht – *Eidophor* genannt – in Verbindung mit einer Dunkelfeldprojektion angewendet. Der Vorteil besteht darin, daß eine getrennte Lichtquelle über eine *Schlierenoptik* das Bild projiziert. Das Prinzip geht aus *Abb. C8-4* hervor [34, 35].

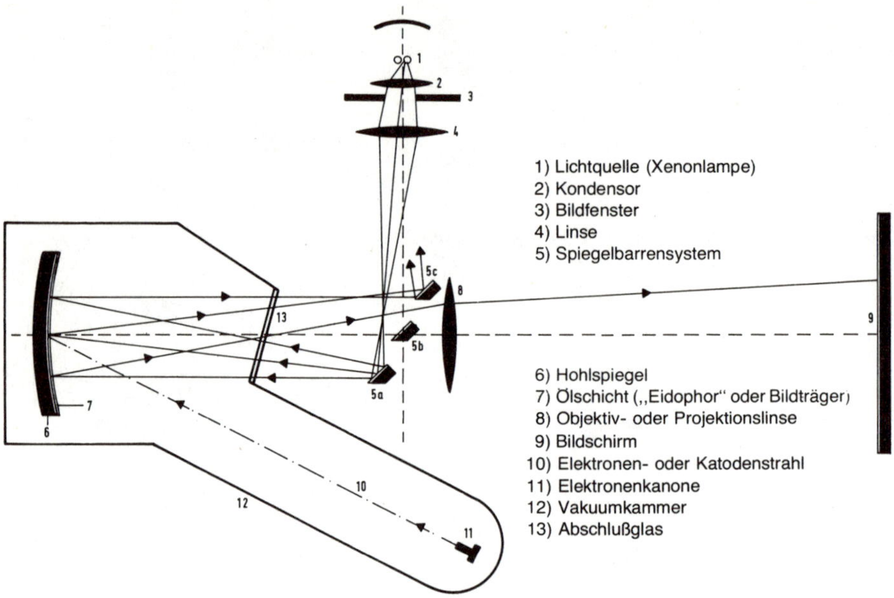

Abb. C8-4 Fernseh-Großprojektion mit Eidophor, Prinzip

Die Lichtquelle (1), eine Xenon-Hochdrucklampe mit einer Leistung von etwa 2,5 kW, beleuchtet das Bildfenster (3) gleichmäßig und wird mit Hilfe des Kondensors (2) auf die Spiegelstreifen (5a, b und c) abgebildet. – In unserem Beispiel handelt es sich um eine vereinfachte Darstellung. Bei modernen Eidophorprojektoren werden eine Vielzahl von Spiegelstreifen zu einem „Spiegelbarrensystem" zusammengefaßt. – Die Linse (4) bildet das Bildfenster (3) auf dem Hohlspiegel (6) über das Spiegelbarrensystem (5) ab. Da das Zentrum des Spiegelbarrensystems (5) mit dem Zentrum des Hohlspiegels (6) zusammenfällt, wird das Barrensystem in sich selbst abgebildet. Dies hat zur Folge, daß das von jedem Punkt der Bildfensteröffnung (3) kommende Licht, welches auf einen Spiegelstreifen (zum Beispiel 5a) und von dort auf den Hohlspiegel (6) fällt, von diesem auf den symmetrisch gelegenen Spiegelstreifen (zum Beispiel 5c) reflektiert wird. Dieser wirft es wieder gegen die Lichtquelle zurück. Bei einer solchen Anordnung der Spiegelbarren fällt also kein Licht auf den Bildschirm (9), obwohl der Hohlspiegel (6) durch die Lichtquelle (1) intensiv beleuchtet wird und der Hohlspiegel (6) über das Projektionsobjektiv (8) ständig auf dem Bildschirm (9) zur Abbildung gelangt. Diese Art der Anordnung nennt man auch „*Dunkelfeldprojektion*".

Um nun eine Aufhellung des Bildschirmes (9) zu erreichen, muß man dafür sorgen, daß ein Teil des vom Hohlspiegel (6) gegen das Spiegelbarrensystem (5) zurückgeworfenen Lichtes von seinem Wege abgelenkt wird. Hierzu ist auf dem Hohlspiegel (6) ein 0,1 mm dicker Ölfilm ausgebreitet, dem man den Namen „*Eidophor*" (Bildträger) gegeben hat. Der Ölfilm bildet gewissermaßen eine Steuerschicht (7). Solange der Ölfilm (7) glatt ist, erfährt das vom Hohlspiegel (6) reflektierte Licht keine Ablenkung und der Bildschirm (9) bleibt dunkel. Wenn der von einer Elektronenkanone (11) austretende Elektronenstrahl (10) auf einen bestimmten Punkt der Ölschicht fokussiert wird, dann entsteht dort eine ungleichmäßige Ladungsverteilung, die eine Deformation der Oberfläche hervorruft. An diesen gestörten Stellen wird das Licht daher mehr oder weniger abgelenkt, so daß es an den Spiegelstreifen (5) vorbeigeht und über das Projektionsobjektiv (8) auf die Bildwand (9) gelangt.

Lenkt man den mit dem Video-Signal modulierten Elektronenstrahl (10) zeilenweise – dem Fernsehraster gemäß – auf der Steuerschicht (7) des Hohlspiegels (6) ab, so kann man das Licht, das durch die Spiegelstreifen hindurchtritt, so steuern, daß auf der Bildwand (9) ein Lichtbild entsteht, das dem übertragenen Fernsehbild genau entspricht. Der elektronische Steuermechanismus – bestehend aus Elektronenstrahlsystem (10 und 11) und rotierendem Hohlspiegel (6) mit der Steuerschicht (7) – befindet sich in einer Vakuumkammer (12), die für den Lichtweg ein Fenster (13) besitzt.

Für die Projektion von Farbfernsehbildern benutzt man drei mechanisch integrierte Projektionssysteme mit jeweils getrennten Steuerschichten, Elektronenstrahl- und Spiegelbarren-System für den roten (R), grünen (G) und blauen (B) Farbkanal. Dabei wird das Licht einer Xenon-Lampe hoher Lichtleistung (etwa 7,5 kW) über ein System dichroitischer Filter und Spiegel in die drei Strahlengänge für den roten, grünen und blauen Kanal aufgeteilt. Die Steuerung des Lichtes erfolgt dann in je einem der oben beschriebenen Systeme den Werten der Farbsignale R, G und B gemäß. Auf der Bildwand entstehen dann durch additive Mischung der roten, grünen und blauen Farbauszüge dem Originalbild entsprechende Farbbilder. Zur Beherrschung der Farbdeckungsprobleme setzt man ein spezielles Servo-System ein.

8.3 Fernseh-Großprojektion mit Laser

Eine weitere Möglichkeit für die Projektion eines Video-Programmes auf einen großen Schirm ist die Verwendung von Laser-Lichtquellen [89]. Zur Erzeugung eines hellen und scharfen Bildes verwendet man nach *Abb. C8-5* drei Ionen-Laser, und zwar für Rot einen Krypton-Laser (1) mit einer Wellenlänge von 647 nm, für Grün und Blau je einen Argon-Laser (2, 3) mit Wellenlängen von 514 nm und 488 nm.

Das FBAS-Signal gelangt nach Impulstrennung (4) und Decodierung (5) über drei Video-Trennverstärker (6, 7, 8) auf die Lichtmodulatoren (DKDP-Kristalle) (9, 10, 11), die eine Steuerung der Helligkeit der jeweiligen Laser-Lichtquellen (1, 2, 3) bewirken. Die in R/G/B-Komponenten zerlegte Strahlung wird über ein System aus dichroitischen Spiegeln (12, 13, 14) zu einem einzigen farbigen Lichtstrahl zusammengefaßt und erreicht dann das Ablenksystem (15). Man benutzt hier für die horizontale Ablenkung ein Spiegelrad mit 16 Facetten, das mit 60 000 Umdrehungen/Min. läuft, und für die Vertikalablenkung eine Spiegelwalze mit 24 Facetten bei 150 Umdrehungen/Min.

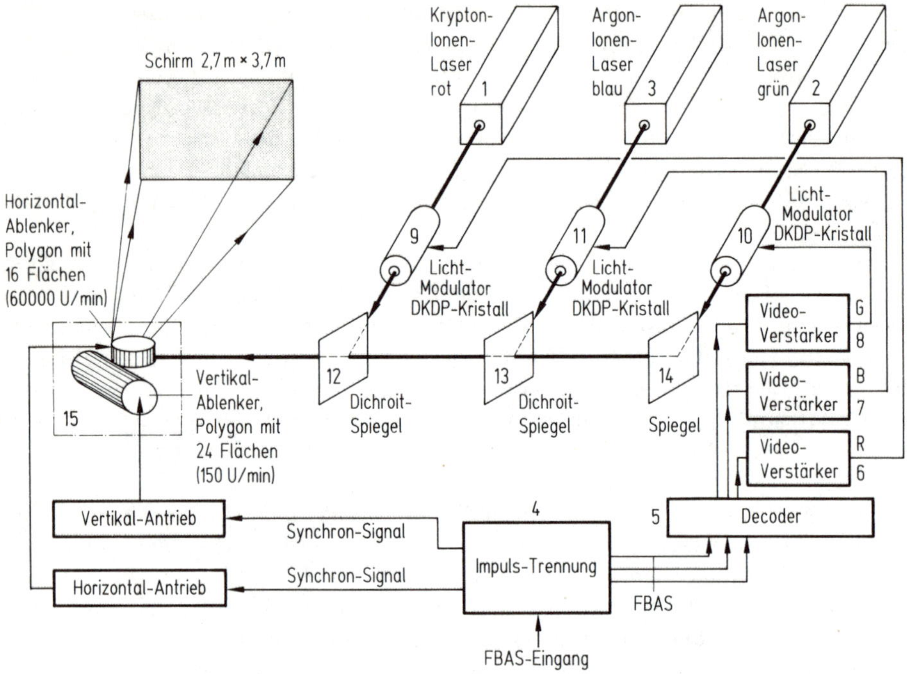

Abb. C8-5 Großprojektionseinrichtung mit Laser (Hitachi)

8.4 Video-Wandsysteme

Mit Systemen, die aus einer Vielzahl von Monitoren zusammengesetzt sind, lassen sich auch große Bildwände darstellen, um das Video-Programm einer großen Zahl von Zuschauern zu vermitteln [91].

Die Grundidee besteht darin (*Abb. C8-6*), den Bildinhalt eines Eingangsbildes (a) nach Umwandlung in die Digitalform (b) im Zusammenwirken mit einem Prozessor (c) und einem Bildspeicher (d) so zu splitten (e), daß die einzelnen Bildmonitore der Wand (f) nur Teile des Bildes zeigen, die sich in der Summe dann zu einem großen Bild vereinen (*Abb. C8-7*). Je nach Anzahl der einzelnen Bildmonitore ist ein spezifisches Split-Programm erforderlich, das an einem Terminal (g) eingegeben werden kann.

Eine Weiterentwicklung dieses Gedankens hat die Firma SONY mit ihrem „*Jumbotron*" auf der Internationalen Ausstellung „Expo 85" gezeigt [90]. Man verwendet dabei sogenannte *Trini-lite-Displays* (*Abb. C8-8*). Im Entladungsraum dieses Bausteins befindet sich ein gitterähnliches Netz, das den Elektronenstrahl so auffächert, daß er auf die gesamte fluoreszierende Anodenfläche fällt. Die einzelnen Trini-lite-Displays sind auf dem Schirm so angeordnet, daß sich die Farbfolge R/G/B in

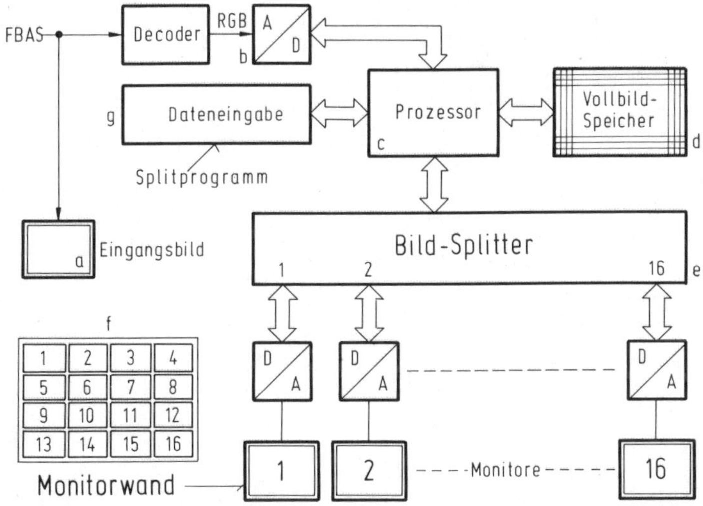

Abb. C8-6
Prinzip eines Video-Wand-Systems mit Bild-Splitting

Abb. C8-7 Bildwand mit 16 Monitoren für die Wiedergabe in großen Räumen (TC-Studios)

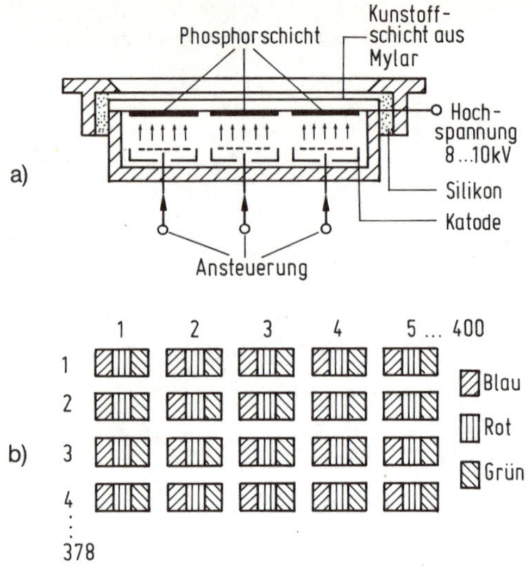

Abb. C8-8 Prinzip des Trini-lite-Displays von SONY
a) konstruktiver Aufbau
b) durch die Anordnung der Displays auf dem Großbildschirm entsteht eine Linienstruktur in den drei Grundfarben R/G/B

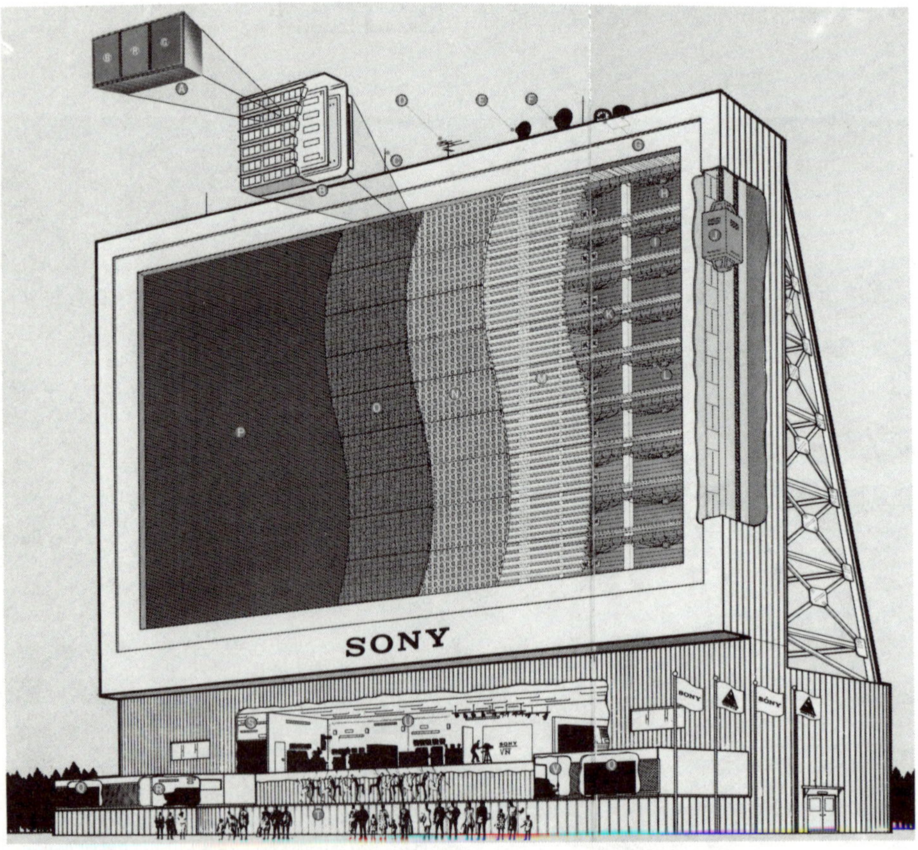

Abb. C8-9 Das **Jumbotron** der Fa. SONY. Die Fläche des Bildes beträgt 1000 m^2 (40 × 50 m). Der empfohlene Betrachtungsabstand liegt zwischen 50 und 500 m

horizontaler Achse laufend wiederholt. Dadurch entstehen auf dem Bildschirm, ähnlich wie bei der Trinitron-Farbbildröhre, senkrecht verlaufende Farbbildstreifen.

Der Jumbotron-Bildschirm ist mit 150 000 Trini-lite-Elementen bestückt, die in Gruppen zu je 4 × 6 Stück mit einer 8-Bit-Information angesteuert werden und einen Bildschirm mit 40 × 25 m = 1000 m^2 ergeben (*Abb. C8-9*).

8.5 LCD-Projektionssysteme

Eine interessante Lösung, den Lichtstrom einer statischen Lichtquelle großer Intensität mit der Information eines Videosignals zu steuern, stellen LCD-Systeme (*liquid cristal displays*) dar. Als Lichtquelle verwendet man Metalldampf- oder Gasentladungslampen, deren sichtbare Strahlung über einen Reflektor zum Lichtsteuersystem gelangt. Der Reflektor ist als „Kaltlichtspiegel" ausgeführt, dessen Oberfläche die langwellige Wärmestrahlung zum Schutze der Lichtventil-Displays nicht reflektiert. – Die weiße Strahlung der Lichtquelle zerlegt man mit drei dichroitischen Spiegeln in die Strahlengänge RGB, in denen sich als Lichtventil für jeden Farbkanal jeweils getrennte „Dünnfilm-Transistor-Displays" befinden. Die Lichtventile bestehen aus Flüssigkristall-Elementen, deren X-Y-Koordinaten über Dünnschichttransistoren angesteuert werden. Die Lichtventil-Displays bilden mit einem dichroitischen Prisma einen kompakten Block, in dem die Strahlung der einzelnen Farbkanäle wieder zusammengesetzt wird. Lichtventile und Prisma werden vom Hersteller im Werk nur einmal endgültig justiert und dauerhaft versiegelt. Da sich die so gefundene Justage nicht mehr verändern kann, wird die Konvergenz der drei Farbkanäle sehr gut beherrscht. – Nach Zusammenfassung der Strahlengänge im Prismenblock gelangt die Bildinformation über eine Projektionsoptik auf die Bildwand (*Abb. C8-10*).

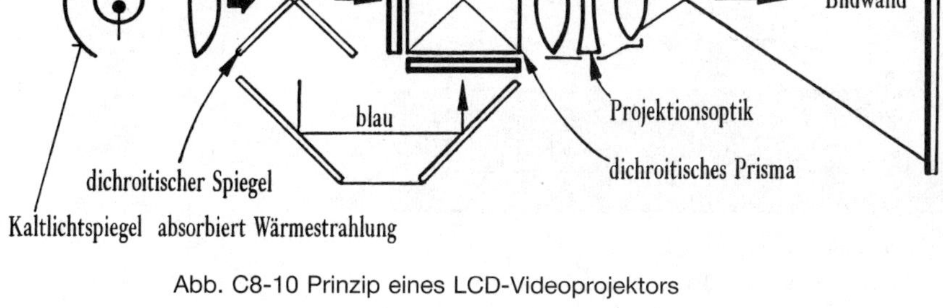

Abb. C8-10 Prinzip eines LCD-Videoprojektors

9 Videotext*)

Videotext stellt eine Art „Magazin“ dar, das aus aktuellen Mitteilungen in Form von Schrift oder Grafik besteht und gleichzeitig mit dem Bild in einem normalen Fernsehkanal übertragen wird. Die Informationen lassen sich in S/W oder in sechs verschiedenen Farben darstellen. Der Zuschauer am Heimgerät kann unter den angebotenen Texttafeln lediglich eine Auswahl treffen; das System gestattet jedoch keinen Dialogbetrieb [92, 93].

Die Videosignale der einzelnen Tafeln werden in einem Zeilenpaar der vertikalen Austastlücke des Fernsehsignals nacheinander ausgesendet (*Abb. C9-1*), wobei die-

*) Künftige Bezeichnung nach DIN: Fernsehtext

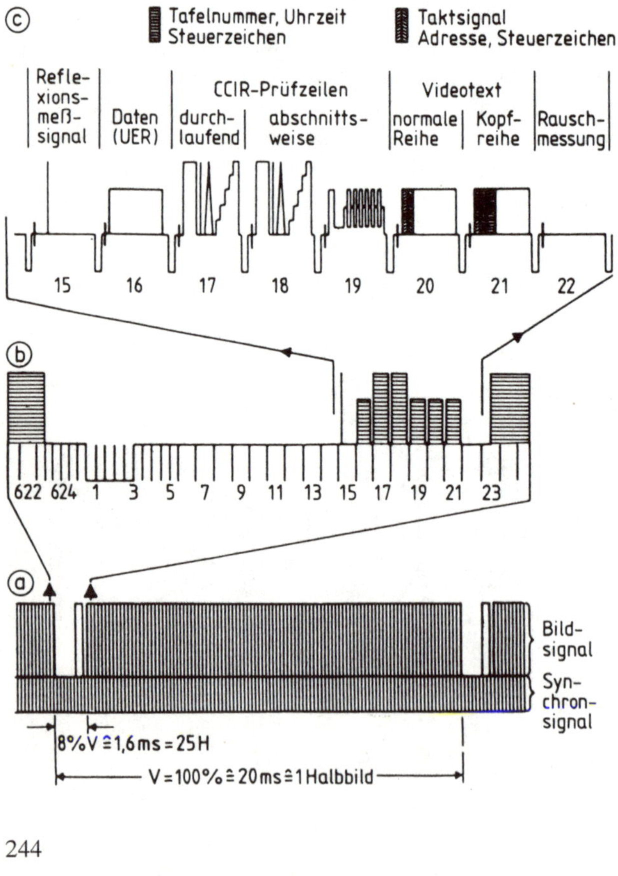

Abb. C9-1 Zeilenbelegung für die Übertragung von Videotext-Signalen in der vertikalen Austastlücke des Video-Signals [93]
a) Signal eines Halbbildes
b) Vertikal-Austastlücke
c) Beispiel für Meß-, Daten- und Videotextsignale in den Zeilen 15–22

ser Zyklus ständig wiederholt wird. Die Gesamtzahl der von einer zentralen Datenbank angebotenen Texttafeln hat einen Einfluß auf die Zeit, die ein Teilnehmer abwarten muß, bis die von ihm gewünschte Information auf seinem Bildschirm erscheint („Zugriffszeit“).

Im Gegensatz zu Videotext ist das „Bildschirmtext“-System der deutschen Bundespost dialogfähig. Hierbei muß allerdings der Heimempfänger mit dem Telefonanschluß verbunden werden, um Zugang zu örtlichen oder überregionalen Datenbanken zu haben.

10 HDTV und HDVS – Hochauflösende Fernseh- und Videosysteme

Schon Anfang der 70er Jahre begannen die japanische Rundfunkorganisation *NHK* und die Firma *SONY* mit der Entwicklung eines hochauflösenden Fernsehsystems, das unter der Bezeichnung HDTV (*High-Definition-Television*) bekannt geworden ist. Grundgedanke dieser Bemühungen war wohl, das bisherige NTSC-System, das außerhalb der USA und auch in Japan sehr weit verbreitet ist, etwa 20 Jahre nach dessen Einführung durch eine neue Technologie abzulösen. Dabei sollten

- die Schärfe des Bildes (*Auflösung*) wesentlich verbessert,
- die störenden gegenseitigen Beeinflussungen zwischen Luminanz- und Chromainformationen (Cross-Colour) durch die exakte Trennung in Helligkeits- und Farbkomponenten bei Aufzeichnung, Bearbeitung und Übertragung beseitigt und
- ein breiteres Bildformat gewählt werden. Hierbei einigte man sich auf ein Bildseitenverhältnis von 16 : 9, das dem Betrachtungswinkel des menschlichen Auges näher kommt.

In den letzten Jahren wurde die Entwicklung von *HDTV*- und *HDVS*-(High-Definition-Video-Systemen) in Japan unter Mitwirkung weiterer Großkonzerne (Matsushita, Hitachi, usw.) auf eine größere Basis gestellt und wesentlich intensiviert, so daß für den Anwender im Closed-Circuit-System heute eine komplette Gerätepalette verfügbar ist, die etwa folgendes umfaßt:

- Aufnahme-Kameras,
- MAZ-Systeme für die analoge und die digitale Speicherung auf Videoband in open-reel- und/oder Kassettentechnik,
- Filmabtaster (FAT),
- Laser-Disc-Systeme,
- Elektronische Schnittsysteme,
- Kontrollmonitore (16 : 9),
- Großprojektionseinrichtungen,
- Geräte für die Überspielung von Video auf Film,
- Standards-Converter von HDVS > PAL > SECAM > NTSC usw.

Der japanische Systemvorschlag mit 1125 Zeilen und 30 Voll- bzw. 60 Halb-Bildern ist allerdings zu keinem der herkömmlichen Fernsehsysteme kompatibel und erfordert daher immer eine Konvertierung zu NTSC, PAL und SECAM.

In der Folge der „japanischen Herausforderung“ haben zunächst die europäische Rundfunkorganisation (EBU) und die europäische Geräteindustrie reagiert und einen Gegenvorschlag erarbeitet, der zu PAL kompatibel ist. Dieses Entwicklungsprojekt ist unter dem Namen „*EUREKA 95*“ bekannt geworden. Das System verwendet eine Halbbildfrequenz von 50 Hz und eine Zeilenzahl von 1250. In den letzten Jahren erkannten auch die amerikanischen Gremien, daß die Einführung eines HDTV-Systems in den USA nur dann erfolgreich sein wird, wenn es zum bestehenden NTSC-System kompatibel ist. Daraus entstand für die USA der Vorschlag für einen Standard mit 1050 Zeilen und einer Halbbildfrequenz von 59,94 Hz.

Obwohl die Einführung einer weltweit einheitlichen Norm – aus Kostengründen zumindest für den Bereich der Neuproduktion – sehr wünschenswert wäre, so stehen doch auf dem weiten Feld der Übertragungstechnik die Forderungen nach Kompatibilität zu bestehenden Systemen weit im Vordergrund.

Zu guter Letzt hat sich nun auch noch „Hollywood" gemeldet und für eine eventuelle künftige Produktion von Kinofilmen mit elektronischen Mitteln signalisiert, daß man nicht gewillt sei, vom *„Weltstandard Film"* mit einer Bildfrequenz von 24 Hz abzuweichen. Darüber hinaus ist nach Untersuchungen der Firma KODAK eine Anzahl von 1050, 1150 und 1250 Zeilen völlig unzureichend, wenn die Video-Signale für die Herstellung kopierfähiger Negative auf fotografischen Film überspielt werden sollen. Ein *„filmkompatibles System"* für die *„elektronische Kinematographie"* müßte mit etwa 2000 bis 3000 Zeilen konfiguriert werden (siehe Abschnitt G.5) [126].

In *Tabelle C3* sind die bisher besprochenen Systemkonfigurationen ohne Wertung gegenübergestellt.

Tabelle C3:

HDTV- und HDVS-Systeme im Bildformat 16 : 9			
System	Japan NHK/SONY	Europa Eureka 95	USA
Anzahl der Zeilen des Abtastrasters	1125	1250	1050
Sichtbare Zeilen (92 %, V-Lücke 8 %)	1035	1150	966
Bildpunktzahl/Zeile	1831	2035	1709
Bildpunkte insgesamt (*Pixelzahl*)	1 895 085	2 340 250	1 650 894
Halbbildfrequenz (Hz)	60	50	59,94
Videobandbreite (MHz) Luminanzkanal Chroma-Kanäle	 20 7	 20 7	 20 7

Ein weiteres Problem besteht noch darin, daß HDTV-Signale wegen der höheren Zeilen- und Bildpunktzahl eine wesentlich größere Übertragungsbandbreite gegenüber herkömmlichen Fernsehsignalen erfordern. Damit ist eine Verbreitung dieser Programme über vorhandene terrestrische Strecken unmöglich. Nach Ansicht des Verfassers könnte sich daher die Einführung der HDTV- und HDVS-Systeme zeitlich nacheinander betrachtet etwa so vollziehen:

– In der ersten Phase wird es nur *Closed-Circuit-Systeme* geben. Dies könnten sein:

- Aufnahme und Nachbearbeitung im HDTV-Videobereich mit anschließender Überspielung auf Filmnegativ für die Herstellung von Filmkopien für Werbe- und Industriefilme.
- Aufnahme und Nachbearbeitung in Verbindung mit Computer-Graphic-Systemen.
- Aufnahme und Wiedergabe für wissenschaftliche Zwecke.
- Wiedergabe vorbespielter HDTV-Video-Kassetten und Discs.
- Aufnahme und Wiedergabe für Großveranstaltungen über Glasfaserverbindungen.

– In einer zweiten Phase wird dann voraussichtlich die Übertragung mit Fernsehsatelliten und Glasfaserstrecken möglich werden.

Will man die Vorzüge eines HDTV-Übertragungssystems im Wohnbereich des „Consumers" voll nutzen, so müßten schließlich auch größere Bildschirme als heute üblich Verwendung finden. Die herkömmliche Technik stößt hier an Grenzen. Zum einen sind Geräte mit Großbildröhren sehr teuer, zum anderen erreicht das Gewicht solcher Empfänger Größenordnungen, die bereits aus Gründen der Baustatik nicht mehr akzeptabel erscheinen.

Somit macht HDTV im Wohnbereich des Konsumenten erst dann einen Sinn, wenn *Großbildschirme* verfügbar sein werden, die wie ein Ölbild im Format 16 : 9 an

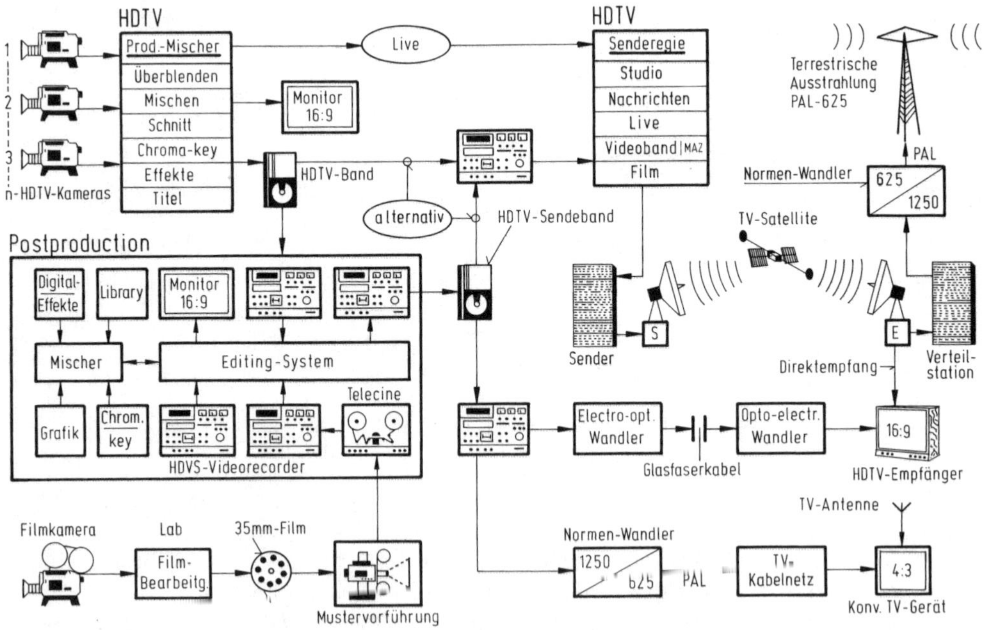

Abb. C10-1 Möglichkeiten einer HDTV-Rundfunkübertragung

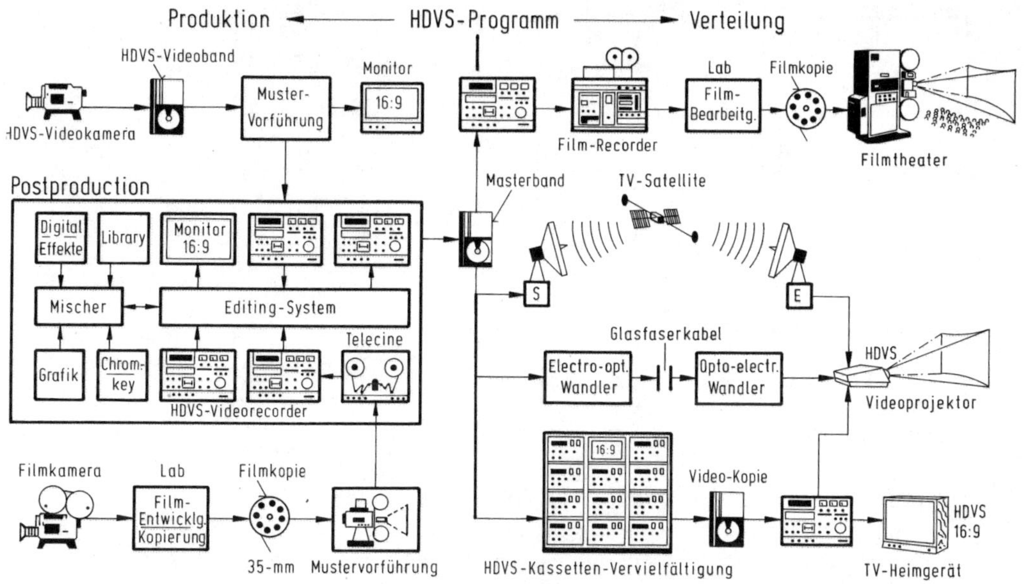

Abb. C10-2 Mögliche HDVS-Closed-Circuit-Systeme

der Wand eines Zimmers hängen können. Weltweit wird in vielen Laboratorien und Instituten an der Lösung dieser Aufgabe gearbeitet. Eine generelle Lösung des Problems für einen konsumergerechten *„Flachbildschirm“* ist allerdings bis heute noch nicht erkennbar.

Abb. C10-1 zeigt die Anwendungsmöglichkeiten eines HDTV-Systems für die Verbreitung von Rundfunkprogrammen. *Abb. C10-2* gibt eine Übersicht des *HDVS-Verfahrens* für verschiedene Closed-Circuit-Systeme. Dabei stellt auch der Film, vor allem im 35-mm-Format, einen ausgezeichneten Programmspeicher für die Aufnahme im Studio und an Originalplätzen dar. Findet die Überspielung des Programms auf einem modernen Spezialabtaster (siehe Abschnitt G.6) direkt vom Negativ statt, so können sich die Vorteile der hohen Auflösung des Filmmaterials mit der zeitsparenden Nachbearbeitung im elektronischen Schnitt und der Vielfalt der digitalen Videotricktechnik sehr sinnvoll ergänzen [127].

Auf dem Wege zu HDTV / Fernsehsysteme erhöhter Bildqualität

Weil einer generellen Einführung von HDTV – wie bereits dargestellt – noch eine Reihe ungelöster Probleme technischer und auch ökonomischer Art im Wege stehen, haben sich Institute, Firmen und Organisationen damit sehr intensiv beschäftigt, diesem Fernziel in einzelnen Schritten näher zu kommen.

Zunächst sind dabei die Bemühungen zu nennen, das vorhandene PAL-Fernsehsystem weiter zu optimieren. Dies erreicht man heute mit modernen digitalen Filter-

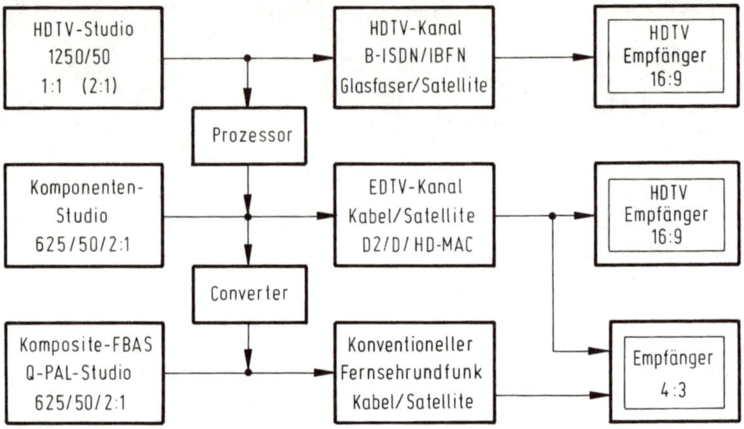

Abb. C10-3
Scenario künftiger Fernsehsysteme

schaltungen, die die störenden Cross-Effekte besser unterdrücken helfen (Q-PAL, I-PAL). – Auch ist hier die empfängerseitige Reduzierung des *Großflächenflimmerns* zu nennen. Dabei werden die empfangenen 50 Halbbilder in einem Bildspeicher des Fernsehgerätes abgelegt und für die Darstellung auf dem Schirm der Bildröhre mit höherer Halbbildfrequenz (100 Hz) ausgelesen. Das Raster jeden Halbbildes wird somit zweimal auf den Bildschirm geschrieben. Die bekannten Flimmereffekte gehören damit der Vergangenheit an. Alle diese Verbesserungen bedeuten aber, daß das bisherige Bildformat unverändert bleibt.

Wie bei allen erwarteten Neuerungen macht es daher Sinn, auch die Zwischenphasen für ein künftiges europäisches Fernsehsystem von der Konfiguration des höheren Standards abzuleiten [132, 159]. In *Abb. C10-3* finden wir daher

- in der oberen Reihe alle Merkmale eines künftigen europäischen HDTV-Systems, wie
  - HDTV-Studio in Komponenten-Technik
  - *Vorwärts-Abtastung* 1 : 1 mit Halbbildfrequenz 50 Hz
  - Übertragung der Signalkomponenten mit breitbandigen Kommunikationsverbindungen > 20 MHz
  - Empfänger im Format 16 : 9.
- Die mittlere Reihe stellt eine gewisse Übergangsphase zwischen PAL und HDTV dar. Sie unterscheidet sich von PAL durch:
  - Das Komponenten-Studio. Luminanz und Chrominanz werden wie bei HDTV voneinander getrennt übertragen.
  - Die Übertragung über breitbandigere Kanäle (7–8 MHz) im *D2-MAC* oder *HD-MAC*-Verfahren.
  - Den *Breit-Bildschirm* im Format 16 : 9

  Gegenüber HDTV ist als Unterschied noch zu nennen:
  - Die Abtastung mit Zeilensprung 2 : 1 bei 625 Zeilen.
  - Die geringere Übertragungsbandbreite mit 7–8 MHz.

Die Umwandlung der Video-Programmsignale ist mit digitalen Prozessoren und Convertern möglich. Dabei erscheint aber aus Qualitätsgründen nur der Weg einer Abwärtsumwandlung auf der Linie HDTV ≫ HD-MAC ≫ PAL sinnvoll.

Bei einer weiteren Variante, *Breit-PAL* oder *PAL-Plus*, wird das herkömmliche PAL-Signal so aufbereitet, daß es auf einem Schirm im 16:9-Format wiedergegeben werden kann.

MUSE und HD-MAC

Der Mangel an terrestrischen Übertragungskanälen hat die Japaner schon zu Anfang der HDTV-Entwicklung auch noch andere Wege suchen lassen. Dem *MUSE*-Verfahren (MUSE = *Multiple Subnyquist Sampling Encoding*) liegt der Gedanke zu Grunde, daß sich auch bei der Laufbildübertragung nur begrenzte Teile des Bildinhaltes schnell verändern, während andere Bildteile (wie Hintergründe, feste Gegenstände im Raum, usw.) nur eine geringe Veränderung von Bild zu Bild erfahren. Man unterscheidet so zwischen „ruhenden" (a) und „bewegten" (b) Strukturen im Bild.

Für die Übertragung „ruhender" Strukturen steht somit mehr Zeit zur Verfügung. Man kann daher die einzelnen Elemente der „ruhenden" Bildinformation auch nacheinander in kurzer zeitlicher Folge (z. B. in vier Phasen) übertragen [130]. Wie

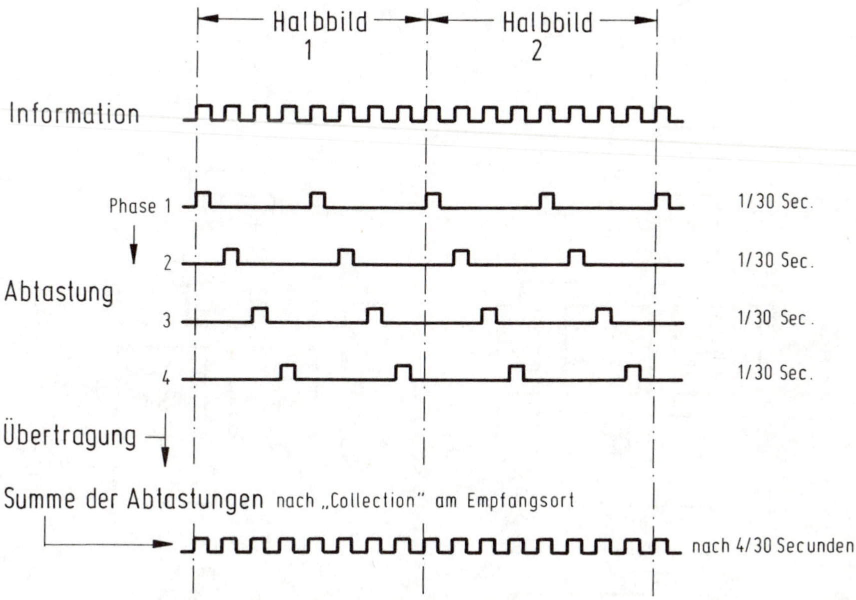

Abb. C10-4 Beim MUSE-Verfahren werden die einzelnen Abtastwerte in einzelnen Paketen zeitlich nacheinander übertragen. Damit wird quasi eine Erhöhung der Übertragungsbreite durch den Austausch mit der Zeit erreicht. Am Empfangsort werden die sequentiell übertragenen Werte für die Bilddarstellung gewissermaßen angesammelt

Abb. C10-4 zeigt, werden die einzeln übertragenen Teile des Bildinhaltes am Empfangsort gewissermaßen angesammelt und bei Erreichen der dem Original entsprechenden Vollständigkeit auf einem Schirmbild hoher Auflösung wiedergegeben.

Bei „bewegten“ Strukturen hingegen muß die Übertragung im echten Zeitablauf (Real-Time) stattfinden. Die Wiedergabequalität der bewegten Elemente im Bild wird daher direkt von der Bandbreite des Übertragungskanals bestimmt. Bewegte Bildteile werden mit verminderter Schärfe wiedergegeben, was häufig nicht stört, weil das Auge in bewegten Objekten die Schärfe ohnehin nicht immer wahrnehmen kann.

Mit dem MUSE-Verfahren kann ein HDTV-Signal mit einer Bandbreite von insgesamt 32 MHz und 1125 Zeilen pro Vollbild über einen einzigen beliebigen 8-MHz-Kanal übertragen werden. Hierzu wird das HDTV-Signal (c) nach *Abb. C10-5* zunächst in die Digitalform (d) umgewandelt. Anschließend findet eine *Zeitkompression* (e) der Chroma-Komponenten statt (*TCI* = time-compressed-integration of colour signals). Die *Bewegungsdetectoren* analysieren den Inhalt des Laufbildes nach „ruhenden“ (a) und nach „bewegten“ (b) Strukturen. Die so gewonnenen Informationen gelangen über einen Multiplexer (f) zur endgültigen Abtastung (g), die dann nach Rückwandlung der Signale in die analoge Form (h) den Sender speist. –

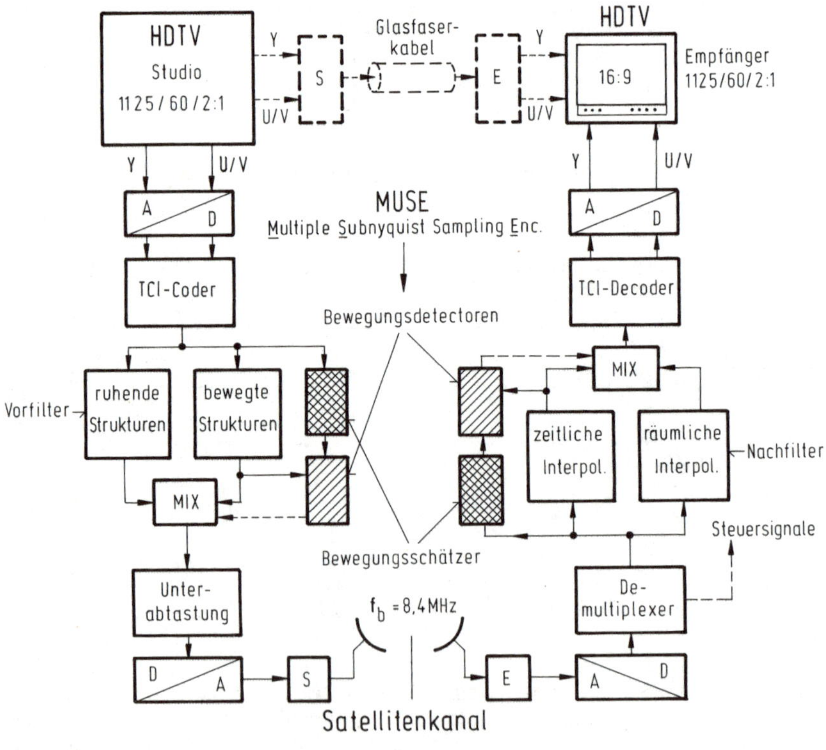

Abb. C10-5 Blockschema des MUSE-Systems

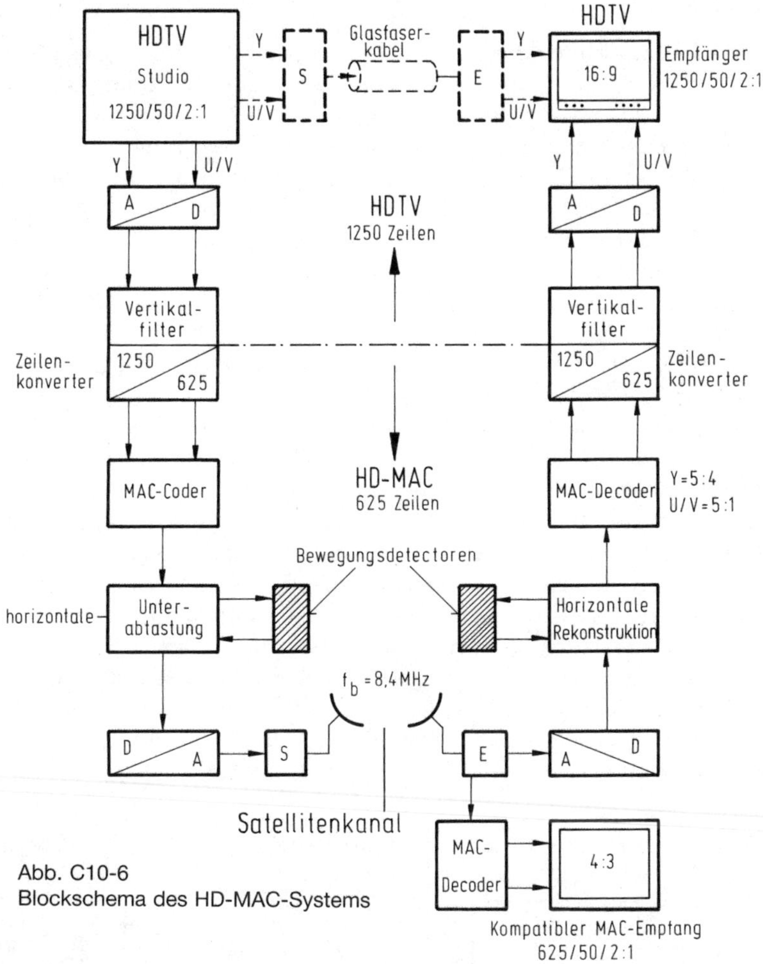

Abb. C10-6
Blockschema des HD-MAC-Systems

Empfängerseitig gewinnt man in einer Demultiplex-Schaltung (i) die einzelnen Signalanteile zurück, die dann anhand von Steuersignalen (k) für die Darstellung auf einem 16:9-Bildschirm (l) eine zeitliche und räumliche Interpolation erfahren.

Das für Europa vorgeschlagene *HD-MAC-System* (*Abb. C10-6*) ist dem japanischen MUSE-System ähnlich. Bei der von PHILIPS betriebenen Entwicklung hat man aber vorrangig auch die Verträglichkeit zu bestehenden und künftigen Systemen berücksichtigt. Damit soll die Abwärts- und Aufwärtskompatibilität in der Reihe PAL ≫ D2-MAC ≫ HD-MAC ≫ HDTV gewährleistet werden [131].

PALplus und 16:9/625

Die bisher dargestellten technischen Lösungen für die Übertragung von Videosignalen hoher Auflösung im Fernsehen werden aus vielerlei Gründen noch einige Zeit auf sich warten lassen und nicht schnell zu verwirklichen sein. – Mit überschaubarem Aufwand läßt sich jedoch heute schon die terrestrische Übertragung eines Fernseh-Breitbildes im Format 16:9 (1,77:1) realisieren, so daß dem Zuschauer bereits ein größeres und breiteres Bild angeboten werden kann, wenn er sich ein entsprechendes Empfangsgerät beschafft. Auf der Programmseite will man sich auch darum bemühen, den Betrachter mehr am Bildschirmgeschehen zu beteiligen und spricht in diesem Zusammenhang auch von „*Telepräsenz*“ [160]. – Eine erfolgreiche Einführung des PALplus-Systems erfordert eine technische Konfiguration, die die Kompatibilität zum bestehenden PAL-Standard gewährleistet und die mit der Bandbreite herkömmlicher Übertragungswege auskommt. Darüber hinaus sind auch noch zwei verschiedene Geometrien der Bildwiedergabe in den Formaten 4:3 und 16:9 in Einklang zu bringen. Nach Bild C10-7 wird das im Studio erzeugte Bild im Format 16:9 einer *Dezimationsfilterung* unterworfen, wobei das aus 576 aktiven Zeilen bestehende Bild auf 432 Zeilen reduziert wird. Ein aus 432 Zeilen bestehendes Bildfenster führt bei der Wiedergabe auf einem 4:3-Bildschirm zu einem Bildseitenverhältnis von 16:9 im *Letterbox-Format*. Der 16:9-Empfänger muß in der Lage sein, den für die terrestrische Übertragung konvertierten Bildinhalt formatfüllend mit 576 aktiven Zeilen darzustellen. Bei der Formatkonversion im Sender wird daher bereits Information über die vertikale Auflösung aus dem Signal separiert, die der 16:9-Empfänger für die Darstellung eines hochwertigen Bildes benötigt. Diese *Vertikalinformation* (auch *Vertical Helper* genannt) wird in den 2 × 72 Zeilen (schwarzen Streifen) am oberen und unteren Bildrand übertragen [161].

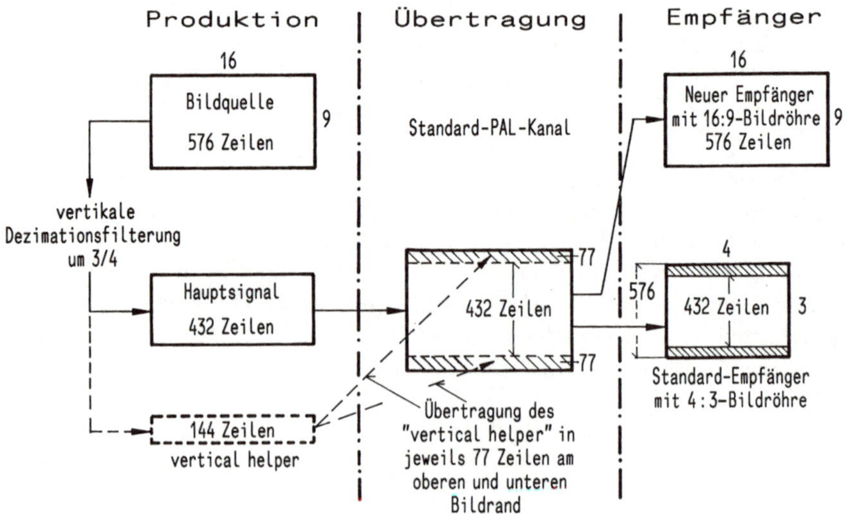

Abb. C10-7 Prinzip des PALplus-Systems

D) Film – die fotografische Speicherung von Laufbildern

Der Film hat als Programmträger – trotz der modernen elektronischen Entwicklungen – bisher nur wenig an Bedeutung verloren. Wir wollen uns daher mit der Praxis der Filmbearbeitung im folgenden eingehend beschäftigen und auch auf die spezifischen Bearbeitungsstufen in einem Filmkopierwerk besonders eingehen [37].

1 Wie entsteht ein „Film"?

Der 35 mm breite, perforierte Filmstreifen diente – ursprünglich stumm, später als Tonfilm – lange Jahre nur der Verbreitung von Spielprogrammen über das Filmtheater. Sein kleiner Bruder, der 16-mm-Film, kam etwa 1930 als Amateurfilm dazu. Allerdings dauerte es nicht lange, bis das 16-mm-Format große Bereiche in Wissenschaft, Unterricht, Werbung und auch im Unterhaltungsbereich eroberte. – Zu diesen klassischen Filmformaten 35 und 16 gesellten sich später noch der 70-mm-Film, der heute in Verbindung mit der stereophonischen Tonwiedergabe vorwiegend für Großbildprojektionen verwendet wird, und der 8-mm-Film in seiner besonderen Variante 8-S als populäres Amateurfilmformat hinzu.

Mit der zunehmenden Verbreitung des Fernsehens in aller Welt erreichte der Film als Programmträger eine besondere Bedeutung, weil er – von nationalen Normen unabhängig – mit relativ einfachen Mitteln überall wiedergegeben werden kann. Betrachten wir die Speicherung von Programmen auf Film als ein spezifisches System, so müssen wir noch zwischen „Kinofilm" und „Fernsehfilm" unterscheiden. Zur Verdeutlichung der Unterschiede sind in *Abb. D1-1* die einzelnen Stufen der Aufnahme und Wiedergabe von Kinofilmen und Fernsehfilmen gegenübergestellt.

1.1 Kinofilm

Im Spielfilmatelier oder auch an Originalplätzen erfolgt die Bildaufnahme mit einer Laufbildkamera (siehe Abschnitt B.6.1.), mit der die einzelnen Phasenbilder sequentiell auf einem Filmstreifen belichtet werden.

Nach der Belichtung in der Kamera wird der Film in einer Maschine photochemisch entwickelt, fixiert und getrocknet (*Abb. D1-2*). Das so erhaltene Negativ wird maschinell auf einen Positivfilm kopiert, der nach einer weiteren photochemischen

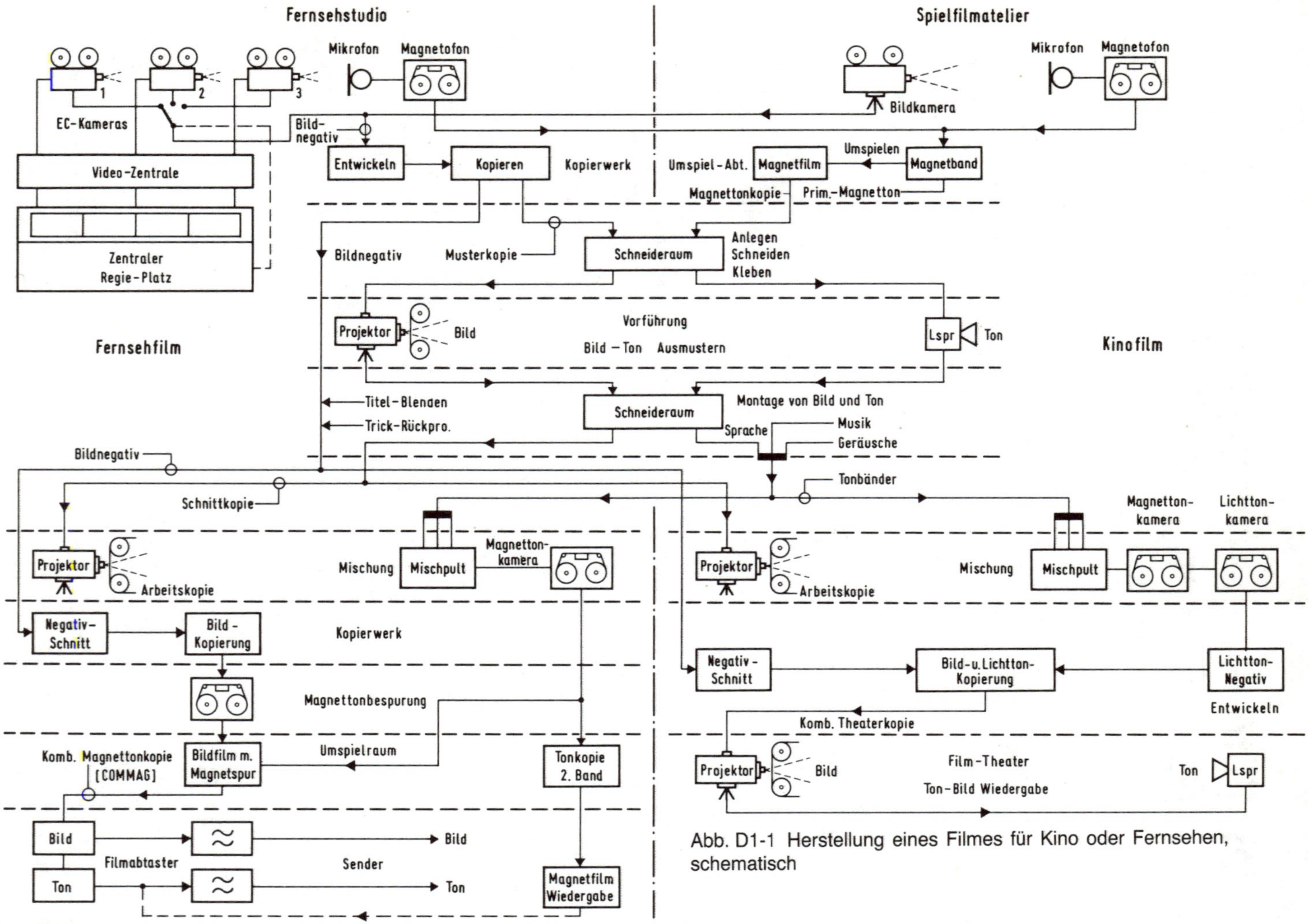

Abb. D1-1 Herstellung eines Filmes für Kino oder Fernsehen, schematisch

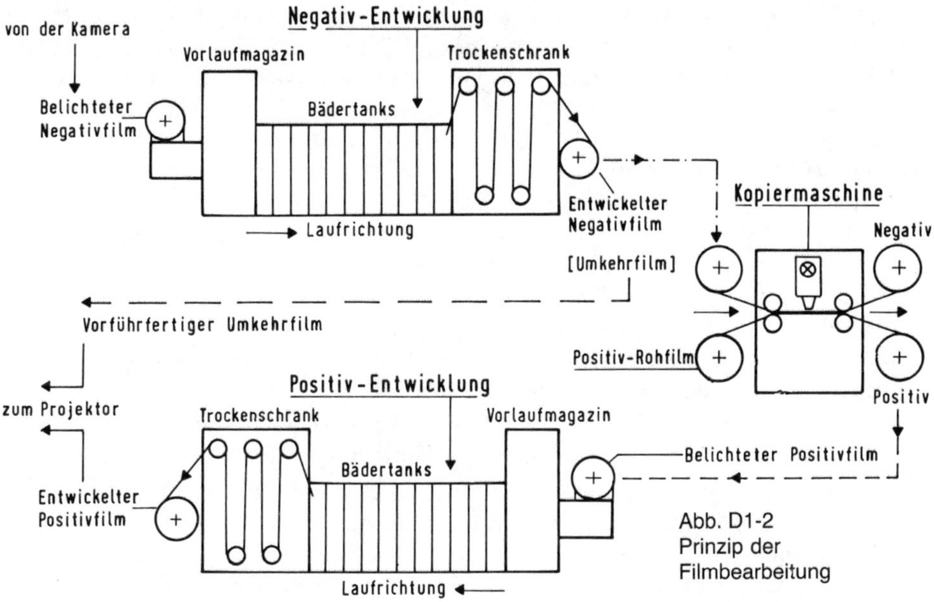

Abb. D1-2
Prinzip der
Filmbearbeitung

Naßbearbeitung dann einen vorführfertigen Bildfilm ergibt und der die einzelnen Phasenbilder als Bildfolge enthält. Wird zur Aufnahme ein Umkehrfilm verwendet, so entsteht bereits bei der ersten photochemischen Bearbeitung ein positives Bild. Dieses Unikat ist vorführfertig und gibt das Originalgeschehen als Bildfolge wieder. Die Aufnahme auf Umkehrfilm ist für die aktuelle Berichterstattung zeitsparend und vorteilhaft. Die Kopierung solcher Filme erfordert jedoch größere Sorgfalt und einen höheren Aufwand als beim Negativ/Positiv-Prozeß.

Nach Abb. D1-1 nimmt man das akustische Geschehen der Spielszene über ein Mikrofon auf, das die akustischen Schwingungen in elektrische Signale umwandelt. Diese elektrischen Signale können dann mit einem Tonbandgerät auf einem 1/4” (6,35 mm) breiten Magnetband gespeichert werden. Um synchronen Gleichlauf zwischen Filmkamera und Tonbandgerät zu erreichen, zeichnet man neben dem eigentlichen Nutzsignal eine von der Kamera erzeugte Pilotfrequenz auf, die bei der späteren Umspielung der Schallaufzeichnung auf perforierten Magnetfilm für eine genaue Synchronisierung zwischen Bild und Ton sorgt.

Nach Ausscheidung nicht benötigter oder fehlerhafter Aufnahmen entsteht sowohl bild- wie auch tonseitig eine Musterkopie für den Schneideraum. Während die Bildkopierung in der weiter oben beschriebenen Weise abläuft, überspielt man die auf dem Originalband gespeicherte Schallaufzeichnung auf perforierten Magnettonfilm.

Im Schneideraum legt der Cutter Bild- und Tonband synchron zueinander an. In der anschließenden Mustervorführung führt man das Bildpositiv über einen Kinoprojektor vor. Das Tonband wird dabei von einem getrennten Laufwerk, das mit dem

Projektor synchron verkoppelt ist, abgespielt. – In Gegenwart des Drehstabes (Produzent, Regisseur, Kameramann, Tonmeister und Cutter) findet die Ausmusterung der einzelnen Aufnahmen nach künstlerischen und technischen Gesichtspunkten statt. Dabei werden etwa bis zu 50 % des Materials der Musterkopie ausgesondert. Aus dem verbliebenen Bild- und Tonmaterial stellt der Cutter durch Schneiden eine endgültige Schnittkopie zusammen, die dem kontinuierlichen Ablauf des gewünschten Spielprogrammes entspricht. In gleicher Weise wird auch das Originaltonband zum Bildband geschnitten und angelegt. Fehlende Schallereignisse, wie zum Beispiel Geräusche, Atmosphäre und bestimmte Effekte, ergänzt man dabei durch Anlegen auf getrennten Bändern. Musikpassagen können meist aus akustischen und technischen Gründen nicht gleichzeitig im Atelier aufgenommen werden. Man nimmt sie daher häufig getrennt in einem besonderen Musikstudio auf und legt diese Schallaufzeichnungen ebenfalls auf getrennten Bändern im Schneideraum an. Auf diese Weise erhält man zu einem Bildstreifen eine ganze Reihe getrennter Tonbänder mit verschiedenen Sprach-, Geräusch- und Musikaufzeichnungen.

Nach Beendigung der Schnittarbeiten findet die Tonmischung statt. Bei gleichzeitiger Vorführung des nunmehr endgültig geschnittenen Bildes überspielt man die einzelnen, von verschiedenen Laufwerken abgetasteten Tonbänder auf ein gemeinsames Masterband und mischt dabei alle Einzelschallereignisse unter Berücksichtigung künstlerischer, dramaturgischer und technischer Belange zusammen. Das Masterband, ein perforierter Magnetfilm, enthält das gesamte – zum Bild abgestimmte – akustische Geschehen des Programms. Die Schallaufzeichnung des Masterbandes wird nach der Mischung auf einen lichtempfindlichen Tonnegativfilm überspielt. Nach dem photographischen Bearbeitungsprozeß steht dann als Voraussetzung für die folgende Massenvervielfältigung eine Lichttonaufzeichnung zur Verfügung.

Wenn die tonliche Fassung des Programmes fertiggestellt ist, kann auch die Endbearbeitung des zugehörigen Bildstreifens beginnen. Dazu muß das Original-Bildnegativ genau nach der im Schneideraum hergestellten Schnittkopie abgezogen, geschnitten und angelegt werden. Gleichzeitig damit sind auch noch Trickteile und eventuelle Bildüberblendungen in das Negativ einzufügen. Nach Durchführung dieser Arbeiten stehen dann Bildnegativ und Tonnegativ zur Massenkopierung bereit. – Die Massenkopierung geschieht mit speziellen, schnellaufenden Kopiermaschinen. Dabei werden Bildnegativ und Tonnegativ an jeweils getrennten Kopierköpfen von einer starken Lichtquelle beleuchtet. Das durch die beiden Negativstreifen hindurchtretende Licht bewirkt dabei eine Exposition eines zur gleichen Zeit und mit gleicher Geschwindigkeit vorbeigeführten Positiv-Kopier-Filmes. Die Bildinformation wird dabei in der Mitte, die Toninformation am Rande des Positivfilmes belichtet. Je nach Auflagenhöhe entstehen von einer Negativgeneration bis zu 100 Filmkopien. Bei größeren Auflagen dupliziert man meistens das Original-Bild-Negativ und stellt analog hierzu auch bei der Umspielung des Mastermischbandes eine entsprechende Anzahl von Tonnegativen her. Die hergestellten Positivfilme sind nach der photochemischen Bearbeitung – zu abspielbaren Einheiten konfektioniert und zusammengefügt – als Filmkopien vorführbereit. – Sie werden in der Regel über eine Verleihorganisation an Filmtheater ausgeliefert, wo die Wiedergabe von Bild und Ton vor einem größeren Kreis von Zuschauern bzw. Zuhörern erfolgen kann.

1.2 Fernsehfilm

Im Gegensatz zum Kinofilm verläuft die Aufnahme und Wiedergabe von Fernsehfilmen in einigen Punkten anders. – Abgeleitet von der Live-Produktion in der Anfangszeit des Fernsehens, wurde für Aufnahmen im Studio ein spezielles Verfahren – Electronic-Cam genannt – entwickelt. Hierbei können mehrere Filmkameras aus verschiedenen Richtungen, gleichzeitig oder im Wechsel, die jeweilige Bildszene aufnehmen (Abb. D1-1). Jede dieser Kameras ist zusätzlich mit einer kleinen Fernsehkamera ausgerüstet. Diese erhält laufend – auch bei Stillstand der Filmkamera – über einen optischen Strahlenteiler im Aufnahmelichtweg einen Teil der Bildinformation und entwirft, in Verbindung mit einer eigenen Video-Zentrale, auf einem Kontrollmonitor zur Vorschau ein Bild. Auf diesem Wege hat der Regisseur die Möglichkeit – wie bei Live-Aufnahmen –, jeden Kamerastandort und Aufnahmewinkel genau zu kontrollieren. Da es nicht sinnvoll ist, alle Kameras gleichzeitig laufen zu lassen, können diese von einem zentralen Regieplatz aus – an dem die elektronisch erzeugten Hilfsbilder über die Vorschau-Monitore beobachtet werden können – beliebig gestartet und angehalten werden. Auf diese Weise erhält man mehrere durchgehende Bildnegativfilme, die zusammengenommen den lückenlosen Ablauf des Programmes beinhalten. Um die einzelnen Negativstreifen richtig zusammenfügen zu können, findet ein besonderes Kennungssystem Anwendung. Der Vorteil dieser Aufnahmetechnik liegt darin, daß bei geeigneter Beleuchtung verschiedene Kamerapositionen von vornherein eingerichtet werden können, wodurch kostspielige Umbauten – meist in Gegenwart von Künstlern – wegfallen. Damit läßt sich eine größere tägliche Produktionsleistung erreichen.

Unterschiedlich zum Kinofilm setzt die Herstellung von Filmen (Farbe und Schwarzweiß) für Fernsehzwecke die Berücksichtigung der technischen Gegebenheiten des Fernsehübertragungssystems voraus. Das Fernsehsystem kann nicht den gesamten Kontrastumfang übertragen, der auf einem Filmbild unterzubringen ist. Bei der Kinofilmprojektion wird das Filmbild auf direktem Wege mit nahezu gleichem Kontrastumfang wiedergegeben, der im Filmbild selbst vorhanden ist. Bei der Übertragung von Filmen im Fernsehen wird das Filmbild zeilenweise mit einem Elektronenstrahl abgetastet. Das hieraus entstandene elektrische Signal ergibt erst im Empfänger wieder ein vollständiges Bild. Da das Fernsehsystem nur Bildsignale mit einem Helligkeitskontrast von etwa 50 : 1 übertragen kann, darf auch das Fernsehfilmbild keinen größeren Kontrastumfang aufweisen, wenn alle Licht- und Schattendetails wiedergegeben werden sollen. – Zur Erzielung einer optimalen Bildqualität am Bildschirm – ohne Einbuße an Detailzeichnung in Lichtern und Schatten – müssen daher bereits bei der Aufnahme hinsichtlich Beleuchtung und Szenenkontrast gewisse Toleranzen eingehalten werden, die gegenüber der Aufnahmepraxis bei Kinofilmen eine Einengung bedeuten.

Der weitere Verlauf einer Fernsehfilmproduktion ist der eines Kinofilmes weitgehend ähnlich. Da für die Sendung nur eine Filmkopie benötigt wird, kann auf die Herstellung eines Lichttonnegatives im allgemeinen verzichtet werden. Man bespurt stattdessen nach der Bildkopierung den Bildpositivfilm mit einem Magnettonstreifen, auf den anschließend mit einer besonderen Umspielmaschine das in der Mischung entstandene Schallereignis aufzuspielen ist. Gleichzeitig stellt man durch Überspielung eine dem Mastermischband entsprechende Magnettonkopie her, die als Magnettonsendeband mit dem Bildstreifen – der ja inzwischen auch eine Magnettonspur enthält – an den Sender ausgeliefert wird. Aus Qualitätsgründen spielt man Bild und Ton – insbesondere bei Sendungen von 16-mm-Filmen – synchron verkoppelt von jeweils getrennten Bändern ab. Sollte eines der beiden Bänder beim Abspielen beschädigt werden oder gar abreißen, so laufen beim „Zweibandbetrieb" Bild und Ton auseinander. In einem solchen Falle schaltet man zweckmäßig auf „Einstreifenbetrieb" um und benutzt dann für die Tonwiedergabe die Tonspur des Bildstreifens.

2 Aufgaben und Gliederung eines Filmkopierwerkes

Die Aufgaben eines Filmkopierwerkes sind zweckmäßig nach zwei Gruppen einzuteilen; nämlich

2.1 Vom Negativ zur Musterkopie und
2.2 Von der Schnittkopie zur Massenkopie

Aus diesen verschiedenen Aufgaben resultieren zwangsläufig unterschiedliche betriebliche Abläufe, die wir im folgenden betrachten wollen. Da wir in den beiden betrieblichen Abläufen gleiche Arbeitsstufen wiederfinden werden, erscheint es sinnvoll, zunächst nur eine Übersicht dieser Abläufe zu geben. Auf die spezifischen Probleme der einzelnen Bearbeitungsstufen wird später noch ausführlicher eingegangen.

2.1 Vom Negativ zur Musterkopie

Nach *Abb. D2-1* gelangt das in der Filmkamera (1) belichtete Bildoriginal (Negativ- oder Umkehrfilm) über die Materialannahme (2) des Kopierwerkes zur Entwicklungsmaschine (3). Nach der Entwicklung werden die einzelnen Filmaufnahmen in der Negativ-Kleberei (4) getrennt und nach folgenden drei Kriterien aussortiert: Aufnahmen, von denen

a) eine Farbmuster-Kopie herzustellen ist
b) eine SW-Muster-Kopie gewünscht wird
c) Aufnahmen, die wegen irgendwelcher Fehler nicht verwendet werden sollen.

Filmabschnitte der letztgenannten Art werden in der *Kopierwerkssprache* auch als „*Nicht-Kopierer*" bezeichnet.

Von jedem Original-Filmabschnitt entnimmt man außerdem ein kurzes Filmstück, das man nach kritischer Prüfung (5) mit einem Negativ-Befund (6) täglich an den Kameramann ausliefert. Danach klebt man die vorsortierten Filmabschnitte zu einer größeren Länge zusammen.

Die vorkonfektionierten Teile gelangen dann zur Lichtbestimmung (7). Hier werden die szenenbedingte und die materialspezifische spektrale Intensität des jeweiligen Kopierlichtes von Szene zu Szene ermittelt.

Nach einem Reinigungsprozeß (8) findet in einer Kopiermaschine (9) die Belichtung des Kopier-Rohfilmes (10) statt.

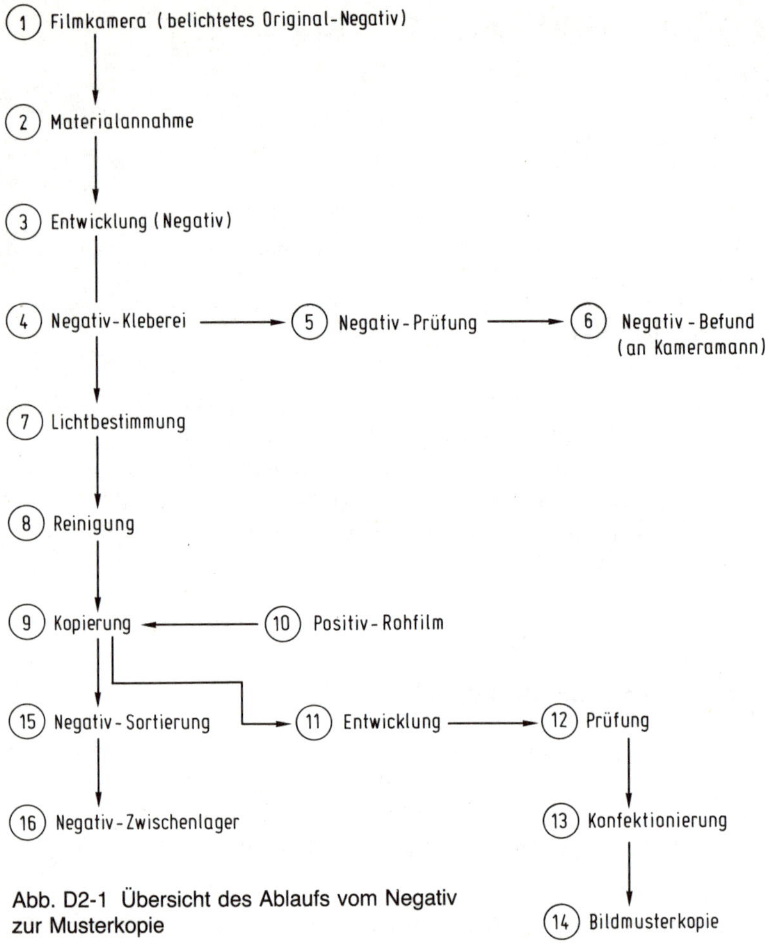

Abb. D2-1 Übersicht des Ablaufs vom Negativ zur Musterkopie

An den Kopierprozeß muß wieder eine Filmentwicklung (11) anschließen. Der entwickelte Kopierfilm wird geprüft (12), mit Vorlauf- und Nachlaufstreifen versehen (Konfektionierung, 13) und als Bildmusterkopie (14) ausgeliefert.

Nach obengenannten Kriterien a), b) und c) sortierte Originalabschnitte registriert und sortiert man nach Szenen-Nummern (15) und gibt sie auf ein Negativ-Zwischenlager (16). Hier wird das Material aufgehoben, bis der Programmschnitt im Schneideraum abgeschlossen ist und der eigentliche Negativschnitt beginnen kann.

2.2 Von der „Schnittkopie" zur Massenkopie

Wenn Inhalt und Ablauf des Filmprogrammes geklärt sind und die Arbeiten im Tonstudio und Schneideraum abgeschlossen sind, dann liefert der Cutter an das

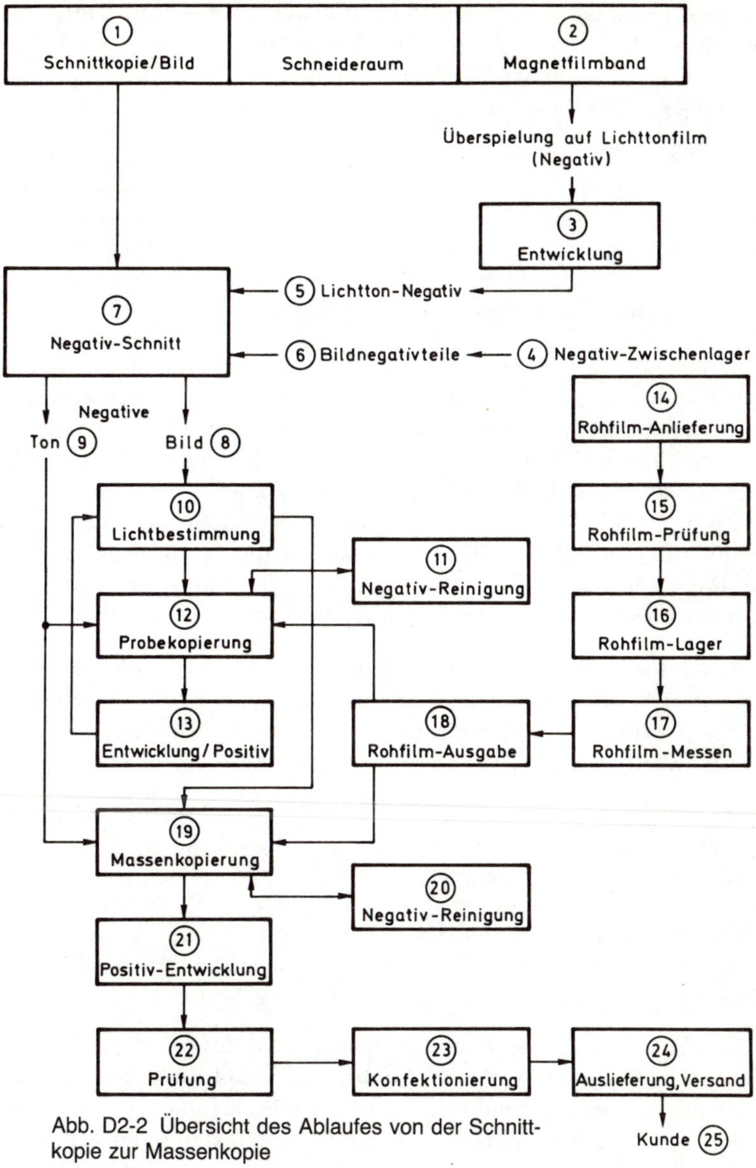

Abb. D2-2 Übersicht des Ablaufes von der Schnittkopie zur Massenkopie

Kopierwerk als Vorlage für den Negativschnitt die sogenannte „Schnittkopie" (1) (*Abb. D2-2*). Außerdem steht nach der Endbearbeitung des zum Bild gehörenden Tongeschehens (Mischung) ein synchrones Magnetfilmband (2) bereit.

Für die Herstellung von Lichttonkopien muß der Magnetfilm überspielt und die Toninformation auf einem Tonnegativfilm als Lichttonaufzeichnung gespeichert werden. Den belichteten Tonnegativfilm entwickelt man mit einer S/W-Entwicklungsmaschine (3). Das entwickelte Lichttonnegativ (5) gelangt nach Prüfung zum Negativ-Schnitt (7), der inzwischen auch vom Negativ-Zwischenlager (4) die zugehörigen Bildnegativteile (6) erhalten hat.

Im Negativschnitt (7) werden nun nach der Schnittkopie die zugehörigen Negativ-Abschnitte herausgesucht, von Vorlauf- und Auslaufstreifen befreit und synchron angelegt. Ist das Bildnegativ zur vollen Länge der jeweiligen Bildrolle der Schnittkopie nachgeschnitten, so muß noch das entsprechende Lichttonnegativ synchron angelegt werden. Nach Ende dieser Arbeiten stehen die synchron angelegten Negative für Bild (8) und Ton (9) zur Kopierung bereit.

Ehe die eigentliche Massenkopierung (19) beginnen kann, sind noch eine Reihe von Arbeitsvorbereitungen zu treffen. Zunächst müssen für das geschnittene Bildnegativ von neuem die Kopierparameter ermittelt werden. Dies geschieht durch eine szenenweise Lichtbestimmung (10), an die sich nach einer Probekopierung (12) eine Positiventwicklung (13) und eine Auswertung der Kopierproben in der Lichtbestimmung (10) anschließen. Da die erste Kopierprobe selten einwandfreie Ergebnisse liefert, muß die gesamte Prozedur (in manchen Fällen sogar mehrmals) wiederholt werden. Das Endergebnis der Probekopierung (12) ist im Normalfall eine 0-Kopie, die dann zur Freigabe der Massenkopierung (19) durch den Auftraggeber führt.

Neben der Feststellung der Kopierdaten ist auch noch die Bereitstellung des Rohfilmmaterials von besonderem Interesse. Der vom Hersteller angelieferte Rohfilm (14) gelangt nach einer Qualitätsprüfung (15) in das Rohfilmlager (16). Die benötigten Rohfilm-Mengen werden vor Ausgabe (18) an die Kopierung vorgemessen (17).

Nach Freigabe der 0-Kopie führt man noch eine gründliche Reinigung (20) von Bild- und Tonnegativ durch. Dann kann der eigentliche Vervielfältigungsprozeß (Massenkopierung, 19) beginnen.

An den Kopierprozeß (19) schließt sich die Entwicklung (21) an. Um eine gleichbleibende Qualität der Filmkopien zu gewährleisten, muß anschließend eine sehr sorgfältige Prüfung (22) der entwickelten Filme stattfinden.

Auf die Prüfung folgt die Konfektionierung (23) zu vorführfertigen Filmrollen. Dabei trennt man die fabrikationsbedingten Start- und Endbänder ab und versieht die Filme mit einheitlich genormten Start- und Endbändern. Darüber hinaus sind alle Rollen, soweit nicht schon im Negativ geschehen, klar und deutlich zu beschriften. Dies gilt auch für die Beschriftung der Versandbehälter. Die fertig konfektionierten Filme gelangen dann über den Versand (24) an den Kunden (25).

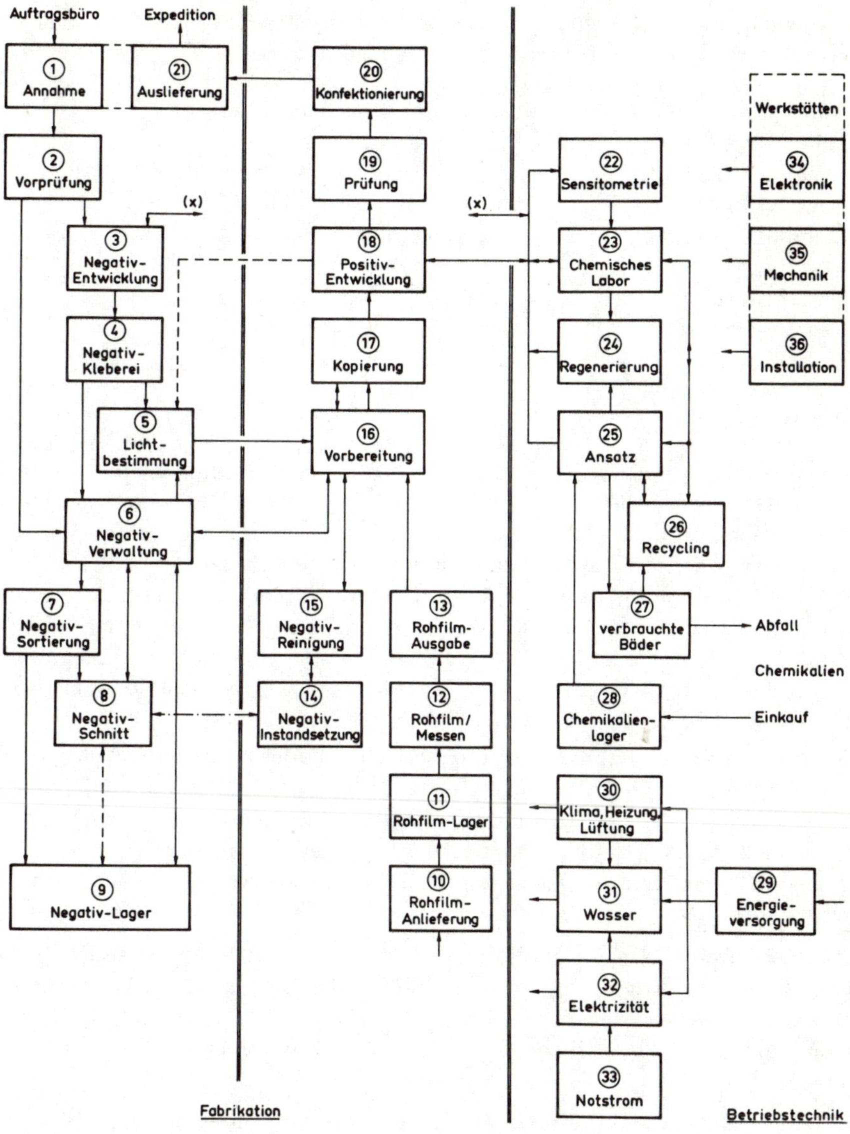

Abb. D2-3 Schema eines Film-Kopierwerkes

2.3 Die Gliederung eines Filmkopierwerkes und seine technischen Hilfsbereiche

Die vorstehend entwickelte Aufgabenstellung läßt sich schematisch in einer Gesamtgliederung nach *Abb. D2-3* darstellen. Wir finden darin wieder die vorher näher beschriebenen Arbeitsbereiche, die man zu betrieblichen Gruppen oder Abteilungen so zusammenfaßt, daß sich etwa folgende Gliederung ergibt:

1 Auftragsannahme
2 Materialvorprüfung
3 Negativentwicklung
4 Negativkleberei
5 Lichtbestimmung
6 Negativverwaltung
7 Negativsortierung
8 Negativ-Schnitt
9 Negativ-Lager
10 Rohfilmanlieferung
11 Rohfilmlager
12 Rohfilm-Meß-Abteilung
13 Rohfilm-Ausgabe
14 Negativ-Instandsetzung
15 Negativ-Reinigung
16 Kopier-Vorbereitung
17 Kopierung
18 Positiv-Entwicklung
19 Prüfung
20 Konfektionierung
21 Auslieferung

Neben dem Fabrikationsbereich zeigt das Schema auch die zugehörigen technischen Hilfsbereiche. Die Überwachung der Entwicklungsmaschinen nimmt dabei den breitesten Raum ein. Um die Gleichmäßigkeit der einzelnen Entwicklungsprozesse zu gewährleisten, müssen laufend auf allen Maschinen, sowohl im Negativ- bzw. Originalbereich (3) als auch im Positiv- bzw. Kopierbereich (18), Kontrollstreifen (Keile) entwickelt werden, die die Sensitometrie (22) unverzüglich auswertet. Außerdem führt das chemische Labor (23) laufend Analysen der fotografischen Bäder durch. Den Auswertungen der Sensitometrie und den Analysen des Labors folgend stellt man die Regenerierung (24) der Bäder ein.

Ein großer Teil der verbrauchten fotografischen Bäder kann im *Recycling*-Verfahren (26) wieder regeneriert werden. Hierzu bedarf es besonderer analytischer Sorgfalt. Maßnahmen dieser Art sind aus Gründen der Umweltbelastung von ganz besonderer Bedeutung. Bäder, die nicht mehr verwendbar sind, müssen gegen einen Neuansatz (25) ausgetauscht werden. Hierzu sind entsprechende Räume für die Lagerung der Chemikalien (28) erforderlich.

Die Energieversorgung eines Filmkopierwerkes muß die Voraussetzungen für eine einwandfreie Bearbeitung der fotografischen Materialien erfüllen. Da die lichtempfindlichen Schichten der Filmmaterialien empfindlich gegen starke Klimaschwankungen sind, ist die Vollklimatisierung (30) der meisten Arbeits- und Lagerräume zwingend.

Ohne ausreichende Wasserversorgung (31) wäre ein fotografischer Prozeß nicht denkbar. Dabei ist nicht nur die Menge des Wassers, sondern auch seine besonderen Eigenschaften und seine Qualität ausschlaggebend. Für moderne Entwicklungsprozesse mit hohen Temperaturen sind auch die Wässerungen entsprechend zu temperieren. Bei stark kalkhaltigem Wasser muß vorher noch eine entsprechende Aufbereitung (Enthärtung) erfolgen.

Schließlich ist auch noch eine ausreichende Menge an elektrischer Energie (32) für den Betrieb aller Maschinen bereitzustellen. Das elektrische Netz sollte dabei frei von starken Spannungsschwankungen und Netzstörungen sein. Um einem evtl.

Netzausfall vorzubeugen, ist ein Notstromaggregat (33) sinnvoll, das zumindest die Versorgung der Entwicklungsmaschinen übernehmen kann, auf denen Aufnahmematerialien entwickelt werden. Eine problemlose Umschaltung setzt allerdings voraus, daß das Notstromaggregat in ständiger Betriebsbereitschaft steht, damit die Versorgung von ihm bei Netzausfall ohne Unterbrechung übernommen werden kann.

Für die Aufrechterhaltung der Betriebsbereitschaft aller Maschinen und Versorgungseinrichtungen braucht man letztlich auch geeignete Werkstätten. Beim heutigen Stand der Technologie hat sich eine Gliederung nach den Bereichen Elektronik (34), Mechanik (35) und Installation (36) als zweckmäßig erwiesen.

3 Die Bearbeitung von Originalmaterialien

Belichtetes Filmmaterial muß der Kamera zur Weiterverarbeitung entnommen bzw. aus den Kassetten „ausgelegt“ werden. Diese Prozedur sollte aus Sicherheitsgründen bei absoluter Dunkelheit geschehen. Bei Fehlen einer Dunkelkammer ist ein „Dunkelsack“ hilfreich. Hierunter versteht man eine lichtdichte Hülle aus Stoff, die zum Einbringen des in der Kamerakassette befindlichen Filmmaterials an einer Seite mit einem Reißverschluß zu öffnen ist. Zum Hantieren besitzt der „Dunkelsack“ zwei lichtdichte Greiföffnungen. Das der Kassette entnommene Material ist für den Transport zum Kopierwerk absolut lichtdicht in einer Filmbüchse zu verschließen.

Bavaria Kopierwerk

Auftragsnummer / Anzahl | Archivnummer

Produktion

Titel

Kameramann | Kameraassistent

Material | Format | **SW**

Typ | Em.-Nr.

Büchsen-Nr. | Meter

Probe ☐ innen ☐ außen m | Trennst. ☐ ja ☐ nein | Datum

Bemerkung

Abb. D3-1 Aufkleber zur Kennzeichnung belichteter Aufnahmefilme

Bei der Vielzahl heutiger Aufnahmematerialien muß gewährleistet sein, daß das Material im vorgesehenen Prozeß entwickelt wird. Aus diesem Grunde ist eine eindeutige Beschriftung Vorbedingung (*Abb. D3-1*). Jede Filmbüchse erhält daher einen Aufkleber, aus dem die Art des Materials und die gewünschte Art der Bearbeitung, z. B. „Normalentwicklung" oder „forcierte Entwicklung", hervorgehen.

Außerdem stellt der Kamera-Assistent schon bei der Aufnahme für jede Filmrolle ein Begleitpapier, den *Drehbericht*, aus. Er enthält Hinweise für die weitere Bearbeitung des Originalfilmes, wie z. B.:

Rollen-Nummer, Szenen-Nummer,
Länge und Anzahl der Aufnahmen,
zu Kopieren auf Farbe (K, F)
zu Kopieren auf Schwarzweiß-Film (K, SW) oder
nicht zu Kopieren (NK).

3.1 Vorarbeiten für den Entwicklungsprozeß

Zunächst stellt man zur Vorbereitung für den Entwicklungsprozeß die angelieferten Materialien sortenweise und nach Bearbeitungsarten geordnet zusammen.

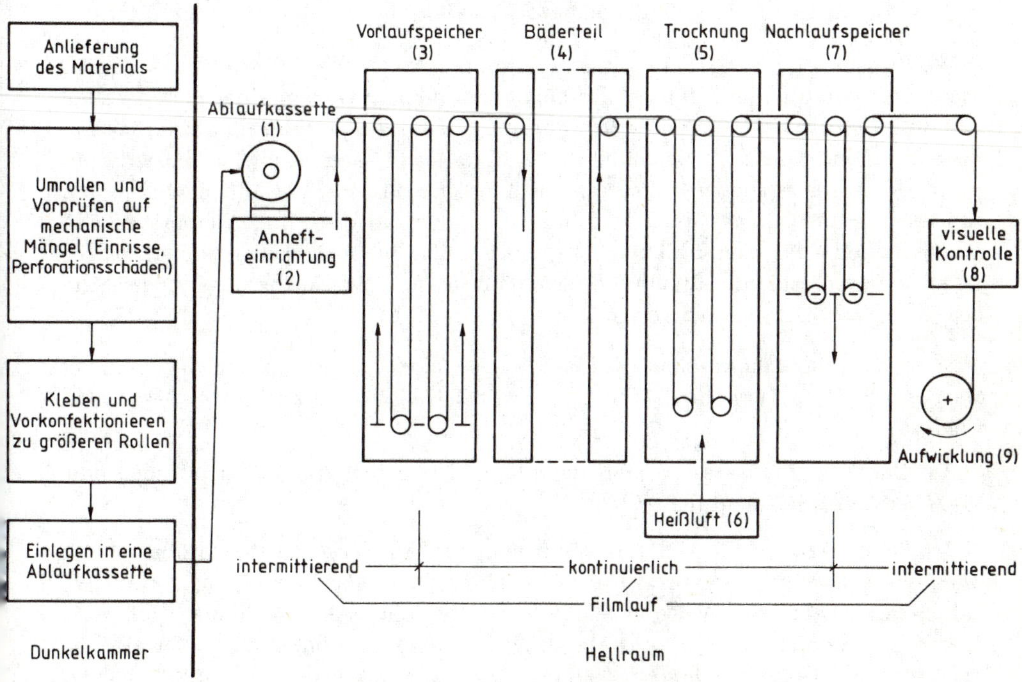

Abb. D3-2 Prinzip der Vorbereitung und Entwicklung von Original-Materialien

In einer Dunkelkammer nimmt man das angelieferte Material aus der Verpackung (*Abb. D3-2*). Mit Aufnahmematerialien ist bei absoluter Dunkelheit umzugehen.

Bei vorsichtigem Umrollen wird das Material auf eventuell in der Kamera entstandene Einrisse oder Perforationsschäden überprüft. Fehlerhafte Stellen müssen vor der Entwicklung bereits herausgetrennt werden, um Filmrisse in der Entwicklungsmaschine zu vermeiden. Das vorgeprüfte Material klebt man anschließend zu größeren Rollen – maximal 600 m – zusammen. Dabei ist besonders auf die Lage der photographischen Schicht, der Perforation und der Wickelrichtung zu achten. Alsdann werden die vorkonfektionierten Aufnahmefilme in die Ablaufkassette der Entwicklungsmaschine eingelegt.

3.2 Filmentwicklung

In Abb. D3-2 ist das Prinzip einer Filmentwicklungsmaschine für Tageslichtbetrieb dargestellt. Damit die photographischen Entwicklungsparameter korrekt eingehalten werden können, ist ein genauer, kontinuierlicher Filmtransport während des Verweilens im Bäderteil der Maschine (4) Voraussetzung. Um dies zu gewährleisten, müssen die Filmmaterialien über einen Vorlaufspeicher (3) in die Maschine eingefahren und über einen Nachlaufspeicher (7) von der Maschine abgenommen werden.

Die Anhefteinrichtung (2) besitzt eine Filmbremse, die das Ende der gerade in der Maschine befindlichen Filmrolle festhält. Nach dem Aufsetzen einer neuen vollen Ablaufkassette (1) heftet man den vorauslaufenden mit dem folgenden Film zusammen. Die kontinuierliche Speisung des Bäderteiles (4) übernimmt zu diesem Zeitpunkt der Vorlaufspeicher (3). Zu diesem Zwecke besitzt der Vorlaufspeicher (3) ein schwebend aufgehängtes unteres Rollenpaket, über das der Film in einer Vielzahl von Schleifen geführt ist. Hält man den Film am Einlauf des Vorlaufspeichers fest, so vermindert sich solange allmählich der Inhalt des Vorlaufspeichers, bis neuer Film aus der Ablaufkassette nachkommt.

Nach der photochemischen Bearbeitung (4) muß das Filmmaterial getrocknet werden (5). Dazu verwendet man in der Regel Heißluft (6) aus einem geeigneten Gebläse.

Am Ende des Prozesses passiert das Material vor dem Aufspulen (9) noch eine visuelle Kontrolleinrichtung (8).

Bei der Abnahme des Materials muß man die Aufwicklung (9) vorübergehend anhalten. Während dieser Zeit füllt sich der Nachlaufspeicher (7) in ähnlicher – jedoch umgekehrter – Weise wie der Vorlaufspeicher. Der Nachlaufspeicher (7) besitzt ein ebenfalls in der Schwebe gehaltenes unteres Rollenpaket, worüber die einzelnen Filmschleifen laufen. Hält man die Aufwicklung an, so füllt sich der Nachlaufspeicher (7), bis die Aufspuleinrichtung wieder eingeschaltet wird.

Abb. D3-3 Filmrahmen in einer Entwicklungsmaschine

Durch die Bädertanks (4) führt man den Film über eine Reihe von Rollen so, daß die Emulsionsseite stets außen liegt. Die Rollen sind zweckmäßig in einem stabilen Rahmen befestigt, der in den Tank eingesetzt werden kann. Man führt den Film so über die einzelnen Rollen des Rahmens, daß er spiralförmig in Schleifen durch den Rahmen laufen kann (*Abb. D3-3*).

Der Antrieb des Filmes kann auf verschiedene Weise geschehen. Zum einen kann man in gewissen Abständen innerhalb der Rollenaggregate des Filmrahmens angetriebene Zahnrollen verwenden. In diesem Falle sind alle Laufrollen hinterdreht, um

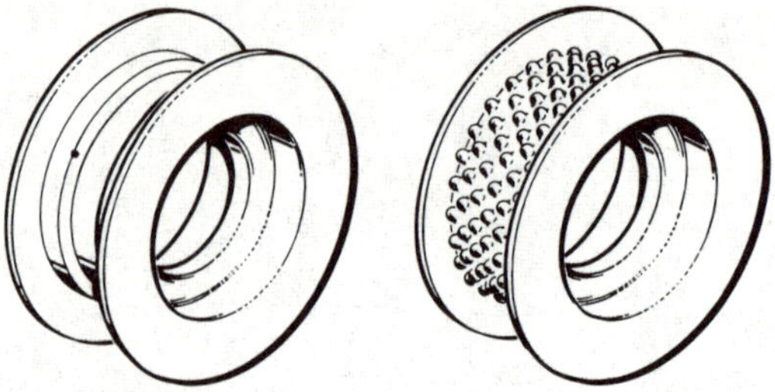

Abb. D3-4
Filmtransportrollen: links: ausgekehlt, rechts: mit weichem Noppenbelag aus Gummi

eine Beschädigung im Bildbereich zu vermeiden (*Abb. D3-4*). Zum anderen sind Laufrollen mit einem weichen Gumminoppenbelag (Soft-Touch-Tire) auf der Lauffläche in Gebrauch. In Verbindung mit der Badflüssigkeit entsteht eine Friktionswirkung nach Art des „aqua-planing", die einen völlig ausreichenden Filmtransport bewirkt (Abb. D3-4).

Die Einwirkungszeit der einzelnen Bäder auf das Filmmaterial kann man durch die Anzahl der einzelnen Filmschleifen und durch die Stückzahl der Filmrahmen den jeweiligen Erfordernissen sehr genau anpassen.

Für die Tanks der Entwicklungsmaschine verwendet man als Material normalerweise nichtrostenden Edelstahl oder Kunststoffe wie z. B. hartes Polyvinylchlorid. Bleichbad- und Stopbad-Rahmen und -Tanks bestehen vorwiegend aus Titan oder Hastelloy-C.

Wie bereits gesagt sind heute eine Vielzahl verschiedener Aufnahmematerialien in Gebrauch. Alle zu erwähnen, würde den Rahmen dieser Arbeit sprengen. Es sollen daher nur die wichtigsten Prozesse behandelt werden.

3.2.1 Der Farb-Negativ-Prozeß ECN-2

Der *Eastman-Color-Negativ-2*-Prozeß wurde etwa 1973 von der Fa. Kodak für die Standard-Entwicklung von Farbnegativ-Materialien eingeführt. Um eine kurze Bearbeitungsdauer zu erreichen, verwendet man relativ hohe Bad-Temperaturen. Die Aufnahmefilme sind für Kunstlicht mit einer Farbtemperatur von 3200 K sensibilisiert. Bei Tageslicht ist ein Konversionsfilter (z. B. Kodak-Wratten-Filter 85) in den Aufnahmelichtweg einzuschalten. Dadurch ergibt sich ein geringfügiger Lichtverlust, der einem Empfindlichkeitsrückgang von etwa 2 DIN entspricht. Aufnahmematerialien für den ECN-2-Prozeß gibt es heute mit verschiedenen Empfindlichkeiten und von diversen Herstellern. Das Standard-Material hat einen Belichtungsindex von 21 DIN (100 ASA). Darüber hinaus finden auch Materialien mit höherer Empfindlichkeit (High-Speed-Filme) bis zu 27 DIN (400 ASA) Verwendung.

Im einzelnen läuft die Entwicklung dieses Filmmaterials ab wie in der Tabelle D1 auf den Seiten 274 und 275 gezeigt.

Abb. D3-5 zeigt das Schema einer Entwicklungsmaschine für den Color-Negativ-Prozeß ECN-2.

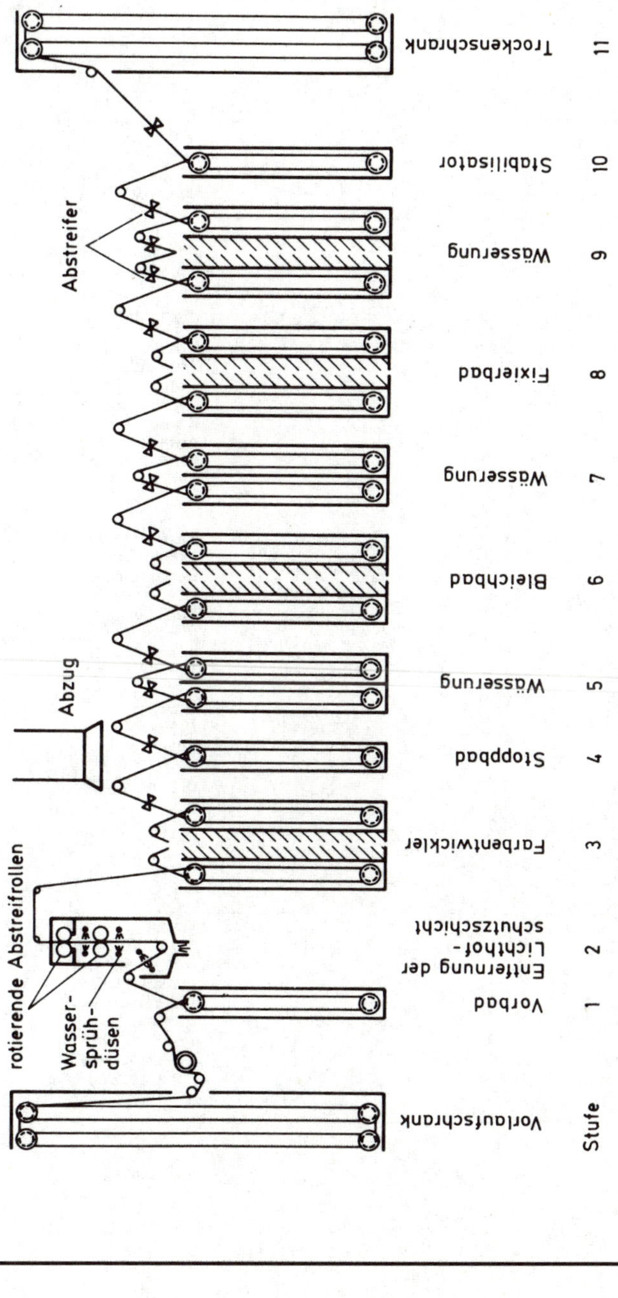

Abb. D3-5 Schema einer Entwicklungsmaschine für den ECN-2-Prozeß

Tabelle D1: Entwicklungsprozeß ECN-2

Bearbeitungsstufe und Funktion	Temperatur	Einwirkzeit	Bestandteile des Bades Substanz	Menge	analytische Angaben
1. Vorbad (PB-2) Erweichen der rückseitigen Lichthofschutzschicht	27 °C ± 1 °C	10 s	Wasser Borax ($Na_2B_4O_7$ $10H_2O$) Natriumsulfat (wasserfrei) Natriumhydroxid mit Wasser auffüllen auf pH bei 27 °C spez. Gewicht	800 ml 20 g 100 g 1 g 1 l	 9,25 1,094
2. Backing-removal Entfernen der rückseitigen Lichthofschutzschicht durch Sprühdüsen und Abstreifrollen	27 °C bis 38 °C	5 s	Weichwasser über Sprühdüsen		
3. Entwickler (SD-49) Reduktion der belichteten Silberhalogenidkörner in den drei lichtempfindlichen Schichten der Emulsion. Dabei oxidiert die Entwicklersubstanz unter Einwirkung des belichteten Silberhalogenids. Die Oxidationsprodukte verbinden sich mit den jeweils in den Schichten vorhandenen Farbkupplern und erzeugen die Bildfarbstoffe. Gleichzeitig entsteht aus dem belichteten Silberhalogenid ein Silberbild	41,1 °C ± 0,1 °C	3 min	Wasser Kodak Anti-Calcium Nr. 4 Natriumsulfit (wasserfrei) Kodak Anti-Fog Nr. 9 Natriumbromid (wasserfrei) Natriumcarbonat (wasserfrei) Natriumbicarbonat Kodak-Color- Developing-Agent CD-3 mit Wasser auffüllen mit pH bei 27 °C spez. Gewicht Total-Alkalität	850 ml 2 ml 2 g 0,22 g 1,2 g 25,6 g 2,7 g 4 g 1 l	 10,2 1,029 25,6
4. Stoppbad (SB-14) Stoppt die Entwicklung der Silberhalogenidkörner und wäscht die Farbentwicklersubstanz CD-3 aus dem Film	27 °C bis 38 °C	30 s	Wasser Schwefelsäure (7N) mit Wasser auffüllen auf pH bei 27 °C	900 ml 50 ml 1 l	 0,8 bis 1,5
5. Wässerung Entfernen des überschüssigen Stoppbades	27 °C bis 38 °C	30 s	Wasser	Kaskade 2stufig 0,2 l/min	
6. Bleichbad (SR-29) Umwandlung des metallischen Silbers, das während der Entwicklung gebildet wurde, in Silberhalogenidverbindungen, die im Fixierprozeß entfernt werden können. Das gleiche gilt für die gelbe Filterschicht. Sie muß ebenfalls durch das Fixierbad beseitigt werden	38 °C ± 1 °C	3 min	Wasser Kaliumferricyanid Natriumbromid (wasserfrei) mit Wasser auffüllen auf pH-Wert bei 27 °C spez. Gewicht	900 ml 40 g 25 g 1 l	 6,5 1,037
7. Wässerung Entfernt überschüssiges Bleichbad vom Film und verhindert damit eine Verschmutzung des Fixierbades	27 °C bis 38 °C	1 min	Wasser	Kaskade 2stufig 0,2 l/min	

Tabelle D1: Fortsetzung

Bearbeitungsstufe und Funktion	Temperatur	Einwirkzeit	Bestandteile des Bades Substanz	Menge	analytische Angaben
8. Fixierbad (F-34) Umwandlung der im Bleichbad gebildeten Silberhalogenidverbindungen in lösliche Silber-thiosulfat-Komplexsalze, die sich dann im Fixierbad und in der nachfolgenden Wässerung aus dem Film entfernen lassen	38 °C ± 1 °C	2 min	Wasser Kodak-Anti-Calcium Nr. 4 58% Ammonium-Thiosulfat-Lösung Natriumsulfit (wasserfrei) Natriumbisulfit (wasserfrei) mit Wasser auffüllen auf pH-Wert bei 27 °C spez. Gewicht Hypo-Index	700 ml 2 ml 185 ml 10 g 8,4 g 1 l	 6,5 1,086 39,5
. Wässerung ntfernung restlicher ilber-Thiosulfat-Komplexsalze nd Beseitigung ungebrauchten ixierbades aus dem Film	27 °C bis 38 °C	2 min	Wasser	Kaskade 4stufig 0,2 l/min	
0. Stabilisator erhindert die Bildung von Vasserflecken und dient zur tabilisierung der Farbstoffe. erringert die Neigung zum Ausbleichen	27 °C bis 38 °C	10 s	Wasser Kodak-Stabilizer-Additive Formalin	1 l 0,14 ml 1,5 ml	
1. Trocknung rocknung des Films für die eitere Bearbeitung	47 °C 39% rel. Feuchte	4 bis 5 min			

Verschleppungserscheinungen

Ein besonderes Problem stellt die Verschleppung der dem Film anhaftenden Flüssigkeitsreste von einem Tank in den folgenden dar. Trifft man keine besonderen Maßnahmen, so wird etwa die doppelte bis dreifache Menge an Flüssigkeit vom Film mitgeschleppt, als von der Emulsion aufgenommen wurde. Während einerseits die Verschleppung von Wasser zu einer unkontrollierbaren Verdünnung der Bäder führt, führt die Verschleppung von Badflüssigkeit zu einer Anreicherung des Waschwassers mit Chemikalien, die eine unkontrollierte Nachreaktion oder eine Verunreinigung des Wassers zur Folge haben können. Um Fehler und Störungen dieser Art zu vermeiden, verwendet man Abstreifeinrichtungen beim Übergang des Filmes von einem Tank zum anderen. Sie wischen durch Abstreifblätter, Luft, Vakuum, Plüschrollen oder auch durch Absauger von beiden Seiten des Filmes die Flüssigkeit ab und verhindern somit den Übertritt in den folgenden Tank.

Wässerungen

Eine große Ersparnis an Waschwasser kann durch eine „Kaskadenanordnung" der Wässerungstanks erreicht werden (*Abb. D3-6*). Dabei fließt frisches Wasser in den letzten Tank der Entwicklungsmaschine, von da in den jeweils davorliegenden bis zum ersten Tank der jeweiligen Wässerung. Da der Film gegen den Wasserstrom läuft, gelangt er von Tank zu Tank in saubereres Wassser.

Trocknung

Die Trocknung des Filmes ist sorgfältig zu kontrollieren. Bei unzureichender Trocknung bleibt die Emulsion weich und klebrig. Bei zu starker Trocknung wird die Emulsion brüchig und kann abblättern. In beiden Fällen tritt eine Beschädigung der Oberfläche ein. Bei einwandfreier Trocknung ist der Film, wenn er die Hälfte des Trockenschrankes durchlaufen hat, bereits trocken, ohne klebrig zu sein. Vor dem Aufspulen muß er Gelegenheit haben, sich wieder auf Raumtemperatur abzukühlen. Nach der Abkühlung sollte das Material eine Feuchte haben, die mit Luft von 50 % relativer Feuchtigkeit im Gleichgewicht ist. Ideale Trocknungsbedingungen erreicht man nur in Verbindung mit einer Vollklimaanlage.

Umwälzung, Temperierung und Regenerierung

Um eine gleichmäßige Beschaffenheit der photographischen Bäder zu gewährleisten, muß eine ständige Umwälzung der Badflüssigkeit stattfinden. Hierzu verwendet man Pumpen aus korrosionsfesten Materialien, die die Badflüssigkeiten ständig in Umlauf halten (*Abb. D3-7*).

Die Badflüssigkeit gelangt aus dem Bädertank (1) durch einen Überlauf (2) zunächst in ein Auffanggefäß (3). Von dort aus fördert die Umwälzpumpe (4) das Bad über ein Filter, das zur Reinigung der Flüssigkeit dient, über die Kühlung (6) und das Heizaggregat (7) zum Zulauf (8) des Tankes zurück.

Der Temperaturfühler (9) mißt ständig die Temperatur des Bades und gibt den Meßwert an die Temperaturkontrolle (11) weiter. Hier werden ständig die Ist-Werte mit den Temperatur-Sollwerten (10) verglichen. Bei Abweichungen vom Sollwert wird Heizung (7) oder Kühlung (6) von der Temperatur-Kontrolle entsprechend gesteuert.

Die verbrauchten Substanzen der Bäder müssen ständig erneuert werden. Diesen Vorgang nennt man Regenerierung. Bei einer Reihe von Bädern geschieht dies durch Zudosieren der verbrauchten Chemikalien aus einem Vorratsgefäß. Dabei ist zu unterscheiden, ob 35-mm-, 16-mm-Schichtfilm oder Blankfilm durch die Entwicklungsmaschine laufen. Dies stellt ein Meßfühler (17) bereits fest, wenn der Film in den Vorlaufspeicher der Maschine einläuft. Der Meßfühler gibt ein entsprechendes Signal an die Dosiersteuerung (12), die die Fördermenge der Dosierpumpe (13) bestimmt. Über die Dosierpumpe (13) gelangt das frische Regenerat (14) in den Bädertank.

3.2.2 Umkehrverfahren

Beim Umkehrverfahren wird im Unterschied zum Negativ-Prozeß in den Schichten des Aufnahmematerials bereits ein positives Bild entwickelt.

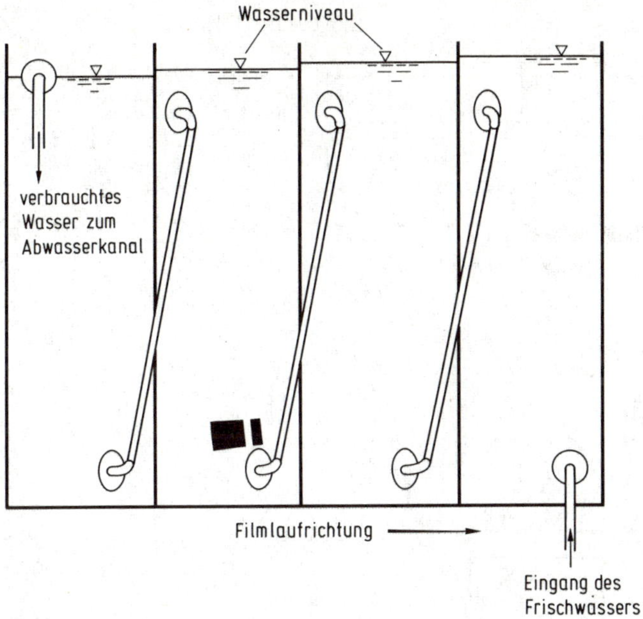

Abb. D3-6 Prinzip einer vierstufigen Gegenstromwässerung in Kaskadenschaltung

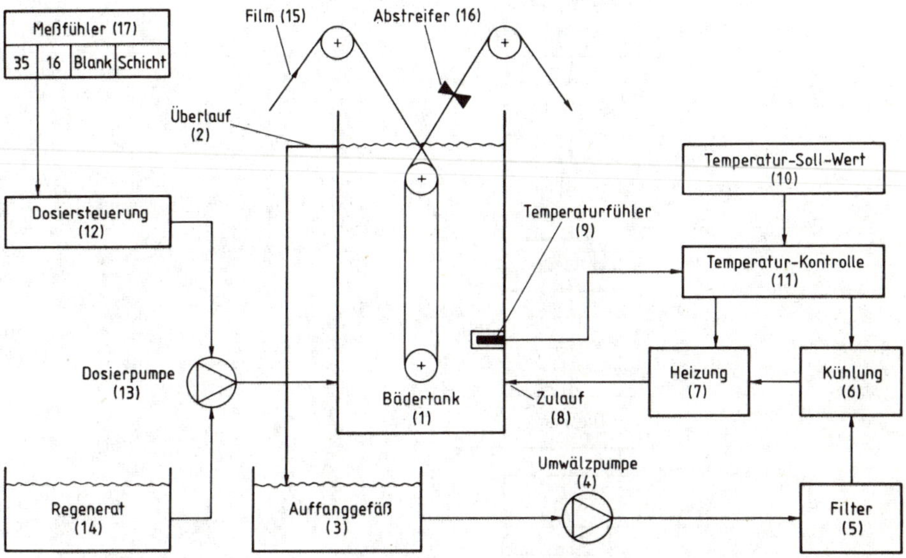

Abb. D3-7 Umwälzung, Temperierung und Regenerierung photographischer Bäder

Bei den meisten Umkehrmaterialien ist auf der Unterlage des Umkehrfarbfilmes (*Abb. D3-8*) zunächst eine Gelatineemulsion aus schwarzem kolloidalem metallischem Silber als Lichthofschutzschicht aufgebracht. Darüber liegt die rotempfindliche Bromsilberemulsion mit dem blaugrünen Farbkuppler. In der Mitte folgt die

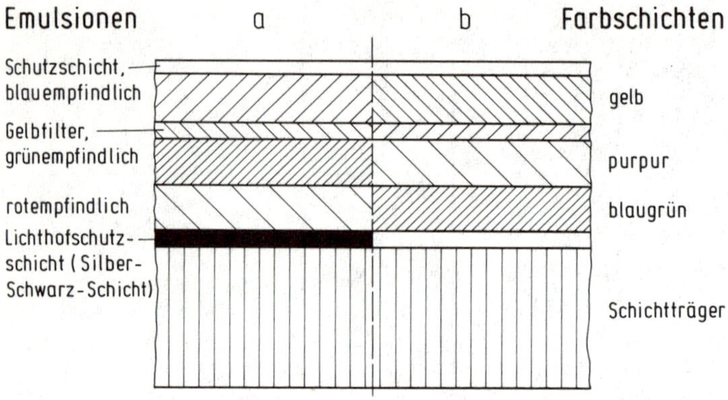

Abb. D3-8 Prinzipieller Aufbau eines Umkehrfarbfilmes;
a) Vor der Entwicklung;
b) nach der Entwicklung

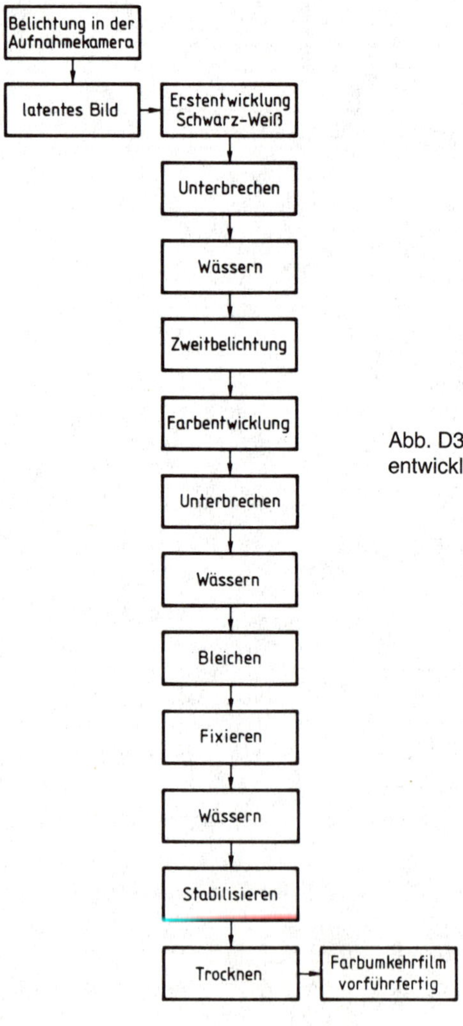

Abb. D3-9 Prinzip der Farbumkehrentwicklung

grün-empfindliche Emulsion mit dem Purpurkuppler. Oberhalb dieser Emulsionsschicht ist eine Gelbfilterschicht aufgebracht, die das Eindringen blauen Lichtes auf die unteren, bereits erwähnten Schichten verhindern soll. Über der Gelbfilterschicht liegt die oberste, nur blauempfindliche Emulsionsschicht mit dem gelben Farbstoffkuppler. Gegen mechanische Beschädigungen erhält der Schichtaufbau noch eine Gelatineschutzschicht.

Im Prinzip entsteht bei der Farb-Umkehrentwicklung (*Abb. D3-9*) in allen 3 Schichten zunächst ein negatives S/W-Bild. Anschließend wird der erste Entwicklungsprozeß gestoppt und das Material gewässert. Während der Wässerung findet eine diffuse Belichtung („Zweitbelichtung") des restlichen, bei der Aufnahme nicht belichteten Bromsilbers statt. Im Farbentwickler wird dann in allen drei Schichten das restliche Bromsilber zu einem gegenüber dem bereits entwickelten S/W-Negativ genau gegensinnig abgestuften Silberbild reduziert, so daß ein positives Silberbild entsteht. Gleichzeitig bilden sich im zweiten Entwicklungsvorgang auf „chromogenem Wege" die der Originalvorlage entsprechenden Farben.

Die Lichtmenge der Zweitbelichtung muß so groß sein, daß das gesamte in den Schichten noch vorhandene Silberbromid entwicklungsfähig wird. Eine Überbelichtung kann nicht entstehen, weil die Exposition des Filmmaterials bereits durch die Belichtung bei der Aufnahme und die Erstentwicklung festgelegt ist.

Die Entstehung der Farben beim Umkehrverfahren ist in *Abb. D3-10* dargestellt. Zunächst entfällt die farbige Negativvorstufe. Nur das diffus belichtete Bromsilber

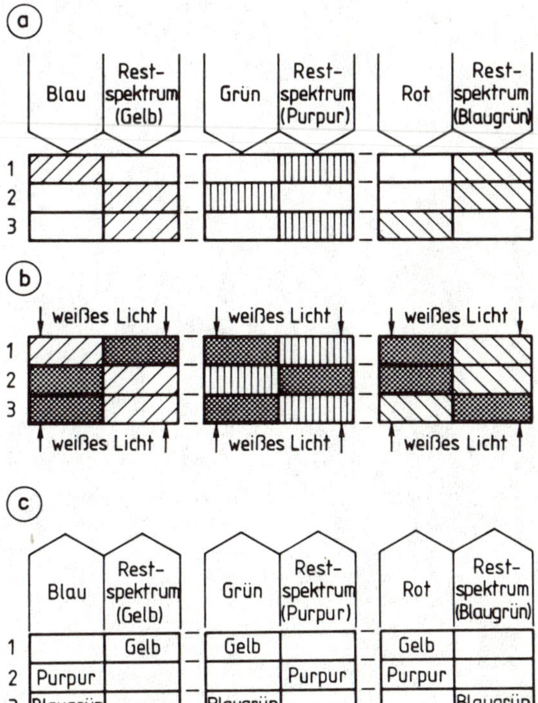

Abb. D3-10 Entstehung der Farben beim Umkehrverfahren, dargestellt für die drei Grundfarben Blau, Grün und Rot. Das Verhalten der übrigen Farbtöne wird jeweils durch den Komplementärfarbengang (Restspektrum) verdeutlicht. a) Erstbelichtung und Schwarzweiß-Entwicklung, b) Zweitbelichtung, c) Farbentwicklung, 1 blauempfindliche, 2 grünempfindliche, 3 rotempfindliche Schicht

Tabelle D2: Entwicklungsprozeß Gevachrome II

Bearbeitungsstufe und Funktion	Temperatur	Einwirkzeit	Bestandteile des Bades Substanz	Mengen Maschinen-Tank	Regenerator	Regeneriermengen ml/m 16-mm-Film
1. Vorbad (GP 602) Erweichen der rückseitigen Lichthofschutzschicht	25 °C ± 1 °C	10 s	Wasser	600 ml	600 ml	12 ml
			E.D.T.A. Na_4 Tetra-Natriumsalz von Äthylendiamin-Tetra-Essigsäure	2 g	2 g	
			Natriumsulfat (wasserfrei)	100 g	100 g	
			Borax ($Na_2B_4O_7$ $10H_2O$)	15 g	15 g	
			Natriumhydroxid	0,8 g	0,8 g	
			Mit Wasser auffüllen auf	1000 ml	1000 ml	
			pH-Wert bei 25 °C 9,30 ± 0,15			
2. Backing-removal Entfernen der Lichthofschutzschicht durch Sprühdüsen und Abstreifer	23 °C ± 2 °C	10 s	Weichwasser über Sprühdüsen			250 ml
3. Schwarz-Weiß-Entwicklung (GP 112) Reduktion der belichteten Silberhalogenid-Körner in den drei lichtempfindlichen Schichten der Emulsion. Es entsteht aus dem belichteten Silberhalogenid ein Silberbild	25 °C ± 0,2 °C	180 s	Wasser	600 ml	600 ml	15 ml
			Natriumhexametaphosphat	2 g	2 g	
			Natriumsulfit (wasserfrei)	50 g	58 g	
			Hydrochinon	6 g	9,5 g	
			Phenidon B	0,5 g	0,6 g	
			Natriumkarbonat (wasserfrei)	25 g	27,5 g	
			Kaliumbromid	2,3 g	0,5 g	
			Kaliumthiocyanat	3 g	3,6 g	
			Kaliumjodid	6 mg	2 mg	
			Additiv GP 112 AD	5 ml	5 ml	
			Natriumhydroxid	–	1,5 g	
			Mit Wasser auffüllen auf	1000 ml	1000 ml	
			pH-Wert bei 25 °C	10,20 ± 0,1	10,30 ± 0,1	

4. Stoppbad			Wasser	700 ml	700 ml	15 ml
Stoppt (unterbricht) die Entwicklung der Silberhalogenidkörner und wäscht die Schwarz-Weiß-Entwicklersubstanz aus dem Film aus	25 °C ± 0,5 °C	45 s	Kalialaun	15 g	20 g	
			Eisessig	10 ml	8 ml	
			Borax (10 H_2O)	21 g	8 g	
			mit Wasser auffüllen bis	1000 ml	1000 ml	
			pH-Wert 25 °C	4,2 ± 0,2	3,65 ± 0,15	
5. Wässerung			Wasser			250 ml
Entfernen des überschüssigen Stoppbades	23 °C ± 2 °C	45				
6. Zweite Belichtung Belichtung der bei der Aufnahme unbelichteten und bisher unentwickelten Silberhalogenidkristalle. Die Zweitbelichtung geschieht zweckmäßig unter Flüssigkeitsniveau im Wässerungstank. Es ist weißes Licht mit einer Lichtmenge von 100 000 lx/s zu verwenden. Beide Seiten des Films müssen vom Licht erfaßt werden.						
7. Farbentwicklung			Wasser	500 ml	500 ml	20 ml
Reduktion der durch die zweite Belichtung getroffenen Silberhalogenidkörner in den drei lichtempfindlichen Schichten der Emulsion. Dabei oxidiert die Entwicklersubstanz unter Einwirkung des in der zweiten Belichtung getroffenen Silberhalogenids. Die Oxidationsprodukte verbinden sich mit den jeweils in den Schichten vorhandenen Farbkupplern und erzeugen die Bildfarbstoffe. Gleichzeitig entsteht aus dem belichteten Silberhalogenid ein Silberbild	25 °C ± 0,2 °C	255 s	Natriumhexametaphosphat	2 g	2 g	
			Natriumsulfit (wasserfrei)	4 g	4,75 g	
			N,N-Diäthyl-p-Phenylendiamin-Sulfat (TSS)	3,6 g	5,35 g	
			oder N,N-Diäthyl-p-Phenylendiamin-Chlorhydrat (Gevadiamin-C, CD-1)	2,7 g	4 g	
			Natriumbikarbonat (wasserfrei)	25 g	29 g	
			Kaliumbromid	0,75 g	–	
			Natriumkarbonat	0,3 g	–	
			Kaliumjodid	4 mg	–	
			Natriumhydroxid	–	0,9 g	
			Additiv GP 52	2,5 ml	3 ml	
			Mit Wasser auffüllen bis	1000 ml	1000 ml	
			pH-Wert bei 25 °C	10,70 ± 0,1	11,30 ± 0,1	

Fortsetzung Tabelle D2

8. Erstes Fixierbad			Wasser	700 ml	600 ml	15 ml
Unbelichtete und unentwickelte Silberhalogenide werden in komplexe Thiosulfatsalze umgewandelt, die durch die folgende Wässerung aus dem Film ausgewaschen werden können	25 °C ± 0,5 °C	30 s	Natriumsulfit (wasserfrei)	10 g	12 g	
			Natriummetabisulfit	8,75 g	10,5 g	
			Borsäure	6,25 g	7,5 g	
			Natriumazetat (3 H_2O)	6 g	7,3 g	
			Eisessig	10 ml	11,5 ml	
			Aluminiumchlorid (6 H_2O)	10 g	12 g	
			Ammoniumthiosulfat	175 g	212 g	
			Natriumbisulfat	—	9 g	
			Mit Wasser auffüllen bis	1000 ml	1000 ml	
			pH-Wert bei 25 °C	4,30 ± 0,15	3,80 ± 0,15	
9. Wässerung Auswaschen der im ersten Fixierbad gebildeten komplexen Thiosulfatsalze.	23 °C ± 2 °C	60 s	Wasser			250 ml
10. Bleichbad	25 °C	120 s	Wasser	600 ml	600 ml	15 ml
Umwandlung allen metallischen Silbers, das während der Entwicklung gebildet wurde, in Silberhalogenidverbindungen, die im zweiten Fixierprozeß entfernt werden können.	± 0,5 °C		Kaliumferricyanid	40 g	75 g	Bei elektrolytischer Rezyklierung kann die Regeneriermenge auf etwa 1,25 ml reduziert werden
			Kaliumbromid	30 g	40 g	
			Natriumazetat (3 H_2O)	5 g	6,5 g	
			Eisessig	5 ml	6,5 ml	
			Natriumbisulfat	6 g	7,5 g	
			E.D.T.A. Na_4	10 g	13 g	
			Mit Wasser auffüllen bis	1000 ml	1000 ml	
			pH-Wert bei 25 °C	4,10 ± 0,2	4,10 ± 0,2	

11. Wässerung Entfernen überschüssigen Bleichbades vom Film	23 °C ± 2 °C	60 s	Wasser			250 ml
12. Zweites Fixierbad Verwandlung der im Bleichbad gebildeten Silberhalogenid-verbindungen in lösliche Silber-Thiosulfat-Komplex-salze, die sich bereits im Fixierbad und in der nach-folgenden Wässerung lösen.	25 °C ± 0,5 °C	60 s	Zusammensetzung wie Erstfixierbad			15 ml Bei elektrolytischer Rezyklierung kann die Regeneriermenge auf etwa 1,25 ml reduziert werden
13. Schlußwässerung Entfernung restlicher Silber-Thiosulfat-Salze und Beseitigung ungebrauchten Fixierbads aus dem Film	23 °C ± 2 °C	90 s	Wasser			250 ml Gegenstromwässerung
14. Stabilisator Verhindert die Bildung von Wasserflecken und dient zur Stabilisierung der Farb-stoffe. Verringert die Neigung zum Ausbleichen.	25 °C ± 2 °C	10 s	Wasser	250 ml	250 ml	12 ml
			Formalin (40%-Lösung)	12,5 ml		
			Netzmittel (Saponine/Merck)	1,8 ml	1,8 ml	
			Mit Wasser auffüllen bis	1000 ml	1000 ml	
			pH-Wert bei 25 °C	7,60 ± 0,3	7,60 ± 0,3	
15. Trocknung Trocknen des Films für die weitere Bearbeitung	40–50 °C 20–50 % rel. Feuchte	180 bis 300 s				

wird farbig entwickelt. Zwar belichtet z. B. die Objektfarbe Blau die oberste Schicht. Durch die „Umkehrung“ wird aber der Belichtungseindruck der blauempfindlichen Schicht aufgehoben. An seiner Stelle bilden sich in den beiden anderen Schichten die Farben Purpur und Blaugrün, die in subtraktiver Mischung wieder die Farbe Blau entstehen lassen.

Für die aktuelle Berichterstattung im Fernsehen ist der Einsatz von Umkehrfilmen besonders vorteilhaft, weil im Gegensatz zum Negativ/Positiv-Verfahren nach nur *einer* fotochemischen Bearbeitung ein Unikat zur weiteren Schnittbearbeitung und Sendung zur Verfügung steht.

3.2.2.1 Der Gevachrome-II-Prozeß

Agfa-Gevaert brachte in den letzten Jahren folgende Umkehrfilme auf den Markt:

Gevachrome S	– Typ 700	(für Studioaufnahmen)
Gevachrome	– Typ 710	(Reportagefilm)
Gevachrome D	– Typ 720	(Material für Tageslicht)
Gevachrome Print	– Typ 780	(Kopiermaterial)

Diese Materialien sind im Gevachrome-II-Prozeß zu verarbeiten, der wie in der *Tabelle D2* beschrieben abläuft.

3.2.2.2 Die Umkehrverfahren der Eastman-Kodak

a) Das „Kodachrome-System“

1935 wendete die Fa. Kodak zum ersten Male das von R. Fischer bereits 1909 vorgeschlagene Prinzip der chromogenen Entwicklung an und brachte den ersten Umkehrfarbfilm nach dem „Kodachrome-Verfahren“ heraus. Im Gegensatz zu den bisher beschriebenen Aufnahmematerialien, die in den drei Schichten der Emulsion bereits eingebettet „diffusionsfeste Farbkuppler“ besitzen, enthalten die 3 farbempfindlichen Schichten des Kodachrome-Filmes keine Farbkuppler. Die Farbkuppler befinden sich in den drei verschiedenen Farbentwicklerlösungen.

Der Bearbeitungsprozeß läuft im Prinzip nach *Abb. D3-11* ab. Zunächst entwickelt man in allen drei Schichten ein Schwarzweiß-Bild. – Nach der Unterbrechung der Schwarzweiß-Entwicklung belichtet man die unterste Schicht mit rotem Licht diffus nach. Sie wird dann mit einem Entwickler mit blaugrüner Farbkomponente selektiv entwickelt. Im Anschluß daran geschieht die Belichtung der obersten Schicht mit blauem Licht, die dann wiederum getrennt in einem Entwickler mit gelber Farbkomponente zur Entwicklung kommt. Zum Schluß erfolgt die Belichtung der mittleren Schicht mit grünem oder weißem Licht. Der Farbbildaufbau in dieser Schicht erfordert im Entwickler eine purpurfarbene Komponente. – Nach der in drei Stufen erfolgten Farbentwicklung werden das Silberbild und die Filterschichten auf herkömmliche Weise entfernt. Das Prinzip der chromogenen Entwicklung nach dem Kodachrome-Verfahren ist nur für Umkehrfilme geeignet.

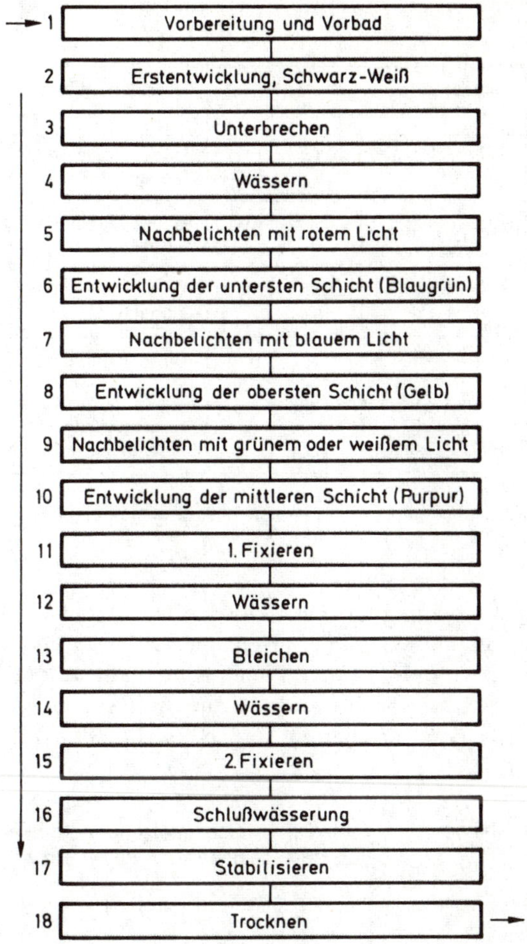

Abb. D3-11 Prinzipieller Ablauf des Kodachrome-Prozesses

b) Das „Ektachrome-System"

Beim Ektachrome-Verfahren, das Kodak Anfang der 50er Jahre vorstellte, verwendet man sogenannte „ölgeschützte Farbkuppler", die durch Auflösen in hochsiedenden anorganischen Lösungsmitteln und Dispergierung in kleine wasserunlösliche Tröpfchen bei der Herstellung der Emulsion so eingelagert werden, daß sie zwar mit den Oxydationsprodukten des Entwicklers reagieren können, die Tröpfchen aber – ebenso wie der gebildete Farbstoff – die Emulsionsschichten während der Naßbearbeitung nicht verlassen können.

Neben dieser Diffusionsfestigkeit ergeben sich noch weitere Vorteile. Zum einen ist die wechselseitige Beeinflussung von Schicht und Farbkuppler geringer. Zum

Tabelle D3: Verarbeitungsprozesse der verschiedenen Kinefilm-Ektachrome-Materialien

Entwicklungsprozeß	Materialtyp	Empfindlichkeit (DIN)	Verwendungszweck	Besonderheiten
VNF-1 Video-News-Film	VND – 7239	23 (26/29/32)*)	Aufnahmematerial Tageslicht	
	VNF – 7240	22 (25/28/31)*)	Aufnahmematerial Glühlicht	
	VNX – 7250	27 (30/33/36)*)	Aufnahmematerial Glühlicht	
	R-Print 7399		Kopiermaterial	abweichende Erstentwicklung
CRI-1	CRI(35)-5249 CRI(16)-7249		Intermediate-Film für die Herstellung von Duplikatnegativen	

*) Forcierung in drei Stufen möglich. Die Empfindlichkeitsangaben in Klammern beziehen sich jeweils auf die Forcierung um 1, 2 oder 3 Blenden.

anderen lassen sich Chemikalien verwenden, die die Entwicklungszeit erheblich verkürzen und die auch eine geringere Neigung zur Oxydation haben.

Für verschiedene Anwendungen sind heute eine Reihe unterschiedlicher Materialien in Gebrauch. Sie lassen sich in zwei Gruppen zusammenfassen und erfordern jeweils einen spezifischen Verarbeitungsprozeß (siehe *Tabelle D3*).

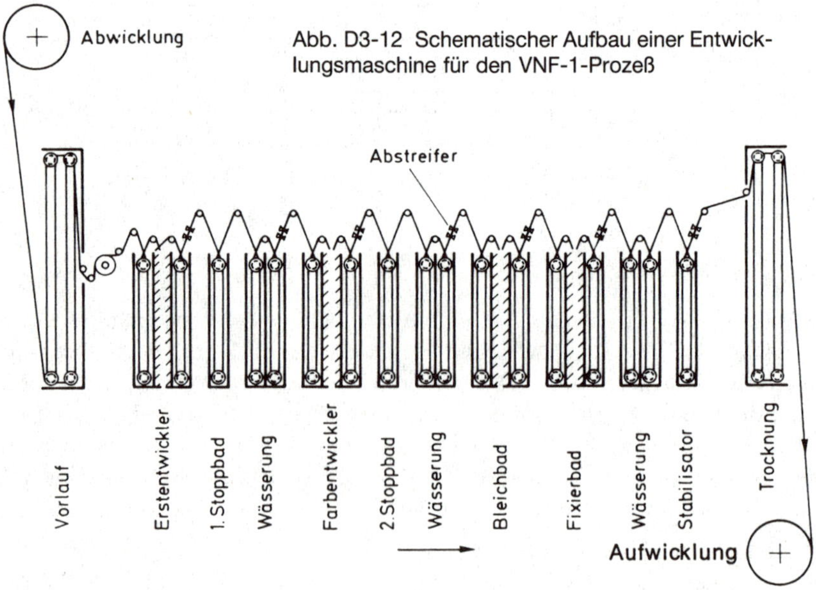

Abb. D3-12 Schematischer Aufbau einer Entwicklungsmaschine für den VNF-1-Prozeß *b1) Entwicklungsprozeß VNF-1*

Der VNF-1-Prozeß (Video-News-Film) wurde für die besonderen Belange der aktuellen Berichterstattung im Fernsehen konzipiert. Das Material kann bei Temperaturen über 21 °C (294 K) ohne Vorhärtung und Neutralisierung bearbeitet werden, weil die Emulsion bereits vom Hersteller nach dem Gießprozeß vorgehärtet wird. Durch die herstellerseitige Vorhärtung läßt sich die Naßbearbeitungszeit verkürzen. Der Entwicklungsprozeß beginnt daher sofort mit der Erstentwicklung und verläuft dann weiter – wie *Abb. D3-12* zeigt. Das Bad für den Farbentwickler enthält ein chemisches Umkehrmittel, das die unbelichtet gebliebenen Silberhalogenidkristalle sensibilisiert, so daß eine Zweitbelichtung des Filmes entfallen kann. Die sensibilisierten Silberhalogenide werden entwickelt und liefern in den drei Schichten des Films positive Silberbilder mit den entsprechenden Farbauszügen. Das im Film noch

Tabelle D4: Mechanische Daten zum Entwicklungsprozeß VNF-1

Verarbeitungsschritte	Temperatur °C	Zeit	Zulaufraten für 1000 m 16-mm-Film		Umwälzung/Filter
			Film	Zugband	
Erstentwickler[1])	37,8 ± 0,3	3′10″[2])	55,70 l[3])	– l[4])	Umwälzung + Filter 40 l/min
1. Stoppbad	35 ± 2,8	30″	36,00 l	9,80 l	keine
Wässerung[5])	38 ± 1,1	1′00″	262,30 l	262,30 l	keine
Farbentwickler	43,3 ± 0,6	3′35″	26,20 l	4,90 l	Umwälzung + Filter 40 l/min
2. Stoppbad	35 ± 2,8	30″	21,30 l[6])	6,50 l[6])	nicht erforderlich[7])
Wässerung[5])	38 ± 1,1	1′00″	262,30 l	262,30 l	keine
Bleichbad	35 ± 2,8	1′30″	4,90 l	4,90 l	Umwälzung 15 l/min
Fixierbad[8])	35 ± 2,8	1′30″	20,50 l[9])	4,90 l	Umwälzung 15 l/min
Wässerung[5])	38 ± 1,1	1′00″	262,30 l	262,30 l	keine
Stabilisator	35 ± 2,8	30″	9,80 l	4,90 l	keine
Trocknung[10])	Zuluft: 54–60 °C, 17–20 % relative Feuche				

[1]) Eine Steigerung der Empfindlichkeit der VND-7239, VNF-7240 und VNX-7250-Filme kann durch Erhöhung der Temperatur des Erstentwicklers oder durch Verlängerung der Erstentwicklungszeit erreicht werden, und zwar bei Forcierung um 1 Stufe Erhöhung der Erstentwicklertemperatur auf 41,4 °C oder Verlängerung der Erstentwicklungszeit auf 4 min 20 s. Für die Forcierung um 2 Stufen gelten die Werte 45 °C oder 5 min 50 s.

[2]) Für die Entwicklung des R-Print-Filmes 7399 ist die Zeit der Erstentwicklung auf 2 min 06 s zu reduzieren.

[3]) Bei R-Print-Bearbeitung kann die Zulaufrate des Erst-Entwickler-Regenerats auf 32 l/1000 m Film verringert werden.

[4]) Bei der Entwicklung aktuellen Materials werden häufig zwischen den einzelnen Programmabschnitten größere Mengen an „Zugband" gefahren. In diesem Falle ist das Badniveau des Erstentwicklers regelmäßig zu überprüfen. Die Zulaufrate des Regenerats ist so einzustellen, daß eine eventuelle übermäßige Verschleppung ausgeglichen werden kann.

[5]) Wässerungen nach dem Gegenstromverfahren

[6]) Der Überlauf des ersten Stoppbades kann als Zulauf für das zweite Stoppbad verwendet werden. Die Zulaufrate des zweiten Stoppbades ist dann der des ersten Stoppbades gleich.

[7]) Wenn eine Umwälzung vorhanden ist, so kann sie ohne Nachteil benutzt werden.

[8]) Als Fixierbad wird Ammoniumthiosulfat-Lösung empfohlen.

[9]) Umwälzung des Fixierbades mit 15 l/min. Bei elektrolytischer Silberrückgewinnung im Umlauf kann die Zulaufrate auf 4,9 l/1000 m Film verringert werden.

[10]) Der Film soll nach Passieren des ersten, jedoch spätestens nach dem zweiten Drittel der Trockenstrecke an der Oberfläche bereits trocken sein.

vorhandene metallische Silber wird nach dem Bleichprozeß im zweiten Fixierbad aus dem Film entfernt, so daß nur noch die Farbstoffe erhalten bleiben. Der genaue Ablauf des VNF-1-Prozesses ist in *Tabelle D4* angegeben.

Die forcierte Entwicklung

Die aktuelle Berichterstattung erfordert oft Aufnahmen unter extremen Lichtverhältnissen. Für solche Fälle ist eine Forcierung um drei Blendenstufen (9 DIN) grundsätzlich möglich, wenn man eine zwangsläufig geringere Bildqualität akzeptiert. *Abb. D3-13* zeigt, wie sich eine forcierte Entwicklung durch Veränderung der Verweilzeit des Filmes im Erstentwickler und durch Erhöhung der Badtemperatur in der Praxis erreichen läßt. Dabei ist zu berücksichtigen, daß die Kurven für die verschiedenen Empfindlichkeitsgrade untereinander keinen linearen Zusammenhang erkennen lassen. Die effektive Empfindlichkeit bei der Forcierung der VNF-Filme kann etwa folgendermaßen angegeben werden:

Tabelle D5:

Filmmaterial	Normalempfindlichkeit (DIN)	1 Blende forciert	2 Blenden forciert	3 Blenden forciert
VNF-7240	22	25	28	31
VND-7239	23	26	29	32
VNX-7250	27	30	33	36

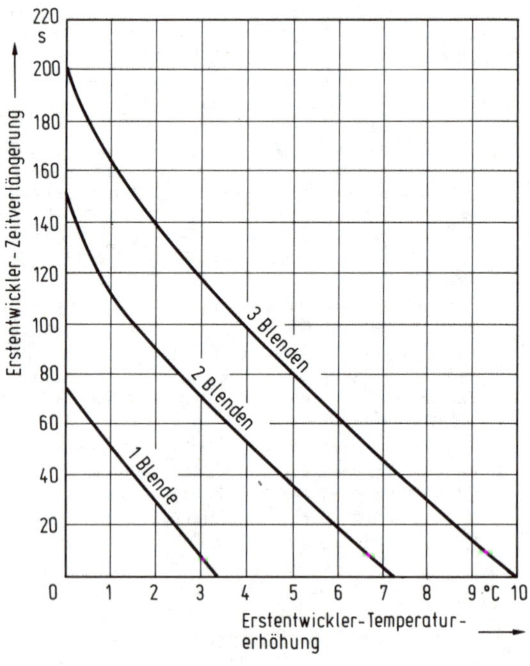

Abb. D3-13 Forcierte Entwicklung in Abhängigkeit von der Verweilzeit des Films im Erstentwickler und der Erhöhung der Badtemperatur

Tabelle D6: Mechanische Daten zum CRI-1-Prozeß

Verarbeitungsschritte	Temperatur °C	Zeit	Zuflußrate[1]) per 1000 m 35-mm-Film: Film	Blankfilm	Badbewegung Filtration; Agitation[2]) Umwälzung
Vorhärtung[3])	35,0 ± 0,6	2'35"	21,3 l	13,1 l	Umwälzung und Filtration
Neutralisierung	35,0 ± 3	30"	25,9 l	11,5 l	Turbulenz und Filtration
Rückschichtentfernung	35,0 ± 3	6–12"	4,9 l	4,9 l	
Erstentwicklung	35,6 ± 0,3	2'30"	4,9 l	26,2 l	Turbulenz und Filtration
1. Stoppbad	35,0 ± 3	30"	78,7 l	22,9 l	Turbulenz und Filtration
Wässerung[4])	38,0 ± 1	1'00"	573 l	573 l	
Farbentwicklung	43,3 ± 0,6	3'35"	44,2 l	18 l	Turbulenz und Filtration
2. Stoppbad	35,0 ± 3	30"	46,5 l	16,4 l	Umwälzung und Filtration
Wässerung[4])	38,0 ± 1	1'00"	573 l	573 l	
Bleichbad	35,0 ± 3	1'30"	11,5 l	11,5 l	Umwälzung und Filtration
Fixierung	35,0 ± 3	1'30"	44,9 l	11,5 l	Umwälzung und Filtration
Wässerung[4])	38,0 ± 1	1'00"	573 l	573 l	Umwälzung und Filtration
Stabilisierung	35,0 ± 3	30"	21,3 l	11,5 l	Umwälzung und Filtration
Trocknung[5])	Zuluft: 54 °C, 25 % relative Feuchte				

[1]) Um die Zulaufraten für 16-mm-Film und Zugband zu ermitteln, multipliziert man die angegebenen Werte mit dem Faktor 0,458. Gut wirksame Abstreifer, Absauger oder Abbläser sind an jedem Badausgang zu installieren.

[2]) Neutralisator, Erstentwickler, erstes Stoppbad und Farbentwickler benötigen eine besondere Turbulenz in der Umwälzung.

[3]) Die Absaugung über dem Vorhärter muß eine Leistung von mindestens 2,8 m^3/min haben.

[4]) Wässerung nach dem Gegenstromverfahren

[5]) Der Film sollte nach Passieren der Hälfte, jedoch spätestens nach dem zweiten Drittel der Trockenstrecke oberflächlich bereits trocken sein.

b2) Entwicklungsprozeß CRI-1

Im Gegensatz zu den bisher beschriebenen Prozessen für Aufnahmematerialien handelt es sich beim CRI-1-Material um einen Farbumkehr-Intermediate-Film, der für die Herstellung von Duplikat-Negativen Verwendung findet. Ein Originalnegativ (zum Beispiel ECN-2) wird zu diesem Zweck auf CRI-1-Material kopiert. Nach nur *einer* Naßbearbeitung steht dann bereits ein kopierfähiges Duplikat-Negativ für die Massenvervielfältigung zur Verfügung. Der Prozeß läuft nach *Tabelle D6* ab. Dieses Material besitzt keine vorgehärteten Schichten, so daß die Vorhärtung der Emulsion in der Maschine stattfinden muß. Das CRI-1-Material besitzt außerdem eine Lichthofschutz-Rückschicht, die in einem Vorweichbad mit anschließender Abbürsteinrichtung (Backing-Removal) zu entfernen ist.

3.3 Trennen und Konfektionieren

Das entwickelte Filmmaterial enthält auf einer oder mehreren Rollen hintereinander alle Aufnahmen in der Reihenfolge, in der sie belichtet wurden. Das heißt auch solche, die aus künstlerischen, dramaturgischen und technischen Gründen für eine

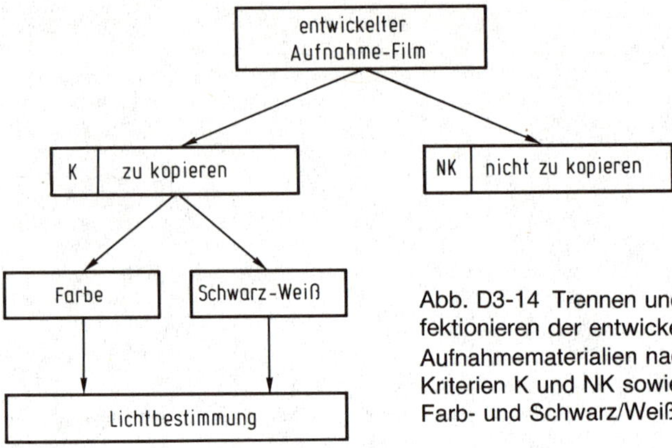

Abb. D3-14 Trennen und Konfektionieren der entwickelten Aufnahmematerialien nach den Kriterien K und NK sowie Farb- und Schwarz/Weiß-Kopie

Weiterverwendung nicht in Frage kommen, weil sie unvollkommen oder fehlerhaft sind. Darüber hinaus herrscht oft die Praxis, aus Ersparnisgründen nicht alle zu verwendenden Farbaufnahmen auch auf Color-Positivmaterial, sondern auf das immer noch billigere Schwarzweiß-Material zu kopieren.

Es muß daher eine Trennung oder auch „Vorkonfektionierung“ der einzelnen Aufnahmen nach drei verschiedenen Kriterien erfolgen (*Abb. D3-14*):

a) nach Aufnahmen, von denen eine Farbmusterkopie herzustellen ist (K/Farbe).
b) nach Aufnahmen, von denen nur eine Schwarzweiß-Musterkopie gewünscht wird (K/Schwarzweiß).
c) nach Aufnahmen, die nicht zu kopieren sind (NK).

4 Lichtbestimmung und Lichtsteuerung

Wie wir früher gesehen haben, können die spektralen Anteile des verwendeten Lichtes für die Filmaufnahme sehr verschieden sein. Als Meßgröße für die Lichtart einer Lichtquelle ist uns die Farbtemperatur bekannt. Um eine dem Original entsprechende optimale Farbwiedergabe zu erreichen, sind Film-Aufnahme-Materialien auf eine bestimmte Farbtemperatur – zum Beispiel 3200 K (Kunstlicht) oder 5600 K (Tageslicht) – sensibilisiert. Weicht die Farbtemperatur ab, so empfiehlt es sich, Konversionsfilter zu verwenden, weil die Verfärbungen eines Objektes, die durch unterschiedliche Farbtemperatur der Lichtquelle entstehen, vom menschlichen Auge weniger störend empfunden, vom Farbfilm hingegen sehr genau registriert werden.

Die Belichtung des Filmmaterials bei der Originalaufnahme kann gar nicht immer optimal sein, besonders wenn man bedenkt, in welchem Ausmaß sich während des Tageslaufes die spektrale Zusammensetzung des Sonnenlichtes ändert (*Abb. D4-1*).

Ähnliche Schwierigkeiten tauchen bei Atelieraufnahmen auf. Auch hier sind die Verhältnisse trotz der fast ausschließlich verwendeten Glühlampen keineswegs als stabil zu bezeichnen. Durch das Verdampfen des Glühfadens beschlägt der Glaskolben allmählich von innen, so daß die Farbtemperatur mit zunehmendem Alter der Lampen stark vom Ausgangswert abweicht.

Eine genaue Korrektur der Farbtemperatur des Aufnahmelichtes kostet Zeit, die zum Zeitpunkt der Filmaufnahme der Produktion verlorenginge. Man belichtet daher meist nach Erfahrungswerten. Hierdurch bedingt entstehen nicht nur – von

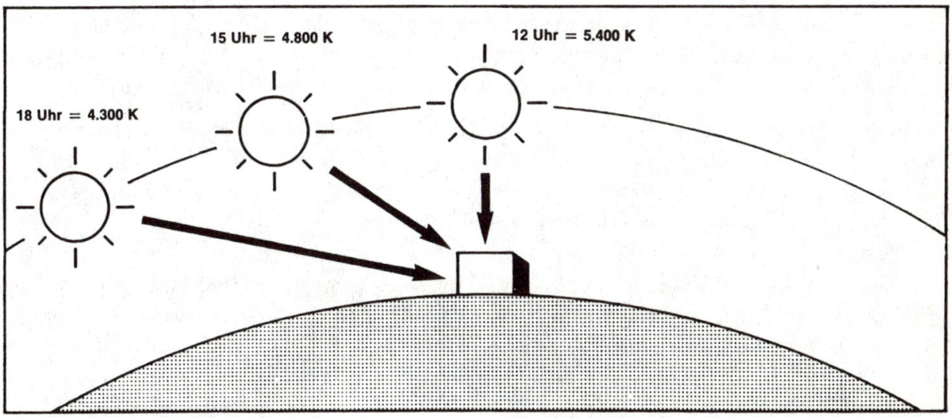

Abb. D4-1 Änderung der Farbtemperatur des Sonnenlichtes während des Tageslaufes

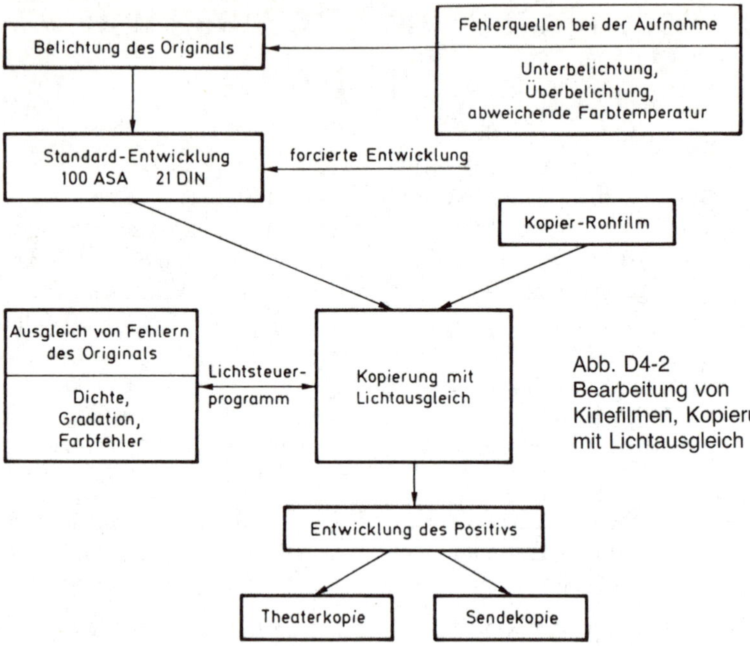

Abb. D4-2
Bearbeitung von Kinefilmen, Kopierung mit Lichtausgleich

der jeweiligen Farbtemperatur abhängige – „Farbstiche“, sondern es kommen manchmal auch grundsätzliche Beleuchtungsfehler vor, die letztlich zur Über- oder Unterbelichtung des Aufnahmematerials führen (*Abb. D4-2*).

Wie aus der Abbildung weiter hervorgeht, wird das belichtete Aufnahmematerial unter Standardbedingungen entwickelt. Neben der „Standardentwicklung“ ist auch die „forcierte Entwicklung“ bekannt, die einen Empfindlichkeitsgewinn um ein bis zwei Blenden bringen kann. Dabei ist allerdings zu beachten, daß die forcierte Entwicklung zwangsläufig eine Anhebung des Grundschleiers und ein stärkeres Korn zur Folge hat. Die Forcierung erreicht man entweder durch Verlängerung der Entwicklungszeit oder durch Erhöhung der Temperatur des Entwicklerbades.

Durch Kopieren des entwickelten Negatives auf Farb-Positiv-Rohfilm erhält man ein positives, dem Original entsprechendes Abbild. Qualität und Farbrichtigkeit der Kopie hängen in weitem Maße davon ab, inwieweit es gelingt, die bei der Aufnahme des Materials entstandenen Belichtungsfehler auszugleichen. Aus diesem Grunde muß das Kopierlicht für jede einzelne Szene gesondert bestimmt werden. Die Kopiermaschine muß außerdem eine „Lichtsteuereinrichtung“ besitzen, mit der die Intensität und die spektralen Anteile des Kopierlichtes nach einem vorher festgelegten Programm verändert werden können.

4.1 Das „subtraktive Verfahren“

Bei der Schwarzweiß-Fotografie kann man bei der Aufnahme bereits durch eine farbige Filterung bestimmte Spektralbereiche ganz oder teilweise unterdrücken bzw. auch kräftiger betonen. Bei der Farbfilmaufnahme hingegen besteht diese Möglichkeit nicht, weil die Verwendung einzelner Filter alle Teile des Bildes verändert, so daß unerwünschte Farbverfälschungen entstehen. Filter bei der Aufnahme verwendet man daher nur, um ungeeignetes Aufnahmelicht zu konvertieren.

Im Gegensatz zum Aufnahmefilter stellt das kopierseitig angewendete Filter durchaus eine nützliche Methode dar, gewisse Farbunterschiede im Negativmaterial so über alle Töne des Bildes zu verschieben, daß Bilder entstehen, wie wir sie zu sehen wünschen. Nach *Abb. D4-3* entsteht eine Farbabweichung – auch „Farbstich“ genannt –, wenn in einer der drei Emulsionsschichten entweder zu viel oder zu wenig Farbstoff gebildet wurde. Wir erkennen außerdem, daß die Beseitigung eines Farbstiches durch Verwendung eines subtraktiven Kopierfilters gleicher Farbe möglich ist. Fügt man daher in den Kopierlichtweg ein farbiges Filter ein, so läßt sich eine kopierseitige Farblichtsteuerung erreichen und eine im Negativ vorhandene Farbabweichung in der Positivkopie voll kompensieren.

Bereits in der Anfangszeit der Farbfotografie verwendete man Kopierfiltersätze (*Abb. D4-4, siehe Farbtafeln vor Seite 65*), deren Farben den Schichtfarbstoffen der Aufnahmematerialien entsprachen.

Zur genaueren Kennzeichnung legte man folgendes System fest: Die Filter haben eine Abstufung von 5 zu 5 % bis zu einer Farbsättigung von 100 %. Für ein gesättigtes Filter setzt man statt 100 die Zahl 99 ein. Damit kommen in diesem Kennzeichnungssystem nur noch zweistellige Zahlen vor. Auf diese Weise kann man jeden Farbton mit drei nebeneinanderstehenden Kennziffern beschreiben.

Farbstich	Ursache		Korrektur des weißen Kopierlichts	subtraktive Kopierfilter	additive Farblichtsteuerung
Gelb	zuviel Farbstoff in Emulsionsschicht, empfindlich für →	Blau	– Blau	+ Gelb	– Blau
Purpur		Grün	– Grün	+ Purpur	– Grün
Blaugrün		Rot	– Rot	+ Blaugrün	– Rot
Blau	zuwenig Farbstoff in Emulsionsschicht, empfindlich für →	Blau	– Grün – Rot	+ Purpur + Blaugrün	+ Blau
Grün		Grün	– Blau – Rot	+ Gelb + Blaugrün	+ Grün
Rot		Rot	– Blau – Grün	+ Gelb + Purpur	+ Rot

Abb. D4-3 Ursache und Beseitigung von Farbstichen

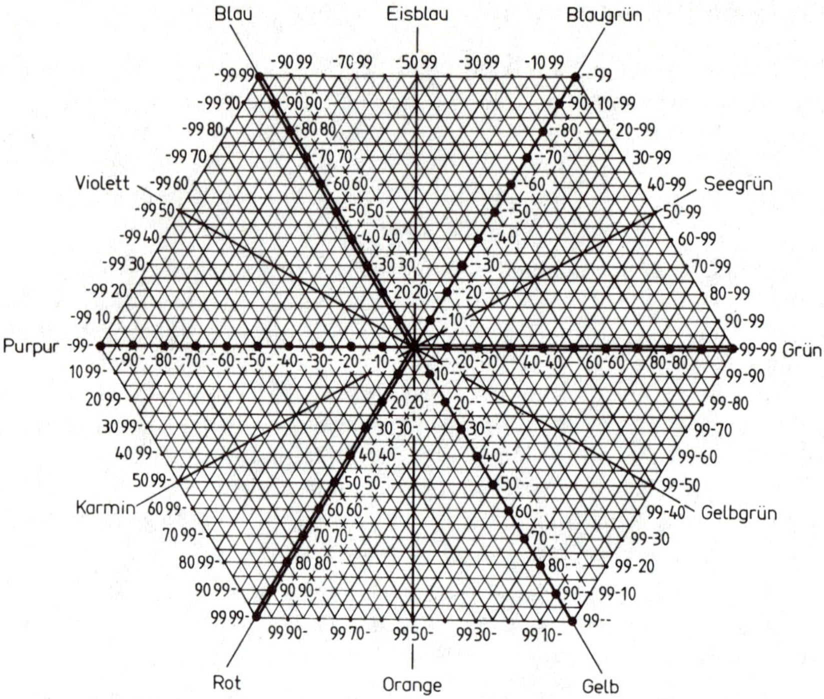

Abb. D4-5 Farbdiagramm zur systematischen Einordnung von Farben

Dabei gilt als vereinbart, daß die erste Zahl die Werte für Gelb, die zweite die Werte für Purpur und die dritte Kennziffer die Werte für Blaugrün angibt (Abb. D4-4).

Dieser Systematik folgend läßt sich die Vielfalt aller möglichen Farben in einem Farbdiagramm darstellen (*Abb. D4-5*). Mit Hilfe dieses Diagrammes können in der Praxis vorkommende Farbstiche in ein Koordinatensystem eingeordnet und der erkannte Farbstich in die erforderliche Filterkombination umgesetzt werden. – Nehmen wir zum Beispiel an, es soll der restliche Farbstich eines nach Purpur tendierenden Blaustiches nach der Reihe – 60 60 / – 40 40 / – 20 20 erkannt werden. Da die richtige Filterung zwangsläufig nur zwischen Blau und Violett liegen kann, muß Purpur einen größeren Zahlenwert als Blaugrün besitzen (z. B. – 40 30). Eine Filterung mit – 40 10 dagegen würde bereits einem nach Blau tendierenden Purpur entsprechen und wäre damit in unserem Beispiel falsch. – Um den Schnittpunkt für eine Filterung – 40 30 im Farbdiagramm zu finden, sucht man auf der Purpurlinie den Wert – 40 – und folgt dann der Linie, die parallel zur Blaugrünlinie verläuft. Dabei schneidet man die Gerade, die vom Punkt – – 30 (Blaugrün) parallel zur Purpurlinie führt. Dieser Schnittpunkt stellt den Filterwert – 40 30 dar. Will man die Werte der quantitativen Reihe finden, so legt man ein Lineal an den Mittelpunkt des Diagrammes so an, daß es den Punkt – 40 30 schneidet. Daraus ergeben sich folgende Schnittpunkte: – 99 75 / – 60 45 / – 40 30 / – 20 15. Verfolgt man diese Linie über den

Abb. D4-6 Steuerband für die subtraktive Lichtsteuerung (Schablone)

Mittelpunkt hinaus, so erhält man die Werte der komplementären Filterung mit 99 – 25 / 60 – 15 / 40 – 10 / 20 – 05.

Die Treffsicherheit bei der Beurteilung von Farbstichen erfordert ein hohes Maß an Erfahrung und Routine, besonders wenn man bedenkt, daß der Lichtbestimmer im

Negativ nur komplementäre Farben sieht und daß er bei jeder Filterung gleichzeitig eine Veränderung der Lichtintensität des Kopierlichtes verursacht, die er dann wieder ausgleichen muß.

In der Praxis orientiert man sich daher anhand von Probekopien. Um den Verbrauch an Filmmaterial einzuschränken, verwendet man hierfür kurze Negativabschnitte vom Anfang oder Ende der jeweiligen Szene, die gewissermaßen außerhalb der eigentlichen Spielhandlung liegen. Diese Einzelbilder klebt man zu Filmbändern so zusammen, daß sie – je nach Kopiersystem und Kopiermaschine – zwei, vier, sechs oder acht Bilder der jeweiligen Szene enthalten. Von diesem Szenentestband wird dann die Probekopie gefahren.

Erscheint dem Lichtbestimmer das Farbpositiv der Kopierprobe zum Beispiel zu gelb, so ist zu viel gelber Farbstoff gebildet worden. Gelber Farbstoff entsteht in der für blaues Licht empfindlichen Schicht. Will er den Farbstich beseitigen, so muß er dafür sorgen, daß der Positivfilm in der Kopiermaschine mit einem geringeren Anteil an blauem Licht exponiert wird. Da Blau durch Gelb absorbiert wird, hat er ein Gelbfilter passender Dichte in den Strahlengang der Kopiermaschine einzuschalten. Sinngemäß verhält es sich auch bei allen anderen Farbabweichungen (Abb. D4-3).

Farbfilter für die subtraktive Steuerung des Kopierlichtes gibt es in Form von Gelatinefiltern in den Farben Gelb, Purpur und Blaugrün in den Dichtestufen 0,025; 0,05; 0,10; 0,20 und 0,40, so daß geeignete Kombinationen in Stufen mit einer Dichte im Abstand von je 0,025 gebildet werden können. Die Filter sind so abgestimmt, daß beim Übereinanderlegen eines Gelb-, Purpur- und Blaugrünfilters jeweils gleicher Dichte neutrales Grau entsteht.

Eine Negativrolle enthält viele Einzelszenen, so daß szenenweise entsprechende Lichtkorrekturen erforderlich werden. Sind die Korrekturfilter der entsprechenden Szenen ausgewählt, so stellt man diese in einem Lichtsteuerband – auch „Scha-

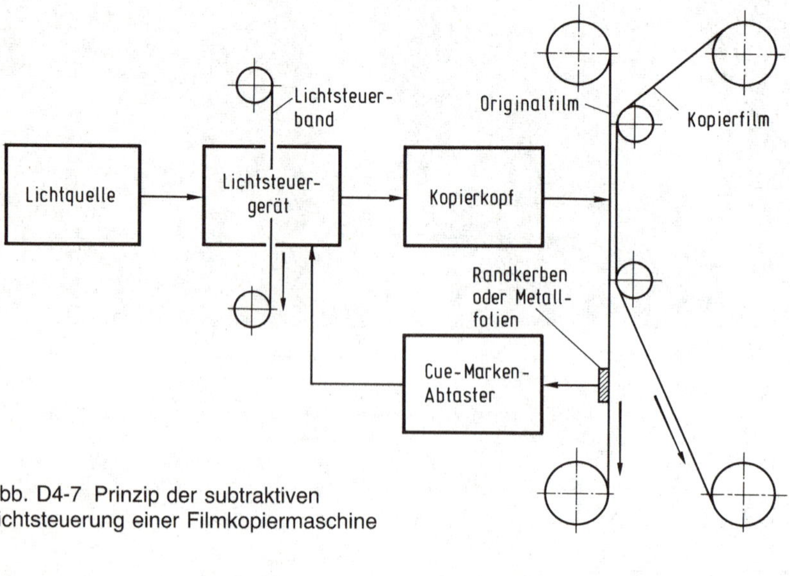

Abb. D4-7 Prinzip der subtraktiven Lichtsteuerung einer Filmkopiermaschine

blone“ genannt – zusammen (*Abb. D4-6*). Ein solches Band besteht meist aus schwarzem Papier oder Kunststoff. Zur Abstimmung der Grundintensität des Kopierlichtes besitzt es blendenähnliche, runde Durchbrüche, die mit einer entsprechenden Stanze – dem Lichtsteuerprogramm gemäß – hergestellt werden. Zur Aufnahme der farbigen Gelatinefilter sind rückseitig geeignete Taschen vorgesehen.

Zur subtraktiven Steuerung einer Kopiermaschine befindet sich zwischen Lichtquelle und Kopierkopf ein Lichtsteuergerät, in das das Lichtsteuerband einzulegen ist (*Abb. D4-7*). Der Negativ- oder Originalfilm ist in genügendem Abstand vor dem Szenenwechsel mit einer Cue-Marke in Form einer Randkerbe oder Schaltfolie versehen. Beim Durchlauf des Negatives wird die Cue-Marke von einem Abtaster gelesen und es entsteht ein Schaltbefehl für das Lichtsteuergerät, das dann das Lichtsteuerband um einen Schritt weiter transportiert. Auf diese Weise entsteht aus dem weißen Licht einer Lichtquelle konstanter Intensität ein szenenweise abgestimmtes Licht zur richtigen Belichtung des Kopierfilmes.

4.2 Das „additive Verfahren“

Im Unterschied zum subtraktiven Verfahren verwendet das additive Kopiersystem eine exakt gesteuerte Mischung roten, grünen und blauen Lichtes (*Abb. D4-8*). Damit erreicht man gleichzeitig eine Veränderung von Intensität und Farbe. Das weiße Licht einer Lichtquelle konstanter Strahlung (a) teilt man mit einem Satz dichroitischer Spiegel (b) in einen roten, grünen und blauen Strahlengang (R, G, B). In jedem dieser Strahlengänge befindet sich ein elektromagnetisches Lichtventil (c) – auch Lichtschleuse oder light-valve genannt. Nach Passieren der Lichtschleusen faßt man die einzelnen Strahlengänge über Reflektoren (d) wieder zu einem gemeinsamen Strahlenbündel zusammen, das dann den Spalt oder das Bildfeld des Kopierkopfes (e) ausleuchtet. Die Schaltgeschwindigkeit der Lichtschleusen ist sehr groß, so daß Lichtwechsel von Szene zu Szene auch bei Maschinen hoher Laufgeschwindigkeit möglich sind.

Die Belichtung wird stufenweise eingestellt. Die Belichtungsstufen müssen gering genug sein, um eine präzise Veränderung und Einstellung von Farbe und Dichte auf

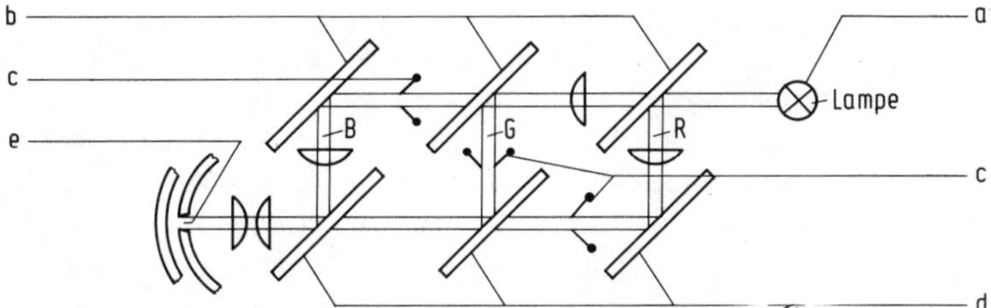

Abb. D4-8 Prinzip eines additiven Lichtsteuergerätes (Bell & H

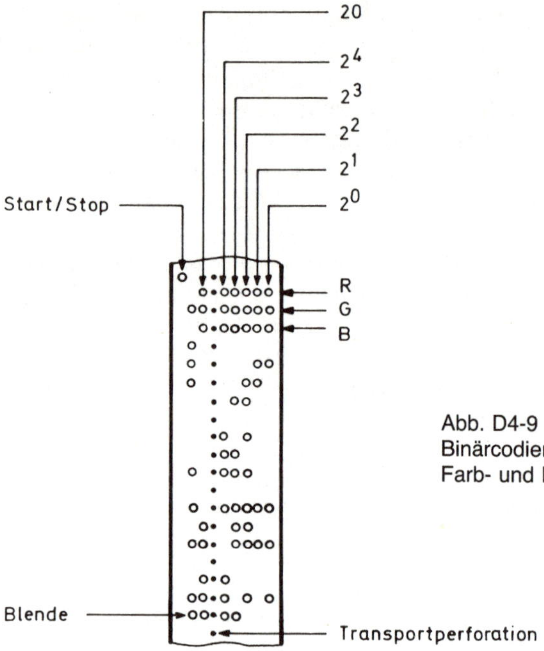

Abb. D4-9
Binärcodierter Lochstreifen zur Farb- und Belichtungssteuerung

dem Film zu erreichen. Für die Praxis haben sich „Kopierschritte“ im Abstand von 0,025 log E als sinnvoll erwiesen. In Lichtsteuergeräten additiver Kopiermaschinen folgen die Lichtschleusen daher exakt dieser Funktion mit einem maximalen Umfang von 50 Kopierschritten zwischen minimaler und maximaler Intensität des Lichtes für jede der drei Farben. Darüber hinaus kann das Lichtsteuergerät mit Hilfe zusätzlicher „Trimmer“ in 24 weiteren Stufen an die spezifischen Erfordernisse verschiedener Rohfilmmaterialien oder Prozeßbedingungen angepaßt werden.

Das Programm für die Steuerung der Lichtschleusen ist in der Regel auf einem Lochstreifen in einem binären Code gespeichert (*Abb. D4-9*). Es wird mechanisch oder opto-elektronisch jeweils für die drei Farbkanäle Rot (R), Grün (G) und Blau (B) abschnittweise von Szene zu Szene ausgelesen. Neben der üblichen Transportperforation verwendet man zur Speicherung der Informationen acht Lochreihen. Davon sind sechs zur Abspeicherung der 50 Lichtsteuerwerte, eine Reihe für sechs Blendenwerte und eine Reihe für das Start/Stop-Signal der Kopiermaschine bestimmt.

Das Zusammenspiel von Lochstreifen, Lochstreifenleser und Lichtsteuergerät soll am Beispiel der Lichtsteuerung einer Bell & Howell-Maschine verdeutlicht werden (*Abb. D4-10*). Die im 3er-Schritt gespeicherten Informationen des Lochstreifens werden über den Schrittmotor des Lochstreifenlesers in das Ablesefeld des Lesekopfes transportiert. Die Leseeinrichtung – von einem Taktgeber gesteuert – fragt die digital gespeicherten Daten seriell ab und gibt sie nach Umwandlung in einem Serien/Parallel-Wandler als digitale R-G-B-Information zeitlich parallel in eine Art mechanischen Speicher ein, so daß dieselben gewissermaßen als vorbereitetes Pro-

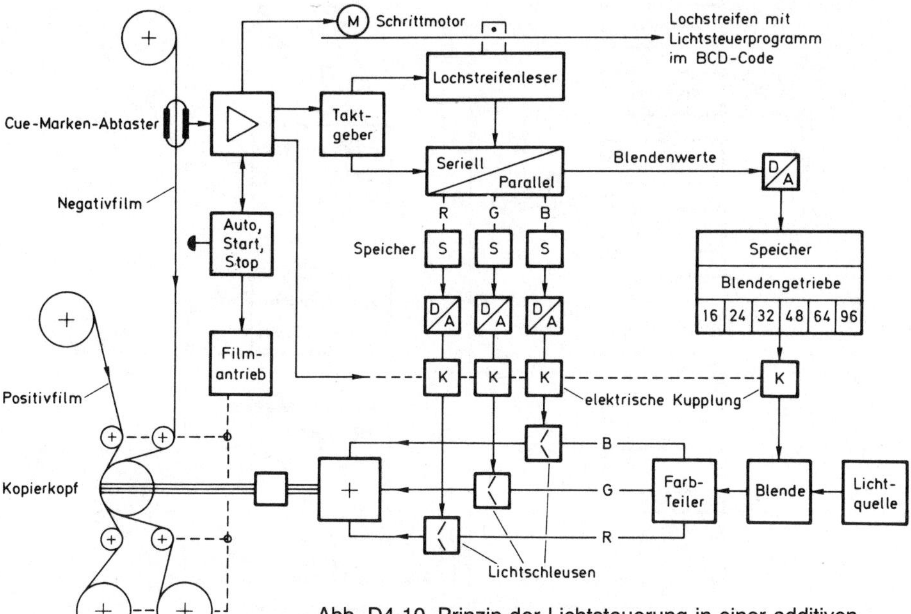

Abb. D4-10 Prinzip der Lichtsteuerung in einer additiven Film-Kopiermaschine (Bell & Howell)

gramm auf Abruf zur Verfügung stehen. Wird nun am Szenenwechsel vom Cue-Marken-Abtaster ein Schaltbefehl registriert, so schalten die elektrischen Kupplungen (K) das bisher im Speicher vorbereitete Programm – bei gleichzeitig erfolgender Digital/Analog-Wandlung – auf die Flügelblenden der Lichtschleusen durch. Im gleichen Augenblick transportiert der Schrittmotor des Lochstreifenlesers das Programmband um einen Informationsschritt weiter, so daß bereits das nächste Programm abgelesen und in der vorher beschriebenen Weise für den nächsten Szenenwechsel in Bereitstellung gebracht werden kann. Auf diese Weise erreicht man trotz der Verwendung elektromechanischer Lichtventile – die ja eine gewisse Trägheit besitzen – extrem kurze Schaltgeschwindigkeiten, weil für den eigentlichen Aufbau des Programmes zwischen den einzelnen Szenenwechseln noch genügend Zeit zur Vorbereitung der Schaltposition der Lichtschleusen verbleibt.

Eine Besonderheit stellt noch der Startvorgang der Kopiermaschine dar. Weil sich unmittelbar nach dem Start der Maschine im mechanischen Speicher noch keine Information befinden kann, schaltet man – ausgelöst durch den Startvorgang – die aus dem Lochstreifen ausgelesenen Steuerwerte direkt auf die Lichtschleusen durch („automatic first cue"). Im weiteren Verlauf vollzieht sich dann der Programmaufbau und die Steuerung in der vorher beschriebenen Weise.

Für eine gleitende Ab- oder Aufblendung des gesamten Kopierlichtes besitzt das Lichtsteuergerät noch eine Blendeneinrichtung – auch Fader genannt –, die Auf- bzw. Abblendungen in sechs verschiedenen Stufen über 16, 24, 32, 48, 64 und 96 Bilder zuläßt. Enthält der Lochstreifen eine „Blendeninformation", so gelangen die

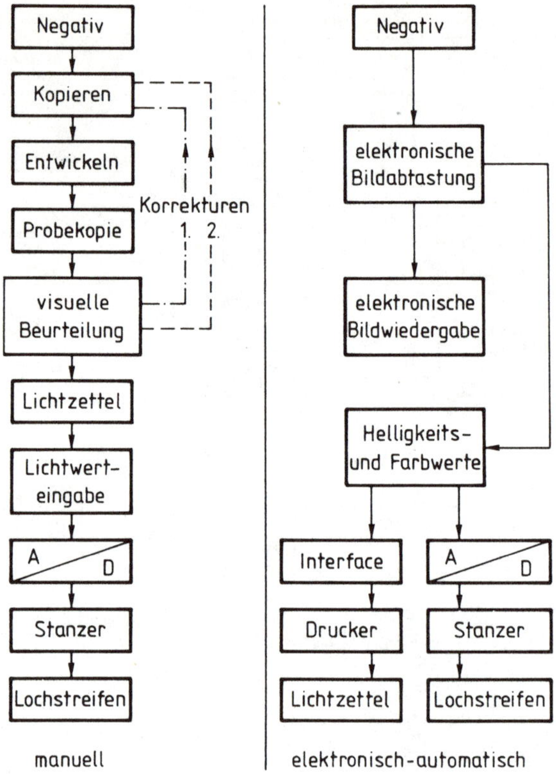

Abb. D4-11 Verfahren zur Herstellung additiver Lichtsteuerbänder

entsprechenden Steuerwerte nach D/A-Umwandlung zum Speicher des Blendengetriebes. Die Ankopplung der eigentlichen Blende erfolgt über verschiedene Magnetkupplungen in ähnlicher Weise, wie vorher beschrieben, zeitlich mit dem jeweils folgenden Cue.

Die Herstellung von Lichtsteuerbändern für das additive Lichtsteuersystem ist auf verschiedene Weise möglich (*Abb. D4-11*). – Bei der manuellen Methode schreibt der Lichtbestimmer nach erfolgter Probekopierung einen Lichtzettel. Die notierten Werte gibt er szenenweise in eine Tastatur ein. Nach Umwandlung der analogen Lichtwerte gibt ein Stanzer den Lochstreifen in BCD-Codierung aus. – Zunehmend haben sich in den letzten Jahren elektronische Farblichtbestimmungsgeräte durchgesetzt. Das Original-Filmbild wird dabei mit fernsehtechnischen Mitteln elektronisch abgetastet. Bei Negativen hat eine Umwandlung des gewonnenen Bildsignals in ein komplementäres Farbsignal zu erfolgen, damit auf dem Bildschirm ein positives Farbbild sichtbar werden kann. Die am Ausgang des Abtastgerätes verfügbaren Helligkeits- und Farbwertsignale steuern über eine Interface-Schaltung einen Drucker, der das gesamte Lichtsteuerprogramm automatisch auf einen Lichtzettel schreibt. Die Herstellung des Steuerlochstreifens geschieht nach Analog/Digital-Umwandlung in der weiter oben beschriebenen Weise.

Für die elektronische Farblichtbestimmung sind heute zwei Systeme – das Hazeltine- und das Kodak-System – eingeführt.

4.3 Das Hazeltine-System

Beim Hazeltine-Verfahren (*Abb. D4-12*) schreibt eine Abtaströhre ein elektronisches Raster, das im Bildfenster des Gerätes abgebildet wird. Das Rasterbild gelangt über einen Farbteiler aus dichroitischen Spiegeln auf drei Photomultiplier, die die Farbbildauszüge in drei getrennte Video-Signale umwandeln und verstärken. Über drei getrennte Farbwertregler gelangen die elektronischen Farbauszugssignale (R), (G) und (B) an den Eingang einer Matrixschaltung. In dieser Matrix findet in Verbindung mit einer darauffolgenden Gradationsentzerrung eine Anpassung der Video-Signale an die Eigenschaften der Filmmaterialien statt. Die Spezifik der Farbtransmissionskurven und des Kontrastes der Kopiermaterialien wird dabei besonders berücksichtigt. Die Matrix ist außerdem umschaltbar, je nachdem ob die Filmbildvorlage aus einem negativen oder positiven (Umkehrfilm-)Farbbild besteht. Das entzerrte Signal erreicht anschließend die Farbwiedergabe-Bildröhre (Monitor), deren Ablenkschaltung von einem zentralen Taktgeber gesteuert wird. – Mit den Farbwertreglern kann der Lichtbestimmer nun Farbabweichungen so lange auskorrigieren, bis auf dem Monitor ein subjektiv befriedigendes Bild erscheint. Die eingestellten Korrekturwerte werden als Digitalsignal ausgegeben und in einem Lochstreifen abgespeichert. Der Lochstreifen kann dann direkt zur Lichtsteuerung der Kopiermaschine verwen-

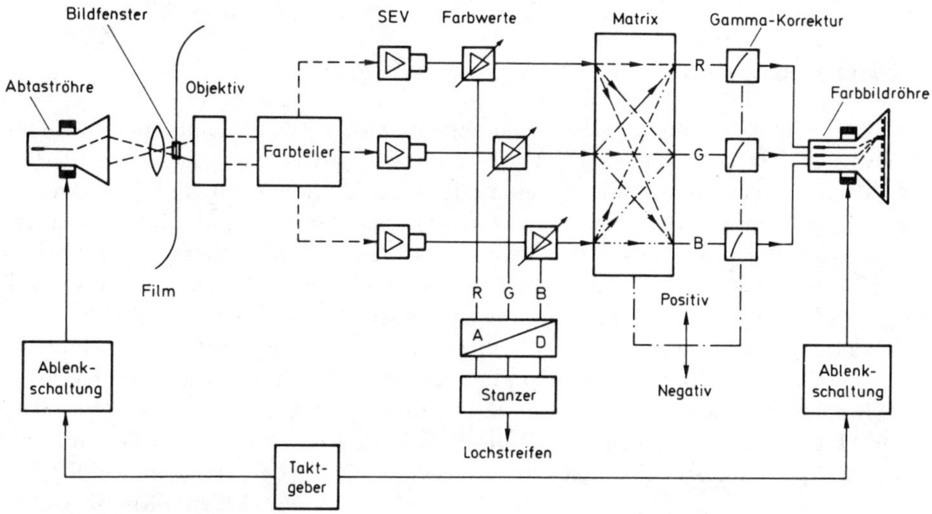

Abb. D4-12 Prinzip des Hazeltine-Color-Filmanalyzers

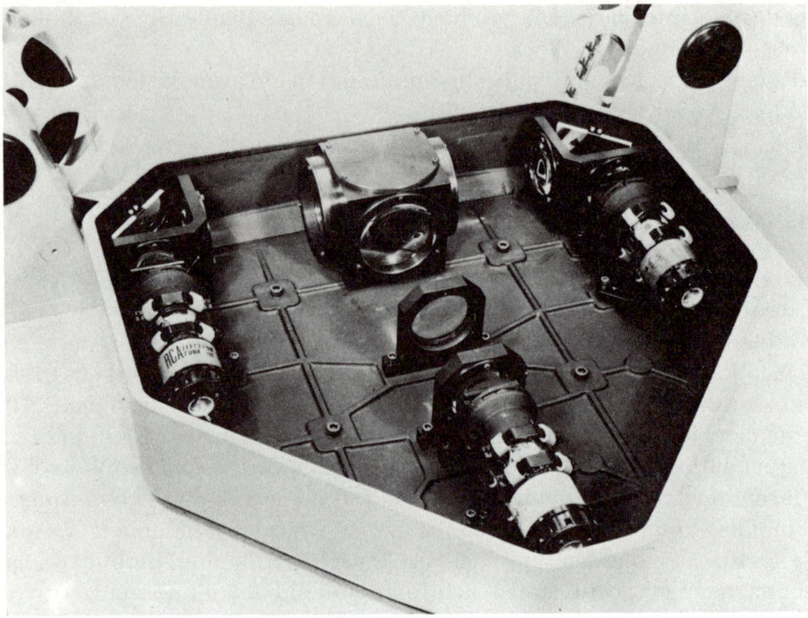

Abb. D4-13 Dichroitisches Farbteilersystem im Hazeltine-Colorfilm-Analyzer

det werden. *Abb. D4-13* zeigt das dichroitische Farbteilersystem mit den drei Photomultipliern, *Abb. D4-14* eine komplette Anlage der beschriebenen Bauart (Hazeltine).

4.4 Der Kodak-Analyzer

Im Unterschied zum Hazeltine-System verwendet der Kodak-Color-Analyzer (*Abb. D4-15*) keine elektronische Drei-Kanal-Schaltung für die Farbauszugssignale (R), (G), (B). Mit der Abtaströhre schreibt man ein Raster und bildet es in der Filmbühne ab. Das durchleuchtete Farbbild gelangt sequentiell über ein rotierendes Farbauszugsfilter zu einem Photomultiplier. Dieser verstärkt die empfangenen Signale und führt sie einer Schwarzweiß-Wiedergabe-Bildröhre zu. Vor dem Schirm der Schwarzweiß-Wiedergabe-Bildröhre rotiert synchron zum ersten Farbauszugsfilter ein Filterrad mit gleichen Farbeigenschaften. Auf diese Weise entsteht für den Betrachter ein farbiges Bild. Ein Zeitmarkengeber, der mit dem Umlauf der Filterräder exakt synchronisiert ist, schaltet die Verstärkung des Video-Signales analog den beobachteten Farbwerten für Rot, Grün und Blau um. Zur Farbkorrektur kann man nun die jeweils sequentiell entstehenden Helligkeitswerte einer jeden Farbe an drei Einstellern für Rot, Grün und Blau nachregeln. Die Positionen dieser Einstell-Knöpfe stehen am Ausgang als Analog-Information zur Verfügung und lassen sich mit entsprechen-

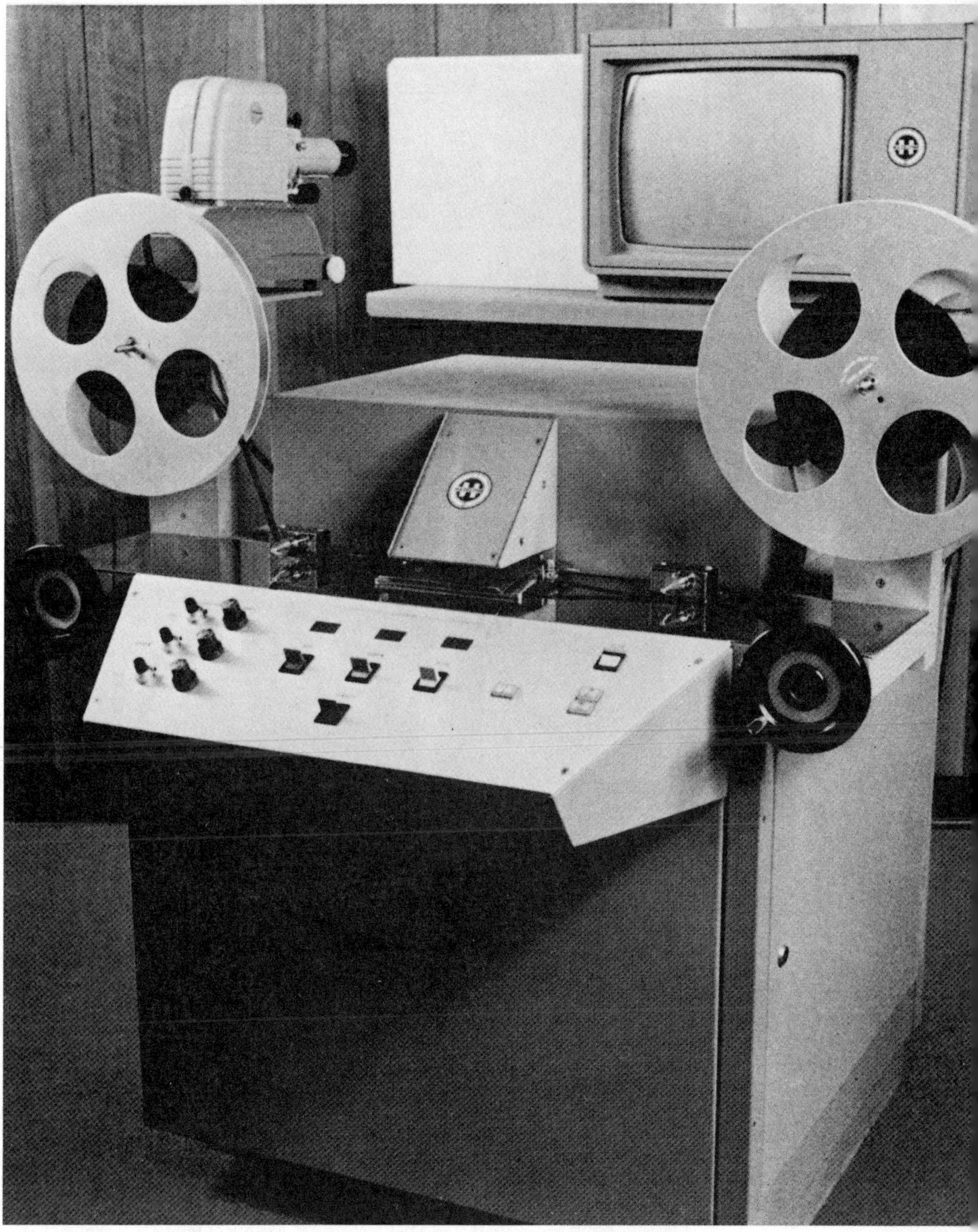

Abb. D4-14 Hazeltine-Colorfilm-Analyzer

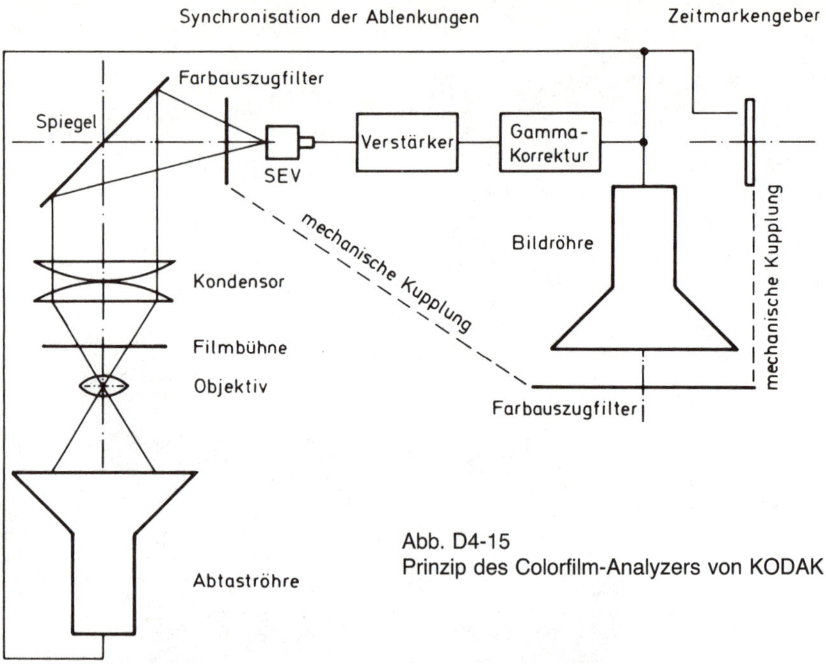

Abb. D4-15
Prinzip des Colorfilm-Analyzers von KODAK

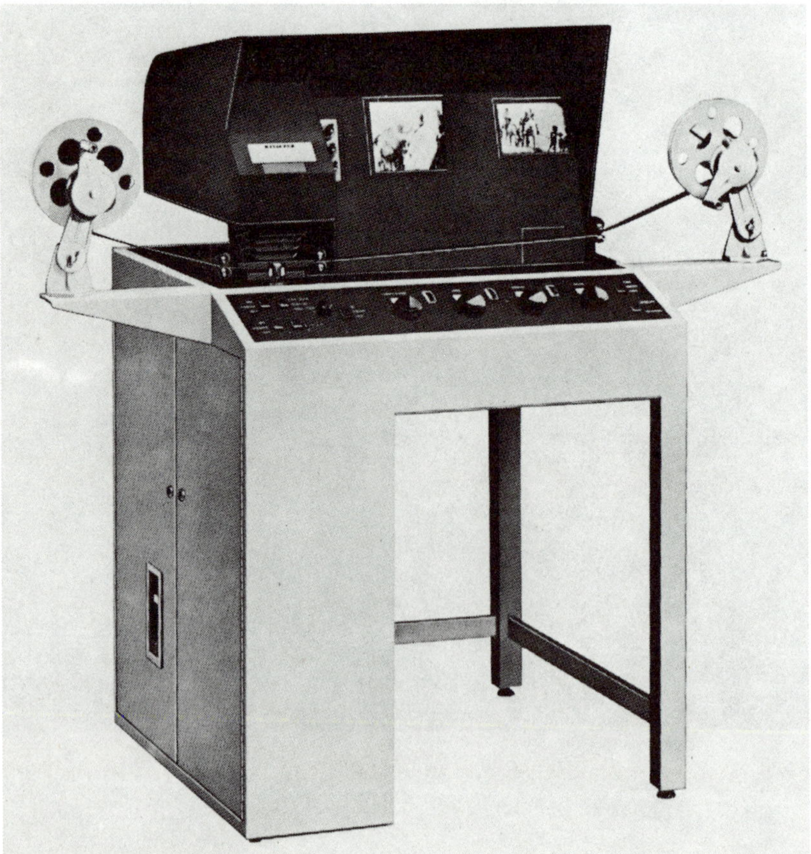

Abb. D4-16 KODAK-Colorfilm-Analyzer

den Geräten in eine Digitalinformation überführen, so daß sie als Steuerwerte in einem Lochstreifen abgespeichert werden können. Eine Gesamtansicht des Kodak-Color-Analyzers zeigt *Abb. D4-16*.

4.5 Duplizier- und Transcodiereinrichtungen

Häufig wird verlangt, eine Farbkopie nur in einigen Passagen nachzukorrigieren, weil andere Szenen der Rolle zur vollen Zufriedenheit getroffen wurden. Stehen ein Lichtzettel und ein Lochstreifen zur Verfügung, so läßt sich der Lochstreifen bei Abtastung mit einem „Leser" zunächst duplizieren. Erreicht man die Stelle, an der eine Änderung des Lichtsteuerprogrammes erfolgen soll, so kann man die „Korrekturwerte" von Hand eingeben und anschließend den Dupliziervorgang wieder automatisch fortsetzen (*Abb. D4-17*).

Ist kein Lichtzettel vorhanden, so werden die Lichtwerte vom Lochstreifen in einen Speicher eingelesen. In beiden Fällen läßt sich in Korrespondenz mit einem Processor ein Korrekturprogramm erstellen, das zu einem neuen Lichtsteuerprogramm führt. Der Processor übernimmt dabei die gesamte Rechenarbeit und veranlaßt auch die Ausgabe eines neuen Lochstreifens und Lichtzettels.

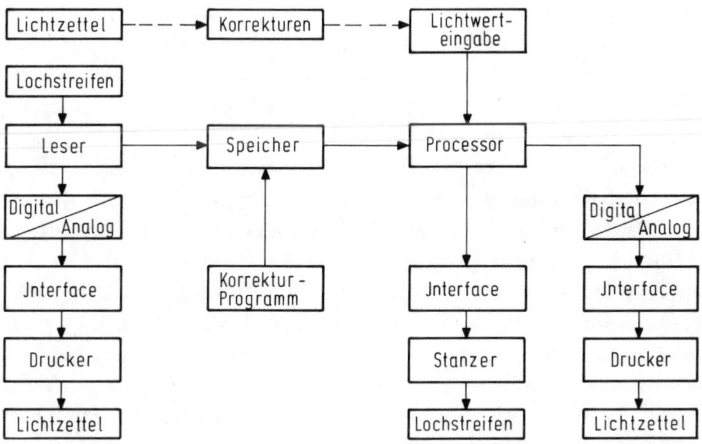

Abb. D4-17 Transcodierung und Duplizierung von Lichtsteuerprogrammen

4.6 Das FCC-System (*f*rame-*c*ount-*c*uing)

Seit langem verwendete man in der Filmindustrie zur Auslösung von Schaltschritten an Kopiermaschinen Randkerben. Für das klassische 35-mm-Format ursprünglich

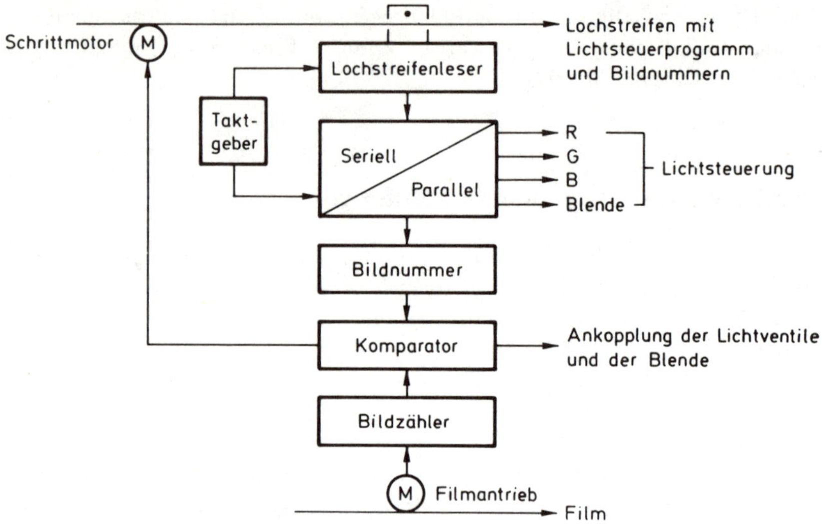

Abb. D4-18 Schematische Darstellung des FCC-Verfahrens

eingeführt, bereiten diese Randkerben bei Verwendung von 16-mm-Film sehr häufig Schwierigkeiten, da einerseits die mechanische Abtastung zu ungenau, andererseits wegen der kleineren und empfindlicheren Abmessungen dieses Materials schneller Beschädigungen am Negativ entstehen können. Man hat daher die Randkerbe seit einiger Zeit durch eine selbstklebende Metallfolie ersetzt, die auf verschiedene Weise auf dem Filmmaterial befestigt wird. Folien dieser Art lassen sich fotoelektronisch, kapazitiv oder auch induktiv abtasten.

Als Cue-Marken für Negative haben diese „Schaltfolien" jedoch auch ihre Tücken. Für das Fernsehen wird heute vorwiegend auf 16-mm-Filmmaterial produziert. 16-mm-Negative werden geschnitten wie eh und je der 35-mm-Film. Hatte man bei 35-mm-Produktionen in einer 500-Meter-Rolle vielleicht 200 Schnitte, so finden wir heute die gleiche Anzahl von Schnitten und damit auch Cue-Marken in einer 16-mm-Filmrolle bereits bei einer Länge von nur noch 200 Metern. Aber nicht genug damit! Die Qualität, die man heute vom 16-mm-Format verlangt, soll der des früheren 35-mm-Filmes keineswegs nachstehen, auch wenn die verfügbare Bildfläche nur noch 21 % gegenüber der des 35-mm-Formates beträgt. Dies hat zur Folge, daß Negative nicht nur äußerst sorgsam zu behandeln, sondern auch häufiger zu reinigen sind. Die Reinigung wiederum geschieht mit flüchtigen Lösungsmitteln, die die Klebstoffe der Steuerfolien auflösen. Der Verlust der Cue-Marken ist die Folge. Fehlende Cue-Marken bewirken aber keine Schaltung des Kopierlichtes mehr, so daß das gesamte Lichtsteuerprogramm außer Schritt gerät und der nächste Cue eine Schaltung mit falschen, nämlich den Lichtwerten der bereits passierten Szene, auslöst.

Zur Vermeidung dieser Probleme ging man daher von Cue-Marken mit Randkerben und Steuerfolien ganz ab (*Abb. D4-18*). Verwendet man eine elektronische

Bildzähleinrichtung, so kommt man ganz ohne Cue-Marken aus, wenn man alle Bilder des zu kopierenden Originalstreifens auszählt und genau dasjenige Bild festlegt, an dem ein Cue liegen soll. Jedes Bild hat eine bestimmte Bildnummer, die neben den Lichtwertinformationen in einem Lochstreifen abgespeichert wird. Das Auslesen des Lochstreifens geschieht dann in der früher beschriebenen Weise. Die gelesene Bildnummerninformation führt man einer Komparatorschaltung zu, deren zweiter Eingang mit dem Bildzähler der Kopiermaschine verbunden ist. Zeigt die ausgelesene Bildnummer Koinzidenz mit dem Zählerstand der Kopiermaschine, so bewirkt der Komparator die Durchschaltung des vorbereiteten Lichtsteuerprogrammes auf die Lichtschleusen, die eventuelle Ankopplung des Blendengetriebes sowie die Weiterschaltung des Lochstreifens um den nächsten Schaltschritt. Der Vorgang wiederholt sich bei jedem „Cue" in gleicher Weise.

4.7 Das „Color-Master"-System

Die digitale Signalspeicherung und -verarbeitung von Bildinformationen führte zu Systemen, die nicht nur eine zentrale Erfassung aller filmspezifischen Daten ermöglichen, sondern auch eine Vernetzung der verschiedenen, am Gesamtprozeß beteiligten Arbeitsplätze bringen.

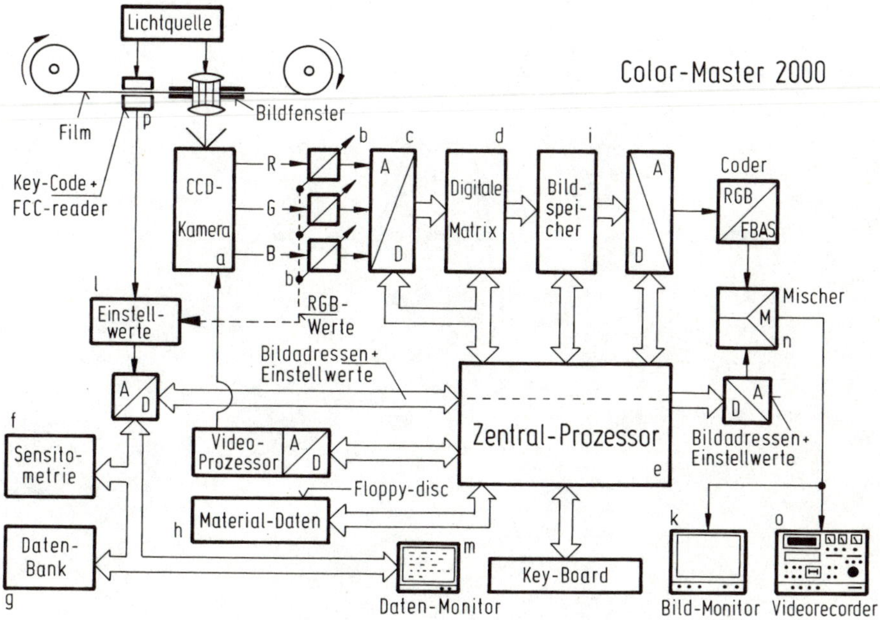

Abb. D4-19 Prinzip des „Color-Master"-Systems

Das „Color-Master"-System (*Abb. D4-19*) verwendet für die Umwandlung des Filmbildes in ein Video-Signal eine CCD-Kamera (a), deren Farbsignale als R-G-B-Information ausgegeben werden. Mit den Einstellern (b) kann die Farbbalance (in ähnlicher Weise wie beim Hazeltine-System) szenenweise optimiert werden. Nach Überführung der Video-Information in die Digitalform (c) findet – korrespondierend mit dem zentralen Prozesssor (e) – in einer digitalen Matrixschaltung (d) eine Bewertung der Einstellwerte statt. Dabei finden die jeweiligen Materialeigenschaften Berücksichtigung, deren materialspezifische Korrekturwerte entweder von der Sensitometrie (f) oder von einer zentralen Datenbank (g) oder aber auch von einem Floppy-Disc-Laufwerk (h) an den zentralen Prozessor gegeben werden. Die Zuordnung der Daten kommt automatisch über die vom Film ausgelesenen Key-Code-Informationen zustande.

Das so korrigierte Video-Signal wird anschließend in einem Bildspeicher (i) abgelegt. Damit ist am Bildmonitor (k) immer ein Standbild guter Qualität zu sehen. Die Einstellwerte (l), die den Adreßcode der einzelnen Filmbilder (Key-Code, FCC-Werte) enthalten, werden an einem Datenmonitor (m) laufend angezeigt. Sie können außerdem über den Video-Mischer (n) auch in das Monitorbild (k) eingeblendet werden.

Mit der gleichen Anlage ist auch noch die Überspielung des vorher lichtbestimmten Filmmaterials auf eine Videokassette (o) möglich. Auf diese Weise kann das an Original-Schauplätzen tätige Produktionsteam über das Ergebnis der Aufnahmen laufend informiert werden.

5 Kopierung

Die lichtbestimmten Negative gelangen nach einer gründlichen Kontrolle und Reinigung zur Kopierung. Unter Kopierung versteht man ganz allgemein die Übertragung eines fotografischen Filmbildes auf einen bisher unbelichteten Rohfilm. Nach *Abb. D5-1* unterscheidet man vier verschiedene Kopiersysteme, die sich generell nach je zwei Kriterien ordnen lassen:

a) *Filmtransport* mit *kontinuierlichem* oder *schrittweisem* Antrieb.

Bei *kontinuierlichem Lauf* wird der Film mit gleichmäßiger Geschwindigkeit durch die Kopiermaschine geführt.

Bei *schrittweisem Filmtransport* bewegt sich der Film bildweise intermittierend, wie in der Filmaufnahmekamera oder im Projektor.

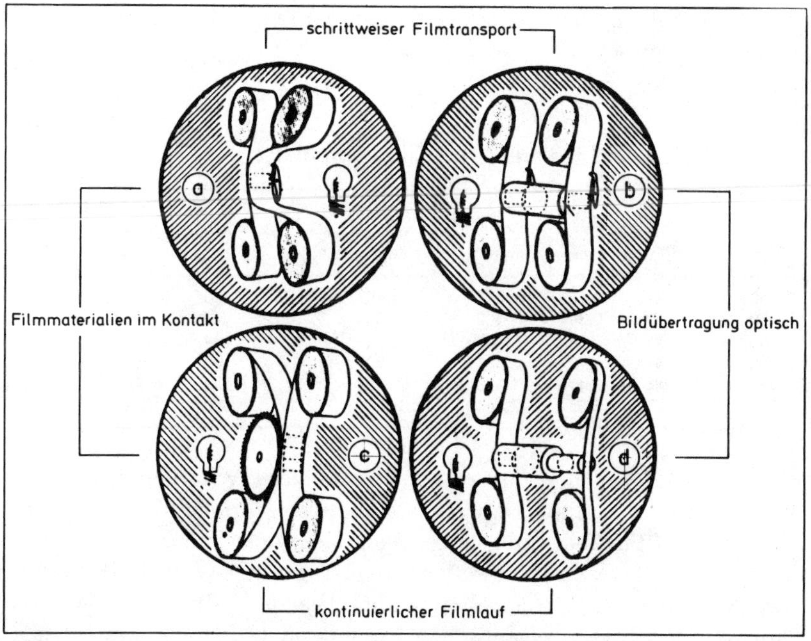

a) Kontakt-Kopierung bei schrittweisem Filmtransport,
b) optische Bildübertragung bei schrittweisem Filmtransport,
c) Kontakt-Kopierung bei kontinuierlichem Filmlauf,
d) optische Bildübertragung bei kontinuierlichem Filmlauf

Abb. D5-1 Prinzip der verschiedenen Filmkopierverfahren

b) *Übertragung der Bildinformation* vom Negativ auf das Positiv im direkten *Kontakt* oder durch ein *optisches System*.

Zur Belichtung des Positivfilmes führt man bei der *Kontaktkopierung* die Schichtseite des Negatives in engem Kontakt über die Schichtseite des bisher unbelichteten Rohfilmes.

Bei *optischer Kopierung* fügt man zwischen Negativ- und Positivfilm eine geeignete Reproduktionsoptik ein.

Nach diesen Kriterien ergeben sich zwangsläufig vier verschiedene Typen von Kopiermaschinen.

5.1 Kontaktkopierung mit kontinuierlichem Lauf

Die heute am weitesten verbreitete Kopiermethode arbeitet nach dem Kontaktkopierverfahren. Der Film wird dabei kontinuierlich angetrieben. Auf diese Weise lassen sich hohe Kopiergeschwindigkeiten bei größter Schonung des Filmmaterials erreichen. Wie aus *Tabelle D7* hervorgeht, sind heute Kopiergeschwindigkeiten zwischen 30 und 720 ft/min üblich.

Tabelle D7:
Laufgeschwindigkeit und Leistung von Filmkopiermaschinen

						B/s		
ft/s	ft/min	ft/h	m/s	m/min	m/h	35 mm	16 mm	8 S
0,5	30	1 800	0,15	9,1	548	8	20	36
1	60	3 600	0,3	18,2	1 097	16	40	72
3	180	10 800	0,91	54,86	3 292	48	120	216
4	240	14 400	1,22	73,15	4 389	64	160	288
8	480	28 800	2,44	146,3	8 778	128	320	576
12	720	43 200	3,65	219,4	13 167	192	480	864

Nach *Abb. D5-2* führt man das zu kopierende Negativ (Originalfilm) von einer Abwickelspule (1) zusammen mit dem von einer Vorratsrolle (2) kommenden unbelichteten Rohfilm über eine gemeinsame Vorwickelzahnrolle (3). Hierdurch erreicht man einen exakten, perforationsgenauen Transport beider Filme. Über je zwei bewegliche, federnde Spannrollen (4 und 5) gelangen die Filme nach Passieren einer Umlenkrolle (6) zum eigentlichen Kopierkopf (7). Dieser besteht aus einer Zahntrommel (8) großen Durchmessers, die synchron mit den Vor- und Nachwickelrollen (3 und 12) angetrieben wird. An der Krümmung der Kopiertrommel (8) laufen die beiden Filme – Negativ und Positiv – im engen Kontakt der beiden fotografischen Schichten vorüber. Die Kopierzahntrommel (8) ist zwischen den „Zähnen" ausge-

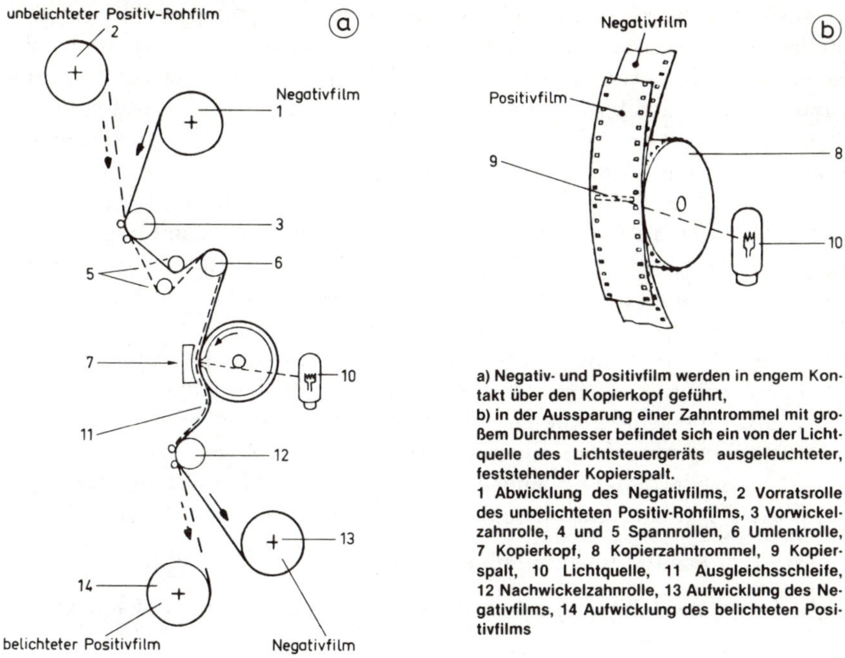

a) Negativ- und Positivfilm werden in engem Kontakt über den Kopierkopf geführt,
b) in der Aussparung einer Zahntrommel mit großem Durchmesser befindet sich ein von der Lichtquelle des Lichtsteuergeräts ausgeleuchteter, feststehender Kopierspalt.
1 Abwicklung des Negativfilms, 2 Vorratsrolle des unbelichteten Positiv-Rohfilms, 3 Vorwickelzahnrolle, 4 und 5 Spannrollen, 6 Umlenkrolle, 7 Kopierkopf, 8 Kopierzahntrommel, 9 Kopierspalt, 10 Lichtquelle, 11 Ausgleichsschleife, 12 Nachwickelzahnrolle, 13 Aufwicklung des Negativfilms, 14 Aufwicklung des belichteten Positivfilms

Abb. D5-2 Prinzip einer Durchlauf-Kontaktkopiermaschine

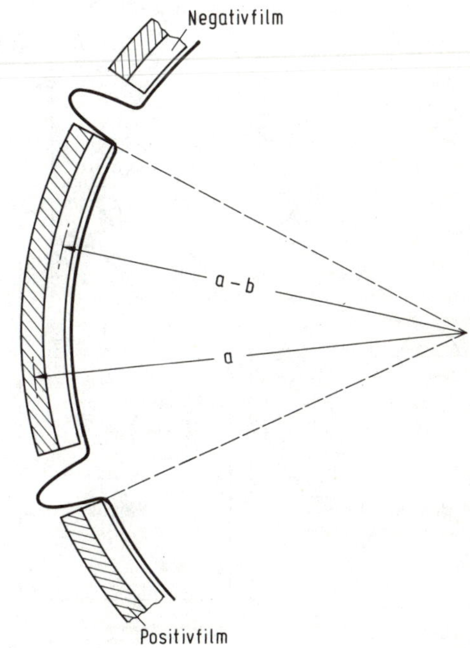

Abb. D5-3
Beim Kontaktkopieren entstehen bei gleicher Länge der beiden Filme zwangsläufig unterschiedliche Perforationsabstände für den Negativ- und Positivfilm. Man perforiert deshalb Negativfilmmaterial mit einer Minustoleranz im Verhältnis (a-b): a

spart und führt die Filme über einen feststehenden Kopierspalt (9), dessen Breite einstellbar ist und der von der Lichtquelle (10) des Lichtsteuergerätes gleichmäßig ausgeleuchtet wird. Auf diese Weise wird die jeweilige Negativ-Bildinformation kontinuierlich auf den Positivfilm übertragen. Ist die Dichte des Negatives gering, so entsteht auf dem Positivfilm eine hohe Exposition. Bei hoher Dichte im Negativ kommt im Positiv nur eine geringe Belichtung zustande.

Negativ- und Positivfilm sind so in die Kopiermaschine einzulegen, daß sich zwischen der Kopierzahntrommel (8) und der Nachwickelzahntrommel (12) eine genügend große Ausgleichsschleife (11) einstellt. Anschließend erreicht der Negativfilm die Aufwicklung (13). Den belichteten Positivfilm wickelt man zu einer Spule (14) auf.

Wie *Abb. D5-3* zeigt, liegt der Negativfilm unmittelbar auf der Kopiertrommel unter dem Positivfilm auf. Dadurch entstehen bei gleicher Länge der beiden Filme zwangsläufig unterschiedliche Wege – bzw. Perforationsabstände – für den Negativ- und Positivfilm. Um unkontrollierbaren Ausgleichsvorgängen, die sich in schlechtem Bildstand oder entsprechenden Unschärfen der Abbildung des Negatives auf dem Positiv zeigen würden, zu begegnen, perforiert man daher Negativfilmmaterialien gegenüber Positivfilmen mit einer Minustoleranz im Verhältnis $\frac{a-b}{a}$. Dabei ist b die Stärke des Filmmaterials und a der Krümmungsradius des außenliegenden

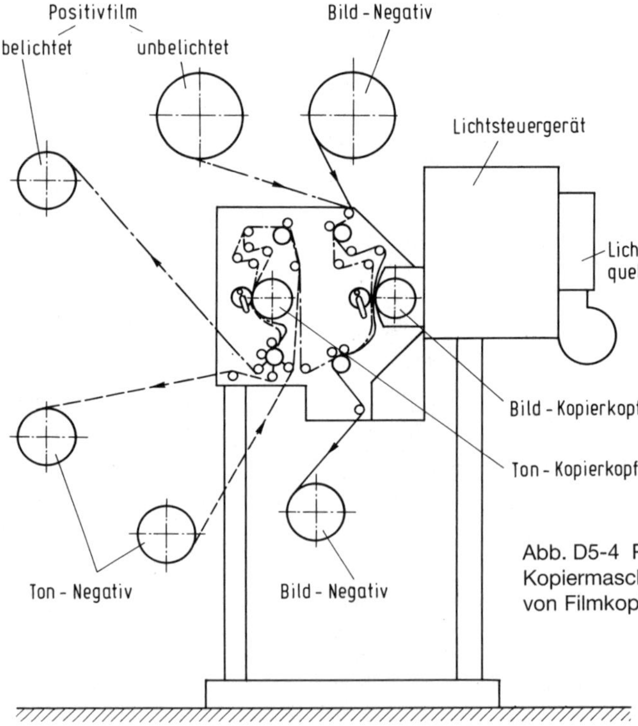

Abb. D5-4 Prinzip einer Durchlauf-Kontakt-Kopiermaschine für die Massenherstellung von Filmkopien mit Lichttonaufzeichnung

Positivfilmes. Diese Perforationsart ist auch unter dem Namen „short-pitch-perforation“ bekannt. – Darüber hinaus kann es beim ständigen Abrollvorgang der beiden aufeinanderliegenden Materialien zu weiteren Schlupferscheinungen kommen, vor allem wenn man bedenkt, daß sich der Perforationsabstand älterer Negative durch Materialschrumpfung erheblich reduzieren kann.

Bei Filmkopien für das Filmtheater liegt neben der Bildinformation auf dem Film in den meisten Fällen eine Lichttonspur. Für die Massenherstellung solcher Kopien setzt man daher zweckmäßig Kopiermaschinen mit zwei Kopierköpfen ein, von denen der eine zur Kopierung des Bildnegatives, der andere für die Übertragung der Schallaufzeichnung Verwendung findet. *Abb. D5-4* zeigt im Prinzip eine solche Filmkopiermaschine.

5.2 Optische Kopierung mit kontinuierlichem Lauf

Will man von einem größeren Filmformat auf ein kleineres umkopieren, so muß man optische Kopiermaschinen einsetzen (*Abb. D5-5*). Man fügt dabei zur Reproduktion des Originalbildes zwischen Negativ-Film (1) und Positiv-Film (2) ein entsprechendes optisches System (3) ein. Um eine absolut präzise Übertragung der Bildinformation vom Original auf den Kopierfilm zu erreichen, treibt man Negativ-Film und Positiv-Film mit einer gemeinsamen Welle (4) an. Die Laufgeschwindigkeitsunterschiede gleicht man durch entsprechend bemessene, formatgemäße Zahntrommeln (5 und 6) verschiedenen Durchmessers aus. Die Kopierzahntrommel (5), über die der Originalfilm läuft, ist so aufgebaut wie in Abb. D5-2 beschrieben. Das Bildnegativ läuft dabei in gleicher Weise über einen ausgeleuchteten Lichtspalt. Fügt man in das optische System zwei Umlenkspiegel (7 und 8) ein, so erhält man eine U-förmige Umlenkung der Bildinformation und damit eine dem Original entsprechende konti-

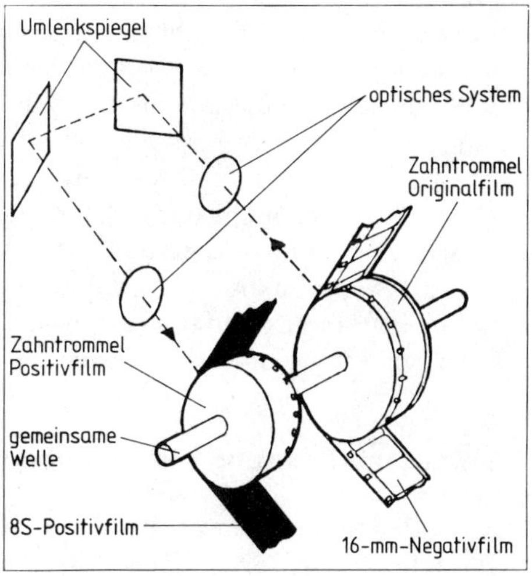

Abb. D5-5 Prinzipdarstellung einer optischen Durchlaufkopiermaschine für die Verkleinerung eines 16-mm-Negativs auf 2×8S-Film

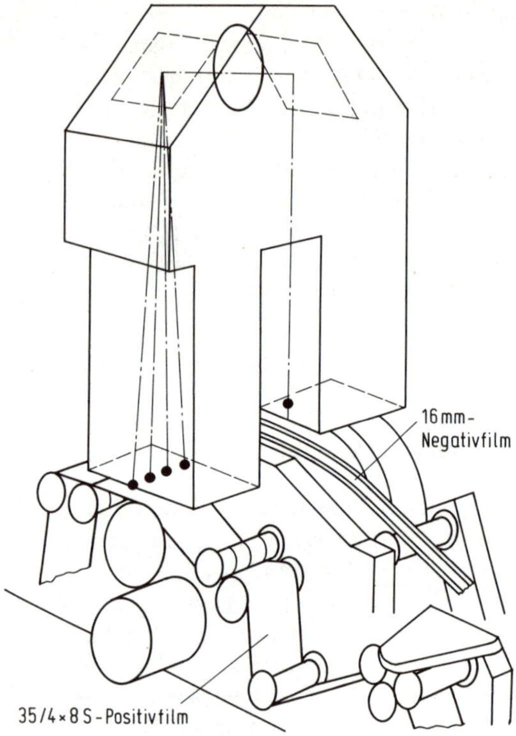

Abb. D5-6 Kopierkopf einer optischen Durchlaufkopiermaschine zur gleichzeitigen Herstellung von 4×8S-Film von einem 16-mm-Negativfilm (Peterson-System). Von der 16-mm-Apertur des Negativs gelangt die Bildinformation durch U-förmige Umlenkung über einen Strahlenteiler auf den 35/4×8S-Rohfilm und belichtet dort vier Bilder nebeneinander

nuierliche Übertragung und Belichtung des Positiv-Rohfilmes. Kopiermaschinen dieser Art mit kontinuierlichem Filmantrieb bringen dabei mit hohen Laufgeschwindigkeiten die bereits weiter oben erwähnten Vorteile hoher Leistung.

Das Prinzip des Durchlauf-Printers setzt allerdings voraus, daß die Bildfeldgrößen zumindest sehr ähnlich sind und daß zwischen den einzelnen Bildern auch relativ gleiche Abstände bestehen. Das Verfahren hat sich daher nur für die Umkopierung von 35-mm-Lichttonnegativen auf 16-mm-Film und für die Kopierung von 16-mm-Bildnegativen auf 8-S- bzw. 4x8-S-Positivfilme durchgesetzt (*Abb. D5-6*).

Im Gegensatz zum Kontaktverfahren ist hier das Problem der spezifischen Negativperforation (short-pitch) ohne Bedeutung, da die beiden Filme ohne gegenseitige Berührung durch die Maschine laufen.

Für die Reproduktion von 35-mm-Bildnegativen auf 16-mm-Film kommt das Durchlaufverfahren nicht in Frage, weil sich der zwischen den einzelnen Bildern des 35-mm-Filmes liegende breite Bildstrich auf dem 16-mm-Film störend zeigen würde.

5.3 Kontaktkopierung mit schrittweisem Filmtransport

Das Antriebssystem einer Schrittkopiermaschine ist weitgehend dem einer Filmkamera ähnlich (*Abb. D5-7*). Das Bildnegativ (Originalfilm) und der Positiv-Rohfilm

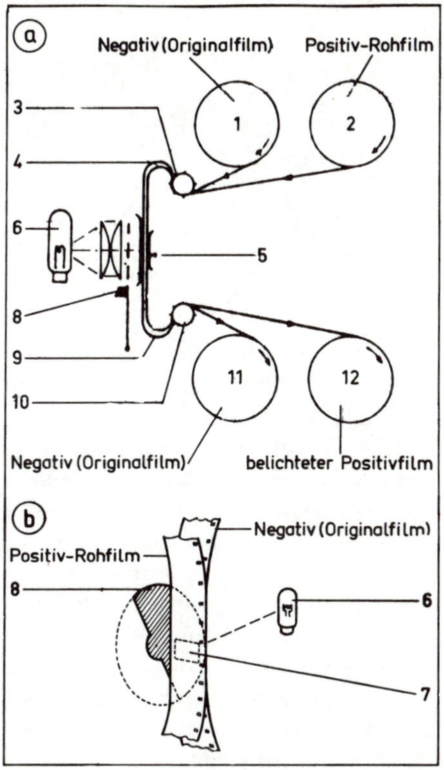

Abb. D5-7 Prinzip einer Kontakt-Kopiermaschine mit schrittweisem Filmtransport. a) Funktionsweise, b) Bildfenster mit Sektorenblende. 1 Negativ-Abwicklung, 2 Positiv-Abwicklung, 3 Vorwickelzahnrolle, 4 obere Ausgleichsschleife, 5 Greifermechanismus, 6 Lichtquelle, 7 Bildfenster, 8 Umlaufblende, 9 untere Ausgleichsschleife, 10 Nachwickelrolle, 11 Negativaufwicklung, 12 Positivaufwicklung

gelangen von den Vorratsspulen (1 und 2) zu einer Vorwickelzahnrolle (3), die beide Filme gleichzeitig, zunächst kontinuierlich, mit konstanter Geschwindigkeit antreibt. Über dem Bildfenster (7) geschieht der Filmtransport jedoch schrittweise intermittierend mit einem Greifermechanismus (5). Es ist daher zwischen Vorwickelzahnrolle (3) und Bildfenster (7) für beide Filme eine Ausgleichsschleife (4) erforderlich. Die Belichtung des Rohfilmes im Bildfenster (7) findet dann statt, wenn sich beide Filme in engem Kontakt in Ruhelage befinden. Hierzu gibt die Umlaufblende (8), die mit dem Greiferantrieb fest gekoppelt ist, den Lichtweg von der Lichtquelle (6) des Lichtsteuergerätes frei. Während des Filmtransportes deckt die Umlaufblende (8) den Strahlengang zum Bildfenster ab. Nach Durchlaufen des Bildfensters (7) bilden die beiden Filme eine Ausgleichsschleife (9), ehe sie über die Nachwickelzahnrolle (10) zu den Filmaufwicklungen (11 und 12) gelangen.

Während der Expositionsphase hält man die beiden Filme zusätzlich mit Sperrgreifern im Bildfenster fest (*Abb. D5-8*). Um eine genaue Fixierung der beiden Filme über dem Bildfenster zu erreichen, bildet man die beiden Greiferstifte (13 und 14) verschieden aus. Einer der beiden Stifte (13) füllt das Perforationsloch voll aus, der andere Stift (14) hingegen ist als „Sperr-Justier-Greifer“ so geformt, daß eine gewisse seitliche Schrumpfung des Original-Negativ-Filmes nicht stört. Durch die Belich-

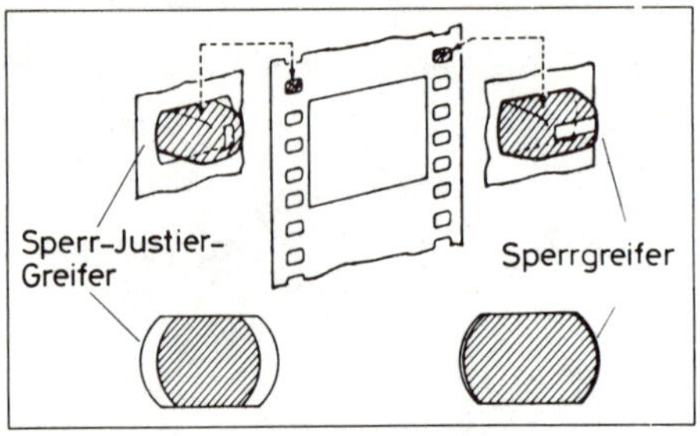

Abb. D5-8 Anordnung der Sperrgreifer bei einer Kopiermaschine mit schrittweisem Filmtransport

tung des Filmes bei absoluter Ruhelage haben bei einem solchen Kopiersystem eine eventuelle Schrumpfung und die damit verbundene unzureichende Maßhaltigkeit des Materials praktisch keinen nachteiligen Einfluß auf das Kopierergebnis. Weil darüber hinaus auch keine anderen störenden Schlupferscheinungen zwischen Negativ und Positiv entstehen können, ist dieses Kopierverfahren dann sehr gut geeignet, wenn sehr hohe Anforderungen an den Bildstand bestehen. Man setzt es daher sinnvoll für die Herstellung von Masterkopien, für Hintergrundvorlagen bei Rückprojektions- und Aufprojektionsaufnahmen, für Trickkopien mit optischen Effekten und für Farbauszugsnegative (Separation) ein.

Ein gewisses Problem besteht noch in der richtigen Justierung des Greiferantriebes in bezug auf die Lage des Originalfilmes und seines Bildstriches im Bildfenster. Die Justierung sollte so geschehen, daß das Originalbild genau symmetrisch im Bildfenster steht, damit auch der Bildstrich in der Kopie in exakter symmetrischer Lage abgebildet werden kann.

Ein weiteres Hindernis für den Einsatz solcher Kopiermaschinen stellen allerdings die geringe Laufgeschwindigkeit und Leistung mit maximal 8 bis 12 Bildern/s dar, die durch den mechanisch komplizierten, intermittierenden Antrieb begründet sind.

5.4 Optische Kopierung mit schrittweisem Filmtransport

Bei einer optischen Schrittkopiermaschine überträgt man das Bild vom Original auf die Kopie mit einem optischen System (*Abb. D5-9*). Hierzu befestigt man auf einer „optischen Bank“ sowohl einen Präzisionsprojektor (1) mit Lichtquelle (2) und Beleuchtungsoptik (3), als auch eine Präzisionskamera (7) mit einer verstellbaren Sektorenblende (9) so, daß sich die Position der beiden Geräte in bezug auf ihren Abstand sowie ihre Seiten- und Höhenlage in weiten Grenzen beliebig und stufenlos verändern lassen. Die Antriebe von Projektor (1) und Kamera (7) sind sehr genau mechanisch oder elektrisch verkoppelt. Beide Geräte besitzen außerdem je einen Antrieb mit Greiferwerk und Sperrgreifer nach Abb. D5-7 und Abb. D5-8. Für Auf- und Abblendungen ist die Kamera zusätzlich mit einer Umlaufblende (9) ausgestattet, deren Hell- und Dunkelsektor während des Kopiervorganges nach einem vorbestimmten Programm in weiten Grenzen kontinuierlich verändert werden kann.

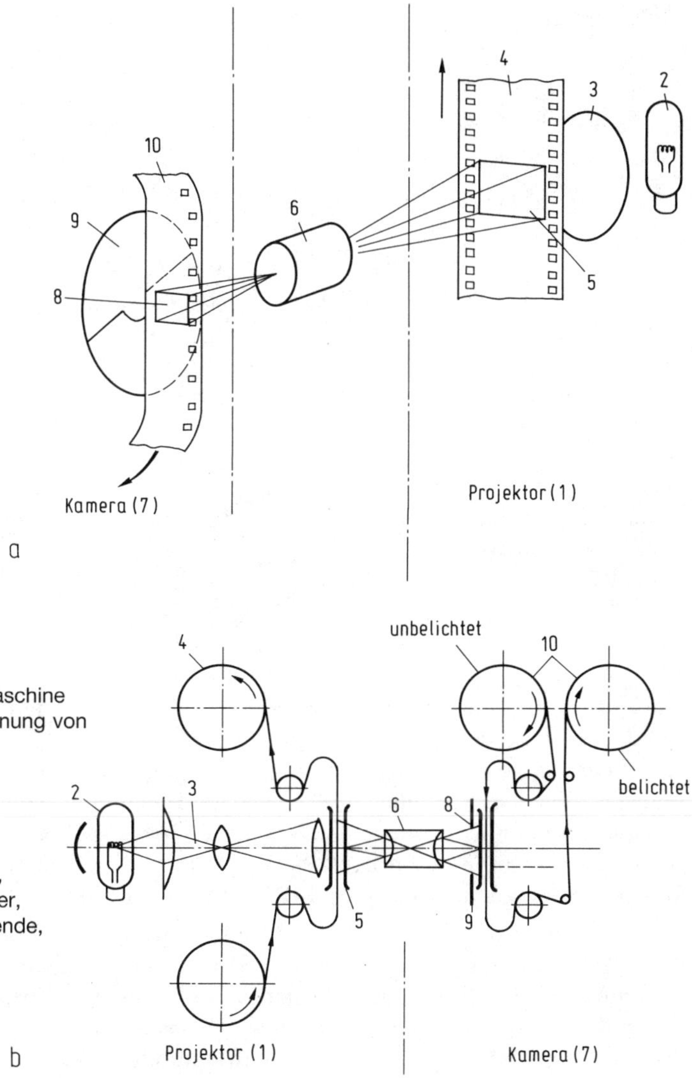

Abb. D5-9 Prinzip einer optischen Schrittkopiermaschine a) Strahlengang, b) Anordnung von Projektor und Kamera.
1 Projektor, 2 Lichtquelle,
3 Beleuchtungssystem,
4 Originalfilm,
5 Projektorfenster,
6 Reproduktions-Objektiv,
7 Kamera, 8 Kamerafenster,
9 verstellbare Sektorenblende,
10 Kopierfilm

Zwischen Projektor (1) und Kamera (7) befindet sich eine Reproduktionsoptik (6), mit der das im Projektorfenster (5) befindliche Bild des Originalfilmes (4) gewissermaßen auf den zum gleichen Zeitpunkt im Kamerafenster (8) stehenden Kopierfilm (10) projiziert wird.

Durch Veränderung des Abstandes zwischen Bildwiedergabe- (1) und Aufnahmeteil (7) und durch die Auswahl passender Reproobjektive (6) – auch verschiedener Brennweiten – lassen sich nicht nur bei allen vorkommenden Umkopierungen von einem Filmformat (z. B. 35-mm) auf andere Formate (z. B. 16-mm und 8-S) und

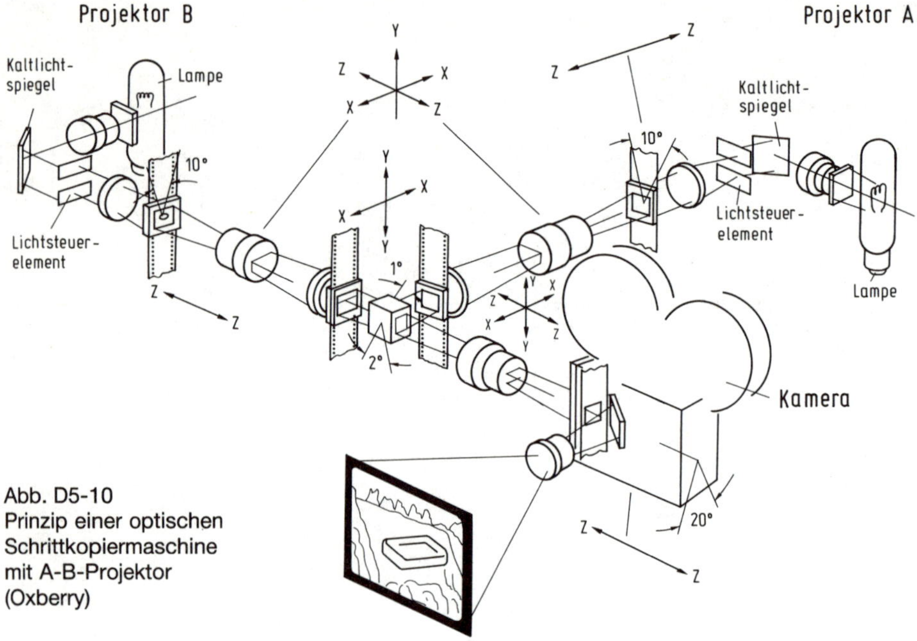

Abb. D5-10
Prinzip einer optischen Schrittkopiermaschine mit A-B-Projektor (Oxberry)

umgekehrt die jeweils etwas unterschiedlichen Bildfeldgrößen genau einstellen, sondern es sind auch durch Umkopieren praktisch beliebig viele Veränderungen des angelieferten Originals möglich. Optische Kopiermaschinen mit schrittweisem Filmtransport setzt man daher vorwiegend zur Herstellung von Duplikat-Filmen und Master-Kopien aller Formate (auch bei Formatwechsel) ein. Darüber hinaus eignen sich Maschinen dieser Art auch besonders für Trickarbeiten mit Auf- und Abblendungen, Titeleinkopierungen und Bildkombinationen.

Für spezielle komplizierte Trickarbeiten kann man die Anordnung einer optischen Schrittkopiermaschine um einen (B-Projektor) oder mehrere (C-, D-, E-) Projektoren erweitern (*Abb. D5-10*). Dies bringt den erheblichen Vorteil, daß sich mehrere Filmbildvorlagen in einem einzigen Arbeitsgang auf einen Kopierfilm übertragen bzw. kombinieren lassen. Man erreicht dies durch Projektion eines „Luftbildes" über ein spezielles, im Zentrum der zusammenkommenden Projektionsstrahlengänge liegendes Prisma, über das sich die verschiedenen Bildinformationen genau ineinanderfügen und zusammensetzen lassen.

5.5 Die Naßkopierung

Oft weisen ältere, angelieferte Ausgangsmaterialien, von denen Duplikate hergestellt werden sollen, erhebliche Abnützungserscheinungen in Form von Schrammen, Schichtbeschädigungen und Kratzern auf. Weil das durchgehende Kopierlicht an

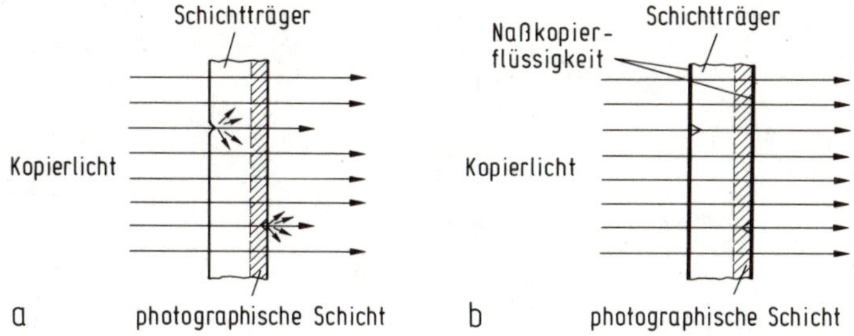

Abb. D5-11 Abbildung von Schäden der Filmoberfläche bei der Kopierung ohne a) und mit Naßkopierflüssigkeit b)

Abb. D5-12 Prinzip der Naßkopiereinrichtung einer optischen Schrittkopiermaschine. 1 und 2 Glasplatten, 3 Originalfilm, 4 Naßkopierflüssigkeit, 5 Projektorfenster, 6 Druckpumpe, 7 Vakuumpumpe, 8 Vorratsgefäß

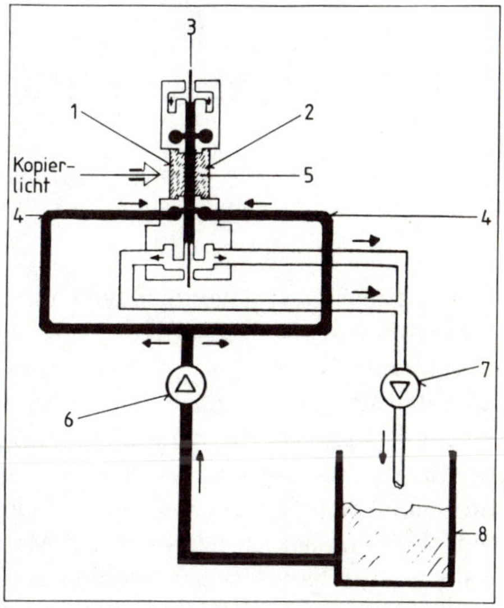

den Kanten der Verkratzungen sehr stark gestreut wird (*Abb. D5-11a*), bilden sich diese Fehler auf dem Kopierfilm sehr stark störend ab.

Benetzt man den beschädigten Originalfilm mit einer Flüssigkeit, deren Brechungsindex dem des Filmmaterials gleich ist (z. B. Chlorothene oder Perchloräthylen), so füllen sich die Unebenheiten der Oberfläche auf. Beim Durchgang des Lichtes findet dann keine Streuung mehr statt, so daß sich die Beschädigungen des Originals auf dem Kopierfilm nicht mehr abbilden können (*Abb. D5-11b*).

Ein solches „Naßkopierverfahren" kann man bei optischen Schrittkopiermaschinen sehr gut anwenden, wenn man den Projektor mit einem besonderen „Naßkopierfenster" ausstattet (*Abb. D5-12*). Zu diesem Zweck erhält das Projektorfenster zwei planparallele Glasplatten (1 und 2), zwischen denen das Originalmaterial (3) von unten nach oben läuft. Der Innenraum zwischen den Glasplatten (1 und 2) ist mit Naßkopierflüssigkeit (4) gefüllt, so daß der Film (3) im lichtdurchlässigen Teil des

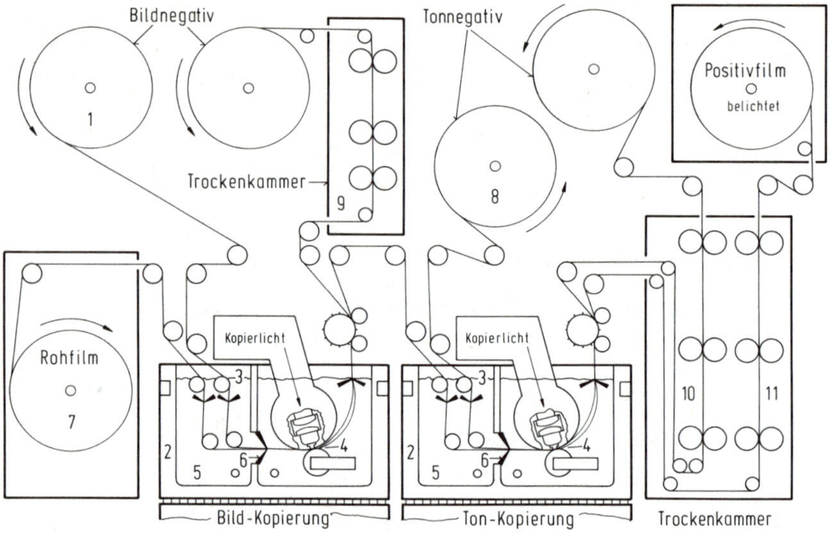

Abb. D5-13 Prinzip des Total-Immersion-Naßkopiersystems

Projektorfensters (5) völlig davon umgeben ist. Um einen Verlust und eine Verschleppung der Naßkopierflüssigkeit zu vermeiden, ist das Projektorfenster mit einer Druckpumpe (6) und einer Vakuumpumpe (7) über ein Vorratsgefäß (8) so verbunden, daß sich ein Gleichgewichtszustand einstellt.

Eine weitere Alternative stellt das „*Total-Immersion-System*" dar [101]. Nach *Abb. D5-13* wird das Negativ (1) durch einen Tank (2) geführt, der mit einer Naßkopierflüssigkeit (3) gefüllt ist. Das Fenster oder der Lichtschlitz (4) des Kopiersystems liegt tief unter Niveau, so daß auch bei Maschinen mit kontinuierlichem Filmtransport Naßkopierfehler vermieden werden. Bei einigen Geräten verwendet man auch Mehrkammersysteme (5) mit Abstreiflippen (6), die die sichere Entfernung von Luftblasen aus dem Perforationsbereich bewirken sollen. Das Total-Immersion-System ist gleichermaßen für die optische oder Kontakt-Kopierung mit kontinuierlichem Lauf geeignet. Bei der Kontaktkopierung kann der Rohfilm (7) bedenkenlos im Kontakt mit dem Negativfilm (1) durch den Naßkopiertank (2) geführt werden. Ähnliches gilt auch für das Tonnegativ (8). Dabei zeigt sich, daß naßkopierte Lichttonaufzeichnungen eine Verbesserung des Störabstandes aufweisen. Nach dem Kopiervorgang führt man die Negativfilme für das Bild (1), den Ton (8) und den nunmehr belichteten Rohfilm (7) durch je eine Heißluftkammer (9, 10, 11), damit sie trocken aufgewickelt werden können.

6 Schneiden und Mischen von Bild und Ton – Zwischen Musterkopie und Negativschnitt

Wie aus *Abb. D6-1* hervorgeht, liefert das Kopierwerk die Musterkopien der Originalaufnahmen von Bild und Ton zur Nachbearbeitung an den Schneideraum aus. Hier findet nun die endgültige Zusammenstellung der einzelnen Bild- und Tonbänder nach dramaturgischen und künstlerischen Gesichtspunkten statt. Im Schneideraum entsteht eine Schnittkopie, die später als Vorlage für den Negativschnitt und die weitere Bearbeitung im Kopierwerk dient. Es ist daher zweckmäßig, eine gute Kommunikation zwischen dem Schneideraum der Produktion und dem Kopierwerk herzustellen. Somit erscheint es auch sinnvoll, auf die spezifischen Probleme des Filmschnittes etwas näher einzugehen [28].

6.1 Die Arbeit im Schneideraum

Dem Schnitt des Programms kommt eine besondere Bedeutung während des Produktionsablaufes zu. Er ist vergleichbar mit dem Schneiden und Polieren eines Edelsteins, dessen wirkliche Schönheit vor der Bearbeitung nicht zu erkennen ist. Ähnlich verhält es sich mit den meist einzeln gespeicherten Programmabschnitten –

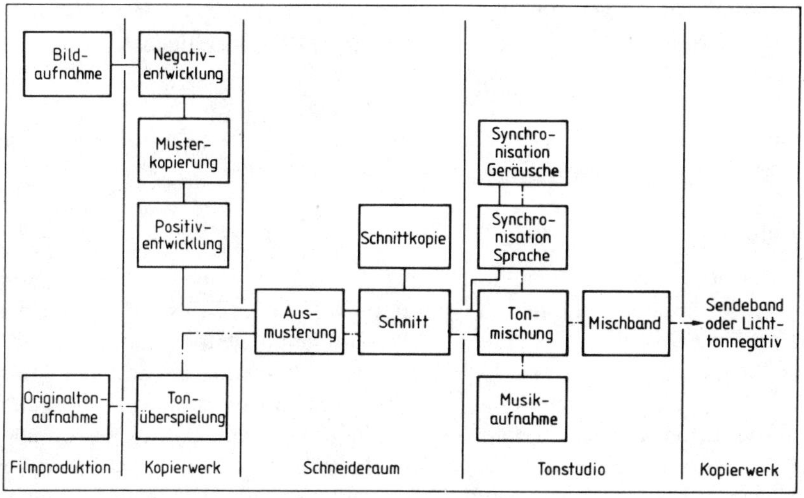

Abb. D6-1 Prinzip der Nachbearbeitung von Bild und Ton im Schneideraum und im Tonstudio

die für sich allein betrachtet ein gewisses Durcheinander von Fragmenten darstellen – und die erst durch die ordnende Hand des Cutters so zusammengefügt werden, daß eine durchgehende und interessante Story zustande kommt.

Aus dem während der Produktion entstandenen Programmaterial gilt es zunächst unnötige und überflüssige Längen zu entfernen. Hierzu gehören: falsche Starts, Überlappungen, unnötige Anfänge und Enden, doppelte Handlungen und schlechte Aufnahmen.

Was übrigbleibt, muß zu einer kontinuierlichen Story so verwebt werden, daß das Interesse und die Aufmerksamkeit der Zuschauer vom Anfang bis zum Ende des Programms voll erhalten bleiben.

Sorgfältiges Überlegen der möglichen Aufnahmekombinationen und der gewünschten Effekte sind Voraussetzung für eine erfolgreiche Szenenmontage. Der Cutter kann dabei durch geschickte Auswahl des vorhandenen Materials und durch sinnvolle Anordnung bei entsprechender zeitlicher Reihenfolge der Aufnahmen einen größeren kumulativen Effekt zustande bringen, als das Material bei Einzelbetrachtung besaß. Darüber hinaus kann er mit einiger Erfahrung durch guten Schnitt Bildszenen mit einem solchen Ideenreichtum vortäuschen, daß das Programm – obwohl nur am Schneidetisch ausgedacht und entstanden – viel mehr an Eindruck und Illusion beim Publikum hinterläßt, als es mit dem ursprünglichen Aufnahmematerial jemals möglich gewesen wäre. Dies kann hin und wieder so weit führen, daß das Originalkonzept von Regisseur und Kameramann vom Cutter zum Vorteil des Programms völlig verändert wird. Allerdings sollten sich Regisseur und Kameramann nicht auf das Geschick des Cutters verlassen, denn selbst bei einem normalen Ablauf muß er schon eine ganze Menge „zaubern“. Regisseur und Kameramann sollten nicht erwarten, jeden Film im Schneideraum retten zu können. Sie sollten unter dem Schnitt mehr das Inhaltliche und weniger das Technische verstehen. Sie sollten aber wissen, wie A- und B-Teile zusammengefügt werden, damit diese eine durchgehende Programmrolle ergeben. Und sie sollten auch bei der Gestaltung des Programms darauf achten, daß durchlaufende Sequenzen schlecht zu trennen sind.

6.1.1 Die verschiedenen Schnittarten

a) Continuity-Schnitt

Dieser aus dem Englischen stammende Begriff bezeichnet das den „Zusammenhang“ erhaltende fortlaufende Schneiden nach dem Drehbuch (Continuity), vom dem die Erzählung der Story direkt abhängig ist. Zusammenhängendes Schneiden erfordert passende Schnitte, bei denen die Handlung ständig von einer zur anderen Aufnahme fließt. Eine solche Serie einander entsprechender Schnitte kann allerdings auch aus einer Reihe unterschiedlicher Kamerapositionen bestehen. Dabei aber immer noch so, daß das entstehende Bildgeschehen als eine Folge zueinandergehörender Bilder aufgefaßt wird. Die sich fortsetzende Handlung wird von der Bewegung der Schauspieler und der Veränderung ihrer Standorte in der Szene getragen. Bei schlechter

Anpassung der einzelnen Szenen, hervorgerufen durch den plötzlichen Wechsel einer Blickrichtung, einer Person oder eines Standortes, entsteht ein Schnittsprung.

Ähnliche Probleme entstehen, wenn Einstellungen, die sich im Aufnahmebildwinkel oder im Aufnahmeabstand nur geringfügig unterscheiden, miteinander verbunden werden. – Auch sollte man Totalaufnahmen nicht unmittelbar an Groß- oder Nahaufnahmen anschneiden. – Erheblich störend wirken auch Verbindungen von Szenenabschnitten, die mit gegenläufigen Kameraschwenks beginnen oder enden. – Die unmittelbare Folge von Szenen mit hohem und niedrigem Kontrast wirkt auf den Betrachter schockierend. – Auch sollte man Aufnahmen, die farblich verschiedene Sättigung zeigen, nicht unmittelbar aneinanderfügen, da das jeweils folgende Bild beim Übergang zu höherer Sättigung unnatürlich wirkt. Im umgekehrten Fall entsteht durch zu geringen Kontrast leicht der Eindruck mangelhafter Bildqualität.

Um die beschriebenen Fehlwirkungen beim Zuschauer zu vermeiden, läßt man die einzelnen verschiedenen Bildinhalte zweckmäßig durch „Blenden" allmählich ineinander überfließen. Weiterhin lassen sich Blenden auch als dramaturgisches Mittel einsetzen, um auf fortzulassende Teile einer Story hinzuweisen oder um einen mehr oder weniger schnellen Übergang zwischen einzelnen Szenenabschnitten oder Einstellungen zu bewerkstelligen.

Einfache Blendenvorgänge (z. B. Abblenden, Aufblenden, Überblenden) lassen sich bereits bei der Filmaufnahme mit der Filmkamera oder auch später mit der Filmkopiermaschine herstellen. – Darüber hinaus sind eine Vielzahl von Trickblenden (z.B. Format- und Kaschblenden, Jalousieblenden, Klappblenden, Schiebeblenden, Unschärfeblenden, Zerreißblenden usw.) bekannt, die den Einsatz einer besonderen Trickkopiermaschine erforderlich machen. Hierauf wird in den späteren Kapiteln noch näher eingegangen.

b) Compilation-Schnitt

Für Wochenschau, Dokumentation, Forschung, Geschichtliches, Reiseberichte und Ähnliches wählt man für den Schnitt besser die Zusammenstellung (Compilation). Bilder dieser Art werden auch meistens durch einen Sprecher kommentiert. Der begleitende Kommentar hält den Bericht gewissermaßen zusammen und entwickelt auch den szenischen Ablauf. Ohne diesen Kommentar besäßen die Bilder nur eine geringe Aussagekraft. Diese Schnittart des Aufsammelns einzelner Bildsequenzen bringt weniger Anpassungsprobleme mit sich, da die Aufnahmen ja mehr das gesprochene Wort illustrieren sollen.

Auch in Spielprogrammen wendet man gelegentlich diese Schnittform an, wenn zum Beispiel eine längere Folge von Totalaufnahmen einführend erklärt werden soll. Ein anderer Fall wäre die Veränderung von Zeit oder Weg durch entsprechende Bildmontage, so daß Folgen von Bildern entstehen, die keinen verbindenden Zusammenhang mehr haben. Solche aneinandergereihten Einzelaufnahmen benötigen stets einen einführenden oder erklärenden Text.

Umgekehrt kommt es bei Dokumentarfilmen gelegentlich auch zu einem kontinuierlichen Schnittablauf (Continuity), wenn in kurzen Sequenzen der Teil einer Story wiedergegeben wird.

c) Kreuz- oder Wechselschnitt

Unter dem Kreuz- oder Wechselschnitt versteht man paralleles Schneiden von zwei oder mehreren Ereignissen in einer laufend wechselnden Darstellung. Diese Form wird häufig angewendet

a) zur Steigerung des Interesses oder der Anteilnahme bei Ereignissen und Handlungen in unterschiedlichen Situationen,
b) bei vorhersehbaren Konflikten durch Schneiden von zwei Handlungen, die an einem kritischen Höhepunkt zusammenkommen,
c) bei wachsender Spannung durch Schneiden unterschiedlicher Vorgänge, die in direkter Abhängigkeit voneinander stehen,
d) zur Steigerung der Ungewißheit durch Fesselung der Zuschauer in einem Stadium der Angst, wenn das Geschehen einem Höhepunkt zutreibt,
e) zur Anstellung von Vergleichen zwischen Menschen, Gegenständen und Ereignissen,
f) zur Darstellung des Unterschiedes zwischen Menschen, Ländern, Kulturen, Produkten, Methoden und Ereignissen.

6.1.2 Das Schneiden von Bild und Ton

Wenn die Handlung in einem geschnittenem Bild weitgehend das Original wiedergibt, so wird das Ergebnis meist als befriedigend empfunden. Dem stummen Filmschnitt sind nur durch die Erfahrung und den Einfallsreichtum des Cutters gewisse Grenzen gesetzt. Da die geschnittene Version des filmischen Geschehens akzeptabel ist, wenn sie ein Abbild der Originalhandlung darstellt, braucht sie – solange sie vom Zuschauer als richtig beurteilt wird – keine getreue Reproduktion des Originalgeschehens in Raum und Zeit zu sein. Dies gibt dem Cutter einen sehr großen Spielraum für den Schnitt stummer Szenen.

Kommentierte Programme bringen bereits beträchtliche Veränderungen für den Schnitt, auch wenn die stummen Bilder nur durch eine beschreibende Erzählung, Musik oder gewisse Geräusche ergänzt werden sollen.

Lippensynchrone Filme hingegen, in welchen der Dialog gewissermaßen die Story erzählt, müssen nach dem Ton geschnitten werden. Ist die Tonaufnahme mit dem Bildgeschehen verknüpft, so ist der Cutter in der freien Bildgestaltung sehr eingeengt, wenn er nicht eine völlige Veränderung des Inhaltes der Spielhandlung riskieren will. Das Zusammenfügen des synchronen Tones zwingt ihn zunächst dazu, das Material für den Schnitt zu nehmen, das verfügbar ist. Allerdings kann er immer noch entscheiden, ob die eine oder andere Szene der gleichen Einstellung für ihn besser oder weniger brauchbar ist. Ein gleichmäßiger Dialogschnitt erfordert, daß die Spielhandlung präzis und durchgehend abläuft.

Aus dieser Problematik heraus ergibt sich bereits für die Aufnahme, daß Dialogszenen sorgfältig geprobt sein sollten. Dabei ist darauf zu achten, was der Schauspieler tut, wo er steht und was und in welche Richtung er spricht. Dies ist vor allem dann sehr wichtig, wenn die Technik einer Masterszene für eine Großaufnahme wiederholt werden soll. Wenn Handlung und Dialog nicht genau entsprechen, hat der Cutter erhebliche Schwierigkeiten, eine passende Schnittstelle zu finden. Er wird dann häufig gezwungen, Gegenschüsse zuhörender (nicht sprechender) Künstler oder Großaufnahmen anderer Personen aus der gleichen Szene einzuschneiden, wenn er Schnittsprünge vermeiden will.

6.1.3 Der technische Ablauf im Schneideraum

Die technischen Elemente eines Filmes, wie Filmaufnahmematerial, Beleuchtung, Farbe, Belichtung, photographische Behandlung und Ton, sollten in einer Produktion einheitlich und von gleicher Qualität sein. Nicht bemerkte Differenzen in Bild und Ton zeigen sich, wenn das Programm zusammengestellt wird. Dann ist es aber

Abb. D6-2 Schneidetisch für die Bearbeitung von Bild- und Tonbändern (Steenbeck)

häufig zu spät, irgendwelche Wiederholungen durchzuführen. Unterschiede im Bild – entstanden durch einen Wechsel in der Beleuchtung oder unausgeglichene Farben – und Ton –, hervorgerufen durch unterschiedliche akustische Bedingungen bei der Aufnahme –, sowie andere technische Unzulänglichkeiten, können den Gesamteindruck beim Publikum empfindlich stören.

Für die Schnittbearbeitung von Tonfilmprogrammen kommt nur das Zweistreifenverfahren in Frage, weil der Versatz zwischen Bild und Ton – bei Speicherung auf einem Band – einen mechanischen Schnitt ausschließt.

Beim Zweistreifenverfahren werden Bild und Ton auf getrennten Bändern aufgezeichnet. Der Cutter legt die einzelnen Bildfilmabschnitte und die zugehörigen Tonbandteile (Magnetfilm) in einem Schneidetisch (*Abb. D6-2*) synchron zueinander an. Er fügt sie schon während der Produktionszeit laufend zu einem durchgehenden Programm zusammen.

Der Schneidetisch besitzt Einrichtungen für die Wiedergabe des Bildes und das Abhören des parallel laufenden Tonbandes. Für die Reproduktion des Bildes verwendet man hier Anordnungen mit optischem Ausgleich – Polygon- oder Spiegelradabtastung –, damit der Bildfilm kontinuierlich und möglichst geräuschfrei angetrieben werden kann. Bei der Tonabtastung sind die Magnetköpfe für die verschiedenen Spurlagen austauschbar. Für die Schallwiedergabe von Originalaufzeichnungen mit Lichttonspur ist auch ein Lichttonwiedergabegerät vorhanden.

Am Arbeitsplatz des Cutters kann zum ersten Mal während des Ablaufes einer Produktion der Inhalt eines Programms künstlerisch beurteilt werden. Dabei stellt sich oft heraus, daß verschiedene Passagen zu kurz, andere zu lang sind. Durch gleichzeitiges Schneiden von Bild und Ton werden überflüssige Teile entfernt, fehlende Teile ergänzt. Während die Bildaufnahme in den meisten Fällen die gewünschte Information enthält, fehlen bei Originaltonaufnahmen vielfach dramaturgisch wichtige Geräusche, die – bedingt durch die Atelieraufnahme – in der Schallaufzeichnung überhaupt nicht vorhanden oder zu schwach sind. Außerdem steht bei der Schallaufnahme die Sprachverständlichkeit an erster Rangstelle, so daß der Tonmeister – teilweise sogar zu Ungunsten der Begleitgeräusche – vorwiegend darauf achten muß. Hinzu kommt noch, daß eine endgültige Beurteilung des Gesamtprogrammes bei der Tonaufnahme fast unmöglich ist, weil zu diesem Zeitpunkt die photographisch gespeicherte Bildinformation nur latent vorhanden ist.

Neben Sprache und Geräuschen besteht das endgültige Programm auch noch aus Musikpassagen – Untermalungs-, Titel- und Begleitmusik – sowie aus akustischen Effekten. Alle diese Schallaufzeichnungen müssen einzeln synchron zum Bild abspielbar sein. Da dies aus Gründen der Gleichzeitigkeit auf einem Band nicht möglich ist, werden diese Schallereignisse auf jeweils getrennten Bändern angelegt. Der Cutter muß daher nicht nur den Bildfilm auf die gewünschte Länge bringen, sondern auch alle diese getrennten Tonbänder synchron ziehen. Zur Erleichterung der Beurteilung der Synchronpunkte und zur Korrektur des Synchronismus verwendet man in Schneidetischen ein Verstellgetriebe (*Abb. D6-3*), mit dem beispielsweise das Bildband gegenüber dem Tonband um einen definierten zeitlichen Versatz verschoben werden kann.

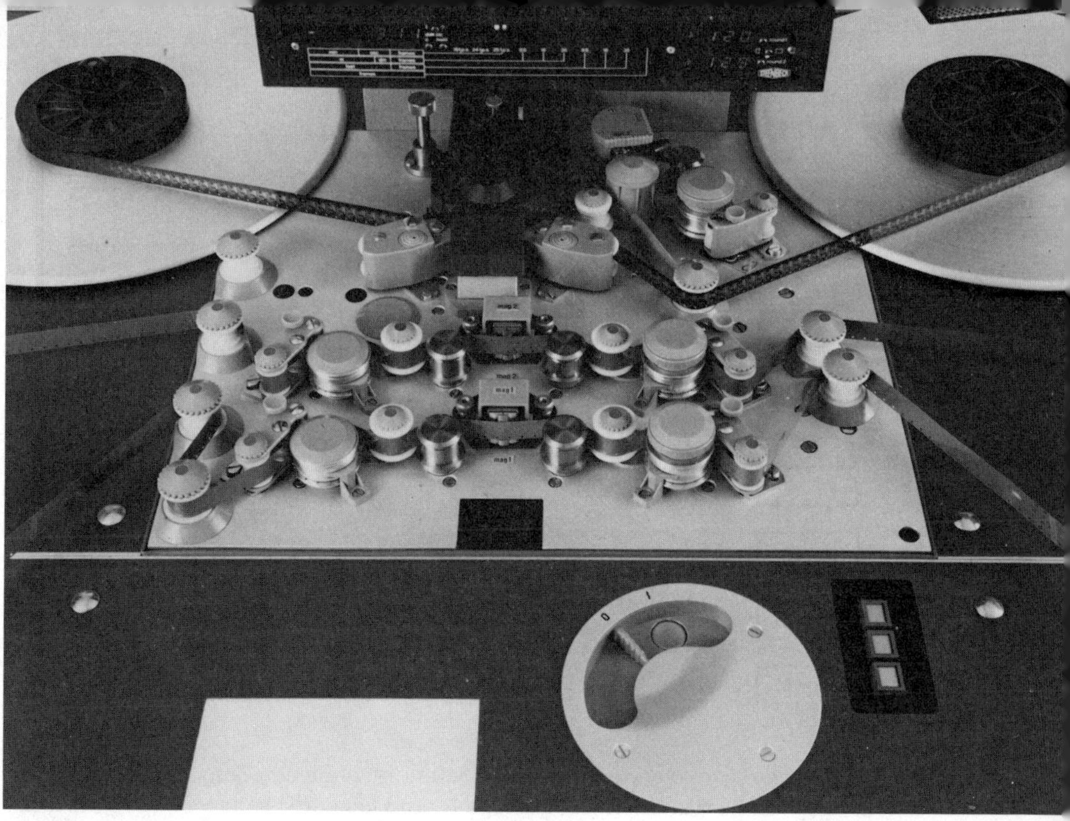

Abb. D6-3 Laufwerksteil eines Bild- und Tonschneidetisches mit Blick auf das Verstellgetriebe (Steenbeck)

Um das exakte, lückenlose Ineinandergreifen verschiedener Schallereignisse besser beurteilen zu können, besitzen Schneidetische auch häufig die Möglichkeit, zu einem Bildstreifen zwei oder gar drei Tonbänder synchron ablaufen zu lassen. – Ähnliche Lösungen sind analog hierzu auch auf der Bildseite zu finden, wenn bei Dokumentationen oder Reportagen Material – im Ursprung von mehreren Kameras stammend – ausgesucht und zusammengestellt werden soll. Hier sind Schneidetische für mehrere Bildbänder und Ton keine Seltenheit.

6.2 Die Mischung

Nach der Montage des Bildbandes (Schnittkopie) und dem synchronen Schnitt aller zugehörigen Tonbänder kann die endgültige Mischung und Überspielung der das Bildprogramm begleitenden Schallereignisse beginnen (Abb. D6-1). Die „Mischung" stellt praktisch das Gegenstück zum Schnitt dar. Hier wird die endgültige Fassung des Tonstreifens hergestellt, und zwar aus den durch Ausmusterung und Schnitt gegangenen und synchron zum Bild zusammengestellten Original-Tonaufnahmen, aus den nach Maßgabe des Bildstreifens jedoch getrennt hergestellten Musikaufnah-

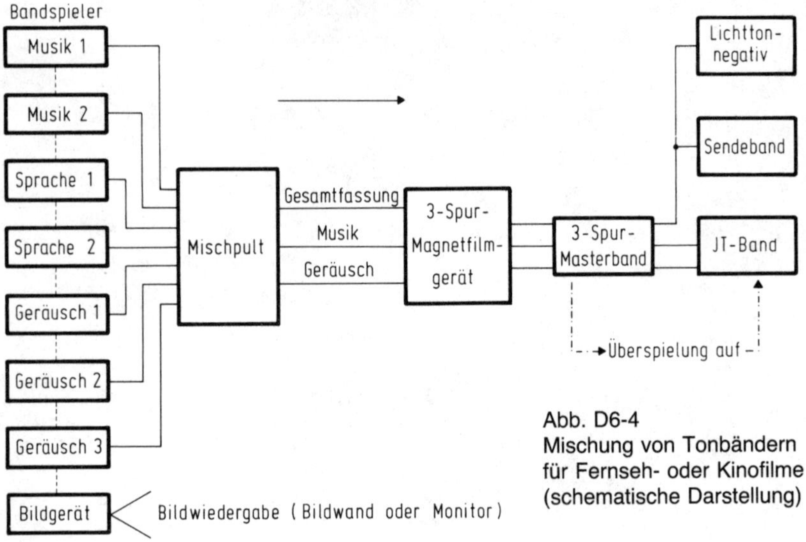

Abb. D6-4
Mischung von Tonbändern für Fernseh- oder Kinofilme (schematische Darstellung)

men und aus einigen über Nachsynchronisation gewonnenen Tonstreifen. Die vorbereiteten Tonbänder werden dabei abgespielt, und bei der Wiedergabe wird die große Anzahl der getrennten Tonbänder gemischt und gleichzeitig auf ein neues Tonband überspielt. Im Gegensatz zu einer komplizierten Originalaufnahme, bei der viele einzelne Mikrofone eingesetzt werden, benutzt man bei der Mischung eine große Zahl von Bandspielern zum Abspielen der einzelnen Schallereignisse. Die Wiedergabelaufwerke sind untereinander und mit dem Projektor durch eine Gleichlaufanlage (*Abb. D6-4*) zu verkoppeln, damit absoluter Synchronismus während des gesamten Ablaufes gewährleistet ist.

Der schwierigste Teil dieser Überspielung liegt in der Mischung selbst. Er ist viel verwickelter als eine Originalaufnahme und erfordert viele Handgriffe und Kontrollen. Eine Programmrolle hat je nach Format (35 mm oder 16 mm) eine Laufzeit von 10 bis 25 Minuten. Wenn dabei 8 bis 15 Bänder – vielleicht auch noch mit stereophonischer Schallaufzeichnung – zu bearbeiten sind, so ist leicht einzusehen, daß ein Tonmeister allein alle anfallenden Handgriffe nicht mehr bewältigen kann. In solchen Fällen setzt man dann entweder mehrere Tonmeister ein, die verschiedene Gruppen von Schallereignissen (*Abb. D6-5*), wie zum Beispiel Musik, Sprache, Geräusche, jeweils in einer Gruppenmischung getrennt bearbeiten, oder man führt sogenannte Vormischungen durch, die die jeweiligen Einzelereignisse nach den eben genannten Charakteristiken erst einmal zusammenfassen, damit die Anzahl der Bänder für die endgültige Aufnahme der Mischung reduziert werden kann.

Noch ehe die Aufzeichnung der gemischten Einzelereignisse erfolgen kann, sind einige Ablaufproben des Filmes und seiner Tonbänder erforderlich. Zwei bis drei Stunden harte Arbeit sind bei schwierigen Mischungen oft notwendig, um 10 Minuten Programm aufzunehmen, weil viele unvorhersehbare Dinge auftreten.

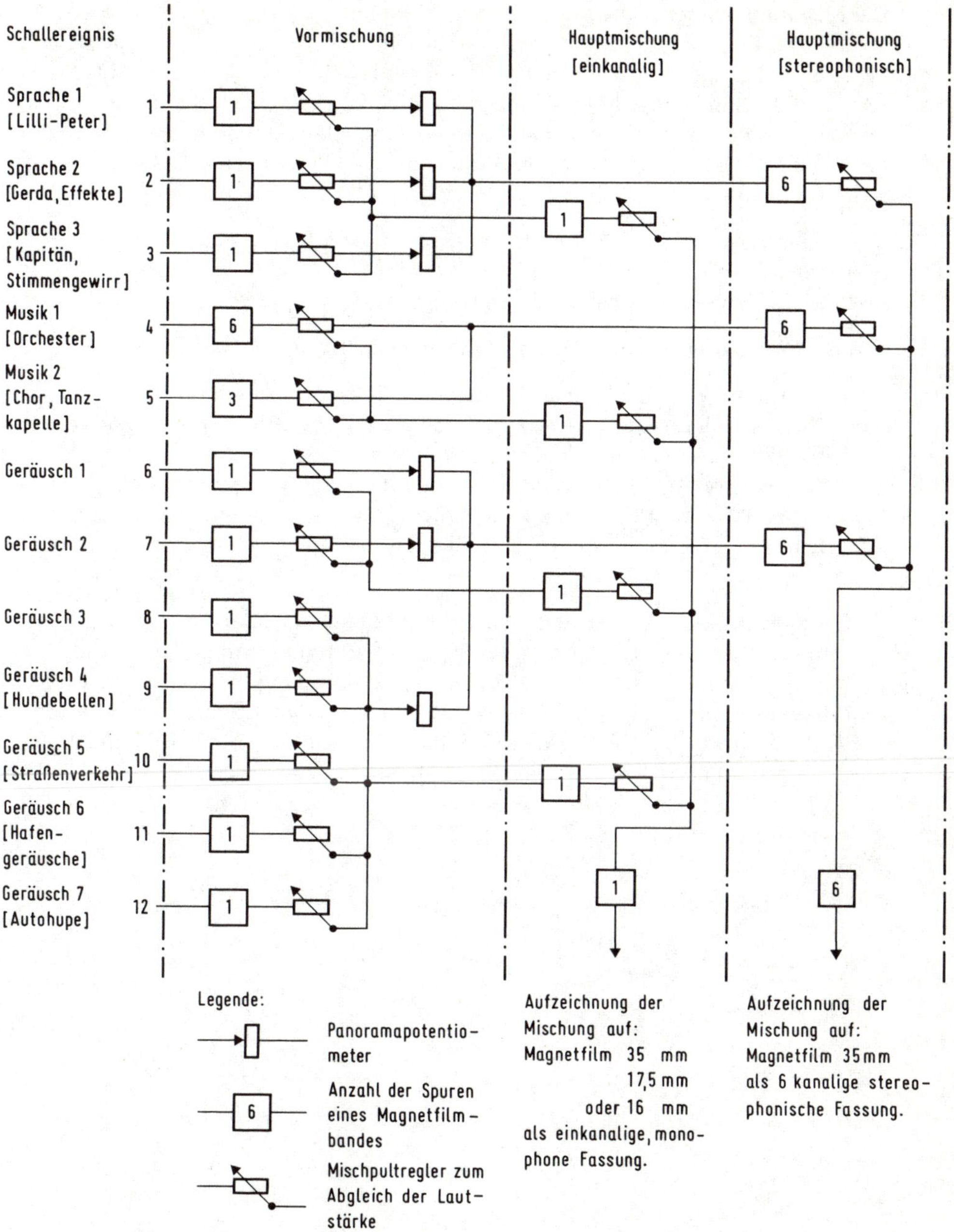

Abb. D6-5 Mischung einzelner Schallereignisse, schematisch

Die Mischung ist der letzte kreative Prozeß, den ein Tonfilmprogramm zu passieren hat. Der Regisseur, der Produzent und sein Stab haben dabei noch einmal Gelegenheit, ihre Vorstellungen zu entwickeln und ihren Einfluß auf den Ablauf des akustischen Geschehens geltend zu machen.

Es hat sich als sinnvoll erwiesen, die einzelnen Schallereignisse in der Regieschaltung so zu mischen (Abb. D6-4), daß auf den drei Spuren eines 35 mm breiten Magnetfilmbandes

a) eine landessprachliche Gesamtfassung,
b) die Musik und
c) die Geräusche jeweils getrennt gespeichert sind.

Auf diese Weise lassen sich zu jedem beliebigen späteren Zeitpunkt

- ein Lichttonnegativ für die Herstellung kombinierter Massenkopien,
- ein Sendeband für die zweistreifige Abtastung des Bild-Tonprogrammes zur Übertragung im Fernsehen und
- ein IT-Band (internationales Tonband) als Ein- oder Zweispuraufzeichnung mit Musik und Geräusch – jedoch ohne Dialog – zur Synchronisation für eine fremdsprachige Fassung im Rahmen des internationalen Programmaustausches herstellen.

Auf Lichttonnegativ, Sendeband und IT-Band überspielt man im Vorlauf (Startband) ein elektrisches Synchronsignal in Form eines 1000-Hz-Impulses – „Piepser" genannt –, das im Startband des Bildbandes der „2" (zwei Sekunden bzw. 50 Bilder, vor Bildanfang) entspricht. Damit ist das Auffinden der Synchronpunkte der einzelnen Bänder und das Einstarten des gemischten Tonbandes mit der Bildvorlage für den Kopierprozeß ohne Schwierigkeiten möglich.

7 Bildüberblendungen, Titel und Tricks

Analog zur tonlichen Nachbearbeitung im Mischstudio, wo das endgültige Tonprogramm durch sinnvolle Kombination von Einzelbändern – entweder durch Mischen der elektrischen Signale der einzelnen Schallereignisse oder durch Umblenden von einem akustischen Geschehen in ein anderes – zustande kommt, finden wir auf der Bildseite eine ähnliche Aufgabenstellung.

7.1 Bildüberblendungen

Um zwei aufeinanderfolgende Szenen im Gesamtablauf eines Filmes miteinander zu verbinden, versucht man in der Regel die jeweiligen Bildinformationen kontinuierlich ineinander überfließen zu lassen. Man verwendet eine „Blende". Blenden benutzt man vielfach auch als dramaturgisches Mittel, um beispielsweise:

- Szenenabläufe zu kürzen,
- auf fortzulassende Zeitspannen hinzuweisen,
- um mehr oder weniger schnelle Übergänge von einer Szene oder Einstellung in die andere zu erreichen.

Früher stellte man Blenden fast nur mit der Filmkamera selbst her. Heute verwendet man meist spezielle Trickmaschinen (*Abb. D7-10*), mit denen man den Bildinhalt der Originalnegative in weiten Grenzen verändern und auch mit der erforderlichen Genauigkeit duplizieren kann.

Viele Blenden lassen sich nur über ein Duplikat des Originals herstellen. Eine Ausnahme bildet das AB-Kopierverfahren, das eine spezielle Schnittechnik für das Negativ voraussetzt. Hierauf werden wir später noch eingehen.

7.1.1 Abblenden und Aufblenden

In *Abb. D7-1a* sei die Originalszene dargestellt. Nach *Abb. D7-1b* findet am Ende einer Szene eine Abblende statt. Der Bildinhalt verschwindet allmählich durch eine logarithmisch ablaufende Änderung der Belichtung. Die Gesamtdichte des Zwischennegatives nimmt von Bild zu Bild annähernd gleichmäßig bis zum Grundschleier hin ab. Die Herstellung einer solchen Blende geschieht schrittweise in Einzelbildschaltung auf einer Trickkopiermaschine durch bildweises, allmähliches Schließen des Hellsektors des Umlaufverschlusses oder einer im Strahlengang

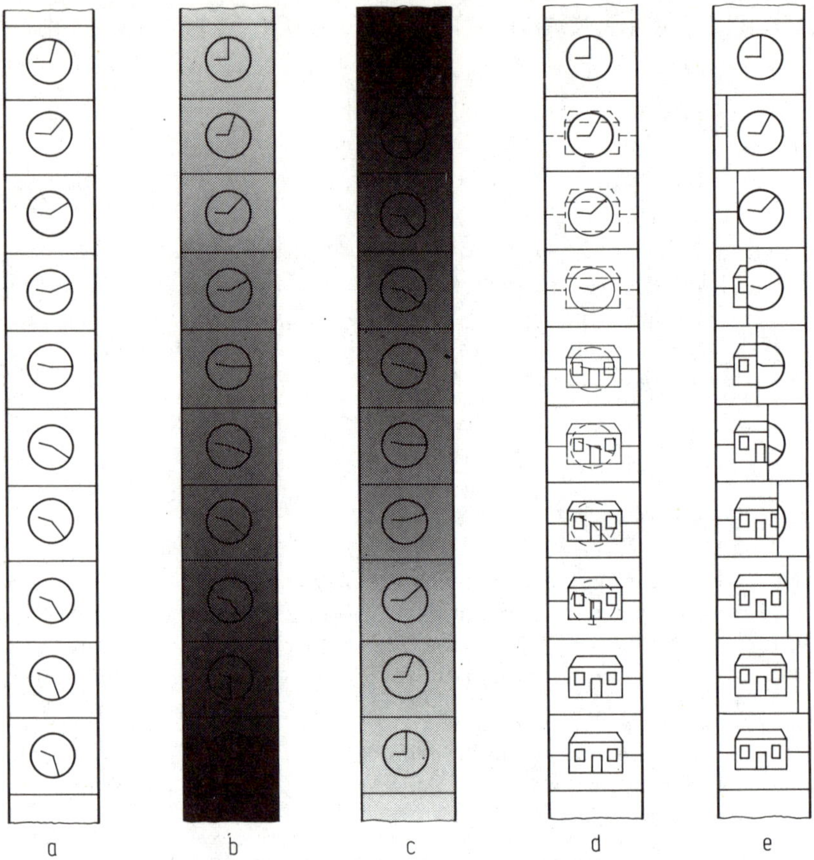

Abb. D7-1 Verschiedene Bildüberblendungen: a) Originalszene; b) Abblende; c) Aufblende; d) Überblendung durch Ineinanderfließen der Bildinhalte; e) Überblendung durch eine seitlich verlaufende Schiebeblende

befindlichen Irisblende. Um eine logarithmische Abnahme des Lichtstromes zu erreichen, muß die Sektorverstellung von anfangs größeren Schritten zu immer kleiner werdenden Schritten hin abnehmen. Da der gewünschte zeitliche Verlauf der Blenden aus dramaturgischen Gründen sehr verschieden sein kann, muß man außerdem den Verstellantrieb des Hellsektors nach einem bestimmten, vorwählbaren Programm ablaufen lassen. Als Wirkung am Ende einer Szene erreicht man, daß eine eben noch präsente Handlung an Interesse verliert und gewissermaßen in Vergessenheit gerät.

Die Aufblende stellt den umgekehrten Vorgang dar (*Abb. D7-1c*). Sie entsteht wiederum durch logarithmische Änderung des Lichtstromes, der durch das Objektiv fällt. Die Gesamtdichte nimmt von Bild zu Bild annähernd gleichmäßig bis zur normalen Belichtung der Szene zu. Um eine logarithmische Zunahme des Lichtstromes in der schrittweise arbeitenden Trickkopiermaschine zu erreichen, muß die

Sektorverstellung des Umlaufverschlusses von anfangs kleinen Schritten zu immer größer werdenden Schritten hin zunehmen. Am Anfang einer Szene erreicht man damit die Einführung einer neuen Handlung, einer anderen Person oder auch das Auftauchen aus der Vergessenheit.

7.1.2 Überblendungen

In *Abb. D7-1d* endet die Szene 1 mit einer Abblende, während Szene 2 mit einer Aufblende beginnt. Es entsteht die Überlagerung einer Abblende mit einer Aufblende, die den Eindruck entstehen läßt, als ob Szene 1 verschwände und Szene 2 aus Szene 1 entstünde.

Für die Darstellung einer Überblendung kopiert man in einer Trickmaschine zunächst das Negativ der Szene 1 und blendet, wie oben beschrieben, den Lichtstrom stufenweise von Bild zu Bild ab. Anschließend läßt man den bereits belichteten Rohfilm um die Anzahl der zuerst aufbelichteten Phasenbilder zurücklaufen. Nach Austausch des Negatives belichtet man nun den Bildinhalt der Szene 2 auf, wobei der Lichtstrom stufenweise von Bild zu Bild allmählich zunimmt.

Dramaturgisch betrachtet eignen sich Überblendungen dieser Art besonders für lyrische Stoffe, zum Beispiel zur Überbrückung einer Zeitspanne, der Beschreibung eines Ablaufes ohne Komplikationen zur geradlinigen Fortführung eines Stoffes. In dramatischen Filmen kann man auch Situationen der Ausweglosigkeit und Verzweiflung gut damit beschreiben.

7.1.3 Schiebe- und Kaschblenden

In *Abb. D7-1e* wird die Bildfläche der Szene 1 von Bild zu Bild kleiner, während gleichzeitig die Bildfläche der Szene 2 von Bild zu Bild anwächst. Bei diesem Vorgang werden die Phasenbilder der Szene 1 bildweise zunehmend abgedeckt. Nach dem ersten Aufnahmevorgang läßt man den bereits nur teilweise belichteten Rohfilm um die genaue Bilderzahl zurücklaufen. Daraufhin erfolgt nun die Belichtung der bisher abgedeckten Fläche des Rohfilmes mit dem Bildinhalt der Szene 2. Die Trennungslinie zwischen den Bildern der Szene 1 und Szene 2 wird um so schärfer wiedergegeben, je näher die verwendete Abdeckmaske in der Schärfenebene des Abbildungssystems lag. Dem Richtungsverlauf der Schiebeblenden und der Form der kaschierenden Maske sind praktisch keine Grenzen gesetzt.
Auf den Betrachter wirken Blenden dieser Art wie etwa:

- Szene 2 schiebt Szene 1 aus dem Bildfeld;
- die Handlung wird uninteressant;
- die handelnde Person tritt in den Hintergrund;
- eine neue Situation entsteht.
- Schiebebewegung in Laufrichtung einer Person kann bedeuten:
  - Die Zeit drängt,
  - der Akteur kommt zu spät.

Eine Abart der Schiebe- oder Kaschblende stellt die *Zerreißblende* dar, bei der ein Objekt (zum Beispiel Papier, Glas, Metall) etwa sternförmig zerreißt, zerplatzt oder schmilzt und damit neuen Raum freigibt.
Man kann damit ausdrücken:

- mutwilliges Zerstören, Katastrophe, Unglück;
- überraschendes neues Geschehen;
- Rettung aus einer ausweglosen Situation;
- es geschieht etwas eruptiv Gewaltsames.

Zur Herstellung einer solchen Blende benutzt man zwei komplementäre Masken, mit denen jeweils Szene 1 bzw. Szene 2 abgedeckt wird.

7.1.4 Klappblende und Jalousieblende

Soll das letzte Bild der Szene 1 in das erste Bild der Szene 2 umgeklappt werden, so kann man vom letzten Bild der Szene 1 und vom ersten Bild der Szene 2 je ein Positiv auf Photopapier herstellen. Die beiden Positive klebt man auf die Vorder- und Rückseite eines Kartons, dessen eine Kante wie eine Seite in einem Buche auf einem Tricktisch (siehe Kap. 7.7) befestigt ist. Die Aufnahme geschieht phasenbildweise mit einer Trickkamera, während gleichzeitig der Karton von seiner Vorderseite auf seine Rückseite umgeklappt wird. Die Anzahl der einzelnen Phasenbilder bestimmt den zeitlichen Ablauf der Klappblende.
Man kann sie wirkungsvoll einsetzen, wenn:

- die andere Seite gezeigt werden soll;
- sich Gefahr anbahnt;
- Falschheit und Charakterlosigkeit enthüllt werden sollen;
- bei Lustspielen das Happy-End beginnt.

Will man Zerspaltenheit, Zerfahrenheit und Sinnlosigkeit darstellen, so verwendet man häufig auch *Jalousieblenden*. Die Herstellung einer Jalousieblende läuft ähnlich ab wie die einer Klappblende, jedoch mit dem Unterschied, daß die Papierpositive in einzelne Streifen geschnitten, getrennt aufgeklebt und jeweils einzeln umgeklappt werden können.

7.1.5 Unschärfe-Blende

Bei bestimmten szenischen Abläufen (Darstellung von Träumen, Rückblenden in die Vergangenheit, verschwommenen Erinnerungen, sich entwickelnden Intrigen, persönlicher Unsicherheit, Wankelmut, Ausweglosigkeit etc.) kann man beim Übergang von der Wirklichkeit zur Vision wirkungsvoll „Unschärfe-Blenden" einsetzen. Beim Wechsel von Szene 1 zu Szene 2 wird die Szene 1 allmählich immer unschärfer, bis alle Konturen verschwinden. Nach einer gewissen Zeit entwickelt sich aus dem völlig verschwommenen Bilde die Szene 2 bis zur völligen Bildschärfe.

Die Herstellung solcher Blenden erfolgt zweckmäßig mit einer Trickkopiermaschine (siehe Kap. 7.6). Das zu kopierende Negativ wird dabei von einem Projektor in den Aufnahmeteil der Trickmaschine (Kamera) projiziert. Die Aufnahme geschieht phasenweise in Einzelbildschaltung. Dem gewünschten zeitlichen Ablauf der Blende entsprechend wird nun die Schärfeposition des abbildenden Objektives nach einem vorbestimmten Programm automatisch schrittweise verändert. Für den zweiten Teil der Blende bleibt die Maschine zunächst auf „unscharf" stehen. Nach dem Wechsel des Negatives belichtet man anschließend den Bildinhalt der Szene 2. Gleichzeitig verändert die Servo-Steuerung die Lage des abbildenden Objektives so, daß die Aufnahme dem Programm entsprechend wieder allmählich scharf wird.

7.2 Optische Spezialeffekte

Für die dramaturgische Gestaltung von Trickpassagen sind eine ganze Reihe verschiedener Möglichkeiten bekannt, die in *Abb. D7-2* nebeneinander im Vergleich zu einem Originalstreifen (*Abb. D7-2a*) dargestellt sind.

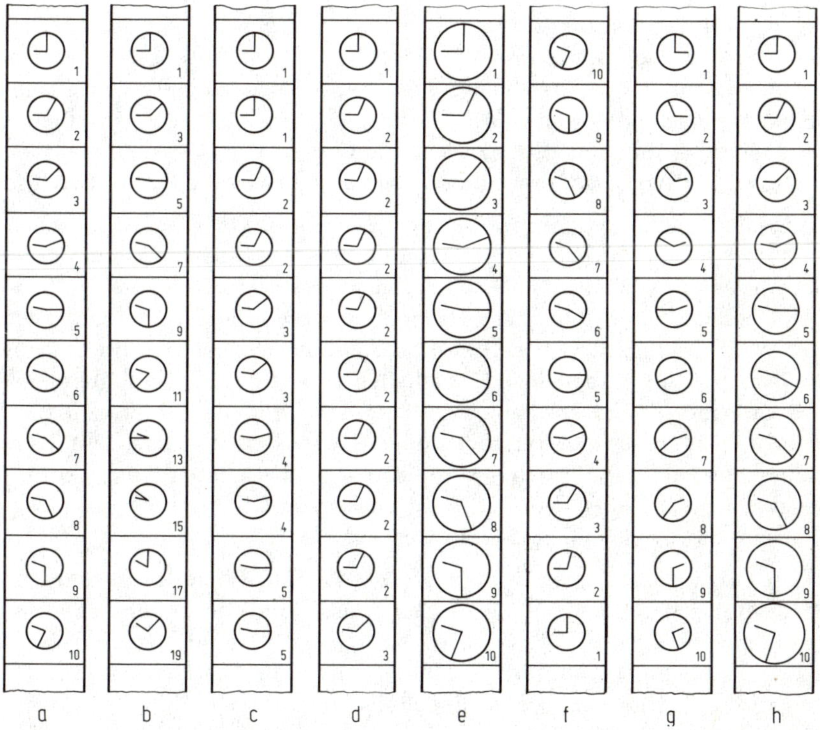

Abb. D7-2 Verschiedene optische Effekte: a) Originalszene; b) Skip-Frame-Verfahren; c) Stretch-Frame-Verfahren; d) Standverlängerung; e) Ausschnittweise Vergrößerung; f) Rückwärtskopieren; g) Flop-Over, Vertausch der beiden Seiten; h) Zooming: Kontinuierliches Vergrößern während des Ablaufes.

Abb. D7-2b behandelt das *Skip-Frame-Verfahren*. Man überträgt dabei nach einer bestimmten Regel nur jedes zweite, dritte oder n-te Bild des Originals auf die Duplikat-Kopie. Die zwischen den kopierten Bildern liegenden Abschnitte werden ausgelassen. Man erreicht damit eine Verkürzung des Programmes mit einer zeitlichen Raffung des Ablaufes. Bewegungsphasen erscheinen dann doppelt, dreifach oder n-fach so schnell.

In *Abb. D7-2c* ist im Gegensatz zum Skip-Frame-Verfahren die *Stretch-Frame-Methode* zu sehen. Hier wird der Ablauf durch doppeltes oder dreifaches Kopieren eines jeden Bildes gedehnt. Ein besonderes System verwendet man, wenn alte Filme, die zum Beispiel mit 16 Bildern/s aufgenommen wurden, für eine Wiedergabegeschwindigkeit von 24 Bildern/s umkopiert werden sollen. Zunächst würde es genügen, die ungeradzahligen Bilder eines Originals 1,2,3,4..., also nach der Reihe 1,1,2,3,3,4,5,5..., zu wiederholen. Leider entstehen aber hier häufig ruckartig störende Bewegungsabläufe, die sich nur verringern lassen, wenn man das jeweils zu wiederholende Bild aus einer Kombination zwischen den ungeraden und dem darauffolgenden geradzahligen Bilde nach dem Schema 1, (1+2), 2, 3, (3+4), 4, 5, (5+6)... usf. zusammensetzt.

Wichtig ist auch die *Standverlängerung* eines einzelnen Bildes für eine beliebig wählbare Anzahl von Einzelbildern (*Abb. D7-2d*). Im Gegensatz zur ständigen Wiederholung nur eines einzelnen Bildes kann man – vorausgesetzt, daß keine störenden Unterschiede zwischen den einzelnen Phasenbildern vorhanden sind – bessere Ergebnisse mit günstigerer Kornstruktur erreichen, wenn man die Wiederholungsrate beispielsweise auf drei Bilder nach der Reihe 1,2,3,2,1,2,3,2,1,... ausdehnt.

Häufig sind auch *ausschnittweise Vergrößerungen (Blow-Up)* wünschenswert (*Abb. D7-2e*). Hierzu ist eine Kopiermaschine mit optischer Bank erforderlich, bei der der Abstand zwischen dem Reproduktionsteil (Projektor) und dem Aufnahmeteil (Kamera) beliebig eingestellt, die optische Achse verschoben und durch entsprechende Wahl der Objektive der Abbildungsmaßstab verändert werden kann. Auf diese Weise lassen sich beliebige Einzelheiten eines Bildes formatfüllend abbilden und als Großaufnahme darstellen. Auch kann man störende – nicht zur Handlung gehörende – Elemente, wie Mikrofone und deren Schatten, die versehentlich bei der Aufnahme ins Bild geraten sind, beseitigen. Um die Kornstruktur des Originals keinesfalls störend in Erscheinung treten zu lassen, sollte die Vergrößerung nicht mehr als auf das Zweifache eingestellt werden.

Soll die *Originalszene rückwärts* ablaufen, so ist die Bildfolge umzukehren, so daß das letzte Bild der Szene an die erste Stelle, das erste Bild an die letzte Stelle zu liegen kommt (*Abb. D7-2f*). Würde man lediglich den Film mit dem Ende der Szene beginnend kopieren, so stünden die einzelnen Bilder auf dem Kopfe. Um die Bildfolge umzukehren, muß daher der Projektor des Trickprinters rückwärts, die Kamera hingegen vorwärts laufen.

Wenn ein Teil einer *Totalaufnahme kontinuierlich in eine Großaufnahme* übergehen soll (*Zooming*), so kann man den Abbildungsmaßstab des optischen Printers nach einem gewünschten zeitlichen Ablauf auch allmählich verändern (*Abb. D7-2h*).

Hierzu ist eine Verkopplung des Kamera-Zoom-Antriebes im optischen Printer mit dem schrittweisen Filmtransport besonders sinnvoll.

7.3 Kombination verschiedener Bildvorlagen

Viele Trickszenen erfordern die Kombination von zwei oder auch mehr Bildern zu einem Ganzen. Im einfachsten Falle kopiert man zwei Bildinformationen sequentiell übereinander, so daß sie nachher in einem Filmbild gleichzeitig erscheinen. Wichtig ist jedoch hierbei, daß die Originalszenen von der Belichtung her ähnlichen Charakter haben, da sonst helle Szenen gegenüber dunklen Abschnitten dominieren.

Ein häufiger Fall ist auch das Einkopieren von Titeln in einen bewegten realen Hintergrund mit weißen oder farbigen Buchstaben

Wesentlich günstigere Voraussetzungen entstehen bei Verwendung von Masken. Diese bestehen aus Filmbildern hoher Dichte, die die Belichtung bestimmter Teile des Bildfeldes verhindern bzw. die exakte Belichtung der komplementären Zone ermöglichen sollen. *Abb. D7-3* stellt das Prinzip des Kopierens mit einer Bildmaske dar. Bei den drei erwähnten Maskenverfahren – Split-Screen, Titel-Maske, Wandermaske – erfolgt die Kombination der Einzelbilder durch Mehrfachkopieren in einem

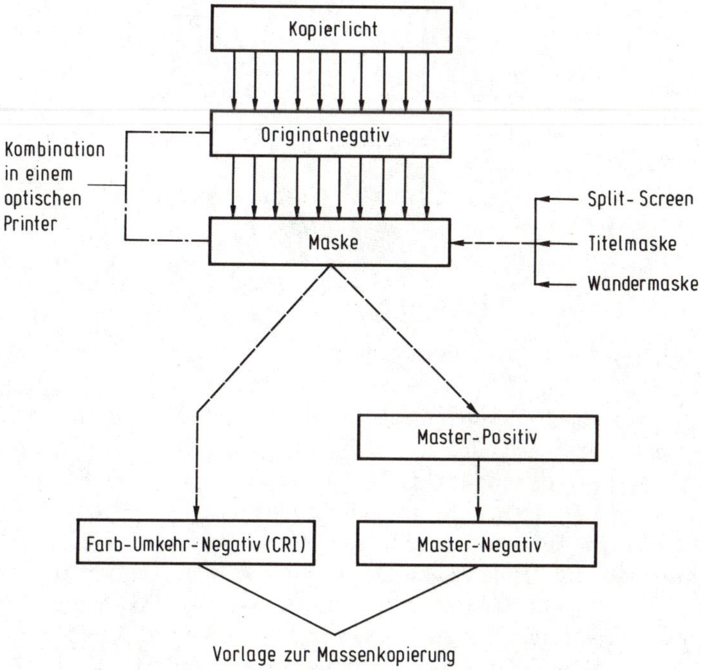

Abb. D7-3 Prinzip des Kopierens mit einer Bildmaske

optischen Printer. Je nach Aufgabenstellung entsteht als Endprodukt nach mehreren Durchgängen ein Masternegativ, das vor der Massenkopierung in die geschnittene Negativ-Rolle einzusetzen ist.

7.3.1 Das Split-Screen-Verfahren

Mit einem Paar komplementärer Masken, die jeweils die Hälfte des Filmbildes abdecken, kann man zwei Szenen zusammensetzen (*Abb. D7-4*). Im ersten Kopierdurchgang bildet man Original 1 durch den transparenten Teil der Bildmaske 1 auf dem linken Teil des Rohfilmes ab. Die rechte Hälfte des Rohfilmes wird durch die hohe Dichte der Maske abgedeckt und bleibt unbelichtet. Nach erfolgtem Rücklauf des Rohfilmes kopiert man nun das Original 2 über die Bildmaske 2 auf dem rechten Teil des Bildfeldes. In der Kopie stehen dann die beiden Einzelszenen nebeneinander und erscheinen als ein Ganzes.

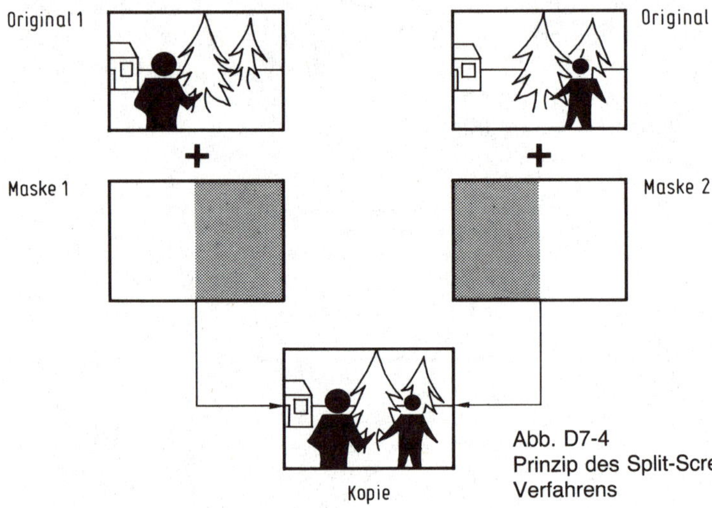

Abb. D7-4
Prinzip des Split-Screen-Verfahrens

7.3.2 Die Verwendung von Titel-Masken

Das Einkopieren – insbesondere farbiger Titel – in reale Hintergrundszenen bereitet zuweilen einige Schwierigkeiten. Gute Ergebnisse erhält man, wenn man komplementäre Titelmasken verwendet (*Abb. D7-5*). Zunächst wird die Originalszene über eine Maske, die den Titel ausspart, auf den Kopierfilm übertragen. Der maskierte Teil des Bildfeldes bleibt zunächst unbelichtet. Nach Rücklauf des Kopierfilmes bildet man anschließend die Titelaufnahme über eine komplementäre Gegenmaske, die den Hintergrund abdeckt, auf dem bisher nur teilweise belichteten Rohfilm ab. Mit diesem Verfahren vermeidet man weitgehend die gegenseitige Beeinflussung von Hintergrund und Titel; man erreicht eine exakte Trennung der beiden Informationen.

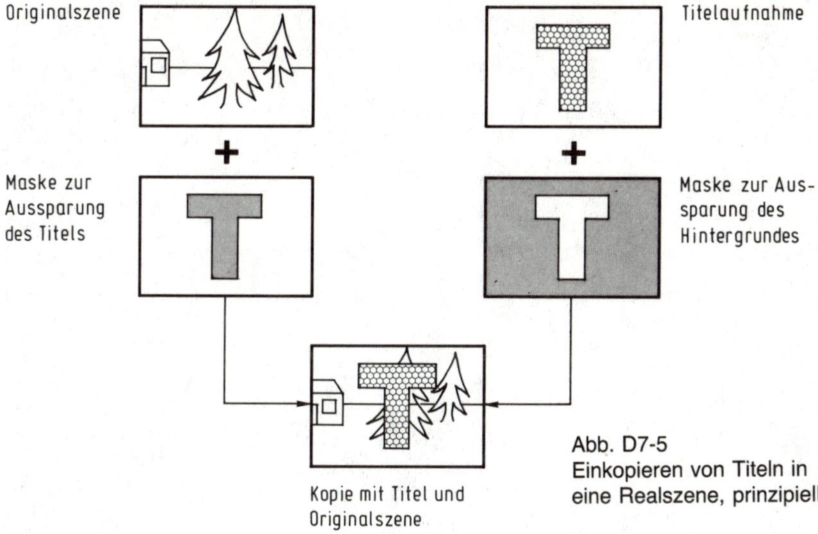

Abb. D7-5
Einkopieren von Titeln in eine Realszene, prinzipiell

7.3.3 Das Wandermasken-Verfahren (Travelling-Matte)

Die Anwendung von Wandermasken bringt die Möglichkeit, eine im Studio ablaufende Vordergrundszene (Darsteller, bewegte Gegenstände) mit einem zu einem anderen Zeitpunkt aufgenommenen Laufbildhintergrund zu kombinieren. Hierzu ist wieder ein Paar komplementärer Masken Bedingung, die jeweils die Silhouette des Vordergrundes enthalten (*Abb. D7-6*). Die eine der beiden Masken dient zur Aussparung des Hintergrundbildes und läßt lediglich die Belichtung der Vordergrundszene auf dem Rohfilm zu. Die andere Maske spart nur den Vordergrund aus und ermöglicht die Belichtung des Hintergrundes. Um dies zu erreichen, nimmt man die im Vordergrund spielende Szene im Studio vor einem blauen Hintergrund (Blue-Screen) besonderer Färbung mit szenenspezifischer Beleuchtung auf. Vorbedingung ist dabei, daß die Farbe des Hintergrundes im Vordergrund nicht vorkommt. Betrachtet man die Filmaufnahme durch ein entsprechendes Filter, so wird der Hintergrundbereich völlig transparent, die im Vordergrund stattfindende Spielszene aber zur schwarzen Silhouette, so daß die Herstellung genau passender Masken für den Vorder- und Hintergrundbereich möglich wird.

7.3.4 Die Verwendung von Masken für die Herstellung von Blenden

Für die Herstellung der verschiedensten Arten von Blenden kann man die bisher beschriebenen Maskenverfahren sinnvoll kombinieren (*Abb. D7-7*). Voraussetzung hierfür sind jedoch phasengerechte Einzelbildaufnahmen der gewünschten Blenden-

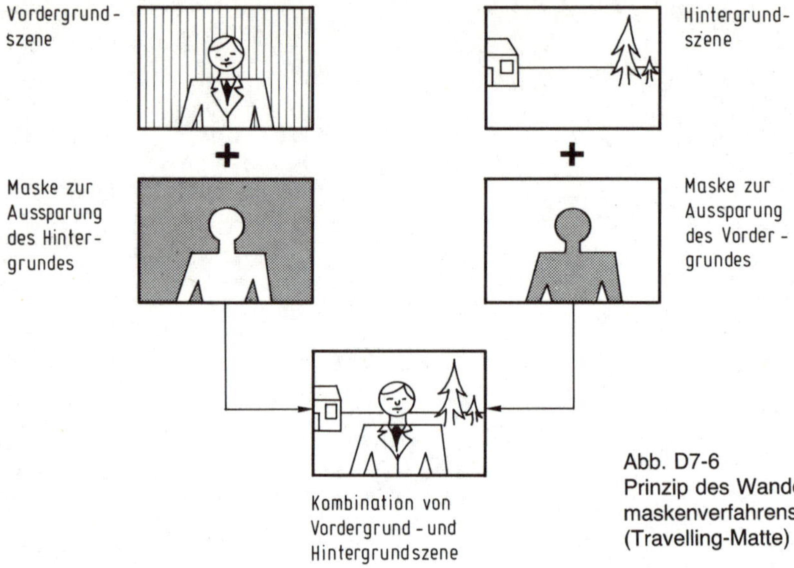

Abb. D7-6
Prinzip des Wandermaskenverfahrens (Travelling-Matte)

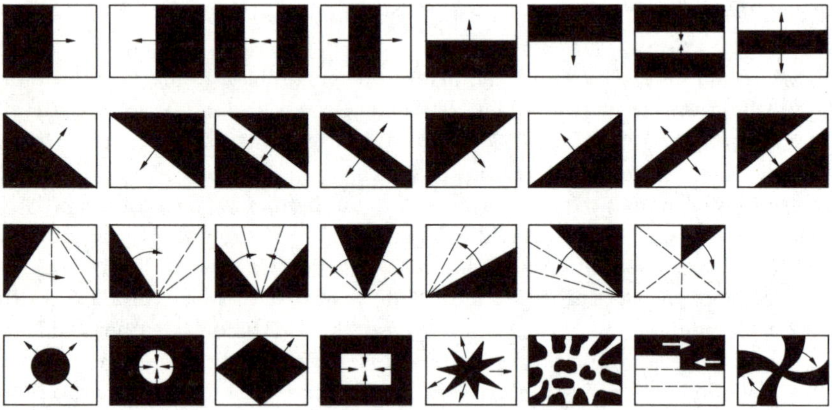

Abb. D7-7 Verschiedene Blenden, die mit Masken darstellbar sind

abläufe, aus denen die benötigten Masken dann abgeleitet und entwickelt werden können.

Die obere Reihe in Abb. D7-7 zeigt einige verschiedene Schiebeblenden, die teils horizontal, teils vertikal verlaufen. Die zweite Reihe bringt verschiedene Blenden mit diagonalem Verlauf. Die Blenden der dritten Reihe bewegen sich um einen jeweils anderen Drehpunkt innerhalb des Bildfeldes. Die vierte Reihe gibt schließlich einige Beispiele von Blenden, die sich vom Zentrum des Bildfeldes aus kreisförmig, eckig oder auch in asymmetrischen Formen entwickeln.

7.4 Bildfeldgrößen für Titel

Titel, die bei Projektion oder Fernsehwiedergabe nicht vollständig wiedergegeben werden, sind ein Ärgernis. Die Problematik besteht zunächst darin, daß man aus

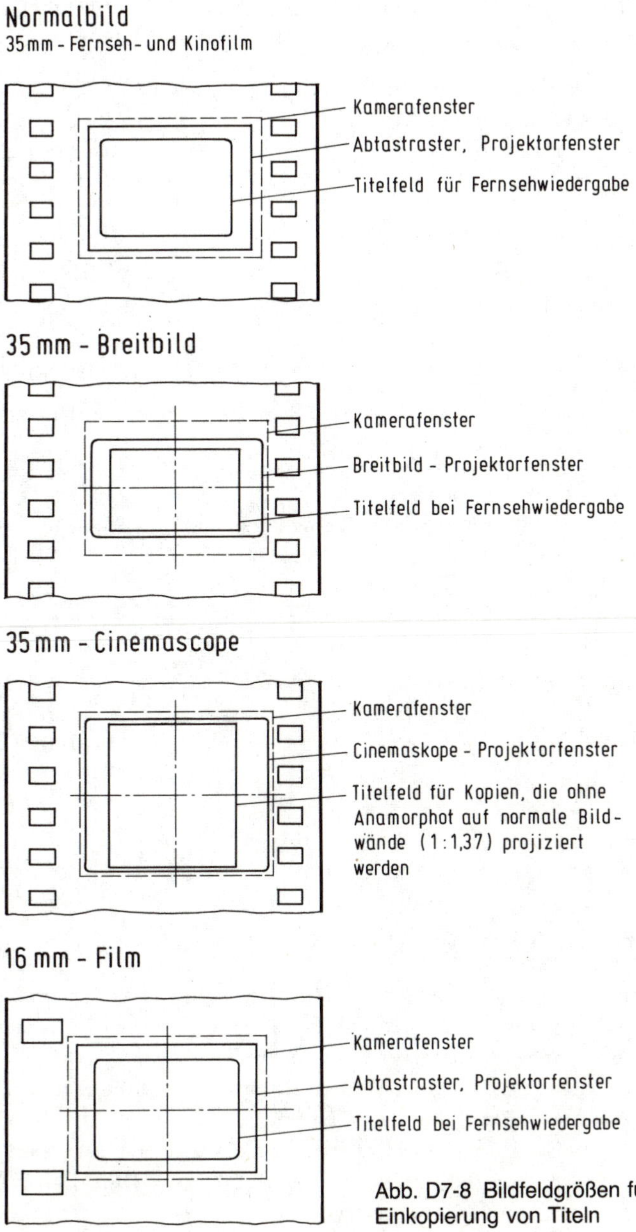

Abb. D7-8 Bildfeldgrößen für die Einkopierung von Titeln

Gründen der maßlichen Toleranzen für die Aufnahmekamera, die Kopiermaschine, den Filmprojektor und den Filmabtaster unterschiedliche Bildfeldgrößen festlegen mußte. Dabei ist das Bildfeld der Aufnahmekamera jeweils am größten, das des Filmabtasters oder des Filmprojektors am kleinsten (*Abb. D7-8*). Hinzu kommen außerdem gewisse systemspezifische Probleme bei den Breitbildverfahren und bei Fernsehwiedergabe. Wenn eine exakte Wiedergabe der Titel gewährleistet sein soll, so ergibt sich nach den einschlägigen Normen folgende Übersicht:

● *Normalbild*, 35-mm-Fernseh- und Kinofilm

Abmessungen des Kamerafensters	22,04 mm x 16,02 mm
Abmessungen des Abtastrasters	20,11 mm x 15,08 mm
Maximale Titelfeldgröße	16,10 mm x 12,06 mm

● *Breitbild*, 35 mm

Abmessungen des Kamerafensters	22,04 mm x 16,02 mm
Abmessungen des Projektorfensters (1:1,85)	20,9 mm x 11,3 mm
Maximale Titelfeldgröße unter Berücksichtigung des Fernsehens	16,10 mm x 11,2 mm

● *Cinemascope*, 35 mm

Abmessungen des Kamerafensters	22,04 mm x 18,31 mm
Abmessungen des Projektorfensters	21,23 mm x 17,78 mm
Maximale Breite des Titelfeldes unter Berücksichtigung der Fernsehwiedergabe und der Herstellung entzerrter Kopien	15,54 mm

● *16-mm-Film*

Abmessungen des Kamerafensters	10,2 mm x 7,41 mm
Abtastraster bei Fernsehwiedergabe	9,34 mm x 7,01 mm
Maximale Titelfeldgröße	7,46 mm x 5,61 mm

7.5 Methoden der Duplikat-Herstellung

Wie wir bereits gesehen haben, sind für die Herstellung von Blenden und Tricks gewisse Duplizierprozesse unumgänglich. Hierfür gibt es im wesentlichen drei verschiedene Verfahren (*Abb. D7-9*).

a) Ein Farbnegativ (1) wird auf einen Color-Intermediate-Film (2) kopiert. Es entsteht ein positives, komplementäres Farbbild.
Belichtet man den Bildinhalt des Intermed-Positives (2) wieder auf einen Color-Intermediate-Film (3), so erhält man ein Negativ, dessen Bildinhalt mit (1) übereinstimmt.

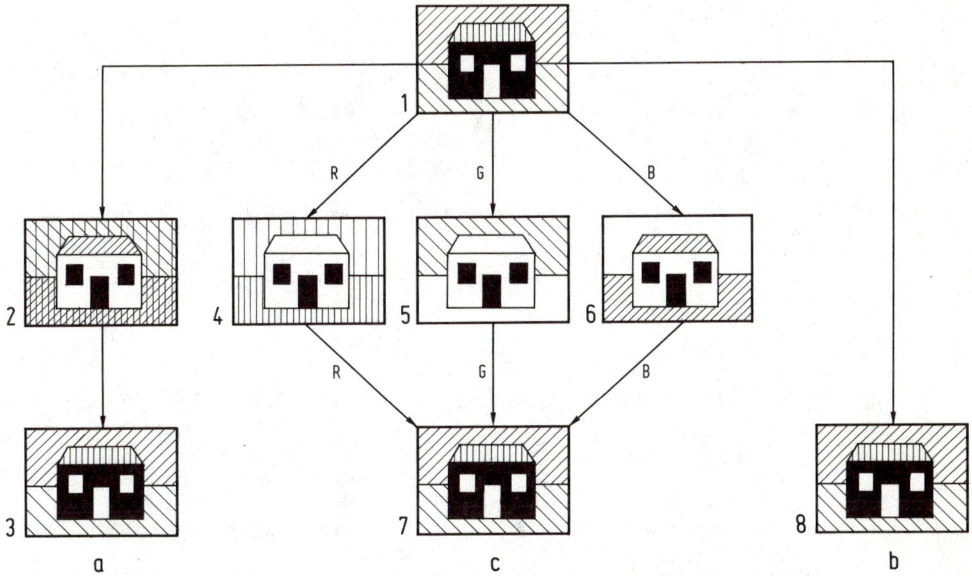

Abb. D7-9 Methoden der Duplikat-Herstellung:
a) Farbnegativ (1) – Intermed-Positiv (2) – Intermed-Negativ (3)
b) Farbnegativ (1) – Color-Reversal-Intermed-Negativ (8)
c) Farbnegativ (1) – Getrennte Farbauszüge auf SW-Material für Rot (4), Grün (5) und Blau (6) – Intermed-Negativ (7) durch sequentielle Dreifach-Kopierung

b) Das Farbnegativ (1) wird auf einen Color-Reversal-Intermediate-Film (CRI) kopiert (8). Man erhält hierbei in einem Kopierprozeß ein Abbild des Originalnegatives (1).

c) Von einem Farbnegativ (1) stellt man nacheinander durch Kopieren mit monochromatischem Licht drei Farbauszüge auf Schwarzweiß-Material her. Der Informationsinhalt der drei getrennt kopierten Filme (Separation) entspricht den ursprünglich im Original gleichzeitig gespeicherten Farbinformationen für Rot (4), Grün (5) und Blau (6). Zur Herstellung eines Farbnegatives muß man sequentiell die drei Farbauszüge bildgenau mit monochromatischem Licht auf ein farbempfindliches Material kopieren (7).

7.6 Die Trick-Kopiermaschine

Abb. D7-10 zeigt das Prinzip eines optischen Printers für Trickzwecke. Eine Lichtquelle (1), deren Intensität mit dem Regler (13) eingestellt, an einem Belichtungsmesser (24) und einem Strommesser (10) kontrolliert werden kann, leuchtet das Fenster des Projektors (4) aus. Der zu kopierende Film wird in einem Projektor (2) ab- und

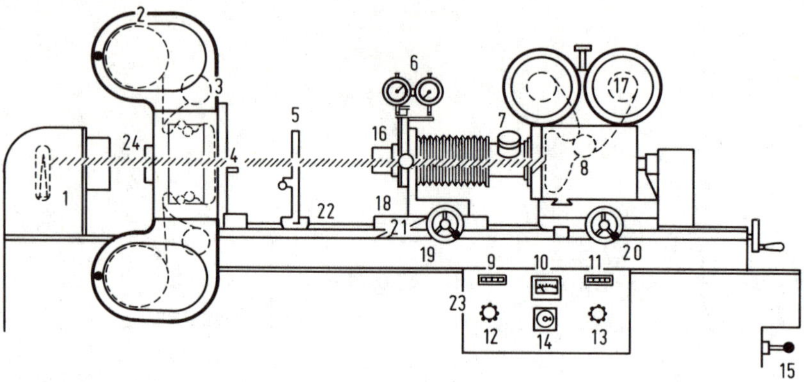

Abb. D7-10 Prinzip eines optischen Printers
1 Projektionslampe
2 Bildprojektor mit intermittierendem Filmantrieb
3 Zweiter Filmweg für die Kopierung im Bipack-Verfahren (zweiter Filmweg für Masken-Negative, die im Bipack-Verfahren mit dem Original-Negativ im Kontakt laufen)
4 Projektorfenster
5 Bewegliche Bildmaske
6 Meßinstrumente
7 Kamerasucher
8 Bildkamera
9 Projektor-Bildzähler
10 Strommesser für die Bildlampe
11 Kamera-Bildzähler
12 Betriebsarten-Wahlschalter für den Projektor (z. B. Normalkopierung, skipframe, Standbild etc.)
13 Bild-Lampen-Regler (Einsteller)
14 Einstellung der Laufrichtung und Geschwindigkeit für Projektor und Kamera
15 Steuerhebel für „Zooming"
16 Kamera-Objektiv
17 Filmkassette der Kamera
18 Kamera-Objektiv-Halterung
19 Verstelleinrichtung für das Kamera-Objektiv
20 Verstelleinrichtung für die Kamera
21 Nachführeinrichtung
22 Führungsschienen
23 Bedienungspult
24 Belichtungsmesser

aufgespult. Der Antrieb des Projektors erfolgt schrittweise nach einem vorbestimmten Programm. Für die Herstellung von Tricks und Blenden nach dem Maskenverfahren kann im Bi-Pack ein Maskenband (3) gleichzeitig mit dem Negativ (2) im Kontakt ablaufen. Die Bildinformation wird vom Projektorfenster (4) über das Kameraobjektiv (16) auf den in der Bildkamera (8) laufenden Film (17) belichtet. Mit der Verstelleinrichtung (20) kann die Position der Kamera gegenüber der Lage des Projektors verändert werden. Die Position des Kameraobjektives läßt sich mit der Verstellung (19) unabhängig von der Kamera verändern. Für automatische Abläufe ist eine Nachführeinrichtung (21) vorhanden, die die Objektivhalterung des Kameraobjektives (18) auf Schienen (22) nachführt. Die genaue Position ist jeweils an den Instrumenten (6) ablesbar. Das in die Kamera projizierte Bild ist an einem Sucher (7) visuell kontrollierbar. Alle wichtigen Bedienungselemente sind in einem Überwachungspult (23) untergebracht. Hier finden sich der Einsteller (14) für die Laufrichtung und Geschwindigkeit von Projektor und Kamera, die Einzelbildzähler (9 und 11), ein Betriebsartenschalter für den Projektor (12) mit den Funktionen: Normalkopierung, Standbild, Skip-Frame, Stretch-Frame usw. Für das Auslösen von Kamerafahrten (Zooming) ist schließlich ein Hebel (15) vorhanden, der eine Spindel in Drehung versetzt, die die Kameraposition mit einer vorgewählten Geschwindigkeit in Richtung der optischen Achse automatisch verändert. Eine bewegliche Bildmaske (5) kann schließlich für besondere Effekte in den Hauptstrahlengang eingefügt werden.

7.7 Der Trick-Tisch

Für die Aufnahme verschiedener Bildvorlagen, wie Titel, Hintergründe, Vorlagen für Blenden, Masken oder auch in Phasen ablaufende Zeichnungen verwendet man einen Tricktisch (*Abb. D7-11*). Eine Aufnahmekamera (1) mit Einzelbild-Antrieb (2) ist an einem massiven Säulenstativ so montiert, daß der Abstand zwischen Kamera (1) und Trickvorlage (7) kontinuierlich und ohne Rucken weitgehend verändert werden kann. Die aufzunehmende Vorlage (7) ist auf einem Arbeitstisch (6) befestigt. Für transparente Originale kann der Tisch von der Unterseite her beleuchtet werden. Mit den Einstellern (4 und 5) läßt sich die Lage des Arbeitstisches in zwei Ebenen verändern. Die Steuereinrichtung (3) gestattet die Fernbedienung der Kamera (1). Für Zeichentrickaufnahmen nach der Phasenmethode ist noch eine besondere Ablageeinrichtung (9) vorhanden, die einen schnellen Wechsel der einzelnen Folien gestattet.

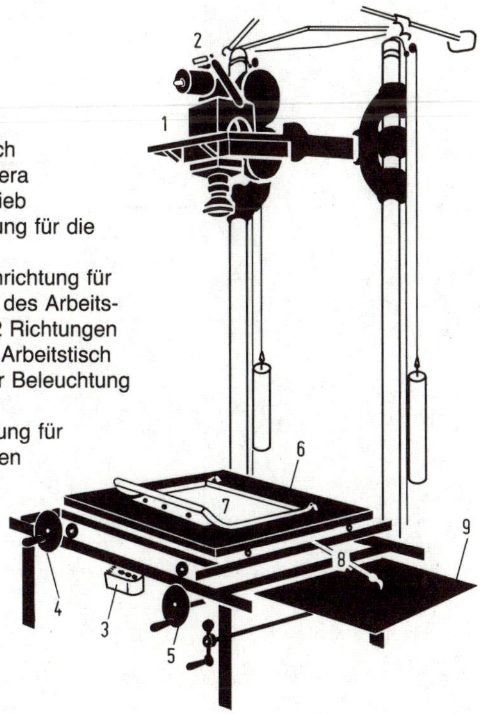

Abb. D7-11
Oxberry-Tricktisch
1 Aufnahmekamera
2 Einzelbild-Antrieb
3 Steuereinrichtung für die Kamera
4 u. 5 Verstelleinrichtung für die Bewegung des Arbeitstisches (6) in 2 Richtungen
6 Transparenter Arbeitstisch mit rückseitiger Beleuchtung
7 Vorlage
8 Ablageeinrichtung für
9 weitere Vorlagen

7.8 Filmmarkierungen für optische Effekte

Blenden und Tricks sind ein dramaturgisches Mittel. Sie müssen daher den Intentionen des Regisseurs zufolge vom Cutter im Schneideraum entsprechend angegeben werden. Um Mißverständnisse auszuschalten, ist es daher üblich, in der Schnittkopie gewisse Einzeichnungen vorzunehmen (*Abb. D7-12*). So gibt es unterschiedliche Markierungen für Aufblenden, Abblenden, Überblendungen, Wisch- oder Schiebeblenden. Neben der Art der Blende ist auch die Länge der gewünschten Blende in Bildfeldern anzugeben. In besonderen Fällen wird es unumgänglich sein, getrennte Anweisungen zu geben. Das gleiche gilt auch für Standverlängerungen und bei der Überkopierung von Titeln.

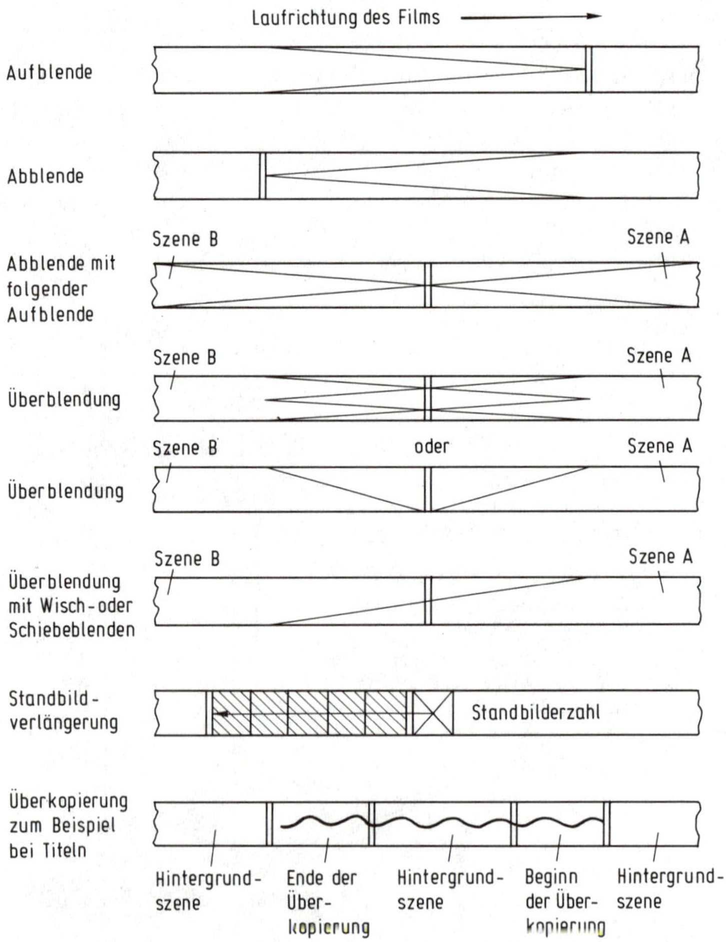

Abb. D7-12 Einzeichnungen des Cutters in die Schnittkopie für Trick-Arbeiten und optische Effekte

8 Die Hintergrund-Projektion

Die Hintergrundgestaltung versetzt uns in die Lage, mit Hilfe der Perspektive und durch den Einsatz technischer Mittel den meist vorhandenen Vorder- und Mittelgrund einer Spielszene beliebig zu ergänzen oder auch zu vergrößern, um beim Beschauer eine nahezu vollkommene Illusion hervorzurufen. – Die einfachste Form der Hintergrund-Gestaltung ist die Pappkulisse und der Hintersetzer. Will man große Entfernungen darstellen, so muß man entsprechend große Horizontwände verwenden. Befindet sich vor solcher Wand ein Wasserbassin, dann läßt sich die Tiefenwirkung noch erheblich steigern. – Auch die Kombination von Modellen in Verbindung mit einem gemalten Hintergrund ergibt interessante Wirkungen. –

Alle bisher genannten Verfahren zur Hintergrundgestaltung sind meist mit erheblichem Aufwand verbunden. Auch ist eine schnelle Veränderung einer solchen Filmdekoration schwierig, so daß die Bildgestaltung dann oft auf die Gegebenheiten der Dekoration Rücksicht nehmen muß. Die heute hochentwickelte Tricktechnik bietet daher mit ihren speziellen Projektionssystemen eine wertvolle Ergänzung und Bereicherung.

8.1 Das Rückprojektionsverfahren

Die Rückprojektion ist ein Verfahren zur Aufnahme kinematographischer Filme, bei dem der reale Hintergrund einer Szene, wie etwa ein natürliches Motiv oder auch eine Dekoration, durch ein projiziertes Bild ersetzt wird. Bei dieser Methode (*Abb. D8-1*) stehen die zu beleuchtenden Personen oder Gegenstände des Vordergrundes vor einem durchscheinenden Schirm, auf dessen Rückseite die Hintergrundbilder mit Hilfe eines Projektors projiziert werden [39].

Die Bewegung des Filmmaterials im Projektor und in der Kamera muß genau synchron sein. Das projizierte Bild läßt sich mit Fernsteuerung von der Kamera aus

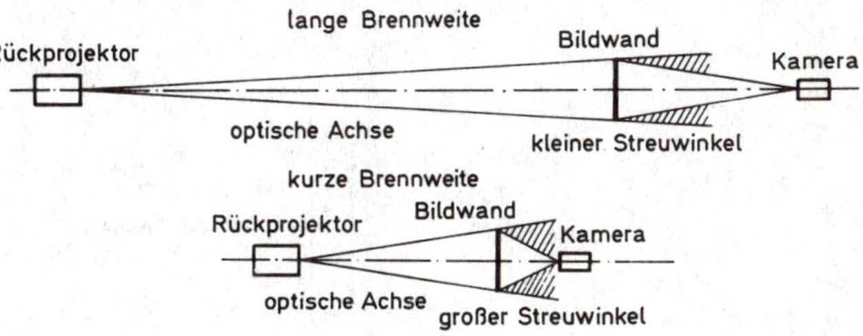

Abb. D8-1
Prinzip des Rückprojektionsverfahrens

genau einrichten. Der Lichtabfall am Rande der Bildwand kann durch große Projektionsentfernungen gering gehalten werden und läßt sich durch Ausgleichsblenden weiter reduzieren. Bei geringen Projektionsentfernungen, die mit kurzen Brennweiten möglich sind, tritt auf der Bildwand eine relativ große Streuung auf, die die Bildqualität merklich herabsetzt.

Besonders vorteilhaft ist die Rückprojektion bei der Aufnahme von Szenen in sich bewegenden Fahrzeugen, die unter natürlichen Verhältnissen wegen des beengten Raumes und der Schwierigkeit zweckmäßiger Ausleuchtung oft nicht durchführbar sind. Für diesen Fall nimmt man zum Beispiel den Hintergrund vorher aus einem fahrenden Fahrzeug heraus auf und projiziert ihn dann im Atelier auf die Hintergrundwand, vor der sich ein ruhendes und für die speziellen Aufnahmebedingungen zweckmäßig hergerichtetes Fahrzeugmodell befindet. Für den Betrachter des fertigen Filmes entsteht so der Eindruck, als ob sich das Fahrzeug in einer Landschaft bewegen würde.

Das Rückprojektionsverfahren hat zwei wesentliche Nachteile: Es erfordert einerseits einen sehr lichtstarken Projektor, um einen großen Schirm bei hinreichender Tiefenschärfe verwenden zu können, und andererseits einen großen Aufnahmeraum wegen der großen Entfernung zwischen Projektor und Kamera.

8.2 Die Aufprojektion

Die eben genannten Nachteile kann man vermeiden, wenn man die Aufnahmekamera und den Hintergrundprojektor auf derselben Seite der Bildwand anordnet

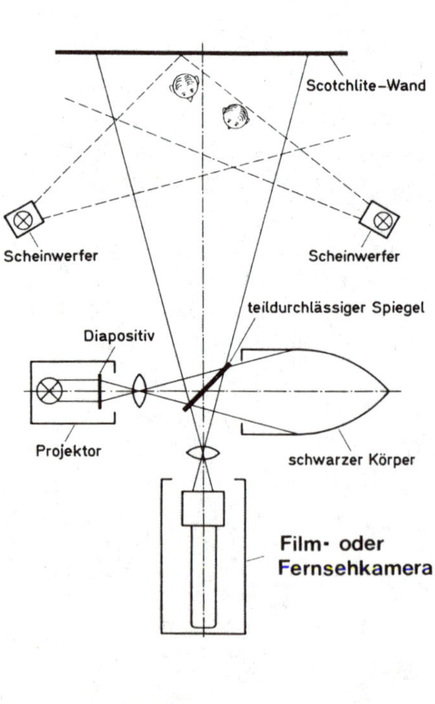

Abb. D8-2
Schematische
Darstellung
der Aufprojektion

(*Abb. D8-2*) [40]. Allerdings muß dann die Bildwand reflektierend ausgebildet sein. Um einen guten Wirkungsgrad zu erzielen, verwendet man ein autokollimatorisches Material, das auch unter dem Namen „Scotchlite“ bekannt ist.

Projektor und Kamera werden im Winkel von 90° zueinander aufgebaut (Abb. D8-2). Im Schnittpunkt der beiden optischen Achsen ist ein teildurchlässiger Spiegel so angeordnet, daß der Winkel zu jeder der beiden Achsen 45° beträgt. Die dem Projektor gegenüberliegende Fläche des Spiegels deckt man mit einem „schwarzen Körper“ ab, damit kein Nebenlicht in den Aufnahmeweg gelangen kann. Auch absorbiert der „schwarze Körper“ die Strahlung, die durch den Spiegel hindurchtritt.

Über den Spiegel entwirft nun der Projektor auf der Projektionswand von einem Dia-Positiv oder Laufbild ein Hintergrundbild. Die Kamera nimmt das so projizierte Bild durch den teildurchlässigen Spiegel auf. Darsteller und Dekorationsgegenstände vor der Projektionswand stehen zwar im Strahlengang des Projektors, auf ihnen ist jedoch das Projektorbild nicht sichtbar, weil ihr Reflexionsgrad im Verhältnis zu der autokollimatorischen Projektionswand sehr gering ist.

Autokollimatorische Bildwände haben die Eigenschaft, einen einfallenden Lichtstrahl so zu reflektieren, daß ein sehr spitzer Kegel entsteht, dessen Achse mit der Richtung des einfallenden Strahles zusammenfällt. Flächen dieser Art sind allgemein bekannt. Man verwendet sie vielfach zur Verbesserung der Sichtbarkeit von Straßenverkehrszeichen, Warnsignalen und Wegemarken bei Nacht. Die Erfahrung zeigt, daß solche Flächen eine Reflexionskraft in einer bestimmten Richtung haben, die etwa 200mal größer sein kann, als die einer weißen Fläche.

Mit einer Scotchlite-Reflexwand läßt sich der gewünschte Effekt gut erreichen. Die gerichtete Reflexion einer solchen Folie beträgt innerhalb eines Raumwinkels von etwa 2° das Hundertfache einer gleich stark beleuchteten, weißen, diffus reflektierenden Fläche (*Abb. D8-3*). Diese Reflexionseigenschaften gelten für die Einstrahlung innerhalb eines Raumwinkels von etwa 20°, bezogen auf die Flächen-Normale. Man erreicht dies durch einen entsprechenden Aufbau der Folie. Auf einer Papierunter-

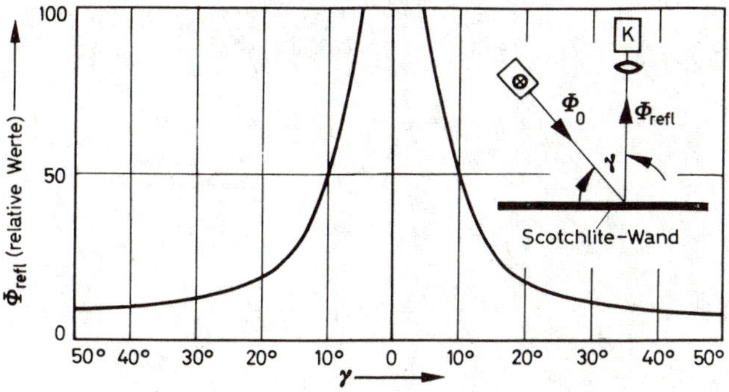

Abb. D8-3 Reflexionscharakteristik einer Scotchlite-Bildwand

lage wird mit einer Zwischenschicht aus Kunststoff der aktive Teil der Folie gehalten. Dieser besteht aus Glaskügelchen von 0,1 mm Durchmesser, die in eine geschwärzte Kunststoffträgerschicht eingebettet sind. Die Rückseite dieser Schicht ist verspiegelt.

8.3 Das Dual-Screen-System

Eine Weiterentwicklung des Aufprojektionsverfahrens stellt das Dual-Screen-System dar (*Abb. D8-4*). Dabei verwendet man zwei reflektierende Schirme (a und b). Im Gegensatz zur Aufprojektion, bei der das gesamte Hintergrundbild auf die Projektionswand geworfen wird, kommt man hier mit wesentlich kleineren Projektionswänden aus, weil die Projektionswand (Reflexwand) nur die Hintergrundfläche darstellt, vor der sich die Schauspieler bewegen, während das statische Hintergrund-Umfeld von einem Hilfsspiegel (Minireflexwand), der sich in der Nähe der Aufnahme-Kamera befindet, ergänzt wird. Um die jeweils getrennt reflektierten Teilbilder im Strahlengang der Kamera zusammensetzen zu können, muß man deren Bildinhalte mit zwei komplementären Masken gegenseitig sperren.

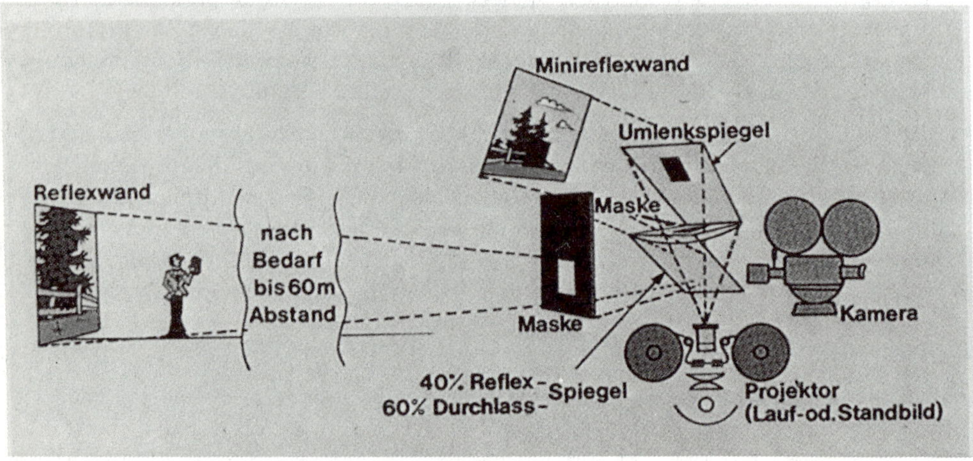

Abb. D8-4 Prinzip des Dual-Screen-Systems

9 Der Negativschnitt

Nachdem alle Abschnitte eines Filmes produziert sind und die künstlerische Bild- und Tonbearbeitung des Programmes durch den Regisseur, Cutter und Tonmeister abgeschlossen ist, erhält das Kopierwerk zur Schnittbearbeitung des Bildnegativmaterials vom Schneideraum der Produktion folgende Angaben und Materialien (*Abb. D9-1*):

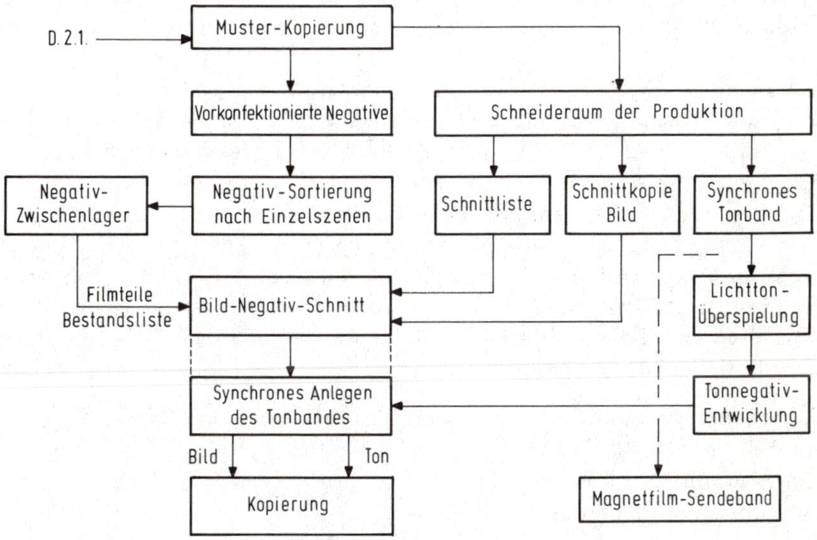

Abb. D9-1 Negativ-Schnitt-Bearbeitung

9.1 Die Schnittliste

In ihr sind alle Szenen des geschnittenen Programms mit den „Fuß-Nummern" des Original-Negativs eingetragen (siehe Abschnitt B.2.3). Fußnummern werden bereits bei der Herstellung des Filmmaterials in der Rohfilmfabrik zur Kennzeichnung der Filmabschnitte im Abstand von einem Fuß – entsprechend 16 Bildern oder 30,4 cm – aufbelichtet. Da sie bei der Kopierung der Bildmuster (siehe Abschnitt D.2.1) und auch in allen anderen Bearbeitungsstufen mit übertragen werden, können sie als Adresse zum Auffinden bestimmter Negativteile verwendet werden.

9.2 Die Schnittkopie

Sie enthält das fertig geschnittene Bildprogramm und dient als genaue Vorlage für den Negativschnitt. An den Stellen, an denen Titel, Blenden und Trickpassagen einzufügen sind, hat der Cutter durch Einzeichnungen bestimmte Hinweise gegeben (siehe auch Abb. D7-12).

9.3 Das synchrone Tonband

Auf einem perforierten Magnetfilmband ist nach der Tonmischung das gesamte zum Programm gehörende akustische Geschehen gespeichert. Für Fernseh-Sendekopien kann diese Schallaufzeichnung bei Wiedergabe nach dem Zwei-Streifenverfahren gleich als Sendetonband dienen. Hierzu muß das Tonband lediglich synchron zum Bildband angelegt und mit einem entsprechenden Startband versehen werden (Abb. D9-1).

Da Kopien für Filmtheater, Industriefirmen und Werbeorganisationen überwiegend mit Lichttonaufzeichnung hergestellt werden, ist die Schallaufzeichnung von Magnettonfilm auf einen Lichttonnegativfilm zu überspielen, der dann synchron an das geschnittene Negativ angelegt werden kann. Dabei ist zu berücksichtigen, daß die Lichttonaufzeichnung auf dem Bildfilm gegenüber der Bildinformation einen formatabhängigen Versatz hat, weil der Ton wegen des schrittweisen Filmtransportes nicht im Bildfenster des Projektors abgetastet werden kann. Die Tonwiedergabe erfolgt jeweils mit einem eigenen Lichttonabtastgerät, das aus konstruktiven Gründen bei den einzelnen Filmformaten eine unterschiedliche Weglänge zwischen Bildfenster und Tonabtastspalt erfordert.

Die Lichttonaufzeichnung eilt gegenüber der Bildinformation bei
35-mm-Film um 21 Bildfelder,
16-mm-Film um 26 Bildfelder und
8S-Film um 22 Bildfelder voraus.

Ein ähnliches Problem besteht auch bei Filmen mit Magnetton-Randspuren. Hier hat man für die Lage der Schallaufzeichnung folgende Festlegungen getroffen:

35-mm-Film mit einem Magnettonstreifen	28 Bildfelder nacheilend
35-mm-Film mit vier Magnettonspuren	28 Bildfelder nacheilend
16-mm-Film mit einem Magnettonstreifen	28 Bildfelder voreilend
8S-Film mit einem Magnettonstreifen	18 Bildfelder voreilend

9.4 Die Schnittbearbeitung

Wenn alle Materialien komplett vorliegen, so kann die Schnitt- und Anlegearbeit beginnen. Die einzelnen Negativabschnitte waren nach der Kopierung der Muster

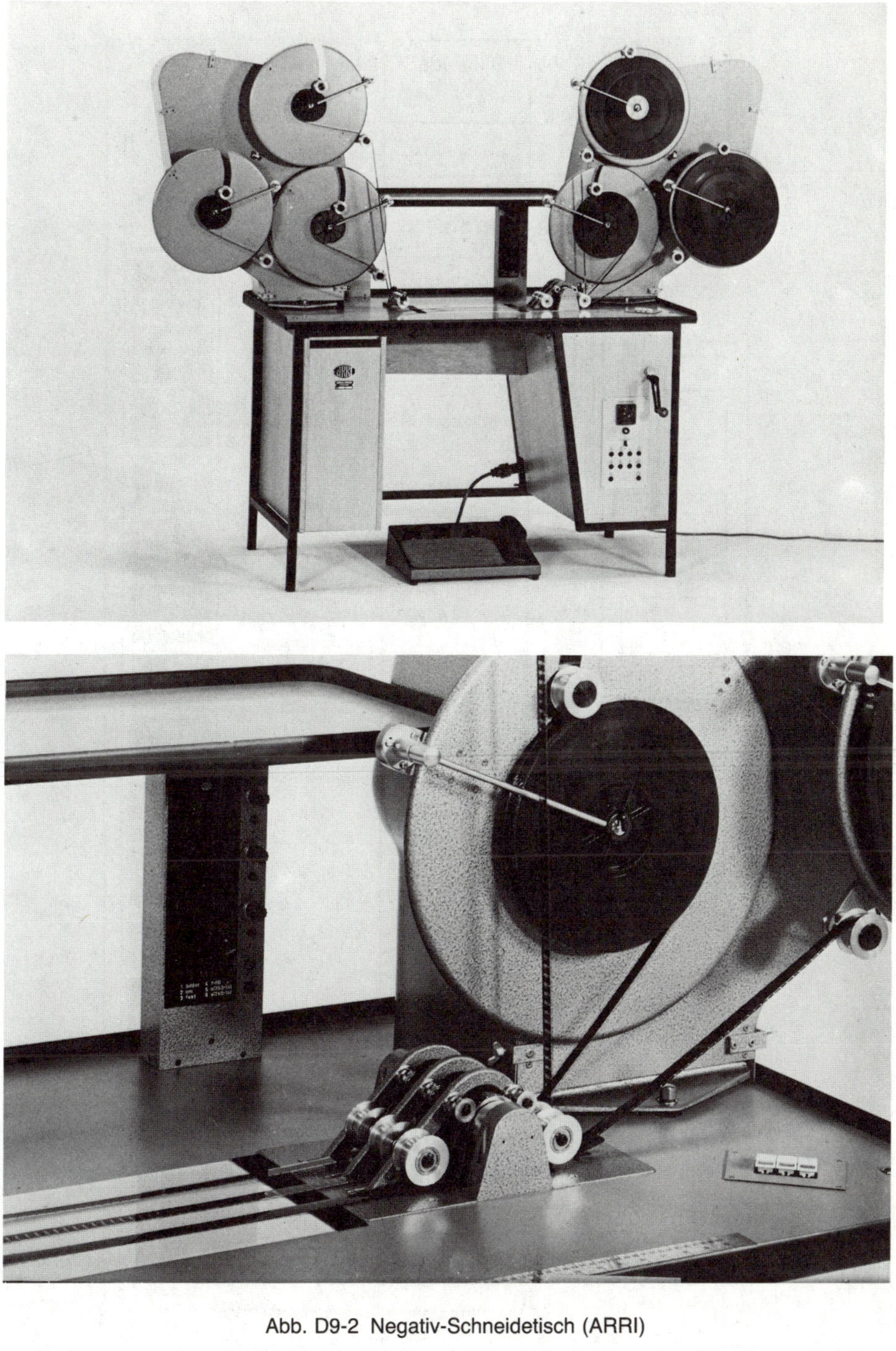

Abb. D9-2 Negativ-Schneidetisch (ARRI)

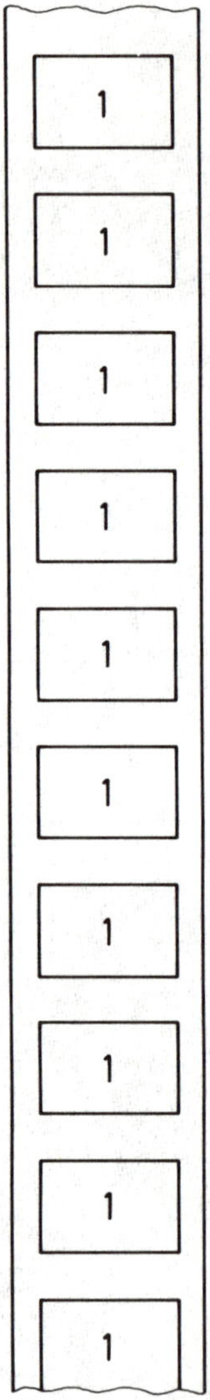

Vorlaufstreifen

Bildfelder vor dem 1. Bild	Anzahl der Bildfelder	Bild-Film
	min. 200	
240 bis 235	6	
234 bis 187	48	
186 bis 181	6	
180 bis 169	12	
168	1	
167 bis 145	23	
144	1	
143 bis 121	23	
120	1	
119 bis 97	23	
96	1	
95 bis 73	23	
72	1	
71 bis 49	23	
48	1	
47 bis 1	47	

zu Abb. D9-3

Startband

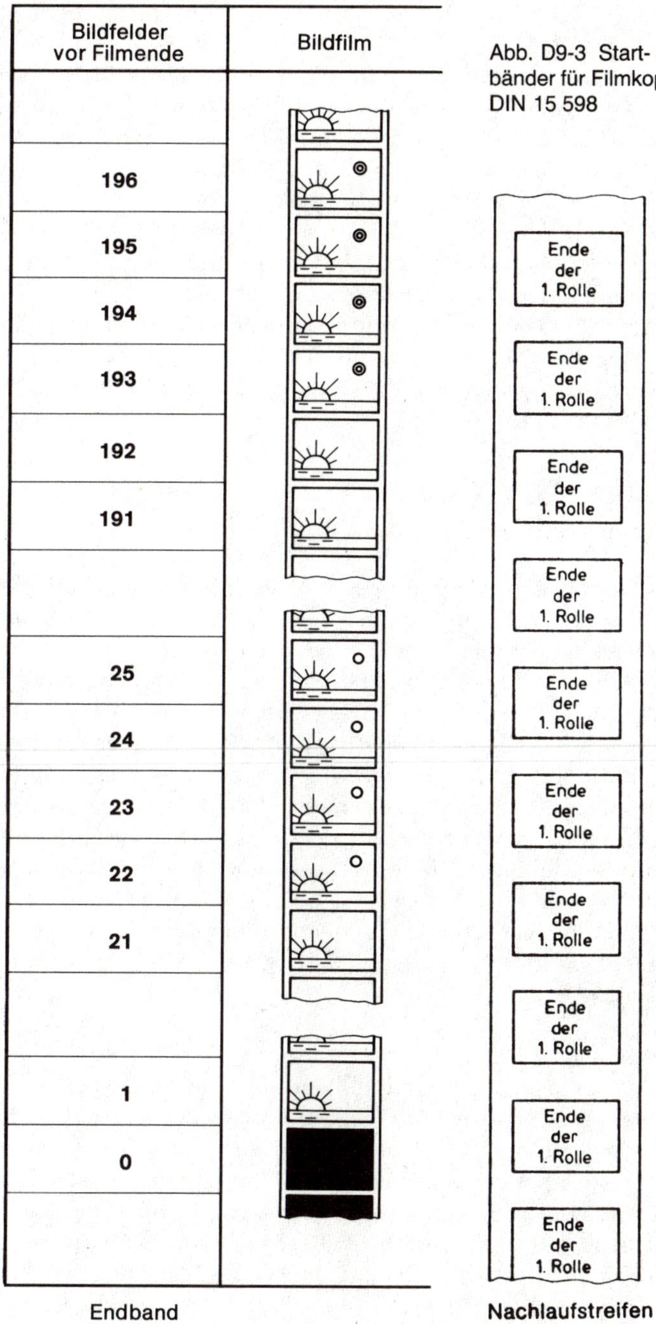

Abb. D9-3 Start- und Endbänder für Filmkopien nach DIN 15 598

(siehe Abschnitt D2.1) der Negativsortierung übergeben worden, die die Negativteile mit genauer Beschriftung szenenweise sortiert und filmweise geordnet auf ein Zwischenlager gegeben hat.

Das vorsortierte Material stellt man zunächst nach der Schnittliste zusammen. In einen der drei verfügbaren Filmwege eines Negativ-Schneide-Tisches legt man die Schnittkopie ein (*Abb. D9-2*). Analog zur Schnittkopie klebt man nun die einzelnen Negativ-Abschnitte zu einer gleichen Rollenlänge zusammen und fügt dabei die in der Schnittkopie fehlenden Titel-, Trick- und Überblendungs-Teile ein. Jede Rolle versieht man mit einem normgerechten Start- und Endband (*Abb. D9-3*), das grundsätzlich mitkopiert werden sollte. Zum Einlegen des Negativfilmes in die Kopiermaschine wird dann ein betriebsinterner Kopierstart vorgeklebt.

Synchron hierzu legt man über den dritten Filmweg des Negativ-Schneidetisches noch den Tonnegativfilm an und versieht auch diesen mit den entsprechenden Startbändern, wobei der notwendige Bild-Ton-Versatz Berücksichtigung findet.

9.5 Der AB-Schnitt und die AB-Kopierung

Trennt man das Negativ beim Schnitt in eine A-Rolle und eine B-Rolle, so wird ein AB-Kopierverfahren möglich, mit dem die Herstellung normaler Auf- und Abblenden sowie Überblendungen von einer Szene zur anderen in den Kopiervorgang verlegt werden kann (*Abb. D9-4*). Damit fällt die kostspielige Anfertigung optischer Blenden über Duplikat-Negative weg. Das Verfahren erfordert allerdings einen doppelten Kopiervorgang, bei dem zunächst die A-Rolle und anschließend die B-Rolle kopiert wird. Blenden, die nach diesem Verfahren mit einer Kopiermaschine nach Abb. D4-10 hergestellt werden, zeigen den Vorteil, daß sie grundsätzlich vom Original-Negativ gezogen sind und damit in ihrer fotografischen Qualität und im Bildcharakter mit den übrigen Teilen der Kopie übereinstimmen. Von besonderer Bedeutung ist dies bei der Anfertigung eines Gesamt-Duplikat-Negatives, da hier die Blenden bereits beim „Ziehen“ des Zwischenpositives oder des Umkehr-Negatives (CRI) kopiert werden, so daß ein Duplikat-Negativ erster Generation in einem Durchgang entsteht.

– Ab- und Aufblenden

Hierbei wird die A-Rolle im Negativschnitt in normaler Weise geklebt, wobei die auf- bzw. abzublendenden Szenen in ihrer ganzen Länge einzuschneiden sind. Die B-Rolle besteht in erster Linie aus Blankfilm, in den an den Stellen der Auf- oder Abblendung in entsprechender Länge *Schwarz-Film* (fixierter Negativ-Rohfilm) eingeklebt ist. Die Kopiermaschine erlaubt die Kopierung von Blenden in einer Länge von 16, 24, 32, 48, 64 und 96 Bildern. Im ersten Kopiervorgang wird die A-Rolle mit dem dazugehörigen Lichttonnegativ kopiert, wobei das Lichtsteuerband das Kopierlicht szenenweise verändert. Der belichtete Rohfilm wird anschließend zurückgerollt und erneut mit der B-Negativ-Rolle in die Kopiermaschine eingesetzt.

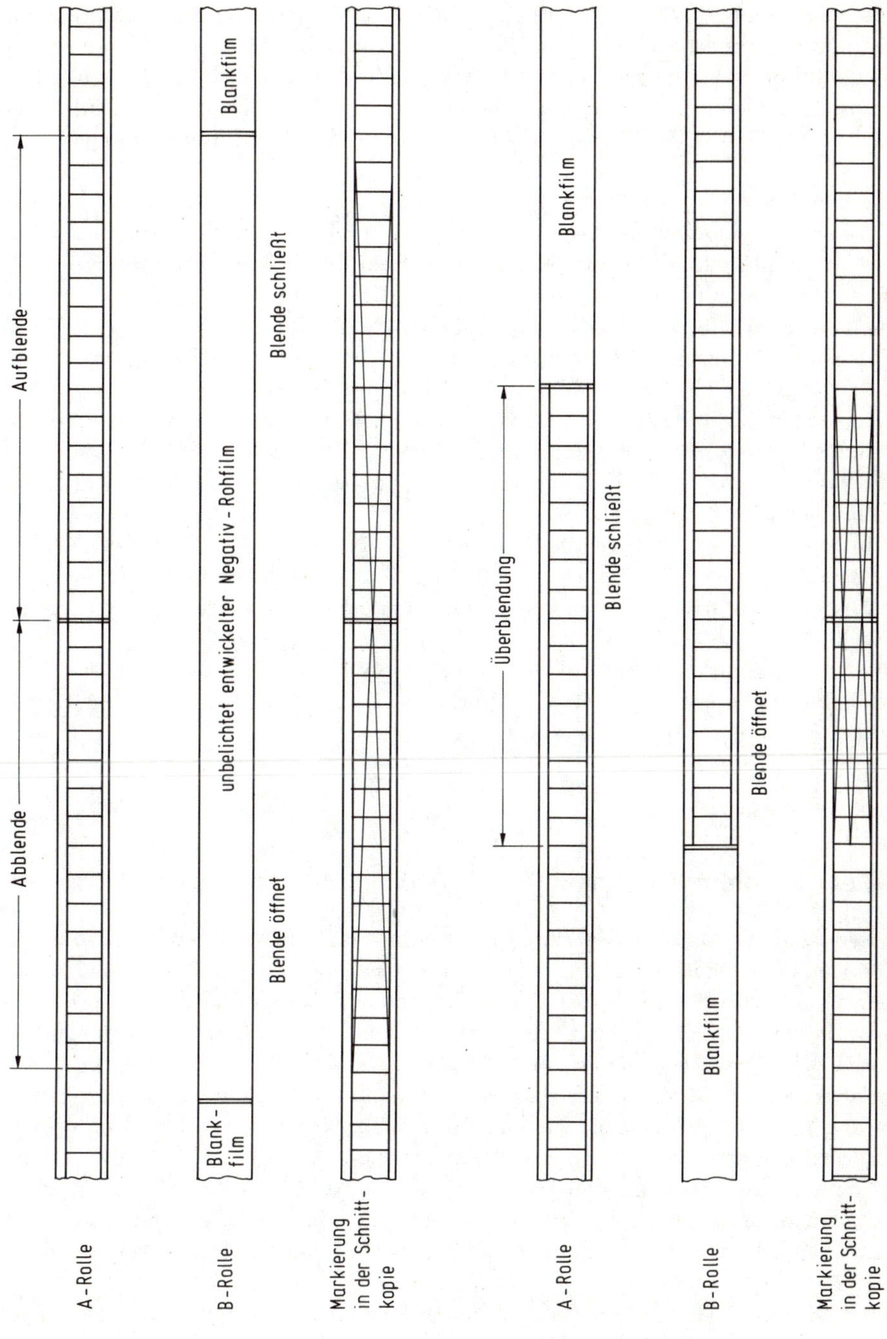

Abb. D9-4 Prinzip des AB-Schnitt- und AB-Kopier-Verfahrens

Beim zweiten Kopiervorgang läuft die B-Rolle zunächst bis zur vorgesehenen Abblende mit Kopierlicht „Null". Bei Beginn der Blende wird der Lichtregler (Fader) der Kopiermaschine ausgelöst, der den Lichtweg über die vorgesehene Blendenlänge langsam öffnet und so durch eine zusätzliche Belichtung die Abblende erzeugt. Am Ende der Abblende schaltet das Lichtsteuerband wieder auf Kopierlicht „Null". Bei einer Aufblende arbeitet die Blendeneinrichtung in umgekehrter Reihenfolge.

– *Überblenden*
Die A-Rolle wird beim Negativschnitt bis einschließlich der zu überblendenden Szene normal geklebt, die weiteren Szenen werden durch Blankfilm ersetzt.

Die B-Rolle erhält bis zur beabsichtigten Überblendung Blankfilm, an den die Szenen einschließlich der, in die überblendet werden soll, in normaler Reihenfolge geklebt sind. Die Negative der beiden Szenen, die überblendet werden sollen, sind so gehalten, daß sie sich längenmäßig in der gewählten Bildzahl überlappen.

Beim ersten Kopiervorgang läuft die A-Rolle wie üblich bis zur beabsichtigten Überblendung mit der normalen Lichtsteuerung. Bei Beginn der Überblendung schließt der Lichtregler (Fader) langsam den Lichtweg. Der anschließende Blankfilm wird mit geschlossenem Regler kopiert.

Beim zweiten Kopiervorgang läuft zunächst der Blankfilm mit Kopierlicht „Null" bis der Lichtregler der Kopiermaschine den Lichtweg langsam öffnet, um die Überblendung zu erzeugen. Die weiteren Szenen erhalten dann das entsprechende Kopierlicht.

Das AB-Kopierverfahren ist nur bei Aufträgen mit geringer Kopienzahl sinnvoll. Es wird daher vorwiegend zur Herstellung von Fernseh-Sendekopien, Premieren-Kopien und Duplikat-Negativen eingesetzt.

9.6 Der Schachbrett-Schnitt *(Das Chequerboard-Verfahren)*

Mit der zunehmenden Verwendung des 16-mm-Filmes für die Fernsehproduktion stellten sich Probleme ein, die in der besonderen Anordnung von Bildfeldgröße und Perforation begründet sind. Als Alternative zum professionellen 35-mm-Format wurde der 16-mm-Film etwa 1930 in seiner heutigen Form als Amateur-Format genormt. Die Väter dieses Formats dachten damals nicht daran, den Film in ähnlicher Weise wie bei 35 mm bearbeiten oder schneiden zu müssen. Abgesehen davon, daß hier nur zwei Peforationslöcher pro Bild beim Negativ zur Verfügung stehen, müssen diese beim Schnitt noch geteilt werden, weil sie unglücklicherweise auf der Begrenzungslinie zwischen den beiden Bildern liegen. Erschwerend kommt noch hinzu, daß zwischen den Bildern kein ausreichender Raum vorhanden ist, so daß es keine Klebestelle gibt, die an der Schnittstelle nicht in einem der beiden Bildfelder liegt.

Beim Negativ-Positiv-Verfahren sind daher sichtbare Klebestellen die Folge, weil sich deren dunkle Striche im Negativ auf dem Positivfilm als deutliche, weiße

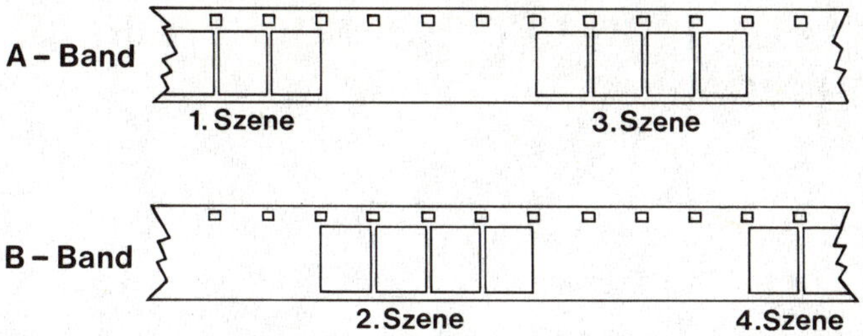

Abb. D9-5 Schachbrett-Schnitt-Verfahren (Chequer-Board-System), schematisch

Blitzer störend bemerkbar machen. – Im Gegensatz hierzu stören Klebestellen in Umkehrfilmen selten, da die dünnen schwarzen Striche der Klebestelle in der Bildinformation untergehen.

Will man sichtbare Klebestellen beim Negativ/Positiv-Verfahren vermeiden, so muß man unter Anwendung des AB-Kopierverfahrens eine Schnittechnik einsetzen, bei der die Bildinformation von Schnitt zu Schnitt zwischen A-Band und B-Band ständig hin und her wechselt. Auf diese Weise kann man die Klebestellen so anordnen, daß sie außerhalb des jeweiligen Szenenwechsels liegen und damit nicht mehr stören können (*Abb. D9-5*).

10 Die Reinigung und Nachbehandlung von Negativen

Original-Negative und Duplikat-Negative, die zur Massenvervielfältigung eingesetzt werden sollen, müssen von einwandfreier Beschaffenheit sein. Staub und Schmutz sind Feinde des Kopierbetriebes, weil sie sich – auch wenn sie nur kleine Abmessungen haben – stets störend auf dem Positiv-Film abbilden. Aus Qualitätsgründen empfiehlt sich daher vor dem Massenkopierprozeß eine sorgfältige Überprüfung, Reinigung und falls erforderlich auch eine Regenerierung der Negative.

10.1 Die Negativreinigung

Zur Reinigung von Filmmaterial benutzt man in der Regel Ultraschallverfahren (*Abb. D10-1*). In einer solchen Anlage läuft der Film (3) von der Abwicklung (1) durch einen Reinigungstank (4), der mit einem reinigenden Lösungsmittel (Chlorothene oder Perchloräthylen) gefüllt ist. An den Wänden des Reinigungstanks befin-

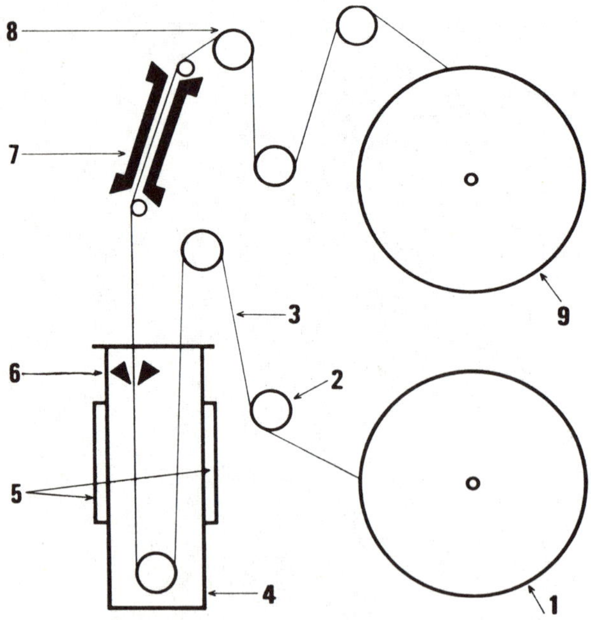

Abb. D10-1
Prinzip einer Ultraschall-Filmreinigungsmaschine (Lipsner-Smith)

den sich Ultraschallwandler (5), die – von einem Hochfrequenzgenerator gespeist – die Umwandlung elektrischer Energie in mechanische Schwingungsenergie vornehmen. Durch diese Energieumwandlung entstehen abwechselnd positive und negative Druckkräfte in der Flüssigkeit, deren Wirkung einem Siedevorgang ähnlich ist.

Dieses Phänomen – auch als Kavitation bezeichnet – ist in Wirklichkeit ein Zerreißen der Flüssigkeit, bei dem sich Millionen winziger Bläschen bilden, die verdampfte Flüssigkeit enthalten. Diese Bläschen sind instabil und fallen implosiv zusammen, wobei die gespeicherte Energie in Form von Schockwellen freigegeben wird. Durch den Aufprall dieser Schockwellen auf den in der Flüssigkeit befindlichen Film wird ein intensiver Reinigungsprozeß erzeugt, bei dem die Schmutzpartikel von der Filmoberfläche abgehoben werden.

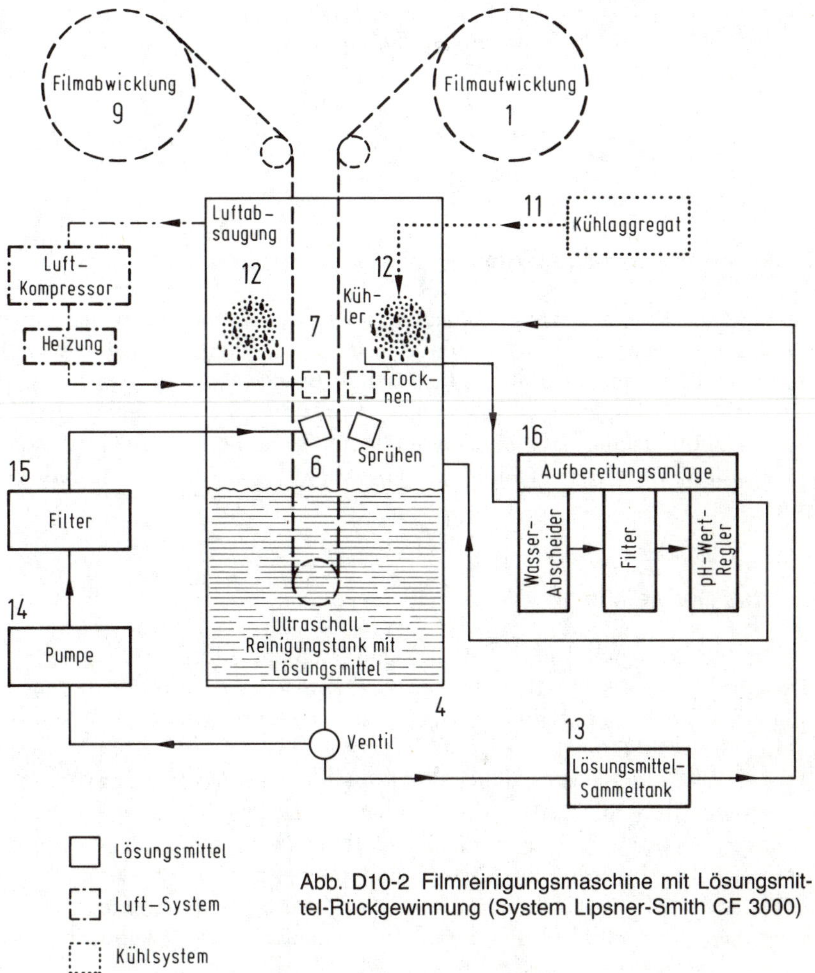

Abb. D10-2 Filmreinigungsmaschine mit Lösungsmittel-Rückgewinnung (System Lipsner-Smith CF 3000)

Nach der Reinigung im Tank sprühen Düsen (6) den Film beiderseitig mit sauberem Lösungsmittel messerartig so ab, daß nur noch geringe Mengen von Lösungsmittel die Trockenstrecke (7) erreichen, in der dann alle Flüssigkeitsreste verdunstet werden, damit der Film auf der Spule (9) absolut sauber und trocken aufgewickelt werden kann.

Eine Weiterentwicklung dieses Systems stellt *Abb. D10-2* dar. Mit einem besonderen Kühlsystem (11) wird dabei nicht nur das verdunstete Lösungsmittel durch Kondensation an den Kühlschlangen (12) zurückgewonnen, sondern auch das verschmutzte Reinigungsmittel (13) in einem Destillationsprozeß ständig regeneriert. Nach Kondensation der verdunsteten Reinigungsflüssigkeit an den Kühlschlangen (12) werden in einer dreistufigen Aufbereitungsanlage (16) Reste von Wasser entfernt und der pH-Wert stabilisiert.

Anlagen dieser Art bringen nicht nur eine Einsparung an Reinigungsflüssigkeit, sondern sie sind auch besonders umweltfreundlich, weil keine verdunsteten Lösungsmittel mehr in die freie Atmosphäre entweichen können.

10.2 Regenerieren von Negativen

Durch häufiges Kopieren zeigen Negative gewisse Abnützungserscheinungen, die sich in Form von kleinen Kratzern oder Schrammen auf der Oberfläche des Filmmaterials bemerkbar machen. Dabei ist zwischen Beschädigungen des Schichtträgers (Glanzseite des Filmmaterials) und Schäden an der fotografischen Schicht (Emulsionsseite) zu unterscheiden. Schäden der beiden genannten Arten lassen sich durch zwei besondere Verfahren in ihrer Auswirkung auf die Filmkopie mindern, wenn nicht gar beseitigen.

10.2.1 Das „Einweichen“

Dieses Verfahren eignet sich zur Beseitigung schichtseitiger Verletzungen. Durch Quellung der fotografischen Schicht werden kleine Risse und Beschädigungen in der Oberfläche wieder geschlossen. Zweckmäßig setzt man hierfür eine besondere Maschine ein (*Abb. D10-3*).

Von der Abwicklung (1) gelangt der Film über ein Vorlaufmagazin (2) in ein alkalisches Bad (3), das ähnliche Eigenschaften wie ein Entwicklerbad besitzt und eine starke Quellung der fotografischen Schicht hervorruft. Im darauffolgenden Wässerungstank (4) werden die Chemikalien aus der Schicht wieder ausgewaschen. Anschließend muß die Stabilisierung und Härtung (5) der Schicht von Neuem vorgenommen werden. Nach Passieren der Trockenstrecke (6) kann der Film dann wieder zu einer Rolle (7) aufgespult werden.

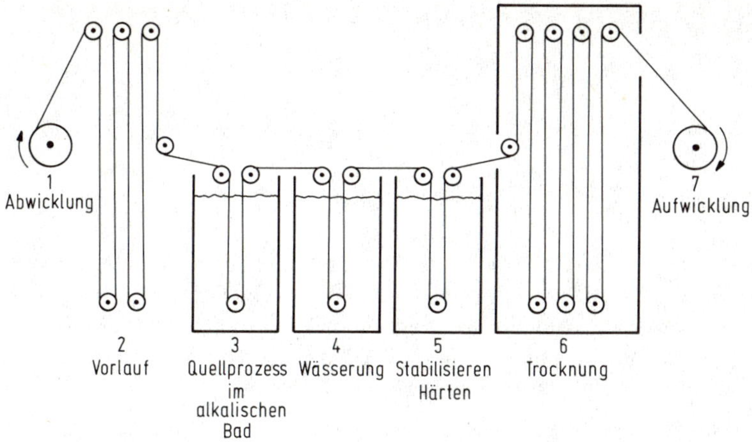

Abb. D10-3 Beseitigung schichtseitiger Filmschäden durch Quellung

10.2.2 Das „Glanzieren"

Der Schichtträger des Filmmaterials besteht in den meisten Fällen aus Triazetat. Beschädigungen der Glanzseite des Materials sind zu beseitigen, wenn man seine Oberfläche mit einem Lösungsmittel (zum Beispiel Aceton) nach dem folgenden Verfahren behandelt (*Abb. D10-4*):

Der von der Abwicklung (1) kommende Film (2) wird über eine hochglanzpolierte Glaswalze (3) geführt, die in eine mit Lösungsmitteln gefüllte Wanne (4) eintaucht. Die Glaswalze (3) transportiert an ihrer Oberfläche genügend Lösungsmittel, um den Schichtträger des Films anzulösen. Eine Rolle (5) drückt das angelöste Filmmaterial mit Federkraft (6) gegen die glatte Oberfläche der Glaswalze (3), so daß kleine glanzseitige Beschädigungen der Filmoberfläche gewissermaßen „ausgebügelt" werden können. Nach Absaugung von Lösungsmittelresten (7) und Trocknung der Oberfläche wickelt man den Film wieder zu einer Rolle (8) auf.

Abb. D10-4
Beseitigung glanzseitiger Filmschäden durch Anlösen des Schichtträgers

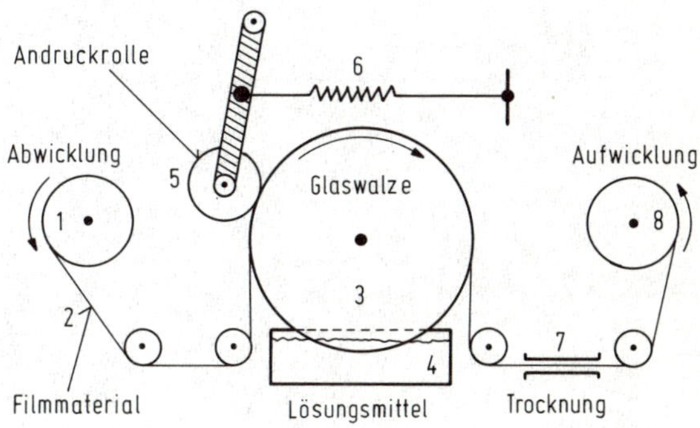

11 Die Massenherstellung von Filmkopien

Ein kopierbereites Original-Negativ repräsentiert den ganzen Wert einer Produktion. Große Mengen an Filmkopien sollte man daher keinesfalls vom Original-Negativ herstellen, um diesen Wert zu erhalten. Zur Schonung des Originals bieten sich Duplikat-Prozesse an, die bei der heutigen Qualität der Filmmaterialien praktisch keinen nachteiligen Einfluß auf das Endprodukt haben.

11.1 Das „Open-reel-Verfahren"

Hierunter versteht man die Herstellung von Kopien in rollenweiser Kopierung. Dabei ist jedes der unter D.4 und D.5 beschriebenen Systeme möglich. Das Negativ wird am Ende eines Kopierdurchganges zurückgespult und neu in die Kopiermaschine eingelegt, so daß nach Bestückung mit frischem Rohfilm der nächste Kopiervorgang beginnen kann. Nach einigen Durchläufen empfiehlt es sich, das Negativ zu reinigen. Beim Rückspulvorgang und dem ständigen Ein- und Auslegen des Negativ-Filmes geht jedoch kostbare Produktionszeit verloren. Diese Methode ist daher nur bei Aufträgen mit geringer Kopienzahl wirtschaftlich.

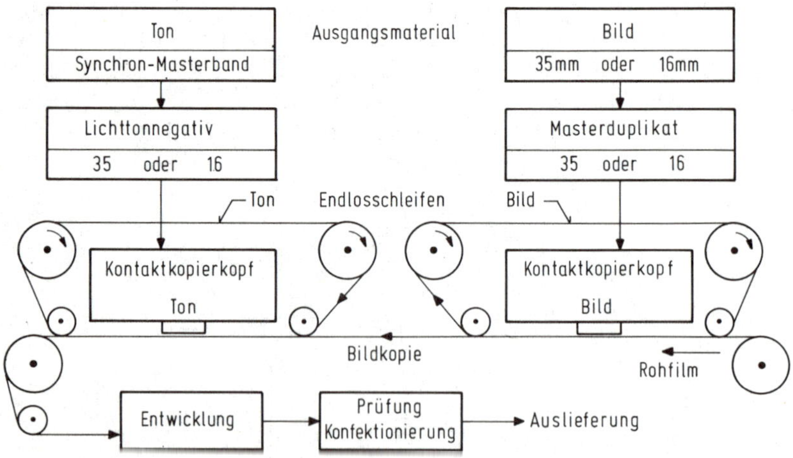

Abb. D11-1 Prinzip der Massenkopierung nach dem Schleifenverfahren

11.2 Die Methode der „Schleifen-Kopierung“

Das ständige Ein- und Auslegen des Bild- und Tonnegativs läßt sich vermeiden, wenn man ein Schleifen-Kopierverfahren anwendet.

Nach *Abb. D11-1* stellt man zunächst vom Original-Negativ ein Master-Duplikat in den Formaten 35- oder 16-mm her. Das zugehörige Tonnegativ gleichen Formates entsteht durch Überspielen der Schallaufzeichnung des synchronen Masterbandes auf einen Tonnegativfilm. Bild-Duplikat und Tonnegativ werden jeweils zu einer Endlos-Schleife geklebt. Diese Schleifen finden in einem Schleifenmagazin Platz, dessen Füllgrad der jeweiligen Negativlänge genau angepaßt werden kann. Beim Einschalten der Kopiermaschine passiert der Rohfilm zunächst im Kontakt mit der Bildnegativschleife den Bildkopierkopf, um anschließend am Tonkopierkopf vom Tonnegativ die Tonaufzeichnung zu übernehmen.

Nach einem Kopierdurchgang hält man die Kopiermaschine an, nimmt den belichteten Positivfilm ab und lädt den Printer wieder mit frischem Rohfilm. Das belichtete Material übergibt man der Entwicklung. Es kann nach Konfektionierung und Prüfung direkt an den Kunden ausgeliefert werden.

Noch wirtschaftlicher wird dieses Verfahren, wenn man für eine kontinuierliche Einspeisung des Rohfilms sorgt. Ähnliches gilt auch für die Abnahmeseite. Dort

Abb. D11-2 8S-Film, Massenkopierung mit Magnetton

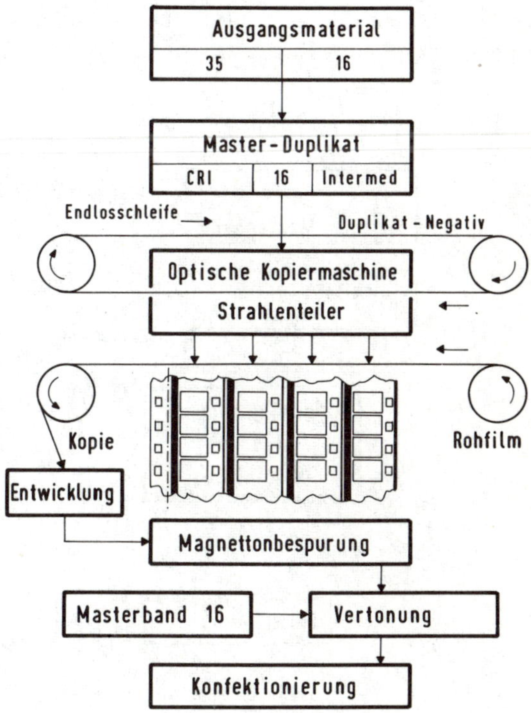

kann man schließlich den Film direkt von der Kopiermaschine in die Entwicklungsmaschine einfahren. Dies setzt allerdings gleiche Filmgeschwindigkeiten voraus.

In *Abb. D11-2* ist die Massenkopierung von 8S-Filmen im Schleifenverfahren dargestellt. Aus Gründen der Wirtschaftlichkeit benutzt man 35 mm-breites Rohfilmmaterial in der Konfektionierung 4 x 8S, auf das man über einen optischen Strahlenteiler mit einer Kopiermaschine nach Abb. D5-6 nebeneinander vier Bildspuren kopiert. Auch hier ist das Masterduplikat für die Bildinformation zu einer Endlosschleife geklebt. Aus Qualitätsgründen hat sich bei 8S-Filmen die Magnettonaufzeichnung durchgesetzt. Nach dem Entwicklungsprozeß muß daher eine Magnettonbespurung stattfinden. Die Übertragung der Schallaufzeichnung geschieht durch direktes Umspielen von einem 16-mm-Masterband. Nach der Vertonung wird der 35-4 x 8S-Film in vier Streifen von 8 mm Breite gesplittet, wobei gleichzeitig zwei Abfallstreifen entfernt weden. Bei dieser Konfektionierungsprozedur wickelt man die 8S-Filmstreifen dann gleich auf die endgültigen Filmspulen auf, die an den Endverbraucher verschickt werden können.

Trotz der etwas geringeren Tonqualität ist auch die Lichttonaufzeichnung bei 8S-Filmen gefragt, weil sie nicht löschbar und damit „urkundenfest" ist. Während die Kopierung der Bildinformation nach *Abb. D11-3* in gleicher Weise, wie für die Filme mit Magnettonaufzeichnung abläuft, muß für die optische Schallaufzeichnung ein eigenes Tonnegativ im Format 35-4 x 8S hergestellt werden, das nebeneinander vier Lichttonspuren trägt. Diese Lichttonaufzeichnung kopiert man auch von einer Endlosschleife auf den 4 x 8S-Rohfilm, der dann nach Entwicklung und Konfektionierung vorführbereit ist.

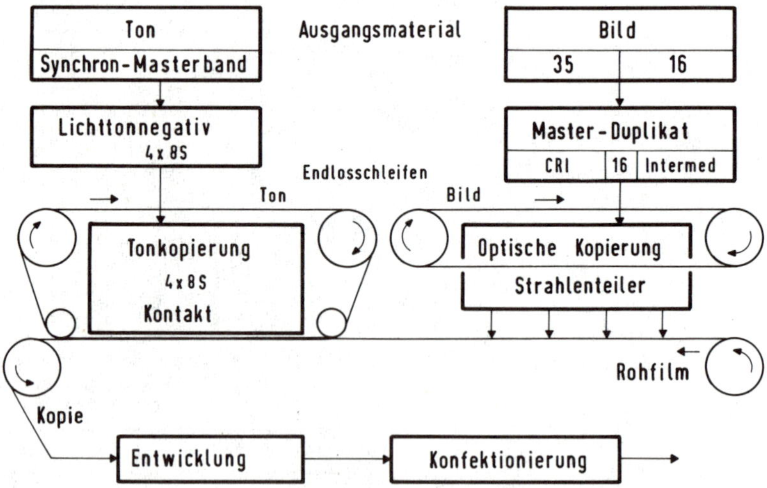

Abb. D11-3 8S-Film, Massenkopierung mit Lichtton

11.3 Das „Panel-Prinzip“

Neben dem Schleifen-Kopierverfahren ist noch das sogenannte „Panel-Prinzip“ von Interesse. Der Vorteil des Schleifenkopierverfahrens bestand darin, daß unnötige Umspul- und Einlegearbeit in Fortfall kam, weil nach dem Durchlauf einer Schleife der Anfang des Filmprogramms schon wieder für den nächsten Kopiervorgang bereitstand.

Diese Bereitschaft läßt sich auch bei der Kopierung mit offenen Negativ-Rollen erreichen, wenn man nach *Abb. D11-4* einen bidirektionalen Filmantrieb verwendet. Auf diese Art kann man sowohl die Bild- als auch die Toninformation im Vorwärts- und im Rückwärtsgang auf den Kopierfilm übertragen. Voraussetzung ist allerdings, daß das Lichtsteuerprogramm in Vorwärts- und in Rückwärtsrichtung ordnungsgemäß abläuft.

Dazu liest man das Programm mit dem Adreß-Code (Bildnummern-Code nach FCC-System) über einen Datenleser von einem Lochstreifen oder einer Floppy-Disc-Platte in einen Processor ein. Der Processor erhält außerdem von einem Bildzähler, der mit dem Filmantrieb fest verkoppelt ist, den jeweiligen aktuellen Stand des transportierten Negativfilmes und berücksichtigt gleichzeitig, ob es sich um einen Vorwärts- oder Rückwärtslauf handelt.

Anhand des gespeicherten Adreß-Codes errechnet der Processor die jeweiligen Koinzidenzpunkte und gibt das zugehörige Lichtsteuerprogramm seriell an den Parallel-Wandler der Kopiermaschine aus, der dann das Lichtsteuergerät so beeinflußt, daß der Positivfilm über den im Kontakt vorbeilaufenden Negativfilm optimal belichtet wird.

Durch den Panel-Kopierprozeß erfährt das Negativ eine ähnliche Schonung wie beim Schleifen-Kopierverfahren.

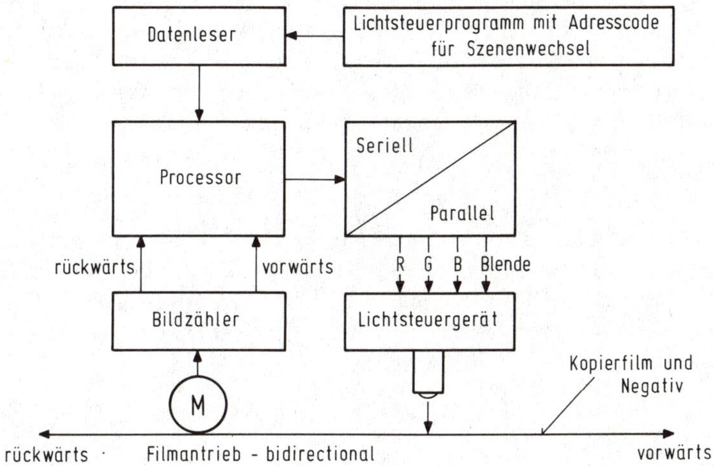

Abb. D11-4 Prinzip des Panel-Printers mit Processor-Steuerung

12 Der fotografische Prozeß bei Massenkopien

Auf den Kopierprozeß folgt die fotografische Entwicklung der Filmkopien. Im Gegensatz zur Negativentwicklung benutzt man für Massenprozesse schnellaufende Entwicklungsmaschinen hoher Kapazität und Leistung (*Abb. D12-1*). Je nach Konstruktion der Maschine erreicht man heute Entwicklungsleistungen von etwa 3000 bis 9000 Metern pro Stunde.

12.1 Die Positiv-Entwicklung

Der Ablauf des Positiv-Prozesses ist dem Negativ-Prozeß ähnlich. Auch hier arbeitet man heute mit relativ hohen Badtemperaturen bei kürzeren Verweilzeiten des Filmes in den einzelnen Bädern. Der ECP-2-Prozeß der Firma Kodak bedingt abweichend vom Negativ-Prozeß folgende mechanische Spezifikation (siehe Tabelle D8 auf Seite 370) [41].

Anmerkungen:

a) Die Regeneriermengen für 16-mm-Film sind annähernd halb so groß wie für den 35-mm-Film. Konstruktionsbedingt weisen Entwicklungsmaschinen verschiedener Hersteller bei dem Verhältnis von Film zu Zugband (Blankfilm) und bei der Wirksamkeit der Abstreifer große Unterschiede auf. Es ist daher erforderlich, die Zulaufmengen und die Rezepte der Regenerate jeweils speziell einzustellen.

b) Die angegebene Wassermenge bezieht sich auf die Rückschichtentfernung mit rotierenden Abstreifwalzen, wie sie in Abb. D12-1 dargestellt ist.

c) Entwicklerzeit und Temperatur müssen sorgfältig eingehalten werden, da kleine Abweichungen bereits zu erheblichen Änderungen der Dichte führen können. Die angegebene Entwicklerzeit und -temperatur führt bei einer Laufgeschwindigkeit des Filmmaterials von 50 bis 100 Metern pro Minute (3000 bis 6000 Metern pro Stunde) zu optimalen sensitometrischen Resultaten.

d) Als Filtermaterial werden Polypropylen, Fiberglas oder gebleichte Baumwolle empfohlen.

e) Rollen- und Rahmenantrieb sollen unter Badniveau liegen, um die Oxydation des Entwicklers durch Lufteintritt gering zu halten.

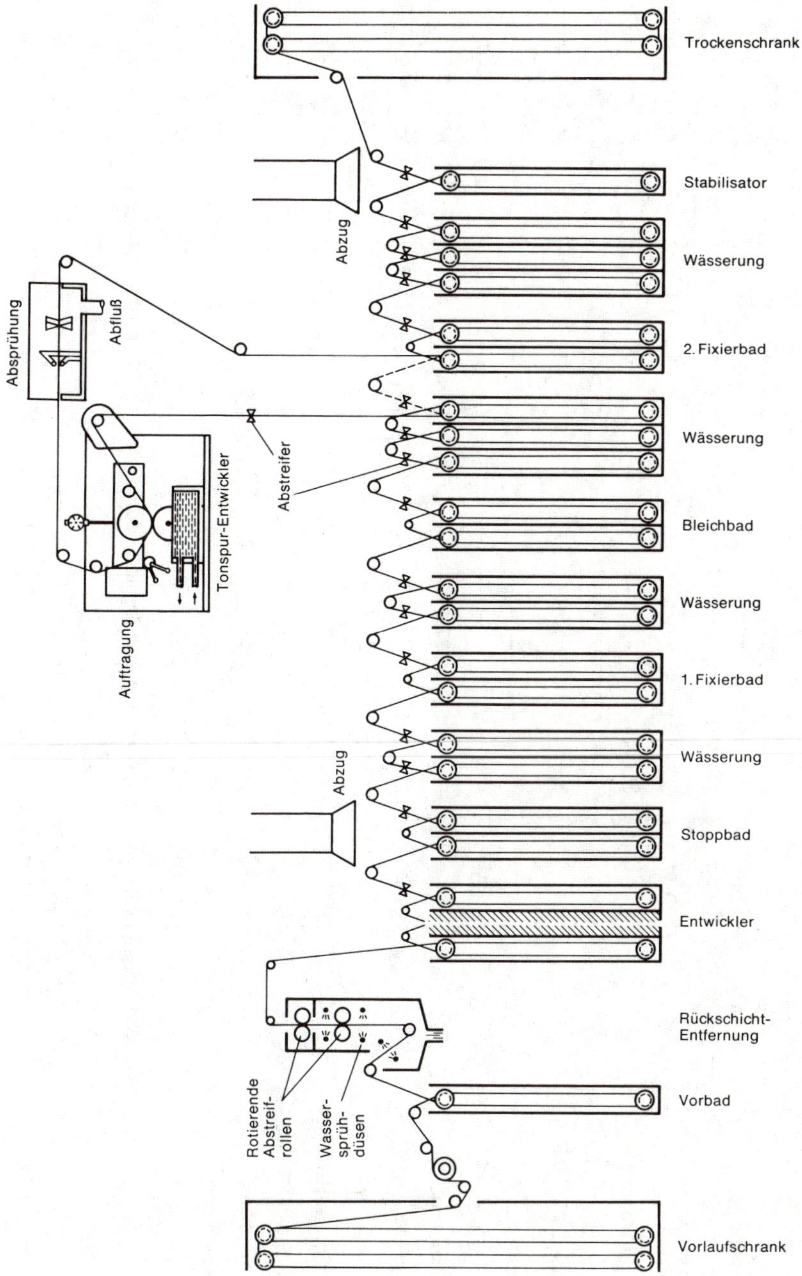

Abb. D12-1 Prinzip einer Entwicklungsmaschine für den Kodak-ECP-2-Prozeß

Tabelle D8:

Verarbeitungs-stufen	KODAK Rezepte Tank	Zulauf	Temperatur (Kelvin)	(° Celsius)	Zeit	Zulaufmenge pro 1000 m 35 mm Film[a]	Umpumpung Filtrierung Turbulenz
Vorbad	PB-2	PB-2R	300 ± 1	27 ± 1	10-20''	13,12 l	U u. F à 40-60 l/min
Sprühwässerung	–	–	300 ± 3	27 ± 3	1-2''	88,50 l[b]	entfällt
Entwickler	SD-50	SD-50R	309,8 ± 0,1	36,7 ± 0,1[c]	3'00''	22,60 l	U u. F[d] u. T[e]
Stoppbad	SB-14	SB-14	300 ± 1	27 ± 1	40''	25,30 l	U u. F à 40-60 l/min
Wässerung	–	–	300 ± 3	27 ± 3	40''	39,40 l[f]	entfällt
1. Fixierbad	F-35	F-35R	300 ± 1	27 ± 1	40''	6,56 l[g]	U u. F à 40-60 l/min
Wässerung	–	–	300 ± 3	27 ± 3	40''	39,40 l[f]	entfällt
Bleichbad[h]	SR-27	SR-27R	300 ± 1	27 ± 1	1'00''	6,56 l	U u. F à 40-60 l/min
Wässerung[i]	–	–	300 ± 1	27 ± 3[j]	40''	39,40 l[f]	entfällt
Tonspurentwickler	SD-43b	SD-43b	Raumtemp.		10-20''	–	entfällt
Sprühwässerung	–	–	300 ± 3	27 ± 3	1-2''	[k]	entfällt
2. Fixierbad	F-35	F-35R	300 ± 1	27 ± 1	40''	[g]	U u. F à 40-60 l/min
Wässerung	–	–	300 ± 3	27 ± 3	1'00''	39,40 l[f]	entfällt
Stabilisator	S-1a	S-1aR	300 ± 1	27 ± 1	10''	13,12 l	U u. F à 40-60 l/min

	Trockenschrank	**Temperatur**	**Rel. Luftfeuchtigkeit**	**Luftstrom**	**Zeit**
Trocknung[l]	Aufpralltrocknung	57° C (330 K)	15-25%	140 m³/min	3-5 min
	Umwälztrocknung	43-49° C (316-322 K)	15-25%	140 m³/min	5-7 min

f) Zur wirksamen Wässerung wird Gegenstromwässerung mit Abstreifern zwischen jeder Wässerungsstufe empfohlen. Für die Wässerung nach dem Stopbad und nach dem ersten Fixierbad genügen zwei Stufen. Für die Bleichbadwässerung und die Schlußwässerung sind drei Stufen vorzusehen.

g) Der Fixierbadzulauf hängt von der Methode und den Arbeitsbedingungen des Regenerierverfahrens ab. Bei elektrolytischer Entsilberung im umlaufenden Fixierbad sollte die Silberkonzentration zwischen 0,5 und 1 g pro Liter liegen. Fixierbad und Fixierbadzulauf müssen von anderen Prozessen getrennt gehalten werden. Zur Einsparung von Chemikalien kann der Überlauf des ersten Fixierbades als Zulauf zum zweiten Fixierbad verwendet werden.

h) Um den vollen ökonomischen Nutzen dieses Bleichbades auszuwerten, sollte es aufgefrischt und wiederverwendet werden. Hierfür sind besondere Regenerierverfahren bekannt.

i) Auch aus dem Bleichbad-Waschwasser-Überlauf läßt sich Ferrocyanid durch Fällen mit Eisensulfat zurückgewinnen. Der abgesetzte Schlamm läßt sich dann mit einer Filterpresse, einem Vakuumfilter oder einer Zentrifuge konzentrieren.

j) Wenn die Temperatur des Bleichbad-Wasch-Wassers unter 24 °C (297 K) fällt, kann der Tonspur-Wiederentwickler in das Bild laufen.

k) Druck und Durchflußmenge der Sprühwässerung hängen von der Geschwindigkeit des Filmmaterials in der Maschine und von der Wässerungsvorrichtung ab.

Die chemische Zusammensetzung der Bäder hat der Rohfilmhersteller für den ECP-2-Prozeß wie in Tabelle D9 auf der nächsten Seite dargestellt, festgelegt.

12.2 Die Tonspur-Entwicklung

Das Silberbromid der fotografischen Schicht dient zum Aufbau des Farbstoffbildes. Farbstoffe entstehen nur dort, wo das belichtete Silberbromid durch den Entwicklungsprozeß zu metallischem Silber reduziert wurde. Das unbelichtete Silberbromid wird bereits im ersten Fixierbad entfernt. Im Bleichbad überführt man das reduzierte Silber in eine Verbindung, die dann in einem zweiten Fixierprozeß aus der Schicht entfernt wird, so daß nur noch die reinen Farbstoffe im Bild verbleiben (siehe Abschnitt B.4.3).

Für die Lichttonaufzeichnung benötigt man jedoch ein kontrastreiches Silberbild der Tonspur. Vor allem auch, weil die Fotozellen der Lichttonabtastgeräte der Filmprojektoren nur bei wenigen Abspielstationen fotoelektronische Wandler sind, die über den ganzen Spektralbereich des Lichtes genügend empfindlich sind. Die meisten dieser Wandler zeigen ein Empfindlichkeitsmaximum im Bereich infraroten Lichtes.

Tabelle D9:

Bestandteile	Tank	Analytische Spezifikationen für Neuansatz und gebrauchten Tankinhalt	Zulauf	Analytische Spezifikationen
Vorbad (PB-2) (Zulauf PB-2R)				
Wasser 27–38°C (300–311 K)	800 ml		800 ml	
Borax ($Na_2B_4O_7 \cdot 10H_2O$)*)	20,0 g		20,0 g	
Natriumsulfat (wasserfrei)	100 g		100 g	
Natriumhydroxyd	1,0 g		1,5 g	
mit Wasser auffüllen auf	1,00 l		1,00 l	
pH bei 27°C (300 K)		9,25 ± 0,10		9,35 ± 0,10
spez. Gewicht bei 27°C (300 K)		1,094 ± 0,004		1,094 ± 0,004
Entwickler (SD-50) (Zulauf SD-50R)				
Wasser 24°C – 38°C (297–311 K)	900 ml		900 ml	
KODAK Anti-Calcium Nr. 4	1,0 ml		1,4 ml	
Natriumsulfit (wasserfrei)[1]	4,35 g	4,00 ± 0,25 g/l	4,50 ml	4,40 ± 0,25 g/l
KODAK Color Developing Agent CD-2[2]	2,95 g	2,70 ± 0,25 g/l	6,00 g	5,90 ± 0,25 g/l
Natriumcarbonat (wasserfrei)	17,1 g		18,0 g	
Natriumbromid (wasserfrei)	1,72 g	1,72 ± 0,10 g/l	1,20 g	1,20 ± 0,10 g/l
Natriumhydroxid			0,6 g	
Schwefelsäure (7,0 n)	0,62 ml			
mit Wasser auffüllen auf	1,00 l		1,00 l	
pH bei 27°C (300 K)		10,53 ± 0,05		10,82 ± 0,05
spez. Gewicht bei 27°C (300 K)		1,020 ± 0,003 (frisch)[2] 1,025 ± 0,003 (gebraucht)		1,025 ± 0,003
Gesamtalkalität (10 ml-Probe)		35,0 ± 2,0 ml		39,0 ± 2,0 ml
Stoppbad (SB-14)				
Wasser 24°C – 38°C (297–311 K)	900 ml			
Schwefelsäure (7,0 n)	50 ml		wie Tankansatz	
mit Wasser auffüllen auf	1,00 l			
pH bei 27°C (300 K)		0,9 + 0,2 − 0,1		
KODAK Color Developing Agent CD-2*)		weniger als 2,5 g/l		
Fixierbad (F-35) (Zulauf F-35R)				
Wasser 24°C – 38°C (297–311 K)	800 ml		700 ml	
Ammoniumthiosulfat 58%ige Lösung	100 ml	100 ± 10 0 ml/l[1]	170 ml	170 ± 10 ml/l
Natriumsulfit (wasserfrei)	2,5 g	15,0 ± 3,0 g/l[1][2]	16,0 g	23,0/ ± 3,0 g/l[2]
Natriumbisulfit (wasserfrei)	10,3 g		5,8 g	
mit Wasser auffüllen auf	1,00 l		1,00 l	
pH bei 27°C (300 K)		5,8 ± 0,2[1]		6,6 ± 0,2[3]
spez. Gewicht bei 27°C (300 K)		1,060 ± 0,003[1][4]		1,083 ± 0,003
Hypoindex (3 ml-Probe)		24,0 ± 2,0[1]		38,0 ± 2,0
Bleichbad (SR-27) (Zulauf SR-27R)				
Wasser 32°C – 43°C (305–316 K)	900 ml		900 ml	
Kaliumferricyanid (wasserfrei)[1]	30,0 g	30,0 ± 5,0 g/l	49,0 g	49,0 ± 2,0 g/l
Natriumbromid (wasserfrei)	17,0 g	17,0 ± 2,0 g/l	26,0 g	26,0 ± 2,0 g/l
mit Wasser auffüllen auf	1,00 l		1,00 l	
pH bei 27°C (300 K)[2]		6,5 ± 0,5		6,5 ± 0,3
spez. Gewicht bei 27°C (300 K)		1,027 ± 0,003 (frisch)		1,043 ± 0,003
Stabilisator (S-1B) (Zulauf S-1BR)				
Wasser 24°C – 27°C (297–300 K)*)	900 ml		900 ml	
Formalin (Formaldehydlösung 37%)	15,0 ml	15,0 ± 5,0 ml/l	20 ml	20,0 ± 2,0 ml/l
KODAK Stabilizer Additive	0,14 ml		0,17 ml	
Mit Wasser auffüllen auf	1,00 l		1,00 l	
pH nicht bestimmt				

Um eine kontrastreiche Übertragung der Lichttonspur vom Tonnegativ auf den Farb-Positiv-Film zu erreichen, sollten nur die beiden oberen Emulsionsschichten (die für Grün empfindliche Purpurschicht und die für Rot empfindliche Blaugrün-Schicht) des Materials belichtet werden (siehe Abschnitt B.4.3.). Hierzu verwendet

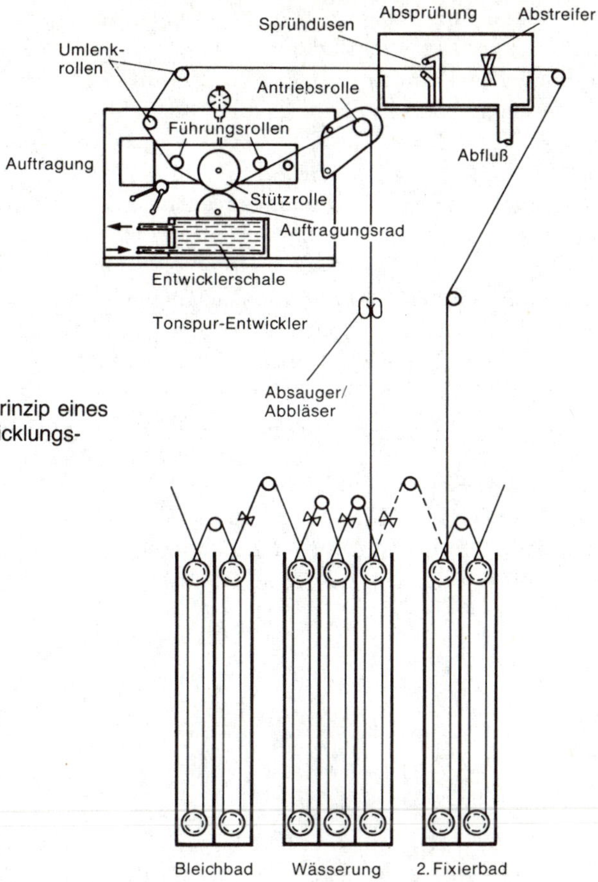

Abb. D12-2 Prinzip eines Tonspur-Entwicklungsgerätes

man bestimmte Filter-Kombinationen, zum Beispiel Kodak-Wratten-Filter No. 2B und No. 12.

Im ECP-2-Prozeß liefert der Entwickler zunächst ein positives Silber- und Farbstoffbild der Tonspur. Das erste Fixierbad entfernt unentwickeltes Silber-Halogenid auch aus dem Tonspurbereich. Danach wandelt das Bleichbad auch das Silber der Tonspur wieder in Silberhalogenid um. Um eine „*Silber-Tonspur*" zu erhalten, verwendet man zwischen der Bleichbadwässerung und dem zweiten Fixierbad eine besondere Tonspur-Entwicklungseinrichtung (*Abb. D12-2*). Dabei reduziert der Tonspur-Entwickler das Silberhalogenid der Tonspur zu einem positiven Silberbild. Durch die nachfolgenden Verarbeitungsstufen wird das Silber- und Farbstoffbild der Tonspur nicht nachteilig beeinflußt.

Nach Abb. D12-2 sorgt eine Antriebsrolle für konstante Laufgeschwindigkeit des Filmmaterials, um ein gleichmäßiges Auftragen des Tonspur-Entwicklers zu garantieren. Nach der ersten Führungsrolle gelangt der Film zur Auftragsstelle, an der der Film von einer Stützrolle in einer festen Lage geführt wird. Die Auftragsscheibe taucht in eine Schale ein, die mit Tonspur-Entwickler gefüllt ist. Die viskose Entwicklerflüssigkeit wird vom Rand der Auftragsscheibe mitgenommen und an der Auftragsstelle auf die Tonspur des vorbeilaufenden Filmes übertragen. Die Breite der aufgetragenen Entwicklerspur kann durch die Drehzahl der Auftragsscheibe und deren Abstand zur Stützrolle eingestellt werden. Um zu verhindern, daß der Tonspur-Entwickler in den Bildbereich ausläuft, muß die Oberfläche des Filmmaterials vor dem Auftragen des Tonspur-Entwicklers ausreichend getrocknet sein. Dazu benutzt man Absauger, denen ein mit heißer Luft betriebener Abbläser folgt.

Nach dem Auftragen des Tonspur-Entwicklers ist eine bestimmte Reaktionszeit notwendig, um eine verzerrungsfreie Lichttonaufzeichnung zu erhalten (siehe Abschnitt D.13.2.). Hierzu sind einige Umlenkrollen nötig, die den Film in entsprechenden Schleifen führen. Nach dem Tonspur-Entwicklungsprozeß ist der Tonspur-Entwickler vom Film zu entfernen. Hierzu verwendet man eine Absprüheinrichtung, deren Sprühdüsen so angeordnet sind, daß der Wasserstrahl auf beiden Seiten des Filmes über die Tonspur gegen den benachbarten Filmrand gerichtet ist. Der folgende Abstreifer muß schräg zur Laufrichtung des Filmes so montiert sein, daß das Spülwasser über den tonseitigen Rand des Filmmaterials abläuft. Auf diese Art kann man vermeiden, daß sich die Tonspur-Entwicklung auf die benachbarte Bildinformation nachteilig auswirkt.

13 Die Tonaufzeichnung

Bei Tonfilm- und Fernseh-Programmen kann die Bildinformation nur gemeinsam mit der Tonwiedergabe beim Zuschauer die beabsichtigte Illusion hervorrufen. Die Tonaufzeichnung ist damit ein wichtiger Bestandteil des Gesamtprogramms. Es soll daher auf einige wesentliche Dinge eingegangen werden [42].

13.1 Der Magnetton

Die magnetische Schallaufzeichnung wird heute überall im Produktionsbereich angewendet. Auch finden wir sie häufig in Form von Magnettonspuren auf Bildfilmen. – Beim Magnettonverfahren wird als Tonträger ein Kunststoffband oder ein Film mit einer magnetisierbaren Schicht (Eisenoxid, Chromdioxid) verwendet. Das Band läuft mit konstanter Geschwindigkeit an einem Sprechkopf vorbei (*Abb. D13-1*), dessen Wicklung von einem tonfrequenten Strom durchflossen wird. Damit entsteht innerhalb des Ringkopfkernes ein magnetischer Wechselfluß, so daß

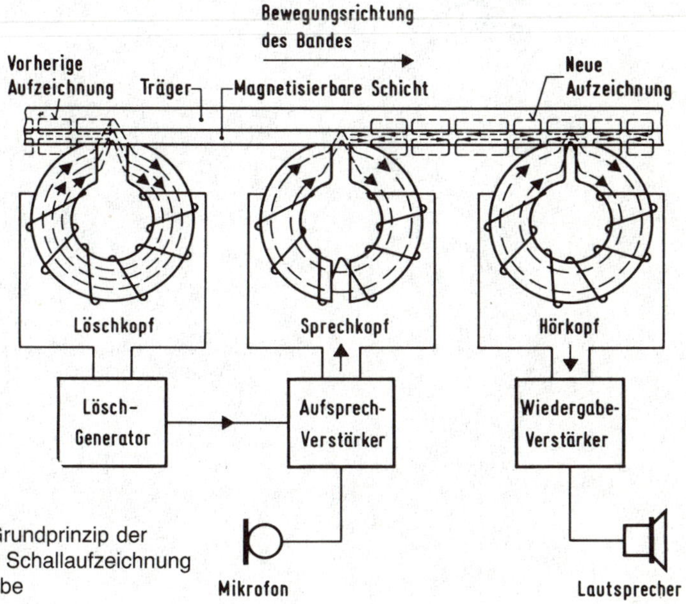

Abb. D13-1 Grundprinzip der magnetischen Schallaufzeichnung und Wiedergabe

magnetische Feldlinien an der Stelle seines Kernspaltes austreten können. Diese Feldlinien durchfluten die magnetisierbare Schicht des vorbeilaufenden Tonbandes und hinterlassen darauf einen remanenten Magnetismus, der dem aufzuzeichnenden Schallpegel entspricht.

Zur Wiedergabe der Aufzeichnung passiert das Tonband den Kernspalt eines Hörkopfes. Die Feldlinien des zuvor magnetisierten Bandes erzeugen dabei im Ringkern des Hörkopfes einen magnetischen Wechselfluß, der der Magnetisierung des Tonbandes proportional ist. Dieser magnetische Fluß induziert in der Wicklung des Hörkopfes eine Wechselspannung, die elektrisch verstärkt werden kann.

Für die Löschung der Schallaufzeichnung steht ein Löschkopf zur Verfügung, der bei Erregung mit einem hochfrequenten Wechselstrom zu einer völligen Entmagnetisierung des Bandes führt. Nach Löschung kann das Band wieder für eine andere Schallaufnahme verwendet werden.

Die Vorgänge der magnetischen Signalspeicherung werden in Abschnitt E noch ausführlicher behandelt.

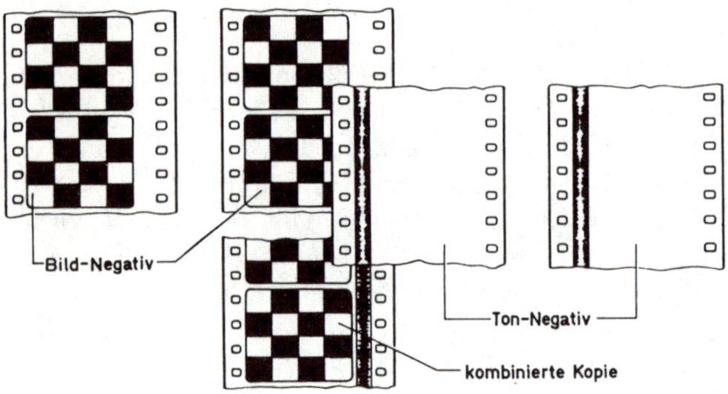

Abb. D13-2 Schema der Herstellung von Filmkopien mit Lichttonspur

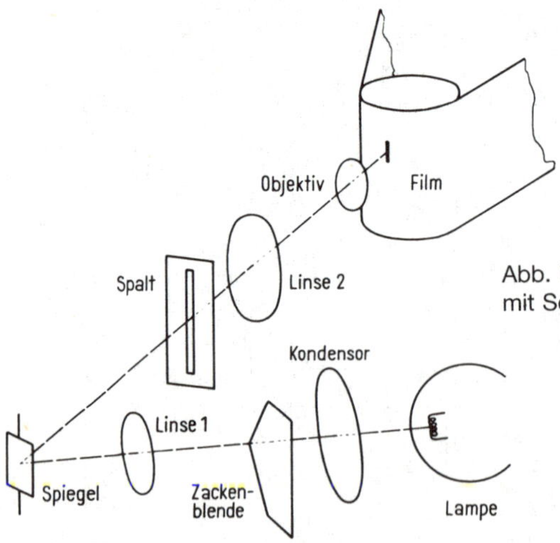

Abb. D13-3 Prinzip eines Lichttonsteuergerätes mit Schwingspiegel

13.2 Der Lichtton

Bei der Lichttonaufzeichnung bildet man das Tonfrequenzsignal auf einem lichtempfindlichen Filmstreifen, der mit konstanter Geschwindigkeit bewegt wird, in Form von Helligkeitsschwankungen ab. Der so erhaltene Lichttonnegativfilm wird entwickelt, fixiert und zusammen mit dem Bildnegativstreifen in einer Kopiermaschine vervielfältigt (*Abb. D13-2*). Damit erhält man einen Ton-Bild-Film, der zwischen Bildrand und Perforation eine Tonspur trägt.

Bei der Wiedergabe läuft der Tonfilm mit der gleichen Geschwindigkeit wie bei der Aufnahme ab. Seine Tonspur wird von einer gleichmäßigen Lichtquelle durchleuchtet, so daß die entstehenden Lichtschwankungen von einer Fotozelle in elektrische Ströme umgewandelt und von einem Verstärker zur Speisung des Lautsprechers verwendbar werden.

Zur Aufzeichnung einer Lichttonspur verwendet man ein Lichttonsteuergerät (*Abb. D13-3*). Das aufzuzeichnende Lichtbündel gelangt über einen Kondensor und eine Linse (1) auf den Spiegel eines Galvanometers. Dort reflektiert, belichtet es nach Durchgang eines Spaltes über die Linse (2) und das Objektiv direkt den Film. Hinter dem Kondensor ist in den parallelen Strahlengang eine Zackenblende eingefügt, die den Spalt in Ruhelage zu 50 % abdeckt. Wenn man die Antriebsspulen des Galvanometer-Systems mit einer der Schallinformation entsprechenden elektrischen Spannung erregt, erfährt der Spiegel eine seitliche Auslenkung um seine Ruhelage. Dabei wird das Spaltbild mehr oder weniger vom Schatten der Zackenblende abgedeckt und der aufzeichnende Lichtstrahl mit der Tonfrequenz moduliert.

Bei der Aufzeichnung hoher Tonfrequenzen tritt durch Lichtdiffusion in der fotografischen Schicht eine Nichtlinearität zwischen der gewünschten Modulation und der Aufzeichnung des Filmes auf, die man auch als „Donner-Effekt" bezeichnet und die sich hauptsächlich in einer Deformation der Konsonanten des Sprachbereiches äußert (*Abb. D13-4*). Dieses Problem bekommt man in den Griff, wenn man beim Kopierprozeß für den Positivfilm, die in der Negativtonspur durch Diffusion entstandene Vergrößerung der Bildelemente rückkompensiert. Dazu ist eine genaue Einstellung der fotografischen Dichte der negativen Lichttonspur zur Dichte der Positiv-Spur Voraussetzung, die man mit einem elektrischen Meßverfahren unter Anwendung der „Doppeltonmethode" festlegt [43].

Die Anordnung der Tonspuren auf dem Filmband ist vom verwendeten Format abhängig. *Abb. D13-5* bringt eine Übersicht häufig benutzter Tonspurkonfiguratio-

Abb. D13-4 „Verdonnerte" Lichttonspur
a) Positiv (Kopie)
b) Lichttonnegativ

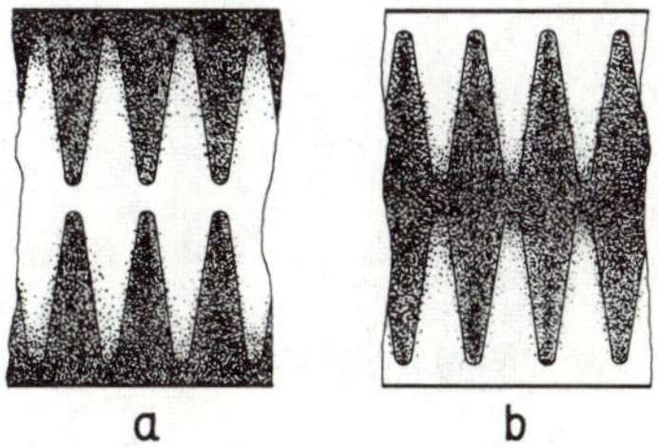

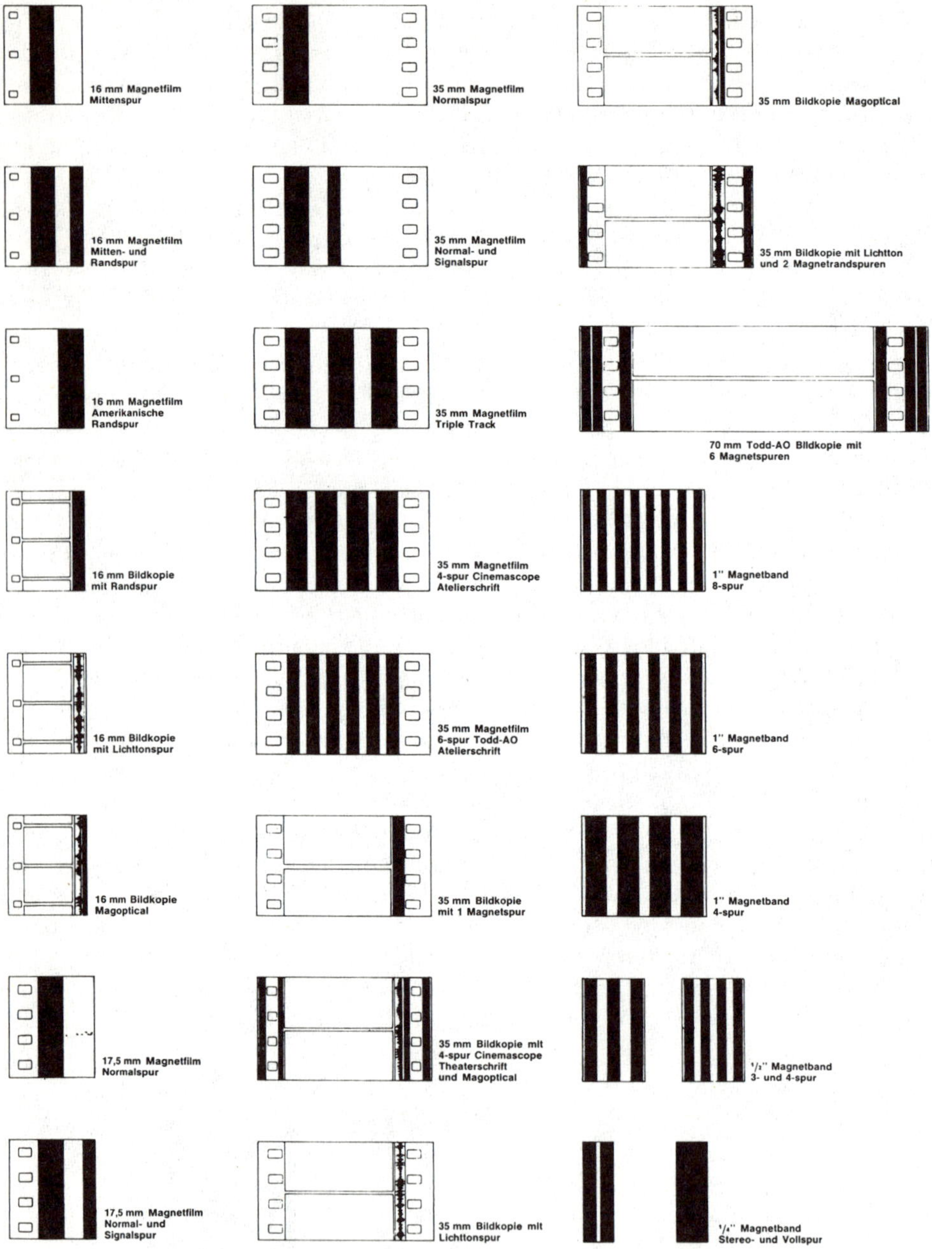

Abb. D13-5 Häufig benutzte Tonspurkonfigurationen auf Filmen und Tonbändern

nen. Neben den Bildfilmen mit Lichttonspuren, wie sie für Filmkopien allgemein üblich sind, zeigt die Darstellung auch eine Reihe von Bildfilmen mit Magnettonspuren. Magnetbespurte Filmkopien finden häufig bei Industrie-, Dokumentar- und Werbefilmen sowie zur Wiedergabe mehrkanaliger stereophonischer Schallaufzeichnungen in Filmtheatern Anwendung. Schließlich bringt die Zusammenstellung noch die Spurlagen von Studio-Magnettonbändern und -Magnettonfilmen, die im Produktionsprozeß und beim Zweistreifenverfahren – bei dem die Bild- und Toninformation auf getrennten Bändern gespeichert ist – Verwendung finden.

Das DOLBY-Lichttonverfahren

Das herkömmliche einkanalige Lichttonverfahren hat im Vergleich zur magnetischen Schallaufzeichnung vor allem den großen Nachteil eines unzureichenden Geräuschspannungsabstandes gegenüber dem eigentlichen Programmpegel. Schallaufzeichnungen dieser Art sind daher meist von einem lästigen Rauschen begleitet. Seit einer Reihe von Jahren wird daher mit zunehmender Tendenz das DOLBY-Lichttonverfahren angewendet.

Aus Gründen der Kompatibilität zu den bisher weltweit in großem Umfang installierten Einkanalsystemen zeichnet man innerhalb der genormten Spurbreite zwei Halbspuren, je eine für den linken und rechten Audiokanal, auf. Die Besonderheit des DOLBY-Lichttonverfahrens besteht außerdem noch darin, daß mit elektronischen Mitteln durch Addition der Links- und Rechtsinformationen nach der Beziehung

$$L + R = M \text{ (Mitte)}$$

ein Signal für den mittleren Lautsprecher hinter der Bildwand und durch Bildung der Differenz aus den beiden Stereosignalen für Links und Rechts nach der Relation

$$L - R = S \text{ (Seite)}$$

ein *Raumsignal* (Seitensignal) für die im Raum seitlich und rückwärts angeordneten Lautsprecher gewonnen wird. Es handelt sich also um eine *Vierkanalinformation*, die aufnahmeseitig durch entsprechende „Codierung" auf zwei Spuren gespeichert wird. Damit wurde es möglich, die in vielen Kinos aus der früheren Zeit vorhandene *CINEMASCOPE-Vierkanaltechnik* weiterhin zu nutzen.

Abb. D13-6 zeigt den Herstellungsprozeß für Lichttonfilme nach dem DOLBY-Verfahren. Aus den einzelnen Schallereignissen, die zunächst auf einzelnen Bändern gespeichert sind, entsteht zum Zeitpunkt der *„Tonmischung"* (1) eine stereophonische Vierkanalaufzeichnung mit einem Vierspur-Magnetfilmgerät (2) auf einem 35 mm breiten *Mastermagnetfilm* (3). Dabei wird diese Aufzeichnung über die Abhöranlage (8) des Kontrollraumes abgehört. – Anschließend findet die *„Dolby-Abmischung"* statt, bei der man die Vierkanal-Information über einen Dolby-Coder

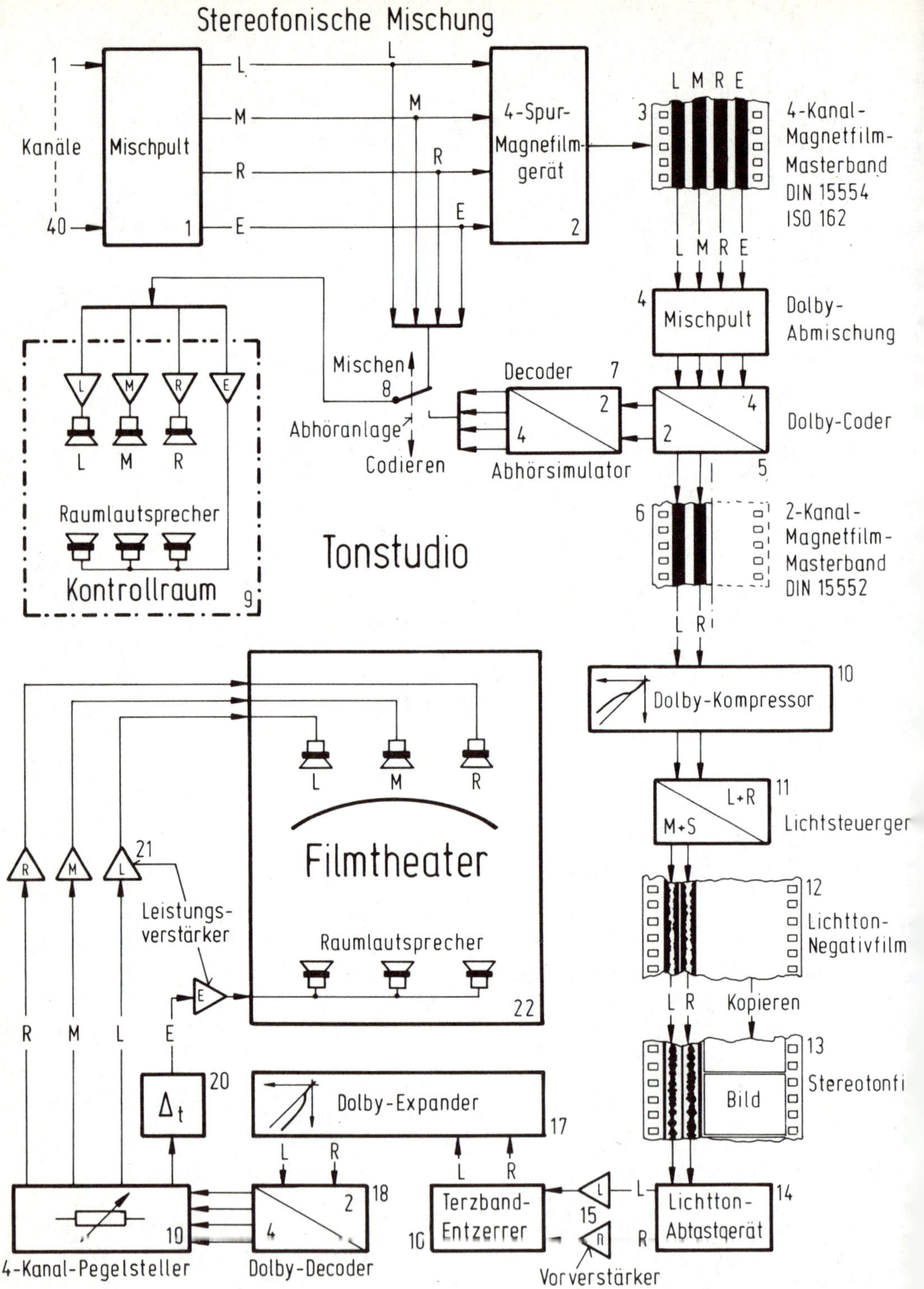

Abb. D13-6 Prinzip des DOLBY-Lichttonverfahrens

(5) als Zweikanal-Information auf einem 2-Spur-Magnetfilm (6) speichert. Während dieses „Codiervorganges" muß die Zweikanal-Information über einen decodierenden Abhörsimulator (7) in der 4-Kanal-Ebene im Kontrollraum (9) überprüft werden. – In einem dritten Arbeitsgang erfolgt die Umspielung der codierten Zweikanal-Information vom Masterband (6) mit einer *Dolby-Kompressionsschaltung* (10) und einem Lichtsteuergerät (11) auf den Lichttonnegativfilm (12). Nach der fotografischen Bearbeitung des Tonnegatives kopiert man die Tonaufzeichnung und den zugehörigen Bildinhalt gemeinsam auf den *Stereo-Tonfilm* (13), der dann als „Filmkopie" an ein Filmtheater zur Auslieferung kommt.

Zur Wiedergabe tastet man die beiden Tonspuren in bekannter Weise ab (14). Auf den zweikanaligen Vorverstärker (15) folgt ein *Terzband-Entzerrer* (16), der eine elektro-akustische Korrektur der gesamten Wiedergabeanlage des Filmtheaters vornimmt. Die entzerrte Zweikanal-Information gelangt zur Wiederherstellung der Originaldynamik auf den *Dolby-Expander* (17) und wird dann mit dem Dolby-Decoder (18) wieder in eine Vierkanal-Information zurückverwandelt, die über den Pegelsteller (19), die digitale Verzögerungsschaltung (20) und die Verstärkeranlage (21) die Lautsprecher des Filmtheaters (22) speist [137, 138, 139].

Wie bei der magnetischen Signalaufzeichnung, so wird auch beim „Lichtton" die digitale Schallspeicherung zunehmend an Bedeutung gewinnen. In diesem Zusammenhang ist das *Dolby-SR-D-Verfahren* besonders erwähnenswert. Dabei werden sechs digitalisierte Audio-Signale für die Bereiche „Links", „Mitte", „Rechts", einen „linken" und „rechten" Raumkanal sowie einen Tiefstton-Lautsprecher (Subwoofer) benutzt. Eine entscheidende Vorgabe für die Entwicklung dieses Systems war die Kompatibilität zum bestehenden Verfahren, so daß vorhandene Installationen und Ausrüstungen aus wirtschaftlichen Gründen auch weiter verwendet werden können. Die digitalen Informationen werden daher – zusätzlich zur vorher beschriebenen zweikanaligen Lichttonspur – auf dem Film zwischen den Perforationslöchern aufgezeichnet. Damit ist das neue System „abwärtskompatibel". Filmkopien mit digitaler und analoger Aufzeichnung können daher praktisch in allen Kinos abgespielt werden, so daß keine zusätzlichen Kosten für besondere Filmkopien entstehen.

Wirtschaftlich betrachtet ist das Lichttonverfahren gegenüber dem Magnetton weit überlegen, weil die Audio-Information über moderne Filmkopiermaschinen bei hoher Laufgeschwindigkeit in einem Arbeitsgang gleichzeitig mit dem Bild vom jeweiligen Negativ auf den Kopierfilm übertragen werden kann.

14 Die Nachsynchronisation von Filmen

Eine der spektakulärsten Neuerungen auf dem Gebiet der Bild- und Tonspeicherung war sicher die Einführung des Tonfilms im Jahre 1929. Wenn auch das Phänomen der sprechenden Bilder auf der Leinwand die Zuschauer zunehmend faszinierte, so war doch der internationale Austausch von Filmen mehr in Frage gestellt, weil die unterschiedlichen Sprachen der Völker plötzlich Schranken aufrichteten, die es zu Zeiten des Stummfilms nicht gegeben hatte. Als besonders zweckmäßig für die Übersetzung des Filmtextes in eine fremde Sprache hat sich daher die Methode der Nachsynchronisation bis heute erwiesen [102].

Ausgangsmaterial für die Nachsynchronisation sind die Originalfassung des Films in Form einer Arbeitskopie und eine Übersetzung des Originaldrehbuches (*Abb. D14-1*). Im Schneideraum unterteilt man die Arbeitskopie anhand der vorliegenden Übersetzung sinnvoll in einzelne Abschnitte, die man *Takes* nennt. Dabei sollen Inhalt und Aussage nicht zerrissen werden. Ebenso sollte durch das Taken das Timbre bei der späteren Sprachaufnahme nicht gestört sein. Die Länge der Takes hängt im allgemeinen von der Schwierigkeit des Textes ab, sie liegt beim 35-mm-Film zwischen 3 und maximal 20 Metern. Die nun getrennten Filmabschnitte erhalten ein Synchronstartband und werden zu Bildschleifen zusammengeklebt. Das Startband vermittelt dem Sprecher einen Taktrhythmus im Abstand von jeweils einer Sekunde und erleichtert ihm damit den zeitlich richtigen Einsatz des Dialogs.

Beim Checken wird die Textübersetzung lippensynchron umgearbeitet. Dabei ist zu berücksichtigen, daß die einzelnen Sprachlaute durch verschiedene Mund- und Lippenstellungen bestimmt sind. Die drei Konsonanten b, p und m sind zum Beispiel untereinander austauschbar. Auch Vokale lassen sich häufig beliebig miteinander wechseln, solange der Darsteller nicht sehr deutlich artikuliert und in Großaufnahme spricht. Ergebnis der Checkarbeit ist das deutsche Drehbuch. Es enthält – in einzelne Akte unterteilt – alle für die Synchronarbeit wichtigen Angaben.

Die Sprachaufnahmen finden in einem Synchronstudio (*Abb. D14-2*) statt. Die akustischen Eigenschaften des Aufnahmeraumes sollten den rasch aufeinanderfolgenden Aufnahmen mit Innen- oder Außencharakter leicht anpaßbar sein. In diesem Zusammenhang verwendet man häufig eine Art „Zelt", eine mit schallabsorbierenden Stoffen ausgekleidete Ecke des Aufnahmeraumes. Spielt die zu synchronisierende Szene im Inneren eines Raumes, so steht der Sprecher vor dem normalen Studiomikrofon (5) im Raum. Zeigt der Inhalt eine Außenszene, dann begibt er sich in das Zelt (7). Der Schall wird hier von den stark dämpfenden Begrenzungsflächen

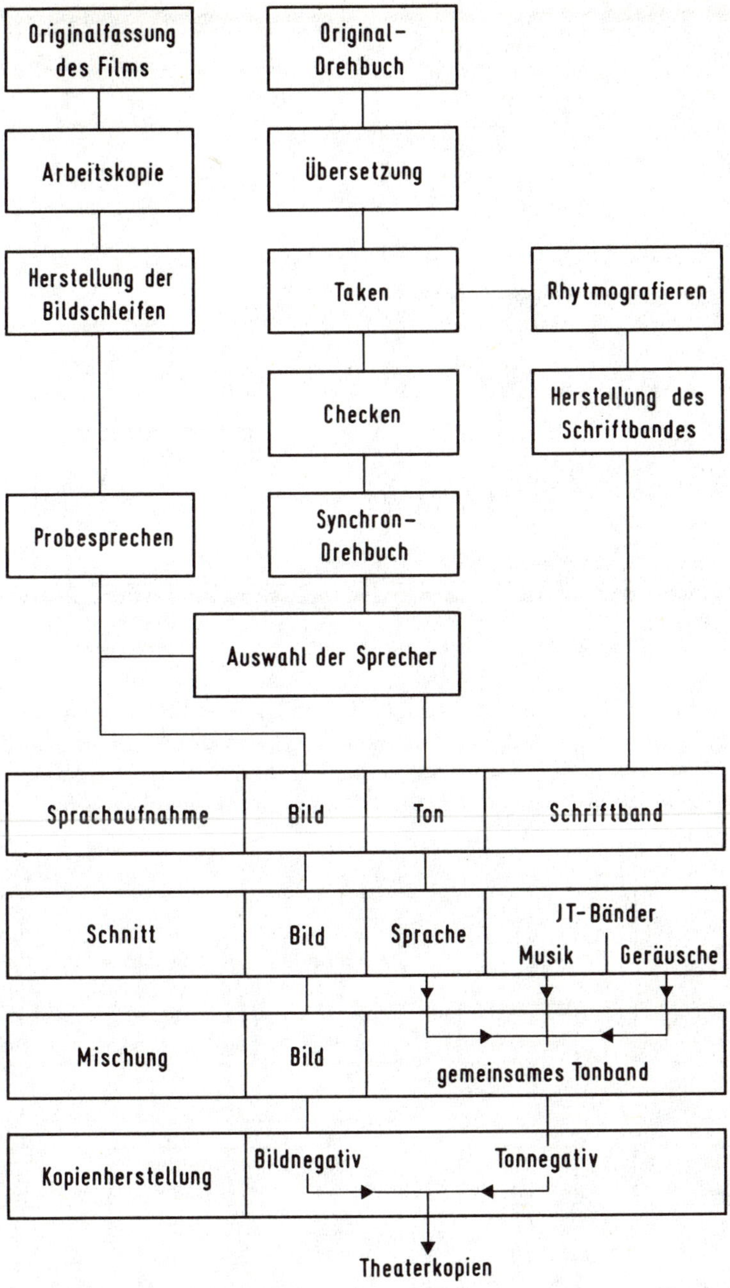

Abb. D14-1 Technischer Ablauf der Nachsynchronisation

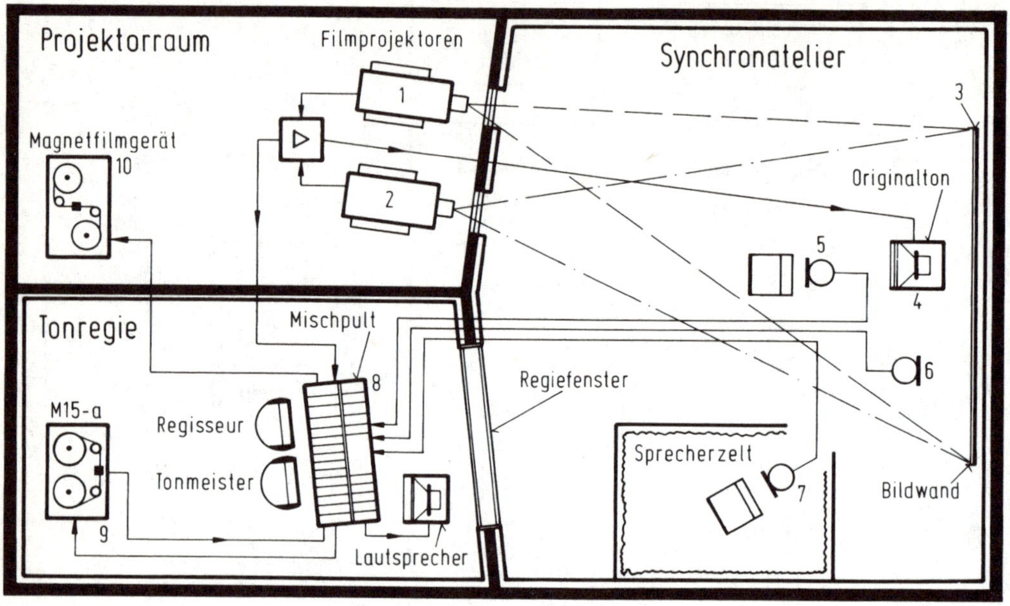

Abb. D14-2 Anordnung der Räume eines Synchronstudios

stark absorbiert, so daß bei der Aufnahme eine akustische Täuschung wirkt, die einem reflexionsfreien Schallfeld gleichkommt, das in der Natur nur im Freien zu finden ist. Der Bildinhalt der vom Schneideraum vorbereiteten Schleifen wird nun wechselweise mit zwei Bildwerfern (1 und 2) auf die Bildwand (3) projiziert. Jeweils

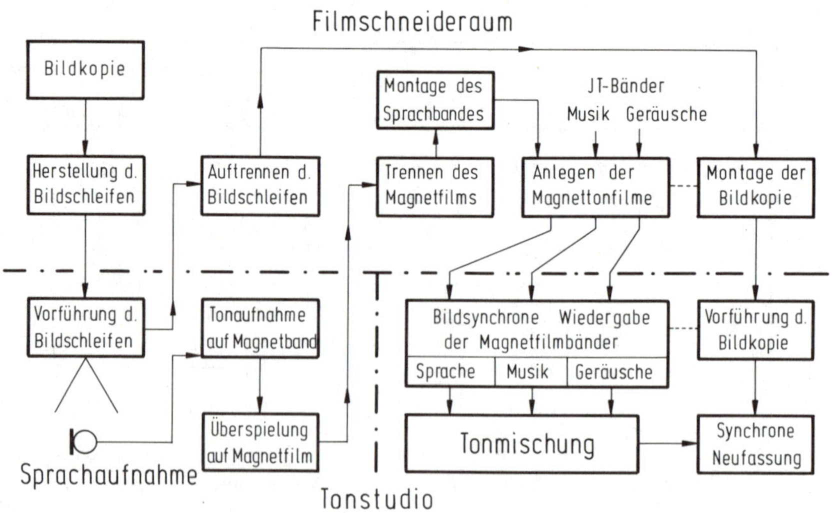

Abb. D14-3 Prinzip der Nachsynchronisation von Filmen mit Bildschleifen

bei Projektion einer neuen Schleife gibt man dem Sprecher über den Lautsprecher (4) den Originalton zum Einhören. Nach einigen Probedurchgängen sind Klangcharakter, Sprechweise und Synchronität optimal, so daß der Take über die Mikrofone (5, 6, 7), das Mischpult (8) auf Tonband (9) aufgezeichnet werden kann. Ist die Bandaufnahme brauchbar, so wird die Schallaufzeichnung während des Take-Wechsels auf Magnetfilm (10) überspielt.

Nach Ende der Arbeiten im Synchronstudio werden die Bildschleifen im Schneideraum getrennt und wieder zu einer zusammenhängenden Bildkopie montiert (*Abb. D14-3*) und dazu das neu aufgenommene deutsche Sprachband (Magnetfilm) angelegt. Daran schließt sich noch ein Synchronvergleich der IT-Bänder (internationale Musik- und Geräuschbänder ohne Sprachsignal) an. Sind alle Bänder geprüft und hinsichtlich Länge und Synchronismus identisch, so kann die Mischung der einzelnen Tonbänder (siehe Seite 327) bei gleichzeitiger Überspielung der Schallereignisse auf ein neues Magnetfilmband ablaufen. Die dabei entstehende Tonfassung ergibt zusammen mit der Schnittkopie die gewünschte Sprachfassung des Programms.

E) Video-Band

Die magnetische Bildaufzeichnung gehört, ähnlich wie die magnetische Schallaufzeichnung, zu der Gruppe der Informationsspeicher, mit denen durch verschieden starke Magnetisierung eines magnetisch empfindlichen Bandmaterials einzelne Informationen dauerhaft festgehalten werden können. Die Vorteile der magnetischen Speicherung liegen in der Möglichkeit der sofortigen Wiedergabe der gespeicherten Nachricht und der Löschung fehlerhafter oder nicht mehr benötigter Aufnahmesequenzen.

1 Magnetische Grundbegriffe

Zum besseren Verständnis der magnetischen Signalaufzeichnung erscheint es sinnvoll, sich mit einigen magnetischen Grundbegriffen und der Theorie der magnetischen Aufzeichnungsmechanismen etwas vertraut zu machen.

1.1 Magnetische Grundgrößen

In einem magnetischen Feld, das von einer stromdurchflossenen Spule erzeugt wird, ist die wirksame magnetische Feldstärke H mit der Flußdichte (magnetische Induktion) B durch die Beziehung

$$B = \mu \cdot H$$

verknüpft. Darin stellt die Permeabilität als magnetische Feldkonstante eine Materialkenngröße dar, die das magnetische Leitvermögen des vom Fluß Φ durchsetzten Materials charakterisiert. Handelt es sich dabei um einen nichtmagnetischen Stoff (Luft, Kupfer, Kunststoffe und so weiter), so ist die Permeabilität nahezu konstant und beträgt

$$\mu_o = \frac{4\,\pi}{10^7}\ \text{H/m}.$$

Bei einem Ferromagnetikum (Eisen, Nickel, Kobalt) ist das magnetische Leitvermögen und damit die Permeabilität viel größer. Der Vergrößerungsfaktor wird durch die relative Permeabilität

$$\mu_{rel} = \frac{\mu}{\mu_o}$$

angegeben. Die relative Permeabilität wiederum ist bei den ferromagnetischen Werkstoffen von der jeweils einwirkenden Feldstärke abhängig, so daß keine lineare Beziehung mehr zwischen der Induktion und der Feldstärke besteht. Die Verkopplung beider Größen wird durch die *Magnetisierungskurve (Hystereseschleife)* beschrieben, deren Form durch die magnetischen Eigenschaften des betreffenden Materials bestimmt wird.
Nach DIN 1339 ergeben sich folgende Zusammenhänge:

Tabelle E1:

Magnetischer Fluß	Φ	Weber	= Wb = Vs = Voltsekunden
Magnetische Flußdichte	B	Tesla	$= T = \frac{Wb}{m^2} = \frac{Vs}{m^2}$
Magnetische Feldstärke	H	$\frac{\text{Ampère}}{\text{Meter}}$	$= \frac{A}{m} = \frac{N}{Wb} = \frac{N}{Vs}$
Magnetische Feldkonstante	μ_o	$\frac{\text{Henry}}{\text{Meter}}$	$= \frac{H}{m} = \frac{Vs}{Am} = \frac{Wb}{Am} = \frac{\Omega s}{m}$

Früher gebräuchliche Einheiten waren:

Magnetischer Fluß: 1 Maxwell (M) = 10^{-8} Vs = 10^{-8} Wb = 1 Gauß · cm^2
Magnetische Flußdichte: 1 Gauß (G) = 10^{-4} Vs/m^2 = 10^{-4} Wb/m^2 = 10^{-8} Vs/cm^2
Magnetische Feldstärke: 1 Oersted (Oe) = $\frac{10^3}{4\pi}\frac{A}{m} = \frac{10}{4\pi}\frac{A}{cm}$

1.2 Magnetismus

Vom Atomaufbau her ist bekannt, daß die Elektronen nicht nur den Atomkern umkreisen, sondern daß sie auch noch eine Eigenrotation – den sogenannten *Spin* – besitzen. Dieser Spin ist die Ursache eines *magnetischen Momentes*. Durch paarweises Auftreten der Elektronen mit antiparalleler Spinausrichtung auf der gleichen Elektronenschale wird das magnetische Moment neutralisiert. Neben dem Spin kann auch die auf einer Bahn erfolgende Elektronenbewegung zur Entstehung eines magnetischen Momentes (des Bahnmomentes) beitragen.

Wenn sich alle Spin- und Bahnmomente innerhalb eines Atomes aufheben, so ergibt sich ein *diamagnetisches Verhalten* des betreffenden Stoffes. In diesem Fall wird μ_{rel} kleiner als 1. Heben sich die magnetischen Momente nicht restlos auf, so zeigt der Stoff ein *paramagnetisches Verhalten*, dabei wird μ_{rel} größer als 1. Das resultierende magnetische Moment der Atome hebt sich zwar in einer größeren Atomanhäufung nach außen hin wieder auf; wirkt aber ein ansteigendes fremdes magnetisches Feld auf einen paramagnetischen Stoff ein, so erfolgt eine zunehmende Ausrichtung der statistisch verteilten magnetischen Momente in Richtung des einwirkenden Feldes. Den Grad vollständiger Ausrichtung bezeichnet man als *Sättigung*.

Derartige bis zur Sättigung ausgerichtete Atomgruppen (Elementarbereiche) nennt man *Weißsche Bezirke*. Einen Stoff, bei dem diese Erscheinung auftritt, bezeichnet man als Ferromagnetikum. Die räumliche Ausdehnung der Weißschen Bezirke beträgt beispielsweise bei α-Eisen etwa 10^{-2} μm.

1.3 Magnetisierungskurve

Wirkt ein stetig zunehmendes magnetisches Feld auf einen magnetisch zunächst neutralen ferromagnetischen Werkstoff ein, so vergrößern sich die Weißschen Bezirke, deren Magnetisierungsvektor in Richtung des Fremdfeldes zeigt, zu Ungun-

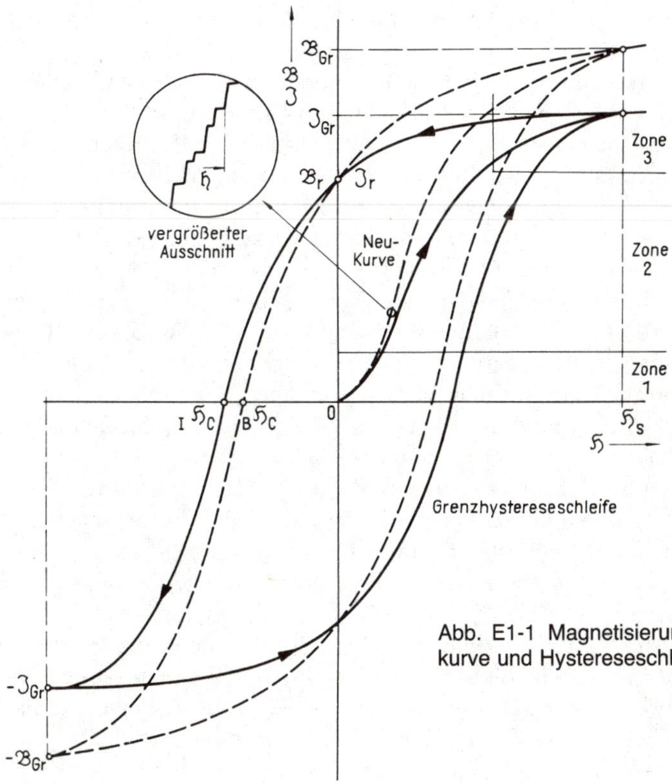

Abb. E1-1 Magnetisierungskurve und Hystereseschleife

sten ihrer Nachbarzonen. Im Falle eines pulverförmigen Stoffes erfolgt dagegen eine Drehung des Magnetisierungsvektors der Teilchen in Richtung des einwirkenden Feldes. Das sich auf diese Weise einstellende magnetische Moment in Abhängigkeit von der einwirkenden Feldstärke H zeigt die in Bild E1-1 als *Neukurve* bezeichnete *Magnetisierungskurve*. Bei entsprechend großer Feldstärke, der Sättigungsfeldstärke H_s, stellt sich Sättigungscharakter ein, das heißt, die Magnetisierung nimmt trotz Erhöhung der Feldstärke kaum noch zu. Wird das Feld umgepolt bzw. die Feldstärke von +H auf –H und abermals auf +H stetig verändert, wo ergibt sich als Kurvenzug eine Hystereseschleife, die in diesem Falle als Grenzhystereseschleife bezeichnet wird. Der Magnetisierungsvorgang selbst läuft in drei aufteilbaren Zonen physikalisch unterschiedlich ab.

Zu Beginn der Magnetisierung (Zone 1) eines ferromagnetischen Stoffes, das heißt solange die Feldstärke eine bestimmte Größe noch nicht überschritten hat, verlaufen die Drehungen der Magnetisierungsvektoren pulverförmiger Teilchen reversibel. Die Veränderung erfolgt gewissermaßen nur „elastisch". Beim Aufhören der Feldeinwirkung nimmt das Material wieder seinen ursprünglichen Zustand an.

In einer anschließenden Zone 2 findet bei einer weiteren Erhöhung der Feldstärke eine sprunghafte Verschiebung der Magnetisierungsvektoren in die Richtung des Fremdfeldes statt. Dabei ist eine von der Richtungsdifferenz abhängige *Umschlagsenergie* aufzubringen. Die hierzu benötigte Feldstärke wird als *Sprungfeldstärke* h bezeichnet. Sie ist bei den einzelnen Teilchen verschieden groß, weshalb die Magnetisierungsrichtungen der Teilchen mit zunehmender Feldstärke erst nacheinander umklappen, wie aus dem stark vergrößerten Ausschnitt der Magnetisierungskurve *Abb. E1-1* zu ersehen ist. Bei einer Verminderung der einwirkenden Feldstärke verschwindet nur der reversible Anteil der Magnetisierung. Die pulverförmigen Teilchen können die Umschlagsenergie zur Erreichung der Ausgangslage nicht mehr selbst aufbringen. Bei verschwindender Feldstärke bleibt eine remanente Magnetisierung bestehen.

Steigt die Stärke des einwirkenden Feldes (Zone 3) bis zur Sättigungsfeldstärke weiter an, so stellt sich die Sättigungsmagnetisierung I_s ein. Dabei existieren fast nur noch Weißsche Bezirke, deren Magnetisierungsvektoren in Feldrichtung weisen. Ebenfalls sind nahezu sämtliche Magnetisierungsvektoren der pulverförmigen Teilchen in Feldrichtung orientiert. Verschwindet die Sättigungsfeldstärke, so geht die Magnetisierung auf den durch den irreversiblen Anteil bedingten Wert zurück. Diesen Wert bezeichnet man als remanente Grenzmagnetisierung I_{gr}.

Will man die remanente Magnetisierung aufheben bzw. „löschen", so muß man eine entsprechende „Gegenfeldstärke" H_c wirken lassen. Diese Gegenfeldstärke, hervorgerufen durch einen Strom in entgegengesetzter Richtung, wird auch Koerzitivkraft (H_c) genannt.

An der Hysteresekurve erkennt man, daß die magnetische Induktion B in einem ferromagnetischen Stoff nicht eindeutig durch die einwirkende Feldstärke H bestimmt wird, sondern weitgehend von den magnetischen Eigenschaften des jeweils verwendeten Materials abhängig ist. Dabei unterscheidet man zwischen „magnetisch weichen" und „magnetisch harten" Stoffen.

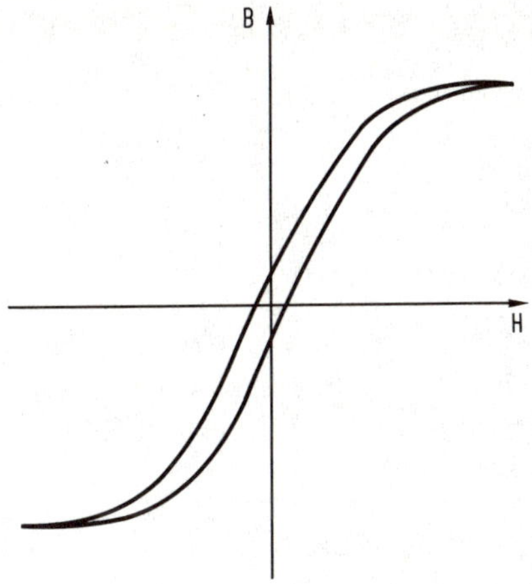

Abb. E1-2 Hystereseschleife eines magnetisch „weichen" Stoffes

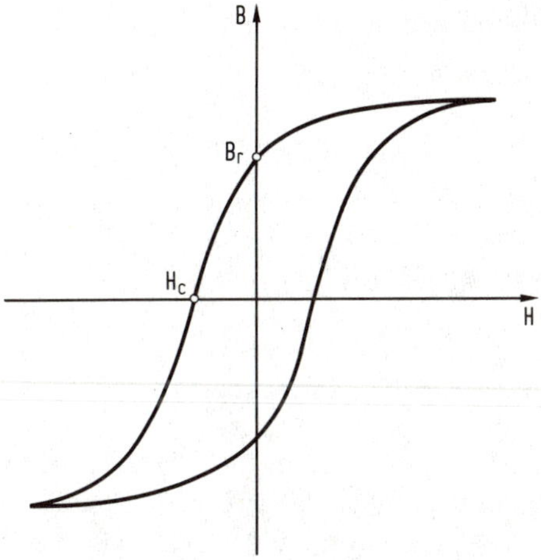

Abb. E1-3 Hystereseschleife eines magnetisch „harten" Stoffes

Magnetisch weiche Stoffe (*Abb. E1-2*) haben eine Hysterese, die in schmalen Schleifen verläuft. Die Werte für Remanenz B_r und Koerzitivkraft H_c sind klein. Magnetisch harte Stoffe haben eine breite, großflächige Hysterese mit hohen Werten für die Remanenz B_r und die Koerzitivkraft H_c (*Abb. E1-3*). Die von der Hystereseschleife umschlossene Fläche stellt ein Maß für die erforderliche Ummagnetisierungsarbeit dar. Überall dort, wo eine Wechselmagnetisierung stattfindet (Übertrager, Magnetköpfe etc.), setzt man weichmagnetische Stoffe ein, um die Ummagnetisierungsverluste (Wirbelstromverluste) gering zu halten.

Wo aber eine Magnetisierung lange haltbar und gegen eine mögliche Entmagnetisierung unempfindlich sein soll, verwendet man magnetisch harte Materialien wie zum Beispiel für die Beschichtung von Magnetbändern oder zur Herstellung von Dauermagneten.

2 Die magnetische Signalspeicherung

Bei der magnetischen Signalspeicherung wird der zeitliche Verlauf eines elektrischen Signals in einer örtlichen Verteilung der remanenten Magnetisierung längs der Bewegungsrichtung eines ferromagnetischen Trägers gespeichert.

Die magnetische Signalspeicherung wird seit langem in der Schallaufzeichnungstechnik angewendet. Die Probleme der Video-Aufzeichnung sind mit denen der Audio- (Ton-) Aufzeichnung von der Grundlage her weitgehend verknüpft. Es erscheint in diesem Zusammenhang daher sinnvoll, auch die Probleme der Schallaufzeichnungstechnik zu berühren.

2.1 Das Magnetband

Für die Speicherung von Video- und Audiosignalen verwendet man vorwiegend bandförmige Aufzeichnungsträger, deren Trägerfolie meist aus den zur Gruppe der Polyester gehörigen Kunststoffe, wie Terylen oder Mylar, besteht [48]. Im Herstellungsprozeß bringt man auf das Trägermaterial eine magnetisch wirksame Schicht aus Eisenoxid (γFe_2O_3) oder Chromdioxid (CrO_2) auf. Hierzu werden die Oxid-Kristalle mit einem Bindemittel versehen und in einer Kugelmühle auf eine Teilchengröße von < 1 µm gemahlen. Man verwendet vorwiegend „nadelförmige“ Kristalle, deren Längen-Breiten-Verhältnis etwa 10:1 beträgt. Vor dem Auftragen der Dispersion wird die Lösung noch mehrmals filtriert. Während des Gießprozesses läßt man auf die noch flüssige Schicht ein magnetisches Gleichfeld einwirken, das die nadelförmigen Kristalle in eine „Vorzugsrichtung“ lenkt. Damit erreicht man eine Steigerung der Remanenz und der Empfindlichkeit des Bandes (*Abb. E2-1*). Chromdioxidschichten ergeben durch bessere Oberflächenglätte und höheren Füllfaktor gegenüber Eisenoxidschichten auch bei kleineren Wellenlängen eine größere Aussteuerbarkeit und damit bei kleinen Bandgeschwindigkeiten eine bessere Wiedergabe der höheren Frequenzen. Diese Verbesserung läßt sich durch den mit weniger Fehlern behafteten Aufbau des Chromdioxid-Kristallgitters erklären, der auch zu einer Vergrößerung der Koerzitivkraft führt. – Dem Chromdioxyd ähnliche Eigenschaften lassen sich auch mit *kobalt-dotierten Eisenoxyden* (γFe_2O_3 + Co oder γFe_3O_4 + Co) erreichen.

Abb. E2-1
Schnitt durch ein
Magnetband

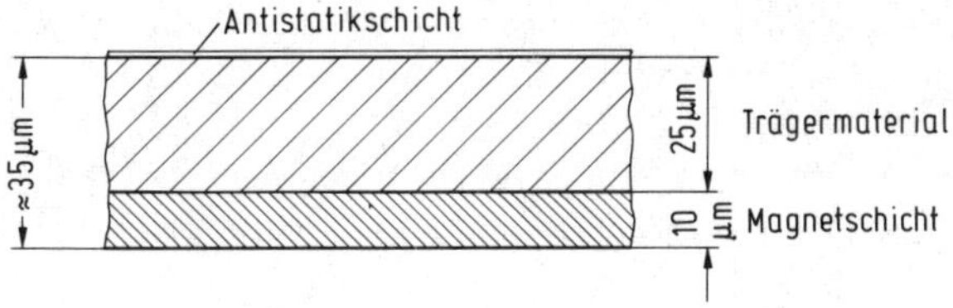

Tabelle E2:
Eigenschaften magnetischer Schichten für Video- und Audio-Bänder

		γ-Eisenoxyd Fe_2O_3	Chromdioxyd CrO_2	Reineisen Fe
Koerzitivkraft	H_C (A/cm)	240	390	795
Sättigungsremanenz	M_R (mT)	110	160	330
Sättigungsmagnetisierung	M_S (mT)	135	178	350
Richtfaktor	M_S/M_R	0,9	0,85	0,8

Abb. E2-2 Struktur von γ-Eisenoxid Fe_2O_3 (links) und Reineisen Fe (rechts). Nichtmagnetisierbare Teilchen sind als 0 dargestellt (1 Å ≙ 10^{-10} m)

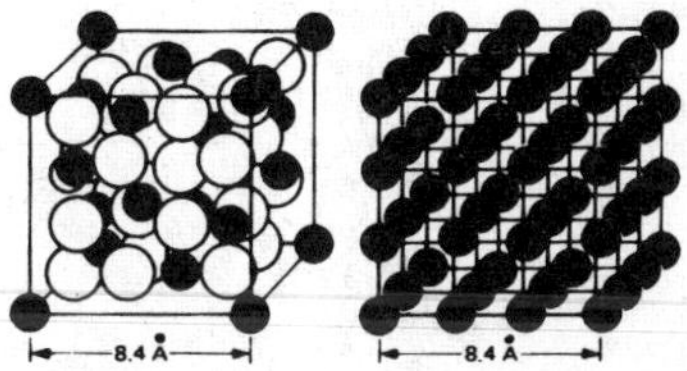

Abb. E2-3 Hystereseschleifen von Magnetbändern

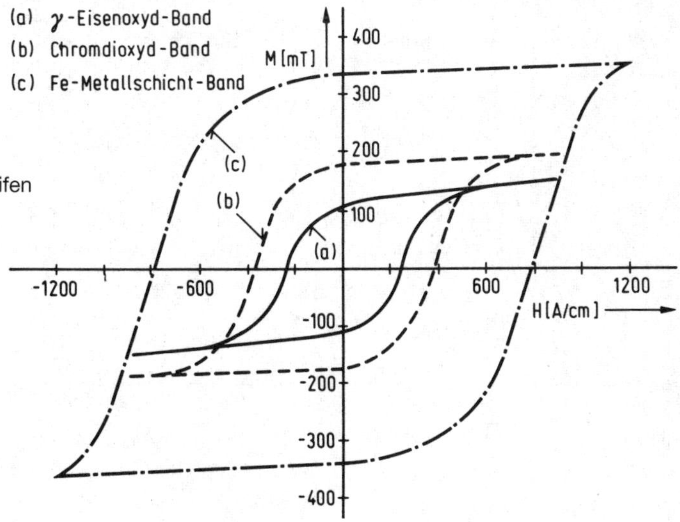

Eine Alternative zu den bisher erwähnten Schichten aus Eisenoxyd und Chromdioxyd stellen die Metallschichtbänder dar, die trotz dünnerer Magnetschichten eine wesentlich höhere Sättigungsremanenz und Koerzitivkraft aufweisen. Wie *Abb. E2-2* zeigt, sind die günstigen magnetischen Eigenschaften dieser Bänder auf die etwa zehnfache Packungsdichte der submikroskopischen nadelförmigen Partikel aus

Tabelle E3:

Bandformat	Verwendungszweck		Konfektionierung	
	Video	Audio	Video	Audio
2"	Studiobereich Quadruplexformat-Format**	Studio/analog 32-, 24-, 16-Spurtechnik	Spule	Wickel mit Kern
1"	Studiobereich Formate: A**, B und C	Studio/analog 16- und 8-Spurtechnik	Spule	Wickel mit Kern
¾"	– Studiobereich: – Digital-Component – D1/CCIR-601/4:2:2 – D2/Composite/FBAS	Studio/analog 8- und 4-Spurtechnik	Kassette	Wickel mit Kern
	– U-Matic-System: LB, HB und SP	digital mit PCM-Prozessor	Kassette	Kassette
½"	ENG/EFP-Bereich – Betacam-SP und – M-II-System – D3/digital für Composite-FBAS	Studio/digit. DASH-Format 48- und 24-Spuren	Kassette	Wickel mit Kern
	– S-VHS-System	digital/PCM	Kassette	Kassette
	Amateurbereich – VHS/VHS-HiFi, – Betamax – Video-2000	Studio/analog 4-Spurtechnik	Kassette	Wickel mit Kern
5/16" 8 mm	– Hi-8 und Video-8	–	Kassette	–
¼"	ENG-/EFP-Bereich – Quarter-Cam	Studio/digit. DASH-Format 16- und 8-Spuren	Kassette	Wickel mit Kern
		2-Spur-analog		Wickel mit Kern
⅛"	–	R-DAT/digital	–	Kassette
	–	Amateurbereich 4- und 2-Spuren	–	Compact-Cassette

** Auslaufende Systeme

metallischem Eisen (Fe) gegenüber den feinpulvrigen Präparaten aus Eisenoxyd oder Chromdioxyd zurückzuführen. Die verschiedenen magnetischen Eigenschaften der besprochenen Bandmaterialien gehen aus *Abb. E2-3* und *Tabelle E2* hervor [103, 104].

Heutige Bänder haben eine große mechanische Festigkeit, ihre Schichten sind gegen Feuchtigkeit resistent. Da die Bänder in den Aufzeichnungsmaschinen – zumindest beim Umspulen – mit hoher Geschwindigkeit laufen, können statische Aufladungen entstehen, die wiederum kleine Staubpartikel anziehen. Diese Fremdkörper führen bei Aufnahme oder Wiedergabe zu kurzzeitigen Signaleinbrüchen, die man auch als Drop-out bezeichnet. Zur Vermeidung statischer Aufladungen bringt man daher auf der Rückseite der Trägerfolie eine besondere Beschichtung auf, die den Oberflächenwiderstand auf weniger als 0,5 Megohm/m^2 verringert.

Nach dem Herstellungsprozeß werden die Magnetbänder konfektioniert und in verschiedenen Abmessungen in den Handel gebracht (*siehe nebenstehende Tabelle E3*).

In dieser Darstellung sind die Magnettonfilme für die synchrone Schallaufzeichnung nicht erwähnt. Eine Zusammenstellung der Formate und Spurlagen findet sich auf Seite 378.

An Hand zweier Beispiele sind im folgenden die Technischen Daten von zwei Videobändern der Studioformate gegenübergestellt:

Tabelle E4:

	2-Zoll Eisenoxid SCOTCH 420 3 M		1-Zoll Chromdioxid BASF CV 26 R	
Physikalische Eigenschaften				
Farbe	Oxidschicht glänzend, dunkelbraun Rückseite matt, schwarz		schwarz, Oxid- und Rückseite glänzend	
Trägermaterial	Polyester mit Rückseitenschutz für verbesserte Wickeleigenschaften		Polyester mit Rückseitenschutz	
Bandbreite	2 Zoll 50,8 mm + 0,00 mm – 0,10 mm		1 Zoll 25,4 mm + 0,00 mm – 0,10 mm	
Banddicke	Träger	24 µm	Träger	19,0 µm
	Oxidschicht	12 µm	Oxidschicht	5,5 µm
	Dicke gesamt	36 µm	Rückschicht	1,5 µm
			Dicke gesamt	26,0 µm
Plastische Dehnung	0,2 %		0,2 %	
Rückseitenwiderstand	$< 0,5$ MΩ/inch^2		$< 0,5$ MΩ/inch^2	
Magnetische Eigenschaften				
Magnetpigment	Transversal ausgerichtetes γ-Eisenoxid (Low Noise Oxid)		Chromdioxid, ausgerichtet nach B-Standard (≈ 15°)	

	2-Zoll Eisenoxid SCOTCH 420 3 M	1-Zoll Chromdioxid BASF CV 26 R
Koerzitivkraft	340 Oerstedt (270 A/cm)	530 Oerstedt (420 A/cm)
Remanenz	transversal 92 mT (920 Gauß) longitudinal 65 mT (650 Gauß)	145 mT (1450 Gauß)
Video-Audio-Eigenschaften		
Störabstand	46 dB	≧ 44 dB
Drop-out-Häufigkeit	10/min Durchschnitt 25/min max.	≦ 20/min
Band-Lebensdauer	2000 Durchläufe	2000 Durchläufe
Tonpegel-Konstanz	± 1 dB	± 1 dB

2.2 Der Aufzeichnungsvorgang

Beim Aufzeichnungsvorgang hat der in der Wicklung des Aufsprechwandlers (*Abb. E2-4*) – der in der Schallaufzeichnungstechnik auch als Sprechkopf bezeichnet wird – fließende Signalstrom einen sich verändernden magnetischen Fluß im Kern des Kopfes zur Folge [49]. Der meist als Ringkern ausgebildete Kopfkern besitzt an der Stelle, an der er das vorbeiziehende Magnetband berührt, einen Spalt. Dieser ist mit nichtferromagnetischem Material ausgefüllt, damit ein Zusetzen mit Magnetpartikeln, die vom Abrieb des Magnetbandes herrühren, vermieden wird. Wegen der geringeren Permeabilität des Spaltmaterials ($\mu_{rel} = < 1$) treten die Flußlinien vor den Polenden auch seitlich aus und bevorzugen zur Überbrückung des Spaltes vorwiegend das vorbeiziehende Magnetband mit etwas höherer Permeabilität, das dadurch vom wechselnden Signalstrom magnetisiert wird. Die aufgezeichnete Wellenlänge (λ) ist von der Laufgeschwindigkeit des Magnetbandes v und der Frequenz des Signalstromes f abhängig. Es gilt die Beziehung

$$\lambda = \frac{v}{f}$$

Die magnetischen Flußlinien richten die magnetischen Partikel aus, wenn sich das Band am Kopf vorbeibewegt. Nach *Abb. E2-5* entstehen bei Aufzeichnung eines sinusförmigen, periodischen Signalstromes für jede Wellenlänge zwei magnetische Orientierungen mit je einem magnetischen Nord- und Südpol, die sich laufend aneinanderreihen. Auf dem Scheitelpunkt einer Schwingung stehen sich jeweils zwei gleichartige Magnetpole gegenüber.

Die Größe des entstehenden remanenten Bandflusses in Abhängigkeit von der einwirkenden Feldstärke ist durch die Remanenzkurve gegeben. Wie aus *Abb. E2-6* hervorgeht, weist diese in der Nähe des Nulldurchganges eine starke Krümmung auf, die eine große Verzerrung der Aufzeichnung zur Folge hat und aufgrund der

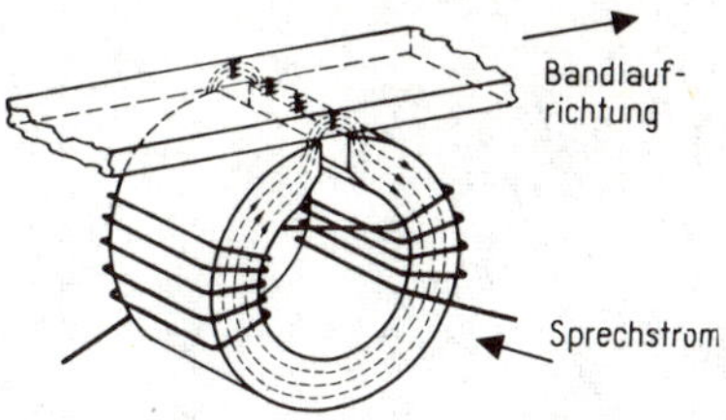

Abb. E2-4 Weg der Flußlinien eines Ringkernes

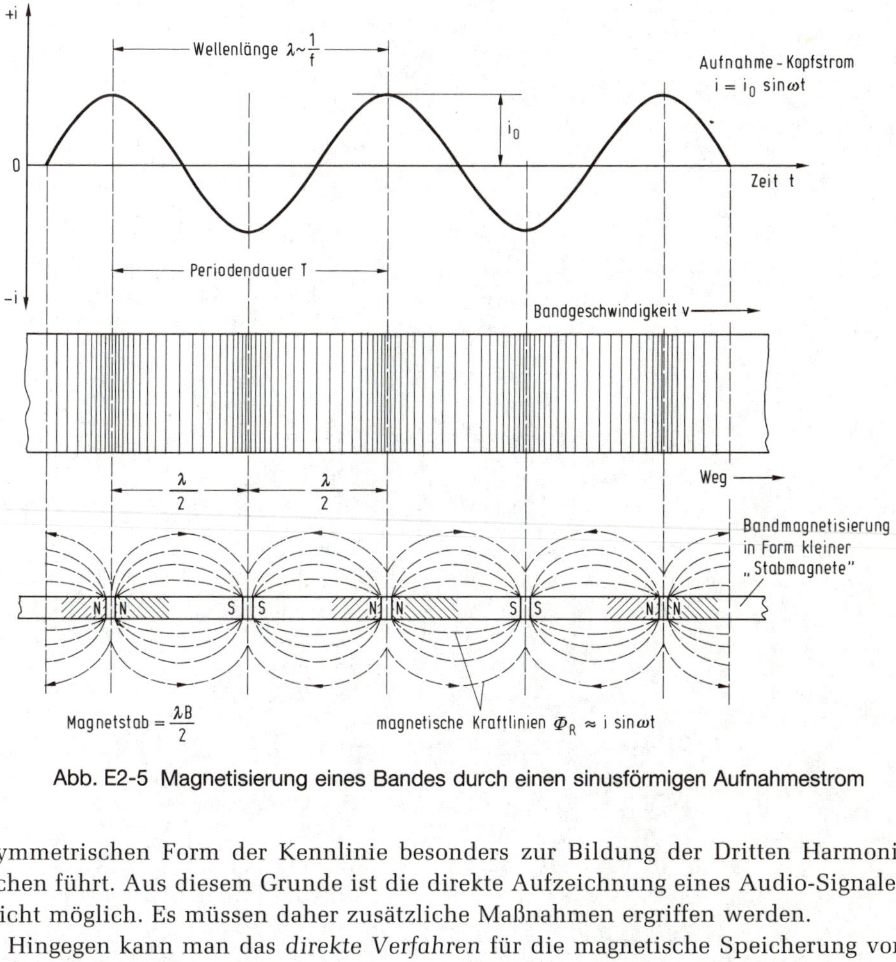

Abb. E2-5 Magnetisierung eines Bandes durch einen sinusförmigen Aufnahmestrom

symmetrischen Form der Kennlinie besonders zur Bildung der Dritten Harmonischen führt. Aus diesem Grunde ist die direkte Aufzeichnung eines Audio-Signales nicht möglich. Es müssen daher zusätzliche Maßnahmen ergriffen werden.

Hingegen kann man das *direkte Verfahren* für die magnetische Speicherung von Video-Signalen mit Erfolg anwenden, weil – wie wir später noch sehen werden – ein frequenzmoduliertes Video-Signal zur Aufzeichnung kommt.

Aufzeichnung mit hochfrequenter Vormagnetisierung
Für die Anwendung im Audio-Bereich hat man früher zur Vermeidung der Verzerrungen eine Gleichstrom-Vormagnetisierung benutzt [50]. Dabei wurde dem Signal-

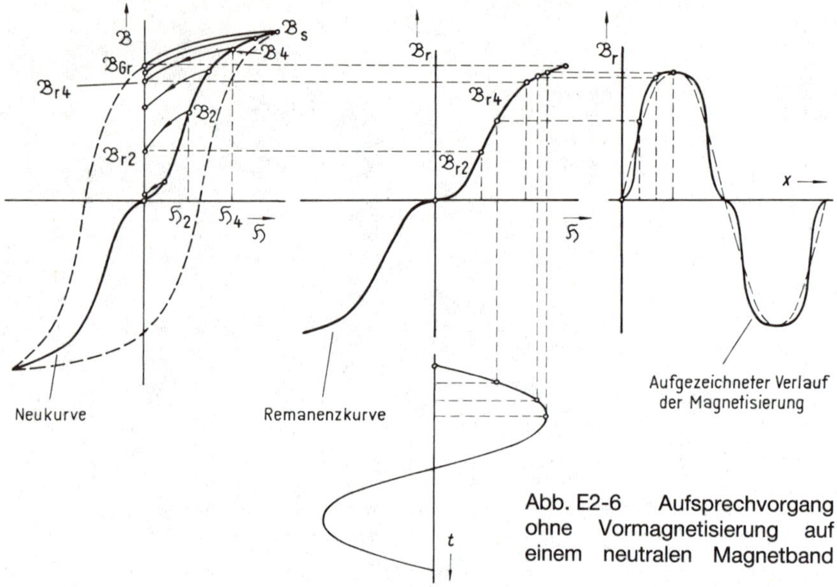

Abb. E2-6 Aufsprechvorgang ohne Vormagnetisierung auf einem neutralen Magnetband

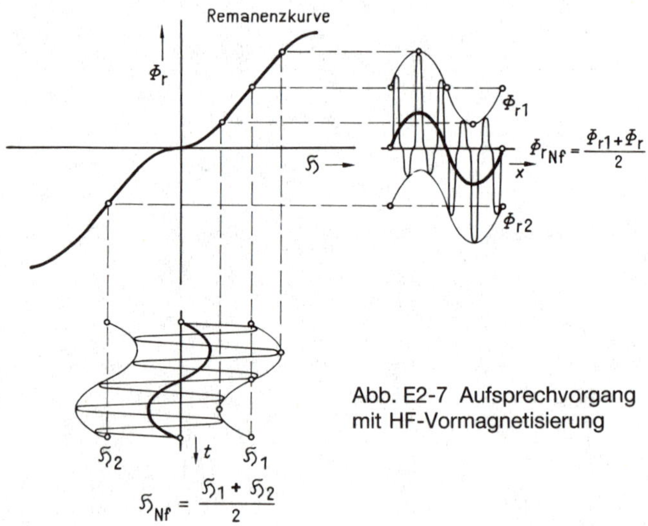

Abb. E2-7 Aufsprechvorgang mit HF-Vormagnetisierung

strom ein Gleichstrom aufgeprägt, der den Arbeitspunkt in die Mitte des geradlinigen Teils der in *Abb. E2-7* gezeigten Remanenzkurve verlagerte. Damit ließen sich bei großen Wellenlängen die nichtlinearen Verzerrungen auf ein tragbares Maß beschränken. Bei kleinen Wellenlängen stiegen die Verzerrungen aber stark an. Ein wesentlicher Nachteil dieses Verfahrens bestand in seinem relativ geringen Geräuschspannungsabstand von nur etwa 40 dB.

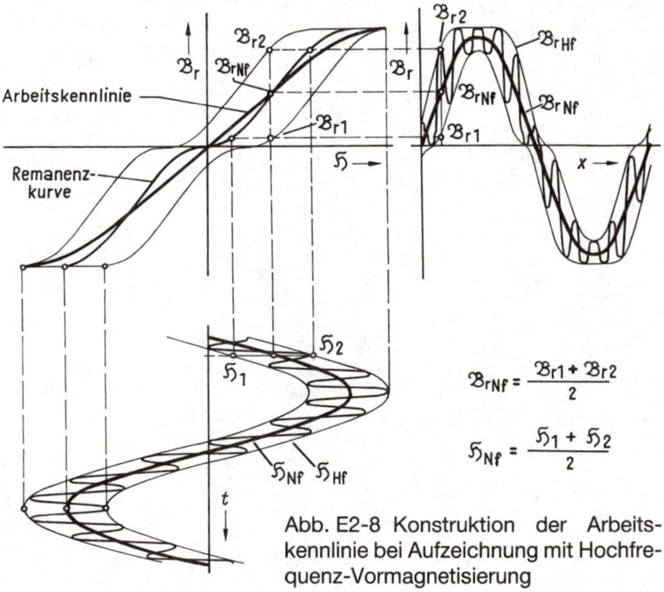

Abb. E2-8 Konstruktion der Arbeitskennlinie bei Aufzeichnung mit Hochfrequenz-Vormagnetisierung

Bei der hochfrequenten Vormagnetisierung wird dem niederfrequenten Signalstrom ein sinusförmiger Hochfrequenz-Vormagnetisierungsstrom überlagert (Abb. E2-8). In diesem Falle wird die sinusförmige HF-Schwingung wegen der Krümmung der Remanenzkurve in der Nähe des Ursprungs zwar genauso verzerrt, die niederfrequente Signalaufzeichnung kann jedoch nach dem Ausdruck

$$\Phi_{rNF} = \frac{\Phi_{r1} + \Phi_{r2}}{2}$$

nahezu unverzerrt bleiben.

Bei genauerer Betrachtung der *Abb. E2-8* ruft die dem Audio-Signal überlagerte HF-Schwingung entlang der Remanenzkurve ein HF-Wechselfeld hervor, das von zwei zur ursprünglichen Remanenzkurve verschobenen Kurven B_{r1} und B_{r2} als den Einhüllenden begrenzt wird. Unter Berücksichtigung des oben angegebenen Ausdrucks ergibt sich eine neue Kurve, die sogenannte Arbeitskennlinie, die nunmehr geradlinig verläuft. Daraus erkennt man, daß eine optimal bemessene HF-Vormagnetisierung eine weitgehende Linearisierung der ursprünglichen Remanenzkurve im Ursprung bewirkt.

Die notwendige Größe des Vormagnetisierungsstromes ist stark von den magnetischen Eigenschaften der jeweils verwendeten Magnetbänder abhängig. Für die Einstellung des optimalen Arbeitspunktes kann man – bei gleichbleibend konstantem Signalstrom – den Vormagnetisierungsstrom verändern. In *Abb. E2-9* ist der Zusammenhang zwischen der vom Abtastkopf wiedergegebenen Signalspannung U und den entstehenden Verzerrungsprodukten (Klirrfaktor k) in Abhängigkeit von der

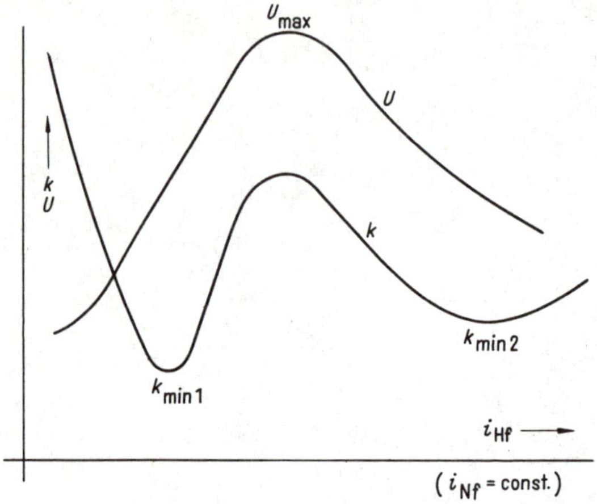

Abb. E2-9 Wiedergabespannung und Klirrfaktor in Abhängigkeit von der Magnetisierungsfeldstärke

HF-Vormagnetisierung angegeben. In der Praxis legt man den Arbeitspunkt des Bandes in die Nähe des zweiten Klirrfaktorminimums, da das erste meist sehr stark ausgeprägt ist, so daß bereits eine kleine Änderung des Vormagnetisierungsstromes zu großen Verzerrungswerten führen kann.

2.3 Aufzeichnungsverluste und Aufzeichnungsstörungen

Unmittelbar nach der Aufzeichnung tritt in der Schicht des Bandes ein *Selbstentmagnetisierungseffekt* auf, weil die in Reihe liegenden magnetischen Zonen mit der Länge $\frac{\lambda}{2}$ das Bestreben haben, sich gegenseitig umzuorientieren. Ganz allgemein ist die *Selbstentmagnetisierung* um so größer, je größer der Querschnitt eines beliebigen Magneten im Verhältnis zu seiner Länge ist. Daher ist bei der magnetischen Signalaufzeichnung die Selbstentmagnetisierung abhängig von

- der Schichtdicke des Magnetbandes,
- den magnetischen Eigenschaften der Schicht
- der aufgezeichneten Wellenlänge.

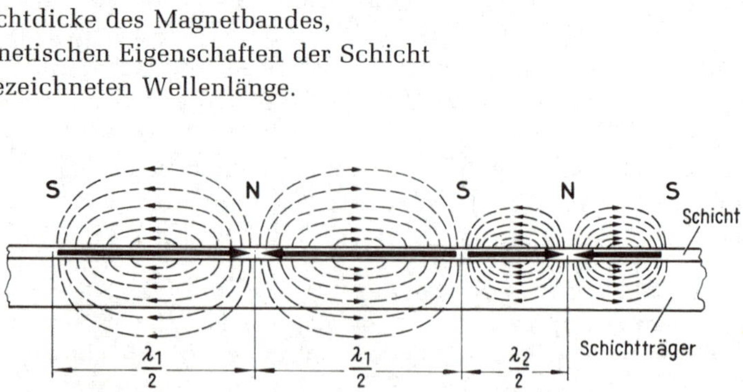

Abb. E2-10 Feldverteilung auf einem Magnetband mit zwei im Verhältnis von 1:2 aufgezeichneten Wellenlängen

Tendenziell steigt die Selbstentmagnetisierung bei kürzeren Wellenlängen an.

Neben dem Effekt der Selbstentmagnetisierung tritt physikalisch bedingt noch eine Reduzierung der Oberflächenflußdichte auf. Aus *Abb. E2-10* erkennen wir, daß die Anzahl der Flußlinien je Längeneinheit des Aufzeichnungsträgers proportional mit der aufgezeichneten Wellenlänge abnimmt. Dies hat außerdem zur Folge, daß die Flußdichte des äußeren Bandflusses mit zunehmender Entfernung vom Aufzeichnungsträger bei kleinen Wellenlängen rascher abnimmt, als bei großen.

● *Modulationsrauschen*

Beim Aufzeichnungsvorgang treten Störerscheinungen auf, die sich in zusätzlichen, ursprünglich nicht vorhandenen Fremdspannungen, genauer: Rauschspannungen, äußern. Abgesehen von den im Aufzeichnungs- und Wiedergabeverstärker hervorgerufenen Fremdspannungen, werden durch den Aufzeichnungs- und Abtastvorgang sowie durch den inhomogenen Schichtaufbau des Magnetbandes Störerscheinungen hervorgerufen. An dieser Stelle sollen uns vor allem die Störungen interessieren, die in Verbindung mit dem Band und dem Aufzeichnungsvorgang entstehen.

Der inhomogene Schichtaufbau eines Magnetbandes ergibt sich aus der großen Anzahl kleiner (< 1 µm) ferromagnetischer Teilchen, die nahezu als magnetische Elementarbereiche mit spontaner Magnetisierung aufgefaßt werden können. Diese Teilchen bilden in unterschiedlicher Anzahl Gruppen wechselnder Größe, die ihrerseits wieder Mikrostreufelder mit verschiedener Richtung und Intensität besitzen.

Infolge schwankender Schichtdicke und eines wegen der Oberflächenrauhigkeit wechselnden Abstandes zwischen Magnetband und Kopf ändert sich die auf das Band wirkende Feldstärke. Dadurch entstehen Schwankungen der remanenten Magnetisierung, die eine Amplitudenmodulation zur Folge haben. Als Modulationsfrequenz wirkt ein Frequenzgemisch, das sich aus den statistischen Schwankungen der Schichtdicke, des Abstandes und der anisotropen Verteilung der Elementarmagnete ergibt. Das so entstehende Rauschspektrum wird als Modulationsrauschen bezeichnet.

Bei der Schallaufzeichnung mit HF-Vormagnetisierung verursacht die aufgezeichnete Tonfrequenz ein ihrer Amplitude entsprechendes Modulationsrauschen. Das von ihm hervorgerufene Störgeräusch wird bei der Wiedergabe zum größten Teil vom eigentlichen Schallereignis verdeckt und daher kaum wahrgenommen. Nur bei der Wiedergabe sehr tiefer und sehr hoher Frequenzen, für die das Ohr wesentlich unempfindlicher ist, wird das Modulationsrauschen stärker empfunden, weil sein Spektrum im mittleren Teil des Hörbereiches liegt. In den Sprechpausen verschwindet das Rauschen, weil das Magnetband bei HF-Vormagnetisierung das Aufzeichnungsfeld in unmagnetischem Zustand verläßt.

Video-Signale zeichnet man im Gegensatz zu Ton-Signalen frequenzmoduliert auf (FM). Die vorher erwähnten, durch Amplitudenmodulation entstehenden Schwankungen, werden beim FM-Verfahren wiedergabeseitig durch Begrenzung des Signals noch vor dem FM-Demodulator beseitigt. Damit ist die Rauschenergie im FM-

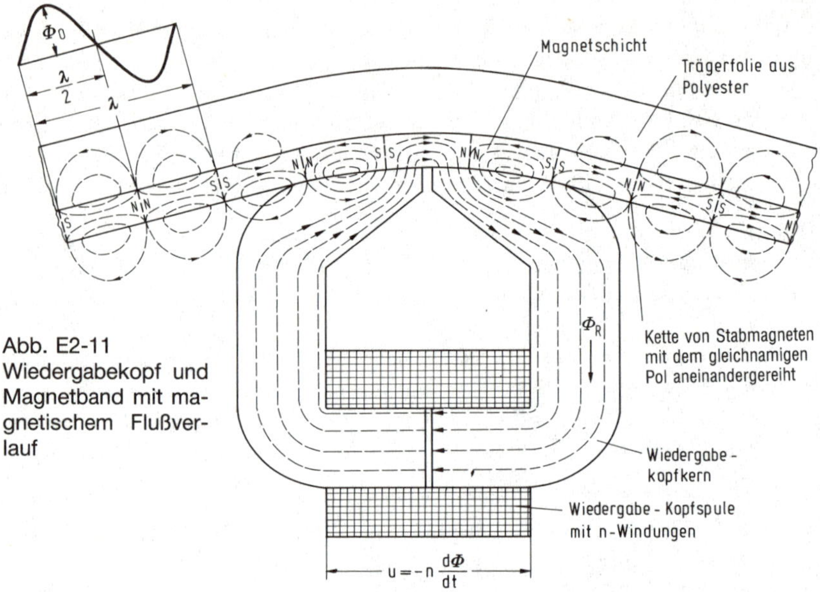

Abb. E2-11 Wiedergabekopf und Magnetband mit magnetischem Flußverlauf

Übertragungsbereich nahezu konstant. – Eine Beurteilung des Rauschens von Video-Magnetbändern erfolgt oft nur durch eine Bewertung des Luminanzrauschens. Bei der Wiedergabe von Farbsignalen setzt sich das subjektiv empfundene Farbrauschen aber aus einem Luminanz- und einem Chrominanz-Anteil zusammen. Die Spezifik der Farbfernsehübertragung führt außerdem dazu, daß die Rauschspektren der drei Farbwertsignale unterschiedlich sind. Das Rauschen in den Farbflächen nimmt von Grün über Rot nach Blau allgemein zu.

2.4 Der Wiedergabevorgang

Beim Vorbeiziehen des Bandes am Spalt des Abtastkopfes ändern sich die Richtung und die Dichte der Flußlinien im Ringkern in Abhängigkeit von der jeweiligen

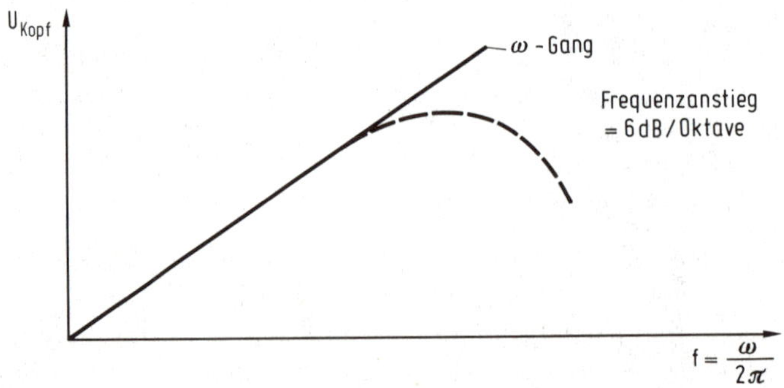

Abb. E2-12 Verlauf der Ausgangsspannung am Wiedergabekopf in Abhängigkeit von der Frequenz bei konstantem magnetischen Fluß auf dem Band

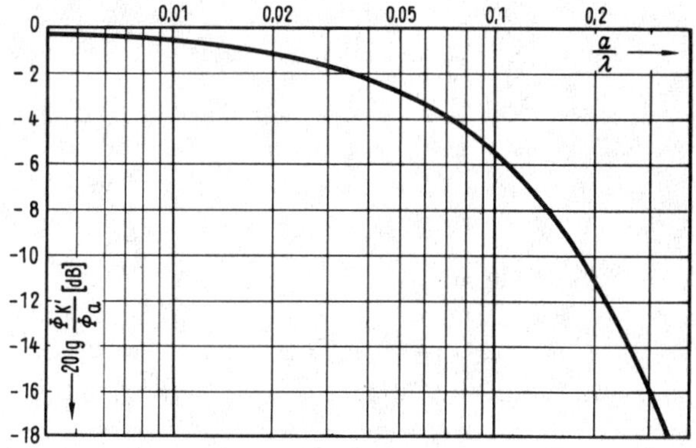

Abb. E2-13 Einfluß des Abstandes zwischen Kopf und Band bei der Abtastung

magnetischen Aufzeichnung (*Abb. E2-11*). Damit wird im Abtastkopf nach der allgemeinen Form des Induktionsgesetzes

$$U = -n \frac{d\Phi}{dt}$$

U = induzierte Spannung
N = Windungszahl der Kopfspule
dΦ = differentielle Änderung des magnetischen Flusses (Vs)
dt = differentieller Zeitunterschied (s)

eine Spannung induziert (*Abb. E2-12*).

Wie beim Aufzeichnungsvorgang treten auch beim Abtastvorgang Dämpfungserscheinungen auf, die auf den Abstand zwischen Aufzeichnungsträger und Kopf, die Verluste im Ringkern und auf die Spaltverluste zurückzuführen sind.

Durch den Abstand zwischen Magnetband und Kopf kann der gesamte äußere Bandfluß nicht mehr erfaßt werden. Wie wir bereits aus Abb. E2-10 gesehen haben, nimmt die Flußdichte des äußeren Bandflusses mit zunehmender Entfernung vom Aufzeichnungsträger bei kleinen Wellenlängen schneller ab als bei großen. Daraus resultiert die Abhängigkeit der Abstandsverluste von der Wellenlänge (*Abb. E2-13*). Bei der Abtastung wird demnach eine geringere Vergrößerung des Abstandes einen relativ großen Amplitudenabfall bei kleinen Wellenlängen zur Folge haben. Abstandsänderungen, wie sie zum Beispiel durch schwankenden Bandzug oder Unebenheiten der Magnetschicht hervorgerufen werden können, bewirken außerdem eine Amplitudenmodulation, die vor allem die kleinen Wellenlängen erfaßt.

Die frequenzabhängigen Verluste des Abtastvorganges werden zunächst durch die Hysterese- und Wirbelstromverluste im Ringkern des Kopfes hervorgerufen. Hinzu kommen weitere Verluste, die durch den ohmschen Widerstand der Wicklung und deren Kapazität bedingt sind. Dabei zeigt sich, daß der Einfluß der Wirbelstromverluste den der anderen bei weitem überwiegt. Die Wirbelstromverluste sind bekanntlich von der elektrischen Leitfähigkeit des Kernmaterials abhängig. Man kann sie durch die Auswahl geeigneter Kernmaterialien für Magnetköpfe oder auch durch Lamellierung entsprechend gering halten.

Die wellenlängenabhängigen Verluste des Abtastvorganges werden durch zwei verschiedene Einflüsse hervorgerufen.

– Zum einen führt die endliche Ausdehnung des Abtastkopfes zu einer Welligkeit der induzierten Spannung, wenn die Wellenlänge in die Größenordnung der Kopfabmessungen gerät (*Abb. E2-14*). Bei der Videoaufzeichnung ist dieses Phänomen jedoch ohne Bedeutung.

– Zum anderen hat die Spaltausdehnung des Abtastkopfes ein Absinken der Spannung dann zur Folge, wenn die aufgezeichnete Wellenlänge mit der Spaltbreite vergleichbar wird (*Abb. E2-15*). Dabei wird die im Kopf induzierte Spannung dann zu Null, wenn die aufgezeichnete Wellenlänge genau mit der effektiv wirksamen

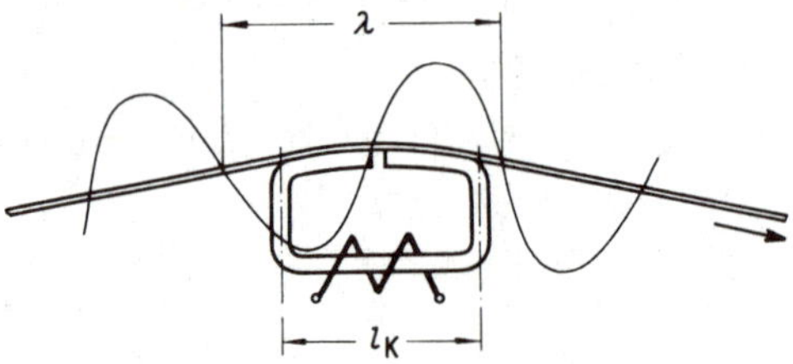

Abb. E2-14 Wellenlängenabhängiger Verlauf der Abtastspannung bei Abtastung großer Wellenlängen

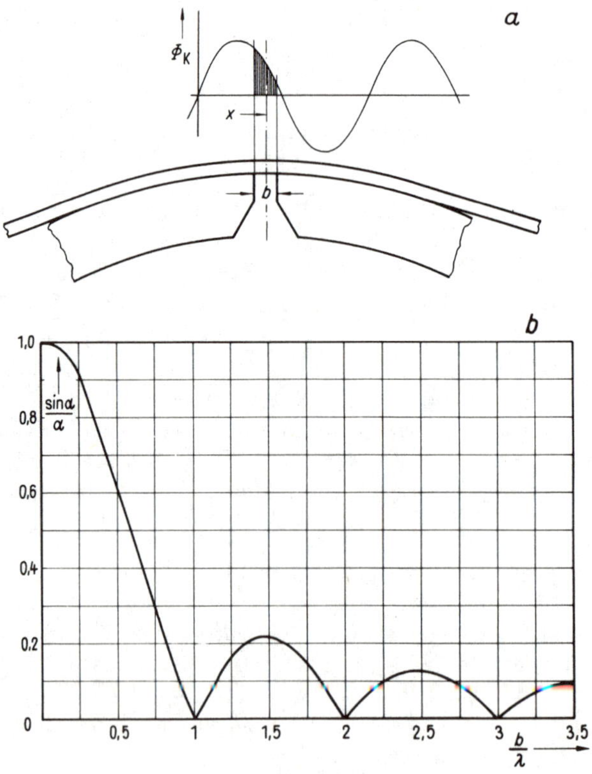

Abb. E2-15 Abtastung kleiner Wellenlängen
a) Abtastvorgang schematisch
b) Spaltfunktion

Spaltbreite des Abtastkopfes übereinstimmt. Den Rückgang des Pegels bezeichnet man als *Spaltbreitendämpfung* D_s, die von der Spaltbreite b und der Wellenlänge λ abhängig ist. Dabei gilt folgende Beziehung

$$D_S = 20 \lg \frac{\sin \pi \frac{b}{\lambda}}{\pi \frac{b}{\lambda}}$$

D_S = Spaltbreitendämpfung [dB]
b = Spaltbreite [μm]
λ = Wellenlänge [μm]

Setzt man der Einfachheit halber

$$\pi \frac{b}{\lambda} = \alpha$$

so ergibt sich für die Spaltbreitendämpfung

$$D_s = 20 \lg \frac{\sin \alpha}{\alpha}$$

Der den Nutzfluß schwächende Quotient $\frac{\sin \alpha}{\alpha}$ ist die sogenannte Spaltfunktion.

2.5 Der Löschvorgang

Ein erheblicher Vorteil der magnetischen Signalspeicherung besteht darin, die Aufzeichnung löschen zu können, um das Band einer neuen Verwendung wieder zuzuführen. Für die Löschung selbst bieten sich zwei Möglichkeiten an:

- Die Löschung des gesamten Bandwickels durch einen einzigen Vorgang. Dazu kann man zum Beispiel einen starken Wechselstrommagneten mit 50-Hz-Erregung – oft auch als Löschdrossel oder Löschmagnet bezeichnet – verwenden, dessen kräftiges Wechselfeld auf alle Teile des Magnetbandes gleichzeitig einwirkt. Dabei wird das Band zunächst bis zur Sättigungsgrenze magnetisiert. Entfernt man das Band langsam (darauf kommt es hier besonders an!) aus dem Bereich des Löschmagneten, so durchlaufen die magnetisierten Teilchen des Aufzeichnungsträgers immer kleiner werdende Hystereseschleifen bis zum entmagnetisierten Zustand. Das Band ist danach entmagnetisiert und damit magnetisch neutral.

- Sollen nur Teile eines Bandes gelöscht werden, was in der Aufnahmepraxis oft der Fall ist, so ist die Anordnung eines besonderen Löschkopfes notwendig (*Abb. E2-16*). Auf einem Gerät zur magnetischen Signalaufzeichnung ist der Löschkopf in bezug auf die Bewegungsrichtung des Bandes dem Aufzeichnungskopf vorgelagert. Durch seine Einwirkung wird das Band noch vor der Aufzeichnung eines neuen Signals völlig entmagnetisiert.

Im Regelfalle fließt durch die Wicklung des Löschkopfes ein Wechselstrom hoher Frequenz, so daß ein Löschwechselfeld H_W entsteht, dessen Amplituden von einer Glockenkurve als Hüllkurve begrenzt werden (*Abb. E2-17*). Durchläuft ein Magnet-

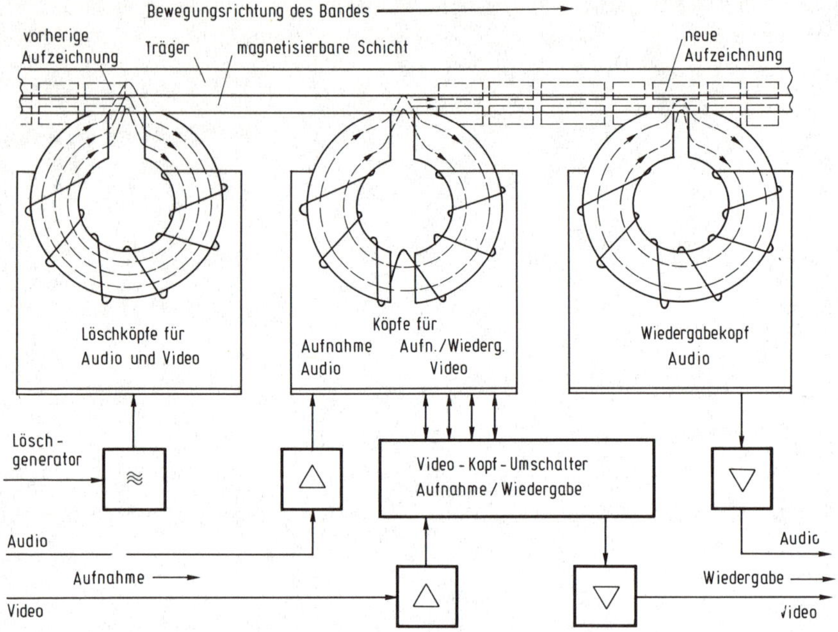

Abb. E2-16 Grundprinzip der magnetischen Signalaufzeichnung

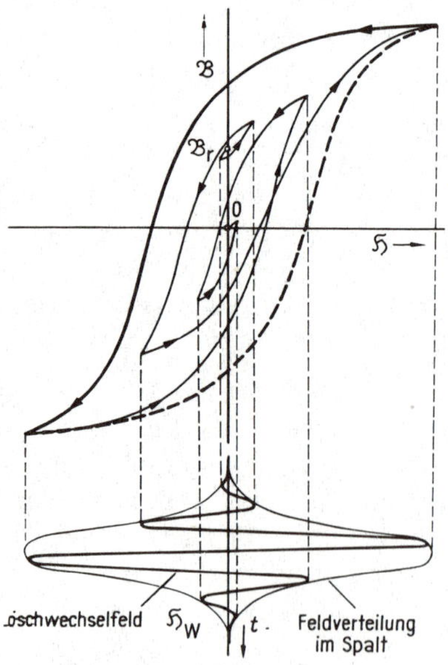

Abb. E2-17
Löschung einer magnetischen Aufzeichnung mit einem hochfrequenten Wechselstrom

band dieses Feld, so durcheilt jedes beliebige ferromagnetische Teilchen von einer bestimmten remanenten Induktion B_r bis zur Grenzkurve ansteigende und danach wieder kleiner werdende Hystereseschleifen, bis keine Magnetisierung mehr vorhanden ist. Dabei zeigt sich, daß dieser Zustand nur durch ein genügend häufiges Ummagnetisieren mit immer kleiner werdender Feldamplitude erreicht werden kann. Wie aus Abb. E2-17 hervorgeht, kann diese Forderung zum einen durch eine geringe Flankensteilheit der Feldverteilungskurve, zum anderen durch eine genügend hohe Frequenz des Löschwechselstromes erfüllt werden. Um eine große Löschwirkung zu erreichen, verwendet man heute Löschköpfe, deren Kernmaterialien aus verlustarmen Ferriten bestehen. Die der Glockenkurve entsprechende Feldverteilung erreicht man durch eine besondere Konstruktion der Polschuhe des Ringkopfes, in die zwei Spalte eingesetzt sind, die zueinander in einem kritischen Abstand stehen.

3 Die magnetische Bildaufzeichnung (MAZ)

3.1 Die Bandbreite der Aufzeichnung

Bei der magnetischen Schallspeicherung genügt es, für den Aufzeichnungs- und Wiedergabevorgang eine Übertragungsbandbreite festzulegen, die dem Hörempfinden des Menschen mit etwa 9 Oktaven entspricht. Daraus resultiert ein Frequenzbereich von 16 bis 16 000 Hz, der selbst höchsten Ansprüchen gerecht wird [49].

Bei Video-Signalen ergibt sich aus den Bedingungen der CCIR-Norm mit 625 Zeilen eine wesentlich größere Bandbreite, die etwa von 10 Hz bis 5 MHz reicht. Dies entspricht einem Umfang von etwa 19 Oktaven. Bei einem so großen Frequenzverhältnis können die Prinzipien der direkten Aufzeichnung eines Signals (wie bei der Tonaufzeichnung) für die Speicherung von Video-Signalen nicht zur Anwendung kommen, weil so extreme Unterschiede der aufgezeichneten Wellenlängen (siehe Abschnitt E.2) nach den Gegebenheiten des Induktionsgesetzes weder physikalisch noch technisch zu beherrschen sind (*Abb. E3-1*).

3.2 Die Aufzeichnung mit Frequenzmodulation

Die vorgenannten Schwierigkeiten kann man umgehen, wenn man das Video-Signal nicht direkt, sondern über einen ZF-Hilfsträger (ZF = Zwischenfrequenz) aufzeich-

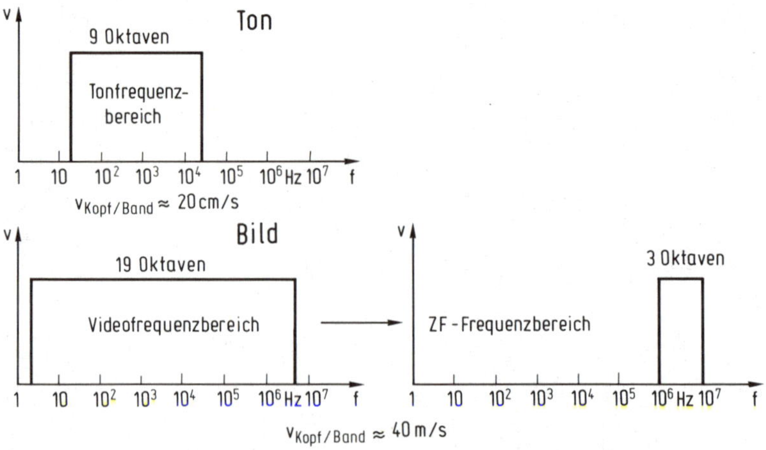

Abb. E3-1 Frequenzbereiche bei der Magnetbandaufzeichnung

net, dem das Video-Signal aufmoduliert ist. Von großem Vorteil hat sich dabei das Frequenzmodulationsverfahren (FM) erwiesen (*Abb. E3-2*), wie es in Abschnitt C.3.6 beschrieben ist. Auf diese Weise läßt sich das Verhältnis der oberen zur unteren Grenzfrequenz auf einen wesentlich kleineren Wert reduzieren, so daß die Aufzeichnung und Wiedergabe von Video-Signalen mit einem Magnetband möglich wird (*Abb. E3-3*).

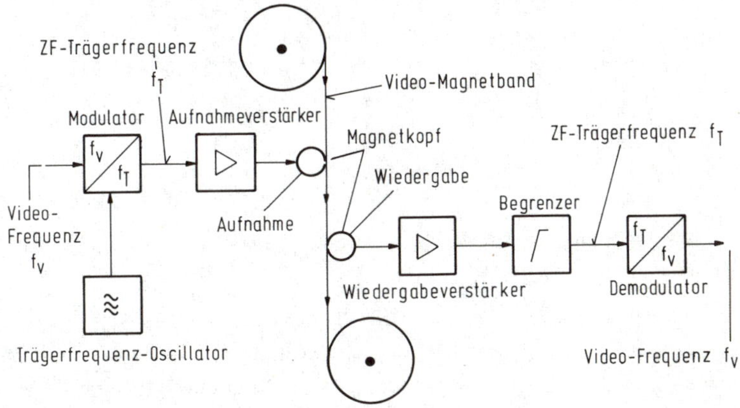

Abb. E3-2 Prinzip der Video-Aufzeichnung auf Magnetband (MAZ) mit Frequenzmodulation

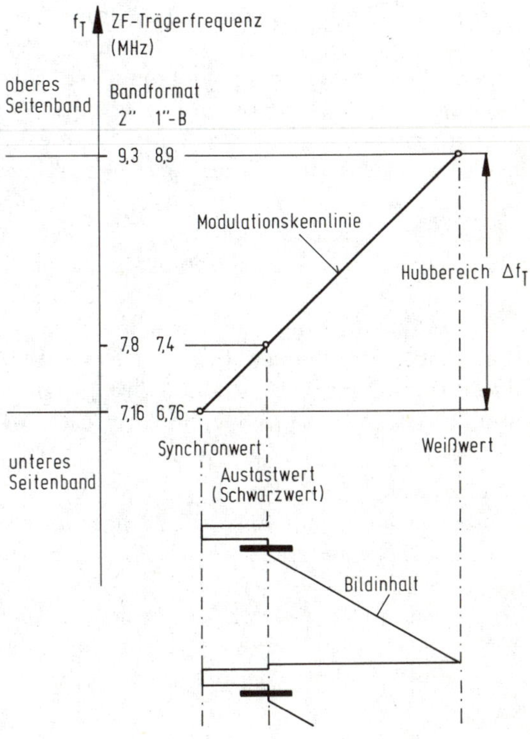

Abb. E3-3
Modulationskennlinie bei der FM-Magnetbandaufzeichnung

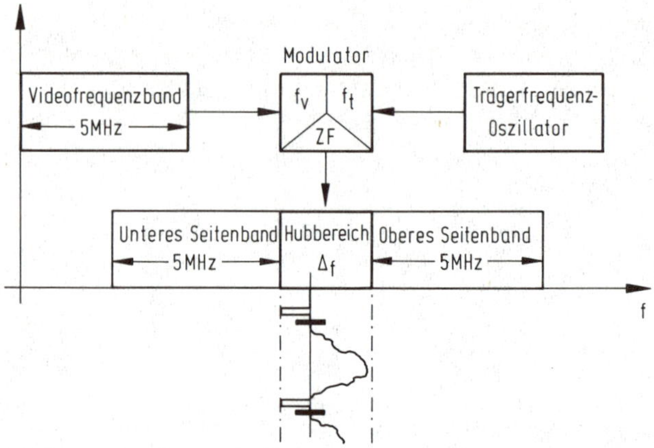

Abb. E3-4 Frequenzbänder eines frequenzmodulierten Video-Signals

Die höchste Modulationsfrequenz bei der Aufzeichnung von Video-Signalen beträgt 5 MHz. Der Hubbereich des FM-Modulators muß so gewählt werden, daß das eine Seitenband in ausreichendem Abstand zum Videobereich liegt, damit nach der Demodulation eine genügende Trennung des Video-Signals vom ZF-Signal möglich wird (*Abb. E3-4*). Der Verschiebung des Hubbereiches nach höheren Frequenzen hin sind jedoch durch die endliche Spaltbreite des Videokopfes Grenzen gesetzt, weil der Nutzpegel durch den Einfluß der Spaltfunktion – wie in Abschnitt E.2.4 beschrieben – relativ schnell abnimmt, so daß sich das Verhältnis von Nutzpegel zu Störpegel (Störabstand genannt) verschlechtert. Schließlich reicht der Hubbereich für die Übertragung allein noch nicht aus, weil auch die Seitenbänder des frequenzmodulierten Signals zu berücksichtigen sind. Bei einem Modulationsindex von m = 0,15, wie er allgemein für diese Anwendung üblich ist, kommt man mit der Übertragung je eines Seitenbandes, das zur Trägerfrequenz einen Abstand von ± 5 MHz hat, aus. Dies hat allerdings immer noch zur Folge, daß die obere Grenzfrequenz des Systems in den Bereich von 10 bis 15 MHz zu liegen kommt. Teilweise historisch bedingt und in Abhängigkeit vom jeweiligen technischen Entwicklungsstand haben sich die in Tabelle E5 dargestellten Hubfrequenzen eingeführt. Sie sind durch Normung festgelegt. Ihre Werte gelten für den CCIR-Standard mit 625 Zeilen und 50 Halbbildern pro Sekunde (die Zahlenwerte gelten in MHz).

Außerhalb dieser Darstellung ist im 2"-Bereich noch der – aus der Zeit der Schwarzweißaufzeichnung der 60er Jahre stammende – Low-Band-Standard zu nennen, der eine niedrigere ZF-Trägerfrequenz von 5,83 MHz verwendete. Weil hierbei starke Interferenzen mit der Farbträgerfrequenz von 4,43 MHz auftraten, ging man bei Einführung des Farbfernsehens zum High-Band-Standard über. Darüber hinaus gab es im 2"-Bereich noch den Super-High-Band-Standard, dessen mittlere Trägerfrequenz bei etwa 11 MHz lag. Dieses System hat sich aber aus wirtschaftlichen Gründen – kurz vor der Einführung des 1"-Standards – nicht mehr durchsetzen können.

Tabelle E5: Video-Signalaufzeichnung mit Frequenzmodulation

MAZ-Bereich	2" open-reel	1" open-reel			½"-Kassette	
Standard	High-Band Ampex RCA	A Ampex	B Bosch BTS	C Sony Ampex	Betacam Sony	M-II Panasonic
Weißwert	9,3	11	8,9	8,9	8,8	9,2
Schwarzwert Austastwert	7,8	9,34	7,4	7,68	8,1	7,94
Synchronwert	7,16	8,64	6,76	7,16	6,8	7,4
Hubbereich Δf	2,14	2,36	2,14	1,74	2	1,8
ZF-Träger* f/T	8,23	9,82	7,83	8,03	7,8	8,3

* mittlere Trägerfrequenz

Wie aus der UKW-Übertragungstechnik bekannt, bringt das frequenzmodulierte Aufzeichnungsverfahren noch weitere Vorteile. Da die Amplitude des ZF-Trägers bei der Modulation nur eine geringfügige, unwesentliche Veränderung erfährt, enthält sie auch keine Nutzinformation. Man kann die Amplitude des ZF-Signals daher auf einen bestimmten Wert begrenzen, ohne daß der Informationsinhalt der modulierten Trägerschwingung verloren geht (*Abb. E3-5*). Dies wendet man zweckmäßig im Wiedergabeweg einer magnetischen Bildaufzeichnungsanlage an, um Fehler der Signalamplitude des ZF-Trägers – zum Beispiel hervorgerufen durch die anisotrope Verteilung der Elementarmagnete innerhalb der Schicht des Bandes, die Oberflächenrauhigkeit des Bandes, durch Schwankungen der Schichtdicke, durch wechselnden Abstand zwischen Magnetband und Kopf und so weiter – wirksam zu unterdrücken.

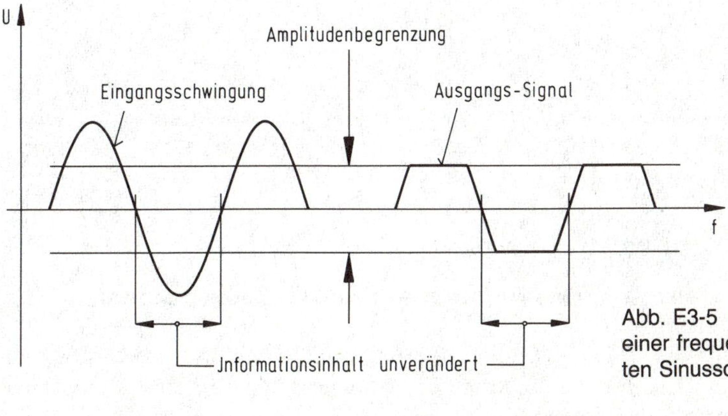

Abb. E3-5 Begrenzung einer frequenzmodulierten Sinusschwingung

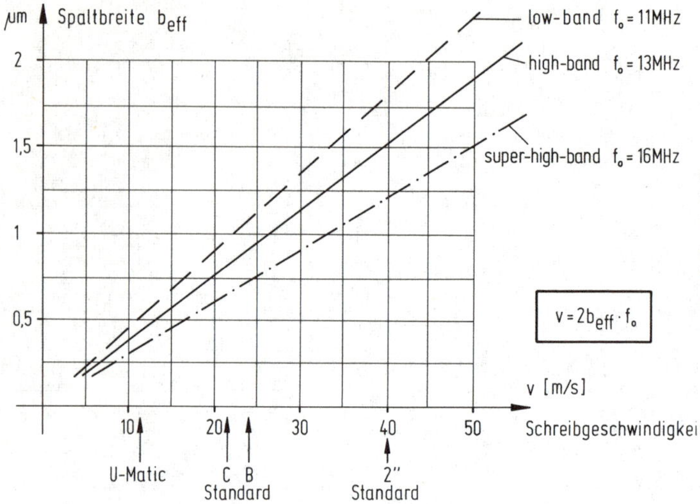

Abb. E3-6 Abhängigkeit der erforderlichen Schreib- oder Lesegeschwindigkeit (m/s) von der Spaltbreite (µm) eines Video-Kopfes bei verschiedener Bandbreite des Video-Signals

3.3 Spaltbreite und Schreibgeschwindigkeit

Die hohe Grenzfrequenz eines solchen Aufnahme- und Wiedergabesystems bringt allerdings auch noch einige zusätzliche Probleme. Wie wir in Abschnitt E.2.4 gesehen haben, wird das Signal im Kopf zu Null, wenn die Wellenlänge der aufgezeichneten Schwingung gleich der wirksamen Spaltbreite wird. Nach Abb. E2-14 in Abschnitt 3.2.4 muß man die Bandwellenlänge λ_B für die obere Grenzfrequenz eines Aufzeichnungssystems der doppelten effektiven Spaltbreite des Aufnahme- bzw. Wiedergabe-Kopfes gleichsetzen. Dabei nimmt man bereits einen Rückgang der Wiedergabespannung nach der Spaltfunktion um den Faktor 0,6 in Kauf. Nach der Beziehung

$$v = 2\ b_{eff} \cdot f_{gr} = \lambda_B \cdot f_{gr}$$

ergeben sich für verschiedene MAZ-Systeme die in *Abb. E3-6* dargestellten Zusammenhänge zwischen der effektiven Spaltbreite (b_{eff} in µm), der Schreibgeschwindigkeit (v in m/s), der oberen Grenzfrequenz (f_o in MHz) und der aufgezeichneten Wellenlänge λ_B.

3.4 Der Frequenzgang des Aufnahme- und Wiedergabekanals

Bei Anwendung der Frequenzmodulation hat die Zwischenfrequenz eine konstante Amplitude [23]. Das Band kann daher optimal magnetisiert werden, so daß sich auch ein Maximum an Störabstand ergibt. Die Aufzeichnung des zwischenfrequenten

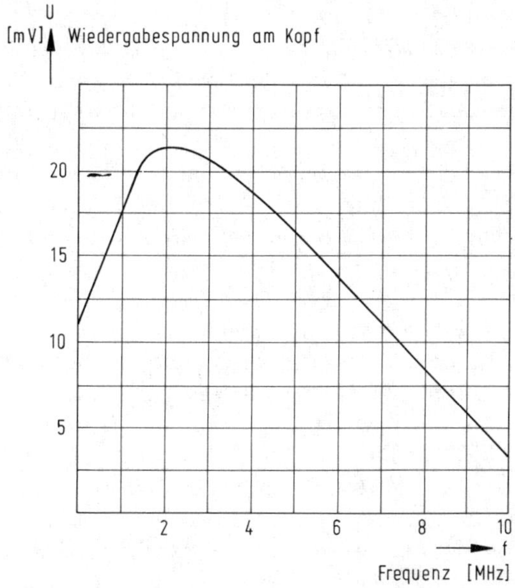

Abb. E3-7 Typische Wiedergabespannnungen am Ausgang eines Kopfes bei Abtastung einer Video-Magnetband-Aufzeichnung

Trägers erfolgt ohne Hochfrequenzvormagnetisierung. Beim Abspielen eines Bandes, auf das Frequenzen von etwa 500 kHz bis 10 MHz geschrieben sind, ergibt sich etwa eine Charakteristik nach *Abb. E3-7*. Die darin angegebenen Werte sind Mittelwerte und beziehen sich nicht auf ein bestimmtes System. Die Kopfspannung steigt dabei nach dem Induktionsgesetz zunächst proportional mit der Frequenz an. Sie erreicht ein Maximum, das etwa bei 2 MHz liegt, um dann wieder allmählich abzufallen. Die Dämpfungserscheinungen oberhalb des Maximums sind auf die Selbstentmagneti-

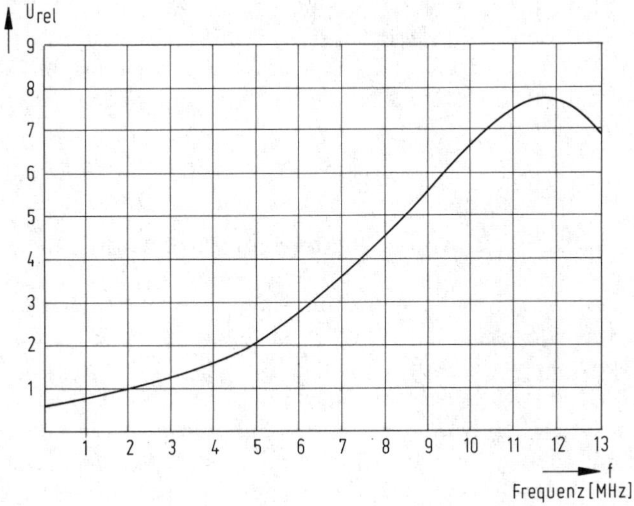

Abb. E3-8 Resonanzentzerrung des Wiedergabekanals einer Video-Band-Maschine

sierung, auf Bandabstandsverluste und auf frequenzabhängige Verluste in den Köpfen zurückzuführen.

Zur Kompensation der Verluste stimmt man den wiedergabeseitigen Eingangskreis der ersten Verstärkerstufe so ab, daß sich unter Einbeziehung der Kopfinduktivität eine resonanzförmige Wiedergabecharakteristik einstellt, deren maximale Wiedergabespannung im Bereich von 11 bis 13 MHz liegt (*Abb. E3-8*). Im Zusammenwirken mit konstruktiven Maßnahmen an den Magnetköpfen erreicht man, daß das abgetastete ZF-Signal im Hubbereich genügend groß wird und damit ein ausreichender Störabstand des demodulierten Video-Signals zustande kommt.

– *Preemphasis und Deemphasis*

Ein anderes Problem besteht darin, daß der Modulationsindex bei der Frequenzmodulation mit ansteigender Modulationsfrequenz zurückgeht (siehe Abschnitt C.3.6). Nach der Begrenzung des ZF-Signals im Demodulator des Wiedergabeweges (Abb. E3-2) ist daher die Rauschleistung des Video-Signals nahezu konstant. Sie steigt mit etwa 6 dB pro Oktave zu höheren Frequenzen hin an. Dadurch werden höherfrequente Anteile des zur Aufzeichnung kommenden Signals benachteiligt, eine Verminderung des Störabstandes im Bereich hoher Frequenzen ist deshalb die Folge. Während dieses Phänomen bei der Schwarzweiß-Übertragung kaum stört, wirkt sich eine Zunahme des Rauschens bei der Farbaufzeichnung nachteilig aus, weil die Farbträgerfrequenz mit 4,43 MHz am oberen Ende des zu übertragenden Frequenzbandes liegt. Die mit 6 dB pro Oktave ansteigende Rauschkomponente erzeugt damit ein störendes Farbrauschen. Diesem Nachteil kann man abhelfen, wenn man in Analogie zur Technik des UKW-Rundfunks der fallenden Tendenz des Modulationsindex entgegenwirkt und die hohen Videofrequenzen vor der Aufzeichnung anhebt. Mit dieser Vorentzerrung (Preemphasis) erreicht man eine bessere Durchmodulation des ZF-Trägers auch bei hohen Videofrequenzen. Die aufnahmeseitige Vorentzerrung des Signals muß im Wiedergabekanal durch eine invers verlaufende Nachentzerrung (Deemphasis) rückgängig gemacht werden. Die aufnahme- und wiedergabeseitige Entzerrung ist dabei so zu wählen, daß keine Verzerrungen des Video-Signals auftreten können. Bei dieser Verfahrensweise entsteht keine Veränderung des Nutzsignals, während gleichzeitig eine wirksame Reduzierung der Rauschkomponenten eintritt.

3.5 Das Quadruplex-System im 2"-Format

Analog zur Schallaufzeichnung könnte man sich ein System mit Längsspuraufzeichnung vorstellen. Dabei müßte das Band bei einer eff. Spaltbreite des Aufnahmekopfes von etwa 1,5 μm mit einer Geschwindigkeit von ungefähr 40 m pro Sekunde am Kopf vorbeiziehen. Abgesehen von unüberwindlichen mechanischen Problemen wäre der Bandverbrauch immens. Er würde für die Aufzeichnung eines 1½stündigen Spielfilmes eine Länge von 216 km erreichen. Ein solches System erscheint daher keinesfalls praktikabel.

3.5.1 Die „Ampex“-Lösung

Anfang der 50er Jahre unternahm die Geräteindustrie – vor allem in Amerika – große Anstrengungen, um das Problem der magnetischen Bildspeicherung zu lösen. Der Bedarf kam vor allem aus dem Bereich der amerikanischen Fernsehgesellschaften. Man erhoffte sich von einem schnellen Aufnahme- und Wiedergabesystem eine Lösung vieler Schwierigkeiten des zeitlichen Programmablaufes, die zum überwiegenden Teil auf den Zeitversatz zwischen der Ost- und Westküste der USA zurückzuführen waren.

Nach langwierigen Versuchen konnte Charles Ginsburg von der Firma Ampex im Jahre 1956 zum ersten Male der Öffentlichkeit ein technisch und praktisch brauchbares System vorstellen. Die grundlegende Idee zur Überwindung der obengenannten Schwierigkeiten bestand darin, nicht nur das Magnetband, sondern auch gleichzeitig den Magnetkopf zu bewegen [53, 54].

Für die Aufzeichnung eines Video-Signals verwendet man dabei ein Magnetband mit einer Breite von 2" (50,8 mm). An Stelle nur eines Kopfes setzt man vier Magnetköpfe auf eine rotierende Scheibe, deren Achse in Laufrichtung des Magnetbandes zeigt (*Abb. E3-9*). Die Köpfe schließen einen Winkel von 90° ein und schreiben nacheinander (gewissermaßen schraubenförmig) eine Reihe von Magnetspuren nebeneinander auf, die annähernd senkrecht zur Laufrichtung des Bandes liegen.

Wird das Kopfrad in Drehung versetzt, so entspricht die Umfangsgeschwindigkeit der Magnetköpfe der relativen Band-Kopfgeschwindigkeit, also der Aufnahme- oder „Schreib-Geschwindigkeit“. Diese Geschwindigkeit errechnet sich zu

$v_s = \pi \cdot d \cdot n$, darin sind:

v_s = Schreibgeschwindigkeit [m/s] (relative Band-Kopf-Geschwindigkeit)
d = Durchmesser der Kopfscheibe [m]
n = Drehzahl der Kopfscheibe pro Sekunde

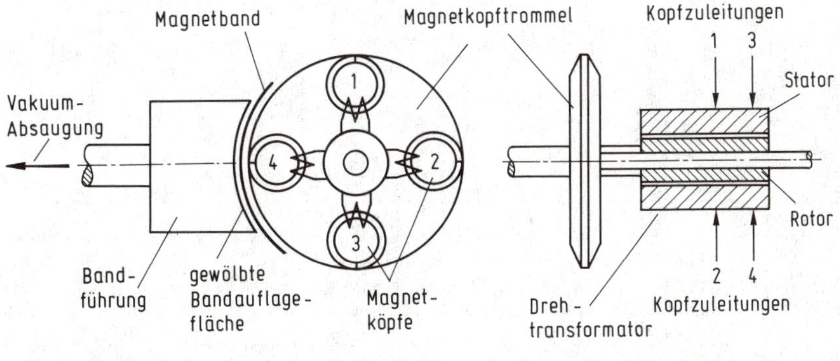

Abb. E3-9 Kopfradscheibe mit vier Magnetköpfen und drehtransformatorischer Ankopplung beim Quadruplex-System, Prinzip

Bei einem Kopfraddurchmesser von etwa 50 mm und einer Drehzahl der Kopfscheibe von 250 Umdrehungen pro Sekunde ergibt sich daraus eine Schreibgeschwindigkeit von etwa 40 Metern pro Sekunde.

Die Laufgeschwindigkeit des Magnetbandes hängt von der Breite der Spuren, die nacheinander quer auf das Band geschrieben werden und von deren Zwischenraum auch „Rasen" genannt, ab. Zeichnet man auf einem 2" breiten Band Magnetspuren mit einer Breite von 0,25 mm auf, dann ergibt sich bei einer Bandgeschwindigkeit von etwa 39 cm/s der Abstand der Spuren von Mitte zu Mitte mit 0,4 mm. Die unbespielte Zone (Rasen) zwischen den Spuren hat eine Breite von 0,15 mm.

Während der vollen Bahn des Magnetkopfes quer über das Band wird ein Bogen von 111° beschrieben, von dem aber nur 90° für die Bildwiedergabe genutzt werden.

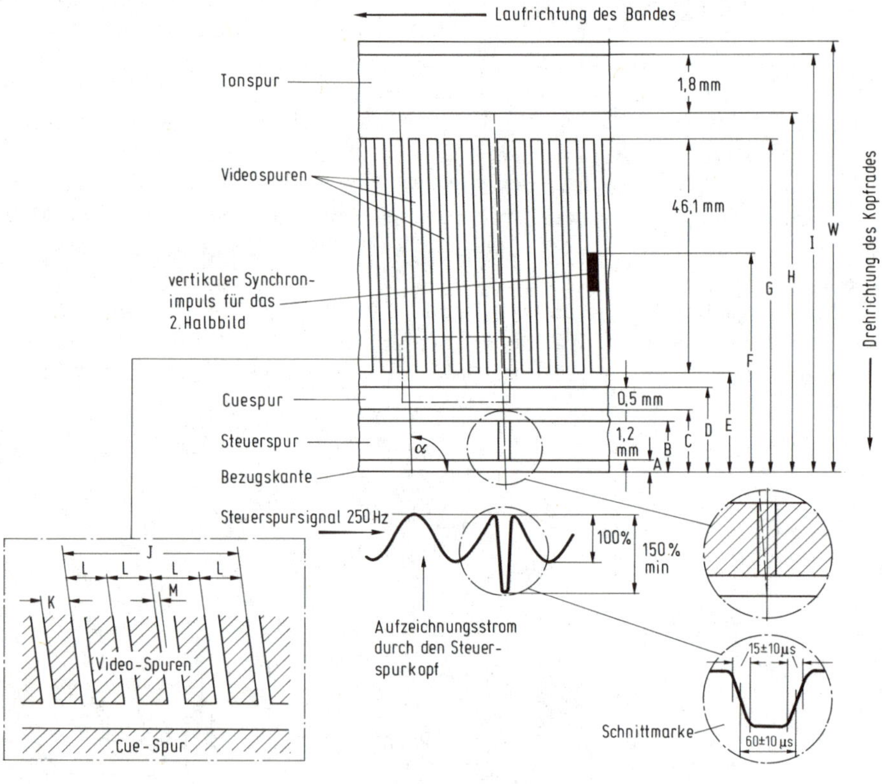

Abmessung	A	B	C	D	E	F	G	H	I	J	K	L	M	W	
min	0	1,02	1,47	1,98	2,21	29,1	48,31	48,79	50,50	1,5875	0,240	$\frac{J}{4}$	−0,005	50,70	mm
max	0,10	1,24	1,57	2,16	2,39	29,3	48,62	49,02	50,70		0,265		+0,005	50,80	mm
	$\alpha = 90° 33' \pm 3'$														

Abb. E3-10 Die Lage der Spuren auf einem 2"-Magnetband für die Video-, Audio-, Cue- und Steuer-Spur-Aufzeichnung, auf die Schichtseite des Bandes gesehen

Alle vier Köpfe erhalten bei der Aufnahme das gleiche Signal, so daß auf dem Band am Ende der einen und am Anfang der folgenden Spur eine doppelte Aufzeichnung gleichen Informationsinhaltes entsteht. Beim Umblenden wird diese Doppelaufzeichnung verwendet, um ein stetiges Signal während der Wiedergabe zu erhalten.

Die vier Magnetköpfe beschreiben quer zum Band etwa 1000 Spuren pro Sekunde (*Abb. E3-10*). Die 625 Zeilen eines vollen Fernsehbildes werden in 40 aufeinanderfolgenden Kopfdurchgängen oder Spuren auf dem Band aufgezeichnet und benötigen eine Bandlänge von 16 mm. Jede Spur trägt 18 Zeilen des Video-Signals, von denen jedoch nur 15 oder 16 für die Bildübertragung genutzt werden. 2 bis 3 der 18 Zeilen werden für die störungsfreie Aneinanderreihung benötigt. Der V-Impuls wird immer in der Mitte einer Video-Spur aufgezeichnet. Seine Lage auf dem Band muß sehr genau eingehalten werden (29,2 ± 0,1 mm von der unteren Bandkante), weil sich nur dann zwei verschiedene Aufzeichnungen im elektronischen Schnittverfahren (siehe Abschn. E.3.12) störungsfrei aneinanderfügen lassen. Lageabweichungen von 0,1 mm rufen bereits Zeitfehler von 2,5 µs Dauer hervor. Außer den querlaufenden Video-Spuren zeichnet man zusätzlich drei weitere Spuren in Längsmagnetisierung auf:

Die oberste Längsspur findet für die Aufzeichnung des Tonsignals Verwendung. Sie ermöglicht eine Aufzeichnung in Studioqualität. Gegenüber der Video-Kopf-Scheibe ist der Wiedergabekopf des Audioweges um 235 mm versetzt, so daß die Tonaufzeichnung dem zugehörigen Video-Signal auf dem Band um 0,6 Sekunden, 15 Bildern entsprechend, vorauseilt. Daraus würden sich bei einem eventuellen mechanischen Schnitt bereits erhebliche Probleme ergeben.

Unterhalb der Video-Spuren liegt die zweite, nur 0,5 mm breite Längsspur, die sogenannte Cue-Spur. Ursprünglich war diese Spur als zweite Tonspur zur Aufzeichnung von Regieanweisungen, eines Kommentarsprechers oder ähnlichem gedacht. Auch diente sie früher zur Schnittstellen-Markierung. Zur Zeit wird die Cue-Spur vorwiegend zur Aufzeichnung eines digitalen Adreßcodes (SMPTE-Time-Code) benutzt, der eine wesentliche Voraussetzung für den elektronischen Schnitt (electronic-editing, siehe Abschnitt E.3.12) ist. Der Aufnahme- bzw. Wiedergabe-Kopf für die Cue-Spur liegt in Laufrichtung des Bandes vor dem Kopfrad, die Cue-Aufzeichnung eilt der Bildaufzeichnung ebenfalls um 0,6 s voraus.

Als dritte Spur in Längsaufzeichnung finden wir am unteren Bandrand die Steuerspur, auf der ein internes systembedingtes Synchronisiersignal aufgezeichnet wird. Während der Aufzeichnung des Video-Signals leitet man von der Drehzahl und von der Phasenlage des Kopfrades eine 250-Hz-Sinusschwingung ab, die hier abgespeichert wird. Bei der Wiedergabe eines Bandes dient dieses Signal zur Steuerung des Bandtransportes. Damit wird erreicht, daß die Videoköpfe die aufgezeichneten Video-Spuren immer optimal abtasten. Um eine genaue Nachsteuerung über das Servo-System des Bandantriebes zu gewährleisten und um Dehnungserscheinungen des Bandes möglichst unwirksam zu machen, befindet sich der Aufnahme/Wiedergabe-Kopf für die Steuerspur in sehr engem Abstand zum Kopfrad. Sein zeitlicher Versatz beträgt nur etwa 5 ms, sein Abstand liegt bei 17,8 mm.

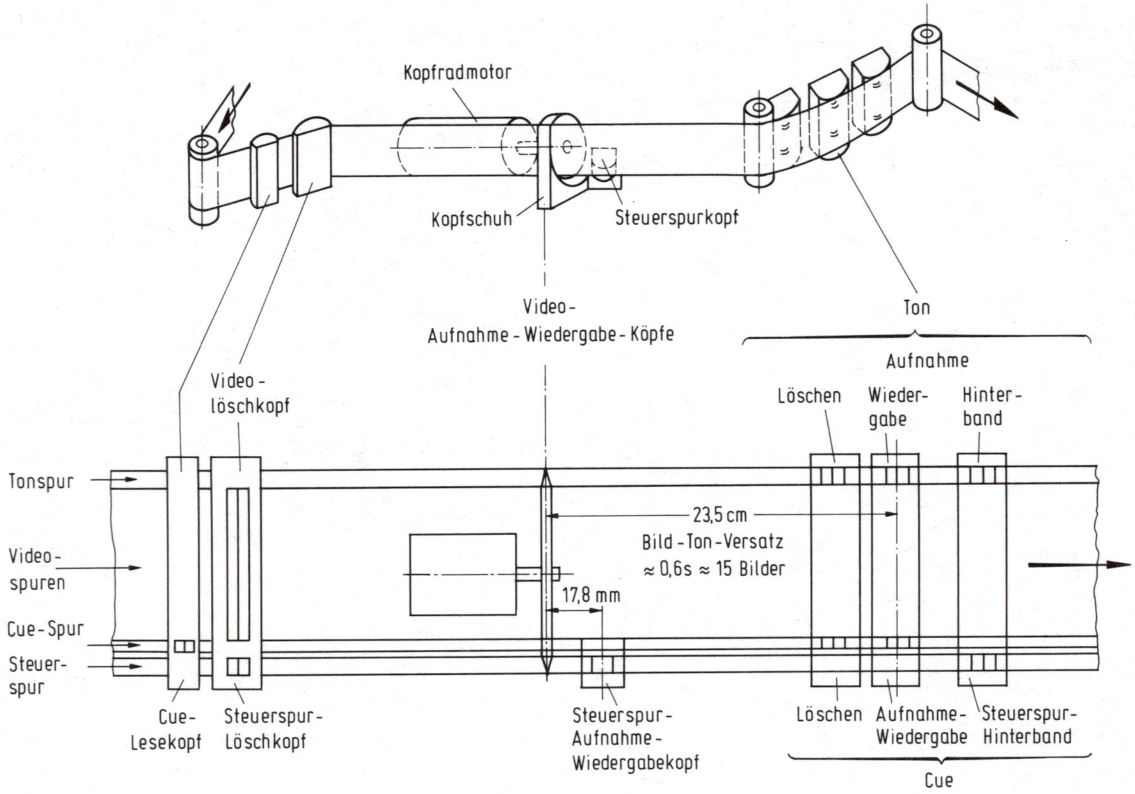

Abb. E3-11 Lage der Magnetköpfe bei einer 2"-Quadruplex-Maschine (Bosch-Fernseh)

Für den „elektronischen Schnittbetrieb" zeichnet man auf der Steuerspur noch zusätzliche „Schneide-Impulse" auf. Sie dienen einerseits der

- *Kennzeichnung der Lage des V-Impulses* in den Video-Spuren nach jedem zweiten oder vierten Halbbild. Andererseits stellen sie eine
- *Referenzinformation* für die phasenrichtige Verkopplung des vom Band wiedergegebenen Video-Signals mit dem Studio-Signal dar.

Aus diesen Informationen kann man dann entsprechende Steuerbefehle für den elektronischen Schnitt (electronic-editing, siehe Abschnitt E.3.12) ableiten.

Das Laufwerk einer magnetischen Bildaufzeichnungsanlage hat eine gewisse Ähnlichkeit mit einem Magnetton-Aufnahmegerät. Nach *Abb. E3-11* läuft das Band von der linken Abwickelspule über ein Bandzugregelsystem ab. Sein Weg führt am Löschkopfaggregat für die Video-Spuren und die Steuer-Spur vorbei zum Kopfradsystem. Hinter dem Kopfrad befindet sich in geringem Abstand der Aufnahme-/Wiedergabe-Kopf der Steuerspur. 15 Bilder später erreicht das Band dann die Köpfe zur Löschung der Ton- und Cue-Signale, die Aufnahme-/Wiedergabeköpfe für Ton und Cue und schließlich die Köpfe für die „Hinter-Band-Kontrolle" des Ton- und Steuer-Spursignals, um dann wiederum über einen entsprechenden Bandzugregler auf den Aufwickelteller zu gelangen.

Während des Aufnahme- und Wiedergabevorganges muß eine exakte Abhängigkeit zwischen dem Umlauf der Video-Köpfe und dem Bandantrieb eingehalten

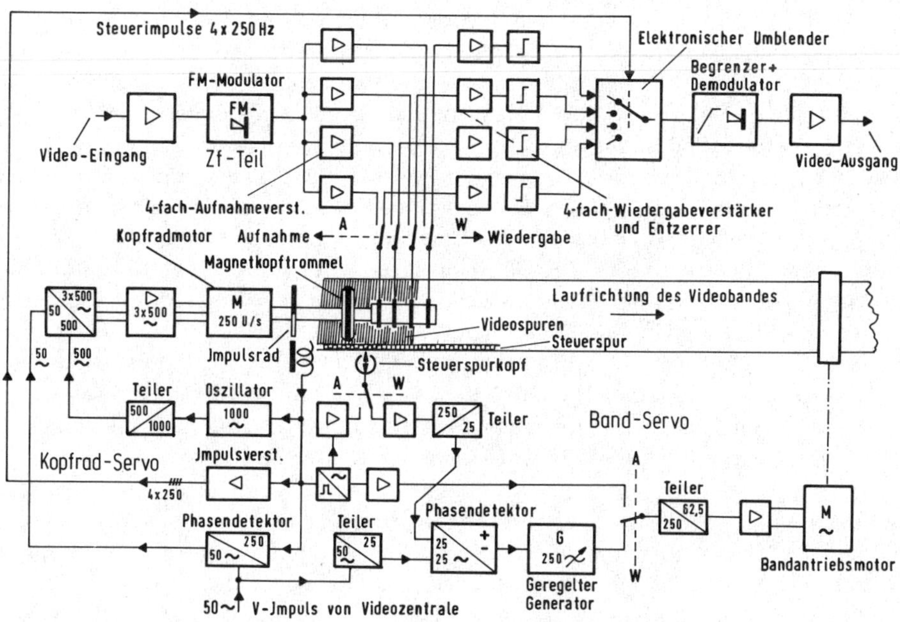

Abb. E3-12 2-Zoll-MAZ-Anlage, Prinzip

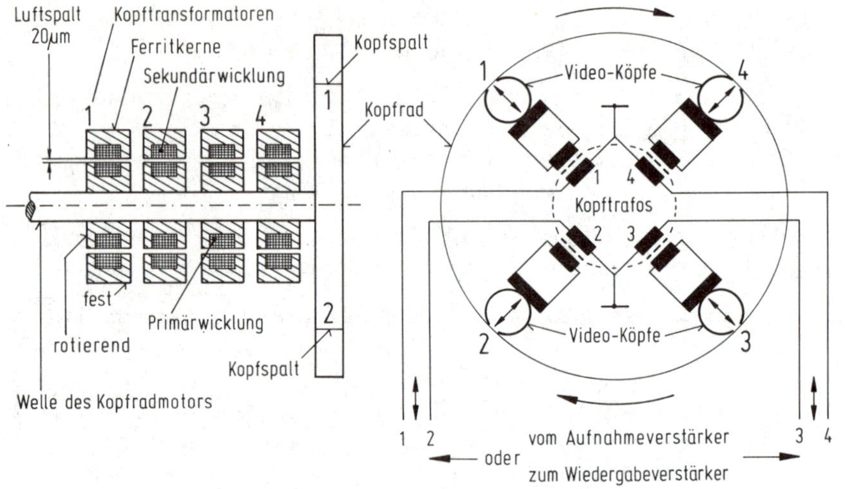

Abb. E3-13 Prinzip der Kopfsignalübertragung mit rotierenden Übertragern

werden. Hierzu ist ein zuverlässiges Servo-System Voraussetzung, dessen Wirkungsweise in *Abb. E3-12* erklärt werden soll.

Bei der *Aufnahme* wird der zunächst stillstehende Kopfradmotor mit einer Frequenz von etwas weniger als 500 Hz gespeist, die aus einem steuerbaren Oszillator stammt. Die Drehzahl des Kopfradmotors entspricht mit etwa 250 Umdrehungen pro Sekunde der halben Frequenz der Antriebsspannung. Auf der Welle des Kopfrades befindet sich ein Impulsgeber, der eine Frequenz von 250 Hz liefert. Dieser Kopfradimpuls wird mit dem von der Video-Impulszentrale kommenden Vertikalimpuls (50 Hz) in einem Phasendetektor verglichen, wodurch eine Regelspannung für den Antriebskreis des Kopfradmotors gewonnen wird. Sobald der Kopfradmotor nach erfolgtem Hochlauf die richtige Drehzahl von 250 U/s erreicht hat, springt der Phasenvergleich ein. Gleichzeitig wird auch der Oszillator, der die Ausgangsfrequenz von 1000 Hz für den Kopfradantrieb erzeugt, durch den Kopfradimpuls synchronisiert. Durch diese Regelung erreicht man, daß der Kopfradmotor synchron mit der Vertikalfrequenz des Video-Signals läuft. – Durch Vierteilung der Kopfradfrequenz von 250 Hz erzeugt man die Wechselspannung für den Bandantriebsmotor mit einer Frequenz von 62,5 Hz. – Aus dem Kopfradimpuls gewinnt man schließlich noch ein Steuersignal von 250 Hz, das über einen eigenen Aufnahmeverstärker mit dem Steuerspurkopf auf die Steuerspur des Bandes aufgezeichnet wird.

Für den *Wiedergabevorgang* wird das Kopfrad in der gleichen Weise auf der richtigen Drehzahl gehalten wie bei der Aufnahme. Bei laufendem Kopfradmotor muß zusätzlich erzwungen werden, daß die Köpfe genau die aufgezeichneten Spuren abtasten. Dies erreicht man mit Hilfe der 250-Hz-Steuerspur. Die bei Abtastung erhaltene 250-Hz-Schwingung wird durch Zehn geteilt und in einem Phasendetektor mit einem 25-Hz-Impuls verglichen, der durch Frequenzteilung aus dem Vertikalimpuls der Impulszentrale gewonnen wurde. Die aus dem Phasenvergleich abgeleitete Regelspannung steuert einen Frequenzgenerator von 250 Hz so, daß sich die Bandgeschwindigkeit und die Phasenlage des Bandantriebsmotors so einstellen, daß das Kopfrad genau die aufgezeichneten Video-Spuren abtastet.

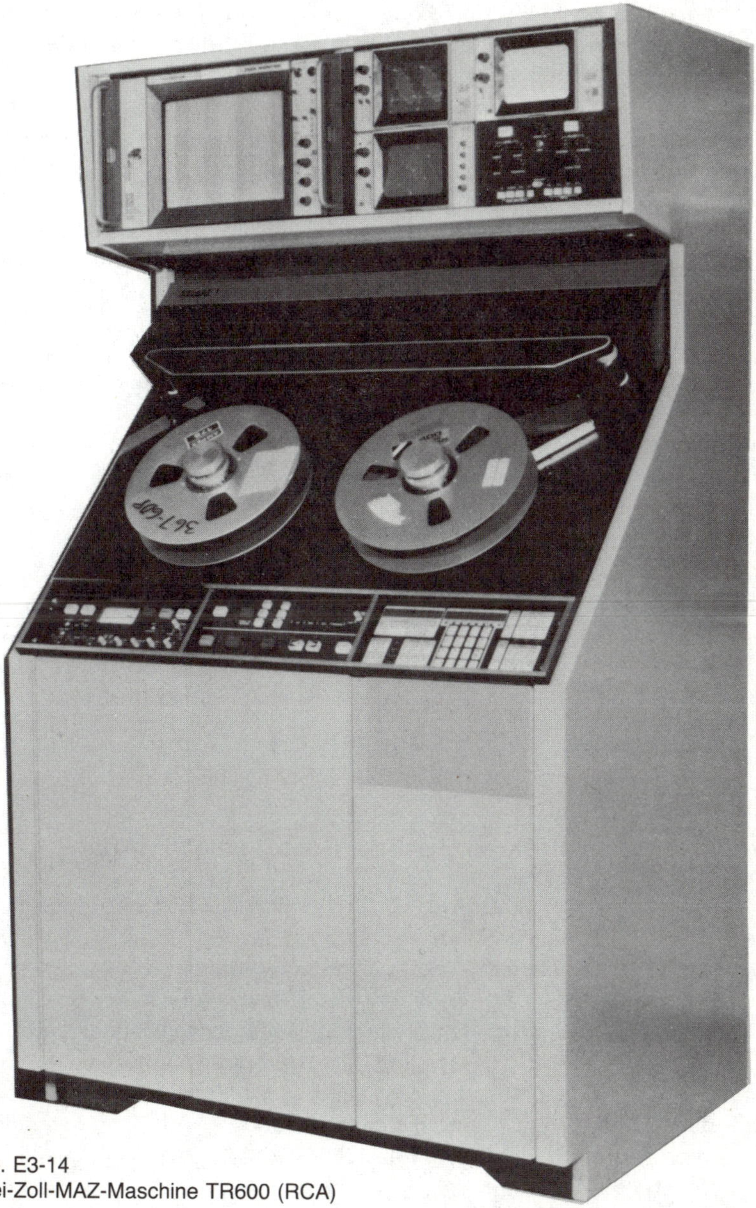

Abb. E3-14
Zwei-Zoll-MAZ-Maschine TR600 (RCA)

Für die *Aufzeichnung* des Video-Signals mit Frequenzmodulation werden aus Gründen optimaler Anpassung der einzelnen Köpfe des Kopfrades vier getrennte Aufzeichnungsverstärker verwendet.

Die Übertragung des FM-Signals auf die Köpfe geschieht kontaktlos mit Hilfe rotierender Übertrager (*Abb. E3-13*). Jeder Kopf der Kopfscheibe ist mit einer Primärwicklung des rotierenden Übertragerkreises verbunden. Die Primärwicklungen sind auf der Motorachse befestigt und rotieren innerhalb der Sekundärwicklungen, die feststehen und auf der Grundplatte des Kopfrad-Aggregates fest montiert sind.

Wiedergabeseitig benutzt man vier Abtastverstärker, die nacheinander mit den von den Köpfen abgenommenen Signalen bei einer kleinen zeitlichen Überlappung eingespeist werden. Jeder der vier Wiedergabekanäle besitzt einen getrennten Entzerrerverstärker, um die Unterschiede der einzelnen Köpfe auszugleichen. Anschließend folgt im Wiedergabeweg ein elektronischer Umblender. Dieser schaltet – während der Überlappungszeit zweier aufeinanderfolgender Spuren – die von den vier Verstärkern kommenden Signale sehr präzise auf einen einzigen Kanal. Der Zeitpunkt der Umschaltung liegt immer am Ende einer Zeile. Das so reproduzierte frequenzmodulierte Signal wird begrenzt und demoduliert. Das nach der Demodulation gewonnene Video-Signal muß anschließend noch aufbereitet werden. Dabei sind vor allem aufzeichnungsbedingte Laufzeit-Unterschiede und Zeitfehler zu korrigieren. Auf diesen Problemkreis wird in Abschnitt E.3.11. getrennt eingegangen.

Die praktische Ausführung einer 2"-Quadruplex-Maschine zeigt *Abb. E3-14*. Im mittleren Teil des Gerätes befindet sich das Bandlaufwerk mit Bedienungsknöpfen für alle Handhabungen und Betriebsarten. Im unteren abgedeckten Teil der Maschine ist die gesamte Elektronik, die in Steckkarten-Technik ausgeführt ist, untergebracht. Dies betrifft sowohl den Video- wie auch den Servo-Teil. Oberhalb des Laufwerkes ist die Monitorbrücke mit einem Kontroll-Monitor für eine visuelle Kontrolle der Bildaufzeichnung zu sehen. Die Monitorbrücke enthält außerdem Kontrolloszillographen für das Video-Signal (waveform-monitor) und die Phasenlage des Farbträgers (vectorscope).

3.6 Die Schrägspurverfahren („Helical-Scan") im 1"-Format

Bis zum Anfang der 70er Jahre war die 2"-Quadruplex-Aufzeichnung das einzige Verfahren, das für den professionellen Bereich zur Anwendung kam. Nur mit diesem System war mit den damaligen Bändern, Kopf-Materialien und -Konstruktionen eine Qualität erreichbar, die dem Standard der Video-Übertragung in den großen Fernseh-Betrieben entsprach, vor allem dann, wenn sich bei der Schnittbearbeitung an die Aufnahme selbst noch eine Reihe weiterer Überspiel- und Kopiervorgänge anschloß. Dies ist auch der Grund dafür, daß das Quadruplex-Verfahren weltweit verbreitet war und daß Bänder im 2"-Format überall auf der Welt (abgesehen von den Unterschieden der drei Video-Standards – NTSC, PAL, SECAM) lange Zeit relativ problemlos austauschbar waren.

Bandführung	Typ	Anzahl der Köpfe	Umschlingungswinkel φ
α-Umschlingung	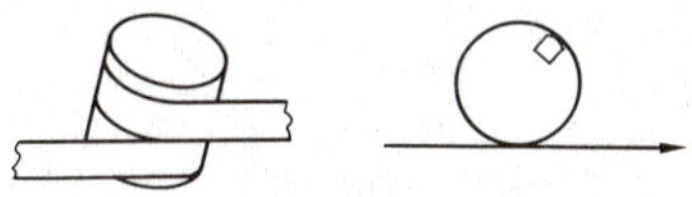	1	360°
Ω-Umschlingung	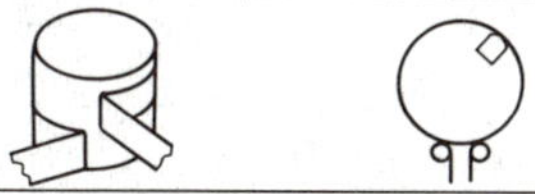	1	≈350°
1″ - Standard Format B (Fernseh BCN)	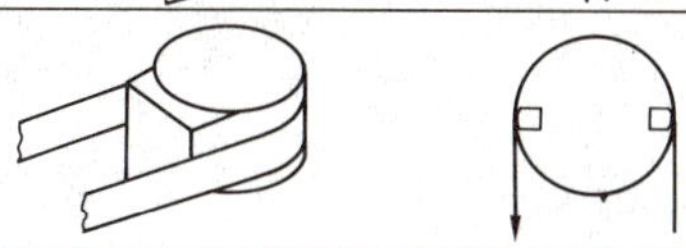	2	180° ... 190°

Abb. E3-15 Möglichkeiten der Bandumschlingung bei der Schrägspuraufzeichnung

Kleinere Geräte konnten erst dann entwickelt werden, als gewisse technologische Voraussetzungen im Bereich der Magnetbandtechnik und bei der Herstellung von Magnetköpfen bestanden. – Den entscheidenden Durchbruch brachte schließlich die Einführung der Chromdioxid- und High-Energy-Bänder (siehe Abschnitt E.2.1) sowie die Entwicklung grundlegend neuer Verfahren für die Herstellung von Magnetköpfen. In diesem Zusammenhang sei die Glas-Spalt-Technik für die Herstellung kleinster Spaltdimensionen bei hochverdichteten Ferrit-Kernen erwähnt, mit der zum ersten Male extrem saubere Spaltkanten erzielt werden konnten und die außerdem dazu beitrug, die Lebensdauer der Video-Köpfe erheblich zu steigern [51].

Bei *Schrägspuraufzeichnungen* wird das Band je nach System unter einem Winkel von 2 bis 15° in unterschiedlicher Umschlingung über eine Kopftrommel (Scanner) geführt. Die Kopftrommel steht etwas *schräg*, so daß sich bei Rotation der Trommel auf dem vorüberziehenden Band eine in Spiral- (Helical-) Linien ablaufende Aufzeichnung ergibt. Dabei sind verschiedene Umschlingungsarten bekannt. Sie sind in *Abb. E3-15* dargestellt.

Auf der Kopfradscheibe können ein oder zwei Magnetköpfe angebracht sein. Will man eine Unterbrechung des Signals vermeiden, so muß die Umschlingung bei Verwendung nur eines Kopfes mindestens 360°, bei zwei Köpfen mindestens 180° betragen. Von den gezeigten Möglichkeiten haben Systeme mit α-Umschlingung bisher keine große Bedeutung erlangt.

3.6.1 Das A-Format-System

1975/76 brachte die Firma Ampex die erste Schrägspurmaschine auf den amerikanischen Markt, die für Studio-Zwecke geeignet war und die eine Ω-förmige Umschlingung des Bandes um die Kopftrommel von etwa 350° verwendet. Als Bandmaterial

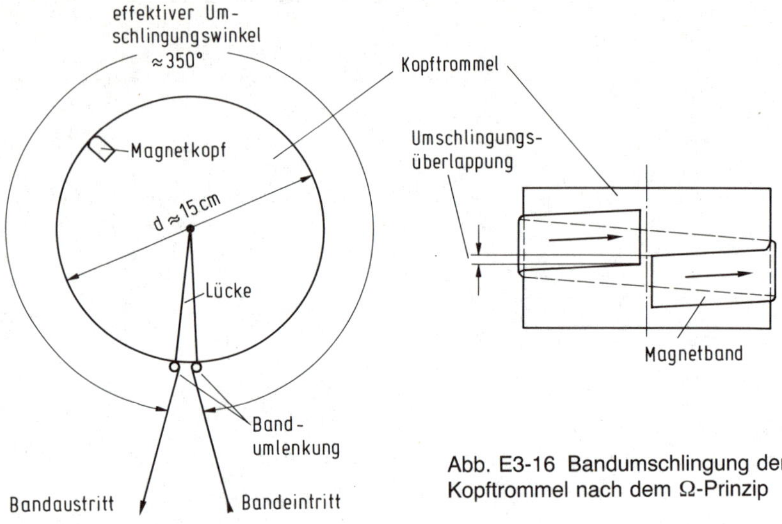

Abb. E3-16 Bandumschlingung der Kopftrommel nach dem Ω-Prinzip

kommt Chromdioxid in einer Breite von 1" (25,4 mm) zur Anwendung [52]. Während der Dauer eines Halbbildes dreht sich die Kopfscheibe einmal um 360°. Bei einer Bandgeschwindigkeit von etwa 24 cm/s und einem Durchmesser der Kopftrommel von ca. 15 cm entstehen dabei Spuren mit einer Länge von 40 cm unter einem Spurwinkel von 3° zur Laufrichtung des Bandes (*Abb. E3-16*). Das Band wird so über den Scanner geführt, daß sich die Oberkante des einlaufenden Bandes mit der Unterkante des auslaufenden Bandes überlappt. Auf diese Weise wird an den beiden Randzonen Platz für weitere Aufzeichnungsspuren in Längsmagnetisierung gewonnen. Die Überlappung bringt allerdings eine Lücke von etwa 10°, die bezüglich des Video-Signals zu einem Informationsverlust von 8 bis 10 Zeilen eines jeden Halbbildes führt. Für eine Anwendung im professionellen Bereich bedeutet dies ein Problem, weil hier kein Informationsverlust hingenommen werden kann. Zur Beherrschung dieser Schwierigkeiten bieten sich zwei Lösungen an:

- Bei der Aufnahme verzichtet man auf die Aufzeichnung der Zeilen-Synchronisier-Impulse, um sie bei der Wiedergabe von neuem synthetisch zu erzeugen.

- Die fehlenden Synchronisierimpulse zeichnet man mit zusätzlichen Videoköpfen in einer getrennten „Sync-Spur“ mit ausreichender Überlappung zu den Haupt-Video-Spuren auf. Diese Sync-Spur liegt unmittelbar neben der Steuerspur (Kontrollspur).

Die Anordnung der Magnetköpfe auf einer Kopfscheibe gibt *Abb. E3-17* wieder. Die Kopfscheibe trägt neben dem kombinierten Aufnahme/Wiedergabe-Kopf des FM-Video-Signals im Winkel von jeweils 120° einen Video-Kopf zur „Hinter-Band-Kontrolle“ des Video-Pegels und einen Löschkopf. Zugeordnet zu diesen drei Köpfen finden wir vorauseilend mit einem Versatz von 30° die jeweiligen Köpfe für die Aufnahme, Wiedergabe und Löschung der „Sync-Aufzeichnung“.

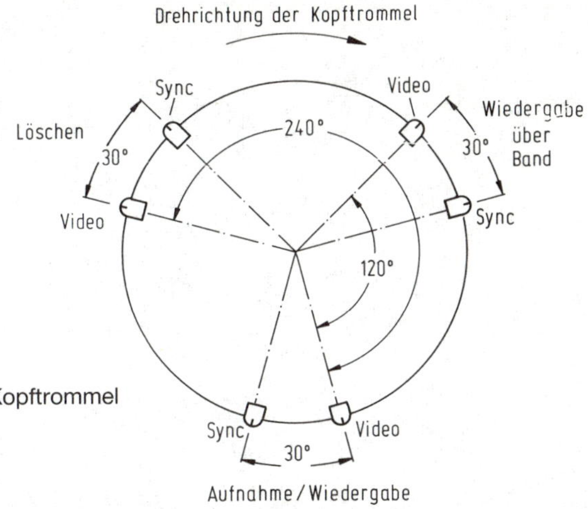

Abb. E3-17 Anordnung der Köpfe auf der Kopftrommel bei Ω-Umschlingung des Video-Bandes (1"-A- und C-Standard)

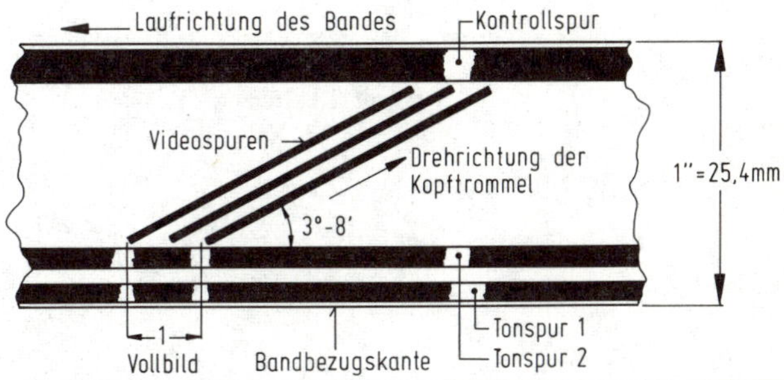

Abb. E3-18
Spurlagenbild einer Aufzeichnung nach dem A-Standard

Das Spurlagenbild (*Abb. E3-18*) zeigt auf einem 1" breiten Magnetband in der Mitte die Spuren der Video-Signale in Schrägspuraufzeichnung. Darüber ist die in Längsmagnetisierung aufgezeichnete Kontrollspur zu sehen. Am unteren Rand des Bandes erkennen wir die Spuren für Audio-1 und Audio-2 zur Speicherung der Toninformationen. Die Audio-2-Spur wird häufig auch als Cue-Spur sowie zur Speicherung von Time-Code-Signalen verwendet.

Mit diesen Abmessungen erzielt man eine Laufgeschwindigkeit des Bandes von 24 cm pro Sekunde.

Der typisch Ω-förmige Bandlauf einer 1"-Schrägspurmaschine ist in *Abb. E3-19* dargestellt. Das Band läuft von einer Capstan-Rolle (1) mit Andruck gezogen vom linken Abwickelteller (2) ab und gelangt über bandzugregelnde Umlenkrollen (3) an die Köpfe (4,5) für die Löschung und Aufzeichnung der Cue- und Audiospuren. Von dort aus führt der Weg des Magnetbandes über den ersten Andruckschuh (6) zur Kopftrommel (7). Nach Umschlingung mit 350° verläßt das Band den Kopftrommelbereich und zieht an den Köpfen (8) für die Wiedergabe der Audiosignale vorüber, bis es über eine Zählrolle (9) zum rechten Aufwickelteller (10) gelangt.

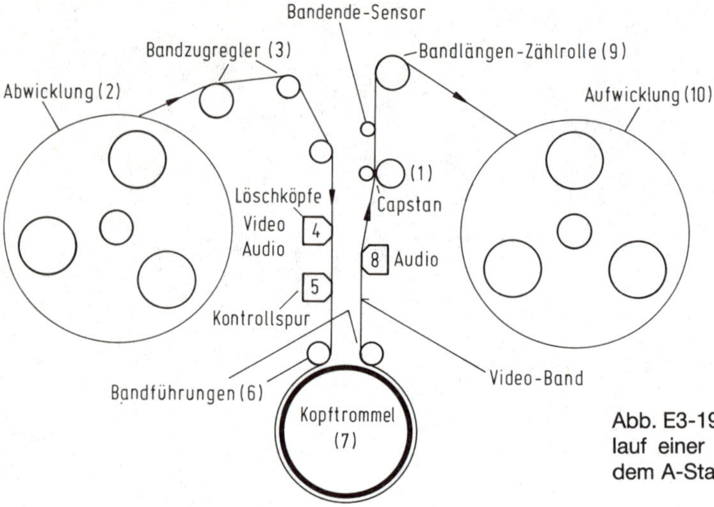

Abb. E3-19 Ω-förmiger Bandlauf einer MAZ-Maschine nach dem A-Standard

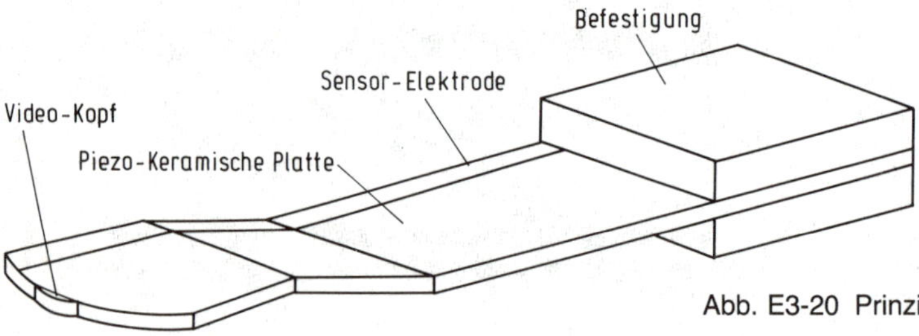

Abb. E3-20 Prinzip des AST-Systems

Bei Aufzeichnung langer Video-Spuren (in unserem Falle sind es etwa 40 cm) ist das Spurbild leicht durch Veränderungen der Temperatur, durch unzureichende Bandführung, durch Schwankungen der Luftfeuchtigkeit usw. zu beeinflussen, so daß es schwierig ist, solche Spuren immer optimal abzutasten. Abweichungen dieser Art bezeichnet man auch als „Tracking-Fehler". Die Abtastung geringfügig abweichender Spurlagen ist überdies sehr problematisch, weil beim Austausch von Bändern erhebliche Kompatibilitätsprobleme entstehen können. Da eine elektromechanische Nachstellung in unserem Falle keinen Erfolg bringt, sind diese Schwierigkeiten nur mit einer Servo-Nachführung des Abtastkopfes zu lösen. Bei der automatischen Kopfnachführung der Fa. Ampex (AST = Automatic-Scan-Tracking) sitzt der Video-Kopf auf einer piezokeramischen Scheibe, deren Form durch Anlegen einer elektrischen Spannung verändert werden kann. In Verbindung mit einer Servo-Schaltung wird der Video-Kopf auf maximalen Videopegel, d. h. auf optimale Spurlage, nachgesteuert (*Abb. E3-20*).

3.6.2 Das C-Format-System

Wie wir in Abb. E3-18 gesehen haben, verfügt das A-Format nur über zwei Audio-Spuren, von denen eine häufig auch noch für die Aufzeichnung von Cue-Informationen benutzt werden muß. Dieses Format eignete sich daher nur für die monophone Schallaufzeichnung, weil man selten auf das Cue-Signal oder eine time-code-verkoppelte Betriebsart verzichten konnte.

Dieser Umstand führte relativ schnell dazu, die Spurlagenkonfiguration neu zu überdenken. Dabei kamen die Anregungen für eine Modifikation vor allem auch aus dem Bereich der Anwender, bei denen laufend Video-Programme in zweisprachiger Version zu bearbeiten sind. Diese Überlegungen führten 1979 zum sogenannten C-Standard, und unter Verwendung der bereits geschilderten Technologie zu einer anderen Festlegung der Spurlagen.

Nach *Abb. E3-21a* besitzt der Standard C nunmehr drei gleichwertige Audiospuren mit einer Breite von jeweils 0,8 mm. Zwei dieser Spuren liegen am oberen Rande des Magnetbandes, die dritte an der unteren Bandkante. In der Mitte des Feldes liegen die 0,13 mm breiten Video-Spuren, die mit einem Winkel gegen die Laufrichtung des Bandes von 2° 33’ geschrieben werden. Daraus resultiert eine Spurlänge pro Halbbild von 411 mm. Der „Rasen“ zwischen den Spuren hat eine Breite von 0,052 mm. In einem Abstand von 0,29 mm folgt unterhalb der Video-Spuren die Steuerspur (Kontrollspur) mit einer Breite von 0,6 mm. Die vorher beim A-Format beschriebene „Sync-Spur“ nimmt einen Platz von 1,3 mm ein, der zwischen der Kontroll-Spur und der Audio-3-Spur liegt. Bei verschiedenen Maschinen kann die Sync-Spur auch als Audio-4-Spur geschaltet werden. Dies bedeutet aber, daß man auf etwa 12 Zeilen des Video-Signal-Inhaltes verzichtet.

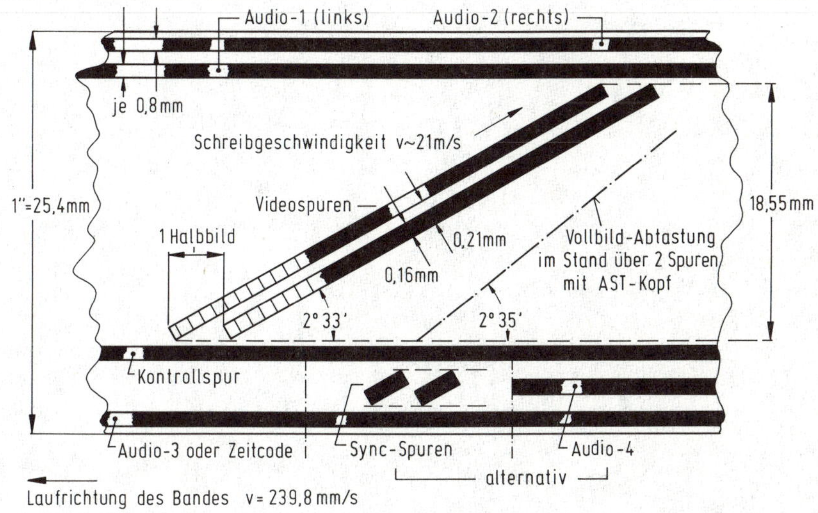

Abb. E3-21a Spurlagenkonfiguration für den 1”-C-Standard. Schrägspuraufzeichnung mit einem Video-Kopf, getrennte Aufzeichnung der Synchron-Signale

Neben der beschriebenen Spurlagenkonfiguration sind in den einschlägigen Normen (EBU = European Broadcasting Union) auch noch die Überlappungszeiten des „Sync-Signals“ exakt festgelegt (*Abb. E3-21b*). Die Bandgeschwindigkeit beträgt 24 cm/Sekunde.

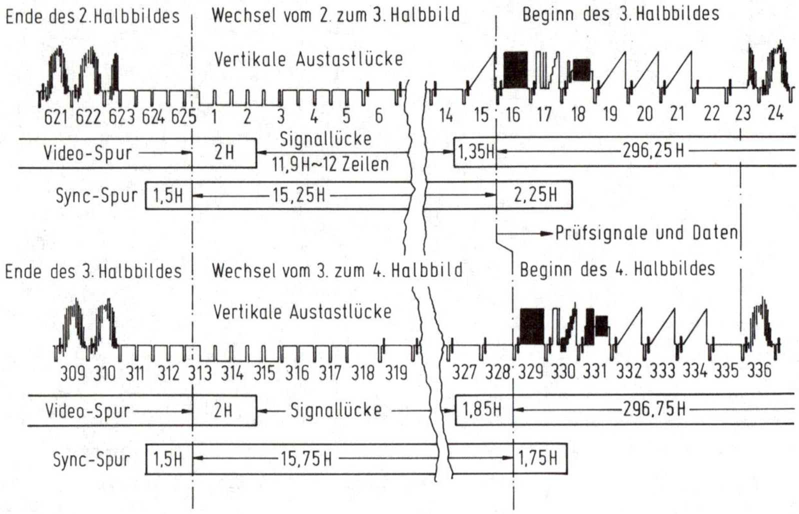

Abb. E3-21b Überlappung der Video- und Synchronspuren im Bereich der vertikalen Austastlücke beim 1"-C-Standard (EBU)

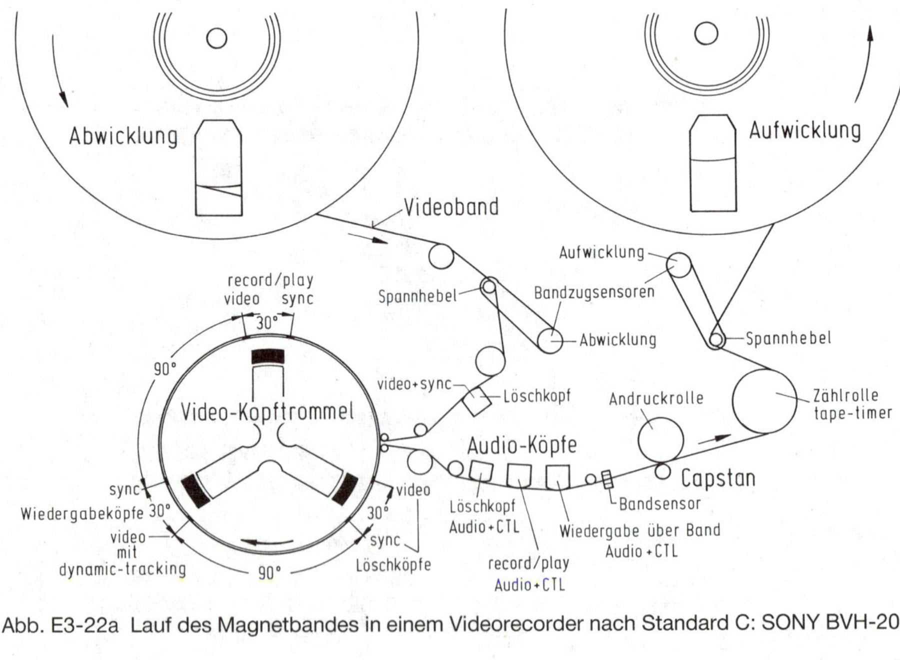

Abb. E3-22a Lauf des Magnetbandes in einem Videorecorder nach Standard C: SONY BVH-2000

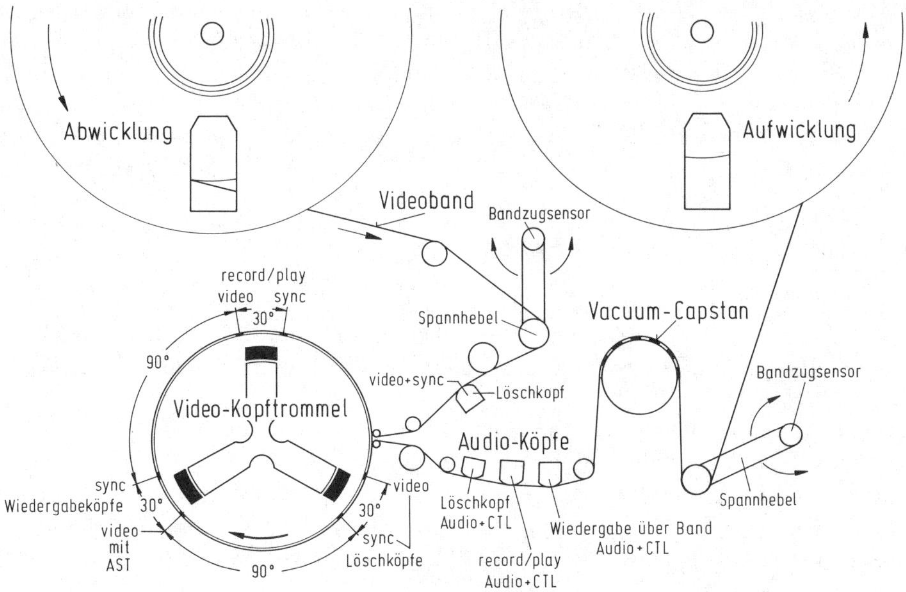

Abb. E3-22b Lauf des Magnetbandes in einem Videorecorder nach Standard-C: AMPEX VPR-3

Abb. E3-22c
Videobandgerät 1" nach Standard C, SONY BVH-2000

Mit zwei Beispielen ist der Lauf des Magnetbandes in einem Videorecorder nach Standard C in *Abb. E3-22a* und *E3-22b* dargestellt. Im Unterschied zum Laufwerk der Firma Sony (a), bei dem das Videoband in herkömmlicher Weise mit einer Andruckrolle (pinch-roller) an die Capstan-Rolle gedrückt wird, verwendet Ampex (b) einen Capstan mit Vacuum-Unterdruck. *Abb. E3-22c* zeigt die professionelle MAZ-Maschine BVH-2000 der Firma Sony.

3.6.3 Das B-Format im BCN-System

Bei der Behandlung des A- und des C-Formates konnten wir feststellen, daß Schrägspuraufzeichnungen, deren Länge einem Halbbild entsprechen, zu Trackingfehlern neigen, die nur durch zusätzliche Maßnahmen der Kopfnachsteuerung (AST) zu beherrschen sind.

– Ein anderes Problem liegt in der großen Kopftrommel mit einem Durchmesser von etwa 15 cm begründet, weil das dynamische Trägheitsmoment eines rotierenden Körpers mit der vierten Potenz seines Durchmessers ansteigt.

– Auch erfordert die Einhaltung eines geringen Abstandes zwischen Band und Kopf, wie er aus Gründen geringer Dämpfung der hohen Übertragungsfrequenzen

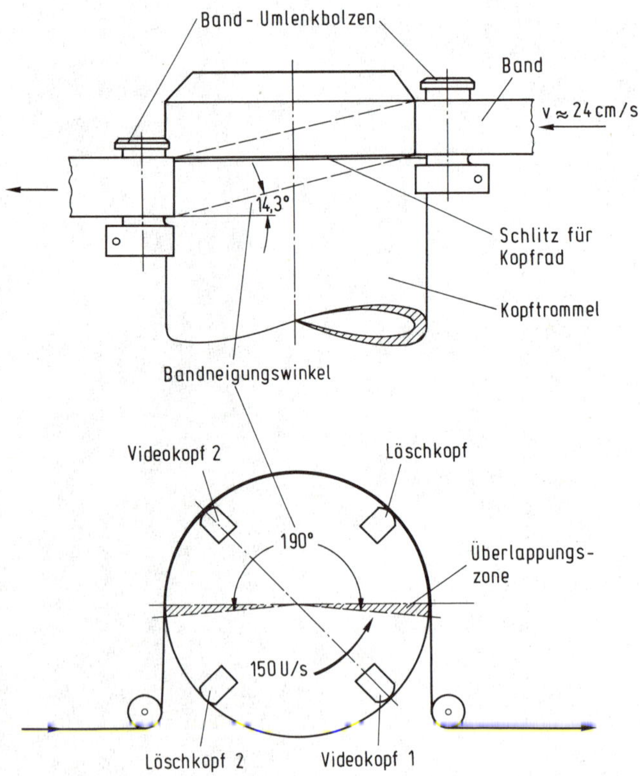

Abb. E3-23 190°-Bandumschlingung bei der BCN-Maschine mit zwei Video-Köpfen nach Standard B (Bosch-Fernseh)

zwingend ist, bei einem größeren Scanner größere Kräfte als bei einem kleinen Scanner. Große Andruckkräfte wirken sich auf die Lebensdauer der Magnetköpfe nachteilig aus.

– Bei einer Umschlingung von 350°, mit der das Magnetband über die Kopftrommel läuft, können leichter Banddehnungserscheinungen auftreten, als bei einer geringeren Umschlingung.

– Bei einem System, bei dem die Video-Spuren unter einem sehr geringen Winkel (Größenordnung 2–3°) zur Längsrichtung des Bandes orientiert sind, wirken sich Schwankungen der Laufgeschwindigkeit direkt als Zeitfehler des Video-Signals aus. Der Aufwand für die Korrektur der Zeitfehler ist daher relativ hoch.

Diese Argumente, die bei der heutigen Technologie nur noch mehr oder weniger stichhaltig sind, führten zu einem segmentierten Aufzeichnungssystem, das die Firma Bosch-Fernseh vor einigen Jahren entwickelte und das unter der Bezeichnung *B-Format* genormt ist. Das System wird häufig auch mit dem Gerätetyp als *BCN-System* bezeichnet [55].

Die BCN-Maschine der Firma BTS zeichnet das Video-Signal mit zwei Köpfen, die um 180° gegeneinander versetzt auf der Kopfscheibe befestigt sind, auf (*Abb. E3-23*). Das Magnetband umschlingt den Scanner mit 190° in Ω-Führung bei einem Neigungswinkel von 14,4°. Die Kopfscheibe trägt außer den beiden Video-Köpfen noch zwei Löschköpfe, die im Drehsinn jeweils um 90° vorauseilen. Diese mitlaufenden („fliegenden") Löschköpfe sind zur selektiven Löschung der Video-Spuren im elektronischen Schnitt-Betrieb notwendig.

Bei einer Umdrehung der Kopfscheibe schreiben die Köpfe auf das Magnetband zwei nebeneinanderliegende 85 mm lange Spuren. Das Kopfrad rotiert mit 150 U/s (9000 U/min). Daraus ergibt sich bei einem Durchmesser der Kopftrommel von 50,3 mm eine Schreibgeschwindigkeit von 24 m pro Sekunde. Für die Aufzeichnung

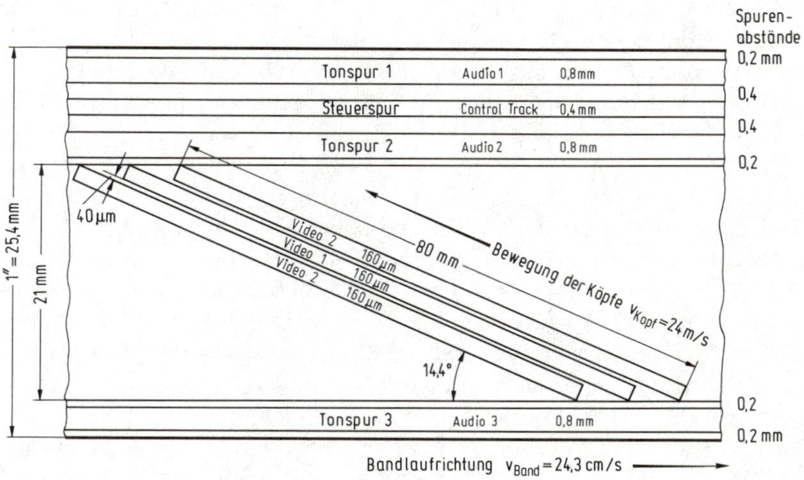

Abb. E3-24 Spurlagen für die 1"-Schrägspuraufzeichnung nach Standard B (Bosch-Fernseh, BCN)

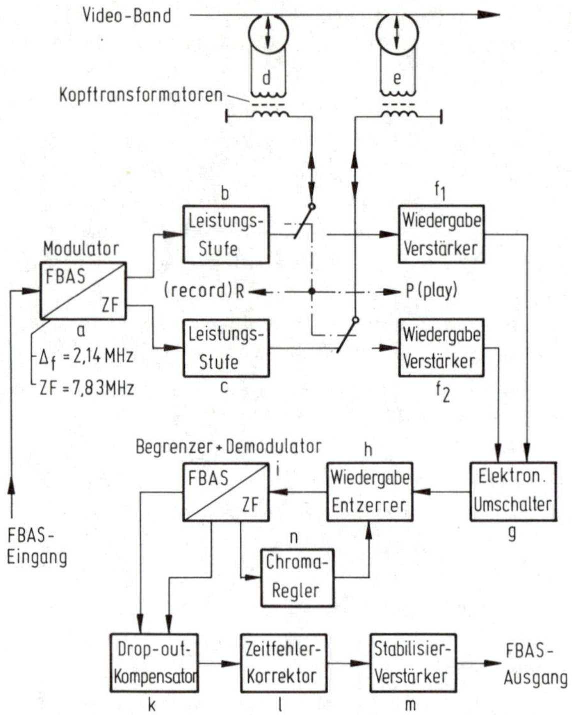

Abb. E3-25a Prinzip des Video-Signalweges bei der 1"-B-Format-Maschine von Bosch-Fernseh, BCN

von zwei Halbbildern benötigt man bei einer Rasterfrequenz von 50 Hz 300 Spuren in 6 Segmenten. Jeder Video-Kopf schreibt (ohne Überlappung) ca. 52 Zeilen. Die Breite der Video-Spuren beträgt 0,16 mm, der Spurabstand („Rasen") 0,04 mm. Bei der CCIR-Version ergibt sich eine Bandgeschwindigkeit von 24,3 cm pro Sekunde. Die Spurlagenkonfiguration des B-Formates ist in *Abb. E3-24* dargestellt.

Der Weg des Video-Signals in einer BCN-Maschine geht aus *Abb. E3-25a* hervor. Vom FBAS-Eingang aus gelangt das Video-Signal zu einem Modulator (a), der es in ein ZF-Signal (ZF-Träger 7,83 MHz, Δf = 2,14 MHz) umsetzt. Darauf folgen zwei Leistungsstufen (b + c) zur Erzeugung der Kopfströme für die optimale Bandmagnetisierung. Über den Umschalter R/P (*R*ecord oder *P*lay) führt man das verstärkte ZF-Signal über die rotierenden Kopftransformatoren (d + e) den Köpfen des Scanners zu. – Bei Wiedergabe (Stellung *P*lay) gelangt das abgetastete ZF-Signal zur Verstärkung der Kopf-Wiedergabespannung auf zwei breitbandige rauscharme Verstärker (f). Anschließend erfolgt die Zusammenschaltung der beiden ZF-Pakete der beiden Spuren mit einem elektronischen Schalter (g) zu einem kontinuierlichen ZF-Signal. Im Wiedergabeentzerrer (h) findet dann eine Angleichung des Frequenzganges und eine Kompensation der Kopfresonanzen statt. Der Begrenzer/Demodulator (i) führt die Rückwandlung des frequenzmodulierten ZF-Signals in ein FBAS-Video-Signal durch. Mit dem Chroma-Regler (n) geschieht gleichzeitig eine automatische Korrektur des Frequenzganges in Abhängigkeit von der Burst-Amplitude. Im Drop-Out-

Abb. E3-25b Verschiedene Video-Bandmaschinen im 1"-B-Standard (Bosch-Fernseh).
Hintere Reihe: Studio-Maschinen BCN-41, BCN-50 und BCN-51.
Im Vordergrund: Batteriebetriebene Aufzeichnungsmaschine BCN-20 und Kassetten-Aufzeichnungsgerät BCN-5.

Kompensator (k) werden fehlende Signalanteile bei ZF-Pegeleinbrüchen durch Signalkomponenten der vorhergehenden Zeile ersetzt. Der Zeitfehler-Korrektor (1) gleicht Fehler der Zeilenlänge und Zeitverschiebungen innerhalb einer Zeile aus. Das zeitkorrigierte Video-Signal (TBC) wird anschließend in einem Stabilisierverstärker (m) formiert. Dabei werden die vorhandenen Synchron- (S), Austast- (A) und Burst-Signale durch korrekte Studiosignale in der Ausgangsstufe der MAZ-Maschine ersetzt. Das so erhaltene Video-Signal gelangt dann auf den ausgangsseitigen Anschluß.

Eine Weiterentwicklung stellt das System BCN-52/53 dar. Neben den bisher erwähnten Videoköpfen besitzt hier der Scanner zusätzlich zwei „Hinterbandköpfe". Sie ermöglichen eine Kontrolle der Aufzeichnung während des Aufnahmebetriebes.

Abb. E3-25c Laufwerk und Bedienungskonsole der Magnetband-Aufzeichnungsanlage BCN 52/53 (Bosch-Fernseh)

Der wiedergabeseitige Prozessor ist darüber hinaus mit vier Bildspeichern ausgestattet, so daß am Ausgang ein sendefähiges Videosignal auch bei Zeitlupen- und Einzelbildbetrieb (*slow-motion* und *jogging*) sowie für den sichtbaren Suchlauf (visible search) zur Verfügung steht (*Abb. E3-25c*).

Das B-Format und das C-Format sind heute weltweit genormt. Sie stellen in der 1"-Ebene die beiden professionellen Formate für den Studiobereich dar.

3.6.4 Servo-Systeme für den Bandantrieb

Die Bearbeitung von Videobändern, insbesondere im Schnittbetrieb (siehe Abschnitt 3.12), verlangt ein schnelles Rangieren auf den Bandmaschinen. Dabei sind einerseits hohe Wickelgeschwindigkeiten, andererseits größte Bandschonung Voraussetzung. Zur Erfüllung dieser Anforderungen verwenden moderne Videobandmaschinen für die Antriebssteuerung vorwiegend digitale Systeme, die sich durch Änderung der Software für eventuelle zusätzliche künftige Aufgaben auch relativ einfach modifizieren lassen.

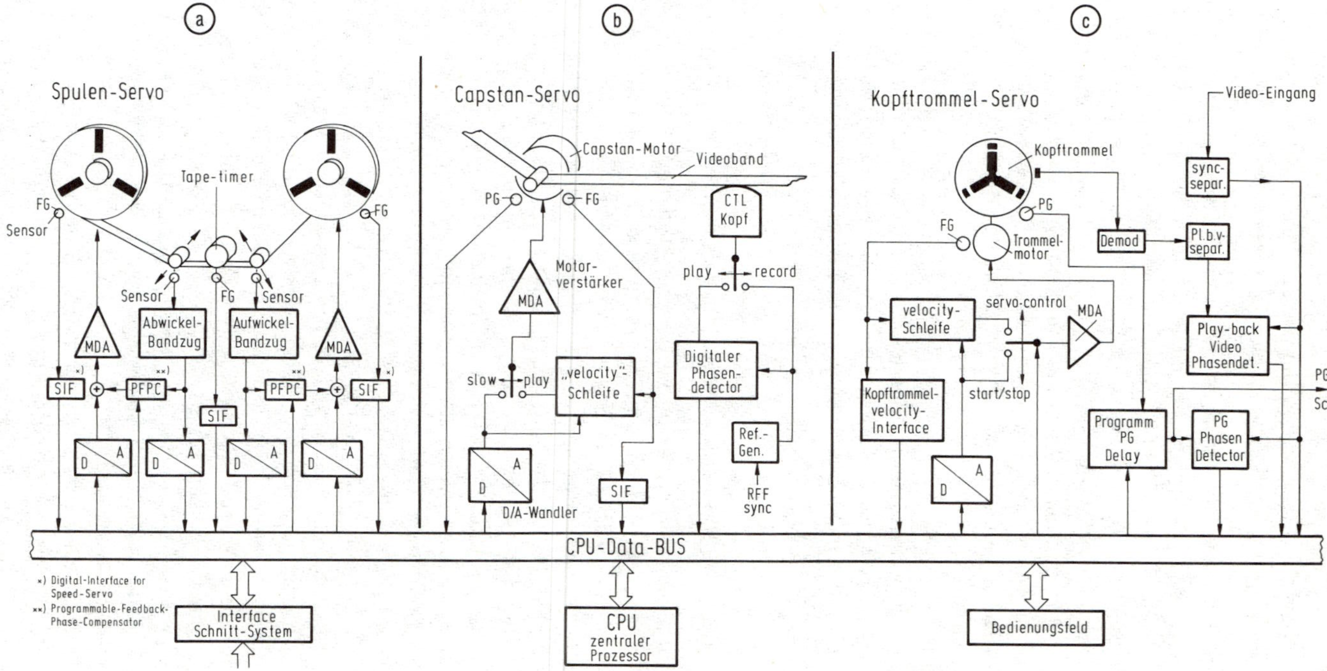

Abb. E3-26 Das Computer-Servo-System des 1"-C-Standard-Recorders BVH-2000 (SONY)
a) Spulen-Servo; b) Capstan-Servo; c) Kopftrommel-Servo

In unserem Beispiel (*Abb. E3-26*) ist das Servosystem in drei Gruppen gegliedert:

- den Wickel-Servo (*reel-servo*),
- den Capstan-Servo für den exakten Bandantrieb und
- den Servo der Kopftrommel (*drum-servo*).

Da die Funktionen der einzelnen Bausteine ineinander übergreifen, kontrolliert ein zentraler Prozessor (CPU) auf der Basis digital übermittelter Rückmeldedaten den gesamten Ablauf, bereitet die von Hand an einer Tastatur (*system control*) eingegebenen Befehle auf und gibt sie sequentiell so weiter, daß sie mit hoher Geschwindigkeit ohne Schaden für Band und Maschine ablaufen. In *Abb. E3-26a* wird gezeigt, wie bei schnellem Vor- und Rücklauf der Bandzug über zwei Sensoren gemessen wird, während eine Tachometerscheibe die jeweilige Bandgeschwindigkeit registriert. Die Regelung ist so ausgelegt, daß der Bandzug im Kopftrommelbereich stets gleich bleibt.

Ähnlich verhält es sich auch mit den Servo-Systemen für den Capstan (b) und die Kopftrommel (c). Der Hochlauf des Bandes aus dem Stand und die präzise Übereinstimmung der Kontrollspur-Aufzeichnung mit der Farbträgerphase sind von den Drehzahlen des Capstan-Motors und der Kopftrommel abhängig. Hier sorgt der zentrale Prozessor für eine sehr genaue Synchronisation.

3.6.5 Die Wiedergabe mit variabler Geschwindigkeit

Bei Sportsendungen oder auch für bestimmte Trickeffekte wird häufig bei der Wiedergabe eines Programms eine Veränderung der Laufbildgeschwindigkeit gewünscht. In solchen Fällen kommt ein bemerkenswerter Vorteil der Schrägspuraufzeichnung besonders zum Tragen, weil eine Umdrehung der Kopftrommel der Aufzeichnung eines Halbbildes entspricht. Damit beschränkt sich auch die Abtastung eines Halbbildes auf den Lesevorgang einer einzelnen Spur. Für die Wiedergabe eines Vollbildes muß der Abtastkopf mit einer dynamischen Spursteuerung (dynamic-tracking) wechselweise über die beiden nebeneinander liegenden Spuren der zueinander gehörenden Halbbilder geführt werden (*Abb. E3-27*).

Mit dem *Dynamic-Tracking-System* (DT-System) erhält man sendefähige Farbbildwiedergabe von normaler Rückwärtsgeschwindigkeit (−1) bis zu dreifacher Vorwärtsgeschwindigkeit (+3). Die digital kontrollierte DT-Steuerung hält den Videokopf bei der Abtastung sowohl bei normaler Geschwindigkeit des Laufbildes als auch bei variabler Wiedergabegeschwindigkeit genau in der Spur. Dazu ist der Magnetkopf auf einem Piezo-Element montiert, das in beiden Richtungen transversal zur Aufnahmespur schwingen kann (*Abb. E3-28*). Bei der Abtastung der Videoaufzeichnung liefert der DT-Kopf das übliche FM-Signal. Durch Vergleich mit einem Kontrollsignal wird daraus eine Treiberspannung zur Spur-Nachsteuerung des Kopfes gewonnen (*Abb. E3-27*).

Etwas schwieriger stellt sich dieses Problem bei der segmentierten Aufzeichnung (B-Format) dar. Hier ist die Information über mehrere nebeneinander liegende Spuren in Laufrichtung des Bandes verteilt. Will man die Wiedergabegeschwindig-

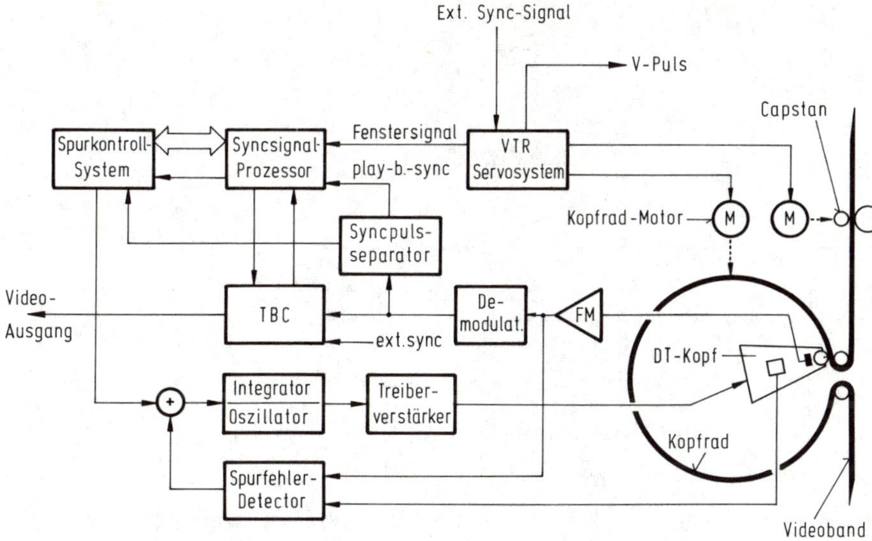

Abb. E3-27 Prinzip des Dynamic-Tracking-Systems (SONY)

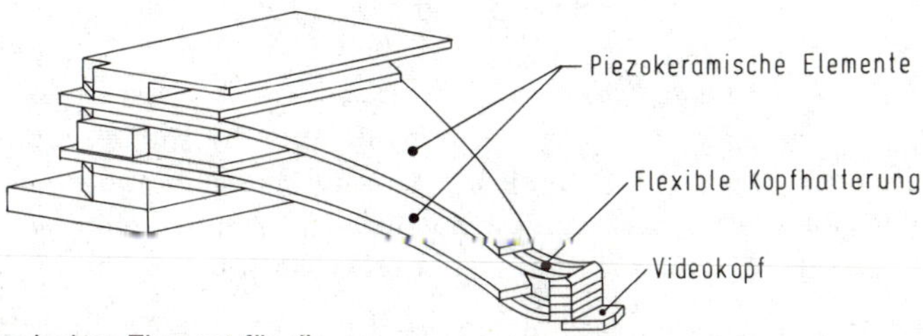

Abb. E3-28 Piezokeramisches Element für die Spurnachsteuerung eines Videokopfes mit dem Dynamic-Tracking-System

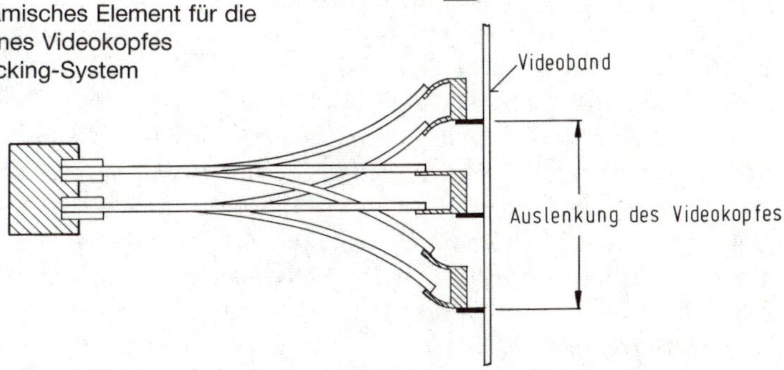

keit verändern, so genügt es nicht, die Abtastköpfe mehr oder weniger lang auf den einzelnen Spuren zu belassen und für eine entsprechende Relation zwischen dem Vorschub des Bandes und der Lage der Köpfe zu sorgen, sondern man steht vor dem Problem, die zu 300 Spuren in 6 Segmente zerlegte Vollbildinformation erst einmal wieder zusammensetzen zu müssen.

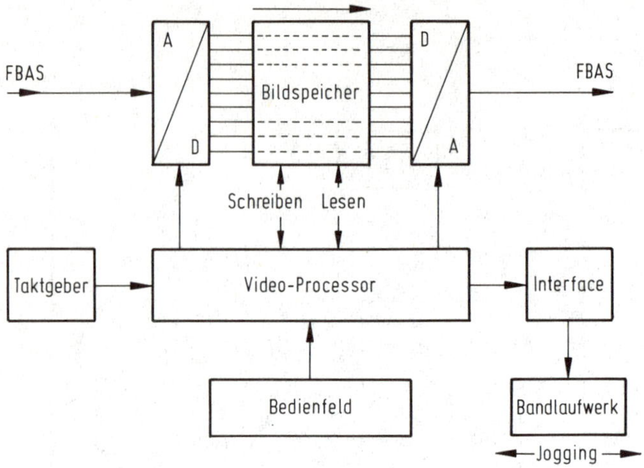

Abb. E3-29 Prinzip des Vollbildspeichers nach dem BCN-System

Dies erreicht man beim BCN-System mit einem Video-Prozessor (*Abb. E3-29*), der die decodierte Y-U-V-Information eines ankommenden FBAS-Signals über einen Analog/Digitalwandler in einen Vollbildspeicher einschreibt. Das Auslesen der Information kann dann mit einem bestimmten Lesetakt erfolgen, der am Bedienfeld einzugeben ist. Das ausgelesene Signal wird dann wieder in ein analoges Y-U-V-Signal zurückverwandelt und anschließend wieder FBAS-codiert. Für den Schreibvorgang ist es notwendig, den Laufwerksantrieb so zu steuern, daß zuerst die 150 Spuren des ersten Halbbildes und anschließend die 150 Spuren des zweiten Halbbildes eingelesen werden können. Hierzu muß der Bandantrieb eine Art Pendelbewegung des Bandes veranlassen, die auch als „Jogging" bezeichnet wird. Die Steuerung des Bandantriebes bewirkt der Video-Processor über eine Interface-Schaltung.

● *Zeitlupeneffekte* mit videotechnischen Mitteln entstehen, wenn die Videoköpfe bei der Wiedergabe einzelne Spuren mehrfach hintereinander abtasten und dabei in einer bestimmten Zeiteinheit auf die jeweils folgenden Spuren übergehen. – Bei Verwendung eines digitalen Vollbildspeichers (System BCN, Bosch-Fernseh) bedeutet dies, daß die mit einer normalen Taktfrequenz in den Speicher eingelesene Information für die Zeitlupenwiedergabe mit einem besonderen Zeitlupentakt aus dem Speicher wieder ausgelesen wird. Das heißt, daß auch hier einzelne Zeilen des Video-Signals, je nach dem gewünschten Zeitlupenverhältnis, mehrfach hintereinander wiederholt werden. In beiden Fällen kann dabei der Abruf der Informationen in Schritten oder auch kontinuierlich erfolgen.

Einschränkend muß dabei allerdings gesagt werden, daß es sich bei der Video-Zeitlupe stets um die Wiedergabe eines Bildes handelt, das im Ursprung mit einer Bildwechselfrequenz von 25 Vollbildern (50 Halbbildern) auf Videoband gespeichert wurde. Während das Auge bei einem Zeitlupenverhältnis von 1:2 durchaus noch den Eindruck einer fließenden Bewegung wahrnimmt, wird der Bewegungsablauf bereits bei einem Verhältnis von 1:5 schon sehr ruckartig, weil eigentlich nur noch einzelne, länger andauernde Standbilder aneinandergefügt werden. Darüber hinaus

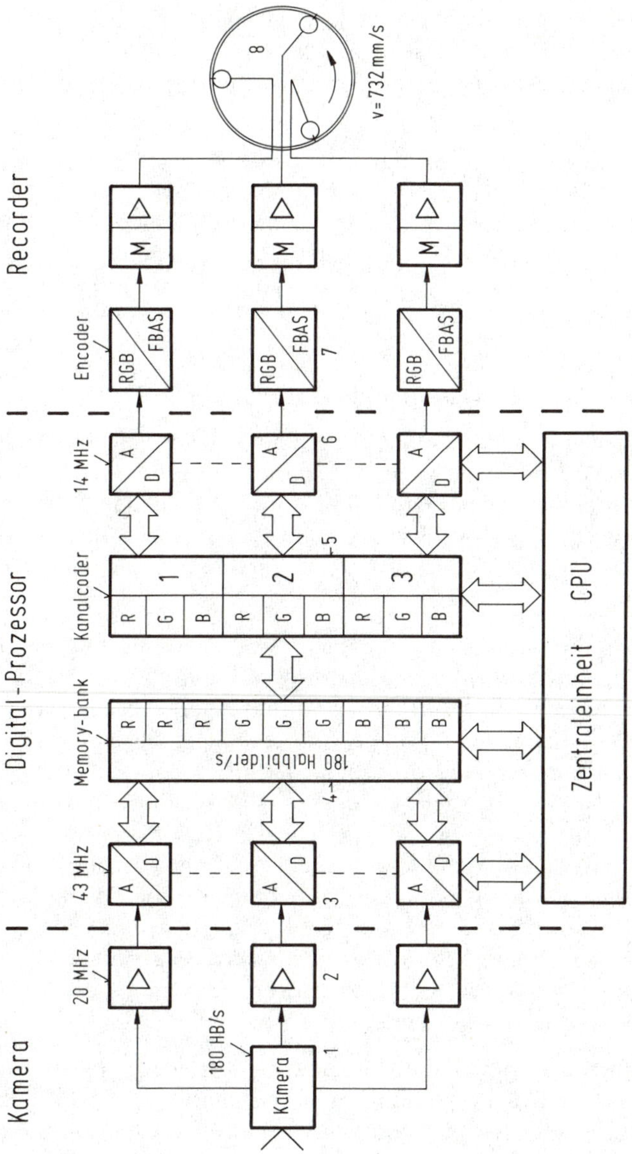

Abb. E3-30 Prinzip des Super-Motion-Systems (SONY)

entstehen bei schnellen Bewegungen zunehmend Verwischungserscheinungen, weil die konstante Aufnahmezeit von 50 Halbbildern pro Sekunde eine scharfe Abbildung schneller Bewegungsabläufe verhindert. – In diesen Fällen ist die Zeitlupenkamera der Filmtechnik überlegen, weil hier mit höheren Bildfrequenzen aufgenommen werden kann. Dadurch bleibt einerseits ein fließender Bewegungsvorgang erhalten, andererseits sind die Zeitlupenbilder auch gestochen scharf, da die Belichtungszeit mit dem Ansteigen der Aufnahme-Bildfrequenz reziprok proportional zurückgeht.

● *Zeitraffereffekte* mit den Mitteln der Videotechnik entstehen, wenn bei der Wiedergabe eines Bandes bestimmte Spuren übersprungen werden oder wenn der Auslesetakt des Vollbildspeichers gegenüber dem Einlesetakt in zeitlich kürzeren Abständen abläuft. Bei der Zeitraffung bestehen gegenüber der Aufnahme mit filmtechnischen Mitteln hinsichtlich der Bewegungsabläufe keine Einschränkungen.

3.6.6 Das Super-Motion-System von Sony

Im vorangegangenen Kapitel war klar geworden, daß die Darstellung von Zeitlupen-Effekten aus einer Videoaufzeichnung mit normaler Bildfrequenz zu Verwischungserscheinungen und ruckartigen Bewegungen führt. Anläßlich der Olympiade 1984 konnte nun Sony ein Verfahren zeigen, das diese Nachteile vermeidet. Im folgenden soll dieses System anhand einer 60-Hz-Version beschrieben werden (*Abb. E3-30*).

In Analogie zur Filmkamera verwendet man eine elektronische Kamera (1), die mit dreifacher Bildfrequenz arbeitet. Sie überträgt anstelle der bei NTSC üblichen 60 Halbbilder eine Anzahl von 180 Halbbildern und liefert ausgangsseitig ein Videosignal mit einer Bandbreite von 20 MHz (2). Dieses Signal tastet ein Digitalprozessor (3) mit der 12fachen Farbträgerfrequenz (43 MHz) ab und erzeugt eine 8-Bit-Information, die in einer besonderen Memorybank (4) und einem darauffolgenden Coder so aufbereitet wird (*Abb. E3-31*), daß das *High-Speed-Videosignal* in drei Komponenten zerlegt und seriell als je ein Signal mit normaler Halbbildfrequenz (60 Hz) – dreikanalig mit Überlappung – ausgegeben werden kann (5). Nach Rückwandlung der Digitalinformation (6) werden die Signale der einzelnen Kanäle FBAS-codiert (7) und auf einem Drei-Kanal-Videorecorder (8) mit dreifacher Bandgeschwindigkeit (732 mm/s) gegenüber Standard-C (244 mm/s bei NTSC) über drei Schreibköpfe sequentiell gespeichert (*Abb. E3-30*).

Die Spurlagenkonfiguration des Super-Motion-Systems ist so getroffen (*Abb. E3-32*), daß die Dreikanalaufzeichnung zum normalen C-Standard stets kompatibel ist. Dies bedeutet, daß das Super-Motion-System nur für die Zeitlupen-Aufnahme benötigt wird, während die Wiedergabe in Zeitlupe bei ausgezeichneter Qualität mit jedem normalen 1"-C-Standardgerät geschehen kann [105]. Geräte für den PAL-Standard erfordern lediglich eine Modifikation bezüglich der Halbbildfrequenzen und der PAL-Phase.

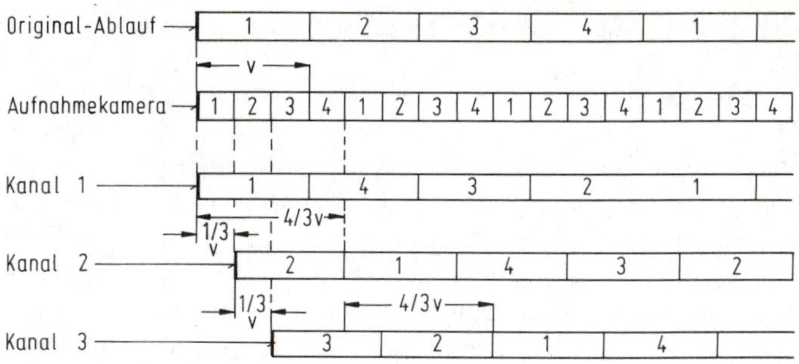

Abb. E3-31 Zeitdehnung eines Video-Signals von 180 Halbbildern/Sekunde

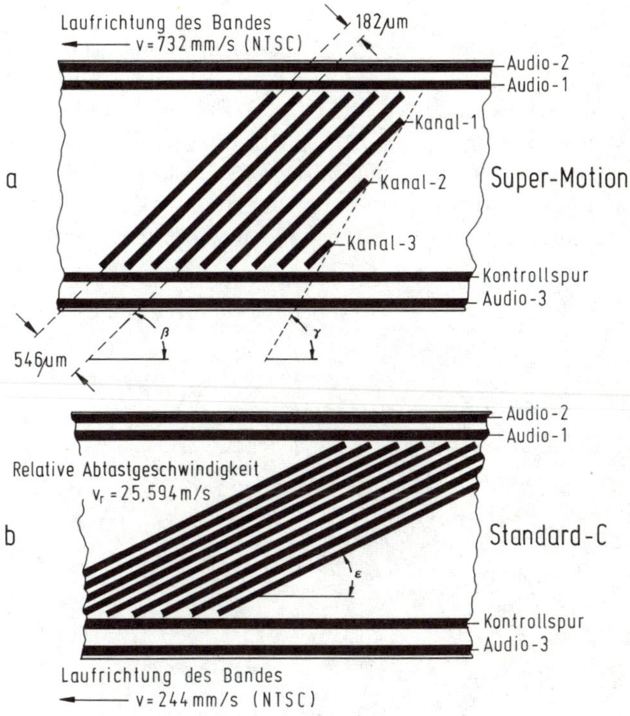

Abb. E3-32 Konfiguration der Video-Spuren bei Super-Motion und Standard-C
a) Spurlagen der Aufzeichnung eines Super-Motion-Signals
b) Spurlagen beim C-Standard
c) Winkel der Videospuren bei Super-Motion und Standard-C

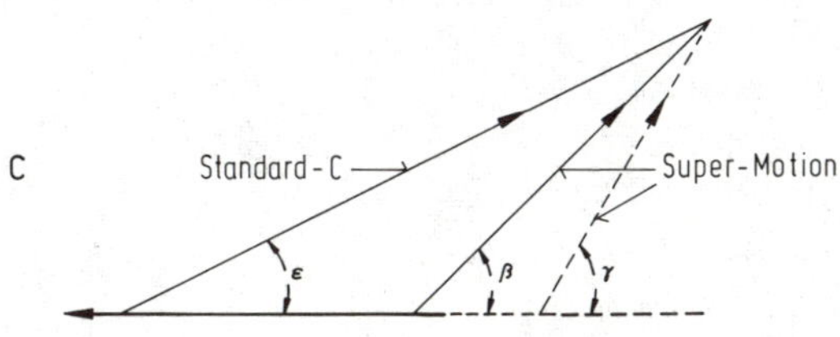

3.7 Die ¾"-Systeme (Magnetband 19,05 mm)

3.7.1 Das U-Matic-System

Die japanischen Firmen Sony, Japan-Victor und National entwickelten Anfang der 70er Jahre das erste brauchbare Video-Kassettensystem, das unter der Bezeichnung „U-Matic" inzwischen weltweit Verbreitung gefunden hat [56]. Die Kassette besitzt zwei Wickel (*Abb. E3-33*), die nebeneinander liegen. Ein 3/4"-breites Magnetband hoher Aufzeichnungsdichte (Chromdioxid) läuft, von einem Capstan-Antrieb (a) gezogen, von der linken Vorratsrolle (b) der Kassette (g) über einige Umlenkrollen und -stifte an einem Löschkopf (c) vorbei und gelangt auf die rotierende Kopftrommel (d). Nach einer Umschlingung von 180° zieht das Band an den Audio- und Kontrollspurköpfen (e) entlang und spult sich vorüberlaufend an einer Reihe von weiteren Umlenkrollen und -stiften auf der rechten Spule (f) der Kassette (g) wieder auf.

Für die Aufzeichnung wird das Schrägspurverfahren mit Segmentierung nach der Zweikopf-Methode angewendet. Die Bandgeschwindigkeit liegt bei 9,5 cm/s. Bei einer Schreibgeschwindigkeit von 10,7 m/s und einem Spurwinkel von 4,9° ergibt sich in Verbindung mit einem Kopftrommeldurchmesser von 111 mm eine Spurlänge von 173 mm je Halbbild. Die Spurlagen zeigt *Abb. E3-34*. In der Mitte befinden sich wieder die Video-Spuren. An der oberen Bandkante liegt die Kontrollspur und im unteren Teil des Bandes die Audio-Spuren 1 und 2.

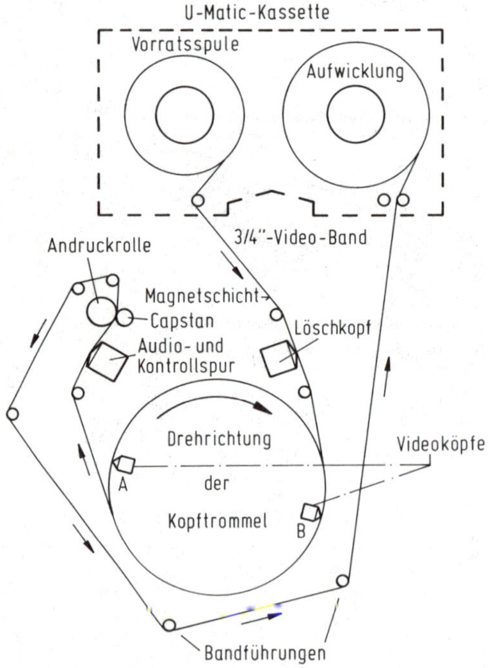

Abb. E3-33
Weg des Bandes beim U-Matic-System

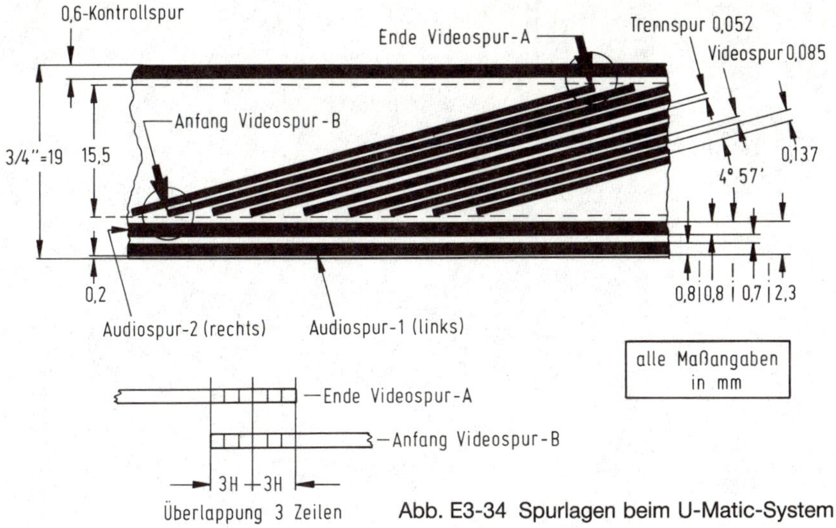

Abb. E3-34 Spurlagen beim U-Matic-System

Wegen der geringen Schreibgeschwindigkeit von 10,7 m/s ist es unmöglich, die volle Videobandbreite eines FBAS-Signals von 5 MHz aufzuzeichnen. Man muß daher andere Wege gehen.

● *Das „Colour-under"-Verfahren*

Das Luminanz-Signal wird von der Farbinformation getrennt, auf 3 MHz Bandbreite begrenzt und in bekannter Weise frequenzmoduliert (*Abb. E3-35*). Bei einem Frequenzhub von 1,6 MHz liegt die Bezugsfrequenz für den Synchronwert bei 3,8 MHz und für den Weißwert bei 5,4 MHz. Das Chrominanzsignal mit seinem Träger von 4,43 MHz wird durch Mischung mit einer Hilfsfrequenz f_H in einen anderen Frequenzbereich transponiert. Bei unterdrücktem Farbträger liegt die neue Farbinformation bei 688 kHz. Anschließend addiert man das modulierte Luminanz-Signal und das transponierte Farbsignal und führt es den Aufnahmeköpfen über deren Verstärker und Kopftransformatoren zu.

Im Wiedergabefall tasten die beiden Köpfe, die um 180° gegeneinander versetzt sind, das aufgezeichnete ZF-Signal ab. Jeder Kopf liefert die Information eines Halbbildes mit einer ausreichenden Überlappungszeit. Nach Vorverstärkung und Entzerrung eines jeden Kopfsignals setzt man die beiden Teilsignale in bekannter Weise mit einem elektronischen Schalter zu einem durchgehenden ZF-Signal zusammen. Dann folgt die Abtrennung des frequenzmodulierten Luminanzsignals von der Chroma-Information (*Abb. E3-36*). Nach den üblichen Verfahren gewinnt man das Luminanz-Signal durch Begrenzung und Demodulation des ZF-Trägers zurück.

Die Chrominanzsignale sind wieder in ihre ursprüngliche Lage als Seitenbänder des 4,43 MHz-Farbträgers zu transponieren. Um zu vermeiden, daß Frequenz- und Phasenfehler, mit denen das Chroma-Signal durch Unregelmäßigkeiten des Bandlau-

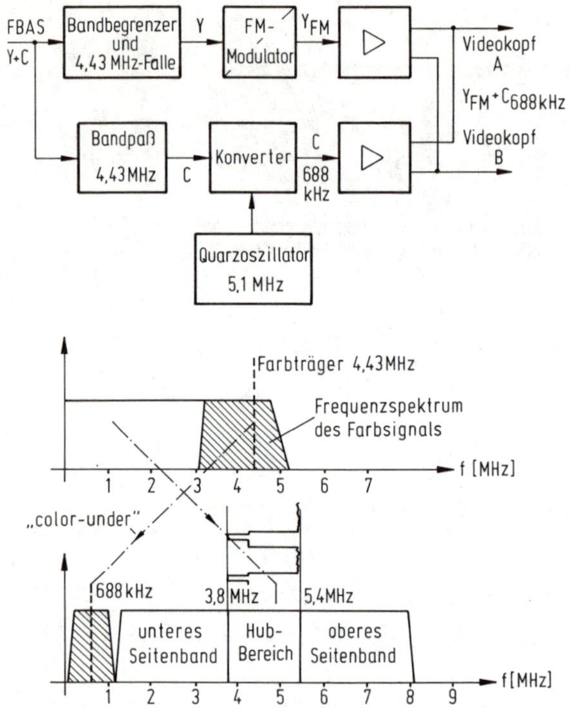

Abb. E3-35
Transposition des Chroma-Signals beim U-Matic-Verfahren

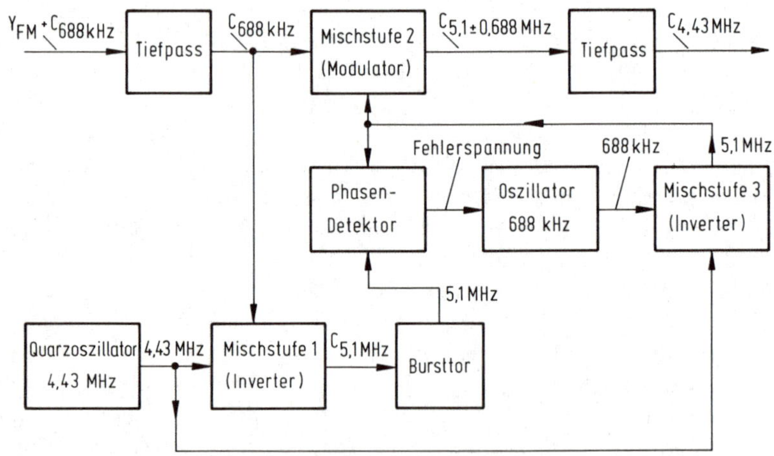

Abb. E3-36 U-Matic-System, Rückgewinnung der Chroma-Information

fes behaftet ist, zu Störungen der Farbwiedergabe führen, verwendet man bei der Rücktransposition des Chroma-Signals eine Schaltung mit Fehlerkompensation (Abb. E3-36). Dies erreicht man dadurch, daß man über einen Phasendetektor aus dem ursprünglich fehlerbehafteten Signal eine künstliche Fehlerspannung ableitet,

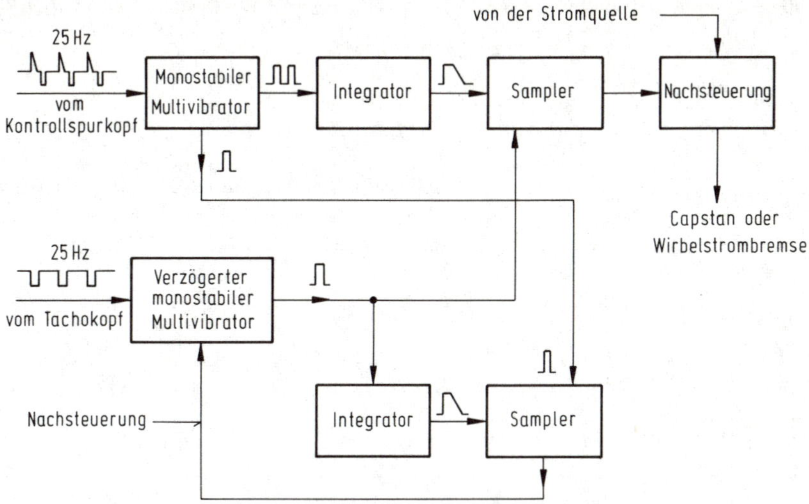

Abb. E3-37 U-Matic-System, Prinzip der Servo-Steuerung bei Wiedergabe

die die auftretenden Schwankungen kompensiert. Das ausgeregelte 688-kHz-Chromasignal wird dann nach Inversion auf 5,1 MHz in einer Modulatorstufe dem Luminanzsignal aufgeprägt, so daß man am Ausgang wieder ein FBAS-Signal erhält.

Bei einfachen Geräten wird die Geschwindigkeit der Kopftrommel von einer Wirbelstrombremse gesteuert, die Drehzahl der Capstanrolle jedoch nicht nachgeregelt. Wenn einer der beiden Köpfe bei der Wiedergabe das erste Halbbild abtastet, wird von der Kontrollspur im Kontrollspurkopf ein Impuls induziert (*Abb. E3-37*). Diesen Kontrollimpuls vergleicht man mit einer Tachofrequenz, die vom Tachogeber der Kopfscheibe erzeugt wird. Mit einer Regelschaltung steuert man die Position des Video-Kopfes so nach, daß sie immer in der richtigen Relation zu dem aufgezeichneten Kontrollimpuls steht. Läuft die Kopftrommel zum Beispiel zu schnell, so steigt der Strom in der Wirbelstrombremse an, läuft der Kopf zu langsam, so fällt der Bremsstrom ab.

In einem zweiten Regelkreis reduziert man den Jitter auf ein Minimum. Hierzu vergleicht man in einer weiteren Samplingstufe den mit Jitter-Fehlern behafteten Kontroll-Impuls. Daraus ergibt sich eine Fehlerspannung, die die Verzögerung des Sampling-Impulses für die Positionsbestimmung so steuert, daß dieser mit der mittleren zeitlichen Lage des Kontrollimpulses übereinstimmt.

Für den semiprofessionellen Einsatz im Schnittbetrieb ist diese Art der Nachsteuerung nicht ausreichend. Bei „schnitt-tüchtigen" Geräten verwendet man daher eine Servosteuerung, die den Motor des Capstan-Antriebes direkt beeinflußt.

Die bisher für das U-Matic-System genannten Modulationsfrequenzen beziehen sich auf den „*Low-Band-Standard*". Auch bei U-Matic hat man Modifikationen entwikkelt, die zu den High-Band- und Super-High-Band-Systemen (SP) führten. Die folgende *Tabelle E6* gibt hierüber Aufschluß:

Tabelle E6: U-Matic-Standard im 3/4"-Bandformat
Bandgeschwindigkeit einheitlich 9,5 cm pro Sekunde

		Low-Band LB	High-Band HB	Super-High-Band (SP-System)
Videobandbreite	MHz	3	3,5	3,8
Weißwert	f_w	5,4	6,4	7,2
Synchronwert	f_s	3,8	4,8	5,6
Hubbereich	f	1,6	1,6	1,6
Seitenbänder	f_o	7,6	9,1	10,2
	f_u	1,6	2,1	2,6
ZF-Träger	f_{zf}	4,6	5,6	6,4
Farbzwischenträger	f_h	0,688	0,923	0,924

Die Zahlenangaben beziehen sich auf Werte in MHz.

3.7.2 Das D-1-System, die digitale Video-/Audio-Aufzeichnung im 4-2-2-Standard auf 19-mm-Band

In den vergangenen Abschnitten des Buches wurde deutlich, daß die Lösung vieler Aufgaben der Videosignal-Verarbeitung nur durch die konsequente Einführung der digitalen Technik möglich geworden ist. Man denke nur an die Funktionen, die eine Speicherung oder zeitliche Verzögerung des Videosignals erfordern, wie Bildspeicher, Zeitfehlerausgleicher (Time-base-correctoren), digitale Trickeffektsysteme und die elektronische Schnittbearbeitung. In Wechselbeziehung zur Analogtechnik haben die Digitalbausteine auch erst eine ganze Reihe moderner Einrichtungen für die Videobandaufzeichnung (MAZ) oder auch die Abtastung von Filmen (FAT) ermöglicht. Dabei besteht aber immer noch das Problem des gemischten analogen und digitalen Betriebes, der eine laufende Umwandlung der Signale erfordert, weil viele Geräte im Studio noch analog arbeiten. Darüber hinaus entstehen bei der anspruchsvollen Nachbearbeitung (*High-tech-post-production*) sehr häufig mehrere Generationen von Videoaufzeichnungen, die bei analoger Technik einen zunehmenden Qualitätsverlust bringen, der bei digitaler Speicherung sicher vermeidbar wäre

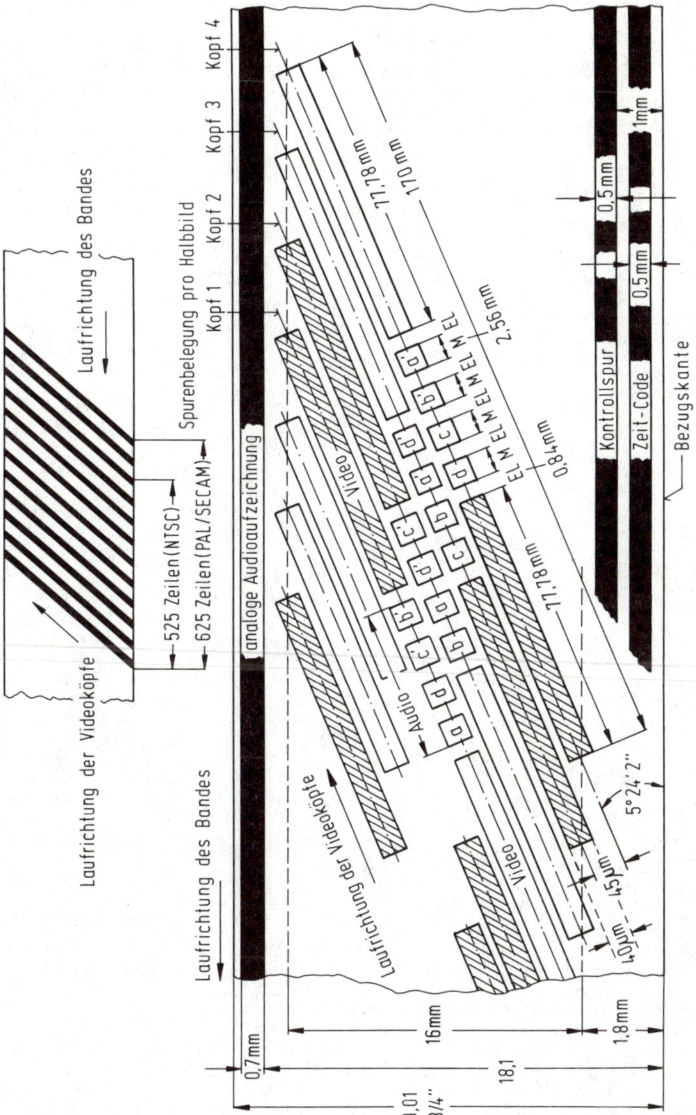

Abb. E3-38 Konfiguration der Spurlagen für die digitale Magnetbandaufzeichnung von Video- und Audiosignalen nach dem 4-2-2-Standard (siehe Seite 223). Was liegt daher näher, als die Frage nach der digitalen Speicherung von Videosignalen auf Magnetband zu stellen?

Nach jahrelangen Diskussionen von Experten aus allen Ländern gelang es 1985 den Gremien der SMPTE und EBU, mit dem 4-2-2-Standard eine Weltnorm für die digitale Videoaufzeichnung auf Magnetband zu vereinbaren (*Abb. E3-38*) [106, 107, 108]. Diese Festlegung verwendet nach CCIR 601 eine Komponenten-Codierung des R/G/B-Signals, das man aus physiologischen Gründen in ein Helligkeitssignal (Y) mit einer Bandbreite von 5,75 MHz und in die beiden Farbdifferenzsignale U (B−Y) und V (R−Y) mit je 2,75 MHz aufteilt. Für die Umwandlung in die Digitalform tastet man das Y-Signal mit einer Sampling-Frequenz von 13,5 MHz, die U- und V-Signale mit je 6,75 MHz ab (4-2-2-System). Nach der Digitalisierung erfolgt die Aufzeichnung der Bits in segmentierter Form im Zeitmultiplex-Mode (Tabelle E7).

Tabelle E7:

Parameter des D-1-Systems nach CCIR 601 / 4:2:2:Standard				
Video-Bereich:				
Componenten-Signale		Luminanz Y	Chroma U (B-Y)	V (R-Y)
Sampling-Frequenz	MHz	13,5	6,75	6,75
Bandbreite	MHz	5,75	2,75	2,75
Quantisierung/sample		8 bit	8 bit	8 bit
Störabstand S/N p-p/rms unbewertet	dB	56	56	56
Aktive samples/Zeile		720	360	360
Aktive Zeilen/Halbbild		300	300	300
Datenstrom insgesamt		216 Mbit/Sekunde		
Laufgeschwindigkeit des Bandes		286 mm/s		
Spurlänge auf dem Band		170 mm		
Spurbreite		40 μm		

Audio-Bereich:		
Sampling-Frequenz	kHz	48
Bandbreite		20 Hz bis 20 kHz ± 0,5 dB
Quantisierung		16 bits/sample (Analog-Eingang) 20 bits/sample (AES/EBU-Eingang)
Dynamikbereich		> 90 dB
Digitale Audiokanäle		4

Um den Bandverbrauch in vernünftigen Grenzen zu halten, hat man die Spurbreite mit 40 μm festgelegt. Dies entspricht etwa einem Viertel der Breite der Spuren beim C-Standard. Was die Länge der Spuren betrifft, so existiert hier die Forderung, daß ein Halbbild einer Umdrehung des Kopfrades entsprechen sollte, nicht, weil die abgetasteten Signale im *Digital-Processing* ohnehin aus einem Speicher abgerufen werden können, der dann je nach Software auch alle bisher beim C-Standard existierenden Features liefert.

Der Unterschied zwischen den 525/60-Hz- und den 625/50-Hz-Systemen läßt sich bei der Digitalspeicherung relativ einfach überwinden, indem man – bei gleichen geometrischen Abmessungen der Mechanik – die Anzahl der Segmente für die Aufzeichnung eines Halbbildes verändert. Im Falle der 625/50-Hz-Version sind dies zwölf und bei 525/60 Hz zehn, die dann durch Umschaltung am Gerät vorgewählt werden können.

Die hohe Aufzeichnungsdichte mit einem Datenstrom von 216 Mbit/s setzt eine große Signalbandbreite und – trotz der segmentierten Form der Aufzeichnung – kleinste Abmessungen der Magnetköpfe und -spuren voraus. Dies bedeutet aber auch, daß geringste Veränderungen des Kontaktes zwischen Kopf und Band lange Sequenzen von Bits verfälschen können. Um nun eine fehlerlose Detektion der aufgezeichneten Informationen zu erreichen, benutzt man *Datensicherungsverfahren*, die nach der Methode des „*Interleaving*“ eine *Code-Spreizung* bewirken und die

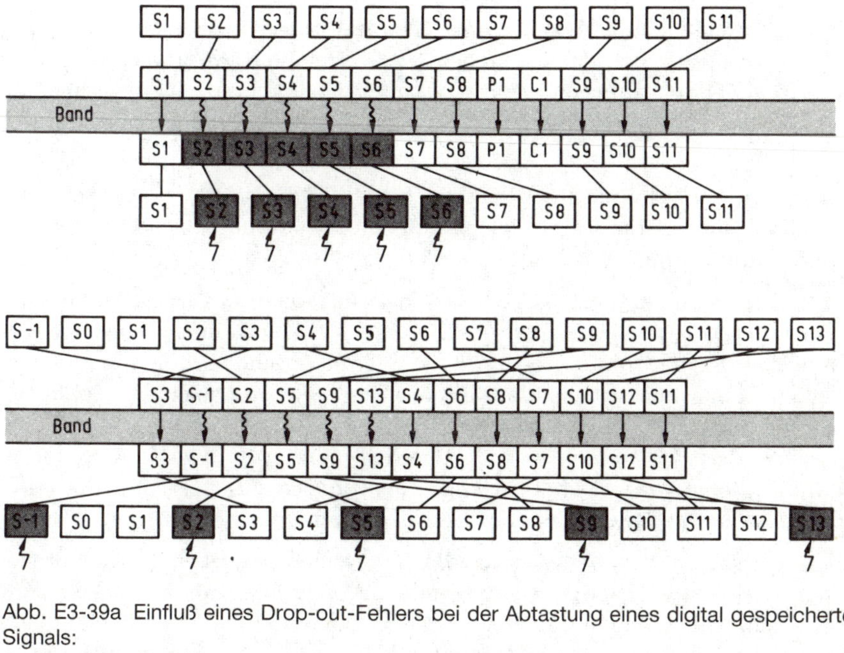

Abb. E3-39a Einfluß eines Drop-out-Fehlers bei der Abtastung eines digital gespeicherten Signals:
1. ohne Code-Spreizung, die Abtastwerte werden gruppenweise verfälscht
2. mit Code-Spreizung (Interleaving-Technik), nur einzelne Abtastwerte sind betroffen

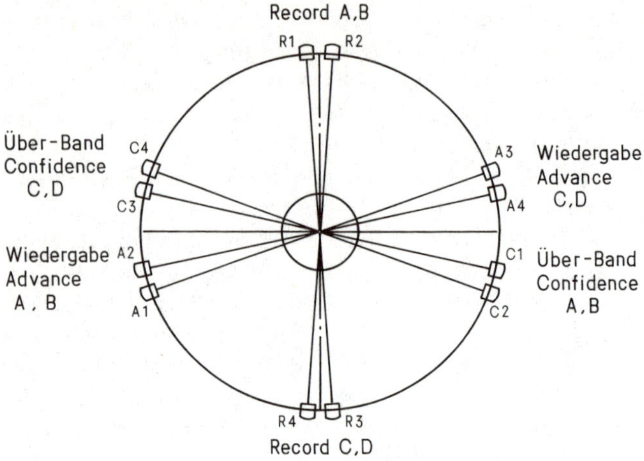

Abb. E3-39b
Anordnung der Videoköpfe auf der Kopftrommel einer D-1-Maschine

Reihenfolge der einzelnen Bits auf dem Band so verändern, daß zeitlich benachbarte Digitalwerte auf dem Band weit auseinander zu liegen kommen (*Abb. E3-39a*). Nach der Abtastung wird die ursprüngliche Reihenfolge wiederhergestellt. Dabei lassen sich dann auch durch Störstellen fehlende einzelne Bits durch Interpolation zwischen den (durch die Code-Spreizung immer vorhandenen) Nachbarwerten sicher regenerieren (Concealment).

Der Standard sieht außerdem die Aufzeichnung von vier digitalen Audiosignalen vor, die in der Mitte der Videospuren in vier Segmenten (M) gespeichert werden. Man verwendet eine Sampling-Frequenz von 48 kHz und eine Quantisierung von 16 Bit; Werte, die den internationalen Festlegungen für das digitale audio-recording entsprechen.

Neben den Schrägspuren für Digitalvideo und -audio gibt es noch drei normale Longitudinal-Spuren für die Aufzeichnung der Kontrollspursignale, den 80-Bit-Zeitcode und die Audio-Cue-Informationen.

Zur Aufzeichnung und Wiedergabe der Digitalinformation verwendet Sony einen Scanner mit 12 Köpfen (*Abb. E39b*). – Die vier Aufnahmeköpfe (*record*, R1 bis R4) haben je zwei Spalte, zum einen für die voreilende Löschung und zum anderen für die digitale Signalspeicherung. Für die Abtastung verwendet man acht Köpfe, davon speisen vier (*advance*, A1–A4) mit voreilender Abtastung den normalen Wiedergabekanal (*play*), der auch für den Schnittbetrieb (editing) Verwendung findet, während die anderen vier Wiedergabeköpfe (*confidence* C1–C4) der Kontrolle der Aufnahme während der Aufzeichnung („*Über-Bandkontrolle*“) dienen.

Das Prinzip eines D-1-Gerätes ist in *Abb. E40a* zu sehen. Neben den Schnittstellen für Digital-Video (4-2-2) und Digital-Audio (AES/EBU) sind auch noch analoge Signaleingänge für Video und Audio verfügbar. Damit ist Betrieb nicht nur in einem digitalen, sondern auch analogen Umfeld möglich. Die praktische Ausführung einer solchen Anlage zeigt *Abb. E40b*. Im oberen Teil des Bildes ist das Laufwerk mit dem

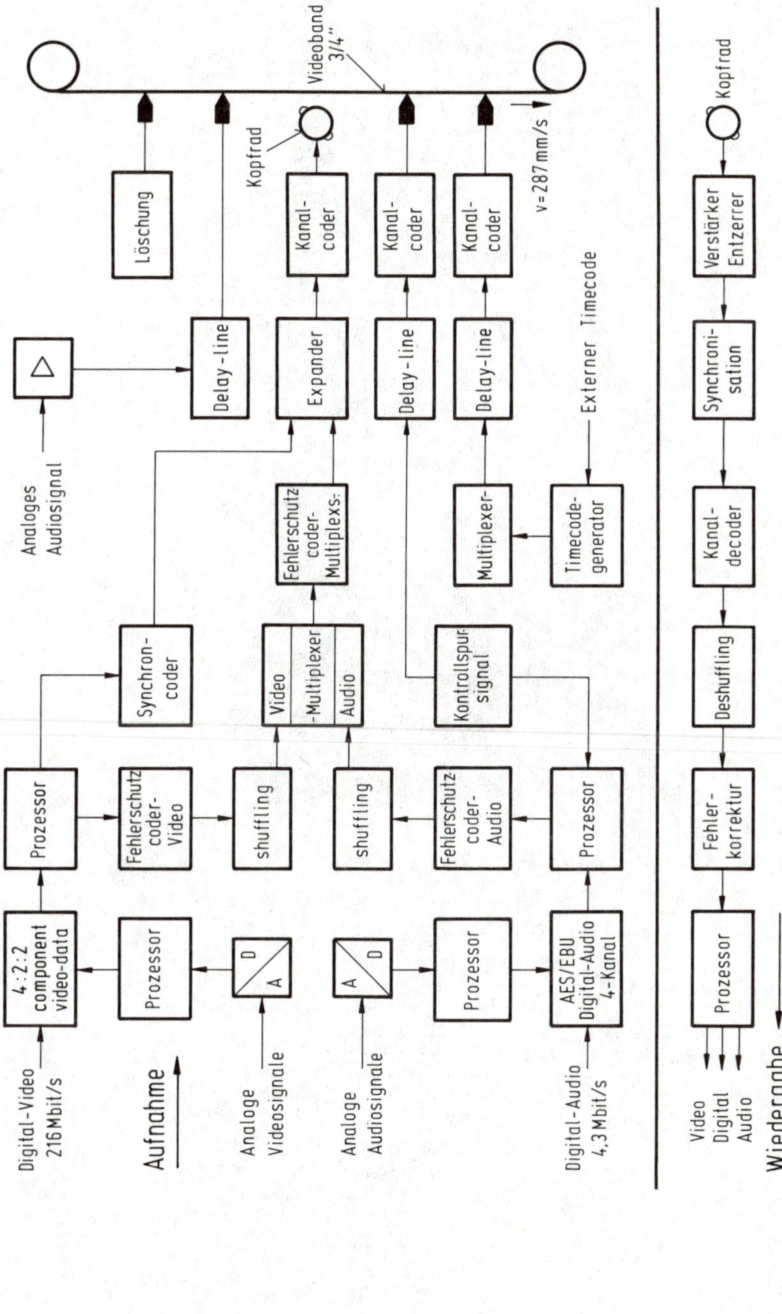

Abb. E3-40a Prinzip einer digitalen Video-/Audio-Magnetbandaufzeichnungsanlage (SONY, DVR/DVP 1000)

Abb. E3-40b Bandgerät DVR/DVP 1000 (SONY) für die Aufzeichnung digitaler Video- und Audiosignale

Tabelle E8:

Kassetten für die digitale Video-/Audio-Aufzeichnung nach Standard D-1 und D-2								
Kassettentype	Abmessungen mm			Spieldauer, min. D-1		D-2	Bandlänge m	
	b	l	h	16 µ	13 µ	13 µ	16 µ	13 µ
S (small)	109	172	33	11	13	32	190	225
M (medium)	150	254	33	34	41	94	587	708
L (large)	206	366	33	76	94	208	1311	1622

Bedienungs- und Diagnostik-Display, im unteren Teil der Video-/Audio-Prozessor zu sehen.

Beim D-1-Standard beträgt die Laufgeschwindigkeit des Bandes 286 mm/s. Als Bandmaterial kommen nur 19-mm-Bänder (¾") mit hoher Aufzeichnungsdichte (siehe Seite 393) in Betracht. Nach Tabelle E8 verwendet man zur Schonung des Bandes Kassetten in drei verschiedenen Größen, deren Abmessungen für den D-1- und den unter E.3.7.3 beschriebenen *D-2-Standard* identisch sind.

3.7.3 Das D-2-System, die digitale Video/Audio-Aufzeichnung von Composite-Signalen (FBAS)

Dem D-2-Standard liegt die Idee zugrunde,

- eine Gerätekonfiguration zu schaffen, die bei geringen Kosten in vorhandene analoge FBAS-Installationen problemlos integriert werden kann,
- die Digitalisierung nur auf die eigentliche Bandaufzeichnung und deren Reproduktion zu beschränken, um den Aufwand so gering wie möglich zu halten,
- durch Speicherung mit hoher Informationsdichte Bandkosten zu sparen und
- dennoch durch digitale Ein- und Ausgänge des Gerätes direktes Kopieren von einem Band auf ein anderes Band in der digitalen Ebene verlustfrei zu ermöglichen [142, 143].

Dies bedeutet allerdings, daß die D-2-Konfiguration bei diesen Vorgaben keine digitale Schnittstelle nach CCIR 601 (4 : 2 : 2) haben kann. – Im D-2-Standard wird

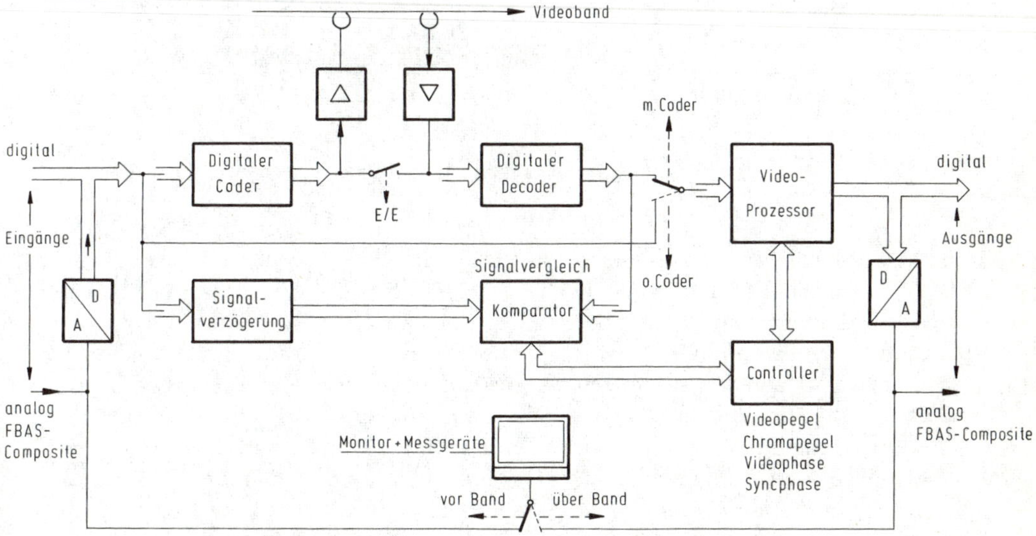

Abb. E3-41a System-Diagramm eines D-2-Recorders

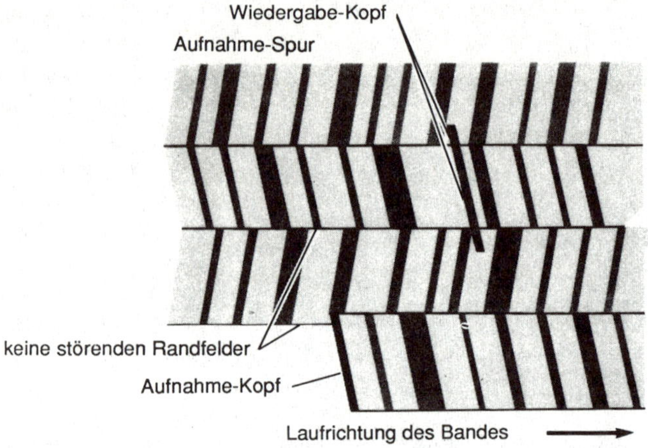

Abb. E3-41b
Beim D-2-Standard stehen die Spalte der Aufzeichnungsköpfe im Winkel von ±15° zueinander

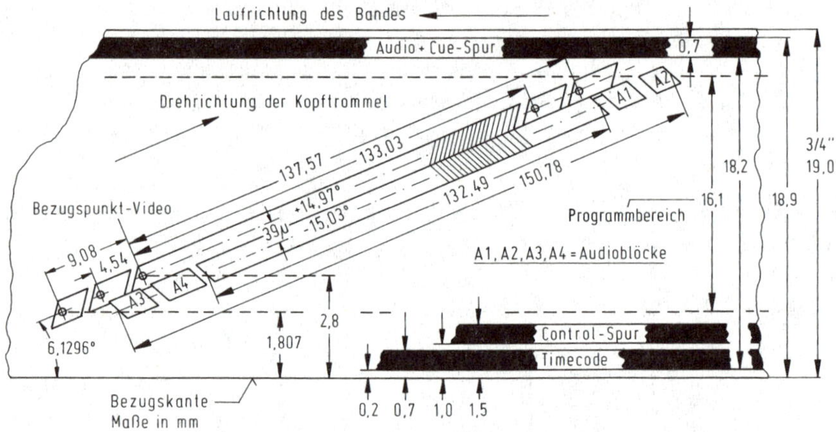

Abb. E3-41c Spurlagenkonfiguration für den Digital-Standard-D-2

das FBAS-Signal (Composite-Signal) mit der vierfachen Frequenz des Farbträgers (17,7 MHz) abgetastet und in die Digitalform überführt (*Abb. E3-41a*). Anschließend findet die Aufbereitung und Codierung der Signale statt. – Die Kopftrommel (scanner) trägt nur vier Köpfe, je zwei für Aufnahme (record) und zwei für Wiedergabe (play). Die Spaltwinkel (Azimut) der Köpfe stehen paarweise in einem Winkel von etwa +/− 15° zur Längsrichtung der Videospuren (Spur 0 = +14,97°, Spur 1 = −15,03°). Durch diese Maßnahme kann der übliche Sicherheitsabstand („*guard band*“ oder „*Rasen*“) zwischen den Videospuren entfallen. – Während die Aufzeichnung exakt mit einer Spurbreite von 35 μm auf das Band geschrieben wird, ist die Spurbreite der abtastenden Köpfe aus Sicherheitsgründen größer (*Abb. E3-41b*). Die Systemparameter des D-2-Systems gibt Tabelle E9 wieder:

Tabelle E9:

Parameter des D-2-Systems für den FBAS-Standard/Composite-Signal		
Video-Bereich:		
Sampling-Frequenz	MHz	17,7 (4 Fsc)
Bandbreite	MHz	6
Quantisierung/sample		8 Bit
Störabstand S/N p-p/rms unbewertet	dB	54
Aktive samples/Zeile		608
Datenstrom insgesamt		154 MBit/Sekunde
Laufgeschwindigkeit d. Bandes		132 mm/s
Spurlänge auf dem Band		150 mm
Spurbreite		35 µm
Audio-Bereich:		
Sampling-Frequenz	kHz	48
Bandbreite		20 Hz bis 20 kHz ± 0,5 dB
Quantisierung		16 Bits/sample (Analog-Eingang)
Dynamikbereich		> 90 dB
Digitale Audiokanäle		4

Tabelle E10:

Vergleich der digitalen Aufzeichnungssysteme D-1 und D-2:		
Video-/Audio-Standard	D-1	D-2
	component Y/U/V	composite FBAS
Maximale Spieldauer (Minuten)	S M L 11 34 94	S M L 32 94 208
Kassette	D1/D2	D1/D2
Bandmaterial	Cobalt/Gamma	Metallband
Laufgeschwindigkeit d. Bandes	286 mm/s	132 mm/s
Spuren pro Halbbild	12	8
Umschlingung des Kopfrades	270°	180°
Spurbreite	45 µm	35 µm
Spaltwinkel	0	± 15
Kürzeste Wellenlänge	0,9 µm	0,79 µm
Kanal-Code	NRZ	Miller
Fehlerschutz-Code	Reed/Solomon	Reed/Solomon
Video-Redundanz	16 %	19 %
Audio-Redundanz	219 %	245 %

Die genaue Spurlagenkonfiguration geht aus *Abb. E3-41c* hervor. Die Aufzeichnung erfolgt – ähnlich dem D-1-System – in Segmenten. Für ein Halbbild werden acht nebeneinander liegende Spuren geschrieben. Außerdem ist noch bemerkenswert, daß die Signalpakete für den Audiobereich in symmetrischer Anordnung an den Rändern des Videobandes liegen. Man hat diese Anordnung gewählt, um auf einfachere Weise als beim D-1-Standard die Wiedergabe eines Studiosignals im „*time-shifting*"-Betrieb (*slow-motion* oder *time-lapse*) mit variabler Bandgeschwindigkeit nach dem Dynamic-Tracking-Prinzip (siehe Abschnitt E.3.6.5) darstellen zu können.

Eine vergleichende Übersicht der beiden digitalen Standards D-1 und D-2 gibt Tabelle E10 auf der vorhergehenden Seite.

3.8 Die ½"-Systeme (Magnetband 12,7 mm)

Die *elektronische Berichterstattung (EB-Technik)* im Fernsehen begann in den 70er Jahren allmählich den 16-mm-Film abzulösen. Zunächst verwendete man ¾"-Umatic-Geräte, deren Signale für die Aufzeichnung von einer abgesetzten elektronischen Kamera kamen. Ein Equipment, das zwar qualitativ mit dem 16-mm-Film vergleichbar war, das sich aber gegenüber einer 16-mm-Filmkamera in der praktischen Handhabung als schwieriger erwies.

Mit der Entwicklung der ½"-Kassetten-Systeme für den semiprofessionellen Bereich (siehe Abschnitt E.3.8.4) standen nun Videokassetten mit wesentlich kleineren Abmessungen zur Verfügung, so daß elektronische Kameras mit eingebautem Videorecorder (*Cam-Corder*) für professionelle Anwendungen nicht mehr lange auf sich warten ließen. In diesem Zusammenhang waren aber einerseits noch entsprechende Voraussetzungen im Gerätebereich – durch den Einsatz mikroelektronischer Bauelemente – und andererseits – mit der Entwicklung von Magnetbändern hoher Speicherdichten – zu schaffen.

3.8.1 Das Betacam-Verfahren

Die Entwicklung des Betacam-Formates geht auf die Firma Sony zurück. Nach *Abb. E3-42* verwendet man zwei voneinander unabhängige, nebeneinanderliegende Videospuren, von denen die eine Spur nur das Luminanzsignal (Y), die andere die Chroma-Informationen U und V in segmentierter Form mit je zwei Videoköpfen speichert. Neben den Videospuren gibt es noch vier Längsspuren für zwei Audio-Informationen, das Kontrollsignal und den 80-Bit-Zeitcode.

Während das Y-Signal mit voller Bandbreite zur Aufzeichnung kommt, werden aus den Chroma-Informationen U und V zwei im Verhältnis 2:1 komprimierte Komponentensignale gebildet (*Abb. E3-43a*), die sequentiell mit einer Bandbreite von je 1,5 MHz in Zeitmultiplexform (CTDM-Verfahren = *C*ompressed-*T*ime-*D*ivision-*M*ultiplex) zur Speicherung auf das Magnetband gelangen. Durch diese Art der

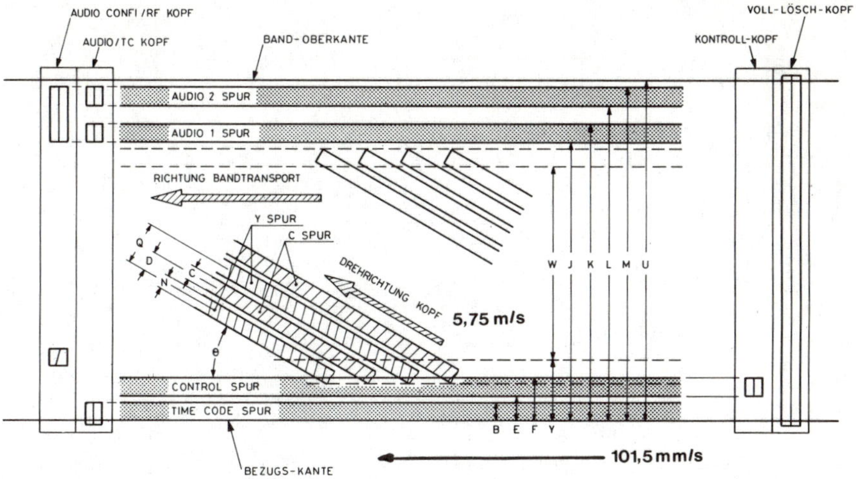

B:	Time-Code-Spur, Oberkante	0,4 mm
C:	Chrominanz-Spurbreite	0,073 mm
D:	Y-C-Spur-Abstand	0,0805 mm
E:	Kontroll-Spur Unterkante	0,7 mm
F:	Kontroll-Spur Oberkante	1,1 mm
J:	Audio-1 Spur Unterkante	10,85 mm
K:	Audio-1 Spur Oberkante	11,45 mm
L:	Audio-2 Spur Unterkante	11,85 mm
M:	Audio-2 Spur Oberkante	12,45 mm
N:	Y-Spur Breite	0,073 mm
Q:	Abstand der Y-Spuren	0,166 mm
U:	Video-Band Gesamtbreite	12,7 mm
W:	Effekt. genutzter Bandanteil-Video	9,384 mm
Y:	Abstand Bandrand zu W	1,248 mm
Θ:	Spur-Winkel	4,6811°

Abb. E3-42 Die Konfiguration der Video- und Audiospuren beim Betacam-Verfahren

Aufzeichnung in Komponententechnik ist das Betacam-System frei von Cross-Luminanz und Cross-Color-Störungen (siehe Abschnitt C4.10).

Bei der Wiedergabe werden die Komponenten U und V wieder in ihre ursprünglichen Zeitabläufe zurückgeführt (*Abb. E3-43c*). Da dieser Prozeß jeweils die Dauer einer Zeile beansprucht, erscheinen die Chroma-Signale nach Rückwandlung um die Dauer von zwei Zeilen (2H) verzögert. Dieser Zeitunterschied muß durch eine Verzögerung des Y-Signals wieder ausgeglichen werden [110, 111].

Die Anordnung der Videoköpfe auf der Kopftrommel zeigt *Abb. E3-43d*. Man erkennt je ein Kopfpaar für die separate Aufzeichnung von Luminanz und Chrominanz, wobei die Chroma-Köpfe in einem definierten Abstand (Chordal Distance) hinter den Luminanzköpfen laufen. Die Laufgeschwindigkeit des Bandes beträgt für das 625/50-Hz-System 101,5 mm/s, die Schreibgeschwindigkeit der Videoköpfe 5,75 m/s. Den gesamten Verlauf des Videosignals zeigt *Abb. E3-44a*.

Das Betacam-SP-System stellt eine Weiterentwicklung dar. In Verbindung mit Metallschichtbändern konnte Sony dabei nicht nur die Video- und Audio-Signalqualität beträchtlich anheben, sondern auch durch Entwicklung größerer Kassetten die

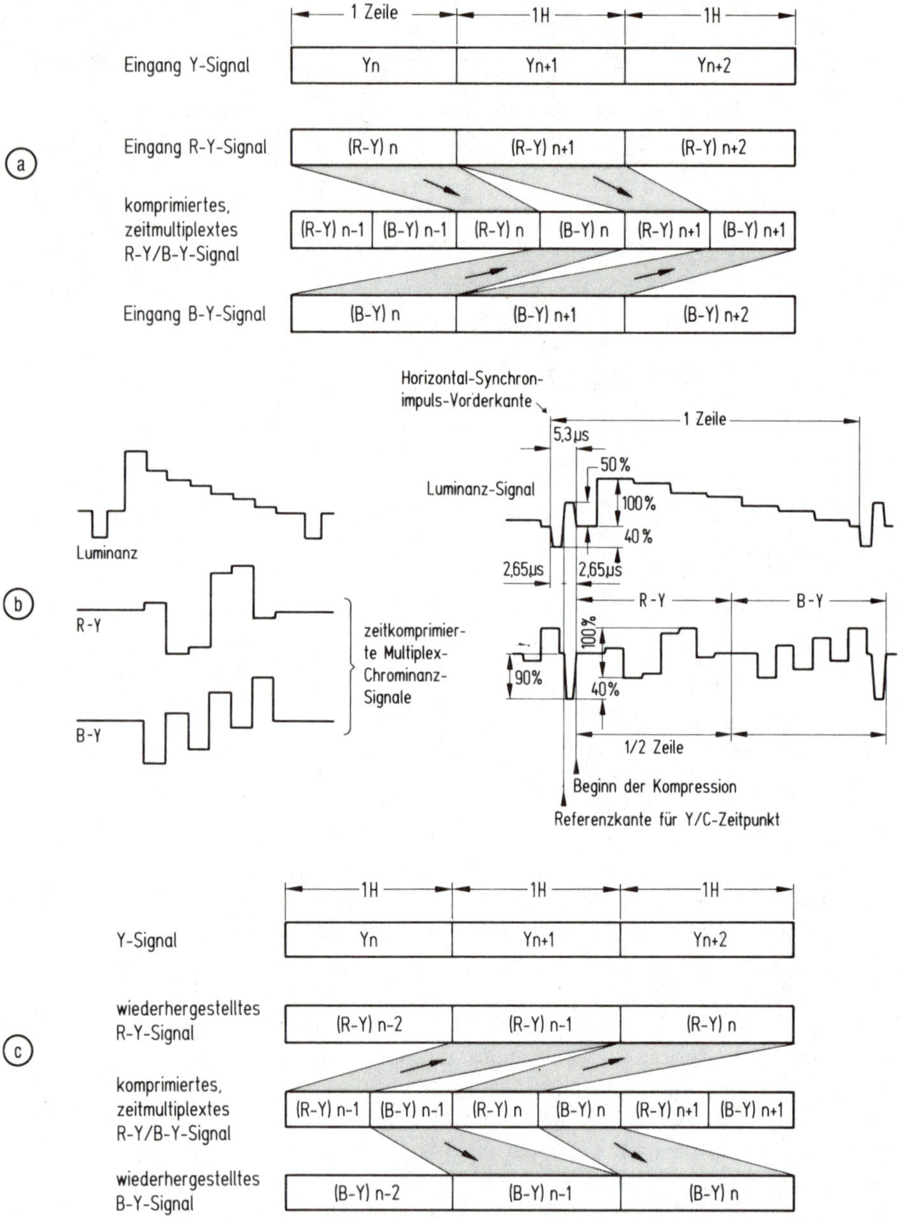

Abb. E3-43 Prinzip des CTDM-Verfahrens (*C*ompressed-*T*ime-*D*ivision-*M*ultiplex); a) die Zeitkompression der Chroma-Signale; b) die Luminanz- und Chrominanzsignale werden in je einer nebeneinanderliegenden Zeile gespeichert; c) die Zeitexpansion der Chroma-Signale

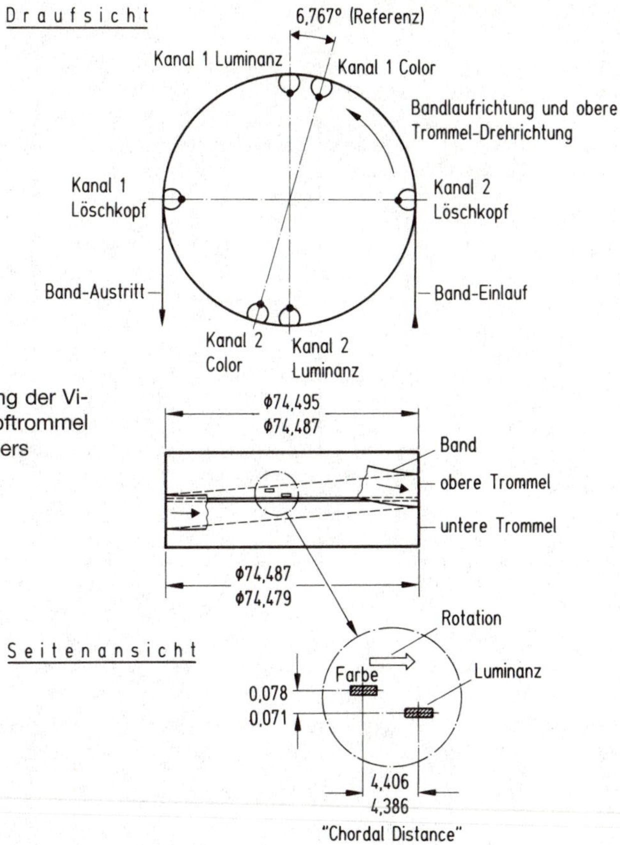

Abb. E3-43d Anordnung der Videoköpfe auf der Kopftrommel eines Betacam-Recorders

Laufdauer erheblich verlängern. Schließlich verfügt das Betacam-SP-System noch über zwei zusätzliche Audiokanäle, deren Signale frequenzmoduliert gleichzeitig mit den Chromasignalen aufgezeichnet werden.

Die Kompatibilität zum ursprünglichen Betacam-System wurde mit der Einführung von Betacam-SP in vollem Umfang berücksichtigt. Betacam- und/oder Betacam-SP-Geräte verfügen somit über folgende Möglichkeiten:

Tabelle E11:

		Betacam		Betacam-SP	
		Aufnahme	Wiedergabe	Aufnahme	Wiedergabe
Kassettentyp	Band				
Standard (S)	Oxyd	X	X	X	X
	Metal	–	X	X	X
Longplay (L)	Oxyd/Metal	–	–	X	X

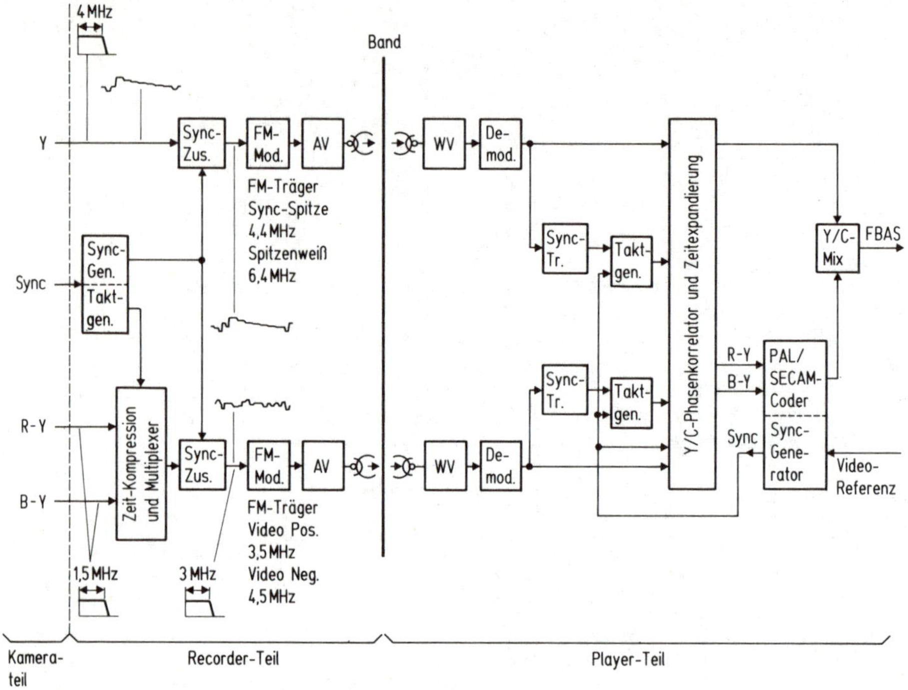

Abb. E3-44a Verlauf des Videosignals beim Betacam-System (Sync.-Zus. = Sync.-Zusetzung, AV = Aufnahmeverstärker, Synchr.-Tr. = Sync.-Trennung, WV = Wiedergabeverstärker)

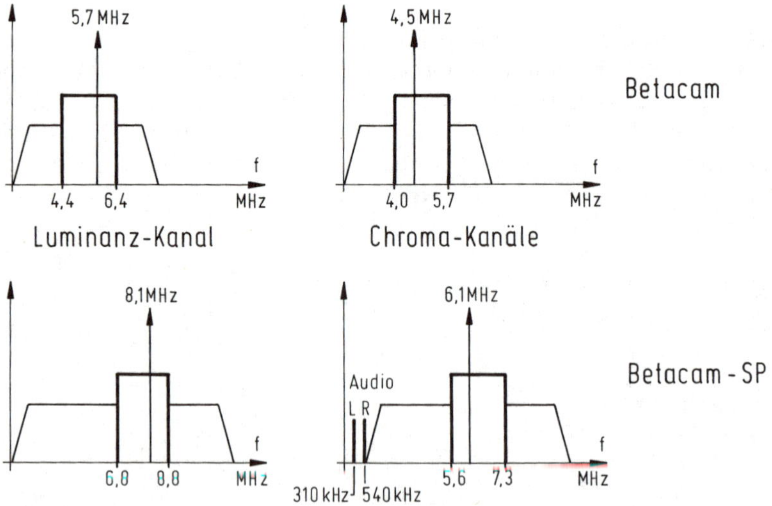

Abb. E3-44b Frequenzspektren von Betacam und Betacam-SP

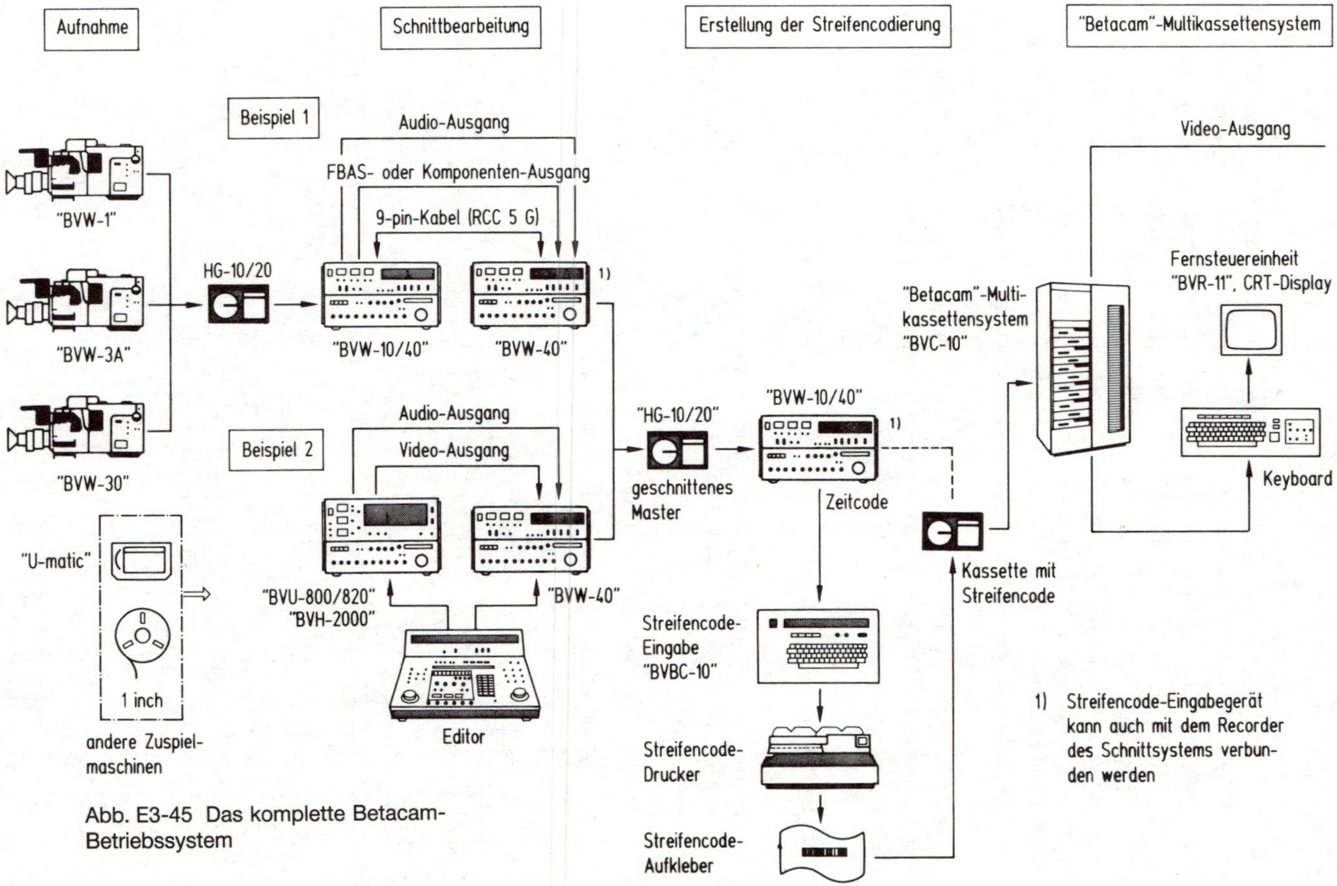

Abb. E3-45 Das komplette Betacam-Betriebssystem

Eine Gegenüberstellung der Frequenzspektren von Betacam und Betacam-SP gibt *Abb. E3-44b*.

Die Betacam-Familie umfaßt neben Kameras in verschiedenen Ausführungen, Betacam-Recordern und Betacam-Playern, die im elektronischen Schnittbetrieb (siehe Abschnitt E.3.12) eine direkte Bearbeitung der Betacam-Signale gestatten, auch ein Multikassettengerät (*Abb. E3-45*). Damit wird die programmierte Ausstrahlung von Nachrichten, Werbung und anderen Beiträgen möglich. Der *Betacart*-Multikassettenautomat ist mit vier Wiedergabegeräten in Studioqualität bestückt und verfügt über ein computergesteuertes „intelligentes Ladesystem" mit einem selbstkalibrierenden Lift und 40 Kassettenfächern. Die Wiedergabe der einzelnen Kassetten ist in jeder gewünschten Sequenz in „Takes" zwischen 1 Sekunde und 24 Minuten programmierbar. Dazu wird auf einer Floppy-disc ein Programm erstellt, das bis zu 300 Beiträge enthalten kann. Neben dem Zeitcode erhalten die einzelnen Kassetten nach der Aufzeichnung einen Streifencode (*Barcode*), der beim Einsetzen in den Lademechanismus gelesen und registriert wird.

3.8.2 Das M-II-System

Vorläufer des M-II-Systems war das Chromatrack-M-Format, eine Entwicklung von RCA, die auch unter dem Namen „Hawkeye", „Recam" oder „ARC" bekannt wurde.

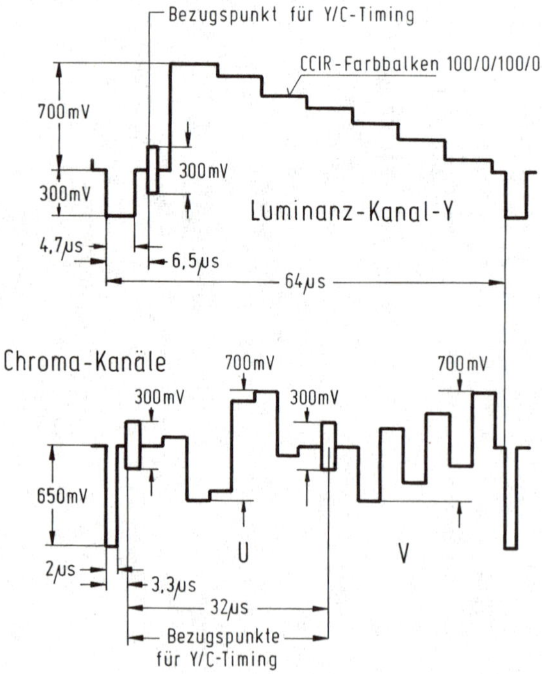

Abb. E3-46a
Signalverlauf für Y/U/V beim M-II-System

Ähnlich Betacam verwendet man bei M-II eine Aufzeichnung in Komponenten, die Panasonic als *CTCM-Verfahren* (Chrominance-Time-Compression-Multiplexing) bezeichnet. Nach *Abb. E3-46a* komprimiert man die Farbdifferenzsignale U und V im Verhältnis 2 : 1, um sie dann nacheinander in der Chroma-Spur C zu speichern. Zur Kompensation von Zeitfehlern und Jittereffekten, die den Schnittbetrieb empfindlich stören können, zeichnet man in der Chroma-Spur – jeweils vor den U- und V-Informationen – ein zusätzliches Burst-Signal auf, das mit dem Burst im Luminanzkanal Y und dem Synchronsignal verkoppelt ist [144].

In *Abb. E3-46b* ist die Spurlagenkonfiguration für M-II dargestellt. Tabelle E12 bringt eine Gegenüberstellung des Betacam-SP- und des M-II-Verfahrens.

Tabelle E12:

Systemparameter			Betacam-SP	M-II
Kassette			Betacam Betacam-SP	M-II
Bandgeschwindigkeit			101,5 mm/s	66,29 mm/s
Schreibgeschwindigkeit			5,75 m/s	5,9 m/s
Luminanzkanal:				
Videobandbreite		MHz	5,5	5,5
Weißwert	f/w	MHz	8,8	9,2
Synchronwert	f/s	MHz	6,8	7,4
Frequenzhub	Δf	MHz	2	1,8
Spurbreite		μm	73	56
Störabstand	S/N	dB	48	>47
Chroma-Kanäle:				
Chroma-Träger		MHz	6,1	6,4
Frequenzhub	Δf	MHz	1,7	2
Chroma-f/max.		MHz	7,3	7,4
Chroma-f/min.		MHz	5,6	5,4
Chroma-Spurbreite		μm	73	36

Audiokanäle:

Longitudinal-Spuren:				
Frequenzgang		+1/−2 dB	50 Hz–15 kHz	40 Hz–15 kHz
Störabstand	S/N	dB	58 unbewertet	> 56 unbewertet
HiFi-FM-Signal:				
Frequenzgang		+1/−2 dB	20 Hz–20 kHz	20 Hz–20 kHz
Dynamikumfang		dB	> 80	> 80
PCM-digital:				
Frequenzgang		+0,5/−1 dB		20 Hz–20 kHz
Dynamikumfang		dB		> 90

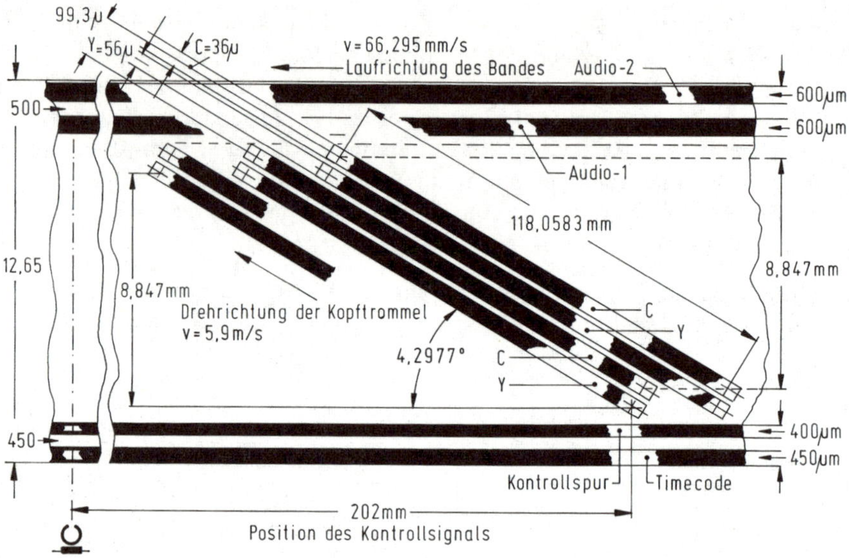

Abb. E3-46b Spurlagen-Konfiguration beim M-II-System

3.8.3 Das D-3-Format – Digital-Video/Audio auf ½"-Band

Auf dem Weg zum digitalen Studio (*Abb. E3-47a*) hat die japanische Rundfunkorganisation NHK in Kooperation mit Panasonic ein weiteres System zur Speicherung digitaler Videosignale entwickelt. In Verbindung mit dem digitalen Kamerasystem (AQ 20), dem digitalen Aufzeichnungsgerät (AJ-D350), dem digitalen Mischer (MX 12) und der digitalen Abspielstation (Digital-Cart) – für den kontinuierlichen Sendebetrieb – ist erstmals ein durchgängiges digitales System zu günstigen Kosten realisierbar [145, 152, 153].

Kernstück solcher Konfiguration ist die digitale Aufzeichnung der Videosignale auf ½" breitem Metallpartikelband mit einer weiter gesteigerten Aufzeichnungsdichte (*Abb. E3-47b*) und einer Koerzitivkraft von etwa 1500 Oersted. Damit konnte das Ziel einer ½"-Kassette mit digitaler Aufzeichnung im Composite-Mode bei einer Speicherzeit von mehr als zwei Stunden (125') und die Bereitstellung eines professionellen Cam-Corder-Systems, dessen Gewicht unter 8 kg liegt, erreicht werden. Die Signale schreibt man mit einer relativen Geschwindigkeit von 23,8 m/s auf das Band, das mit einem Vorschub (longitudinale Laufgeschwindigkeit) von 83,88 mm/s läuft. Hierzu trägt der Scanner bei einem Durchmesser der Kopftrommel von 76 mm acht Köpfe, je zwei für Löschung, Aufnahme, Wiedergabe und zur Kontrolle der Aufzeichnung „über Band" (*Abb. E3-47c*).

Gegenüber dem D-2-Standard konnte beim D-3-System die Aufzeichnungsdichte von 7,2 auf 17,9 Mbit/cm gesteigert werden. Der Bandverbrauch beträgt damit weniger als die Hälfte.

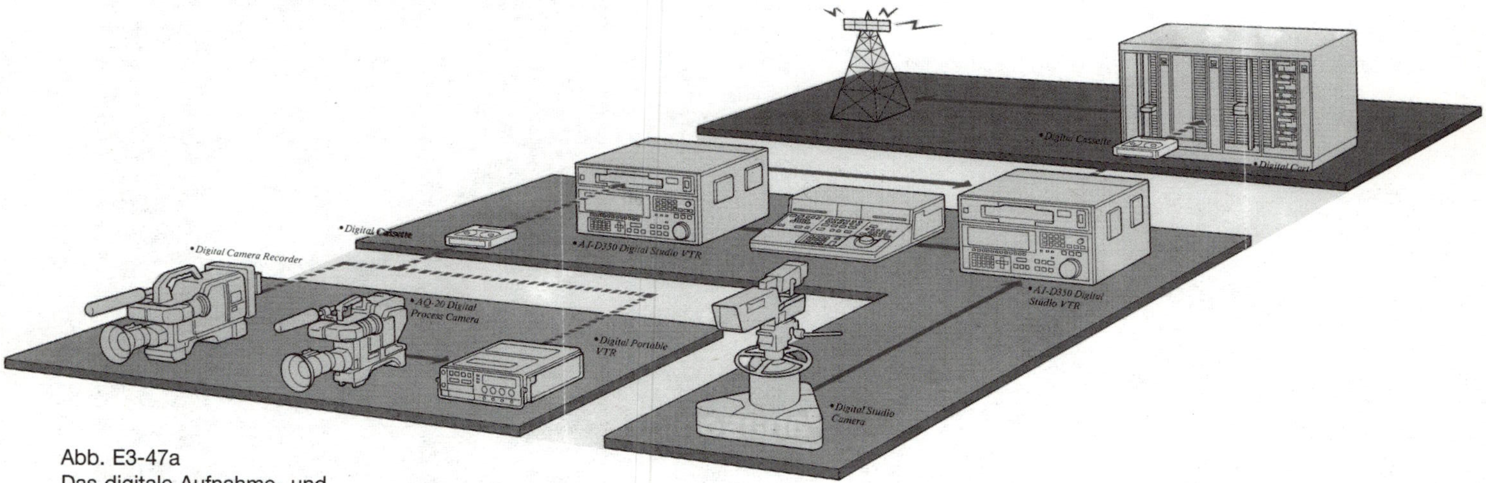

Abb. E3-47a
Das digitale Aufnahme- und
Wiedergabesystem von NHK/PANASONIC

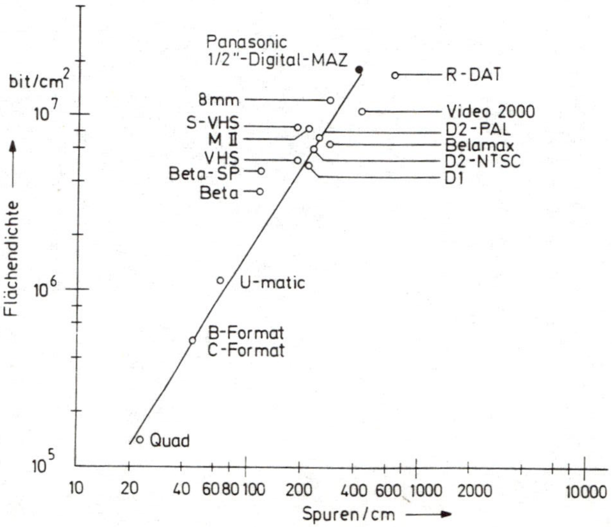

Abb. E3-47b
Speicherdichte verschiedener
MAZ-Formate

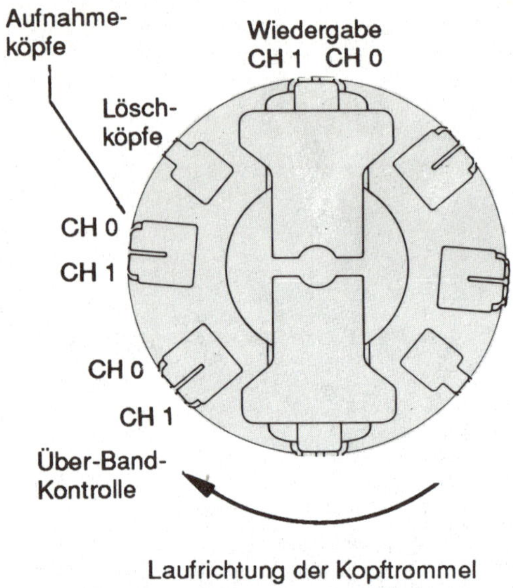

Abb. E3-47c
Kopfrad-Konfiguration für die Video/Audio-Aufzeichnung bei der D-3-MAZ von PANASONIC

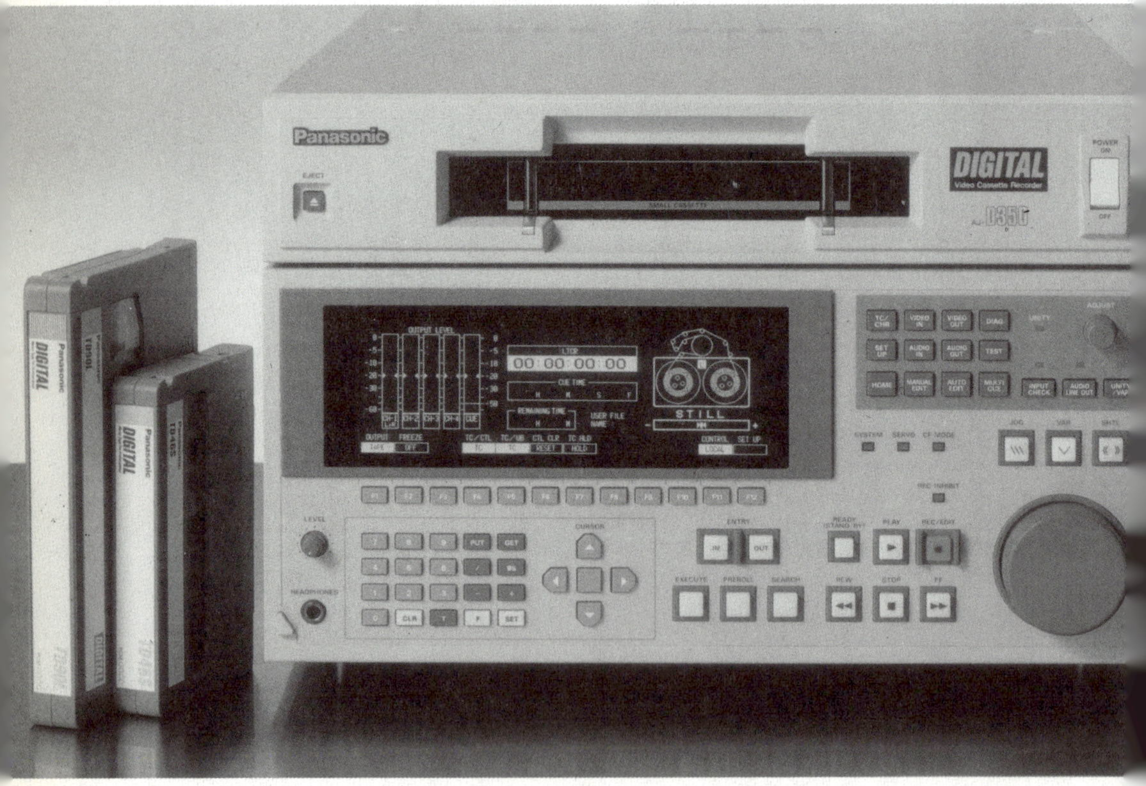

Abb. E3-47d Digitales Video/Audio-Aufzeichnungsgerät AJ-D350 (PANASONIC) für ½"-Band

Die digitale ½"-MAZ von PANASONIC (*Abb. E3-47d*) verfügt eingangs- und ausgangsseitig über Schnittstellen für digitale (RP-125X) und analoge (FBAS) Composite-Signale. Eine ausführliche Darstellung der Systemparameter ist in Tabelle E13 zu finden.

Tabelle E13:

Systemparameter des D-3-Formats/Digital-Video im Composite-Mode	
Kassette/Aufnahmedauer	S = 64 Min. L = 125 Min.
Laufgeschwindigkeit des Bandes	83,88 mm/s
Schreibgeschwindigkeit	23,8 m/s
Spurabstand	18 μm
Spaltwinkel der Magnetköpfe	+/– 15° (Azimut)
Minimale Wellenlänge	0,709 μm
Spuren je Halbbild	8
Aufzeichnungsdichte	17,9 Mbit pro cm^2
Videobandbreite	0 – 5,5 MHz ± 0,5 dB; 0 – 6 MHz –3 dB
Video-Sampling-Frequenz	= 4 fsc/17,7 (PAL) MHz
Quantisierung / Videosignal	8 bit
Aufgezeichnete Abtastwerte	948 je Zeile
Aufgezeichnete Zeilen	304 je Halbbild
Kanalcodierung	EFM / 8 : 14
Fehlerschutz-Codierung	Reed-Solomon
Video-Störabstand S/N	54 dB
Audio-Sampling-Frequenz	48 kHz (synchron mit Video)
Quantisierung / Audiosignal	20 bits/sample
Audio-Dynamikbereich	> 100 dB
Anzahl der Audio-Kanäle	4
Längspuren für:	Time-Code/Kontroll- und Hilfstonspur

Weitere digitale ½"-Systeme

Alternativ zum D3-Format entwickelt PANASONIC zur Zeit ein digitales MAZ-System für die Komponenten-Aufzeichnung im 4:2:2-Standard (D5-Format).

SONY stellt in absehbarer Zeit ein integriertes ½"-MAZ-Format als Weiterentwicklung von Betacam-SP vor, das für analoge und digitale Komponenten geeignet ist.

3.8.4 Die semiprofessionellen Systeme im ½"-Format

Die Erfolge der magnetischen Bildspeicherung im Studiobereich führten bald auch zur Entwicklung semiprofessioneller Geräte [57]. Dabei ist das VCR-System der Firma PHILIPS zu erwähnen, das eine relativ große Verbreitung fand. Seine Modifikationen VCR-Longplay und SVR (Grundig) brachten später im wesentlichen eine Verlängerung der Laufdauer der Bänder.

Der eigentliche Durchbruch auf diesem Feld ereignete sich jedoch erst gegen Ende der 70er Jahre mit der Einführung der Systeme *VHS* (*JVC* = *J*apan-*V*ictor-*C*ompany), *Beta-max* (Sony) und *Video 2000* (Philips und Grundig), die uns im folgenden beschäftigen werden.

Alle drei Systeme verwenden zwar einheitlich Magnetbänder mit einer Breite von 1/2" (12,7 mm), die jeweils verwendeten Kassettenabmessungen unterscheiden sich jedoch beträchtlich. Bereits aus diesem Grunde sind die Systeme untereinander nicht kompatibel. Darüber hinaus gibt es Unterschiede in

- der Konfiguration der Spurlagen für die Video- und Audio-Aufzeichnung,
- der Schreibgeschwindigkeit (Relativgeschwindigkeit zwischen Kopf und Band) und
- der Laufgeschwindigkeit des Magnetbandes (Bandgeschwindigkeit).

Hingegen ist das Prinzip der Aufzeichnung bei allen drei Systemen mit der Technologie des U-Matic-Systems verwandt. Alle drei Verfahren benutzen für die Speicherung der Farbinformation die in Abschnitt 3.7.1 beschriebene „Colour-under-Methode".

3.8.4.1 Das VHS-System

Das VHS-System verwendet die „parallele Bandeinlegemethode", bei der das Band mit zwei Ladearmen aus der Kassette gezogen und an der Kopftrommel entlang

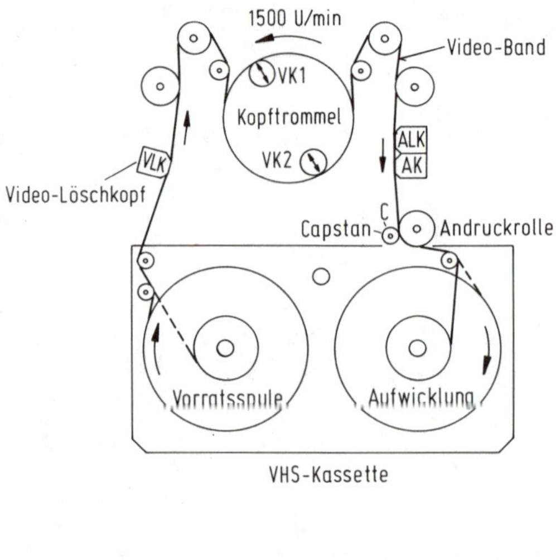

Abb. E3-48
Kassette und Kopftrommel beim VHS-System

geführt wird (*Abb. E3-48*) [58]. Diese auch als M-Loading bezeichnete Konfiguration führt zu einer kompakten Bauweise des Recorders und zu kurzen Einlegezeiten. In *Abb. E3-48* bedeuten:

Vk1 und Vk2	Rotierende Videoköpfe für die Bildaufzeichnung und -abtastung
VLk	Video-Löschkopf
ALK	Audio-Löschkopf und Kontrollspur-Löschkopf
AK	Audio-Kopf für Aufnahme und Wiedergabe des Tonsignals, darunter Kontrollspurkopf
C	Capstan-Antrieb

Wie beim U-Matic-System verwendet man eine Kopftrommel mit zwei Videoköpfen, die gegeneinander um 180° versetzt sind. Die Umschlingung der Kopftrommel beträgt etwa 190°. Bei einem Durchmesser der Kopftrommel von 62 mm, einer wirksamen Spaltbreite der Videoköpfe von 0,3 µm und einer Umlaufgeschwindigkeit der Kopftrommel von 25 Umdrehungen pro Sekunde erreicht man eine Schreibgeschwindigkeit von 4,87 m pro Sekunde. – Die Bandgeschwindigkeit beträgt 2,34 cm/s und die Aufzeichnung wird mit einer Spurbreite von 49 µm unter einem Winkel von 6° gegenüber der Laufrichtung des Bandes geschrieben. Daraus resultiert eine Spurlänge pro Halbbild von etwa 100 mm.

Abb. E3-50 gibt einen Überblick über die Lage der Video-, Audio- und Kontrollspuren. – Bei der genannten geringen Bandgeschwindigkeit bestehen zwischen den einzelnen Video-Spuren praktisch keine Zwischenräume mehr. Das heißt, der „Rasen“ ist weggefallen. Um Einwirkungen der beiden in zwei benachbarten Spuren gespeicherten Halbbildsignale zueinander zu vermeiden und um eine bessere Trennung dieser Teilsignale bei der Abtastung durch die beiden Köpfe zu erreichen, stellt man die Spaltwinkel der beiden Video-Köpfe jeweils um + 6° für den ersten Kopf und um – 6° für den zweiten Kopf in Bezug zur mittleren Spurlinie gegeneinander ein. Auf diese Weise erzielt man eine hohe „Übersprechdämpfung“ der frequenzmodulierten Video-Halbbild-Signale.

Aus *Abb. E3-49a* geht der gesamte Weg eines Farb-Video-Signals (FBAS) bis zur Aufzeichnung auf das Band hervor. In den einzelnen Baugruppen ist deren Funktion im einzelnen angegeben. – Die Reproduktion einer VHS-Aufzeichnung gibt *Abb. E3-49b* wieder.

3.8.4.2 Das Beta-System

Beim Beta-System kommt die Methode des U-Loading zur Anwendung [59]. Damit besteht eine gewisse Ähnlichkeit zur U-Matic-Technik (*Abb. E3-51*). Die einzelnen Elemente der Abbildung sind mit den gleichen Bezeichnungen wie beim VHS-System versehen.

Auch hier verwendet man ein segmentiertes Aufzeichnungs- und Wiedergabesystem, bei dem die beiden Video-Köpfe mit 180° gegeneinander auf einer Kopftrommel sitzen. Das Band umschlingt die Trommel mit etwa 190°. Bei einem Durchmes-

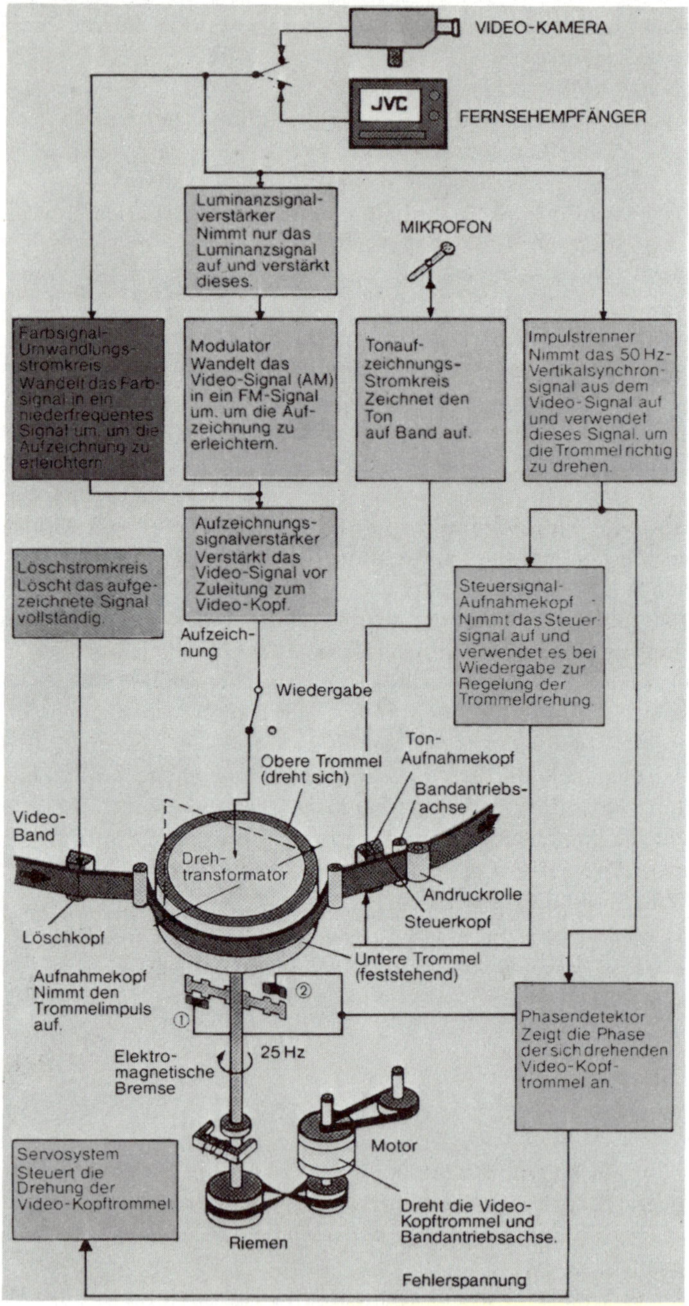

Abb. E3-49a Aufzeichnung eines Video-Signals nach dem VHS-System

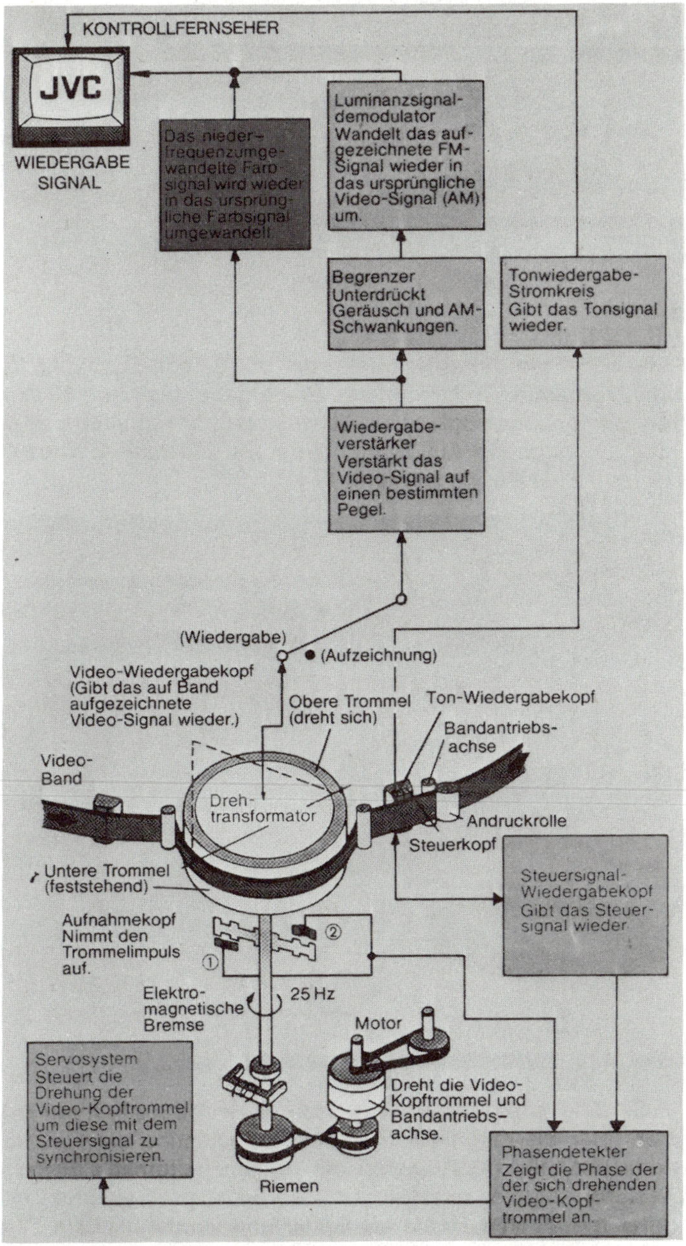

Abb. E3-49b Reproduktion einer VHS-Aufzeichnung

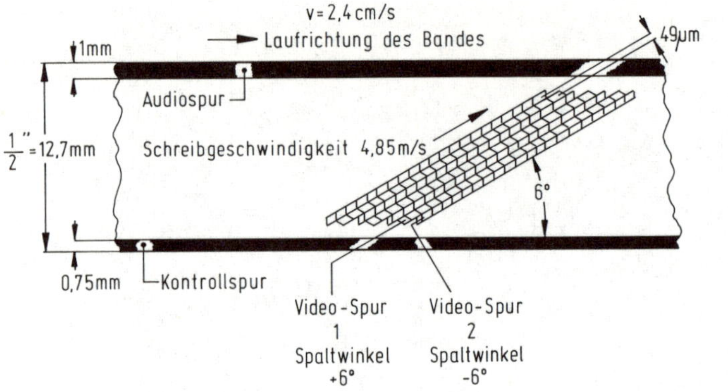

Abb. E3-50 Lage der Video-, Audio- und Kontrollspuren beim VHS-System

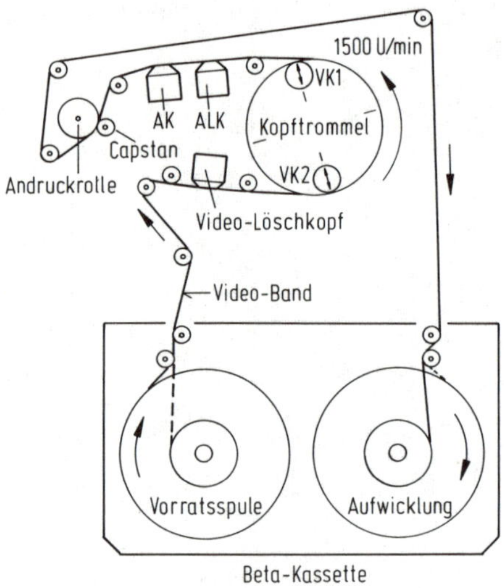

Abb. E3-51 Anordnung von Kassette und Kopftrommel beim Beta-System

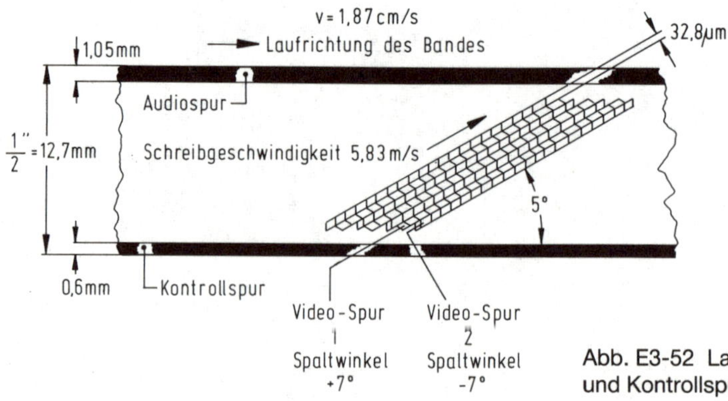

Abb. E3-52 Lage der Video-, Audio- und Kontrollspuren beim Beta-System

Abb. E3-53 Kopftrommel eines Betamax-Recorders der Firma SONY

ser der Trommel von 74,5 mm, einer wirksamen Spaltbreite der Video-Köpfe von 0,6 μm und einer Kopftrommeldrehzahl von 25 Umdrehungen pro Sekunde erzielt man eine Schreibgeschwindigkeit von 5,83 m/s. Die Bandgeschwindigkeit ist geringer als bei VHS, sie beträgt nur 1,87 cm/s. Die Aufzeichnung wird mit einer Spurbreite von 32,8 μm und einem Spurwinkel zur Laufrichtung des Bandes von 5° geschrieben. Daraus ergibt sich eine Spurlänge der Aufzeichnung eines Halbbildes auf dem Band von 122 mm.

Abb. E3-52 zeigt die Lage der Video-, Audio- und Kontrollspuren auf dem Band. Auch hier sind die Spaltwinkel der Video-Köpfe zur Vermeidung von Übersprecheffekten gegeneinander eingestellt. Der jeweilige Kopfspaltwinkel beträgt zur Mittellinie der Spur ± 7°. – *Abb. E3-53* zeigt die Kopftrommel eines Betamax-Recorders der Firma Sony.

Mit Metallschichtbändern (Seite 393) erzielt Sony beim *ED-Beta-System* eine Steigerung der horizontalen Auflösung von bisher 250 auf 500 Linien [125].

3.8.4.3 Video-2000

Dieses System arbeitet, ähnlich wie VHS und Beta, auch nach dem Zwei-Kopf-Schrägspurverfahren. Es wurde von den Firmen Philips und Grundig gemeinsam entwickelt [60]. – Bei gleichem Aufzeichnungsstandard und voller Kompatibilität der Geräte untereinander unterscheiden sich die Lade-Systeme der Recorder der beiden Firmen wie folgt:

- Die Philips-Geräte sind für das M-Loading-System (*Abb. E3-54*),
- die Grundig-Geräte für das U-Loading-System (*Abb. E3-55*) konstruiert.

Die Bezeichnungen in den beiden Abbildungen sind mit denen der Abbildung E3-48 identisch. Die Kassette ist einheitlich. Sie ist als Wendekassette mit zwei nebeneinander liegenden Spulen ausgeführt.

Die Kopftrommel hat einen Durchmesser von 65 mm und besteht aus einem unteren festen Teil mit einer durchgehenden Bandführung und einem oberen rotierenden Teil mit den beiden Video-Köpfen. Bei einer wirksamen Spaltbreite von 0,28 µm und einer Kopftrommeldrehzahl von 25 Umdrehungen pro Sekunde erreicht man eine Schreibgeschwindigkeit von 5,08 m/s. Die Bandgeschwindigkeit liegt bei 2,44 cm/s.

Im Gegensatz zu VHS und Beta wird das Band beim Video-2000-System in zwei Video-Spurbereiche unterteilt. Damit bekommt man eine Verdopplung der Spieldauer. Das Schema der Spuren geht aus *Abb. E3-56* hervor. Daraus sieht man, daß die Video-Spuren mit einem Spurwinkel von nur noch 2° 38′ geschrieben werden, um bei einer Video-Spurbreite von 22,6 µm eine Spurlänge der Aufzeichnung pro

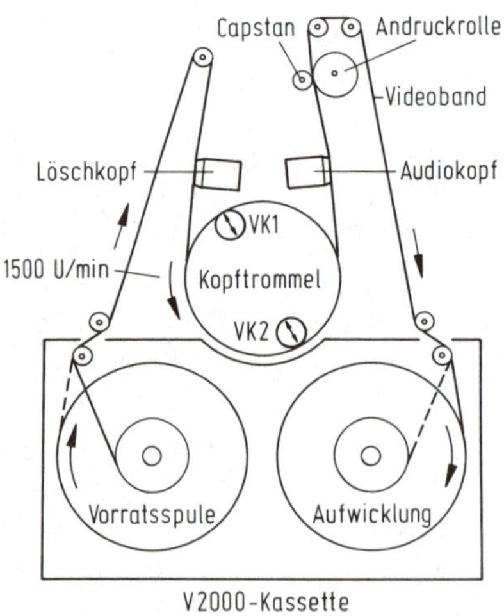

Abb. E3-54 Video-2000, Philips-Version mit M-Loading-System

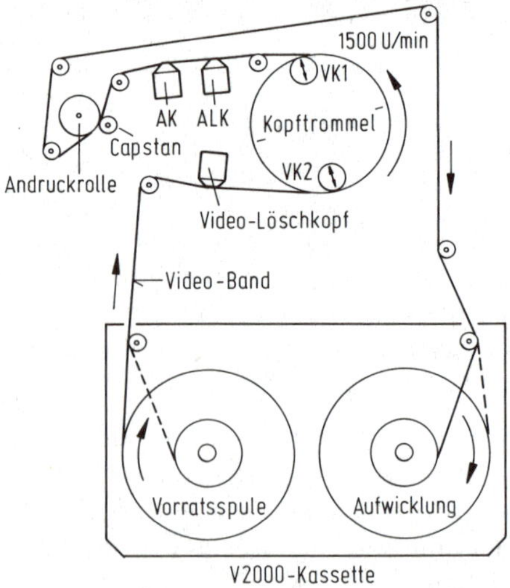

Abb. E3-55 Video-2000, Einführung des Bandes nach der Grundig-Version mit dem U-Loading-System

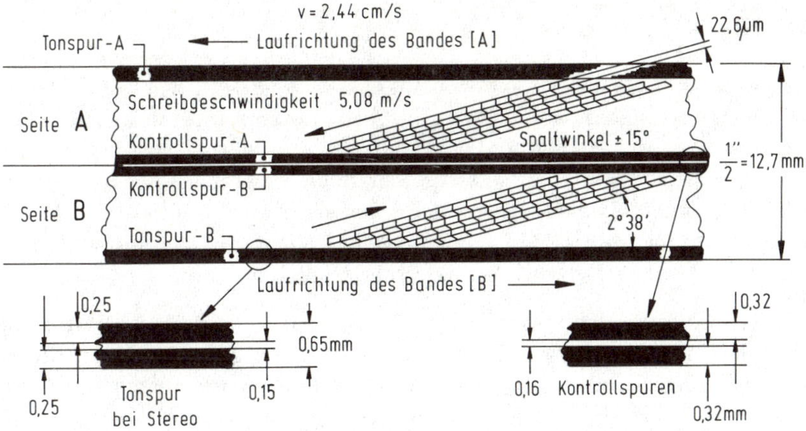

Abb. E3-56 Spurlagenschema des Video-2000-Systems

Halbbild von 102 mm zu erreichen. Zur Kompensation von Übersprecheffekten sind die Kopfspaltwinkel der beiden Video-Köpfe mit ± 15° gegeneinander eingestellt. Wie außerdem aus dem Spur-Schema zu sehen ist, liegen die Audiospuren an den jeweiligen Rändern des Bandes, sie sind für Stereo-Aufzeichnungen vorgesehen. Zwischen den beiden Video-Spuren sind noch die beiden Kontrollspuren, die auch als Cue-Spuren verwendet werden können, zu erkennen.

Um das Problem der immer kleiner werdenden Video-Spuren ohne „Rasen“ in den Griff zu bekommen, verwendet Video-2000 ein neues Spurnachführungssystem, das aus der AST-Technik abgeleitet ist.
In der folgenden Tabelle sind die technischen Eigenschaften der verschiedenen Video-Recorder-Systeme einander gegenübergestellt.

Tabelle E14:

Kriterium	Größe	VHS	Beta	V-2000
Video-Kopf-Spaltbreite	µm	0,3	0,6	0,28
Kopftrommeldurchmesser	mm	62	74,5	65
Video-Spurbreite	µm	49	32,8	22,6
Video-Spurwinkel	°	6°	5°	2°38′
Kopf-Spaltwinkel	°	± 6°	± 7°	± 15°
Kontroll-Spurbreite	mm	0,75	0,6	
Video-Spurlänge	mm	100	122	102
Ton-Spurbreite Mono	mm	1	1,05	0,6
Ton-Spurbreite Stereo 2x	mm			0,25
Bandgeschwindigkeit	cm/s	2,4	1,87	2,44
Schreibgeschwindigkeit	m/s	4,85	5,83	5,08

3.8.4.4 *„Hi-Fi"-Tonaufzeichnung*

Die Laufgeschwindigkeit der Bänder in Videokassetten liegt, wie *Tabelle E14* zeigt, in der Größenordnung von etwa 2 cm/s und beträgt damit nur noch zwischen 38 bis 51 % der Bandgeschwindigkeit herkömmlicher Audio-CC-Kassetten. Darüber hinaus verwendet man für die stereophonische Schallaufzeichnung Spurbreiten zwischen 0,25 und 0,35 mm. Mit diesen Parametern bewegt sich die longitudinale, analoge Audioaufzeichnung bezüglich Frequenzgang, Geräuschspannungsabstand und Gleichlauf im Grenzbereich des physikalisch Möglichen.

Seit der Einführung des Stereotons im Fernsehen (siehe Seite 169) und der digitalen Schallplatte (Compact-Disc) sind die Ansprüche des Käufers an die Audio-Qualität von Videorecordern erheblich gestiegen. Er erwartet einfach eine Schallaufzeichnung in High-Fidelity, wie er sie von Audiokassetten her kennt.

Lösbar wird das Problem, wenn man die Audiosignale mit rotierenden Aufnahme-/Wiedergabe-Köpfen in ähnlicher Weise als Schrägspur auf das Band schreibt, wie dies bei den Videosignalen geschieht. Man setzt daher auf die Kopftrommel zwei zusätzliche Audioköpfe (*Abb. E3-57*), die den Videoköpfen vorauseilen, und koppelt sie über rotierende Übertrager so an die Schaltung an, daß man damit zwei zusätzliche frequenzmodulierte Audiosignale aufzeichnen kann. Diese müssen allerdings einen ausreichenden Abstand zu den Modulationsfrequenzen des Luminanz- und Chroma-Kanals haben (*Abb. E3-58*).

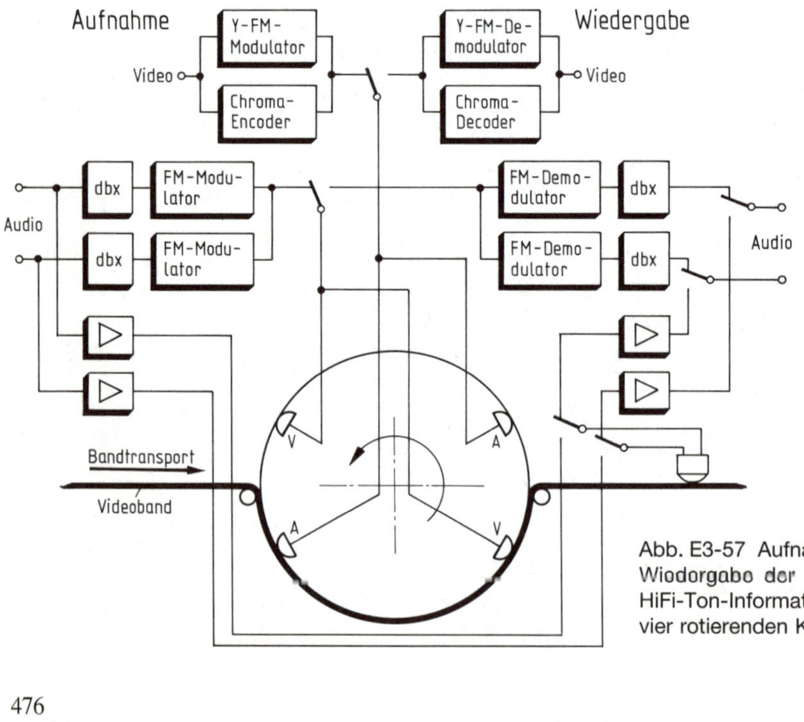

Abb. E3-57 Aufnahme und Wiedergabe der Bild- und HiFi-Ton-Informationen mit vier rotierenden Köpfen

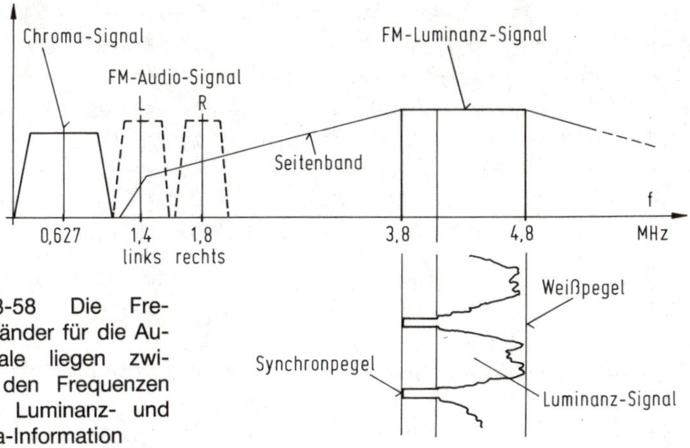

Abb. E3-58 Die Frequenzbänder für die Audiosignale liegen zwischen den Frequenzen für die Luminanz- und Chroma-Information

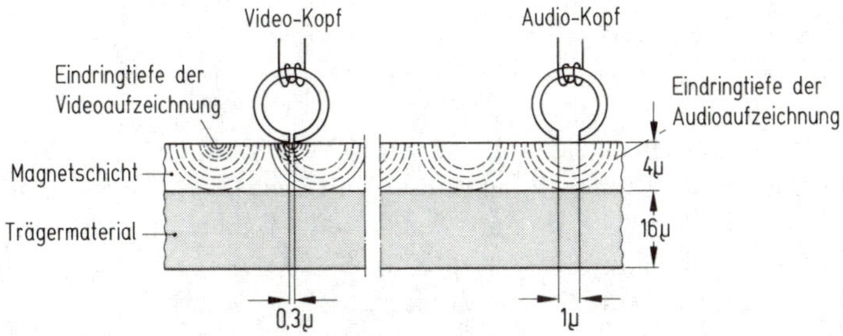

Abb. E3-59a Die Video-Information ist in der oberen Schicht, die Audio-Information in tiefer gelegenen Teilen der Magnetschicht gespeichert

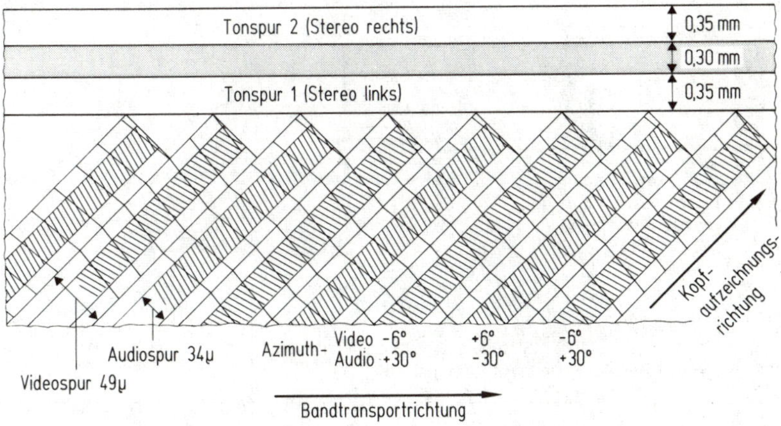

Abb. E3-59b Spurlagen für das VHS-HiFi-System

Um eine Beeinflussung der Videoinformation zu vermeiden, wendet man (bedingt durch den breiteren Spalt der Audioköpfe) eine Art *Tiefenmodulation* an, mit der die Audio-Information gewissermaßen in die tieferen Schichten des Magnetbandes gelegt wird (*Abb. E3-59a*), so daß man ohne Nachteil die Videoinformation mit nacheilenden Köpfen über die Audioaufzeichnung schreiben kann. Schließlich sind auch die Spaltwinkel aller Köpfe stark abweichend zueinander eingestellt, wie *Abb. E3-59b* mit dem Spurbild für die VHS-Version zeigt. Das Prinzip der Beta-HiFi-Version ist ähnlich, es unterscheidet sich nur in einigen Parametern [113].

3.8.4.5 VPS, das Video-Programmsystem

Für die zeitgenaue Aufzeichnung von Programmen verwendete man bisher in fast allen Videorecordern Einschaltautomatiken (Timer), die lediglich von der Uhrzeit abhängig waren. Diese Einrichtungen haben den Nachteil, daß häufig falsche Programme aufgezeichnet werden, wenn es Änderungen in den Zeitplänen der Sender gibt.

Mit VPS erhält jede einzelne Sendung ein Code-Signal, das von den Fernsehsendern jeweils zum tatsächlichen Programmbeginn ausgestrahlt wird. Um den Videorecorder automatisch auf „Aufnahme“ schalten zu können, muß er mit einem speziellen VPS-Decoder ausgestattet sein (*Abb. E3-60*) [114]. Eine Weiterentwicklung bietet diesen Service auch über Videotext (siehe Seite 244) als *VPV-System* an [115].

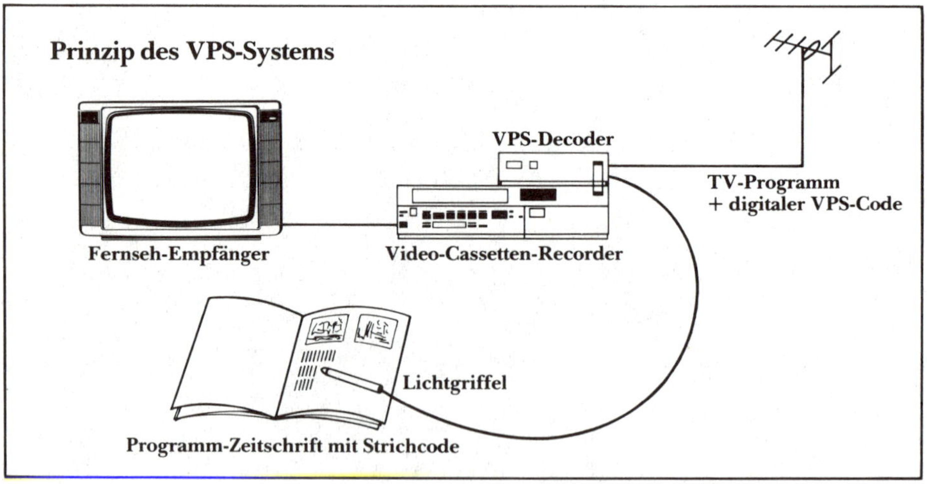

Abb. E3-60 Der VPS-Decoder vergleicht den Code des gewünschten Programms mit dem Sende-Code und schaltet bei Übereinstimmung den Videorecorder auf „Aufnahme“

3.8.5 Das S-VHS-System (Super-VHS)

Eine wesentliche Steigerung der Bildqualität konnte die JVC/Panasonic-Gruppe mit der Entwicklung des S-VHS-Systems erreichen, das zum Standard-VHS-System (siehe Abschnitt 3.8.4.1) kompatibel ist [146, 147, 148, 149]. In Verbindung mit metallbeschichteten Videobändern und verbesserten Ferrit-Videoköpfen konnte die Luminanzbandbreite – gegenüber dem herkömmlichen Standard-VHS-System – auf etwa 5 MHz erweitert werden. Nach *Abb. E3-61* hat man hierzu die mittlere FM-Trägerfrequenz von bisher 4,3 auf 6,2 MHz heraufgesetzt und den Frequenzhub Δf von 1 auf 1,6 MHz erweitert. Die Trägerfrequenz (colour-under) wurde mit 627 kHz aus Kompatibilitätsgründen beibehalten.

Die Einführung der höheren Trägerfrequenzen führte zu einer beachtlichen Verbesserung der Auflösung des Bildes in horizontaler Achse. So betrug die Auflösung bei Standard-VHS etwa 250 Linien. Sie wird für die herkömmliche Rundfunkübertragung in PAL beim Heimempfänger mit etwa 330 Linien und für das S-VHS-System mit 400 Linien angegeben (siehe Abschnitt C.3.4, Seite 150).

Eine weitere wesentliche Verbesserung bei S-VHS – gegenüber VHS – ist die Aufzeichnung des Videosignals in getrennten Komponenten für das Luminanzsignal Y und das Chromasignal C. Die Informationen der Farbdifferenzsignale U(B-Y) und V(R-Y) werden in diesem Falle im Frequenzmultiplex-Verfahren (siehe Abschnitt C.3.6.1.h) mit der Colour-under-Frequenz von 627 kHz als Chromasignal C aufgezeichnet.

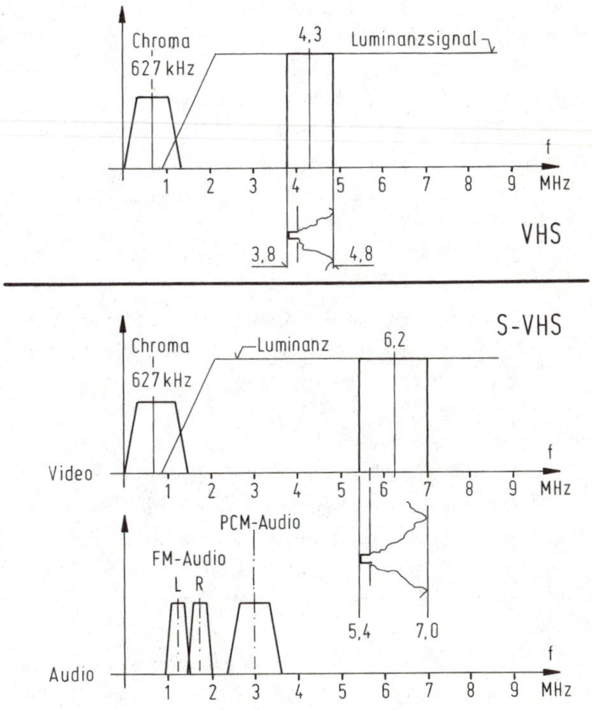

Abb. E3-61
Frequenzspektren der Video- und Audio-Aufzeichnung beim VHS- und S-VHS-System

Für die Speicherung der Audiosignale gibt es verschiedene Möglichkeiten (*Abb. E3-61*, untere Reihe):

- Die konventionelle monophone Längsspuraufzeichnung mit Dolby-Rauschunterdrückung und einem Frequenzgang von 40 Hz–12 000 Hz.
- Die stereophonische FM-HiFi-Tonaufzeichnung mit den Trägerfrequenzen 1,4 MHz (L) und 1,8 MHz (R), die mit getrennten Audioköpfen als „*Tiefenmodulation*" mit einem Spaltwinkel von ± 30° unter der Videoinformation liegt (siehe Abschnitt E.3.8.4.4). Dabei wird ein Frequenzgang von 20 Hz bis 20 kHz bei einem Störabstand (S/N) von etwa 87 dB erreicht.
- Die digitale PCM-Tonaufzeichnung mit einer getrennten Trägerfrequenz von etwa 3 MHz.

3.9 Der Video-8-Standard

Mit Video-8 wurde nicht nur die Entwicklung kleiner Kamerarecorder möglich, wie sie der Amateur vom Super-8-Filmformat her kennt, sondern auch der Versuch unternommen, einen Weltstandard für ein kleines Video-Recording-Format durchzusetzen, auf den sich inzwischen 127 Firmen der Elektronik- und Fotobranche geeinigt haben. Die Video-8-Norm bezieht sich nicht nur auf die Videokassette, die mit den Abmessungen 95 × 62,5 × 15 mm nur etwas dicker als eine herkömmliche CC-Musikkassette ist, sondern auch vor allem auf die Wahl der Video- und Audiofrequenzen und deren Aufzeichnungskonfiguration.

Die Signalspektren und deren Zuordnung gehen aus *Abb. E3-62* hervor. In der Videoschrägspur werden im Frequenzmultiplex das Luminanzsignal (FM-Träger 4,8 MHz, Frequenzhub ±600 kHz) und das Chromasignal (FM-Träger 732,4 kHz, Hub ±500 kHz) gespeichert. Die Aufzeichnung einer frequenzmodulierten Audioinformation geschieht ebenfalls mit den rotierenden Videoköpfen (FM-Träger 1,5 MHz, Hub ±100 kHz).

Nach *Abb. E3-63* schließt sich für die stereophonische Schallaufzeichnung an den Bereich der Videospuren ein Feld von 1,25 mm an, das der Zeitmultiplex-Aufzeichnung einer PCM-codierten (digitalen) Stereoinformation dient. Da dieses Signal – zwar mit den gleichen Köpfen – aber unabhängig von den Videospuren aufgezeichnet bzw. wiedergegeben wird, ist auch eine Nachvertonung (*audio-dubbing*) möglich. Die auf dem Videoband verbleibenden beiden Längsspuren „Cue" und „Audio" werden zur Zeit nicht genutzt. Wie *Abb. E3-63* weiter zeigt, gibt es zwei Spurlagen für die beiden Laufgeschwindigkeiten des Bandes: Standard-Play (SP = 2 cm/s) und Long-Play (LP = 1 cm/s). Im *SP-Mode* entsteht bei gleicher Spurbreite ein „Rasen", der die Übersprechdämpfung zwischen den einzelnen Videospuren verbessert.

Für die Nachsteuerung des Band- und Capstan-Servos wird keine Kontrollspuraufzeichnung, sondern das *ATF-System* (*a*utomatic-*t*rack-*f*ollowing-system) verwendet.

Abb. E3-62
Das Video-8-Signal-
spektrum

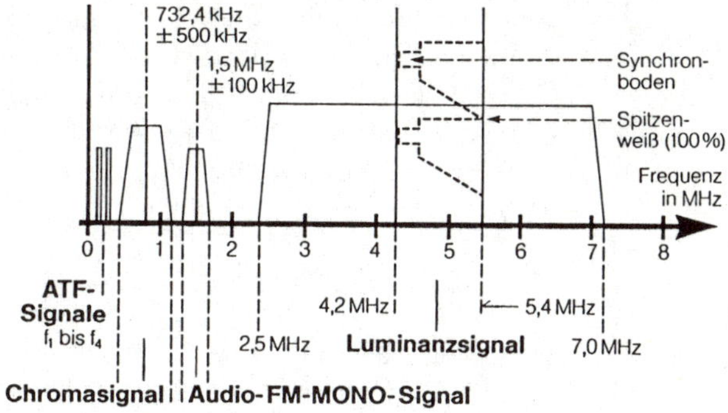

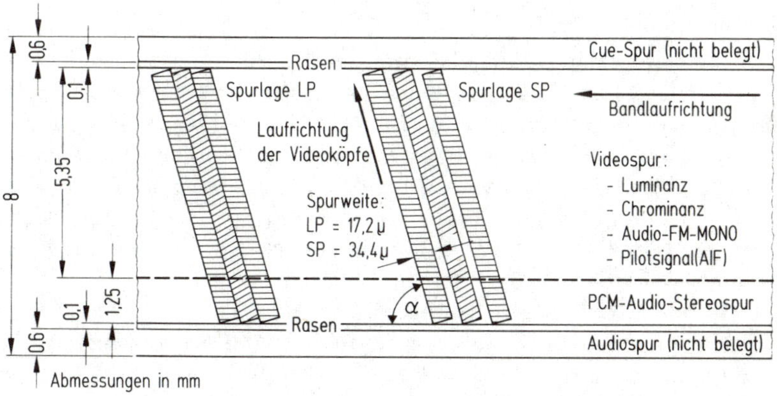

Abb. E3-63 Spurlagenschema des Video-8-Systems

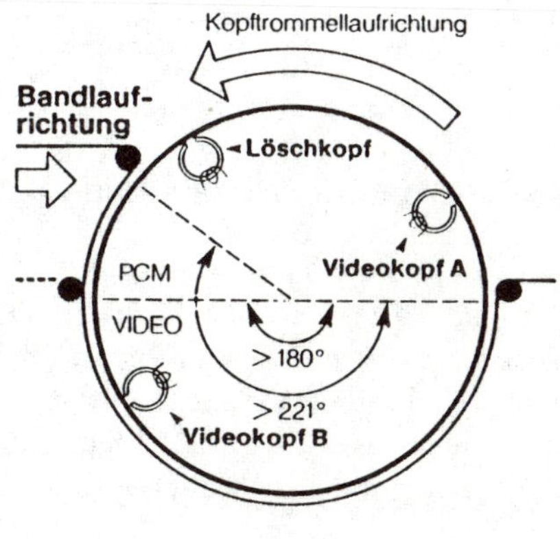

Abb. E3-64 Anordnung der Köpfe auf der Trommel bei Video-8

Hierzu schreiben die rotierenden Videoköpfe im Bereich unterhalb des Farbträgers noch vier langwellige Pilotfrequenzen auf. Bei der Wiedergabe tastet der jeweilige Videokopf nicht nur die Pilotfrequenz seiner eigenen Spur, sondern – bedingt durch das langwellige Übersprechen – auch die Frequenzen der Nachbarspuren ab. Durch Differenzbildung dieser Signale wird in einem Phasendetektor eine Regelspannung für den Bandvorschub abgeleitet.

Die Umschlingung des Bandes um die Kopftrommel beträgt 221°, davon entfallen 180° auf die Videoaufzeichnung und 41° auf den Speicherbereich der PCM-Signale (*Abb. E3-64*). Zusätzlich zu den Videoköpfen ist ein rotierender Löschkopf vorgesehen, so daß bei Aufnahmebetrieb jeweils zwei Spuren gelöscht und anschließend neu magnetisiert werden können. Auf diese Weise wird elektronischer Schnitt (siehe Abschnitt E.3.12) ohne Bildstörungen möglich [116, 117].

Video-Hi-8

Die Firma Sony hat mit Video-Hi-8 ein weiter verbessertes Aufzeichnungsverfahren für den Cam-Corder-Bereich entwickelt, um der Herausforderung durch S-VHS zu begegnen [151].

Das System setzt die Verwendung von *ME-Bändern* (ME = metal evaporated tape), deren Schicht in einem Spezialverfahren im Hochvakuum aufgedampft wird, voraus. Damit konnte bei ME-Bändern die Rauhigkeit der Oberfläche (von 16 nm bei herkömmlichen Metallpartikelbändern) auf 6 nm reduziert und gleichzeitig die Packungsdichte der Informationsträger weiter erhöht werden. Die geringere Rauhigkeit der Oberfläche trägt zu einer erheblichen Verbesserung des Band-/Kopf-Kontaktes für die neu entwickelten Magnetköpfe, deren Spaltbreiten nur noch 0,22 μm betragen, bei. Dieses Maßnahmen-Paket bringt alles in allem eine Zunahme des FM-Pegels von etwa +6 dB im Bereich von 6 MHz.

Im Unterschied zu Video-8 beträgt die mittlere FM-Träger-Frequenz nunmehr 6,7 MHz. Bei einem Frequenzhub von 2 MHz liegt 100 % Weißpegel bei 7,7 und der Synchronpegel bei 5,7 MHz. Die Farbträgerfrequenz mit 732,4 kHz wurde aus Gründen der Kompatibilität zu Video-8 beibehalten. Während die Horizontalauflösung bei Video-8 etwa 260 Linien beträgt, erreicht sie bei Video-Hi-8 – als Folge der höheren Videofrequenzen – mehr als 400 Linien.

3.10 Die ¼"-Systeme (Magnetband 6,35 mm)

Der Trend zu einer weiteren Miniaturisierung der Aufzeichnungstechnik führte schon im Jahre 1981 zur CVC-Kassette (Compact-Video-Cassette). Diese „*Micro-Video-Kassette*“, deren Entwicklung auf die japanische Firma Funai zurückgeht, ist mit einem 1/4"-breiten Videoband bestückt, das – wie bei den konventionellen Video-Recordern des 1/2"- und 3/4"-Formates – aus der Kassette herausgezogen und um die Kopftrommel geschlungen wird. Man verwendet dabei das M-Loading-Prinzip.

Wegen ihrer geringen Abmessungen (20 % gegenüber VHS) eignet sich diese Kassette in Verbindung mit einem kleinen Laufwerk zur Integration mit einer Video-Kamera gut (Abb. E3-65a). Eine solche Recorder-Kamera bietet (wie Betacam) für die elektronische aktuelle Berichterstattung im Fernsehen (EB-Technik) eine Alternative zur herkömmlichen Filmkamera-Technik. Für die Aufzeichnung der Video-Signale verwendet Bosch-Fernseh das *Lineplex*-Verfahren, bei dem im sogenannten „*Quar-*

Abb. E3-65a ¼-Zoll-Recorderkamera (Bosch-Fernseh) mit CVC-Kassette und Aufzeichnung nach dem LINEPLEX-Verfahren

Abb. E3-65b Videokamera von Technicolor mit getrenntem CVC-Kassettenrecorder. Rechts im Bild einige CVC-Kassetten im Größenvergleich zu einer VHS-Kassette

tercam-System" die Komponenten für die Luminanz- und Chroma-Informationen, ineinander verschachtelt, getrennt aufgezeichnet werden. Um einen Störabstand von etwa 46 dB bei einer Videobandbreite von 3,4 MHz und einer Laufgeschwindigkeit des Bandes von 7,5 cm/s zu erreichen, wendet man eine Zeittransformation an. Hierbei wird die Zeitbasis des Luminanz-Signales (Y) mit Hilfe elektronischer Speicher vor der Aufzeichnung um den Faktor 1,5 expandiert, die Zeitbasis der Chrominanzsignale (R – Y und B – Y) um den Faktor 0,5 komprimiert. Auf zwei Kanäle aufgeteilt schreibt man simultan die zeittransformierten Videosignale mit zwei getrennten Kopfpaaren als Zweispur-Aufzeichnung auf das Band. Diese Zweispur-Aufzeichnung würde zunächst eine zeitliche Dehnung um den Faktor 2 ermöglichen. Zwischen den mit 1,5 H zeitlich gedehnten Luminanz-Signalen bleibt daher eine Lücke von 0,5 H frei, in die man das zugehörige, um den Faktor 0,5 komprimierte Chrominanz-Signal einsetzt. Das Verhältnis der Transformationsfaktoren entspricht somit auch dem Verhältnis der Bandbreiten von Luminanz zu Chrominanz mit 3 zu 1 [74]. Die Konfiguration der Spurlagen des Lineplex-Aufzeichnungsformates zeigt *Abb. E3-66*.

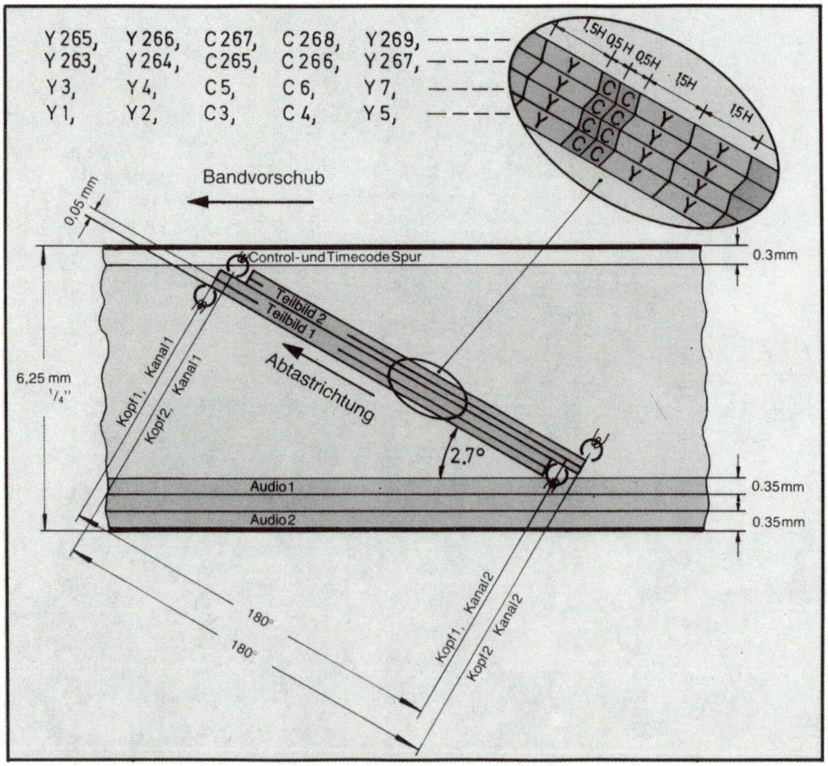

Abb. E3-66 Das LINEPLEX-Aufzeichnungsformat im Quartercam-System (BOSCH-Fernseh)

3.11 Hilfsmittel zur Korrektur von Aufzeichnungsstörungen

Bei der magnetischen Bildaufzeichnung gibt es eine Reihe von Fehlererscheinungen allgemeiner Art, die man keinem bestimmten System oder Gerätetyp zuordnen kann. Sie sollen daher im folgenden Abschnitt gemeinsam behandelt werden.

3.11.1 Zeitfehler

Hierunter versteht man im wesentlichen zeitliche Schwankungen des gespeicherten Signals, die zu einer veränderten Wiedergabe der Zeilenstruktur auf dem Bildschirm in horizontaler Richtung führen. Sie können verschiedene Ursachen haben:

– *Quadraturfehler des Kopfrades* entstehen durch ungleichmäßige Abstände der Kopfspalte auf dem Radumfang. Diese Fehler wirken sich innerhalb eines Teilbildes aus, da das Kopfrad mehrere Umdrehungen durchführt, um alle Zeilen eines Teilbildes zu schreiben (*Abb. E3-67*). Der Fehler wirkt sich als stehende Geometrieverzerrung aus, weil die richtig geschriebenen Zeilen exakt untereinander liegen, die mit einem Winkelfehler behafteten Zeilen dagegen zeitlich etwas versetzt sind [23].

– Langsame *Veränderungen der Winkelgeschwindigkeit des Kopfrades* sind oft auf ungleichmäßigen Bandzug, hervorgerufen durch schlechte Laufeigenschaften der Wickelmotore, oder auch auf schwankenden Lauf des Kopfrades zurückzuführen. Veränderungen dieser Art erfolgen meist mit niedriger Frequenz und haben ein seitliches Wackeln („Jittern") des Bildes bei der Wiedergabe zur Folge.

– Unterschiede in der Bahn des Kopfrades zwischen Aufnahme und Wiedergabe entstehen häufig durch falschen Bandandruck oder durch falsch eingestellte Kopfhöhe. Dieses Problem soll an einem Beispiel erklärt werden (*Abb. E3-68*). Die Spur, die ein Kopfrad bestimmten Durchmessers mit einem seiner Köpfe schreibt, soll

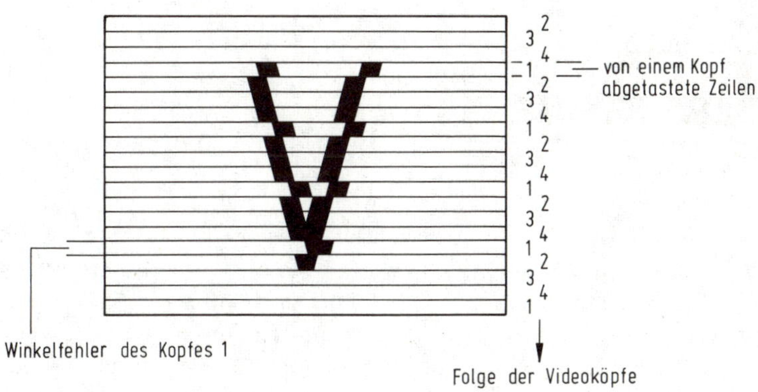

Abb. E3-67 Auswirkung des Quadratur-Fehlers eines Kopfrades

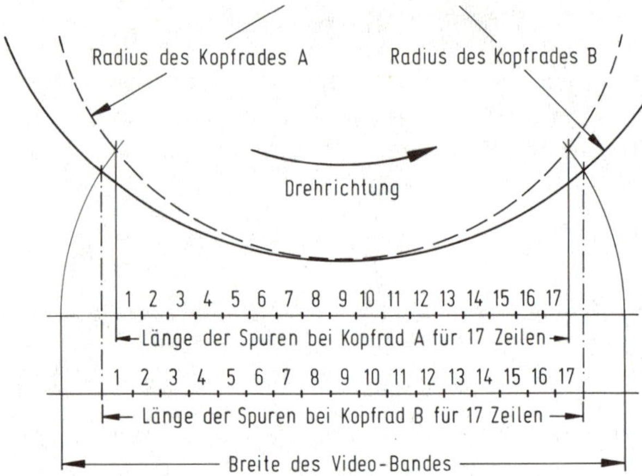

Abb. E3-68
Veränderung der Zeilenlänge auf dem Magnetband durch unterschiedliche Kopfraddurchmesser

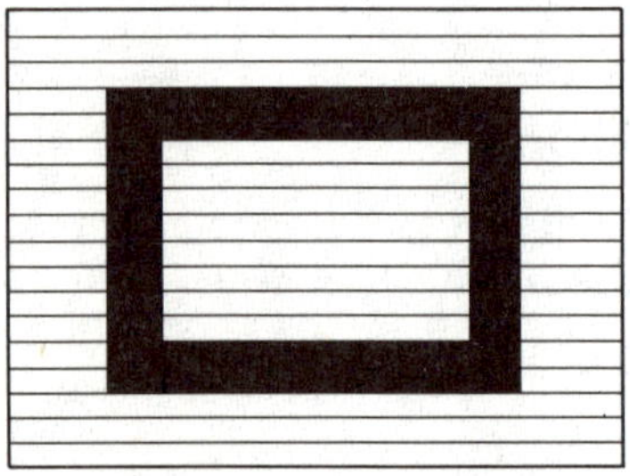

Kopfraddurchmesser bei Aufnahme und Wiedergabe

Abb. E3-69
Auswirkung eines vom Sollwert abweichenden Kopfraddurchmessers

einen Signalverlauf von 17 Zeilen enthalten. Diese Spur hat eine ganz bestimmte Länge, die durch den Abstand von zwei Köpfen auf der Bahnkurve des Rades gegeben ist. Zur Verdeutlichung des Problems ist in unserer Abbildung die sonst gekrümmte Fläche des Bandes eingeebnet. Wenn der Durchmesser des abspielenden Kopfrades (A) kleiner ist, als der des schreibenden (B), so werden die aufeinander folgenden Zeilen zunehmend gegeneinander nach rechts verschoben (*Abb. E3-69*). Für den Anfang einer bestimmten Zeile wird der Fehler zu Null. Dies hängt von der

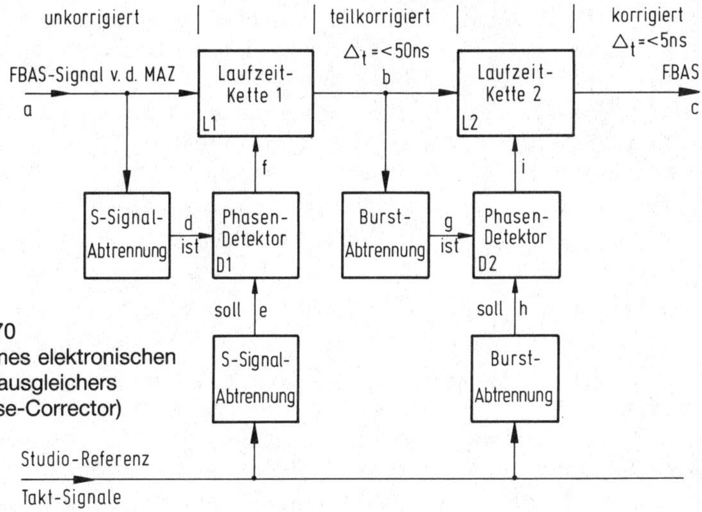

Abb. E3-70
Prinzip eines elektronischen Zeitfehlerausgleichers (Time-Base-Corrector)

jeweiligen Winkellage des Rades ab. Der Fehler kehrt sich um und führt zu einer zunehmenden Verschiebung der Zeilen nach links, wenn der Durchmesser des abspielenden Rades zu groß ist.

Ein Teil der aufgezeigten Fehler läßt sich zweifellos durch eine genaue mechanische Justierung der Laufwerksaggregate in gewissen Grenzen halten. Dies betrifft jedoch nur relativ grobe Fehler.

Schon geringe Schwankungen von 1 bis 2 ‰ der Bildbreite sind – abhängig vom Bildinhalt – gut erkennbar. Die Anforderungen an die Zeitstabilität steigen jedoch erheblich, wenn die wiedergegebenen Signale mit Signalen anderer Studioquellen gemischt werden sollen. In einem solchen Falle darf der Zeitfehler 0,1 µs nicht überschreiten, wenn die gemischten Bilder auf dem Bildschirm keine sichtbare Relativbewegung gegeneinander zeigen sollen. Diese Genauigkeit ist aber immer noch zu gering, wenn es sich um die Aufzeichnung von Farbfernsehsignalen handelt. Wie in Abschnitt C.4 bereits behandelt, wird die Farbinformation dem 4,43-MHz-Farbträger in Amplitude und Phase aufmoduliert. Bereits geringe Phasenfehler des wiedergegebenen Signals wirken sich daher zuerst auf die Farbwiedergabe aus. Um sichtbare Farbfehler zu vermeiden, darf der Zeitfehler nicht größer als 0,005 µs (5 ns) sein. Anforderungen dieser Art sind mit einem elektronisch geregelten mechanischen System, wie wir es bei Video-Bandmaschinen vorfinden, allein nicht mehr zu erfüllen. Das Problem ist daher nur mit sehr schnell arbeitenden voll elektronisch gesteuerten Laufzeitgliedern zu bewältigen.

Das Prinzip eines vollelektronischen *„Zeitfehler-Ausgleichers“* (*Time-Base-Corrector, TBC*) ist in *Abb. E3-70* dargestellt [53]. Das unkorrigierte (mit Fehlern behaftete) FBAS-Signal (a) vom Ausgang einer Video-Bandmaschine führt man einer steuerbaren Laufzeitkette (L1) zu. Gleichzeitig trennt man dessen S-Signal (d) ab und vergleicht es mit dem S-Signal (e) des Studio-Taktgebers in einem Phasendetektor (D1). Damit gewinnt man ein Korrektursignal (f) zur Steuerung der elektronischen

Laufzeitkette (L1), an deren Ausgang ein teilkorrigiertes Signal (b) entsteht, dessen Restfehler kleiner als 50 ns sind. Eine noch höhere Genauigkeit, wie sie für die Farbübertragung benötigt wird, erfordert anschließend eine zweite Laufzeitkette (L2). Um die erforderliche Feinkorrektur zu erreichen, muß man als Bezugssignal das Farbsynchron-Signal (Burst) des Studios (h) mit dem Burst-Signal des bereits teilkorrigierten FBAS-Signals (g) in einem zweiten Phasen-Detektor (D2) miteinander vergleichen. Das daraus resultierende Korrektur-Signal (i) steuert die Laufzeitkette (L2), an deren Ausgang dann ein FBAS-Signal (c) abgenommen werden kann, dessen Restfehler kleiner als 5 ns sind.

– *Geschwindigkeitsfehler*
Unter einem Geschwindigkeitsfehler versteht man eine Abweichung oder Schwankung, die während des Ablaufes einer Zeile des Video-Signals auftritt. Fehler dieser Art entstehen durch Änderungen der Relativgeschwindigkeit zwischen Kopf und Band und sind vorwiegend auf Ungenauigkeiten der mechanischen Verhältnisse zwischen Aufnahme und Wiedergabe (Unterschiede im Bandandruck und der Höhenlage der Bandführung sowie herstellungsbedingte Abweichungen der Bandführung von einem exakten Kreisbogen) und nur in geringerem Maße auf Schwankungen der Umlaufgeschwindigkeit des Kopfrades zurückzuführen. Sie äußern sich darin, daß die Änderung der Phase des Farbträgers vom Sollwert aus betrachtet während des Ablaufes einer Zeile des Video-Signals ständig zunimmt, um dann beim Anfang der nächsten Zeile wieder auf den alten Wert zurückzuspringen. Damit entsteht im Bild eine Veränderung des Farbtones oder der Farbsättigung, die zum rechten Bildrand hin anwächst.

Um einen solchen Fehler zu kompensieren, muß der Maximalwert des jeweiligen Phasenfehlers am Ende jeder Zeile gespeichert werden. Aus diesem Wert kann man durch Integration mit den jeweiligen Werten über die ganze Zeile ein Korrektursignal erzeugen, das zur Nachsteuerung einer Laufzeitkette benutzt werden kann, um das Video-Signal dann beim Durchlauf der nächsten Zeile entgegengesetzt zu beeinflussen bzw. dem Geschwindigkeitsfehler entgegenzuwirken. Eine solche Einrichtung wird auch häufig als „Velocity-Compensator“ bezeichnet.

Aus Zweckmäßigkeitsgründen faßt man den *Zeitfehler-Ausgleicher* (*Time-Base-Corrector, TBC*) und den *Geschwindigkeitsfehler-Korrektor* (*Velocity-Compensator*) häufig in einem Gerät zusammen. Damit ergibt sich eine Geräte-Konfiguration, wie sie im Prinzip in *Abb. E3-71a* zu sehen ist.

Bei der Schrägspuraufzeichnung werden, wie wir in Abschnitt E.3.6 bereits gesehen haben, sehr lange – nahezu in Laufrichtung des Bandes orientierte – Video-Spuren geschrieben, bei deren Abtastung alle seitlichen Abweichungen des Bandes von der exakten Laufrichtung und auch eventuelle Längsschwingungen des Magnetbandes erhebliche Zeitfehler verursachen können. Für die Kompensation solcher Fehler reicht der analoge Zeitfehler-Ausgleich nicht mehr aus, weil man mindestens ein bis zwei Zeilen (üblich sind bis zu 20 Zeilen) an Speicherkapazität braucht. Solche Anforderungen lassen sich nur mit der Digitaltechnik erfüllen. Ein digitales System zur Korrektur von Zeitfehlern arbeitet nach folgendem Prinzip:

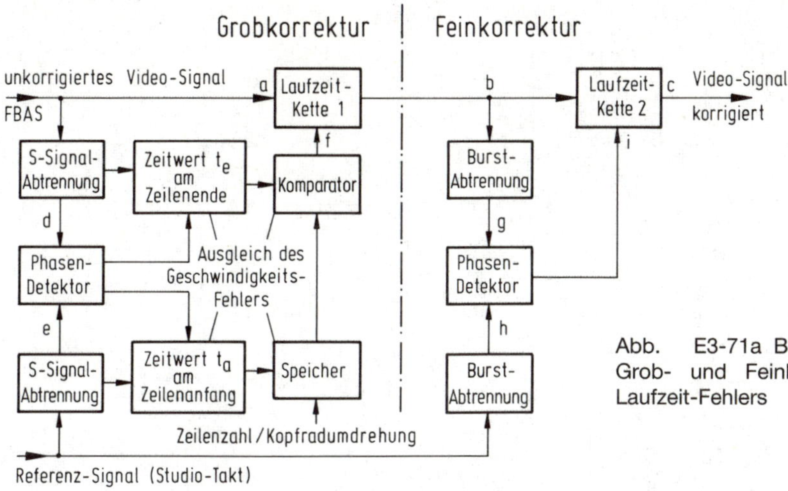

Abb. E3-71a Blockbild zur Grob- und Feinkorrektur des Laufzeit-Fehlers

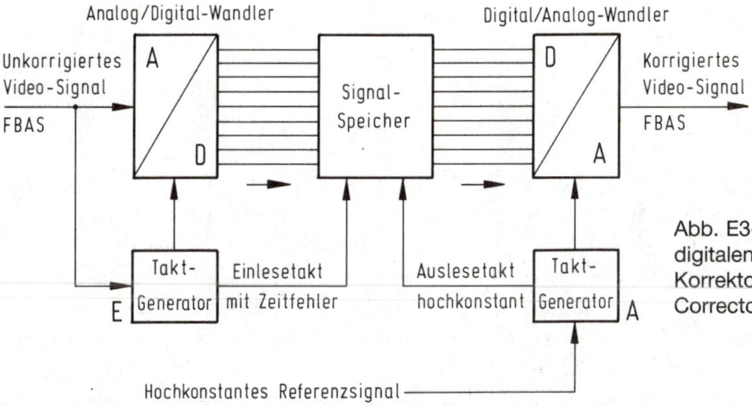

Abb. E3-71b Prinzip eines digitalen Zeitfehler-Korrektors (Time-Base-Corrector)

Nach *Abb. E3-71b* steuert das fehlerbehaftete Video-Signal einen Taktgenerator (E), der den Einlesetakt eines Digitalspeichers bestimmt. Damit kann das aufzubereitende Video-Signal nach Umwandlung in einem Analog/Digital-Wandler als 8-Bit-Information mit mindestens 256 Amplitudenstufen in einen Speicher eingelesen werden. Die eingelesene Information wird dann zeitfehlerfrei mit einem hochkonstanten Bezugssignal – von Taktgenerator (A) gesteuert – aus dem Speicher wieder ausgelesen und steht nach Rückwandlung des digitalen Signals als analoges korrigiertes Video-Signal zur Verfügung.

3.11.2 Die Drop-Out-Kompensation

Häufig zeigen Magnetbänder kleine Fehlstellen, die durch Staub, Schmutz und Kratzer entstehen. Solche Fehlstellen rufen Einbrüche oder Ausfälle des ZF-Signals

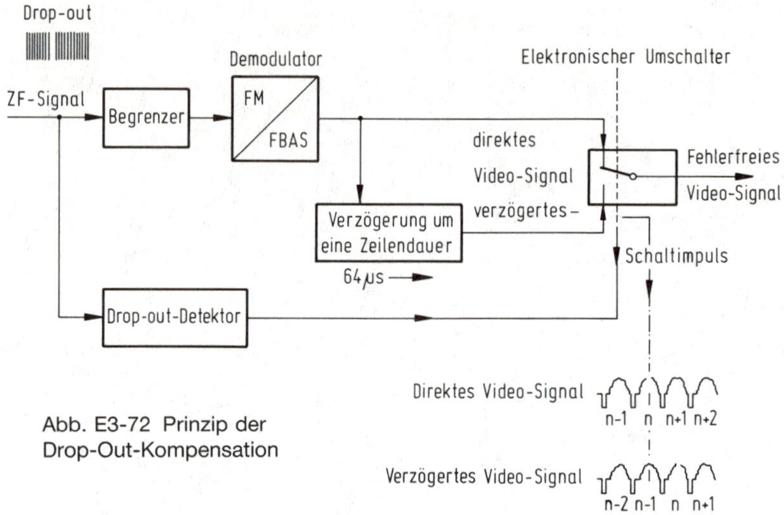

Abb. E3-72 Prinzip der Drop-Out-Kompensation

hervor und können mit dem Begrenzer vor der Demodulation nicht beseitigt werden. Sie führen dann zu Störungen auf dem Bildschirm, die man als „*Drop-Out*" bezeichnet.

Eine Kompensation solcher Fehler ist möglich, wenn man die verlorengegangene Information durch ein ähnliches Signal ersetzt, das man aus dem Bildsignal der vorhergehenden Zeile ableitet (*Abb. E3-72*). Zu diesem Zwecke führt man das ZF-Signal vor der Begrenzung und Demodulation über einen Drop-Out-Detektor, der bei einem Signaleinbruch einen Schaltimpuls an einen elektronischen Schalter abgibt. Nach der Demodulation des ZF-Signals stellt man alternativ zwei Informationen bereit: das direkte Video-Signal und ein jeweils um die Dauer einer Zeile genau verzögertes Signal. Diese beiden, nahezu „identischen" Signale gibt man auf die beiden Eingänge des elektronischen Umschalters. Wird nun ein Drop-Out vom Detektor festgestellt, so wird die fehlerhafte Information durch schnelles Umschalten mit einer einwandfreien Information aus der vorhergehenden Zeile ersetzt.

3.11.3 Das Colour-Framing

Neben den Nutzsignalen für die Helligkeits- und Farbinformationen enthält das PAL-Videosignal noch weitere Hilfsinformationen wie

- die Impulse zur Übertragung der Rasterinformation (Horizontal- und Vertikalsignale),
- das Farbsynchronsignal (Burst) und
- spezielle Synchronisiersignale (PAL-Schaltsignal), die vom Phasenwechsel des Burstes abhängig sind.

Alle diese Signale haben zwar gleichmäßige periodische Schwingungen zur Grundlage. Da sie aber von unterschiedlicher Frequenz sind, ändert sich deren Phasenlage zueinander ständig, bis sich nach Ablauf einer bestimmten „Sequenz" wieder eine Übereinstimmung der Phasenbeziehungen einstellt. Diese Sequenz stellt

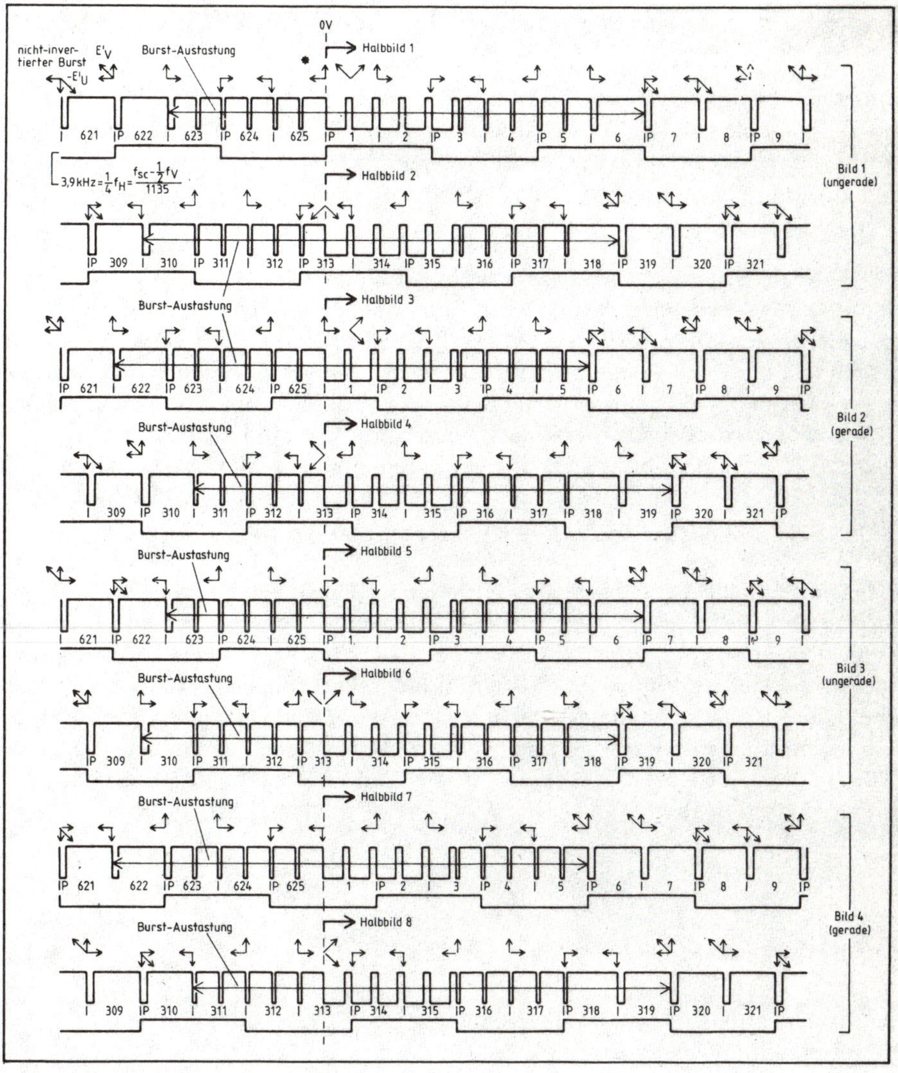

Abb. E3-73 Sequenz der 8 Halbbilder zur Erläuterung der PAL-8er-Sequenz. Die dargestellte Hilfsträgerphase entspricht der EBU-Empfehlung der bevorzugten Sc-H-Phase für auf Magnetband aufzuzeichnende Videosignale: E'_U bei Zeile 1, Halbbild 1, P = Position des P-Impulses, der die Zeile angibt, bei der E'_V nicht invertiert ist (Originalvorlage von N.O.S., aus Fernseh- und Kinotechnik 5/1984)

somit die Zeitperiode dar, nach deren Ablauf zwischen den einzelnen Signalanteilen des Videosignals Gleichphasigkeit herrscht:

a) *2-Halbbild-Sequenz des H-Signals*
Wegen des Zeilensprungverfahrens enthält ein Halbbild nur 312½ Zeilen (H-Perioden). Die ganze Zahl von 625 Zeilen zu je 64 µs Zeilendauer ist daher erst in zwei Halbbildern enthalten, so daß sich die Phasenlage des H-Signals erst nach zwei Halbbildern wiederholt.

b) *4-Halbbild-Sequenz des P-Signals*
Das PAL-Schaltsignal (P-Signal) verändert von Zeile zu Zeile die Richtung der PAL-Phase um 180°. Daraus folgt die doppelte Periodendauer gegenüber dem H-Signal. Eine ganze Zahl von 625 P-Perioden (zu je 128 µs) ist daher erst in vier Halbbildern enthalten.

c) *8-Halbbild-Sequenz der Phasenperiodizität F/H*
Außer der 2er-Sequenz des H-Signals und der 4er-Sequenz des P-Signals gibt es noch eine weitere Periodizität des PAL-Signals, die sich über vier Zeilen erstreckt. Sie ist aus dem Verhältnis zwischen Farbträgerfrequenz und Zeilenfrequenz („Viertelzeilenoffset“ siehe Seite 178) abzuleiten und führt dazu, daß sich in Analogie zu a) und b) erst nach einer Periode von vier Zeilen (256 µs) eine ganze Zahl ergibt, die dann erst in acht Halbbildern enthalten ist. Man bezeichnet diese Periode daher auch als *PAL-8er-Sequenz*, deren zeitlichen Ablauf *Abb. E3-73* in ausführlicher Darstellung wiedergibt.

Die Nichtbeachtung der Übereinstimmung der Phase des Farbträgers (F) mit der Horizontalphase (H) führt beim Aneinanderfügen von Magnetbandaufzeichnungen im elektronischen Schnittverfahren (siehe Abschnitt E.3.12) zu Synchronisationsfehlern, die sich als störendes Bildrucken bemerkbar machen. Moderne elektronische Schnittsysteme verfügen daher über *Color-Frame*-Einrichtungen, die den Schnittzeitpunkt durch den Vergleich der F/H-Phase der Bandaufzeichnungen so festlegen, daß Phasengleichheit herrscht und damit auch keine Störungen auftreten können [118, 119, 120].

3.11.4 „Noise-Reduction“

Die Signalqualität einer Videoaufzeichnung ist nur dann von hoher Güte, wenn bei den einzelnen Prozessen der

- Aufnahme,
- Aufzeichnung,
- Nachbearbeitung und
- Überspielung

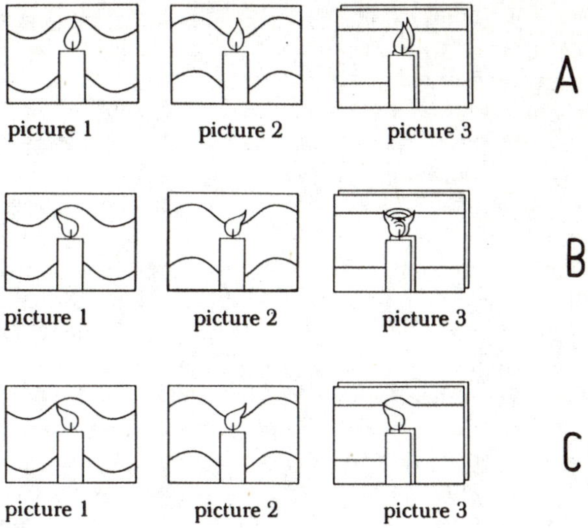

Abb. E3-74a
Zur Erklärung der Wirkungsweise eines Noise-Reduction-Systems:
Die Bearbeitung zweier sequentieller Bilder
A) ohne bewegten Bildinhalt;
B) mit bewegtem Bildinhalt, jedoch ohne Bewegungsdetektor;
C) mit bewegtem Bildinhalt und Bewegungsdetektor

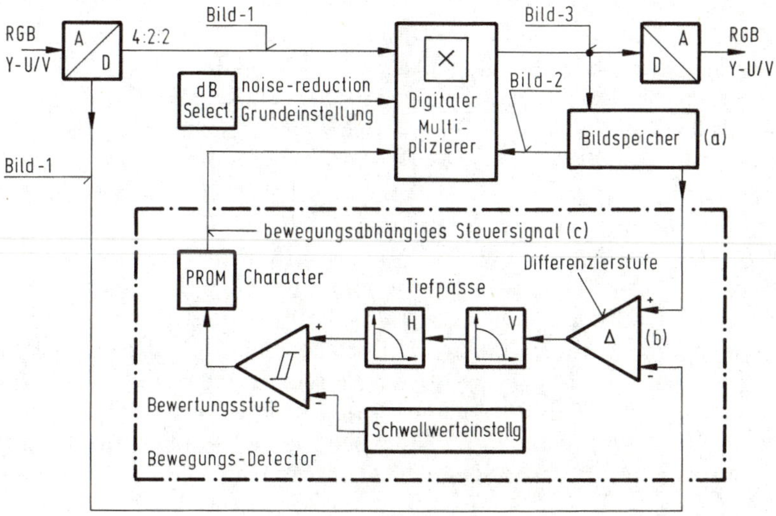

Abb. E3-74b Block-Diagramm des Noise-Reduction-Systems DNR-7 von BTS

stets alle technischen Parameter optimiert sind. Dies kann jedoch nicht immer der Fall sein, weil zum Beispiel schon bei der Aufnahme nicht genügend Licht zur Beleuchtung der Szene verfügbar war oder viele analoge Überspielprozesse den Abstand zwischen dem eigentlichen Videosignal und dem Grundrauschen der Aufzeichnung haben schwinden lassen. So kommt es im Produktions-Alltag häufig vor, daß das Videosignal gegenüber dem Normalfall einen höheren „Störpegel“

aufweist, der sich auf dem Bildschirm beispielsweise als starke Unruhe des Hintergrundes zeigt. Dieses oft als „Rauschen" bezeichnete Phänomen ist mit der Bildunruhe bei Filmmaterialien, die man oft auch als „Körnigkeit" oder auch als „Kornrauschen" des Materials bezeichnet, vergleichbar. Auch bei der Überspielung von Film auf Videoband können ähnliche Effekte auftreten.

Die nachträgliche Verbesserung wird mit einem Verfahren zur Reduzierung des Rauschens – *Noise-Reduction-System* – möglich, dessen Arbeitsweise aus *Abb. E3-74a* hervorgeht. In Reihe A zeigen Bild 1 und 2 die Inhalte zweiter Bilder, die zeitlich aufeinander folgen. Darin sollen die Sinuslinien den Anteil des störenden Bildrauschens darstellen. Kombiniert man die beiden Bilder 1 und 2 durch eine digitale Multiplikation, so kann man eine Reduzierung des Rauschens feststellen, weil die Stellen fehlender Information des Bildes 1 mit den zusätzlichen Informationen des Bildes 2 gewissermaßen „aufgefüllt" werden. Diese Annahme gilt aber nur dann, wenn sich der Bildinhalt zwischen den beiden Bildern 1 und 2 nicht oder nur sehr unwesentlich ändert. Bei starken Bewegungen im Bild würde der in Reihe B der Abb. E3-74a dargestellte Effekt eintreten, der sich in Bild 3-B als starkes „Flackern" und im Videobild damit als grobe Unschärfe zeigen würde. Zur Vermeidung dieser Erscheinungen verwendet man daher einen *„Bewegungsdetektor"*, der den Bildinhalt analysiert und die bewegten und statischen Bildteile einer jeweils unterschiedlichen Behandlung zuführt. Auf diese Weise läßt sich das Rauschen in den statischen Bereichen wirkungsvoll reduzieren (siehe Bild 3 in Reihe C), während es an den Stellen bewegten Bildinhaltes aus Gründen der Bildschärfe keine Veränderung erfahren darf. Obwohl die Manipulation nur an den statischen Bildteilen vorgenommen werden kann, ist die subjektive Wirkung des Verfahrens doch sehr verblüffend. Das Auge ist für das Rauschen in den ruhenden Bildteilen zwangsläufig sensibler gegenüber Bildteilen mit heftiger Bewegung.

Das Prinzip eines „Noise-Reducers" zeigt *Abb. E3-74b*. Die bewegungsadaptive Bearbeitung der Signale kann dabei nur in einer digitalen Ebene, zum Beispiel im 4-2-2-Standard, stattfinden. Mit Hilfe eines digitalen Bildspeichers (a) wird die ausgangsseitige Information mit dem jeweils folgenden Bildinhalt in einer Differenzierstufe (b) verglichen. Daraus resultieren bewegungsabhängige Steuersignale (c), die man einer digitalen Multiplizierstufe (d) zuführt. Ansprechschwelle und Umfang der Nachsteuerung (Rauschunterdrückung) bedürfen einer sorgfältigen Einstellung, um evtl. auftretende stroboskopische Effekte zu vermeiden.

3.12 Der elektronische Schnitt

Im Gegensatz zum Film hat die magnetische Bildspeicherung den Nachteil, daß das als Video-Signal aufgezeichnete Bild und seine geometrische Begrenzung bei Stillstand von Maschine und Band nicht sichtbar sind. Hieraus erwachsen Probleme für die Nachbearbeitung und den Schnitt von Video-Bändern, die der Film nicht kennt.

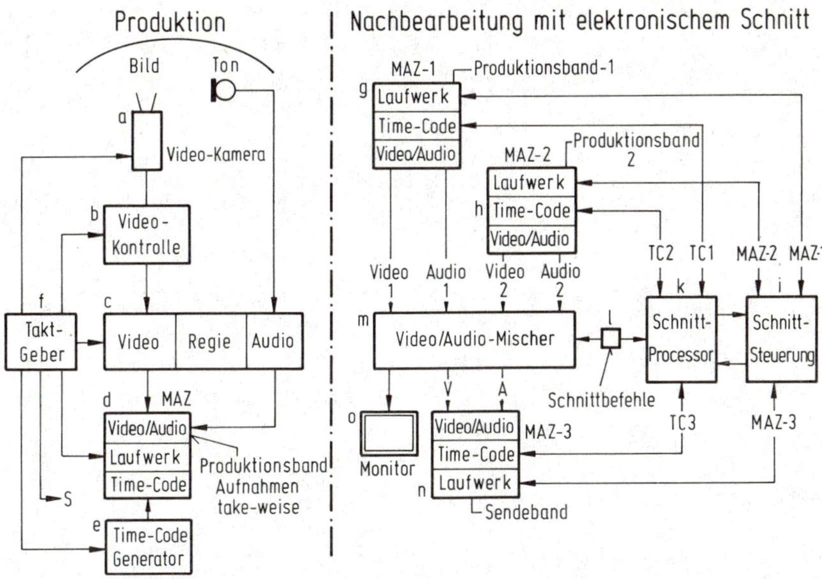

Abb. E3-75 Aufnahme- und Schnittbearbeitung von Video-Programmen nach dem Online-System

In der Anfangszeit der magnetischen Bildaufzeichnung war man nicht in der Lage, das aufgezeichnete Programm durch „Schnitte" in irgendeiner Form zu verändern. Man ging daher schon bald zum mechanischen Schnitt von Video-Bändern über, der sich aber wegen der schlechten Laufeigenschaften der Bänder an den dabei unvermeidlichen Klebestellen keineswegs bewährt hat. Außerdem kam beim mechanischen Schnitt noch das Problem des Versatzes von Bild und Ton (0,6 Sekunden = 15 Bilder) hinzu, so daß Schnitte nur dann möglich waren, wenn an der Bildschnittstelle keine Tonaufzeichnung vorhanden war.

Aus diesen Gründen bedient man sich heute vorwiegend elektronischer Methoden. In *Abb. E3-75* ist das Prinzip eines Produktionsablaufes mit elektronischem Schnitt dargestellt. Zum Zeitpunkt der Produktion entstehen im Studio durch Aufnahme mit einer elektronischen Kamera (a), deren Bildinhalt an der Video-Kontrolle (b) überwacht wird, nach künstlerischer Beurteilung des Bild- und Tongeschehens an einem Regieplatz (c) mit einer MAZ-Maschine (d) Aufnahmen auf einem Produktionsband, die take-weise aneinandergereiht sind. Wenn es sich bei der Produktion nicht um eine Live-Sendung handelt, so können im Regelfalle für das spätere Sendeband nicht alle in Abschnitten produzierten Teile des Bandes Verwendung finden. Es muß daher eine Nachbearbeitung des Programmes erfolgen, die mit der Schnittbearbeitung beim Film (Abschnitt D.9.) eine gewisse Ähnlichkeit hat [63].

Doch noch ehe die Schnittbearbeitung beginnen kann, muß eine wichtige Voraussetzung erfüllt sein, damit alle Bilder, die zum Ablauf einer Szene gehören, auch identifiziert werden können. Zu diesem Zweck zeichnet man meist schon während

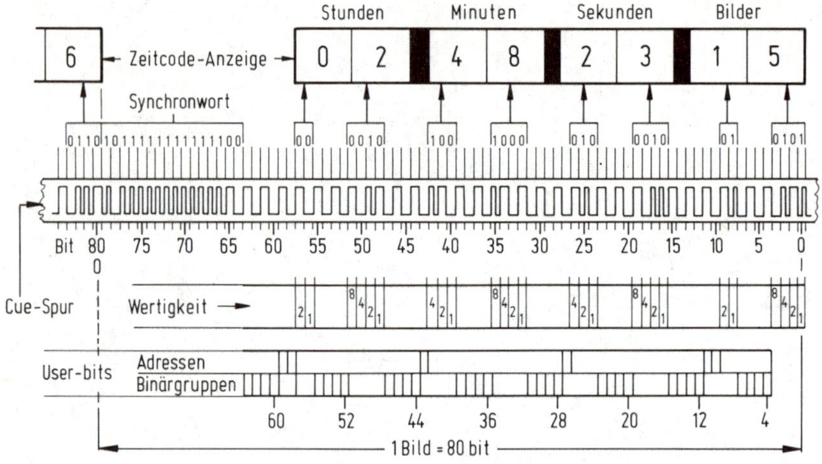

Abb. E3-76 Aufbau des 80-Bit-EBU-Codes als Zeit-/Adreß-Code für den elektronischen Schnitt

der Produktionsphase auf die Cue-Spur des Magnetbandes einen Zeit-Adreß-Code – auch *Time-Code* genannt – auf, der gewissermaßen alle Bilder numeriert und zwar nach internationalem Standard durch die Angabe von Stunden, Minuten, Sekunden und frames (Bildern). Dieser Code – auch SMPTE-Code genannt – hat einen Informationsgehalt von 80 Bit (*Abb. E3-76*).

Der Time-Code wird in binärer Form als eine Impulsfolge innerhalb der Zeit eines jeden Vollbildes auf das Band geschrieben. Die einzelnen Bit-Impulse sind von 0 bis 79 numeriert und bedeuten:

0	bis	3	Vollbildzahl	Einerstelle
8	und	9	Vollbildzahl	Zehnerstelle
16	bis	19	Sekunden	Einerstelle
24	bis	26	Sekunden	Zehnerstelle
32	bis	35	Minuten	Einerstelle
40	bis	42	Minuten	Zehnerstelle
48	bis	51	Stunden	Einerstelle
56	und	57	Stunden	Zehnerstelle

Den hier genannten Bits ist eine feste Zeitinformation zugewiesen. Man bezeichnet sie auch als *assigned adress bits*. – Innerhalb des Codes gibt es noch weitere Bits, für die bisher keine Festlegung durch die Normengremien erfolgt ist, sie liegen daher auf Nullpegel (*unassigned adress bits*). – Schließlich liegen zwischen den Adreß-Bits noch acht Gruppen zu je vier Bits, die sogenannten *User-Bits*. Sie sind für die Aufzeichnung beliebiger Informationen durch den Anwender gedacht, so daß die Möglichkeit besteht zum Beispiel Angaben über den Zeitpunkt der Aufnahme, die Bandnummer oder Szenennummer und anderes zu speichern. – An die Adreß- und

User-Bits schließt sich noch ein Synchronisationswort an, das die Bit-Folgen 64 bis 79 umfaßt. Es dient dazu, das Ende eines einzelnen Code-Wortes mit der Dauer eines Bildes während des kontinuierlichen Zeit-Code-Ablaufes zu erkennen und liefert außerdem eine Information über die Laufrichtung des Bandes an die Lese-Elektronik.

Nach Abb. E3-75 wird der Time-Code mit einem eigenen Generator (e) erzeugt. Zwischen der Taktfrequenz des Studios und dem Time-Code muß exakte zeitliche Koinzidenz bestehen, damit der Time-Code elektronische Schnitte bildgenau in der Austastlücke auslösen kann. Zu diesem Zweck ist der Taktgeber (f) des Studios mit dem Time-Code-Generator (e) fest verkoppelt.

3.12.1 Das „On-line"-Schnittsystem

Bei einem *On-line-Schnittsystem* findet die Schnittbestimmung und Schnittausführung Szene für Szene direkt in Korrespondenz mit den angekoppelten Maschinen statt. In unserem Beispiel (Abb. E3-75) liegen die Produktionsbänder auf den MAZ-Maschinen 1 und 2 (g + h) auf. Beim Abspielen der Programme werden die Time-Code-Werte der beiden Bänder laufend in einen Processor (k) eingelesen. Erfolgt nun vom Bedienungsfeld des Schnittplatzes (1) aus der Befehl zur Vorbereitung eines Schnittes – zum Beispiel mit der Maßgabe bei einem bestimmten Time-Code-Wert des Bandes der MAZ-1 (g) auf das Programm des Bandes der MAZ-2 (h) überzuwechseln –, so werden die Time-Code-Werte beider MAZ-Maschinen in einem Daten-Speicher des Processors (k) abgelegt. Der so vorbereitete Schnitt kann dann durch Kontrolle am Monitor (o) in seiner künstlerischen und technischen Wirkung überprüft werden. Ergeben sich Veränderungen, so kann man die Schnittstelle beliebig verschieben, indem die vorher eingegebenen Time-Code-Werte gelöscht und durch neue ersetzt werden. Verläuft die Beurteilung der „Schnittprobe" schließlich zufriedenstellend, wird der Programminhalt der beiden Bänder mit den jeweils gewünschten Übergängen von MAZ-1 auf MAZ-2 – oder auch umgekehrt – durch Überspielen auf die MAZ-3 endgültig „geschnitten".

Der Processor (k) übernimmt dabei die gesamte Rechenarbeit für die Schnittprogrammierung und -ausführung. Die errechneten Daten werden in der zentralen Schnittsteuerung (i), die in manchen Fällen auch aus einzelnen Bausteinen bestehen kann, in Bedienungs-Befehle für die MAZ-Maschinen umgesetzt. Das heißt, die MAZ-Maschinen suchen an Hand des Time-Code-Wertes automatisch durch schnelles Hin- und Herfahren die jeweils für den Schnitt benötigte Stelle auf dem Band. Darüber hinaus berücksichtigt die Schnittsteuerung auch noch die spezifischen dynamischen Merkmale der einzelnen Maschinen, wie das Hochlauf- und Bremsverhalten.

Die Überspielung der Video- und Audio-Signale geschieht über einen Mischer (m). Dabei besteht, je nach Auswahl der einzelnen Programmabschnitte, nicht nur die Möglichkeit „harter Schnitte" durch einfaches Umschalten des Programms von der einen Quelle (MAZ-1) auf die andere Quelle (MAZ-2), sondern auch der Weg des kontinuierlichen Überganges, evtl. unter Verwendung bestimmter Blenden und

Spezialeffekte. Letzteres hängt aber mehr von der Konzeption des Mischers ab und hat mit der eigentlichen Schnittsteuerung nichts zu tun.

Sind alle Schnitte den Programmwünschen entsprechend ausgeführt, so entsteht mit der Aufzeichnung auf der MAZ-3-Maschine (n) das endgültige Sendeband.

● *AB-Roll-Verfahren*

Bei dem eben beschriebenen Verfahren kamen zwei Programmbänder A = MAZ-1 und B = MAZ-2 zur Bearbeitung, die durch Umspielen im Wechsel von jeweils einer A- und einer B-Rolle das Sendeband ergaben. In Analogie zur Filmtechnik bezeichnet man dieses Schnittverfahren auch als A-B-Roll-Verfahren.

● *Assemble-Schnitt*

Wenn keine Überblendungen zwischen den Programmabschnitten gewünscht werden und harte Schnittübergänge genügen, kann man die einzelnen Programmteile nach Time-Code auch direkt – ohne Verwendung einer B-Maschine (MAZ-2) – von MAZ-1 auf MAZ-3 überspielen und so ein sendefähiges Programm zusammensetzen.

● *Insert-Schnitt*

Hierunter versteht man das Einfügen oder Einsetzen bestimmter Programmteile in ein bereits bestehendes Programm (zum Beispiel das Einsetzen von Spielszenen in

Abb. E3-77 Keyboard und Datenmonitor des Schnittsystems CMX-3400

ein Programm, das im Ursprung nur aus der Aufzeichnung eines Kommentarsprechers besteht u. ä.). Für Insert-Schnitte genügen ebenfalls nur zwei MAZ-Maschinen. Dabei liegt auf MAZ-3 das bereits fertige Programm (z. B. der Kommentar), auf der MAZ-1-Maschine hingegen die Szenen, die man in das bestehende Programm an Hand von Time-Code-Werten einsetzen will.

Abb. E3-77 zeigt das Keyboard eines modernen elektronischen Schnittsystems (CMX 3400) mit den Funktionstasten für die einzelnen Vorgänge der Schnittbearbeitung und einer numerischen Tastatur zur Eingabe von Time-Code-Werten. Dahinter ist ein Datenmonitor zu sehen, auf dessen Schirm die *Schnittliste* anhand der Zeitcode-Werte der einzelnen MAZ-Maschinen entsteht. Mit entsprechenden Interface-Einrichtungen können von diesem System aus auch fast alle Mischerfunktionen und digitalen Trickeinrichtungen zeitgerecht gesteuert werden.

3.12.2 Das „Off-line-Schnittsystem"

Bei der Off-line-Technik erfolgen die „Schnittbestimmung" und die „Schnittausführung" in zwei verschiedenen Arbeitsgängen, die sowohl in einem gewissen zeitli-

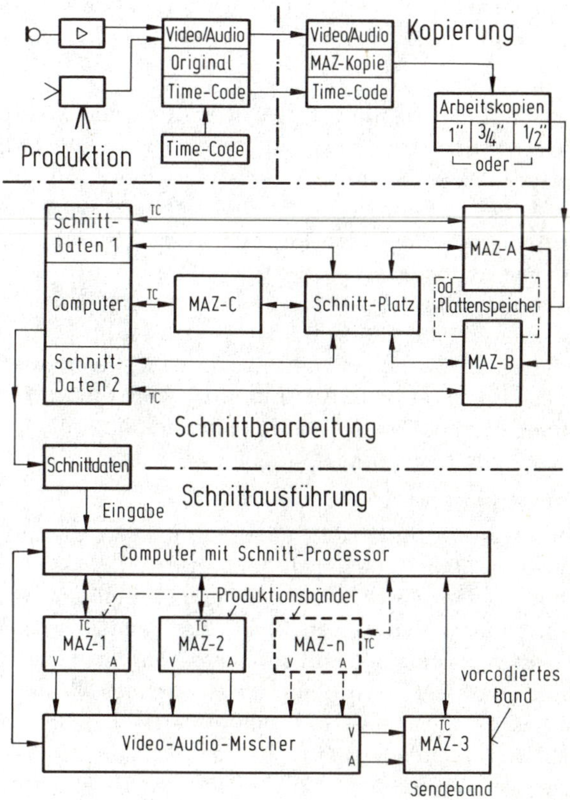

Abb. E3-78
Off-line-Schnittverfahren

chen Abstand voneinander liegen, als auch an örtlich getrennten Einrichtungen stattfinden. Der Vorteil solcher Systeme besteht darin, daß

– die Originalbänder für den Schnittbetrieb nicht herangezogen werden müssen, weil die Festlegung der Schnitte in einer besonderen Arbeitsstufe erfolgt.

– hochwertige Studio-Bandmaschinen für die oft langwierige Schnittauswahl nicht in Anspruch genommen werden müssen, so daß ihre Kapazität für wichtigere Aufgaben im Studio verfügbar bleibt.

Ein typisches Off-line-Schnittsystem zeigt *Abb. E3-78*. Darin erkennen wir im ganzen vier Arbeitsstufen:

a) Produktion
Hier handelt es sich um die Originalaufzeichnung der take-weise im Studio produzierten Bänder. Dabei ist wichtig, daß diese Aufzeichnung bereits mit einem Time-Code erfolgt.

b) Herstellung der Arbeitskopien
Die Originalbänder werden für die Schnittbearbeitung im Regelfalle auf einen geringerwertigen Standard kopiert. Auch gibt es Lösungen (CMX), die hierfür einen Magnetplattenspeicher verwenden. Grundsätzlich ist die Time-Code-Information von den Produktionsbändern auf die Arbeitsbänder zu übertragen.

c) Schnittbestimmung
Bei der Schnittbestimmung findet die Auswahl der einzelnen Szenenabschnitte statt. Hier wird auch festgelegt, in welcher Reihenfolge der Szenen das Programm zusammenzusetzen ist und an welchen Stellen keine harten Schnitte, sondern Überblendungen, eventuell auch unter Verwendung besonderer Effekte, liegen sollen. Dazu werden die beiden Recorder A und B vom zentralen Schnittplatz aus so bedient, wie es in der On-line-Technik üblich ist. Das erstellte Schnittprogramm kann komplett simuliert werden und auch auf einem Recorder C aufgezeichnet werden. Dieses Band stellt in Analogie zum Film gewissermaßen die geschnittene vorführfertige Arbeitskopie dar. Alle Schnittdaten und deren Time-Code-Werte liegen nach Ende der Schnittbestimmung im Speicher des Computers fest. Von dort aus können diese Daten dann auf einen anderen Datenträger, wie Floppy-Disc oder auch eine Schnittliste, umgeschrieben werden.

d) Schnittausführung
In der Stufe der Schnittausführung greift man wieder auf die Original-Produktionsbänder zurück. Dazu müssen die Schnittdaten in den Processor des ausführenden Schnittplatzes eingelesen werden. In einem internen Rechnerprogramm erstellt der Processor zunächst eine „Szenenliste" des Sendebandes, in der die genaue Position der einzelnen zu überspielenden Szenen – in bezug auf den Time-Code des vorcodierten Sendebandes – festgelegt ist. Der Rechner „kalkuliert" diese Liste selbständig auf der Basis der gespeicherten Schnittdaten. Die Steuerung der Studiomaschinen geschieht über je eine gemeinsame Adressen- und Steuerleitung. Die Rückmeldung der jeweiligen Positionen erfolgt über eine Datenleitung. Für die Steuerung der

Antriebe der Maschinen benötigt man außerdem spezifische Interface-Schaltungen, die bei den einzelnen Maschinentypen verschieden sein können.

Wenn nun das Überspielprogramm gestartet wird, so liest der Rechner zunächst die Bandnummer des aufgelegten Produktionsbandes ab und stellt mit seiner Datei fest, welche Szenen aus diesem Band für eine Überspielung in Frage kommen. Anschließend steuert er die Zuspielmaschine kurz vor die erste dieser Szenen, die Aufnahmemaschine dagegen vor die Stelle, an der – der Sendebandliste gemäß – die ausgewählte Szene beginnen muß. Daraufhin erfolgt die Überspielung dieser Szene. Auf die gleiche Art werden nun alle aus dem Programmaterial der Produktion ausgewählten Szenen in der Reihenfolge übertragen, wie es das Sendeband erfordert. Ist die Überspielung des ersten Produktionsbandes beendet, so folgen die weiteren Bänder analog. Auf diese Weise wird das Sendeband Szene für Szene in relativ kurzer Zeit zusammengesetzt.

3.13 Die Vervielfältigung von Video-Bändern und Video-Kassetten

Die Einführung der Video-Kassetten-Systeme führte auch zu einem großen Bedarf an bespielten Video-Kassetten. Das Angebot auf diesem Gebiet zeigt heute eine große Palette der unterschiedlichsten Richtungen. – Auch die Verbreitung von Lehr-, Trainings- und Werbeprogrammen geschieht in zunehmendem Maße mit videotechnischen Mitteln. Auf diesem Feld hat sich die Video-Kassette einen festen Platz erobert.

Die Kopierung oder Vervielfältigung von Video-Programmen auf Video-Kassetten ist daher eine Aktivität, die wie die Massenherstellung von Filmkopien, Fotos und Schallplatten zu sehen ist.

3.13.1 Das Ausgangsmaterial

Als Ausgangsmaterial kommen Filme der Formate 35 und 16 mm, sowohl in Farbe als auch in Schwarzweiß, sowie Video-Bänder im 2"-, 1"-, ½"- und ¾"-Format in Betracht.

3.13.2 Die Herstellung des Masterbandes

Es ist leicht einzusehen, daß Ausgangsmaterialien, die häufig nur einmal vorhanden sind, aus Sicherheitsgründen für den Vervielfältigungsvorgang nicht verwendet werden sollten. Man stellt daher ein Masterband her, das dann als Vorlage für den Massen-Kopierprozeß dient.

Die Herstellung des Masterbandes ist eine eigene Arbeitsstufe, bei der auch gewisse Unzulänglichkeiten des angelieferten Originalmaterials ausgeglichen und falls erforderlich auch korrigiert werden können.

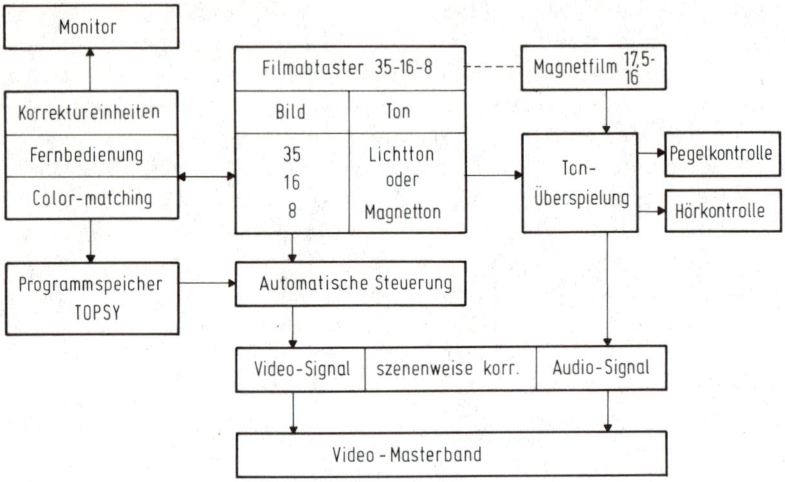

Abb. E3-79 Masterbandherstellung, Überspielung von Film auf MAZ

– Film als Ausgangsmaterial

Für die Umwandlung eines Filmbildes in ein Video-Signal (*Abb. E3-79*) verwendet man, wie wir in Abschnitt G.1 sehen werden, einen Filmabtaster. Solche Maschinen sind meist für mehrere Filmformate eingerichtet und verfügen auch über eine Abtasteinrichtung zur Wiedergabe der Lichtton- oder Magnettonspuren. Wenn der Bildfilm keine Tonaufzeichnung trägt, so liegt diese häufig auf einem getrennten Magnetfilmband, das gemeinsam mit dem Bildfilm – bei Verkopplung des Filmabtasters mit der Magnetfilmmaschine – synchron abgespielt werden kann. Das Audiosignal kann man vor der Aufzeichnung auf das Video-Band akustisch (Lautsprecher) und meßtechnisch (Pegelkontrolle) überwachen und wenn notwendig noch zur Optimierung des Klangbildes nachsteuern und entzerren.

Die eingestellten Korrekturwerte können dann in einen digitalen Programmspeicher eingelesen werden. Auf diese Weise wird zunächst das ganze Korrekturprogramm eines Filmes erstellt. Vor der Überspielung auf das Video-Band kann das Ganze in einer Probe-Vorführung nochmals zusammenhängend beurteilt werden. Erscheinen Änderungen nötig, so löscht man nur die Werte der betreffenden Szene im Programm, korrigiert sie nochmals nach und liest sie von neuem in den Speicher ein. Ist das Korrekturprogramm endgültig erstellt, so kann die Überspielung von Film auf MAZ beginnen. Hierbei übernimmt nun der Programmspeicher die Farb-, Intensitäts- und Gradationssteuerung vollautomatisch. Dies bedeutet, daß die Aufzeichnung des Masterbandes durchlaufend und ohne Anhalten der Maschinen ablaufen kann.

– Videoband als Ausgangsmaterial

Bei der MAZ-Produktion für Lehr-, Trainings- und Werbeprogramme, die man häufig auch als EFP-Produktion (electronic-field-production) bezeichnet, entsteht ein Auf-

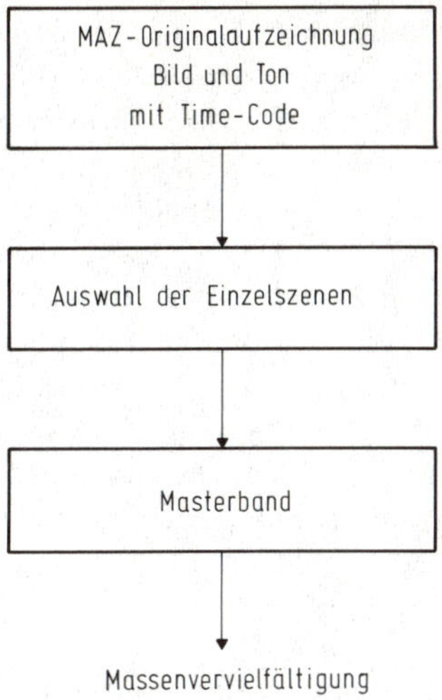

Abb. E3-80
Masterbandherstellung
von einem
MAZ-Bild-Ton-Band

nahmeband, das nicht immer als endgültiges Programmaterial anzusehen ist (*Abb. E3-80*). Es sind daher noch bestimmte Szenenabschnitte auszuwählen, oder das Programm ist durch bestimmte Passagen zu ergänzen und nach den unter E.3.12 beschriebenen elektronischen Schnittverfahren aneinanderzufügen, damit ein Video-Masterband entsteht. Bei dieser Gelegenheit können unter Umständen auch noch Titel u. ä. ergänzt werden.

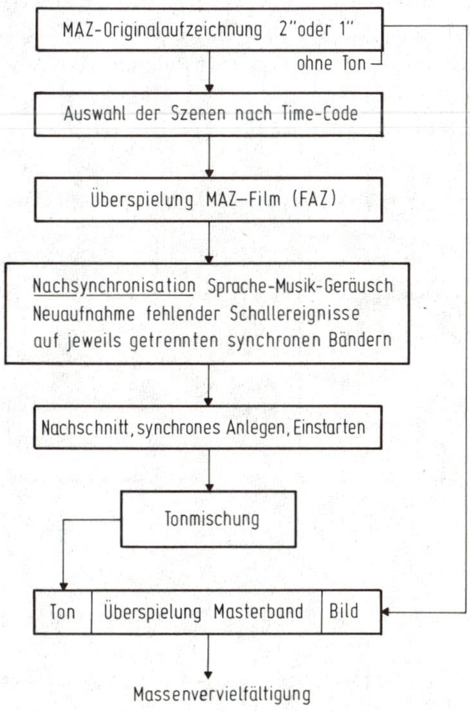

Abb. E3-81 Nachvertonung
(Synchronisation) von MAZ-Bändern

Nicht so einfach stellt sich die Aufgabe dar, wenn die Originalaufzeichnung nur in einer fremden Sprachfassung oder auch ohne Ton vorliegt. Hier wird die Nachbearbeitung der Tonaufzeichnung zum Problem (*Abb. E3-81*). Sind Einrichtungen zur Nachsynchronisation von MAZ-Bändern (siehe Abschnitt G.2) nicht verfügbar, so muß die Video-Aufzeichnung erst auf Film überspielt werden (FAZ = Filmaufzeichnung, siehe Abschnitt G.4). Die Nachsynchronisation kann dann in bekannter Weise mit den Verfahren der Filmtechnik (Abschnitt D.14) ablaufen und die neu aufgenommenen Schallereignisse werden dann auf jeweils getrennten Bändern synchron angelegt. In der darauffolgenden Tonmischung entsteht ein neues Tonband, das alle zum Programm gehörenden Schallereignisse in gemischter und ausgewogener Form enthält. Diese Ton-Information zeichnet man schließlich gemeinsam mit der von einer MAZ-Maschine wiedergegebenen und synchron ablaufenden Original-Bildinformation auf das Masterband auf.

3.13.3 Die Video-Kopierung im Real-Time-Verfahren

Die Vervielfältigung von Video-Kassetten findet heute zu einem Großteil im Real-Time-Verfahren statt. Darunter versteht man die Überspielung der Video- und Audio-Signale in Real-Zeit, das heißt mit der Geschwindigkeit, mit der das Programm ursprünglich einmal aufgezeichnet wurde.

Das Grundprinzip ist in *Abb. E3-82* zu sehen. Die Video- und Audio-Signale werden von einer Masterbandmaschine wiedergegeben. Vor der Weitergabe an die Tochter-Maschinen ist eine Zeitfehler- und Pegel-Korrektur des Video-Signals wichtig. Auch empfiehlt es sich, den Pegel und den Frequenzgang des Audio-Signales zu kontrollieren und auszugleichen. Über eine Video- und Audio-Verteilung gelangen die aufbereiteten Signale dann an die Eingänge der Tochtermaschinen.

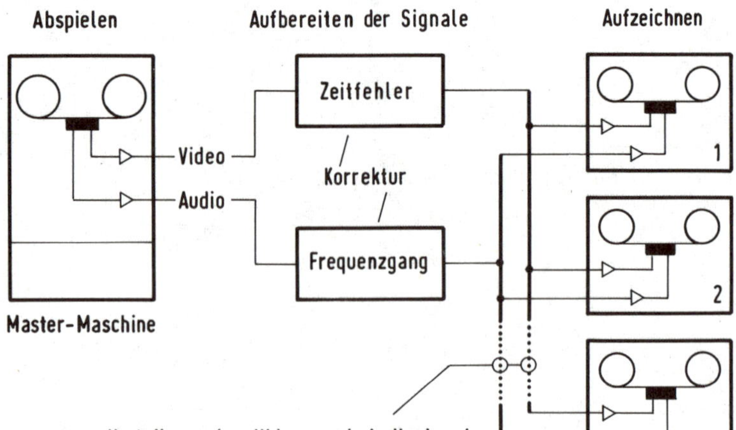

Abb. E3-82 Kopierung von Video-Bändern, Real-Time-Verfahren

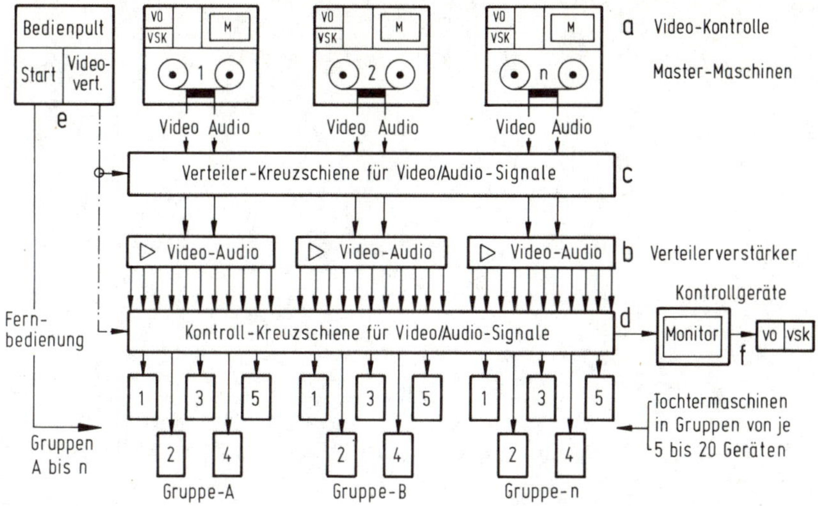

Abb. E3-83 Video-Band-Kopierung in Real-Time-Technik

Bei größeren Anlagen verwendet man selten nur eine Masterband-Maschine (*Abb. E3-83*). Auch hierbei werden die Mastersignale noch vor Erreichen der Verteileinrichtung auf ihre Qualität überprüft (Video-Kontrolle – a). Die Verteilung der Signale erfordert einen gewissen Aufwand, weil die Pegel nach Video- und Audio-Signalen getrennt und rückwirkungsfrei verteilt werden müssen. Dazu benutzt man Verteilverstärker mit mehreren Ausgängen, in unserem Falle sind je drei Gruppen gezeichnet. Um eine gewisse Flexibilität der angeschlossenen Tochter-Geräte beim Produktionseinsatz zu erreichen, sind Video-Verteilschaltungen mit Video-Kreuzschienen (c und d) sinnvoll, die von einem zentralen Bedienpult (e) mittels Tastendruck anwählbar sind und die auch dem Bedienenden eine Rückmeldung über die gerade hergestellten Verbindungen geben. Schließlich erscheint es zweckmäßig, die verteilten Video- und Audio-Signale noch einmal vor den Eingängen der Tochter-Maschinen zu kontrollieren (f). Für den eigentlichen Kopiervorgang müssen nun die Mastermaschinen gleichzeitig mit allen angewählten Tochter-Maschinen gestartet werden. Dies ist nur über eine Fernschaltung (e) möglich, die entweder von Hand oder auch mit einem Cue- oder Time-Code-Signal ausgelöst wird.

3.13.4 Die Kontaktkopierung im Transferfeld

Ein gewisser Nachteil der Real-Time-Kopierung ist die relativ geringe Kopiergeschwindigkeit. Um eine große Kopierkapazität zu erreichen, muß man eine Vielzahl von Tochter-Maschinen verfügbar halten. Es hat daher immer wieder Ansätze zu Schnellkopiersystemen gegeben, mit denen die Information in Analogie zur Filmkopierung mit hoher Geschwindigkeit übertragen werden kann.

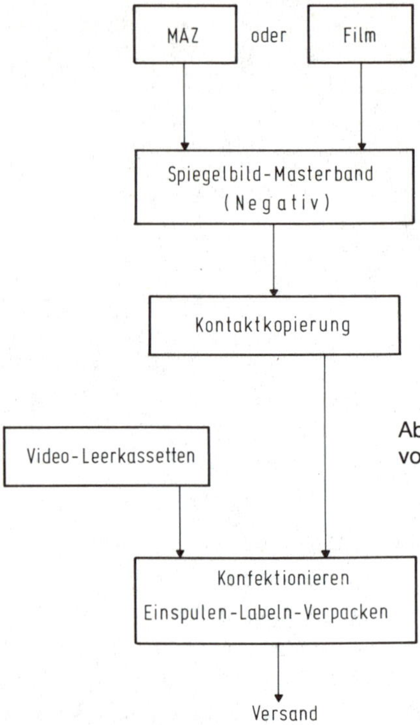

Abb. E3-84 Vervielfältigen von Videokassetten durch Kontaktkopierung

Die Kontaktkopiermethode (*Abb. E3-84*) ist allerdings an verschiedene, wesentliche Bedingungen geknüpft [64]:

– Die Information kann nur dann in guter Qualität übertragen werden, wenn die beiden magnetischen Schichten in engem Kontakt durch das Kopier-Feld geführt werden. Um dies zu erreichen, muß man – wie in der Fotografie – erst ein Negativ herstellen. In unserem Falle bedeutet das die Herstellung eines Masterbandes mit einer spiegelbildlichen Konfiguration der Video-Spuren (mirror-mother-tape).

– Als Masterband ist ein Band gleichen Formates, wie das zu bespielende Kassettenband einzusetzen, sonst kann die Kontaktbedingung nicht erfüllt werden.

– Das Masterband muß eine Magnetschicht sehr hoher Koerzitivkraft besitzen, damit die auf ihm gespeicherte Information während des Kopierprozesses keine Qualitätsminderung durch Löschung erfährt.

Für die Aufzeichnung eines spiegelbildlichen Masterbandes kommt nur eine Spezialmaschine in Frage. Sie muß folgende Eigenschaften haben:

– Das Kopfrad läuft in entgegengesetzter Richtung.
– Der zeitliche Ablauf der Aufzeichnung und damit auch der Kopf-Umschaltung muß invers zur Normalaufzeichnung sein.
– Die Tonspuren und Steuerspuren sind vertauscht (*Abb. E3-85*).

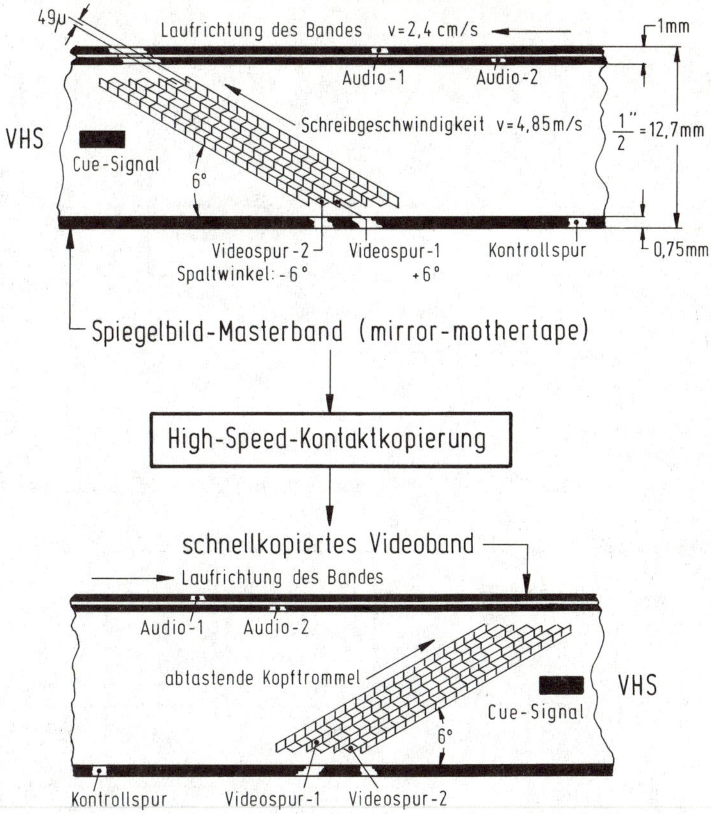

Abb. E3-85 Spurlagenkonfiguration eines ½"-Mirror-Masterbandes für die Kontaktkopierung von VHS-Bändern

Das Prinzip einer *Transfer-Feld-Kontaktkopiereinrichtung* geht aus *Abb. E3-86* hervor. Beim Kopiervorgang werden die Oxidschichten des Masterbandes (mit sehr hoher Koerzitivkraft) und eines unbespielten Tochter-Kopier-Bandes fest zusammengepreßt und mit hoher Geschwindigkeit durch ein Übertragungsfeld geführt. Innerhalb des Übertragungsfeldes werden dabei die magnetischen Bezirke des Kopierbandes disorientiert, um sich beim Verlassen des Feldes nach dem Muster der bleibenden Magnetisierung des Masterbandes fest auszurichten. Nach erfolgter Kopierung wickelt man die beiden Bänder wieder zu getrennten Spulen auf.

Um die Leistung solcher *Schnellkopieranlagen* möglichst effektiv zu gestalten, sind auch noch Kopiersysteme üblich, bei denen das Masterband sequentiell über mehrere Kopierköpfe geführt wird (*Abb. E3-87*), um dann am Ende der Passage wieder aufgespult zu werden. Die Kopierbänder nehmen dann die jeweilige Information in der bisher beschriebenen Weise an jedem einzelnen der Kopierköpfe ab. Anlagen dieser Art verwendet man in den USA zur Vervielfältigung von Bändern für Werbespots. Der Vorteil solcher Anlagen besteht darin, daß sich nicht nur die höhere

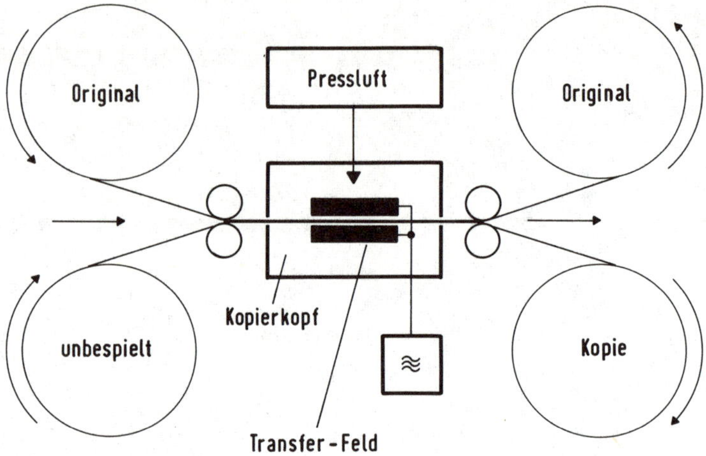

Abb. E3-86 Kontaktkopierung von Video-Bändern im Transfer-Feld

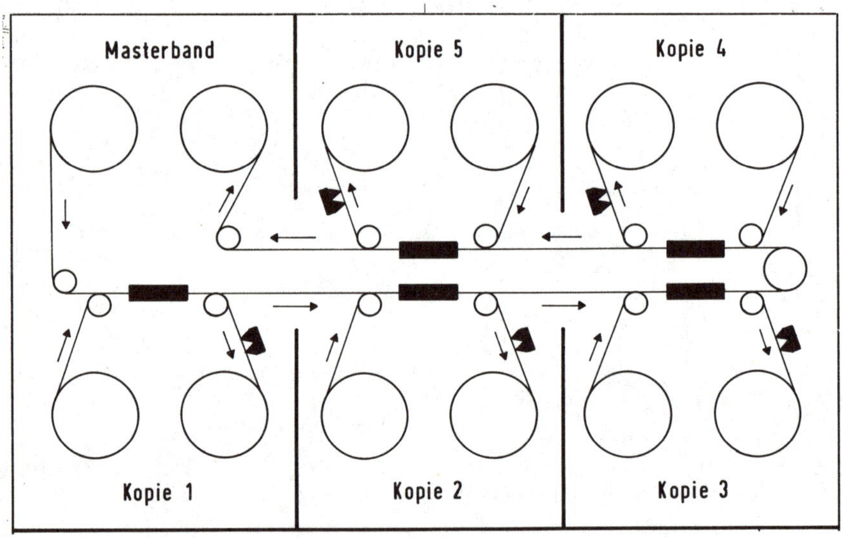

Abb. E3-87 Kontaktkopieranlage 5fach für Video-Bänder

Laufgeschwindigkeit gegenüber Real-Time günstig auswirkt, sondern daß sich der Ausstoß an Kopien auch noch mit der Anzahl der Kopierköpfe multipliziert.

Die High-Speed-Printing-Systeme von Sony

In Fortführung dieses Gedankens entwickelte die Firma Sony eine Maschine, „Sprinter" (Speed-Printer) genannt, die in wechselndem Arbeitstakt arbeitet (*Abb. E3-88a*). Bei diesem Gerät verwendet man zwei Masterbänder und zwar ein Master-

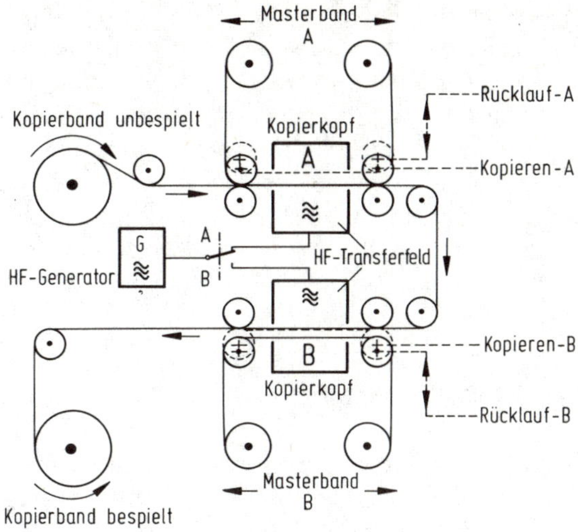

Abb. E3-88a Prinzip der Schnellkopiermaschine von SONY ›Sprinter‹

Arbeitstakt	Kopierbandvorlauf 60-fach	Masterbänder Vorlauf	Masterbänder Rücklauf
1	x	A	
2	x	B	A
3	x	A	B
4	x	B	A

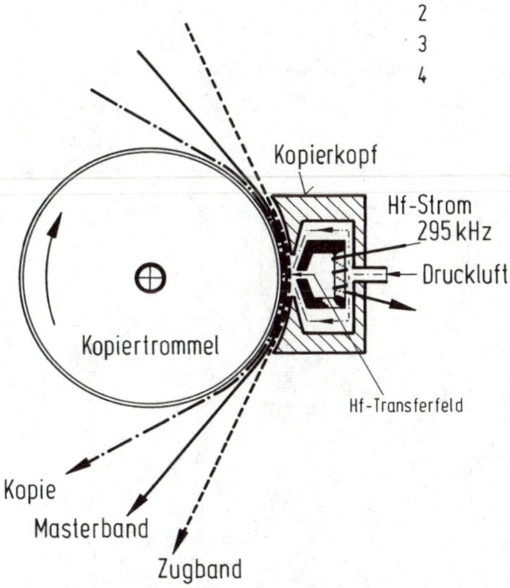

Abb. E3-88b
Kopierkopf des SONY-High-Speed-Printers HSP-5000

band (A) und ein Masterband (B), die jeweils im Wechseltakt mit den Kopierköpfen A und B arbeiten, während das Kopierband kontinuierlich mit 60facher Geschwindigkeit gegenüber Real-Time nacheinander durch beide Kopierköpfe läuft. Die Masterbänder enthalten ein identisches Programm, jedoch nur in der jeweiligen Programmlänge, die auch der Länge des späteren Kassettenbandes entspricht. In der

Zeit (wie in unserem Beispiel gezeigt), in der sich das Masterband A in Kopierfunktion befindet, wird das Masterband B vom Kopierband abgehoben, zurückgespult und für den nächsten Kopiervorgang in Vorbereitungsstellung gebracht, um nach Beendigung des A-Kopiervorganges sofort die B-Kopierfunktion zu übernehmen. Zu diesem Zeitpunkt befindet sich dann das Masterband A in der Rücklaufphase.

Im Unterschied hierzu verwendet der *Sony-High-Speed-Printer* für Kopiergeschwindigkeiten, die mehr als das 150fache gegenüber Real-Time betragen, nur noch einen Kopierkopf. Zur Schonung von Mirror-Masterband und Kopierband benutzt man ein zusätzliches *„Drive-Tape"* (*Abb. E3-88b*).

3.13.5 Das TMD-Verfahren

Für die Video-Aufzeichnung verwendet man häufig Chromdioxid-Bänder. Diese zeigen gegenüber γ-Eisen-Oxid-Bändern nicht nur eine wesentlich höhere Koerzitivkraft, sondern auch noch einen anderen interessanten Aspekt, der mit der Änderung der magnetischen Parameter in Abhängigkeit von der Temperatur verknüpft ist [65].

Der Curie-Punkt ist die Temperatur, bei der ferromagnetische Materialien durch Spinentkopplung (siehe Abschnitt E.1) zuerst super-paramagnetisch und dann paramagnetisch werden. Für Eisenoxid kann man ihn mit 675 °C angeben. Im Gegensatz hierzu besitzt reines Chromdioxid einen Curie-Punkt zwischen 116 °C und 126 °C. Eine Erhitzung auf 70 – 80 °C und eine Abkühlung auf Umgebungstemperatur beeinflussen die Remanenz des Chromdioxids nur wenig und stellen damit für die normale Benutzung der Bänder keine Gefahr dar (*Abb. E3-89*). Erhitzt man nun das Band über die Curie-Temperatur hinaus, so gehen Koerzitivkraft und Remanenz verloren. Kühlt man ein Chromdioxid von höherer Temperatur durch den Curie-

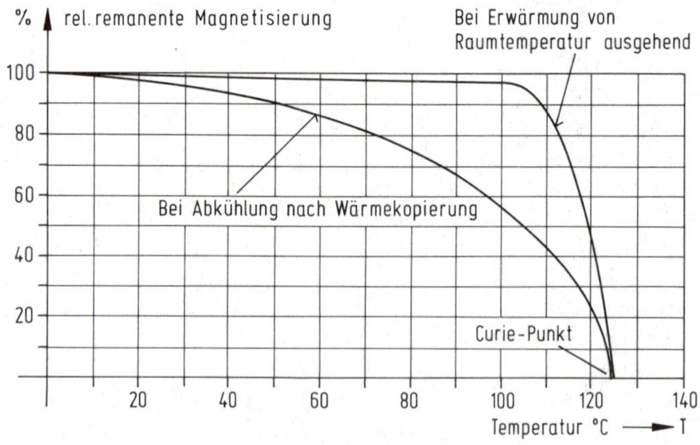

Abb. E3-89 Verlauf der remanenten Magnetisierung eines Chrom-Dioxid-Bandes in Abhängigkeit von der Temperatur. a) Bei Abkühlung nach Wärmekopierung; b) bei Erwärmung von Raumtemperatur ausgehend

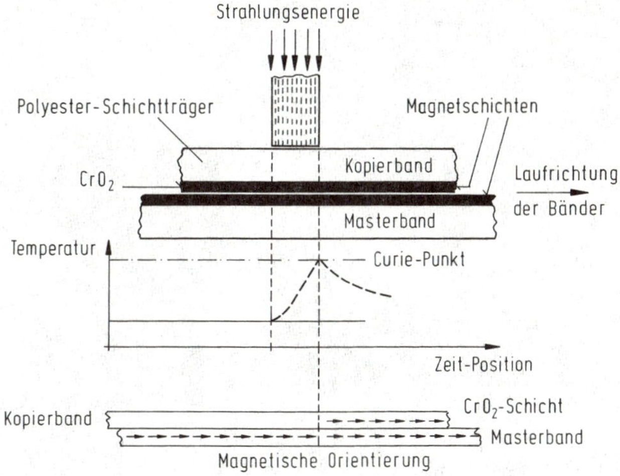

Abb. E3-90
Prinzip des TMD-Kopierverfahrens

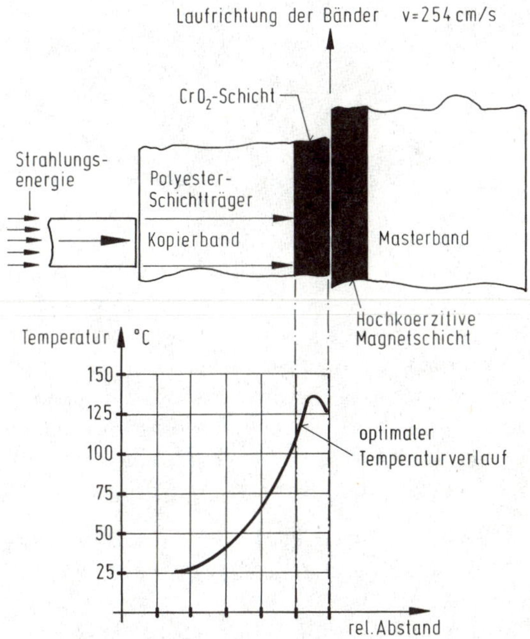

Abb. E3-91
Temperatur-Profil am Kopierkopf einer TMD-Maschine

Punkt auf Zimmertemperatur ab, so kann es selbst schwache äußere Magnetfelder aufnehmen, da bei diesem Prozeß kurzzeitig ein Bereich sehr kleiner Koerzitivkraft durchlaufen wird, bevor sich der spontane Tieftemperaturzustand bei normaler Koerzitivkraft und Remanenz wieder einstellt.

Dieser Effekt wird beim *TMD-Verfahren* (Thermo-Magnetic-Duplication) der Firmengruppe DuPont/Bell&Howell/Otari genutzt. Nach *Abb. E3-90* wird die magnetische Chrom-Dioxid-Schicht des Kopierbandes in einem schmalen Kopierspalt von

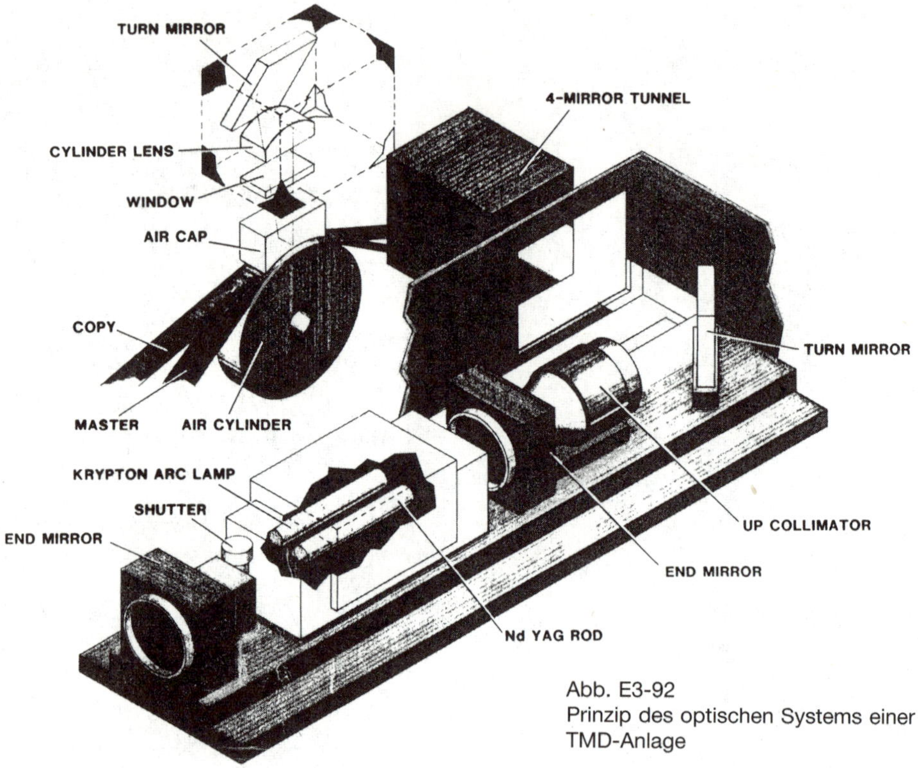

Abb. E3-92
Prinzip des optischen Systems einer TMD-Anlage

der Strahlung eines Neodynium-Lasers, der im Infra-Rot-Bereich mit einer Wellenlänge von etwa 1064 nm arbeitet, kurzzeitig über die Temperatur des *Curie-Punktes* auf etwa 130 Grad erwärmt. In diesem Zustand läuft gleichzeitig das *Mirror-Master-Band* Schicht an Schicht in engem Kontakt mit dem Kopierband am Kopierspalt vorbei, so daß sich in der ersten Phase der Abkühlung die magnetisch gespeicherte Information vom Mirror-Master-Band auf das *Kopierband* überträgt.

Wie *Abb. E3-91* zeigt, ist die Einstellung der Temperatur relativ kritisch, weil ja bei optimaler Justierung nur die magnetische Schicht des Kopierbandes, dessen Schichtdicke im µm-Bereich liegt, erwärmt werden soll. Die abgegebene Energie des *Infra-Rot-Lasers* sowie die Focussierung der Strahlung werden daher elektronisch überwacht und ständig nachgeregelt. Die Grundbausteine des optischen Systems zur Erzeugung der Infrarot-Energie in einer TMD-Anlage sind in *Abb. E3-92* zu sehen.

Die Laufgeschwindigkeit des Bandes in einer TMD-Maschine beträgt 4,3 m/s. Das ist der 190fache Wert gegenüber Real-Time. Darüber hinaus läuft das Mirror-Master-Band als *Endlosschleife* in einem Spezial-Magazin, das absolut knitterfreien Bandtransport gewährleistet. Auf diese Weise wird bei Großaufträgen mit hohen Auflagen nahezu kontinuierlicher Betrieb möglich.

Auch für Schnellkopieranlagen, die nach der Transferfeldmethode (siehe Abschnitt 3.13.4) arbeiten, hat die Firma SONY in letzter Zeit Schleifeneinrichtungen für kontinuierlichen Lauf entwickelt und mit Erfolg eingeführt. Damit bestehen – leistungstechnisch betrachtet – zwischen den heute verfügbaren Schnellkopierverfahren keine nennenswerten Unterschiede mehr.

3.13.6 Die Konfektionierung

Bei allen Schnell-Kopierverfahren erhält man viele Kopien des Programms hintereinander auf einer großen Magnetband-Rolle (*Pan-Cake*). Für die *Massenherstellung von Video-Kassetten* ist daher anschließend noch eine *Konfektionierung* durchzuführen. Hierzu benutzt man automatische *Konfektioniermaschinen*, die das kopierte Band mit hoher Geschwindigkeit in die Kassetten einspulen. Die Konfektioniermaschine findet die einzelnen Bandabschnitte durch Lesen einer *Kennung*, die während des Kopiervorganges zur Markierung jeweils am Anfang eines Abschnittes aufgezeichnet wurde. Die Kennung kann außerdem Informationen über das jeweilige Programm (Titel, Programmlänge usw.) und die benutzte Kopiermaschine enthalten (*Tapecode*).

An den *Einspulvorgang* schließen sich dann noch die Kennzeichnung der Kassetten mit einem Label sowie das Einschachteln und die ordnungsgemäße Verpackung der Ware an.

F) Die Bildplatte

Der Gedanke, Bildinformationen auf einer Platte zu speichern, ist alt. Schon 1927 versuchte der Engländer Baird die Aufzeichnung von Laufbildern auf einem plattenförmigen Träger. Das Ergebnis dieser Versuche war bei einer Bandbreite von 5 kHz – mit 15 Bildpunkten bei 30 Zeilen und 12 Bildern pro Sekunde – sehr bescheiden.

Eine erste brauchbare Bildplatte konnte die Firma AEG/Telefunken bereits 1970 mit der TED-Bildplatte zeigen [66]. Bei diesem System wurde im Gegensatz zur Schallplatte eine neuartige Tiefenschrift verwendet. Durch die Frequenzmodulation des aufzuzeichnenden Signals erreichte man konstanten Abstand der einzelnen Rillen voneinander. Die Speicherdichte betrug etwa 500 000 bit/mm^2. Auf einer Platte mit einem Durchmesser von 30 cm ließen sich somit 3 x 10^9 Informationen speichern. Bei einer Video-Bandbreite von etwa 3 MHz erreichte man eine Spielzeit von theoretisch 1000 Sekunden, also mehr als 15 Minuten. Die Platte bestand aus einer dünnen Kunststoffolie (PVC), in die etwa 120 bis 140 Rillen je mm^2 gepreßt wurden. Zur Wiedergabe lief diese Bildplatte mit 1500 Umdrehungen pro Minute (*Abb. F0-1*); sie wurde zentral angetrieben und lag nicht auf einem Plattenteller auf, so daß sich ein Luftpolster zur Stabilisierung der Laufeigenschaften ausbildete. Der Abtaster arbeitete als Druckempfänger, wurde aber im Unterschied zur Schallplatte von einem mechanischen Vorschub zwangsweise geführt. Das TED-System hat sich aus verschiedenen Gründen nicht durchgesetzt.

Mitte der 60er Jahre begann die Firma RCA (Radio-Corporation of America) mit der Entwicklung eines Bildplattensystems. Diese Entwicklung führte über eine Reihe von Zwischenstufen zur Konzeption des „RCA-Selecta-Vision-Video-Disc-Systems", das im März 1981 auf dem amerikanischen Markt eingeführt werden konnte. Der Preis für den Bildplattenspieler wurde mit 499,95 US-Dollar festgesetzt. Bei einem

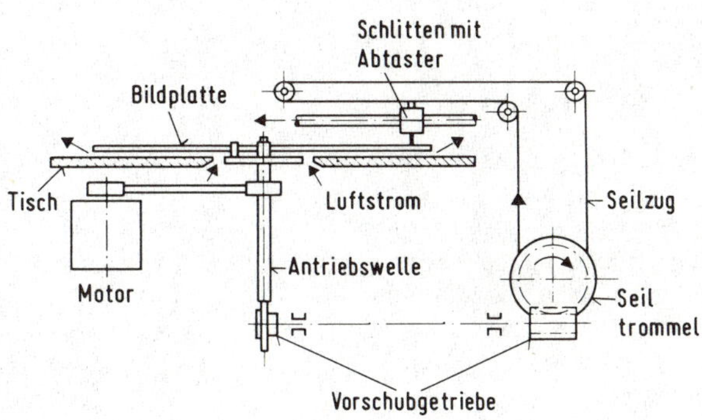

Abb. F0-1
Bildplatten-Abtastgerät mit Druckabtastsystem und Zwangsvorschub (TELDEC)

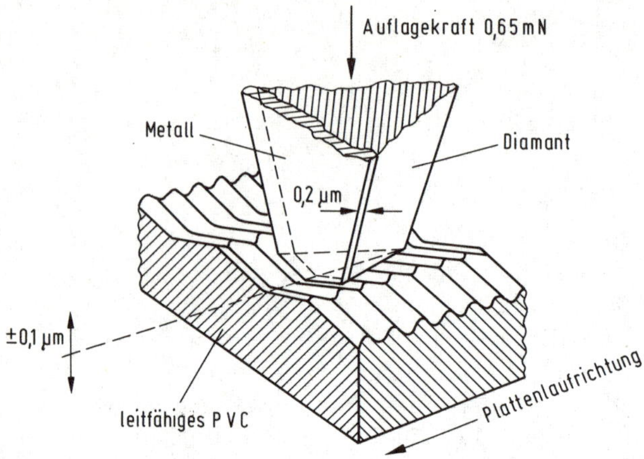

Abb. F0-2 Abtastdiamant (Stylus) mit Metallelektrode auf dem Segment einer CED-Videoplatte

anfänglichen Angebot von 100 verschiedenen Plattentiteln kostete eine Bildplatte mit einer Spieldauer von 2 × 1 Stunde 20,– Dollar.

Bei der RCA-Bildplatte (*Abb. F0-2*) sind die Bild- und Ton-Informationen, sowie alle zugehörigen Hilfssignale in Form einer Tiefenschrift in sehr flachen, v-förmigen Rillen eingeprägt [70]. Die Rillenflanken beschreiben einen Winkel von 140°. Die Amplitude der Tiefenschrift hat einen Ausschlag von ±0,1 µm. Bei der Abtastung gleitet in der Rille ein Diamant mit einer Länge von 4 µm und einer Breite von 2 µm, der außerdem an der Rückseite eine 0,2 µm starke Metallelektrode trägt. Der Diamant reitet mit einer Auflagekraft von 0,65 mN gewissermaßen über die Rillenmodulation (Abb. F0-3).

Als Plattenwerkstoff verwendet man PVC (Polyvinylchlorid), dem man etwa 15 % Kohlenstoff in feinster Verteilung beimischt, so daß man über die Oberfläche der Platte einen spezifischen Widerstand von weniger als 5 Ω pro Zentimeter erreicht.

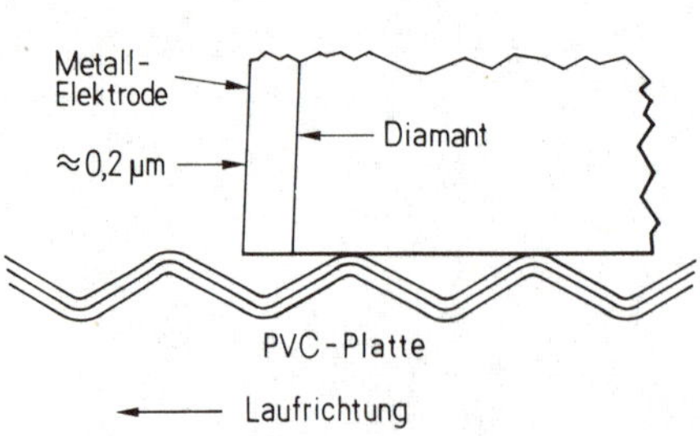

Abb. F0-3 Die Metallelektrode des Diamanten (Stylus) registriert Kapazitätsänderungen bei Abtastung der Tiefenschrift

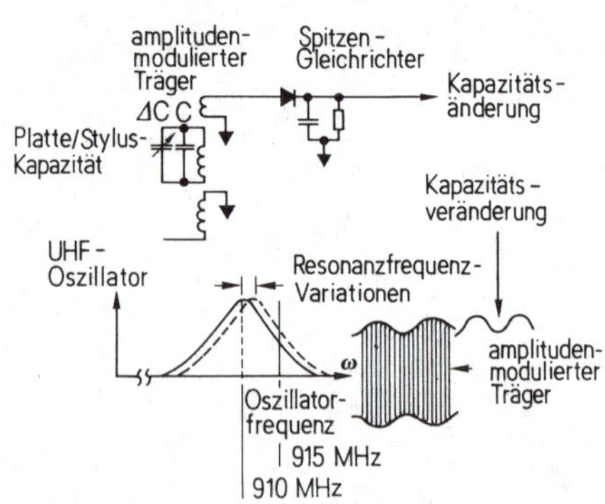

Abb. F0-4 Variation der Resonanz eines auf 910 MHz abgestimmten Schwingkreises durch das kapazitive System „Stylus-Elektrode/Platte“

Auf diese Weise stellt die Metallelektrode des Abtastdiamanten mit der Platte ein kapazitives System dar.

Obwohl der relativ große Diamant gleichzeitig über mehrere Wellenberge der Aufzeichnung gleitet, erfaßt die Abtastelektrode jede Feinheit der Aufzeichnung, weil sich die Kapazität zwischen der Platte und der Elektrode im Takte der Aufzeichnung laufend verändert. Die Unterschiede zwischen „Wellenberg" und „Wellental" sind jedoch sehr gering, so daß die Kapazitätsänderungen in der Größenordnung von 10^{-4} pF liegen.

Die aus Video-Platte und Abtastelektrode bestehende veränderliche Kapazität bildet nach *Abb. F0-4* den Parallel-Kondensator eines UHF-Resonanzkreises, der auf eine Frequenz von 910 MHz abgestimmt ist. Diesem Schwingkreis wird das Signal eines 915-MHz-Oszillators induktiv angekoppelt. Da sich nun die Abstimmfrequenz des Resonanzkreises laufend im Takte der Aufzeichnung ändert, kann eine mit dem Informations-Inhalt amplitudenmodulierte Schwingung ausgekoppelt werden.

Trotz anfänglicher Erfolge hat die Firma RCA das CED-Bildplattensystem (Capacitance-Electronic-Disc) 1985 zurückgezogen und die Herstellung von Platten und Spielern eingestellt.

1 Das optische Bildplattensystem von Philips und MCA, Laser-Vision

Die Firma Philips begann mit der Entwicklung eines optischen Bildplattensystems bereits Ende der 60er Jahre. Aber erst die Verfügbarkeit einer für Massenproduktion geeigneten Laser-Lichtquelle ließen die Forschungen in ein konkretes Stadium einmünden. 1972 konnte Philips der Presse zum ersten Male die Leistungsfähigkeit eines optischen Aufzeichnungssystems demonstrieren [67, 68].

1.1 Die Video-Langspielplatte

In ihren äußeren Abmessungen hat die Video-Langspielplatte zwar mit einer Audio-Platte eine gewisse Ähnlichkeit, sie besteht aber im Gegensatz zur Schallplatte aus einem transparenten Kunststoffmaterial mit einer Gesamtstärke von 2,7 mm. Es gibt zwei genormte Durchmesser mit 20 und 30 cm.

Wesentliches Merkmal der Video-Langspielplatte von Philips – im folgenden *LV-Platte* (Laser-Vision-*Platte*) genannt – ist die Struktur der Informationsspur (*Abb. F1-2*). Während das Tonsignal auf der Schallplatte in den Seitenwänden der Rille als Schwingungsverlauf analog gespeichert ist, benutzt man bei der LV-Platte wegen der 60fach höheren Informationsdichte eine Spurfolge mit sehr viel feineren Einzelheiten und Abständen.

Die für die Bild- und Tonwiedergabe erforderlichen Informationen sind in codierter Form in spiralförmigen Spuren enthalten, die innen beginnen und am äußeren Rand der LV-Platte enden. Die Informationsspur besteht aus einer Reihe aufeinanderfolgender mikroskopisch kleiner Vertiefungen – auch als *Pit* bezeichnet –, die einheitlich 0,4 μm breit und 0,1 μm tief sind. Durch den Modulationsvorgang ändern sich Abstand und Länge der Pits in Abhängigkeit vom Informationsinhalt. Bei einem Mittenabstand der Spuren von 1,6 μm fallen auf 1 mm des Plattenradius etwa 600 Spuren.

Bildplatten nach dem LV-System gibt es in zwei verschiedenen Konfigurationen:

– *CAV* (Constant-Angular-Velocity) bedeutet, daß die Informationen mit konstanter Winkelgeschwindigkeit ausgelesen werden, die Bildplatte also mit konstanter Drehzahl rotiert. Bei den europäischen Fernseh-Systemen PAL und SECAM sind dies 1500 Umdrehungen pro Minute. Mit dieser Standardversion der LV-Platte erreicht man eine maximale Spieldauer von 36 Minuten pro Plattenseite (*Abb. F1-3*).

– *CLV* (Constant Linear Velocity) bedeutet, daß die Informationen mit linearer, also gleichbleibender Lesegeschwindigkeit abgetastet werden. Die LV-Platte rotiert daher

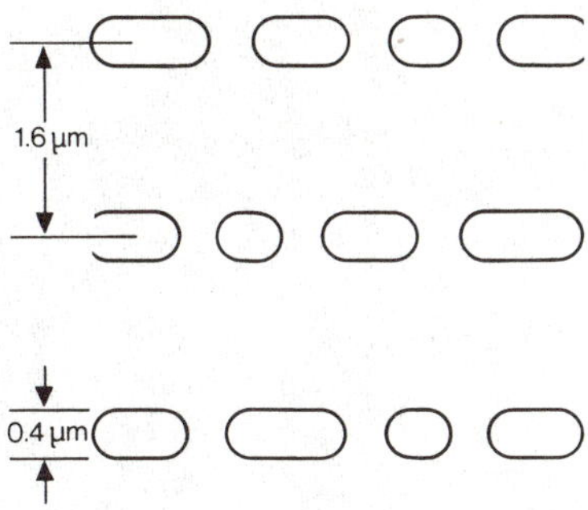

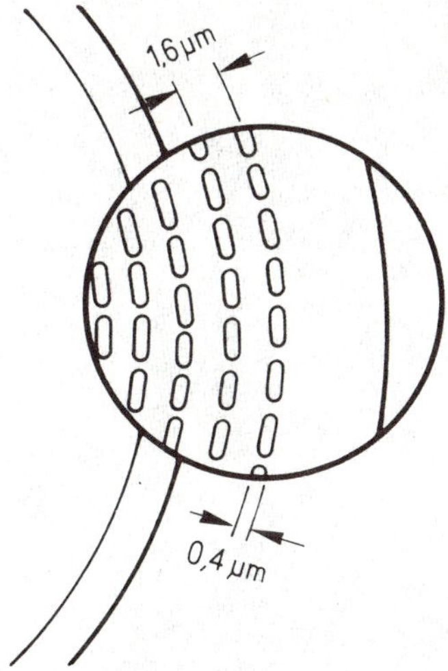

Abb. F1-2a Schematische Darstellung der Spur-Muster mit Abmessungen

Abb. F1-2b
Aufnahme der Plattenoberfläche einer LV-Bildplatte durch ein Elektronenmikroskop

mit einer sich ständig ändernden Drehzahl, die zu Beginn des Abspielens 1500 Umdrehungen pro Minute beträgt und gegen Ende der Aufzeichnung bei einer 30-cm-Platte auf 500 Umdrehungen/Minute zurückgeht. Auf diese Weise sind mehr Informationen auf einer Plattenseite unterzubringen, so daß eine maximale Spieldauer von 60 Minuten pro Plattenseite zustande kommt (*Abb. F1-4*).

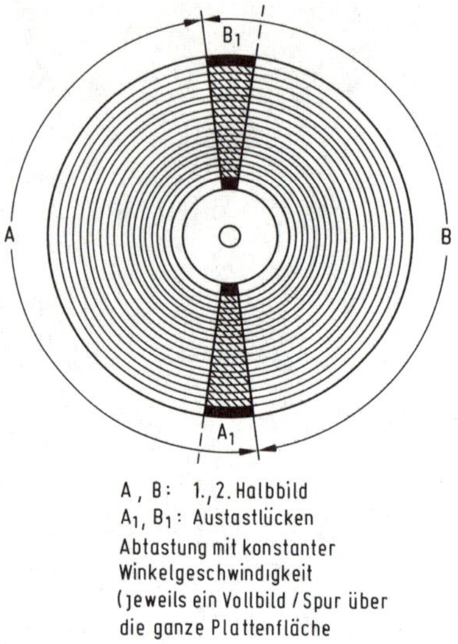

Abb. F1-3 Standard-VLP (CAV)

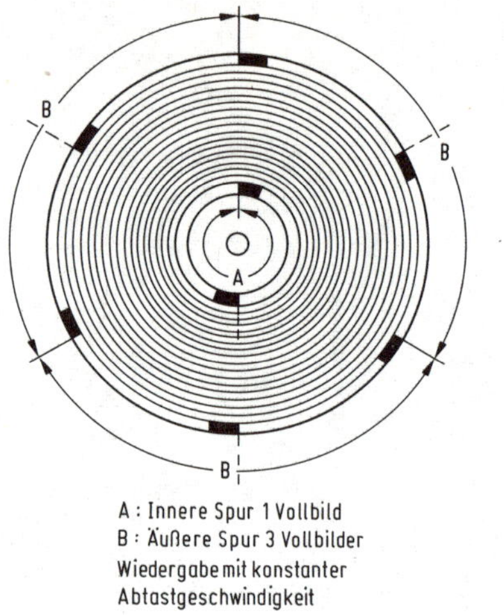

Abb. F1-4 Langspiel-VLP (CLV)

1.2 Das optische Prinzip

Ein wesentlicher Vorteil des optischen Systems ist die berührungslose Abtastung der Information. Sie ist im Herstellungsprozeß der LV-Platte (auf den später noch ausführlicher eingegangen wird) begründet, weil dabei unmittelbar nach der Prägung der Oberfläche des Informationsträgers eine 0,4 µm dünne Reflexionsschicht und anschließend eine Schutzschicht aufgetragen wird. Wie *Abb. F1-5* zeigt, ist die

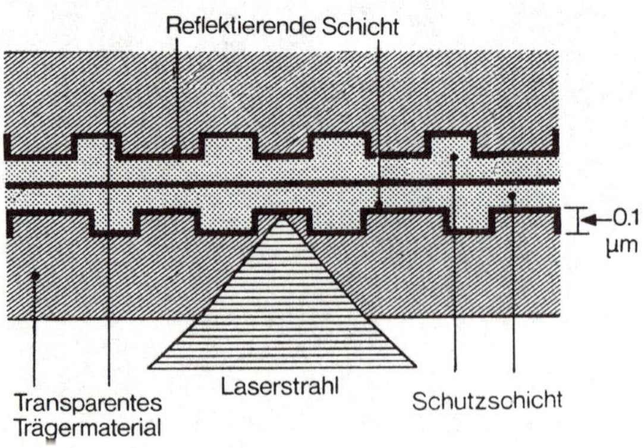

Abb. F1-5
Querschnitt durch die LV-Bildplatte (Philips)

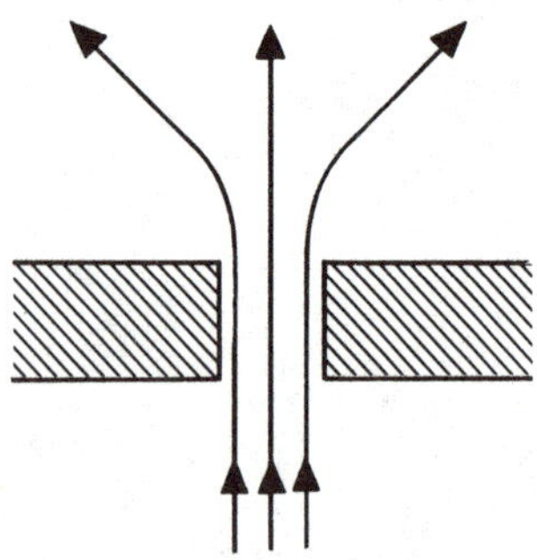

Abb. F1-6
Beugung von Lichtstrahlen an einem schmalen Spalt

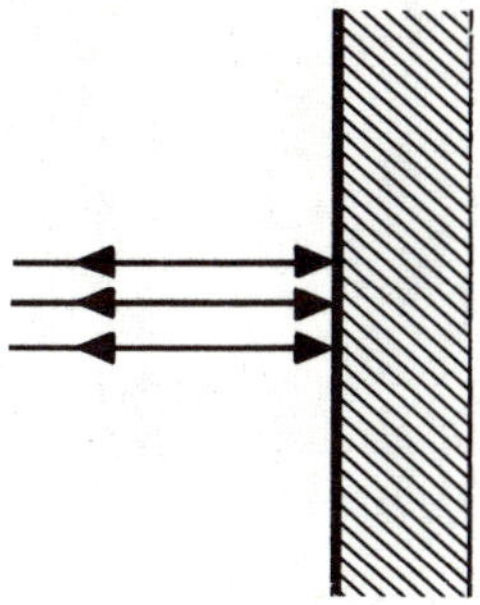

Abb. F1-7
Total-Reflexion von Lichtstrahlen an einem ebenen Spiegel

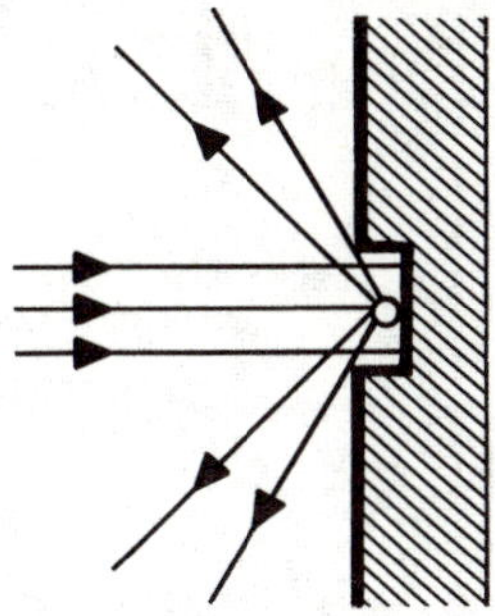

Abb. F1-8
Diffraktion von Lichtstrahlen an einer verspiegelten Oberfläche mit kleinen Vertiefungen

Information damit praktisch eingefroren und allen äußeren Einflüssen entzogen. Aus Abb. F1-5 ist außerdem zu sehen, daß je zwei einseitig geprägte Platten miteinander Rücken an Rücken verklebt werden müssen, wenn man eine beidseitig abspielbare LV-Platte erhalten will.

Bei der LV-Platte benutzt man ein optisches Verfahren, das auf der Diffraktion von Lichtstrahlen beruht. Dabei treten Interferenzerscheinungen überall dort auf, wo die Objektabmessungen mit den Wellenlängen des Lichtes korrespondieren. Sie machen sich als Beugung der Lichtstrahlen bemerkbar.

Dieses Phänomen soll an drei Beispielen näher erklärt werden. Fällt ein paralleles Lichtbündel (*Abb. F1-6*) auf eine undurchsichtige Fläche, die von einem schmalen Spalt unterbrochen ist, so wird das durch den Spalt fallende Licht zu einem großen Teil aus der parallelen Bahn in andere Richtungen abgelenkt.

Bei einer ebenen Reflexionsfläche (*Abb. F1-7*) tritt dagegen eine Totalreflexion auf. In einem solchen Falle könnte das reflektierte Licht zum Beispiel von einem fotoelektronischen Wandler (Fotodiode) aufgenommen werden. Der vorerwähnte Beugungseffekt wird noch deutlicher, wenn man in eine reflektierende Fläche eine Vertiefung mit definierten Abmessungen einbaut und mit einem Lichtpunkt beleuchtet. Wie wir in *Abb. F1-8* sehen, wird das parallel einfallende Lichtbündel abgelenkt und nimmt einen anderen Weg. Es gelangt nicht mehr an den Ausgangspunkt zurück. – Wenn man die gespeicherte Information einer optischen Bildplatte

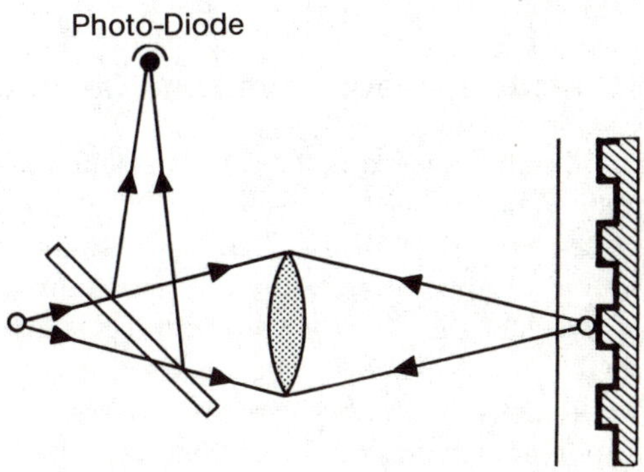

Abb. F1-9
Trennung zweier Strahlengänge mit einem teildurchlässigen Spiegel

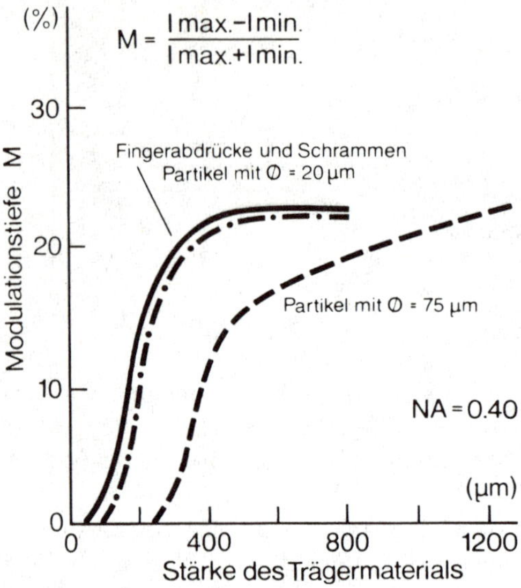

Abb. F1-10
Einfluß der Oberflächenverschmutzung auf die Wiedergabequalität bei verschiedenen Schichtstärken

lesen will, so muß man nach den bisher beschriebenen Beispielen eine Trennung des einfallenden Lichtbündels von den reflektierten Lichtstrahlen durchführen. Wie *Abb. F1-9* zeigt, erreicht man dies mit einem teildurchlässigen Spiegel.

Der abtastende Lichtstrahl ist mit einer Halbwertsbreite von 0,9 µm auf das Spurmuster extrem scharf fokussiert (siehe auch Abschnitt F1.4). Weil die Tiefenschärfe gering ist, können die Spuren auch dann noch ohne Beeinträchtigung gelesen werden, wenn die Plattenoberfläche nicht mehr sauber ist. Die Fokussierung liegt praktisch in der Informationsschicht. Aus *Abb. F1-10* geht hervor, daß erst dann ein spürbarer Rückgang der Qualität eintreten würde, wenn die Stärke des Trägermaterials in die Größenordnung von 400 µm käme. Da das Material aber pro Halbplatte eine Stärke von 1,35 mm hat, wirken sich Beschädigungen der Oberfläche oder auch Schmutz nicht auf die Qualität aus.

1.3 Modulationsverfahren und Codierung

Die Zusammensetzung des Signals geht aus *Abb. F1-11* hervor. Es besteht aus einem frequenzmodulierten Träger für das Video-Signal und zwei ebenfalls frequenzmodulierten Trägern für die beiden Audio-Signale. Durch eine Addition aller Träger ergibt sich ein impulsbreiten-moduliertes Summensignal. Dieses wird anschließend symmetrisch begrenzt, so daß ein Rechtecksignal entsteht, mit dem der Aufzeichnungslaser für den Master-Recording-Prozeß moduliert wird. Wie aus der Darstellung weiterhin hervorgeht, korrespondieren die eingeschriebenen Pits genau mit den Impulsbreiten des Rechteck-Signals. Alle Informationen sind daher gemeinsam in

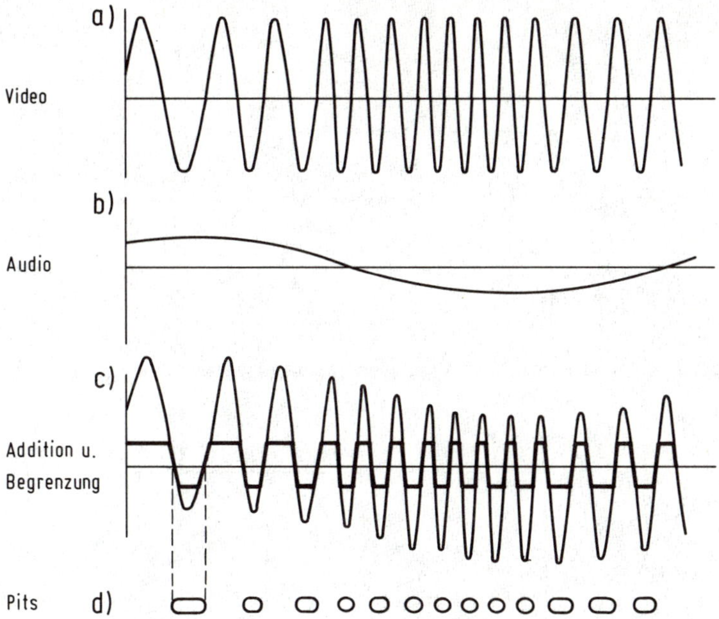

Abb. F1-11 Impulsbreitenmodulation für die Aufzeichnung einer LV-Bildplatte

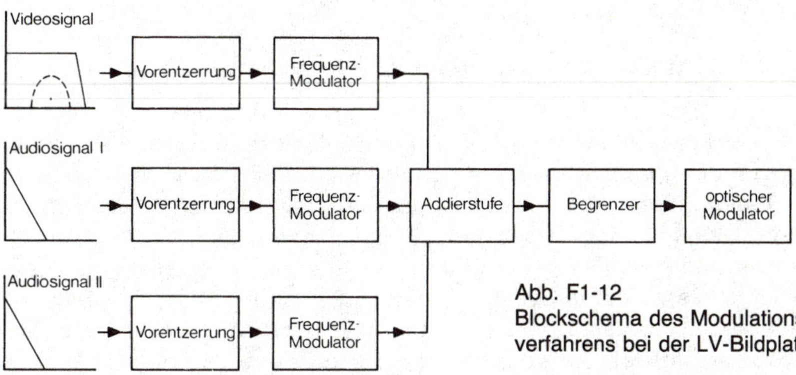

Abb. F1-12
Blockschema des Modulationsverfahrens bei der LV-Bildplatte

digitaler Form gespeichert. Das Prinzip des Modulationsweges im Aufnahmekanal der LV-Mastering-Anlage gibt *Abb. F1-12* wieder.

Bei der Wiedergabe muß die ausgelesene Impulsbreitenmodulation aufbereitet und wieder demoduliert werden. Dieser Fall ist in *Abb. F1-13* gezeigt.

Abb. F1-14 gibt die Frequenzspektren für die Video- und Audio-Signale nach der PAL-Norm wieder. Das Video-Signal wird einem Träger im Bereich von 6,76 MHz (Synchron-Wert) bis 7,9 MHz (Weißwert) als Frequenzmodulation aufgeprägt. Der Frequenzhub mit 1,4 MHz ist kleiner als die Bandbreite der zu übertragenden

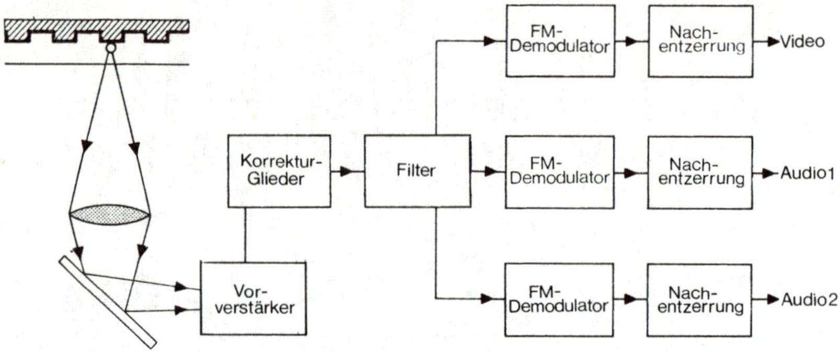

Abb. F1-13 Blockschema des Demodulationsweges bei der LV-Bildplatte

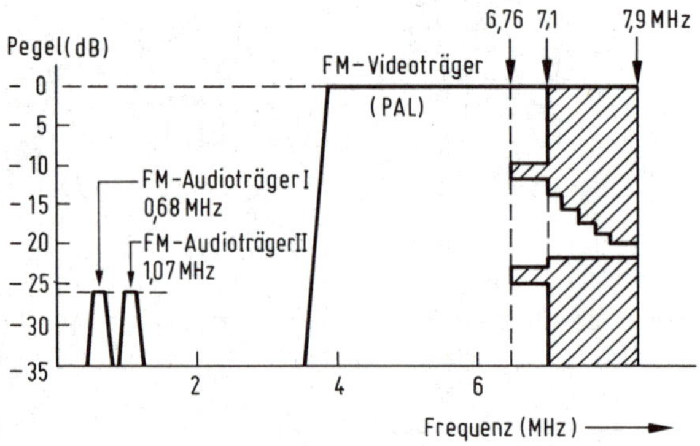

Abb. F1-14 Frequenzspektrum der LV-Aufzeichnung

Information. Die entstehenden Seitenbänder gehen über den Hubbereich hinaus. Im unteren Teil des Spektrums werden sie bis 2,5 MHz übertragen, im oberen Teil bei 8 MHz abgeschnitten. Die frequenzmodulierten Träger für die Audiosignale liegen bei 684 und 1066 kHz und haben einen Frequenzhub von ± 50 kHz.

Außer den Video- und Audio-Signalen sind in der Spurinformation noch weitere Signale enthalten, die in den nicht sichtbaren Zeilen der Bildrückläufe liegen. Das sind einerseits Testsignale in den Zeilen 19, 20, 332 und 333, andererseits programmbezogene digitale Adressen, für die die Zeilen 16, 17, 18, 329, 330 und 331 reserviert sind. Letztere enthalten Angaben über Bildnummern, Kapitelcodierungen und Steuersignale für den automatischen Bildstop.

– *Einlaufcode*

900 Spuren am Anfang der Platte enthalten den Startcode, der das auslesende Objektiv mit neunfacher Geschwindigkeit zum Programmbeginn steuert.

– *Auslaufcode*

600 Spuren am Ende des Programms sind mit einer End Codierung versehen, die das Lese-Objektiv mit 75facher Geschwindigkeit zum Startpunkt zurückführt. Dabei werden die Bild- und Tonsignale abgeschaltet.

– *CAV-Bildcode*
Bei der Standardversion (CAV) ist jedes Bild eines Programms mit einer laufenden Kennziffer versehen. Der Bildcode hierfür liegt im zweiten Halbbild eines Vollbildes. Wenn es das Programm erfordert, so kann im jeweils nächsten Halbbild ein Spezialcode aufgezeichnet werden, der zum Beispiel die Betriebsart „Standbild-Wiedergabe" auslöst.

– *Kapitelcode*
Der Kapitelcode besteht aus einer Kapitelnummer, mit der jedes Kapitel des Programms identifiziert und auf dem Bildschirm angezeigt werden kann. Wenn ein Kapitelcode vorhanden ist, so kann der schnelle Suchlauf bei Erreichen eines Kapitelanfangs automatisch unterbrochen werden.

– *CLV-Bildcode*
Bei der Langspielversion (CLV) werden durch eine Codierung die Funktionen „Standbild", „Zeitlupe" und „Zeitraffung" außer Betrieb gesetzt. Außerdem ist hier an Stelle des CAV-Bildcodes eine Zeitcodierung vorhanden, die bei allen CLV-Platten angibt, wieviele Spielminuten seit Beginn des Programms bereits verstrichen sind.

1.4 Der Strahlengang

Ein 1-mW-Helium-Neon-Laser liefert ein Lichtbündel großer Helligkeit. Das monochromatische Licht mit einer Wellenlänge von 632,8 nm ist kohärent und wird linear polarisiert ausgekoppelt (*Abb. F1-15*). Mit einem Strahlenteiler teilt man das Lichtbündel anschließend in drei Einzelstrahlen bei einem Intensitätsverhältnis 1:3:1 auf. Der Hauptstrahl dient als Lesestrahl der Informationsspuren, während die Nebenstrahlen für die Spurnachsteuerung des Hauptstrahles bestimmt sind. Eine nachfolgende Fokussierungslinse adaptiert den Lesestrahl an die eingangsseitige Öffnung der Objektivlinsen. Über zwei Winkelspiegel, die den Lichtstrahl aus konstruktiven Gründen umlenken, durchläuft der Strahl ein Wollaston-Prisma. Dieses dreiteilige optische Element besteht aus Quarzglas und besitzt, in Abhängigkeit von der Polarisationsrichtung des Lichtes, verschiedene Brechungsindizes. Im Zusammenwirken mit einer $\lambda/4$-Platte, die auch aus Quarzglas besteht, gelingt die Trennung des einfallenden vom reflektierten Lichtstrahl. Die Trennung der beiden Lichtwege kommt dadurch zustande, daß die $\lambda/4$-Platte bei zweimaligem Durchgang des Lichtes eine Drehung der Polarisationsebene um 90° hervorruft. Ein radialer Drehspiegel, der mit einer vertikal gelagerten Drehspule verbunden ist, ermöglicht eine radiale Bewegung des lesenden Lichtpunktes auf der Plattenoberfläche. Der Lichtweg führt dann noch über einen horizontalen Drehspiegel, der mit einer horizontal gelagerten Drehspule verbunden ist. Dieser Spiegel bewirkt eine tangentiale Bewegung des Lesestrahles und dient zum Ausgleich von Zeitfehlern. Das Objektiv zur Fokussierung des Lesestrahles erfordert eine äußerst präzise Führung, damit die Informa-

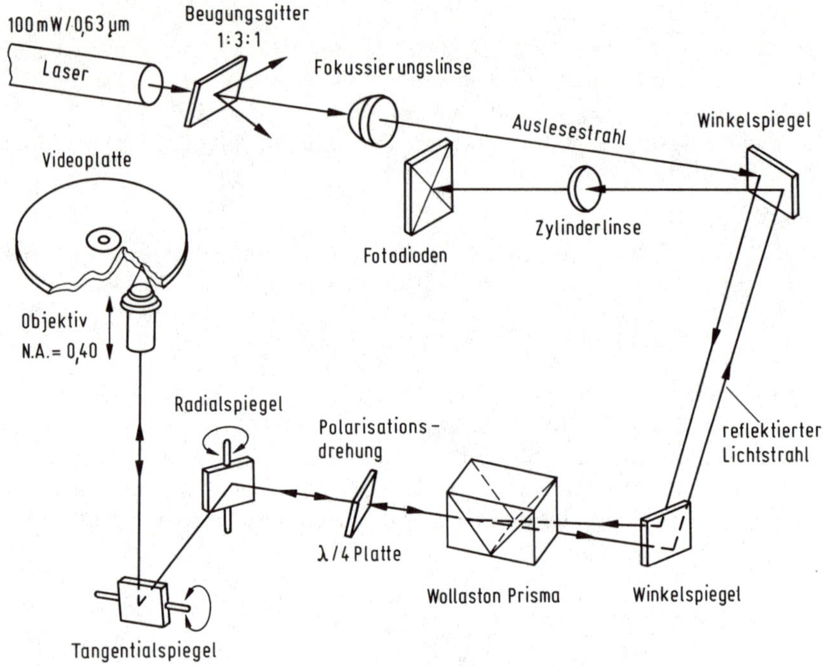

Abb. F1-15 Prinzip des optischen Systems

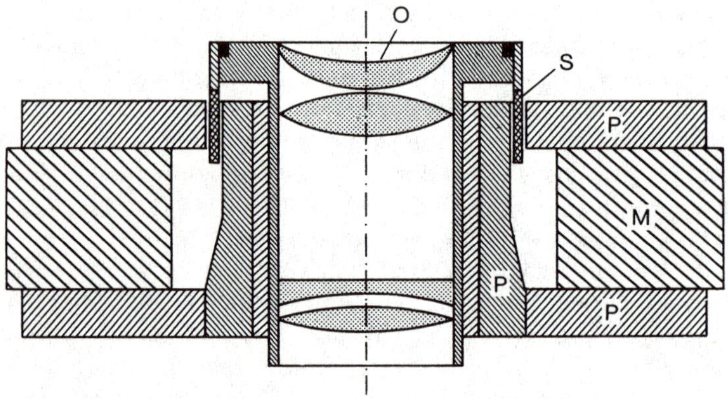

Abb. F1-16 Prinzip des Objektivsystems: O = Objektiv; P = Polschuhe; M = Magnet; S = Spule

tionsspur auch zuverlässig gelesen werden kann. Es ist außerdem über ein Schwingspulensystem elektronisch nachsteuerbar, um einen eventuellen Höhenschlag der Platte ausgleichen zu können. – Von der lichtreflektierenden Informationsschicht der Platte wird der modulierte Lesestrahl zurückgeworfen. Nach Passieren des Tangential- und Radial-Spiegels gelangt er über die λ/4-Platte, die er nun zum zweiten Male durchläuft, zum Wollaston-Prisma. Da die Polarisationsebene des Lichtstrahles nunmehr um 90° gedreht ist, tritt eine Trennung der beiden Strahlen – Lesestrahl und reflektierter Strahl – ein. Nach einer weiteren Umlenkung durch die Winkelspiegel erreicht der Strahl eine fokussierende Zylinderlinse und trifft schließlich auf den fotoelektrischen Wandler, der das modulierte Licht in ein elektrisches Signal umwandelt, das dann demoduliert werden kann.

– *Fokussierung*
Das Auslesen der Information erfolgt mit einem Lichtpunkt, der einen Durchmesser von 0,9 μm hat und dessen Tiefenschärfe nur 2 μm beträgt. Störende Einflüsse, die beim Abspielen einer Platte unvermeidlich sind, kann man unterdrücken, wenn man für eine präzise Führung des optischen Systems und des lesenden Abtaststrahls sorgt. Hierzu ist das Objektiv nach *Abb. F1-16* in einem lautsprecherähnlichen Schwingspulensystem montiert. Die Schwingspule kann elektrodynamisch angetrieben werden und ermöglicht eine kontrollierte vertikale Bewegung des Objektivs, je nach Polarität und Amplitude des Steuerstromes.

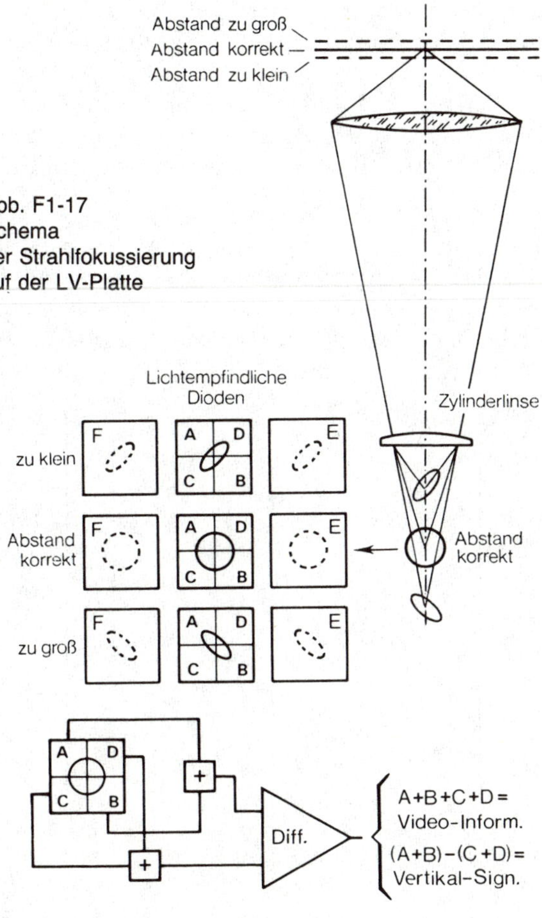

Abb. F1-17
Schema
der Strahlfokussierung
auf der LV-Platte

Das Steuersignal erhält man durch eine besondere Anordnung der Fotodioden, die das von der Platte reflektierte Licht aufnehmen. Das Prinzip ist in *Abb. F1-17* dargestellt. Ein korrekt fokussierter Lichtstrahl erzeugt nach Reflexion auf dem mittleren Segment einen runden Leuchtfleck, so daß alle vier Bereiche gleichmäßig beleuchtet sind. Aus der Summe dieser vier Signale gewinnt man dann die Video-Information zurück.

Auf dem Wege zu dieser Diodengruppe passiert der reflektierte Lichtstrahl eine zylindrische, astigmatische Linse. Sofern der Sollabstand zwischen Platte und Objektiv eingehalten wird, beeinflußt sie den Lichtstrahl nicht. Ändert sich aber der Sollabstand, so verformt sich der im Normalfall runde Fleck zu einer Ellipse. Die Lage der Hauptachse dieser elliptischen Abbildung ist davon abhängig, in welche Richtung der Fehler geht. Bei einem Fehler sind damit auch die Signale der vier Fotodioden A, B, C und D ungleich, so daß ein Differenzsignal gebildet werden kann, das nach Verstärkung und Aufbereitung zur Korrektur des Objektivabstandes dient.

– *Spursteuerung*

Beim Abspielvorgang wandert das optische System mit dem Laser auf dem Transportschlitten unterhalb der Platte langsam in radialer Richtung von innen nach außen. Bei einem Abstand der Spuren von 1,6 μm pro Umdrehung entspricht dies einer Geschwindigkeit von etwa 2,5 mm pro Minute. Dabei muß der auslesende Lichtpunkt mit einer Toleranz von 0,1 μm in der Spur gehalten werden. Den Antrieb des Transportschlittens bewirkt ein Gleichstrommotor, dessen Drehzahl über ein Servosystem geregelt wird. Auf diese Weise lassen sich langsame Korrekturen ausführen.

Da schnelle Ungleichmäßigkeiten im Spurverlauf bei einem Plattensystem nicht vermeidbar sind, muß man für eine trägheitslose Nachsteuerung der Spurhaltung sorgen. Hierzu verwendet man einen zusätzlichen Drehspiegel, mit dessen Hilfe der Lichtpunkt radial auf der Platte bewegt werden kann. Der Drehspiegel wird elektro-

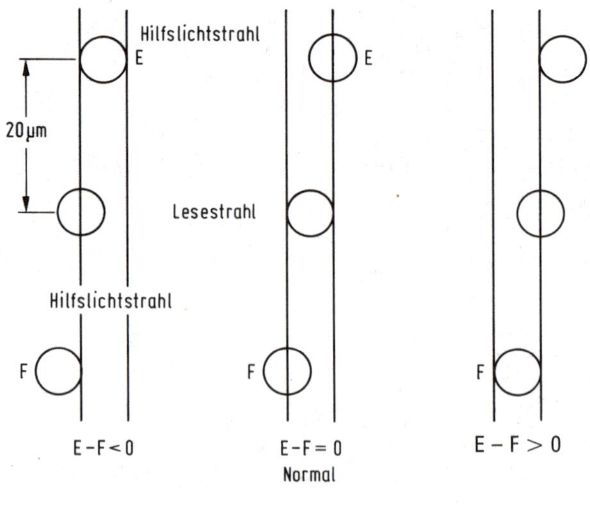

Abb. F1-18
Schema
zur Spurhaltung

dynamisch angetrieben. Die Abweichung des Lichtpunktes kann nur auf optischem Wege ermittelt werden. Zur Spurhaltung benötigt man daher ein spezielles optoelektronisches Regelsystem.

Hierzu verwendet man zwei zusätzliche Hilfslichtbündel, die man aus dem Haupt-Laser-Strahl durch Strahlenteilung abzweigt. Diese beiden Hilfsstrahlen treffen in einem Abstand von 20 µm vor und nach dem eigentlichen Lesestrahl auf der Plattenoberfläche auf (*Abb. F1-18*). Nach Reflexion der Hilfsstrahlen wird deren reflektiertes Licht in eigenen Detektoren ausgewertet. Zu diesem Zwecke sind die Auftreffpunkte der Hilfsbündel gegenüber der Spurmitte etwas nach links bzw. rechts versetzt. Aus der Differenz der Spurhaltesignale E und F bildet man ein Korrektursignal zur Spurnachsteuerung.

– *Zeitfehlerkompensation*
Wie wir in Abschnitt E.3.11.1 erfahren haben, treten Störungen im Bildaufbau und Phasenfehler bei der Farbwiedergabe auf, wenn zwischen den Aufzeichnungsbedingungen eines Video-Signals und dessen Abtastvorgang Unterschiede bestehen. Bei einem Bildplattengerät treten ähnliche Probleme auf, die darauf zurückzuführen sind, daß die Spurgeschwindigkeit aus der Sicht des Objektivs Abweichungen zeigt. Dies ist in den Toleranzen der Bildplatten und deren Zentrierung auf dem Plattenteller begründet.

Vorwiegend treten Zeitfehler im Bereich von 25 Hz auf, die auf die periodische Exzentrizität des umlaufenden Plattentellers zurückgehen. Setzt man für die Kombination Platte/Spieler eine maximale Spurabweichung von 100 µm ein, so ergibt sich ein Zeitfehler Δt nach folgender Beziehung:

$$\Delta t = \frac{\Delta R}{2\pi f \cdot R} = 11{,}5\ \mu s$$

Darinbedeuten:
ΔR = Exzentrität
R = Innerer Radius, 55 mm
f = 25 Hz

Damit auf jedem Empfänger eine einwandfreie Bildwiedergabe erzielt wird, darf der Zeitfehler maximal 10 ns betragen. Um den Zeitfehler von vornherein gering zu halten, wird die Plattendrehzahl mit einer Regelschaltung stabilisiert. Dazu vergleicht man die Phasenlage der Zeilensynchronimpulse mit der Phase eines quarzstabilen Referenzsignals. Die daraus abgeleitete Regelspannung steuert die Motor-Elektronik nach. Kurzzeitig auftretende Schwankungen gleicht man mit einem weiteren Drehspiegel aus, der die Spur in tangentialer Richtung nachführt.

1.5 Betriebsarten

Durch die berührungslose, optische Auslesung der Information ergeben sich interessante Anwendungen, die mit mechanischen Abtastverfahren ohne weiteres nicht möglich sind:

– normale Bildwiedergabe vorwärts und rückwärts
– einstellbarer langsamer Vor- und Rücklauf mit Zeitraffer-Effekt
– zeitlich unbegrenztes Stehbild
– Einzelbildschaltung
– schneller Suchlauf.

Die genannten Betriebsarten sind allerdings nur bei der CAV-Version realisierbar, weil nur bei dieser Konfiguration die exakte Zuordnung eines Bildes zu jeweils einer Umdrehung des Plattentellers gewährleistet ist. Auf diese Art lassen sich bei 36 Minuten Laufzeit 54 000 einzelne Bilder pro Plattenseite speichern. Jedes einzelne Bild ist über eine elektronisch beigegebene, digital codierte „Adresse“ abrufbar.

Die Informations- und Signalverteilung auf der Bildplatte des CAV-Typs sind aus Abb. F1-3 zu ersehen. Jede Spurwindung enthält zwei Halbbilder und damit auch zwei Vertikalsynchronisierzeichen. Diese Spursignale liegen auf der Platte immer an der gleichen Stelle diametrisch gegenüber. Da das Schirmbild während der Vertikalsynchronisierzeichen dunkel getastet ist, kann man in dieser Zeit den abtastenden Lichtpunkt mit Hilfe des Drehspiegels von einer zur anderen Spurwindung springen lassen, ohne daß dieser Vorgang im Bild sichtbar wird (*Abb. F1-19*).

Um dies zu erreichen, öffnet man während der V-Lücke für kurze Zeit die Regelschleife des radialen Servosystems und läßt zwei Stromimpulse durch die Spule des Drehspiegelsystems fließen, die dann die Richtungsänderung des Abtaststrahles bewirken. Nach *Abb. F1-20* ist der Schalter S1 normalerweise geschlossen. In dieser Stellung arbeitet der Laser, das Objektiv ist fokussiert und die Nachsteuerung zur Spurhaltung geschieht über das Differenzsignal, das über die Dioden E und F gewonnen wird.

In Abhängigkeit von Impuls P1 (der auch den Schalter S3 steuert) und Impuls P2 entsteht nun ein neuer Impuls P1A, der den Schalter S4 betätigt. Je nach Polarität der angelegten Spannung (positiv oder negativ) verändert der Drehspiegel seine Position und lenkt den auslesenden Lichtstrahl dabei auf die benachbarte Spurwindung der Bildplatte. Durch diese Steuerung des Lesestrahles erzielt man nach Abb. F1-19 bei:

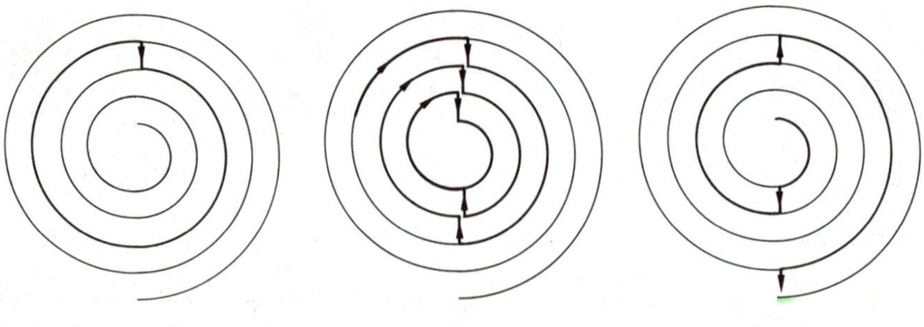

Abb. F1-19 Verschiedene Wiedergabebetriebsarten der LV-Bildplatte

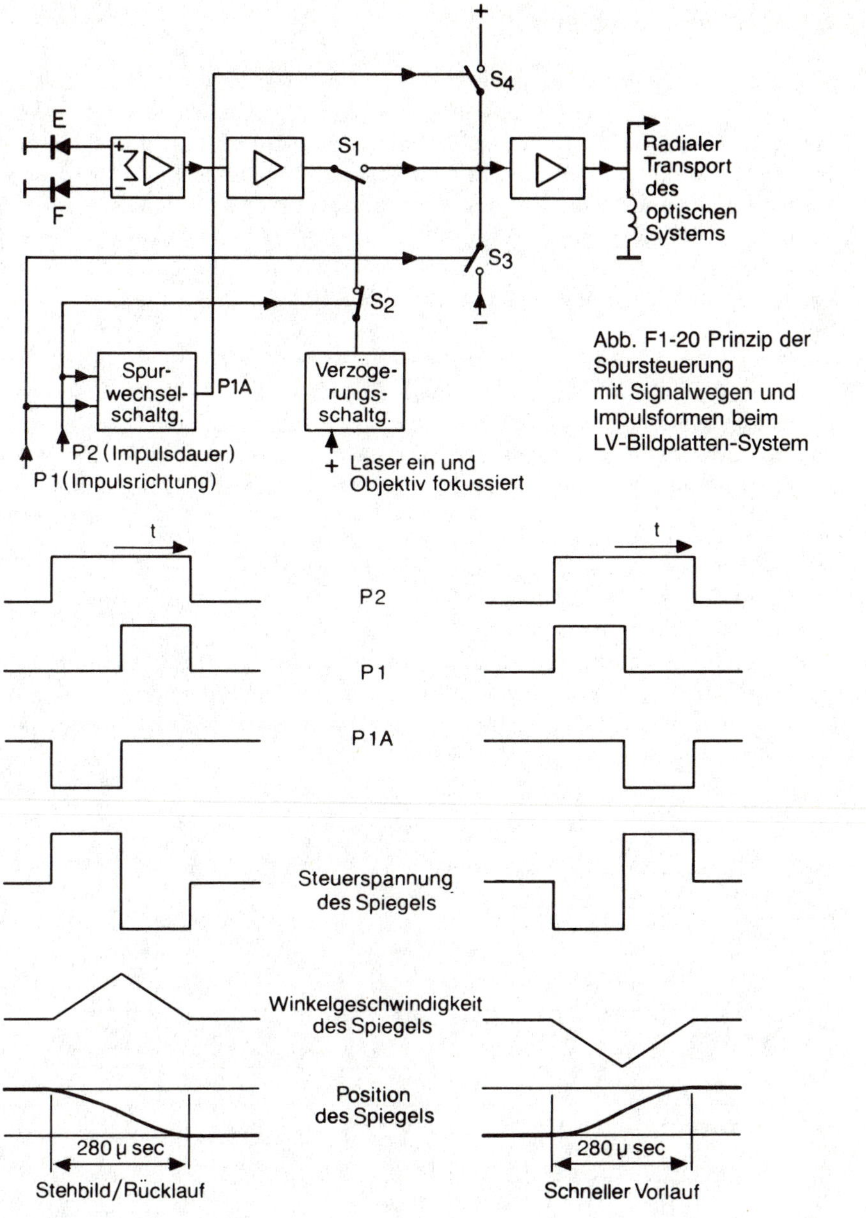

Abb. F1-20 Prinzip der Spursteuerung mit Signalwegen und Impulsformen beim LV-Bildplatten-System

- einem Rückwärtssprung nach jeder Umdrehung ein *Standbild*,
- einem Rückwärtssprung nach jeder halben Umdrehung eine *Rückwärtsbewegung* mit Normalgeschwindigkeit,
- einem Sprung vorwärts nach jeder halben Umdrehung eine *Zeitrafferwiedergabe* mit dem 3fachen der normalen Abtastgeschwindigkeit.

1.6 Der Bildplattenspieler

Das Prinzip des Signalverlaufes und der Servosteuerung eines LV-Bildplattenspielers geht aus *Abb. F1-21* hervor. Wie weiter oben ausgeführt, trifft der vom Laser (a) erzeugte und von der Bildplatte (b) reflektierte Lesestrahl auf die Photodetektoren (c). Nach Verstärkung (d) des gewonnenen Signals bereitet ein HF-Prozessor (e) diese Information auf und trennt die frequenzmodulierten Video-Signale von der Audio-Information. Am Ausgang des Video-Demodulators (f) erhält man ein Video-Signal, dessen Drop-Out-Stellen noch zu kompensieren sind. Hinter dem Drop-Out-Kompensator (g) steht dann das regenerierte Video-Signal zur Verfügung.

Nach Abtrennung der frequenzmodulierten Audio-Information und Demodulation (i) gewinnt man die beiden Audio-Signale für den rechten und den linken Lautsprecher. Diese werden gemeinsam mit dem Video-Signal einem UHF-Modulator (k) zugeführt, so daß ein UHF-Signal entsteht, das man zur Wiedergabe des Programmes den Antennenbuchsen eines normalen Fernseh-Gerätes zuführen kann.

Der Servoteil enthält
- die Nachsteuerung der Fokussierung des Lesestrahles (m + n),
- die Steuerung des Radialspiegels (o + p),
- die Motorsteuerung (q + r) und
- den Zeitfehlerausgleich, der durch Phasenvergleich des S-Signals und des Burstes (s + u) mit einem Referenzsignal (t) die Korrektur des Plattenantriebes (q) und die Steuerung des Tangentialspiegels (v + w) bewirkt. – Die Ausführung eines serienmäßigen Gerätes ist in *Abb. F1-22* zu sehen.

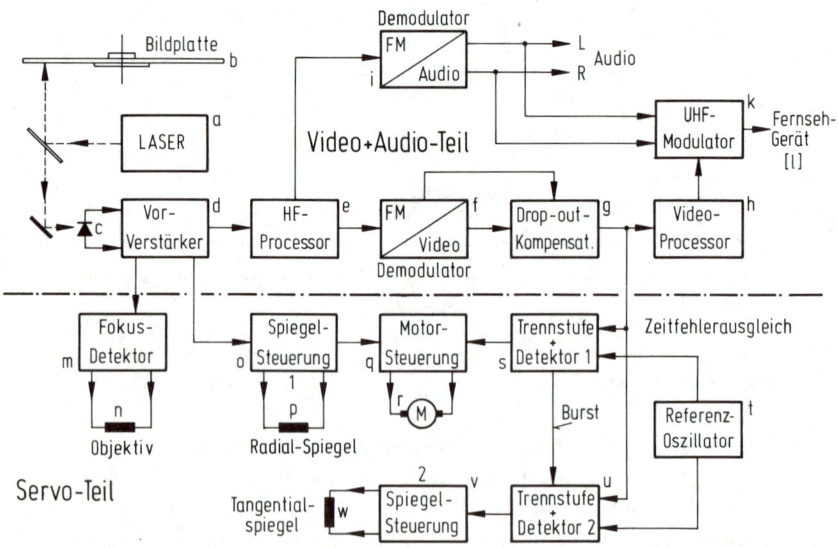

Abb. F1-21 Prinzip des Audio-Video- und Servoteiles eines LV-Bildplattenspielers

Abb. F1-22
Bildplattenspieler
der Firma Philips

1.7 Die Herstellung von Bildplatten nach dem LV-Verfahren

Der Produktionsprozeß der LV-Bildplatte (*Abb. F1-23*) hat eine gewisse Ähnlichkeit mit der Fabrikation von Schallplatten. Bevor aber das eigentliche „Schneiden" der Video- und Audio-Informationen auf eine Masterplatte erfolgt, ist das Programmaterial entsprechend vorzubereiten. Diesen Vorgang nennt man auch „Pre-Mastering" [69].

1.7.1 Das Pre-Mastering

Hierunter versteht man alle Vorgänge zur Herstellung eines Master-Video-Bandes, das als Ausgangsmaterial für den „Schneid-Prozeß" einer Bildplatte dienen kann. Als Programmaterial kommen vorwiegend Filme im 35- und 16-mm-Format sowie MAZ-Bänder der professionellen Formate 1", ¾" und ½" zur Verwendung. Dabei ist allerdings zu beachten, daß die Qualität der gefertigten LV-Bildplatte niemals besser sein kann als die des Ausgangsmaterials. Aus diesem Grunde sollte man 35-mm-

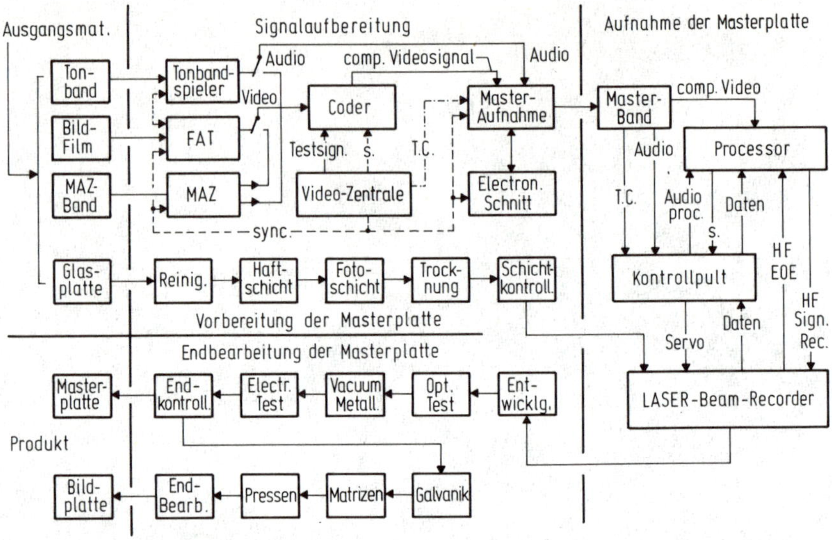

Abb. F1-23 Bildplatten-Herstellung nach dem LASER-VISION-Verfahren von Philips

Filme den 16-mm-Filmen vorziehen. – Die professionellen Videobänder werden zwar den Qualitätsanforderungen voll gerecht, ihre vom Band abgetasteten Video-Signale erfordern aber eine zusätzliche Aufbereitung in Verbindung mit einem digitalen Vollbildspeicher, wenn man alle Möglichkeiten der CAV-Bildplatte (wie Standbild und Zeitlupe) nutzen will. Dies ist darauf zurückzuführen, daß beim Zeilensprungverfahren nacheinander zwei zeitlich versetzte Halbbilder übertragen werden, die vor allem bei schnellen Bewegungsabläufen nicht mehr deckungsgleich sein können. Bei der Abtastung von Filmen besteht dieses Problem nicht, da beide Halbbilder absolut identisch sind.

Zur Abtastung von Filmen verwendet man einen Filmabtaster (siehe Abschnitt G.1), der ein normgerechtes Video-Signal liefert. Dieses Signal passiert einen Coder, der vom Abtaster zur Kennzeichnung von Kapitelanfängen, Standbild- und Slow-Motion-Abschnitten zusätzlich angesteuert wird. Neben diesen Adreß-Signalen liefert der Coder auch die Taktsignale für die Bildnummer- (CAV-) und Spieldauer- (CLV-) Information. Der Markierungsschlüssel besteht aus einem 5-bit-Code, der auf dem Masterband in der vertikalen Austastlücke des zweiten Halbbildes gespeichert ist. Zur Zeit sind drei Markierungs-Codes in Gebrauch, und zwar der Bild-Code, der Kapitel-Code und der Stehbild-Code.

Bildinformation und Codierung ergeben ein komponiertes Video-Signal, das man gleichzeitig mit den zugehörigen Audio-Signalen auf einem Masterband aufzeichnet. Die Audio-Signale können dabei entweder von einem Lichttonfilm (COMOPT), einem getrennten Magnetfilmband (SEPMAG) oder auch direkt von den Audio-Spuren des MAZ-Bandes abgetastet werden.

Falls notwendig, kann man das Masterband auch noch kürzen oder Inserts einfügen. Hierzu bedient man sich des „elektronischen Schnittes", wie er in Abschnitt E.3.12 beschrieben ist.

1.7.2 Die Masterplatte

Als Rohmaterial für die Herstellung einer Master-Bild-Platte verwendet man eine Glasplatte aus einwandfreiem optischen Glas. Die Anforderungen an diese Glasplatte sind sehr hoch. Sie darf zum Beispiel keinerlei Unebenheiten der Oberfläche und keine Exzentrizität zum Mittelloch der Platte aufweisen.

Diese Roh-Platte unterwirft man zunächst einer sorgfältigen Reinigungsprozedur (Abb. F1-23). Anschließend trägt man eine hauchdünne Haftschicht auf. In der folgenden Bearbeitungsstufe geschieht dann eine absolut gleichmäßige Beschichtung der Platte mit einer lichtempfindlichen Emulsion. Die aufgetragene Foto-Schicht wird daraufhin einem besonderen Trocknungsprozeß unterworfen und steht nach Prüfung ihrer Oberfläche für den Aufzeichnungsvorgang bereit. Die Aufzeichnung der einzelnen Spurwindungen auf der Glas-Master-Platte erfolgt mit einem fokussierten Laser-Strahl, der mit der Video-Information des Masterbandes moduliert wird (*Abb. F1-24*).

Hierzu werden das Video-Signal und die beiden Audio-Signale vom Masterband abgetastet und einem Processor zugeführt, der nach den Abb. F1-11 und F1-12 die Umsetzung in ein impulsbreiten-moduliertes FM-Signal vornimmt. Dieses FM-Signal speist den Treiberverstärker eines elektro-optischen Modulators, der dem passierenden kohärenten Lichtstrahl eines Argon-Lasers die FM-Information aufprägt. Vom Modulator aus gelangt der Strahl dann über eine λ/2-Platte zu einem Polarisator. Die Kombination dieser optischen Bauteile gestattet in Verbindung mit

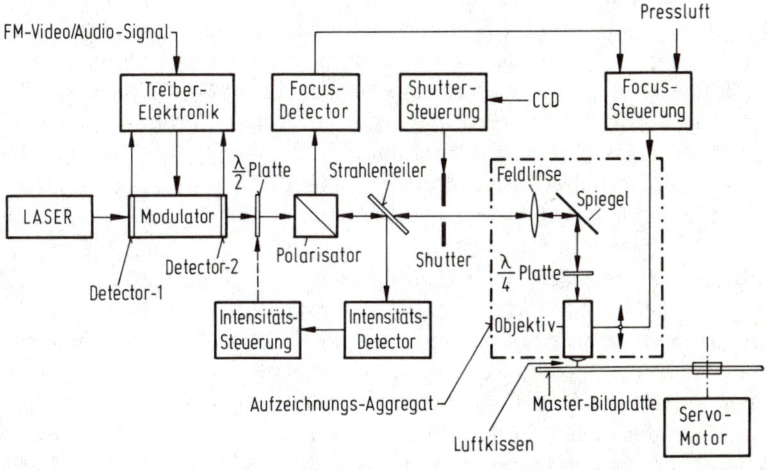

Abb. F1-24 Prinzip eines Laser-beam-recorders für die Master-Aufzeichnung einer LV-Bildplatte

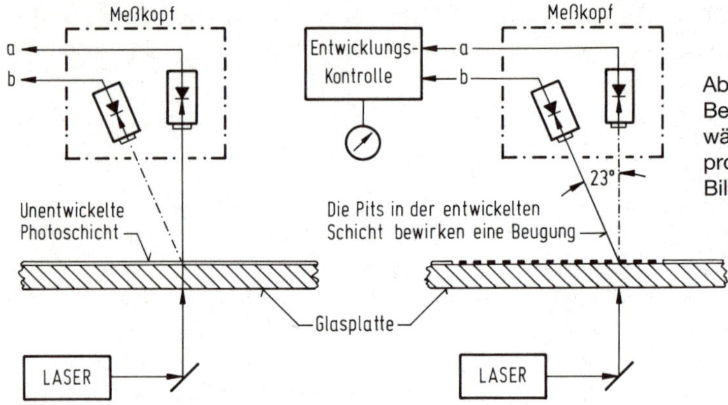

Abb. F1-25 Messung der Beugungserscheinungen während des Entwicklungsprozesses einer Master-Bildplatte

einem Strahlenteiler die Überwachung der Intensität des Schreibstrahles und seine entsprechende Nachsteuerung. Dabei ist zu berücksichtigen, daß sich die Aufzeichnung mit konstanter Winkelgeschwindigkeit (CAV) gegenüber der Aufzeichnung mit linearer Geschwindigkeit (CLV) unterscheidet. Bei der CAV-Version muß die Intensität des Schreibstrahles mit zunehmendem Radius ansteigen.

Zur Überwachung des Schreibvorganges trennt man in ähnlicher Weise wie bei der Abtastung der Platte auch in der Aufzeichnungsmaschine (Laser-beam-recorder) mit einer λ/4-Platte den auf die Masterplatte auftreffenden polarisierten Lichtstrahl vom reflektierten Strahl. Den reflektierten Kontrollstrahl wertet ein Fokus-Detektor aus. Die damit erhaltenen Kontrolldaten steuern die Position des abbildenden Objektives über eine „Luft-Federung" nach.

Der Plattenantrieb befindet sich auf einem beweglichen Schlitten. Um die Pit-Information spiralförmig auf der Platte speichern zu können, ist die rotierende Masterplatte während des Schreibvorganges mit Hilfe einer vollautomatischen Steuerung durch eine zeitlich linear verlaufende Bewegung seitlich zu verschieben.

Nach der Belichtung der Glasplatte findet eine fotografische Entwicklung statt. In einer Spezialmaschine wird die Platte in Rotation versetzt und Entwicklerflüssigkeit aufgesprüht. Den Entwicklungsvorgang kontrolliert man durch eine meßtechnische Auswertung der entstehenden Pit-Informationen (*Abb. F1-25*). Von einer Referenz-Platte her sind die Sollabmessungen der einzelnen Pits hinsichtlich Spurbreite und Spurabstand genau bekannt. Damit kennt man auch den Beugungsgrad 1. Ordnung, den ein hindurchgehender Lichtstrahl erfahren würde. – Zur Überwachung des Entwicklungsprozesses mißt man daher mit einem Laserstrahl die sich laufend verändernde Beugung des Lichtes an dem langsam entstehenden Pit-Spur-Muster. Wenn die geometrischen Abmessungen den gewünschten Sollwert erreicht haben, bricht man die Entwicklung unverzüglich ab. Die so erhaltene Aufzeichnung wird anschließend chemisch fixiert, stabilisiert und getrocknet.

In einer folgenden Arbeitsstufe wird die Pit-Geometrie über die gesamte Oberfläche durch Messen der Beugungserscheinungen überprüft. Bei positivem Befund trägt man dann im Hochvakuum eine hauchdünne Reflexionsschicht auf, so daß die

Information der Masterplatte dann auf einer Testmaschine bereits elektronisch gelesen und ausgewertet werden kann. In dieser Endkontrolle hält man alle wichtigen Daten der Masteraufzeichnung, wie zum Beispiel die Pit-Geometrie, die Aufzeichnungsbandbreite, das Drop-Out-Verhalten, den Störabstand usw., fest.

1.7.3 Die Vervielfältigung

Nach Abb. F1-23 gewinnt man in einem galvanischen Prozeß durch Abformung von der Glasmasterplatte eine Reihe von Matrizen, die für den weiteren Vervielfältigungsvorgang benötigt werden. Auf die Spezifik der Matrizenherstellung wird in Abschnitt F.4 noch ausführlich eingegangen.

Als Ergebnis des Preßvorganges erhält man zwei transparente Kunststoffscheiben, die jeweils nur auf einer Seite die eingeprägte Information tragen. Diese Seite wird in einer Hochvakuum-Kammer verspiegelt und mit einer Oberflächenversiegelung versehen. Vor der Endbearbeitung überprüft man die noch voneinander getrennten Plattenhälften auf einem elektronischen Meßplatz, um die Qualität der Aufzeichnung festzustellen.

Nach positivem Prüfergebnis verklebt man die beiden Hälften im Sandwich-Verfahren zu einer Platte, die dann nach Endkonfektionierung (darunter versteht man das Aufbringen des Labels und die Verpackung) an den Verbraucher geliefert werden kann.

2 Die VHD-Bildplatte von JVC

In mehrjähriger Arbeit entwickelte JVC (*J*apan-*V*ictor-*C*ompany) das VHD(*V*ery-*H*igh-*D*ensity)-Bildplattensystem. Dieses Bildaufzeichnungsverfahren ist mit den beiden vorher beschriebenen Systemen – dem Laser-Vision-System von Philips und dem CED-System von RCA – in gewisser Weise verwandt (*Abb. F2-1*).

2.1 Optische Aufzeichnung und kapazitive Abtastung

Die Master-Aufzeichnung wird in ähnlicher Weise wie beim LV-Verfahren von Philips mit einem modulierten Laserstrahl in einem staubfreien Raum auf eine Glas-Master-Platte spiralförmig geschnitten. Da die Platte keine Führungsrille besitzt, zeichnet man zur Nachsteuerung der Spurlage des Abtastdiamanten neben der Information zusätzlich drei Spurhalte-Signale (f_p1, f_p2 und f_p3) auf. Nach der Aufzeichnung entstehen dann auf der Oberfläche der Platte mikroskopisch kleine Vertiefungen (Pits), die nach galvanischer Abformung auf die eigentliche Bildplatte übertragen werden [71].

Als Plattenmaterial kommt ein ähnlicher elektrisch leitender Kunststoff zur Anwendung, wie er bei der CED-Platte bereits beschrieben ist. Ähnlich ist auch die Art des Stylus, der auf der Rückseite eine hauchdünne Metallelektrode trägt. Aus der Anordnung, Form und Tiefe der mikroskopisch kleinen Pits ergeben sich zur

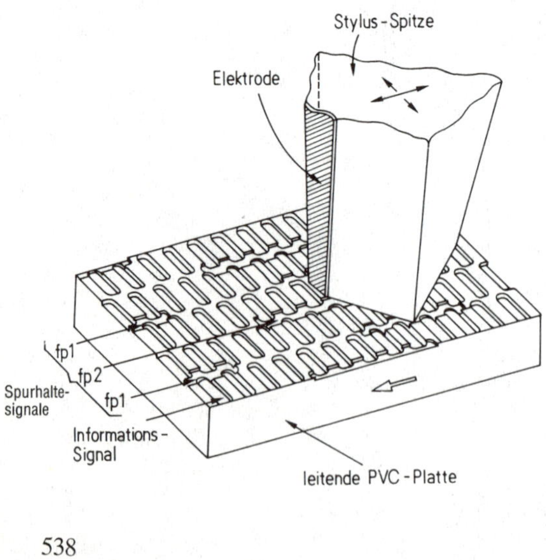

Abb. F2-1 Schematische Darstellung der Pit-Folge auf dem Ausschnitt einer VHD-Platte mit Abtastdiamant (Stylus) und Elektrode zur kapazitiven Abtastung

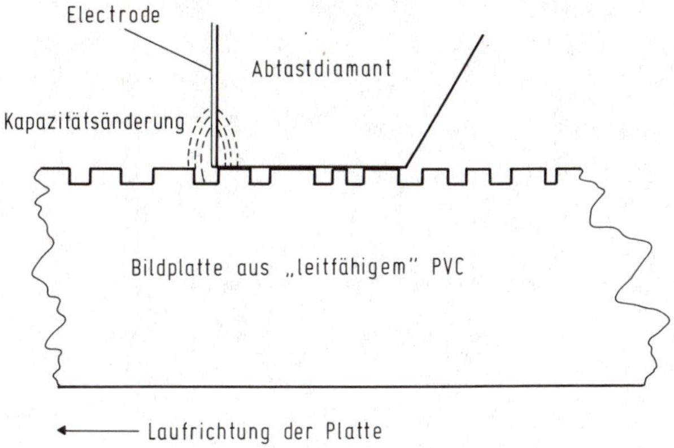

Abb. F2-2
Funktion von Abtaster und Platte beim VHD-System

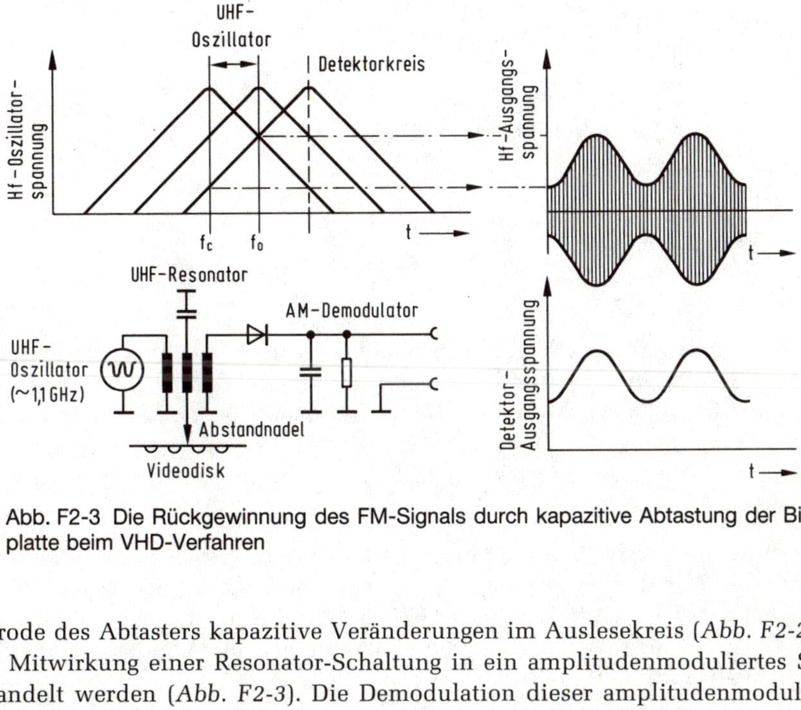

Abb. F2-3 Die Rückgewinnung des FM-Signals durch kapazitive Abtastung der Bildplatte beim VHD-Verfahren

Elektrode des Abtasters kapazitive Veränderungen im Auslesekreis (*Abb. F2-2*), die unter Mitwirkung einer Resonator-Schaltung in ein amplitudenmoduliertes Signal verwandelt werden (*Abb. F2-3*). Die Demodulation dieser amplitudenmodulierten UHF-Schwingung geschieht mit einem Spitzenwert-Detektor, der dann das ursprüngliche FM-Spektrum der Aufzeichnung reproduziert.
Die rillenlose Abtastung hat einige Vorteile:

– Der Stylus kann sich in ähnlicher Weise frei über der Plattenoberfläche bewegen wie der auslesende Lichtstrahl bei der LV-Platte von Philips.

– Damit sind auch die gleichen Möglichkeiten, wie sichtbarer Suchlauf, Standbild und Slow-Motion, gegeben.

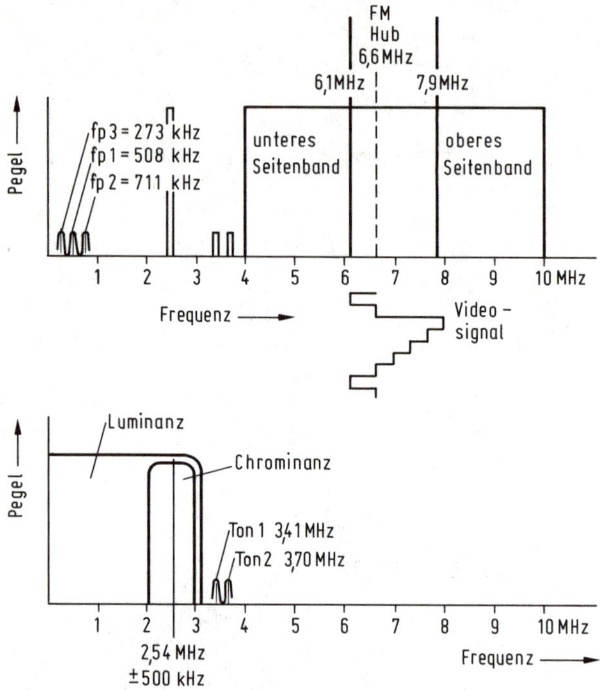

Abb. F2-4
Frequenzspektren der Video-Audio-Aufzeichnung bei der VHD-Platte

– Die Berührungsfläche des Abtastdiamanten auf der Platte kann größer sein als die Breite der Spuren, weil nur die schmale Abtastelektrode am Lese-Vorgang beteiligt ist. Die Auflagefläche ist in der Praxis zehnmal größer als beim CED-System. Hierdurch steigt auch die Lebensdauer des Stylus entsprechend an. Dies um so mehr, als eine Auflagekraft von 5 bis 10 Milligramm für eine einwandfreie Abtastung bereits ausreichend ist.

Ohne Rillen läßt sich die Spurbreite auf 1,35 μm reduzieren, so daß eine Stunde Programm bereits auf einer Plattenseite bei einem Durchmesser von 26 cm speicherbar ist. Bei einer Umlaufgeschwindigkeit der Platte von 750 Umdrehungen pro Minute (PAL) – bei NTSC sind es 900 Umdrehungen pro Minute – enthält jede Plattenseite etwa 54 000 Einzelbilder.

2.2 Modulationsverfahren

Auch beim VHD-Verfahren ist die Video-Bandbreite auf 3 MHz begrenzt. Das Chrominanz-Signal muß daher vom Luminanz-Signal getrennt werden. Hierzu wird der 4,43-MHz-Farbträger durch Mischung mit einer Hilfsfrequenz von 6,97 MHz auf einen Träger von 2,54 MHz transponiert und mit einem Hub von ± 500 kHz frequenzmoduliert (*Abb. F2-4*). Das in der Bandbreite auf 3 MHz begrenzte Luminanzsignal moduliert man einer Trägerfrequenz von 7 MHz auf. Damit liegen die Grenzfrequenzen der beiden Seitenbänder bei 4 MHz und 10 MHz. Bei einem Frequenzhub von 1,8 MHz beträgt die Frequenz des Synchronwertes 6,1 MHz, die des Austastwertes 6,6 MHz und des Weißwertes 7,9 MHz.

Für die beiden Audio-Signale stehen die Frequenzen 3,41 MHz und 3,70 MHz mit einem Frequenzhub von ± 50 kHz zur Verfügung.

Schließlich sind den drei Spurhaltesignalen folgende Frequenzen zugeordnet: $f_p1 = 508$ kHz; $f_p2 = 711$ kHz und $f_p3 = 273$ kHz.

Nach dem Modulationsvorgang werden die FM-modulierten Signale mit den Spurhaltesignalen addiert und dem Schreibstrahl des „Schneide-Lasers" aufgeprägt.

2.3 Die Masteraufzeichnung

Das Prinzip der Aufzeichnung einer VHD-Platte ist in *Abb. F2-5* dargestellt. Ein Argon-Laser (a) erzeugt einen Schreibstrahl, den man mit einem Halbspiegel (b) und einem Umlenkspiegel (c) in zwei Wege aufteilt, in die die beiden optischen Modulatoren (d und f) eingeschaltet sind. Die Frequenzmodulation der Video- und Audio-Signale geschieht im FM-Modulator (e), der ausgangsseitig ein Signal zur Steuerung des optischen Modulators 1 (d) liefert.

Die Spurhaltesignale f_p1 und f_p2 (Tracking-Signale) gelangen auf einen elektronischen Schalter (g), der ihre geometrische Lage zur Informationsspur bei jeder Umdrehung der Platte einmal vertauscht. Das Steuersignal f_p3 löst diese Umschal-

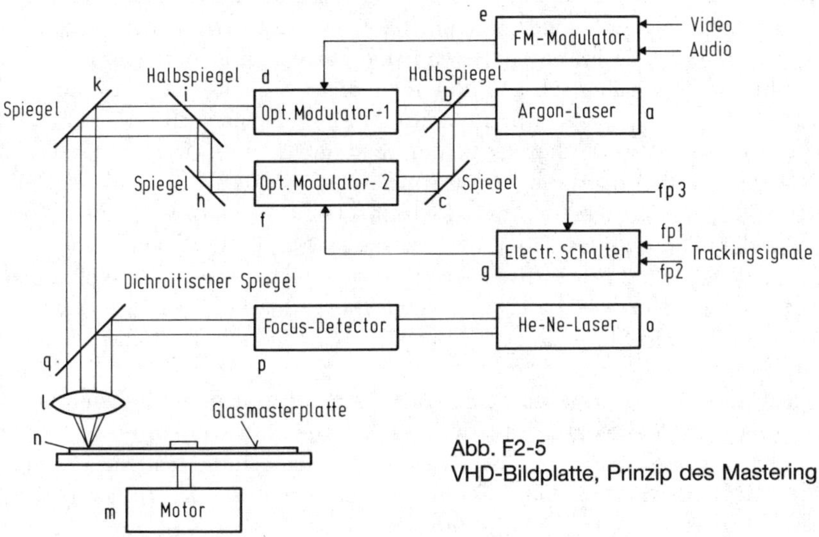

Abb. F2-5
VHD-Bildplatte, Prinzip des Mastering

tung aus, es ist jeweils zu Beginn einer Spur während der vertikalen Austastlücke innerhalb der Informationsspur aufgezeichnet. Die wechselweise Umschaltung der Spurhaltesignale benötigt die Servo-Schaltung des Bildplattenspielers zur exakten Spurnachführung des Abtastdiamanten. Die Modulation des Schreibstrahles mit der Spurhalte-Information erfolgt im optischen Modulator 2 (f).

Nach der Modulation der beiden Schreibstrahlen führt man deren Strahlengänge über die Spiegel (h und i) wieder zusammen, um sie nach Passieren des Umlenkspiegels (k) und des dichroitischen Spiegels (q) mit dem Objektiv (l) auf der Photoschicht der Glasplatte (n) abzubilden. Die Glasplatte (n) treibt der Motor (m) für Aufzeichnungen im PAL-Standard mit 750 Umdrehungen pro Minute (bei NTSC mit 900 U/Min.) an. Die Aufzeichnung erfolgt in Real-Time, so daß bei einer Umdrehung der Platte zwei Vollbilder aufgezeichnet werden.

Die Fokussierung des Schreibstrahles überwacht ein Fokus-Detektor (p). Hierzu benutzt man das monochromatische Licht eines Helium-Neon-Lasers (o), das scharf gebündelt mit einem dichroitischen Spiegel (q) in den Hauptstrahlengang eingeblendet wird. Den reflektierten Teil dieses Meßstrahles wertet der Fokus-Detektor aus. Das resultierende Korrektur-Signal steuert das Objektiv (l) ständig in die optimale Position nach.

2.4 Der VHD-Bildplattenspieler

Nachdem die Video-Platte mit Schutzhülle (Caddy) in den VHD-Spieler eingeschoben worden ist, beginnt der Lesevorgang der kapazitiven Abtastung (*Abb. F2-6*). Nach Vorverstärkung (1) des detektierten Signalgemisches trennt man dessen Anteile für den Video- und Audio-Kanal von den Spurhalte-Signalen ab.

Die Spurnachführungssignale f_p1 und f_p2 sind bei der Aufzeichnung neben den kombinierten Video-/Audio-Signalen auf der Platte gespeichert worden. Aus dem demodulierten Signalgemisch gewinnt man diese Signale (f_p1, f_p2 und f_p3) über Bandfilter (2) und AM-Detektor (3) zurück. Die Spurnachführung arbeitet dann korrekt, wenn die Amplituden der beiden Signale f_p1 und f_p2 gleich groß sind. Das Steuersignal f_p3, das zu Anfang jeder Spur aufgezeichnet ist, triggert eine Flipflop-Schaltung (28). Damit läßt sich ein elektronischer Umschalter (29) so steuern, daß die Ausgangsspannung des Differenzverstärkers (30), der den Amplitudenvergleich von f_p1 und f_p2 durchführt, direkt oder invertiert über einen Phasenkompensator (31) auf einen Treiberverstärker (32) gelangt. Das verstärkte Signal bewirkt dann mit Hilfe der Spulen zur Steuerung der Spurhaltung nach Abb. F3-7 eine elektronische Nachführung des Stylus.

Die Rückgewinnung der Video- und Audio-Signale geschieht über ein Bandpaßfilter (4) in einem FM-Detektor (5) (Abb. F2-6). Über zwei weitere Filter (6) gewinnt man in den Ton-Detektoren (7) die beiden Audio-Signale, die man zur Verbesserung des Störabstandes in einer Rauschverminderungsschaltung (8) aufbereitet. Sie stehen am Ausgang als Stereo- oder Mono-Signale zur Verfügung.

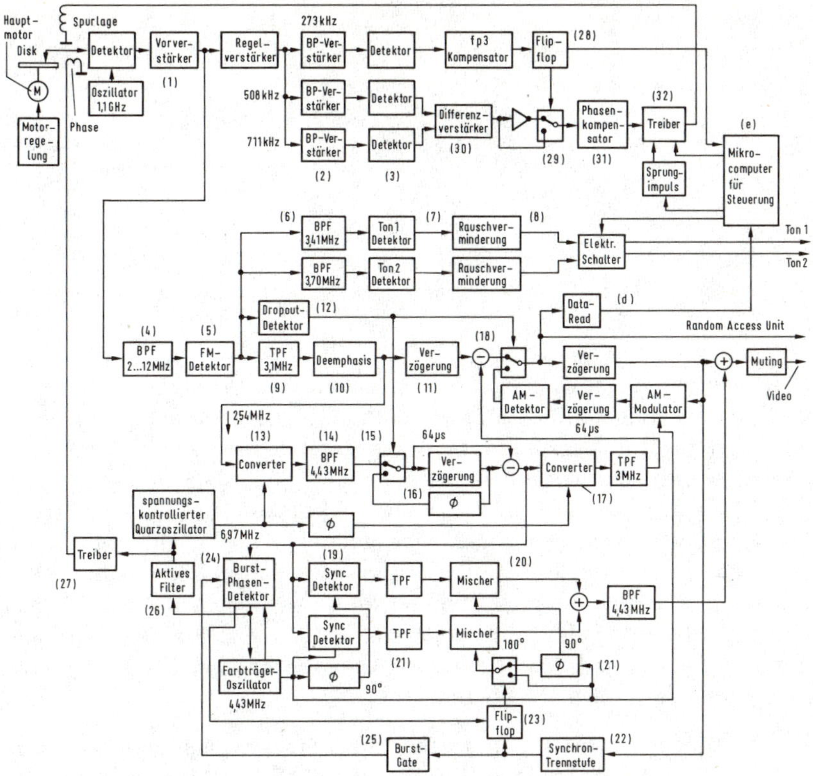

Abb. F2-6 Blockschema eines VHD-Bildplattenspielers (Sharp)

Die Luminanz- und Chrominanz-Signale begrenzt man mit einem Tiefpaßfilter (9) auf 3,1 MHz Bandbreite. Die aufnahmeseitige Preemphasis des Video-Signals wird in einer Deemphasisschaltung (10) rückkompensiert. Zum Ausgleich von Laufzeitunterschieden zwischen dem Luminanz- und dem Chrominanz-Signal folgt im Luminanzkanal eine Verzögerungsschaltung (11). Im Falle eines Pegeleinbruches wiederholt die Drop-Out-Kompensationsschaltung (12) die Information der letzten, vorhergehenden Zeile.

Das Chrominanzsignal ist auf der Platte mit einer Trägerfrequenz von 2,54 MHz aufgezeichnet. Nach Abtrennen des Luminanzanteils wird der Farbträger durch Mischen (13) mit einer Hilfsfrequenz von 6,97 MHz auf die Farbträgerfrequenz von 4,43 MHz umgesetzt. Bei dieser Konvertierung entstehen außerdem weitere Summen- und Differenzsignale, die man mit einem Bandpaß (14) von 4,43 MHz unwirksam macht. Auch das Farbsignal durchläuft nun eine Drop-Out-Kompensationsschaltung (15). Dabei ist allerdings zu berücksichtigen, daß das Signal bei Kompensation eines Drop-Outs durch den Wiederholvorgang eine um 90° versetzte Phasenlage aufweist. Es muß daher in einem Phasenschieber (16) in seiner Phasenlage

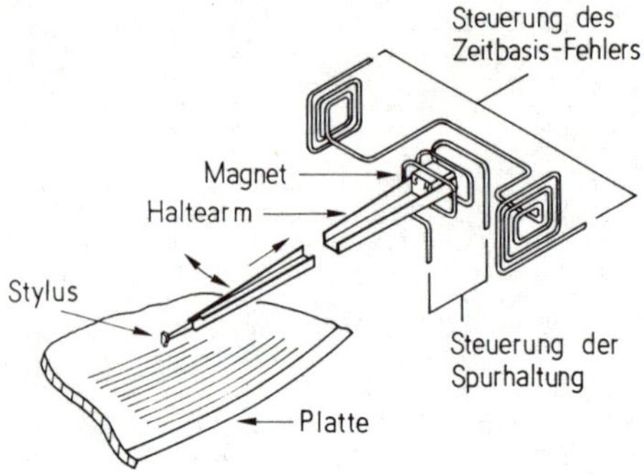

Abb. F2-7
Prinzip der Stylus-Steuerung beim VHD-System

korrigiert werden. Zur weiteren Unterdrückung von Interferenzerscheinungen benutzt man noch eine Kompensationsschaltung (17). Dazu konvertiert man den neu erzeugten Farbträger und subtrahiert (18) die störenden Anteile im Luminanzkanal.

Die Regenerierung der Farbdifferenzsignale R – Y und B – Y erfolgt in den beiden Synchrondetektoren (19), die im Zusammenwirken mit den beiden Mischerschaltungen (20) und den Phasenverschiebungsgliedern (21) die Voraussetzungen für eine normgerechte Modulation des Farbträgersignals schaffen. Dazu sind einige Hilfsoperationen nötig. So gewinnt man zum Beispiel aus dem Video-Signal über eine Synchrontrennstufe (22) die horizontale Ablenkfrequenz, die dann eine Flipflop-Schaltung (23) so triggert, daß eine der PAL-Norm entsprechende Steuerung der Phase des Farbträgers zustande kommt.

Die Korrektursignale zur Kompensation des Zeit-Basis-Fehlers entstehen durch Signalvergleich in einem Burst-Phasen-Detektor (24), der über ein Burst-Gate (25) angesteuert wird. Das Korrektur-Signal bewirkt über ein Filter (26) und einen Treiberverstärker (27) die tangentiale Nachsteuerung des Abtastarmes (*Abb. F2-7*).

Wie bei den anderen beiden Bildplatten-Systemen (LV und CED), so sind auch bei der VHD-Bildplatte verschiedene Wiedergabefunktionen möglich. Variable Wiedergabegeschwindigkeiten (*Abb. F2-8*) lassen sich erreichen, wenn man den Steuerspulen für die Spurhaltung (Abb. F2-7) während der vertikalen Austastlücke einen oder mehrere Impulse nach einer Sprungfunktion (*Abb. F2-9*) zuführt. Will man den Abtastvorgang beschleunigen, so muß der Steuerimpuls zunächst einen positiven Verlauf haben, auf den – sobald die nächste Spur erreicht ist – zum Abbremsen der Bewegung unmittelbar ein negativer Impuls folgt. Bei schnellem Zeitrafferbetrieb sind mehrere Spuren zu überspringen; es müssen daher auch entsprechend viele Sprungsignale in schneller Folge nacheinander erzeugt werden. Soll der Stylus zurückspringen (zum Beispiel bei Zeitlupe oder Rückwärtslauf), so müssen die Sprungsignale umgekehrte Polarität besitzen.

Bildplattengeräte können auch als *„Bildspeicher mit wahlfreiem Zugriff“* (Random-Access-Memory) benutzt werden. Ergänzt man den Video-Plattenspieler mit einer Prozessor-Einheit (Random-Access-Unit), so werden nach *Abb. F2-10* folgende Betriebsarten möglich:

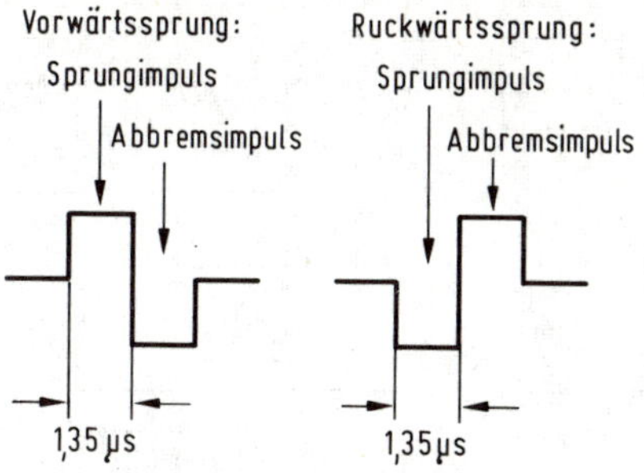

Abb. F2-9 Sprungimpulse für die Vorwärts- und Rückwärtssteuerung des Abtasters

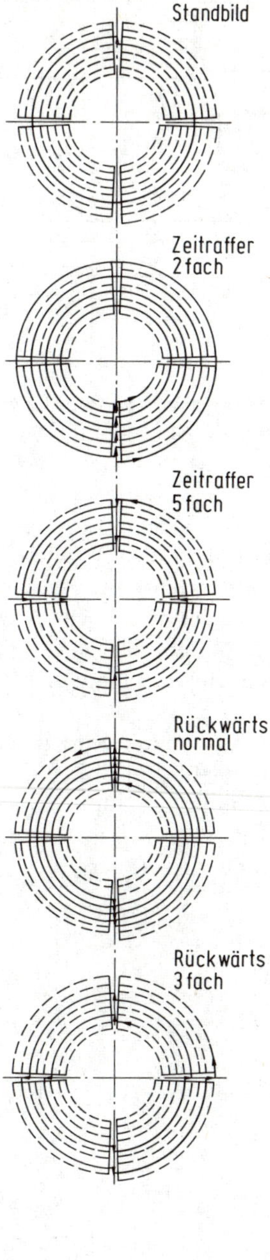

Abb. F2-8 Bewegung des Abtast-Stylus bei verschiedenen Wiedergabefunktionen eines VHD-Plattenspielers (Sharp)

– Direktanwahl bestimmter Programmsegmente nach Bildnummer oder Programmdauer.

– Kontinuierlich ablaufende Wiedergabe bestimmter Programmteile in zeitlich verschiedener Reihenfolge.

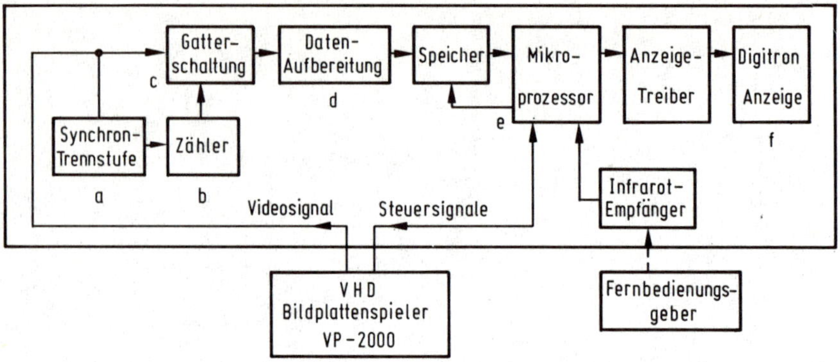

Abb. F2-10 Prinzip einer Prozessor-Einheit zur Steuerung eines Video-Platten-Spielers als „Bildspeicher mit wahlfreiem Zugriff" (Sharp)

Die Prozessor-Einheit der Fa. Sharp benutzt dazu ein 29-Bit-Signal, das während des vertikalen Bildrücklaufes in bestimmten Zeilen aufgezeichnet ist. Das Signal enthält alle Steuerinformationen, wie Anfangssignal, Endsignal, Zeitcode, Bildnummer, Kapitelinformationen, Bildstart und -stop, sowie Befehle zur Umschaltung der Tonkanäle auf die verschiedenen Betriebsarten (Mono-, Stereo- und zweisprachige Wiedergabe).

Die 29-Bit-Information wird nach Abb. F2-10 vom Video-Signal mit Hilfe einer Synchron-Trennstufe (a) und eines Zählers (b) in einer Gatterschaltung (c) abgetrennt. Die Dateninformation bereitet man auf (d) und führt sie zur Verarbeitung einem Mikro-Prozessor (e) zu, der dann die Steuersignale für den Plattenspieler und die Anzeigeeinheiten (f) ausgibt.

3 Die Vervielfältigung von Bildplatten

Die Massenproduktion von Bildplatten hat eine gewisse Ähnlichkeit mit der Herstellung von Schallplatten [72]. Voraussetzung für einen wirtschaftlichen Prozeß ist die Bereitstellung geeigneter Preßmatrizen in ausreichender Anzahl. Wegen der hohen Informationsdichte der Aufzeichnung sind an die Präzision dieser Matrizen extrem hohe Anforderungen zu stellen.

3.1 Die Herstellung der Preßmatrizen

Bei den optischen Aufzeichnungsverfahren wird die Oberfläche der Glasmasterplatte in einem ersten Arbeitsgang durch Aufdampfen im Hochvakuum sehr schwach versilbert, so daß sich eine hauchdünne, elektrisch leitende Schicht in einer Stärke von etwa 0,08 μm bildet.

Für die weitere Bearbeitung setzt man die Masterplatte auf eine rotierende Spindel (*Abb. F3-2*). Die leitfähige Seite der Masterplatte bildet in einem galvanischen Bad die Katode. Als Anode verwendet man Nickelplatten, die man gegenüber der Katode in eine elektrolytische Lösung aus Nickelsulfat ($NiSO_4$) eintauchen läßt. Bei Anlegen einer elektrischen Spannung wandern nun die positiv geladenen Ni^{++}-Ionen zur negativen Katode und bilden auf ihr einen metallischen Überzug. Der Säurerest SO_4^{--} wandert gegen den Strom und löst jeweils ein Atom aus den Nickel-Platten heraus. Die Atome der Nickelplatte geben Elektronen ab und gehen als positive Ionen in die Lösung. Sie wandern in Stromrichtung durch den Elektrolyten, dessen Nickelgehalt dadurch etwa gleich bleibt.

Auf diese Weise läßt man bei relativ geringer Stromdichte eine Nickelschicht anwachsen, bis eine Nickelplatte entsteht, die man dann von der Masterplatte mechanisch abtrennen kann (Abb. F3-1). Dabei gewinnt man ein erstes Metallmaster (auch Vaterplatte genannt). Nach diesem Trennvorgang ist eine Glasmasterplatte nicht mehr weiter zu verwenden. Die Oberfläche ist in den meisten Fällen beschädigt.

Die entstandene Metallmaster-Platte könnte theoretisch bereits als Prägestempel für die Herstellung von Bildplatten verwendet werden. Aus Gründen der Sicherheit und der Wirtschaftlichkeit empfiehlt es sich jedoch, weitere Matrizen herzustellen. Nach Reinigung und chemischer Passivierung entstehen nun von der Metallmaster-Platte durch weitere galvanische Abformungen und entsprechende Trennvorgänge eine oder auch mehrere Muttermatrizen. Der Weg zur Preßmatrize erfordert noch-

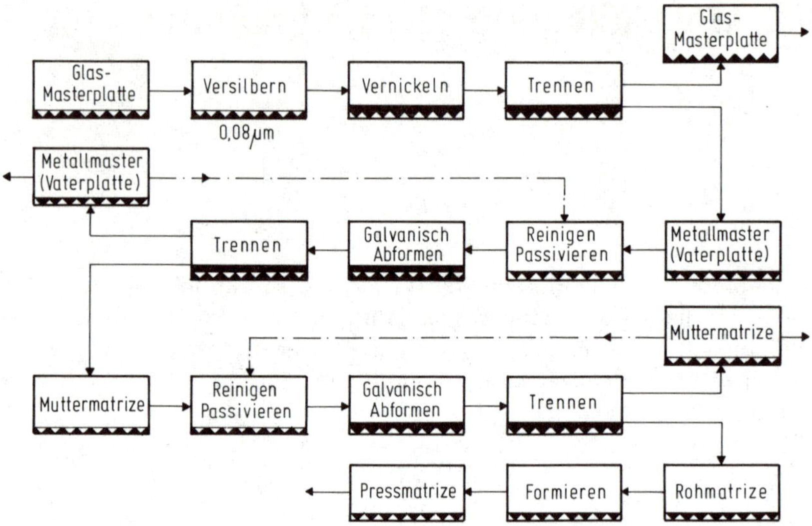

Abb. F3-1 Herstellung von Bildplattenmatrizen (Prinzip)

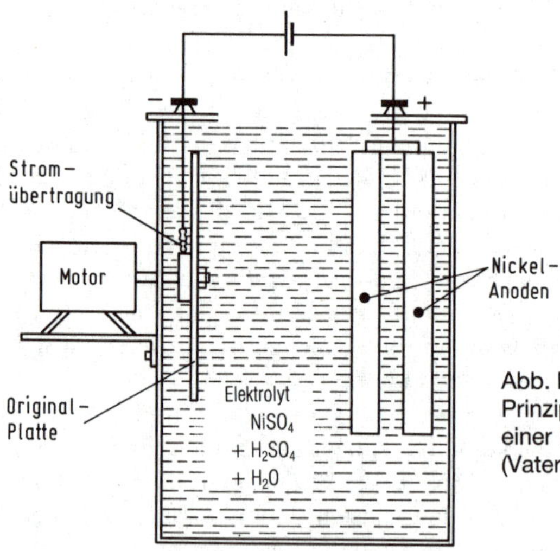

Abb. F3-2
Prinzip der Herstellung einer Metall-Master-Platte (Vater-Platte)

mals einen galvanischen Prozeß, bei dem die Muttermatrize als Vorlage dient. Sowohl die Metallmaster-Platte (Vaterplatte), als auch die Muttermatrizen lassen sich bei sorgfältiger Handhabung mehrfach verwenden.

3.2 Der Preßvorgang

Nach mehreren galvanischen Abformungsstufen erhielten wir die Rohmatrize, die anschließend noch gereinigt und chemisch passiviert werden muß (*Abb. F3-3*). Auf diese Vorbereitung folgt die mechanische Zentrierung, die zur Vermeidung grober Zeit-Basis-Fehler mit großer Genauigkeit durchzuführen ist. Anschließend beseitigt man die unsauberen Ränder der Rohmatrize und formiert sie mechanisch so, bis eine absolut ebene Oberfläche der Preßmatrize erhalten wird. Die formierte Preßmatrize kann dann in die Plattenpresse eingesetzt und justiert werden.

Als Rohmaterial für die Plattenherstellung dienen verschiedene Kunststoffe, die mit bestimmten Additiven vermengt werden. Bei den Systemen mit kapazitiver Abtastung (CED und VHD) ist etwa 12–15 % Kohlenstoff in feinster Verteilung zuzumischen, damit sich die gewünschte elektrische Leitfähigkeit ergibt. Nach dem Mischvorgang erhält man durch Verschmelzen ein prägefähiges Rohmaterial, das nach Erhitzen bei hohem Druck in automatisch genau dosierter Menge zwischen die Preßmatrizen der Platte eingespritzt wird (Injektion-Molding).

Auf das Pressen folgt die Prüfung und Konfektionierung der fertigen Bildplatten, die – sorgfältig verpackt und mit einem Label gekennzeichnet – zum Versand an den Handel gelangen.

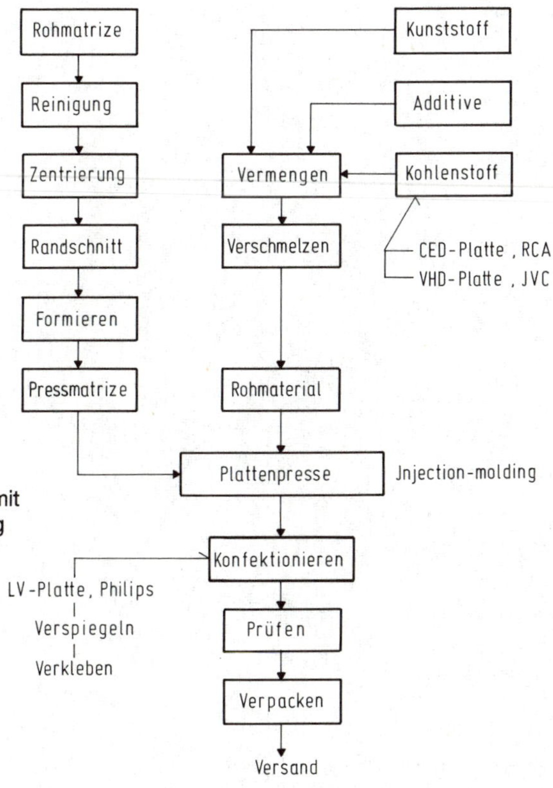

Abb. F3-3
Vervielfältigung von Bildplatten mit Injection-molding

Bildplatten mit optischer Auslesung (Philips-LV-Verfahren) verlangen lichtdurchlässige, transparente Kunststoffe. Neben dem Präge- oder Preßvorgang nach dem bisher beschriebenen „Injection-molding-Verfahren“ entwickelte Philips noch einen weiteren Prozeß, bei dem man einen flüssigen organischen Lack in einer dünnen Schicht auf die Matrize aufbringt [73]. Auf die benetzte Matrize legt man als Trägermaterial der späteren Bildplatte eine leichtgewölbte transparente Kunststoffscheibe, die man flach gegen die Matrize drückt, so daß sich der Lack gleichmäßig über die gesamte Oberfläche verteilt. In einer weiteren Bearbeitungsstufe härtet man den organischen Lack durch Bestrahlung mit ultraviolettem Licht aus. Dabei vernetzen die Lackmoleküle fest miteinander, der Lack wird hart. Während sich nun die Seite der Lackschicht, in die die Information eingeprägt wurde, leicht von der Matrize ablösen läßt, bleibt die Lackschicht fest auf dem Trägermaterial haften. Nach dem Präge- oder Preßvorgang ist bei diesen Platten eine Verspiegelung der Oberfläche notwendig, damit die Information ausgelesen werden kann. Die so erhaltene Oberfläche wird außerdem noch versiegelt. Erst nach der Prüfung fügt man die beiden, zueinander gehörenden Plattenseiten zusammen. Mit dem Anbringen des Labels wird dann die Platte verpackungs- und versandbereit.

4 Löschbare optische Plattenspeicher

Die bisher beschriebenen Bildplatten-Systeme haben gegenüber Magnetbändern den großen Vorteil, daß die gespeicherten Informationen durch äußere Einflüsse (elektr. u. magn. Felder) nicht mehr verändert werden können. Die Aufzeichnung ist – ähnlich dem fotografischen Film – „dokumentenecht".

Bei verschiedenen Anwendungen möchte man aber gern die Vorteile der plattenförmigen Speicherung mit ihren kurzen Zugriffszeiten und den Vorteil der Löschbarkeit nutzen, um beispielsweise Aktionsszenen, wie sie beim Sport die Regel sind, aufzuzeichnen. Die Zugriffszeiten plattenförmiger Informationsträger können weit unter einer Sekunde liegen, so daß eine nahezu freie Zugriffswahl, die Dauerdarstellung eines Einzelbildes und schneller oder verlangsamter Vor- und Rücklauf mit sichtbar bleibendem Bild möglich sind. Auch eröffnen sich in der Verknüpfung mit Computer-Systemen besondere Perspektiven für elektronische Tricks, die auch Anwendung im Bereich der Computer-Grafik finden können (siehe Seite 217).

In diesem Zusammenhang sind Entwicklungen interessant, die sich im Ursprung mit der Aufgabe befaßten, löschbare optische Speicher für Computer-Anwendungen zu finden. Diese Bemühungen haben inzwischen einen Stand erreicht, der dazu führte, daß die japanische Rundfunkorganisation NHK auch ein optisches Bildplatten-System mit Löschfunktion in Betrieb nehmen konnte.

Bei einem solchen System darf die Art der Aufzeichnung, im Unterschied zum LV-Verfahren, keine ständige physikalische Veränderung der Oberfläche bewirken, sondern nur eine Veränderung der optischen Transmissions- und Reflexionseigenschaften. Der aufzeichnende Laserstrahl darf daher das Material weder verdampfen noch schmelzen, sondern durch Erwärmung nur in seinen optischen Eigenschaften verändern. Langjährige Forschungen ergaben, daß die Metalloxide bestimmter seltener Metalle wie Tellur (Te), Antimon (Sb), Germanium (Ge) und Molybdän (Mo) solche Eigenschaften besitzen, die auch reversibel sind. Nach *Abb. F4-1* zeigen die genannten Materialien eine abrupte Veränderung der Übertragungskoeffizienten im Bereich von 633 nm, wenn sie auf eine bestimmte Temperatur erwärmt werden.

Dieses physikalische Phänomen nutzend, verwendet MATSUSHITA für die löschbare optische Bildplatte eine Beschichtung der Plattenoberfläche mit einem Tellur-Suboxid, dem gewisse Spuren von Germanium, Indium und Zinn beigefügt sind. Die Struktur dieses Aufzeichnungsmaterials läßt sich durch Belichtung mit einem Laserstrahl entweder in eine kristalline Phase mit hohem Reflexionsvermögen oder in eine amorphe Phase mit geringer Reflexion bringen. Nach *Abb. F4-2* verwandelt sich während des Aufzeichnungsvorganges an den Stellen, an denen der Laserstrahl die kristalline Oberfläche trifft, deren Struktur in die amorphe Phase mit niedrigerem

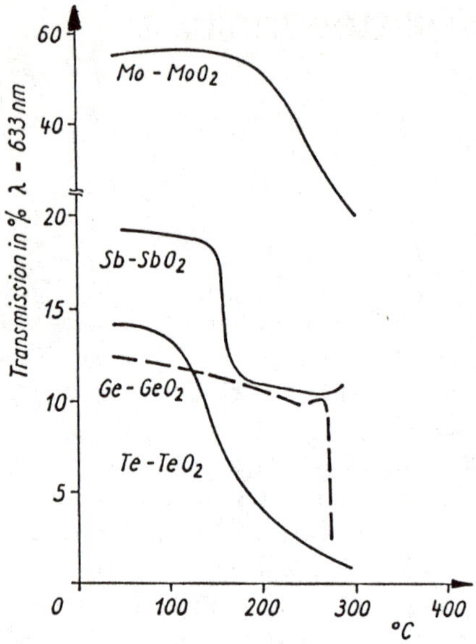

Abb. F4-1 Die Lichtübertragungseigenschaften seltener Metalle

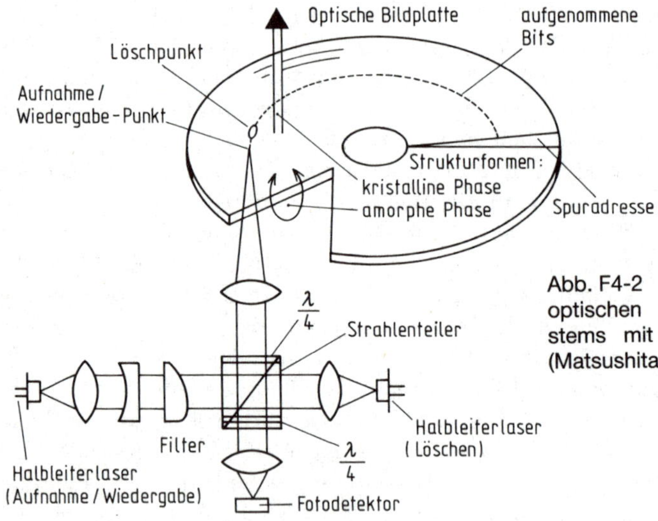

Abb. F4-2 Prinzip eines optischen Bildplatten-Systems mit Löschfunktion (Matsushita)

Reflexionsgrad, so daß für den Auslesevorgang ein der LV-Platte ähnliches Spurmuster entsteht.

Die Speicherschicht aus Tellur-Suboxid wird in einer Stärke von 120 nm auf eine 1,1 mm dicke Acrylharzplatte aufgedampft und mit einer transparenten Schutzschicht überzogen. Das Trägermaterial (Substrat) hat eine vorgeprägte „Laser-Leitspur" mit einer Tiefe von 70 nm, einer Breite von 0,8 µm und einem Spurabstand von 1,65 µm. Die Breite der Leitspur entspricht dem Durchmesser der aufgezeichneten

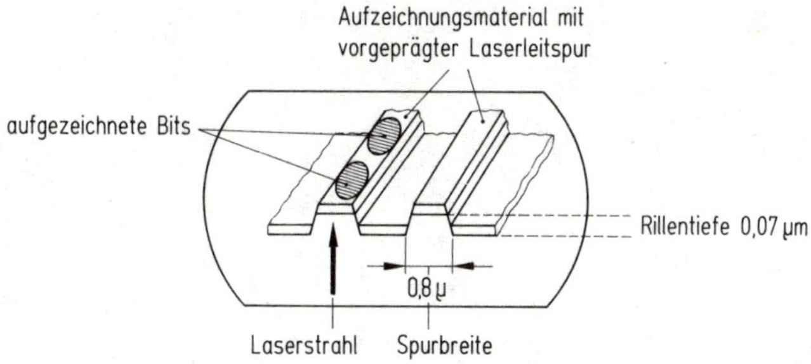

Abb. F4-3 Spurlagenschema der löschbaren Bildplatte von Matsushita

Bits und ihre Tiefe einem Achtel der Lichtwellenlänge des Lasers. Die Speicherkapazität der Platte beträgt bei einem Durchmesser von 20 cm und 23 000 Spuren etwa 700 MByte. Die Art der Aufzeichnung ist in gleicher Weise sowohl für digitale Signale als auch für analoge Video-FM-Signale geeignet. Bei einer Aufzeichnungswellenlänge von etwa 1 µm kann mit einer Schreibgeschwindigkeit von 5 m/s ein trägerfrequentes 5-MHz-Signal mit einem Rausch-Abstand von 55 dB gespeichert werden (*Abb. F4-3*).

Für die Aufnahme und Wiedergabe benutzt man einen Laser mit einer Wellenlänge von 830 nm. Er erzeugt auf der Oberfläche der Platte einen Lichtfleck mit 0,8 µm Durchmesser. Während für die Aufzeichnung etwa 8 mW an Leistung erforderlich sind, benötigt der Wiedergabevorgang eine solche von 1 mW. Für die Löschung der gespeicherten Informationen verwendet MATSUSHITA Laserlicht mit einer Wellenlänge von 730 nm bei einer Leistung von 10 mW. Damit wird die amorphe Oberflächenstruktur wieder in die kristalline Form zurückversetzt (*Abb. F4-4*) [121].

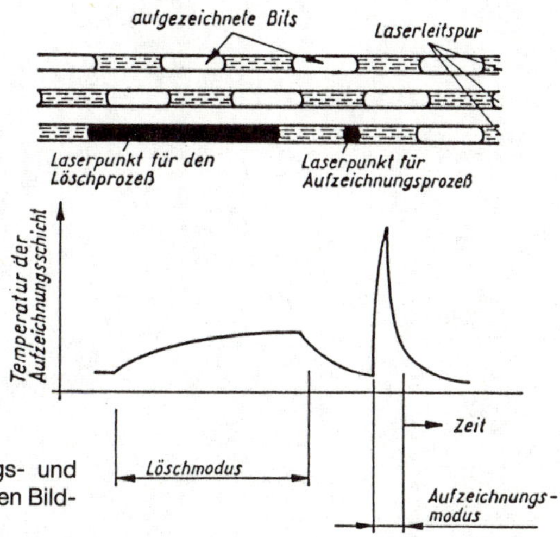

Abb. F4-4 Aufzeichnungs- und Löschmodus der optischen Bildplatte von Matsushita

G) Grenzbereiche zwischen Videotechnik und Film

In modernen Produktionsstudios arbeiten Film- und Video-Bearbeitung eng zusammen. Ob eine Produktion auf Film oder Videoband aufgezeichnet wird, ist weitgehend von der Produktionsaufgabe und deren ökonomischen Zwängen abhängig. Jedes der beiden Systeme (Film oder Video) hat spezifische Vor- und Nachteile, die in *Tabelle G1* gegenübergestellt sind.

Das Zusammenwirken von Film- und Videobearbeitung (*Abb. G1-1*) ist in einem modernen technischen Betrieb tägliche Praxis. Während die Wiedergabe eines Filmes im Kino auf konventionelle Weise (Filmprojektor) geschieht, erfolgt die Umwandlung der Bildinformation in ein Videosignal mit einem Filmabtaster (FAT) (siehe Abschnitt G.1) zur Aufzeichnung auf ein Videoband, das entweder als Sendeband für die Ausstrahlung im Fernsehen oder als Masterband zur Vervielfältigung von Videokassetten oder Bildplatten dient. – Soll eine Videoproduktion zur Wiedergabe in einem Filmtheater laufen, so ist neben der *Video-Großprojektion* (siehe Abschnitt C.8) auch die Aufzeichnung auf fotografisches Filmmaterial (FAZ) durchaus eine Alternative (siehe Abschnitt G.4). Handelt es sich dabei um eine Produktion in fremder Sprache, so findet in vielen Fällen auch noch eine Nachsynchronisation statt (siehe Abschnitt D.14).

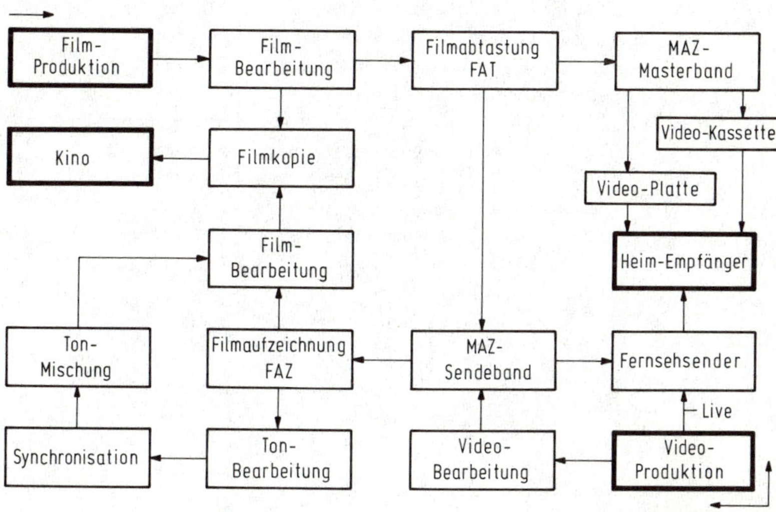

Abb. G1-1 Zusammenwirken von Film- und Video-Bearbeitung

Tabelle G1: Einsatz verschiedener Systeme zur Bildaufnahme und -übertragung

Art der Bildübertragung und Bildspeicherung	Einsatz günstig bei:	Vorteile	Nachteile
Elektronische Bildübertragung und Bildspeicherung	Im Fernsehstudio und bei Live-Übertragungen	Stets präsente Bildinformation, Möglichkeit der Überwachung zum Zeitpunkt der Aufnahme. Sofortige Reproduzierbarkeit. Elektronische Korrekturmöglichkeiten, auch farbspezifisch. Elektronischer Schnitt mit geringstem Bandverbrauch.	Komplizierte Schnittechnik. Internationaler Programmaustausch erfordert evtl. Normwandlung des Video-Signals.
Film-Aufnahme und Film-Wiedergabe	Aufnahmen an Originalschauplätzen. Aktuelle Berichterstattung. Spielproduktionen. Kultur- und Expeditionsfilme.	Geringer Ausrüstungsumfang. Leichtes Gerät. Geringe Kosten. Große Beweglichkeit. Einfachste Schnittechnik. Problemloser, von nationalen Normen unabhängiger internationaler Programmaustausch.	Latentes Bild wird erst nach der photographischen Entwicklung sichtbar. Zeitverlust. Korrekturen nur durch nochmaliges Kopieren mit Lichtausgleich möglich. Farbspezifische Korrekturen in geringem Umfang möglich.

1 Der Filmabtaster

Für die Umwandlung eines Filmbildes in ein Fernsehsignal sind verschiedene Verfahren – die Speicherröhren-Abtastung, die Punktlicht-Abtastung und die Abtastung mit Halbleiter-Zeilensensoren – bekannt. Der Filmtransport kann dabei kontinuierlich oder auch intermittierend ablaufen [36].

1.1 Die Speicherröhren-Abtastung

Bei diesem System projiziert man das Bild eines Farbfilmes nach spektraler Farbteilung auf die Speicherschichten der Bildaufnahmeröhren für die Farbkanäle Rot, Grün und Blau (*Abb. G1-2*). Die Bildfortschaltung und die Fernsehabtastung müssen dabei synchron verkettet ablaufen. Für den Filmtransport kann man die üblichen, schrittweise schaltenden Transportmechanismen verwenden. Es stört dabei nicht, wenn die Bildprojektion während des Filmtransportes zeitweise unterbrochen wird, weil die Ladungsspeicherung der Bildaufnahmeröhren diese Zeitspanne überbrückt. Allerdings muß die integrale Lichtmenge im Intervall zwischen zwei aufeinanderfolgenden Bildübertragungen gleich groß sein, wenn man störendes Flimmern vermeiden will. – Die Farbfilmabtastung fordert zusätzlich eine genaue Deckung des Rasters der drei Farbauszüge, wenn an unbunten Kanten keine störenden Farbsäume entstehen sollen. – Auch führen die Trägheitseffekte der Bildaufnahmeröhren zu Nachzieh-, Überstrahlungs- und „Blooming"-Erscheinungen.

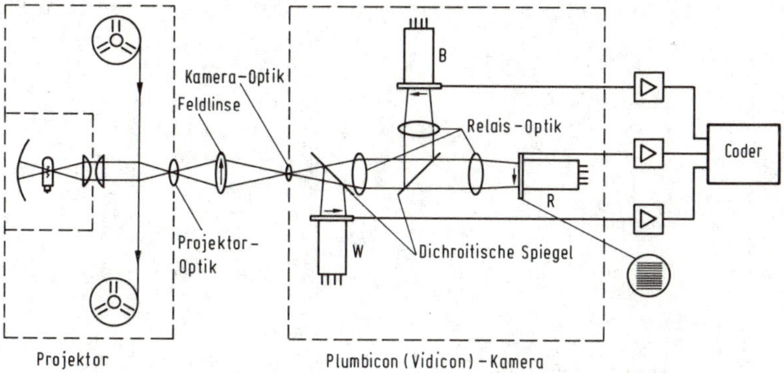

Abb. G1-2 Prinzip eines Filmabtasters mit Speicherröhren

Als vorteilhaft hat sich die Bildabtastung mit Speicherröhren dann erwiesen, wenn durch optisch-mechanische Umblendung die Strahlengänge verschiedener Projektoren – zum Beispiel für unterschiedliche Filmformate, Dia-Positive oder Titelvorlagen – in raschem Wechsel auf das gleiche Abtastsystem geschaltet werden sollen. – Auch die Umsetzung einer Bildwechselfrequenz von 24 Bildern/s auf 30 Vollbilder/s kann man mit diesem System bei Verwendung geeigneter Schrittschaltwerke relativ einfach durchführen.

1.2 Der Punktlicht-Abtaster – flying spot

In europäischen Fernsehbetrieben war lange Zeit die Lichtpunkt-Abtastung die führende Methode. Bei diesem Verfahren fliegt eine punktförmige Lichtsonde (*Abb. G1-3*) – einem elektrischen Ablenksignal folgend – über das Filmbild, hinter dem die jeweils durchgelassene Lichtmenge auf eine Fotozelle trifft. Als Folge dieses Abtastvorganges liefert die Fotozelle verschiedene elektrische Spannungen zur Erzeugung des Bildsignals. Das Prinzip einer Abtaströhre ist dem einer Bildwiedergaberöhre ähnlich. Damit die optische Abbildung des Lichtpunktes auf dem Film unverzerrt bleibt, ist der Leuchtschirm auf eine Planglasscheibe aufgetragen. Die Anforderungen an die Leuchtsubstanz sind sehr groß, weil die Abtastzeit pro Bildpunkt nur etwa 10^{-7} Sekunden beträgt. Auch darf der Schirm nicht nachleuchten, da sonst fahnenartige Verzerrungen des Bildes entstehen.

Bei der Farbfilmabtastung ist die Punktlichtabtastung sehr vorteilhaft, da hier die Farbzerlegung erst nach der Abtastung des Bildes mit einem System aus dichroitischen Spiegeln geschieht (*Abb. G1-4*). Farbdeckungsfehler können daher während des Abtastvorganges nicht entstehen.

35-mm-Filme laufen kontinuierlich am Abtastraster vorbei. Die Laufgeschwindigkeit ist dabei so synchronisiert, daß genau so viele Filmbilder passieren, wie vollständige Abtastraster geschrieben werden (*Abb. G1-5*). Unserer Fernsehnorm entsprechend sind dies 25 Bilder pro Sekunde. Wegen des kontinuierlichen Filmlaufes wird nur die Hälfte der Abtastbewegung des Lichtpunktes in vertikaler Richtung

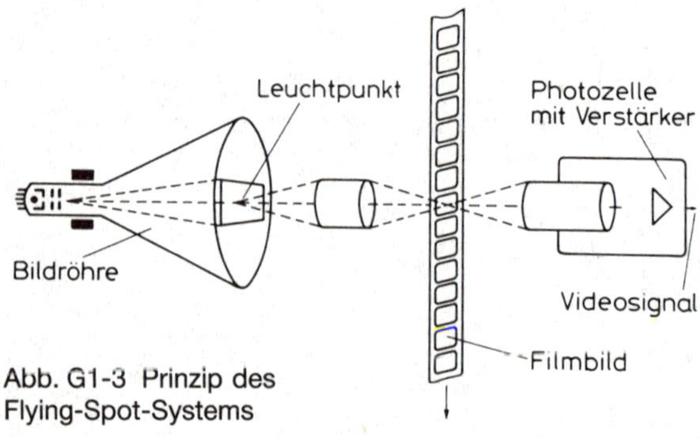

Abb. G1-3 Prinzip des Flying-Spot-Systems

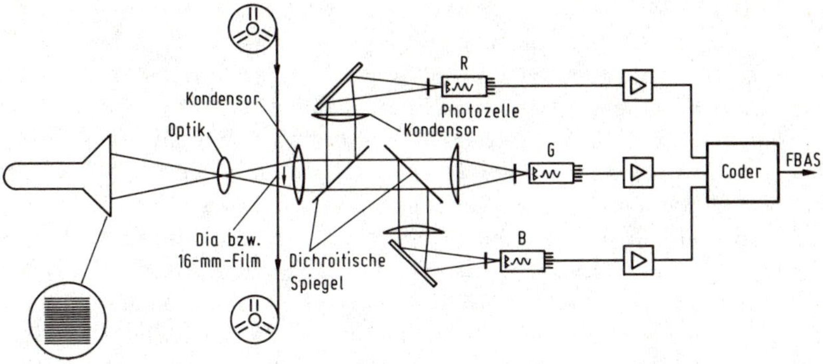

Abb. G1-4 Prinzip eines Punktlicht-Abtasters für Farbfilmwiedergabe

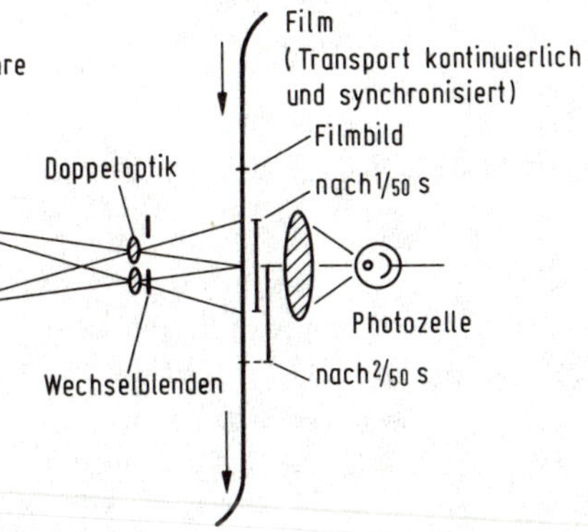

Abb. G1-5
Punktlichtabtastung
mit Doppeloptik

benötigt, so daß die Vertikalamplitude des Abtastrasters auf der Röhre auch nur halb so groß sein muß. Für die Abtastung mit Zeilensprung sind beim kontinuierlichen Filmlauf zwei vertikal etwas versetzte Objektive vorzusehen, die abwechselnd von Halbrastern zu Halbrastern so abgedunkelt werden, daß immer nur ein Abbildungsweg offen ist. Auf diese Weise wird jedes Bild des ablaufenden Filmes zweimal nacheinander für die beiden Durchgänge des Zeilensprungrasters abgefragt. Damit die beiden aufeinanderfolgenden Abtastungen des Halbrasters genau ineinander passen, ist eine sehr hohe optische und mechanische Präzision Voraussetzung.

Das 16-mm-Filmbild belegt im Vergleich zum 35-mm-Bild nur noch eine Fläche von etwa 20%. Damit ist auch die verfügbare Lichtmenge wesentlich geringer, so daß Abtastsysteme mit Doppeloptik keinen ausreichenden Störabstand mehr liefern können. – Man hat deshalb für die Abtastung von 16-mm-Filmen spezielle, schnell schaltende Transportmechanismen entwickelt, die meistens pneumatisch gesteuert werden. Damit erzielt man Zeiten für den Bildwechsel von $< 1{,}2$ ms, mit denen es dann auch gelingt, zwei Halbbilder im 4 : 3-Raster abzutasten, bevor der 16-mm-Film während der vertikalen Austastlücke um ein Bild weitergeschaltet wird.

Auf Doppeloptik und Schnellschaltwerk kann man verzichten, wenn man auf dem Schirm der Abtaströhre ein weiteres, versetztes Raster schreibt, das zwischen zwei festen Positionen hin- und herspringt. Diese Methode bezeichnet man auch als *„Jump-Scan-Verfahren"*. Auf diese Weise erhält man einen einfachen, lichtstarken Strahlengang. Die Anforderungen an die gesamte Ablenkelektronik sind allerdings erheblich, weil an allen Stellen das Schirmes der Abtaströhre die geometrischen Verzeichnungen unterhalb der störenden Grenze liegen müssen. Halbbild-Amplitudenfehler und Farbflimmern – hervorgerufen durch ungleichmäßige Schirmstruktur – erfordern außerdem aufwendige Kompensationsschaltungen.

Dieser Aufwand läßt sich reduzieren, wenn man an Stelle der Halbbild-Raster ein Vollbild mit erhöhter Zeilenfrequenz und ohne Zeilensprung erzeugt. Das analoge Video-Signal wird dann in eine Digital-Information umgewandelt und in einen Bildspeicher eingelesen. Beim Auslesen dehnt man das Video-Signal wieder auf die normgerechte Zeilendauer. Das System der zeilenweisen Abtastung ohne Zeilensprung in Verbindung mit einem digitalen Bildspeicher ist unter dem Namen *„Digiscan"* bekanntgeworden.

1.3 Abtaster mit Halbleiter-Zeilensensoren

Im Gegensatz zu Abtaströhren zeigen Silicium-Halbleitersensoren keine Trägheitseffekte und Einbranderscheinungen der Schirmschicht. Halbleitersensoren benötigen außerdem nur geringe Betriebsspannungen und zeichnen sich durch eine nahezu unbegrenzte Lebensdauer aus. Somit fällt der Austausch der Röhren mit der jeweiligen Neujustierung der Rasterdeckung weg, und eine hohe Langzeitstabilität der Signalwerte vereinfacht die betriebliche Handhabung des Film-Abtasters.

Beim Abtastvorgang fällt das Licht einer konstanten Lichtquelle (500 Watt Halogenlampe) durch einen Spalt von der Höhe einer Fernsehzeile auf eine Reihe lichtempfindlicher Silicium-Elemente. Bei einer Breite von etwa 10...20 μm sind etwa 1024 einzelne Elemente nebeneinander angeordnet (*Abb. G1-6*).Während der aktiven Zeilendauer von 52 μs werden die Ladungsträger direkt im Halbleitermaterial durch elektrostatische Verschiebung zu einer Auslesediode transportiert. Das Ausgangssignal entspricht einer mit der Lichtintensität modulierten Spannung in Puls-Amplituden-Modulation (PAM) und stellt nach Demodulation durch einen

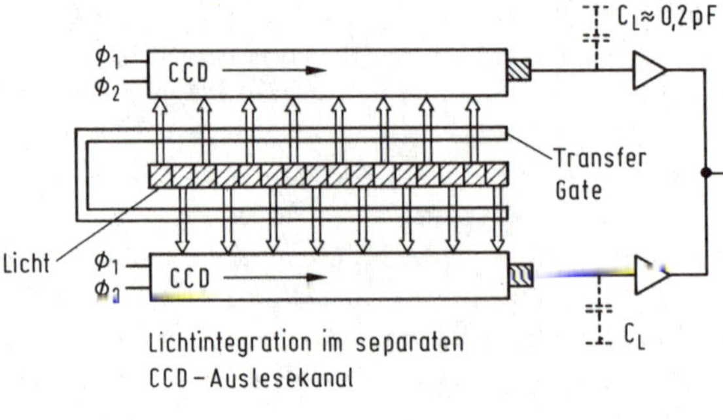

Abb. G1-6
CCD-Halbleiter-Sensor

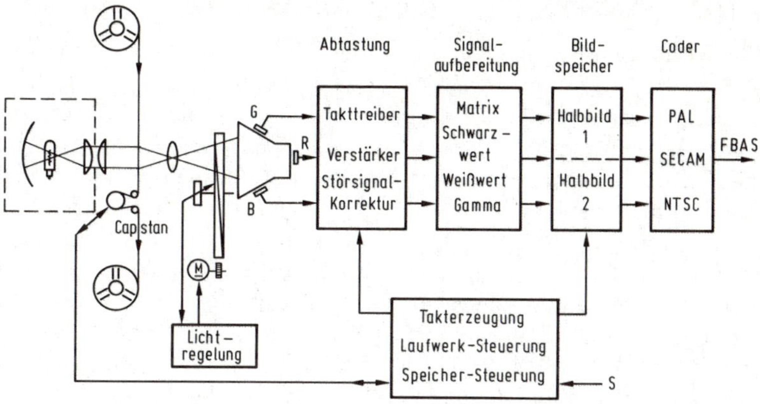

Abb. G1-7 Prinzip eines CCD-Filmabtasters mit Bildspeicher (Bosch-Fernseh/BTS)

Tiefpaß das Signal einer Fernsehzeile dar. In der vertikalen Achse bewirkt der kontinuierliche Vorschub des Filmbandes die Zerlegung des Bildes. – Um ein Verwischen des Bildes zu vermeiden, muß die Auslesezeit wesentlich kürzer als die Integrationszeit gewählt werden. Man verwendet daher CCD-Elemente mit getrennten Photo- und Auslesebereichen. Nach der Lichtintegration über eine Zeilenperiode werden alle Ladungen des Photobereiches parallel über sogenannte „Transfer-Gates" in zwei Ausleseregister übertragen. Dabei halbiert eine Multiplex-Struktur die Anzahl der notwendigen Transportschritte.

Mit einer Abtastfrequenz von nahezu 20 MHz werden die 1024 Bildpunkte je Zeile abgefragt. Die Auflösungsgrenze erreicht einen Wert von 9 MHz, und der durch den Abtastprozeß diskreter Bildelemente bedingte Amplidudenabfall beträgt bei 5 MHz nur etwa 10%.

Die wichtigsten Komponenten eines CCD-Filmabtasters der Firma BTS sind in *Abb. G1-7* zu sehen. Eine Lichtquelle mit Kondensor-Optik durchleuchtet das Filmmaterial, das eine Capstan-Rolle mit einer Geschwindigkeit von 25 Bildern pro Sekunde kontinuierlich antreibt. Schwankungen der Filmdichte gleicht eine elektronisch gesteuerte elektromagnetische Lichtregelung aus. Mit einer Optik wird das Bild nach Zerlegung in seine spektralen Anteile auf den CCD-Sensoren für Rot, Grün und Blau abgebildet. Nach Verstärkung auf Normpegel und der Korrektur der Störanteile erfolgt die Aufbereitung der Farbsignale, wie zum Beispiel Matrizierung und Gamma-Korrektur. Bei der Vollbildabtastung wird jedes Filmbild einmal ohne Zeilensprung abgefragt und in einem Bildspeicher als 625-Zeilen-Vollbild abgespeichert. In einer Fünfzigstelsekunde liest man alle ungeraden Zeilen und in der folgenden Fünfzigstelsekunde alle geraden Zeilen aus dem Speicher aus. Die Bildstrich-Synchronisation geschieht durch elektronische Abtastung der Perforationslöcher des Filmbandes. Jede einzelne Bildzeile ist im Speicher unter einer bestimmten Adresse zu finden, so daß Standbildwiedergabe und sichtbarer Suchlauf in Vorwärts- und Rückwärtsrichtung („Slow-Motion" und „Fast-Motion") realisierbar sind.

1.4 Die elektronische Farbkorrektur (color-matching)

Das mit dem Abtastvorgang entstehende Videosignal ist von den Eigenschaften des Filmoriginals weitgehend abhängig. Ältere Filme zeigen naturgemäß Fehler, wie zum Beispiel Farbgang und zu hohe Gradation, ganz abgesehen von anderen, vorwiegend mechanischen Unzulänglichkeiten (Schrammen, Kratzer und Einrisse). Um eine gute Bildqualität zu erreichen, müssen diese Filme szenenweise korrigiert werden. Die Korrektur geschieht mit elektronischen Mitteln, jeweils für die Farbkanäle Rot, Grün und Blau getrennt. Die Möglichkeit der partiellen Veränderung aller Übertragungsparameter führt zu einem Optimum an Farbbalance und Farbsättigung. Gleichzeitig kann man die Aussteuerung des Videosignals nach Bild-Weiß und Bild-Schwarz exakt einstellen und damit auch Fehler der Gradation des Filmmaterials ausgleichen. Dies hat Szene für Szene zu geschehen, wie wir es von der Lichtbestimmung des Filmes her kennen, damit das Programm auch bei häufigem Szenenwechsel ausgeglichen erscheint. Den Korrekturvorgang bezeichnet man auch als „*Colormatching*". Die Einstellung der Korrekturwerte geschieht einesteils subjektiv durch visuelle Betrachtung des Monitorbildes, andernteils objektiv durch Kontrolle des Videopegels mit einem Videooszillographen und der Chromawerte an einem Vektorskop (siehe Abschnitt C.7.2).

Die weitere Behandlung des vom Filmabtaster ausgegebenen RGB-Videosignals soll in *Abb. G1-8* verdeutlicht werden. In einem Kontrollpult stehen Einstellmöglichkeiten für $\Delta\gamma$, die Veränderung des Weiß- und Schwarzpegels und die Veränderung der Chromainformation zur Verfügung.

Die optimal gefundene Abstimmung der Bildeinstellwerte wird in einen Speicher ausreichender Kapazität eingegeben, so daß die Daten aller Szenen einer Filmrolle erfaßt werden. Ähnliches gilt auch für den Pegel der Audioinformation (*Abb. G1-9*), die von einem synchronisierten Magnetfilmlaufwerk kommt. Ist das Korrekturprogramm erstellt, so kann anschließend mit automatischem Ablauf die Überspielung der Bild- und Toninformationen auf das Sendeband erfolgen.

Werden, wie bei der Filmkopierung üblich, auch Überblendungen von einem Programmabschnitt auf den anderen gewünscht, so muß das System entsprechend erweitert werden. Auf den beiden Filmbändern A und B (*Abb. G1-10*) sind die entsprechenden Szenen gespeichert. Stehen zwei synchron laufende Filmabtaster zur Verfügung, so kann die Information nach Farbkorrektur und Codierung gleichzeitig auf zwei Videobandmaschinen (A und B) aufgezeichnet werden. Ist nur ein Abtaster vorhanden, so muß die Überspielung auf die MAZ-Geräte sequentiell erfolgen.

Die Zusammenstellung des Sendebandes mit den gewünschten Überblendungen – und vielleicht auch Standard-Tricks – geschieht über einen Mischer in Verbindung mit einem Schnittsystem. Die Mischer- und Schnittbefehle sind von den Timecode-Daten der entsprechenden MAZ-Bänder (A und B) abhängig.

Gegenüber Videobändern sind Filmmaterialien empfindliche Programmträger. Aus diesem Grunde trifft man zuweilen auch Systeme an, die einer anderen Philoso-

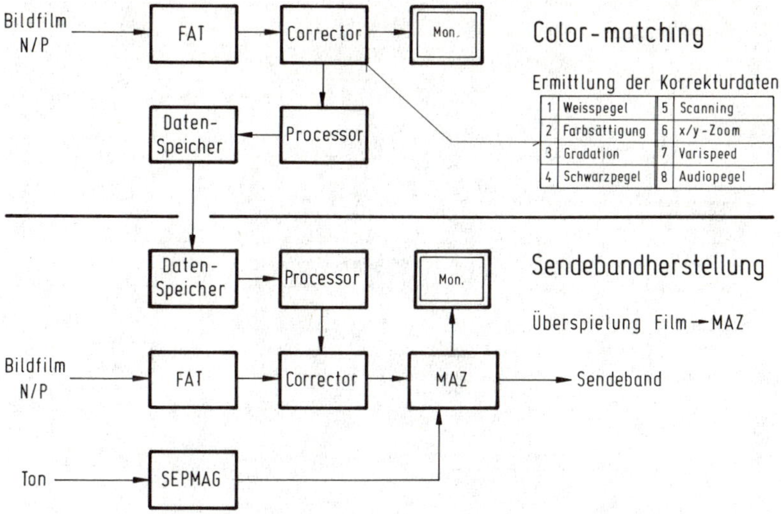

Abb. G1-8 Herstellung von Sendebändern

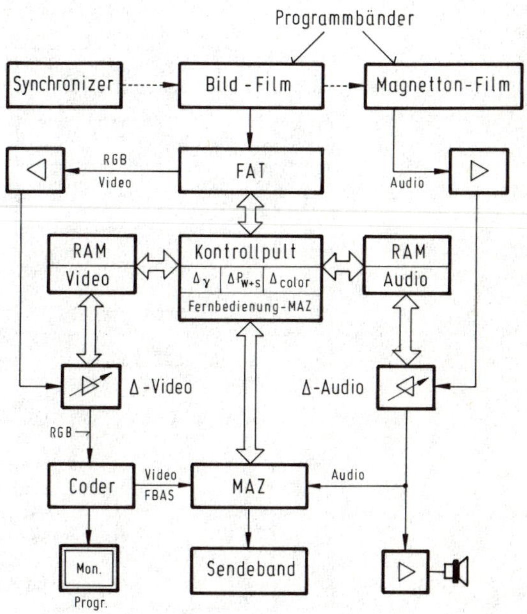

Abb. G1-9 Anpassung der Systemparameter des Films an die des Fernsehens durch „color-matching"

phie folgen (*Abb. G1-11*). Bildfilm und Magnetfilm laufen wieder synchronisiert miteinander ab. Die Aufzeichnung der Information auf einem Videoband geschieht zunächst ohne Farbkorrektur, wobei das vom Abtaster ausgegebene RGB-Signal über einen FBAS-Coder auf dem Videoband der MAZ-Maschine O aufgezeichnet wird. Die Abtastung kann selbstverständlich auch im Naßabtastverfahren geschehen. Die

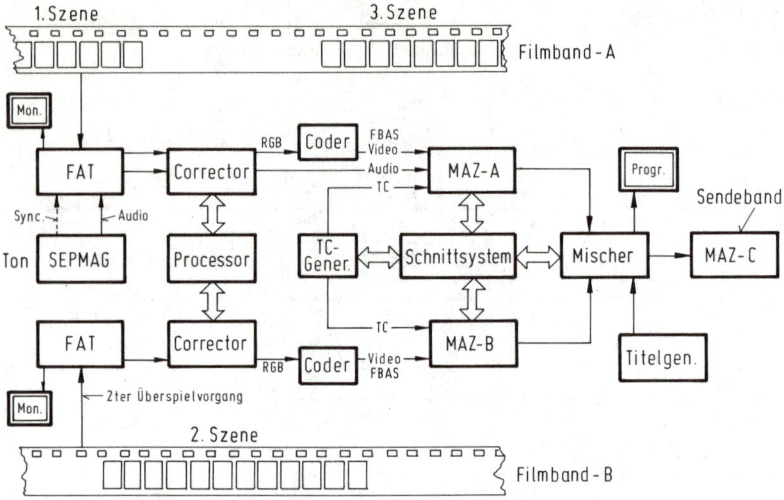

Abb. G1-10 Überspielung von Film auf MAZ mit Überblendungen

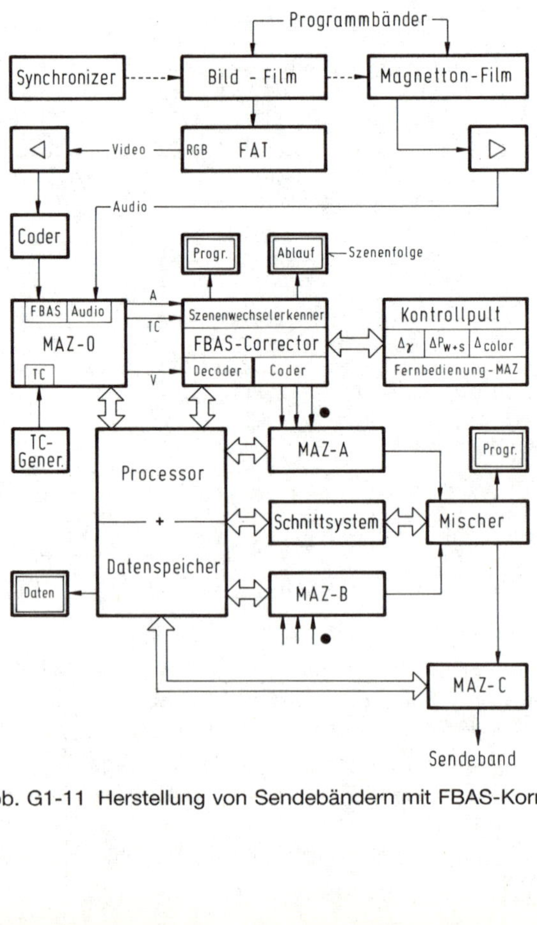

Abb. G1-11 Herstellung von Sendebändern mit FBAS-Korrektur

Methode vermeidet das häufige Rangieren mit den Filmbändern auf dem Filmabtaster, so daß das empfindliche Filmmaterial besser geschont wird.

Das so entstandene MAZ-O-Band (MAZ-Original-Band) dient als Ausgangsmaterial für die weitere Bearbeitung. Um den Ablauf zu vereinfachen, setzt man einen Szenenwechselerkenner ein, der beim Abspielen des MAZ-O-Bandes alle Timecode-Werte, an denen sich der Bildinhalt wesentlich verändert, festhält. Diese Cue-Information erleichtert das Auffinden einzelner Szenen erheblich und dient später nach Einstellung des Color-matching-Programmes zur automatischen Steuerung des Color-Correctors. Für das Color-matching werden am Kontrollpult die entsprechenden Korrekturwerte für $\Delta\gamma$, ΔP_{w+s} und Δ-Color eingestellt und in den Datenspeicher eingegeben.

Da es sich bei dieser Farbkorrekturanlage um ein Signal handelt, das von einer Video-Bandmaschine (FBAS-Signal) kommt, muß im Farbkorrektor erst eine Decodierung der FBAS-Signale nach RGB stattfinden. Im Anschluß an die Bearbeitung wird das ausgegebene RGB-Signal wieder entsprechend codiert.

Die Einrichtung sieht außerdem noch eine Ablaufanzeige (Praesignator) der einzelnen Szenen vor. Hier werden auch die Timecode-Werte angezeigt. Ist das Programm im ganzen erstellt, so kann die Überspielung des zu korrigierenden Programmes von MAZ-O auf MAZ-A oder MAZ-B erfolgen. Ähnlich wie im vorhergehenden Fall werden die beiden Informationen von den beiden Videobandmaschinen A und B über einen Mischer zusammengefaßt. Color-Corrector, Mischer und Schnittsystem stehen in Korrespondenz und werden von einem Prozessor mit Datenspeicher kontrolliert. Als Ergebnis dieser Überspielung erhält man auf der MAZ-C-Maschine das endgültige Sendeband.

2 Die Nachsynchronisation mit videotechnischen Mitteln

In den letzten Jahren hat der Einsatz von Videobändern für den internationalen Programmaustausch ständig zugenommen, so daß in vielen Fällen für die Synchronisation keine Filmkopien zur Verfügung stehen. In der Anfangszeit behalf man sich damit, die angelieferten Bänder nach dem Verfahren der Filmaufzeichnung (FAZ) auf fotografischen Film zu übertragen, um dann die Synchronisation nach dem im Abschnitt D.14 beschriebenen Schleifenverfahren weiterzuführen. Diese Methode ist unwirtschaftlich.

Günstigere Voraussetzungen für einen ökonomisch vertretbaren Synchronisationsbetrieb bietet die Nachsynchronisation mit videotechnischen Mitteln (*Abb. G2-1*).

Ausgangsmaterial für die Videosynchronisation ist ein Videomasterband mit einem 80-Bit-Timecode. Dieses Videomasterband kann entstehen

- durch Überspielung eines angelieferten Videobandes auf ein Videomasterband bei gleichzeitiger Aufzeichnung der Timecode-Information,
- durch zusätzliches Aufzeichnen eines Timecodes auf ein angeliefertes Videoband und
- durch Abtasten einer Filmkopie in einem Filmabtaster und Überspielung auf Videoband bei gleichzeitiger Aufzeichnung eines 80-Bit-Codes.

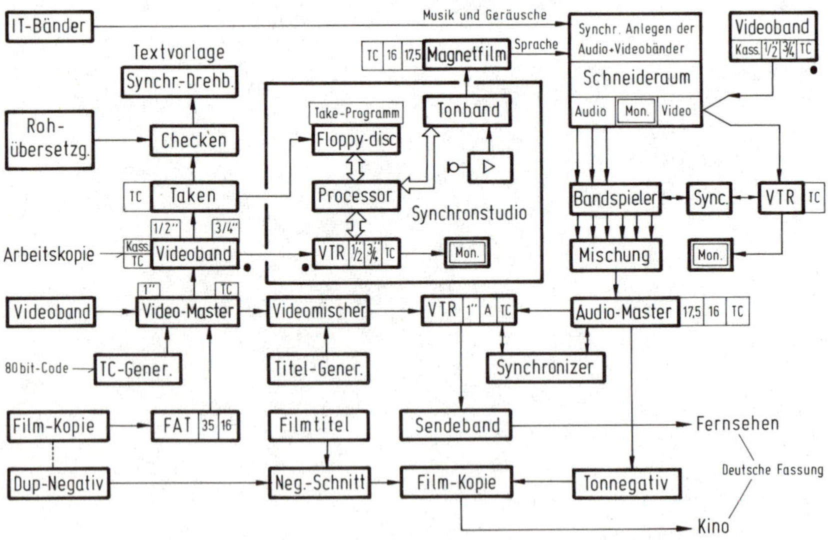

Abb. G2-1 Prinzip der Video-Nachsynchronisation

Vom Videomasterband stellt man eine Arbeitskopie im ¾"- oder ½"-Standard her. Dabei wird der Zeitcode als *VITC-Code* (Vertical-Interval-Time-Code) als Zahleninformation in der vertikalen Austastlücke des Videosignals gespeichert und kann so auch bei Stillstand des Bandes im Bild gezeigt werden. Die Arbeitskopie benutzt man zum Abstecken (Taken) der einzelnen Programmabschnitte. Ergebnis des Takens ist ein *Take-Programm*, das auf einer Floppy-Disc zur weiteren Bearbeitung zur Verfügung steht. Die vorbestimmten Takes werden mit der angelieferten Rohübersetzung abgecheckt und führen dann zur endgültigen Textvorlage, die im synchronen Drehbuch ihren Niederschlag findet.

Zum Zeitpunkt der Synchronisation läuft im Synchronstudio für die Bildwiedergabe ein Kassettenrecorder, der vom Take-Programm der Floppy-Disc über einen Prozessor gesteuert wird. Die Schallaufnahme speichert man in herkömmlicher Weise zunächst auf einem Tonband und überspielt sie dann zusammen mit dem Timecode auf einen 16- oder 17,5-mm-Magnetfilm.

Ausgangsmaterial für den Schneideraum ist wiederum die Arbeitskopie in Form einer Videokassette im ¾"- oder ½"-Format mit Timecode. Das Anlegen der IT-Bänder und des neu aufgenommenen Sprachbandes geschieht in bekannter Weise an einem Video-Schneidetisch. Daran schließt sich die Tonmischung an. Die Wiedergabe des Bildes erfolgt über einen Monitor oder einen Videoprojektor. Ergebnis der Audiomischung ist ein Masterband im 16- oder 17,5-mm-Format.

In einem anderen Arbeitsgang ist das 1"-Video-Masterband über einen Videomischer unter Einblendung der deutschsprachigen Titel auf ein 1"-Sendeband überspielt worden. Da die Timecode-Aufzeichnung über alle Generationen mitläuft, ist die anschließende Überspielung der Audio-Information auf das Sendeband kein Problem.

Für die Auswertung im Kino überspielt man die neu gewonnene Audio-Information auf ein Lichttonnegativ, das man synchron zum angelieferten Bild-Duplikat-Negativ anlegt. Das Bildnegativ wird mit deutschsprachigen, fotografisch neu aufgenommenen Filmtiteln ergänzt. Zusammen mit dem Tonnegativ dient es als Vorlage für den üblichen Filmkopierprozeß.

3 Video-editing und Filmproduktion

An den Nahtstellen zum Fernsehen und dort, wo Programme über Videokassetten und Bildplatten vertrieben werden, hat sich innerhalb der Betriebe, die früher nur „filmisch" orientiert waren, ein technischer Wandel großen Ausmaßes vollzogen.

- Das Color-matching hat die frühere Fernsehkopie,
- die Videosynchronisation hat die Nachsynchronisation mit Filmschleifen und
- die Überspielung von Programmen auf Videokassetten hat den früheren Super-8-Film substituiert.

In der Zwischenzeit sind auch Filmkameras verfügbar [122], die im Randbereich des 35- und 16-mm-Films, in der Nähe der Perforation, mit einem Laseraggregat einen 80-Bit-Zeitcode speichern können. Somit stehen Systeme vor der Einführung, die den klassischen Filmschnitt, bei dem noch heute „mechanisch-handwerklich" mit Schere, Klebeband und Klebstoff gearbeitet wird, ablösen werden. In diesem Zusammenhang wird auch der Key-Code (siehe Seite 77) zunehmend eine wichtige Rolle spielen, weil er eine maschinenlesbare Bildadresse darstellt.

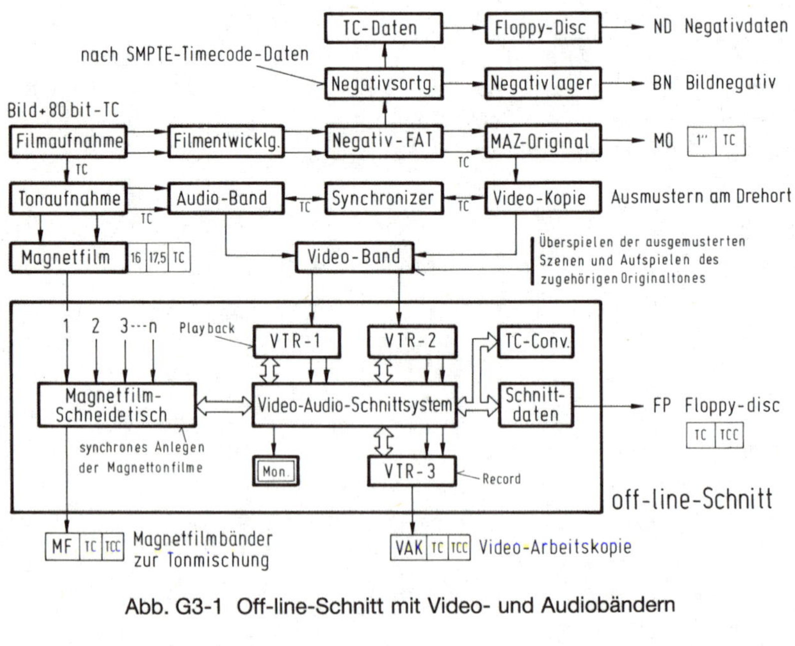

Abb. G3-1 Off-line-Schnitt mit Video- und Audiobändern

Bei einem zukunftsorientierten System wird man zumindest den 35-mm-Negativfilm wegen seiner unübertroffenen Schärfeleistung beibehalten, zumal er auch für künftige HDTV-Standards (siehe Abschnitt C.10) bezüglich Pixelzahl die besten Voraussetzungen als Programmspeicher bietet. Man wird aber das wertvolle Originalmaterial aus Gründen der Schonung viel seltener als heute in die Hand nehmen.

3.1 Der Off-line-Schnitt mit Videobändern

Nach *Abb. G3-1* wird der zeitcodierte Original-Negativfilm in klassischer Form entwickelt, anschließend abgetastet und auf ein MAZ-Original-Band (MO) überspielt. Die entsprechenden Negativrollen sortiert man in ganzen Rollen nach Timecode- und/oder Key-Code-Daten, deren Werte man auf einer Floppy-Disc (ND = Negativdaten) abspeichert.

Im weiteren Verlauf stellt man vom MAZ-Original eine Videokopie auf Kassette her, die zur Ausmusterung am Drehort dienen kann. Damit kann auch die bisher übliche Mustervorführung mit einem Filmprojektor entfallen. Die ausgemusterten Szenen überspielt man zweckmäßig mit dem zugehörigen Originalton auf einzelne Kassetten, um die Bildquellen für den Off-line-Schnitt zu erhalten.

Ein solches Off-line-Schnittsystem muß verschiedene Voraussetzungen erfüllen:

- Der Originalton muß auch im Schnittbetrieb zur Verfügung stehen.
- Das Schnittsystem ist mit einem Magnetfilmschneidetisch verkoppelt, der das synchrone Anlegen der einzelnen zum Bildprogramm gehörenden Schallereignisse auf Magnettonfilmen gestattet.
- Das Schnittsystem ist mit einem *Timecode-Converter* verbunden, der die von den Quellen-Bändern (VTR-1 und VTR-2) herkommenden Timecode-Werte zu einem kontinuierlichen Timecode (TCC) konvertiert, der für die spätere On-line-Schnittbearbeitung verwendet werden kann. Dabei ist die Speicherung der originären Bildadressen (Key-Code und/oder Original-Time-Code) als User-Bit-Information besonders sinnvoll.
- Die im Off-line-Betrieb ermittelten TC- und TCC-Werte müssen als Schnittdaten für die spätere Bearbeitung auf einem zum On-line-Schnittsystem kompatiblen Datenträger (Floppy-Disc = FD) gespeichert werden.

Für die Tonmischung tragen die synchron angelegten Magnetfilmbänder neben der Schallaufzeichnung auch die entsprechenden Werte für den Original-Timecode (TC) und den konvertierten Timecode (TCC).

Ergebnis der Off-line-Schnittbearbeitung ist eine Video-Arbeitskopie (VAK), die inhaltlich die gesamte *Continuity* des gewünschten Programmes und dessen Zeitcode enthält.

Video-off-line-Systeme, die sich auch für die Nachbearbeitung und den Schnitt von Filmprogrammen eignen, sind unter den Namen Editech, Envision, Montage, Editroid und Laser-Edit bekannt.

3.2 Ein Off-line-Schnittverfahren mit Video-Disc

Elektronische Schnittverfahren mit Videobändern haben den Nachteil, daß die Spulvorgänge zum Auffinden der entsprechenden Bandabschnitte relativ viel Zeit erfordern, die an Bearbeitungszeit verlorengeht.

Im Gegensatz zu bandförmigen Informationsträgern zeichnen sich plattenförmige Träger durch erheblich kürzere Zugriffszeiten aus. In diesem Zusammenhang sind Systeme von Vorteil, die die vom Film her gewohnte Musterkopie nach dem Laser-Vision-System so quasi „über Nacht" ermöglichen (*Abb. G3-2*).

Bei einem solchen System wird ein Laserstrahl hoher Energiedichte von einem FM-modulierten Signal so gesteuert, daß in die hauchdünne metallische Reflexschicht einer 12"-Gigadisc eine Löcherspur von etwa 0,8 µm eingebrannt wird. Diese Spur kann unmittelbar nach der Aufzeichnung durch den Record-Laser mit einem Playback-Laseraggregat wieder ausgelesen werden. Die Modulation des Record-Lasers geschieht dabei in bekannter Technologie mit einem akusto-optischen Modulator (AOM). Die Spurnachführung und Fokussierung im Aufzeichnungs- und Wiedergabekanal erfolgt mit ähnlichen Aggregaten, wie wir sie vom LV-System der Fa. Philips her kennen.

Für ein Laser-off-line-Schnittsystem (*Abb. G3-3*) verwendet man wiedergabeseitig mehrere Laser-Disc-Spieler, die – in unserem Beispiel mit zwei Leseköpfen ausgestattet – im ganzen sogar sechs Programmquellen darstellen. Die Zugriffszeiten zum Programm sind wegen des plattenförmigen Trägers, der berührungslosen optischen Abtastung und des ständigen exakten, synchronen Laufes der Platte extrem kurz. Man hat allerdings auch hier das Problem, daß der auf der Laser-Disc ursprünglich gespeicherte Timecode für eine spätere Nachbearbeitung konvertiert werden muß. Aus diesem Grunde ist das Off-line-Schnittsystem mit einem Timecode-Converter verbunden.

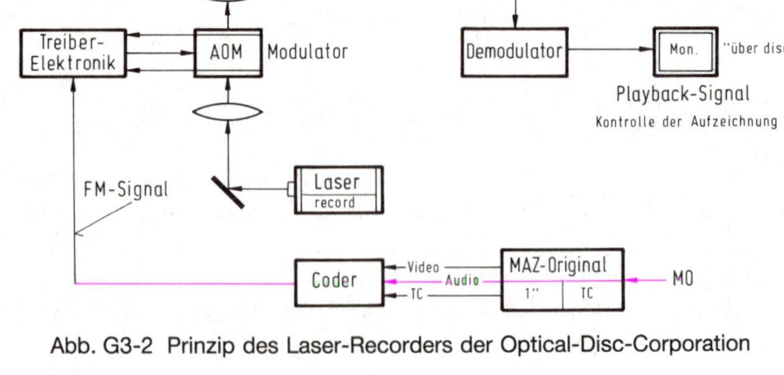

Abb. G3-2 Prinzip des Laser-Recorders der Optical-Disc-Corporation

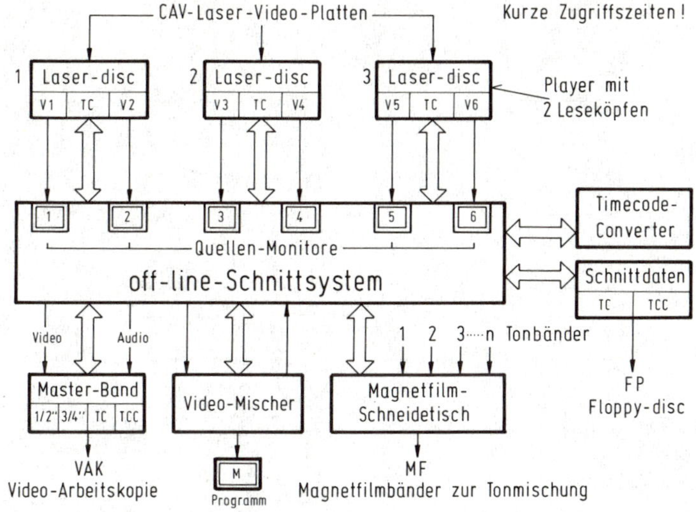

Abb. G3-3 Laser-Disc-Schnittsystem

Die ermittelten Schnittdaten werden wiederum auf einer Floppy-Disc abgespeichert, und das im Schnittverfahren simulierte Programm kann auf einem Masterband aufgezeichnet werden, das im filmischen Sinne die „Videoarbeitskopie“ (VAK) darstellt. Will man über den einfachen Zusammenschnitt des Programmes hinaus noch mehr tun, so lassen sich die einzelnen Quellensignale auch noch über einen Mischer entsprechend beeinflussen und verändern. Die Einstiegs- und Ausstiegspunkte der einzelnen Szenen werden mit den jeweiligen Einstellungen des Mischers zusammen im Schnittprogramm festgehalten.

Ähnlich wie beim vorhergehenden Off-line-Schnittsystem muß auch eine entsprechende Bearbeitung der Magnetfilmbänder erfolgen, die zweckmäßig auf einem Magnetfilm-Schneidetisch zur Bearbeitung vorliegen. In diesem Zusammenhang sei angemerkt, daß sich im Schnittbetrieb Schallaufzeichnungssysteme mit unperforierten Aufzeichnungsträgern bisher nicht durchsetzen konnten, so daß sich die Magnetfilmtechnik zumindest mittelfristig noch behaupten wird.

3.3 Die Nachbearbeitung der Schallaufzeichnung

Stiefkind beim Fernsehen war von jeher der Ton. Dabei möchte ich das etwas unliebsame Wort vom Fernsehbegleitton nicht mehr zitieren. Eines kann gar nicht oft genug gesagt werden: „Der Ton erzählt die Story und nicht das Bild!“ Dies wird besonders deutlich, wenn man bedenkt, daß die Bildinformation für die spätere Schnittbearbeitung in ausreichendem Maße verfügbar ist, weil es stets einen Vorlauf

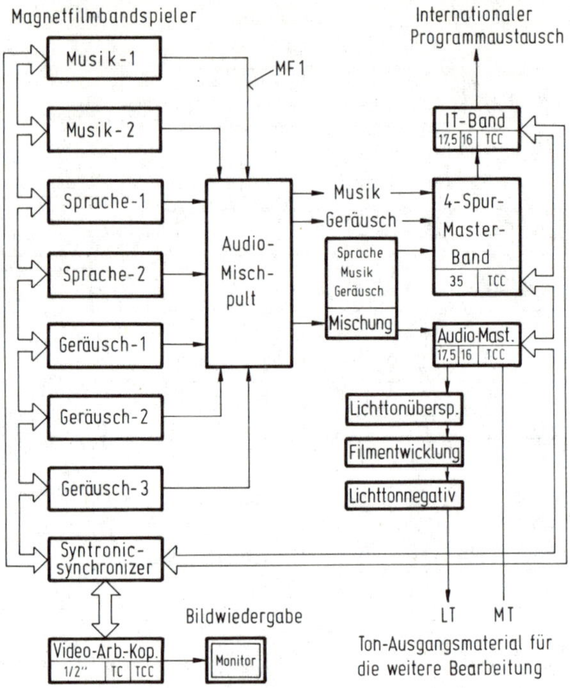

Abb. G3-4
Tonmischung bei Video-Produktionen

und Nachlauf der Kamera bzw. einen Bandvor- und -nachlauf gibt. Die Story wird vom Schauspieler nur einmal erzählt. Zu anspruchsvollen und komplizierten Programmen gehört darüber hinaus nicht nur ein einzelnes Tonband, sondern diese Audioprogramme sind aus einer Vielzahl von Schallereignissen zusammengesetzt. In unserem Beispiel sind einmal sieben Einzelinformationen angenommen (*Abb. G3-4*).

Die Verkoppelung der einzelnen Magnetfilm-Bandspieler geschieht nach dem Syntronic-System, das auch den Videorecorder, der die Videoarbeitskopie abspielt, synchronisiert. Die Zusammenfassung der Schallereignisse geschieht auf herkömmliche Weise, wobei auf einem 4-Spur-Masterband im 35-mm-Format die Musik, die Geräusche und Mischung aus Sprache, Musik und Geräusch gespeichert werden. Auf der vierten Spur des 4-Spur-Masterbandes ist der konvertierte Timecode gespeichert, der das spätere Anlegen z. B. von Filmnegativteilen wesentlich erleichtert. Das 4-Spur-Masterband stellt das Ausgangsmaterial für alle späteren Bearbeitungen dar. Hiervon können auch jederzeit IT-Bänder (internationale Tonbänder ohne Sprache) abgespielt werden. Aus praktischen Erwägungen heraus empfiehlt es sich, bei der Mischung gleichzeitig noch ein zweites Audiomasterband im 16- oder 17,5-mm-Format herzustellen, das für die Überspielung eines Lichttonnegatives und zur Herstellung eventueller Sendebänder benutzt werden kann.

3.4 Die Endbearbeitung nach dem On-line-Schnittverfahren

Der bisher beschriebene Off-line-Schnitt und die anschließende Tonmischung führten zu folgenden Zwischenprodukten:

- einer Videoarbeitskopie (VAK),
- einer Schnittliste (FP, Floppy-Disc) und
- einem Audiomasterband (MT) im 16- oder 17,5-mm-Format.

Alle diese Trägermaterialien enthalten neben der Video- bzw. Audioinformation auch den Original-Timecode (TC) und den konvertierten Timecode (TCC). Das On-line-Schnittsystem (*Abb. G3-5*) verbindet außerdem ein MAZ-Mastergerät im 1"-Format, auf das der konvertierte Timecode (TCC) überschrieben werden kann. Weiterhin sind mit dem On-line-Schnittsystem noch drei MAZ-Maschinen verknüpft, die zum Abspielen der ursprünglichen Originalaufzeichnungen (MO1, MO2 und MO3) dienen.

Darüber hinaus kontrolliert das Schnittsystem auch den Videomischer, der seinerseits wieder die Verbindungen zu den Einrichtungen für Chroma-Key, Titel, Digitaleffekte, Graphic-Computer, Library und Insert-Kamera herstellt.

Das Zusammenspielen des gesamten Programmes versieht der Rechner anhand des konvertierten Timecodes, indem er auf den Originalbändern die Bandabschnitte sucht, die dem ursprünglichen Timecode entsprechen. Ergebnis der On-line-Bearbeitung ist ein Videomasterband im 1"-Format. Hiervon kann dann eine MAZ-Kopie im 1"-Standard als Sendeband hergestellt werden. Das Masterband könnte aber auch

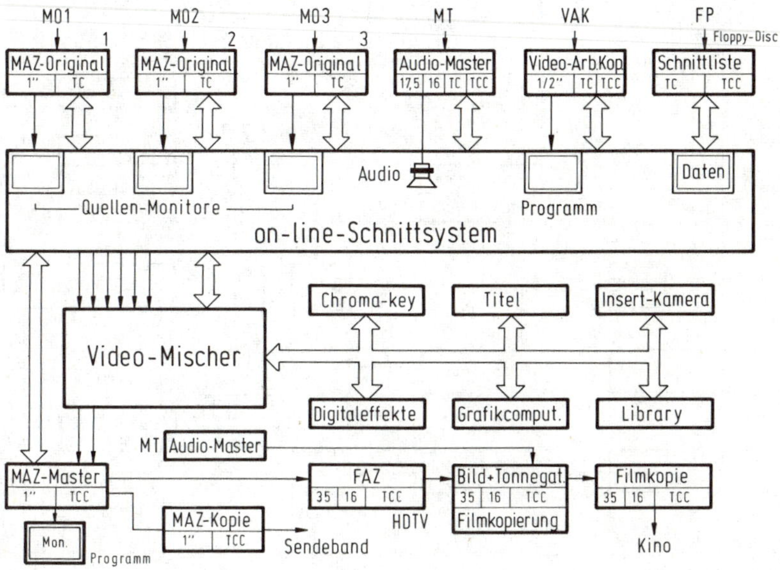

Abb. G3-5 On-line-Schnittverfahren für die Nachbearbeitung von Filmproduktionen

für eine Filmaufzeichnung (FAZ) im HDTV-Standard Verwendung finden. In Verbindung mit dem Audiomasterband und einem Lichttonnegativ kann man dann eine Filmkopie für das Kino ziehen.

3.5 Die timecode-gestützte Endfertigung von Filmkopien

Die Vorteile der vorher beschriebenen Technologie lassen sich nun auch auf die klassische Filmkopierwerk-Technik zurückübertragen (*Abb. G3-6*). Voraussetzung hierfür sind:

- die Videoarbeitskopie (VAK) und
- die Negativdaten (ND), die in Form einer Floppy-Disc zur Verfügung stehen.

Man stelle sich vor, die Negativdaten würden von einem Prozessor registriert, der wiederum zwei Arbeitsplätze kontrolliert, nämlich den Arbeitsplatz der Vorsortierung des Bildnegativs (BN) und den Negativschnitt selbst. An beiden Arbeitsplätzen erscheint es sinnvoll, den Bildinhalt der Videoarbeitskopie über Monitor wiederzugeben, damit die dort tätigen Mitarbeiter einen Anhaltspunkt für das Heraussuchen der entsprechenden Bilder haben. Darüber hinaus werden an zwei Datenmonitoren die zugehörigen Negativdaten (Timecode- und Key-Code-Werte) angezeigt.

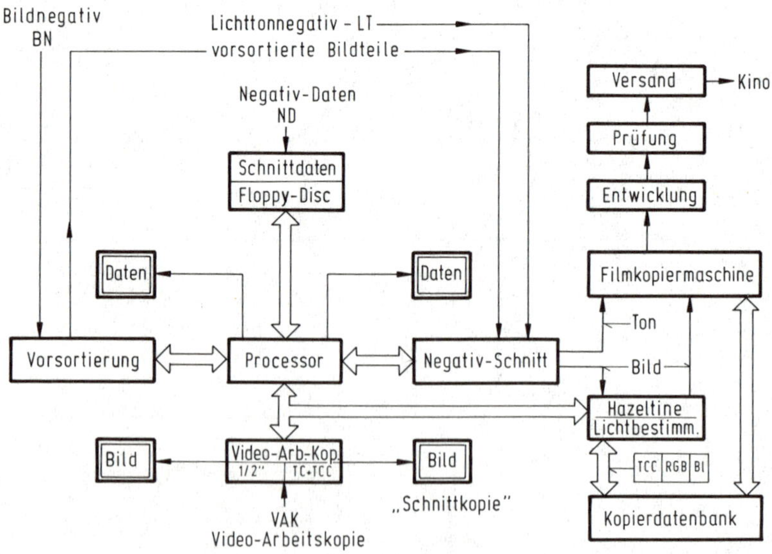

Abb. G3-6 Timecodegestützter Negativschnitt

Nach dem Negativschnitt erhält man ein herkömmliches Bildnegativ, das zur Lichtbestimmung am Hazeltine-Gerät kommt (siehe Abschnitt D4.3 und D4.7). In diesem Zusammenhang sind für die weitere Verarbeitung auch die Timecode-Werte von Wichtigkeit. Es ist daher vorgesehen, daß auch die Hazeltine-Anlage mit dem Schnittdaten-Prozessor korrespondiert, der die Daten des Negatives kontrolliert. Alle Programmdaten werden nach der Lichtbestimmung in eine Kopierdatenbank überschrieben. Bild und Ton gelangen nach Lichtbestimmung und Negativschnitt zu einer Filmkopiermaschine, die von der Kopierdatenbank gesteuert werden kann. Die Kopierung des Filmmaterials geschieht nach den bisher bekannten Massenvervielfältigungsverfahren mit anschließender Entwicklung, Prüfung und dem Versand zum Filmtheater [123].

3.6 Nichtlineare Schnittsysteme (non linear editing systems)

Die bisher behandelten elektronischen Schnittsysteme, die mit Videobandmaschinen arbeiten (siehe Abschnitt E3.12) schränken die Bewegungsfreiheit des Cutters oder Editors doch erheblich ein, weil eine Veränderung des Programms durch Kürzen oder Verlängern einzelner Szenen entweder eine weitere *Bearbeitungsgeneration* oder eine komplette Neubearbeitung erfordern. Bei der klassischen Filmproduktion ist dies wesentlich einfacher, weil man das Filmmaterial an jeder beliebigen Stelle durch Herausschneiden oder Einfügen einzelner Szenen oder auch nur einzelner Bilder in seinem Ablauf und seiner Länge beliebig verändern kann. Gegenüber dem *linearen Schnitt* von Videobändern stellt der Filmschnitt ein *nichtlineares Schnittsystem* dar, das – wahlfrei im Zugriff – zu jeder Zeit und an jeder Stelle des Programms eine Bearbeitung oder Veränderung erlaubt.

Beim elektronischen Schnitt von Video-Programmen kann man jedoch ähnliche Verhältnisse wie beim Filmschnitt schaffen, wenn man die zum Schnitt vorgesehe-

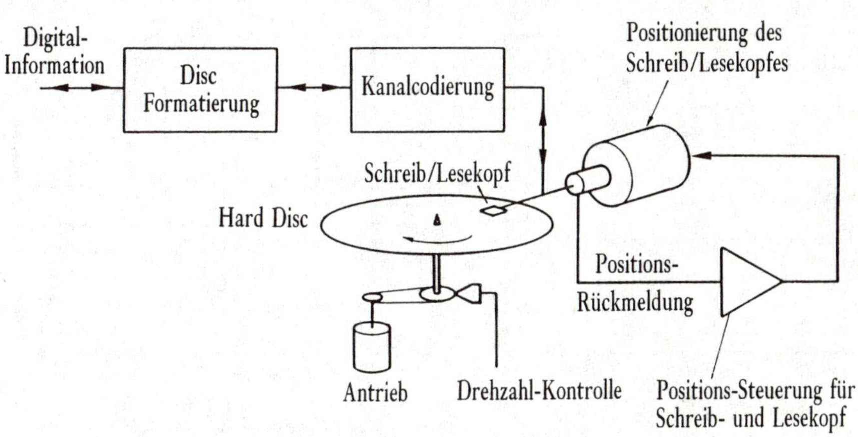

Abb. G3-7 Prinzip eines Hard-disc-Systems

nen Bild- und Tonereignisse auf plattenförmigen Informationsträgern so speichert, daß sie spontan auf Abruf jederzeit zur Verfügung stehen und die Entscheidung über den gewünschten Bildinhalt und den richtigen Schnittzeitpunkt in jedem Schritt der Bearbeitung leicht zu ändern ist. Hard-Disc-Systeme aus dem Bereich der Computer-Technik eignen sich hierfür in besonderem Maße (*Abb. G3-7*). Ein solches System bietet zwei wesentliche Vorteile:

- Gegenüber dem Schnitt mit Videobändern geht keine Zeit für das Umspulen, Aufsuchen der Szenen und den synchronen Einlauf des Bandes verloren und
- gegenüber dem Film kann bei der Bearbeitung kein Material verschnitten werden, weil an der Originalaufzeichnung keine Veränderung vorgenommen wird.

Nichtlineare elektronische Schnittsysteme setzen sich mit steigender Tendenz im Bereich des künstlerischen Schnittes von Film- und Fernsehprogrammen durch.

Der AVID-Media-Composer

Stellvertretend für eine Reihe von Systemen soll an dieser Stelle der AVID-Media-Composer erwähnt werden, dessen Prozessor die Video-Information (wahlweise je nach Bildauflösung und Spieldauer der Platten) in 4-Bit- oder 8-Bit-Quantisierung sowie die Audio-Information mit 16 Bit in CD-Qualität digital speichert (*Abb. G3-8*).

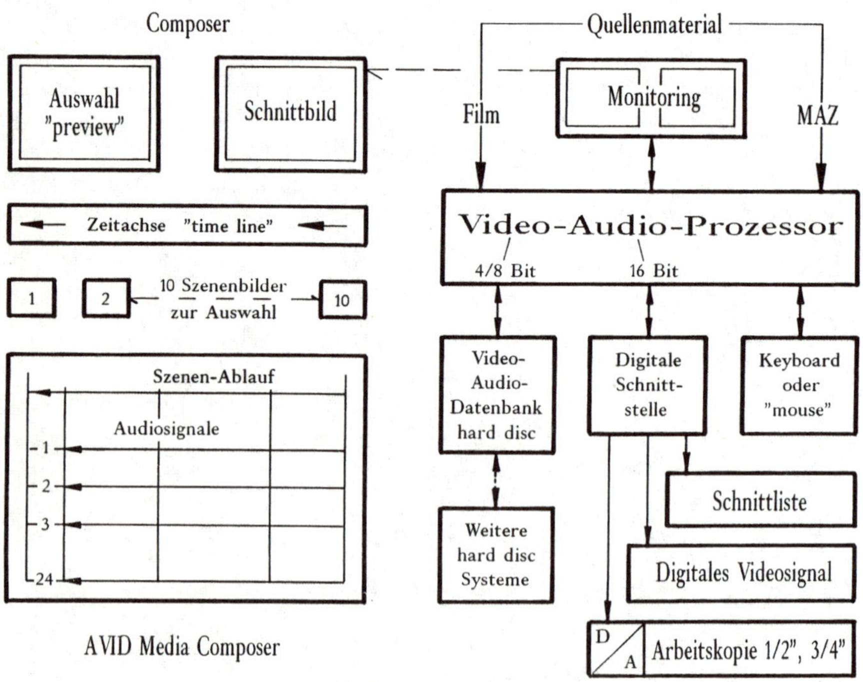

Abb. G3-8 Prinzip des AVID-Media-Composer

In der Synthese mit normaler Computer-Hardware (Apple Macintosh) wird die Handhabung durch eine dem Filmschnitt angepaßte ergonomische Gestaltung der Bedienoberfläche auch für Filmcutter übersichtlich. Das System ist – wie bei einem Personal-Computer – desktop orientiert und im wesentlichen auf die visuelle Bearbeitung ausgerichtet. Der Timecode der Originalbänder wird zwar bei der Einspeisung des Systems mit übernommen, aber gewissermaßen nur noch „im Hintergrund" verwaltet und zur Erstellung der endgültigen Schnittliste verwendet. Das Ausgangsmaterial läßt sich anhand von „Schlüsselbildern" (*key frames*), die den Anfang und das Ende einer Szene darstellen, oder über *Schnittdaten* in die jeweils aktuelle Bearbeitung übernehmen. Die Länge des gesamten *Schnittblocks* und seiner einzelnen Szenen, sowie die Lage und der Pegel der zugehörigen Audio-Informationen ist an einer horizontalen Zeitachse (*time line*) ablesbar. Das Schneiden, das Trimmen der passenden Länge und das Umgestalten ganzer Szenenblöcke erfolgt mit wenigen Handgriffen über Maus und Keyboard. Darüber hinaus lassen sich die Fenster (*windows*), in denen die Szenenbilder dargestellt sind, in ihrer Größe auch noch verändern und anpassen. – Die Beschleunigung des Schnittprozesses und dessen Vereinfachung ist auf die große Variabilität des Systems zurückzuführen. So kann der Editor bereits beim Einladen der einzelnen Szenen in den Programmspeicher eine Vorauswahl und eine Beschreibung der Bilder vornehmen. Wie bei einer *Datenbank* lassen sich dann die einzelnen Szenen in alphabetischer Folge, nach Timecode oder auch nach Stichworten abrufen.

Im Audiobereich des Systems können 24 Kanäle virtuell angelegt und synchron zueinander angelegt und bearbeitet werden.

Als *Plattenspeicher* kommen löschbare *magneto/optische (MOD) Wechselplatten* oder auch *magnetische Wechselplatten* zur Verwendung. Die Bild- und Toninformationen sind jeweils auf derselben Platte gespeichert, so daß das „Umsteigen" von einer zur anderen Platte problemlos ist. – Der Media-Composer gibt die Schnittinformationen zur weiteren On-line-Bearbeitung in Form einer EDL (*editing list*) oder auch als *Filmschnittliste* aus. Mit der „*Print to tape function*" kann man das fertig geschnittene Material direkt von der Platte des Media-Composers auf ein Masterband überspielen.

Der „Montage"-Picture-Prozessor

Das „*Montage*"-*System* wurde speziell zur Off-line-Bearbeitung von Film- und Videobändern entwickelt. Erfahrungsgemäß sind für einen Cutter schon wenige Bilder zur Beschreibung des Inhaltes einer Szene ausreichend. Man zeigt daher auf 14 kleinen Monitoren – wie bei einem *Storyboard* – jeweils den Anfang und das Ende der Szenen an, die zur Bearbeitung anstehen. Damit besteht auch eine gewisse Analogie zum Filmschnitt, bei dem die einzelnen Bildabschnitte in Form kurzer Filmstreifen bereit gehalten werden [154].

4 Die Filmaufzeichnung (FAZ) von Video-Signalen

So wie es für die Umwandlung eines fotografisch entstandenen Filmbildes in ein Video-Signal (FAT) diverse technische Möglichkeiten gibt (siehe Abschitt G. 1), so existieren auch für die Filmaufzeichnung (FAZ) verschiedene Wege.

4.1 Die Aufzeichnung von einer Bildröhre

Die einfachste Art, Farbfilmaufzeichnungen von einem Video-Signal zu machen, besteht darin, von einer normalen Farbfernseh-Bildröhre aufzuzeichnen. Aufzeichnungen dieser Art befriedigen jedoch selten und zwar besonders aus zwei Gründen: Zum einen ist das Auflösungsvermögen einer Farbbildröhre durch die festliegende Anzahl von Leuchtstoffpunkten begrenzt. Zum anderen entsteht eine sichtbare Fehlanpassung, weil die Farbkoordinaten der Leuchtstoffe der Röhren nicht denen entsprechen, die ein normaler Farbfilm benötigt. Dies bedeutet, daß zum Beispiel das Licht der roten Leuchtpunkte nicht nur die rotempfindliche fotografische Schicht belichtet, sondern auch in der für Grün empfindlichen Schicht gleichzeitig eine unerwünschte Belichtung hervorruft. Mit den anderen Farbbereichen verhält es sich ähnlich. Durch dieses Problem treten bei solchen Überspielungen nicht nur Farbverfälschungen auf, sondern es kann auch eine deutliche Farbentsättigung entstehen.

Wenn man ein Vollbild aufzeichnen will, so ist bei Benutzung schrittweise schaltender Kameras eine sehr genaue Synchronisation und Phasenanpassung an das Fernsehbild erforderlich. Voraussetzung ist, daß ein bestimmtes Bildfeld in richtiger Position bereitstehen muß, wenn sich der Kameraverschluß unmittelbar vor Beginn der ersten Fernsehzeile öffnet.

Für den Filmtransport und die anschließende Positionierung des Filmes im Bildfenster ist die Zeit, die zwischen zwei Fernseh-Halbbildern mit etwa 1,6 ms zur Verfügung steht, nicht ausreichend. Bei 35-mm-Film ist es praktisch unmöglich, geringere Schaltzeiten als 4 ms zu erreichen. Für 16-mm-Film sind Kameras mit pneumatischen Schaltwerken entwickelt worden, deren Schaltzeiten knapp unter 2 ms liegen. Trotzdem liegt die Beanspruchung der Mechanik und des Filmes an der zulässigen Grenze. Wird die Transportzeit zu lang, so gehen zwangsläufig Bildinformationen an der oberen und unteren Kante des Bildes verloren.

4.2 Das Separation-Verfahren von Technicolor/Vidtronics

Alternativ geht dieses Aufzeichnungsverfahren von der Überlegung aus, die von den drei Primärfarbkomponenten des Fernsehbildes hervorgerufene Aufzeichnung nachträglich zu filtern. Man benutzt dabei die drei Farbauszugssignale R, G und B und zeichnet sie als Schwarzweiß-Auszug jeweils auf einem getrennten Filmstreifen (Separation) auf [47].

Nach *Abb. G4-1* spielt man das Video-Signal von einer MAZ-Maschine (1) ab. Nach Decodierung des FBAS-Signals entstehen die Farbauszugssignale R, G und B, die man einem Video-Prozessor (3) zuführt. Der Video-Prozessor sorgt zum einen für die exakte Synchronisierung der drei Kamera-Schaltwerke (4, 5 und 6), in denen je eine Bildröhre das elektronische Raster des entsprechenden Farbauszuges schreibt. Zum anderen bereitet er die Video-Signale für die richtige Belichtung der Schwarzweiß-Auszugsfilme auf. Dabei sind die Besonderheiten des Video-Signals, bei dem die Pegel für den Weißwert und den Schwarzwert festliegen, entsprechend zu berücksichtigen. Nach Eingabe der Daten des Filmmaterials errechnet der Prozessor den richtigen Belichtungsumfang und paßt gleichzeitig die Übertragungskennlinie des Video-Signals an die Gradation des Filmmaterials an. – Darüber hinaus bewältigt er noch ein weiteres Problem, das darin besteht, daß das Bild auf dem Film Zeile für Zeile geschrieben wird. Unter normalen Umständen würde der Betrachter, vor allem bei Großprojektion, auf dem Film die Linienstruktur der Zeilen deutlich erkennen können. Diesem Mangel kann man begegnen, wenn man den schreibenden Elektronenstrahl in der vertikalen Achse zusätzlich so ablenkt, daß er den an sich informationslosen Bereich zwischen den Zeilen mit überschreibt.

Nach der Belichtung werden dann die drei Schwarzweiß-Filme entwickelt (7, 8 und 9). In einer Spezialkopiermaschine kopiert man nacheinander die Farbauszüge

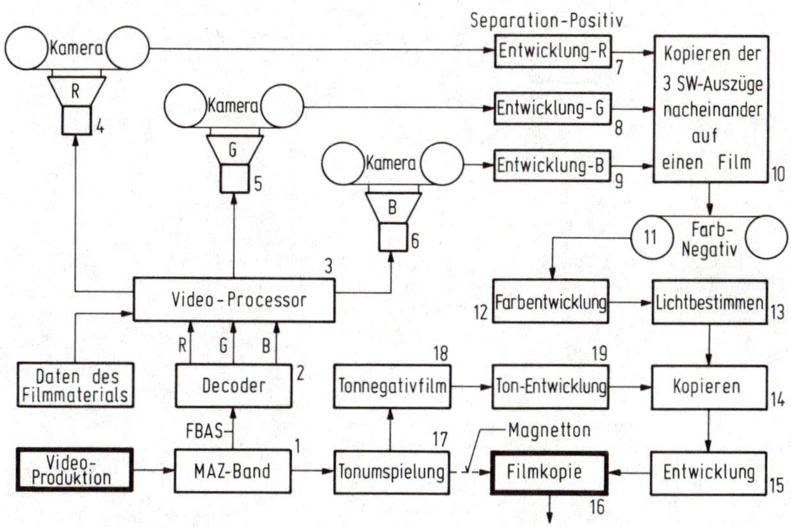

Abb. G4-1 Filmaufzeichnung (FAZ) nach dem Separation-Verfahren

mit rotem, grünem und blauem Licht auf ein Farbnegativ-Material (11), das nach Farbentwicklung (12) und Lichtbestimmung (13) zur Kopierung (14) auf einen Farbpositiv-Film zur Verfügung steht.

Die Tonaufzeichnung erhält man durch Umspielen (17) auf einen Tonnegativfilm (18) direkt vom MAZ-Band (1). Nach der Entwicklung (19) wird das Tonnegativ zusammen mit dem Bildnegativ kopiert. Dies ergibt nach Entwicklung des Positivs (15) eine vorführfertige Filmkopie (16).

4.3 Die Filmaufzeichnung nach dem System von Image-Transform

Ein kontinuierlicher Filmantrieb liefert bei gleichbleibender Geschwindigkeit zwangsläufig die senkrechte Komponente der Aufzeichnung. Die Bilddarstellung auf dem Schirm der Elektronenröhre muß dabei zwar in Vertikalrichtung gestaucht werden, weil der Film diese Stauchung durch seine Eigenbewegung kompensiert. Kontinuierlich laufende Kameras ermöglichen so die Aufzeichnung aller Bildzeilen und beanspruchen weder den Film noch den Kameramechanismus in unzulässiger Weise.

Das Filmaufzeichnungs-System von Image-Transform (*Abb. G4-2*) stellt ein modifiziertes Separation-Verfahren dar [44]. Durch Abspielen von einer MAZ-Maschine (a) gelangt das decodierte Signal (b) auf einen Video-Processor (c), der ähnliche Eigenschaften, wie vorher unter D.14.2 beschrieben, aufweist. Für die Aufzeichnung verwendet man hier allerdings nur eine Kamera (e) mit kontinuierlichem Filmtransport, die auf einem 16-mm-Schwarzweiß-Filmstreifen (f) jeweils nacheinander die

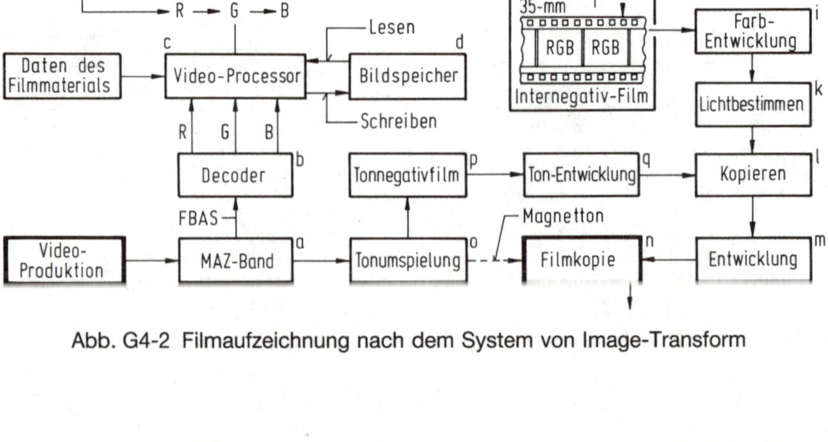

Abb. G4-2 Filmaufzeichnung nach dem System von Image-Transform

drei Farbauszugssignale speichert. Dazu muß der Film mit dreifacher Geschwindigkeit gegenüber Real-Time angetrieben werden. Nach amerikanischem Standard beträgt die Laufgeschwindigkeit demzufolge 72 Bilder pro Sekunde (= 548 mm/s) und nach der europäischen Norm 75 Bilder pro Sekunde (= 571 mm/s).

Neben den vorher beschriebenen Aufgaben übernimmt der Video-Prozessor (c) noch die sequentielle Steuerung der Bildröhre in der Kamera (e). Dazu wird das Video-Signal mit normaler Taktfrequenz über den Prozessor in einen Bildspeicher (d) eingeschrieben. Das Auslesen der Farbauszugssignale aus dem Speicher geschieht jeweils sequentiell mit dreifacher Geschwindigkeit für die Farbkomponenten R, G und B, so daß eine serielle Aufzeichnung möglich wird.

Nach der Entwicklung (g) des belichteten Schwarzweiß-Filmes führt man die Kopierung (h) auf einen Farbnegativ-Film nach einem Farbsequenz-Verfahren durch. Hierzu besitzt die Kopiermaschine (h) ein Filterrad, dessen Umlauf mit dem Filmtransportsystem synchronisiert ist. Die drei Segmente des Filterrades filtern das ursprünglich weiße Kopierlicht so, daß eine den Farbauszügen entsprechende optimale Belichtung des Farbnegativ-Filmes gewährleistet ist. Nach der Farbentwicklung (i) und der Lichtbestimmung (k) kann das Negativ zur Herstellung einer kombinierten Filmkopie (n) benutzt werden.

Da dieses Verfahren jeweils nur ein System für die elektronische Ablenkung des Schreibstrahles, nur eine Kamera und einen Kopiervorgang verwendet, sind die Justier- und Deckungsprobleme relativ gering.

4.4 Das Triniscope-System

Farbauszugsverfahren liefern beachtlich gute Ergebnisse. Wegen des nachträglichen Zusammenkopierens ist es jedoch schwierig, solche Filmaufzeichnungen in direkt belichtete Aufnahmen einzuschneiden. Auch ist der Filmverbrauch für die Zwischenprozesse relativ hoch. Mit einem Drei-Röhren-System kann man diese Nachteile vermeiden (*Abb. G4-3*).

Das Triniscope-System verwendet drei Bildröhren, deren spektrale Emissions-Maxima verschieden sind und deren Leuchtstoffe genau im spektralen Empfindlichkeitsbereich der Emulsionsschichten typischer Farbfilmmaterialien liegen [45]. Der Durchmesser des Elektronenstrahls solcher Aufzeichnungsröhren ist mit 0,06 mm sehr gering, so daß das theoretische Auflösungsvermögen etwa 2000 Elemente je Bildzeile erreicht. Die erforderliche Rasterdeckung erzielt man sowohl mit einem speziellen mechanischen als auch elektronischen Justiersystem.

Auch hier erfolgt die Aufbereitung der Video-Signale mit einem Prozessor (3), der ihre filmspezifische Umwandlung vornimmt und die Farbauszugsinformationen den Bildröhren (4, 5 und 6) zuführt. Die von den Bildröhren erzeugten Raster werden über ein optisches System mit zwei dichroitischen Spiegeln (7 und 8) zu einem Strahlengang zusammengeführt und mit einem Objektiv (9) in der Kamera (10) auf einen kontinuierlich laufenden Farbnegativ-Film (11) aufgezeichnet. Eine solche

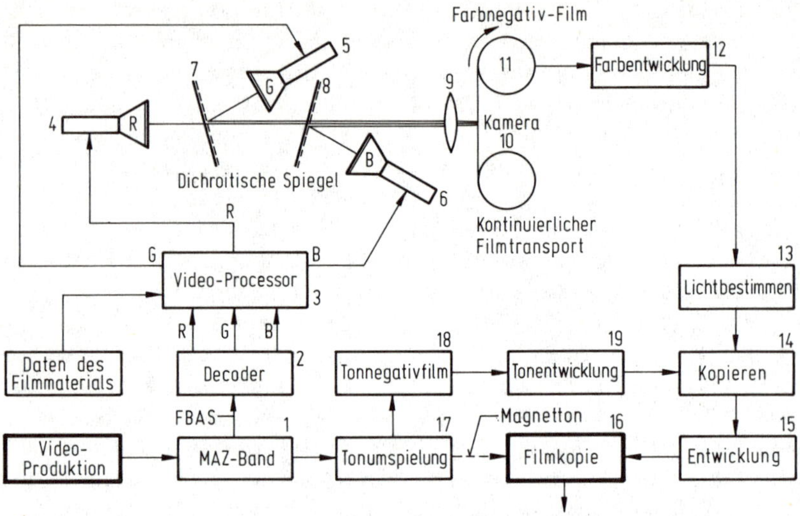

Abb. G4-3 Filmaufzeichnung nach dem Triniscope-Verfahren

Kamera muß bei hoher mechanischer Präzision und exakter Konstanz der Filmgeschwindigkeit das Filmmaterial in 1/25 Sekunde genau um eine Bildhöhe kontinuierlich vorwärtsbewegen.

Nach der Farbnegativ-Entwicklung (12) entsteht direkt von diesem Farbnegativ mit Lichtbestimmung (13), Kopierung (14) und Positiv-Entwicklung (15) eine vorführfertige Filmkopie (16).

Die Tonbearbeitung kann durch direktes Umspielen (17) der Schallaufzeichnung auf eine Magnettonrandspur oder auch über einen Lichttonnegativfilm (18) geschehen.

4.5 Das Laser-Beam-Recording-System von CBS

In den Laboratorien der amerikanischen Rundfunkgesellschaft CBS entwickelte man vor einigen Jahren eine Filmaufzeichnungs-Einrichtung [46], die nicht mit dem elektronischen Schirmbild einer Katodenstrahlröhre, sondern mit dem Licht dreier monochromatischer Laser-Strahlen arbeitet (*Abb. G4-4*)

Während die Aufbereitung der Video-Signale ähnlich wie bei den bisher beschriebenen Systemen vonstatten geht, sind für die Steuerung monochromatischen Lichtes zusätzliche Einrichtungen erforderlich. Wie in Abb. G4-4 gezeigt, erzeugt ein Helium-Neon-Laser (1) das Licht für die Belichtung des Rot-Kanals. Das Licht für den grünen und blauen Kanal gewinnt man aus der Strahlung eines Argon-Ionen-Lasers (2) durch dichroitische Strahlenteilung (3). In die drei Strahlengänge für Rot, Grün und Blau sind drei optische Modulatoren (4, 5 und 6) eingefügt. Die Intensitätsmodulation des Laser-Lichtes kommt durch Drehung seiner Polarisationsebene bei Passieren eines Ammonium-Dihydrogen-Phosphat-Kristalls (ADP-Kristall)

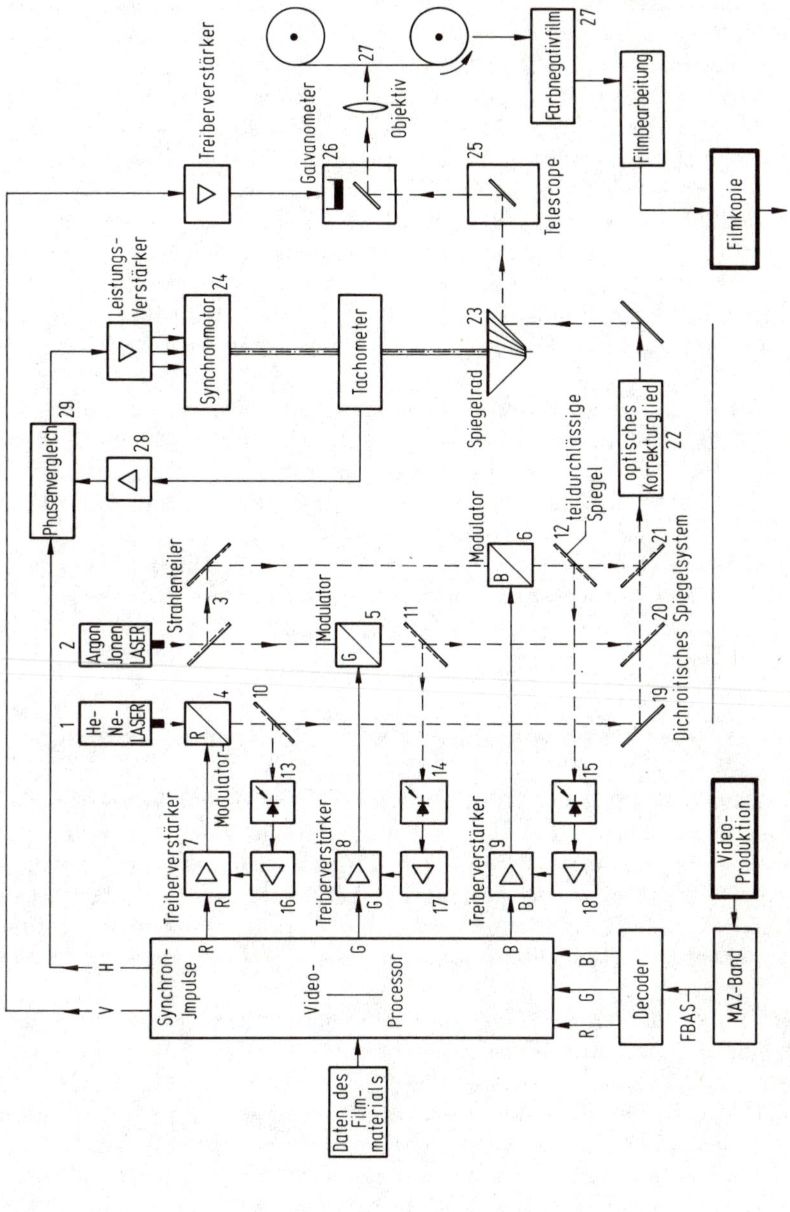

Abb. G4-4 Prinzip der Filmaufzeichnung mit einem LASER-Beam-Recorder (CBS)

zustande, wenn der Strahl am Ausgang des Modulators einen „Analysator" mit definiertem Polarisations-Vektor durchläuft. Die Drehung der Polarisationsebene durch den ADP-Kristall ist von der Größe der angelegten Steuerspannung abhängig. Man führt daher den Elektroden der Modulatoren über die Treiberverstärker (7, 8 und 9) getrennte Steuerspannungen zu, die aus den Farbkomponenten R, G und B des Video-Signals abgeleitet sind.

Zur Stabilisierung des Modulationsystems befinden sich in den drei Strahlengängen drei teildurchlässige Spiegel (10, 11 und 12), die einen Teil der Strahlung über die lichtelektrischen Verstärker (13, 14 und 15) in die Treiberverstärkerkanäle (16, 17 und 18) nach Art einer Gegenkopplung einwirken lassen. Anschließend setzt man die Strahlen für Rot, Grün und Blau über ein Spiegelsystem (19, 20 und 21) wieder zusammen. Über ein Korrekturglied (22) läuft der zusammengesetzte Strahl dann auf ein Spiegelrad (23), das – von einem Synchronmotor (24) angetrieben – die horizontale Ablenkung des Schreibstrahles bewirkt, der schließlich über den Teleskop-Spiegel (25) und den Galvanometerspiegel (26) auf den Farbnegativ-Film (27) gelangt.

Die vertikale Strahlenablenkung erfolgt über den Spiegel des Galvanometers (26), der vom Vertikal-Impuls des Video-Signals gesteuert wird. Die Synchronisierung der horizontalen Schreibstrahlablenkung geschieht über eine Tachometer-Schaltung (28) durch Phasenvergleich (29) mit den Zeilen-Rücklauf-Impulsen des Video-Signals.

Die Bearbeitung des so belichteten Filmmaterials vollzieht sich dann in gleicher Weise, wie bei den vorher beschriebenen Filmaufzeichnungssystemen.

4.6 Das EBR-Verfahren von Sony, „Electronic-Beam-Recording"

Für die Überspielung von *HDTV*- und *HDVS*-Signalen auf Film entwickelte die Firma Sony ein System, bei dem der Kinefilm im Vakuum direkt von einem Elektronenstrahl exponiert wird. Damit erreicht man eine wesentlich größere Schärfe der Filmaufzeichnung gegenüber bisher beschriebenen Verfahren, weil hier die Vorteile kurzwelliger Strahlung voll zur Wirkung kommen und keine Abbildungsfehler durch zwischengeschaltete optische Aggregate entstehen können [128, 129].

Nach *Abb.* G4-5 verwendet man monochromatisches Filmmaterial hoher Auflösung (a), das mit geringer Laufgeschwindigkeit (etwa 1 bis 2 Bilder/sec) von einem Sperrgreifersystem (b) schrittweise bewegt wird. Die Exposition des Filmmaterials mit einem äußerst fein fokussierten Elektronenstrahl geschieht in einer besonderen Hochvakuumkammer (c) im Separation-Mode. Dabei werden die drei Farbauszugssignale für Rot, Grün und Blau sequentiell auf dem Film aufgezeichnet. Hierzu muß die in Realtime verfügbare Original-Videoinformation (d) im Slow-Motion-Betrieb (e) nach Decodierung (f) im R-G-B-Mode bildweise in einem digitalen Bildspeicher (g) abgelegt werden. Der Bildspeicher (g) gibt die Farbauszugssignale R-G-B seriell

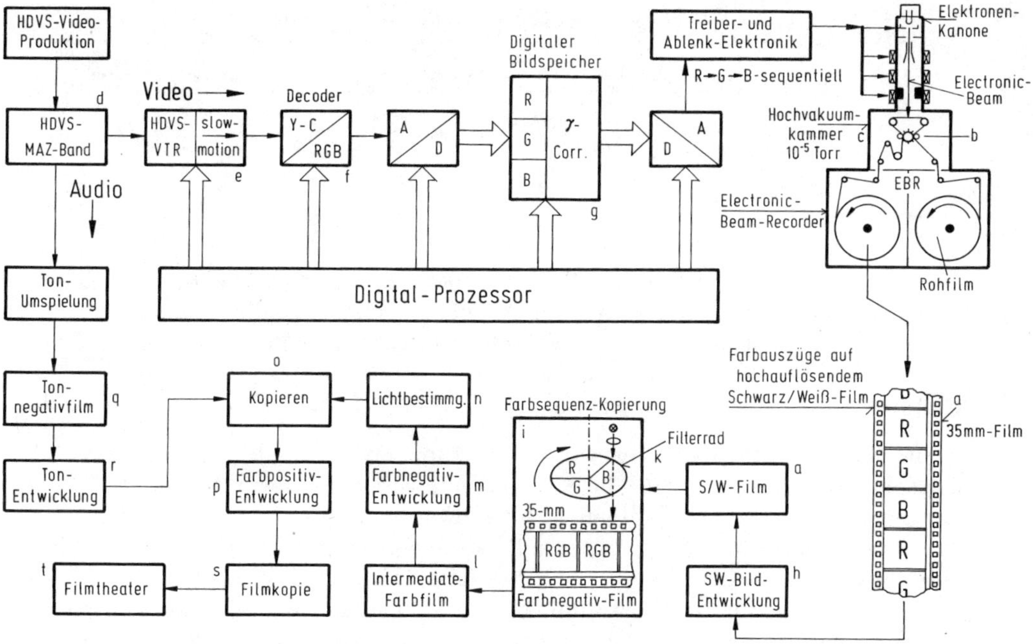

Abb. G4-5 Prinzip des EBR-Verfahrens von SONY (Electronic-Beam-Recording).

aus. Für jede Farbe wird auf dem monochromatischen Filmmaterial (a) unmittelbar aufeinander folgend jeweils ein eigenes Rasterbild für Rot, Grün und Blau geschrieben.

Nach der SW-Entwicklung des monochromatischen Filmmaterials beginnt der fotographische Prozeß. Dabei werden die sequentiell gespeicherten Farbinformationen mit einer Spezialkopiermaschine (i), deren umlaufendes *Filterrad* (k) mit dem Vorschub für das Filmmaterial exakt synchronisiert ist, auf Farbnegativfilm (l) übertragen. Die Transmissionscharakteristiken der drei Segmente des Filterrades (k) sind für die Belichtung eines Farbnegativfilmes optimiert. Nach der Farbentwicklung (m) und der Lichtbestimmung (n) steht das Bildnegativ (l) zur Kopierung (o) und damit zur Herstellung von Tonfilm-Massenkopien (s) bereit.

5 „Electronic-Cinematography“ – die elektronische Bildaufnahme für den Kinofilm

Auch für die Produktion von Kinofilmen erscheint die elektronische Bildaufnahme vorteilhaft, wenn man an die enormen Möglichkeiten der Bildbearbeitung denkt. Eine einfache Überlegung zeigt aber, daß die Informationsdichte und die Signalqualität heutiger HDTV- und HDVS-Systeme nicht ausreichen, wenn man das große Kino im Breitwandformat bedienen will.

Eine Standard-Filmkopie, die von einem normalen Negativfilm des Typs ECN 5247 auf Print-Film ECP 5284 im Kontaktkopierverfahren (siehe Abschnitt D.5.1) gezogen wurde, hat eine resultierende Auflösung von etwa 55 Linienpaaren/mm [126]. Nach Angaben des Rohfilmherstellers (Kodak) zeigt die Modulationsübertragungsfunktion bei 55 Linien/mm für den Negativfilm ECN 5247 noch einen Pegelwert von 30 % und für den Kopierfilm ECP 5284 einen Wert von 70 %. Ein typisches Aufnahmeobjektiv zeigt bei gleicher Frequenz einen Abfall des Pegels von 50 %. Daraus resultiert ein kaskadierter Frequenzgang mit

$$\begin{array}{lllll} \text{Negativ} & \times \text{ Positiv} & \times \text{ Aufnahmeobjektiv} & & \\ 0{,}3 & \times \ 0{,}7 & \times \ 0{,}5 & = 0{,}105 & \text{oder } 10{,}5\,\% . \end{array}$$

In den meisten Fällen wird man die Speicherfläche auf dem fotografischen Film voll nutzen wollen, um keinen Verlust an Informationskapazität hinnehmen zu müssen. Für die Breitwandverfahren erscheint es daher sinnvoll, mit anamorphotischen Objektiven zu arbeiten (siehe Abschnitt B.6.4). Man sollte daher ein Bildseitenverhältnis der auf dem Film zu speichernden Information mit etwa 1,33 : 1 oder 4 : 3 anstreben. Auf dem Negativfilm entspricht dies einer Bildhöhe von 18,67 mm und einer Bildbreite von 24,89 mm. Ein Kinofilm heutiger Qualität ist somit in der Lage

$$\text{Bildhöhe} \times \text{Linienpaare/mm} = \text{sichtbare Zeilen (vvL)}$$

(vvL = vertical visible lines)

$$18{,}67 \times 55\text{x}2 \qquad = 2053 \text{ (vvL) zu speichern.}$$

Vorwärtsabtastung 1 : 1 (non interlaced scanning)

Bei herkömmlichen Videosystemen wird zur Vermeidung von Flimmerstörungen ganz allgemein das Zeilensprungverfahren (interlaced scanning, siehe Abschnitt C.3.3) angewendet. Dabei werden zeitlich nacheinander zwei Halbbilder ähnlichen

Bildinhaltes übertragen. Je schneller die gezeigten Bewegungsabläufe sind, desto mehr unterscheiden sich die Inhalte der beiden Halbbilder voneinander.

Da die Kinematographie keine Halbbilder kennt (zur Reduzierung der Flimmereffekte wird während der Projektion eines Filmbildes auf die Leinwand lediglich der Lichtstrom des Projektors unterbrochen, so daß eine Pulsfrequenz von 48 Hz entsteht), würde die Übertragung der Videoinformation im Zeilensprung-Mode zu sehr starken Bewegungsartifakten führen. Ein Video-Filmtransfersystem hoher Qualität muß daher ohne Zeilensprung mit Vorwärtsabtastung 1 : 1 (non-interlaced scanning) konfiguriert sein. Dabei zeigt sich, daß der Kell-Faktor (siehe Seite 149), der für die Abtastung mit Zeilensprung etwa 0,65 beträgt, auf einen Wert von 0,9 ansteigt. Daraus ergeben sich für das Bildraster des Videosignal-Systems

$$\frac{\text{Sichtbare Zeilen (vvL)}}{\text{Kell-Faktor}} + \begin{array}{c}\text{Anzahl der Zeilen}\\ \text{während des}\\ \text{Strahlrücklaufs}\end{array} = \begin{array}{c}\text{Zeilenzahl}\\ \text{des}\\ \text{Abtastrasters}\end{array}$$

$$\frac{2060}{0{,}9} + 40 \sim 2330 \text{ scL}$$

Unter Berücksichtigung der Rücklaufzeiten des Elektronenstrahls müßte das Abtastraster daher etwa 2330 Zeilen (scL = scan lines) haben. Ähnliche Überlegungen gelten auch für die anamorphotische Bild-Aufnahme und -Wiedergabe. Hierbei würde das Videosignal ein seitlich – im Verhältnis 2 : 1 – komprimiertes Bild enthalten müssen.

Tabelle G2 zeigt außerdem noch andere bei der Kinofilmproduktion übliche Filmformate, bei denen nach dem „Letter-Box-System“ Bildteile am oberen und unteren Rand nicht exponiert werden.

Tabelle G2:

Bildseiten-verhältnis	Abtastraster scL	sichtbare Zeilen vvL	Videoband-breite MHz	Auflösung Lp/mm rel.
1,33:1 4:3	2330	2060	87	55
1,66:1 5:3	1865	1650	70	55
1,77:1 16:9	1750	1550	66	55
1,85:1 13:7	1675	1480	63	55

Bei diesem Aufzeichnungsverfahren bleibt ein Teil der Speicherfläche auf dem Film ungenutzt. Daraus resultiert für die elektronische Produktion von Kinofilmen auch eine reduzierte Auflösung in der vertikalen Achse, so daß eine geringere Zeilenzahl ausreicht.

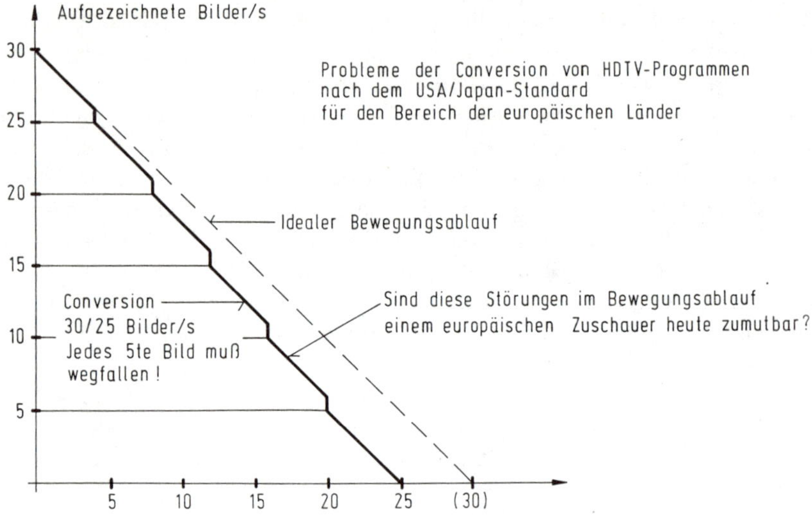

Abb. G5-1 Probleme der Konvertierung einer Vollbildfrequenz von 30 Hz auf 24 Hz

Bildfrequenz

Für den Kinofilm ist seit 60 Jahren weltweit eine einheitliche Bildfrequenz von 24 Hz eingeführt. Eine hiervon abweichende Bildfrequenz kann von der Filmindustrie aus ökonomischen Gründen auch künftig nicht akzeptiert werden.

HDTV- und HDVS-Systeme heutiger Konfiguration verwenden hiervon abweichende Bildfrequenzen. Eine Konvertierung von 30 Hz auf 24 Hz Vollbildfrequenz würde zu erheblichen Anomalien der Bewegungsabläufe führen (*Abb. G5-1*). Als einzig möglicher Kompromiß wäre daher nur eine Vollbildfrequenz von 25 Hz denkbar. Dies würde bei Wiedergabe im Kino mit 24 Bildern/sec zwar bei der Schallaufzeichnung eine Verringerung der Tonhöhe um etwa 4 % bedeuten. Aber die heutige Praxis des europäischen Fernsehens beweist, daß Abweichungen dieser Größenordnung vom großen Publikum nicht als störend empfunden werden, weil ja ständig Filmprogramme mit einer Bildfrequenz von 25 Hz gesendet werden, die im Ursprung mit 24 Bildern/sec aufgenommen worden sind.

RGB-Technik

Die weitere videotechnische Nachbearbeitung mit digitalen Tricks in hoher Qualität erfordert die Speicherung – auch feinster Bilddetails – des Originalbildes ohne jede Einschränkung. Dies ist ein Vorgang, der mit der Aufzeichnung auf einem Drei-Schichten-Farbfilm vergleichbar ist. Zur Erfüllung dieser Forderung kann die Originalaufzeichnung nur im RGB-Mode auf einem Videoband mit einem „*S-HDVS*“-*Dreikanalrecorder* erfolgen.

Darüber hinaus geschieht die Aufnahme der Originalszene mit einer „*Super-HDVS-Kamera*“, deren Farbkanäle (R-G-B) die volle Videobandbreite haben müssen. Schließlich sollte der Strahlenteiler des Kamerasystems die spätere Überspielung auf das Farbfilmmaterial und dessen spektrale Empfindlichkeit berücksichtigen. Die Transmissionskurven des Farbteilersystems der Kamera müssen daher wie folgt optimiert sein:

Tabelle G3

Farbe	Wellenlänge (nm)	Farbkoordinaten	
		x	y
Rot	610	0,67	0,33
Grün	535	0,21	0,71
Blau	460	0,14	0,08

Die von der Aufnahmekamera kommende R-G-B-Information hat eine lineare 1:1:1-Matrizierung und wird in einem „S-HDVS"-Recorder auf drei separate Spuren des Videobandes geschrieben. Vor der Aufzeichnung ist zur Verbesserung des Störabstandes eine jeweils getrennte Kompression der Signale sinnvoll. Diese dynamische Verzerrung wird bei der Wiedergabe wieder rückgängig gemacht. Die drei getrennt gespeicherten Videosignale für R-G-B stellen gemeinsam das Ausgangsmaterial für

- Farbkorrektur (colour-matching),
- Bildmischung,
- Überblendungen,
- Trickeffekte und
- den elektronischen Schitt

dar.

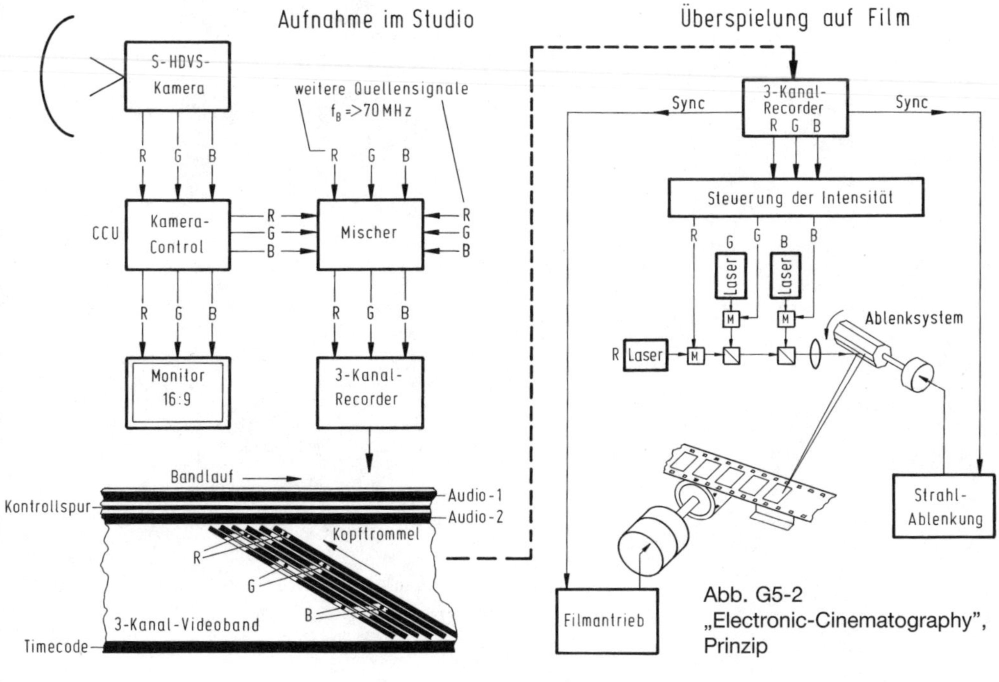

Abb. G5-2
„Electronic-Cinematography", Prinzip

Die Nachbearbeitung (post-production) mit *Dreikanalmaschinen* (*Abb. G5-2*) führt in der R-G-B-Ebene zu einem Masterband, das das endgültige Programm für die anschließende Überspielung auf den fotografischen Film enthält. Hierzu werden die R-G-B-Signale parallel von der Dreikanal-Maschine an die Filmaufzeichnungsanlage ausgegeben. Für die Filmaufzeichnung (FAZ) eignen sich vorzugsweise zwei Systeme:

- Das EBR-System (Electronic-Beam-Recording, siehe Abschnitt G.4.6),
- das Laser-Beam-Recording-System (siehe Abschnitt G.4.5).

6 Das „High-Resolution-Electronic-Intermediate-System“ von Kodak

Ende 1989 stellte die Firma Kodak dieses integrierte Film/Video/Film-System auf der SMPTE-Konferenz in Los Angeles vor [127]. Das System basiert auf dem Gedanken, Spielszenen im Studio und an Originalplätzen zunächst auf Film zu speichern, aber die gesamte Postproduction, wie

- Farbkorrektur,
- Schnitt,
- Erzeugung von Titeln und Trickeffekten,
- Zusammenstellung des gesamten Programms – auch in verschiedenen Fassungen – einschließlich Tonbearbeitung

mit elektronischen Mitteln in digitaler Bearbeitungstechnik durchzuführen. Nach der Bearbeitung wird das digital gespeicherte Programm wieder auf Negativfilm überspielt (*Abb. G6-1*).

In diesem Zusammenhang haben die Ingenieure der Firma Kodak einen „High-Performance-CCD-Filmabtaster“ entwickelt, der folgende Besonderheiten aufweist (*Abb. G6-2*):

- Als Lichtquelle dient eine Xenonlampe hoher Leistung (a).
- Danach folgt ein besonderes Filtersystem (b), mit dem der spektrale Energieinhalt der Lichtquelle an die Spezifik der verschiedenen Filmmaterialien (Negativ oder Positiv) angepaßt werden kann.
- Für eine völlig diffuse Ausleuchtung des Abtastspaltes sorgt ein „Diffusor“ (c), der aus einem integrierenden System zylindrischer Linsen besteht.
- Der Abtastspalt (d) kann wegen der äußerst günstigen Lichtverhältnisse extrem schmal sein.
- Nach dem Spalt (d) folgt zunächst ein teildurchlässiger Spiegel (e), der das weiße Licht zur Erzeugung eines Luminanzsignals Y auf eine CCD-Zeile (f) mit 1920 Sensorelementen passieren läßt.
- Parallel dazu findet sich ein System dichroitischer Spiegel (g), über die die Informationen für die drei Farbkanäle gewonnen werden. Hierzu gehören für R-G-B jeweils getrennte CCD-Arrays (h) mit je 960 Pixels/Zeile.
- Die Erzeugung der Videosignal-Anteile erfolgt in vier getrennten Kanälen, deren Kombination in einer Matrixschaltung (i) zu hervorragenden Ergebnissen bezüglich Empfindlichkeit und Geräuschspannungsabstand beiträgt.
- Die weitere Verarbeitung der Information geschieht mit Vorwärtsabtastung (proscanning) 1 : 1 ohne Zeilensprung mit einer Datenrate von 120 Megapixels pro Sekunde.

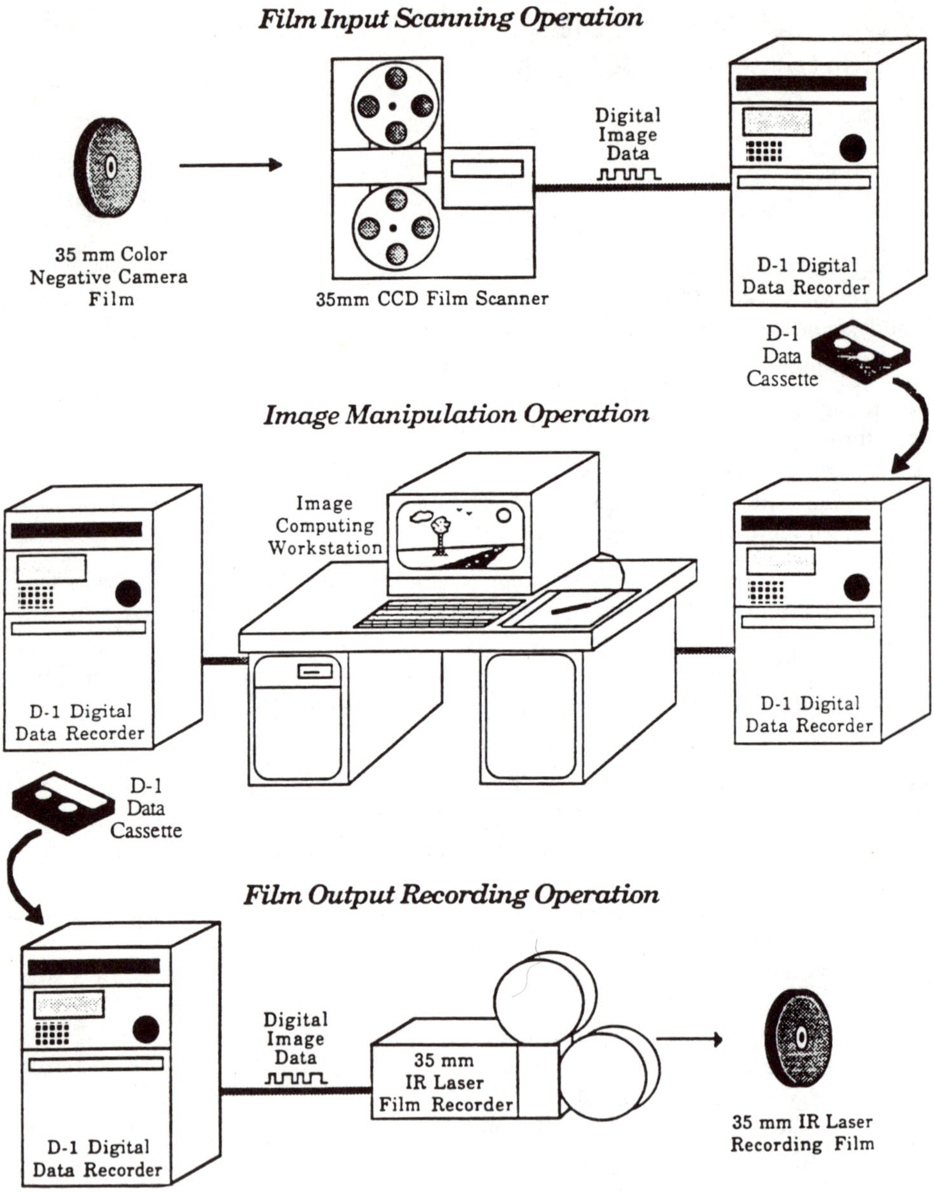

Abb. G6-1 Das High-Resolution-Intermediate-System der KODAK

- Die Erzeugung eines Ausgangssignals im Zeilensprung-Mode (interlaced scanning) übernimmt ein „Down-Converter" (k), der die Signale zur weiteren Bearbeitung nach Passieren einer Schaltung (l) zur Gamma- und Pegelkorrektur in digitaler Form ausgibt.

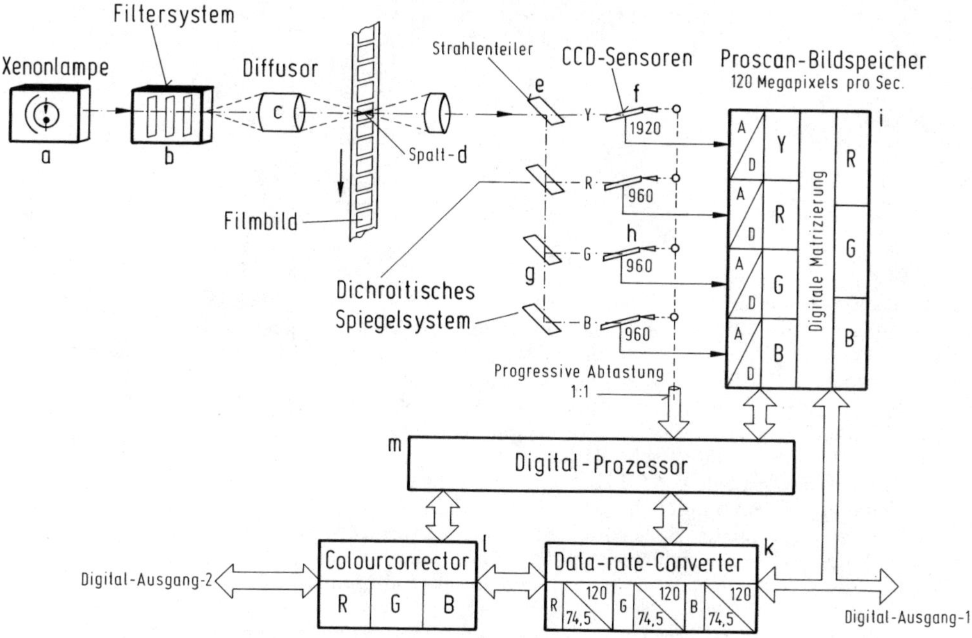

Abb. G6-2 Prinzip des High-Performance-CCD-Filmabtasters der KODAK

Literaturverzeichnis

[1] *Baier, W.*: Geschichte der Fotografie. Foto-Kino-Verlag, Leipzig 1966.
[2] *Teicher, G.*: Handbuch der Fototechnik. Foto-Kino-Verlag, Leipzig 1972.
[3] *Dickson, W. K. L.*: A brief history of the Kinetograph, the Kinetoscope and the Kinetophonograph. Journal of SMPE Dezember 1933.
[4] *Bruch, W.*: Die Fernsehstory. Telekosmos-Verlag, Stuttgart 1969.
[5] *Westphal, W.*: Physik. Springer-Verlag, Berlin 1963.
[6] *Röss, D.*: Laser. Akademische Verlagsgesellschaft. Frankfurt 1966.
[7] *Schober, H.*: Das Sehen. VEB-Fachbuchverlag, Leipzig 1958.
[8] *Helmholtz, H. v.*: Handbuch der physiologischen Optik. Voß, Leipzig 1911.
[9] *Hering, E.*: Grundzüge der Lehre vom Lichtsinn. Springer-Verlag, Berlin 1920.
[10] *De Valois, R. D.*: Physiological Basis of Color Vision. Die Farbe 20/1971.
[11] *De Valois, R. D.*: Behaviorial and Electrophysiolgical Studies of Primate Vision. Academ. Press, New York 1965.
[12] *Lang, H.*: Farbmetrik und Farbfernsehen. Oldenbourg Verlag, München 1978.
[13] *Pohl, R. W.*: Optik und Atomphysik. Springer Verlag, Berlin 1963.
[14] *Mutter, E.*: Die Technik der Negativ/Positiv-Verfahren. Springer Verlag, Wien 1955.
[15] *Mutter, E.*: Farbphotographie. Springer Verlag, Wien 1967.
[16] *Barchet, H. M.*: Chemie photographischer Prozesse. Akademieverlag, Berlin 1973.
[17] *Vieth, G.*: Meßverfahren der Photographie. Oldenbourg Verlag, München 1974.
[18] *Weise, H.*: Die kinematographische Kamera. Springer Verlag, Wien 1955.
[19] *Tümmel, H.*: Laufbildprojektion. Springer Verlag, Wien 1973.
[20] *Theile, R.*: Hinter dem Bildschirm. Deutsche Verlagsanstalt, Stuttgart 1970.
[21] *Heimann, B.* und *Heimann, W.*: Fernsehkameraröhren, Eigenschaften und Anwendung. Fernseh- und Kinotechnik 9/1978.
[22] *Theile, R.*: Fernsehtechnik, Band 1, Grundlagen. Springer Verlag 1973.
[23] *Dillenburger, W.*: Einführung in die Fernsehtechnik, Band 1 und 2. Verlag Schiele und Schön, Berlin 1975.
[24] *Meinke-Gundlach*: Taschenbuch der Hochfrequenztechnik. Springer Verlag 1962.
[25] *Limann, O.*: Fernsehtechnik ohne Ballast. Franzis Verlag 1979.
[26] *Mayer, N.*: Technik des Farbfernsehens. Verlag für Radio-, Foto-, Kinotechnik, Berlin 1967.
[27] *Schönfelder, H.*: Farbfernsehtechnik, Band 1 bis 3. Justus von Liebig Verlag, Darmstadt 1968.
[28] *Bruch, W.*: Das PAL-Farbfernsehen – Prinzipielle Grundlagen der Modulation und Demodulation. Nachrichtentechnische Zeitschrift (NTZ) 17/1964.
[29] *Bruch, W.*: Farbfernsehsysteme, Überblick über das NTSC-, SECAM- und das PAL-System. Telefunken Zeitung 36/1963.
[30] *Meyer-Schwarzenberger, G.*: Elektronische Tricks. Schule für Rundfunktechnik, Nürnberg 1974.
[31] *Dillenburger, W.*: Fernseh-Meßtechnik. Verlag Schiele und Schön, Berlin 1972.
[32] *Bergmann, H.*: Verfahren zur Fernseh-Großprojektion. Bild und Ton 1/1979.
[33] *Tetzner, K.*: Farbfernseh-Projektionsgerät mit hellem 152-cm-Schirm. Funkschau 9/1978.
[34] *Porter, T.* und *Vrijer, F. W.*: The projection of colour television pictures. Journal of SMPTE 1959, Seiten 141 bis 143.

[35] *Roth, W.*: Neuer Eidophor-Projektor für die Großprojektion von Farbfernsehbildern. Fernseh- und Kinotechnik 2/1971.

[36] *Poetsch, D.*: Neue Wege der Filmabtastung. Bosch technische Berichte 6/1979.

[37] *Webers, J.* und *Westendorp, K.*: Einführung in die Filmkopierwerkstechnik. Fernseh- und Kinotechnik 1/1978 bis 11/1980.

[38] *Webers, J.*: Bild und Ton – synchron. Franzis Verlag, München 1976.

[39] *Webers, J.*: Die Anwendung von Rückprojektion und Aufprojektion zur Hintergrundgestaltung bei Film und Fernsehen. Fernseh- und Kinotechnik, 11/1970.

[40] *Fix, H.* und *Kaufmann, A.*: Hintergrundgestaltung im Fernsehstudio mit optischen und elektronischen Mitteln. Fernseh- und Kinotechnik 4/1970.

[41] *NN*: Verarbeitung von Eastman-Kinefilmen. Kodak-Publikation, Stuttgart 1982.

[42] *Webers, J.*: Tonstudiotechnik. Franzis Verlag, München 1989.

[43] *Webers, J.*: Der Differenztonindikator. Fernseh- und Kinotechnik 2/1972.

[44] *Comandini, P.* und *Roth, T.*: Film Recording in the Image Transform System. Journal of SMPTE 2/1978.

[45] *Lisk, K. G.* und *Evans, C. H.*: Color Television Film Recording from a Triniscope. Journal of SMPTE 9/1973.

[46] *Beiser, L., Lavender, W., Mc Mann, R. H.* und *Walker, R.*: Laser-Beam-Recorder for Color Television Film Transfer Journal of SMPTE 9/1971.

[47] *NN*: The Vidtronics Color Tape-to-Film Transfer System American Cinematographer 4/1967.

[48] *Altrichter, M.*: Das Magnetband. Berliner Union Verlag. Stuttgart 1958.

[49] *Winkel, F.*: Technik der Magnetspeicher. Springer Verlag 1977.

[50] *Webers, J.*: Tonstudiotechnik. Franzis-Verlag, München 1989.

[51] *Remley, M.*: One-Inch Helical Video Recording. SMPTE-Paper-Collection 1978.

[52] *Anderson, C. E.*: Neue 1"-Helical-Maschine für das Fernsehen. Fernseh- und Kinotechnik 7/1977.

[53] *Fix, H.* und *Habermann, W.*: Verwendung der Magnetspeichertechnik bei der Fernsehaufzeichnung. Aus Technik der Magnetspeicher. Springer Verlag 1977.

[54] *Robinson, J. F.*: Videotape Recording. Butterworth, London 1981.

[55] *Zahn, H. L.*: Das BCN-System zur magnetischen Aufzeichnung von Fernsehprogrammen. Bosch technische Berichte 6/1979, 5/6.

[56] *Weinlein, W.*: Ein neues Video-Kassettensystem für PAL-Signale. Fernseh- und Kinotechnik 3/1974.

[57] *Wezel, R. van*: Video-Handbuch. Franzis-Verlag, München 1980.

[58] *Lautner, K. H.*: Video-Handbuch des JVC/VHS-Video-Teams. 1980.

[59] *Manz, F.*: Betamax in PAL-Version. Funkschau 2/1979.

[60] *NN*: Video 2000, ein neues Bildaufzeichnungssystem. Funkschau 16/1979.

[61] *NN*: Leicht und zuverlässig. Neue Viertel-Zoll Recorder-Kamera der Firma Bosch-Fernseh auf der NAB 1982.

[62] *Hedlund, L. V.*: Ein computergestütztes MAZ-System nach Standard „C". Fernseh- und Kinotechnik 3/1981.

[63] *Habermann, W.* und *Sauter, D.*: Modell einer automatischen, computergesteuerten Schneideeinrichtung für Video-Bänder. Fernseh- und Kinotechnik 2/1974.

[64] *Crum, D. W.* und *Town, H. W.*: Recent Progress in Videotape Duplication. Journal of SMPTE 3/1971.

[65] *Dickens, J. E.* und *Jordan, L. K.*: Thermoremanent Duplication of Magnetic Tape Recording. Journal of SMPTE 3/1971.

[66] *Roth, W.*: Das neue Video-System Bildplatte. Fernseh- und Kinotechnik 7/1970.

[67] *NN*: Das optische Bildplattensystem von Philips und MCA. Philips-Documentation 1980.

[68] *Tetzner, K.*: Bildplattensysteme im Vergleich. Funkschau 22 und 23/1981.

[69] *Olijhoek, H. F., Peek, T. H.* und *Wesdorp, C. A.*: Mastering Technology for the Philips Optical Disc-Systems. Session Record „Video Disc Technology Overview". Electro/81, New York 1981.

[70] *Crooks, H. N.*: The RCA Selecta Vision Video Disc System. RCA-Documentation Februar 1981.
[71] *Will, G.*: Der VHD-Plattenspieler. Funkschau 6/1982.
[72] *Hidaka, T.*: Video Disc Pressing and Processing. Session Record „Video Disc Technology Overview". Electro/81, New York 1981.
[73] *NN*: LV-Bildplatten, Neues Herstellverfahren, Funkschau 14/1982.
[74] *Foerster, H.; Geise, H. D.; Horstmann, W.*: Das LINEPLEX-Aufzeichnungsverfahren in einer kompakten ¼-Zoll-Recorderkamera. Vortrag auf der 10. Jahrestagung der FKTG im September 1982.
[75] *Hughes, G. W.*: Electronic imaging with CCDs. RCA Engineer 29-6 Nov/Dec 1984.
[76] *Gurley, T. M.; Haslett, C. J.*: Resolution Considerations in Using CCD Imagers in Broadcast-Quality Cameras. SMPTE Journal, September 1985.
[77] *Wellhausen, H. W.*: Methoden der Pulscode-Modulation und Demodulation. Fernmelde-Ingenieur 19/1965.
[78] *Poschenrieder, W.*: Digitale Nachrichtensysteme, technischer Stand und Einsatzmöglichkeiten. Nachrichtentechnische Zeitschrift 21/1968.
[79] *Shannon, O. P.*: Proc. Inst. Radio Engrs., N. Y. 37/1949.
[80] *Irmer, Th.*: Puls-Code-Modulation. Taschenbuch der Fernmeldepraxis, Schiele und Schön, Berlin 1970.
[81] *Bäsig, J.*: Zweikanal-Tonübertragung im Fernsehen. Fernseh- und Kinotechnik 2/1984.
[82] *NN*: Farbstreifenfilter-Technik. Funkschau 7/1980.
[83] *Bolewski, N.*: Ultimatte, ein elektronisches Maskenverfahren für Video-Tricks. Fernseh- und Kinotechnik 8/1984.
[84] *Kunii, T. L.*: Computer Graphics: Theory & Application, Springer Verlag, Heidelberg 1983.
[85] *Andree, H. J.*: Grundlagen für die Produktion von Computerfilmen. Fernseh- und Kinotechnik, 2/1986.
[86] *Knapp, K. H.*: Computer-Grafik fasziniert Amerika. Funkschau 24/1983.
[87] *Demos, G.; Brown, M. D.; Weinberg, R. A.*: Digital Scene Simulation: The Synergy of Computer Technology and Human Creativity. Proceedings of the IEEE 1/1984.
[88] *Smith, A. R.*: Digital Filmmaking. Abacus, Vol. 1, No. 1, Springer-Verlag, New York 1983.
[89] *NN K. T.*: Farbfernseh-Großprojektion mit Laser. Funkschau 4/1970.
[90] *Auer, R.*: Video-Großbildprojektor: Gigantisch. Funkschau 13/1985.
[91] *Bücken, R.*: Philips-Vidiwall: Spielwiese für Videojockeys. Funkschau 24/1984.
[92] *Eaton, D.* und *Montgommery, W. A.*: Die Grundlagen von Teletext und Viewdata. Funkschau 1977, Heft 18 und 19.
[93] *Messerschmid, U.*: Videotext in der Bundesrepublik Deutschland – Stand und Ausblick. Fernseh- und Kinotechnik 4/184.
[94] *Lucas, K.*: B-MAC: A Transmission Standard for Pay DBS. SMPTE-Journal, November 1985.
[95] *Tetzner, K.* und *Radke, G. L.*: D2-MAC und die Folgen. Funkschau 18/1985.
[96] *Sabatier, J.; Pommier, D.* und *Mathieu, M.*: The D2-MAC-Packet System for all Transmission Channels. SMPTE-Journal, November 1985.
[97] *Holoch, G.*: Spezielle Betrachtungen zur Farbübertragung von zeitkomprimierten Komponentensignalen. Fernseh- und Kinotechnik 5/1985.
[98] *Freeman, J. P.*: The Evolution of High-Definition-Television. SMPTE-Journal May 1984.
[99] *Bücken, R.*: Streit um die Zukunft des Fernsehens. Funkschau 16/1986.
[100] *Powers, K.*: Ein universelles System zur elektronischen Filmproduktion. Fernseh- und Kinotechnik 2/1985.
[101] *Carter, W. D.* und *Newell, J.*: Specifically Designed Total-Immersion Liquid-Gate-Printers. SMPTE-Journal, March 1974.
[102] *Webers, J.*: Die Nachsynchronisation von Filmen. Fernseh- und Kinotechnik 4/1976.
[103] *NN*: Hochdisperses Eisen für Magnetbänder. Funkschau 15/1975.
[104] *Köster, E.*: Neue magnetische Informationsträger. Fernseh- und Kinotechnik 10/1984.

[105] *Thorpe, L. J.; Nakamura, T.* und *Ninomija, K.*: Super Motion System. SMPTE-Journal, September 1985.
[106] *Friedmann, B. J.*: Digital Television Tape Recording. Editor Collected Papers of the SMPTE, Chikago 1986.
[107] *Habermann, W.*: Die Diskussion und das zukünftige Aufzeichnungsformat für digitale Videosignale – Eine Bestandsaufnahme RTM. Rundfunktechnische Mitteilungen, Heft 2/1983.
[108] *Heitmann, J.; Loos, R.* und *Müller, J.*: Digitale Videoaufzeichnung. Grundlagen – Standardisierung – Entwicklungen. Fernseh- und Kinotechnik, Hefte 2, 3, 5, 7/1984.
[109] *Schönfelder, H.* und andere Autoren: Techniken für Fernsehsysteme erhöhter Bildqualität. Vorträge auf dem 2. Dortmunder Fernsehseminar 1984.
[110] *Strashun, L.*: „Betacam" – Grundlagen und Übersicht. Fernseh- und Kinotechnik 12/1984 und 1/1985.
[111] *Sadashige, K.*: An Introduction to Analog Component Recording. SMPTE-Journal, May 1984.
[112] *Lowe, St.*: The Arrival of Components Again. BKSTS-Journal, August 1985.
[113] *Spanner, E.*: Die FM-Stereo-Tonplatte des VS 380 HiFi. Grundig Technische Informationen 2/3–1985.
[114] *KP/EF/AU*: Video-Aufzeichnung optimal genutzt. Funkschau 18/1985.
[115] *Dernedde-Jessen, H.*: VPS weiterentwickelt, Service über Videotext. Funkschau 11/1986.
[116] *NN*: Standardization of 8-mm-Video. Weekly Television Digest vom 4. 4. 1983.
[117] *NN*: Der Video-8-Standard. Sony-Service aktuell 1/1986.
[118] *Trissl, K. H.* und *Heller, A.*: Die PAL-8er-Sequenz und ihre Auswirkungen beim MAZ-Schnitt. Rundfunktechnische Mitteilungen (RTM) 3/1984.
[119] *Janker, P.*: Die Lösung der PAL-8er-Sequenz-Problematik beim Mosaic-System. Rundfunktechnische Mitteilungen (RTM) 3/1984.
[120] *Welz, G.*: Verfahren zur Messung der F/H-Phase. Rundfunktechnische Mitteilungen (RTM) 3/1984.
[121] *Sadashige, K. S.* und *Takenaga, M.*: Optical Disk Technology for Permanent and Erasable Memory Applications. SMPTE-Journal, Februar 1985.
[122] *Müller, R.*: Videogestützte Filmproduktion mit 80-Bit-Zeitcode auf Kinofilm. Fernseh- und Kinotechnik 8/1986.
[123] *Webers, J.*: Film- und Videotechnik, neue Wege für die Programmproduktion der 90er Jahre. Fernseh- und Kinotechnik 8/1986.
[124] *Schönfelder, H.*: Komponententechnik im Fernsehen. Fernseh- und Kinotechnik 8/1986.
[125] *NN*: Auflösung stiftet Verwirrung, Super-VHS und ED-Beta-Recorder. Funkschau 12/1987.
[126] *Mendrala, J. A.*: Electronic Cinematography for Motion Picture Film. SMPTE-Journal November 1987.
[127] *NN*: KODAK-High-Resolution-Electronic-Intermediate-System. Demonstration im Frühjahr 1990.
[128] *Thorpe, L. J.* und *Yoshio Osaki*: HDTV Electron Beam Recording. SMPTE-Journal, Oktober 1988.
[129] *Przybyla, H.* und *Morita, T.*: HDVS-Aufzeichnungen auf 35-mm-Film. Fernseh- und Kinotechnik 8/1986.
[130] *Mayer, N.*: Das MUSE-Verfahren. Die neue Fernsehtechnik, Franzis 1987.
[131] *Schönfelder, H.* Perspektiven der Komponentensignalverarbeitung. Frequenz 1/2/1987.
[132] *Wendland, B.*: On the road to HDTV. ITG-Diskussionssitzung, Techn. Universität, Dortmund 10/1989.
[133] *Price, G.* und *Przybyla, H.*: CCD-Kameras für professionelle Anwendungen. Fernseh- und Kinotechnik 9/1988.
[134] *Wolf, P.*: Die Situation der FS-Meßtechnik mit Blick auf die zunehmende Verwendung analoger Komponentensignale im Studiobereich. Rundfunktechnische Mitteilungen Heft 5/1986.

[135] *Baker, D.*: A new unique method for measuring video analog component signal parameters. SMPTE-Journal 94/1985.
[136] *Lee, N.*: The Wonderful World of „Harry“. American Cinematographer, July 1989.
[137] *Allen, J.* und *Stetter, E.*: Verbesserung der Lichttonaufzeichnung mit Hilfe des Dolby-Systems zur Rauschverminderung. Fernseh- und Kinotechnik 3/1973.
[138] *Allen, J.*: The production of wide range, low distortion optical soundtrack utilizing the Dolby noise reduction system. SMPTE-Journal 48/1975.
[139] *Webers, J.*: Tonstudiotechnik. Franzis-Verlag, München 1989.
[140] *Chan, Ch.* und *Eguchi, T.*: Product Implementation of the 4:2:2 Component Digital Format. SMPTE-Journal, Oktober 1987.
[141] *Burgess, St.*: The DVR-1000/DVPC-1000 Component DVTR, International Broadcast Engineer 1/1988.
[142] *Ive, J. G. S.*: The Digital Composite Video Tape Recorder, International Broadcast Engineer 7/1988.
[143] *Brush, R.*: Design Considerations for the D-2 Composite VTR, SMPTE-Journal, 3/1988.
[144] *Scott, R.*: PAL M-II, Intern. Broadcast Eng. 1/1988.
[145] *Scott, R.*: The ½-inch Composite Digital VTR, International Broadcast Engineer 11/1989.
[146] *Kaiser, P.*: Super-VHS-Spezifikation für Europa, Funkschau 6/1988.
[147] *Welz, G.*: S-VHS-Videorecorder aus deutschen Landen, Funkschau 21/1989.
[148] *Hartley, R.*: The Development of the Super-VHS-System, International Broadcast Engineer 11/1989.
[149] *NN*: S-VHS, der gute Ton zum guten Bild, Funkschau 6/1990.
[150] *Kell, R. D., Bedford, A. V.* und *Fredendall, G.*: A determination of optimum number of lines in a television System, RCA-Review I/1940.
[151] *Schild, W.*: Video-Hi-8, die Antwort auf S-VHS. Funkschau 16/1989.
[152] *NN*: BBC looks at the D-3-Option, Televisual, Februar 1990.
[153] *Delcourt, E.* und *Bolewsky, N.*: Digitale ½-inch-MAZ, Fernseh- und Kinotechnik 4/1990.
[154] *Krug, H.*: Elektronische Nachbearbeitung, Professional Production 7/8-1989.
[155] *Webers, J., Kunsdorff, J. M.* und *Farrenkopf, G.*: Das Video-Zentrum von BAVARIA-Film, Fernseh- und Kinotechnik 10/1990.
[156] *NN*: BBC looks at the D3 option, Televisual/February 1990.
[157] *NN*: Noise Reducers for Analog- und Digital-Video-Signals. BTS/1990.
[158] *Bücken, R.*: Video Duplizierung: Mit High-Speed geht's schneller. Medien-Bulletin 6/89.
[159] *Schönfelder, H.*: Die Fernsehtechnik der Zukunft. Beitrag in: Industriegesellschaft im Wandel. Herausgeber: S. Bachmann, M. Bohnet und K. Lompe, Verlag Georg Olms AG, Hildesheim 1988.
[160] *Reimers, U.*: Voraussetzungen für die Einführung neuer Fernsehsysteme FKTG-Tagung, Kassel 1990.
[161] *Westerkamp, D., Vreeswijk, F. P.* und *Autorenteam*: PALplus: Übertragung von 16:9-Bildern im terrestrischen PAL-Kanal. Fernseh- und Kinotechnik 11/1992.

Sachverzeichnis

A

Abbildungsberechnung 217
Abbildungsebene 60
Abblenden 323, 331, 356
–, elektronisches 201
Abblendung 60
AB-Kopierung 356
Ablaufkassette 270
Ablenk|generator 227
– systeme 135
– winkel 136
AB-Mischer 203
Abnützungserscheinungen 318
AB-Roll-Verfahren 498
– -Schnitt 356, 498
Absorptions|kurve 106
– vermögen 35
Abstandsverluste 403
Abstreifeinrichtungen 275
Abtastdiamant 516
Abtaster 27, 557
Abtast|einrichtung 137
– kopf 403
– raster 558
– theorem 160
– vorgang 132
– vorgang, digitaler 160
Abtastung, digitale 161
Abwicklung des Videobandes 436
Achter-Sequenz 490
8-mm-Video 480
Additives Kopiersystem 297
– Verfahren der Lichtsteuerung 297
ADO 212
advance head 450
A-Format-1" 411, 423
Agfa 20
– -Color-Verfahren 86
Alternierender Burst 185
AM 153
A-MAC-Verfahren 192
Aminophenol 68
Ammoniak-Emulsion 72
Ammoniumthiosulfat 68
Amorphe Phase 551
Ampère 388
Ampex 415
AMPEX-VPR-3 429
Amplitude 64
Amplituden|modulation 153, 401
– probe 161
Analog/Digital im Vergleich 159
– /-Wandler 158, 161, 163
Analoge Übertragung 153, 159
Anamorphotisches Aufnahme-/ Wiedergabe-System 125
Andruckplatte 119
Animationssysteme 215, 217
Anode 134
Anschütz, O. 21
Antriebs|aggregate 121
– welle 119
Aperturblende 59
Apostilb 34
Arbeits|kennlinie 399
– kopien 383, 419, 499, 539
Archer, F. S. 18
ARC-System 462
Ardenne, M. v. 27
ARRIFLEX-Kamera 121
ASA-Wert 102
Assemble-Schnitt 498
assigned adress bits 496
A-Standard-1" 411, 423
AST-System 426
ATF-System 480
Audio-dubbing 480
– -Masterband 573
Aufblenden 323, 331, 333, 356, 358
Aufblenden, elektronisches 201
Auflösung 149, 246, 586, 144
Aufnahme|material 100
– -Studio 198
Aufprojektion 348
Aufsprech|verstärker 375
– wandler 396
Aufwicklung des Videobandes 436

Aufzeichnungs|störungen 400
– verluste 400
– vorgang 396
Auge 40
α-Umschlingung 423
Ausbreitungsgeschwindigkeit 31
Ausgangsmaterial für
Video-Kopierung 501
Ausgangsregister 142
Ausgleichsschleife 312, 315
Auslaufcode 524
Ausschnittvergrößerung 336
Austastintervall 151
Auswaschrelief 85
Autokollimatorisches Material 348
Automatic-first-cue 299
– -scan-tracking 426
AVID-System 576
Azetylzellulose 71

B

Backing-removal 274, 280, 370, 372
Badflüssigkeit 272
Bäderteil 269
Band|antrieb 434
– antriebsmotor 434
– breite des Farbsignals 178
– geschwindigkeit 397
– gießmaschine 71
– neigungswinkel 430
– -Servo-Systeme 434
– spieler 328, 572
Barcode 77, 462
BAS-Signal 150
BAVARIA-Satellite-System 223
BAVARIA-Videozentrum 223
BCD-Code 300
BCN-System 430
Beleuchtungs|fehler 292
– stärke 33
Belichtung 66
– der Glasplatte 536
Belichtungs|spielraum 98
– trommel 114
– umfang 100
Bell, A. 25
– & Howell 297
– & Howell-Kopiermaschine 299
Bennet, C. 18
Berzelius 24
Betacam 456
– -System 456
– -SP-System 459, 463
Betacart-Multikassetten-
System 461, 462
Beta-HiFi-System 478
Beta-Kopftrommel 473
Betamax-Verfahren 469
– -ED-System 473
Beta-System von Sony 469
Beta-Wert 100
Betrachtungsabstand 144
B-Format-1" 411, 430
B-Format-Maschinen 433, 434
Bewegungsdetektor 252, 493
Bild|ablenkteil 168
– adresse 77
– aufnahmeröhren 137
– bereich 142
– feldgrößen 123, 341
– fenster 119, 315
– frequenz 121, 588
– größenveränderungen 212
– inhalt 152
– inhaltskanäle 208
– kontrolle 198
– manipulation 215
– maske 337
– maskenverfahren 126
– masken-Vorlagen 340
– mischung 199
– montage 323
– nummer 77, 496, 524
– platte 515
– plattensystem mit Löschfunk-
tion 552
– produktionseinheit 199
– punkte 144
– punktzahl 144, 147, 148, 247
– raum 57
– regie 198
– schirmtextsystem 245
– schleifen 383
– schnitt 324
– schnitt, elektronischer 201, 494
– -Schwarz 151, 562
– -Sender 167
– signal 150, 151
– speichersystem 199
– -Splitter 241
– stand 316
– standschwankungen 121, 316
– -Ton-Versatz 352, 356
– überblendungen 331, 332
– übertragung, elektronische 131
– umkehrung 56
– umlenkung 56
– wandlerröhren 28, 137, 141
– wandlerteil 138
– wechselfrequenz 121, 145, 588

Bild|wechselzahl 121, 145, 588
– -Weiß 150, 151, 562
– -weite 57
– zähleinrichtung 306
– zerlegung 131
– -ZF-Verstärker 190
Binärcode 159, 162, 298
Bi-Pack-Film 85
Birr, E. 19
Bit 161, 162
Bleich|bad 274, 282, 295, 304, 370, 372, 406, 409
– prozeß 82, 86, 87
Blende 59, 119, 331
Blenden 201, 323, 356
– ablauf 340, 346
– information 299
– reihe 59
Blenden|scheibe 59
– vorlagen 340
– werte 299
– zahl 59
Blinder Fleck 41
Blooming-Erscheinungen 139, 557
Blow-Up-Verfahren 336
Blue-Box 208
Blue-Screen-Technik 208, 339
B-MAC-Verfahren 192
Bosch-Fernseh 430
Braun, F. 27
Braunsche Katodenstrahlröhre 26, 27, 134
Brechungs|exponent 31
– index einer Naßkopierflüssigkeit 319
– koeffizient 54
– winkel 30
Brechung von Lichtstrahlen 52
Breitbildschirm 251
Breit-PAL 251
Breitwandverfahren 124, 126, 127
Brennpunkt 57
Brennweite 57
Brenzcatechin 68
Brodersen 20
Broglie, L. 29
Bromsilber 71
– körner 72
B-Standard-1" 411, 430
Burst 183
– -Alternation 185
– -Auftaststufe 188

C
Caddy 542
Camera Obscura 17
Cam-Corder 456
Candela 33
Capacitance Electronic Disc 517
Capstan-Rolle 425
Capstan-Servo 435
Carey 25
CAV 518, 520
– -Bildcode 525
CCD-Bildwandler 140
– Kamerasystem 173
– -Film-Abtaster 560
– Wandler 172
CCIR-601 212, 215
CED-Bildplatte 516
– -Bildplattenspieler 517
Cellulose-Nitrat 70
– -Triacetat 71
C-Format-1" 411, 427
Chalnicon-Röhre 141
Character-Generator 199, 216
charge-coupled-devices 140
Checken 383, 566
Chemische Reifung 67, 73
– -Sensibilisierung 18
Chequerboard-Schnitt 358
Chordal-distance 457
Chroma-Information 175, 562
– -Key-Verfahren 207
Chroma-Köpfe 457
Chromatrack-Format 462
Chromdioxid 392, 393, 510
– -Bänder 393, 510
Chrominanz 175
– -signal 175, 182, 190
Chromogene Entwicklung 19, 85, 86
Cinemascope-55-Verfahren 127
– -Verfahren 126
– Vierkanaltechnik 379
Closed-Circuit-System 246
CLV 518, 520
– -Bildcode 525
C-MAC-Verfahren 192
CMX-Schnittsystem 498
Code 159, 161
– -Begriffe 161
– -Spreizung 449
– -Wort 159, 161
Codierung 161, 522
Colorama-Verfahren 126
Colour-framing 490
Color-Master-System 307
– -Killer 191
– -matching 562
– -Positiv-Film 87, 89
– under Verfahren 443
Compact-disc 476

Compilation-Schnitt 323
Composite-System 233
Compressed time division multiplex 456, 458
Computer-Animation 217
– -Auswertung 118
– -Grafik 217
confidence head 450
constant angular velocity 518
– linear velocity 518
Continuity-Schnitt 322, 569
Cray-Computer 220
CRI-Prozeß 289
C-Standard-1" 411, 427
CTCM-Verfahren 463
CTDM-Verfahren 456, 458
Cue-Marke 297
– -Marken-Abtaster 299
– spur 416
Curie-Punkt 510
– -Temperatur 510
Cursor 216
Cutter 322
CVC-System 482

D

D1-System 394, 446, 455
D2-System 453, 455
D3-System 464
D2-MAC-Verfahren 250
Daguerre 17
Daguerrotypie 17
Datenbank 245
Datensicherungsverfahren 449
Daten|speicher 497
– träger 118
Deemphasis 414
Dematrizierung 178, 190
Demultiplexer 155
Densitometer 115
Diamagnetisch 388
Dialogschnitt 324
Diazin 68
Dichroitischer Spiegel 55
Dichte 92
– abweichungen 110
– differenzen 109
– treppe 93
Dickson, W. K. L. 22
Differenzton-Verfahren 167
Diffraktion von Lichtstrahlen 521
Diffusionsfeste Farbkuppler 20, 284
Diffusionsfestigkeit 86
– der Farbkuppler 86, 285
Diffusionsvorgang 80
Digiscan-Verfahren 560
Digitale Adressen 524
Digital/Analog-Wandler 163
Digitaler Datenstrom 212
Digitaler Zeitfehlerausgleich 489
Digitales Audio-recording 450, 455
Digitale Kamera 174
Digitale Postproduction 224
Digitale Schnittstellen 163, 212
– Trickeffekte 210
– Trickverfahren 210
– Übertragungsform 158
– Videoaufzeichnung 446, 464
Digitalform 158, 163
Digital-Processing 174, 449
Digitalspeicher 489
Digital-Standard 4-2-2 446, 464
Digitalstandard 4:2:2 212
digital-signal-processing 174
Digitaltechnik 158
DIN-Empfindlichkeit 101
Dingweite 57
DIN-Normen 74
– -Zahl 101
DIR-Kuppler 20
Dissector-Röhre 137
DOLBY-Abmischung 379
– -Expander 381
– -Kompressor 381
– -Lichttonverfahren 379
Donnereffekt 377
Doppel-Optik 559
Doppelschicht-Filme 20
Dosiersteuerung 276
Dosierung 276
Drehbericht 269
Drei-Farben-Theorie 44
Dreikanalrecorder 589
drive-tape 510
Drop-Out 395
– -Detektor 489
– -Kompensation 489
Druckmatrize 85
Drum-Servo 436
DT-System 436
Dual-Screen-System 350
Dunkel|feldprojektion 237
– kammer 268
– sack 268
Duplikat|herstellung 342
– -Negativ 289
Duplizier|einrichtung 305
– prozesse 342
Durchhang 96

Durchlässigkeit 92
Durchlauf-Kontakt-Kopiermaschine 311
Durchlauf-Kopiermaschine, optische 313
Dynamic-track-following 475
– -Tracking-System 437
DX-Format 464

E
Eastman, Gg. 22
EBR-Verfahren 584
EB-Technik 456, 482
EBU 428, 450
Echo-Effekte 212
Eckphasen 219
ECN-2 20, 272
ECP-2 20, 369
ED-Beta-System 473
Eden, J. M. 19
Edison, Th. A. 22, 27
– -Format 23, 123
– -Perforation 23
EDITECH 569
EDITROID 569
EFP 502
Eidophor-System 237
Einheits|kreis 32
– kugel 32
Einlaufcode 524
Einstellebene 60
Einstellung der Emulsion 73
Einstreifenbetrieb 260
Einweichen 362
Einzelbild-Antrieb 344, 345
– schaltung 331, 335
Eisenoxid 392, 393
Ektachrome-Verfahren 285
Elektrisches Teleskop 24
Elektromagnetische Wellen 30
Elektronen-Optik 134
– prozeß 66
Electronic-Cam 259
– -Beam-Recording 584
– -Cinematography 586
– -field-production 502
Elektronische Berichterstattung 456, 482
– Bildübertragung 131
– Linse 27
– Palette 213
Elektronischer Schnitt 494
Elektrooptischer Modulator 535
Emissionstheorie 29
Empfindlichkeit 72, 99, 106
Empfindlichkeit des menschl. Auges 41
– differenz 109
Emulgierung 19
Emulsion 71
– schicht 65, 78
Endband 355
Endlosschleife 365, 512
ENG-Technik 456, 482
Encore 212
Entwickler|bad 274, 280, 281, 370, 372
– substanzen 68, 79
Entwicklung 68
Entwiclungs|geschwindigkeit 79
– maschine ECN-2, schematisch 273
– prozeß 269
ENVISION 569
EUREKA-95 246
European Broadcasting Union 428, 450
Expansionsverhältnis einer Abbildung 126
Expositionsbedingung 113

F
Fader 299
Farbabschalter 191
Farbart 50, 180
– signal 175, 182
Farbauszugs|filter 302
– negativ 85
– verfahren 343
Farbbalance 107, 562
Farbbalkenfolge 176, 178
Farbbild|röhre 194
– -Übertragung 171
Farbdiagramm 294
Farbdichte|änderungen 109
– kurven 107
– -Messungen 105
Farbdifferenzsignale 178
Farbdifferenzsignal-Spannungen 177, 190
Farbempfindung 44
Farbenmischung, additive 47
Farbentwicklung 281
Farbenzerstreuung 31
Farbe und Licht 47
Farbfehler 107, 109, 110
Farbfernseh-Empfänger 189
– -Übertragung 175
Farbfilm 19, 84
– -Materialien 103
Farb-Fotografie 103, 107
Farbgang 110

Farbhilfsträger 180
– -Oszillator 190
Farbkanäle (R) – (G) – (B) 298
Farbkomponenten 180
Farbkreis 51, 180
Farbkuppler 19, 85, 284
Farblichtbestimmungsgerät, elektronisches 301
Farbmaterial 103
Farbmeßtechnik 107
Farbnegativ-Entwicklung 87
Farb-Negativ-Film 85
– – – -Positiv-Verfahren 87, 107
– – – -Prozeß ECN-2 272
Farbort 51
Farb-Positiv-Film 89
Farbsättigung 51, 180, 562
– signal 175, 182
Farbsequenzverfahren 581
Farbstich 108, 109
Farbsynchron|impuls 183
– signal 183
Farbteiler-System 171
Farbtemperatur 34, 291
– veränderung 291
Farbton 180
Farbträger|frequenz 179
– -Phasenfehler 487, 492
– schwingung 181
Farbtripel 194
Farb-Umkehrentwicklung 276
Farbumkehrmaterial 104
Farb-Umkehrprozeß Gevachrome II 280
Farb-Umkehrverfahren 89
Farbvalenz 50
Farbvektor 180
Farb-Video-Projektor 237
Farbwertregler 301
Farbwiedergabe, elektronische 190
FAZ-Verfahren 555, 578
FBAS-Farbkorrektur 564
– -Signal 186, 187, 190
FCC-System 306, 308
FDM 155
Fehlerschutz-Code 162
Fernsehen 24, 164, 167, 168
Fernsehen mit Stereoton 169
Fernseh-Empfänger 168
– -Film 255, 259
– -Normen 165
– -sender 167
– -Studio 198
– -systeme höherer Bildqualität 250
Ferromagnetikum 388
Fettrest-Anteile 86
FGS 4500 220
F/H-Phase, Vergleich der 492
Film 22, 70, 255
– abtaster 555, 557
– aufzeichnung von Video-Signalen 555, 578
– bearbeitung 255
– bremse 270
– -Empfindlichkeit 98, 100, 102
– entwicklung 68, 270
– entwicklungsmaschine 273, 286, 369
Filmformate 123, 124
– führung 121
– kamera 119
– kennlinie 100
– kompatibles System 247
– kopiermaschine 310, 312
– kopiersysteme 309
– kopierung 309
– kopierverfahren 309
– kopierwerk 255, 261, 265
– markierungen für optische Effekte 346
– material 74
– -Meßtechnik 91
– probe 113
– projektor 122
– rahmen 271
– reinigungsmaschine 360
– rollen 272
– transport 119, 121
– transportrollen 272
– und Video-Bearbeitung 555
Film/Video/Film-System 591
Filterrad 302, 581, 585
Fischer, R. 19
FIT-Technik 143
Fixierbad 275, 282, 283, 370, 372
Fixieren 68
Fixier|geschwindigkeit 80
– prozeß 68
Fixierung 18
Fixiervorgang 68, 93
Flachbildschirm 249
Fleming 27
Fliegende Löschköpfe 425, 431
Flimmer|erscheinungen 43, 250
– grenze 43, 250
– störungen 145
Flop-Over-Verfahren 335
Floppy-Disc 118, 211, 213, 307, 566
Flußdichte 388
Flying-Spot-Abtaster 558
– – – -Verfahren 27, 558
FM 153, 154
FM-Modulator 408, 410
– -Übertragungskanal 154

Fokus-Detektor 536
Fokussierung des Lesestrahles 527
Forcierte Entwicklung 288
Fotoelektrischer Effekt 27
Fotografie 17, 65
Fotografische Bildspeicherung 65
Fotokatode
Fotozellenraster 131
Fovea centralis 41
Frame by frame technique 220
Frame-Count-Cuing-System 305
Frame-Interline-Transfer 143, 173
Frame-Transfer 142
Fremdschablone 207
Frequenz 62
– bänder einer Videoaufzeichnung 410, 411
– gang einer MAZ-Aufzeichnung 412
– hub 409, 411
– modulation 153, 154, 408
– -Multiplex-Verfahren 155
Frequenzspektrum einer LV-Aufzeichnung 524
Friktionswirkung 272
Froehlich 20
Funai-Kassette 482
Fußnummer 76, 77, 351, 574
Fußnummern-Kennzeichnung 76, 77

G

Gamma 97
– -Wert 97
– -Produkt 103
Ganglienzellen 41
Gassmann 47
Gauß 388
Gegenfarbentheorie 45
Gegenfeldstärke 390
Gegenstands|punkt 60
– raum 60
– weite 57
Gegenstromwässerung 277
Geißler-Röhre 21
Gelatine 19, 71
– lösung 71
Gelbfilterschicht 85
Geometrische Optik 52
Gerichtete Diffusion 19
Geschwindigkeit der Reduktion 79
Geschwindigkeitsfehler 488
Gießprozeß 73, 74, 392
Gigadisc 570
Glanzieren 363
Glas-Master-Platte 535, 538
Gleichlauf|anlage 328
– für Rasterablenkung 152
Gleichstrom-Vormagnetisierung 397
Glockenkurve 405, 407
Glyzin 68
Godowsky 19
Goldeffekt 19
Goodwin, H. 22
Gradation 72, 96
– entzerrung 301, 562
Graphic-Tablett 199, 215
Graue Strahler 36
Greifer-Antrieb 23, 119, 122
Greifermechanismus 315
Greiferwerk 140, 144, 119, 122
Großbildschirm 248
Großflächenflimmern 250
Groß-Projektion von Fernsehbildern 235
Großprojektionseinrichtung mit Laser 239, 240
Grundfarben 31, 47
Gruppenmischung 328
guard band 454

H

Härtung der Schichten 287, 289
Haftschicht 74, 78
Halbbild-Dauer 148
– frequenz 146
Halogen-Silber 18
– – – -Kristalle 65
hard-copy 118
HARRY 215, 224
Hawkeye-System 462
Hazeltine-Color-Filmanalyzer 301, 303
HD-MAC 251
HDTV 246
HDVS 246
Heizfaden 134
Helical-Scan-Verfahren 422
Heliographie 17
Hellempfindlichkeit des Auges 31, 42, 175
Helligkeits|signal 175
– werte 79, 95, 96
Hellsektor 332
Helmholtz, H. v. 44
Henry 388
Hering, E. 45
Hi-Fi-Tonaufzeichnung 476
High-Band-Aufzeichnung 411, 446, 450, 492
High-Definition-Television 246
High-Performance-CCD-Filmabtaster 591

High-Resolution-Electronic-Intermediate-System 591
High-Speed-Printing-Systeme 508
– -Speed-Videosignal 440
– -tech-postproduction 223, 224, 446
Hinter-Band-Kontrolle 424
Hintergrund|bild 208, 339
– Projektion 347
– Signal 208
Hochfrequenz-Vormagnetisierung 397
Hochvakuum-Kammer 537, 584
Hörkopf 375
Hohlspiegel 58
Horizontale Ablenkung 147
Horner, W. G. 16
H-Oszillogramm 227, 228
Hubbereich 410, 411
Huygens, Ch. 29
Hydrochinon 68
Hystereseschleife 388, 389

I
Ikonoskop 27, 137
Image-Transform-FAZ-Verfahren 580
IMAX-System 129
Impulsrad 121
Impulsbreitenmodulation 154, 523
Infrarot 30
Infrarot-Laser 512
Injection-Molding 549
Inkohärentes Licht 38
Inlay-Verfahren 207
In-Line-Röhre 194
Insert-Schnitt 498
Intercarrier-Verfahren 167
Interleaving 449
Interline-Transfer 142
Internationale Tonbänder 330, 385, 572
Ionengitter 66
Ionenprozeß 67
I-PAL 250
Iris 40
IT-Band 330, 385, 572
Iterationseffekte 212

J
Jalousieblenden 323, 334
Jogging 438
Joice-Loebl/Gevaert-Densitometer 117
Jumbo 74
Jumbotron 240, 242
Jump-Scan-Verfahren 560
JVC-Bildplatte 538

K
Kaleidoscope 215, 224
Kaliumbromid 71
Kamera 119
– fenster 119, 317, 343
– kassette 268
– -Recorder 456, 480
Kanalcodierung 162
Kanal-Wähler 168
Kantenmodulation 206
kapazitive Abtastung 516, 517
kapazitives System 517
Kapitel|code 525
– codierung 524
Kaschblenden 323, 333
Kaskadenanordnung der Wässerungstanks 275, 277
Kaskadengießer 74
Katalysatoren 73
Katode 134
Kavitation 361
Keilvorlage 115
Kell-Faktor 149
Key-Code 77
Kennungssystem 259
Kennzeichnung belichteter Filme 268
– von Farbfiltern 293, 294
Kinematografie 119
Kinematograph 20
Kinetograph 23
Kinetoskop 22
Kinofilm 255
Kircher, Althanasius 16
Kirchhoffsches Gesetz 35
Klappblenden 323, 334
Klirrfaktor 388, 400
Knob-a-channel-System 202
Kobalt-dotierte Eisenoxide 392
Kodachrome-System 284
Kodachromverfahren 19, 284
Kodak-Color-Analyzer 302, 304
– -Color-Verfahren 86, 272
– -Kamera 123
– -Pathè-Sensitometer 113, 114
Koerzitivkraft 391
Kohärentes Licht 38
Kollodiumplatte 18
Kombination verschiedener Bilder 207, 208, 337
Komparationsverfahren 116
Kompatibilität 175, 246
Komplementäre Filterung 294, 295
Komplementärfarben 171, 294
Komponentensignale 191
Komponenten| technik 191

– übertragung 191
Komponenten-Signale, Messung 232
Kompressionsverhältnis der Abbildung 126
Kondensatorplatte 27
Konfektionieren des Negativs 289
Konfektioniermaschine 513
Konfektionierung 74
Konfektionierung von Videokassetten 513
Kontakt|kopieranlage 505, 510
– kopiermaschine mit schrittweisem Filmtransport 314
– kopierung von Video-Bändern 505, 507
– kopierverfahren 310
Kontrast|charakteristik 100
– wiedergabe 96
Kontroll|einrichtung, visuelle 270
– strahl 536
– streifen mit Stufenkeil 114
Konvergenz 194
Konversions|code 163
– schaltungen 163
Konzentratgefälle 80
Kopfrad|impuls 420
– motor 420
– scheibe 415
Kopftrommel-Servo 420, 435
Kopier|geschwindigkeit 310
– feld 505, 508
– filter 294, 295
– funktion im Wechseltakt 509, 510
– kopf 311
– lichtänderung 109
– maschine 142, 309, 312, 314, 316, 318
– schritt 298
– spalt 311, 312
– systeme 309
– trommel 311
Kopierung 309
–, optische 313, 316, 339
Kopierzahntrommel 311
Korpuskulartheorie 29
Korrekturprogramm 305
– eines Filmes 502, 542, 562, 609
Koslowski, R. 19
Kreisfrequenz 64
Kreuzschiene 199
Kreuz-Schnitt 324
Kristalle, nadelförmige 392
Kristalline Phase 552
Kumetat 20
Kunstlicht 291

L
Ladungsbild 28, 132
Laser 38
– -beam-recorder 535
– -Beam-Recording von CBS 582
Laser-disc-Schnittsystem 571
– -EDIT 569
– -Großprojektion 239
– -Leitspur 552
– -Material 39
– -off-line-Schnittsystem 570
– -Oszillator 39
– -Strahl 39
– -Vision 518
Latentes Bild 18, 66
Laterna Magica 16
Laufbild 15
– -Aufnahmeverfahren 119
– hintergrund 339
Learnmode 217
Leddikon-Röhre 141
Lee de Forest 27
Lesegeschwindigkeit 412, 518
Lesekopf 298
Lesestrahl 525
Lesetakt 142
Leuchtdichte 31, 34
– signal 175
Leuchtschirm 134
Library 223
Licht|äther 29
– ausgleich 292
– bestimmung 291
– brechung 30
– diffusion 377
– empfindliche Schicht 65
Lichtempfindlichkeit fotografischer Schichten 18, 99
Lichter-Bereich 102, 108
Licht|geschwindigkeit 30
– hofschutzschicht 78, 89
– menge 31
– quanten 29, 66
– quellen 37
– regie 198
– technik 31
– telephon 24
– ton 377
– tonaufzeichnung 258, 312, 377
– tonkopie 366
– tonnegativ 328, 330, 366, 377
– tonnegativfilm 377
– tonspur 312, 366, 377
– tonsteuergerät 377
Licht|schleuse 297

– stärke 33
– stärke eines Objektivs 59
– steuerband 295, 298
– steuereinrichtung 292
– steuergerät 297
– steuerprogramm 300
– steuerung 291
– steuerwerte 298
– strahlung 30
– strom 32
– und Farbe 47
– ventil 297
– wellen 29, 30
– zettel 300
Lightning-Darstellung 234
Light-Valve 297
Lineplex-Verfahren 482
Linienpaare/mm 150
Linienstruktur der Zeilen 579
Linsenoptik 56
Lippensynchronität 324
Live-Übertragung 223
Lochblende 59, 194
Lochmaskenröhre 194
Lochstreifenleser 299
Lochstreifen zur Lichtsteuerung 298
Löcherspur 570
Löschbare Bildplatte 551
– Plattenspeicher 551
Lösch|generator 375
– kopf 376, 406
– modus 553
Löschung 405
Lösch|vorgang 405
– wechselfeld 406
Logarithmus 93
Lüppo-Cramer, H. 19
Low-Band-Aufzeichnung 410, 446
Luminanz 175
– -Köpfe 457
– signal 175, 190
Lumineszenzstrahler 34
Luftbild-Projektion 318
Luftfederung 536
Lumen 31, 33
Lumière 23
Lux 33
LV-Bildplattenspieler 532
– -Platte 518

M

M-II-System 462, 463
MAC-Verfahren 191
Maddox, R. L. 19
Magnetband 392, 394, 395
Magnetfilmgerät 328
Magnetische Bildaufzeichnung 408
– Feldstärke 387
– Signalspeicherung 392
Magnetisches Feld 387
– Moment 388
Magnetisierungskurve 388, 389
Magnetismus 388
Magnetton|kopie 365
– sendeband 260
– verfahren 375, 392
Malgefühl 215
Malteserkreuz 122
Mannes 19
Marey, J. 21
Maskensignal 210
Maskenverfahren 337
–, elektronisches 209
Maskierung 86
Massen|kopie 262, 501
– kopierung 258, 364, 501
Masterband 328, 330, 501, 555
– herstellung 501
Master-Bild-Platte 535, 541
Master-Control 199
Masterkopie 316
Master-Magnetfilm 379
Mastermischband 260, 328, 330
Materialschrumpfung 311, 312
Matrixschaltung 175, 176, 301
Matrize 547
Matrizen-Film 85
Matrizierung 175, 178
Maximaldichte 96, 106
Maxwell, J. G. 29, 388
MAZ-Anlage – 2 Zoll 419
– -Verfahren 408
ME-Bänder 482
Mehrkanal-Mischer 202
Mehrschichten-Farbfilm 85
Meßgeräte, fotografische 110
Meßtechnik, fotografische 91
Metall|elektrode 516
– -Masterplatte 547
Metallschicht-Bänder 393, 394
M-Format 462, 463
Metol 68
Michelson/Scobey-Sensitometer 114
Micro-Video-Kassette 482
Mirage 212
Mirror-Master-Band 507
Mischen 201, 327
Mischbild, elektronisches 201, 202

Mischpult 328
– regler 328
Mischung der Schallereignisse 328
M-Loading 469, 474
Modulation des Farbträgers 180
Modulations|frequenz 410
– grad 410
– index 410
– kennlinie bei Video-FM-Aufzeichnung 409
– rauschen 401
– übertragungsfunktion 586
– verfahren 152
– verfahren der Bildplattenaufzeichnungen 522, 540
Monckhoven, E. V. 19
Monitorbrücke 422
Monochromatisch 31
Montage-Picture-Prozessor 575
Multikassettengerät 461, 462
Multiplexer 155
Multiplex-Übertragung 155
Multiplikative Farbmischung 49
Multi-Prozessor-System 220, 221
MUSE 251
Musterkopie 257, 261, 321
Mutterplatte 547, 548
Muybridge, E. 20

N

Nachbearbeitung des Programmes 223, 224, 495
– der Schallaufzeichnung 327, 571
Nachbildwirkung des Gesichtssinns 120
Nachentzerrung 414
Nachlauf|speicher 270
– streifen 355
Nachreaktion 275
Nachreifung 19, 73
Nachsynchronisation 328, 382, 503, 566
– von Filmen 382, 566
Nach-Trabanten 151
Nachvertonung von MAZ-Bändern 503, 566
Nachwickelrolle 119
Naßkopier|fenster 319
– flüssigkeit 318, 319
Naßkopierung 318
Natriumsulfit 79
Natriumthiosulfat 68
Nebenabsorption 86, 106
Negativ-Befund 261
– -Diagramm 102
– -Entwickler 79
Negativ-Kleberei 261
– kontrast 81, 97
– /Positiv-Kopiervorgang 102
– /Positivverfahren 18, 78
– reinigung 360
– -Schneidetisch 353
– schnitt 258, 321, 351
Netzhaut 41
Neutral-Keil 113
Newton, J. 29
Newvicon-Röhre 141
Next-channel-System 203
NHK 246
Nicht-Kopierer 261
Niepce 17
Nipkow, P. 24
Nitrofilm 70
Noise-Reduction 492
non-interlaced-scanning 587
Normalfilm 126
– 16 mm, Abmessungen 127
Normen-Wandler 196
NTSC-Verfahren 183

O

Oberflächen|flußdichte 401
– rauhigkeit 401
Oberflächen|verschmutzung 522
– versiegelung 537
Objektiv 58, 119
Objektumfang 98, 99
Ölgeschützte Farbkuppler 285
Oersted 388
Off-line-Schnittsystem 499, 500
– -Schnittverfahren 569, 575
On-line-Schnittsystem 497, 573
Opazität 92
Open-Reel-Verfahren 364
Optical-Disc-Corporation 570
Optik 52
Optische Bank 316
– Kopierung 313, 316
– Sensibilisierung 19
Original-Drehbuch 383
Originalmaterialien, Bearbeitung von 268
Orthikon 138
Oszillographen-Röhre 27, 134
Oszilloskop 226
Ω-Umschlingung 423
Overlay-Verfahren 207
Oxberry-Printer 318, 343, 344
– -Tricktisch 345
Oxydationsprodukte 85, 86

P
Packshot-Studio 223
Paint-box 213
PAL 183
– -Achter-Sequenz 490, 491
– -Kennimpulse 191
– -Laufzeit-Demodulator 190
– Puls 251
– -Schalter 190
– -Verfahren 183
– -Verzögerungsleitung 190
PAM 154
Pancake 513
Panchromatisch 66
Panel-Printer 367
Panorama|bild 124
– potentiometer 329
Paramagnetisch 389
Parallelton|empfänger 170
– verfahren 170
Parallelverschiebung 54
PCM 160
– -Signal 463, 479, 480, 482
– Tonaufzeichnung 480, 482
PDM 154
Pendelbewegung des Bandes 438
Perforationsabstand 311
Perforiermaschine 76
Periode 64
Periodendauer 64, 397
Permeabilität 387
Phase 63
Phasen|bilder 120
– diskriminator 191
– fehler im Übertragungsweg 183
– fehler des Farbträgers 490, 492
– modulation 154
– winkel 63
Phenakistikop 15
Phenidon 68
Phenylendiaminderivate 68
Philips-Bildplatte 518
Phonograph 22
Photophon 24
Photonen 29, 66
Photorezeptoren 41
Physikalische Reifung 72
Pilottonspur des Tonbandes 122
Pinselstärke 215
Pit 518, 538
– -Information 536
– -Spurmuster 536, 537
Pixel 141, 147, 150, 162, 210, 247, 591, 593
– zahl 210, 247
Planck, M. 29
Planparallele Platte 53
Plateau 15
Plattenwerkstoff 516, 537, 549, 550
Plotter 118
Plumbikon-Röhre 140
PM 154
Polar-Koordinaten 231
Polyester (PE) 71, 392
– material 71
Polygon-Abtastung 326
Positionierung 212
Positionssteuerung 205, 206
Positiv-Diagramm 102
– entwickler 79, 93
– -Entwicklungsprozeß 79, 368
Post-Production 223
PPM 154
Präsignator 565
Präzisionsprojektor 316
Preemphasis 414
Pre-Mastering 533
Preßmatrizen, Herstellung von 547
Preßvorgang 549
Primärvalenzen 50
Prisma 31, 47, 55
Prismatische Strahlenteiler 56
Probekopie 296
Produktions|band 495, 500
– komplex 198
– prozeß der LV-Bildplatte 533
Programmspeicher 118, 138, 211
Projektions-Bildröhre 236
Projektor 122
– fenster 122, 317
Prozessor 118, 174, 192, 196, 211, 213, 221, 250, 305, 307, 435, 438, 439, 451, 453, 495, 499, 532, 534, 563, 564, 566, 574, 575, 579, 580, 582, 583, 585, 593
Prozeß-Kontrollblatt 111
– -Kontrolle 110
Prozeß|rechner 118
– überwachung 107
Puls 152
– amplitudenmodulation 153, 154
– code-Modulation 160
– dauermodulation 153, 154
– phasenmodulation 153, 154
Pump|energie 38
– mechanismus 38
Punktlicht-Abtaster 558
Pupille 40
PVC 516

Q

Q-PAL 250
Quadratur-Fehler 485
– modulation 181, 182
Quadruplex-System 414
Quantel-DPE 212
Quantentheorie 29
Quantisierung 161, 162
Quantisierungs|fehler 161
– verzerrungen 161
Quantitative Umkehrung 82
Quartercam-System 482, 484
Quarzgenerator 121
Quellencode 162, 163

R

Randkennzeichnung des Filmmaterials 77
Randkerbe 297
Rapidität 79
Rasen 416, 454
Rasterablenkung 152
Raumsignal 379
Raumwinkel 32
Rauschunterdrückung 494
RCA-Bildplatte 516
Real-Time-Verfahren 504
Recam-System 462
Recorder-Kamera 456, 482
Reduktion 79
– mittel 68
Reel-Servo 435, 436
Reflexion 31
Reflexionen an einem Spiegel 54
Reflexions|schicht 520, 536
– vermögen 31
Regenerat 276
Regenerierung fotografischer Bäder 276, 277
– von Negativen 362
Registriereinrichtung 117, 118
Reglerschaltung 121
Reifeprozeß 19, 72
Reifkeim 67
Reifungsgelatine 73
Reineisen-Bänder 393
Reißfestigkeit 71
Reizwahrnehmung, physiologische 93
Remanenzkurve 396
Reproduktions-Objektiv 317
Restseitenband-Modulation 167
Retina 41
RGB-Signal 175, 176
– -Farbkorrektur 562
Rhytmografieren 383
Rillenmodulation 516
Ringkopf 396, 397
– kern 375
Rollschrift 217
Rolltitel 217
Rotationstrick 212
Rücklaufzeit des Elektronenstrahls 148
Rückprojektionsverfahren 347
Rohfilmeigenschaften 107
Rohmatrize 549
Roh-Platte 535
Rollenaggregate des Filmrahmens 271
Rollfilm 22, 123
Rukop 27

S

Sättigung 389
Sättigungsfeldstärke 390
Sammellinse 56
Sandwich-Verfahren 537
Saticon-Röhre 141
Schablone 295
Schablonenkanal 207
Schachbrett-Schnitt 358
Schärfeleistung der Farbinformation 178
Schärfentiefe 60
Schall|aufzeichnung 327, 375, 392, 571
– ereignisse 327, 375
Schalt|folie 297, 306
– geschwindigkeit 299
Schatten-Bereich 102, 108
– -Maske 194
Schicht|aufbau 85
– beschädigungen 318
– träger 70, 78
Schiebe-Blende 333
Schleier 78, 95, 96
Schleifen-Kopierverfahren 365, 512
– magazin 365, 512
Schlieren 80
– -Optik 237
Schlitz-Maske 195
Schlupferscheinungen 311
Schmidt-Optik 235
Schneidemaschine 76
Schneiden 201
– von Filmen 321
Schneider 20
Schneide|raum 257, 321
– tisch 325
Schneidprozeß einer LV-Bildplatte 533
Schnellkopieranlagen für Videobänder 505, 507
Schnellschaltwerk 559

Schnellseher 21
Schnitt|arten 322, 498
– ausführung 497, 499, 568
– bearbeitung 352, 494, 568
– bestimmung 497, 499
– kopie 258, 262, 321, 352
– liste 351, 573, 577
– platz 497, 499, 568
– probe 497
– programmierung 497
– sprung 323
– stellen, digitale 163, 212
– steuerung 497, 499, 568
Schottky 27
Schrägspurverfahren 422
Schrammen 318, 362
Schreib|geschwindigkeit 412
– strahl 535, 536
– vorgang der Masteraufzeichnung 501, 533, 541
Schriftgenerator 216
Schrittkopiermaschine 314, 316
Schritt-Kopiermaschine, optische 316
Schrödinger, E. 29
Schulter 96
Schulze 17
Schutzschicht 78
Schwärzung 91
Schwärzungs|kurve 95
– skala 93
Schwarzer Körper 35, 36
Schwarzpegel 151, 409, 411, 562
Schwarzweiß-Film 78
Schwarzweiß-Übertragung 137
Schwarzwert 151, 409, 411, 562
Schwelle 96
Schwingungen 62
Schwingungsdauer 64
Scotchlite 349
– -Relexwand 349
SECAM-Verfahren 187
Segmentierte Aufzeichnung 437, 442
Segmentierung 442
Seitenbänder 410
Sektorenblende 119
–, verstellbare 316
Sektorverstellung 332
Selbstentmagnetisierung 400
Selektive Strahler 34
Selen 24
Sendeband 260, 328, 501, 562, 564, 573
Senlecq 24
Sensibilisatoren 19, 65, 73
Sensibilisierung 19, 65, 73
Sensibilisierungsstoffe 73
Sensitometer 112
Sensitometrie 91
Separations-FAZ-Verfahren 579
– -Verfahren 343
SHANNON 160
S-HDVS-Dreikanalrecorder 589
Short-pitch-Perforation 313
Sicherheitsabstand der Videospuren 454
Sicherheitsfilm 71
Siedeemulsion 72
Signaleinbruch 395, 490
Signalqualität 492
Silber|bild der Tonspur 373
– bromid 65
– chlorid 65
– gehalt des Fixierbades 80
– jodid 65
– keimtheorie 66
– nitrat 71
– salze 17
– verbindungen 65
Sinus|kurve 62
– träger 152, 153
– -Trägerstrom 152
Si-Vidikon-Röhre 141
Skalenteilung eines Vektorshops 231
Skip-Frame-Verfahren 336
slow-motion-Betrieb 436, 438, 440
Smith, W. 24
SMPTE-Code 496
– -Time-Code 417, 496, 568
Solarisation 96
SONY-BVH-2000 428
Spalt|breite 412
– breitendämpfung 405
– funktion 404, 405
– material 396
– verluste 403
Speed-Printer von Sony 508
Speicher|bereich 142, 143
– dichte 464, 465, 515, 518
– platte 138
– röhren-Filmabtaster 557
– takt 142
Spektrales Licht 31
Spektral|farbenzug 51
– valenzen 50
Sperrgreifer 119, 316
Sperr-Justier-Greifer 315
Sphärische Aberration 59
Spiegel|barrensystem 238
– bild-Masterband 506, 507
– optik 58
– rad 26
– rad-Abtastung 326

Spin 388
Split-Screen-Verfahren 337
Sprechkopf 375, 396
Sprinter 509
Sprungfeldstärke 390
Spulen-Servo 435
Spurhaltesignal 529, 538
Spurlagenbild bei ¾"-U-Matic 443
– des A-Formates 425
– des B-Formates 431
– des Beta-Systems 457, 472
– des C-Formates 427
– des D1-Standards 447
– des D2-Standards 454
– des MII-Systems 464
– des VHS-Systems 472
– Video-2000 475
Spur|lagen einer 2"-Aufzeichnung 416
– lagen von Tonspuren 378
– muster 519
– nachsteuerung 525, 528
– steuerung 528
– winkel 423
Stabilisator-Bad 275, 283, 370, 372
Stabilisatoren 79
Stäbchen 41
Standards-Converter 196, 588
Standard-Trick 205
Standbild 525
– wiedergabe 561
Standverlängerung 336
Stanz|farbe 208
– signal 207, 208
Startband 354
Status-A-Filter 118
– -M-Filter 118
Steilheit 96, 97
Stereo-Tonfilm 381
Stereotonsendungen 169
Steuer|band 295
– elektrode 134
– spur 416, 417
Stimmgabelgenerator 121
Stimulierte Emission 38
Still-Store 199
Störabstand einer Videoaufzeichnung 410, 414
Story-Board 577
Stoppbad 274, 281, 370, 372
Strahlengang zur Abtastung einer LV-Platte 525, 526
Strahlerzeugung 134, 138
Streifen|code 77, 461, 462
– filter 172
Stretch-Frame-Verfahren 336
Stroboskopischer Effekt 15
Stroboskopische Fotografie 21
Stufenkeil 93, 113, 114
Stummfilmformat 124
Stylus 516, 538
– -Elektrode 516
– -Steuerung beim VHD-System 544
Substratschicht 74
Subtraktive Farbmischung 49
– Filterung 49, 104
Subtraktives Verfahren der Lichtsteuerung 293
Super-HDVS-Kamera 588
Super-High-Band-Aufzeichnung 2" 410
Super-High-Band-System 446
Super-Motion-System 440
– -Orthikon 138
– -16-Verfahren 127
– -Scope-Verfahren 126
– -Technirama-Verfahren 127
Super-VHS 479
Suspension 65
S-VHS 479
SVR-System 468
Synchrondemodulator 190
Synchrones Tonband 352
Synchronimpulse 151
Synchronisation 132, 226
– des Tonaufnahmegerätes 122
– impuls 132
– wort 497
Synchronisiersignal 417
Synchronisierung zwischen Bild und Ton 257, 258
Synchronismus 328
Synchronizer 566
Synchron|punkt 326
– signal 151
– wert 411
Synchronstudio 384
Sync-Spur 424, 427
Syntronic-System 572
System-Control 436
Szenen|kontrast 81, 96
– liste 500, 576, 577
– montage 322
– testband 296
Szenenwechsel-Erkenner 565

T

Tachyskop 21
Tageslicht 291
Taken 383
Take-Programm 567
Tapecode 513

TBC 487
TDM 157
Technicolor-Verfahren 84
Techniscope-Verfahren 126
TED-Bildplatte 515
Teildurchlässiger Spiegel 55, 349, 521
Télectroscope 24
Telegrafisches Sehen 24
Telecine 199
Temperaturstrahler 34
Temperierung fotografischer Bäder 277
Terminal 118, 211
Terzband-Entzerrer 381
Tesla 388
Test-Exposition 112
Testsignale 149, 176, 182, 229, 233, 428, 524
T-Grain-Technik 20
Thermo-Magnetic-Duplication 510
Tiefen|modulation 480
– schrift 515, 516
– unterschied 61
Time-Base-Corrector 487
– -Code 417, 496, 568
Timecode-Converter 569
time-lapse-Betrieb 440
Titel-Maske 337, 338
TMD-Verfahren 510
Todd-AO-Verfahren 127
Ton|aufzeichnung 375
– filmformat 124
– frequenzsignal 153, 175
– -Masterband 277
– meister 358
– -Mischung 258, 321, 379, 572
– -Modulator 190
– negativ-Film 258
– programm 326
– regie 198
– schnitt 324
– -Sender 167
Tonspur 378, 416
– entwickler 370
– -Entwicklung 371
– -Entwickungsgerät 373
– konfigurationen 378
– -Wiederentwicklung 371
Tonstudio 321
Tonträgerraum 198
Ton-ZF-Spannung 190
Total-Immersion-System 320
Tracking-Fehler 426
Träger|puls 152
– -Schwingungen 152
Transcodiereinrichtung 305
Transferfeld-Kopierung 505
Transfokator 58
Transmission-Equipment 199
Transparenz 92
Transport|greifer 119
– mechanismus beim Filmabtaster 559
– perforation 298
Transposition des Chroma-Signals 443, 444
Travelling-Matte 209, 339
Trennen des Negativs 289
Treppenspannung 176
Trick|blenden 323
– figur 205
– kopiermaschine 331, 343
– mischung 199, 201
– schieber-Schaltung 205
– -Tisch 345
Triggerung 226, 227
Trimmer 298
Trini-lite-display 240, 242
Triniscope-FAZ-System 581
Trinitron-Röhre 195, 196
Trockenplatten 19
Trocknung des Filmmaterials 275, 276, 283, 370, 372
Trocknungsbedingungen 276
Trommelgießmaschine 71, 74
Tuner 168

U

Über-Band-Kontrolle 450
Überbelichtung 99, 292
Überblenden 323, 356, 358
–, elektronisch 201
Übertragungs|bandbreite bei der Farbbildübertragung 175
– feld 507
Überwachung von Video-Signalen 226
Uchatius 16
U-Loading 442, 469, 474
Ultimatte-Verfahren 209
Ultrarot 30
Ultraviolett 30
Ultraschall 73
– reinigung 360
– verfahren 360
U-Matic-High-Band-Standard 446
– -Low-Band-Standard 445
– -System 442
Umkehr|farbfilm 278
– film (SW) 81
– verfahren 81, 276
Ummagnetisierungsarbeit 391
Umlauf|blende 119, 315, 316
– verschluß 120

Umschlagsenergie 390
Umwälzung fotografischer Bäder 277
Unbuntpunkt 51
Undulationstheorie 29
Unschärfeblenden 323, 334
Unterbelichtung 99, 110, 292
user bits 496

V
4:2:2-Standard 212, 394, 446
Vakuum-Capstan 429, 430
Valois, D. 46
Variable Bandgeschwindigkeit 436
Vater-Platte 547
VCR-Longplay 468
– -System 468
Vektor 64
– diagramm 51
Vektorskop 229, 230, 422
Velocity-Compensator 488
Vergleichsfrequenz 122
Verschleppungserscheinungen 275
Verschlußflügel 119
Verschmelzung 120
– frequenz 43
Verstärkungswirkung des Entwicklers 68
Verteilung von Video-Signalen 505
Vertical-Interval-Timecode 567
Vertikale Ablenkung 147, 151
Vervielfältigung 258, 364, 501, 504, 547
– von Videobändern 501
Verweilzeit des Films im Entwickler 288
Verwischungserscheinungen 440
Very-High-Density-Bildplattensystem 538
VHD-Bildplatte 538
– -Bildplattenspieler 542
VHS-HiFi-System 477
– -System 468
Video-8-System 480
– -Arbeitskopie 568, 571, 572, 573
– -Aufzeichnung mit Frequenzmodulation 408
– -Band 387
– -Bandbreite 147, 150
– -Editing und Filmproduktion 568
– -Frequenzbereich 408
– frequenzgang 150
– -Gleichrichter 190
– -Hi-8 482
– -Kassetten-System 456
– -Kopierung 501, 504
– -Kreuzschiene 199, 505
Video-Langspielplatte 518
– -Magnetbänder 394, 395, 396
– -Nachsynchronisation 566
– -News-Film 287
– -Processor 438
– -Programm-System 478
– -Signal 150
– -Signalweg einer BCN-Maschine 432
– spuren 416, 425, 427, 431, 441, 443, 447, 454, 457, 464, 472, 475, 477, 481, 484
– -Studio 198
Video-Text 244
– und Film-Bearbeitung 555
– -Wall-System 240
– -Wand-Systeme 240
– -Zeitlupe 436, 438, 440
– -2000 von Philips/Grundig 474
Vidikon-Röhre 138
Vierkanal-Information 379
4-2-2-Standard 212, 394, 446
Viertel-Zeilen-Offset 178, 179
Virtuelles Bild 54
Vista-Vision-Verfahren 126, 129
VITC-Code 567
VNF 20, 287
– -1-Prozeß 287
Vogel, H. W. 19
Vollbild|abtastung 561
– -Dauer 148
– frequenz 146
– information 437
– speicher 210, 438
Vorbad 274, 280, 370, 372
Vordergrund-Signal 208
– szene 208, 339
Vorentzerrung 414
Vorlauf|speicher 270
– streifen 354
Vormagnetisierung 397
Vormischung 328
Vor-Produktion 223
Vor-Trabanten 151
Vorwärtsabtastung 587
Vorwickelzahnrolle 315
Vorzugsrichtung 392
V-Oszillogramm 228
VPS-System 478
VPV-System 478
V-2000-Recorder 474

W
Wärme-Kopierverfahren 510
– -Kontaktkopierverfahren 510
– wellen 30

Wässerung 274, 275, 281, 283, 370, 371
– vorgang 80
– zeit 80
Wandermasken-Verfahren 209, 337, 339
Waschvorgang 68, 80
wave-from-monitor 228, 422
Weber 388
Wechsel-Schnitt 324
Wehneltzylinder 134
Weichmacher 71
Weiller 26
Weiß-Kuppler 20
Weißpegel 150, 176, 182, 409, 411, 562
Weißpunkt 51
Weißsche Bezirke 389
Weißwert 150, 176, 182, 409, 411, 562
– automatik 203
– begrenzung 202
Wellen 62
Wellenlänge 64, 396, 397
– des Lichtes 30, 51
Wellen|mechanik 29
– optik 52
Weltstandard-Film 247
Wendekassette 474
Wickel-Servo 435, 436
Wiedergabe|laufwerke 328
– verstärker 413, 375, 414, 422, 432
– vorgang 402, 412, 413
Wilmans 20
Winkelgeschwindigkeit 63, 518
– des Kopfrades 485, 486
Wollaston-Prisma 525, 526
Workstation 215
Wundertrommel 16

X
X-Überblendung 201

Y
Young, Th. 44
Y-Signal 175, 176, 191, 192, 212, 448, 455, 456, 462

Z
Zahnrolle 119, 311
Zapfen 41
Zeilen 144, 148, 149, 246, 247, 586, 587
– -Dauer 148, 149
– sprungverfahren 145
– zahl 144, 148, 149, 246, 247, 586, 587
Zeitablenkung 227
Zeit-Adreß-Code 163, 496, 567
Zeitcodierung 525
Zeitdiagramm 118
Zeitfehler|ausgleicher 488
– kompensation 529
Zeitkompression 192, 252
Zeitmarkengeber 302
Zeitlupe 438, 440, 525
Zeitlupen|betrieb 438, 440, 525
– effekte 438, 440
– kamera 440
– wiedergabe 440
Zeit-Multiplex-Verfahren 157
Zeitquantisierung 160
Zeitraffer-Betrieb 440
– effekte 440
Zeitraffung 440, 525
Zeittransformation 484
Zellenraster 25, 235
– -Verfahren 131
Zellstoff 71
Zelluloid-Film 22, 70
Zelt für Sprachaufnahmen 382
Zenneck 27
ZF-Trägerfrequenz 409, 411
Zerreißblenden 323, 334
Zerstreuungs|kreis 61
– linse 56
Zoetrop 16
Zonen-Theorie 46
Zooming 335
Zoom-Linse 58
Zweibandbetrieb 260
Zweikanalsendungen 169
Zweispur-Aufzeichnung 456, 463, 464, 484
Zweistreifenverfahren 326
Zweitbelichtung 82, 281
Zweitonträgerverfahren 169
Zwischenfilmverfahren 235
Zwischenfrequenz 408, 409, 410
– -Verstärker 168
Zwischenphasen 219
Zworykin, V. 27, 137